U0151619

中国烟草科学与技术

（1982—2020）

谢剑平◎主编

1982—2020

CHINA TOBACCO SCIENCE AND TECHNOLOGY

(1982—2020)

中国轻工业出版社

图书在版编目（CIP）数据

中国烟草科学与技术：1982—2020 / 谢剑平主编. — 北京：中国轻工业出版社，2021.6

ISBN 978-7-5184-3289-9

Ⅰ. ①中… Ⅱ. ①谢… Ⅲ. ①烟草工业－科学技术－研究－中国－1982—2020 Ⅳ. ① TS4

中国版本图书馆CIP数据核字（2020）第234167号

责任编辑：张　靓　　责任终审：劳国强　　封面设计：锋尚设计
版式设计：砚祥志远　　责任校对：晋　洁　　责任监印：张　可

出版发行：中国轻工业出版社（北京东长安街6号，邮编：100740）
印　　刷：三河市万龙印装有限公司
经　　销：各地新华书店
版　　次：2021年6月第1版第1次印刷
开　　本：787×1092　1/16　印张：41.25
字　　数：950千字
书　　号：ISBN 978-7-5184-3289-9　　定价：480.00元
邮购电话：010-65241695
发行电话：010-85119835　传真：85113293
网　　址：http://www.chlip.com.cn
Email：club@chlip.com.cn
如发现图书残缺请与我社邮购联系调换
201294K1X101ZBW

《中国烟草科学与技术（1982—2020）》编委会

《中国烟草科学与技术（1982—2020）》编写组

前言

烟草属茄科植物。据现有史料，烟草原产于美洲。1492年哥伦布发现美洲新大陆，见有印第安人吸食烟草，将其带回欧洲。明代万历年间，烟草传入中国。清代中叶至清末，烟草种植、加工、制造技术陆续从国外引进，开始出现烟草农学、制造学方面的研究机构及著作，并列入农事试验。新中国成立后，我国烟草科学研究逐步纳入正轨，部分地区组建了主要面向当地的烟草农业领域的研究所（试验站）；1958年，相继成立了轻工业部烟草工业科学研究所和中国农业科学院烟草研究所，面向全国开展有相关科研工作；其后，一些卷烟厂也设立有研究所或科研机构，面向企业开展研究工作。改革开放以来，我国于1982年成立中国烟草总公司，对烟草行业实行“统一领导、垂直管理、专卖专营”的管理体制，不断加大烟草科技投入，培养了大批烟草科技人才，加强了国内外烟草科研合作与学术交流，在烟草科学技术领域取得了许多重要烟草科研成果，有力地促进了我国烟草科学技术发展，有效地支撑了烟草行业的持续健康发展。同时，在烟草行业科技创新体系建设、科研机构（创新平台）建设、烟草学科建设与专业技术人才培养、开展国内外烟草科学技术交流等方面也取得较大进展。

我国烟草科学技术研究，所涉及学科范围主要包括烟草农业科学技术和烟草工业科学技术。其中：烟草农业科学技术所涉及的学科（专业）范围主要是烟草育种、烟草栽培、烟草植物保护、烟草调制等；烟草工业科学技术所涉及的学科（专业）范围主要是卷烟加工工艺、烟草化学、降焦减害、烟用香精香料、烟用材料、烟草机械等。

按照科学与技术史籍的撰写规范与要求，《中国烟草科学与技术（1982—2020）》立足于烟草科学技术新发展，全面回顾和归纳总结了新中国成立以来我国烟草科学技术的发展历程，并通过重点介绍中国烟草总公司成立30多年来我国烟草科学与工程研究领域的新技术、新材料、新方法、新成果，翔实阐述了我国烟草科学技术的发展历史、发展水平和最新研究进展，系统总结了我国烟草行业科技管理体制与机制的创新与发展历程，全面归纳了我国烟草科学技术的总体发展水平，同时还结合国外烟草科学技术发展现状，分析提出了我国烟草科学技术发展趋势与展望，以期促进烟草科学技术与不同学科领域的学术交流，并为广大科技工作者和科技管理人员提供重要参考。

《中国烟草科学与技术（1982—2020）》由总体发展概况、烟草育种、烟草栽培技术、烟草植物保护、烟草调制、烟叶分级与质量评价、烟草加工工艺、烟草化学、卷烟降焦减害、烟用香精香料、烟用材料、烟草机械、烟草信息化、烟草标准化、烟草及烟草制品质量检验、科技管理与创新体系共十六章组成。

《中国烟草科学与技术（1982—2020）》的编辑出版工作由中国烟草学会牵头组织，中国工程院谢剑平院士为编撰总负责人并担任主编，以中国烟草总公司郑州烟草研究院、中国农业科学院烟草研究所为主体，共组织16个专题编写组，依照科学技术史的总体要求进行撰写，并邀请韩锦锋、唐远驹等国内高校、科研院所的知名专家（学者）进行了认真研讨和审定。在此，谨向参与撰稿、研讨、审改、出版工作付出辛勤努力的所有人员表示衷心的感谢！

本书编写过程中，虽然撰写人员尽可能地收集烟草科学技术的相关史料、科技文献、信息数据，进行了科学客观地总结归纳和深入分析，广泛听取和采纳了多方面意见和建议，但由于史料不完整和撰写人员水平所限，本书内容上的欠缺或疏漏在所难免，敬请读者批评指正。

中国烟草学会

2020年12月

目 录

第一章

总体发展概况

第二章

烟草育种

第三章

烟草栽培技术

第四章

烟草植物保护

第五章

烟草调制

第六章

烟叶分级与质量评价

第七章

烟草加工工艺

第八章

烟草化学

第九章

卷烟降焦减害

第十章

烟用香精香料

第十一章

烟用材料

第十二章

烟草机械

第十三章

烟草信息化

第十四章

烟草标准化

第十五章

烟草及烟草制品质量检验

第十六章

科技管理与创新体系

第一章

总体发展概况

以1982年中国烟草总公司（以下简称“总公司”）成立为标志，我国烟草行业全面进入了新的发展时期。30多年来，在党中央、国务院的正确领导下，我国烟草行业高度重视科技创新工作，认真贯彻落实“科学技术是第一生产力”的重要思想，始终将科技创新作为行业持续健康发展的战略支点，坚持走“创新驱动、转型发展”道路，持续深化科技体制改革，在科学研究和技术开发方面取得了长足进步，在烟草科技各个领域形成了丰厚的积淀。特别是进入21世纪以来，我国烟草行业坚持走以中式卷烟为发展方向的自主创新道路，相继发布并实施了《中国卷烟科技发展纲要》《烟草行业中长期科技发展规划纲要（2006—2020年）》《烟草行业“卷烟上水平”总体规划》和《烟草行业“十三五”科技创新规划》等一系列重大科技政策举措，紧紧围绕烟草育种、特色工艺、卷烟调香、减害降焦四大战略课题，聚焦行业发展的瓶颈性、前沿性、战略性关键技术领域，大力提高原始创新、集成创新和引进消化吸收再创新能力。以烟草科技重大专项为引领，精心组织重大科研课题攻关，在关键技术领域取得了重大进展，尤其是在中式卷烟品牌发展、现代烟草农业发展、卷烟加工工艺、卷烟自主调香、卷烟降焦减害等方面取得了明显突破[1]。

经过近40年的发展，中国烟草行业把中式卷烟的技术主导权、发展主动权牢牢掌握在自己手中。目前，中式卷烟在国内市场牢牢占据主导地位，在国内卷烟消费市场上的份额占99%以上，外国卷烟品牌在国内市场份额不到1%。至2019年，有5个卷烟品牌年销售额超过1000亿元，形成16个销量超过100万箱、14个销售额超过400亿元的中式卷烟重点品牌；重点品牌销量占比88.2%，商业销售额占比94.3%（在产卷烟品牌81个，其中30个重点品牌）；销量最大的30个规格市场占比42.3%，销售额最大的30个规格市场占比47.2%。创新产品销量占比和销售额占比双双突破10%，成为推动中式卷烟发展的重要力量。

烟草农业实现了由传统向现代的转变。截至2020年上半年，累计审（认）定烟草新品种达到167个，自育品种栽培面积超过全国植烟面积80%，实现烟草品种资源牢牢自主掌控。全面开启了烟草研究基因时代，绘制了全球第一套最精细、最系统、最完整的烟草全基因组图谱，突破烟草基因编辑关键技术，确立了我国在烟草基因组研究领域的国际领先地位。攻克了绿色防控新技术，以蚜茧蜂防治蚜虫为代表的生物防治实现里程碑意义的突破，成功开发了蠋蝽、瓢虫防治虫害技术。蚜茧蜂防治蚜虫技术实现植烟面积全覆盖，在大农业推广面积首次超过烟草农业。

卷烟单箱耗烟叶从1982年的57.1kg降至2018年的33.0kg左右，降低了42.2%；卷烟焦油量从1982年的27.3mg/支降至2019年的10.2mg/支，降低了62.6%；卷烟危害性指数从2008年的10.0降至2019年的8.2。卷烟调香由被动依赖加快向自主调香转变，确立了“以我为主、由我掌控”的卷烟调香主体原则。

成功研制16000支/min卷接机组、800包/min硬盒包装机组、600包/min软盒包装机组、7000支/400包细支烟卷接包机组、ZJ119/ZB416（12000支/600包）国产超高速卷接包生产线和1000m/min滤棒成型机组，形成了超高速系列化产品，国产烟机装备实现了由高速向超高速的跨越。

鼓励自主创新的政策环境进一步完善和优化，适应科技创新的体制机制不断健全，烟草科技创新体系进一步完善，烟草产品质量保障更加有力，高层次创新型人才队伍建设成效显著。

经过近40年的发展，我国烟草行业在诸多关键技术领域取得的重要成就，显著提高了中式卷烟核心竞争力，极大地推动了行业整体科技水平的提升，有力支撑了烟草行业持续健康发展。

第一节 概述

近40年来，在国家烟草专卖局（以下简称“国家局”）的正确领导和烟草行业广大科技人员的艰辛努力下，烟草科技创新、科技进步和科技事业取得了长足的进步和发展，主要体现在以下几个方面。

（一）中式卷烟品牌实现跨越式发展

在中式卷烟发展方向引领下，我国卷烟的产品创新、品类创新、品牌创新更加深入，实现了从产品塑造到品牌塑造、品类塑造的提升；中式卷烟风格特色和口味特征持续强化，形成了区别于美式、英式、日式卷烟的风格特色，创新构建了有支撑、成体系、能感知的中式卷烟品类体系；重点品牌规模持续扩张，细支卷烟、低焦油卷烟、低有害成分释放量卷烟、低焦高端卷烟、爆珠卷烟、雪茄烟迅速成长。全国性知名品牌为主导、区域性优势品牌为依托、创新型特色品牌为引领的发展格局更加凸显，中式卷烟在国内市场牢牢占据主导地位，在国际市场影响力进一步增强。至2019年，全行业已培育形成16个销量超过100万箱、14个销售额超过400亿元的中式卷烟品牌，其中“云烟”“双喜・红双喜”“利群”“红塔山”“南京”“白沙”和“黄鹤楼”7个品牌销量超过200万箱，“中华”“利群”“云烟”“芙蓉王”和“黄鹤楼”5个品牌销售额超过1000亿元。目前，在全球销量最大的15个卷烟品牌中，11个是中国卷烟品牌。中式卷烟知名品牌的迅速崛起，有力支撑和带动了烟草行业持续健康发展。创新产品技术水平实现整体跨越，品质风格、规模结构、降本增效水平全面提升，成为行业发展新动能。创新产品销量占比和销售额占比双双突破10%；创新产品增量部分对行业销量增长、销售额增长的贡献度分别达到981.2%、118.5%；单箱结构超过行业均值1.34万元，成为推动中式卷烟发展的重要力量。

（二）烟叶科技创新实现跨越式发展

烟叶生产由传统农业向现代烟草农业转变，特色优质烟叶开发、烟叶精益生产、减工降本、提质增效取得明显突破，支撑传统烟叶生产向以规模化种植、集约化经营、专业化分工、信息化管理为特征的现代烟草农业转变，基本形成原料供应基地化、烟叶品质特色化、生产方式现代化的烟叶发展格局。烟草育种技术实现从传统育种向现代分子育种的转变，栽培品种实现以引进为主向自育为主的根本性转变。截至2020年上半年，累计审（认）定烟草新品种达到167个，自育品种栽培面积超过全国植烟面积80%，在国内农作物品种主导权普遍面临国际严峻挑战的形势下，实现烟草品种资源牢牢自主掌控。全面开启烟草研究基因时代，绘制全球第一套最精细、最系统、最完整的烟草全基因组图谱，掌控最丰富的烟草基因信息资源，突破烟草基因编辑关键技术，用5年时间完成了其他作物基因组8~10年的工作，确立了我国在烟草基因组研究领域的国际领先地位。烟草病虫害防治逐步实现由化学防治为主向生物防治、物理防治、化学防治综合手段为主的转变，以蚜茧蜂防治蚜虫为代表的生物防治实现里程碑意义的突破，研发形成对蚜茧蜂、蠋蝽、瓢虫等天敌昆虫的立体防治虫害技术体系，蚜茧蜂防治蚜虫技术实现植烟面积全覆盖，显著提升了烟草原料安全性，在大农业推广面积首次超过烟草农业，成为国内外生物防治的成功典范。

（三）卷烟降焦减害实现跨越式发展

通过科技创新提升卷烟设计、配方、工艺水平，广泛使用新型梗丝、再造烟叶等新材料，研发构建中式卷烟综合降焦技术体系和选择性减害技术体系，实现了卷烟焦油量和其他有害成分含量的持续减少。卷烟单箱耗烟叶进一步降低，从1982年的57.1kg下降至2018年的33.0kg左右，降低了42.2%；卷烟焦油量从1982年的27.3mg/支下降至2019年的10.2mg/支，降低了62.6%，同时形成了11mg、8mg、6mg、3mg、1mg等梯次结构；以7种成分为代表的卷烟危害性指数显著降低，从2008年的10.0下降至2019年的8.2。经过多年努力，中式卷烟确立了相对于美式卷烟、英式卷烟等国际主要卷烟类型的减害比较优势，卷烟焦油量实现与欧盟、美国等发达国家同步，烟草特有亚硝胺等有害成分含量明显低于国际知名卷烟品牌。

（四）卷烟生产制造和商业流通实现跨越式发展

卷烟生产制造迈向国际先进水平，精细化加工、均质化生产、敏捷化制造、智能化控制、信息化管理水平全面提升。卷烟制造核心技术取得突破，研制升级品牌专属性、高品质的制丝生产线，形成中式卷烟特色工艺。卷烟调香由被动依赖加快向自主调香转变，确立了"以我为主、由我掌控"的卷烟调香主体原则，中式卷烟逐步实现利用单体香原料、功能性香基模块自主设计和调配烟用香精香料。打破国际技术垄断，成功研制与国际先进水平接轨的高速、高效、清洁、低耗的造纸法再造烟叶生产线。烟机装备设计、制造和服务体系不断健全，成功研制16000支/min卷接机组、800包/min硬盒包装机组、600包/min软盒包装机组、7000支/400包细支烟卷接包机组、ZJ119/ZB416（12000支/600包）国产超高速卷接包生产线和1000m/min滤棒成型机组，国产烟机装备实现了由高速向超高速的跨越。信息化与工业化深度融合，通过构建烟叶生产、收购和调拨管理系统，实施行业卷烟生产经营决策管理系统（一号工程）项目，运用CIMS工程、ERP系统、MES系统，建设卷烟销售网建信息化系统和托盘物流系统等，构建起了涵盖烟叶生产、卷烟生产、批发、零售、消费各环节的全价值链信息化网络体系，逐步实现商流信息化、物流现代化、资金流电子化、信息流集成化，传统商业加快向现代流通转变。

（五）创新体系建设实现跨越式发展

推进研发链、技术链、产业链一体化升级发展，构建企业技术中心、科研院所、行业重点实验室、工程研究中心等研究平台分工协作、互为支撑的发展格局。以增强原始创新能力为导向，打造知识创新平台集群。郑州烟草研究院在行业科技创新中的牵头、指导、推动、引领作用进一步发挥，支撑行业发展能力进一步增强。先后组建国家烟草基因研究中心和上海新型烟草制品研究院。统筹布局22家行业重点实验室，源头创新能力持续增强。以增强共性关键技术研发能力为导向，打造技术创新平台集群。至2019年底，有8家企业技术中心通过国家认定,16家工业企业技术中心、7家行业工程研究中心和14家烟叶生产技术中心通过行业认定，烟叶生产技术中心和省级烟草研究所实现烟叶主产区全覆盖。以增强行业科技基础支撑能力为导向，打造技术服务平台集群。健全产品质量监督、标准化工作体系，构建共享开放的行业信息资源体系、协同高效的农业技术服务网络，行业科技创新资源总量和质量实现双提升。

（六）人才队伍建设实现跨越式发展

落实人才是第一资源的战略理念，行业始终把人才队伍建设放在突出的战略位置，至2019年底，培养和造就了一支以1名工程院院士、2名科技领军人才、50名学科带头人以及一批首席科学家、首席专家、卷烟高级调香师等为代表的具有一定规模的尖端科技人才和高层次创新人才队伍。建成博士后科研工作站18家、院士工作站6家，建立了与河南农业大学等高校、科研院所的烟草专业人才联合培养机制。行业中具有高级专业技术资格的高技术人才约5200人。

经过近40年的发展，行业科技创新工作取得了令人瞩目的巨大成就。据不完全统计，截至2020年6月，行业共获得国家科学技术奖励成果25项，国家局（总公司）科技奖励成果601项，标准创新贡献奖39项；获得授权专利33630件，其中发明专利7478件；发表（宣读）了一大批SCI、EI以及国际会议论文。行业自主创新能力全面提升，科技创新的动力源泉作用充分展现，支撑行业发展的能力显著增强。

第二节 科技发展

（一）“六五”和“七五”时期（1982—1990年）

20世纪80年代初期，国际市场以混合型卷烟为主导产品，滤嘴卷烟比例超过90%，而我国却处在单一烤烟型品种、90%以上无嘴卷烟、甲级烟比例不足5%的水平。调整产品结构、提高产品水平、增加适销对路产品生产成为全行业当务之急。针对卷烟产大于销、供过于求的形势，国家局（总公司）明确提出了：“控制总量、提高质量、调整结构、增加效益”的指导方针。经过10年的努力，烟草行业科技进步明显，产品质量有显著提高[2]。

1. 坚持“三化”生产，烟叶质量不断提高

“七五”期间，全国烟草行业认真贯彻“计划种植、主攻质量、提高单产、增加效益”的烟叶生产指导方针，稳定了烟叶生产，实现了产、供、销基本平衡。在全国推行“良种化、区域化、规范化”生产技术措施，加强了品种审定工作，建立健全种子管理制度和良种繁育体系，全国良种化面积达90%以上。加强国际交流合作，采取请进来、派出去的办法先后同美国、加拿大两个国家以及英国的乐富门公司进行合作，进行了优质烟叶开发试验[2]。

2. 卷烟生产技术明显改进，产品结构调整迈出较大步伐

卷烟生产在调整产品结构、增加适销对路产品方面有了明显进展。1990年卷烟总产量较1981年增长了90.7%，其中甲级烟增长了6.98倍，乙级烟增长了1.11倍，滤嘴卷烟增长了15.31倍。10年间，混合型、雪茄型、外香型卷烟产品比例从不足10%增加到17%。产品质量明显提高，焦油量普遍降低，1981年抽检卷烟焦油量综合平均值近

30mg/支，滤嘴卷烟平均25mg/支；1990年焦油平均值降至20.32mg/支，一批15mg/支以下的低焦油卷烟投放市场。卷烟工艺明显改进。1985年开始实施《卷烟工艺规范》，制丝过程工艺质量大幅度提高，卷烟消耗明显降低；1990年全国平均单箱耗烟叶比1981年降低4kg以上。卷烟产品设计打破传统观念，扩大成熟度好的上部烟叶使用比例，促进产品质量有了较大提高[2]。

3. 烟机工业国产化水平大幅提高

烟机工业坚持引进技术消化吸收与研制开发相结合的方针，生产出了一批具有当时国际先进水平、比较适合我国国情、门类比较齐全的产品，国产化率均在80%以上，部分设备全部国产化。与国外著名国际烟草公司签订了12个技术合作项目。1988年，总公司与美国赫斯特·赛拉尼斯公司合资兴建南通醋酸纤维丝束有限公司，一期工程年产1.3万t醋酸纤维丝束，缓解了烟用丝束的供需矛盾，结束了我国不能生产醋酸纤维丝束材料的历史[2]。

（二）“八五”时期（1991—1995年）

1991年召开的全国烟草科技工作会议，对“八五”行业科技工作提出了要求；1993年国家局党组做出“技术进步为中心，深化行业改革，加强宏观调控，为烟草发展上水平增效益开拓进取”的战略部署；1995年全国烟草科技大会的召开，进一步推动了烟草科技的进步，一大批科研成果不断出现并迅速转化为生产力，为我国烟草行业由“产量速度效益型”向“质量结构效益型”的转变发挥了积极作用[3]。

1. 烟叶品质明显提升，等级结构趋于优化

烟叶品质和上等烟叶比例均有明显提高，上等烟叶比例从1990年的12%提高到1995年的20%以上。烟叶初加工技术进一步提高，1995年全国形成75万t的打叶复烤能力[3]。经过多年在全国推广“三化”措施，我国主产烟区基本解决了“烟叶营养不良、发育不全、采收不熟、烘烤不当”的关键问题，解决了烟草品种上的多、乱、差，实现了烟叶品种良种化，全国良种面积达95%以上；总结并推行了一套培育壮苗、合理密植、科学施肥、成熟采收、科学烘烤生产优质烟叶的栽培规范化措施。在推行包衣种子、双层施肥、三段式烘烤、营养袋培育壮苗、运用生产制剂和性诱剂防治病虫害新技术及部分成果推广上都取得了可喜的成果。借鉴国外先进经验，更新质量观念，改进栽培调制方法，引进优良品种，白肋烟和香料烟生产有了较大发展[3]。

2. 烟机制造和卷烟材料技术水平进步明显

全行业积极组织引进技术的消化吸收工作，生产出了比较先进适用的制丝线57条，

卷接包设备2281台、滤嘴成型机649组以及薄片生产线、膨胀设备等其他设备482组（条），在推进烟草企业技术改造上发挥了积极作用[3]。卷烟配套材料国产化方面取得了明显进步，除醋纤丝束和高档盘纸尚有缺口外，其他卷烟材料都能立足国内生产供应。新建珠海、昆明和西安3个新的合资醋纤厂，并完成了南纤二期扩建工程，形成了年产5.8万t醋纤丝束的能力。同时，自主研制开发的丙纤丝束在缓解醋纤丝束供应矛盾、调整卷烟产品结构、降低工业成本方面发挥了突出作用[3]。

3. 科技项目和科技成果质量水平进一步提高

“八五”期间，国家局共下达烟草科技开发重点项目252项，省级及以下单位下达科技项目1000多项，对烟草病虫害、再造烟叶、膨胀烟丝、烟机国产化、辅助材料的开发等项目重点扶持和管理，取得了可喜成果。对提高烟叶和卷烟质量、降低消耗、降低焦油、提高产品的技术含量起到了积极的作用[3]。1991—1995年，评选出国家局科技进步奖共75项，其中：一等奖1项，即“全国烟草侵染性病害调查研究”；二等奖18项；三等奖56项。

（三）“九五”时期（1996—2000年）

“九五”时期，烟草行业坚持“狠抓基础，稳中求进”的工作方针，紧紧围绕“一要规范、二要改革、三要创新”的行业工作重点，统筹规划，加强技术创新，提升行业技术水平，在低焦油卷烟、混合型卷烟开发和降焦技术研究与应用等方面取得了较大进展[4]。

1. 烟草农业科技进步持续推进

烟叶生产上积极推广科学种植、科学管理和科学烘烤技术，烟叶质量稳步提高。同时，积极开展中外技术交流与合作，取得了积极成果。科学种烟技术得到进一步推广，特别是与菲·莫公司进行技术合作所生产的烤烟和香料烟达到了较高的质量水平[5]。

2. 卷烟生产科技水平进一步提升

烟机、卷烟辅料国产化迈出较大步伐，技术水平和质量水平都有所提高，具有20世纪90年代初期国际先进水平的CO_2膨胀烟丝、打叶复烤设备和7000支/min卷接机组通过国家局的技术鉴定[5]。烟草技术创新工程试点工作全面启动。降耗工程项目、出口型打叶复烤线和ZB45（400盒/min）硬盒包装机通过鉴定。辊压法再造烟叶在“加纤、起皱”的关键技术上有了较大突破[5]。上海、玉溪、昆明等卷烟工业企业在低焦油卷烟产品的研究开发方面取得较大进展，利用老名牌改造的烤烟型卷烟“中华”“红双喜”“红塔山”“玉溪”等牌号，焦油量从17mg/支下降至15mg/支以下；开发了焦油量为11mg/支的“红双喜”“红梅”“玉溪”牌卷烟和焦油量12mg/支的“红塔山”牌卷烟；北京卷烟厂研制出焦油量低于8mg/支的“长乐”牌低焦油、低烟碱、淡味混合型卷烟并销至国外；长沙卷烟厂推出了低焦油、低侧流烟气的“金沙”卷烟新产品[5]。至2000年底，全国卷烟焦油加权平均值为16.18mg/支[4]。

3. 科技成果持续涌现，科研水平进一步提升

“九五”期间，共有80项科技成果获得国家局科技进步奖，其中：“聚丙烯滤嘴棒的开发研制及推广应用”“降低烟叶消耗工程”和“全国烤烟三段式烘烤工艺及配套技术的应用与推广”3个项目获得一等奖；“ZJ18型卷接（装）机组”等20个项目获得二等奖；“白肋烟处理生产线”等57个项目获得三等奖。

（四）“十五”时期（2001—2005年）

“十五”时期，我国烟草行业确立了中式卷烟发展方向，明确了中国卷烟科技发展的方向和目标。全行业紧紧围绕培育中式卷烟品牌、提高中式卷烟核心竞争力这一中心任务，在烟草农业、卷烟工业、烟草流通、烟草机械、烟用材料、信息化建设等方面开展了一系列关键技术的研究、集成和推广，取得了明显成效，为提高烟草行业整体竞争力，促进行业持续稳定协调健康发展提供了有力的支撑，发挥了积极推动作用[6]。

1. 烟草农业科技水平明显提高

通过科技项目实施、关键技术攻关、先进适用技术推广应用，促进了烟叶生产与科技水平的明显提高。烟草新品种选育、平衡施肥、集约化育苗、集约化烘烤、烟叶基因检测、进口烟叶替代等技术取得了较大突破；烟草种植区划、特色烟叶开发、烟叶无公害生产技术开发、优质烟叶生产综合配套技术开发等一批提高烟叶质量和工业可用性的项目取得了阶段性成果；优质烟叶生产科技示范基地建设已见成效，密集式烤房得到推广；中式卷烟原料体系初步建立，为中式卷烟发展奠定了较为坚实的基础。“十五”期间共审定（认定）通过14个烟草新品种，自育烤烟品种推广面积从“九五”末的31.1%提高到58.5%，上等烟比例从“九五”末期的22.27%提高到38.99%，全国集约化育苗推广面积达到82%。

2. 卷烟工业核心竞争力明显增强

紧紧围绕培育名优品牌，在烟草化学、卷烟工艺、减害降焦、卷烟系统化设计、造纸法再造烟叶等关键技术上取得了突破。卷烟生产基本实现了从结果控制向过程控制的转变，造纸法再造烟叶设备开发和产品应用填补了国内空白，卷烟材料技术水平、产品质量和供给能力有了很大提高，成功开发了一批减少卷烟烟气自由基、一氧化碳、稠环

芳烃和烟草特有亚硝胺等有害成分的卷烟产品。开发了一整套降低卷烟烟气有害成分的实用技术，在利用含纳米贵金属的催化材料，改性Y型分子筛和神农萃取液选择性降低CO、TSNAs、PAHs苯系物等有害成分以及降低卷烟烟气自由基技术，卷烟侧流烟气技术等方面取得了多项创新性成果[7]。全面示范推广实施“卷烟制丝工艺水平分析及提高质量的集成技术研究推广”项目[8]。全面启动并不断推进中式卷烟特色工艺和核心技术研究，建立起“以三级配方为核心的全配丝”等模式的卷烟原料配方模块、分组加工技术和质量控制模式[9]。至2005年底，卷烟焦油量由“九五”末的16.1mg/支降至13.5mg/支，36个行业名优卷烟比例达到39.5%。烟机工业自主研发能力、制造水平和产品质量不断提高，国产烟机基本满足了烟草加工企业技术改造对主力机型类设备的需要，引进、消化吸收和再创新的国产10000支/min卷接机组、550包/min包装机组研制成功[6]。

3. 科研工作成绩斐然，科研成果丰硕

“十五”时期，行业取得了一批高水平的科技成果，其中“提高白肋烟质量及其在低焦油卷烟中的应用研究”“降低卷烟烟气中的有害成分研究”“卷烟工业自动化物流”“根结线虫生防真菌资源的研究与应用”“烟用二醋酸纤维素浆液精细过滤及高密度生产技术研究”5个项目获得国家科技进步二等奖。有82项科技成果获得国家局科技进步奖，其中：特等奖1项；一等奖4项；二等奖18项；三等奖59项。发布了一批行业急需的技术标准，共制修订各类技术标准102项，其中国家标准23项、行业标准79项。行业授权专利数量逐年增加，卷烟工业企业获得专利授权的数量从2000年的21件增加到2005年的104件。

（五）“十一五”时期（2006—2010年）

“十一五”时期，行业科技工作坚持以科学发展观为指导，发布实施《烟草行业中长期科技发展规划纲要（2006—2020年）》，围绕“坚持方向、突出重点、持续创新、支撑发展”的指导方针，开拓创新，扎实工作，加快创新型行业建设，在关键技术突破、创新平台和激励机制建设、高层次创新人才培养等方面取得了显著成绩，对行业发展起到了重要的支撑引领作用[10]。

1. 关键技术攻关取得较大突破

围绕四大战略性课题，实施重大项目带动战略，陆续启动卷烟减害技术、卷烟增香保润、中式卷烟制丝生产线、特色优质烟叶开发、烟草基因组计划、超高速卷接包机组研制等科技重大专项。特色工艺、配方技术、减害降焦、造纸法再造烟叶、烟叶生产技术等关键技术领域取得了较大突破，在卷烟工业企业和烟叶产区得到广泛应用，有力支撑了“中华”“芙蓉王”“利群”“双喜”等知名品牌的快速发展。国产造纸法再造烟叶产能达到10万t/年，部分产品质量接近同类进口产品并进入中高档卷烟配方。初步构建了“优质、特色、高效、生态、安全”的现代烟草农业技术体系。区域特色品种培育成效显著，烤烟自育品种推广面积比例达到68.47%。“十一五”末期全国卷烟焦油和一氧化碳量实测平均值下降到11.9mg/支和12.9mg/支，分别比“十五”末降低1.6mg/支和2.1mg/支。全国卷烟危害性指数稳步下降，从2008年的10.0降至2010年的9.3。

2. 创新平台建设实现了跨越发展

工商企业创新主体地位显著加强。地市级公司烟叶生产技术中心建设步伐加快，工业企业技术创新资源配置更趋合理，自主创新能力大幅提升，有力地支撑了品牌发展。组建国家烟草基因研究中心，郑州烟草研究院牵头、指导、推动和引领作用得到加强。省级烟草科研院所布局更加完善，建设力度进一步加大。重点实验室建设加快，质量检测监督体系进一步完善，行业28家质检机构获得国家质检总局机构授权。标准化体系和信息资源等基础平台建设进一步强化和完善。积极推进科技创新平台建设，对行业的科技支撑作用得到进一步发挥。全行业科技投入大幅度提高，研究开发条件得到了显著改善。

3. 科技创新氛围显著改善

制定实施针对省级公司领导的创新能力考核办法，有力推动了全行业创新工作有效开展。技术创新激励机制进一步健全，完善了行业科学技术奖励制度，增设技术发明奖；加大奖励力度，设立总公司标准创新贡献奖。行业多数单位制定实施了鼓励科技创新的激励政策，对创新成果和创新人才的激励制度进一步完善，力度显著增强。工业企业创新活动向更深更广领域扩展，自主创新能力明显提升，商业企业创新活动实现跨越式发展，创新项目数量大幅增加，成效更加突出，全行业形成了激励创新、宽容失败的良好氛围。

4. 科技人才队伍建设进步明显

具有高级专业技术资格和博士、硕士学位的高层次科技人员数量大幅度增加。面向全球招聘高层次人才工作取得实质性进展，开拓了高端人才引进新途径。建立高层次人才选拔培养制度，领军人才和学科带头人培养工作取得新进展。加大卷烟调香、烟草育种、生物技术、烟叶分级、标准化、质检等专项人才的培养力度，培养了9名烟草标准化领军人物，建立了以33名高级调香人才为核心的卷烟调香人才队伍。启动实施重大专项首席专家制度，进一步拓展了高层次人才成长渠道。

5. 重大科技成果大量涌现

“十一五”期间，涌现出了一大批高水平的科研成果。“卷烟危害性评价与控制体系建立及其应用”和“烟草物流系统信息协同智能处理关键技术及应用”2项成果获国家科技进步二等奖；5项成果获中国标准创新贡献奖；86项成果获得国家局（总公司）科技进步奖，其中：一等奖6项；二等奖27项；三等奖53项。5项成果获得总公司标准创新贡献奖。国际标准化工作实现重大突破，由我国牵头制定的ISO 12030：2010《烟草及烟草制品 箱内片烟密度偏差率的无损检测 电离辐射法》国际标准正式发布，实现了我国烟草行业乃至亚洲烟草界国际标准制定“零”的突破，《卷烟 端部掉落烟丝的测定 振动法》国际标准项目成功立项。知识产权创造、运用、保护和管理水平显著增强，专利申请和授权数量大幅增加，“十一五”时期行业申请烟草技术类专利3352件，比“十五”增长4.9倍；授权2338件，增长3.8倍，商业企业专利工作实现了历史性突破。

（六）“十二五”时期（2011—2015年）

“十二五”时期，全行业将科技创新作为持续健康发展的战略支点，行业自主创新能力持续提升，科技创新的动力源泉作用充分展现，支撑行业发展能力显著增强，关键技术研究迈向战略高端。烟草科技创新诸多领域形成独特优势，产业发展重大瓶颈取得诸多突破，科技创新的源头供给能力进一步增强。行业科技成果不断涌，创造了一批行业急需、技术领先、填补空白的创新成果。

1. 中式卷烟发展迈上新台阶

产品创新、品类创新、品牌创新更加深入，中式卷烟风格特色和口味特征持续强化，细支卷烟、低焦油卷烟、低有害成分释放量卷烟、低焦高端卷烟迅速成长，全国性知名品牌为主导、区域性优势品牌为依托、创新型特色品牌为引领的发展格局更加凸显，中式卷烟牢牢掌控国内市场，在国际市场影响力进一步增强。

2. 卷烟生产制造迈上新台阶

卷烟精细化加工、均质化生产、敏捷化制造、智能化控制、信息化管理水平全面提升。研制升级重点卷烟品牌专用制丝生产线；国产卷接包机组实现由高速向超高速的跨越；成功研制高速、高效、清洁、低耗具有国际水准的造纸法再造烟叶生产线，实现与国际先进水平接轨。

3. 卷烟降焦减害迈上新台阶

有效降低卷烟焦油及其他有害成分含量，焦油量与欧盟、美国等发达国家水平接近，以7种成分为代表的卷烟危害性指数显著降低并形成比较优势，卷烟单箱耗烟叶量进一步降低。

4. 现代烟草农业发展迈上新台阶

加速推进烟叶精益生产和特色烟叶开发，支撑传统烟叶生产向以规模化种植、集约化经营、专业化分工、信息化管理为特征的现代烟草农业转变。烟草研究进入基因时代，经过5年时间我国已成为掌握烟草基因资源最多的国家，占据国际烟草研究前沿。蚜茧蜂防治蚜虫技术全面推广，成为我国农业病虫害生物防治的成功案例，并在国际上形成影响力。在国内主要农作物品种主导权面临国际严峻挑战的形势下，自育烟草品种栽培面积占据主导地位。

5. 创新体系建设迈上新台阶

推进研发链、技术链、产业链一体化升级发展，构建起企业技术中心、科研院所、行业重点实验室等研究平台分工协作、互为支撑的发展格局。烟叶生产技术中心和省级烟草研究所覆盖烟叶主产区，行业重点实验室建设覆盖烟草主要学科领域，在新型烟草制品战略新兴领域和烟草生物技术前沿领域系统布局高水平研究平台，在重要学科领域和创新方向造就了一支以工程院院士、科技领军人才、学科带头人、首席科学家和首席专家、卷烟高级调香师为代表的梯次化高端人才队伍和一批高水平创新团队。

6. 产品质量保障迈上新台阶

行业标准化工作体系更加完善，构建起较为全面的质量安全标准体系和适应行业需求、与国际基本接轨的风险评估体系；行业质量监督体系更加扎实有力，检测能力和水平不断提升，实现对烟叶、卷烟、烟用材料、烟用添加剂等质量指标的全面、有效监控。

7. 科技成果创造迈上新台阶

“十二五”期间，全行业共获得各类科技成果7390余项，其中省部级768项；获得省部级奖励科技成果376项，其中总公司奖励成果139项，“全国烟草有害生物调查研究”获科技进步特等奖，“烟草介质花粉的研究及在种子生产中的规模化应用”获首个技术发明一等奖。全行业共获得授权专利13536件，是“十一五”的5.64倍，其中授权发明专利2999件，占22.16%。

（七）“十三五”时期（2016—2020年）

“十三五”时期，行业科技战线深入贯彻落实行业高质量发展要求，以加速落实创新驱动发展战略、加快建设创新型行业为主线，持续完善科技创新体系，深化关键核心技术攻关，着力激发创新活力、提升创新能力，强化科技对中式卷烟发展、新型烟草制品发展、现代烟草农业发展的支撑，积极推进科技创新、科技减害、科技增效上水平，行业科技创新工作取得了新的提升和突破。

1. 强化产品创新，实现中式卷烟发展动能新提升

深入推进实施细支卷烟升级创新重大专项，带动细支、爆珠、短支、中支卷烟等创新产品技术水平全面提升，实现“三大升级”和“八大技术突破”。以技术创新引领产品创新，补短板、强弱项、填空白，形成了涵盖系统化设计、专用材料、特色工艺、专用装备的创新品类技术体系，在一系列关键技术的支撑下，创新产品的品质风格、规模结构、降本增效水平进一步提升，对行业高质量发展的贡献度不断提高，为中式卷烟发展注入了强劲动能。

2. 强化全产业链创新，培育新型烟草制品国际竞争新优势

聚焦打造新型烟草制品国际竞争新优势的战略任务，瞄准国际最高水平，持续推进上海新型烟草制品研究院、深圳研发基地、行业装备工程中心、企业研究所“一主两翼一支撑”研发体系建设，系统推进技术、产品、装备、研发体系“四位一体”创新，发挥行业体制优势，实现了技术研究、产品研发、装备研制、国际市场拓展新突破。

3. 强化技术引领，实现烟草农业生产技术新突破

烟草基因技术保持国际领先水平，基因研究的优势、潜力、价值进一步凸显，烟草基因育种实现新突破。开辟了基因定向改良育种、规模化基因编辑育种和全基因组模块化育种 3 大烟草精准育种新路径。成功培育出抗病毒病 K326、抗黑胫病红花大金元、抗 PVY 云烟 87 烟草新品种。烟草绿色防控实现新突破。研发形成高效利用蚜茧蜂、蠋蝽、瓢虫等天敌昆虫的立体防治虫害技术体系，蚜茧蜂防治蚜虫技术实现植烟面积全覆盖，并在大农业上得到较好应用。烟叶生产技术创新实现新突破。特色优质烟叶开发重大专项取得标志性成果，打破烟叶浓中清香型概念，发布首个全国烤烟烟叶香型风格区划。

4. 强化机制突破，优化创新体系，实现创新动力和效能新提升

2016年，国家局编制印发了《烟草行业“十三五”科技创新规划》，明确了“十三五”时期行业科技创新工作的主要目标，确定了到2020年把烟草行业建设成为创新型行业；2017年制定印发了《关于激发科技创新活力 调动“两个积极性”的若干意见》，为行业创新激励机制改革明确了方向指引，行业创新氛围空前活跃，充分调动了科技人员的创新积极性。2019年印发了《关于促进烟草行业高质量发展建设科技创新体系的若干政策措施》，就服务烟草产业技术升级、建设支撑行业高质量发展的科技创新体系提出了建立“三体系”“三机制”等一系列政策措施，是深化行业科技体制机制创新的顶层设计和纲领性文件。2019年12月印发了新修订的《中国烟草总公司科技计划项目管理办法》，在充分贯彻中共中央、国务院有关科技体制机制改革精神的基础上，进一步规范了烟草行业的科研活动，为进一步提高科技创新效率与效果提供了新的政策指引。在

自上而下的整体谋划和系统推进下，烟草行业创新平台建设持续加强，创新人才培养引进力度持续加大，科技成果转化模式创新呈现新亮点，“智能+”模式创新取得积极进展，行业科技创新动力和效能得到进一步提升。

5. 强化保障支撑，监管效能和标准化水平新提升

行业扎实履行质量监督职能，大力开展质量提升行动，强化原辅材料、生产过程、终端产品的全流程监测与监督，对卷烟质量、烟叶质量、烟机鉴别等方面监控更加强化，有效维护了消费者利益和健康。充分发挥标准在提升质量、推动创新、促进发展等方面的引领作用，坚持强制性国家标准守底线，推荐性国家标准、行业标准保基本，总公司标准满足行业共性需求，构建出层次更加清晰、结构更加合理的行业标准体系和企业标准体系。质量监督和标准化工作成效明显，行业产品质量支撑保障水平得到进一步提升。

6. 科技成果产出跃上新高度

“十三五”期间，全行业共获得各类科技成果6260余项（截至2019年底，下同），其中省部级599项；获得省部级奖励科技成果426项，其中总公司奖励成果111项，“烟草全基因组图谱构建与分析”获科技进步特等奖，“浓香型特色优质烟叶开发”“烟叶香型风格的特征化学成分研究”“全国烤烟烟叶香型风格区划研究”“基于烟用香原料特性的数字化调香技术平台研究”4项成果获科技进步一等奖。截至2020年6月30日，全行业共获得授权专利17081件，是“十二五”的1.26倍，授权发明专利4004件，占23.44%。

第三节
科技支撑

（一）体制机制

1. 科技政策引导作用突出

近40年来，国家局（总公司）紧密结合烟草行业实际，按照有利于增强自主创新能力、有利于突破关键技术、有利于推广创新成果、有利于激发科技人员积极性和创造性、有利于充分利用行业内外科技资源以及有利于强化科技支撑作用和促进卷烟上水平的原则，在不同时期相继发布实施了一系列规划性、纲要性科技政策，这些科技政策适应不

同阶段科技创新工作的特点和需要，为行业科技创新营造了良好的政策和制度环境，有效推动了行业科技创新工作的持续发展。

1991年，总公司印发《烟草行业“八五”（1991—1995年）规划》，强调要加强科技计划的管理工作，通过计划管理将科技力量、资金设备配套并投放到行业最急需的任务上来；1993年，总公司制定《烟草科技进步七年（1994—2000年）发展纲要》，提出逐步建立起适应和促进烟草经济发展、符合科技发展规律的新型科技体制和运行机制，充分发挥科技第一生产力的作用，为行业发展提供强有力的技术支撑。纲要在农业、工业、应用基础研究等方面分别提出了具体的目标和要求。1996年，国家局印发《烟草行业“九五”（1996—2000年）科技发展计划》，明确指出必须推进全行业的科技进步，特别要提高农业、工业、计算机应用、装备技术、技术监督和软科学领域研究和技术水平。

进入21世纪后，2003年，国家局制定《中国卷烟科技发展纲要》，明确提出以提高中式卷烟技术水平和市场竞争实力为主要任务，强化对中式卷烟尤其是中式烤烟型卷烟的理论研究，揭示其本质特征和具体技术特点，走出具有中国卷烟特色的道路，培育中式卷烟的核心技术，并加速技术的集成推广。纲要提出中式卷烟发展方向和道路，在烟草科技发展史上具有里程碑意义。2006年7月，国家局印发《烟草行业中长期科技发展规划纲要（2006—2020年）》，确定“烟草育种”等8个重点领域为主攻方向，并从中确定28项优先主题进行重点安排。同时筛选出“烟草基因组计划”等9个行业急需、基础较好的技术、产品和工程作为重大专项。为推进重大专项顺利实施，2006年11月，国家局印发《关于实施烟草科技重大专项的若干意见》，明确了实施的总体目标：攻克一批具有突破性、前瞻性的关键共性技术，开发一批具有带动性、关键性的重大产品，推进一批具有全局性、战略性的重大工程。带动人才、专利、标准三大战略的实施，研究开发出一批具有自主知识产权的核心技术和技术标准，培养一批创新型人才尤其是自主创新领军人才和学科带头人。促使行业和企业的整体科技实力显著提升，科技竞争力显著增强。

为进一步促进行业自主创新能力的提升和经济增长方式的转变，提高行业的国际竞争能力和保障行业经济运行安全，2007年10月，国家局印发《烟草行业知识产权发展战略（2007—2015年）》，明确了行业未来一段时期知识产权发展的战略目标、任务和措施，有力地推动了行业知识产权的创造、运用、保护和管理水平持续提高。

为进一步指导和推动行业标准化工作，2007年2月，国家局印发《烟草行业标准化中长期发展战略（2007—2020年）》，对行业标准研究水平的提高和标准化工作取得较大突破起到了积极的促进作用。

2010年7月，国家局印发《关于烟草行业“卷烟上水平”总体规划及五个实施意见的通知》，明确提出“卷烟上水平”的总体要求，重点围绕品牌发展、原料保障、技术创新、市场营销和基础管理五个方面，制定主要目标，明确重点任务，全面推进“卷烟上水平”，通过五年时间努力，全面实现卷烟上水平。《技术创新上水平实施意见》指出：力求在关键技术上取得重大突破，在高素质人才培养上取得新的成效，创新激励机制更加健全完善。

为贯彻落实烟草行业“卷烟上水平”总体规划及技术创新上水平实施意见，2010年8月，国家局印发《国家烟草专卖局关于健全完善行业创新体系的指导意见》，提出了健全完善技术创新体系、知识创新体系、技术推广体系、质量安全保障体系、创新人才培养体系和创新激励机制6个方面指导意见。

2001年国家局（总公司）建立行业科技统计制度，开始对全行业的R&D数据进行年度统计工作，科技统计数据及其汇总分析结果为行业和企业制定科技发展规划和相关科技创新政策发挥了很好的决策参考作用。其后又逐步建立了针对企业技术中心、行业重点实验室、烟叶生产技术中心、行业工程研究中心以及针对卷烟工业企业、省级公司领导等的创新能力评价、评估和业绩考核等一系列制度，有力地促进了企业和行业整体创新能力和总体竞争力的快速提升。

2. 科技体制机制持续完善

体制机制创新是做好行业科技创新工作的重要前提和基础，科技体制改革是行业科技发展和推进行业自主创新的动力。近40年来，在不断推进自主创新过程中，行业高度重视科技体制改革，逐步建立起了与行业改革发展相适应、符合科技发展规律的科技体制，最大限度地发挥了市场配置科技资源的基础性作用，最大限度地激发了行业内外广大科技工作者的创新活力。通过体制机制的不断健全和完善，全行业创新活力和创造潜能得到进一步激发，机构、人才、项目充分活跃，知识、技术、管理的效率和效益持续提升，行业的创新效能得到充分释放。实践证明，体制机制的改革和创新是促进烟草科技事业进步、推动烟草科技跨越式发展的动力和源泉。

（1）科技创新激励机制不断完善

科技奖励制度是科技政策的重要组成部分，是激励自主创新、促进科技进步的重要手段。好的科技奖励制度，能够鼓舞和激励广大科技工作者，启发他们的工作智慧和创造灵感；能够引领技术创新发展方向，推动行业整体科技进步；能够创造良好的制度氛围，形成尊重知识、尊重人才的良好风尚。

1987年7月，总公司发布《中国烟草总公司科学技术进步奖试行办法》，决定设立总公司科技进步奖，旨在奖励在各种科技岗位上为烟草行业发展进行了创造性劳动、推动烟草行业科学技术进步，提高社会、经济效益做出突出贡献的集体和个人。

自1987年国家局（总公司）实施科技奖励制度以来，多次修订完善《中国烟草总公司科学技术奖励办法》及实施细则，紧紧围绕提高企业核心竞争力和行业整体竞争力，重在贴近企业发展的迫切需要和长远发展，重在重点领域、关键技术取得突破，重在科技成果能较快转化为现实生产力，相继增设科学技术杰出贡献奖、技术发明奖和创新争先奖，增加奖励成果类别和范围，科学制定成果评审标准，不断加大奖励力度，更加突出对烟草科技成果的实用性、更加突出对行业发展贡献的引导和鼓励。

2008年5月，总公司发布实施了《中国烟草总公司标准创新贡献奖管理办法》，有力地推动了烟草行业标准化领域的创新与科技进步，充分调动了烟草行业标准化工作者的创造性和积极性，对促进全行业的标准化工作和全行业的标准化水平起到了重大作用。

在此期间，行业直属单位根据国家局（总公司）科技奖励办法，进一步完善创新激励机制，结合实际制订了各自的科技奖励办法，对创新成果和创新先进集体、个人的授奖范围和奖励力度空前。目前，行业已建立起以行业奖励为引导、企业奖励为主体的科技奖励制度，形成了由总公司、省级公司、地市级公司奖励组成的多层次行业科技奖励制度体系。行业不少企业既注重奖励高水平的科技成果，也面向群众性的小改小革实施；既重视对结果的嘉奖，也关注对过程的肯定和鼓励，建立起了涵盖突出贡献奖、科技进步奖、标准创新奖、成果转化奖等类别的科技奖励体系。

为加强对省级公司技术创新工作的评价和考核，国家局相继出台了省级公司领导工作业绩考核的文件，并设置了涉及技术创新活动的指标，以推动行业技术创新和创新型行业建设工作的有效开展。

（2）开放式协同创新机制进一步完善

烟草行业深入贯彻协调、开放、共享发展理念，加强行业科技创新统筹，打破企业间技术封闭，全面深化跨行业、跨学科、跨领域的科技开放合作，全面释放行业人才、信息、技术等创新资源的活力，提升行业科技创新整体水平。

国家局加强与行业外机构科技合作，与郑州轻工业大学、浙江大学、贵州大学在卷烟调香、吸烟与健康等领域开展合作研究和人才联合培养。强化创新主体的开放联动和创新资源的融合共享，行业工商企业、科研机构和大专院校共同承担重大研究课题，产学研合作研究项目占比达到50%以上。郑州烟草研究院、中国农科院烟草研究所等与工商企业协同创新由单一的科研项目合作转变为平台共建、项目共研、人才交流等的全方位深度合作。行业各工商企业以企业需求为导向，以项目为载体，充分发挥联合实验室、博士后科研工作站等对外合作平台作用，进一步创新合作模式，加大合作力度，增强合作的针对性和有效性，在人才培养、科研攻关、合作交流上取得新突破。以卷烟品牌发展需求为导向，通过共建现代烟草农业科技示范园等方式，推动烟叶生产的工商研农全面合作。

（3）科技计划管理制度持续完善

国家局（总公司）积极推进科技计划管理方式改革，修订总公司科技计划项目管理办法和经费管理办法，2015年3月印发了修订后的科技计划项目管理办法，实施项目分类管理制度，进一步完善激励创新、科学高效、程序清晰、管理规范的科技项目管理机制。通过改革行业科技计划，拓展总公司科研项目计划的覆盖面、扩大项目研究成果的推广辐射效果。在科技项目管理上，一是突出程序性。针对科研工作特点，优化管理流程，提高项目管理效率，建立健全科学合理、导向明确、运行高效的覆盖项目全过程的闭环管理体系，确保科技项目立项、实施、监督、结题全过程受控。强化项目执行的严肃性，严格项目各程序、环节的执行标准。择优择强选择合作单位，提高项目研究层次。二是突出规范性。严格执行国家局关于科技项目和经费的相关管理规定。切实做好项目经费的预算、使用、决算管理，做到专款专用、专项专用，提高项目经费使用效益。

2019年12月，总公司印发《中国烟草总公司科技计划项目管理办法》，该办法将总公司科技计划项目分为重大专项项目、重点研发项目两类，明确了两类项目的目标定位，对项目立项、实施、经费、结题和成果管理做出详细规定。办法进一步优化了科研项目运行管理、经费管理，强化了科研责任和诚信管理。

（4）创新重大专项组织管理模式

自2008年起，行业陆续启动实施了科技重大专项，在重大专项组织管理方面，做了很多探索性、开创性的工作。更加注重发挥高层次人才作用，大力推行首席专家制，已经启动的重大专项均设立首席专家；更加注重“项目+平台+人才”的一体化运作，通过项目研究带动研究平台建设和创新人才培养；更加注重重大专项运行模式创新，针对每个重大专项的特点采取不同的运行模式，有力扩展了项目研究深度，提升了技术成果水平和转化应用实效；更加注重各重大专项之间顶层设计上的有效衔接和集成，促进行业技术创新工作的整体推进和协调发展。

（5）科技投入机制不断完善

行业贯彻落实国家有关增加科技投入的政策，形成了以国家局投入为引导、企业投入为主体的创新投入机制，对企业投入，加大政策支持力度，注重投入产出效果，确保全行业科技投入强度逐年提高，使科技投入水平与建设创新型行业的要求相适应。国家局科技投入重点支持应用基础研究、关键技术、共性技术研究、重大专项和行业科技基础条件平台建设，重点解决制约行业发展的科技瓶颈问题和全局性、行业基础性的问题，并不断从以支持项目为主，逐步转向既支持项目同时又支持研究基地和人才队伍建设，促进技术突破、基地建设和队伍建设的相互协调发展。企业科技投入围绕增强企业自主创新能力和市场竞争力，重点开展技术应用、技术集成和成果转化工作。

从1982年到2001年，国家局科研经费投入约为1.6亿元（不含基本建设和专项补贴）。1986年以前国家局科研经费投入较少，之后对科研的投入逐年增加，到2000年和2001年科研经费稳定在3800万元左右。进入新世纪，全行业科技投入大幅度提高，研究开发条件得到显著改善。“十二五”期间，行业工商企业建立了保证研发活动有序开展的投入机制，云南、上海、湖南等卷烟工业企业年均研发投入超过2亿元，贵州、云南省局超过1亿元。烟叶主产区地市级公司开始成为烟草农业技术创新投入的主体，遵义、毕节、黔西南、玉溪、临沂等地市级公司研发投入占烟叶销售收入的比例达到1%。全行业5年累计投入研发经费287.17亿元，其中研究开发项目经费165.18亿元。“十三五”期间，全行业持续加大科研投入力度，年度总投入持续保持较高水平，2016—2019年4年累计达到282.04亿元，年均超过70亿元。

（6）知识产权创造与管理机制逐步健全

通过发布实施《烟草行业知识产权发展战略（2007—2015年）》，明确了行业知识产权发展的战略目标、任务和措施。行业不断强化对烟草重大关键技术领域专利态势分析，强化对国内外烟草技术类专利布局的研究，有针对性地提出知识产权创造规划计划，在重点技术领域逐步形成了核心专利群，不断提升科技含量高、应用价值大、对品牌发展支撑能力强的核心发明专利比例，初步实现了知识产权从分散无序到系统布局的转变。加强科技创新中的知识产权目标管理，更加注重知识产权质量和转化应用，逐步实现了从重数量到重质量、重创造到重应用的转变。

知识产权工作实现了跨越式发展，知识产权创造、运用、保护和管理能力显著提升。“十五”期间，行业授权专利数量逐年增加，卷烟工业企业获得专利授权的数量从2000年的21件增加到2005年的104件。“十一五”期间，行业专利申请和授权数量大幅增加，年获得授权专利数量从254件增长到892件，增长了2.5倍。其中，年授权发明专利数量从33件增长到163件，增长了3.9倍，初步形成一批覆盖行业各专业技术领域的核心技术专利群。“十一五”时期行业申请烟草技术类专利3352件，比“十五”增长4.9倍；授权2338件，增长3.8倍，商业企业专利工作实现了历史性突破。“十二五”期间，全行业共获得授权专利13536件，是“十一五”的5.64倍，其中授权发明专利2999件，占22.16%。“十三五”以来（截至2020年6月30日），全行业共获得授权专利17081件，其中授权发明专利4004件，占23.44%。

（7）成果推广应用机制建设不断加强

行业各单位持续完善科技成果评估体系和管理制度，强化推广体系建设，积极探索成果转移转化模式。云南省局（公司）建立了“项目运作、培训保障、目标考核”三维并重的成果推广运作模式，贵州、山东、湖南、湖北等省局（公司）采取加大推广类项目的立项数量、资金投入、绩效考核等有效措施，一批先进适用技术得到大面积推广应用并辐射到全国烟区。重庆市局（公司）提出了以研究开发平台、试验平台、示范推广平台、交流合作平台和科技信息共享平台为主要内容的技术创新推广体系总体架构。

（二）创新体系

构建完善高效的烟草科技创新体系，是做好科技创新工作、建设创新型行业的组织保障和增强自主创新能力的关键措施，也是进一步优化行业科技资源配置的重要手段。行业始终把加强科技创新体系建设作为促进科技进步的重要基础，相继出台实施了一系列政策措施，极大地推动了行业的科技创新体系建设与发展。为启动和加强企业技术中心建设步伐，推动企业成为技术创新的主体，国家局（总公司）于1998年3月组织召开了“烟草行业技术创新工作会议”，对企业技术中心建设进行了全面部署。2010年国家局制定并印发了《国家烟草专卖局关于健全完善行业创新体系的指导意见》，提出了健全完善技术创新、知识创新、技术推广、质量安全保障、创新人才培养体系以及建立健全创新激励机制的各项保障措施，稳步推进和持续加强行业创新体系建设，创新体系总体布局进一步优化。2019年7月，国家局印发《关于促进烟草行业高质量发展建设科技创新体系的若干政策措施》，就服务烟草产业技术升级，建设支撑行业高质量发展的科技创新体系提出系列政策措施，明确要构建更加高效的科研体系、创新人才培养体系、创新服务体系等“三个体系”，构建更富活力的开放创新机制、成果产业化机制、创新治理机制等“三个机制”，形成以“三体系、三机制”为核心的特色鲜明、要素集聚、活力迸发的行业科技创新体系。

近年来，行业科技创新体系建设进展顺利，技术创新体系、知识创新体系和技术服务体系日益健全，烟草产品质量检测监督体系和标准化工作体系不断完善。

1. 技术创新体系建设不断强化

企业技术中心是企业技术创新体系的核心。1996年，国家局印发的《烟草行业“九五”（1996—2000年）科技发展计划》中，强调要加快烟草企业技术中心建设步伐；1999年，国家局印发《关于搞好烟草企业技术中心建设工作的通知》，提出烟草重点企业尽快建立和完善技术中心。2001年8月，国家局印发《烟草行业技术中心认定与评价办法（试行）》，该《办法》成为对烟草行业企业技术中心进行认定、考核、年度评价与评审的主要依据。2009年12月，国家局发布《烟草行业认定工业企业技术中心管理办法（暂行）》，对卷烟制造类工业企业以及烟草专用机械、烟用滤材等其他非卷烟制造类工业企业技术中心的行业认定工作予以规范，提出了工业企业技术中心的评价指标体系。长期以来，国家局始终以“一流的环境、一流的研发手段、一流的人才、一流的成果”为企业技术中心的发展目标，通过实施一系列的政策措施，使工业企业技术创新资源配置更趋合理，技术中心建设水平不断提升。

借鉴工业企业技术中心建设和运作的成功经验，2011年2月，国家局出台《关于加强烟叶生产技术中心建设的意见》，提出建设一批定位清晰、机制完善、运行高效的烟叶生产技术中心，形成以企业为主体、以市场为导向、产学研相结合的烟草农业技术创新体系，努力把地市级公司烟叶生产技术中心建设成为技术研发、人才培养和成果转化的综合性平台。2012年6月，国家局发布《烟草行业认定地市级公司烟叶生产技术中心管理办法（暂行）》，进一步规范了行业认定烟叶生产技术中心的认定与评价工作。随着烟叶生产技术中心建设的全面推进，烟叶生产技术中心建设水平、技术能力和支撑烟叶生产的作用逐步提升，以企业为主体、市场为导向、产学研相结合的行业技术创新体系日益完善，企业创新主体地位显著加强。

国家、行业技术中心认定政策与相关措施对促进烟草行业的技术中心建设、规范技术中心运行以及更有效地开展技术创新工作等，都起到了很强的政策指导和引导作用。其具体效果主要体现在以下几个方面：卷烟工业企业的技术创新意识得到显著增强，申报国家级或行业技术中心认定的积极性空前高涨；有效促进了烟草企业技术中心的建设工作，技术中心整体水平得到明显提高，制度建设与各项管理工作以及技术中心的硬件条件得到有效改善；促使各企业科技投入明显增加，科研开发项目数量明显增多，科研项目水平明显提高；人才队伍建设得到高度重视，人才队伍规模与业务素质显著增强。

工程研究中心是烟草行业科技创新体系的重要组成部分。按照国家关于工程研究中心建设的部署和要求，国家局于2015年9月出台了《烟草行业工程研究中心管理办法》，明确提出烟草行业工程研究中心建设的任务和要求，以技术成果工程化研究和科技成果产业化为主要目标的烟草行业工程研究中心的建设进入正轨，为打通科技成果通向产业化应用的“最后一公里”创造了极好的平台和条件。

2. 知识创新体系建设不断加强

以增强原始创新能力为导向，打造知识创新平台集群。郑州烟草研究院科研条件进一步改善，源头创新和支撑行业发展能力进一步强化，牵头、指导、推动和引领作用得到进一步发挥；坚持技术、平台、人才一体化发展，建立国家烟草基因研究中心、基因工程研究中心和7个生物技术研究平台，夯实烟草生物技术研究基础；重点实验室是烟草行业知识创新体系的重要组成部分。为推动和加强行业重点实验室建设，国家局先后制定了《烟草行业重点实验室建设和管理暂行办法》（2004年8月）、《烟草行业重点实验室评估管理暂行规定》（2008年9月）、《烟草行业重点实验室管理办法》（2013年8月），对行业重点实验室建设、运行、认定、评价等工作进行规范和指导。

坚持行业需求和学科发展相结合，注重特色突破和统筹布局，至2019年底，共认定22家行业重点实验室，涵盖烟草主要学科领域。行业重点实验室运行机制更加完善，研发水平、开放性和影响力进一步提升。省级烟草科研院所布局更加完善，建设力度进一步加大。积极推进中国农科院烟草研究所和河南农业大学两个科技创新平台建设，对行业的科技支撑作用得到进一步发挥。

3. 技术服务体系建设持续加快

持续推进烟草生物信息资源平台、烟草病虫害预测预报和综合防治网络平台、烟草种质资源平台、烟草文献知识服务平台、知识产权综合信息服务平台、烟草科学数据中心服务平台和科技成果共享服务平台等平台建设，初步搭建起具有公益性、基础性、战略性的烟草科技信息资源平台，逐步形成了资源丰富、功能完备、服务高效的行业公益性资源体系，为行业加强技术服务资源有效利用，促进知识流动和技术转移，实现知识创新、技术创新和成果产业化的紧密衔接提供了有效支撑。

4. 质量监督体系建设进展明显

行业质量监督体系更加扎实有力，检测能力和水平不断提升。至2020年6月，形成了以国家级质检中心为龙头、8个综合性省级局质检机构为骨干、20个专业性省级局质检机构为基础的行业质检体系；国家烟草质量监督检验中心具备卷烟、烟叶、卷烟材料、添加剂以及7种危害性指标的检验检测能力，烟草行业28家质检机构具备承担烟草制品成分、释放物监督检验和产品质量监督检验资质；各卷烟工业企业将产品质量安全指标纳入日常检验工作，内控质量监管体系进一步完善，保证了产品质量安全。烟叶工商交接等级质量监督抽查工作进一步规范。目前，已实现对烟叶、卷烟、烟用材料、烟用添加剂等质量安全指标的全面、有效监控。

5. 标准化工作体系建设成效显著

行业标准体系建设进一步加强，标准化工作体系更加完善，工作机制更加健全，构建起较为全面的产品质量安全标准体系和适应行业需求、与国际基本接轨的风险评估体系，产品质量安全管控更加有力。国际标准化工作实现重大突破，在国际标准化领域的地位和影响力进一步提升。

至2020年7月，行业科技创新体系基本形成了产学研分工协作、互为支撑的格局，创新体系总体布局进一步优化。行业共拥有国家认定企业技术中心8家，行业认定工业企业技术中心16家、烟叶生产技术中心14家，行业工程研究中心7家，行业重点实验室22家，行业重点标准研究室13家，通过中国实验室认可的质检实验室29家。

（三）科技人才队伍

全行业认真贯彻尊重劳动、尊重知识、尊重人才、尊重创造的方针，全面实施“人才强国”战略，牢固树立“人才资源是第一资源”的观念，始终坚持把人才置于科技创新的优先位置，注重科技人才队伍建设，加强人才培养，完善用人机制，优化用人环境。

为培养和造就烟草行业的科技领军人才、学科带头人，提高自主创新能力，国家局分别于2011年、2014年印发了《烟草行业科技领军人才和学科带头人管理办法（试行）》和《烟草行业学科带头人管理办法》，努力在全行业营造有利于科技人才成长和优秀人才脱颖而出的良好环境。通过实施科技重大专项、加强国际学术交流与合作项目，加强重点学科、重点实验室建设以及国内外进修、培训等手段和措施，培养造就了一批创新能力强的高水平学科带头人和科技领军式人物。

行业全面推行首席专家制。启动实施重大专项首席专家制度，进一步拓展了高层次人才成长渠道。结合重大项目的实施，大力加强对创新型后备人才的培养，提高中青年科技人员在科技项目组中的比例，形成具有烟草特色的优秀创新人才群体和创新团队。

不断推进科技评价制度、激励制度等科技人才管理制度改革，进一步优化了行业学术环境和人才成长环境。

通过制定有利于吸引人才的政策，实行更加灵活的措施，加大高层次人才引进和培养工作力度，不断完善了适应烟草行业自主创新需要的人才结构。面向全球招聘高层次人才，开拓了高端人才引进新途径。

行业部分企业打通专业技术人才成长通道，建立技术人才成长通道和相关制度，实行专业技术职务聘任制，落实相关待遇，鼓励和引导优秀科技人才终身从事科研工作。通过不断畅通科技人才职业发展通道，营造了各类人才安心工作、多做贡献的良好环境。

至2020年7月，烟草行业在重要学科领域和创新方向造就了一支以工程院院士、科技领军人才、学科带头人、首席科学家和首席专家、卷烟高级调香师为代表的梯次化高端人才队伍和一批高水平创新团队。其中，中国工程院院士1名，行业科技领军人才2名、学科带头人50名。烟草生物技术研究领域形成260人的团队规模。在烟草育种、生物技术、烟叶分级、标准化、质检等领域，培养了一批具有较强创新能力的学科带头人和科技骨干，行业具有高级专业技术资格的高技术人才达到5200人左右。

第四节

科技发展展望

党的十九大提出了新时代坚持和发展中国特色社会主义的战略任务，描绘了把我国建成社会主义现代化强国的宏伟蓝图，开启了实现中华民族伟大复兴的新征程。习近平总书记在2018年召开的两院院士大会上指出，为了实现建成社会主义现代化强国的伟大目标，实现中华民族伟大复兴的中国梦，我们必须具有强大的科技实力和创新能力。同时总书记也多次强调，创新是引领发展的第一动力，是建设现代化经济体系的战略支撑。党的十九大还进一步提出，我国经济已由高速增长阶段转向高质量发展阶段，正处在转变发展方式、优化经济结构、转换增长动力的攻关期，提出了要瞄准世界科技前沿，强化基础研究，实现前瞻性基础研究、引领性原创成果重大突破以及加强应用基础研究，拓展实施国家重大科技项目，突出关键共性技术、前沿引领技术、现代工程技术、颠覆性技术创新等一系列重大科技创新任务。国家重大战略和经济社会发展对科技创新已经提出了更加迫切的需求，对科技事业提出了新的更高的目标和任务。

从未来发展来看，我国烟草行业正面临着控烟履约、新型制品、完善体制等方面的严峻挑战，面临着实现烟草经济高质量发展的迫切需求，面临着建设服务产业技术升级、支撑行业高质量发展的创新体系以及建设重点突出、集中度高的品牌发展体系等一系列的重大任务。近年来，国家局针对烟草行业未来的发展问题，审时度势，确立了加快建设现代化烟草经济体系、全力推动行业高质量发展的“1+6+2”的行业政策体系，对行业经济的高质量发展、建设现代化烟草经济体系以及行业科技创新工作进行了系统的安排和部署，进一步明确了高质量发展和烟草行业科技创新的目标和任务。烟草行业应紧密围绕未来高质量发展的科技需求和“卡脖子”的关键核心技术与关键原辅材料等重大问题，进一步加大科技创新的力度，推进创新成果转化运用，全面提升烟草科技创新对行业高质量发展的支撑能力和水平。

（一）加速中式卷烟技术升级与发展

未来，烟草行业应聚焦中式卷烟技术升级，依托行业科技重大专项和重点科技攻关科技项目，加速中式卷烟技术升级和创新发展。科技创新与科技发展的重点有如下几点。

1. 加速实施科技重大专项

在烟草科研大数据领域，在现代信息技术的应用、科研数据的分析挖掘、知识化服务等领域布局和实施一批科研攻关项目中，充分利用新一代信息技术和人工智能技术，研发功能强大、服务高效的各类应用系统和云服务平台，实现科学数据的整合融合和深度应用，提供数据资源服务、数据分析挖掘服务、知识情报服务、协同创新服务、科研管理服务、科技决策支持服务和基础设施云服务等服务，大幅提高科研数据和创新资源的使用价值和共享水平。

在打叶复烤技术升级方面，进行一批重大科研项目，努力实现在配方、原烟仓库、加工特性等方面的规模化，在过程含水率、片烟结构、均匀混配等方面均质化，烟叶原料等的纯净化，过程控制与管理的信息化，同时努力实现提质保香，推动“四化一保”技术成果的应用，最终形成品牌专属的打叶复烤工艺技术体系。

在细支卷烟升级创新方面，应在产品设计、材料设计、降耗、控焦稳焦、技术装备等领域加强技术攻关和装备研发，突破细支卷烟关键技术瓶颈，构建细支卷烟核心技术体系。

在卷烟产品数字化设计、卷烟智能制造、中式雪茄、烟草制品风险评估、烟用新材料、烟草香精香料、智能烟草装备、烟草大数据等领域适时研究布局一批重大专项，尤其要针对烟草行业未来可能面临的“卡脖子”关键核心技术与关键原辅材料等优先布局相关科技重大专项，组织全社会力量进行相应的科研攻关，取得一批高水平、高价值、可推广的重大科技成果，确保烟草行业产业链、供应链、技术链的安全可靠，为行业高质量发展提供强大支撑。

2. 持续加强降焦减害技术综合集成和应用

以卷烟感官品质和危害性指数为导向，围绕降焦减害技术瓶颈和稳焦油、降成本等核心问题，布局实施一批科技攻关项目，系统集成降焦减害技术以及增香保润技术、制丝工艺技术、特色优质烟叶生产技术等技术，系统推进在中式卷烟产品中的应用，持续降低焦油和其他有害成分含量，实现感官品质与降焦减害的同步提升。

3. 推进卷烟加工向数字化、网络化、智能化转变

在中式卷烟产品设计数字化领域，充分积聚烟气化学成分、感官成分、有害成分、加工工艺、三纸一棒、烟用香料、卷烟调香等方面的数据资源，有效利用大数据、数据分析挖掘、数据模型模拟构建等先进技术和方法，实现配方技术数字化、辅材技术数字化、调香技术数字化，最终将实现卷烟产品设计数字化。在卷烟加工制造领域，应融合知识供应链的构建，优化生产过程系统，形成卷烟智能制造系统；融合数据分析以及数据挖掘技术构建模型库、专家知识库、模式库，实现自动排产、模拟预测、性能监控、故障诊断、策略优化、质量追溯和绩效评价，构建基于大数据的卷烟智能决策生产系统。在烟草机械研发创新方面，探索推进烟机产品智能化、生产过程智能化和服务保障智能化，努力提高创新产品、烟草农业、标准烟与异型烟共线分拣、新型烟草制品等领域的设备保障能力；推动烟草物流服务升级、管理升级、创新升级，探索推进智慧物流建设，努力打造绿色循环、精益高效、协调共享的烟草供应链物流体系。

（二）加速现代烟草农业创新升级

继续推进烟草基因组计划、烟草绿色防控重大专项和烟田土壤保育工作，以问题为导向加强相关领域的技术攻关，实现现代烟草农业的创新升级。科技创新与科技发展的重点有如下几点。

1. 持续推进科技重大专项

在烟草基因组计划领域，应以精准育种为核心，以突破品质为关键，着力实现从传统育种手段向以工厂化育种、模块化育种为主体的精准育种的跨越；实现从单基因、单性状的定向改良到多基因、多性状的有效聚合的跨越；加速推进科技成果的产业应用，着力将基因资源优势有效转化为生产力优势，持续领跑国际烟草基因组研究。在绿色防控技术领域，加速绿色防控理论层面、技术层面、应用层面和产业化层面的科学研究与技术攻关，建立“三虫三病”绿色防控技术体系，构建了八大生态区绿色防控模式，实现了烟草病虫害防治由化学防治为主向绿色防控为主的转变、绿色防控从烟蚜茧蜂防治蚜虫单项技术到“三虫三病”综合防治技术体系的跨越、绿色防控技术应用从烟草农业

到大农业的拓展，全面提升了烟叶生产安全、烟叶质量安全及烟区生态安全。在基因技术、烟草育种、绿色防控、智慧烟草农业等领域适时研究布局一批重大专项，加大科技攻关力度，着力解决现代烟草农业发展中的重大科学技术问题，为烟草农业的高质量发展提供了强大支撑。

2. 实现烟叶生产精准化

充分利用大数据技术、生物技术、现代信息技术以及人工智能技术，布局实施精准育种技术、精准种植技术、病虫害实时预测预警技术、现代基因编辑技术、智能化调制技术、烟草生长状态与环境自动监控技术以及烟田土壤保育技术、减少农用物资技术、烟田废弃物综合利用技术等一批科技攻关项目，实现精准育种、精准种植、精准防控、精准调制等，以促进传统育种向现代分子育种转变，促进烟叶生产向现代烟草农业发展转变，推动烟草育种、病虫害防治、智能施肥、土壤保育、绿色发展等领域的科技进步和技术升级。

（三）推进新型烟草制品创新发展

加强新型烟草制品创新体系建设，深入实施新型烟草制品研制重大专项，强化核心技术与专用装备的科技攻关，在掌控核心技术的基础上加强具有中式特色的相关产品研发，实现了新型烟草制品技术、产品、装备全产业链发展，为行业未来发展新兴产业提供可靠的技术储备与支撑。科技创新与科技发展的重点有如下几方面。

1. 加速核心技术研发，超前研发储备战略性产品

密切跟踪新型烟草制品政策、技术和市场发展动态，以加热不燃烧产品、电子烟和口含烟等新型烟草制品为主攻方向，研究攻克一批关键性、原理性、战略性、颠覆性技术，推动核心专利创造、升级、整合，突破了专利的制约，实现关键技术由我主导、核心技术由我掌控，坚决守住核心专利不侵权这条底线。开发一批具有鲜明中式特色、占领技术高端、具有国际竞争力的新型烟草制品。

2. 稳步提升新型烟草制品产业化能力

研究建立权威性的技术标准体系和市场准入规范，在力争实现现有设备有效利用的基础上，研发具有自主知识产权的关键检测仪器、实验设备和生产装备，研制具有国际先进水平的科研试制平台和生产线。

3. 布局实施重大专项

跟踪研究新型烟草制品的未来发展趋势，围绕加热不燃烧卷烟、新型电子烟产品，

在加热方式与器具研究与开发、新型产品研发、高速自动化装备研制等领域适时布局一些科技重大专项，更有针对性地攻克一批关键技术，获得自主知识产权，形成新型烟草制品的技术体系和完整的产业链，促进新型烟草制品技术与产品的跨越发展。

（四）加强行业高质量发展重大问题研究

针对烟草行业的改革发展战略、烟草专卖治理体系、现代烟草经济体系、高质量发展宏观政策、经济社会环境、科技创新、技术经济、控烟履约、新型烟草制品等重大战略性问题以及“卡脖子”的关键核心技术和关键原辅材料等方面的严峻挑战，应从行业高质量发展的战略高度布局实施一批软科学研究类科技重大专项和重点科技攻关项目，提高对行业决策的支持能力和对行业持续健康发展的支撑水平。该领域前瞻性、战略性的科研重点有如下几点。

1. 加强行业改革发展战略研究

深入分析、科学判断世界烟草业的未来发展趋势，按照我国建设现代经济体系和国民经济高质量发展的总体要求，加强对烟草行业深化改革、完善烟草专卖体制机制、构建适度竞争新机制、行业高质量发展新政策、行业总体发展规划等战略问题的研究，提出高质量高水平的决策意见与建议，为烟草行业的重大决策提供参考。

2. 加强控烟履约与行业发展关系研究

应深入研究控烟履约对行业发展的深刻影响，应研究提出统筹控烟履约和行业发展的有效路径；应加强吸烟与健康有关科学问题的深入研究，科学探明吸烟与消费者健康的真实关系，为降焦减害和降低吸烟风险提供基础支撑。

3. 加强烟草生产力优化布局研究

应在深入调研的基础上，深入研究我国烟叶生产、打叶复烤、卷烟加工制造、烟用材料和烟草机械生产制造、新型烟草制品加工制造与装备制造以及烟草制品物流配送总体布局等领域的生产力布局规划，提出科学可靠的政策建议。

4. 加强传统烟草转型升级和新兴产业发展研究

紧密围绕改造提升传统产业和发展新兴产业，以推进烟草产业向高质化、高端化、绿色化转型和推进烟草制造业向数字化、网络化、智能化转变以及加速推进“互联网+”、云计算、大数据、人工智能等新技术在烟草行业的应用为核心，加强发展战略与发展规划领域的研究，布局实施一批科研开发项目，取得一批高水平的科技成果，为传统产业的转型升级和新兴产业的发展提供科技支撑。

5. 加强“走出去”发展战略研究

围绕烟叶、卷烟、雪茄烟、新型烟草制品、烟草机械、烟用材料等产品，加强对国际市场的调查研究，并从制度创新、政策保障、技术支撑、品牌培育、队伍建设等领域启动实施一批战略性、系统性的研究课题，为中国烟草实施“走出去”战略提供科技支持。

6. 加强体制机制问题研究

在坚持烟草专卖制度的前提下，围绕政府与市场、专卖与专营、垄断与竞争、自律与他律、集中与自主等关系以及内部体制机制完善、科技创新体制机制改革创新、人才发展机制创新等重大问题，布局实施一批重点科技项目，取得一批科学可靠的科技成果。

7. 加强其他战略性、前瞻性课题研究

围绕行业技术瓶颈、仍受制于人的“卡脖子”问题以及未来发展的科技需求，全面加强烟草学科的基础研究、应用基础研究和前瞻性研究，重点在基因功能深化分析、分子育种、库存烟叶有效利用、烟草综合利用、中式卷烟设计创新、感官组学研究与应用、高端烟用材料加工制造、高性能高效率烟草机械设备设计制造、下一代烟草制品研发、新材料新技术在烟草产业的应用等重点领域，尤其要在生产酸酸纤维丝束用木浆、替代高质量进口烟叶、新型烟草制品核心技术、高端检测分析仪器等关键领域，应超前布局并逐步实施一批行业重大科技攻关专项或重点项目，力争早日取得一批高质量原创性成果，为行业未来发展提供强大战略储备和科技支撑。

本章主要编写人员：谢剑平、郑新章、邱纪青、汪志波、王金棒、张仕华

参考文献

[1] 谢剑平.形势与未来：烟草科技发展展望 [J]. 中国烟草学报，2017，23 (3): 1-7.

[2] 国家烟草专卖局. 中国烟草年鉴 (1981—1990) [M]. 北京：经济日报出版社，1997.

[3] 国家烟草专卖局. 中国烟草年鉴 (1991—1995) [M]. 北京：经济日报出版社，1996.

[4] 国家烟草专卖局. 中国烟草年鉴 (2000) [M]. 北京：经济日报出版社，2001.

[5] 国家烟草专卖局. 中国烟草年鉴 (1998—1999) [M]. 北京：经济日报出版社，

2000.

[6] 国家烟草专卖局. 中国烟草年鉴（2006）[M] . 北京：中国经济出版社，2008.

[7] 国家烟草专卖局. 中国烟草年鉴（2002）[M] . 北京：经济日报出版社，2004.

[8] 国家烟草专卖局. 中国烟草年鉴（2003）[M] . 北京：经济日报出版社，2005.

[9] 国家烟草专卖局. 中国烟草年鉴（2004）[M] . 北京：中国经济出版社，2006.

[10] 国家烟草专卖局. 中国烟草年鉴（2011—2012）[M] . 北京：中国科学技术出版社，2012.

第二章

烟草育种

第一节
概述

烟草为双子叶植物，在植物学分类上属于茄科烟属，起源于美洲、大洋洲及南太平洋的一些岛屿。烟草属植物分为76个种[1]，种间染色体数目变化较大，有$2n$=9Ⅱ、10Ⅱ、12Ⅱ、14Ⅱ、16Ⅱ、18Ⅱ、19Ⅱ、20Ⅱ、21Ⅱ、22Ⅱ、23Ⅱ、24Ⅱ共12种，其中以$2n$=12Ⅱ的种居多。目前栽培利用的主要是普通烟草种和黄花烟草种，普通烟草种是由林烟草（*N. sylvestris*，$2n$ = 24）为母本，以绒毛状烟草（*N. tomentosiformis*，$2n$ = 24）为父本，经天然杂交和染色体自然加倍形成的异源四倍体。黄花烟草是体细胞染色体数为$2n$=24Ⅱ的种，也是起源于两个$2n$=24的烟属野生种，一个是圆锥烟草（*N. paniculata*，$2n$ = 24），另一个是波叶烟草（*N. undulata*，$2n$ = 24）。按栽培调制和品质特性等方法，烟草可以分为烤烟、晒烟、晾烟、白肋烟、香料烟、雪茄烟、马里兰烟、药烟、黄花烟和野生种多个类型。本章内容以烤烟为主，围绕烟草种质资源、烟草遗传育种理论与方法、烟草生物技术、烟草品种的发展、烟草品种试验、烟草种子及管理体系等学科内容，重点介绍近40年来我国烟草遗传育种科学技术的发展历程与成效。

第二节
烟草种质资源

（一）烟草种质资源库建设

国家烟草种质资源中期库（以下简称“烟草中期库”）的依托单位是中国农业科学院烟草研究所（中国烟草总公司青州烟草研究所）。烟草中期库（图2-1和图2-2）始建于1980年，隶属于农业农村部，2004年10月随其依托单位整体搬迁至青岛。

20世纪50年代开始，国家组织了全国性的农作物种质资源考察，经60、70年代不断收集，到1977年，编目的烟草种质资源数量达到1275份，并交国家农作物种质资源长期库保存。为加强这部分种质资源的研究和利用，1979年由山东省农业科学院下达文件［（79）鲁农科办字第46号］批准建设烟草种质资源库，1980年建成并投入使用。自建库以来，通过“七五”“八五”和“九五”国家科技重点攻关项目以及农业农村部农作物种质资源保种专项的实施，补充收集了烟草种质资源2000多份。同时，不断通过合作研究，从国外引进烟草种质600余份。到2004年共收集编目的烟草种质资源数已达

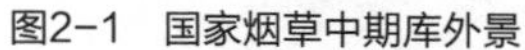

图2-1　国家烟草中期库外景

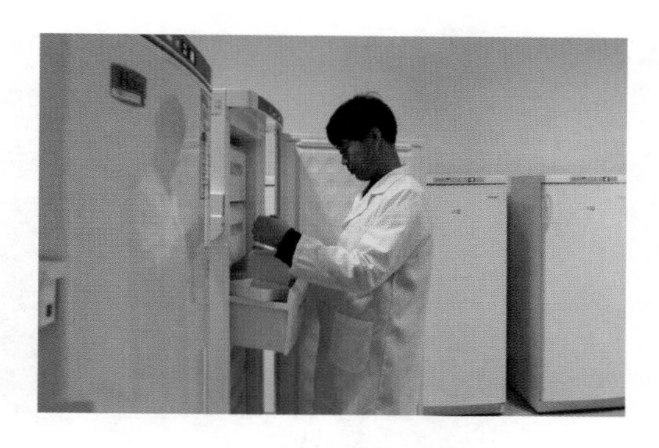

图2-2　国家烟草中期库内景

4042份，我国已成为全球烟草种质资源大国。2006年，国家局启动了中国烟草种质资源平台建设，截至2019年底，新收集编目烟草种质2015份，我国保存的已编目烟草种质资源数量达到6057份，进一步奠定了我国烟草种质资源大国的地位。烟草中期库经过近40年的建设和发展，现已成为保存种质数量最多、保存条件先进、研究水平较高、提供利用共享最多的国家级烟草种质资源基础性研究平台。

在基础设施建设方面，“十五”前由于缺乏足够的经费支撑，烟草种质资源保存面临严重困境。通过资源平台建设建立国家烟草种质资源库，实现了国家长期库、中期库和短期库完善的保存体系。国家烟草种质资源库1047m^2的资源楼于2008年10月启用。拥有中期库房、临时库房、温室、信息室、物理实验室、生化实验室、分子实验室、标本室等。资源楼的启用使我国烟草种质资源保存能力提高到2万余份，可扩展保存能力达20万余份，保存和检测设施也得到了极大改善，为烟草种质资源长期安全保存提供了重要保障，同时也为烟草基因组计划、遗传组织保存等提供了强大的支撑。

烟草中期库日常运行管理与维护按《中国烟草种质资源库管理细则》实施。

（二）种质资源研究

种质资源专项工作的重点是对收集保存的种质资源进行性状鉴定和基础理论研究，明确每份资源的遗传背景及使用价值，提供给各单位进行有效利用。近40年来，种质资源研究团队主持完成农业农村部、科技部和国家局重点项目13项，参加农业农村部、国家局和中国农业科学院科技创新工程项目5项，国际合作项目1项，承担国家烟草标准项目6项。

1. 种质资源建设

（1）收集编目

截至2019年12月，烟草中期库共保存来自世界各地的烟草种质资源6057份（其中国外引进种质967份），包括烤烟、晒烟、晾烟、白肋烟、香料烟、雪茄烟、黄花烟、马里兰烟以及野生种等，总保存数量居世界第1位。尤其是收集编目了利用远缘杂交技术体系创制的382份科、属间远缘杂交烟草新种质（药烟），极大丰富了烟草种质资源的遗传基础。烟草野生种、黄花种及红花种代表性种质如图2-3所示。

图2-3　烟草野生种和普通栽培种

在目前的保存条件下（-10℃低温冰柜，种子含水率为6%~7%），烟草中期库中大部分种质可以维持8~10年85%以上的生活力。每年的10月，对保存5年以上的种质，以不同年份段（5年/段）及类型为单位，以5%~10%的比率进行随机抽样，进行发芽率测定，据此制订下年度的更新计划。

（2）繁殖更新

建立了烟草种质资源繁殖更新技术体系[2]，并以此为指导繁殖更新种质。2007—2019年共繁殖更新烟草种质6140份，挽救了一批濒危、珍稀种质。建立了烟草资源繁种更新数据库，完成图像采集4480份，包括株型、叶形、花、花序及蒴果计20000余张，补充完善了图像数据库（图2-4），同时为分发利用提供了坚实的物质基础和技术保障。

图2-4　中国烟草种质资源信息网

（3）鉴定评价

目前已全部完成烟草中期库保存编目的6057份烟草种质资源的植物学性状鉴定。随着“中国烟草种质资源平台”的建设，近8年来16家单位利用国家烟草种质中期库所提供的1614份各类烟草种质资源，对7种病害和2种虫害抗性进行了全面系统鉴定，其中用于鉴定黑胫病388份、青枯病218份、根结线虫病293份、赤星病322份、TMV 224份、CMV 237份、PVY 112份、烟蚜虫305份、烟青虫27份（注：1份烟草种质可用于多种病虫害抗性鉴定），共筛选出抗性优异种质1406份。在鉴定的1614份种质中，共筛选出抗性综合优异种质460份[3]，其中一级抗性综合优异种质75份（兼抗4种以上病虫害），二级抗性综合优异种质195份（兼抗3种以上病虫害），三级综合优异种质190份（兼抗2种病虫害）。此外，还筛选出低焦油、高钾、高香气等种质499份，高烟碱低糖种质88份，有力支撑了行业内外的科研工作，为烟草基因组计划、新型烟草制品研制、特色烟叶开发等行业重大专项，以及烟草功能成分开发、烟草综合利用等科研工作提供了坚实的材料保障。

（4）种质创新

采用EMS诱变技术和T-DNA插入技术创制了世界上最大的烟草突变体库[4]，突变一代植株多达27万多份，突变二代种子15万份，突变三代种子4.4万份，累计收获19.4万份烟草突变体种子，且其变异性状极其丰富，为优质超级烟草品种培育奠定了坚实的材料基础。采用无性嫁接和有性杂交相结合的方法，选育出了曼陀罗烟、罗勒烟、紫苏烟等6个远缘杂交新型品种[5]，这是我国独有的十分珍贵的遗传创新材料，不仅为我国的烟草资源添加了新型种质，而且对今后新型烟草制品研发提供了更多的原料选择。

2. 种质资源利用成效

随着以核心种质为主体的重要性状鉴定及分子水平研究的不断深入，烟草种质资源利用效率显著提高，种质资源年分发数量由资源平台启动前的200~300份次提高到目前1000份次以上，1983—2019年国家烟草中期库共向全国研究单位及大专院校提供种质共计22287份次（图2-5），极大地促进了烟草新品种的选育，其中，利用提供的烟草种质育成并通过审定的新品种有95个，占同期审定品种总数的59.75%，推广面积累计超过760万hm^2，创造了巨大的经济和社会效益[6]。

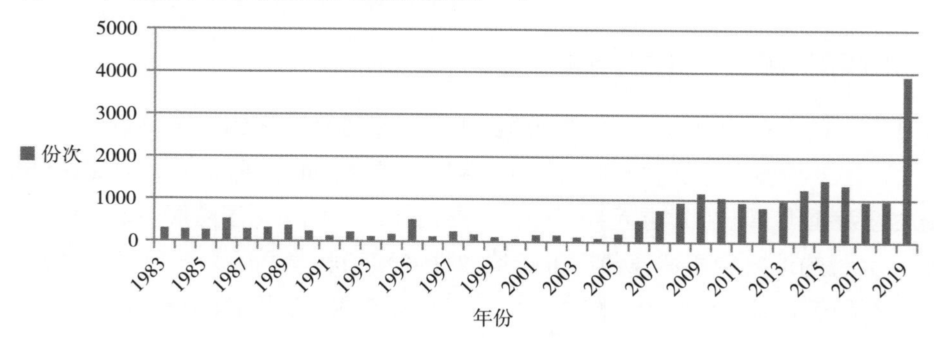

图2-5　1983—2014年我国烟草种质资源分发数量

烟草种质的利用效果主要体现在4个方面。一是支撑了行业育种工程的实施，促进了烟草新品种选育。自2006年资源平台启动以来，利用国家库种质资源育成并通过全国审定的烟草品种82个，超过前30年的总和，累计推广面积超过120万hm^2，创造了巨大的经济和社会效益。二是为行业重大专项的实施提供材料保障。为“烟草基因组计划”重大专项提供了绒毛状烟草、林烟草等基因组测序材料，支撑了烟草结构基因组研究；为“低危害烟叶开发”筛选了大量低焦油种质并应用于新品种选育，如黔南七号、P3等，从原料角度降低了消费者使用烟草制品的健康风险。三是支撑了各地方库烟草种质资源的收集和保存，挽救了行业的战略资源。云南省烟草农业科学研究院的烟草种质资源和贵州省烟草科学研究院的烟草种质资源的收集和保存得到了青州烟草研究所的大力支持；白肋烟试验站的烟草种质资源在青州烟草研究所的帮助下全部备份保存；陕西省烟草科研所保存的烟草种质资源几乎全部丧失发芽率，在青州烟草研究所的支持下，资源失而复得；广东省农科院作物所的烟草种质资源在资源平台启动以前只有700余份，通过资源平台项目的实施，现保存数量已超过1000份。四是促进了烟草学术交流。据统计，资源平台启动以来，通过提供种质并进行有效利用，共计出版著作12部、发表学术论文300余篇。

（三）保障措施

制定了《烟草种质资源管理办法》《烟草种质资源中期库管理细则》《烟草种质资源平台建设管理办法》《烟草种质资源平台建设实施方案》《烟草种质资源平台建设工作方案》等一系列管理文件，同时还研究制定了《烟草种质资源描述规范及数据标准》[7]《烟草种质资源编码方法》《烟草种质资源质量性状编码导则》等技术规范。建立了一支烟草种质专业人才队伍，并通过承担国家和行业研究项目、采取全国性协作等方式，建立起了较为稳定的种质资源科研队伍。

（四）发展建议

1. 加强烟草种质资源引进与收集

在我国目前保存的6057份烟草种质资源中，从国外引进的资源只有967份，仅占15.96%。国外种质资源虽然较少，但却占到利用总数的62.96%[6]，可见国外烟草种质资源对于我国烟草行业发展起到了极其重要的作用。其次，国内很多地方种质资源濒临灭绝，大量的地方种质资源急需进行抢救性考察和收集，因为一旦一个地方品种消失，其特有的优异基因资源也将随之消失，必然会造成无法挽救的重大损失。

由于我国不是烟草起源中心，因此更要把对外引种视为完善我国种质资源工作的一个重要方式。此外，今后我国在地方种质资源收集方面，应全面参与第三次全国农作物种质资源普查与收集行动，本着“全面撒网，重点搜集”的原则，对国内资源濒危地区和分布较密集的地区进行科学考察和收集，重点是抢救性收集特色、稀有、古老的晒晾烟品种，同时也不能忽视一些品质优良的其他品种。

2. 充分挖掘晒晾烟资源利用价值

从我国种质分发利用总体情况来看，我国的种质资源累计利用率仅有45.28%，还有大量的种质资源被闲置。其中，27个种质利用比较频繁[6]，这种情况带来了一些问题：一是NC82、NC89、K326、Speight G-28等均为烟叶生产上大量利用的烤烟品种，但其优质源都来自Hicks，易烤性都来自Coker139，这种遗传基础狭窄的现象潜伏着巨大危机，常常无法抵御突如其来的流行性病虫害或自然灾害；二是我国烟草育种的亲本范围比较集中，这进一步致使育成品种的遗传基础不断变窄，给突破性和特色化育种工作造成了更大的难度。

我国拥有资源数量丰富的晒晾烟资源和特色种质，有着广泛的遗传基础，如“塘蓬”“大宁旱烟籽”“黄冈千层塔”等，是遗传育种中不可多得的优异种质材料，但目前尚未得到充分利用。同时，香料烟、雪茄烟种质资源的利用率也极低。传统晒晾烟中还有很多高香气、高烟碱等特性的种质，这些种质对新型烟草制品的发展具有重要意义。另外，晒晾烟中有很多评吸后表现为显著的雪茄风格，应充分挖掘筛选这些资源，培育具有中国特色的优质茄衣、茄套及茄芯品种，这对于我国雪茄烟发展也具有重要价值。

3. 完善烟草种质资源平台

近8年，我国烟草种质资源利用效率显著提高，体现了烟草种质资源平台项目的重要价值。但烟草种质资源平台仍存在一些问题：一是目前的资源保存条件不能满足长期保存的需求；二是针对资源分发数量较多的种质还缺少完整的保存、繁殖及利用程序；三是在烟草种质重要性状鉴定水平上还未达到精准鉴定的程度；四是在烟草种质资源生活力及遗传完整性的无损自动监测系统建设上，还存在较大差距；五是在烟草种质资源种质创新系统建设上尚需完善。

“工欲善其事，必先利其器”。因此，首先要根据实际需求，补充配置各类设施，建设温湿度可控的专业冷库；针对分发份次较多的种质，建立相关管理程序，构建应用核心种质库并单独保存，且要根据实际情况优先繁殖；利用近红外光谱检测或电子鼻检测等技术加强对库存种质生活力及遗传完整性的无损监测。其次，要针对品质、抗性等重要性状，结合烟草基因组计划的最新研究成果，在分子水平上进一步深化研究，以期对种质资源达到精准鉴定的水平，为烟草育种工程提供更加有效的种质支持。第三，要在已有核心种质构建工作的基础上，优先考虑开展烤烟和晒晾烟资源的新一轮核心种质研究工作，强化评价分析和遗传多样性研究。

（五）大事记

1977年编辑印刷《全国烟草品种资源目录》，编入品种1275份。

1987年编辑出版《中国烟草品种志》[8]，由农业出版社出版。

1990年编辑印刷《全国烟草品种资源目录》（续编一），品种编至2427份。

1994年5月—1995年5月，由农业部派出蒋予恩赴美国弗吉尼亚州大学烟草试验站进行烟草育种合作研究，引进资源200份。

1997年编辑出版《中国烟草品种资源》[9]，由中国农业出版社出版，品种编至3637份。

2004年续编中国烟草品种资源名录至4042份。

2004年10月烟草种质资源中期库由山东省青州市搬迁至青岛市。

2006年编辑出版《烟草种质资源描述规范和数据标准》[7]，由中国农业出版社出版。

2006年中国烟草种质资源平台建设正式启动。通过平台建设，截止到2018年底，保存各类已编目的烟草种质资源5767份。

2014年编辑出版《中国烟草核心种质图谱》[3]，由科学技术文献出版社出版。

2017年获中国农业科学院建院六十周年重大科技成就奖（图2-6）。

2018年编辑出版《中国烟草种质资源目录（续编一）》[10]，资源编至5607份。

图2-6　国家农业种质资源库获中国农业科学院建院六十周年重大科技成就奖

第三节
烟草遗传育种理论与技术

随着人类社会对品种需求的不断变化以及烟草农业生产力水平及科技水平的持续发展，烟草品种的基础理论和技术也在不断进步。我国烟草育种工作始于20世纪30年代中期，当时开展的育种工作仅限于引种观察和地方品种评选，而真正开展育种研究则是起步于20世纪50年代，从最初农家品种的筛选利用，到系统选育、杂交育种体系的不断成熟，为我国烟草遗传育种奠定了良好的基础。到20世纪70年代，随着花粉培养体系的建立和单倍体育种技术的突破，组织培养技术逐步用于烟草育种，随后烟草原生质体培养技术及体细胞杂交技术也开始用于烟草种质创新[11]。1990年以后，随着生物技术的发展，各类分子标记技术得到应用，同时基因工程技术也应用于烟草种质创新。在烟草基础理论研究方面，从质量性状到数量性状，从单基因调控到多基因聚合，从表型到基因型，烟草各类表型性状的遗传规律和遗传机理被逐步揭示，并应用于指导烟草新品种的培育工作中[12，13]。近年来，烟草基因组计划重大专项的实施，从根本上揭开了烟草作物复杂遗传背景的面纱，烟草遗传育种理论与方法研究、烟草新品种培育从此进入了一个崭新的时代。

（一）烟草遗传理论研究

烟草育种研究离不开遗传理论的指导，烟草性状的遗传研究也一直是育种的重要前提。烟草的重要性状包括品质性状、抗病性状、农艺性状等，不同的遗传性状受不同基因支配，后代表现出不同的遗传特点，因此，育种工作必须根据不同性状的遗传规律，采取相应的育种策略和方法，才能取得好的育种成效[14]。在我国烟草育种的发展历程中，对烟草重要性状的遗传研究贯穿始终，但在不同历史时期，受制于科技发展水平的限制，采用的基本方法和技术也不相同，对烟草性状尤其是复杂性状的研究深度也有差异，对烟草重要性状遗传的认识也在逐步深入[15]。

（1）品质性状遗传研究

从20世纪60—70年代开始，我国就开始了对烟草品质性状的遗传研究。影响烟叶品质形成的因素很多，主要是烟草本身的性状遗传，但也与环境等因素相互作用，表现为数量性状遗传。烟草品质性状研究较多的是叶绿素、烟叶腺毛、烟碱、烟叶主要化学成分、烟叶烘烤特性等[16]，这在一定程度上推动了以品质性状为育种目标的烟草育种工作，品质性状的研究和烟草品质的提高在现阶段仍然是需要攻克的难题。

（2）抗病性状遗传研究

烟草主要病害包括以TMV、CMV、PVY为主的病毒病，以黑胫病和赤星病为主的真菌病害，以青枯病和野火病为代表的细菌性病害，还有白粉病、根结线虫病等。其中，对烟草TMV研究较早，抗病机理较为清楚，并且已培育了对TMV免疫的烤烟品种[17]，对CMV和PVY的研究也较多，其中筛选到的众多抗病材料对CMV的抗性均表现为数量性状，对PVY的抗性则趋向于隐性单基因控制[18，19]。在烟草中，针对病毒病的遗传理论研究较多，因此在品种培育方面也取得了较大进展。烟草对黑胫病的抗性既有水平抗病性，也有垂直抗病性，对不同的生理小种，抗性不一致，利用常规育种手段，培育抗病品种的难度较大。烟草赤星病是烟草成熟落黄后期发生在烟叶上的一种危害极大的病害，目前研究和利用较多的抗源是烤烟品种净叶黄、雪茄烟品种Beinhart1000-1和野生种香甜烟草（*N. suaveolens*），由于赤星病的发生程度受温度、湿度等环境条件影响较大，在抗性遗传研究过程中，还需要严格控制鉴定条件，目前多数人研究结果证明净叶黄、Beinhart1000-1等对赤星病的抗性为多基因控制的水平抗病性[20, 21]。不同抗原对烟草青枯病抗性的遗传方式不同，目前仍然未找到免疫的烟草种质，TI448A是目前认为最好的抗源，近20年来研究表明，其抗性遗传受多基因调控[22]。

烟草主要农艺性状或植物性状包括叶部形态和株型等，如叶型、叶长、叶宽、叶数、株高、茎围等，这些性状不仅与烟叶品质有关，也与烟叶产量密切相关[23]。多年来，这些性状不仅是烟草作为经济作物研究的重要性状，也是烟草作为模式植物研究的重要目标。我国从20世纪80年代至今，一直没有停止过对烟草农艺性状遗传理论的研究，其中对叶片数、叶片长宽、叶片结构的研究较多，该类性状多数为数量性状遗传，并与烟叶品质密切相关。

（二）烟草育种技术研究

我国烟草育种起始于外引品种的评价利用和地方农家品种的发掘利用。20世纪50年代以来，系统选育和杂交育种逐渐成为烟草育种的主要方法。20世纪70年代烟草组织培养技术实现突破后，烟草单倍体育种技术应运而生，中国农业科学院烟草研究所利用该技术培育了单育系列烤烟新品种，进行了品种推广并应用到卷烟产品上。20世纪80年代，该所利用烟草叶肉原生质体培养成功并获得再生植株，烟草原生质体融合技术和体细胞杂交育种也广泛应用于烟草新种质的创制和品种培育，获得了远缘杂交的新品种[24]。

20世纪80年代，分子生物学技术的蓬勃发展促进了基因工程育种和分子标记辅助选择育种的兴起。首例转基因植物于1983年在烟草和番茄上获得成功。1985年，土壤农杆菌感染烟草叶片外植体获得转基因植株，首创了叶盘法转移外源基因的简便方法，大大提高了外源基因在烟草中的转化效率。虽然到目前为止转基因烟草品种在我国还不能用于烟叶生产，但具有多种遗传表型的转基因烟草品种或转基因烟草材料已经培育成功，如抗病毒病烟草、抗虫转基因烟草。随着烟草基因组研究的逐步深入，转基因技术已是烟草基因功能研究的重要手段。DNA分子标记技术研究始于20世纪80年代，是指能够反映生物个体或种群间基因组中某种差异的特异性DNA片段，是DNA水平上遗传多态性的直接反映，是生物分类学、育种学、遗传学和物种起源与进化等研究的重要技术指标之一。随着现代生物技术的发展，尤其是基因组学的发展，诞生了以RFLP为代表的第一代分子标记技术，以SSR为代表的第二代分子标记技术，以全基因组SNP为代表的第三代分子标记技术，分子标记技术不断更新换代，各类分子标记技术在烟草遗传图谱构建、种质资源评价、辅助选择育种等方面均发挥了巨大作用，并培育出了一批定向改良的烟草新品种。随着烟草基因组研究的逐渐深入，利用结构基因组研究最新成果，挖掘开发SNP、EST-SSR以及CAPS等新型分子标记，结合生物信息大数据的分析处理，以分子标记为主要工具，将分子育种与常规育种相结合的育种策略必将推动烟草育种工作的快速发展。

诱变育种也是创制育种材料、培育品种的重要途径。植物诱变育种采用的诱变技术可分为物理诱变（如X射线、γ射线、β射线、中子、激光、电子束、离子束、紫外线等）、化学诱变剂（如烷化剂、叠氮化物、碱基类似物等）和生物诱变（如T-DNA插入、基因编辑等）等，植物诱变育种正是通过这些技术诱发植物遗传变异的，可在较短时间内获得有利用价值的突变材料，同时根据育种目标要求，选育成新品种并直接生产利用，或育成新种质作亲本在育种上加以利用。20世纪80年代，中国农业科学院烟草研究所曾利用γ射线处理烟草花药，获得一系列突变材料，其中获得的白花205就是对优质品种Speight G-28的花药培养获得的白花突变新品系。进入21世纪后，科研单位还利用搭载航天卫星的方式对K326、红花大金元等12个主栽品种进行航天辐射诱变，并从中筛选到一批优异品系[25]。近年来，借助烟草基因组计划的实施，中国农业科学院烟草研究所联合国内10多家科研院所开展了以EMS和T-DNA插入为主要诱变途径的烟草突变体库创制工作，获得了27万份各类烟草突变体材料，并在烟草功能基因研究和品种培育中逐渐发挥作用。近年来，以CRISPR/Cas9为代表的基因编辑技术快速发展，并在烟草重要基因功能鉴定、种质材料创新和基因编辑育种等方面发挥了重要作用。

随着全球生物科技的迅猛发展，基因组学、生物大数据、基因组编辑、全基因组模块育种等重大颠覆性、革命性的生物技术不断创新，极大推动了农业科技尤其是植物育种工作的发展，我国烟草遗传育种研究工作也在同步推进，某些方面的研究处于国际领先地位。2010年我国烟草基因组计划开始实施，标志着我国烟草遗传育种工作逐步进入基因时代，仅用2年时间就完成了栽培烟草及其2个二倍体亲本林烟草和绒毛状烟草的全基因组测序工作，绘制完成了栽培烟草、林烟草和绒毛状烟草3张高质量物理图谱和3张高密度遗传图谱，标志着我国烟草结构基因组研究走在了世界前沿。在烟草基因组计划重大专项的推动下，我国还制作完成了烟草全基因组基因芯片，建立了中国烟草基因组数据库和生物信息学平台，进行了主要栽培品种和核心种质资源的基因组差异分析，开展了重要突变基因定位克隆和烟草代谢组学研究，开展了烤烟遗传育种素材的创制和分子育种，到2018年，针对主栽品种K326和红花大金元的定向改良非转基因烟草品种已通过了全国审定[26-28]。

（三）发展建议

1. 加强遗传组学理论研究

加强重要性状表型组学、功能基因组学、代谢组学基础理论研究。解析主要品质性状遗传调控的分子基础，挖掘关键基因及其调控网络，分析关键物质成分代谢路径，为品质性状精准分子育种提供理论指导。加强烟草与病原体互作机制的研究，特别是植物免疫机制的研究，为抗病育种提供理论基础。

2. 加快前沿新技术的开发

21世纪，新材料、新技术的快速发展为烟草育种提供了广泛的空间：一是建立高通量表型组学技术鉴定平台，提高数据采集、分析和利用的准确性和效率；二是加快烟草合成生物学技术平台建设，在关键物质合成、生物强化、生物反应器等方面开发出新技术；三是建立完善烟草基因编辑技术平台体系，提升烟草各类性状精准改良的效率；四是强化新物质新材料、检测方法、合成技术等新技术的集成应用将极大地推动烟草育种技术革命。

第四节 烤烟品种选育

1982年中国烟草总公司成立以后，我国烟草育种进入了快速发展时期，新品种选育以引种和自主选育并举，育成品种数量得到大幅提升，生产上可供选择种植的主要品种增加到40个左右。进入20世纪90年代，随着现代生物技术的不断发展和日趋完善，各种育种技术得到了广泛应用，一批优质、抗病、适应性广的新品种相继育成，烟叶生产上可供选择种植的品种迅速增加到60个左右[29]。自1985年全国烟草品种审定委员会成立至2019年末，我国审定（或认定）的烤烟品种达到167个。

（一）引种

引种是指从外地区或国外引进作物新品种，经过适应性试验，从中筛选出优良品种，直接在本地区或本国推广种植。

烟草起源于南美洲等国外的一些地区，因此我国的烟草生产都是从引种开始的。20世纪以前，我国种植的烟草都是晒晾烟类型。20世纪初开始引进烤烟品种并在我国种植，20世纪50年代初开始引进种植香料烟，60年代中期开始引进种植白肋烟，70年代末开始引种马里兰烟。通过引种，我国已成为以烤烟为主，各种类型烟草较齐全的烟草生产国。

1913年，在山东省潍坊市坊子区引种烤烟试种成功后，逐步在山东、河南、安徽、辽宁等烟区种植。1914年2月，英美烟草公司向中国赠送了烟草种子和技术资料，云南同时安排在云南省农事试验场、玉溪、通海进行试种。1946年初，云南烟草改进所收到了陈纳德将军从美国寄来的烟种特字400（Special 400）、特字401（Special 401）和大金元（Mammoth Gold），同年进行大金元、特字400、特字401、美2号、印烟1号等品种试验，其中大金元、特字400、特字401表现较好，成为当时的推广品种。20世纪40年代，山东烟区引种牛津1号（Oxford1）、牛津4号（Oxford4）和巴黎包皮，河南烟区引进抵字101，安徽烟区引种富字64等抗病品种，代替了感病品种，对稳定与发展当时我国的烤烟生产起到了积极作用。

20世纪80年代以来，随着我国烟草行业的快速发展，急需一批优质、抗病烟草品种，因此在全国范围内引进推广了G140、G28、NC82、NC89、K326等一批国外优质抗病烤烟品种。1985—2002年，通过审定（认定）推广的40个烤烟品种中仅国外引进的品种就有12个，引进品种的种植面积曾一度占全国烤烟种植面积的81%。迄今为止，从美国引进的K326品种仍然是我国烤烟生产的主栽品种之一。优质抗病品种的引进，在我国推进烤烟生产、提高烟叶质量、增加经济效益等方面发挥了重要作用。

引进品种也是我国烟草新品种选育中优良亲本的重要来源，目前选育成的一些烤烟品种，也都直接或间接利用了引进的优良品种，例如，从引进的大金元和特字401中选育出了烤烟品种红花大金元、永定1号和翠碧1号；用G28作亲本先后育成了中烟14、中烟90、广遵2号等品种；用K326作亲本，先后育成了云烟85、云烟87、云烟97、贵烟4号、中烟201等品种；用NC82、G80作亲本，育成了新品种中烟100、中烟101等。

进入21世纪，通过中美烟草技术交流和种子技术合作，先后引进K346、K358、RG11、RG17、PVH01、PVH09、PVH13、NC55等一批烤烟品种和香料烟品种，通过试种示范，审定认定了2个烤烟品种和2个香料烟品种，丰富了我国烟草生产的主栽品种。云南省从巴西引进烤烟早熟品种PVH19，从津巴布韦引进KRK26，从美国引进NC102、NC297、NC71等品种，为弥补我国烟叶生产主栽品种品质和抗性不足发挥了重要作用。

（二）系统育种

系统育种是一种传统的育种方法，简便易行、见效快，至今仍是烟草新品种选育的基础和重要方法之一。据1988年统计，新中国成立以来我国共育成烤烟品种126个，其中系统选育的品种就有57个，占育成品种总数的45%。1990—1999年经全国烟草品种审定委员会审（认）定的33个品种中，系统选育的有6个，占18%。

我国烟草育种工作也是从系统选育开始，并选育出多个品种在生产中推广应用，为我国烤烟生产的发展做出了贡献。中国农业科学院烟草研究所从山东地方品种藤县金星的自然变异株中选育出的烤烟品种金星6007，成为当时主栽品种，各地又从金星6007的自然变异株中选育出马尚特号、安农1号、偏筋黄、延烟1号等品种并应用于生产，还有革新1号、大黄金5210、小黄金1025、多叶黄、临朐1号等多个系统选育的品种。河南省农业科学院烟草研究所从长脖黄品种中获得高抗赤星病变异单株，培育出高抗赤星病烤烟品种净叶黄，至今仍是赤星病的主要抗源。河南省还育成了金黄柳、潘园黄、黄苗松边、螺丝头等品种应用于生产。云南省从引进品种大金元的自然变异株中选育出云南多叶烟、寸茎烟、58-1、红花大金元等品种。贵州省育成的春雷2号，福建省育成的永定1号、翠碧一号等品种均为系统选育而成。

近年来，各种现代育种技术飞速发展，但系统育种仍占有一席之地，并取得重要进展。从红花大金元中选育的中烟103、中烟104、南江3号，在烘烤特性、抗黑胫病能力以及适应性等方面均有显著改善。从K326中也选育出多个品种，如贵州省选育的晚花K326，福建省选育的蓝玉一号，广东省选育的粤烟96。贵州省还从G28中选育出韭菜坪2号，从云烟85中选育出毕纳1号、兴烟1号，在当地均有一定的推广种植面积。

（三）杂交育种

杂交育种是国内外广泛应用且卓有成效的一种育种技术。20世纪80年代，中国农业科学院烟草研究所选育出的中烟15和云南省农业科学院烤烟研究所选育出的云烟2号，这两个品种具有适应性强、易烤、抗病性较好等特点，解决了当时生产上主栽品种品质差、叶数多、产量过高的问题，并分别成为北方、南方烟区的主栽品种，对当时稳定发展烟叶生产起到了重要作用。

20世纪80年代至90年代末，全国又相继选育成了一系列烤烟和白肋烟新品种，这些品种在生产上的大面积推广，对于稳定烟叶产量、提高烟叶品质起到了重要作用。云南省烟草科学研究所（2009年更名为云南省烟草农业科学研究院）育成云烟317、云烟85、云烟87、云烟85和云烟87成为南方烟区主栽品种，由于这两个品种兼具优质抗病的特点，逐步推广到全国种植。中国农业科学院烟草研究所育成的中烟14、中烟90、中烟98、中烟99，在黄淮、华中、东北均进行了大面积推广，中烟90、中烟98相继成为黄淮和华中烟区的主栽品种。黑龙江省烟草公司牡丹江烟草研究所育成了龙江915、龙江911，其中龙江911成为东北烟区的主栽品种；贵州省育成的贵烟11，吉林省育成的吉烟5号、吉烟7号，河南省育成的豫烟2号、豫烟3号，辽宁省育成的辽烟15号等烤烟新品种均对各地的烤烟生产发展发挥了重要作用。

进入21世纪，我国烟草杂交育种成绩显著，各烟草研究院所、大学育成了许多新品种并通过全国品种审定委员会审定。中国农业科学院烟草研究所育成的中烟100、中烟101等多个品种，成为黄淮烟区的主栽品种；云南省烟草科学研究所育成的云烟97、云烟99、云烟100、云烟116等烤烟品种在南方烟区被广泛种植；河南、湖南、福建、陕西、贵州、安徽、黑龙江、辽宁、吉林等省均有新品种育成并推广，如豫烟6号、秦烟96、粤烟96、吉烟9号等，使我国各烟区均有本地品种推广种植，为稳定烟叶生产起到了至关重要的作用[30]。

（四）杂种优势利用

我国从20世纪50年代开始烤烟杂交种的选育。新中国成立初期，我国主要烟区病害蔓延，丰产、优质、抗病的烤烟品种极其缺乏。为恢复和发展烟叶生产，1953年山东省烟草试验场成功选育出第一个优良杂交种益杂1号。此后，各地烟草研究单位也相继选育了一些优良的杂交种，至1960年全国选育出的烤烟和晒烟优良杂交种达20多个，如山东省选育的益杂7号，河南省选育的许杂1号、许杂2号，安徽省选育的凤阳1号，云南省选育的云杂1号等，均在生产上推广种植，对当时烤烟生产的恢复发展起到了积极作用。

1972年，中国农业科学院烟草研究所以雄性不育白肋21为基础材料，将雄性不育性转移到烤烟品种中，连续选育出了MS金星6007、MSG28、MSNC82、MSNC89、MSK326等一批雄性不育系，为生产上利用杂种优势创造了有利条件，对烟叶生产中杜绝劣杂品种也起到了积极的作用。

1990年以来，我国为解决优良烤烟品种缺乏的问题，许多育种工作者十分重视杂交种的研究，很快育成了一批烤烟杂交种，如中烟9203、辽烟15号、广遵4号、龙江915、金海1号、云烟201、云烟202、云烟203、中烟210、中烟202、贵烟4号、秦烟1号、豫烟6号等，这些烤烟杂交种有较强的抗病性，并在各地烟叶生产中得到推广应用[31-33]。

（五）发展建议

我国烟草育种工作经历了由引种到自育、从高产到优质稳产抗病抗逆协调发展的历程，为我国烟叶生产的持续发展提供了重要保障。当前，我国烟草农业正在由传统农业向现代烟草农业转变，烟草行业的高质量发展也对烟草育种工作提出新的要求和任务。

1. 聚焦育种新目标

未来烟草育种应重点围绕提高烟叶香气质、增加香气量、降低烟叶中有害成分等品质性状来进行。重点任务：一是聚焦品质育种，特别是改善烟叶香气质、提高烟叶香气量逐步成为烟草育种的重要目标；二是加强特色品种培育，随着烟草制品多样化的市场需求，培育优质特色风格品种以及适应新型烟草制品原料需求特定品种将成为重要任务；三是适应于现代农业生产，围绕农机农艺结合，特别是适应机械化和智能化的烟草品种培育也将成为重要的育种目标。因此，烟草育种不仅需要育种科学家，更需要工业、农业、科研等领域开展协同攻关。

2. 加快新技术的应用

烟草基因组学研究的快速发展，为烟草育种提供了强大的技术支撑。分子标记辅助选择育种技术、全基因组选择技术、分子模块设计育种技术、基因编辑育种技术促进了现代育种水平的提升，使育种研究更加精准高效，因此，加快现代育种技术平台建设就显得尤为迫切。

3. 大力推进合作交流

我国是烟草产业大国，必须树立全球视野，加强国内外合作交流。要研究制定烟草育种科技发展和国际化战略，以全球视野搭建合作创新平台，营造开放创新环境，充分吸引全球创新资源，在更高起点上提升我国烟草育种的创新能力。

第五节

烟草品种试验与推广

烟草品种试验是新品种选育、引种与推广应用的中间环节。在新育成品系和新引进品种中选取适合的新品种（系）作为试验材料，在全国烟叶主产省选取有生态代表性的小区试验点和生产试验点对试验材料进行适应性、抗病性、经济效能、质量特点和工业利用价值等的鉴定，并对优良新品种进行配套技术研究，为品种审定、推广、择优合理布局利用等提供科学依据，为生产筛选出替代品种和后备品种。

（一）烟草品种试验

全国烤烟品种试验经过30多年的不断改进和完善，制定了相对完善的烟草品种试验程序和烤烟新品种评价方法，建立了合理的试验实施细则，逐步建立了稳定的全国烤烟品种试验网络，在作物品种试验中处于领先地位。截至2019年末，我国先后对402个新品种（系）进行了区域试验鉴定评价，256个新品种（系）进行了生产试验，为全国烟草品种审定委员会推荐了197个新品种（系）参加全国审定，通过审（认）定新品种136个，并为烟草行业培养了一大批专业技术和管理人才。

截至2019年末，我国审（认）定通过烟草新品种共167个。其中：烤烟品种136个（引进18个，自育118个）；白肋烟品种24个（引进6个，自育18个）；香料烟品种4个（引进2个，自育2个）；马里兰烟品种2个；晒烟品种1个。合计引进品种26个、自育品种141个。

1. 组织实施

由全国烟草品种审定委员会牵头组织，全国烤烟品种试验主持单位每年会制订年度实施方案。主持单位不定期检查指导试验方案的落实，协调解决试验中出现的问题，完成试验总结报告，定期向品审会报告工作。先后对全国烟草品种试验技术人员进行了15次集中统一培训，每年在品种试验的关键时期，会分批组织品种专家，分试验区对全部试验点的试验工作执行情况和参试品种的田间表现进行考察与评估。

2. 试验品种

区域试验品种由省级烟叶管理部门考察推荐，全国烟草品种审定委员会常务委员会审核，择优参试；参试品种（系）一般进行2~3年区域试验，实行滚动管理，对连续两年表现优良的品种（系）推荐参加生产试验。在第一年的区域试验中表现特别突出的品种，可以在第二年同时参加区域试验和生产试验，而表现特别差或有明显缺陷的品种（系）当年就可以淘汰。在每个试验片区的区域试验一般每年安排6~10个品种（系）参试，在每个试验片区的生产试验一般安排1~3个品种（系）参试。

3. 试验点布局

根据我国主要烟区生态特点和卷烟工业对烟叶风格特色的要求，30多年来，随着烟区和工业需求的变化，我国已对试验点布局进行了5次调整。目前，参与全国烤烟品种试验的有15个省（市），共划分为西南、华中、东南、黄淮、东北5个试验评价区域，形成了26个区域试验点和24个生产试验点的全国烤烟品种区域试验网，已覆盖8种香型香韵典型产地。

4. 品种评价

烟草品种评价主要是农业评价和工业评价，其中农业评价包括品种稳定性和适应性评价，涉及农艺性状、经济性状、抗病性状评价和工业利用价值评价[34-36]等具体指标。大田试验及调查记载工作由各试验点具体实施；病害鉴定采用人工诱发鉴定，由中国农业科学院烟草研究所、云南省烟草农业科学研究院、贵州省烟草科学研究院、中国烟草东北农业试验站、中国烟草东南农业试验站分别进行；质量评价由郑州烟草研究院和9家中烟工业公司共同完成。农业总体评价由中国农业科学院烟草研究所负责，工业总体评价由中国烟草总公司郑州烟草研究院负责。

（二）烟草品种推广

通过30多年的不断努力，我国烤烟主栽品种实现了从多、乱、杂到优质、抗病、适产良种化的根本改变，实现了从主要依赖国外品种到自育品种为主的平稳过渡。

20世纪80年代以前，我国烤烟主栽品种以多叶、抗病、高产为主，烟叶质量较差，主要表现为黄、鲜、净，烟叶香气和油分不足、烟碱含量偏低，难以满足卷烟工业对烟叶原料的需求。总公司成立后，大力推广“三化技术”，围绕品种良种化，大力推广了优质、适产的烟草品种，严格控制劣杂品种，烤烟主栽品种逐步过渡到红花大金元、K326、NC89、NC82、G80、G28、翠碧1号、中烟14、云烟317等优质适产品种。在20世纪90年代，烤烟主栽品种有红花大金元、K326、NC89、NC82、翠碧1号、中烟90、中烟98、云烟85、龙江851、吉烟7号等。在这一时期，引进品种在全国的种植面积占到全国烤烟种植面积的70%以上，自育品种种植比例不足30%。进入21世纪后，随着云烟85、中烟100、云烟87、龙江911等优良新品种的逐步推广，以及红花大金元、翠碧一号配套技术的进一步改进，到2002年通过全国审定的自育烤烟品种就达到24个，自育品种种植面积达到52万hm^2，占当年全国烤烟种植面积的52.9%。国内自育品种种植面积首次超过国外引进品种，从根本上扭转了我国烤烟种植品种长期依赖国外引种的被动局面[37]。

我国中式卷烟的快速发展进一步推动了中式卷烟烟叶原料体系建设，加快了我国育成优良品种的推广。目前，云烟85、云烟87已成为南方烟区的主栽品种，并在北方产区推广种植，中烟100、龙江911也相继成为黄淮烟区和东北烟区的主栽品种，我国自育烤烟品种种植面积比例稳定在70%以上，完全占据主动地位[38]。

近年来，云南省相继从美国、巴西和津巴布韦等国家引进了一些烤烟品种并通过了全国审定，主要在云南、山东等烟区推广种植。2015年，为了满足卷烟工业的需求，在不断调整优质品种配套技术的基础上，对特色品种红花大金元、翠碧1号、K326采取特殊政策，使3个特色品种的产量保持稳定，为卷烟工业的持续发展起到了重要作用。

（三）发展建议

烟叶是烟草产业发展的基础，烟草品种则是基础的基础。未来要大力构建以市场为导向的，工业、农业、科技共同推进的烟草品种推广体系。

1. 加大新品种推广力度

由于烟草产业链条长，从烟草制品消费市场反馈到烟草制品，从烟草制品再反馈到烟叶生产，最后再反馈到种植品种，这种很长的周期决定了烟草新品种推广的难度很大。一个好的烟草品种一般需要3~5年的推广时间才能大面积推广应用。因此，需要工业企业和烟叶产区从育种到品种推广的全过程参与，从源头上关注、支持优良品种的推广工作。

2. 加快特色品种的应用

随着消费者对烟草制品质量和个性化的需求愈加关注，特色烟草品种的培育和推广日益受到烟草行业的重视。加强特色风格烟草品种烟叶基地建设，是充分发挥特色品种作用的基本保障，更是推动特色烟草品种工业应用和持续发展的重要手段。

第六节

烟草种子管理与种子技术

种子是农业生产中具有生命力的不可替代的生产资料，是农业增产提质的内在因素，是农业科技的载体。我国烟草种子工作从“自繁自育”到“四化一供”，逐步建立起了较规范的种子繁育和管理制度，实现了烟草种子“育种、繁种、推广、销售”一体化，形成了以公司为主的企业化种子管理模式，同时也推动我国烟草种子加工技术逐步发展至世界先进水平。

（一）烟草种子管理

20世纪50—60年代，烟草种子工作主要围绕自选、自繁、自留、自用，辅之以必要的调剂，即“四自一辅”的思路和模式运作，由于缺乏一套严格的管理制度，烟草种子工作呈现多、杂、乱的局面。

20世纪80年代，为了解决烟草种子工作中的诸多问题，烟草行业提出了种子生产专业化、加工机械化、质量标准化、品种布局区域化和以县为单位组织统一供种的“四化一供”的工作方针，使烟草种子管理步入了规范化轨道。

20世纪90年代中后期，国家局为进一步加强种子管理，在全国各烟区良繁基地和良繁点的基础上进行优化整合，建设了28个国家烤烟良种繁殖基地，并先后批准成立中国烟草育种研究（南方）中心和中国烟草遗传育种研究（北方）中心，负责烟草原种的繁育；结合烟叶生产“双控”政策，以地（州、市）为单位统一供种。

为了加快和促进烟草种子市场化和产业化进程，经国家局批准，由中国烟叶公司、云南省烟草公司、云南省烟草农业科学研究院、中国农业科学院烟草研究所4家单位共同出资，于2001年成立了玉溪中烟种子有限责任公司，并于2003成立青岛分公司、2008年成立青岛中烟种子有限责任公司。公司主要负责全国南方、北方烟区的烟草种子繁殖、生产、加工、销售和服务等工作，全国烟草种子的生产与管理工作被进一步规范。按照种子规模化、集约化、专业化生产的要求，经过14年的努力，玉溪中烟种子有限责任公司已成为集烟草种子技术研发、种子生产、加工、销售、服务为一体的专业化烟草种子企业。目前，可面向全国22个省（市）和4个东南亚国家供种，供种的比例占到全国烤烟种植面积的80%以上[39]。

（二）烟草种子技术

20世纪80年代以前，烟草种子的繁殖、生产和应用主要是以裸种为主，种子质量不高且浪费大，培养的烟苗素质差，育苗工作量大。20世纪80年代末至90年代初，我国开始了烟草包衣种子技术及产品的研发。在玉溪中烟种子有限责任公司牵头下，针对烟叶生产的需要和种子技术瓶颈，加大了科技创新力度，不断提升烟草种子产品的科技含量，开发了“烟草介质花粉技术”“种子引发处理技术”“生物型包衣种、漂浮育苗专用包衣种”等新技术，改进了烟草种子精选技术和种子包衣加工工艺，使烟草种子繁殖产量和质量大幅提升，种子产量从6~7kg/667m^2提高到9~11kg/667m^2，千粒重提高了30%，发芽率从80%提高到95%以上[40，41]。

1. 烟草雄性不育系的应用

雄性不育系技术既利于保护新品种知识产权，又能保障高额的经济效益，同时也能促进杂种优势的极大应用。目前，雄性不育系在农业作物中普遍应用，特别是在高效作物上应用更加普遍。1972年，中国农业科学院烟草研究所将雄性不育性转育到烤烟品种中，启动了我国烤烟雄性不育技术的推广应用。玉溪中烟种子有限责任公司成立以后，加大了烤烟雄性不育系种子繁殖技术研究并获得成功，使我国烟草种子真正进入了雄性不育系繁殖时代，烟叶生产中也大量使用了烟草雄性不育系种子。

2. 烟草种子繁殖技术

烟草种子生产包括常规品种种子自交繁殖和杂交种制种两种形式。授粉是杂交种和烟草雄性不育系种子繁殖生产的关键环节，是确保种子产量和质量的前提和保障。常用方法是先采集父本的花粉，然后用小毛刷等授粉工具蘸取纯花粉，再涂抹于母本的柱头，完成授粉。这种授粉技术费时费工，花粉在采集和贮藏过程中容易丧失活力，而且纯花粉收集成本高，授粉时授粉效率和花粉利用率很低，不仅会造成花粉浪费，而且烟草种子产量和质量也不理想，致使烟草种子生产效率较低、生产成本过高。

针对上述问题，从2008年开始提出了烟草介质花粉的理念，经过多年的不懈探索和研究，探索出了花粉活力调控技术，筛选出了可溶性淀粉、花粉囊粉末、柱头粉末、葡萄糖、硼砂、轻质碳酸钙等介质，并按照适宜比例与花粉进行配比，创造性地研发出了淀粉介质花粉、花粉囊介质花粉、柱头介质花粉等单一介质花粉。经进一步改进，将花粉采集技术、花粉活力调控技术、花粉贮藏技术进行有效集成，形成了烟草介质花粉技术体系，制定了1项烟草行业标准《烟草种子介质花粉制备及应用技术规程》（YC/T 458—2013），统一和规范了全国烟草雄性不育系和杂交种种子的生产[42]。使用介质花粉技术体系繁殖出的雄性不育系和杂交种种子产量高、质量好，在全国烟区推广应用取得了良好的经济和社会效益。

3. 烟草种子精选加工技术

（1）种子精选技术

精选是种子采后的加工处理中的首要工序，是提高和保证种子质量的重要措施。我国在烟草种子精选方面做了大量的工作：一方面从国外先进种子企业引进新型种子精选技术和设备，进行适应性改进后投入生产，同时还采用机械筛选和人工筛选相结合的方式进一步提高了种子精选效果；另一方面实现了烟草种子质量标准化，提高了烟草种子质量指标要求，严把种子质量和种子出入库关，在包衣加工前对种子进行水选和消毒，确保了烟叶生产使用高质量的种子。

（2）种子引发处理技术

种子引发是一项有效的种子处理技术。20世纪90年代中后期，伴随我国烟草产业的迅速发展，烟草种植面积逐年增加，烟草种子的技术研发也随之加快。至20世纪90年代末，烟草种子的引发（催芽）技术进一步发展，该时期一般采用单纯的水引发技术，但在种子生产中的应用效果并不明显；进入21世纪后，引发物的筛选与应用研究日趋广泛，烟草种子引发（催芽）技术进一步提升和成熟，开始在种子生产中规模化推广应用。我国烟草种子引发主要采用液体引发，使用的引发剂有赤霉素（GA3）、聚乙二醇（PEG）、6-BA、壳聚糖、SNP、SA、KNO_3、NaCl等，采取单个药剂或复配药剂进行引发处理，且GA3和PEG在烟草包衣种生产上普遍采用。2012年研究开发出了第二代催芽系统，实现了种子引发规模化、操作智能化、参数控制精确化和可视化，进一步提高了催芽种子质量、技术含量和生产效率[43]。

4. 烤烟漂浮育苗专用包衣种子

为适应漂浮育苗和集约化育苗的需要，提升烟草种子的活力和抗逆性，玉溪中烟种子有限责任公司与云南省烟草农业科学研究院研制和开发出具有发芽势和发芽率高、裂解度好、规格均匀、发芽快、田间出苗率高、出苗整齐一致、对逆境胁迫耐抗力好的漂浮育苗专用包衣种子并应用于烟叶生产。到2015年，漂浮育苗专用包衣种的推广应用面积累计已达78万hm^2以上，应用效果良好[44]。

5. 烟草种子质量溯源技术

玉溪中烟种子有限责任公司综合集成种子质量控制追踪最新技术，利用现代物联网、移动互联网、双码识别、企业私有云、数据分析处理、跨平台混合编程等新技术，构建了覆盖烟草种子生产、加工、贮藏、质量检验、销售等环节的质量控制与追踪分析模型，开发出了国内外第一套烟草种子全过程质量控制与追踪信息化管理系统。该系统包括网络平台、应用软件、移动客户端，具备了烟草种子全过程质量信息的收集汇总、分析处理、查询输出、控制追踪、综合管理等功能，实现了烟草种子从繁种到烟叶生产的全过程质量控制与追踪，有效提高了我国烟草种子质量管理水平[45, 46]。

第七节
烟草生物技术应用

烟草生物技术的快速发展，特别是烟草基因组计划的实施，使现代生物技术在烟草遗传育种中得到了越来越广泛的应用[11, 12, 47]。在烟草育种上，现代生物工程技术应用的巨大潜力主要体现在两个方面：一是利用烟草花药培养、原生质体培养与融合等新的技术手段来实现种质创新，如远缘杂交转移野生烟草的有益性状、定向改造烟草品种，扩大遗传变异和创造新的种质资源等；二是利用基因组技术，如突变体创制、转基因技术、分子标记技术及基因编辑等建立高效育种程序，以提高育种效率，缩短育种年限周期，实现精准分子设计育种。目前，烟草基因组计划培育出了一大批育种素材和品种（系），展示出了巨大的应用发展潜力。

（一）烟草组织培养技术

1. 花药培养技术

20世纪70年代，中国农业科学院烟草研究所与中国科学院植物所协作[48]，率先成功实现了烟草花药培养技术的重要突破，为其他作物的细胞组织学研究提供了模版。由于花粉是生殖细胞，染色体数目是其亲本体细胞染色体数目的一半，因此由花药培养获得的花粉植株是单倍体植株。该技术被广泛应用于烟草的育种实践，创立了单倍体育种技术，并为近几十年烟草遗传群体构建和基因功能研究奠定了技术基础。

2. 单倍体育种技术

建立在花药培养基础上的单倍体育种技术的突破，为烟草、小麦、水稻等作物遗传研究和育种应用开辟了广阔的空间，并逐步在植物学领域发挥重大作用。单倍体育种技术主要具有缩短育种年限、提高选择效率、提高突变体发生频率的优势。与常规育种相比可缩短育种年限2~3年。周嘉平等[49]在花药培养过程中以病源类毒素作为抗性选择压力，从烟草感病品种中筛选出了抗黑胫病突变体。佟道儒等[50]在培养经γ射线处理的花药诱导产生的花粉植株当代中，获得了遗传性状稳定的隐性白花烟草的突变体。中国农业科学院烟草研究所首先用花培的方法于1974年成功育成世界上第一个组培作物新品种——单育1号烤烟新品种，投入生产并推广应用。随后，又相继育成单育2号、单育3号新品种。在“七五”期间，我国烟草科技工作者先后从35个烟草杂交组合的花药培养中，选育出“3002”“3041”等烤烟新品系，并投入系列开发利用。“烟草单倍体育种”研究成果在1978年被授予全国科学大会奖。

（二）烟草体细胞杂交技术

1. 烟草原生质体培养和融合技术

烟草原生质体培养和融合的研究工作在我国起步较早。由于烟草野生种与普通烟草亲缘关系较远，种间有性杂交常遇到杂交不孕或杂种不育等问题。烟草野生种的抗病、抗逆性等有益性状则可以通过体细胞杂交，诱导产生种间体细胞杂种，实现有益性状转移。融合涉及双亲的细胞核和细胞质基因组的渗入，使得遗传变异及重组范围更加广泛。

骆启章等[51]在20世纪70年代末期就开始了烟草原生质体培养的研究，于1979年得到了再生植株。1981年，龚明良等[52]通过原生质体融合获得了普通烟草与黄花烟草及普通烟草与粉蓝烟草的种间体细胞杂种植株。随后又获得了普通烟草与6个野生烟草的种间体细胞杂种，育成了品质优良、高抗黑胫病和耐CMV的2个烤烟新品系和新胞质雄性不育系86-6，这是首次采用细胞工程技术的研究成果进入生产应用阶段。1993年，“烟草种间体细胞杂交育成新品系88-4、86-1进入生产应用阶段”研究成果获国家科技进步三等奖。

2. 体细胞杂交技术

（1）科间属间体细胞杂交

20世纪90年代初，夏镇澳等[53]利用原生质体融合方法获得了普通烟草与龙葵的属间体细胞杂种，并从杂种后代中选出了具有对TMV和气候斑点病抗性的烟草品系694。周苹等[54]采用电融合技术获得了普通烟草与元麦的科间体细胞杂种植株。刘宝等[55，56]、谢航等[57]也分别获得了普通烟草（*N. tabacum*）、波状烟草（*N. undulata*）与枸杞（*lycium barbarum* L.）的属间体细胞杂种植株。

（2）烟草种间体细胞杂交

中国农业科学院烟草研究所从1991年起，获得了普通烟草与残波烟草的体细胞杂种和具有较好综合抗病性的株系。从普通烟草栽培品种革新Ⅰ号和粉蓝烟草的体细胞杂种中筛选出TG-7、TC-13、TG-32等植株均对黑胫病表现出极高抗性。来自普通烟草栽培品系86-1和野生种岛生烟草（*N.nesophila*）的体细胞杂种植株高抗烟草黑胫病，对TMV田间免疫，高耐CMV。杨其光等[58]在得到普通烟草G-140与波叶烟草（*N.undulata*）的种间体细胞杂种的基础上选育出了Z14品系。

（3）新胞质雄性不育系的创造

20世纪末，孙玉合等从普通烟草和粉蓝烟草（*N.glauca*）杂种当代中得到了胞质杂种植株TG-8[59]，以及G-28的新胞质雄性不育系86-6和几个栽培品种的雄性不育系。用86-6分别和86-1、88-4配制成一代杂交种92-7、92-8。利用普通烟草K326的原生质体与野生种残波烟草（*N.repanda*）的原生质体融合[60]，通过回交改良育成了新雄性不育系MS K326。

（4）对称型体细胞杂种的应用

由于对称型体细胞杂种综合了融合双方的性状，自交后代表现稳定，这样一个对称杂种就相当于一个新的烟草种，其作用不仅在于丰富了烟草遗传基础，并可在普通远缘杂交中充当桥梁亲本。

（三）烟草转基因技术

植物基因工程的研究始于20世纪70年代末和80年代初，其主要内容是将不同来源的DNA（目的基因）在体外经过酶切和连接，构建成重组DNA分子，然后再转入受体细胞，使外源的目的基因在受体植物细胞中表达，经复制、翻译成蛋白质，从而定向改变植物性状。烟草基因工程多以农杆菌Ti质粒为介导进行目的基因的转移。首例转基因植物于1983年在烟草上获得成功。1985年，叶盘法技术大大提高了外源基因的转化效率。烟草作为植物基因工程研究的模式植物，迄今已将外源基因等导入烟草植株，培育出了抗病、抗虫等转基因烟草。

1. 烟草抗病毒病转基因技术

在利用基因工程解决烟草病毒病的防治方面，普遍采用的主要策略包括利用外壳蛋白途径、复制酶特异序列、卫星RNA策略、反义RNA等。

20世纪80年代后期，吴世宣等[61]利用CMV的卫星RNA策略，获得了抗CMV的转化植株。20世纪90年代初，中国科学院微生物研究所和河南省农科院烟草所[62]获得了表达三种类型抗性基因（CMV、CP+CMV、sat-RNA+TMV复制酶亚基）的转化烟草，具有高水平抗病性。河南省烟草公司、河南省农科院植保所与中国科学院微生物研究所[63]获得了同时表达TMV和CMV外壳蛋白的双抗TMV和CMV的转基因纯系。

2. 烟草抗虫转基因技术

利用基因工程培育抗虫转基因作物，已在世界范围内取得普遍成功。所利用的外源基因类型可分为Bt基因、蛋白酶抑制剂基因、淀粉酶抑制剂基因、外源凝集素基因等。

20世纪90年代中期，吴中心等[64]获得的表达豇豆胰蛋白酶抑制剂的烟草转基因品系，对鳞翅目、鞘翅目、直翅目中的绝大多数害虫有效。20世纪90年代末，张中林等[65]将*crylAc*基因与水稻叶绿体*psbA*基因的启动子和终止子一起转化烟草，获得了对棉铃虫（*Helicoverpa zea*）3龄幼虫具有较强的毒杀作用的转基因阳性植株。周岩等[66]和袁正强等[67]的转雪花莲凝集素烟草证明，其对芽孢桃蚜（*Myzus persicae*）的幼虫具有明显的抑制作用。谢先芝等[68]将番茄蛋白酶抑制剂II基因转化烟草，获得了抗虫转基因烟草植株。赵荣敏等[69]将人工合成的CPTI和苏云金杆菌Bt毒素基因导入烟草，获得了转双基因烟草植株。

（四）烟草基因组计划

人类基因组计划引领并开创了一个新的时代。全世界已经完成了几百种动植物的全基因组测序，目前还有成千上万的基因组计划正在实施。我国以人类、水稻和家蚕基因组测序为契机，已经发展成为世界基因组研究强国之一，这为中国烟草基因组计划的实施奠定了良好的基础。2010年12月9日，总公司正式启动中国烟草基因组计划，推动烟草育种研究进入了基因组时代[70]。

栽培烟草属于异源四倍体，基因组庞大，遗传背景复杂，拥有45亿对碱基，远超水稻、玉米、棉花等植物，是人类基因组大小的1.5倍。烟草基因组测序计划面临着测序规模大、组装分析难度高等诸多挑战。美国和欧盟的烟草基因组测序结果均未达到理想目标。中国烟草行业同深圳华大基因研究院共同设计了烟草基因组测序、组装策略。2011年，完成了野生种绒毛状烟草和林烟草全基因组序列图谱；2012年，完成了标记数最多、密度最高的烟草分子遗传连锁图谱；2013年，完成了栽培烟草红花大金元全基因组序列图谱。2014年，构建了首张烟草单倍体型图，揭示了烟草百年育种进程。2019年绘制了栽培烟草基因组图谱的“近完成图”。

在“十二五”期间，除完成烟草结构基因组研究外，还建立了多个功能基因组研究技术平台，包括饱和的烟草突变体库、烟草全基因组基因芯片、中国烟草基因组数据库、烟草全基因组关联分析、烟草代谢组学研究、烟草基因编辑和突变基因定位克隆技术等。同时，培育了抗烟草黑胫病、抗烟草病毒病等多个烤烟新品系。

在“十三五”期间，针对卷烟工业对优质原料的需求，烟草基因组计划以“优质、特色、绿色、安全”为目标，推进现代烟草精准设计育种。培育了抗TMV、CMV、PVY、黑胫病、赤星病、青枯病和抗蚜虫等抗病虫害新品种（系）；培育了低苯并芘、低镉、低*N*-亚硝基降烟碱（NNN）、低苯酚等低危害新品种（系），培育了玫瑰香、高蔗糖酯以及利用类黄酮、萜类等致香化合物的优质新品种（系）。同时，在少腋芽、易烘烤、集中成熟等重要农艺性状改良方面也取得了一定的进展。利用CRISPR/Cas9基因编辑技术创制烟草突变体库和开展分子模块设计育种方面也创制了丰富的遗传材料，建立了包括品种定向改良、模块化育种、工厂化育种三大育种路径在内的现代烟草育种技术体系。

1. 烟草结构基因组学

中国烟草基因组计划于2011年首先完成了栽培烟草两个二倍体野生祖先种——绒毛状烟草和林烟草的全基因组序列图谱，2013年完成栽培烟草红花大金元全基因组序列图谱后，采用第三代测序技术绘制完成了栽培烟草基因组图谱的“近完成图”。该套图谱质量居世界领先水平，获得中国烟草总公司2016年度科学技术进步奖特等奖。

（1）绒毛状烟草和林烟草基因组序列图谱

2011年，采用第二代测序技术完成了绒毛状烟草和林烟草序列图谱。通过BAC to BAC结合WGS测序策略对绒毛状烟草和林烟草基因组进行联合组装，基因组图谱contig N50分别达到38.4 kb和38.2 kb，scaffold N50分别达到1.7 Mb和1.0 Mb，基因组大小分别为2.05 Gb和2.38 Gb。通过注释分别获得33233个和42264个基因。

（2）栽培烟草红花大金元基因组序列图谱

2013年，在二倍体野生烟草测序基础上，采用类似策略完成了栽培烟草基因组序列图谱的绘制。栽培烟草精细图contig N50长度为41.5 kb，scaffold N50长度为1.6 Mb，基因组组装大小为4.41 Gb，注释获得71456个基因。

（3）烟草基因组差异分析

2014年，对42份烟草主要栽培品种进行了基因组重测序，共检测到333万个SNP和29万个InDel位点[71]，绘制了含有26727个单倍型块、覆盖基因组46.6%的栽培烟草单倍体型草图。测序材料的遗传多样性总体比较低，从基因组水平揭示了杂交重组创造变异的机制。

（4）栽培烟草基因组“近完成图”

2019年，采用第三代测序技术绘制了栽培烟草基因组图谱的“近完成图”。同时，构建了烟草染色质互作图谱、染色质开放图谱、蛋白质-DNA互作图谱等，系统解析了烟草基因组中的染色质构象与互作、遗传变异等功能位点，为烟草功能基因研究和分子育种提供了高质量的数据支撑。

2. 烟草功能基因组学

从2011年烟草基因组计划实施以来，在完成烟草基因组测序工作的同时，烟草行业各研究单位逐步建立了烟草功能基因组学研究的技术平台，如生物信息分析平台、突变体库研究平台、代谢组学研究平台、基因芯片研究平台、突变基因定位克隆平台等。利用这些平台，在重要性状如抗病虫、发育及品质等方面的基因功能研究也取得了较大进展。

（1）烟草基因组数据库和生物信息分析平台

2011年，构建了烟草基因组数据库及分析平台，储存了绒毛状烟草、林烟草、普通烟草以及国际上其他烟草的全基因组序列图谱的所有原始数据以及基因注释结果，总数据量超过20T，整合了芯片数据、代谢组数据、重测序SNP数据、突变体数据和转录组数据；整合了Blast、GBrowse等生物信息分析工具，实现了序列比较、组装、浏览和检索查询等功能。

（2）烟草表达谱和基因组芯片研究

2012年，构建了红花大金元等多个普通烟草以及绒毛状烟草、林烟草等各时期各个组织的全长cDNA文库[72]，对绒毛状烟草、林烟草和普通烟草的200多个组织进行了转录组测序。成功研制出了全基因组覆瓦式Tiling高密度表达谱芯片和四倍体烟草全转录组WT高密度表达谱芯片，获得了红花大金元从苗期到成熟期全生育期的各相关组织器官的186张Tiling和857张WT芯片基因表达谱数据。

（3）烟草代谢组学研究平台

从基本方法、基础数据和基本代谢规律3个方面开展烟草代谢组学研究，建立了具有国际先进水平的烟草鲜叶代谢组学研究分析平台，共计建立了13个烟草代谢组学分析方法。对烟草鲜叶检测后发现超过1000种代谢物，获得了4200个样本测试的烟草代谢组基础数据。

（五）烟草分子育种技术

烟草基因组学计划的实施，特别是分子标记辅助育种技术、全基因组选择技术、分子模块设计育种技术、突变体技术、基因编辑技术不断地应用到现代育种研究中，为精准高效定向改良品种提供强大的技术支撑，并取得重要进展。

1. 分子标记辅助育种技术

DNA分子标记具有不受环境限制、提高选择效率、数量极多、操作简便等诸多优点，在烟草育种实践中得到广泛应用。目前，在烟草育种中最常用的有SSR和SNP等。2012年，完成首个烤烟高密度遗传连锁图谱的构建，获得了含1566个标记、由24个连锁群组成的烤烟遗传连锁图[73]，为烟草基因组图谱的染色体挂载和基因/QTL的定位奠定了良好的基础。2013年之后，利用分子标记在烟草抗病育种、品质育种和减害育种方面取得了重要进展。

（1）病虫害抗性的定向改良

利用与病毒病抗性紧密连锁的分子标记辅助选择，结合常规育种定向改良，育成抗病毒病K326定向改良新品种，对TMV免疫、抗CMV和PVY，2018年通过品种审定，定名为“中烟300”，2019年获中国烟草总公司科学技术进步奖二等奖。精确定位抗黑胫病基因Ph，利用连锁标记选择和全基因背景选择，获得高抗黑胫病的红花大金元定向改良品种，2018年通过品种审定，定名为“云烟300”。克隆抗PVY基因eIF4E-1后，利用分子标记[74]育成抗PVY云烟87新品系，PVY抗性显著提高，2018年通过品种审定，定名为“云烟301”，2019年获中国烟草总公司科学技术进步奖三等奖。采用烟草赤星病抗性标记[75]和诱导烟草早花技术相结合，获得红花大金元抗赤星病定向改良品种，2019年通过田间鉴评。定位克隆抗蚜虫物质西柏三烯一醇合成相关基因，分子标记辅助筛选获得抗蚜虫K326定向改良新品系，蚜虫抗性显著提高，2020年通过田间鉴评。

（2）品质与减害性状的定向改良

定位了雪茄烟特异Ⅲ~Ⅵ型蔗糖酯合成基因，分子标记辅助选择培育出高蔗糖酯K326定向改良新品系，提高了甜韵感、细腻圆润感，香气质、香气量、感官质量优于对照K326，2019年通过田间鉴评。定位了低苯并芘突变材料的突变基因，利用标记辅助筛选获得K326定向改良新品系，烟气苯并芘释放量显著降低，2020年通过田间鉴评。

2. 烟草突变体育种技术

2012年，中国农业科学院烟草研究所联合行业内外多家单位创制了最大的烟草突变体库。利用甲基磺酸乙酯（EMS）化学诱变和T-DNA激活标签插入两种突变方法，创制了普通烟草中烟100、红花大金元和翠碧1号的突变体材料25多万份以及云烟87、K326等栽培品种的EMS突变体库[76]。建立了抗烟草主要病虫害（TMV、CMV、PVY、黑胫病、青枯病、赤星病、蚜虫）、抗旱、高烟碱、高香气、耐低钾等15种突变体高通量筛选和鉴定方法。筛选鉴定的优异突变体材料为基因功能分析奠定了重要的材料基础，在品种培育方面也取得了重要进展。

（1）特征香韵中烟100突变新品系

中国农业科学院烟草研究所以中烟100为基础，通过EMS诱变技术结合系谱法选育，同时采用人工闻香和感官评吸进行评价，获得了玫瑰香特7品系、清甜香特8品系、青香特4品系等多个特征香韵突变品系。玫瑰香特7品系于2019年通过田间鉴评。

（2）低危害突变新品系

云南省烟草农业科学研究院从云烟87的EMS突变体库中筛选获得了镉转运基因*NtHMA4*突变的EMS突变体hma4-4h12，叶片中镉含量显著降低，利用云烟87为轮回亲本与该突变体回交四代后自交，经自主开发的分子标记进行辅助选择，获得了低镉云烟87新品系Y87-Lcd1。中国农业科学院烟草研究所在EMS诱变的中烟100突变体库（M2）中筛选到*CYP82*基因E4突变体，降烟碱含量降低32%~51%。云南省烟草农业科学研究院在云烟87的EMS突变体库中筛选获得E4、E5、E10纯合三突材料，烟气NNN含量下降70%。

（3）PVY和TVBMV抗性定向改良新品系

贵州省烟草科学研究院鉴定并获得了兼抗PVY和TVBMV的隐性新基因*NtTCTP*，通过突变体筛选和标记辅助选择，成功获得了抗PVY和TVBMV的云烟87定向改良新品系G358，2019年通过田间鉴评。

3. 基因编辑技术

基因编辑是指利用基因组定点DNA酶切活性与胞内修复活性，在目标位点引入特定突变的技术，该技术实现的定点定向突变为作物遗传改良提供了革命性的技术解决方案。CRISPR/Cas9系统作为一个精准、低廉、高效的基因编辑技术，自2012年诞生以来已经成为各个领域的研究热点，并逐步推广应用到了生物、医学、农业以及环境等多个领域，被誉为21世纪到目前为止生物技术领域的重大突破。烟草基因组计划在“十三五”期间将烟草基因组编辑育种列为重点研发技术。2016年以来，云南中烟和湖南中烟工业有限责任公司联合行业内多家研究单位相继建立了CRISPR/Cas9技术平台，开展了高通量烟草突变体库创制工作，取得了重要进展。

（1）烟草基因编辑技术体系的建立

2015年，Gao等[77]首次利用CRISPR/Cas9系统对烟草*NtPDS*和*NtPDR6*两个基因进行编辑并获得成功。云南省烟草农业科学研究院利用TALEN 技术编辑*eIF4E1*，获得了抗马铃薯Y病毒（PVY）的植株。将早花基因和花青素合成基因与CRISPR载体融合，开发出了可显著提高编辑事件发生频率并可快速、高效、低成本筛选无转基因成分的基因编辑植株的新系统。

（2）烟草基因组编辑材料创制

云南中烟和湖南中烟工业有限责任公司先后于2016年和2017年建立了烟草基因组编辑平台和规模化、精准化、智能化的基因编辑育种工厂。在国际上首次实现将混合建库的方法大规模应用于四倍体作物的基因编辑与育种，获得了纯合非转基因编辑素材2000余份，鉴定了一批调控脂类、色素等香气成分的重要育种素材。

4. 分子模块育种技术

分子模块（也称基因组模块）是控制目标性状的染色体片段，能够利用分子标记进行追踪，是以底盘品种为遗传背景、在目标性状上获得显著改良的遗传育种材料，是功能基因研究、品种定向改良和多性状聚合的宝贵材料。中国科学院2013年启动了“分子模块设计育种创新体系”战略性先导科技专项[78]，目的是解析并获得一批调控复杂农艺性状的分子模块，建立模块耦合组装的理论和应用模型，实现高产、稳产、优质、高效模块的有效组装，创建新一代超级品种培育的分子设计育种新技术。

2016年，国家局启动烟草全基因组模块育种，聚焦品质性状，兼顾抗性、低害、农艺等性状，经全基因组模块构建、鉴定与解析，获得了目标性状的基因组模块，进行了品种定向改良和多性状聚合。云南省烟草农业科学研究院、中国农业科学院烟草研究所等单位构建了以红花大金元、K326为主要底盘品种的四个杂交组合的全基因组模块库，每个模块库材料数量均在2000份以上。中国农业科学院烟草研究所获得了比主栽品种K326抗性和品质性状明显改进的一批分子模块，在解决K326等品种中上部叶开片等关键生产问题中得到应用；云南省烟草农业科学研究院获得了一些抗病性较好的分子模块和感官质量较好的分子模块，已开始用于品种改良。

本章主要编写人员：王元英、李永平、孙玉合、肖炳光、张兴伟、杨爱国、焦芳婵、罗成刚、马文广、龚达平

参考文献

[1] Knapp S，Chase M W，Clarkson J J. Nomenclatural changesand a new sectional classification in *Nicotiana*（Solanaceae）[J]. Taxon，2004，53（1）：73-82.

[2] 王述民，卢新雄，李立会. 作物种质资源繁殖更新技术规程[M]. 北京：中国农业科学技术出版社，2014.

[3] 王志德，张兴伟，刘艳华. 中国烟草核心种质图谱[M]. 北京：科学技术文献出版社，2014.

[4] 刘贯山，孙玉合. 烟草突变体[M]. 上海：上海科学技术出版社，2016.

[5] 魏治中，魏克强. 烟草远缘杂交育种[M]. 北京：中国农业科学技术出版社，2008.

[6] 张兴伟，冯全福，杨爱国，等. 中国烟草种质资源分发利用情况分析[J]. 植物遗传资源学报，2016，17（3）：507-516.

[7] 王志德，王元英，牟建民. 烟草种质资源描述规范和数据标准[M]. 北京：中国农业出版社，2006.

[8] 中国农业科学院烟草研究所. 中国烟草品种志[M]. 北京：农业出版社，1987.

[9] 中国农业科学院烟草研究所. 中国烟草品种资源[M]. 北京：中国农业出版社，1997.

[10] 王志德，张兴伟，王元英，等. 中国烟草种质资源目录（续编一）[M]. 北京：中国农业科学技术出版社，2018.

[11] 佟道儒. 烟草育种学[M]. 北京：中国农业出版社，1997.

[12] 杨铁钊. 烟草育种学[M]. 北京：中国农业出版社，2003.

[13] 罗成刚，杨爱国，常爱霞，等. 遗传育种技术发展现状与趋势[C]. 2012年—2013年烟草科学与技术学科发展研究报告，中国烟草学会，2013.

[14] 王元英，罗成刚，刘贯山，等. 烟草育种技术发展现状与趋势[C]. 2009—

2010烟草科学与技术学科发展报告，中国烟草学会，2010.

[15] 罗成刚，薛焕荣. 面向21世纪，加速烟草育种研究[J]. 中国烟草科学，1998(4): 47-49.

[16] 屈亚芳，许明录，曹建敏，等. 不同基因型烟草腺毛 主要分泌物差异分析[J]. 中国烟草学报，2018，24(1): 45-52.

[17] 高玉龙，肖炳光，童治军，等. 烟草抗TMV基因连锁分子标记的筛选及在抗病资源筛选中的应用[J]. 分子植物育种，2011，9(5): 585-591.

[18] 王贵，刘勇，卢秀萍，等. 烟草PVY抗性的遗传分析与分子标记筛选[J]. 分子植物育种，2012，10(1): 97-103.

[19] 文轲，张志明，任民，等. 烤烟CMV抗性基因QTL定位[J]. 中国烟草科学，2013，34(3): 55-59.

[20] 蒋彩虹，罗成刚，任民，等. 一个与净叶黄抗赤星病基因紧密连锁的SSR标记[J]. 中国烟草科学，2012，33(1): 19-22.

[21] 高亭亭. Beinhart1000-1抗烟草赤星病和黑胫病基因的QTL定位[D]. 北京: 中国农业科学院，2014.

[22] 杨柳. 烟草SSR连锁图谱构建及青枯病抗性QTL定位[D]. 福州: 福建农林大学，2012.

[23] 殷英，张玉，余祥文，等. 烤烟主要农艺性状与产量产值的关系研究[J]. 中国烟草科学，2012，33(6): 18-22.

[24] 贾兴华. 细胞工程在烟草品种改良上的应用[J]. 中国烟草学报，1993(3): 40-45.

[25] 董志坚，董顺德，裴瑞杰，等. 空间诱变育种技术及其在烟草上的研究前景[J]. 中国烟草学报，2005(2): 35-39.

[26] 王元英. 烟草基因组知识篇: 1. 基因组与烟草基因组计划[J]. 中国烟草科学，2010，31(1): 81-82.

[27] 孙玉合. 烟草基因组知识篇: 2. 基因组测序[J]. 中国烟草科学，2010，31(2): 76-77.

[28] 中国烟草基因组重大专项首席科学家团队. 战略与机遇: 迈进烟草基因组时代[J]. 中国烟草学报，2017(3): 8-13.

[29] 王元英，周健. 中美主要烟草品种亲源分析与烟草育种[J]. 中国烟草学报，1995，2(3): 11-22.

[30] 常爱霞，贾兴华，冯全福，等. 我国主要烤烟品种的亲源系谱分析及育种工作建议[J]. 中国烟草科学，2013，34(1): 1-6.

[31] 王绍美，许立峰，付宪奎，等. 我国烤烟杂种优势利用现状与展望[J]. 中国烟草科学，2005(1): 6-9.

［32］何从利. 烤烟主要农艺及化学品质性状的杂种优势与相关性分析［D］. 重庆：西南大学，2013.

［33］马柱文，李集勤，吕锦津，等. 谈谈烤烟杂种优势利用［J］. 农技服务，2014，31（7）：28-27.

［34］刘魁，王元英，罗成刚，等. 雷达图分析法在烤烟品种试验中的应用［J］. 中国烟草科学，2010，31（6）：64-67.

［35］宋志美，刘乃雁，王元英，等. 灰色关联度法在烤烟品种重要性状综合评价中的运用［J］. 中国烟草科学，2011，32（2）：17-19，23.

［36］李卫华，罗成刚，陈志强，等. 熵值赋权的 DTOPSIS 法在烟草品种试验中的应用［J］. 湖北农业科学，2013，52（7）：1590-1592，1595.

［37］刘少云. 山东烤烟种植品种布局分析及其发展对策［D］. 北京：中国农业科学院，2009.

［38］孙计平，吴照辉，李雪君，等. 21世纪中国烤烟种植区域及主栽品种变化分析［J］. 中国烟草科学，2016，37（3）：86-92.

［39］马文广. 推进烟草种子市场化进程 完善我国烟草种子市场体系［J］. 中国烟草科学，2004（4）：45-48.

［40］罗成刚，哈君利，周义和，等. 烟草种子鉴定技术与方法综述［J］. 中国烟草学报，1999，5（3）：42-45.

［41］张小全，杨铁钊. 我国烟草种子生产技术与种子质量标准体系探讨［J］. 种子，2010，29（5）：86，87，91.

［42］云南省烟草学会. 介质花粉技术［J］. 中国烟草学报，2016，22（2）：2，153.

［43］索文龙，牛永志，郑昀晔，等. 不同后熟时间、干燥和精选方式对烟草种子质量的影响［J］. 种子，2016，35（1）：81-84.

［44］满晓丽. 烤烟漂浮育苗壮苗培育新技术应用研究［D］. 郑州：河南农业大学，2012.

［45］玉溪中烟种子有限责任公司. 烟草种子生产加工［M］. 北京：科学出版社，2017.

［46］王国平，索文龙，周东浩，等. 烟草种子技术研究进展［J］. 种子，2017，36（10）：50-58.

［47］中国农业科学院烟草研究所. 中国烟草栽培学［M］. 上海：上海科学技术出版社，2005.

［48］山东省烟草研究所、中国科学院北京植物研究所烟草单倍体育种协作组. 烟草新品种“单育一号”培育成功［J］. 植物学报，1974，16（4）：300-303.

［49］周嘉平，周俭民，梁思信，等. 烟草抗黑胫病突变体的细胞筛选［J］. 遗传学

报，1990，17（3）：180-188.

[50] 佟道儒，贾兴华. γ射线诱变烟草花药培养的突变体 [J]. 核农学报，1991，5（4）：193-198.

[51] 骆启章，龚明良，丁昌敏. 烟草原生质体培养及植株再生 [J]. 中国烟草，1979（1）：16-19，49.

[52] 龚明良，卜锅章，丁昌敏，等. 烟草种间体细胞杂交育成新品系 [J]. 中国烟草学报，1992，1（2），22-28.

[53] 夏镇澳，宛新杉，王辅德，等. 烟草与龙葵细胞杂交和新品系694-L选育的研究 [J]. 中国农业科学，1993，26（5）：45-50，99-100.

[54] 周苹，叶永青，郑泌露，等. 烟草和元麦叶肉原生质体种内电融合 [J]. 华东师范大学学报（自然科学版），1993（4）：94-97.

[55] 刘宝，谢航，何孟元，等. 烟草种间的体细胞杂交 [J]. 遗传学报，1995（6）：463-469.

[56] 刘宝，邢苗，张忠恒，等. 烟草和枸杞属间原生质体电融合再生杂种植株 [J]. 植物学报，1995（4）：259-266，337.

[57] 谢航，刘宝，陶文静，等. 波缘烟草和枸杞属间原生质体融合再生杂种小植株 [J]. 作物学报，1996，22（1）：1-5，129.

[58] 杨其光，林国平，陈佩聪，等. 烟草种间体细胞的杂交及其优质抗病株系的筛选鉴定 [J]. 生物学杂志，1998，15（6）：29-31.

[59] 孙玉合，丁昌敏，张历历，等. 烟草新胞质雄性不育系86-6的创造及其利用 [J]. 中国烟草学报，1999，5（1）：23-27.

[60] 孙玉合，丁昌敏，张历历，等. 烟草种间体细胞杂交及其在育种上的应用 [J]. 中国烟草科学，1998（4）：5-8.

[61] 吴世宣，赵淑珍，王革娇，等. 由卫星互补DNA单体构建的抗黄瓜花叶病毒的烟草基因工程植株 [J]. 中国科学（B辑 化学 生命科学 地学），1989（9）：948-956.

[62] 吴中心，张同庆，姚根怀，等. 烟草抗病新品系"转基因NC89"的大田试验 [J]. 中国烟草学报，1994（1）：9-13.

[63] 周汝鸿，张振臣，吴青，等. 烟草抗花叶病新品系"转基因NC89"选育技术的研究 [J]. 中国烟草学报，1994（1）：1-8.

[64] 吴中心，张同庆，姚根怀，等. 转抗虫基因烟草NC89纯合品系的获得及大田抗虫试验 [J]，中国烟草学报，1995，2（4）：29-33.

[65] 张中林，陈曦，钱凯先，等. Bt叶绿体转基因植株的抗虫性及后代表型分析 [J]. 植物学报，1999，41（9）：947-951.

[66] 周岩，田颖川，吴标，等. 转雪花莲外源凝集素基因烟草对桃蚜的抑制作用

[J]. 生物工程学报，1998，14（1）：13-19.

[67] 袁正强，赵存友，周岩，等. 雪花莲凝集素基因（*gna*）的改造及其抗蚜性[J]. 植物学报，2001，43（6）：592-597.

[68] 谢先芝，黄美娟，吴乃虎. 转番茄蛋白酶抑制剂II基因烟草植株的培育及其抗虫特性分析 [J]. 自然科学进展，2002，12（2）：145-150.

[69] 赵荣敏，范云六，石西平，等. 获得高抗虫转双基因烟草 [J]. 生物工程学报，1995，11（1）：1-5，103.

[70] 中国烟草基因组重大专项首席科学家团队. 战略与机遇：迈进烟草基因组时代[J]. 中国烟草学报，2017，23（03）：8-13.

[71] 任学良. 烟草基因组计划进展篇：5. 栽培烟草主要推广品种基因组差异分析[J]. 中国烟草科学，2013，34（5）：119-120.

[72] 龚达平，解敏敏，孙玉合. 烟草叶片全长cDNA文库构建及EST序列分析 [J]. 中国农业科学，2012，45（9）：1696-1702.

[73] 肖炳光. 烟草基因组计划进展篇：3. 烟草分子标记遗传连锁图构建和重要抗病基因定位 [J]. 中国烟草科学，2013，34（3）：118-119.

[74] 刘勇，宋中邦，童治军，等. 烟草PVY隐性抗病基因的分子标记及其适用性[J]. 中国烟草学报，2015，21（1）：76-81.

[75] 蒋彩虹，王元英，任民，等. 一个抗赤星病基因的SSR标记连锁群 [J]. 分子植物育种，2013，11（4）：566-569.

[76] 刘贯山. 烟草突变体筛选与鉴定方法篇：1. 烟草突变体的筛选与鉴定 [J]. 中国烟草科学，2012，33（1）：102-103.

[77] Gao J P，Wang G H，Ma S Y，et al. CRISPR/Cas9-mediated targeted mutagenesis in Nicotiana tabacum [J]. Plant Mol Biol，2015，87（1-2）：99-110.

[78] 薛勇彪，种康，韩斌，等. 开启中国设计育种新篇章——“分子模块设计育种创新体系”战略性先导科技专项进展 [J]. 中国科学院院刊，2015，30（3）：393-402.

第三章

烟草栽培技术

第一节
概述

烟草栽培学是揭示烟草生长发育、质量形成规律的科学。生态条件是决定烟叶质量风格的决定性因素，而栽培技术是提高烟叶整体水平的关键因素。

（一）我国烟叶资源

烟草原产于南美洲的安第斯山脉，在传入我国后的400多年中，逐渐形成了浙江桐乡、江西广丰、黑龙江穆陵、四川什邡的晒红烟，广东南雄、云南腾冲和蒙自、湖南凤凰、湖北黄冈、广西信丰、吉林蛟河的晒黄烟等中国烟叶名产，这是中国烟草的传统形象，也是烟草文化的积淀。很多地方至今仍保留有抽吸地方晒烟的习惯。兰州水烟更是我国烟草制品的特色产品，独特的莫合烟叶配合以多种中草药，用不同档次、材质制造的水烟具，加上人们悠闲的抽吸形象，体现出丰厚的中国烟草文化底蕴。国内外烟草业的生产实践表明，名优卷烟产品对烟叶原料的要求十分严格，其口味风格是烟叶风格特色和产业文化的表现。我国地大物博，丰富的生态资源造就了诸多的名、优、特烟叶类型和卷烟品类，社会人文与烟草业结合所形成的晒烟、晾烟、烤烟名产，斗烟、水烟、鼻烟和卷烟的产品形式，创造出了灿烂的烟草历史文化。

我国烤烟种植已有百余年历史，最先在河南、山东和安徽省种植，逐步发展到西南、华南等地。20世纪60年代起，朱尊权、陈瑞泰等老一辈烟草科学家根据各地烟叶质量风格特色，把全国烟区划分为浓香型、清香型和中间香型三大区域。2017年，总公司发布了全国烤烟烟叶香型风格区划研究成果，将全国烤烟烟叶产区划分为八大生态区，相应地把烟叶风格划分为八种香型，突破了传统的浓、中、清三大香型划分概念。现阶段我国已发展成为世界第一大烤烟生产国。

（二）烟叶生产概况

我国种植的烟叶类型较多，主要有烤烟、白肋烟、晒烟、香料烟和雪茄烟等类型。近40年来，我国烟草农业取得了较快发展，已成为世界烟叶种植面积最大、产量最高的国家，烟叶总产量占世界总产量的40%以上。

20世纪末以来，随着我国烟草农业生产技术的不断进步，烟叶生产发展较快，全国烟叶产量和收购量不断提高，同时，随着中式卷烟的不断创新与发展，人们对烟叶原料的需求也发生了重大变化，致使我国烟叶工商库存总量严重偏高，烟叶积压问题十分突出。为此，国家局做出了利用3年时间将烟叶库存调整到合理水平的战略部署，确定了2014 年烤烟收购计划235万t（4700万担）、2015 年烤烟收购计划225万t（4500万担）、2016 年烤烟收购计划215万t（4300 万担）的调整目标。至2015年，我国烟叶种植面积已调整到107.3万hm^2（1609.9万亩），烟叶收购量为220万t（4400万担）左右。至2019年，我国烟叶种植面积已调整到88.75万hm^2（1331.3万亩），烟叶收购量为175.16万t左右。

（三）烟叶质量演变与发展

20世纪50、60年代，根据当时的烟叶生产水平和烤烟产区分布情况，科技工作者曾将烤烟的香气质量风格划分为清香型、浓香型和中间香型。清香型指烤烟香气飘溢、优雅而愉悦，留香甜润；浓香型指烤烟烟气浓度高、沉溢感强、留香绵长；而中间香型烤烟则介于两者之间。对烤烟香气风格的这种划分方法一直延续至今。这个阶段我国烤烟以种植少叶型品种、施用农家肥料为主，尽管低次等级烟叶比例较大，但烟叶的香气质量仍然尚好。

进入20世纪70年代以后，由于盲目追求烟叶高产，种植的又是多叶型劣杂品种，而且种植密度高，致使一些主产烟区烟叶香气风格弱化，烟叶香气质量大幅度降低。烤烟生产普遍出现叶小片薄，颜色浅淡，烟碱含量低，成熟度差，叶片平滑，油分差，香气少，吸味平淡等不良状况，一直延续到20世纪70年代末，我国烤烟生产总体上仍处于“营养不良、发育不全、成熟不够、烟碱含量低”的状况。

20世纪80年代初，尤其是1982年总公司成立后，面对当时全国烟叶品种多、乱、杂和烟叶品质低下的状况，我国大力推行烤烟“种植区域化，品种优良化，生产规范化”的三化生产措施，主攻单叶重和烟碱含量，全面提高了烟叶质量。与此同时，我国引进了美国的G140、NC89、G80、K326、K394、NC71等优良品种。由于推行了这些有利于烟叶质量提升的措施，20世纪80年代我国烟叶质量提高的幅度较大。

20世纪90年代，我国烟叶产量进入历史鼎盛时期，单位面积产量和总产量都较高。在这样的形势下，烟农开始无节制地追求再增收，过量施肥导致烟叶单叶重、烟碱含量过高，烟株部位间比例失调，上部叶达43%以上，中部叶不足30%。这样的生产状况与卷烟工业需求背道而驰，工业反映强烈，要求降低单叶重和烟碱含量。

进入21世纪后，总公司提出实施“四项技术一项开发”，即更新外引品种、设施育苗、平衡施肥和三段式烘烤技术，在全国选择烤烟生产适宜区进行国际型优质烟叶开发。2000年，在云南昆明、贵州遵义、湖南郴州和浏阳、广东南雄、福建邵武以及河南平顶山和许昌市6个省区8个地点开展了国际型优质烟叶开发工作。随着开发工作的逐步深入，研发推广了促进优质烟叶生长和成熟的相关技术措施，烟叶质量大幅度提高，试点范围也很快扩展到湖北兴山、山东潍坊和临沂、陕西旬阳、安徽宣城、江西赣州、重庆彭水等35个点。2001年，中国烟叶公司组织全国评烟委员会对国际型优质烟叶开发项目生产的烟叶进行评吸，结果表明：16个中部烟叶样品中，与津巴布韦、巴西样品接近的有宣城、彭水、陆良、南雄和慈利5个样品；符合优质烟要求的有8个，即兴山、攀枝花、广昌、浏阳、蒙自、旬阳和宝丰等样品。16个上部烟叶样品中，与巴西、津巴布韦接近或达到的有6个，即陆良、浏阳、宣城、彭水、慈利和南雄样品；符合优质烟要求的有兴山、宝丰、广昌、旬阳、攀枝花等样品。2009年，朱尊权院士提出了上部4~6片叶一次性采收技术，并在全国各大产区推广应用，大幅提高了上部烟叶质量和工业可用性。研究结果证明，只要提高烟叶生产科学技术水平，我国也能够生产出达到国际先进水平的烟叶。

经过多年的生产实践，烟叶产区对优质烟叶质量的概念有了较为全面的了解，进一步明确了优质烟叶的相关要求：外观质量要求是颜色橘黄、成熟度好、叶片厚薄适中、结构疏松、油分丰满、光泽强、弹性好；内在质量要求是香气质量好、香气浓度大、吸味醇和舒适、杂气少、刺激性小、生理强度适中；同时要有良好的燃烧性、填充力和吸湿性等物理特性；烟叶中农药残留量和有害物质必须在规定的标准以内。多年来，各级烟草公司和广大科技人员，围绕优质烟叶的质量目标开展了大量的研究开发和科技成果推广工作，使我国烟叶总体质量水平逐步提高，基本满足了中式卷烟创新与发展的需要，实现了烟草行业的持续健康发展。

第二节
烟草栽培技术发展

（一）烟叶栽培技术发展历程

近40年来，我国烟草栽培技术水平不断提高，烟叶生产技术水平发生了巨大变化，可以分为3个阶段。

第一阶段（1981—1990年）传统栽培技术改进阶段。传统栽培是经验技术，育苗是土畦方式，催芽播种。进入20世纪80年代，随着规范化栽培技术要求的提高，我国开始划块育苗，即在整平的土畦上用刀划出方块，点播育苗。为了进一步改善苗床土壤营养状况，又采用腐熟农家肥与烟田土壤配制营养土的方法制钵育苗，用制钵器把营养土压制成圆柱形钵块，把种子直播在营养钵上。为了提高育苗效率，继而又采用了塑料袋、纸袋育苗。这个阶段从土畦播种提升到配制营养土育苗是育苗技术的进步。栽种方式也从平栽（烟田整平施肥后划线定苗移栽）改进为起垄栽烟，对促进烟株根系发育起到了良好作用。此时我国也开始关注氮素形态和肥料类型及氮、磷、钾比例指标，开始制订施肥技术规范。种植密度也由20世纪80年代以前的每667m^{2}1500株以上，调整到1333株、1250株或1111株，适应了烤烟品种从多叶型向少叶型的转变。从20世纪80年代起，开始采用地膜覆盖栽培，解决了南方烟区移栽后气温低的问题和黄淮烟区移栽后干旱较多时的保水问题，该技术很快推广到全国烟区。该时期在生产阶段强调了打顶抹杈的重要性，引进使用了烟草腋芽抑制剂，自主研发出了多个国产腋芽抑制剂，其使用方法也从涂抹改进为杯淋，大大减少了生产用工。

在朱尊权、陈瑞泰、洪其琨、戈福元、董祥庆等科学家指导下，由戴冕先生牵头的全国烤烟优质适产栽培协作组[1]提出了烤烟施肥量、种植密度和单株留叶数技术规范，进一步推进了栽培技术规范化和标准化，是栽培技术改进的起步阶段。

第二阶段（1991—1999年）栽培技术提升阶段。1991年，韩锦峰发表了“氮素用量、形态和种类对烤烟生长发育和产量品质影响”一文，河南、云南、湖南等烤烟主产区开始大量开展肥料用量、配比和种类研究与示范，施肥技术逐步适用于优质适产的要求。1992年，奚振邦提出了烤烟双层施肥技术[2]，其施肥作业为：于起垄前将基肥量的60%~70%条施于垄底烟株种植行上，然后起垄；烟苗移栽前再将基肥量的其余30%~40%施于定植穴底部，与土壤充分混合，覆以薄土后再移栽烟苗。如果在起垄后再实施双层施肥法，则可将定植穴开挖至20cm左右深，先施60%~70%的基肥，覆土6.7cm左右，再施入其余30%~40%的基肥，与土壤混合覆以薄土后再移栽烟苗。烤烟旱作栽培技术在豫西三门峡、洛阳烟区得到大面积推广，提出了加深耕层、增加有机肥、壮苗移栽等技术措施，创造出了雨养栽培技术模式，强化了打顶抹杈环节，彻底消除了“满园花”的现象。这个时期是我国烟草栽培技术不断提升的阶段。

第三阶段（2000—2015年）现代栽培技术创新阶段。自2000年开始，中国烟叶公司牵头的“四项技术一项开发”（即更新外引品种、设施育苗、平衡施肥和三段式烘烤技术）技术改进项目全面启动，在全国选择烤烟生产适宜区进行国际型优质烟叶开发。研发成功了设施育苗技术，主要形式是漂浮育苗和托盘育苗[3]。漂浮育苗是利用聚苯乙烯压缩成型的格盘装填基质，把格盘漂浮在水池中，实现高茎壮苗培育；托盘育苗是利用聚乙烯塑料成型的托盘，装填基质，采用喷淋供水的方式，实现壮根壮苗。设施育苗的特点是完全摒弃了土壤育苗，使用人造基质培育壮苗。该技术从1999年启动，至2002年基本覆盖全国，总体技术达到了国际先进水平。烤烟平衡施肥技术研究成果也细化出全国各主产烟区的氮磷钾用量、矿质营养形态与比例指标[4]，为全国施肥技术构建了框架性规范，取得了良好进展。烤烟灌溉技术也得到了大幅度改进，探明了烟株在团棵、旺长和成熟期水分利用效率最高的条件，明确了水分供应的最佳时段。水肥耦合技术研究也证明了增水减氮的稳产增质效果，起到了良好的节水灌溉、减氮增效作用[5]。云南、贵州、四川、河南、湖南等烤烟主产省区开展了精准水肥技术示范与推广工作，河南、湖南和云南等地使用了“GIS平台上烤烟专家决策施肥系统”，栽培技术向数字化、电子化迈进了一大步。

从2000年起，河南农业大学开展了绿肥改土试验示范，首先是在河南襄城、舞阳、叶县和卢氏县进行苜蓿、黑麦草和大麦掩青试验研究，随后全国掀起了种植绿肥、秸秆还田、重施有机肥的土壤改良热潮。依托国家局下达的“金攀西优质烤烟开发”项目，四川省攀枝花市和凉山州以种植光叶紫花苕子为主，采用微生物发酵农家肥，创造出了土壤改良新模式[6]。

2010年以后，河南农业大学等单位以总公司“浓香型特色优质烟叶开发”项目为依托，提出调节土壤碳氮比进行土质保育的技术措施，研发出高碳基肥料，可减少化肥氮素施用量15%~35%。在河南、湖南、山东、江西、广西、福建、云南、黑龙江、辽宁等产区进行了示范推广，取得了较好效果。同期，中国烟叶公司在全国组织开展了水肥一体化技术示范，大幅度降低了化肥氮素用量，为减少化肥面源污染做出了贡献。这个时期是烟草栽培技术的现代化飞跃阶段[7]。

至2020年，集中连片种植、机械化作业、专业化服务等正在成为烟叶生产的主流模式。自2007国家局开始探索现代烟草农业建设以来，行业全面推进烟叶生产基础设施建设，努力实现“规模化种植、集约化经营、专业化分工、信息化管理”。2017年，6.67hm^2（100亩）以上的集中连片种植区域由2008年的占58.37%上升到66.90%，烤烟种植户均规模由2008年前的户均植烟0.33hm^2（5亩）左右上升到户均种植0.8hm^2（12亩）左右，烟叶生产的集中度进一步提高。多数区域实现了深耕和起垄的机械化作业，深耕和起垄的机械化作业率分别达到84.90%和77.46%，烟草种植全过程的机械化作业率也大幅度提高。烟草育苗和分级基本实现了专业化，机耕、植保、烘烤的专业化作业率也达到50%左右，以专业合作社和家庭农场为主体的烤烟生产组织模式占据了主要地位，现代烟草农业生产模式基本形成。

自《烟草行业中长期科技发展规划纲要（2006—2020年）》提出发展数字烟草以来，以3S技术、传感器为代表的精准农业技术开始应用于烟草农业生产，烟草农业也逐步由传统农业向现代农业转变。目前，物联网、云计算、大数据等先进技术在烟草农业领域迅速发展和逐步应用，必将对烟草育种、精准化种植、智能烘烤等领域产生深远影响，推动智慧烟草农业的发展。

（二）烟叶生产技术

我国烟草栽培学研究历史悠久。1963年，陈瑞泰主持编写了新中国成立后第一部烟草种植学专著《中国烟草栽培学》。详细介绍了烟草生物学特性、化学成分与品质、育种、栽培等内容，系统总结了中国烟草栽培的生产经验和技术[8]。这是一部全面介绍烟草种植的科技专著，是烟草栽培的经典著作，为后来全国烟草生产的发展做出了积极贡献。2005年，中国农业科学院烟草研究所又将《中国烟草栽培学》重新编订出版，该书入选“十五”国家重点出版物出版规划项目。

韩锦峰主编的《烟草栽培生理》于1986年出版，1996年修订再版。该书结合栽培措施，联系生产实际中的问题，从生理学角度比较详细地阐明了烟草优质、适产、稳产的理论基础。2003年修订再版的《烟草栽培生理》成为我国烟草系列面向21世纪课程教材之一，内容、资料较前更为丰富，阐述更为深刻，吸纳了更多的国内外新资料[9]。

从1999年起，中国烟叶生产购销公司（2004年更名为中国烟叶公司）每年组织编写《中国烟叶生产实用技术指南》，在全国烟叶产区推广优质烟叶生产技术，有力推动了我国烟叶生产技术的进步和生产水平提高。

1999年，中国烟叶公司主持“烟草集约化培育壮苗技术开发与推广”项目，2002年获中国烟草总公司科技进步二等奖。漂浮育苗、托盘育苗等设施育苗方法在全国广泛推广，覆盖全国产区，使我国育苗技术实现了现代化，技术水平达到了国际先进水平。该成果解决了我国烟草育苗整齐度低、效率低，用工多，烟苗发病率高的问题。2010年，刘建利等制订的GB/T 25241—2010《烟草集约化育苗技术规程》，主要包括漂浮育苗、托盘育苗和砂培育苗，在全国发布实施。

2004年，中国农科院烟草研究所和河南农业大学共同承担的“优质高香气烤烟生产综合技术开发与应用”成果获得中国烟草总公司科技进步一等奖，取得了土壤碳氮比与烟叶香气质量正相关的突破，为改良土壤奠定了基础[10]。

2005年，中国烟叶公司牵头，河南农业大学、中国农业大学、中国农科院资源与区划所等承担，各烤烟主产省参加的“烟草平衡施肥技术示范推广”项目获得了中国烟草总公司科技进步一等奖，该项目提出了烤烟主产区氮、磷、钾施肥技术指标，为施肥技术规范化提供了依据。

2007年，河南农业大学主持、四川省烟草公司承担的“‘金攀西’优质烟叶开发”项目获得中国烟草总公司科技进步一等奖，在凉山州和攀枝花烟区挖掘出红花大金元品种，推广种植光叶紫花苕绿肥改土，提出“粗肥细化商品供应”现代施肥技术，把栽培技术向现代烟草农业推进了一大步。

2009年，由中国烟叶公司牵头的“烤烟优化灌溉理论和技术研究与应用”项目获得中国烟草总公司科技进步二等奖。该成果建立了以气象数据为基础的烤烟不同生育期的雨水资源计算模型，明确了我国烤烟大田生长期不同生长阶段的降雨、蒸散、水分盈亏等烟草水资源指标的空间分布规律。根据不同烟区水分亏缺特点将我国烟区分成干旱缺水区、半丰水易旱区、丰水季旱区和丰水易涝区。通过对不同类型区水资源和地理条件的分析，为水利工程建设项目设计（包括蓄水工程、集水工程、输水工程）、灌溉类型选择（恒压灌溉、自流灌溉、井灌）和灌溉方式的选用提供了科学依据，解决了烟草灌溉用水量过大、灌溉时期不明确等问题。刘国顺、陈江华主编的《中国烤烟灌溉学》旁征博引了该领域的最新研究成果和优化灌溉的先进经验，是我国第一部系统的烤烟灌溉学著作。

我国具有改良土壤的优良传统，但由于大量的化肥施用替代了传统农家肥，造成土壤矿质营养供应失衡。尽管科技人员利用翻压绿肥、秸秆还田进行了大量改良土壤的研究，技术推广的难度依然较大。2010年，河南农业大学和上海烟草（集团）主持的浓香型特色优质烟叶开发项目，开发出的高碳基土壤修复肥对提高烟叶香气质量发挥了很大作用。

香料烟是一种用于混合型卷烟的小叶型晒烟，我国于1950年引进，首先在浙江省新昌县试种成功，该试种基地逐年扩大成为我国第一个香料烟生产基地。自20世纪80年代以来，新疆、陕西、湖北、湖南、河南、山东、四川等省（区）先后试种，经过多年的筛选，逐步排除了降雨量过大、土壤肥力过高、不适宜种植香料烟的地区，形成了以云南保山、新疆伊犁、湖北陨西为主的优质香料烟叶产区。云南省保山市冬春季节干旱少雨，适合香料烟生长、成熟的要求，1992年试种成功后逐步发展壮大，并建设成为年产约2万t的产区，质量可以达到国际市场要求，香料烟也成为当时我国高品质烟叶出口量最大的类型。同时，香料烟还作为发展中式混合型卷烟的原料[11]。1994年，成立了云南香料烟有限责任公司，从事香料烟及其他晾晒烟生产、收购、加工、储运和销售业务等。

白肋烟也是混合型卷烟的主要原料，我国于1956年引进，先后在湖北西部及四川东北部试种成功，至今已形成较大规模的白肋烟产区，面积约达2万hm^2，总产量近4万t，除国内卷烟使用外，还有相当数量出口。郑州烟草研究院牵头完成的《提高白肋烟质量及其可用性的技术研究》成果获得了2002年度国家烟草专卖局科技进步一等奖和2003年度国家科技进步二等奖。该项研究摸清了各项栽培措施、生态环境与白肋烟烟碱积累、产量、质量的关系，确定了我国主要白肋烟产区高香气、适宜烟碱含量的优质白肋烟的主要生产技术措施和新的生产技术规范，明显提高了烟叶总体质量。随着项目成果推广，逐渐形成了以湖北恩施、重庆奉节、云南宾川、四川达州为主的优质白肋烟叶产区。

雪茄传入中国的时间尚无明确记载，清代在沿江沿海商贸发达的城镇出现了小规模的雪茄生产作坊。20世纪50年代，雪茄生产集中在上海、四川、山东、浙江等地，广东、贵州等省也有零星生产。1976年后，全国各地纷纷恢复雪茄生产，一时呈繁荣之势。到2000年，全国雪茄型卷烟产量达到191.35亿支（382694箱），雪茄54397箱。进入21世纪后，雪茄型卷烟逐渐减少，而手工雪茄逐渐增多。近年来，随着人们生活水平的不断提高，雪茄烟消费量迅速增加，展现出了巨大的市场潜力。湖北、四川、海南、云南等产区积极开展了国产雪茄烟叶的试种，但由于国产雪茄烟叶发展总体起步较晚，在国产雪茄烟叶开发和应用的关键技术方面存在明显短板和瓶颈，难以满足雪茄产品配方需要，行业中高端雪茄的茄衣、茄套、茄芯原料基本上仍依赖进口，缺乏自主掌控能力。为此，国家局于2020年5月正式启动了国产雪茄烟叶开发与应用重大专项。计划用5年左右时间，初步突破国产雪茄烟叶开发与应用的关键技术瓶颈，打通国产雪茄烟叶开发和应用的产业链，实现对进口原料的部分替代，为中式雪茄的塑造和国产雪茄烟叶的发展提供有力支撑。在积极试种国外晾晒烟的同时，我国还致力于原有国产晾晒烟资源的开发和利用，全面调查搜集各地晾晒烟样品，进行分析、鉴定和评价，并择优定点，扩大生产，建成基地。

（三）中国烟草种植区划

1985年，由中国农业科学院烟草研究所主持的“中国烟叶种植区划”项目，把我国烟区分成7个一级区27个二级区，划分出了适宜种植烤烟、晒晾烟的区域，同时，以无霜期、积温和土壤特性为主要指标界定了烤烟种植的适宜区、次适宜区和不适宜区。

从20世纪90年代开始，在一些农村经济发展较快的产区，烟叶生产开始呈现萎缩趋势，出现“北烟南移”现象。2008年7月，由郑州烟草研究院主持的“中国烟草种植区划”项目顺利通过专家鉴定，于2009年获得中国烟草总公司科技进步一等奖[12]。该项目在收集、分析全国烟区大量烟叶、土壤样品和气象等数据的基础上，深入研究了烟区生态环境和烟叶品质的关系。首次综合利用相关关系法、层次分析法、隶属函数法等方法，构建了科学可靠的烤烟生态适宜性评价体系和烤烟品质评价体系。系统深入研究了我国烤烟外观质量、物理特性、化学成分、感官质量和综合品质的区域分布，以烟叶还原糖和钾离子含量作为烤烟品质区域特征指标，探讨了我国烤烟品质特征的区域分布特点，为特色优质烟叶开发提供了新思路。应用烤烟生态适宜性评价指标体系、地统计学空间插值和国际先进的GIS叠加技术等分析方法，结合全国烤烟品质定量评价结果，完成了我国烤烟生态适宜性综合评价和生态适宜性综合分区；研究提出的西南、长江中上游、黄淮、东南、北方等5个一级烟草种植区和26个二级烟草种植区，进一步明确了我国烟草生态适宜性区域范围。在烟草种植区划研究的基础上，结合烟叶产区社会经济状况和区域比较优势，首次提出了我国烟叶生产优势区、潜力区分布状况及发展布局建议。首次开发了基于GIS平台的“中国烟草种植区划信息系统”，构建了我国主产烟区烟叶品质、烟叶生产等方面的7个专业数据库，为各级烟草生产管理部门提供了决策支持，为烟草种植区划结果的推广普及、烟区生态条件与烟叶质量跟踪评价和实时更新提供了可靠的技术平台。

2017年，总公司发布“全国烤烟烟叶香型风格区划”研究成果。全国烤烟烟叶香型风格区划是国家局（总公司）特色优质烟叶开发重大专项的标志性成果，该区划将全国烤烟烟叶产区划分为八大生态区，相应地把烟叶风格划分为八种香型，突破了传统浓、中、清三大香型划分方法。该成果由郑州烟草研究院牵头承担完成，获得2018年度中国烟草总公司科技进步一等奖。全国烤烟烟叶香型风格区划紧密围绕中式卷烟原料需求，以生态为基础、以香韵为依据、以化学成分和物质代谢为支撑，遵循了“特征可识别性、工业可用性、配方可替代性、产地典型性、管理可操作性”原则。通过生态、感官、化学、代谢4个维度的划分和交叉验证，将全国烟叶划分为八大香型；依据生态特色、尊重历史等原则，确立了相邻香型边界；依据香型风格突出和稳定、生态资源优良、管理技术规范、规模化等原则，确立了香型典型产地；通过各香型烟叶比较，得出了香型的感官、生态、化学特征。在区划成果指引下，卷烟工业企业可进一步提高配方和原料利用水平，烟叶产区可进一步彰显烟叶特色，提升原料保障能力。

第三节
烟草栽培技术现状

通过科技工作者的艰苦努力，逐步改革了多年不变的烟草传统栽培方法。烤烟育苗技术实现了现代化；推广了按照土壤养分分析结果再确定氮、磷、钾三要素合理配比施肥及增施必要的微量元素的施肥技术；确定了合理种植密度和单株留叶数，提高了烟叶内在质量。通过一系列技术创新，我国烤烟质量明显改善，并接近国际水平。

（一）集约化育苗与小苗移栽技术

1. 集约化育苗

现阶段烟草集约化育苗是我国育苗的主要方式。该技术从2000年后在我国迅速推广，主要表现形式有：漂浮育苗、托盘育苗、湿润育苗和砂培育苗等。集约化育苗方式属于设施农业范畴，利用塑料大棚保温或控温控光钢架结构温室，格盘上每个苗穴容积均等，装填人工配制的无土基质并培育烟苗，这是我国烟草育苗技术历史上一次质的飞跃，彻底改变了我国传统育苗方式，显著减轻了烟农劳动强度，促进了育苗效率和烟苗素质的大幅度提高，使我国的烟草育苗技术跻身世界前列，并对提高我国烟叶生产整体质量水平，推动现代烟草农业发展起到了积极作用。目前，采用集约化技术培育的烟苗已占90%以上，育苗管理方式正朝着产业化、商品化和工场化方向迈进。

2. 烟草小苗移栽

近年来，随着对烟草生长发育机理和根系研究的深入，人们发现深层根系的发育与烟叶生长和抗逆性关系密切，对提高烟叶质量具有重要意义。针对促进烟苗根系发育问题，烟苗移栽技术也在不断改进，烤烟膜下小苗移栽技术得到了大面积推广应用。与常规漂浮育苗移栽技术相比，膜下小苗移栽具有抗旱节水、无还苗期、成活率高、烟株早生快发、节约育苗成本、减少病害传播途径等优点。由云南省烟草公司牵头完成的“烤烟膜下小苗移栽技术研究及推广”项目获得2015年度中国烟草总公司科技进步二等奖。2009年，贵州省松桃县烟叶生产技术人员发现了“牛角窝现象”，在此基础上，铜仁市烟草公司研究形成了烤烟井窖式移栽新技术。烤烟井窖式移栽技术是在膜下小苗移栽的基础上，优化深栽技术，减少育苗时间，促进了烟苗早生快发。井窖式移栽是一种高效实用的烟草移栽技术，在烟叶生产中以其抗旱性与抗寒性强、栽后烟苗还苗快、成活率高而深受广大烟农的欢迎，且随着电动打穴机的推广应用，该技术的减工增效作用进一步凸显。该项技术获得2019年度中国烟草总公司科技进步三等奖，并在全国大面积推广应用。

（二）烟田土壤改良技术

适宜的土壤环境条件是生产优质烟叶的基础。土壤质地与烟草品质密切相关，是影响烟叶质量的首要环境因素。从大农业发展趋势看，环境友好的耕地保育技术正全面替代高能量投入的耕地管理技术；而从现代烟草农业发展趋势看，植烟土壤保育与修复技术正从现代烟草农业土壤利用的一般问题发展为瓶颈问题[13]。针对多年化肥施用造成的土壤碳库流失、土壤板结、土壤多样性减少、土壤矿质营养失衡以及烟叶香气质量难以提高等问题，河南农业大学通过调研后认为，改良土壤、保育土质的根本是给土壤补碳，提高土壤碳含量可促进微生物种群增加，土壤给烟株供应的矿质营养种类也会增加，进而促使烟叶香气质量大幅度提高。研发的高碳基肥的含碳量达到30%以上，加上丰富的有机质含量，施用量60~70kg/667m^{2}时即可减少化肥氮素30%以上，同时也可提高烟株抗性，减少30%以上的化学农药施用量。

在烟田土壤改良研究中，烟田土壤健康评价工作是一项重要内容。目前，国外在土壤健康评价方面已经取得明显进展，如康奈尔大学的土壤健康评价系统等。近年来，土壤健康评价方法研究主要集中在评价指标筛选、生物指标应用等方面。2015年，郑州烟草研究院在行业内开始了烟田土壤健康评价研究，并针对豫中烟区建立了一套烟田土壤健康评价体系，取得了较好的应用效果。在土壤改良技术方面，目前，多种土壤改良技术如秸秆还田、深耕、绿肥翻压、有机肥施用、生物炭材料施用等在烟草农业生产中也得到了推广应用。

（三）水肥控制技术

在现阶段土壤质量较低的情况下，提高当季烟叶香气质量难度较大。为此，在加强基本烟田土壤质量修复的同时，科学调控当季水肥供应十分重要。

1. 粗肥细化

2007年"'金攀西'优质烟叶开发"项目提出"粗肥细化，商品供应"的技术方案，利用微生物发酵烟区农家的牛粪、猪粪等有机物料并实现工厂化生产，以商品形式应用于烟田，实现了烟草有机肥施用的规范化。贵州省烟草公司毕节市和遵义市公司利用当地丰富的酒糟等有机物料资源，采用微生物发酵技术实现了产业化和商品化，为提高烟叶香气质量发挥了很好的作用。湖北省烟草公司恩施州公司，引进气爆技术处理烟秆等生物质物料，并采用微生物发酵制作有机肥料，实现了产业化和规范化。这些技术产品为烟区可持续发展起到了支撑作用。

2. 高碳基肥和生物高碳基肥

浓香型特色优质烟叶开发项目提出了“固碳培肥减氮增效”技术措施。利用作物秸秆等生物质通过限氧高温炭化制取生物质炭，配合其他高碳低氮有机物料研发出高碳基土壤修复肥和生物高碳基肥，具有调节土壤容重、增加土壤通透性、提高土壤保水保肥能力、促进烟株根系发育以及改良土壤生物特性等功能[14]。同时，能够避免带入过多氮素，造成的烟叶生长后期氮素供应过剩现象，保证了烟叶正常落黄。同时，按需要添加微量元素，定向补充土壤微量元素营养，可达到平衡烟株营养、改善烟叶品质的目的。

3. 功能性肥料

腐殖酸多元微肥是以腐殖酸含量较多的泥炭、褐煤、风化煤等为主要原料，加入一定量的氮、磷、钾和微量元素所制成的肥料。腐殖酸肥料含有大量有机质，既有农家肥料的功能，又含有速效养分，兼有化肥的某些特性。腐殖酸与固磷物质如钙、镁、铁、铝形成络合物后，可以不同程度地活化磷素。腐殖酸与土壤中锰、钼、锌、铜等金属离子形成络离子，能被植物吸收，从而活化了微量元素。同时，腐殖酸类肥料还具有刺激作物根系生长、增强作物抗旱能力、对化肥增效等作用。

（1）微生物肥料

微生物肥料的生理生态效应是改良土壤并能增进土壤肥力。解磷菌、解钾菌对土壤磷钾的释放具有较大促进作用。硅酸盐细菌肥料可分解土壤中云母、长石等含钾、铝硅酸盐及磷灰石，释放钾、磷等对植物有效的矿物质养分，并有助于培肥地力。有效微生物群落可加速土壤有机物分解转化，提高土壤速效养分含量，明显改善土壤性能。河南省新推出的斐特生态微生物肥料采用在土壤中添加有机物的方法，可刺激微生物的产生，消除了外源微生物对土壤的不适应性，烟叶增产增质效果较好。

（2）生物有机肥

生物有机肥是指特定功能微生物与主要以动植物残体（如畜禽粪便、农作物秸秆等）为来源并经无害化处理、腐熟的有机物料复合制成的一类兼具微生物肥料和有机肥效应的肥料。近年来，生物有机肥得到了迅速发展，从菌种来看，逐渐从单一菌种转变为复合菌种，将固氮菌种以及光合细菌类、解钾细菌类等菌种复合利用，使生物有机肥同时拥有多个菌种的功能。从功能来看，多功能生物有机肥逐渐发展，不仅要提高烟叶产量和质量，同时兼顾了改良土壤肥力、保水性、通气性等。未来一段时间内，生物有机肥对烟株生长、烟叶产量、烟田土壤及微生物等的影响，仍是研究的重点。

（3）新型增效肥料

增效肥料是指在传统肥料生产过程中添加一定的增效原材料的新型肥料，是以提高肥料肥效为目的的一种新型肥料。目前，在烟草生产中不断尝试新型增效肥料的应用，主要目的是促进烟株对肥料的吸收，提高肥料利用效率，提高烟叶产量，改善烟叶品质。如中国农业科学院烟草所采用生物工程技术和超微材料加工技术，研制成功一种生物质肥料增效剂，氮肥、磷肥利用率可提高50%以上，钾肥利用率提高30%以上，在等产量目标下，可减少化肥使用量30%以上；可有效缓解由于长期过量单一使用化肥而引起的土壤退化、肥料利用率低、作物品质下降、病虫害加剧、环境污染等问题。郑州烟草研究院在国家863计划项目支持下，成功创制了纳米碳增效肥料，能够明显促进烟草早生快发，提高烟叶产量；同时烟叶钾含量可增加10%~20%，具有较好的节肥增产效果，在河南烟区得到了大面积推广应用。

4. 水肥耦合技术

在农田生态系统中，水分和肥料两个因素或水分与肥料中的氮、磷、钾等因素之间的相互作用对作物生长及其提高水肥利用效率具有重要影响。烟草水肥耦合理论及技术研究对提高烟草水、肥利用率，促进烟叶增质稳产，发展资源节约型、生态环保型现代烟草农业具有重要意义。与肥料利用率较低的非灌溉烟田相比，水肥耦合技术应用后，可减少施氮量0.5~1kg/667m^2。由于水肥的协同作用有一定的范围，当灌水量过大时，二者会产生负效应，如引起肥料的淋失、造成地温波动、诱发病害等。南方烟区自然降雨偏多，养分流失严重，肥料利用率低是突出问题，水肥耦合的关键是以水定肥，在生产上应特别注意施肥方法，避免水对肥料的负面效应，减少基肥比例，增加追肥次数，实施动态精量施肥，以充分发挥肥料效益，减少养分的流失，显著提高肥料的利用率和经济效益。

水肥一体化技术就是将灌溉与施肥融为一体的现代农业技术，具体操作是在具有一定压力灌溉系统中将可溶性固体肥料或液体肥料配兑而成的肥液与灌溉水一起，均匀、准确地输送到作物根部的土壤中。常用的灌溉系统是滴灌[15]。水肥一体化技术的实施，实现了按照烟草生长规律进行全生育期的水肥供给设计，定量、定时、按比例地满足烟草生长需要。该技术省工省肥节水，可降低烟叶生产成本，提高烟叶质量和产值，特别适宜在规模化种植条件下使用。在中国烟叶公司的指导和项目引导下，2015年开始了区域示范，2016年在山东、河南、云南、贵州等产区展开了大面积推广。

（四）提高上部烟叶工业可用性技术

长期以来，国产上部烟叶由于成熟度不够、叶片结构紧密和内在化学成分不协调等问题，导致卷烟烟气杂气重、品质差，限制了在一、二类卷烟配方中的使用，且中部烟叶数量有限，这极大地制约了我国大品牌一、二类卷烟的发展。上部烟叶占整株烟叶的三分之一，占总产量30%~40%，如何提高上部烟叶质量和工业可用性已成为卷烟工业企业和烟叶产区共同面临的突出问题。2009年，朱尊权院士提出了以提高成熟度为核心的4~6片烟叶一次性采烤技术，在云南、河南、湖南、湖北、广东等产区得到了大面积推广应用，明显提高了上部烟叶成熟度和叶片结构疏松程度，使烟叶的工业可用性大幅提高，并成功应用于一、二类卷烟配方。该成果获得2013年度中国烟草总公司科技进步三等奖。2010年起，中国烟叶公司在全国优质烟叶产区全面推广上部4~6片烟叶一次成熟采烤技术，通过平衡烟株营养，构建合理株型，留足4~6片上部烟叶，提高采收成熟度和烘烤成熟度等关键节点控制，大大提高了我国上部烟叶质量和工业可用性，为卷烟品牌发展提供了有力的支撑。

（五）绿色生态烟叶生产技术

绿色、生态、安全、优质的烟叶发展路线是提高中国烟草核心竞争力的必由之路。随着人们对吸烟与健康问题重视程度的提高，如何把烟草危害降到最低，是实现烟叶可持续发展的关键问题，生产“绿色烟叶”已成为现代烟草农业的发展趋势。烟叶质量及安全性与栽培技术、植保技术、烟叶调制技术以及植烟土壤环境均有密切关系。1998年，中国首次开展无公害优质烟叶生产模式的研究，随后，一系列针对施肥、病虫害防控、烟叶安全性等方面的研究成果对绿色生态烟叶生产起到了极大推动作用。在解决烟草病虫害方面，以绿色防控为核心的病虫害防控技术在行业中得到大面积推广，同时也制定了烟叶农药残留限量的相关标准。在烟叶重金属控制方面，郑州烟草研究院等科研单位开展了大量研究，实现了土壤和烟叶重金属含量的长期监控，并提出了一系列重金属钝化和控制技术，出台了农药、肥料重金属限量标准。2003年，云南省陆良县烟草公司首先推广GAP管理模式，此后多个产区先后进行了烟叶生产的GAP实践，取得了良好的效果。2005年，中国烟叶公司启动了《烟叶质量管理体系》，进一步推动了GAP模式在烟叶产区的大规模推广。近年来，烟草行业在降低烟草危害，实现烟叶绿色生态发展方面开展了大量研究工作，国内许多烟区依托自身优良的生态环境条件，不断探索绿色烟叶、生态烟叶、有机烟叶的生产技术和模式，走出了一条生态优先、保护环境的烟叶绿色生态发展之路。

2017年，由中国农业科学院烟草研究所牵头承担的“低危害烟叶研究开发”项目获得中国烟草总公司科技进步二等奖。该项目构建了由烟叶焦油释放量、烟叶重金属、烟叶农残和烟叶品质4个准则层及其指标层构成的烟草质量安全评价体系，阐明了多酚类物质的调控关键酶及其分子调控机制，初步明确了烟草镉（Cd）转运途径和解毒固定机制，明确了二氯喹啉酸是影响烟草正常生长发育的残留药害，确定了二氯喹啉酸、苄嘧磺隆和吡嘧磺隆对烟草的致畸临界浓度，建立了土壤酸碱度调整、离子吸附、整合、拮抗、生理抑制、复合措施等6项烟草重金属镉消减关键技术，构建了技术体系及外源重金属控制策略，形成了大田期主要病虫害高效、低毒、低残留农药防治技术以及抑芽剂和除草剂规范使用技术，为我国烟草质量安全控制提供了理论依据与技术支撑。

（六）轮作休耕技术

随着全国基本烟田规划建设指导意见的发布，我国逐步建立起了以烟为主的耕作制度。轮作是烟草优质适产栽培的一项重要技术，可在一定程度上调节和提高土壤肥力。不同作物对各种营养元素的吸收能力不同，如果安排恰当，则可相互补充。在水旱交替的耕作措施下，烟稻轮作能促进土壤中好气性微生物的活动，提高土壤中养分的有效性，烟草产量和质量有保证，水稻产量也有增加的趋势。烟草的轮作还可有效减轻或避免部分烟草病虫危害。将烟草与禾谷类作物轮作，可使根茎类病害病原菌得不到适当寄主而死亡，从而大大减轻其危害。水旱轮作可使许多病原菌在土壤中的存活年限大大缩短，从而减少危害的发生。轮作类型一般可分为水旱轮作和旱地轮作两大类。水旱轮作的烟区轮作作物主要有水稻、油菜、蚕豆等，而旱地轮作烟区因旱地作物种类多，轮作方式较为复杂。与烟草轮作的作物主要有小麦、玉米、豆类、红薯、洋芋、辣椒、大麦等。因此，建立以烟为主的耕作制度，合理配置一个轮作周期内各种作物的种类及养分投入，才能保持产区烟叶质量的基本稳定，保证我国烟叶生产的可持续发展。

（七）烟田废弃物综合利用技术

我国作为烟叶生产大国，常年的烟叶产量超过200万 t，在烟草种植和加工过程中，产生的烟草废弃物（杈烟、茎秆、低次烟叶）能够达到烟叶总产量的25%左右。由于烟草废弃物综合利用的程度低、途径少，很多废弃物被焚烧、丢弃，既浪费了自然资源，又会对环境造成污染。目前，烟草废弃物综合利用仍存在以下问题：一是循环利用方式单一。国家局规定烟草废弃物不能用于生产烟碱，在粉碎毁形后通过垃圾厂、发电厂等填埋、焚烧销毁，或提供给肥料生产企业等用作生产原料，未能从循环经济的角度出发，进行全局统筹规划。二是利用深度不够。目前的研究大多局限于用烟秆生产有机肥、活性炭等产品或用作生物质燃料，在烟碱、茄尼醇、蛋白质等这些高端提取物方面的研究深度不够。三是环保意识不强。生产管理中产生的不适用鲜烟叶、烟花被堆沤、掩埋，甚至被随意丢弃，而烟秆则被随意堆放或焚烧。近年来，行业加强了烟田废弃物的综合利用研究。由湖北省烟草公司恩施州公司牵头完成了“烟草秸秆生物有机肥研制与产业化应用”研究项目，确定了烟草秸秆生物有机肥的生产工艺参数，形成了完整工艺流程，制定了烟草秸秆收购、加工以及产品质量标准。在本地烟区率先构建以烟草秸秆为纽带的循环农业新模式，探索了“低碳烟草、清洁生产、循环农业”可持续发展之路。该成果获得2014年度中国烟草总公司科技进步一等奖。

第四节

优质烟叶生产相关机理

（一）烟叶生长发育规律

烟叶生长发育是烟株把矿质营养转化、积累为有机营养并构建自身生物体的过程。每个时期烟叶的生长发育状况最终奠定了烟叶质量的基础，并影响了烟叶的疏松程度、营养充实程度、耐成熟特征、易烤性以及身份、油分等重要品质。影响烤烟生长发育的因素比较复杂，包括生态因素和栽培因素，这些因素都不同程度地影响着烟叶生长发育过程中的一系列生理生化代谢，进而影响香气物质的含量、组成和烟叶的香味品质。烤烟与环境的关系非常重要，在不同自然条件和农业技术措施的影响下，烟株的生长发育、烟叶的产量和品质都有明显的差异。

依托浓香型特色优质烟叶开发项目，河南农业大学采用模拟效果较好的Logistic方程，模拟了不同营养水平下烤烟叶片生长发育及干物质和养分的动态积累，深入分析浓香型产区烟株生长发育规律、养分吸收积累规律、产量和质量形成规律，建立了浓香型烟叶形态指标、矿物质营养指标、适宜产量指标和烟叶生长发育模型。干物质积累是烟草产量形成的基础，其所需的矿质养分是制约烟株生长的首要因素，定量分析烟草生长过程中干物质和养分积累的动态变化是揭示烟草产量形成以及掌握不同产量水平下群体调控指标的重要内容，为挖掘烟草生产潜力提供了科学依据。

不同营养水平对烤烟生长发育的影响不同。从烤烟株高、茎围、叶面积等农艺性状指标看，高营养水平对烟株的促进作用主要表现在大田生育前期，能促进烟株叶片早发快长，大田生育后期烟株生长较慢，甚至有一定的抑制作用；低营养水平下烤烟前期生长较慢，旺长中、后期叶面积迅速增大，烟茎增粗较快。而对于单叶发育，下部叶单叶质量应在6~8g，中部叶应在9~12g，上部叶应在12~16g。施肥量增大可使烟田叶面积系数的增长保持较高水平，但对于烟叶品质而言，当叶面积系数增加到一定限度后，田间郁闭，光照不足，光合效率减弱，叶片发育不良，品质则会降低，因此，将叶面积系数控制在一个适宜的范围对烤烟个体发育和群体结构的构建有重要意义，豫中烟区烟叶圆顶时保持叶面积系数在3.0~3.4的范围较为适宜。

（二）生态环境与烟叶质量风格关系

烟叶香气风格是烟叶质量评价和使用的重要依据和主要指标，世界上烟草生产水平高的国家大多进行了香气风格典型区划，如美国的弗吉尼亚烤烟、北卡烤烟、肯塔基白肋烟、古巴的雪茄烟和土耳其的香料烟等都是在当地独特的自然环境条件下，通过多年的科研和生产实践，形成的具有鲜明地方特色的名优烟叶。

品种、生产技术、生态因子是构建区域特色优质烟叶生产技术体系的基础依据，一直是烟草研究的热点之一。20世纪50年代，为了方便卷烟配方工作，我国烟草科技工作者根据我国烤烟燃吸时的香气特点，把我国烟叶划分为清香型、中间香型、浓香型等，如云南的清香型、河南的浓香型、贵州的中间香型等。随着香型研究的进一步深入，过渡香型（清偏中、中偏清、浓偏中、中偏浓）也一度引起国内学者的关注；目前普遍认为浓香型烟叶至少可分为传统浓香型和焦甜感浓香型。2008年，河南农业大学承担的“皖南特色烟叶形成机理与技术开发研究”项目，在焦甜香烟叶形成机理、配套技术等研究中取得了初步成果[16]。

2010—2013年，郑州烟草研究院牵头完成了“不同香型烟叶典型产区生态特征研究”项目。明确提出了浓香型、清香型、中间香型烤烟典型产区的主要生态特征：浓香型典型产区的主要生态特点为成熟期，尤其是成熟后期高温（>25℃），太阳光谱中长波光比例相对较高；清香型典型产区主要生态特点为烟叶生长发育后期，尤其是成熟期温度较低（20℃左右）、降水量较多、太阳光谱中短波光比例相对较高、土壤地球化学元素较丰富。该项目分析了同种香型不同产区生态因素的特异性，明确了主要气象因子对烟叶香型彰显的影响，首次确定了气象、土壤及其互作对烟叶质量和香型风格的相对贡献率，明确了气象条件对烟叶化学成分、感官质量和风格凸显程度的影响远大于土壤因素。研究建立了判断烟叶香型的气象和土壤条件评价模型。

2010年，中国烟草总公司特色优质烟叶开发重大专项实施后，我国更加重视烤烟香气质量风格方面的研究。浓香型特色优质烟叶开发项目研究结果认为，烟叶成熟期日均温24.5℃以上的高温条件、每天≥30℃温度保持5h以上，这样的温度条件持续45天以上是烟草次生代谢与浓香型特色烟叶质量形成的关键因素，由此也提出了高温强光亚适环境胁迫增香的理论假设。我国浓香型烟叶分布广泛，一般认为河南豫中、安徽皖南、广东南雄、湖南浏阳和郴州及广西贺州、陕西商洛、山东潍坊市的一些地区的烟叶均具有浓香型特征。2009年以来，浓香型特色优质烟叶开发项目组，筛选出了与浓香型烟叶风格彰显密切相关的因子，明确了不同烟区的生态促进因子、限制因子和障碍因子，深入分析生态因素与烟叶特色风格的关系及其作用机理，建立了浓香型烟叶生态评价指标，对优化浓香型烟叶生产布局，制定相应的农艺、化学、分子等调控和补偿措施，充分彰显烟叶浓香型特色风格具有重要作用。项目成果获2017年度中国烟草总公司科技进步一等奖。

贵州省烟草科学研究院牵头完成了“中间香型特色优质烟叶开发”项目研究。通过对烟叶的香韵、化学物质、基因转录谱及生态差异性四个方面的研究，证明了传统中间香型烟叶风格类型的多样性。以“基于生态、重视香韵、突出质量特征”为香型划分依据，将传统中间香型分为蜜甜醇香型、坚果醇香型、豆甜醇香型、酮甜干草香型、柔甜香型等5种风格类型，明确了对应的典型区和类型区，突破了传统中间香型概念。通过对生态因子、物质代谢与基因表达的研究，明确了生态对烟叶品质特色的主导作用，特别是光谱对不同风格烟叶特征物质的形成起重要作用。该成果获2017年度中国烟草总公司科技进步二等奖。

云南省烟草农业科学研究院牵头完成了“清香型特色优质烟叶开发”项目研究。确定了成熟期气温和成熟期日照时数是影响烟叶清香型的关键气候因子，构建了以关键气象因子为重要指标的清香型烟区生态评价模型，并结合特色区划和生态区划完成了清香型烟叶特色定位，分析并明确了清香型烟叶物质代谢共性特征和个性特征。该成果获2018年度中国烟草总公司科技进步二等奖。

（三）土壤碳氮平衡烟叶增质机理

与美国、加拿大、津巴布韦、巴西等先进产烟国相比，我国烟叶香气质量尚有差距，难以适应高档卷烟生产的需要。烟草是对肥料比较敏感的作物，国际先进产烟国烟田都要经过多年绿肥（牧草）种植以及秸秆还田等措施对土壤进行改良，而我国由于长期单施化肥，忽视有机肥，特别是高碳氮比的有机物料未能及时还田，造成了烟田土壤板结、有机质含量下降、微量元素缺乏、营养元素比例失调，土壤碳氮不平衡还造成了微生物种群弱化、土壤酶活性降低、生物多样性遭到破坏，土壤肥力退化[17]等问题，致使出现了烟叶质量欠佳、碳氮代谢失调、香气不足、烟碱过高、化学成分不协调等严重问题。土壤质量变差是当前制约中国烟叶品质提高的关键因素之一。

由于我国植烟土壤有机碳含量逐年下降，部分烟区土壤碳氮比已降至10以下，制约了烟叶品质的提高。增施有机肥，提高烟田土壤有机碳含量逐渐受到重视，同时采取了各种不同的农艺措施以增加土壤有机质含量。在植烟土壤碳库培育方面，研究较多的是绿肥掩青、秸秆还田等技术。已有研究表明翻压绿肥可以明显提高土壤活性有机质含量，但活性有机质含量的提高量和绿肥翻压量没有显著线性关系。秸秆还田可以提高烟田土壤有机碳含量，活化土壤养分，提高烟叶品质。研究表明，土壤碳氮比在10~12或更高时，有利于促进烤烟碳氮代谢平衡，协调烤后烟叶化学成分，改善烟叶香气品质。近年来，以生物炭为核心的农林废弃物资源化综合利用已经成为新兴产业。2018年，烟草行业生物炭基肥工程研究中心落户贵州毕节，该中心围绕生物炭的加工、肥料制备、大田应用和作用机制等方面开展了一系列研究。将生物炭封存于土壤中，有助于减缓全球变暖，并让土壤变得更加肥沃。生物炭可以使土壤容重降低，孔隙度提高，进而影响土壤持水能力，提高土壤含水量和雨水渗入量，尤其是提高土壤自由水含量；此外，生物炭对土壤离子有较强吸附作用，可以减少化肥淋失量，提高肥料利用率，其多孔状结构可为微生物提供良好的栖息环境，增加土壤微生物群落数量及多样性，进而对烟草的生长和品质形成起到积极作用[18]。

（四）烟叶成熟期氮素适度调亏增质机理

在影响烟株生长的诸多养分因素中，氮素营养状况是影响烤烟生长发育、矿质营养元素吸收、光合特性、代谢平衡等最重要的因素，对烟叶的产量、品质和致香物质的形成具有重要作用。近年来，我国烟叶生产过程中氮肥施用量把握不准及忽视有机肥施用的现象较为普遍，氮素营养过剩造成烟株生长过快、营养体过大，烟叶C、N代谢失衡，烟叶产量偏高，含氮化合物含量高，而非含氮的有机酸、脂类、萜烯类物质含量降低，致使烟叶内在品质下降，香型风格特色不突出。因此，合理调控氮肥的施用对调节土壤养分协调供应、促进烟株碳氮代谢平衡、提高烟叶品质具有重要作用。

在烟叶生产上，氮素供应和在不同生长发育时期分配不合理问题突出，过量施用氮肥，或追肥时期不当，致使在烟叶生长后期土壤中的氮素营养盈余，持续向烟株大量供氮，导致烟叶氮代谢滞后，烟碱积累过量，烟叶不能正常落黄，大分子物质降解不充分，香气不足，质量风格弱化。烟株生育后期减弱氮素的供应，使烟叶及时地由以氮代谢为主转变为以碳的积累和分解代谢为主，以便把积累的光合产物和香气前体物充分降解转化为致香成分，有利于优良品质的形成。多年来，很多学者在氮素营养对烟叶生长发育和烟叶品质的影响方面做了大量研究，主要集中在大田条件下控制氮素用量和氮素形态比例等方面，但在氮素营养的动态精准调控方面缺乏深入研究。

近年来，河南农业大学利用室内盆栽和大田水肥一体化技术手段，通过调控氮素营养模拟烤烟生长后期土壤供氮水平，深入研究了烟叶成熟期氮素营养状况对烤烟叶片后期生长发育及品质形成的影响，并提出了烟叶成熟期氮素适度调亏增香理论。结果表明，烟叶成熟期需要将氮代谢强度降低到一定阈值，使光合产物向含氮物质代谢方向分配减少，促进脂类、萜类等烟叶致香物的形成和积累。烤烟大田氮素调亏技术的关键在于，提高肥料利用率、减少氮素投入，促使氮素及早吸收。

第五节
优质烟叶开发

中国烟草总公司自20世纪80年代以来，安排了多次优质烟叶开发项目。20世纪80年代开展主料烟叶开发，20世纪80、90年代进行中美合作提高中国烟叶质量研究，2000年开展国际型优质烟叶开发，2004年进行部分替代进口烟叶开发，现阶段开展了特色优质烟叶开发项目，这些开发项目对提高我国烟叶生产水平起到了巨大作用。

（一）中美合作提高中国烟叶质量

20世纪80年代，我国烟叶普遍存在“营养不良，发育不全，成熟不够，烘烤不当”的问题。为提高烟叶生产和科学管理水平，开发生产出具有国际质量水平的烤烟，总公司从1986年开始，邀请美国著名烟草专家左天觉博士，原美国农业部牛津烟草试验站查普林博士及弗吉尼亚大学琼斯教授，在郑州烟草研究院名誉院长朱尊权院士的部署下，中美专家共同制定了技术方案，先后在我国河南、贵州、安徽及湖北、四川的11个县进行了开发优质烤烟的试点试验[19]。项目组通过3年的工作，取得了显著的成效。在改善烟叶质量方面，改变了中国烤烟“叶小片薄、高糖低碱、颜色淡、劲头小”的状况，单叶质量提高到6~8g，颜色多橘黄，身份好，烟碱含量由以前的1%左右提高到2.5%~3.0%，还原糖下降到20%左右，糖碱比趋于合理，内在成分比较协调，烟叶质量明显提高，基本上达到国际上优质烟叶水平。在关键性技术上取得了重要成果，比较准确地掌握了科学施肥等技术。

该项目的研究全面更新了我国烤烟质量概念，在行业内建立了新的烤烟优质标准，从根本上确立了我国烟叶生产的指导思想，提出适合我国的烤烟优质生产技术措施及烟草营养供给与种植密度、留叶数等主要技术规程；达到“3年内总结出提高我国烟叶质量的栽培技术和生产优质烟的基本途径，为大面积提高烟叶质量提供科学依据”的指标，生产上获得了明显经济效益，技术上居国内领先地位。该项目获1989年度中国烟草总公司科学技术进步奖一等奖。

1996年，总公司与美国菲利浦·莫里斯烟草公司（菲莫公司）签订技术合作协议，以河南和福建作为试验基地，进一步开展、提高我国烟叶质量的研究。这次合作中强调了下部脚叶成熟早收，中部叶成熟采收，上部顶叶4~6片集中一次采收，烘烤阶段变黄前期慢脱水，充分变黄后再升温脱水等关键技术措施，从根本上解决了我国烤烟“成熟不够”的问题，是中国烟叶生产技术、烟叶质量提高的第二次飞跃。此次合作是有责任、有义务的技贸合作，生产出的烟叶不仅被菲莫公司所接受，而且也被我国卷烟工业认可和收购。通过项目的开展，提高了人们对国际烟叶质量标准的认识，初步掌握了一套优质烟生产技术，积累了合作经验，为今后扩大合作奠定了基础。

（二）国际型优质烟叶开发

1998年国家局提出：“要用10年左右的时间使我国烟叶质量赶上和达到国际先进水平。”随着卷烟市场的变化和产品结构的调整，国内卷烟工业企业对成熟度好、可用性高的中高档卷烟优质主料烟叶的需求量增加，而国际市场的烟叶又远远不能满足国内需求，因此优质主料烟叶的供给还必须立足国内。在这一前提下，总公司在中外技术合作的基础上，引入全新质量观念，集成4项技术，选择生产、生态条件较好的烟区实施了国际型优质烟叶开发项目。项目取得了显著成效，烟叶质量大幅度提高，控氮降碱耐熟效果明显，带动了烟叶生产整体水平的提高。

通过国际型优质烟开发项目的实施，各地对烤烟生长指标有了明确的认识，过去对烟株株形有过多年筒形或塔形的争论，通过项目的实施，大家对理想形烟株有了新的认识，“下部叶光照充足，上部叶叶片展开，整株叶厚薄适中”是优质烟生产的理想株形。对优质烟叶的质量概念，长期以来农业与工业追求的质量总是错位的，烟叶生产的目标难以与工业要求吻合。项目的质量目标是突出烟叶成熟度，由成熟度再追求油分、弹性、结构和香气量，进一步明确了烟叶的质量内涵是叶片成熟度，没有成熟度就不可能生产出香气量足的烟叶[20]。

（三）烤烟上六片烟叶技术开发

随着我国卷烟工业的联合重组，大品牌生产的快速发展，烟叶质量、等级结构矛盾已成为突出问题，迫切需要烟叶原料保障。然而，多数卷烟工业企业多以数量有限的中部烟叶作为一、二类卷烟的主要原料，约占35%的上部烟叶由于成熟度不够、叶片结构紧密、烟气质量较差而不能进入一、二类卷烟配方，使得烟叶原料保障成为突出问题[21]。实现卷烟上水平目标的另一个关键就是卷烟降焦减害上水平，国家局要求自2011年1月1日起不得生产盒标焦油量在12mg/支以上的卷烟产品，2015年1月1日起不得生产焦油量超过10mg/支的产品。国外烟草公司利用成熟度好、香气量高、烟气浓度大的上部烟叶，弥补了降焦工艺淡化吸味的不利影响。而我国上部烟叶杂气、刺激性大，一定程度上影响了低焦高档卷烟的发展。面对烟叶的供需矛盾，2009年朱尊权院士根据烤烟的生长发育规律和上部叶的优质潜力，以及我国卷烟中使用美国、津巴布韦和巴西上部叶的实践，认为我国上部叶的质量缺陷主要是成熟度低。基于此，朱尊权院士带领郑州烟草研究院、河南中烟和河南省烟草公司等单位开展了提高“上六片”烟叶可用性技术研究工作。项目取得的研究成果已在全国进行推广，产生了较好的效果。

（四）特色优质烟叶开发

随着我国烟草行业大企业、大品牌、大市场发展战略的实施，解决优质烟叶原料供应不足问题成为烟叶工作的重要任务。2008年，特色优质烟叶开发项目进入准备阶段，确定了“提高质量水平、突出风格特色”的主攻方向，达到了烟叶品质持续改善、风格特色进一步彰显的目标。2009年6月国家局正式启动了“特色优质烟叶开发”重大专项。

通过10多年的特色优质烟叶开发工作，行业上下转变了烟叶质量观念，树立了先进的生产理念，对提升中式卷烟重点骨干品牌原料安全保障能力，促进中式卷烟原料生产体系的快速发展，凸显我国烟区丰富多样的生态优势，优化中式卷烟原料生产基地布局等均具有重要的意义。重大专项取得了一系列成果。

揭示了气候因素与烟叶风格特色的关系，温度是形成清甜香、醇甜香和焦甜香烟叶质量风格的决定因素，光照是强化因素，土壤营养是促进因素。云南省烟草研究院、贵州省烟草研究院和河南农业大学分别就清甜香、醇甜香和焦甜香烟叶质量形成的生理生化基础进行了深入研究，上海烟草集团等分析确定了不同香型风格烟叶的化学基础，以及化学基础与生态条件的关系。郑州烟草研究院对各产区烟叶进行了评吸评价，把我国烤烟产区划分为八大香型风格区，为卷烟品牌导向性烟叶原料配制提供了依据，证明了土壤碳库弱化、生物活性降低是烟叶香气质量下降的根本原因，提出从提高土壤碳库、改善土壤生物学性状方面着手改良植烟土壤。通过研究，提出了调节土壤碳库、提高土壤C/N、改善土壤生物学性状的关键技术途径。研究了养分运筹、水肥耦合、成熟期氮素适度调亏对烤烟生理代谢、风格特征及品质的影响，明确了成熟期氮素适度调亏是彰显烟叶浓香特色的重要途径，提出了烤烟大田氮素调亏技术。该成果为我国烟区土壤和烟叶质量可持续发展提供了技术依据。

第六节

烟草栽培技术展望

自20世纪80年代以来，我国烟草栽培技术取得了瞩目的成就，促进了我国烟叶质量的提高，满足了卷烟工业发展的需求。随着现代作物栽培学与新兴学科领域的交叉与融合，作物栽培管理正从传统的模式化和规范化，向着定量化和智能化的方向迈进。烟草栽培也必须与时俱进，适应现代农业发展需求，以达到烟叶生产生态、优质、安全、高效的目的。

（一）精准定量栽培

烟草栽培本身受环境条件影响较大，表现为严格的地域性、明显的季节性和技术的多变性等特点。因此，亟须研究基于烟草生物学规律、广泛适用的烟草栽培方案精准设计、烟草生长指标的精准诊断、烟叶产量和品质的精准预测技术及应用平台，从而对烟草栽培管理系统中的信息流实现智能化监测、数字化表达，精准化管理，提高水、肥和农药等资源利用效率，达到减少环境污染、提高烟叶品质和生产效益的目的。随着3S技术、物联网、云计算等现代信息技术在烟草农业领域的普遍应用，必将使烟草种植实现精准化，使烟叶生产向智慧烟草农业转变。

（二）烟叶绿色栽培

随着吸烟与健康问题日益受到人们的关注，生态、安全、优质的烟叶生产是必然的发展方向。因此，深入研究烟草生长发育过程中主要有害成分（公害和本害）的形成与积累规律及其影响因素，形成烟叶绿色栽培技术体系，有助于降低烟草危害，实现烟草绿色生态可持续发展。

（三）免疫栽培技术研究

最近10年，分子植物病理学在理论体系的发展、关键现象的解释和研究技术的更新等方面均取得了重要突破，成为植物生物学的前沿热点领域之一，受到国际国内研究者的广泛关注和高度重视。采用植物生理学调节的方法，从苗期开始采取措施提高烟叶抗病性，可望获得在整个生产季节免疫的效果。

（四）栽培技术工程化

我们已有集约化育苗、烟田土壤碳氮调节技术工程化的成功先例，将复杂的技术物化成产品，如适用于优质烟叶需要的液体肥料的研发及应用、适用于不同生态条件的滴灌设备的研发及应用等。此类技术是精确定量和轻简化栽培必不可少的条件，也是烟叶生产技术的重要研发方向。

（五）土壤保育和生态修复

土壤是农业最基本的生产资料，是人类赖以生存的重要自然资源。未来，土壤健康问题将是制约烟草农业生产可持续发展的重要因素。如何保持土壤健康功能，不断提升土壤生产力，将是烟草农业生产重要的研究课题。因此，不同类别、不同功效的新型功能性土壤保育产品的研发与应用将是未来一段时间的研究重点。

本章主要编写人员：刘国顺、符云鹏、梁太波、云菲、闫海涛、常栋

参考文献

[1] 全国烤烟优质适产栽培研究协作组.全国烤烟优质适产栽培技术研究［J］.广东农业科学，1988（3）：18-22.

[2] 奚振邦.烤烟双层施肥技术［J］.中国烟草，1992（1）：29-34.

[3] 赵兴，刘国顺，刘建利，等.烟草集约化育苗技术研究与应用［R］.中国烟叶生产购销公司，2002.

[4] 赵兴，陈江华，刘卫群，等.烟草平衡施肥技术试验与推广［R］.中国烟叶公司，2004.

[5] 刘国顺，陈江华，等.中国烤烟灌溉学［M］.北京：科学技术出版社，2012.

[6] 刘国顺，伍仁军，邢小军，等.金攀西优质烟叶开发［R］.四川省烟草专卖局（公司），2007.

[7] 史宏志，刘国顺，等.浓香型特色优质烟叶形成的生态基础［M］.北京：科学出版社，2016.

[8] 中国农业科学院烟草研究所.中国烟草栽培学［M］.上海：上海科学技术出版社，1987.

[9] 韩锦峰，等.烟草栽培生理［M］.北京：中国农业出版社，1996.

[10] 韩锦峰，等.河南省烤烟综合技术研究与推广研究成果报告［R］.河南农业大学，1987.

[11] 刘国顺，等.香料烟生产技术研究与开发［R］. 河南农业大学，2002.

[12] 王彦亭，谢剑平，李志宏.中国烟草种植区划［M］.北京：科学出版社，2010.

[13] 刘国顺，刘建利，等.中国烟叶生产实用技术指南［R］. 中国烟草公司，2015.

[14] 刘国顺，等.浓香型特色优质烟叶开发［R］. 河南农业大学，2016.

[15] 陈慧芳.水肥一体化：发展现代烟草农业的必由之路［J］.新烟草，2016（15）：7-11.

[16] 王汉文，刘国顺，王道支，等.皖南烟区烤烟特殊香气风格形成机理及配套栽培技术研究［R］. 安徽省烟草专卖局（公司），2011.

[17] 王树声，刘国顺，徐宜民，等.优质高香气烤烟生产综合技术开发与应用［R］.河南农业大学，2004.

[18] 刘国顺，等.烟田土壤碳氮调节技术研究与应用技术［R］.河南农业大学，2016.

[19] 朱尊权，周国柱，肖志达，等.中美合作改进中国烟叶质量试验研究［R］. 郑州烟草研究院，1989.

[20] 刘国顺，陈江华，刘建利，等.国际型优质烟叶开发［R］. 中国烟叶生产购销公司，2003.

[21] 朱尊权，闫亚明，关博谦，等.提高上部烟叶可用性及在“大品牌”应用的技术研究［R］. 郑州烟草研究院，2012.

第四章

烟草植物保护

烟草植物保护是研究烟草病害、害虫、杂草等有害生物的种类、生物学特性、发生规律、成灾机理以及防治策略与技术的一门综合性学科。烟草植物保护在防御和控制烟草有害生物的发生和危害、确保烟叶生产的安全、减少灾害损失、减少环境污染以及促进烟叶生产可持续发展等方面发挥了重要作用。

近年来，烟草植保研究向生态水平、个体水平、细胞和分子水平纵深发展，特别是在重大烟草病虫害发生、灾变规律、害虫与病原菌抗药性等方面的研究取得明显进步，信息技术和生物技术在植保研究领域得到广泛应用。以生物防治为代表的环境友好型病虫害防治技术取得重大进展，分离鉴定、筛选评价了大量优良生防菌株，优化了拮抗菌株的生产工艺。部分烟草害虫天敌的保护和商品化生产日益成熟，并在生产中成功应用。农药大田对比试验网络进一步健全，农药管理更加规范，施用技术已更趋合理。病虫害综合防治总体水平显著提高。全国烟草病虫害预测预报网络日趋完善，研发出烟草重大病虫害测报技术，制订了烟草病虫害测报调查技术规范，病虫害监测预警水平明显提升。

第一节 烟草病虫害调查与预测预报

烟草病虫害种类多、危害重，严重制约烟草生产。据统计，全国（包括台湾在内）烟草病害约有30余种，其中危害严重的有苗床期病害、黑胫病、病毒病、青枯病、低头黑病、白粉病、赤星病、蛙眼病、角斑病、野火病、根结线虫病等10余种[1]，每年这些病害所造成的烟叶产量损失为10%~20%。各科研院所和产区陆续开展过种类调查鉴定、发生规律研究、防治方法研究等。在1982年总公司成立后，从20世纪80年代末开始行业开展了一系列的全国范围内的协同调查研究工作。

（一）烟草病虫害调查

针对不同烟区烟草病虫害的发生情况，各地开展了调查研究工作，同时个别类型的病害如病毒病则开展了区域性调查研究。在此基础上，我国开展了两次全国范围的病虫害普查。第一次全国范围的普查工作分病害（1989—1992年）和昆虫（1992—1995年）两个时段分别进行。第二次全国范围的普查则对病害、虫害及杂草一并进行调查。

1. 针对单个病害的系统调查

（1）烟草黑胫病

对烟草黑胫病开展的主要工作有抗源筛选、病菌生理小种鉴定以及病害发生规律调查。这一时期，通过长期实践（李惠琴和冯崇川）[2]，总结出了一套黑胫病人工病圃鉴定方法，并提出鉴定抗性的指标和抗性指数范围，筛选出NC82、G14以及G70、NC89等高抗和中抗烟草黑胫病品种（宋惠远）[3]。烟草黑胫病病原学研究也取得较大进展，纯化了黑胫病菌毒素。鉴定出我国烟草黑胫病菌有0号和1号2个生理小种，明确了烟草黑胫病的发生与主要气象因子特别是温度和降水有密切关系，首次报道了烟草根结线虫病可以促进黑胫病的发生。针对烟草黑胫病的防治，研究人员筛选出了瑞毒霉、乙磷铝、甲霜灵等高效内吸性杀菌剂，大大促进了该病的防治工作。其中，山东农业大学于1980—1983年完成了山东省烟草黑胫病菌生理小种初步鉴定，明确山东黑胫病菌均属生理小种1号。

（2）烟草低头黑病

山东农业大学于1988—1992年对发生于山东潍坊一带烟区的烟草低头黑病进行了系统研究，将烟草低头黑病病菌鉴定为辣椒炭疽菌烟草变型，探明了病害发生、流行规律以及病菌在烟株茎部吸附、侵染途径和机制，明确了病原菌的生物学特性。在此基础上研究形成了一套以施肥增强烟株抗性为基础，以种植抗病品种和药剂防治相结合的病害综合防治技术规范。通过该项技术研究和成果的推广应用，烟草低头黑病得到了全面有效的控制。

（3）烟草病毒病

中国农业科学院烟草研究所（中国烟草总公司青州烟草研究所）等单位于2000—2003年针对烟草主要病毒病开展了系统研究。首先系统开展了对多种烟草病毒的抗病种质资源鉴定，筛选出一批抗病毒种质资源，选育出兼抗主要病毒病且综合性状良好的4个烟草新品系K4、K6、K8、K10；研制出4%嘧肽霉素水剂和18%克Y特灵可湿性粉剂等两种病毒病防治药剂；系统研究并提出了推迟移栽期、麦套烟延期灭茬、油菜诱蚜、无纺布和镀铝反光膜等避蚜防病措施；开发并应用了防虫传病毒病微孔膜，并取得实用新型专利；研制出柠檬黄蚜虫测报诱板。采用逐步回归分析法、逐步判别分析法和BP神经网络方法，分别建立了烟草蚜传病毒病的预测模型；研制出运用地高辛标记的cDNA探针快速检测TMV、CMV及PVY试剂盒，为烟草病毒病的检测提供了成本低、检测率高、使用方便的检测方法；开展了TMV的种子带毒、烟草CAT酶活与CMV抗病性的关系、烟草对PVY抗性的遗传分析等领域的研究，为烟草生产和抗病毒病育种研究提供了有价值的线索；研究集成了病毒病综合防治技术，进行了较大面积的试验示范，取得了良好的防治效果。

云南省烟草农业科学研究院等单位于2000—2003年针对云南烟草生产中病毒病

发生严重、种类多、防治难的问题，历经5年时间，应用电镜技术、血清学测定、生物测定、多聚酶链式反应和核酸序列测定等技术手段对云南烟草病毒病进行了系统研究。查清云南烟草主要的病毒病种类有14种，其中番茄环斑病毒病、烟草脉带病毒病为国内首次报道，烟草坏死病毒病为省内首次报道；建立了CMV、TMV、PVY、TEV、TVBMV的PCR检测方法，建立了CMV、TMV、PVY和TEV的酶联免疫检测方法。对不同病毒种类的发生频度、地理分布、症状、细胞病理及主要病毒的株系开展了初步研究；对云南TMV、CMV外壳蛋白基因进行了克隆和序列测定，明确云南TMV强毒株系与TMV-U2株系的同源性达98%，云南峨山CMV强毒分离物属于亚组Ⅱ；初步探明TLCV有3个株系类型。研制出了6种病毒的快速检测试剂盒，使用简便、快速、准确；提出了病毒传染源及传播介体的控制方法；提出了以农业措施和田园卫生措施为主、培育无病毒壮苗、减少初侵染源的综合防治技术措施。1996—2000年在云南玉溪、曲靖、楚雄、大理、红河等7个主要烟区示范推广3.67万hm^2，平均防效达80%以上。

（4）烟草丛顶病

1993—2003年，云南农业大学等单位通过研究证实，在云南西部主要烟区（保山、大理等地）普遍暴发流行的烟草病害与津巴布韦发生的烟草丛顶病为同一种病害，病害由烟草丛顶病毒（TBTV）和烟草扭脉病毒（TVDV）复合侵染引起，这是我国对烟草丛顶病的首次报道，烟草丛顶病毒和烟草扭脉病毒也是中国植物病毒的新记录，并在国际上系统地开展了烟草丛顶病的研究，获得了TBTV的全长核苷酸序列，是国际上完成的第一个TBTV的全序列；在国际上率先开展了对TVDV的分子生物学研究，获得了其基因组部分序列；首次提出TBTV和TVDV分别为幽影病毒属和黄症病毒科的确定成员，为国际病毒分类委员会（ICTV）对这两种病毒进行分类提供了依据；在国际上首次报道了TBTV类似卫星RNA，并获得了其部分序列；建立了包括TBTV、TVDV以及TBTV类似卫星RNA的烟草丛顶病的分子检测体系，并在生产中用于病害的快速诊断；明确了病原物的传播途径及传播流行规律，病害的主要传媒昆虫为烟蚜，病害流行程度与烟蚜的消长呈正相关。明确了病原物的致病机理，即由于病株内源生长素含量下降及细胞分裂素异常增高导致C/A值上升，进而引起丛枝症状；建立了病害预测预报模型，制定了病害综合防治技术规程并大面积推广应用。

（5）仓储病害病原分析

中国农业科学院烟草研究所等单位于2006—2008年开展了山东仓储片烟霉变规律、临界指标与防霉技术研究，其研究结明：①明确了山东库存片烟表面微生物区系，从正常和霉变烟叶上分离鉴定了17属51个真菌菌株，3属8个细菌菌株和4属10个放线菌菌株，明确了引起山东仓储片烟霉变的主要微生物种类为曲霉*Aspergillus spp*.，其次为青霉*Penicillium spp*；②探明了片烟霉变发生的条件与规律，明确了影响片烟霉变的关键因素是片烟含水率和环境相对湿度，“空气相对湿度低于70%、烟叶含水率低于15%”为仓储片烟防霉的安全临界指标；③测定了环境温度、湿度对片烟平衡含水率的影响，拟合了片烟在20℃、25℃和30℃下等温吸湿曲线，明确了不同产地、不同部位和不同等级片烟的吸湿特性；④明确了片烟霉变的临界霉菌菌落密度为2.5cfu/g，建立了以此为指标的片烟霉变检测方法及配套的霉菌快速检测技术；⑤筛选出两株防霉效果良好的生防菌株。

广西大学等单位于2001—2007年对广西烟仓主要有害生物的种类进行了系统调查，明确了广西烟叶储藏霉变的主要微生物类群和害虫，探明了烟叶霉变和害虫的发生条件与规律。采用电子显微技术、生物学特征与核糖体DNA-ITS序列分析相结合的方法，将危害广西贮藏烟叶的10株优势霉变微生物鉴定到种，在我国首次报道溜曲霉、匍匐散囊菌原变种、谢瓦散囊菌、米曲霉原变种、孔曲霉、菌核曲霉、*A. elegans*等7种曲霉可引起烟叶霉变，其中*A. elegans*是我国曲霉属的新记录种；阐明了主要霉变微生物溜曲霉、匍匐散囊菌原变种和谢瓦散囊菌的生物学特性及对7种防霉剂的敏感性；明确了仓储烟叶霉变发生的条件（包括温度、湿度、烟叶含水率、烟叶包装方式等与烟叶发生霉变之间的关系）；查清了广西烟仓害虫及其天敌的种类，共查到52种害虫，15种天敌昆虫；明确了主要害虫烟草甲、烟草粉螟在南宁市的年生活史、世代历期等生物学特性及发生危害特点。

2. 全国范围烟草病虫害普查

（1）全国烟草侵染性病害普查（1989—1992年）

20世纪80年代以后，我国烟草病虫害发生形势发生了较大变化。生产中主要病害为烟草根结线虫病、黑胫病、野火病和病毒病，同时一些新的病害也不断出现，如丛枝病、曲顶病等。在这一时期，我国的植保科技工作者在病害抗源筛选、重要病害发生规律研究以及新病害鉴定等领域不断取得新的进展。为了进一步摸清我国烟草病害发生的现状，总公司于1988年立项开展“全国烟草侵染性病害调查”项目研究。在陈瑞泰教授主持下，由中国农业科学院烟草研究所和山东农业大学组成课题组，并与云南、贵州、四川、广东、广西、湖南、湖北、福建、浙江、陕西、河南、安徽、山东、辽宁、吉林和黑龙江等16省（区）的烟草侵染性病害调查研究课题组密切协作，共同开展该项研究工作。该项目历时4年，对我国16省（区）510个产烟县作了全面调查，基本查清了我国烟草侵染性病害的种类、分布和危害的基本情况。

查明我国16省（区）烟草侵染性病害共有68种，属本次调查新发现的有16种，其中5种在国际上未见报道，已确诊的有62种，包括真菌病害30种、病毒病害17种、细菌病害8种、线虫病害3种、类菌原体病害2种、寄生性种子植物引起的病害2种，编写出病害名录，绘制出病害分布图，并首次对烟草白绢病、菌核病、根黑腐病等的病原进行了系统的生物学研究，填补了我国在这方面的空白，达到国内领先水平，其中某些工作已进入国际先进行列。此外，还对烟草花叶病、赤星病、黑胫病等16种病害的发生流行规律作了调查、研究和试验分析；对11种病害所造成的产量、产值损失以及其对内在品质的影响作了估计，提出了损失估计方法。对主要病害的防治也做了一些试验研究，制订出防治的技术措施；鉴定了烟草不同品种对主要病害的抗性，筛选出一批抗源材料。研究结果丰富了我国侵染性病害研究的内容，为进一步探讨、制订和实施病害控制措施提出了基础与理论依据；为品种资源的利用和抗病育种提供了抗源材料，具有重要的理论意义和实际应用价值。该成果获1994年度中国烟草总公司科技进步一等奖，1995年获国家科技进步三等奖。该次调查的主要成果总结形成专著《中国烟草病害》和《中国烟草病虫害防治手册》[4, 5]。

（2）全国烟草昆虫调查

1992年，总公司下达“全国烟草昆虫调查研究”课题。该项目由河南农业大学、中国农业科学院烟草研究所和福建农业大学共同主持，吉林、辽宁、河南、山东、陕西、安徽、湖北、福建、广东、广西、贵州、云南等烟区参加了调查研究。1992—1995年，课题组就烟田和烟仓昆虫（包括蜘蛛和软体动物）种类、类群的数量动态、预测预报技术和防治措施等进行了全面系统深入的调查研究，基本摸清了我国烟草昆虫的种类和分布，初步掌握了重要食烟昆虫的发生、危害情况以及烟草害虫天敌昆虫的自然控制作用，基本理清了重要烟草害虫治理的思路和措施。项目主要成果形成了专著《中国烟草昆虫》[6]。

受中国烟草生产购销公司委托，中国科学院动物研究所联合有关大学和科研院所于1992—1995年间开展了另一项烟草昆虫全国范围普查，共鉴定出中国烟草烟田、贮烟昆虫（含有益和有害动物）823种。项目主要成果形成了专著《中国烟草昆虫种类及害虫综合治理》[7]。

（3）全国烟草有害生物调查（2010—2014年）

2010年以后，中国农业科学院烟草研究所、云南省烟草农业科学研究院、北京科技大学联合全国23个省共同开展了总公司科技重点项目“全国烟草有害生物调查研究”。该项目历时5年多时间，基本明确了现阶段我国烟草上发生的主要有害生物及害虫天敌种类。共调查出我国烟草上发生的病害种类共计85种，其中真菌病害35种，细菌病害7种，病毒病害25种，线虫病害16种，寄生性种子植物病害2种；我国已报道的13种病害在此次调查未发现，据此，我国烟区烟草病害总数达98种。烟田发生的害虫种类共计749种，其中包括昆虫734种、软体动物10种、螨类5种；害虫天敌共计439种，其中包括昆虫类天敌364种、蜘蛛类天敌73种、螨类天敌2种；烟田杂草共计59科521种。其中鉴定出的新记录烟草病害31种，中国新纪录病原（线虫）3种，中国烟草病害新纪录病原44种；鉴定昆虫天敌新种3种，中国烟草新纪录昆虫15种；对胞囊线虫病害的病原进行了订正；编制了全国烟草病害、昆虫及杂草名录；明确了各主要生态区烟草有害生物的发生规律。在云南、贵州、湖南、湖北、四川等17个主产烟区分别设立系统观测点200多个，对当地主要病虫害种类进行定点、定株、定时监测，查明了目前主要病虫害的发生动态，调查对象包括烟草病毒病、黑胫病、赤星病、青枯病、野火病、角斑病、根结线虫、胞囊线虫、烟蚜、烟青虫、斜纹夜蛾、地下害虫等种类。同时，在西南（广西）、东南（湖南）、长江中上游（湖北）、黄淮（山东）、北方（黑龙江）烟区分别设立调查点，调查了烟田节肢动物的群落结构，明确了不同生态区节肢动物群落结构组成、多样性、丰富度等指标，为综合治理提供了依据；系统分析了细菌、真菌、蚜虫、烟青虫的遗传多样性。对青枯病菌、黑胫病菌等病原进行了全基因组测序分析；鉴定了黑胫病菌等主要病原种下阶元的变异，首次建立烟草角斑病菌鉴别寄主体系，并明确了其生理小种类型；研究了根结线虫定殖真菌的多样性；明确了烟草主要有害生物及新发生病虫害的危害特点及成灾规律，建立了损失估计模型，为病虫害监测预警及绿色防控提供了依据；建立了烟草主要病虫的检测方法；制定了烟草品种抗虫性鉴定与评价方法；研发了病毒快速检测试纸条及蛾类害虫诱捕器；开发了烟草有害生物管理信息系统；研究确定了全国主要烟区重大病虫害治理对策，进行了大面积推广应用，取得了显著的经济、社会和生态效益。该项成果获2015年度中国烟草总公司科技进步特等奖。

（二）全国烟草病虫害预测预报技术与测报网络

1. 烟草主要病虫害预测预报技术

继第一轮全国范围的烟草病害和烟草昆虫普查之后，为提高对烟草主要病虫害的预见性，进一步提高我国烟草病虫害防治水平，国家局自1995年组织开展了全国范围内的烟草病虫害预测预报技术研究。

1995—1999年，17个省份开展了烟草病毒病、烟草赤星病、黑胫病、根结线虫病、野火病（包括角斑病）、烟蚜和烟青虫等测报对象的系统监测和普查。某些省份还开展了地方性测报对象的研究，如山东的烟草低头黑病、云南的烟草丛枝症病害、福建的小地老虎和野蛞蝓、湖南的地老虎等，进一步明确了各测报对象的发生和流行规律，初步明确了影响其发生和流行的主导因子和次要因子。

通过研究建立了各测报对象的监测技术，在赤星病病菌孢子的诱测、烟蚜带毒率检测、有翅迁飞蚜诱集、烟青虫成虫的诱集及其用于测报的技术方法等方面取得了突破性进展；对烟蚜在田间的调查方法和烟青虫卵的调查方法及取样技术进行了研究和改进，为简化监测调查工作内容和工作量提供了手段。

完成了烟草赤星病、烟草黑胫病、烟草青枯病、烟草蚜传病毒病、烟蚜、烟青虫、烟田地老虎和烟草丛枝症病害等的预测预报技术，并分别建立了预测预报模型。主要模型有烟草赤星病预测模型、烟草黑胫病预测模型、烟草青枯病预测模型、烟草蚜传病毒病预测模型、烟蚜预测模型、烟青虫预测模型、烟田地老虎预测模型、烟草丛枝症病害预测模型及可用作短期预报的烟蚜消长曲线模型和烟蚜增长模型。

在湖南省制定了较详尽的烟青虫的生命表且对中长期预测的准确率较高；在云南省对烟蚜在烟株上的垂直分布进行了研究，并提出了不同蚜龄回归模型，对改进烟蚜的测报方法进行了尝试；在山东、云南和河南省都对赤星病菌空中孢子监测以便预测赤星病发生的方法进行了研究，获得了利用监测空中孢子动态来预测赤星病发生发展趋势的中短期测报技术；在山东和陕西省对迁飞蚜带毒率进行了检测研究。

我国开展了烟草赤星病、烟草黑胫病、烟草蚜传病毒病、烟蚜、烟青虫和地老虎的损失估计方法研究，建立了上述病虫的损失估计方程式，制定了烟草赤星病、烟蚜、烟青虫等的防治指标，对烟草赤星病、烟蚜、烟青虫危害对烟叶产量、产值、品质等方面的影响进行了研究。同时，对烟草根结线虫病病原种和小种、烟草黑胫病菌的生理小种进行了调查和鉴定，鉴定出能引起烟草赤星病的新病原烟草交链孢，明确了部分烟区的烟草病毒病种类并进行了株系鉴定，探明了部分烟区的烟田蚜虫种类及其天敌种类。

研究制定了烟草病虫害测报及调查系列标准，包括GB/T 23222—2008《烟草病虫害分级及调查方法》，YC/T 341.1~7—2010《烟草病害预测预报调查规程》（包括赤星病、蚜传病毒病、黑胫病、青枯病、根结线虫病、野火角斑病、白粉病的测报调查规程），YC/T 340.1~4—2010《烟草害虫预测预报系列调查规程》（蚜虫、烟青虫和棉铃虫、小地老虎、斜纹夜蛾的测报调查规程）。系列标准的发布与实施对规范测报调查技术、科学采集基础数据、提高预测准确度等发挥了重要作用。

2. 全国烟草病虫害预测预报及综合防治网络建设

随着病虫害测防控工作的深入，建立烟草病虫害预测预报网络的紧迫性越来越强。在“烟草病虫害预测预报技术研究”项目下达前，山东省于1992年开始建设全省测报网络（山东省二级站）并于1994年建成。在“烟草病虫害预测预报技术研究”协作研究开始后，到1997年，黑龙江、山东、陕西、福建、云南、辽宁、河南、湖北、湖南、安徽等10省份分别建立了各省的烟草病虫害预测预报网络。1998年，国家局下达文件，要求建立“全国烟草病虫害预测预报及综合防治网”。随后，四川、广东、吉林、贵州、山西、重庆等省（市）也开展了各省测报网络的建设。到2000年共有17个省（区、市）建成省级测报网络，后来各省对本省网络又陆续进行了完善。

到2010年，我国已建成一个全国性的集烟草病虫害监测预警、有害生物抗药性监测、烟叶农药残留监测和病虫害综合治理于一体的综合性网络。该网络以中国农业科学院烟草研究所为一级站（中心站），以各省级烟草研究所或省烟草公司为基础建立二级站，以各地区烟草公司或县公司为基础建立三级站，以各烟站为基础建立测报点，形成了逐级上报的管理体制。该网络具有严谨科学的研究观测体系，有统一的监测方法及网络管理办法，建立了从观测点向三级测报站（市县级）、二级观测站（省级站）、一级站逐级定点定时定内容汇报的相关制度，且特殊情况下可随时汇报。该网络通过互联网、传真、电话、信函等形式进行汇报，依托国家局图文信息卫星传送网和科技信息网进行信息传输，实现了对全国范围内烟草病虫动态的快速反应。观测的基本信息一般经过一级站专家的分析整理后，再将情报等信息下发各二级站，二级站再有针对性地发往各观测点，指导烟区烟草病虫害的预防和综合防治。

到2010年，在各级测报站点建设方面，共建成1个一级站（中国烟草病虫害预测预报及综合防治中心），17个二级站（省级站），88个三级站（地市级站），266个系统调查点，454个普查点，二级站、三级站测报工作人员1480人，其中专职测报工作人员749人。

该项工作覆盖云南、湖南、福建、山东、河南、安徽、湖北、贵州、陕西、黑龙江、四川、重庆、广东、江西、辽宁、广西、吉林17个烟叶主产省（自治区、直辖市），占全国总植烟面积的99.28%。

（三）国外危险性病虫草风险评估与烟草霜霉病的适应性分析

1. 国外危险性烟草病虫害风险评估

2010—2012年，中国农业科学院烟草研究所、中国检验检疫科学研究院和湖北省烟草科学研究院共同承担了总公司重点科技项目“国外危险性烟草病虫草害风险评估及烟草霜霉病的适生性分析研究”。利用3年多的时间，查明了国外烟草有害生物种类、评估了传入和扩散的可能性、明确了对经济的潜在影响、明确了烟草霜霉病在中国的潜在适生区、制定了烟草有害生物风险管理措施。结合烟草生产和贸易实际情况，查阅文献并确定了烟草外来有害生物入侵风险的产生途径和识别方法。综合考量风险评估体系的整体性、层次性、重要性和实用性，从目标层、准则层、指标层3个方面赋值，对烟草入侵有害生物风险等级进行量化，建立数学模型，构建了烟草检疫性有害生物风险评估体系；从有害生物地理分布、管理标准、进入可能性、定殖可能性、扩散可能性、对经济的潜在影响等多个方面，对10种烟草检疫性病害、8种烟草检疫性线虫、9种烟草检疫性昆虫和10种烟草检疫性杂草进行评估，形成烟草有害生物风险分析报告；针对烟草进口实际情况，从烟叶进口、烟草种子进口、烟草花粉进口和烟苗进口4个方面，建立非疫区、严格检疫监管、独立烤制、加工、储藏、境外预检等程序，全面控制烟草检疫性有害生物进境，并形成了进境烟草有害生物风险管理措施。

2. 烟草霜霉病的适应性分析

烟草霜霉病是一种毁灭性的烟草病害，目前在中国尚无分布。烟草霜霉病（Blue Mold）是一种世界范围内的烟草重要病害，由烟草霜霉病菌（*Peronospora tabacina* Adam）引起。项目组通过研究烟草霜霉病在世界范围内的已知分布数据，采用MAXENT、CLIMEX、ArcGIS桌面产品软件、Microsoft SQL Server 2005等计算机软件进行烟草霜霉病适生性分析和适生区预测，再使用地理信息系统空间分析和插值方法，采用GARP 生态位模型预测分析了烟草霜霉病在中国的潜在适生区。结果显示烟草霜霉病在中国适生风险较大的地区分布在西南、华中、华东，覆盖大部分烟草种植区；已形成烟草霜霉病适生性分析报告；我国提出了进境烟草有害生物风险管理措施。该成果获中国烟草总公司2017年度科技进步三等奖。

第二节 烟草病虫害综合防治技术

（一）以单一烟草病虫害为靶标的综合防治技术

1. 烟草赤星病

随着烟草栽培富营养化，烟草赤星病在生产中危害日益严重，成为生产上重点研究与防治的病害之一。在病原学方面，对病原菌形态、产孢特性、孢子萌发条件等方面做了深入研究，明确了不同地理来源病菌存在致病力分化现象。对赤星病侵染对烟株造成的生理和品质影响以及施肥与病害发生的关系也得到阐明。这一时期，我国筛选出了一系列高效农药，如菌核净、多抗霉素，并在生产上推广一些抗性较强的品种，使该病害最终得到有效控制，进入21世纪，病害发生率开始稳中有降。

中国农业科学院烟草研究所、山东省烟草公司等单位开展了烟草赤星病综合防治技术及远期控制途径的试验研究，筛选出了中烟90、G28和CV系列等优质抗病品种，明确了钾肥用量、施用方式及品种间钾吸收能力与赤星病发病的关系，筛选出了菌核净和保利安防治药剂，推动了烟草赤星病的防治工作。在生物防治方面，山东农业大学研制出生物制剂SRS2，于1995年8月在山东莒南通过专家现场验收，赤星病的防治效果达60%以上。

2. 草根结线虫病

烟草根结线虫病也是长期危害烟草的重要病害，至20世纪90年代以后，随着涕灭威等高效农药的使用，该病害得到有效控制，逐渐成为烟草上的次要病害。

中国农业科学院烟草研究所等单位开展了烟草根结线虫病病原种、小种鉴定及综合防治技术研究，筛选出了K346、RG11、NC729、K730等一批高抗南方根线结线虫1号小种的品种，对山东、河南烟草根结线虫病田间流行规律进行了调查，筛选出了溴甲烷、涕灭威等防治药剂，形成了“以农业防治措施和应用抗病品种为主，药剂防治为辅，积极进行生物防治”的防治策略。

云南省烟草科学研究所（云南省烟草农业科学研究院的前身）等单位完成了烟草根结线虫病发生与防治研究项目，基本摸清了云南烟草根结线虫的种类、优势种群、分布及其发生危害规律。通过防治技术研究，筛选出15%铁灭克、10%克线磷等几种农药，提出了“控制第一代，认真防治第二、三代，降低越冬虫源”的防治策略，形成了配套综合防治技术。

3. 烟蚜综合防治技术

烟蚜是我国烟田的一种主要害虫，也是烟草昆虫学研究的重点对象之一。早在总公司成立之前，我国便对烟蚜的发生特点开展了相关研究。20世纪80年代末期，中国农业科学院烟草研究所针对烟蚜的发生及防治进行了系统研究。以有害生物综合管理（IPM）原理为依据，以生态学原理和经济学原则为出发点，首先依靠天敌等自然控制因素，强化了烟株打顶抹杈等有助于杀虫、抑虫的烟田管理措施，辅以必要的化学防治，将烟蚜的种群数量系统地控制在经济危害水平（经济阈值）之下，以期获得最佳的经济效益和社会效益。研究结果表明：明确了烟株生长的不同阶段影响烟蚜种群数量消长的主导因子，制定了适于黄淮烟区的烟蚜综合防治策略的相应防治技术：烟株生长前期保益不防（仅依靠烟蚜天敌即可控制烟蚜），中期及时防治（施用化学药剂进行防治），后期灵活综合防治（通过打顶，抹杈及保护天敌等措即可控制烟蚜）。筛选出了涕灭威、抗蚜威两种专化性治蚜农药，使后期天敌得到了保护。该项目提出的烟蚜防治策略和综合防治措施，经生产试验证明切实可行。该项成果使我国烟蚜防治由单纯的药剂防治转向了以生态系统为出发点的系统控制，对保护烟田的生态平衡、保护天敌资源、减少烟蚜抗药性和降低烟叶中的农药残留等发挥了重要作用。

20世纪末期，随着高毒农药的禁用和限用，新烟碱类高效内吸性药剂（吡虫啉、啶虫脒等）逐步得到推广应用，目前已经成为防治烟蚜的主要化学药剂。同时，烟蚜茧蜂规模化繁殖与释放工艺日益完善，在烟蚜的综合治理工作中也发挥了重要作用。

4. 烟草青枯病防治技术

2013—2015年，中国烟草总公司重庆市公司和西南大学联合重庆烟草科学研究所、中国农业科学院植物保护研究所、西北农林科技大学和重庆大学等单位，针对烟草生产过程中青枯病严重发生导致局部地区严重减产，产量和品质严重受损的实际情况开展了系列研究。①经过3年采集与分离，获得了全国各烟区青枯病发生区的267个青枯病菌菌株，建立了全国菌株数最多的烟草青枯病菌菌种库，明确了我国烟草青枯病菌的地理分布、序列变种和致病特性，初步揭示了青枯病害发生越来越重的内在机制；②明确了烟草与青枯病菌互作的分子机制，找到了影响烟草青枯病病害发生的关键因子是土壤pH和微生态失衡；③找到烟草抗青枯病的17个基因，获得了4个抗青枯病的烟草品系；④明确了影响烟草青枯病病害发生的土壤pH在4.5~5.5，营养元素主要是钼素和钙素，主导发病的根际微生物可分为4个大类17个主要种类，影响暴发的关键温度条件是土温21~22℃；⑤提出了“四个平衡”调控微生态控制烟草根茎病害的理论体系，建立了烟草青枯病系统控制的技术体系，在4个区县连续进行了3年的示范应用，各示范区平均防效达到了70%左右，示范区比对照区多收烟叶30~60kg/667m²，挽回经济损失800多元/667m²。成果“茄青枯病菌与烟草互作分子机制及其调控技术研究”获2016年度中国烟草总公司科技技术二等奖。

2012—2014年，湖北省烟草科学研究院、湖北省烟草公司恩施州公司、华中农业大学等单位针对我国烟草青枯菌菌系分化尚未完全明确、病害防治效果不佳等问题，开展了一系列针对性研究，并进行了示范推广。①系统研究了烟草青枯菌菌系分化。明确了我国烟草青枯菌遗传多样性，为有效进行烟草青枯病的防治奠定了基础。调查了我国烟草青枯病分布区域，明确该病害分布在西南烟区、东南烟区、长江中上游烟区和黄淮烟区。从这4个主产烟区（14个省份）分离获得烟草青枯菌菌株，并对其进行了遗传多样性研究和致病力分析。②分析了烟草青枯病发生规律和灾变原因。摸清了烟草青枯病发生规律，明确了病害防控关键时期。明确了土壤及气候条件对烟草青枯病发生程度的影响。③通过抗青枯病烟草品种资源鉴定和抗性相关基因差异表达分析，获得了4个抗性品种和3个抗性相关基因。通过对烟草品种资源进行抗青枯病鉴定，筛选出了反帝3号、岩烟97、D101、Coker176四个抗性品种。④形成烟草青枯病综合防控技术并推广应用。制定了以“延缓发病时间，降低发病程度，减少烟叶损失，增加种烟效益”为目标，以“改善植烟土壤生态环境、减少植烟土壤有害生物、提高烟株自身抗病能力、推行绿色生态防控技术”为理念的差异化综防技术体系。经推广应用，病害推迟发生10~15d，防效75%以上，病害危害损失控制在5%以内；化学农药的使用量明显降低，烟叶品质和安全性显著提高。成果“烟草青枯病病原菌生物学特性及综合防控技术研究与示范”获中国烟草总公司2016年度科技进步三等奖。

5. 烟草角斑病、野火病综合防治技术

2008—2012年，中国烟草总公司黑龙江省公司牡丹江烟草科学研究所开展了“烟草角斑病、野火病流行因素及综合防治技术研究”。该项目历时4年，以建立黑龙江省烟草野火病和角斑病监测预警体系，形成黑龙江省烟草野火病和角斑病的综合治理技术规程为目标，通过对烟草角斑病、野火病发生规律、流行因素进行了系统调查研究，明确了影响黑龙江省烟草野火病和角斑病流行的主要因素是降雨量、留叶数和施氮量，其中降雨量与病情指数呈正相关关系，留叶数与病情指数呈负相关关系，施氮量与病情指数呈正相关关系；研究筛选出适用于鉴定烟草野火病菌、烟草角斑病菌生理小种的鉴别寄主，将黑龙江省烟草野火病菌和角斑病菌生理小种分别划分为4个和5个；对主要烟草种质资源进行了野火病和角斑病的抗病性鉴定，筛选获得LJ935等一批高抗野火病菌Ⅲ号、Ⅳ号生理小种的抗病种质材料，筛选获得对角斑病菌抗性较好的LJ237、LJ935、

NC89等品种材料；筛选获得一株对烟草野火病和角斑病均有显著拮抗活性的菌株，经鉴定为枯草芽孢杆菌（*Bacillus subtilis*），田间防效可达70%以上，并明确了其主要作用机理；筛选出枯草芽孢杆菌、春雷霉素等3种对烟草野火病和角斑病均具有较好防治效果的生物药剂；制定了《烟草野火病和角斑病综合防治技术规程》（Q/12696231-X 023—2014、Q/12696231-X 025—2014）和应急反应机制。该成果进行了大面积推广应用，取得了显著的经济、社会和生态效益，获2016年度中国烟草总公司科技进步三等奖。

6. 烟粉虱综合防治技术

2012年，中国农业科学院烟草研究所、山东烟草研究院有限公司和安徽农业大学共同承担了总公司重点科技项目"烟草品种间烟粉虱的抗性差异及机理研究"。项目组调查研究了我国主要植烟省份烟粉虱的分布和危害，确定了Q型烟粉虱是当前我国烟区烟粉虱主要类群，系统揭示了Q型烟粉虱的生物学特性，确定了烟粉虱在烟株上的垂直分布规律，分析了烟粉虱对烟草生长、外观和品质的影响。鉴定了240个品种（种质）对烟粉虱的抗性，筛选出10个高抗品种、10个高感品种，形成了烟草品种对烟粉虱抗性评价方法，建立了抗性鉴定体系，明确了烟草对烟粉虱的抗性机制与烟草表面茸毛密度、挥发物和内在化学成分的相关性；研究了烟粉虱抗性品种K346和易感品种G80中*PR-1a*、*GCN2*、*eIF2α*、*CYC1*与*HMG*的表达差异，并克隆了*NteIF2α*基因，对其表达和调控进行了初步研究，初步揭示了烟草品种对烟粉虱的抗性机理，确定了丽蚜小蜂、球孢白僵菌、绿僵菌和黄绿绿僵菌防治烟粉虱的效果，测定了10种药剂对烟粉虱不同虫态的毒力和对成虫的驱避作用，研究了黄绿绿僵菌与低剂量阿维菌素联合使用对烟粉虱的防效，并进行了技术集成与示范。该成果在鉴定了240个烟草品种（种质）的基础上，形成了烟草品种对烟粉虱抗性的鉴定的方法，提出了选用抗虫品种为基础、天敌防治为核心、高效低毒化学药剂防治为应急补充的综合防治技术，并进行了示范应用，烟粉虱防治效果显著。该项成果获得2018年度中国烟草总公司科技进步二等奖。

（二）烟草主要病虫害生物防治技术

1. 烟草病害生物防治技术

随着人们对自身健康和生存环境的日益重视，符合环保、健康和可持续发展理念的生物防治在烟草病虫害治理中越来越引起人们的关注，并取得了长足进步。

烟草病害生物防治研究主要集中在微生物资源的开发利用方面。从烟草叶围、根际以及烟草内生菌中分离、鉴定了一批具有研究和应用潜力的菌种资源。筛选出了对烟草赤星病、炭疽病、猝倒病、黑胫病、青枯病、野火病、烟草花叶病毒（TMV）、黄瓜花叶病毒（CMV）和马铃薯Y病毒（PVY）等具有较强拮抗活性的细菌菌株，这些菌株多属于枯草芽孢杆菌、荧光假单胞杆菌、解淀粉芽孢杆菌、短小芽孢杆菌等。除抑菌和抗病毒作用外，不少细菌菌株对烟草还具有促生作用，如短小芽孢杆菌AR03和枯草芽孢杆菌Tpb55菌株。不同研究者分别对上述细菌菌株的生防作用机理进行了深入研究，并纯化出了多个抗菌和抗病毒蛋白。筛选出了4个对烟草黑胫病和赤星病有较强拮抗作用的木霉菌生防菌株，明确了木霉菌对烟草病原真菌具有竞争、重寄生和抗生作用。完成了生防潜力突出的部分菌株的发酵工艺研究，优化了发酵配方与培养条件。研究了酶解蝇蛆低聚糖对烟草黑胫病的作用机理，明确了蝇蛆低聚几丁糖抗烟草黑胫病的机理主要是直接抑菌作用和诱导抗性，建立了蝇蛆几丁糖的制备方法，研制出了具有抗菌活性的酶解蝇蛆低聚几丁糖生物制剂。上述研究，为丰富植病抗性基因资源和生防制剂的后续开发奠定了良好基础。

中国农科院植保所研制了一种植物免疫蛋白质生物农药—阿泰灵，对植物免疫，可防治病害，且能诱导植物抗性，提高自身的抗病能力，能系统防治植物细菌、真菌病害，同时具有调节生长、增加产量、增强抗逆性的作用。一些类似的具有抗病作用的功能叶面肥也在生产中得到应用。另一类多糖类的生防制剂也在烟草上应用较多，如菇类多糖、寡糖等具有促生抗病的低毒生物农药等。

2014—2019年，中国烟草总公司黑龙江省公司牡丹江烟草科学研究所和山东农业大学针对利用弱毒疫苗防治烟草病毒病开展了研究。通过连续多年研究，成功解析了马铃薯Y病毒（PVY）、马铃薯X病毒（PVX）和烟草脉带花叶病毒（TVBMV）等烟草主要病毒侵染致病的分子机理，确定了其调控致病力的关键决定簇，获得20多个弱毒突变体；明确了发育调控的质膜蛋白DREPP、光系统II放氧复合体蛋白PSBO1等寄主蛋白在病毒侵染和致病中的作用，找到了新的抗病毒靶标。发现多联弱毒疫苗产生siRNA的浓度越高，交叉保护效果越好。在调控TVBMV致病力、蚜虫传毒以及与PVX协生的多个氨基酸位点引入突变，获得了无协生、不能蚜传、使用安全的TVBMV弱毒株系。以此为载体，研发出了能兼治TMV、CMV和PVY等3种病毒的多联弱毒疫苗，并建立了多联弱毒疫苗培养、保存和接种的技术体系。在黑龙江、山东等地烟田累计示范推广6000hm^2，多联弱毒疫苗田间防效70%左右。成果“烟草主要病毒病多联弱毒疫苗的研制与示范应用”获2019年度中国烟草总公司科技进步二等奖。

云南省烟草农业科学研究院等单位针对烟草主要病虫害（烟草黑胫病、根结线虫病、烟蚜、烟青虫）综合治理中的问题，以生防制剂的研制、优势天敌的开发利用为突破口，分离筛选了生防资源，并对其生物学和生态学特性、生产工艺等进行了较为系统的研究，进行了制剂的生产小试、中试研究，制定了中试产品的质量标准，开展了田间药效评价和毒性试验，制订了大田使用的相关技术规范。发现了云南隔指孢*Dactylella yunnanensis*、中间隔指孢*Dactylella intermedia*等14个食线虫菌物新种，并首次利用液体深层发酵的方法对食线虫菌物——淡紫拟青霉进行生产，发酵产物孢子含量达到109个/mL，成功研制出了淡紫拟青霉粉剂，毒性测定为低毒，大田应用防治烟草根结线虫病效果达60%；筛选出了能够有效抑制烟草黑胫病菌的生物菌地衣芽孢杆菌RB42，完成了其液体深层发酵技术，成功研制出“灭霉宁”可湿性粉剂，田间应用后其防治烟草黑胫病的效果显著。

2. 烟蚜茧蜂防治烟蚜技术

1997—1998年，云南省烟草公司玉溪市公司启动了规模化繁殖释放烟蚜茧蜂防治蚜虫的生物防治项目。采用大棚和小棚相结合的方式进行繁蜂可降低繁蜂成本，烟蚜茧蜂可有效降低大田烟蚜种群密度，减少农药使用量，降低防治成本，评价效果良好。经过多年的推广应用，得到了广大烟农的一致认可和当地政府的大力支持。截至2013年，该技术在云南省全省烟田推广应用累计面积达133万hm^2，平均防效达80%以上，累计节省防治蚜虫成本5.32亿元，综合经济效益44亿元，减少化学杀虫剂使用量1600t，提高了烟叶质量，减少了环境污染，综合效益显著。其后，该项技术已逐步在全国烟叶产区及大农业上得到推广应用。同时还研制开发出了以生物活性成分为主的杀虫剂，毒性测定均为低毒，大面积示范应用防治效果显著；研究了烟蚜茧蜂的生物学及生态学特性和温室大量繁蜂工艺，确定了烟蚜茧蜂田间散放技术及其与生物农药的配合应用技术，田间示范取得了较好的防治效果。

2010年，烟草行业又启动国家局重点项目“烟蚜茧蜂防治烟蚜技术研究与推广应用”。项目由中国烟草总公司云南省公司、云南省烟草公司玉溪市公司和云南省烟草公司大理州公司共同承担。集成创新了烟蚜茧蜂防治蚜虫技术体系，解决了规模化应用中的技术瓶颈，形成了一批具有自主知识产权的关键技术，在烟蚜茧蜂规模化繁育技术及工艺、高密度繁育方法、收集技术、释放技术、冬季保种技术等方面创新性突出。自2010年以后，烟蚜茧蜂防治烟蚜技术在烤烟上累计推广223.79万hm^2，防治效果达80%~92%，减少农药使用量60%以上，累计节约防蚜成本19.88亿元，挽回经济损失89.29亿元。同时，云南省烟草专卖局（公司）与农业厅合作，该技术在大农业推广应用面积达到186.67万hm^2以上，平均防治效果达60%，减少农药使用量40%以上，累计节约防蚜成本10.84亿元，挽回经济损失49.28亿元。该项成果获2013年度中国烟草总公司科技进步一等奖。

（三）烟草绿色防控技术

2016年，国家局正式启动烟草绿色防控重大专项，通过近5年的实施实现了理论、技术、产品、应用和模式的5大突破，取得了10项科技成果。创新形成了寄生性天敌防治蚜虫技术、捕食性天敌防治烟青虫/斜纹夜蛾技术、生防菌剂与昆虫病原线虫防治地老虎技术、免疫诱抗防治病毒病技术、生防菌剂防治根茎病害和叶部病害技术，集成组装了以蚜茧蜂、蠋蝽、瓢虫等天敌昆虫立体防治虫害、以生物菌剂替代化学药剂防治病害的技术体系。2017—2019年，全国共建绿色防控示范区1288个，面积达22.67万hm^2，辐射区累计面积达75.91万hm^2，亩均化学农药使用量逐年降低，烟叶农残得到了有效控制。在行业统一部署下，蚜茧蜂防治蚜虫技术已在全国累计推广应用面积达到866.67万hm^2，在行业中首次实现了天敌昆虫商品化运营。构建形成八大生态区管理新模式、实现了产学研用一体化贯通，服务大农业绿色防控，践行烟区农业绿色发展新使命。

蚜虫技术首席专家工作团队通过近5年的攻关研究，完成全球首例烟蚜茧蜂基因组高质量组装与注释及种群遗传多样性研究，为蚜茧蜂防治蚜虫技术全国推广应用提供了权威支撑；突破了烟蚜茧蜂精准滞育调控世界难题，为僵蚜产品规模化生产提供了科技支撑；建立了光温滞育调控僵蚜产品的规模化生产技术体系，建立了高效、均质的蚜茧蜂工程化繁育技术，国际首创具有自主知识产权的僵蚜产品全自动化生产线，制定蚜茧蜂防治蚜虫技术国家标准，在行业内首次实现天敌产品商品化推广应用，有力推动了行业天敌商业化运营进程。截至2019年，该成果已在全国累计推广应用面积达到866.67万hm^2，在全行业实现了防蚜化学农药全替代，为行业绿色防控技术产业化应用提供决策依据奠定了基础。

烟青虫/斜纹夜蛾技术首席专家工作团队历经5年，创新蠋蝽、七星瓢虫和异色瓢虫的规模化繁育核心技术，突破扩繁生产线构建、大规模产品创制、高效释放技术，组建全国最大规模的捕食性天敌昆虫繁育中心，年扩繁蠋蝽7000万头、瓢虫3000万头，对烟青虫、棉铃虫和斜纹夜蛾平均防效均在60%以上，降低了农残、保障了烟叶品质及生态环境安全，代表我国在该领域研究的最高水平，促进烟草及引领大农业绿色发展，极大地提升烟草行业的社会影响力。

地老虎技术首席专家工作团队揭示了高毒力生防菌绿僵菌和昆虫病原线虫对地老虎寄生控害机理，明确了绿僵菌微菌核发育形成的分子调控机制，研发了绿僵菌微菌核诱导发酵技术，创新一步发酵工艺并建立了规模化生产线；创制了绿僵菌微粒剂和乳粉剂新剂型，以及昆虫病原线虫虫尸剂和悬浮液两种剂型。创造性地提出了与烟草起垄相配套生防菌剂与昆虫病原线虫田间施用技术，构建了烟田地老虎绿色防控技术体系，3年累计推广应用14.67多万hm^2，平均防治效果达80.47%，防治地老虎的化学农药减少施用40%以上，取得了显著的社会、经济和生态效益。

病毒病技术首席专家工作团队历经5年持续攻关，突破了烟草抗病毒天然免疫激活精准识别和利用的关键性难题，明确烟草内在的抗病毒天然免疫激活正/负调控因子，丰富了农作物病毒病控制的理论体系。国际首创具有自主知识产权的新型天然免疫诱抗剂—灵菌红素，在四川和山东建立了规模化、工程化和产品化生产工艺，筛选出了蛋白、多肽、多糖、寡糖和脂肪酸5大类纯天然免疫诱抗资源库；创建了以免疫诱抗为核心，源头控制为保障，传播阻断为提升的烟草全生育期病毒病绿色防控技术体系，3年累计推广应用面积达20.38万hm^2，综合防效为64.04%~74.40%，辐射带动70万hm^2，综合防效为

65.42%~72%，实现了化学抗病毒剂全替代，取得了显著的社会效益、经济效益和生态效益。

青枯病/黑胫病技术首席专家工作团队突破了烟草抵御病原菌根际生物屏障构建的瓶颈，明确影响烟草根茎病害发生和生物屏障形成的关键微生态制约因子，丰富农作物根茎病害微生态控制理论体系，建立了全国最大的青枯菌菌株资源库，国内首创具有行业自主知识产权微生物组合产品2个，建立了规模化、工程化和产品化生产工艺，创建了以微生态调控为核心，土壤保育为基础，生物屏障构建为保障，营养平衡与抗性诱导为提升的根茎病害绿色防控技术体系。3年累计推广应用面积达14.37万hm^2，综合防效为63.23%~78.50%，辐射带动42.74万hm^2，综合防效为60.50%~73.20%，取得了显著的社会、经济和生态效益。

赤星病/野火病技术首席专家工作团队突破了生防菌剂调控烟草叶际微生态的内在机制，丰富了烟草“以菌治菌”的微生态调控理论；首次完成了烟草野火病菌和角斑病菌的全基因组测定，揭示了两者毒力因子差异；国际首创了兼具防控烟草赤星病和野火病的新型产品105亿 cfu/g 多黏菌、枯草菌WP和纳米级80%波尔多液WP；建立了“烟草叶部病害全程生物防治技术”和“波尔多液与生物杀菌剂联控技术”，形成了以“源头控制—早期预防—精准施药”为策略的烟草赤星病/野火病绿色防控技术体系。3年内在遵义、三明和丹东累计核心示范面积达8000hm^2，辐射带动11.33余万hm^2，综合防效为65%~81%，化学药剂减施40%以上，社会、经济和生态效益显著。

另外，2014—2016年中国烟草中南农业试验站牵头，湖南省烟草公司长沙、衡阳、湘西、郴州、永州市（州）公司，以及湖南农业大学、湖南省林业科学院、中国农业科学院烟草研究所、湖南省农业生物资源利用研究所等单位共同开展了“湖南烟草病虫害绿色防控技术体系构建研究及应用”。通过研究：①明确了湘中南、湘西北不同生态区主要病虫害发生规律，构建了湖南烟区主要病虫害测报系统，开发了集病虫害“监测、诊断和服务”为一体的微信服务平台；②研究了湖南烟区天敌昆虫田间种群消长动态，建立了以本地蚜茧蜂为主，异色瓢虫为补充的蚜虫防控技术；构建了以食诱、性诱、灯诱为主防控烟青虫/斜纹夜蛾成虫，以松毛虫赤眼蜂、核型多角体病毒和天然产物（12α-羟基鱼藤酮）为补充防控烟青虫/斜纹夜蛾卵和幼虫的综合绿色防控技术；③创制了防控烟草TMV、CMV和PVY的分子疫苗，构建了以源头控制、虫传阻断和疫苗应用为主的烟草病毒病防控技术；研制了青枯病拮抗菌XQ生防菌株和木霉YYH13，筛选了防治黑胫病的放线菌D35和植物源活性成分，建立了以烤烟绿肥轮作、pH改良剂+烟杆灰、有机肥增施、生防菌应用以及田间优化管理为核心的“4+1”烟草青枯病和黑胫病绿色防控综合技术；④形成了适用于湖南“烟稻轮作烟区”和“山地烟区”的两种烟草病虫害绿色防控模式，发布了《烟草病虫害绿色防控技术规程》地方标准（DB 43/T 1209—2016），在湖南烟区累计推广烟草病虫害绿色防控技术应用面积达10.40万hm^2，取得了显著的社会、经济和生态效益。该项目成果获中国烟草总公司2017年度科学技术进步三等奖。

2016—2018年河南省农业科学院烟草研究所联合河南省烟草公司、河南省农业科学院植物保护研究所等单位开展了“黄淮烟区烟蚜、烟粉虱和烟草根黑腐病绿色防控关键技术研究与应用”研究。通过研究，揭示了黄淮烟区烟蚜、烟粉虱寄主转换和发生流行规律，明确了黄淮烟区冬春季蔬菜大棚为烟田烟粉虱主要源头，桃树、播娘蒿和枸杞为烟蚜早春寄主；构建了“烟草+大农业”的生态区域联控模式；建立了黄淮烟区烟蚜、烟粉虱土著天敌烟蚜茧蜂和东亚小花蝽的规模化繁育技术体系，开发出烟蚜茧蜂及东亚小花蝽等天敌产品。筛选出了对根串珠霉、镰刀菌等高效拮抗菌株13株，明确了发酵条件、助剂、剂型和配比，开发出2种兼治烟草根黑腐病、镰刀菌根腐病等根茎类病害的生防新制剂，形成“豆浆+菌剂”“羊圈粪+菌剂”等防控新技术；建立了烟蚜、烟粉虱和烟草根黑腐病绿色防控关键技术体系，在河南、山东、安徽及湖北等烟区并进行了大面积推广应用。该成果在黄淮烟区烟草及大农业上得到了大面积推广应用，对烟草根黑腐病防治效果达到70%以上，对烟蚜防治效果平均达90%以上，对烟粉虱防治效果平均达到70%以上，化学农药使用量减少50%以上。该成果获2019年度中国烟草总公司科技进步三等奖。

（四）烟草主要病虫害抗药性调查及治理技术

1. 烟草主要病害抗药性调查及治理技术

2004—2008年，云南省烟草农业科学研究院等单位开展了烟草主要病害抗药性调查及治理技术研究。全面调查了云南省不同烟区烟草赤星病菌、黑胫病菌和野火病菌分别对菌核净、甲霜灵和农用链霉素的抗性水平，系统评估了菌核净对烟草赤星病菌、甲霜灵对黑胫病菌和农用链霉素对野火病菌的抗药性风险，为3种药剂的合理使用提供了理论依据。首次报道烟草赤星病菌第3类组氨酸蛋白激酶基因介导了烟草赤星病菌对菌核净的抗药性及渗透压敏感性；克隆了烟草黑胫病菌*Ga*基因，发现该基因调节的信号传导通路对烟草黑胫病菌生长速率、渗透压敏感性、抗药性水平具有显著影响；研究证明烟草野火病菌基因组DNA上的基因片段控制了烟草野火病菌对链霉素的抗药性，在分子水平上初步阐明了3种烟草主要病害病原菌的抗药性机理。建立了烟草赤星病菌、黑胫病菌和野火病菌抗药性实验室平板检测技术和烟草赤星病菌田间快速检测的新方法以及对二甲酰亚胺类杀菌剂的抗药性分子检测技术。首次报道了多氧霉素B、异菌脲、菌核·王铜与菌核净存在负交互抗性，霜霉威、菌核·王铜、异菌脲与甲霜灵存在负交互抗性，筛选了烟草赤星病、黑胫病和野火病的生防芽孢杆菌、放线菌及其有效防治药剂，为烟草主要病害的抗药性治理提供了依据。

2. 主要土传病害关键防控技术研究及应用

2011—2018年云南省烟草农业科学研究院联合6个地（州）市公司针对云南烟草上

主要土传病害进行了防控技术研究。通过研究建立了烟草黑胫病、根黑腐病和根结线虫病等烟草土传病害快速分子诊断技术；建立了同时检测黑胫病、根黑腐病、猝倒病及立枯病以及同时检测青枯病、黑胫病和猝倒病的多重PCR技术，实现了黑胫病与易混淆病害的快速诊断；建立了土壤中黑胫病菌的定量PCR的检测方法，以及检测植烟土壤烟草疫霉带菌量为依据的病害预警技术；构建了移栽前土壤中根结线虫基数与烟草经济损失的数学模型，实现烟草根结线虫病的早期定量预警；建立了烟草主要土传病害防控的有益微生物菌种库，创制了5种生防菌剂。明确了对根结线虫或黑胫病有显著防效的轮作作物，阐明了土壤类型与黑胫病发生的关系、万寿菊防治根结线虫病的作用机制，建立了万寿菊—烟草轮作防治根结线虫病栽培模式，以油萝卜作为主要原料、发酵有机肥控制烟草根结线虫病技术；开展了根结线虫病及黑胫病低毒化学药剂的筛选、协同控病研究，建立了烟草黑胫病菌对主要防治化学农药的敏感性基线，为精准减量用药提供了支撑；集成创建了以病害预警预测为抓手、生态调控为基础、生物菌剂防治为重点、精准用药为辅助的烟草主要土传病害综合防控技术，形成了技术规范，实现了烟草主要土传病害标准化防控。发布烤烟土传病害防控地方标准2项、企业标准5项。2011—2018年在云南省进行成果推广应用，其中2017年和2018年共推广应用18.27万hm^2，获得了较好的经济和社会效益。成果“云南烟草主要土传病害关键防控技术研究及应用”获2019年度中国烟草总公司科技进步三等奖。

3. 烟草主要害虫抗药性检测与治理技术

由于长期依赖化学防治，烟草主要害虫抗药性越来越严重，使药剂防效降低，用药量和用药次数增加，导致烟叶生产成本提高，环境污染加重，特别是烟叶农药残留偏高。2003—2007年，通过检测全国主要烟区烟蚜、烟青虫对常用药剂的抗性水平，明确了全国主要烟区烟蚜对氰戊菊酯、氧化乐果、灭多威和吡虫啉的抗性现状，明确了烟青虫对氰戊菊酯、灭多威、辛硫磷和溴虫腈的抗性现状，并证明羧酸酯酶、多功能氧化酶解毒作用的增强和乙酰胆碱酯酶的钝化是引起烟蚜和烟青虫抗性的主要原因。明确了烟蚜、烟青虫、斜纹夜蛾取食烟草等不同寄主对其抗药性的影响，开发出了烟草害虫抗药性治理技术。为病虫害的抗药性治理、防治对策的制定以及提高防治水平提供了重要依据。

（五）香料烟主要病害发生规律与控制技术

云南省烟草农业科学研究院、保山香料烟有限责任公司等单位在2004—2011年开展了“香料烟主要病害发生规律及控制技术研究与应用”研究项目。该项目针对保山香料烟种植时期与烤烟相反、病害发生危害与烤烟不一致的实际情况，在保山香料烟种植区进行了病害普查，首次对云南香料烟主要病害进行了系统研究，明确了细菌性斑点病、曲叶病、白粉病是云南香料烟的主要病害；探明了云南香料烟细菌性斑点病、曲叶病的病原和发生流行规律，确定了烟粉虱是香料烟曲叶病的主要传播介体，制订了综合防治技术并在云南香料烟产区进行了全面推广应用。

（六）烟草仓储害虫防治技术

烟叶正常醇化贮藏周期1~2年，防虫工作十分重要。通过开展贮烟防虫技术研究，形成了多项具有较大推广价值的新型防治技术，有效减少了烟叶贮存期因害虫危害造成的损失。

在贮烟害虫研究方面，查明了烟仓害虫及天敌的种类，明确了烟草甲、烟草粉螟等主要害虫的发生规律。进入21世纪，烟叶的储藏形式发生了很大变化，逐步由把烟向片烟过渡，2003—2005年，总公司组织全国相关工业企业和科研院所，开展了“贮烟害虫防治新技术研究及综合控制技术集成推广”项目，探明了微波杀虫、真空回潮和复烤高温杀虫的效果，且在打叶复烤线通过物理手段即可达到100%的杀虫效果。筛选出杀虫活性较强的防护剂并研制出防虫效果良好的内衬防虫袋。筛选出具有良好开发前景的两种植物性杀虫材料（石菖蒲和冬青），并确定了石菖蒲的有效杀虫成分。筛选出对烟草甲和烟草粉螟均有较好防效的苏云金杆菌菌株，并发现了一个新的*cry1*基因。针对各地实际情况，我国制订了6套贮烟害虫综合防治方案并进行了验证，取得了较好防治效果。6套方案分别为：真空回潮复烤杀虫+防虫袋+防护剂、低温杀虫+防护剂+熏蒸剂、微波杀虫+防虫袋+防护剂、磷化物熏蒸+防护剂、防虫袋+硫酰氟熏蒸+防护剂、防虫袋+磷化氢熏蒸+防护剂。

（七）烟草农药合理使用技术

1. 新型烟用农药筛选及合理使用技术

为了规范烟叶生产过程中农药的合理使用，提高烟叶产量和品质，降低农药残留量，进一步提高烟草病虫害综合防治水平，同时为了进一步明确烟叶生产中农药特别是同类农药的实际防治效果，综合评价并推广农药新品种，中国烟叶公司自1999年起组织开展了烟草农药药效对比试验。中国农科院烟草所作为牵头单位，联合行业有关科研单位组成烟草农药药效对比试验网，对在烟草上推广的农药开展2年14地药效试验，试验结果经过专家评议后，形成年度“烟草农药使用推荐意见”。推荐意见中详细列出了农药的使用方法、剂量、次数和安全间隔期等，为行业推荐了低毒高效、经济、对环境友好的农药品种，并规定在烟草上禁止使用的农药种类，对规范烟草行业农药使用，指导烟草生产起到了积极作用。1999年以来，我国平均每年开展约40个农药品种的田间药效试验，截至2016年，推荐在烟草上使用的农药品种有196个，并提出了烟草上禁止使用的46种

（类）农药或化合物，为各级烟草公司采购农药提供了依据。为规范该项工作，中国农业科学院烟草研究所牵头制定了2项行业标准：YC/T 372—2010《烟草农药田间对比试验规程》、YC/T 371—2010《烟草田间农药合理使用规程》。

2. 精准减量化施药技术

施药技术是烟草农药合理使用的重要内容，但长期未得到重视。我国烟草施药技术较落后，农药有效利用率低，植保劳动强度大，植保器械跑冒滴漏对烟农健康造成威胁，存在防治效果不理想、农药残留等问题。

进入21世纪后，随着烟草生产的规模化、集约化水平的提高，传统的施药技术已难以适应生产需要，开发精准减量化施药技术日益迫切。2008年，中国烟叶公司组织有关产区和科研单位调查了17个省份烟草植保器械和施药技术，正式提出了推广精准施药技术，逐步提高农药的利用率，做好高毒、高残留农药和低劣植保机械的替代工作思路。随后，山东、四川、湖南等省烟草公司先后立项并重点开展了精准减量化施药技术研究。

2009—2014年，中国农业科学院烟草研究所、山东省烟草公司开展了精准高效施药技术研发；筛选出分别适于平原和丘陵应用的作业效率高、农药有效利用率高、防治效果好、劳动强度低的新型喷雾器械，并配套开发了使用技术；探明了不同类型施药器械（大容量、中容量和低容量）药液雾滴在烟株上的沉积分布规律，明确了农药施用毒力空间和有效靶区，为选择烟田农药喷雾器械和制定施药方法提供了依据；筛选出适于在烟草上应用的功能性农药助剂，集成了一套助剂增效、农药减量、高效沉积喷雾技术；明确了烟草主要病虫害防治药剂间的互作关系和药剂组合对田间的适用性，为药剂混用以及桶混技术提供了依据；集成了一套配方选药、对靶高效沉积和低容量喷雾技术。

为配合现代施药技术研发，中国烟叶公司在主产烟区设立了精准施药示范基地，推动新型施药器械和技术的推广。烟草施药技术已经向机械化、精准化、高效化发展。一些新型的施药器械得到全面推广，自走式大型喷雾机械、烟雾机、航空喷雾等在生产中已得到较普遍应用。

2016—2018年，中国烟草总公司四川省公司、西南大学、四川省烟草公司攀枝花市公司、四川省烟草公司凉山州公司、中国烟草总公司重庆市公司等单位针对当前农业生产过程中农药不科学精准使用进而导致的环境与农作物产品安全等问题，系统研究了烟草主要病虫害靶标精准用药技术、精准喷雾技术、农药减量与增效技术，通过大量的基础理论与实践应用研究，有效提高了农药利用率和精准度，减少残留和环境污染，产生了显著的社会、经济和生态效益。通过研究提出了“三标六定”的农药精准使用理论，明确了农药特性、作物结构特征、作物生育期与精准用药的关系，找到了影响精准用药的关键因子靶标与农药叶面沉积量，系统建立了以靶标针对性的精准用药技术体系。开发了精准喷雾技术、减量增效技术、靶标精准控制3项农药精准使用技术。研发了能够提高农药利用率，降低农药使用量增效材料3种，筛选出了农药精准喷雾器械3种与喷头5种。制定行业标准4项。创新了“技术—物资—应用”一体化的成果推广应用模式，技术和成果在重庆和四川推广应用，累积推广面积14.53万hm^2，产生了显著的经济、社会和生态效益。成果“烟草作物上农药精准减量增效关键技术创新及应用”获2019年度中国烟草总公司科技进步三等奖。

3. 农药残留标准的制定

1987年以来，结合农药登记残留试验，针对登记农药开展不同施药剂量、施药次数、安全间隔期等复合因子的农药残留量试验，每个试验需实施2年2地，共获得400~500个田间试验样品，并检测样品农药残留，对试验结果进行风险评估与限量研究。据此，国家质检总局颁布实施了GB/T 8321.1~9—2000《农药合理使用准则》，对农药登记作物、防治对象、使用剂量、使用次数、安全间隔期等资料进行了规定，并建议了农药残留限量，其中在烟草推荐的农药有23个。2007年农业部制定了NY 1500—2007《农产品中农药最大残留限量》行业标准，其中包含吡虫啉、啶虫脒、氯氟氰菊酯、杀虫单4种农药在烟草上的残留限量。另外还有1项涉及烟草中甲萘威农药残留的国家标准，GB 14971—1994《食品中西维因最大残留限量标准》。

2002年，为应对加入WTO后国外卷烟对中国卷烟市场的冲击，国家局组织行业有关企业和科研单位开展了烟草及烟草制品农药限量标准的研究，为农药残留监管与控制奠定了基础。

2002—2005年，中国农科院烟草所承担“无公害烟叶农药、重金属最高残留限量标准研究”项目，先后开展了农药使用调查、农药残留现状普查、GAP生产模式下烟叶农药残留量研究、土壤和烟叶重金属相关性研究和文献资料调研等工作，做好了无公害烟叶相关标准的技术储备。2008—2009年，承担了“无公害烟叶质量安全指标”和“无公害烟叶产地环境条件”2个行业标准的制定任务，制定了26种农药残留和4种重金属的限量指标。

2011年，为积极贯彻落实国家烟草专卖局关于加强产品安全质量工作的有关精神，加快行业产品质量安全标准体系的构建步伐，国家局启动对涉及产品质量安全的27个标准的制修订工作，制修订内容包括产地环境和烟叶中农药残留、重金属限量及烟用材料质量安全控制。经过近2年的努力，出台了中国烟草总公司企业标准YQ 50—2014《烟叶农药最大残留限量》，该限量标准对指导我国烟草行业农药使用和烟草质量安全管控提供了技术依据。

4. 烟草苗床甲基溴替代技术

据联合国环境规划署报告，用于土壤消毒的甲基溴中有30%~85%会释放到大气中。已有研究表明，甲基溴是一种显著的臭氧层消耗物质，根据1992年《蒙特利尔议定书哥本哈根修正案》，将甲基溴正式列入受控物质。1997年，该《议定书》规定：工业化国家应在2005年淘汰甲基溴，发展中国家淘汰日期为2015年。我国政府于2003年4月正式签署了《关于消耗臭氧层物质的蒙特利尔议定书》。甲基溴在烟草苗床上亦广泛应用于土壤、基质、育苗材料等的消毒。据统计，2004年我国烟草育苗过程中使用溴甲烷总量达79.379t，占全国总消费量的一半以上。为了履行国际公约，在国家环保总局、联合国工业发展组织等的指导和协助下，烟草行业制定了《甲基溴整体淘汰计划》，目标是在2010年1月1日前全部淘汰甲基溴。

替代技术研发阶段（2000—2007年）。鉴于甲基溴在我国烟草苗床上的使用技术已经十分成熟，甲基溴替代给我国烟草生产带来了巨大风险，寻找有效替代技术已成为烟草行业面临的重大科研任务。2000年以来，通过筛选替代药剂、革新育苗方式以及新技术推广，我国于2007年底实现了烟草苗床甲基溴零使用，提前3年完成了淘汰任务。共筛选出了棉隆和威百亩系列替代药剂，配套了使用技术和方法。育苗方式也发生了重大变革，原来落后的小拱棚育苗方式基本淘汰，北方烟区以托盘育苗为代表的新育苗方式得到全面推广，漂浮育苗在南方烟区得到全面推广。但同期烟草苗床甲基溴的快速淘汰也带来了很多问题，如苗床病害特别是病毒病的发生危害日益严重等。

替代技术改良与集成阶段（2008—2015年）。中国农业科学院烟草研究所作为技术牵头单位，组织烟草行业主要科研、生产单位开展联合攻关，重点开展了甲基溴替代产品和技术的评价和筛选、烟草基质栽培育苗技术优化、苗床有害生物综合防控技术的建立、育苗材料消毒器械的研发等工作，建立了烟草苗床甲基溴有效替代技术体系。

在替代药剂方面，筛选出威百亩、棉隆和氯化苦等高效替代熏蒸药剂，系统评价了消毒剂对烟草育苗材料的消毒效果，筛选出二氧化氯、辛菌胺等药剂品种，丰富了替代药剂品种。白建保等研制出一种环保型烟雾剂载体及其配制成的烟雾剂，开发了配套的动力消毒烟雾机，形成了烟草育苗材料烟雾消毒技术，提高了育苗材料消毒效率和效果。青州烟草研究所和山东农业大学等科研单位开展了苗床病虫害调查，筛选了烟草苗床藻类防治药剂，开发了烟草苗床病毒病早期诊断技术，集成了烟草苗床有害生物综合防控技术体系，建立了完整的立体防治网络，将苗床有害生物发生危害控制在较低水平。

育苗技术得到有效改进。北方烟区托盘直播育苗技术逐步替代了托盘假植育苗技术，南方烟区湿润育苗、浅水育苗等技术得到了发展。育苗基质也向绿色环保方向发展，各地因地制宜开发出大量环保型基质配方，逐步替代草炭等不可再生资源。同时，随着蒸汽消毒技术的发展，育苗基质也实现了工厂化生产。

通过近8年的科技攻关，烟草行业逐步建立起以基质栽培、苗床消毒和有害生物综合控制为核心技术的烟草苗床甲基溴有效替代技术体系，在生产中形成一种模式（基质栽培育苗模式）、一项技术（苗床消毒技术）和一个规程（苗床有害生物综合防控技术规程），并在全国烟区大面积推广，实现了甲基溴的绿色高效替代。

（八）烟草病虫害监测及综合防治示范试验

国家局十分重视烟草病虫害监测与综合防治示范工作，自2000年开展“我国烟草病虫综合监控及配套技术与示范推广”项目研究。在预测预报的基础上集成已有研究成果，针对不同生态产区，形成烟草主要病虫害综合防治技术，进行示范推广，建立比较标准、完善的病虫害综合防治示范片区，进而全面普及病虫害综合防治技术，提高了我国烟草病虫害综合防治技术的整体水平。

在我国不同生态类型的几个主要产烟区：云南大理、贵州遵义和山东临沂等3个优质烟叶生产科技示范基地，福建长汀、云南弥勒、四川会理和黑龙江宾县等8个烟叶标准化示范县，形成了烟草主要病虫害综合防治技术，进行示范推广，建立了病虫害综合防治示范片区。根据生态类型、病虫害发生特点，综合利用农业、化学、生物和物理的高效防治技术，分不同生态区按烟草的关键发育阶段组装配套和集成，在各综防示范区进行示范推广，并建立和完善当地烟草主要病虫害综合治理技术体系，以达到控制和减轻病虫危害的目的。

通过项目研究和示范，集成组装了烟草病虫害综合控制技术，提出了烟草病虫害综合防治技术规范、烟草病虫害预测预报技术和工作规范、烟草农药合理使用技术规范，建立了综合防治的组织保障体系、技术支撑体系、效果评价体系，培育了一支素质过硬的植保技术队伍，积累了病虫害检测数据，健全了产区烟草病虫害预测预报与综合防治网络。进而也增强了烟草病虫害综合防治的意识，加强了烟草农药管理，规范了烟农用药，探索建立了植保社会化服务组织。

第三节 发展趋势与展望

当前烟草生产面临诸多挑战，烟叶品质和使用安全性受到广泛重视，发展优质、安全、生态烟叶，促进烟叶生产由传统农业向现代农业转变，保障生态环境和质量安全，已经成为我国烟草可持续发展的重要战略目标。烟草植物保护工作是烟叶生产的重要环节，正面临着植保理念革新、技术提升的挑战和机遇。未来5~10年，我国烟草植保工作应牢固树立“公共植保”和“绿色植保”理念，坚持“预防为主，综合防治”的方针，加强植保基础设施建设，加快科技创新，完善烟草病虫害预测预报体系、综合防治体系、农药管理和使用体系，建设高素质的植保人才队伍，在病虫害的防治上达到高效、轻简、安全的目的，建设以数字植保、轻简植保、绿色植保、公共植保和标准植保为基本特征的现代烟草植保技术体系。

（一）加强烟草重大病虫害控制基础研究

开展烟草有害生物调查研究，进一步明确全国范围内现阶段主要有害生物的种类、危害及分布情况。利用现代分子生物学技术等多种手段，对病原菌的群体遗传结构、生理小种等变异动态、昆虫的地理种群和昆虫生物型变异进行监测、鉴定。深入研究重要有害生物的灾变规律及其生理生态学机制，揭示寄主作物的抗性机理及重要有害生物的抗药性机理以及“作物—有害生物—天敌”系统的协同关系，并以此为基础，开发以生态调控为中心的关键防治技术。

（二）深化烟草绿色防控技术

进一步提升绿色防控研发的原创性，加强理论研究与关键技术的创新，加强学科间的交叉融合，为保障烟草农业可持续发展提供理论和技术支撑。重点揭示重要病虫害灾变规律，基于新技术、新材料和新方法研发原创性绿色防控关键技术和产品，推进绿色防控技术投入品的工程化、产业化和商品化进程，探索绿色防控技术推广应用的新型组织模式。

（三）智慧烟草植保体系建设

升级测报网络站点功能，推进烟草植保数据资源整合，建设烟草植保大数据中心，开发集监控预警、大数据智能分析、绿色防控精准防控功能于一体的烟草植保数据融合平台，制订数据平台以及智能装备数据采集、传输标准；基于高光谱遥感、智能传感器等现代技术研发烟草病虫害及生态智能监控装备，综合应用大数据、云计算、人工智能等现代信息技术，构建烟草主要有害生物快速检测、智能诊断、实时监测预警技术体系，建立基于大数据分析的烟草主要病虫害精准测报模型。

（四）研发精准高效施药技术

针对烟草的主要病虫害，从农药、药械和施药方式等方面入手，加强精准施药技术、农药减量增效、新型施药装备和农药安全合理使用等核心技术研究，构建了烟田农药精准高效施用技术体系，同时建立精准高效施药技术的社会化植保模式，推动我国烟草生产向现代农业转变。

（五）完善烟草植保标准体系

烟草农业生产标准化是现代烟草农业的发展方向。植物保护是影响烟叶标准化生产的主要因素，是烟草农业标准化的重要内容。制定技术标准，不仅有利于科研新成果的转化应用，也有利于规范烟草病虫害的防治工作，提高病虫害防治水平。我们要重点加强烟草病虫害测报调查、综合防治、农药使用、药械使用、检疫技术规程等技术规范或标准的制修订工作，逐步建立健全现代烟草植保标准体系。

本章主要编写人员：王凤龙、秦西云、任广伟、李义强、张成省、王秀国、杨金广、钱玉梅、陈德鑫

参考文献

[1] 中国农业科学院烟草研究所，中国烟草栽培学 [M]. 上海：上海科学技术出版社，1987.

[2] 李惠琴，冯崇川. 烟草品种抗黑胫病鉴定方法与抗性指标的探讨 [J]. 中国烟草，1982(1)：21-22.

[3] 宋惠远. 烟草品种（系）抗黑胫病鉴定初报 [J]. 河南农业科学，1987(5)：10-11.

[4] 朱贤朝，王彦亭，王智发，等. 中国烟草病害 [M]. 北京：中国农业出版社，2002.

[5] 朱贤朝，王彦亭，王智发，等. 中国烟草病虫害防治手册 [M]. 北京：中国农业出版社，2002.

[6] 马继盛，罗梅浩，郭线茹，等. 中国烟草昆虫 [M]. 北京：科学出版社，2007.

[7] 吴钜文，彩万志，侯陶谦，等. 中国烟草昆虫种类及害虫综合治理 [M]. 北京：中国农业科学技术出版社，2003.

第五章

烟草调制

第一节
概述

（一）烟草调制发展简史

烟草调制是研究烟叶成熟规律，并将采收后鲜烟叶装置于特定设备中，通过供热或在自然条件下晾晒，人为提供必要的温湿度、时间等条件，促进烟叶发生必要的生理生化变化，使烟叶变色、失水，逐步实现烟叶干制，以及干制后烟叶质量优劣划分的过程，最终形成人们所需的产品的理论和技术的科学[1-3]。因此，调制是决定烟草农业经济产量和商品质量的最终环节，主要研究烟草的成熟采收、调制理论、技术与装备。

烟草只有经过调制才能显现人们所需的烟草特有香味。早期烟草调制主要是在自然阳光直晒或非直晒条件下干制的，演变为现在的晒制、晾制，后来又发展了针对某些烟草的使用明火直接或间接加热的干燥技术，逐步演变为现在的熏制和烤制。根据不同的调制方法以及品种生物学特性和调制后烟叶质量特点，把烟草划分为晒烟（晒红烟、晒黄烟等）、晾烟（白肋烟、马里兰烟等）、熏烟、烤烟等类型[4，5]。

（二）我国烟草调制学科发展概况

自1982年总公司成立以来，随着我国烟草生产的发展，调制技术也取得了很大发展，尤其烤烟烘烤技术和设备由多形式烤房和烘烤技术发展到标准化普通烤房和“三段式”烘烤技术，又发展到了密集烤房和精准烘烤技术。而晾晒烟调制技术也逐步优化规范，提升了我国烟草生产技术和烟叶质量整体水平。

20世纪80年代，我国各烟区根据生产实际，提出了多种形式普通烤房，大多产区根据户均种植面积，建造100竿、150竿、200竿、300竿和400竿等容量烤房，烤房中地面设加热火管，上部空间装烟，自然通风排湿，上下温差大，技术标准不统一；烘烤工艺分为变黄期、定色期和干筋期3大时期，变黄期又分为前中后3个期，定色期、干筋期又分别分为前后期，每个时期温度点烟叶变化技术指标多，难以掌握，产生了成熟不够、烘烤不当等问题[2，3，5，6]。

20世纪90年代建立了普通烤房标准，逐步统一到120~150竿小烤房和350~400竿中型烤房，规范了技术规格，如三段式工艺和烟叶烘烤技术规程等。开展燃煤密集烤房引进试验，如烤霸等。河南农业大学和中国烟叶生产购销公司（2004年更名为中国烟叶公司）在1990—1996年开展了“烤烟三段式烘烤理论与应用技术的研究”，该研究获

1999年度国家烟草专卖局科技进步二等奖。中国烟叶生产购销公司、郑州烟草研究院等单位在1996—1998年开展了“中美技贸合作开发优质烟叶的研究”，重点解决了成熟度、烘烤、分级3个关键性问题，对烤烟采收成熟度有了新的认识[7，8]。中国烟叶生产购销公司和河南农业大学等单位在1997—1999年开展了全国烤烟三段式烘烤工艺及配套技术的应用与推广，成果获2000年度国家烟草专卖局科技进步一等奖。全国烟区普遍推广了以变黄、定色和干筋为阶段的“三段式”烘烤工艺。

2000年至今，我国深入研究了烟叶成熟度理化指标，建立了密集烤房技术规范，推进密集烘烤精准化等。2004—2007年，中国烟叶公司牵头，中国烟草总公司青州烟草研究所（中国农业科学院烟草研究所）等多家科研、教学、工业企业和商业公司参与进行了“以成熟度为中心配套生产技术试验示范与推广”项目研究，成果获2008年度中国烟草总公司科技进步二等奖，2009年形成《密集烤房技术规范（修订版）》。2009—2011年中国烟草总公司青州烟草研究所联合全国科研单位、工商企业开展了“密集烘烤烟叶烤香技术及其精准烘烤工艺研究”，创制了“五段五对应”烤香密集烘烤精准技术[9]，该成果获2013年度中国烟草总公司科技进步三等奖。同时，太阳能、电能（主要是空气源热泵）、生物质（气化、压块、颗粒）、天然气、液体燃料等新能源密集烤房自控设备研究。2015年，全国烟区基本实现了燃煤密集烤房及其配套精准烘烤工艺的推广应用。2018年总公司印发了“密集烤房生物质颗粒成型燃料燃烧机技术规范（试行）”。2019年，中国烟草总公司青州烟草研究所联合9家国内外热泵企业，制定了“热泵密集烤房技术规范”。

第二节 烤烟烘烤技术

（一）烟叶成熟采收

20世纪60—70年代，针对国内多叶型烤烟品种，提出了采收成熟度“七成收、八成丢”，烤后烟叶“黄鲜净”[7]等理念。20世纪80年代以后，针对我国烟叶“成熟不够、采收不当”等问题，通过中美技贸合作和国内的研究成果，已把烟叶成熟度作为优质烟生产全过程的技术中心环节，提出烟叶成熟标准应结合外观特征，主要看叶龄的理念，即下部叶50~70d，中部叶60~80d，上部叶80~90d[8]。宁可焦尖焦边充分成熟时再采收，且推行上部4~6片集中一次采完的新技术。津巴布韦专家引入了他们判断烟叶成熟的新方法，即颜色、烤房试验和抽屉试验，具体掌握上把颜色标准分为0~9级，正常气候和生长条件下，下部叶2~3级采收，中部叶3~4级采收，上部叶4~5级采收。烤房试验判定成熟方法是，下、中、上3个部位烟叶分别在60~72h、48h、36~48h完成变黄，则视为最佳成熟；时间超过则为不成熟，提前则为过熟；抽屉试验是将烟叶放在密闭黑暗的抽屉中，若72h变黄50%，则视为成熟。日本采用比色卡比色的方法来判断，美国采用提前1周采摘烟叶样品进行化学成分分析来判断烟叶是否成熟等。有学者划分鲜烟叶成熟度，以烤烟叶片主、支脉和叶色变化为主，参考叶面、叶缘、叶尖、叶耳的变化，将上、中、下3个部位烟叶成熟度分别划分为0~5共6个档次，并且规定等级越高，成熟度越高。烟叶的最佳采收期分别是下部叶2~3级，中部叶3~4级，上部叶4级[10-13]。

中国烟叶生产购销公司、郑州烟草研究院等单位在1996—1998年开展了中美技贸合作开发优质烟叶的研究。重点解决成熟度、烘烤、分级三个关键性问题，对烤烟采收成熟度有新的认识。下部叶应适时早收，即在达到生理成熟时就采收，中部叶和上部叶应达到充分成熟后才能采收，且顶部4~6片叶在大部分成熟时一次采收[12-17]。另外，河南还应用烟叶成熟彩色图片来判断田间烟叶的成熟度，这样判断烟叶成熟直观、量化、操作性强，有利于做到适熟采收。

2000年后，烟叶成熟度外观指标更加明确，烟叶成熟度从植物学特性深入研究了外观标准，主要依据烟叶部位、叶龄（或栽后、打顶后天数）、叶片颜色、叶脉颜色、叶面茸毛、成熟斑、叶尖发白或焦尖程度、茎叶角度等特征，以及采后叶基断面离层整齐度来判断。我国在生产实践中主要按照下中上3个部位烟叶颜色黄绿程度对成熟程度进行判定，且随部位上升，成熟度要求更高。同时在判断烟叶成熟程度时还要考虑烟叶品种尤其特色品种的成熟特性。2004—2007年，中国烟草总公司青州烟草研究所等多家科研、教学、工业企业和商业公司开展了“以成熟度为中心配套生产技术试验示范与推广”项目研究，针对我国烟叶成熟度与国外优质烟叶存在的差距和生产中存在的突出问题，研究了烟叶成熟度发育机理和采收判断指标[11]、成熟度质量评价、成熟度工业可用性、成熟度生态分区及配套生产技术体系等方面的内容；提出了适合工业应用的适宜成熟度概念；研究了烟叶成熟过程中烟叶内部在细胞、亚细胞水平上的变化，生理生化、化学成分的变化，致香成分的变化，烟气特性与安全性的变化，烟叶外观特征的变化以及与内在指标变化的联系；探究了烟叶品质形成和香气物质的变化机理，构建了烟叶成熟采收的理论判断指标体系和实用判断指标体系；研究了成熟度品质形成的生态响应，提出了不同生态区对烟叶适度成熟采收的要求；量化了成熟度指标；研究了我国主产烟区不同部位不同成熟度烤烟烟叶原料在相应卷烟配方中的叶组替代，率先提出了中上部烟叶随纬度的增加推后采收较好，下部叶随纬度的降低推后采收较好的趋势。根据烟叶成熟度与生态条件的关系，首次将我国植烟主产区分为成熟度培育的5大类型区。2009—2011年，中国烟草总公司青州烟草研究所联合全国科研单位、工商企业开展了“密集烘烤烟叶烤香技术及其精准烘烤工艺研究”，提出了以烟株打顶后时间和烟叶外观颜色特征判断密集烘烤烟叶的适宜采收成熟度量化指标，以及常规品种和特色品种成熟度指标的差异。改变常规主要以定性描述为主的判断烟叶成熟度的方法，有利于提高田间采收的可操作性。针对常规主要以定性描述为主的判断烟叶成熟度的方法，提出以打顶后天数与烟叶叶色黄绿程度和主脉绿白程度确定烟叶成熟度。主栽常规品种产区间同一部位烟叶适宜成熟度基本一致，不同部位烟叶适宜的成熟度有一定差异，下部烟叶在打顶后7d，叶面黄绿占50%~60%，主脉变白1/3以上采收；中部叶在打顶后35d，叶面黄绿占70%~80%，主脉变白3/4以上采收；上部叶在打顶后63d，叶面基本全黄且黄绿占90%~100%，主脉基本全白采收。但特色品种与常规主栽品种中上部烟叶有一定差异，红大和CB-1号的适宜成熟度为：下部叶与常规品种一样；中部叶比常规品种晚采一周，即打顶后42d左右采收，叶面黄绿占70%~80%，主脉变白1/2以上；上部叶成熟采收，即打顶后55~65d采收（红大55d左右，翠碧1号65d左右），即叶面浅黄，叶面黄绿占80%~90%，主脉全白。

我国主要是人工采收，也有试用人工采收车采收。通常7~8次，提倡5~6次采收，上部4~6片集中一次采收。上部烟集中采收有利于改善上部烟叶可用性，带茎采收有利于茎中水分运输到叶片参与生化代谢，更有利于改善质量[14-19]。在烟叶成熟度理化指标的研究方面，研究已深入烟叶成熟过程中生理生化变化，探索其理化指标，如叶绿素值、淀粉、总氮、α-氨基酸和SPAD（叶绿素计读数）值及相关酶活性等。同时探索烟叶适宜成熟度理化指标和快速判定技术，如叶绿色仪、比色卡、近红外光谱颜色值、图像识别技术等。但目前尚未确定有效的理化指标[11-33]。

（二）烟叶烘烤工艺

20世纪80年代之前，我国当时烤房形式、结构、规格多样，陈旧落后，各地采用的烟叶烘烤技术仅仅停留在依靠感官了解烤房内的温湿度状况、烤烧火大小以及在定色期开天窗地洞的经验阶段，整体上烘烤技术复杂、随意性和经验性大，操作性差，烟农难以掌握，影响烟叶烘烤质量，烘烤水平落后。烤烟干湿球温度计在20世纪50年代末才在生产上开始推广应用，但我国烟叶生产一度演化为产量效益型，烘烤工艺追求黄、鲜、净的技术思路，往往采用高温快烤的烘烤措施。

20世纪80年代中期以来，随着我国烤烟“三化”（品种优良化、栽培规范化、种植区域化）生产技术的推广与普及，对优质烟叶烘烤技术也进行了大量研究和成果推广，各地相继提出了四段式、五段式、六段式、七段式、两长一短、适温低湿和双低等烘烤方法，没有统一的模式。这些烘烤方法改变了传统烘烤方法的随意性和经验性等[1-6]，但有些方法技术复杂，不易掌握和推广应用。

20世纪90年代，中国烟叶生产购销公司组织全国教学、科研和企业等单位，积极进行优质烟叶烘烤技术研究与推广，重视烟叶烘烤应用基础研究，针对烟叶烘烤过程中膜脂过氧化作用、脂氧合酶活性、硝酸还原酶和亚硝酸还原酶的活性等与烟叶质量形成的关系进行了深入研究，建立了具有中国特色的《烤烟三段式烘烤技术规程》。并提出了技术关键点和控制点：一是强调烟叶在较低的温度下变黄，即36~40℃，提高变黄程度，促进形成较多的香气物质；二是以适宜的速度升温排湿定色，并在52~54℃延长时间，形成和积累烤烟特有的致香物质；三是控制干筋温度在70℃以下，减少烟叶香气的挥发损失；四是强调整个烘烤过程中重视湿球温度对烟叶品质的作用，并依湿球温度高低进行操作。我国烤烟各生态类型区（西南、华南、黄淮、东北）根据各地烟叶品质和烤房状况，对某些操作指标进行适当的调整。其后该技术在全国推广应用。

2000年后，我国在三段式烘烤基础上，进一步研究优化不同装烟方式下配套的密集烘烤工艺。针对挂竿、烟夹，提出了三段五步烘烤工艺、三段六步烘烤工艺。2008年，我国发布了GB/T 23219—2008《烤烟烘烤技术规程》，另外还提出了多温度点密集烘烤工艺以及插扦式、直堆式、打捆、筐式等散叶密集烘烤工艺，提出了低湿七步烘烤工艺。2013年烟草行业制定发布了行业标准YC/T 457—2013《烤烟散叶烘烤技术规程》。密集烘烤工艺不断优化。

河南农业大学提出了中部烟叶的密集优化烘烤工艺：在温度42℃时稳温12h，在温度54℃时稳温12h；温度42℃时湿球温度设定为（37±0.5）℃，54℃时湿球温度设定为（39±0.5）℃；定色期升温速度保持为0.5℃/h。2009—2011年，中国烟草总公司青州烟草研究所牵头“密集烤香技术及其精准工艺研究”项目，重点研究了密集烘烤烤香机理、关键参数和精准烘烤工艺，系统研究了烟叶密集烘烤与普通烘烤过程中主要酶活性、色素、多酚和含水率变化趋势与差异以及对烟叶香气质量的影响，丰富了密集烘烤烤香的理论基础；研究了密集烤香烘烤干/湿球温度关键参数，以及与烤香相关的生理生化变化，确定了密集烘烤烤香关键时期温湿度指标、稳温时间和循环风机转速，提高了密集烘烤关键指标的可操作性[6, 32-43]；形成了“五段五对应”烤香密集烘烤精准工艺。该技术的核心是密集烘烤5个关键温湿度阶段对应的5个烟叶变化要精准，即变片阶段干/湿球为38/36℃对应烟叶7~8成黄充分凋萎，凋萎阶段干/湿球为42℃/37℃对应烟叶黄片青筋干尖，变筋阶段干/湿球为47℃/38℃对应黄片白筋干片1/3，干片阶段干/湿球为54℃/40℃对应干片，干筋阶段干/湿球为65~68℃/42℃对应干筋。对于散叶烘烤干球温度一样，湿球温度相应降低2~3℃，并优化出了红花大金元和翠碧1号等特色品种的配套烘烤技术。该技术干湿球温度指标更精确，烟叶变化指标更明确，便于密集烤房自控仪设置与操作，可操作性和实用性强。2012年以来，黑龙江、河南、山东、云南部分产区试验示范应用了大箱式密集烘烤技术[34-42, 44-45]。

（三）烟叶烘烤设备

1. 普通烤房标准化

20世纪80年代初，随着农村承包责任制的施行，生产组织单元变小，400竿左右的中型烤房逐渐被样式各异的150~200竿的小型烤房所代替。中国烟草总司青州烟草研究所设计出与生产规模相配套的200竿小烤房。小烤房升温快、排湿畅、投资少、易修建，但热效率低，小烤房热效率比大烤房低20%。我国主要是自然通风气流上升式烤房，在加热、通风设备方面做过多次研究改进。20世纪90年代，随着“三化”生产的完善和普及，烤烟栽培技术水平不断提高，烘烤设备和烘烤技术就成了当时烤烟生产中最薄弱的环节，有些产区甚至成为影响烟叶质量的制约因素[2, 3, 5, 46, 47]。

中国烟叶公司组织有关科研单位研究并在全国推广烤烟三段式烘烤技术，使我国烟叶烘烤工艺能够与国际先进技术接轨，同时加快普通烤房标准化改造步伐，满足先进烘烤工艺的需要。烤房改造的重点为增加装烟棚数、加大底棚高度和棚距，改传统的卧式火炉为立式火炉[48-54]、蜂窝煤火炉[55, 56]等节能型火炉，改土坯火管为陶瓷管、水泥管、砖瓦管，对火管涂刷红外线涂料以提高热能利用率；改梅花形天窗为长天窗、冷热风洞兼备，并增加了热风循环系统，使普通烤房具有强制通风、热风循环的功能。立式火炉具有火力集中、燃料燃烧充分、火力调控简便、节煤等优点，而且安装了火口挡板，烧中火与大火时只需加1~2次煤/d，控火更加简便。蜂窝煤炉最大的优点是火炉燃烧供热过程与烟叶烘烤需热规律相吻合，烘烤中仅需调节火门大小，升温稳温灵活，不会出现烤房温度猛升猛降而影响烟叶烘烤质量的现象，且对实施三段式烘烤技术十分有利，有很好的节煤效果。以普通烤房为基础进行简单改造，增设热风循环系统和风机后，烟叶间风速增加0.04~0.06m/s，使烤房上下层温湿度差缩小，有利于烟叶充分变黄后再及时转入定色，定色阶段风速的增加也有利于改善烟叶的颜色和色度，可提高烟叶香气[54-59]。此外，部分烟区试验并推广了在火管上涂红外涂料以提高烟叶烘烤质量的技术。红外线有高热能、穿透能力强的特性。红外涂料涂在火管上能有效地利用火管的热辐射作用，且在传热过程中涂料层不仅将吸收的辐射热能转换成远红外热能进行传递，其自身也会变成远红外辐射热源，而且也因其表面温度的提高可导致温度梯度增大，使烟叶的热能传导强度增强，吸热能力大大提高，减少了热能损失，尤其对含水率高的烟叶和结构紧密的上部叶效果更好。研究表明，烤房火管涂刷红外线涂料后，烤后烟叶色泽鲜明，弹性好，油分足，上等烟比例提高，减少和避免烟叶挂灰，防止出现花片，并有一定的节煤效果[60-62]。

贵州省在20世纪90年代初成功地开发出气流下降式烤房，并在贵州、河南、山东等省的示范推广过程中不断改进[51, 53, 63]。气流下降式烤房的突出优点：一是装烟室地面上没有火管，装卸烟更方便、安全；二是装烟室内温湿度受环境条件的影响较小，烘烤期间气流运动方向更有规律，有部分热空气循环，因此，烤后烟叶颜色、色度更好，而且烤烟耗煤量比自然通风气流上升式烤房有所降低。其缺点是烤房上下层温差较大，排湿效果不良，烤房空间利用率低。

20世纪90年代末期，在全国烟叶主产省进行了烤房调查。针对生产中烤房存在的问题，根据我国的烤烟生产实际情况，总结出了普通烤房标准化主要技术指标，提出了《普通烤房建造技术规程》。烤房容量为小型烤房100~150竿和中型烤房400竿为宜，内径分别为（270~280）cm×（270~330）cm和400cm×400cm，分别对应于3~5亩和8~10亩烟田。棚数一般4~6棚，底棚高度180~200cm，棚距70~80cm，顶棚距为50cm以上。温度观察窗设在底棚。火管以明三暗五或内翻下扎式五条火管为宜。天窗面积按0.1~0.15m^2/100竿（标准竿长1.5m，下同）计算，形式为长天窗、阁楼式或天花板式天窗。地洞面积按0.10~0.15m^2/100竿计算，形式以热风洞为主，冷风洞为辅，每种形式地洞面积应等于或大于理论值。烟囱与墙壁相靠或分离，并设置火闸。同时，开发并应用了增质节能型蜂窝煤炉烤房、立式炉平板式烤房、立式炉热风循环烤房等，为我国主产烟区烤房标准化改建提供了可靠的技术标准。

2. 密集烤房规范

我国最早在20世纪60年代就已开始研究密集烤房。1963年，河南省烟草甜菜工业科学研究所（郑州烟草研究院的前身）进行了密集烤房试验研究。于1973—1974年设计出了第一代以煤为燃料、土木结构的密集烤房。但由于烤房本身的因素和历史条件的限制，密集烤房没有大面积推广。随后一些科研单位也进行了尝试。1977年研制成功以煤为燃料的温度自控5HZK-400型烟叶初烤机。20世纪70年代中期，我国试验研究了适宜于当时烤烟生产的以煤为燃料、砖混结构的密集烤房，提出了3种规格，在河南、山东、辽宁、吉林等省示范应用。河南、安徽、云南开发建成了太阳能辅助加热烤房。20世纪70年代末至80年代初，由于农村生产组织形式的变化，单户烟农种烟面积很小，密集烤房仅开展了示范[2, 6, 64, 65]。

20世纪90年代初期以来，河南、云南等省分别从国外和我国台湾省引进了多种形式、型号、规格的密集式烤房。但这些密集烤房价格昂贵，同时技术上存在一定问题，也未得到推广应用。20世纪90年代中后期，随着农村种植结构调整，烤烟生产开始逐步走向规模化，各地不断涌现出烤烟生产专业化农场。各种形式的密集烤房及相应的自控设备也相继问世。郑州烟草研究院和宝丰县烟草公司研制出了可烘烤植烟面积7~20hm^{2}烟叶的连续化烤房[66-69]。1995年，云南省化工机械厂研制成功了堆积式烟叶烘烤机。1995—1996年研制成功了微电热密集烤房和燃煤式密集烤房[70, 71]。1999年研制出了燃煤的砖砌式密集型热风循环烟叶初烤机和热泵型烟叶自动控制烘烤设备[72, 73]。2000年后，许多企业、教学、科研单位开始自主研制燃煤土建密集烤房。几个主要产烟省在进行技术引进、消化和吸收的基础上，根据各地的生产实际，研制并推广了一批新型密集烤房，如AH系列烤烟密集烤房，QJ-Ⅰ型、QJ-Ⅱ型和QJ-Ⅲ型密集烤房，长浏二号烤烟密集烤房，GZSM-06-02型气流下降式和GZSM-06-03型气流上升式散叶密集烤房等[74-78]。

2002—2004年，安徽省烟叶生产购销公司牵头，成功研制了“AH系列烤烟密集烤房”，由装烟室和加热室两大部分构成。装烟室主要包括墙体、房顶、挂烟设备、观察窗、门、进风口、进风道、分风竹帘、地面或活动分风板、回风口、回风口安全网、回风道和排湿口等，加热室主要包括墙体、房顶、加热室门、火炉、加热器、烟囱、炉下进风道（或灰坑）、冷风进风口、回风口、回风量调节板、出风口、风机以及风机防护罩和电机（或柴油机）等。从结构上分为气流上升式砖混结构装烟容量800cm×270cm×3棚烤烟密集烤房、气流下降式砖混结构装烟容量800cm×270cm×3棚烤烟密集烤房、气流下降式可拆卸装烟容量720cm×272cm×3棚烤烟密集烤房。该系列密集烤房特点如下：改进了风机的设置，实现了与柴油机的配套，为强制通风烘烤提供动力保障；改三相电机单一风机为两相电机双风机，解决了电网未改造地区应用密集烤房问题；将回风口附近的单一排湿天窗改为在两侧墙上（或在两侧墙和后山墙上）各1~3个排湿口（不同容量烤房各异），排湿口为自动打开百叶窗式，同时增加了分风竹帘和回风量调节板，提高了密集烤房通风排湿性能；烧散煤用的炉膛设置在地面以上，火炉之下设置灰坑；烧蜂窝煤或块煤用的炉膛设置在地面以上50cm和地面以下20cm，火炉之下设置进风道；火炉为砖和炉条结构，也可改进为采用钢板整体焊制的悬浮活动式内炉（可使用散煤和型煤）。可拆卸式密集烤房则采用板材建造而成。

贵州省烟草科学研究所在2006—2008年开展了智能化散烟密集烤房综合配套技术研究与应用项目。该项目通过试验研究、自主创新，研发了散叶密集烤房的修建技术以及智能化供热、通风、温湿度自动控制等方面的配套技术；以烤烟三段式烘烤原理为基础，研究提出了散叶密集烘烤基本技术理论，在此基础上，制定了与散叶密集式烤房相配套的烤烟烘烤工艺。完成了10~15亩、20亩左右、25~30亩3种规格不同类型的散叶密集烤房的结构、供热通风系统以及散叶密集烤房烘烤全数字化（中文）控制系统的定型设计和对比试验；完成了散叶密集烤房和散叶密集烘烤技术规程的制定，并已在生产中应用推广；采用散叶密集烤房及配套烘烤技术，可降低烘烤环节用工成本50%以上，降低耗煤量30%左右，初烤烟叶的淀粉含量≤5%，上部烟叶烟碱含量降低0.39个百分点，明显提高了烟叶的香气质量和上部烟叶的可用性。烤后烟叶均价比普通烤房平均提高1.25元/kg。通过降低烘烤环节用工成本和提高烟叶等级质量，散叶密集烤房烘烤1kg干烟可增加收入1.86元，每亩烤烟可增加效益232.5元。散叶密集烤房及配套烘烤工艺的应用改变了传统烤烟烘烤的工艺流程，为烤烟生产适度规模种植和专业化烘烤奠定了基础。

3. 密集式烤房的发展

为适应全国烤烟适度规模种植的发展，2004年总公司开始以“全国适度规模种植配套烘烤设备的研究与推广”项目为依托，组织全国专家对密集烤房建筑结构和配套设备进行全面深入研究。该项目在密集式烤房配置、烘烤机理和应用技术研究方面有重大突破和创新，对我国烟叶烘烤专业化、集约化、社会化具有重要作用，为发展现代烟草农业奠定了技术基础。①研发的系列化密集式烤房适宜于我国烤烟适度规模种植的发展需要，能够有效地促进烤烟专业化、标准化生产和社会化服务，减少烟叶烘烤风险，降低烟农劳动强度和烘烤成本，提高烟叶烘烤质量和烘烤效益，提质、节能、省工、增效效果显著，在烤烟生产中取得很大的经济和社会效益，深受烟农欢迎，促进了烘烤设备升级，符合我国烤烟可持续发展的方向。②因地制宜优化了密集式烤房的形式和规格，确定了大中型卧式密集式烤房、现有烤房热源外置密集式改造和热源内置功能性改造技术要求。对密集式烤房的供热设备、通风设备、自控设备的实效性进行了研究和技术创新，如自建加热设备和非金属材料换热器、变极调速风机、温湿度自控设备和编烟机械设备等，具有广泛的实用性、先进性、耐用性和经济性，制定了《密集式烤房技术标准（试用）》。③深入研究了设备和工艺配套技术，提出了密集式烤房适宜的装烟密度、烘烤原则和主要工艺条件，丰富和完善了密集式烘烤理论，形成了密集式烤房的烘烤技术体系。④注重技术指导和人才培养，通过技术网络建设和举办研讨会、培训会、高级研修班等形式，培养了一批烟叶烘烤技术骨干，为密集式烤房在全国大面积推广应用奠定了基础。

经过多年对比研究试验，2009年制定了《密集烤房技术规范（修订版）》，基于并排连体集群建设方式，规定了密集烤房的基本结构、主要设备和技术参数以及密集烤房建造及配套设备的加工和安装规程。在全国统一了密集烤房土建形式、结构及配套供热设备、循环风机、温湿度自动控制设备和执行器的设计、加工、用材标准等，实现了密集烤房应用实效和配套设备质量的发展。

4. 密集烤房新能源的使用

我国烟叶烘烤大部分都以煤作燃料，在一定程度上造成了烘烤能耗高、成本高且不利于环保的问题，为此，相关科研单位和产区开展了太阳能、电能（主要是空气源热泵）、生物质（气化、压块、颗粒）、天然气、液体燃料等新能源密集烤房自控设备研究和应用示范。陕西省烟草公司延安市公司和青州烟草研究所利用液化天然气为热源，集成液化天然气汽化技术、水暖集中供热技术，设计建造了天然气水暖集中供热密集烤房[79]。采用天然气集中供热和自动控制系统，密集烘烤过程中升温灵活，排湿顺畅，便于操作。河南农业大学设计开发了一套以生物质燃料为能源，采用锅炉热水集中供热方式，通过散热器进行烘烤的设备。潍坊市烟草有限责任公司研发出生物质粉碎自动喂料加热炉。另外，在常规密集烤房基础上加装太阳能真空集热系统，可有效降低烘烤耗煤量。

安徽省烟草专卖局在2004—2007年进行了秸秆压块替代煤炭烘烤烟叶研究。该项目有利于解决农村焚烧秸秆造成的环境污染问题，节能减排保护环境。在“秸秆压块”加工成型技术方面：对设备和工艺进行了二次改造，由秸秆直接进料改为秸秆粉碎后经运输带进料，大大提高了加工效率和加工质量，同时改善了工作环境。在“秸秆压块”燃烧技术方面：依据秸秆压块的燃烧特性设计燃烧炉，对现有的密集烤房燃烧烤炉进行改造，点火方式采用“上点火返烧”技术，燃烧效率明显提高。在“秸秆压块”烘烤工艺技术方面：烘烤工艺采用低温低湿变黄处理的特色工艺，延长变黄期，提高变黄程度，缩短了干筋期。

2016年由中国烟叶公司牵头，中国农业科学院烟草研究所开展了全国新型能源密集烤房调研，主要有生物质、电能、液体燃料、太阳能和气体燃料等5类。其中生物质烤房主要有生物质颗粒（压块）单体炉和生物质（颗粒或压块）锅炉集中供热两种形式；电能烤房主要有空气源热泵、电加热管、红外线和电磁智能4种形式，均为单体烤房使用；液体燃料烤房有甲醇和柴油2种形式，均为单体烤房使用；太阳能烤房有太阳能+煤、太阳能+热泵和太阳能光伏发电热泵等3种形式；气体燃料烤房有劣质褐煤造气、天然气和沼气3种形式。但能源种类和产品较多，根据国家政策、烟区实际和技术成熟度，重点开展了空气源热泵和生物质颗粒燃烧机等供热设备技术的优化，因地制宜地进行燃煤替代新能源密集烤房供热设备示范推广，为密集烤房技术规范升级版提供技术支撑。在密集烤房高效节能减排方面，还开展了余热回收装置、聚氨酯材料烤房、节能灶、保温材料、纳米材料、脱硫除尘设备、助燃固硫剂、复合燃烧加热炉、高效节能环保除尘器、自动加煤设备、集中供热（水暖、导热油）介质等方面的研究。

5. 密集烤房的装烟方式

目前，我国密集烤房的装烟方式可归为3类，即挂竿烘烤、烟夹烘烤和散叶烘烤，密集烤房的装烟方式仍然以挂竿烘烤为主。2011—2012年，中国烟叶公司组织云南、贵州、山东等8个产烟省10个基地单元开展烟夹、散叶、大箱等装烟方式试验示范，统一了针式烟夹和散叶板规格与技术标准。烟夹和散叶装烟方式减工效果明显，尤其是烟夹烘烤，不但烘烤工艺流程与挂竿烘烤基本一致，容易掌握，而且能够保证烟叶烘烤质量。各主产烟省也加大了散叶堆积、扦插烘烤等的示范推广力度，并结合产区实际进行改进完善，其中贵州烟区推广面积达50%以上，并形成了地方标准。云南曲靖、山东潍坊、河南许昌、黑龙江哈尔滨烟区还开展了箱式密集型采装烤全程机械化试验，并进行了一定面积的示范推广，取得了良好的效果，推动了烟区现代农业水平的发展。

第三节

晾晒烟调制技术

我国主要晾晒烟资源主要有白肋烟、香料烟和地方性晾晒烟[5, 80]，近40年来，在晾晒烟调制技术方面主要针对调制设备进行了优化和规范[81-84]。

（一）白肋烟调制

白肋烟是混合型卷烟和雪茄烟的重要原料。目前主要在湖北、四川、重庆、云南等地种植，晾制是白肋烟生产中的重要环节。近几年，白肋烟调制技术的相关研究和应用也取得了一定进展。

1. 成熟采收

采收时间是降低白肋烟烟碱含量和增加香气量、香气质的重要因素。适时采收可以控制烟碱含量，提高香气量、香气质。白肋烟的烟碱含量随打顶后斩株时间的延长而急剧上升，氮碱比下降，合理选择斩株时间是控制烟碱含量、保证化学成分协调的关键措施[84]。白肋烟在打顶后20~25d斩株，其烟碱含量和氮碱比较为适宜，评吸结果理想，产量和产值较为适宜。

研究结果表明，不同收晾方法对白肋烟品质有较大影响。中部叶以摘叶不划筋处理较好，烟叶的外观质量、吸食品质较好，且具有明显的颗粒状物质；上部叶则以半整株采收的烟叶质量较好，颜色红棕，结构稍疏松，香气量尚足，劲头适中[85]。白肋烟半整株采收方式，采收鲜烟成熟度外观特征为叶色浅绿至略带黄色，主脉由深绿变白。下部烟逐叶适当早采，中上部斩株采收，成熟度以上二棚烟叶叶色呈明显黄色，主脉两侧略带绿，叶面有明显成熟斑，叶尖下垂，叶肉凸起，茸毛脱落[5, 80]。

2. 调制设施和工艺

我国白肋烟的调制在晾房中进行。晾制种植面积为666.7m^{2}的白肋烟，配有26~29m^{2}的标准晾房一间。每间晾房规格为长7.2m、宽3.6m、檐柱高4m、中高5.2~5.5m、出檐0.5m，层栏底层距地面高2.5m，其余层栏高1.6m。采用挂竿装烟，竿长100cm[5, 80]。

白肋烟调制工艺划分为凋萎期、变黄期、变褐期和干筋期。烟叶凋萎的同时也开始变黄，因此也可把调制过程划分为变黄期、变褐期和干筋期3个阶段[86]。晾制过程中烟叶颜色的变化依次为淡绿—黄绿—淡黄—正黄—深黄—棕色—褐色[85]。晾房内温度为

16~32℃，相对湿度为变黄期70%~80%、变褐期65%~75%、干筋期50%~55%，在该条件下进行调制效果较理想，所需时间变黄期一般14~16d，变褐期10~12d，干筋期21~28d[5, 80, 85]。

2005年制定发布了YC/T 193—2005《白肋烟　晾制技术规程》[86]。

（二）香料烟调制

香料烟是生产混合型卷烟不可缺少的重要原料。香料烟在调制技术上与烤烟、白肋烟相比有很大不同，以晒为主，晒晾结合，基本上属于晒烟，整个调制期需要10~20d[5, 80]。

1. 成熟采收

已有研究结果表明：判断香料烟成熟的标准是叶色落黄；主脉变白发亮，侧脉褪青转白（下部叶主脉尖部变白发亮，中部主脉1/3变白发亮，上部主脉1/2变白发亮）；茸毛部分脱落（下部叶茸毛开始脱落，中部叶茸毛1/3脱落，上部叶茸毛1/2左右脱落）；叶基部产生分离层，容易摘下；叶尖下垂，茎叶角度增大，叶尖、叶缘反卷下垂。

2. 调制设施和工艺

我国香料烟调制设施主要有晒棚、晾烟架、晾房或晾棚。采用穿叶调制。穿烟时，用一根长30~40cm、宽0.3~0.4cm、厚0.2cm的扁平钢针穿上棉线，把采收时叠放好的叶片，叶面朝向一个方向，从距主脉基部2.0~3.0cm处中间穿过，穿烟绳长1.2~1.5m。

香料烟调制方法采用半晾半晒，其调制工艺与烤烟工艺较为相似，也分为变黄期、定色期、干筋期3个阶段。根据烟叶状态，第1~3d为凋萎变黄期，温度为20~28℃，相对湿度65%~80%；第4~9d为定色晒制期，温度20~50℃，相对湿度40%~60%；第10~15d为干筋期，温度30~55℃，相对湿度35%~50%。

调制后烟叶回潮后取下，叶尖向内、叶基向外堆放，堆高100~150cm，用塑料薄膜包好，堆积醇化20~30d。醇化时烟叶含水率以12%~13%、温度以30℃左右为宜。在烟叶醇化过程中还要经常检查、适时翻堆等[5, 80, 87]。

2012年发布了YC/T 436—2012《香料烟　调制技术规程》。

（三）地方晾晒烟调制

1. 晒黄烟调制

晒黄烟主要以折晒为主，主要晒制工艺流程为：采收—划筋—上折—初晒—复晒—

反晒—倒折—合捆等工序[5, 80, 88]。

（1）南雄晒黄烟调制

成熟采收技术：一般栽后60d左右烟叶从下部开始成熟。采收时要严格掌握采收同部位、同成熟度的烟叶，成熟一片采摘一片，每次每株采1~2片，上部叶充分成熟时一次性削骨采收。不同部位烟叶成熟外观特征为：下部烟叶叶色5~6成黄，主脉1/3以上变白；中部烟叶叶色7~8成黄，主脉2/3全白发亮，支脉1/2发白；上部叶叶色8~9成黄，主脉全白，支脉2/3变白，黄斑较多。

调制方法采用半晒半烤法，先晒后烘再晒。晒制设备为烟夹（烟笪，笪为夹烟用的竹篾），长180cm，宽65cm，两片一对，中间夹烟。烤制设备为烟炕（炕房），宽180cm，长300~500cm，中间设置2根支撑木梁，距地面77cm，距两边墙各40cm，地面设置火管。

调制流程为采摘—划脉—上笪—晒企棚（第1d）—室内堆积—晒小棚（第2d）—晒大棚（第3d）—上烤—倒地晒白（第4d）—上朴。调制主要过程为采摘→划骨→装笪→晒制→烤制→倒地晒白→上朴堆沤。具体操作技术有如下几点。

①采摘：早晨采摘，每株烟只摘1~2片成熟烟叶，采摘后放软。

②划骨：装笪前用划骨器将烟叶中骨（主脉，下同）划破4~5条裂缝，脚叶不划骨。

③装笪：叶背或叶面同向，叶片相互遮盖，以不盖住中脉为原则，第二排叶片盖在第一排叶片的1/2处，避免重叠，每笪夹烟2kg左右。

④晒制：晒企棚（两烟笪夹角200，上午10：00出晒8~10min，收笪堆积变黄）—晒小棚（两烟笪夹角300，上午9~11时，晒2h，收笪堆积变黄）—晒大棚（两烟笪夹角45~500，早上9点晒2~3h，收笪堆积变黄），下午再拿出来晒到烟叶变黄6~7成，叶身柔软，收笪上烤。

⑤烤制：温度从32℃渐升至45℃，此时天地窗全开排湿，45℃维持5h左右，烟叶达到8成黄，逐步升温至55~58℃进行干筋，直至叶片全干，需12~16h。烘烤过程中，烧火要稳，升温要缓，切忌中途降温或停火。

⑥倒地晒白：上烤后将烟夹平铺在晒场上暴晒，先晒叶背，后晒叶面，使残留叶片内的绿色素或轻微挂灰受漂白而消退。

⑦上朴堆沤：晒好的烟叶，会除去烟笪，整齐叠起，约23kg一朴，用竹篾捆紧，堆沤40~60d，青痕逐步退去，烟叶转为金黄色。

（2）宁乡晒黄烟调制[89]

成熟特征：叶色由绿变黄绿，叶尖叶缘表现尤为明显，中部以上的烟叶或较厚的烟叶出现黄斑且突起；烟叶表面茸毛（腺毛）脱落，有光泽，似有胶体脂类物质显露，有粘手感觉；主脉变白发亮，叶基部组织产生离层，采摘时硬脆易摘，断口整齐；叶尖叶缘下垂，茎叶角度增大。

采收标准：下部叶——叶片颜色褪绿转黄，6~7成熟，主脉和支脉开始变白，茸毛脱落。中部叶——叶色褪绿变黄，8~9成熟，主脉和支脉的2/3以上变白发亮，叶片有皱折、有明显的成熟斑，叶耳变黄，叶尖下垂，茸毛脱落。上部叶——叶色褪绿全黄，9~10成熟，主脉和支脉全部变白，叶片皱折，成熟斑突起，呈现黄白色泡斑，叶耳转黄，叶尖下垂，叶缘下卷，茸毛脱落。

采收方法：同一批烟叶应做到同一品种、同一部位、同一成熟度、同一栽培条件（同一营养状况）同时采收。采收按照从下至上，分层多次，先熟先采，后熟后采，不采生叶，不丢熟叶的原则，通常每株一次采收1~2片；顶叶4~5片集中成熟一次采摘。

采收时间：一般晴天早晨采摘。阴天可全天采收，但干旱天气采收上部叶时，应在清晨露水未干时采收，含水量多的烟叶应在露水干后的中午或下午采收。

调制设施与技术：每亩烟田需备向阳通风的晒烟坪（场）130~200m^2，需备烟折300副（两块为一副），每块长为1.8m，宽0.66 m，经篾10根，纬篾20根。每副烟折需要备长72cm、直径1cm去棱的竹撬棍3~4根。划筋器用长10cm、宽2.0cm、厚0.5cm的小杉木条，在一端嵌入金属针3~4根，金属针在木条上间距为3mm，均匀排列，突出针尖长5~6mm，备好2~3个。覆盖物可用麻片或草帘。

晒制工艺：烟叶采回后及时用划筋器从叶尾至叶柄将主脉划破，不要划破叶片。划筋的同时，将无价值的无效叶（病斑多、破损大、过生、过熟等叶）剔除和分类。将划筋后同一成熟度的烟叶摆放在同一块烟折上，叶背向上，后一片压前一片的一半（左右排列），上一片压下一片的1/3，但都不能遮住主脉，烟叶在折上呈鱼鳞状排列。摆满烟叶后，再盖上另一块烟折，并用3~4根撬篾一反一顺将两块烟折锁紧。晒制过程两幅烟折在晒坪上架成“∧”形，一组为一棚，叶柄向外，棚口始终对准太阳，并随太阳照射方向移动棚口，使烟棚两侧烟叶受光吸热均匀，随着烟叶变黄干燥程度的增加，白天烟棚夹角增大，晚上收堆并有覆盖物，防止吸露。晒制工艺分为变黄、定色、干筋3个阶段。变黄阶段，以保湿变黄为主，一般在上午10：00前和下午16：00后搬出烟折晒制，晒制约1h，烟叶发热时收堆；以后出晒根据烟叶变黄失水程度和天气状况，调整晒制角度大小和增加晒制时间，直到烟叶变黄7~8成，划筋口发白、叶缘发干。变黄时间约2~3d；定色阶段，以晒制叶面为主，根据天气状况调整烟棚夹角，直到烟叶充分变黄且叶片干燥，时间约2d；干筋阶段，以晒制叶背干筋为主，烟棚夹角尽量放大暴晒，直到叶背无青斑，时间约2~3d。

变黄期和定色期出晒方法与失水速度及叶片颜色的关系密切，烟折出晒角度大，失水较快，角度小，失水较慢。晒叶背失水较快，晒叶面失水较慢。多晒叶面则叶背颜色较深，叶面颜色较淡；多晒叶背则叶面颜色较深，叶背颜色较淡。两面轮番晒制，两面颜色均金黄鲜亮。雨天随时间后延，叶面颜色不断加深，甚至变褐、变黑。

在晒制过程中，要根据上述情况灵活掌握，使烟叶在调制过程中尽量避开不利的阴雨天气，充分利用有利天气，使烟叶合理失水变黄，加温较快定色、暴晒迅速干筋。

2. 晒红烟调制

（1）什邡晒红烟调制

成熟特征：叶片表面凹凸不平、茸毛脱落、叶色黄绿色、叶尖和边缘呈黄色、尖部呈钩状、叶柄易折断、折断处叶柄中间呈现黑色一字形。

采收方法：一般3月上旬移栽，主要根据大田生育期和不同部位叶龄，坚持成熟采摘，按成熟特征分部位由下而上逐层采摘，一般在5月中旬开始采收，每次每株采收烟叶4片左右，每次间隔时间7~10d，最后一次在6月中旬采完，通常4次采完。特殊情况应视其当时的天气而定，每次采摘叶片数视其成熟情况而定。

采收要求：做到轻拿轻放，防止人为破损；不采雨后烟和露水烟；避免叶片黏附泥沙；采摘后，及时运回晾晒房，尽量避免被太阳直晒；采摘时间要在晴天的下午3点后进行；采收的烟叶，必须当天上架。

晒制工艺：晒制时期划分为凋萎期、变色期、定色期、干筋期4个阶段，即凋萎期适当稀晒，变色期适当密晒，定色期稀晒，干筋期密晒。

晒制操作：①勤掀勤晒，按照不同的时间及时调整晾晒密度；②及时收索，防止叶尖下垂触地；③勤于撕烟，主要是在前两个时期，至少掀张（就是将粘连的叶片分开萎蔫）3次以上。此时期应根据烟叶上架的不同时间，适时进行撕张（上架后7d左右撕第一次，以后每隔5d左右撕一次），掌握好晾晒的稀密度，本着稀—密—稀—密的原则进行调制。凋萎期（上架初期）应稀晒，变色期应适当密晒，定色期应适当稀晒，干筋期应适当密晒。

（2）蛟河晒红烟调制[90]

成熟特征：叶色发黄，叶面有黄色斑块，叶尖下垂，茸毛脱落，主脉发白而光亮，叶面有胶黏物。

采收方法：分下、中、上部位3次采收。必须晴天下午采收，做到充分落黄，成熟采收。

索晒晒制：晒烟架上绳，4米晒烟架需要塑料布宽度为3m，上绳为20绳；或5m烟架需要塑料布为4m，上绳为25绳。上绳编烟，大叶一扣一片，其他一扣两片。

晒制技术：主要分为5个过程。①捂黄期，前5~7d，并架、塑料布包严、遮阴。捂黄程度达到90%的时候敞架，绳距约20cm。②捂黄期后，逐渐开架。做到晴天开架，傍晚并架，用塑料布盖严（约为20d以上）。③晒制中期，中上部叶吃露3~4次，下部吃露4~5次左右。④待叶片全干，主脉50%干透时，进入干筋期，将烟绳并拢，然后用塑料布盖严，直至烟叶全干（干筋期间每隔4~5d开架晒一次）。⑤干筋后并架，塑料布封严。

下架堆放：用露水下架（烟筋稍脆易断，以手握叶片稍有响，放开后立即恢复原样，叶片不碎为标准），含水率为16%~18%，放入室内堆放发酵，堆放时离地30cm，叶尖在里，叶柄朝外，然后覆盖塑料密封，一般10~15d后，可按部位、等级，分级打捆（每捆烟必须相同部位相同等级，内外一致。每捆5kg为宜）。

（3）穆棱晒红烟调制[91]

成熟标准：烟叶黄绿相间，叶毛褪尽，烟叶下翻。

采收时间：处暑到白露是晒烟采收的最佳时期，即8月25日—9月7日采收为宜，过早烟叶成熟不够，过晚烟叶晒不出好颜色、烟筋不干。

注意事项：烟叶上架后要注意防风防雨，烟叶定色后要及时并架，如有雨天要及时盖塑料布，上架后如有大风天气要及时并架，防止烟叶被风刮碎，风停后散架继续晾晒。选择背风向阳的河滩地或沙土场地，这样的场地白天温度较高便于晒烟干筋，在下雨时雨水及泥沙不易溅到烟叶上，晒烟品质较好。

调制设施：调制时采用架晒。东西搭架方式，两横梁的间距为2.3~2.4m；南北放杆，杆距25~30cm；每扣大烟叶放2片，小烟叶3片，扣与扣间距1.5~2cm，叶片正面向外。烟架的高度根据烟叶长度而定，叶尖距地面30~40cm为宜。每亩用4m长烟杆80根，占地面积90m^{2}左右。

调制工艺：采收的烟叶要进行凋萎捂黄。一是田间捂黄，烟叶采收后放成堆，堆的上下用脚叶覆盖，放2~3d；二是架上捂黄，烟上架后把烟杆并紧，2~3d烟叶变黄后散架晾晒。烟叶上架后要防风防雨，定色后要及时并架，如有雨天要及时盖塑料布，上架后如遇大风天气要及时并架，防止烟叶被风刮碎，风停后散架继续晾晒。直至烟筋全干。

晒烟下架：烟筋全部干透时烟叶晒制结束，应及时下架。选择阴雨天气烟叶自然回潮或用喷雾器喷洒凉水下架，烟叶含水率控制在19%左右。以备存放分级。

第四节
烟草调制技术发展方向

（一）烟叶成熟采收技术定量化、快速化

（1）烟叶成熟度生化判断指标

随着烟叶成熟度的增加，内在化学成分也在发生着变化，通过筛选伴随成熟过程具有明显规律或相关性的生理生化指标，从而辅助判断烟叶成熟度和具体采收时间。可作为判断指标的化学成分包括淀粉、α-氨基酸、脯氨酸、总氮和叶绿素含量等。深入研究适宜成熟度量化指标以及快速测判技术，确定不同类型特色烟成熟度的可操作的量化标准。

（2）基于烟叶数字图像判断成熟度

烟叶图像机器视觉判断烟叶成熟度是基于各不同颜色空间（RGB，CMY，HSV，HSL，Lab）及烟叶纹理特征与成熟度的相关性，通过对烟叶图像的计算机学习，经过

建立计算机算法模型，从而根据模型判断烟叶成熟度[92-94]。

（3）成熟度光谱识别

成熟度的光谱识别主要是基于不同成熟度的烟叶在光谱带的吸收、反射等光谱差异，来判断烟叶成熟度的。

（4）高光谱成像

高光谱成像结合了光谱数据与图像数据，当前基于高光谱、数字图像对烟叶成熟度的判断已有部分研究，但高光谱成像尚无研究报道。基于手持式地物高光谱成像仪以及基于无人机+高光谱成像仪均可实现烟叶成熟度的田间快速测定。

（二）烟叶调制精准化、信息化、智能化

密集烘烤精准工艺研究。针对不同产区、品种和部位烟叶素质的差异，研究其配套密集烘烤关键参数指标，集成优化出相应的密集烘烤精准工艺，提高烘烤操作的精准度，保障烟叶烘烤质量。采用“互联网+烘烤”的模式进行烘烤远程监控和管理。

烟叶烘烤工艺理论研究。重点研究烟叶烘烤中外观变化、品质形成与内在生理生化、特有香气物质转化的相关性，从而揭示烟叶品质风格动态形成的烘烤理论依据。

烟叶烘烤调香技术研究。在烟叶烘烤过程中，利用烟草本身、天然香料植物器官或提取的香味物质，通过烘烤改善或提高烟叶香气质量。

智能采烤研究与应用。随着远程监控、图像识别、感知技术、无损快速检测等技术的发展，智能采烤已成为重要的发展方向。研究探索以机器视觉为核心的鲜烟叶外观特征识别技术，开发自动化的鲜烟叶分类及装炕设备。研发烘烤过程环境条件的智能感知、烟叶颜色失水状态的精准判断、烘烤工艺自适应调控、机器人智能烘烤技术与装备。研制基于物联网的机器人智能烘烤技术，构建智能烘烤控制平台[95-98]。

（三）烟叶调制设备高效化、绿色化、机械化

针对现有燃煤密集烤房的节能减排技术研究。重点是改进燃烧方式、使用助燃剂、除硫剂等可有效实现节能减排的综合技术。

新型能源烘烤设备自动化。在现有新能源供热设备基础上，针对生物质颗粒、热泵、液体燃料、太阳能等存在的问题，深化研究相应的关键技术，提高密集烤房的精准控制水平，探索烟叶调制设备自动化[99-101]，同时开展密集烤房烘烤其他作物等综合利用研究。

晾晒烟调制设施设备进一步优化规范，并研究调制设备温湿度精准控制技术，提高调制后的烟叶质量[43，102-104]。

研发适合不同种植模式的烟叶采、烤、分全程机械装备，构建烟叶调制全程机械化

作业模式，推动我国烟叶生产逐步向全程机械化方向发展。

本章主要编写人员：孙福山、王松峰、宋朝鹏

参考文献

[1] 宫长荣，等. 烟叶烘烤原理 [M]. 北京：科学出版社，1995.

[2] 孙福山，谭经勋. 烤烟烘烤研究进展简况 [J]. 中国烟草，1992 (4): 33-36.

[3] 宫长荣. 烟草调制学（第二版）[M]. 北京：中国农业出版社，2011.

[4] 谢已书. 烤烟成熟采收与密集烘烤 [M]. 贵阳：贵州科技出版社，2012.

[5] 中国农业科学院烟草研究所. 中国烟草栽培学 [M]. 上海：上海科学技术出版社，2005.

[6] 孙福山. 烤烟调制过程中香气成分的研究及其应用技术探讨 [J]. 中国烟草科学，1997 (2): 39-41.

[7] 贾琪光，宫长荣，赵献章，等. 烟叶的成熟度与生长发育对质量的影响 [J]. 烟草科技，1986 (2): 32-36.

[8] 丁清源. 中美合作改进中国烟叶质量试验研究 [J]. 烟草科技，1989 (6): 21-26.

[9] 孙福山，王松峰，王爱华，等. 五段五对应烟叶烤香密集烘烤精准工艺: 201210072835.9 [P]. 2012-07-25.

[10] WALKER E K. Some chemical characteristics of the cured leaves of flue-cured tobacco relative to time of harvest，stalk position and chlorophyll content of the green leaves [J]. Tob Sci，1968 (12): 58-65.

[11] HWANG K J，KIM C W，KIM C H. Studies on the change of chemical components of flue-cured tobacco with maturity [C]. Coresta Congress，Agro-Photo Groups，1981.

[12] PEED IN G F. Effects of nitrogen rate and ripeness at harvest on some agronomic and chemical characteristics of flue-cured tobacco [C]. Coresta Congress，Agro-Photo Groups，1995.

[13] 高汉杰，陈汉新，彭世阳，等. 烟叶成熟度鉴别方法与实用五段式烘烤新工艺应用研究的回顾 [J]. 中国烟草科学，2002 (4): 39-41.

[14] 成本喜，侯留记，熊向东，等. 烤烟上部叶一次采烤方法研究 [J]. 烟草科技，1996 (6): 35-36.

［15］黄立栋，艾复清，江锡瑜，等. 烤烟上部叶片采收方法的研究［J］. 耕作与栽培，1997（1）：91-92.

［16］谭青涛，刘光亮，薛焕荣，等. 上部烟叶带茎割收一起烘烤的研究［J］. 中国烟草科学，1997（2）：45-46.

［17］赵元宽. 顶部烟叶带茎烘烤试验简报［J］. 烟草科技，2004（4）：36-37.

［18］徐秀红，王爱华，王传义，等. 烘烤期间带茎采收的烤烟顶部叶某些生理生化特性变化［J］. 烟草科技，2006（9）：51-54.

［19］王晓宾，孙福山，徐秀红，等. 上部烟叶带茎烘烤中主要化学成分变化［J］. 中国烟草科学，2008，29（6）：12-16.

［20］贾琪光，宫长荣. 烟叶生长发育过程中主要化学成分含量与成熟度关系的研究［J］. 烟草科技，1988（6）：40-44.

［21］陈爱国，王树声，梁晓芳，等. 烤烟叶片成熟与衰老生理特性研究［J］. 中国烟草科学，2005（4）：8-10.

［22］李佛琳，赵春江，刘良云，等. 烤烟鲜烟叶成熟度的量化［J］. 烟草科技，2007（1）：54-58.

［23］吴峰，陈进红，金亚波. 烤烟成熟度诊断指标筛选研究［J］. 科技通报，2009，25（1）：56-60，88.

［24］张光利，聂荣邦. 以烟叶脯氨酸含量判断田间成熟度的研究［J］. 作物研究，2008（1）：31-32，35.

［25］聂荣邦，周建平. 烤烟叶片成熟度与α-氨基酸含量的关系［J］. 湖南农学院学报，1994（1）：21-26.

［26］李旭华，扈强，潘义宏，等. 不同成熟度烟叶叶绿素含量及其与SPAD值的相关分析［J］. 河南农业科学，2014，43（3）：47-52，58.

［27］孙阳阳，靳志伟，黄明迪，等. SPAD值与鲜烟叶成熟度及烤后烟叶质量的关系［J］. 中国烟草科学，2016，37（2）：42-46.

［28］李青山，王传义，谭效磊，等. 不同成熟度烟叶高光谱特征分析及与SPAD值的关系［J］. 西南农业学报，2017，30（2）：333-338.

［29］高宪辉，王松峰，孙帅帅，等. 鲜烟成熟度颜色值指标及其判别函数研究［J］. 中国烟草学报，2017，23（1）：77-85.

［30］韩锦峰，汪耀富，林学梧，等. 烤烟叶片成熟度与细胞膜脂过氧化及体内保护酶活性关系的研究［J］. 中国烟草学报，1994（1）：20-24.

［31］王峰吉，陈朝阳，江豪. 烤烟品种云烟85烟叶的成熟度Ⅱ. 成熟度与保护酶活性及膜脂过氧化作用的关系［J］. 福建农业大学学报，2003（2）：162-166.

［32］蔡宪杰，王信民，尹启生，等. 采收成熟度对烤烟淀粉含量影响的初步研究［J］. 烟草科技，2005（2）：38-40.

[33] 李佛琳，赵春江，王纪华，等. 一种基于反射光谱的烤烟鲜烟叶成熟度测定方法 [J]. 西南大学学报（自然科学版），2008（10）：51-55.

[34] 王爱华，杨斌，管志坤，等. 烤烟烘烤与烟叶香吃味关系研究进展 [J]. 中国烟草学报，2010，16（4）：92-97.

[35] 訾莹莹，韩志忠，孙福山，等. 烤烟烘烤过程中品种间的生理生化反应差异研究 [J]. 中国烟草科学，2011，32（1）：61-65.

[36] 王爱华，王松峰，管志坤，等. 烤烟密集烘烤过程中阶梯升温变黄生理生化特性研究 [J]. 中国烟草科学，2012，33（1）：69-73.

[37] 孙帅帅，孙福山，王爱华，等. 变筋温度对烤烟新品种NC55生理指标及烟叶质量的影响 [J]. 中国烟草科学，2012，33（3）：72-76.

[38] 孙福山. 特色烤烟品种烘烤特性研究 [C]. 中国烟草学会2012年学术年会论文集. 中国烟草学会. 2012：197-207.

[39] 王松峰，王爱华，王金亮，等. 密集烘烤定色期升温速度对烤烟生理生化特性及品质的影响 [J]. 中国烟草科学，2012，33（6）：48-53.

[40] 王爱华，王松峰，腾春富，等. 密集烘烤不同变筋温度对烟叶香气物质和评吸质量的影响 [J]. 华北农学报，2012，27（S1）：116-121.

[41] 王松峰，王爱华，王先伟，等. 密集烘烤工艺对烟叶多酚类物质含量及PPO活性的影响 [J]. 中国烟草学报，2013，19（5）：58-61.

[42] 王爱华，王松峰，许永幸，等. 变黄温度对烟叶密集烘烤过程中香气物质和氨基酸含量的影响 [J]. 中国烟草科学，2014，35（3）：67-73.

[43] 刘好宝，梁开朝，张鸽，等. 一种可控温、控湿的雪茄烟叶专用晾房及晾制方法：202010169740.3 [P]. 2020-06-19.

[44] 董淑君，黄明迪，王耀锋，等. 密集烤房与普通烤房烘烤中烟叶色素和多酚含量的变化分析 [J]. 中国烟草科学，2015，36（1）：90-95.

[45] 王爱华，王松峰，孙福山，等. 变黄期阶梯升温烘烤工艺对多酚类及相关物质的影响 [J]. 中国烟草科学，2016，37（2）：59-64.

[46] 李雪震. 修建烤烟烤房的要点 [J]. 农业科技通讯，1981（3）：24-25.

[47] 谭经勋. 谈谈烤房天窗面积的大小和天窗式样的选择 [J]. 中国烟草，1991（2）：9-12.

[48] 张百良，赵廷林. PJK型平板式节能烤房 [J]. 烟草科技，1993（3）：39.

[49] 李迪，张林. 热风循环立式炉烤房应用与示范 [J]. 烟草科技，1998（4）：37-38.

[50] 宫长荣，李锐，张明显，等. 烟叶普通烤房部分热风循环的应用研究 [J]. 河南农业大学学报，1998（2）：57-61.

[51] 罗勇，吴洪田. 山区小烤房改造与烘烤工艺的配套技术 [J]. 贵州农业科学，

2000（4）：55-58.

［52］余砚碧，胡云见. 云南省立式炉新型节能烤房特点及推广应用效果［J］. 中国烟草科学，2002，23（1）：6-8.

［53］胡云见. 立式炉热风室节能烤房研究与应用［J］. 山地农业生物学报，2003，22（3）：200-203.

［54］曾祖荫，李碧宽. 立式炉灶——气流下降式烤房（L-QX）技术的机理初探［J］. 贵州农业科学，2003（6）：58-60.

［55］刘奕平，张仁椒，许锡祥. MY-Ⅰ型双炉烤房安装与烘烤试验初报［J］. 中国烟草科学，1998，19（2）：21-23.

［56］孙培和，李明. 250竿蜂窝煤炉热风循环烤房的修建和使用［J］. 中国烟草科学，2000，21（3）：37-40.

［57］张国显，袁志永，谢德平. 烤烟热风循环烘烤技术研究［J］. 烟草科技，1998（3）：35-36.

［58］李春乔，刘永军，杨志新，等. 不同烤房烤炉对烟叶烘烤效果的研究［J］. 云南农业大学学报，2004（3）：295-297.

［59］宫长荣，李锐，张明显，等. 烟叶普通烤房部分热风循环的应用研究［J］. 河南农业大学学报，1998，32（2）：162-166.

［60］张云，姚刚，温祥哲，等. 使用远红外涂料烘烤烟叶的效果［J］. 陕西农业科学（自然科学版），2000（1）：42-43.

［61］宋朝鹏，张钦松，杨超，等. 纳米涂料在烟叶烘烤中的应用前景［J］. 作物杂志，2009（1）：8-10.

［62］宋朝鹏，彭万师，杨超，等. 纳米涂料在烤烟密集烘烤中的应用［J］. 西北农林科技大学学报（自然科学版），2009，37（8）：97-100.

［63］曾祖荫，李碧宽，胡勇，等. L-QX烤房与QS烤房烘烤功能比较试验［J］. 贵州农业科学，2002，30（6）：11-13.

［64］宫长荣，潘建斌，宋朝鹏. 我国烟叶烘烤设备的演变与研究进展［J］. 烟草科技，2005（11）：35-38.

［65］王卫峰，陈江华，宋朝鹏，等. 密集烤房的研究进展［J］. 中国烟草科学，2005（3）：15-17.

［66］谢德平，程仲记，李怀功，等. 烤烟气流平移步进型连续化烤房研究［J］. 烟草科技，2000（4）：39-41.

［67］申玉军，童旭华，王宏生，等. 车距和帘子高度对步进型烤房中温湿度的影响［J］. 烟草科技，2003（12）：8-10.

［68］胡宏超，王振海，谢德平，等. 新型气流平移步进式多功能烤房的研制与应用［J］. 烟草科技，2007（11）：8-10.

[69] 谢德平，蔡宪杰，肖建国，等. 步进式烤房的技术改进［J］. 烟草科技，2010（6）：18-21.

[70] 聂荣邦. 烤烟新式烤房研究Ⅰ. 微电热密集烤房的研制［J］. 湖南农业大学学报，1999（6）：446-448.

[71] 聂荣邦. 烤烟新式烤房研究Ⅱ. 燃煤式密集烤房的研制［J］. 湖南农业大学学报，2000（4）：258-260.

[72] 乔万成，许广恺，李俊奇. 密集型烟叶初烤机试验研究［J］. 烟草科技，1999（3）：44-45.

[73] 宫长荣，潘建斌. 热泵型烟叶自控烘烤设备的研究［J］. 农业工程学报，2003，19（1）：155-158.

[74] 韩永镜，李桐，李谦，等. 半堆积式烤房的试验、研究和应用［J］. 中国烟草科学，2004（1）：25-27.

[75] 郭全伟，侯跃亮，宗树林，等. 密集烤房在烘烤实践中的应用［J］. 中国烟草科学，2005（3）：15-16.

[76] 罗勇，李明海，李智勇，等. 烤烟散叶堆积气流上升式烤房结构研究［J］. 中国烟草科学，2005（1）：47-48.

[77] 吴中华，高体仁，夏开宝，等. QJ-Ⅱ型密集式自控烟叶烘烤设备的研究与开发［J］. 中国烟草科学，2006（4）：9-12.

[78] 潘建斌，王卫峰，宋朝鹏，等. 热泵型烟叶自控密集烤房的应用研究［J］. 西北农林科技大学学报（自然科学版），2006（1）：25-29.

[79] 任杰，孙福山，刘治清，等. 天然气水暖集中供热密集烤房设备的研究［J］. 中国烟草学报，2013，19（3）：35-40.

[80] 訾天镇，杨同升. 晒晾烟栽培与调制［M］. 上海：上海科学技术出版社，1988.

[81] 张燕，李天飞，宗会，等. 香料烟调制期间淀粉酶等生理生化指标动态变化［J］. 中国烟草科学，2004（4）：23-26.

[82] 李广永. 提高白肋烟香气质、香气量的研究［J］. 安徽农业科学，2007，35（13）：3887-3888.

[83] 李建平，李进平，王昌军. 斩株时间对白肋烟产量和品质的影响［J］. 烟草农业科学，2006，2（3）：307-308，315.

[84] 宋朝鹏，郭瑞，孙建峰，等. 不同收晾方法对白肋烟品质的影响［J］. 中国农学通报，2006，22（2）：91-93.

[85] 尹启生，胡晨曦. 调制期间白肋烟主要物理、化学变化及调制工艺的确定［J］. 烟草科技，2002（10）：19-22，33.

[86] 胡建斌，尹永强，邓明军. 主要晾晒烟调制理论和技术研究进展［J］. 安徽农业科学，2007（35）：11483-11485.

[87] 殷端. 香料烟实用调制技术 [J]. 农业网络信息，2006（5）：178-180，182.

[88] 刘国庆. 晒黄烟调制过程中生理生化变化和调制技术研究 [D]. 郑州：河南农业大学，2004.

[89] 朱贵明，李毅军. 宁乡晒黄烟 [J]. 中国烟草，1990（4）：42-44.

[90] 柏峰. 吉林省蛟河市烟草农业发展研究 [D]. 长春：吉林农业大学，2014.

[91] 赵彬，李文龙. 黑龙江省穆棱晒红烟 [J]. 中国烟草科学，2002（2）：40-41.

[92] 鲍安红，谢守勇，陈翀，等. 基于机器视觉的烟叶无曲线烘烤模式 [J]. 农机化研究，2010，32（6）：165-167.

[93] 段史江，宋朝鹏，马力，等. 基于图像处理的烘烤过程中烟叶含水量检测 [J]. 西北农林科技大学学报（自然科学版），2012，40（5）：74-80.

[94] 汪健，路晓崇，王鹏，等. BP神经网络模型在烟草烘烤过程中叶温变化预测中的应用 [J]. 南方农业学报，2013，44（8）：1351-1354.

[95] 孙诚，田逢春，樊澍，等. 基于电子鼻技术的烤烟过程气味变化研究 [J]. 传感器与微系统，2013，32（4）：41-43，47.

[96] 孙诚. 电子鼻技术在散叶堆积式烤烟系统中的应用 [D]. 重庆：重庆大学，2013.

[97] 刘军令. 烟草智能烤房系统中电子鼻关键技术研究 [D]. 重庆：重庆大学，2015.

[98] 贺帆，王涛，樊士军，等. 基于色度学的密集烘烤过程中烟叶主要化学成分变化模型研究 [J]. 西北农林科技大学学报（自然科学版），2014，42（5）：111-118.

[99] 邱道富，庹有朋，王刚，等. 双能源烘烤系统研究及其在烟叶初烤上的应用 [J]. 食品与发酵科技，2020，56（3）：69-73.

[100] 李世军. 排湿热回收热泵烟叶烤房及其自动控制的研究 [J]. 中国农机化学报，2017，38（12）：63-67.

[101] 段绍米，罗会龙，刘海鹏. 全闭式热风循环密集烤房温度控制系统研究 [J]. 昆明理工大学学报（自然科学版），2019，44（5）：47-53.

[102] 李东霞，何正川，杨兴有，等. 不同规格白肋烟晾房对晾制期间温湿度的影响 [J]. 农学学报，2015，5（11）：85-90.

[103] 张廷茂. 晾晒烟晾烟单元装卸装置：201521016994.2 [P]. 2016-04-27.

[104] 尤开勋，秦拥政，王琼，等. 新型白肋烟晾制干筋辅助加温设施的设计 [J]. 湖北农业科学，2015，54（24）：6389-6393.

第六章

烟叶分级与质量评价

第一节
概述

烟叶品质是烟叶色、香、味的一个综合概念，是指烟叶的外观特征、物理特性、化学成分、感官质量、加工质量等指标满足一定要求的程度。在这些质量特征指标中，可分为外观质量指标和内在质量指标两大类，内在质量最终决定烟叶满足要求的程度，也是烟叶原料使用中关注的重点。

（一）烟叶质量认识

我国对烟叶质量的认识是随着卷烟产品发展和对外交流的增加不断深入的。20世纪60—70年代，卷烟工业企业对烟叶质量的要求为颜色金黄、光泽鲜亮、组织细致、烟碱含量较低、糖分含量相对较高的“黄、鲜、净”烟叶。20世纪80年代，随着混合型卷烟和滤嘴卷烟的发展，要求烟叶高香味、高浓度和较高的烟碱含量，成熟度在烟叶质量评价中受到高度重视。通过20世纪80—90年代开展的“中美合作改进中国烟叶质量研究”等项目研究，逐渐提出了优质烟叶外观质量、物理特性和主要化学成分指标的适宜范围，我国优质烟叶质量概念初步形成。进入21世纪后，随着国际型优质烟叶开发、替代进口烟叶开发等研究工作的相继开展，对烟叶质量的认识进一步深入，优质烟叶概念基本形成。同时，全球反烟浪潮高涨，产品质量安全受到高度关注，重金属、农药残留、TSNAs等安全性指标相继被纳入烟叶质量考核范畴。之后，随着中式卷烟的创新发展以及特色优质烟叶研究与开发工作的深入推进，烟叶风格特色逐渐成为烟叶质量的重要组成部分。

（二）烟叶分级

烟叶分级是基于烟叶外观质量和内在质量的关系，通过感觉器官（眼、手和鼻）对烟叶外观性状的综合判定，把不同内在质量的烟叶科学合理地分为不同的等级，以适应农业、工业和对外贸易的需求。烟叶分级在国内外烟叶生产、销售和使用中起着十分重要的作用。

美国的烟叶等级标准体系比较完善，有全部的类划分、型划分、组划分和等级划分[1]。其他国家虽然也分不同的烟叶类型，但在标准中很少用到“类”和“型”的概念。20世纪80年代以来，我国烟叶标准经历了从无到有、等级从少到多、从模糊到逐渐清晰逐步完善的过程。

20世纪60年代以前，烤烟等级标准相对分散，各地区等级规定的数目和内容各异。20世纪60年代，我国开始启动全国统一烤烟标准的研究，1967年，我国形成15级制烤烟分级国家试行标准。20世纪80年代初，我国形成了15级制国家标准并在部分烟叶产区试行，1982年正式实施，结束了中国烤烟标准的混乱局面。随着国家烟草专卖体系的确立和国际交流的增加，在探索建立烤烟出口标准基础上，我国于1992年形成了国家烤烟40级标准（GB 2635—1992），并于1998年和2000年进行了两次修订后，沿用至今[2]。

1986年，郑州烟草研究所（现中国烟草总公司郑州烟草研究院）牵头制定了GB 5991—1986《香料烟》，将香料烟分为5个等级，经过一系列修订完善，形成了2000年的香料烟10级制分级标准[3]。

1988年，第一个白肋烟国家标准颁布实施，经多次完善修订，形成了2005年的GB/T 8966—2005《白肋烟》28级制国家标准[4]。

2013年，烟草行业发布了YC/T 484.1—2013《晒黄烟　第1部分：分级技术要求》[5]，雪茄烟的分级标准正在制定中。

目前，我国主要烟叶类型均建立了相应的分级标准，相对完善的烟叶分级标准体系基本形成。

（三）烟叶质量评价

随着对烟叶质量认识的不断深入，烟叶质量评价方法也取得了明显进展。20世纪90年代初，烟叶分级标准定型，外观质量评价体系的建立与应用逐渐受到重视。1998年，行业第一个感官质量评价标准——《烟草及烟草制品　感官评价方法》（YC/T 138—1998）[6]发布，广泛用于对单料烟和叶组配方等的评价。烟叶化学成分指标更加关注烟碱含量，并引入了与燃烧性相关的钾、氯、钾氯比等指标，淀粉含量开始受到关注。在2008年完成的新一轮《中国烟草种植区划》研究中，首次建立了含外观质量、物理特性、化学成分协调性和感官评吸质量共23个指标的烤烟综合品质定量评价指标体系，成为烟叶质量评价和建立企业原料评价指标体系的重要参考[7]。通过特色优质烟叶重大专项的实施，郑州烟草研究院等单位研究建立了烤烟烟叶香型风格特色评价方法，并于2015年发布了《烤烟　烟叶质量风格特色感官评价方法》（YC/T 530—2015）标准[8]。该标准包含19个风格特征指标、10个品质指标，建立了香韵、香气状态与香型的紧密联系，可较为全面地反映烟叶风格特征，对卷烟工业企业进行烟叶风格定位、品质判定、模块配方、配方替代、产品开发等都具有较强的借鉴意义。

烟叶质量评价结果的表现形式不断更新。2000年开始，受中国烟叶生产购销公司（现中国烟叶公司）委托，郑州烟草研究院开展了我国主产烟区烟叶质量的长期跟踪评价工作，系统分析每年主产烟区烟叶的主要外观、物理、化学、感官评吸指标状况，形成全国烟叶质量评价报告并在每年烟叶生产技术研讨会上进行交流。2004年起，增加了烟叶样品重金属、农药残留的跟踪评价。2006年起，在全国烟叶质量评价工作基础上，每年发布《中国烟叶质量白皮书》，2016年开发了“全国烟叶质量评价数据库平台”，为烟叶产区更好地使用烟叶质量数据提供手段。

第二节
烟叶质量认知

优质烟叶概念是随着卷烟原料需求和烟叶生产的发展而不断发展的。20世纪80年代以来，随着卷烟产品原料需求和国内外交流的增加，我国对烟叶质量的认知不断深入并逐步与国际接轨，优质烟叶概念逐渐形成，并随国内外形势变化不断得到更新完善。

（一）烤烟

20世纪60—70年代，卷烟产品单一，几乎都是70mm长无嘴卷烟，卷烟工业企业原料需求的是颜色金黄、光泽鲜亮、组织细致、烟碱含量较低、糖分含量相对较高的“黄、鲜、净”烟叶。在这一前提下，烟叶的可用性以腰叶为最好。同时，在国家“以粮为纲”的方针下，烟叶原料短缺，多叶型品种泛滥，加之受传统观念的影响，烟叶成熟不够，烘烤变黄不到位，青杂气突出，刺激性较大，香味不够浓郁，导致当时的烤烟生产中普遍存在“营养不良、发育不全、成熟不够、烘烤不当”等问题。

进入20世纪80年代后，滤嘴卷烟逐渐成为卷烟产品的主流类型，混合型卷烟也得到了较快发展，生产的卷烟产品要求有饱满的吃味、适当的劲头、浓郁的香味，焦油、烟碱量低。在这种形势下，人们对烟叶质量的需求发生了很大变化，包括颜色的深浅、组织的疏密、色泽的强弱、成熟度以及油分多少等。生产的烟叶要求高浓度、高香气、低焦油，还要有协调的化学成分，良好的物理性状（如填充性、燃烧性等），这与以往要求的优质烟叶在外观质量和内在品质上产生了很大差别。为提高烟叶质量，我国先后与美国大型烟草公司开展了两次大规模的技术合作。1986—1988年，针对我国烤烟生产中存在的“营养不良、发育不全、成熟不够、烘烤不当”问题，以河南叶县、宝丰、鲁山和贵州遵义、绥阳、金沙为开发试点县，开展了“中美合作改进中国烟叶质量”项目研究。这次合作使我们对烟叶质量的看法发生了根本性转变，改变了以“黄、鲜、净”为好烟叶的传统认识，明确充分成熟的、颜色金黄或橘黄甚至更深一些的并带有成熟烟叶焦尖、焦边、结构又疏松（皱褶多）的烟叶是质量好的烟叶[9]。1996年开始，我国再次与菲利普·莫里斯烟草公司开展技术合作。通过合作，对国际优质烟叶的质量标准又有了进一步认识，尤其对国际优质烟叶成熟度的标准有了比较深刻的了解，改变了原来的采收标准，提出下部烟叶适时早收、中上部烟叶充分成熟采收的新标准，对改进烟叶的内在质量起到了非常积极的作用。

通过两次中美技术合作，我国对烟叶质量和成熟度的认识基本实现了与国外接轨，优质烟叶概念基本形成。对烟叶外观质量认知从“光滑、细密、颜色浅淡”的优质烟叶质量概念转变为“成熟度好、组织结构疏松、叶组织细胞充分展开、有颗粒感、油分丰满、颜色橘黄”等为优质烟叶的概念。在烟叶化学成分方面，根据美国烟叶化学成分评价标准，提出了糖、烟碱、总氮等指标的适宜范围，烟碱含量平均达到3%（下部叶1.5%，上部叶4.5%），还原糖含量为18%~20%，糖碱比为6，总氮接近烟碱含量为最理想指标。根据当时我国烟叶的质量状况，提出了烟叶化学成分的调控方向为“降糖提碱”，在生产上强调科学施肥、成熟采收和低温变黄烘烤等技术，逐渐改变了我国烟叶“叶小片薄、高糖低烟碱、色淡劲头小”的普遍质量状况，贵州、河南等试验点烟叶的单叶重由3~4g提高至6g以上，还原糖含量由30%降至15%~20%，烟碱含量由1%左右提高至2.5%~3.0%，烟叶质量得到普遍提高。烟叶物理特性指标也开始受到关注，但当时对烟叶物理特性的认识是指“烟叶的外部形态及其物理性能”，与外观质量有所重合，主要关注的指标有烟叶部位、成熟度、颜色、光泽、组织、油分、身份、填充性、弹性、燃烧性、灰分、梗片比率（或含梗率）、单位面积质量等。

20世纪90年代，我国烟叶产量进入历史鼎盛时期，亩产量和总产量都较高。在这种形势下，烟农开始无节制地追求再增收，过量施肥导致烟叶单叶重过高、烟碱含量超标，这样的生产状况与卷烟工业需求背道而驰。21世纪初，总公司围绕“控氮降碱”推动改善烟叶品质和可用性，提出实施“四项技术一项开发”，即更新外引品种、设施育苗、平衡施肥和三段式烘烤技术，在全国选择烤烟生产适宜区进行国际型优质烟叶开发，把我国烟叶质量提高到津巴布韦、巴西等先进产烟国的烟叶质量水平，以满足卷烟工业需要。优质烟叶质量目标趋于成熟，评价指标更趋清晰，并通过“国际型烟叶开发”“替代进口烟叶开发”“优质烟叶开发”等项目研究和成果推广，逐渐在烟叶产区和卷烟工业企业中取得广泛共识，烟叶产区对各自生产的优质烟叶的质量目标逐渐清晰，以烟叶质量评价为基础，通过卷烟工业企业对基地单元烟叶质量提出反馈意见，促使烟叶生产的目标更加明确，与卷烟品牌的适应性进一步增强。工业可用性也成为评价烟叶质量优劣的重要指标。

20世纪末至21世纪初，国际反烟形势日趋严峻，我国也于1999年开启了卷烟降焦减害工作，提出坚持“一高二低”（高香气、低焦油、低危害）的卷烟产品开发方向，降焦减害逐渐成为科技工作的主线。为满足这一时期卷烟产品的原料需求，自2002年起，国家局组织开展了一系列与“无公害”烟叶有关的科研项目，研究开发“无公害”烟叶生产技术。2004年，烟草行业吸收和借鉴国外GAP的先进理念和成功经验，在我国烟叶生产中引入GAP的概念。2006年开始，在云南曲靖、贵州遵义、四川凉山、河南三门峡、广东南雄等烟叶产区试点采用GAP管理模式进行烟叶生产。2008年起，郑州烟草研究院、国家烟草质量监督检验中心、上海烟草集团等就大气、土壤、调制等因素对烟叶重金属的影响以及烟叶重金属的价态和形态、烟气中的迁移规律等开展了较为系统的研究，为烟叶中重金属控制提供了技术依据。2010年，贵州省出台了地方标准《烟叶农药残留、重金属控制指标》（DB52/T 670—2010）；2014年，行业制定了烟叶123种农药的限量企业标准。重金属、农药残留等安全性指标相继被纳入烟叶质量范畴，成为衡量烟叶质量优劣的重要内容。

2004年，国家局明确提出要坚持中式卷烟发展方向，探讨中式卷烟理论内涵与关键技术，同时在《烟草行业中长期科技发展规划纲要（2006—2020年）》中也提出要坚定不移走中式卷烟的发展道路，全面启动了中式卷烟特色工艺和核心技术研究工作[10]。为服务中式卷烟发展原料需求，“主攻质量、注重特色、突出风格”在烟叶生产中逐渐形成共识，烟叶风格特色研究逐渐成为烟叶科研、生产和使用等方面的关注重点。2008年，各烟叶产区以“提高质量水平、突出风格特色”为重点，相继开展了烟叶质量风格特色研究及特色优质烟叶开发工作。在浓香、清香、中间香等传统烟叶香型概念基础上，“焦甜香”“清甜香”“正甜香”等概念相继形成并逐渐成为烟叶质量的重要组成部分。2009年，行业启动了“特色优质烟叶开发”重大专项。在该专项研究中，将香韵、香气状态、香型、杂气类型等引入烟叶质量风格特色评价内容，进一步丰富了优质烟叶的内涵。总体看，当前的优质烤烟烟叶，既要求好的质量水平、鲜明的风格特色、较高的工业可用性，也要求较高的产品安全性，是烟叶质量、风格、工业可用性、安全性的综合反映。

（二）晾晒烟

我国对白肋烟和香料烟的质量认识也经历了与烤烟相似的历程。

1. 白肋烟

我国白肋烟自开始试种至20世纪80年代初期，虽然生产规模逐步扩大，产量增加，但很少进行综合生产技术方面研究，总体上仍处于摸索阶段，白肋烟生产也始终处于较低的水平。生产的烟叶颜色较淡，油分较差，叶片表面无颗粒感；烟叶烟碱含量偏低，糖含量偏高；烟气质量较差，白肋烟的香型风格不够突出，香气量较少，总体感受是“淡而无味”。第一次中美合作之后，又由于片面追求产量和烟叶颜色，造成烟叶烟碱含量过高，氮碱比过低，劲头和刺激较大，烟气柔性差；烟碱过高掩盖了烟叶的香气，白肋烟特征香味不能显露出来，造成“有劲无味”的总体感官状态。20世纪90年代中后期，通过与菲利浦·莫里斯烟草公司和英美烟草公司的合作研究，对白肋烟的质量概念有了较深刻的理解，所生产白肋烟质量也有较大改进。2003年开展了《提高白肋烟质量及其可用性的技术研究》项目研究工作，针对中国白肋烟存在的烟碱含量偏高、特征香气不显著等重大缺陷，研究确定了降低白肋烟烟碱含量和生产优质白肋烟的关键技术措施，提出了新的生产技术规范，经大面积示范，所生产的烟叶在外观质量、物理特性、化学成分和吸食品质等方面均达到了国际优质白肋烟的质量水平，改变了中国高档混合型卷烟生产长期依赖进口白肋烟的被动局面，项目成果荣获2003年度国家科技进步二等奖。之后，随着卷烟降焦减害工作的推进，重金属、农药残留、TSNAs等指标相继成为衡量白肋烟质量的重要指标，我国对白肋烟烟叶质量的认识逐渐实现了与国际接轨。

2. 香料烟

1951年，香料烟在浙江新昌试种成功。当时对香料烟了解不多，对质量要求较低，只要有香料烟的特征即可。而且由于新昌降水较多，采收后只能先晾后晒，因此认为棕褐色烟叶质量较好。20世纪80年代为香料烟生产的多省份试种阶段。此时，各地对香料烟质量的评价标准不一，品种退化，生产水平低，技术不完善，烟叶质量不稳定。1986年，新的国家标准实施后，香料烟的质量标准才趋于统一。但香料烟烟叶质量与国外存在较大差距，主要表现为：我国香料烟烟叶大、颜色深，光泽和弹性差；香料烟香型风格不太突出，香气浓度不够，抽吸时余味欠干净并带有地方晒烟气息；总氮和蛋白质含量较高，总糖较低，化学成分比例失调。1992年，国家局组织了香料烟生产过程相关学科的全国协作研究，使香料烟质量有了较大提高。20世纪90年代中期，逐渐确定了香料烟适宜的种植区域，香料烟生产逐渐向湖北、新疆、云南、浙江4省（自治区）集中。此时，我国香料烟质量在对烟叶长度、颜色、带青等的要求方面仍与国外存在较大差异。通过1996年后与美国菲利浦·莫里斯烟草公司等的技术合作，促进了烟草质量观念的改变，明确了成熟度对香料烟的重要性并确定了香料烟适宜的成熟度，对质量概念统一了认识，制定了国家标准，在分级上与国际接轨，实现了香料烟的分型，提出了不同类型香料烟的分级技术要求，并按型开展香料烟的分级和质量评价，更加适应了卷烟配方和出口需要。同时，针对我国香料烟烟叶油分不足、香气不突出等问题，1999年国家局组织开展了“优质香料烟生产关键技术研究”项目，研究形成了我国优质香料烟生产技术模式。2005年，云南省烟草农业科学研究院主持完成“香料烟糖和烟碱含量调控技术研究”项目，针对保山冬春香料烟糖含量偏高、烟碱含量偏低、糖碱比过高且不协调的情况进行了研究，提出了优质香料烟的主要化学成分和营养元素含量范围。2012年，云南烟草保山香料烟有限责任公司在香料烟GAP管理体系构建、烟叶质量追踪、烟区生态保护、烟叶安全性等方面形成了一些具有自主知识产权的关键技术，形成了《香料烟GAP管理实施操作规范》。

3. 其他晾晒烟

由于我国以烤烟型卷烟为主的产品结构，近30年来地方特色晾晒烟种植日渐减少，仅在四川德阳、广东南雄、江西广昌、湖南宁乡、广西贺州等地有少量种植，对烟叶质量的认识大多仍停留在20世纪80年代水平。近年来，随着雪茄烟的发展，海南儋州、湖北来凤、浙江桐乡以及云南、贵州等地相继种植了雪茄烟叶。但由于种植时间较短，研究基础相对薄弱，目前多以国外优质雪茄茄衣烟叶标准作为质量目标，同时，对适合中国消费者口味、不同用途的雪茄原料质量评价标准和优质雪茄原料的指标范围进行了探讨，尚未形成系统的质量评价体系。

第三节
烟叶分级技术

从烟草的引进、试种、发展至今，我国烟叶分级技术随着等级标准的发展不断完善。20世纪80年代以来，我国烟叶类型、种植布局和生产形势发生了巨大变化，烟叶分级技术也取得了长足发展。

（一）烟叶分级标准沿革

1. 烤烟

20世纪60年代以前，烤烟等级标准大体可分为3种类型：一是部位、颜色分组后再分级，如华东地区的16级制标准；二是颜色分组后再分级，如福建省的10级制和东北、广东、广西的9级制标准；三是不分组，只分级，如云南、四川省的9级制标准。这些不统一的分级标准不仅不利于烤烟生产发展和烟叶质量的提高，而且对卷烟配方使用和烟叶出口也产生了很大的不利影响。

随着烟叶生产的发展，急需在全国范围内统一烟叶等级标准。1962年起，在国家科委标准局的组织领导下，经过认真调查研究和科学验证，设计了烤烟国家标准试行方案（17级制标准），经河南、云南省2~3年生产验证，1967年形成15级制烤烟分级国家试行标准。在山东、安徽、贵州、湖南、陕西等多个主产烟区长达10多年的试行中，对该标准进行了3次修改，1982起在全国正式实施，结束了中国烤烟分级标准数十年的混乱局面。该标准包括甲型15级分部位，乙型10级不分部位两个类型。

随着混合型卷烟在国际市场上的主导地位越来越稳固，我国卷烟产品也朝着这个方向发展。生产的卷烟尤其是混合型卷烟要求有饱满的吃味、适当的劲头、浓郁的香味，焦油、烟碱量低。同期，国内外市场对烟叶质量也提出了新的要求，即生产高浓度、高香气、低焦油的烟叶，烟叶质量的概念发生了新的变化，包括颜色的深浅、组织的疏密、色泽的强弱、成熟度以及油分多少等。这就要求烟叶有协调的化学成分、良好的物理性状（如填充性、燃烧性等），而这种烟叶与以往要求的烟叶在外观质量和内在品质上都有很大差别。因此，原标准中的一些主要条款已不适应需求，各方面均要求对烤烟分级标准进行修订，以适应生产的发展和市场的需要。1985年，该标准进一步修订为15级烤烟标准（GB 2635—1986），于1986年正式在全国发布实施。修订的主要条款为：取消原国家标准规定的乙型10级制标准部分，统一执行15级制标准；对黄色烟与青黄色烟的分组界线进行明确，将原划入黄色组的黄带浮青色烟叶列入青黄色组，青筋黄片烟叶暂时允许在中等烟以下定级；新增成熟度、叶片结构、厚度、色泽、叶片长度，取消组织、丰满、土黄等品质因素；规定了不同部位烟叶的定级限制，规定上部黄色组的淡黄色烟叶限上黄3以下定级，顶叶限上黄2以下定级；其他条款中规定熄灭、霜冻、轻微霉变烟叶、级外烟叶、碎烟叶属不列级，增注了破损率的计算公式；名词术语的定义也做了相应的修改完善。该标准的执行迅速纠正了在重产轻质思想指导下的高产措施，使烟叶质量和风格得到了稳定。

修改后的15级制标准虽然有了很大的改进和提高，但与国际先进标准相比仍有较大差距。主要表现在以下几方面：一是部位分得粗。国际上主要烤烟生产国的分级标准一般将烟叶按着生位置划分为3~5个部位，而在我国15级制烤烟国家标准中只划分上、下部两个部位，不同特征特性的烟叶划分不够清楚。二是没按颜色分组。在一个等级内允许几种颜色同时存在，比较混杂，不便于配方使用。三是对烟叶的颜色、光泽要求偏严。按15级制国家标准收购，一般成熟度差，质量低的“黄鲜净”烟叶往往被定为较高的等级；而成熟度好、颜色偏深、光泽稍暗而质量却高的烟叶常被定成较低的等级，影响了规范化生产技术的推行和烟叶质量的进一步提高。四是未将光滑叶、杂色叶和微带青单叶独分组，在一个等级内有几种不同特性的烟叶同时存在，不便烟叶加工和配方使用。五是烤烟标准部位混、颜色杂，影响了烟叶出口量和价格。六是分组少、等级数目少，等级间价格差异大，收购时争级争价矛盾突出。

随着国际交流的不断深入和烤烟“种植区域化，品种良种化，生产规范化”（以下简称“三化”）生产措施的普及落实，烟叶的外观和内在质量均发生了很大变化，原有的15级烤烟标准特征划分不够细致、组别和等级少造成的等级价差大、收购环节矛盾以及不利于扩大出口等问题逐渐凸显。为解决这些问题，1987年，中国烟草进出口公司委托郑州烟草研究院等制定了我国烤烟的出口标准。在郑州烟草研究院起草的烤烟出口标准（草稿）基础上，经河南、云南、山东等多地多年生产验证，制定了烤烟的出口标准（35级），1989年修订为39级，1990年形成40级的试行标准草案，确定为烤烟国家试行标准，1992年发布实施（GB 2635—1992）。之后，为有利于促进烤烟“三化”生产水平尤其是烟叶成熟度的提高，以及减少在烟叶收购中烟农争级争价等问题，根据各烟区提出的意见，于1998年和2000年进行了两次标准的修订，形成了现行的烤烟国家标准（42级），并于2000年发布实施。标准规定了部位和颜色两个分组因素，另依据成熟度设置了一个完熟叶组，品质要素包括成熟度、叶片结构、身份、油分、色度和长度等品质因素和残伤1项控制因素。

与15级制标准相比，42级制标准有如下特点：一是按部位、颜色两次分组，将光滑、杂色、微带青、青黄烟叶划分出来并另立副组，保证了烟叶等级的纯度，稳定了等级质量；二是把成熟度列为鉴别烟叶质量高低的第一要素，放宽了对病斑的限制和光泽的要求，使质量好的烟叶归入相应的等级内，体现了等级标准与外观质量的结合，实现优质优价；三是真正成熟的烟叶颜色多为橘黄色、组织结构疏松、叶片厚薄适中或稍薄、填充性与燃烧性好；四是以“三化”生产为基础生产的标准烟叶，大部分具有高香味、高浓度、高烟碱的特点，适于开发低焦油卷烟；五是分组分级细，能利用各组各级间的互补性，充分发挥了各等级的资源效益；六是新标准把不同部位、颜色等外观特征划分后，再按品质因素分级，便于区分。

近年来，随着行业“大企业、大品牌、大市场”发展战略的实施，烟叶资源配置方式改革不断深入，烟叶生产的区域化、特色化进一步加强，规模化、集约化、现代化、特色化成为当前烟叶生产的主要模式。在这一形势下，烤烟国家标准对特色优质烟叶的评价和使用出现了一些不适应的现象。为进一步提高烟叶分级标准与烟叶生产和工业使用的匹配度，2009—2014年，中国烟叶公司牵头组织郑州烟草研究院、中国农业科学院烟草研究所（中国烟草总公司青州烟草研究所）、主产省烟草公司和重点中烟工业公司开展了烤烟标准的修订研究，依据烤烟国家标准42级分级原理，减少正副组等级数，提出了24级分级方案。一些卷烟企业也根据产品需求，提出了适应本企业品牌的烟叶分级方案。另外，建立基于烟叶八大香型区的烟叶分类分级标准体系也在探讨之中。

2. 晾晒烟

20世纪80年代以来，我国主要出台了白肋烟、香料烟国家标准和晒黄烟的行业标准。

白肋烟试种初期，大多数烟叶产区参考地方晾晒烟标准进行收购。1967年，郑州烟草研究所、湖北省烟叶收购供应部及有关单位共同研究制定了白肋烟分级试行标准（草案），将白肋烟分7个等级，先后在湖北、湖南、四川、河南等省试行。四川、安徽分别制定了8级制省级白肋烟标准。第一个统一的白肋烟国家标准是由郑州烟草研究所牵头，借鉴美国白肋烟标准的优点，经过调查研究和试验验证，在湖北省的7级制和12级制标准基础上，形成了12级制《白肋烟》国家标准（GB 8966—1988）。在该标准基础上，经过3次修订，最终形成了28级制《白肋烟》国家标准（GB/T 8966—2005），于2005

年9月15日正式实施并沿用至今。该标准包括部位和颜色2个分组要素，品质因素包括成熟度、身份、叶片结构、叶面、宽度、颜色强度、光泽、长度和损伤度，增加了各等级的均匀度要求。

1986年，第一个全国统一的香料烟标准《香料烟》(GB 5991—1986)由郑州烟草研究所、浙江和上海市烟草公司等单位共同制定，该标准分1级~4级、一个末级，共5个等级。随着与国外烟草公司交流合作的增加，我国香料烟生产、调制、分级标准存在的问题逐渐显现。我国分级标准规定的长度都超过国外标准，我国一级长度为14cm，国外标准规定都是4~7cm；颜色比国外普遍偏深，对带青色叶片限制过严等，对我国香料烟生产和质量提高不利。因此，在先期标准草案基础上，由中国烟叶购销公司牵头，组织河南农业大学、郑州烟草研究院等单位，本着有利于提高香料烟质量、适应卷烟配方使用和烟叶出口的需要，制定了新的香料烟系列国家标准，即《香料烟　分级技术要求》(GB 5991.1—2000)；《香料烟　包装、标志与贮运》(GB/T 5991.2—2000)；《香料烟　检验方法》(GB/T 5991.3—2000)，并于2000年发布实施。修订后的香料烟等级标准采用了先进的先分型、分组再分级的方法，将香料烟分为“B型香料烟”和“S型香料烟”。B型适用于叶片小、叶脉细的类型，颜色以金黄、橘黄为主，光泽好，弹性强，具有本类烟叶的香味特征；S型适用于叶片较小、叶脉细的类型，颜色以金黄至深黄为主，光泽好，弹性强，具有本类烟叶的香味特征。按部位分上部、中部、下部3个组。颜色特征分组代号A代表橘黄、金黄、深黄，B代表正黄、淡黄，K代表红棕、浅棕、褐色。根据叶片的部位、长度、颜色、光泽、弹性、身份、油分、组织结构、杂色与残伤、完整度等外观品级因素，每个部位分1~3级，再加上1个末级，共10个等级。该标准对不同级别烟叶的部位、颜色的要求更加明晰，有利于与国际标准接轨。

地方晾晒烟和一些特殊类型烟叶如马里兰烟、雪茄烟等的标准制定也取得了明显进展。2013年，发布了晒黄烟分级行业标准——《晒黄烟　第1部分：分级技术要求》(YC/T 484.1—2013)；以四川什邡、海南等地为主的雪茄烟分级标准正在制定中。至此，基本形成了涵盖主要烟叶类型的烟叶分级标准体系。

(二)烟叶分级指标演变

从初期的烟叶等级标准到后期的烟叶国家标准和现行的烟叶国家标准，烟叶分级所选用的外观质量因素不断增加，描述质量因素或等级因素档次的术语日趋清晰、明确。

变化最为明显的指标是颜色、身份、油分等。在20世纪60年代以前的标准中，颜色占据主导地位，对烟叶颜色的划分档次包括土黄、淡黄、正黄、金黄、橘黄、深黄、红黄、棕黄、青黄等；42级制烤烟标准中颜色的档次简化为柠檬黄、橘黄、红棕、微带青、青黄。在15级制烤烟标准中，“身份”指标定义为烟叶细胞干物质的充实程度即单位叶面积的质量，同时也包括油分、厚度、叶片结构的综合反映；在以后的标准中，油分和叶片结构相继独立，“身份”内涵也相应发生了变化，在35级制出口标准中定义为烟叶的厚度、密度或单位面积的质量，在42级制标准中定义为烟叶厚度、细胞密度或单位面积的质量，以厚度表示。油分指标在15级标准中定义为烟叶中有利物质的液体或半液体物质在外观上的反映，42级制标准中则定义为烟叶内含有的一种柔软半液体或液体物质。评价指标解释和内容的更新，使技术人员能够更为准确地理解各项指标的内涵，也支撑了外观质量评价工作的开展。

白肋烟标准从12级制到28级制，对分组和品级要素进行了修改。分组时将原标准中的唯一要素“部位”修改为部位和颜色要素，其中部位由原标准中的中下部和上部2个组细化为脚叶、下部、中部、上部和顶叶共5个组，颜色分为4个组，由浅至深分别为浅红黄、浅红棕、红棕，另设杂色组。原标准中的品级要素包括成熟度、身份、叶片结构、叶面、颜色、光泽、长度和损伤度，新标准中增加了宽度（窄、中、宽、阔），并将颜色改为颜色强度（差、淡、中、浓），此外还增加了各等级的均匀度要求。

香料烟标准分级指标的变化主要是分型的变化、指标内涵的变化以及不同级别烟叶的部位、颜色要求的细化。从5级制到10级制，增加了对香料烟分型的规定，将香料烟分为“B型香料烟”和“S型香料烟”；将“厚度”改为“身份”；颜色划分更加细化，原标准只是对5级香料烟中各级别颜色作了描述，如一级烟叶颜色“正黄—深黄”、二级烟叶颜色“淡黄—红黄”、三级烟叶颜色“淡黄—棕黄”，新标准明确将香料烟颜色分为三类：A（橘黄、金黄、深黄），B（正黄、淡黄），K（红棕、浅棕、褐色）。

（三）烟叶分级理论发展

随着烟叶分级标准的不断完善和实施实践，烟叶分级理论逐渐形成并不断发展。

15级制烤烟国家标准发布实施后，1988年，于华堂等编著《烟叶分级标准教材》，系统介绍了15级制烤烟国家标准中分级指标的概念、内涵和评价方法，是我国较早的烟叶分级教材，为相关技术人员更好地掌握和应用烤烟国家标准提供了重要参考。1989年，谭经勋等[11]编著了《烟叶烘烤与分级》一书，详细介绍了15级制标准的研制过程，是我国烟叶分级理论方面较早的专著。

42级制烤烟国家标准发布实施后，烟叶分级工作受到高度重视，烟叶分级也被作为烟草行业特有工种，建立了国家职业资格证书制度，形成了技术工人培训和技能鉴定标准体系。2000年，苏德成等[12]编写了全国烟草行业统编教材《烟叶调制与分级》，详细介绍了我国烟草标准的演变过程、标准内容及实施方法，在烟草科研和技术推广中发挥了积极作用。2002年，王能如等[13]编写了《烟叶调制与分级》一书，在阐述烟叶分级原理的基础上，系统论述了不同类型烟草的烟叶分级标准、操作方法和检验技术，并对国外烟叶分级标准作了介绍，突出了分级原理的基础地位和分级标准的导向功能。2003年，闫克玉等[14]出版了面向21世纪课程教材《烟叶分级》，对烤烟分级的一般理论进行了系统阐述，内容包括烤烟分级的历史情况（沿革），农业生产对分级的影响，分级与品种、栽培、烘烤、土壤和气候条件的关系，烟叶质量的常识，烟叶分级的原理，42级烤烟国家标准的分组、分级，烤烟实物样品，烤烟验收等。此外，还简要介绍了国外烤烟分级标准、我国的白肋烟国家标准与香料烟国家标准以及晒烟标准。

2003年，举办了首届烟草行业烟叶分级职业技能大赛（国家二级竞赛）。2004年，为解决烟叶感官分级高级人才的选拔、培训中管理不规范，烟叶感官分析场所和环境不规范，烟叶实物样品研（仿）制和审定（评）不规范等问题，中国烟叶生产购销公司组织人员编写了《烤烟分级国家标准培训教材》[15]。该教材结合其他行业的经验和有关国家技术标准，在原有内部烤烟国家标准培训资料的基础上，增加了实物标样、分级人才选拔培养、感官分析环境等内容，为烟叶分级人才培养提供了有效手段。

迄今为止，烟叶分级工作基本依靠人工完成，存在劳动量大、效率低、分级误差大等缺点，为解决这些问题，基于烤烟国家标准的烟叶自动化分级已逐渐成为研究热点之一。1994年江苏大学博士论文“数字图像处理在农产品质量检测中的应用——烟叶质量的自动分级”是我国相对较早的有关烟叶自动化分级的研究报道。该研究将图像处理技术与色度学分析运用于烟叶外观特征的提取与分析，初步探索了利用人工神经网络等数学模型进行烟叶分级的可行性[16]。进入21世纪以来，北京工商大学[17]、华中农业大学[18]、郑州大学[19]等单位先后开展了烟叶自动化分级的相关研究，基本思路大体上都是利用计算机视觉技术采集烟叶图像或光谱信息，经过图像预处理后提取颜色特征、形状特征、纹理特征等参数，基于一定的数理统计学算法，建立烟叶分级模型。自2017年起，北京农业信息技术研究中心以烟叶分级因素大数据的深度挖掘和利用为基础，开展了基于机器视觉、深度学习、光机电一体化技术的烟叶智能分级装备研发，烟叶在线分级正确率超过80%、相邻等级识别正确率达到90%。但是，总体来看已有的研究多数集中在技术与软件层面，可真正应用于生产实践的烟叶自动分级技术与设施尚未取得实质性进展。

第四节

烟叶质量评价

随着对烟叶质量认识的更新和分级技术完善，烟叶质量评价方法取得了较快进展。鉴于我国以烤烟型卷烟为主的卷烟市场特征，优质烟叶质量评价方法创新也多集中于烤烟方面，白肋烟、香料烟等类型烟叶的质量评价更多是借鉴国外的方法。

（一）烤烟

20世纪80年代至今，我国烤烟烟叶质量评价大致经历了单指标为主评价、综合评价体系建立、多元化评价体系建立3个阶段。

1. 以单指标评价为主的烟叶质量评价

在烤烟烟叶国家标准建立以前，对烟叶质量的评价往往指对某些关注指标尤其是外观和化学指标的评价，对感官评吸质量的评价仅限于烟叶香气和吃味。如20世纪60—70年代提出优质烟叶标准为颜色金黄、光泽鲜亮、组织细致、烟碱含量较低、糖分含量相对较高。20世纪80年代，由中国农业科学院烟草研究所主持完成的第二次烟草种植区划中，烟草种植最适宜的区域要求烟叶香气质好、香气量足、气味纯净。进入20世纪80年代中期以后，为了适应卷烟工业企业追求低焦油、低危害、高香气的目标，质量目标则要求烟叶颜色橘黄、香气浓郁、吃味醇和、烟碱含量适中。

随着烤烟新国家标准的发布与实施，烟叶外观分级因素得到统一，各项分级指标的概念进一步明晰，为烟叶质量的科学评价提供了可靠的基础和依据。1988年，在于华堂等编著的《烟叶分级标准教材》中，详细介绍了烟叶外观质量、化学成分、物理特性、内在质量的基础知识，初步确立了烟叶质量评价的基本框架。但受到测试方法和仪器的限制，主要关注的烟叶指标较少，如物理特性指标为烟叶长宽、厚度、单叶质量和含梗率等。之后，烟叶质量评价的研究逐渐增多，评价指标不断丰富。两次中美合作后，提出了烟叶糖、烟碱、总氮等指标的适宜范围，烟碱含量平均达到3%（下部叶1.5%，上部叶4.5%），糖含量18%~20%，糖碱比为6，总氮接近烟碱含量为最理想的目标。引入了与燃烧性相关的钾、氯、钾氯比等指标，淀粉含量、单叶质量、拉力、叶片厚度等相继被纳入优质烟叶质量评价的范围。1998年，行业第一个适用于单料烟感官质量评价的标准《烟草及烟草制品　感官评价方法》（YC/T 138—1998）发布实施，包括：燃烧性和灰色2项外观指标；香型、香气质、香气量、杂气、浓度、劲头、刺激性、余味8项感官评价指标；使用价值1项工业使用指标。至此，基本搭建起烤烟烟叶质量的评价框架。

自1999年开始，随着烟叶质量评价工作受到高度关注，烟叶质量评价指标渐趋稳定，主要含外观质量、化学成分、物理特性、感官评吸4个方面，评价方法也初步成型。1999年开展的第一次全国烟叶质量评价中，采用的评价指标包括外观质量指标颜色、成熟度、叶片结构、身份、油分、色度、长宽等，化学成分指标糖、氮、碱、钾、氯等和感官评吸质量。从2002年起，逐步完善为包含外观质量、物理特性（厚度、拉力、叶面密度、平衡含水率、填充值、出丝率、含梗率、单叶质量）、化学成分（还原糖、烟碱、总氮、钾、氯、淀粉、总挥发酸、总挥发碱）、评吸质量、农药残留等指标的多方位评价。

但是，直到20世纪末21世纪初，我国烟叶质量评价主要以优质烟叶的共性质量要求为主，具体评价多以单项指标进行。在“国际型”、替代进口和优质烟叶开发等烟叶生产实践中，烟叶外观质量方面要求成熟度好，结构疏松，以橘黄为主，叶面与叶背颜色差异较小、叶尖与叶基部的色调基本一致，叶片厚薄适中，烟叶醇化潜力好。化学成分则要求烟叶总糖含量为20%~24%，还原糖含量为16%~22%；淀粉含量低于5.0%；烟碱含量1.5%~3.5%，糖碱比值在6~12；钾离子含量≥2.0%；氯离子含量小于0.8%。感官评吸质量要求烟气香气质好，香气量足，劲头适中，杂气轻，刺激性小，燃烧性好，灰色灰白。卷烟配方的可用性高。此时，烟叶质量评价的量化方法和综合评价体系尚未建立。

2. 烟叶质量综合评价指标体系建立

进入21世纪后，烟叶质量评价工作在烟叶生产中发挥着越来越重要的作用，烟叶质量指标的量化与建立定量评价指标体系也在不同层面展开。

1998年，行业第一个引入单料烟评价的标准《烟草及烟草制品　感官评价方法》（YC/T138—1998）发布实施，并被卷烟工业企业广泛应用于对单料烟、叶组配方的评价，是我国烟叶质量标准化评价的开端。该标准共分为11项评价指标，包含燃烧性、灰色2项外观指标，使用价值1项工业使用指标，香型、香气质、香气量、杂气、浓度、刺激性、劲头、余味8项感官评价指标。与此同时，对烟叶外观质量、物理特性和化学成分的量化评价方法也开始了大量的探索。从2000年起，郑州烟草研究院在连年开展全国主产烟区烟叶样品质量评价工作中，以《烤烟》（GB 2635—1992）国家标准规定的评价指标为基础，建立了烤烟烟叶外观质量指标的10分制量化评价方法，并且依据专家打分法，对常用6项外观质量指标（颜色、成熟度、叶片结构、身份、油分、色度）进行了赋权，形成了烤烟外观质量定量评价方法。2001年，吴殿信等[20]研究了烟叶物理特性指标的评价赋值方法，选择与烟叶质量关系比较密切的4项物理指标即填充值、燃烧性、吸湿性和单位面积质量，并将每项指标以国内外公认的最适值作为满分，高于或低于最适值时，得分依次降低，初步建立了烟叶物理特性的赋值评价体系。2001年，闫克玉等[21]提出了烟叶物理特性和化学成分指标的量化评价方法。2006年，广西卷烟总厂与中国科技大学合作完成“烤烟质量评价体系及应用管理系统研究”项目，研究了烟叶化学成分评价指标项及权重系数，制定了《烤烟化学质量评价方案》。2007年，郑州烟草研究院在新一轮《中国烟草种植区划》研究中，系统整理了烤烟烟叶质量评价前期研究结果，并对大量烟叶样品质量数据进行了深入分析，利用隶属函数法、层次分析法等定量与定性相结合的数学分析方法，筛选确定了适于优质烤烟烟叶评价的外观、物理特性、化学成分和感官评价指标，完善了烟叶外观质量和感官评吸质量的量化评价方法，确定了物理特性和化学成分指标的评价赋值方式，建立了含外观质量、物理特性、化学成分协调性和感官质量4个部分共23个指标的烤烟综合品质评价指标体系，首次实现了烤烟综合品质的定量评价。在该体系中，烟叶外观质量评价指标颜色、成熟度、叶片结构、身份、油分、色度按不同档次进行量化赋值，权重分别为30%、25%、15%、10%、12%、8%；化学成分协调性评价指标由烟碱、总氮、还原糖、钾、淀粉、糖碱比、氮碱比和钾氯比8项指标组成，权重分别为17%、

9%、14%、8%、7%、25%、11%、9%，以各项指标最适宜范围为100分，高于或低于该最适宜范围依次降低分值，以可接受的最低范围为60分；物理特性评价指标为拉力、含梗率、平衡含水率和叶面密度4项，权重分别为35%、35%、14%、16%，采用与化学成分相同的方式对各指标赋值；烤烟感官评价指标为香气质、香气量、杂气、刺激性、余味等，权重分别为30%、30%、8%、15%、17%。采用指数和法计算外观质量、物理特性、化学成分协调性和感官质量分值后，再按照4个部分权重6%、6%、22%和66%计算烟叶综合品质分值。该评价体系成为近期烟叶质量评价的重要依据。2010年出版的《中国烟草种植区划》[7]一书对该评价体系的研究和建立过程进行了详细描述。

在该烤烟综合品质评价体系应用过程中，针对不同评价对象的烟叶质量评价指标体系取得了明显进展。一些烟叶产区在实施本区烟草种植精细化区划过程中，采用相似方法，相继建立了适于本地区的烟叶品质评价指标体系。各卷烟工业企业也开展了基于自身品牌特色需求的烟叶原料质量个性化评价方法研究。2009年由红塔烟草集团完成的“楚雄卷烟厂烟叶原料质量体系及其应用研究”项目，应用一元线性回归、简单相关、SVD奇异值分解及聚类、典型相关的分析方法，建立了由12个化学成分指标和单体烟叶感官质量的8个指标组成的烟叶质量指标体系。上海烟草集团、湖北中烟等也围绕品牌的原料使用需求，建立了适合本企业的烟叶原料评价指标体系，并在烟叶原料基地建设、原料品质和配方评价中得到应用。

2018年，郑州烟草研究院针对品种选育工作的特性，经过对评价方法的多年研究和完善，建立了适于烤烟新品种比较的烤烟品质定量化评价指标体系，制定了YQ-YS/T 1—2018《烤烟新品种 工业评价方法》行业标准，为烤烟新品种的品质评价提供了重要参考。

3. 烟叶质量评价体系完善与多元化发展

随着重金属、农药残留等安全性指标成为烟叶质量重要内容以及特色优质烟叶研究与开发工作的深入推进，烟叶质量评价指标逐渐由单纯的质量优劣评价过渡到包含质量风格特征、质量指标优劣和安全性指标限量的综合评价。

2003年制定的《中国卷烟科技发展纲要》[10]中即已提出要从感官评吸质量、主要化学成分（常规化学成分、吸味指标、燃烧性指标和致香成分等）含量、均匀性和协调性、物理参数和安全性指标等方面对烟叶质量进行综合评价。2014年，行业建立了烟叶123种农药的限量企业标准，为评价烟叶农药残留安全性提供了具体参考。

通过特色优质烟叶开发重大专项的实施，2015年，郑州烟草研究院牵头制定了行业标准YC/T 530—2015《烤烟 烟叶质量风格特色感官评价方法》，成为第一个量化评价烤烟烟叶风格特色和质量水平的综合方法。该方法根据中式卷烟质量需求，结合烤烟烟叶质量特点，侧重于烤烟烟叶的质量风格特色评价，将评价内容分为风格特征、品质特征2大类评价项目，香韵、香气状态、香型、烟气浓度、劲头、香气质、香气量、透发性、杂气、细腻程度、柔和程度、圆润感、刺激性、干燥感、余味15项指标。该方法建立了香韵、香气状态与香型的紧密联系，对烟叶香气风格刻画更加准确，界定更为细致，能较为全面、准确地反映烟叶风格特征。依据香韵、香气状态、香型等评价指标及标度值，能够得到不同香型烟叶样品感官质量风格特征及差异；依据香韵、香气状态、香型、浓度和劲头等评价指标及标度值，能得到同一香型不同产地烟叶样品感官质量风格特征及差异；依据烟叶样品质量风格特色评价结果，可明显区分各个烟叶产区烟叶样品品质特征。该评价体系对卷烟工业企业进行烟叶风格定位、品质判定、模块配方、配方替代、产品开发等都具有较强的借鉴意义。

随着烟叶质量评价体系的不断发展和完善，烟叶质量评价方式也不断创新。自2000年开始，郑州烟草研究院开展全国主产烟区烟叶质量的跟踪评价工作，在系统分析主产烟区烟叶外观、物理、化学、感官评吸指标的基础上，提出烟叶质量问题及改进建议，每年发布全国烟叶质量评价报告，烟叶质量评价逐渐成为优质烟叶生产的重要环节。2004年开始，增加了烟叶主要重金属的跟踪检测。定量化烟叶质量评价指标体系建立后，2006年开始，每年的全国烟叶质量评价报告升级为《中国烟叶质量白皮书》，面向全行业发布，烟叶质量评价工作的影响力不断增强。为适应信息技术的快速发展，郑州烟草研究院2016年研发上线了“全国烟叶质量评价数据库平台”，实现了主产烟区烟叶质量数据的实时查询、比较、分析等功能；自2018年起，在烟草科研大数据重大专项的支持下，郑州烟草研究院联合中国科学院计算机网络信息中心等单位开始研发“烟叶质量大数据服务平台”，利用大数据深度挖掘技术，在数据查询、对比分析等功能的基础上，在烟叶质量指标之间的关系发掘、基于烟叶质量产区相似性的配方替代等方面进行了更为深入的探索，该系统于2020年8月上线试运行，为烟叶质量数据更好地服务于我国烟叶生产和工业使用提供了先进的工具。

4. 烟叶质量评价新方法研究

随着分析技术、信息技术的发展，烟叶质量评价方法也得到了快速发展，主要集中在质量评价新指标发掘和质量评价新方法研究2个领域。

烟叶质量评价新指标的发掘集中于外观质量指标和化学成分指标。外观质量指标的研究主要关注在烤烟标准规定的外观分级指标之外且与烟叶内在品质相关性强的外观质量评价延伸指标。如2008年上海烟草集团等单位开展的“中华烟叶分选技术的研究”项目中，提出了光泽、细腻度可以作为烟叶外观质量的评价指标[22]；2011年，郑州烟草研究院在“烤烟外观区域特征相似性归类研究”项目研究中，提出了底色、柔韧性、蜡质感等外观质量评价指标[23]。化学成分指标的研究多集中于香味物质和香气前体物指标，如多酚、质体色素、游离氨基酸和致香成分等。2015年，特色优质烟叶开发重大专项烟叶香型风格化学基础项目研究中，提出了不同香型风格区烟叶茄酮、类胡萝卜素降解产物、焦糖化产物差异明显，类胡萝卜素、芸香苷等前体物含量较高时容易产生“清”的感觉，糖类、还原糖、Amadori化合物较高则易产生“甜”的感觉，香气成分中等、巨豆三烯酮（干草香、浓度）及其前体物略低时清甜香容易凸显，总糖、蔗糖较高，含氮物质、香气物质略低，其他成分中等时蜜甜香突出，糖类低、茄酮及类胡萝卜素降解产物等香气成分普遍较高时焦甜香易突出。2018年，郑州烟草研究院在完成的《蛋白质和游离氨基酸在烟叶质量评价中的应用及主要影响因素研究》项目中，筛选了还原糖、蛋白质、碱性氨基酸占游离氨基酸总量的比例、脯氨酸占游离氨基酸总量的比例共4项与感官评吸品质关联强的指标，并作为烟叶化学成分评价指标。

烟叶质量评价新方法的创新研究集中于基于光学技术发展的外观质量评价方法方面，力图利用现代光学分析技术实现烟叶外观质量的准确判断，将技术人员“手摸、眼看、思想感”的主观评价转变为仪器检测和数据分析判断的客观评价。2003—2004年，郑州烟草研究院在“近红外光谱分析在烟叶外观质量鉴定中的应用研究”项目中，建立了基于近红外技术的烟叶叶片结构和油分预测模型，预测结果与专家评价结果的相符性分别达到90%和77%[24]。2009年，中国农业科学院烟草研究所研究了利用物理特性指标（叶面密度、厚度）表征烟叶外观质量指标（身份、叶片结构）的可行性，建立了基于近红外技术的烟叶身份和叶片结构预测模型[25]。2012—2014年，郑州烟草研究院在“基于扫描电镜图像分析的烤烟烟叶微观结构特征研究”项目中，探讨了基于光学仪器和图像分析技术的烟叶表面微观特征量化方法，建立了基于微观特征指标的烟叶成熟度和叶片结构预测模型[26, 27]。2014年，中国农业大学利用近红外技术，研究了烟叶颜色（柠檬黄、橘黄）、部位（下部、中部、上部）及组别（上部柠檬黄、上部橘黄、中部柠檬黄、中部橘黄、下部柠檬黄、下部橘黄）识别的可行性，建立的模型对烟叶颜色的识别正确率达98%，部位的识别正确率达96%，组别的识别正确率达94%[28]。

随着各种数理统计方法应用范围的不断扩大，人工神经网络、模糊聚类、灰色关联等一些新的方法也被引入烟叶化学成分协调性及其与感官质量关系的研究中。这些方法多依靠烟叶化学成分检测结果和感官质量人工评价结果，从而建立基于某种统计学方法的感官质量预测模型。2006年，云南省烟草农业科学研究院在“云南省主产烟区烤烟内在化学成分的剖析”项目中，建立了一套以致香成分分析为主、其他化学成分为辅助的烟叶和卷烟质量评价方法。2018年，郑州烟草研究院在“蛋白质和游离氨基酸在烟叶质量评价中的应用及主要影响因素研究”项目研究中，建立了感官评吸品质为导向的烟叶化学成分适宜性评价方法，利用该评价方法获得的化学成分适宜性评价分值与感官评吸品质和外观品质评价结果的一致性强。但是，由于烟叶成分比较复杂，对人体的感官刺激与人的主观感受之间的关系非常微妙，要真正建立化学成分与烟叶感官质量之间确定的数学模型仍需进一步深入研究。

（二）晾晒烟

由于我国白肋烟和香料烟生产发展有限，烟叶品质评价指标总体变化不大，质量评价方法主要借鉴烤烟质量和传统晾晒烟评价方法。而且迄今为止，除感官评吸质量指标外，多数指标仍以单指标评价为主。

自2000年开展全国主产烟区烟叶质量评价以来，白肋烟烟叶外观质量评价指标主要为颜色、成熟度、叶片结构、身份、叶面、光泽、颜色强度、宽度；物理特性主要指标为叶面密度、平衡含水率、拉力、填充值、含梗率和单叶质量；化学成分主要关注烟碱含量、总氮含量、挥发酸含量、糖碱比、氮碱比、pH等；感官评吸质量指标主要为香型风格、风格程度、香气量、浓度、杂气、劲头、刺激性、余味、质量档次等。外观质量和感官评吸质量评价依据国家标准或行业标准进行定性评价，化学成分和物理特性评价则主要为各指标的简单比较。近年来，TSNAs含量逐渐成为白肋烟的重要评价指标之一，但也只能以指标的比较为主，尚没有统一的评判标准。

香料烟一般不做物理特性评价，外观质量指标主要有颜色、组织结构、身份、油分、光泽等，主要依据国家标准进行定性评价。香料烟的化学成分因品种类型和生态条件不同而差异较大，总体上香料烟糖含量高于晾烟而低于烤烟，烟碱含量低于晾烟和烤烟。香料烟的感官评吸指标与白肋烟类似，主要为香型风格、风格程度、香气量、浓度、杂气、劲头、刺激性、余味、质量档次等。香料烟的质量评价与白肋烟类似，外观质量和感官评吸质量评价依据国家标准或行业标准进行定性评价，化学成分和物理特性评价则主要为各指标的简单比较。

近年来，随着雪茄外包皮烟的试种和推广，雪茄烟尤其是茄衣的质量评价工作也受到高度关注。2013年，川渝中烟[29]比较了海南和印度尼西亚茄衣的外观质量、物理特性、化学成分和感官评吸质量的差别，使用的外观质量指标为颜色、成熟度、叶片结构、身份、长度和宽度、油分、色度、脉叶色泽一致性、残伤、支脉粗细等；物理特性指标为厚度、叶面密度、拉力、含梗率、平衡含水率；化学成分指标为总氮、总植物碱、氮碱比、钾、氯、钾氯比；感官评吸指标为风格显著程度、香气量、杂气、刺激性、甜度、劲头、浓度、余味等指标。

第五节 展望

（一）与生态环境相匹配的烟叶分类分级技术

我国烟区分布广泛，生态环境差异明显。2016年郑州烟草研究院等单位完成的“全国烤烟烟叶香型风格区划”项目将我国烟叶产区划分为8个香型生态区，不同生态区烟叶外观质量也存在明显的区域特征，但是由于我国现行烤烟国家标准没有对烟叶进行分型，生产实践中往往存在不同烟叶产区同一标准档次烟叶外观质量差异明显的现象。研究香型分区前提下与特色烟叶生产技术相匹配的烟叶分级标准体系和适合品牌原料需求的烟叶工业分级体系，将有助于提高烟叶原料与卷烟品牌的匹配度和烟叶资源的利用率。

（二）基于现代光学技术的自动化烟叶分级技术

当前，我国烟叶分级仍主要采用“眼看、手摸”等方式，使烟叶分级成为一项高度依赖于人的经验、责任和水平的专业技能。虽然行业每年花费大量人力物力财力进行分级人员培训，但在实际工作中“一套文字标准”做出“多套实物标样”的例子并不罕见，这也是我国烟叶收购工作的难点之一。因此，多年来自动化烟叶分级一直是烟叶分级的研究重点和热点。目前，可见光—近红外光谱在烟叶的自动化分级中展示出了良好的效果，深入研究、形成基于现代光学技术的自动化烟叶分级技术，研发烟叶自动化分级相关设备，实现烟叶的自动化分级，将有助于大大提高烟叶生产的现代化水平。

（三）服务不同目的的个性化烟叶质量评价指标体系

烟叶质量评价在烟叶生产和卷烟产品原料使用过程中发挥着越来越重要的作用。已经建立的烤烟综合质量评价指标体系多数是一般性评价，如《中国烟草种植区划》中建立的烤烟综合品质评价指标体系，一些指标尤其个别化学成分指标赋值过程对不同生态区和原料使用的差异体现不充分，使得对一些烟叶产区如东北等地烟叶质量的评价结果产生偏差，影响了烟叶质量评价指标体系的应用效果。因此，研究建立服务不同目的的个性化烟叶质量评价体系也成为近年烟叶质量的研究热点。郑州烟草研究院针对烤烟新品种质量评价建立了评价指标体系，一些卷烟工业企业也基于自身需求探索建立原料质量评价体系，但由于我国烟草种植区域差异明显，基于“产区生态特性+工业需求差异”的个性化烟叶质量评价指标体系将成为新的研究方向。

（四）大数据背景下烟叶质量评价数据的深入挖掘和应用

随着卷烟工业企业品牌导向原料基地的逐渐稳定，定制化生产方式渐趋普及，越来越多的卷烟工业企业对主要原料基地单元提出了烟叶质量目标，如成熟度、单叶质量、结构、主要化学成分的适宜范围、有害成分残留限量等，对当年生产的烟叶质量进行评价并提出改进建议作为烟叶产区生产技术调整的重要参考。这一生产模式中，烟叶质量的目标导向作用愈加重要。2016年起，郑州烟草研究院陆续建立了全国烟叶质量评价数据库、全国烟草品种试验数据库和烟叶质量大数据应用服务平台，在实现产区烟叶质量数据实时查询、比对、分析的基础上，充分利用大数据、物联网等技术，研究建立集烟叶质量数据查询检索，在线评价、诊断与追溯，烟叶质量实时预测，生产技术和配方使用推荐等于一体的烟叶质量应用系统，不仅有助于发挥烟叶质量在烟叶生产中的目标导向作用，也有助于充分发挥烟叶质量在卷烟配方中的作用，从而最大限度地发挥烟叶质量评价在烟叶生产和卷烟原料使用中的枢纽作用。

本章主要编写人员：张艳玲、过伟民、王建伟

参考文献

[1] 闫新甫.中外烟叶等级标准与应用指南[M].北京：中国质检出版社，中国标准出版社，2012.

[2] 国家技术监督局. 烤烟：GB 2635—1992 [S]. 北京：中国标准出版社，1992.

[3] 国家质量技术监督局. 香料烟　分级技术要求：GB 5991.1—2000 [S]. 北京：中国标准出版社，2000.

[4] 国家质量监督检验检疫总局. 白肋烟：GB/T 8966—2005 [S].北京：中国标准出版社，2005.

[5] 国家烟草专卖局. 晒黄烟　第1部分：分级技术要求：YC/T 484.1—2013 [S]. 北京：中国标准出版社，2013.

[6] 国家烟草专卖局. 烟草及烟草制品　感官评价方法：YC/T 138—1998 [S]. 北京：中国标准出版社，1998.

[7] 王彦亭，谢剑平，李志宏. 中国烟草种植区划[M].北京：科学出版社，2010.

[8] 国家烟草专卖局. 烤烟　烟叶质量风格特色感官评价方法：YC/T 530—2015 [S]. 北京：中国标准出版社，2015.

[9] 丁清源. 中美合作改进中国烟叶质量试验研究[J]. 烟草科技，1989 (6)：21-26.

[10] 国家烟草专卖局. 中国卷烟科技发展纲要[R]. 国家烟草专卖局，2003.

[11] 谭经勋，陈兆兴. 烟叶烘烤与分级[M]. 济南：山东科学技术出版社，1989.

[12] 苏德成. 烟叶调制与分级[M]. 北京：中国财政经济出版社，2000.

[13] 王能如. 烟叶调制与分级[M]. 合肥：中国科学技术大学出版社，2002.

[14] 闫克玉，赵献章. 烟叶分级[M]. 北京：中国农业出版社，2003.

[15] 中国烟叶生产购销公司. 烤烟分级国家标准培训教材[M]. 北京：中国标准出版社，2004.

[16] 张建平. 数字图像处理在农产品质量检测中的应用——烟叶质量的自动分级[D]. 镇江：江苏大学；常熟：江苏理工大学，1994.

[17] 韩力群，何为，苏维均，等. 基于拟脑智能系统的烤烟烟叶分级研究[J]. 农业工程学报，2008，24（7）：137-140.

[18] 李浩. 基于数字图像处理技术的烤烟烟叶自动分组模型研究[D]. 武汉：华中农业大学，2007.

[19] 牛文娟. 基于图像处理的烟叶分级研究[D]. 郑州：郑州大学，2010.

[20] 吴殿信，袁志永，阎克玉，等. 烤烟各等级烟叶质量指数的确定[J]. 烟草科技，2001（12）：9-15.

[21] 闫克玉，袁志永，吴殿信，等. 烤烟质量评价指标体系研究[J]. 郑州轻工业学院学报（自然科学版），2001，16（4）：57-61.

[22] 汤朝起，刘伟，潘红源，等. 烤烟外观质量的评价延伸指标与内在品质的关系[J]. 烟草科技，2011（9）：71-74.

[23] 王信民，李锐，魏春阳，等. 烤烟外观区域特征感官评价指标的筛选[J]. 烟草科技，2011（3）：59-68.

[24] 周汉平，王信民，宋纪真，等. 烟叶结构和油分的近红外光谱预测[J]. 烟草科技，2006（1）：10-14，29.

[25] 付秋娟，杜咏梅，常爱霞. 等. 烤烟叶片身份和结构与化学成分的关系及其近红外模型研究[J]. 中国烟草学报，2009，15（6）：41-43，48.

[26] 过伟民，程森，张骏，等. 烤烟表面微观结构特征与外观品质的关系[J]. 烟草科技，2015，48（8）：1-6.

[27] 过伟民，尹启生，张艳玲，等. 烤烟部位间叶面微观形态特征的差异及其与部分外观、物理指标的关系[J]. 中国烟草学报，2017，23（11）：62-68.

[28] 蔡嘉月，梁淼，温亚东，等. 应用可见—近红外高光谱分析烟叶的颜色和部位特征[J]. 光谱学与光谱分析，2014，34（10）：2758-2763.

[29] 李爱军，范静苑，秦艳青，等. 海南与印尼茄衣烟叶质量差异分析[J]. 中国烟草学报，2013，19（4）：60-63.

第七章

烟草加工工艺

烟草加工工艺是将烟叶原料和卷烟材料加工成卷烟产品的过程和技术方法[1, 2]，主要包括烟叶复烤、卷烟原料制丝、卷烟卷制包装以及其他相关配套的技术与方法，同时是卷烟产品设计的重要组成部分。在技术研发过程中，需要应用物理学、化学、生物学、化工和热力学等领域的基础理论以及机械学、自动控制、现代信息物流等方面的技术。卷烟加工工艺的发展和应用，以科学合理、高效经济为原则，实现了卷烟生产的“优质、低耗、高效、安全、环保”目标。近40年来，我国烟草加工工艺研究，结合了其他学科技术成果，开展了技术创新和技术推广应用研究工作，取得了显著成效，工艺理念进一步更新，关键技术取得了突破，卷烟加工技术水平明显提升，推动了行业工艺技术进步和经济效益提升。

第一节 概述

自20世纪80年代以来，我国烟草加工工艺经历了技术整顿与规范、技术引进与消化、技术提升与再创新、技术自主创新等发展阶段。烟草加工工艺技术创新研究与推广应用，持续推进卷烟生产技术改造，努力促进烟草产业转型升级，烟草加工工艺水平大幅提高，达到国际先进水平。卷烟生产技术装备水平和卷烟产品物理质量与原料消耗水平整体处于国际先进水平，卷烟产品质量及稳定性显著提升。

（一）技术整顿与规范

1981—1985年是我国国民经济和社会发展第六个五年计划的实施期。“六五”期间，总公司和国家局分别于1982年和1984年先后成立。当时，我国卷烟生产企业众多，总数达几百家；卷烟生产能力低下，以生产无嘴烟为主，1981年全国卷烟产量为1704万箱，滤嘴卷烟95.7万箱，卷烟产品供不应求，市场需求旺盛。我国烟草行业面临的主要任务是尽快发展生产，保障供给，确定了关停计划外小烟厂和扩大生产、满足消费、增加积累的发展思路，实施了第一次战略转变，即从小商品生产方式向产量规模效益型发展战略的转变。到1985年，全国卷烟产量发展到2359.5万箱，比1981年增长38.5%，关停了300多家计划外小烟厂。

这一时期，根据行业实施第一次战略转变要求，卷烟生产工艺技术发展也做出适应性调整，重点解决了卷烟生产规模小，机械化、连续化水平低，存在手工作业问题；技术装备水平低下（国际20世纪30年代装备水平）和单一问题（只有打叶去梗技术与设备、滚筒式烘丝技术与设备）；卷烟生产质量水平较低问题（卷烟质量抽检合格率不到90%，1981年卷烟焦油量平均30mg/支左右，嘴烟平均25mg/支左右，原料消耗56kg/箱左右）[3]。因此，我国烟草加工工艺主要任务是技术整顿与初步规范，以《卷烟工艺规范》（1985版）[4]的制定与发布实施作为标志性成果和举措，明确了卷烟加工基本工艺流程，规范了卷烟生产方法，针对工序的工艺任务、来料标准、制造标准、设备特征、技术条件，提出了涉及产品制造标准、尺寸规格标准、温湿度控制标准、在制品及成品含水率标准等指令性标准或规定性要求，推动了卷烟制造工艺技术的完善、卷烟产品质量的提高、原辅材料消耗的降低。

经过5年时间的技术整顿与初步规范，《卷烟工艺规范》（1985版）实施和工艺技术进步，初步实现了卷烟生产的规范化，在一定程度上提升了工艺技术水平，推动了卷烟工业生产条件的改善，初步解决了卷烟生产的机械化、连续化问题（一些企业或工序仍然存在手工作业问题）；推动了质量管理初步走向规范化、标准化；在一定程度上提高了卷烟生产质量水平（卷烟质量抽检合格率90%左右，焦油量平均26mg/支以上，原料消耗基本维持在56kg/箱左右）[3]。尽管在工艺技术装备方面，部分实现了机械化、连续化，生产效率得到一定提升，但卷烟生产整体工艺技术和生产装备水平仍相当落后，产品技术含量很低。

（二）技术引进与消化

1986—1990年，是我国国民经济和社会发展第七个五年计划的实施期。我国烟草加工工艺与当时国际先进水平存在较大差距，针对工艺技术装备水平低，生产规模水平依然较小，机械化、连续化水平依然较低，卷烟生产质量水平仍然不高等问题，行业在工艺技术提升方面加大了技术改造力度，通过技术引进，推动卷烟制造水平提升，并在技术引进基础上，进行技术消化吸收，最终在行业大规模推广应用，推动行业卷烟生产技术水平整体上台阶。

这一时期，我国烟草加工工艺主要任务是技术引进与消化，继续推动《卷烟工艺规范》（1985版）的实施，同时开始实施技贸结合，引进与消化吸收烟叶原料在线膨胀、计算机等新工艺、新技术、新材料和新设备，并作为重要技术手段推广应用。通过技术引进与消化，生产线技术改造推动我国卷烟工艺的完善和发展，进一步完善卷烟加工工艺流程，解决卷烟生产的机械化、连续化问题，提高卷烟生产效率和质量水平，引导我国卷烟制造工艺技术向国际先进水平靠近，提高卷烟生产优质、低耗、高效、安全的能力，提升加工工艺技术水平。

经过5年的技术引进与技术消化，推动了卷烟企业生产条件的改善，解决了机械化、连续化生产问题，推动了质量管理走向规范化、标准化；提高了卷烟生产质量水平（卷烟质量抽检合格率为94.9%，卷烟焦油量平均21.5mg/支，滤嘴卷烟平均20.32mg/支，原料消耗53kg/箱左右）；实现了规模效益增长（3260.4万箱/年，嘴烟占48%左右，利税270亿元/年）[3]。

（三）技术提升与再创新

1991—2000年，是我国国民经济和社会发展第八个五年计划和第九个五年计划的实施期。该时期烟草行业卷烟生产规模处在较高水平的稳定期，利税在增长，但效益不佳，一些企业存在亏损状况。在卷烟生产企业工艺技术水平方面，通过前期的技术引进和消化吸收，水平较高，部分装备达到当时的国际先进水平，工艺技术手段多样化，在线膨胀、计算机等技术与设备得到广泛应用，但先进的工艺技术与装备的应用效果并不理想，卷烟生产的原料消耗依然较高，质量水平有待进一步提高。

这一时期，我国烟草加工工艺技术主攻任务是技术提升与再创新，进一步理顺工艺流程，提高在制品和产品的物理质量，降低原材料消耗。以《卷烟工艺规范》（1994版）[5]的制定与发布实施和“降低烟叶消耗工程”项目[6]的实施作为重要技术手段和推动力。该版《卷烟工艺规范》强调指标的指令性，针对在制品制造工艺质量及各工序加工精度，工序工艺任务、来料标准、设备性能、技术要点等方面进行了规定和要求，提高卷烟加工物理质量，降低卷烟原材料消耗，以满足卷烟产品生产优质、低耗、高效、安全的要求，强化规范生产，突破新技术应用，实现流水线、自动化生产。通过《卷烟工艺规范》（1994版）的实施为全行业卷烟工艺技术水平、企业整体实力和卷烟产品水平的全面提高，为推动我国卷烟工艺技术赶上国际水平，卷烟产品水平在不远的将来跨入世界的先进行列发挥重要的作用。1993年开始在济南卷烟厂、新郑卷烟厂试点基础上，结合《卷烟工艺规范》（1994版），国家局大力推进“降低烟叶消耗工程”项目技术研究与技术推广应用，重点围绕着降低卷烟产品单支含烟丝量和加工过程原料损耗率，通过革新卷烟加工工艺流程和优化生产工艺参数，使卷烟工艺更适合我国卷烟产品加工的要求，强化了规范生产，突破了新技术应用，整体工艺技术水平大幅提升，满足卷烟产品生产优质、低耗、高效、安全的要求，为推动我国卷烟工艺技术赶上国际水平，卷烟产品水平在不远的将来跨入世界的先进行列发挥了重要作用。“降低烟叶消耗工程”项目获得1999年度中国烟草总公司科技进步一等奖。

经过10年的技术提升与再创新，推动了卷烟工业生产条件进一步提升，解决了机械化、连续化问题，实现了卷烟生产的流水线、自动化；围绕物理质量，推广应用了新工艺技术，推动了工艺流程进一步优化，工艺流程多元化，实现工艺与参数优化和工艺指标的规范化、标准化、系统化；提高了卷烟生产质量水平，物理质量显著提升，卷烟质量抽检合格率达到99%以上，卷烟焦油量平均值降至16.37mg/支，原料消耗降至40kg/箱左右。

（四）技术自主创新

2001—2020年，是我国国民经济和社会发展第十个至第十三个五年计划的实施期。在20世纪末，我国烟草行业生产经营存在一些新的突出问题，卷烟品牌众多（达到2000个），卷烟牌号整体呈现弱、小、散、乱和集中度低的不良状况；全国性品牌突围艰难，某些知名品牌甚至强者趋弱；品牌规模质量效益较差等。这个时期，我国烟草行业进入“品牌竞争，品牌壮大，品牌效益”时代，行业适时推出了卷烟产品结构调整和企业组织调整的意见与举措。作为我烟草行业重要组成部分的卷烟生产企业，经过几十年的发展，工艺技术装备达到当时国际先进水平，工艺技术手段进一步多样化，出现个性化、特色化应用趋势；生产规模较大，自动化水平较高，基本具备智能化生产条件；卷烟生产中的物理质量处于较高水平，原料消耗较低，但卷烟感官质量有待进一步提升，卷烟焦油量有待进一步降低。

自2001年起，我国烟草加工工艺技术的主攻任务是创新中式卷烟特色工艺，在保持或降低原材料消耗基础上，提高卷烟感官质量；强调过程质量稳定与提升的控制和实现，凸显工艺对产品感官质量的贡献；引导烟草加工工艺技术向自主创新转变，实现流程再造。烟草加工工艺技术自主创新的重要抓手和举措是《卷烟工艺规范》（2003版）和《卷烟工艺规范》（2016版）[1，2]的制定与发布实施及中式卷烟特色工艺的创新与实践。2003版《卷烟工艺规范》强调指导性，围绕着卷烟加工工艺技术主攻任务，突出了理念与发展方向，引入了设备仪器点检技术，强调了工艺控制（管理）由结果控制向过程控制转变、由控制指标向控制参数转变、由人工控制经验决策向自动控制科学决策转变，提出来了在制品质量检测岗位的质量检测职能逐步向在线仪器仪表检测校验转变，建立了批内质量的概念，明确了卷烟工艺对改进卷烟产品内在质量的贡献等内容，并对工序的工艺任务、来料标准、设备性能、技术要点等方面进行了规定和要求；2016版《卷烟工艺规范》进一步树立了以卷烟产品为中心思想，形成了系统化和大工艺理念，强调充分发挥原料使用价值，强化质量成本控制，体现深化过程控制，加强工艺质量风险评估和控制，突出了特色工艺和自主创新，为新阶段实现卷烟产品生产的优质、低耗、高效、安全、环保提供了技术支撑。中式卷烟特色工艺围绕分组加工、均质化加工、数字化加工等技术开展创新应用研究，针对原料叶组模块划分与加工工艺选择，开展分组加工技术研究，实现工艺流程再造，强化卷烟产品风格特征，提升烟叶原料使用价值，拓宽卷烟原料使用范围，降低成本；针对卷烟产品多点加工的品质一致性和稳定性，开展均质化加工技术研究，实现卷烟生产的集约化和多点加工产品的均质化；针对统计过程控制（SPC）、计算机辅助分析（CAE）、生产执行系统（MES）、流程仿真与数值优化等方面，开展数字化加工技术研究，实现过程质量控制的智能化和卷烟生产过程的柔性控制。“制丝工艺技术水平分析及提高质量的技术集成研究推广”（2006年度一等奖）、“长沙卷烟厂特色工艺技术研究与应用”（2008年度一等奖）、“特色工艺技术应用基础及共性技术研究”（2010年度二等奖）、“叶丝加料技术与应用研究”（2012年度二等奖）、“ZJ116型（16000支/min）卷接机组”（2015年度二等奖）、“新型8000支/min卷接机组（ZJ118型）研发”（2018年度二等奖）、“中式卷烟细支烟品类构建与创新”（2018年度二等奖）项目分别获得国家烟草专卖局（中国烟草总公司）科技进步奖。

经过近20年的技术自主创新，推动了卷烟工业生产条件再次提升，实现了卷烟生产自动化；推动了部分工艺技术自主创新，特色工艺精细化加工得以实现，智能化控制技术得以发展，功能化、个性化技术装备不断涌现；进一步推动了我国卷烟制造工艺技术进步和水平提升，卷烟产品风格特征得到一定程度彰显，卷烟产品质量提高，稳定性提升，卷烟原料使用价值提升，使用范围也不断拓宽。2019年，卷烟产量达到4679万箱，销售卷烟4771万箱，销售量超100万箱品牌达到17个（超过300万箱3个，150万~300万箱8个），卷烟原料消耗32kg/箱左右，卷烟质量抽检合格率为100%，卷烟焦油量平均10.2mg/支，卷烟产品批内焦油量和烟气烟碱量波动值分别控制在0.9mg/支和0.1mg/支以内[7, 8]。

第二节

烟草加工工艺技术

（一）烟叶复烤工艺技术

烟叶复烤是指将调制初加工后的原烟进行干燥、冷却与回潮处理，使烟叶含水率均匀地降至12%左右，以适合于储存及醇化的工艺过程，分为挂杆复烤和打叶复烤。

挂杆复烤是指将扎把的初烤烟叶挂在烟杆上送入复烤机内进行干燥、冷却与回潮处理，使烟叶含水率均匀地降至12%左右以适用于储存及醇化的工艺过程；打叶复烤是指将初烤后烟叶经打叶并把叶片（片烟）与烟梗分离后分别进行干燥、冷却与回潮处理，使其含水率降至适合于储存及醇化的工艺过程。基本工艺流程如图7-1和图7-2所示[9]。

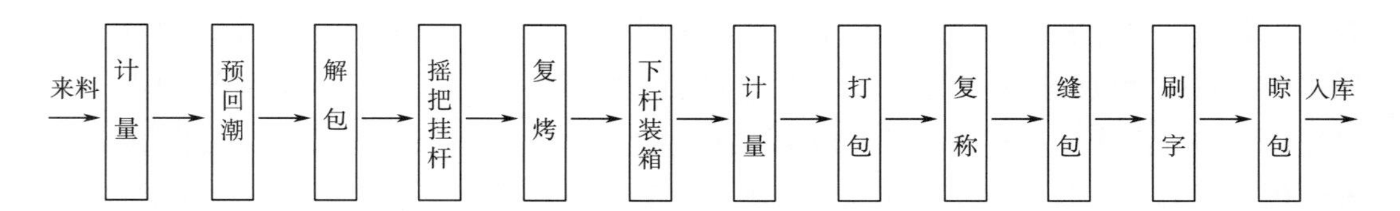

图7-1 挂杆复烤工艺流程

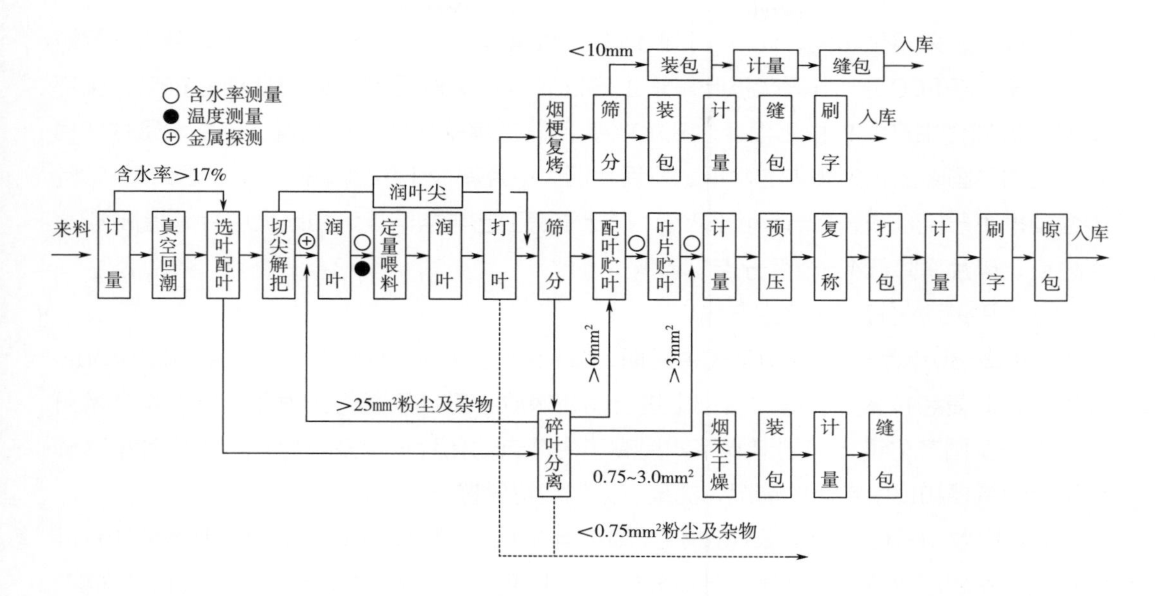

图7-2 打叶复烤工艺流程

近40年来，我国先后实施了挂杆复烤和打叶复烤，经历了由挂杆复烤技术向打叶复烤技术的转变。1986年以前，我国全部采用挂杆复烤技术，1986—2004年，挂杆复烤技术和打叶复烤技术共同存在，挂杆复烤逐步减少，2000年左右卷烟企业全部实施了片烟投料制丝加工工艺，2004年之后淘汰了挂杆复烤技术，全部推行了打叶复烤技术。

打叶复烤工艺技术应用是烟草行业的一项重大改革。与挂杆复烤技术相比较，打叶复烤可减少原料损耗（3%~5%），提高加工后烟叶原料质量，提高生产效率。同时，打叶复烤不仅仅是对复烤厂的改造，更是对烟草加工工厂卷烟制造整体工艺的再造，包括车间、厂房等方面的工程设计，为卷烟工厂后来的技术改造创造了良好的条件，具有重要的意义[10]。

打叶复烤技术在我国的研究较早，但真正应用起步于20世纪80年代初期。郑州烟草研究院在前期研究的基础上，于1986年研制出了第一条6000kg/h国产打叶复烤生产线并在云南楚雄南华地区被应用，掌握了原烟打叶复烤工艺技术，为打叶复烤工艺技术在我国的推广应用和技术提升奠定了重要基础。

打叶复烤是一个复杂的技术应用过程，多年来，主要围绕着原烟预处理、打叶去梗、复烤及技术系统集成，开展了技术开发和技术应用等方面的创新工作，打叶复烤技术经历了从无到有、从点到面的过程，并实现了全面应用和深化提升。

1. 打叶复烤生产线技术

（1）自行研发打叶复烤生产线

在学习国外生产线先进工艺和主要设备经验基础上，自行研究设计了柔性打叶和低温慢烤技术，采用了切尖、润叶、打叶风分、烘烤等工艺。1986年，郑州烟草研究院研制出了第一条6000kg/h国产打叶复烤生产线，从切尖解把到片烟和烟梗的打包，全部实现了机械化生产，机械化程度达到90%，部分工序采用了自控装置，主要设备性能稳定，达到了国际上较为先进的水平。打后片烟大中片率大于82%，碎片率小于2.5%，叶中含梗率小于3%，梗含叶率小于2%；打叶复烤工艺与挂竿复烤相比大中片率提高12个百分点，碎片率降低4.5个百分点[11]。

（2）引进消化打叶复烤生产线

20世纪80年代末期到90年代中后期，分别引进COMAS、MacTavish和Garbuio等国外打叶复烤技术，并在此基础上进行消化吸收，开展了柔打技术和低温慢烤技术研发，提升了国产化设计和制造水平，提高了生产自动化程度以及打后片烟大中片率，降低了叶中带梗和梗中带叶的情况，提高了片烟复烤质量。

消化吸收引进COMAS公司技术。1990年10月，首条5000kg/hCOMAS卧式打叶线在杭州卷烟厂建成，生产线打叶风分机组采用四打十一分技术，设备数量、占地面积、装机容量较少，比较符合当时中国国情，为打叶复烤技术推广应用提供了经验。生产应用结果表明，片烟大中片率为84%~85%，叶含梗率1.8%，梗含叶率为1.1%~1.2%，出片率达到66%以上，有效作业率75%~78%。

采用COMAS片烟（烟梗）低温慢烤技术，结合打叶等技术，设计了国产化COMAS型12000kg/h生产线[12]，并于1993年8月在云南玉溪复烤厂投入使用，1993年11月生产线通过技术鉴定验收。复烤机由干燥、冷却、回潮3段组成，干燥段分5个温度区，各区温度和回潮含水率采用PC控制。

消化吸收MacTavish和Garbuilo公司技术。采用MacTavish型打叶机组的柔打技术和Garbuilo型片烟（烟梗）复烤机低温慢烤技术，设计了MacTavish-Garbuio型12000kg/h打叶复烤生产线[9]，并于1996年在贵州湄潭复烤厂投入使用，1997年12月通过技术鉴定验收。生产应用结果表明，打叶机组打后中片率87%以上，叶含梗率1.5%左右，梗含叶率在1.1%左右，出片率达到65%以上，有效作业率90%以上，复烤机性能达到20世纪90年代国际同类水平。

（3）高效节能打叶风分技术

在消化COMAS、MACTAVISH、GARBUIO、GRIFFIN技术基础上，相继研制了节能型打叶风分技术，采用四打十一分，二打前设级间回潮，风分器级间直接串联，打叶器风分器间取消风送，比6000kg/h生产能力MacTavish线装机功率降低了30%。

融合国内外技术，体现节能减排要求，满足大流量及指标个性化需求，研发了高效节能打叶风分技术，并在四川德昌复烤厂投入使用。生产应用结果表明，能耗比节能型机组再降低10%；叶含梗指标可控范围为1.0%~2.5%，提高了出片率；噪声进一步降低，物料中粉尘和车间扬尘有效减少；高速皮带机采用快拆结构，更换时间不超过2h。

（4）大流量复烤技术

自主研发出16000kg/h片烟复烤技术，2012年12月在山东诸城复烤厂投入使用。复烤机采用双侧进风、框架上下分体，实现温湿度、含水率全自动控制。具有鲜明技术特点，配线能力可达20000kg/h；避免双线布局引起的质量差异；干燥区采用了细化分区，有效降低了片烟收缩率；装机功率与占地面积比传统复烤机减少19%；输送网带链条在使用寿命内无需加油。

2. 打叶复烤工艺参数优化技术

2000年后，基于国家局重点科技项目“制丝工艺技术水平分析及提高质量的技术集成研究推广”[7]，在提高打叶复烤烟叶综合质量、降低过程损耗基础上，以稳定烟叶原料感官品质为重点，着力于控制打后片烟的碎片率和大中片率、减少复烤后片烟的收缩程度和感官质量变化的技术攻关，开展了烟叶预处理技术、打叶风分技术、复烤技术研究，优化了过程工艺技术参数，有效提高了综合质量和成品率，烟叶的香味物质损失得到了有效控制。出片率提高了0.64个百分点，达到69.27%；长梗出梗率提高2.36个百分点，达到16.95%。

烟叶预处理工段研究结果表明：一、二润的出口烟叶含水率，二润热风风门开度对打叶后烟叶的大中片率影响不明显，而对烟梗的长梗率有明显的影响；二润的筒体转速对进入打叶机烟叶含水率均匀性和打叶后烟叶的大中片率都有明显的影响。如云南烟叶，各工序工艺参数适宜范围为：一润出口烟叶含水率18.0%、温度55℃；二润出口烟叶含水率19.0%、温度60℃、热风风门开度80%、滚筒转速9r/min。

打叶风分工段研究结果表明：打叶机打辊转速的撕叶强度不能过大，为了保证打叶后烟梗的长梗率和梗中含叶率，三打、四打的打辊转速宜设定偏低一些；处理不同部位的烟叶，应对打叶机设定相应的打辊转速，中部烟的打叶强度应稍偏低一些，上部烟打叶处理强度可以稍高一些。云南烟叶具体试验验证结果表明：随着各级打叶器撕叶强度的增加，打叶后的片烟大中片率和长梗率下降，一二级打叶器主要影响打后的大中片率，四打主要影响打后烟梗的长梗率；优化调整一二级打叶器的打辊转速（撕叶强度）能够提供较为合理片烟结构的产品。对中部烟，建议选择一打480r/min、二打520r/min、三打600r/min、四打690r/min的打辊转速，上部烟建议选择一打450r/min、二打560r/min、三打640r/min、四打690r/min的打辊转速。

片烟复烤工段研究结果表明：随着干燥温度的增加，复烤后样品的香气质、杂气、刺激性都比复烤前有明显改善，香气量有一定程度增加后又逐步降低，干净程度则有一定下降；较低的干燥区温度设置有利于保持烟叶原有的感官质量。具体试验验证结果表明：对于上部烟，干燥温度采用由高到低的温度曲线，复烤后烟叶感官质量表现为杂气较少、甜度稍强；对于中部烟，干燥温度采用由低到高的温度曲线，复烤后烟叶感官质量表现为烟气的细腻程度较好、余味稍舒适；对于下部烟，干燥温度采用由高到低的温度曲线，复烤后烟叶感官质量表现为在保证香气的基础上甜度和余味有所改善。总之，考虑到烤后片烟的收缩率和感官质量，中部烟的干燥区温度设置要低一些，上部烟则要高一些；中部烟的底带速度要稍快，上部烟则要稍慢。

3. 小叶组配方打叶复烤技术

2000年后，基于国家局重点科技项目“制丝工艺技术水平分析及提高质量的技术集成研究推广”[7]，依据卷烟产品的特点和配方要求，以不同品种、不同等级和不同数量烟叶的理化指标和感官质量以及加工特性为依据，开展烟叶原料小配方技术研究，形成了打叶复烤小配方模块和打叶复烤加工技术方法。

研究结果表明：实施小叶组配方打叶技术，可以提高烟叶原料质量的稳定性，为卷烟配方提供稳定充足的原料基础；避免小数量等级烟叶在卷烟企业的使用麻烦，减少卷烟产品调整和改造的频次；可以扩大卷烟产品叶组配方的烟叶使用范围，增加低等级烟叶使用比例、减少上等烟叶使用比例；可实现大批量打叶复烤，降低打叶复烤成本，节约仓储费用。具体试验验证结果表明：实施该项技术后，烟叶在仓库堆码，比同量多等级烟叶可节约仓库面积和空间；在保证卷烟产品风格不变、感官质量不降低的前提下，利用小配方打叶复烤技术后的原料进行卷烟产品生产，烟叶配方成本有所下降。

4. 烟叶可用性分类打叶复烤工艺及基于烟叶分区的模块配方技术

2008年开始，红塔烟草（集团）有限责任公司承担的国家烟草专卖局科研项目“以卷烟品牌为导向的打叶复烤特色工艺技术研究及应用”[12]，以卷烟品牌为导向，系统研究了烟叶不同区位的质量特性差异，创新性提出了烟叶分类加工理念，研究并形成了针对叶基和非叶基主辅线相结合的特色打叶复烤工艺；通过打叶复烤工艺和制丝、卷包工艺协同研究，建立了从打叶复烤到制丝、卷包的“大工艺”协同创新技术发展模式；创新研制了烟叶智能分切、分流式风分、吹式打叶等技术和装备，打造了首条12000kg/h的烟叶分类打叶复烤生产线，实现了工艺创新和设备创新的有机结合，有效提高了烟叶使用价值，提升了卷烟品牌原料需求的保障水平。

研究结果表明：有效提高了打叶质量，减少了打叶复烤中烟叶造碎，提升了烟叶感官品质，拓宽了烟叶原料适用范围。打叶出片率提高了0.57个百分点，大中片率提高1.08个百分点，碎片率降低0.53个百分点，碎末率降低0.34个百分点；中、下等烟叶的非叶基进入了“玉溪、红塔山”高端高档品牌的原料叶组配方，为高端高档卷烟生产的原料保障提供了技术支持。

5. 打叶复烤配方均匀性控制技术

2012年，杨凯等[13]开展了打叶复烤配方均匀性控制模式的研究。依据卷烟产品质量和烟叶原料配方稳定性要求，针对打叶复烤生产过程引入化学成分分析技术，在打叶复烤加工时引入一个或几个不同化学成分的组合，进行配方内在化学成分均匀性的控制。研究以烟叶烟碱量为控制对象，分别以化学成分调节模式、混合挑选模式以及两者的组合模式实施投料过程的均匀性控制。

研究结果表明：各控制模式下配方模块的成品片烟烟碱含量变异系数平均值均能被控制在4%以下，较好地满足了卷烟质量稳定性的要求。三种模式以组合模式的控制能力最强，但操作相对复杂，对于3种控制模式，可根据原料烟碱的变异系数大小、实际生产时的仓库容量、生产组织的方便性等因素综合考虑，选择适宜的控制模式。

6. 直接干燥复烤技术

2012年，陈良元等[14]提出了一种片烟直接干燥复烤技术，并进行了深入研究。将打后片烟通过喂料机和电子皮带秤以稳定流量送至进料振槽，片烟由进料振槽输入滚筒式片烟复烤装置中，依次通过滚筒前段变倾角、变板宽的抄板干燥区和后段耙钉干燥区，在前段的抄板干燥区片烟抄起—抛撒过程中，片烟与筒内顺流式热风和加热的筒壁充分接触，以传导、对流复合传热方式进行干燥，在后段耙钉干燥区中，片烟沿筒壁翻滚过程中继续与湿度较高的热风和筒壁接触，进行片烟的慢速脱水和平衡过程，输出的片烟含水率直接干燥至湿度为12%~13%。

研究结果表明：该技术具有干燥强度较低、复烤环节较少等特点，可有效保持烤后烟叶的香味成分，改善原料吸味品质；降低烟叶在复烤过程中的造碎和叶面收缩率，提高片烟复烤含水率均匀性；干燥能耗成本较低。

7. 基于烟叶力学特性的打叶复烤工艺技术

2011—2014年，张玉海等[15]提出基于烟叶力学特性差异的打叶复烤工艺，进行了技术拓展和应用研究，并获得2017年度中国烟草总公司技术发明三等奖。取得以下成果：①建立烟叶黏附力、剪切力、穿透力、拉力、叶梗分离强度等烟叶力学特性检测方法，研究了烟叶力学特性与含水率、温度、外观质量（油分、厚度、疏松程度等）以及打叶质量等的相关关系；②通过不同烟叶力学特性差异分析和含水率、温度等对力学特性影响规律研究，提出依据烟叶力学特性的打叶复烤烟叶原料分类方法；③对打叶复烤技术参数进行的精准控制，形成了基于烟叶原料力学特性的打叶复烤加工工艺技术体系；④研究成果为提升打叶复烤技术提供了新手段、新方法，可实现打叶复烤精细化加工和片烟质量的有效控制，产生了良好的技术经济效益。

8. 打叶复烤均质化加工技术研究

2015年国家局下达了科技重点项目“打叶复烤均质化加工技术研究”[16]项目，由郑州烟草研究院牵头、多家单位共同承担，2018年通过国家局鉴定。取得以下成果：①构建了涵盖在制品含水率稳定性、片烟结构均匀性、成品片烟化学成分稳定性和装箱密度均匀性控制技术的打叶复烤均质化加工技术体系；②建立了基于配方参数库和神经网络模型的复烤含水率控制系统，实现了复烤干燥过程参数自动优化配置和稳定控制，提升了复烤含水率控制的稳定性和智能化水平；③研发了大片筛分复打工艺，设计出筛分复打工艺流程，研制了滚筒式片烟筛分机，实现控大片、提中片的目的，提升了片烟结构均匀性；④建立了基于光电剔梗技术的打叶去梗新工艺，研发烟梗光电识别、在线检测与分离系统，实现了片烟结构与叶中含梗率的协同调控，提高了叶梗分离质量；⑤提升了打叶复烤均质化加工水平，二润出口含水率标偏由0.53%减小到0.29%，复烤出口含水率标偏由0.37%减小到0.26%，中片率平均提高42.3%，打后片烟大小分布均匀性系数平均提高45.5%，烟碱变异系数平均降低43.9%，装箱密度合格率达94.6%。

（二）再造烟叶工艺技术

再造烟叶（原称烟草薄片）是指以烟末、碎片烟、烟梗（梗签）等为主要原料，经粉碎后，加入一定比例的水、胶黏剂、保润剂、植物纤维等物料，经加工制成厚薄均匀的片状物或丝状物。再造烟叶是现代烟草制品的一种原料[8]。制造再造烟叶方法通常涉及稠浆法、辊压法、造纸法3种。3种再造烟叶生产技术在我国都有应用，经历了三个阶段，第一阶段使用稠浆法，第二阶段研发应用了辊压法，第三阶段研发应用了造纸法。

稠浆法再造烟叶制造工艺：将烟末、烟梗等原料粉碎后与胶黏剂及其他添加剂和水等按一定比例混合并搅拌均匀，形成浆状物，均匀地铺在循环的金属带上进行干燥，铲拨后制成再造烟叶的加工过程。基本工艺流程如图7-3所示[9]。

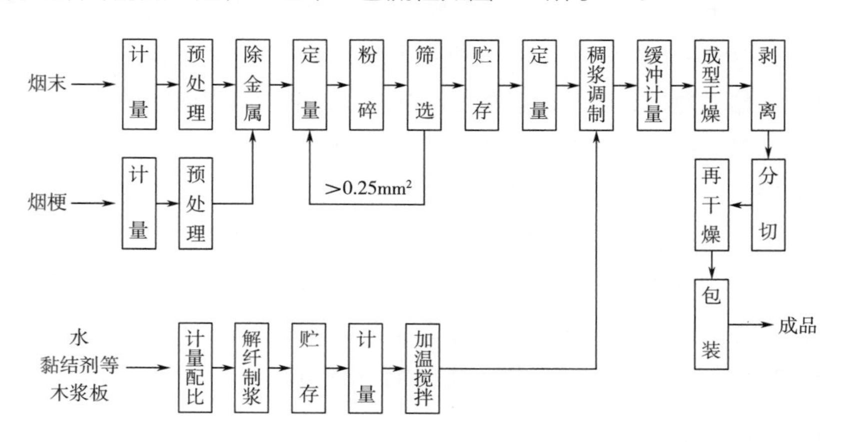

图7-3　稠浆法再造烟叶工艺流程图

辊压法再造烟叶制造工艺：将烟末、烟梗等原料粉碎后与天然纤维、胶黏剂以及水和其他添加剂，按一定比例混合均匀后经辊压和干燥制成再造烟叶（烟丝）的加工过程。

基本工艺流程如图7-4和图7-5所示[9]。

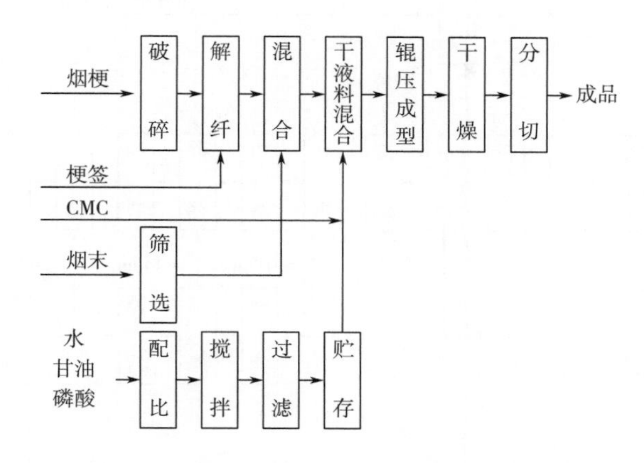

图7-4 辊压法再造烟叶工艺流程图（原料不粉碎、不添加木浆纤维）

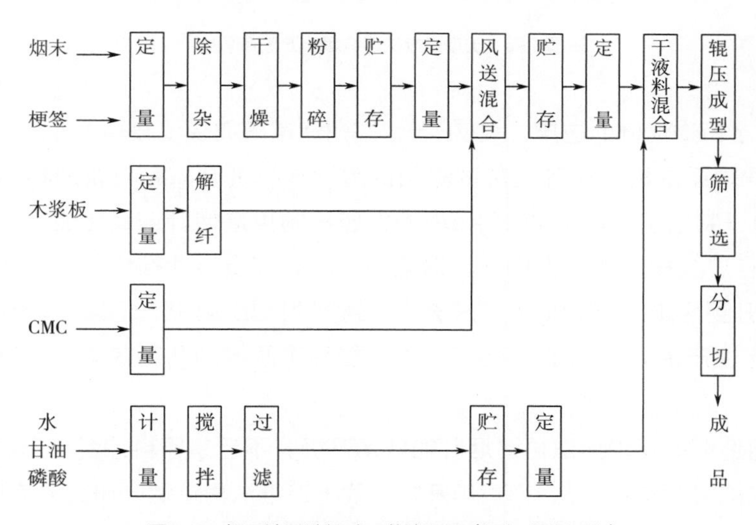

图7-5 辊压法再造烟叶工艺流程图（添加木浆纤维）

造纸法再造烟叶制造工艺：将烟末、烟梗等原料用水浸泡萃取后，分解成可溶性物质和不溶性物质，不溶性物质以类似造纸的方法制成像原纸一样的片基，然后在片基上加入经浓缩后的可溶性物质和添加剂，再干燥、分切或撕碎后成为再造烟叶的加工过程。基本工艺流程见图7-6[9]。

稠浆法再造烟叶在我国应用较早，广州卷烟二厂是国内最早制造生产烟草薄片的工厂之一[10]，进入20世纪80年代中后期，稠浆法再造烟叶已经很少使用了。

辊压法再造烟叶制造工艺研究具有一定历史背景，20世纪70年代初，我国烟叶原料匮乏，在卷烟生产保量和增量要求下，同时，由于技术受限，工业生产环节产生了大量原料废料，急需得到有效利用。当时，稠浆法再造烟叶制造方法存在几个问题，一是能耗高，生产过程需要蒸发掉数倍原料质量的水；二是不锈钢带的价格高，寿命短，不经

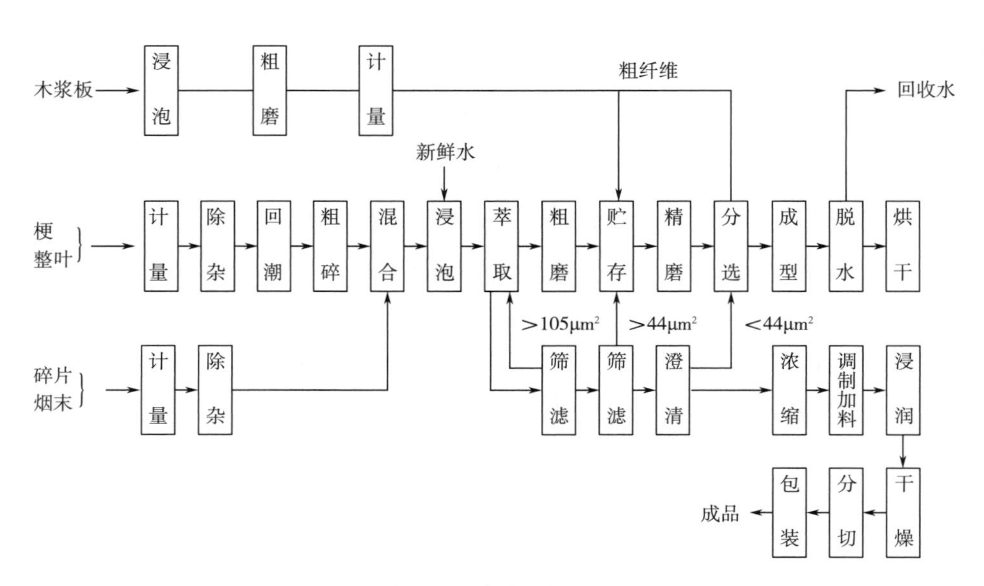

图7-6 典型造纸法再造烟叶工艺流程图

济[10]，制约了再造烟叶的应用。1976年，郑州烟草研究院（原轻工业部烟草工业科学研究所）完成辊压法再造烟叶工艺试验和试验用样机试制，后与新郑卷烟厂合作，于1978年成功研制出了生产能力90kg/h的辊压法制再造烟叶连续化生产线[17]。20世纪80年代，在总公司的大力推动下，这项技术开始在全行业推广，生产能力也从起初的90kg/h提升到后来的150kg/h。据统计，到20世纪80年代末，全国利用辊压法制造的再造烟叶年生产能力达到了1.65万t[10]，提高了原料的利用效率，缓解了原料供给矛盾。

造纸法再造烟叶是辊压法再造烟叶的技术升级，不但是原料综合利用的需要，更是卷烟减害降焦的必然选择。从1998年开始，我国造纸法再造烟叶研究和应用经历了3个阶段[18, 19]。1998—2004年，研究起步阶段。在原理样机基础上，成功开发了3000t/年中试生产线，到2004年，形成3条中试生产线，并建立研发基地。2005—2010年，快速发展阶段。国内成功开发了1万t/年生产线，到2010年，共建成了10条规模化生产线，其中5条线生产能力达到或超过1万t/年，总生产能力达到10万t/年，到2011年9月，造纸法再造烟叶生产点共14个，总生产能力16.5万t/年。2011—2015年，国产造纸法再造烟叶技术升级阶段，先后完成了5条生产线的建设、8条生产线的改造升级，成功建成了具有国际水平的年产万吨国产造纸法再造烟叶标志性生产线，提升了生产制造能力、清洁生产能力、质量稳定能力、理化调控性、产品功能性、配方适用性（简称6个提升）。到2015年，全国造纸法再造烟叶生产能力达到19.61万t以上，使用量达到10.44万t，卷烟产品叶组配方平均使用比例达6.0%，加权平均使用比例为7.0%。国产造纸法再造烟叶有效突破了在中、高档卷烟中的使用瓶颈，一、二类卷烟使用最高比例达15.0%，三类卷烟产品使用比例平均超过12%，为重点品牌发展提供了可靠的再造烟叶原料保障，实现了国产造纸法再造烟叶发展的新突破和新跨越。

1. 辊压法再造烟叶加工技术

（1）黏合剂技术

1993年，总公司项目“烟草薄片用CMC技术指标的研究确定”[20]，通过对我国辊压法再造烟叶普遍使用的羧甲基纤维素钠（CMC）黏合剂进行试验及检测分析，明确了中黏度CMC制作的再造烟叶各项物理指标较好，成本合理，便于再造烟叶生产单位使用和CMC生产厂生产。再造烟叶用CMC黏度500~800mPa·s；代替度0.5~0.7；pH中性偏酸；有效成分≥90%；氯化物（以氯计）＜3%；含水率＜8%。

1993年，总公司项目“烟草薄片粘合剂”[21]，以改性CMC为主要成分，并配以复合胶液，能适用于当时辊压法再造烟叶工艺。其成片的干、湿强度较好，成片性能较佳，比用原CMC制成的再造烟叶质量指标有一定提高，成本有所下降，在应用中有较好的经济和社会效益。采用改性CMC和辅助剂用于再造烟叶生产的技术水平达到国内先进水平。黏合剂的主要技术指标：动力黏度0.2~0.4Pa·s，pH为1~2，不挥发物含量>90%，重金属（以Pb计）<5×10^{-6}mg/kg，砷<5×10^{-6}mg/kg。

1993年，总公司对“CMC添加方式的研究”[22]项目进行鉴定，项目针对在我国辊压法再造烟叶生产工艺中，黏合剂CMC的添加大都采用干添加的方式，存在流程时间、溶解水分等工艺条件限制，CMC的黏合性不能充分发挥，有效利用率很低等问题，通过对不同添加方式的研究、试验以及技术经济效果的对比分析，证明了湿加CMC的可行性，确定了湿加CMC的工艺方法和CMC的适用量，提出了CMC的添加工艺应改干加为湿加。采用湿加CMC工艺时，CMC用量可由原干加时的5%~6%减少到2%~3%，且再造烟叶的物理指标不会降低。采用湿加工艺时，每条90kg/h的再造烟叶生产线（按2班制生产400t计）可年减少CMC用量10t以上，节省资金10万元以上，经济效益和社会效益显著，具有推广应用价值。

1994年，总公司对“新型烟草薄片粘合剂CTA的研制及应用”[23]项目进行鉴定。项目采用天然多糖经化学及物理方法处理而研制成改性多糖（CTA）。粉状剂型CTA可适用于直接成片、混合切丝的生产工艺，无“三废”，易于推广，应用于国内辊压法生产再造烟叶设备生产的再造烟叶，耐水性能和物理机械性能优良（抗水性优于日本同类产品），产品有效利用率高达86.2%；可提高卷烟品质，燃烧性改善、焦油量下降、有害成分含量明显降低，香气较纯正、吸味较丰满、无杂气、刺激性小。该成果在工业生产中得到广泛应用，取得了显著的经济效益。

（2）丝卷曲技术

1991年，上海卷烟厂完成的“烟草薄片丝卷曲工艺、装置”项目[24, 25]，开展了增大再造烟叶填充量、控制降低再造烟叶含水率以及再造烟烟丝卷曲膨胀等研究。针对再造烟叶片和丝运用二次（两段）高温去湿技术，有效地解决了控制降低薄片含水率、增大薄片填充量的技术难题。在工艺流程优化基础上，进行装置创新，高温去湿装置采用了分段外置式蒸汽加热方式和螺旋式翻动方式，分别设置了排湿系统控制蒸汽压力温度；采用调速电机控制物料在滚筒体内滞留时间；冷却定型筒结构与高温去湿卷曲膨胀筒结构雷同，冷却定型筒采用的介质是冷却水，卷曲膨胀筒采用的介质则是加热饱和蒸汽。结果表明，再造烟叶丝卷曲后，填充值提高10%以上，再造烟叶丝含水率降低（12.0±1.0）%，与烟丝保持一致，提高了再造烟叶丝的使用效果。

（3）加纤技术

1997年，由中国烟草总公司薄片研究试验室、河南开封汽车配件厂和南昌卷烟厂共同完成的“辊压法烟草薄片纤维应用工艺及设备研究”项目[26]，研制出BY72型再造烟叶纤维加湿及烟粉混合装置，运用湿法解纤技术，纤维先水解，后脱水疏松，再定量喂料与粉料混合，填补了国内空白，工艺设计可靠、操作简便，能保证再造烟叶连续稳定生产。最终再造烟叶产品为片状，产品工艺性能良好，密性减小，焦油释放量减少。

2012年，胡荣汤提出了辊压法烟草薄片生产解纤加纤工艺及设备[27]，在粉碎前配料输送带上，烟梗、烟末、CMC同步定量，干解干加纤维后再粉碎；解纤加纤设备主要由定量辊、间隙为0~1/3纤维板厚的近于相切的弹性垫板和钢刷拔打辊、密封罩、料斗和支架等组成，出料斗对准配料输送带。运行时，纤维板在拔打辊与弹性垫板作用下松解成纤维束和纤维丝，而后滑落至配料输送带上，通过调节定量辊的电机转速即可实现定量加纤。

（4）起皱技术

2006年，郑州烟草研究院完成的“辊压法烟草皱纹薄片制造方法及设备的研究”项目[28]，主要针对国内辊压法再造烟叶物理性能差、填充值低的现状，开展加纤起皱技术的研究，达到提高抗张强度、耐折度和填充性能的目的，使我国辊压法再造烟叶生产达到一个新的技术水平。研究取得了创新性技术成果，确定了生产中CMC用量为2%~4%，搅拌速度为300~400r/min，干混合时间为4min，湿混合时间为3min。确定铲刀角度为40° ~50° ，湿物料含水率为34%~38%，网带带速为42~44m/min。循环周期为7min，用增大铲刀与压辊接触角的方法来增大铲剥力。设计了起皱铲刀，其与压辊的接触角在30° ~50° 范围内可以方便地调整。

2006年，王迪汗等[29]开展了辊压法再造烟叶起皱工艺研究，通过合理配制粉料、料液和纤维添加比例，利用压辊线速度与烘干机网带速度之差，通过三辊两压、压辊加温及物料剥离等工序，制成稳定性好的带皱纹的再造烟叶。测试结果表明，与传统辊压法再造烟叶相比，使用起皱工艺生产的再造烟叶具有可塑性和延展性，工艺可用性及耐加工性能更好，切丝后的外观形态更接近于常规叶丝，成丝率和填充值也有较大提高。确定了辊压法再造烟叶起皱工艺的最佳起皱条件。（烟梗+梗签）：（烟末+碎片烟）为1：3，长、短纤维比例1：2，纤维掺兑比例9%，粉料及纤维混合物含水率为

30%~32%，蒸气压力0.3~0.4MPa，压辊温度为100~110℃；起皱工艺生产的再造烟叶具有可塑性和延展性，切丝后的外观形态更接近于常规叶丝，与传统的辊压法再造烟叶相比，起皱再造烟叶丝经风送后长丝率提高7%，短丝率降低3.8%，含末率降低0.05%，填充值提高0.38cm³/g，当时已成熟应用于再造烟叶生产。

2. 造纸法再造烟叶加工技术

（1）生产线搭建与形成

1998—2004年，启动技术研究，建立研究开发基地。昆明船舶设备集团有限公司于1998年成功研制了造纸法再造烟叶原理样机，并在郑州烟草研究院应用，成功开发了3000t/年中试生产线，实现了国产造纸法再造烟叶从无到有的转变，填补了国产造纸法再造烟叶的空白。到2003年，广东省金叶烟草薄片技术开发有限公司（以下简称“广东金叶”）、云南中烟昆船瑞升科技有限公司（以下简称“云南瑞升”）、杭州利群环保纸业有限公司（以下简称“浙江利群”）3条中试生产线相继建成。2004年，国家局批准广东金叶、浙江利群、云南瑞升3家公司为国家烟草专卖局造纸法再造烟叶研发基地[18]。中试线的成功开发和研发基地的建立奠定了国产造纸法再造烟叶的发展基础。

2005—2010年，推动快速发展，建设规模化生产线。国内成功开发了1万t/年生产线，国产造纸法再造烟叶的生产技术水平、产品质量水平和应用水平迈上了新台阶，实现了国产造纸法再造烟叶产量扩增和从有到好的转变，基本实现了对进口产品的替代，造纸法再造烟叶区域发展格局初步形成。到2010年，共建成了广东金科再造烟叶有限公司（以下简称“广东金科”）、云南瑞升、浙江利群、上海烟草集团太仓海烟烟草薄片有限公司（以下简称“上海太仓”）、河南卷烟工业烟草薄片有限公司（以下简称“河南许昌”）、湖南金叶烟草薄片有限责任公司（以下简称“湖南祁东”）、湖北新业烟草薄片开发公司（以下简称“湖北新业”）、福建金闽再造烟叶发展有限公司（以下简称“福建金闽”）、山东瑞博斯烟草有限公司（以下简称“山东瑞博斯”）、广东韶关国润再造烟叶有限公司（以下简称“韶关国润”）等10条规模化生产线，其中广东金科、云南瑞升、浙江利群、上海太仓、河南许昌5条线生产能力达到或超过1万t/年，国产造纸法再造烟叶总生产能力达到10万t/年。到2011年9月底，经国家局批准的造纸法再造烟叶生产点共14个，批准总生产能力16.5万t/年，同时卷烟工业企业对造纸法再造烟叶应用水平进一步提升，国产造纸法再造烟叶在卷烟产品中的应用范围不断拓宽，逐步从低档四、五类卷烟应用到高档一、二类卷烟，配方比例逐步加大，特别是2009年以来，烟草行业提出要加快培育以“高香气、高品质、低焦油、低危害”为主导的品牌体系，进一步推动了造纸法再造烟叶的应用。2010年，国产造纸法再造烟叶使用量已达7.46万t，卷烟叶组配方平均使用比例达到4.5%。随着以万吨为标志的规模化生产线的建成应用，造纸法再造烟叶在中式卷烟减害降焦、强化卷烟风格特色、提高卷烟产品质量稳定性、降低原料消耗等方面发挥了重要的作用和价值，已成为形成中式卷烟特色的重要因素之一，对于提升中式卷烟核心竞争力、促进中式卷烟上水平起到了重要作用，使国产造纸法再造烟叶成为中式卷烟重要且不可或缺的原料[18]。

（2）分离萃取提质技术

2008年，杜锐等[30]开展膜技术提高造纸法再造烟叶的感官品质研究，利用膜技术对萃取液进行过滤，滤液返加到再造烟叶（纸基）中，可提高造纸法再造烟叶的感官品质，滤渣留作他用。研究结果表明：采用M50（50nm）微滤膜、GU超滤膜1（标称截留分子质量50000u）和GM超滤膜2（标称截留分子质量100000u）对烟梗、烟末萃取液进行过滤处理，滤液再返加到再造烟叶中，此法已取得较好效果。与处理前相比，①处理烟梗、烟末萃取液中的总氮分别下降62.5%和67.8%，果胶物质基本完全去除；②处理烟梗和烟末萃取液返加的再造烟叶感官品质均有所提高，且微滤膜+超滤膜1处理的效果最好。

2008年，杨彦明等[31]开展烟梗处理降低蛋白质含量的研究，为有效降低烟梗中的蛋白质含量，提高造纸法再造烟叶的品质，在保持再造烟叶原有工艺流程不变的前提下，通过添加有机酸盐或碱处理剂以及改变处理条件的方法均可提高烟梗或烟梗浆料中蛋白质的溶出量。研究结果表明，①用该方法处理梗浆料比处理烟梗的效果好；处理剂以氢氧化钾的效果最好，其最适条件为处理温度25℃，处理时间2h，处理液内物料与溶剂比1：4，处理剂浓度1.0%，梗浆中的蛋白质含量比对照降低60.4%；②经碱液处理后制成的造纸法再造烟叶样品在杂气和余味方面有所改善。

（3）浆料留着率提升技术

2017年，由重庆中烟工业有限责任公司等单位完成的“提高再造烟叶浆料留着率的关键技术研究与应用”项目，通过国家局鉴定[32]。取得以下成果：①形成原料处理、助留助滤、碳酸钙改性等关键技术，提高了再造烟叶浆料中碳酸钙留着率和产品得率；②构建基于淀粉改性的多元复合助留助滤体系，有效提高了浆料中细小纤维和碳酸钙留着率，实现碳酸钙在基片上的均匀分布，再造烟叶松厚度由2.15cm^3/g提高至2.45cm^3/g，提升14%；③研发了木浆水洗技术、浆料生物酶处理技术、提取液净化技术、浓缩液酶解提质技术，明显提升了再造烟叶感官质量，再造烟叶产品得率提升11.2%，吨产品水耗降低23.3%。

（4）绿色环保生产技术

2005年，刘建斌等[33]开展高浓度、难降解烟草薄片废水处理机理及工程技术研究，针对再造烟叶废水“三高（高悬浮物、高浓度、高色度）”现象进行处理，主要特征污染物包括木质素、纤维素和半纤维素、果胶、多糖和不溶性蛋白质等。借鉴造纸行业技术，创新和应用了废水预处理、二级生化处理和脱色后处理技术，减少了污染物排放。

2006年，邱晔等[34]开展了再造烟叶生产废水处理研究，开发了混凝、生化、脱色三级废水处理工艺。利用UASB、SBR、氧化混凝技术分别预处理高浓度难降解再造烟叶废水，再进行2级生化处理和脱色后处理。研发的UASB—SBR—氧化混凝脱色组合处理工艺装置，其高浓度难降解，再造烟叶废水处理能力达到1000~2000t/d，处理效果显著，其容积负荷达7kgCOD/（$m^3 \cdot d$），COD去除率稳定在85%左右，出水COD_{cr}在1200~1500mg/L；好氧出水COD在120~150mg/L；经过气浮脱色后，其出水COD_{cr}为30~60mg/L，色度值为20~40倍，达到了国家污水综合排放标准中的一级排放标准。

2007年，黄申元[35]开展催化微电解预处理再造烟叶生产废水试验研究，利用固化于填料表面的特殊多元催化剂处理再造烟叶生产废水，可促进新生态的［H］和Fe^{2+}生成速度并提高其产率，同时协同其与废水中许多组分发生氧化还原作用。催化微电解—沉淀或气浮对再造烟叶生产废水的COD去除效果非常显著，平均去除率高达90%以上；BOD_5的平均去除率高达80%以上。

3. 造纸法再造烟叶技术升级

2011—2015年，随着国家局实施“造纸法再造烟叶技术升级技术”重大专项[18, 19]，攻克了一批关键共性技术，研发了一批具有自主知识产权的关键装备，实现了国产造纸法再造烟叶产业工艺、装备、产品的整体技术升级，再造烟叶生产水平、产品质量稳定性、自动化程度等主要技术指标达到或超过国外摩迪、菲莫、雷诺等公司生产线水平。

（1）生产高速、高效、清洁、低耗技术集成创新与应用

2011年开始，广东金科等单位围绕“造纸法再造烟叶技术升级”重大专项目标[18]，开展了技术集成创新和应用创新。形成了连续多级逆流的高效高速稳定提取、高涂布率高精度涂布、白水防腐与回用等创新工艺技术；创新引入基于双辊挤干的提取后物料挤干技术、基于矩形分离筛的提取液固液分离技术，研发了基于机械再压缩降膜蒸发浓缩技术的提取液浓缩器（MVR 蒸发器）；建立了基于再造烟叶生产线的DCS+SPC自动化集成控制系统。通过多维度、多方式系统集成，2014年完成“高速、高效、清洁、低耗”造纸法再造烟叶标志性生产线构建，并通过国家局鉴定验收。综合技术能力达到国际领先水平，全面实现了“6个提升”，运行车速180m/min，生产得率87.83%，涂布率40.61%，水耗24.2t/t产品；实现再造烟叶产品质量稳定、可调控，感官质量提升，常规物理指标批内波动小于5.0%、批间波动小于8.0%，常规化学指标批内波动小于10.0%、批间波动小于14.0%，焦油释放量低于6.0mg/支，烟气CO释放量低于12mg/支，一、二类卷烟产品配方使用比例达到10%~12%[19]。

（2）生产高速、精细、柔性、清洁技术自主创新与应用

2011年开始，云南瑞升等单位围绕“造纸法再造烟叶技术升级”重大专项目标[18]，开展自主创新和集成应用。自主形成多维分组连续逆流提取技术和多级高浓与低浓相结合的柔性制浆工艺技术；自主研发智能网前成形系统；创新开发隧道式气浮烘箱、智能化涂布系统和叠层往复式隧道烘烤工艺技术；系统搭建固体废弃物无害化和资源化处理、

废水膜生物反应器（MBR）+反渗透（RO）高效清洁生产技术体系；研发了脂溶性成分提取与分离、脂溶性香味成分补偿、柔性制浆、有机填料制备等再造烟叶理化指标调控技术。通过关键工艺技术、主机设备的系统集成创新，2014年完成了国内第一条拥有自主知识产权的“车速高速运行、设备自主创新、原料精细加工、产品柔性制造、生产清洁环保”的高水平中试生产线，并通过国家局鉴定验收。主要技术指标达到了国际领先水平，全面实现了“6个提升”，运行车速190m/min，生产得率90.60%，涂布率42.30%，水耗17.59t/t产品；实现再造烟叶产品质量稳定性、产品功能性和配方适用性显著提升，常规物理指标批内和批间波动分别小于5.0%和8.0%，常规化学指标批内和批间波动分别小于10.0%和14.0%，焦油和CO平均释放量分别为4.8mg/支和11.7mg/支，实现再造烟叶产品在高端卷烟中应用，一、二类卷烟使用比例最高达15.0%[19]。

（3）生产高速、高效、清洁、低耗技术改造创新与应用

2011年开始，杭州利群等单位围绕“造纸法再造烟叶技术升级”重大专项目标[18]，开展以卷烟品牌为导向，设备自主研发为支撑，工艺技术研究为突破点的技术改造创新和集成应用。自主研发单螺旋挤浆机和二级逆流提取技术；创新“振筛+卧螺+碟片+絮凝”多级分离提纯工艺；研发螺带连续式混浆器、“中浓”磨浆工艺及“四恒三度”浆料质量控制方法、应用“透平真空泵”抄造工艺、涂布率调控技术体系；开发“天然气直燃式燃烧器”脱水集成技术；形成芬顿反应罐-斜板沉淀-活性砂滤一体化、固体废弃物资源化、低温等离子光化学法吸附处理废水、废气技术；建立了基于再造烟叶生产线的DCS自动控制技术；建立涵盖原料配方、加工工艺的质量控制技术体系。通过基础技术研究、创新性工艺技术与装备技术集成应用，2014年完成“高速、高效、清洁、低耗”的万t/年造纸法再造烟叶生产线技术改造，并通过了国家局鉴定验收。主要生产运行指标达到国际先进水平，全面实现了“6个提升”，运行车速150m/min，产能提升20%，涂布率≥40%，每吨再造烟叶成品电耗降低8.3%；再造烟叶产品常规化学指标批内波动10%以内、批间波动14%以内，物理指标批内波动5%以内、批间波动控制在8%以内[19]。

4. 再造烟叶丝制造技术

2012年国家局下达了科技重点项目“基于造纸法再造烟叶特性的制丝工艺技术研究”[36]，由郑州烟草研究院等单位共同承担，2014年通过国家局鉴定。通过对造纸法再造烟叶与烟叶之间在微观结构、物理特性、化学特性、加工特性方面的差异性分析，制定出了基于造纸法再造烟叶特性的制丝工艺流程，确定了再造烟叶制丝的关键工序工艺条件，建立了一套较为科学合理的烟支中再造烟丝掺配均匀性的评价方法，提出了关键工序工艺设备需求，实现了基于再造烟叶特性的制丝工艺技术在卷烟品牌中的规模化制丝生产应用。

（1）国内外再造烟叶特性及与烟叶特性对比研究

①微观结构方面。再造烟叶组织结构紧密，表面平整附有颗粒状物质，截面未有明显孔隙分布，烟叶组织结构疏松，表面光滑致密，呈褶皱状，截面分布有大量孔隙，内孔容积约为再造烟叶的20倍。

②物理特性方面。再造烟叶真密度、表观密度平均约为烟叶的1.2倍，堆积密度不到烟叶的60%。再造烟叶吸湿（放湿）速率大于烟叶，平衡含水率低于烟叶，含水率越大平衡含水率差距越大。再造烟叶纵向剪切强度平均约为烟叶的2倍，横向平均剪切强度略大于烟叶。再造烟叶与烟叶剪切强度与温度关系不大，随含水率增加呈现出先增加后减小的趋势，最大剪切强度所对应的含水率分别为再造烟叶12%左右，烟叶18%左右，达到最大剪切强度后，再造烟叶剪切强度随含水率的增加而减小的速率快于烟叶。再造烟叶抗张强度远远大于烟叶，平均约为烟叶的4.5倍；温度对再造烟叶抗张强度影响较小，而含水率对再造烟叶抗张强度影响较大，随着含水率的增加再造烟叶抗张强度减小。烟叶耐水性远远大于再造烟叶，再造烟叶耐水性在12min以内，烟叶则在60min以上，而国外再造烟叶耐水性好于国内再造烟叶。造纸法再造烟叶静摩擦因数和动摩擦因数均小于烟叶，烟叶静摩擦因数平均为再造烟叶的1.5倍，动摩擦因数为再造烟叶的3.5倍。再造烟叶压缩比小于烟叶，更难压缩；随含水率增加，再造烟叶压缩比呈增加趋势，达到一定含水率后压缩比趋于恒定；低含水率条件下，压缩比与温度呈正相关，高含水率条件下，温度对压缩不影响不大。造纸法再造烟叶弹性稍小于烟叶。再造烟叶柔软度大于烟叶（柔软度越大柔软性越差），纵向柔软度是为烟叶的4倍左右，横向柔软度为烟叶的2.5倍左右，纵向约为横向的1.5倍，且国内再造烟叶柔软度为国外的1.8~2倍。

③化学特性方面。再造烟叶中纤维素和半纤维素含量约为烟叶的2倍，国内外再造烟叶含量差异不明显。烟叶中总糖、还原糖、烟碱含量均较再造烟叶高，而氯、钾含量则较再造烟叶低，国内外再造烟叶常规化学成分含量基本一致。

④加工特性方面。再造烟叶经回潮工序处理，杂气和细腻程度明显改善，烟气浓度降低，刺激和灼烧感增强；经干燥工序处理后，杂气得到改善，烟气浓度降低，其他各项指标不变或呈现变差趋势，且随加工强度增加，变差的感官评价指标数目和幅度逐渐增加。

（2）造纸法再造烟叶制丝工艺流程研究

形成工艺流程，主要包括松散、回潮、切丝、干燥和掺配等主要工序，以及工序之间的连接、物料贮存输送方式、控制内容和检测点等内容；依据造纸法再造烟叶特性采用了机械松散、松散和回潮分开设置、穿流式回潮、低含水率切丝和低强度滚筒干燥，并且通过改变掺配的方式和控制再造烟叶大小（或丝长短），提高了掺配均匀性。

（3）再造烟叶制丝关键工序工艺条件研究

根据不同制丝生产线所用原料、设备以及产品要求的不同，确定了青州卷烟厂再造烟叶制丝线适宜的切丝含水率为16%~18%，刀门压力为15~25kN，干燥含水率为

17%~19%；杭州利群再造烟叶制丝线适宜的切丝含水率为13%~14.5%，刀门压力为0.25~0.35MPa，干燥含水率为13%~14.5%。

（4）烟支中再造烟丝掺配均匀性提高技术研究

与传统片掺配模式相比，采用再造烟丝掺配模式烟支中再造烟丝掺配均匀性无明显差异，利用率有所提高；为了进一步提高再造烟丝掺配的均匀性，通过改变再造烟丝掺配方式（再造烟丝与烟丝掺配过程增设抛丝辊掺配装置和摊铺松散装置）和减小片烟大小或再造烟丝尺寸，可使烟支中再造烟丝含量变异系数降低。再造烟丝掺配过程中采用抛丝辊掺配装置和摊铺松散装置后，烟支中再造烟丝含量变异系数可降低6%~21%；制成再造烟丝在掺配之前采用断丝机构将烟丝平均长度减小至8~14mm后，烟支中再造烟丝含量变异系数可降低15%~35%。

（5）关键工序工艺设备需求研究

松散工序采用机械式松散，增加松散钉辊数量，相邻钉辊之间的耙钉交错排列，钉辊上方增设挡板，水平输送采用钉辊输送，以减小水平钉辊与垂直钉辊间的间隙；回潮工序采用湿空气气态回潮，可适当增加筒体长度，延长回潮时间，提高回潮能力，控制热风管道内加湿蒸汽施加量，在加热器进口增设雾化水喷嘴，并提高雾化效果，并在滚筒前段设置辅助雾化水喷嘴；切丝含水率为15%~16%（±1%），将切丝机刀门宽度变窄，高度变小，刀辊变大，排链角度变小，长度加长，上下排链凹槽加深或增加摩擦力，同时物料流量也相应减小至≤2000kg/h。根据工艺需求，研发出了再造烟叶机械式松散设备、穿流式回潮设备及再造烟叶切丝机，其中切丝合格率达到98%以上。

（6）造纸法再造烟叶制丝工艺技术应用

与原有的再造烟叶制丝技术相比：卷烟样品香气损失减少，感官质量改善，再造烟叶使用价值得到提升，在低档卷烟样品感官质量保持稳定或提升的前提下，卷烟烟支中再造烟叶比例可平均提高29.25%，卷烟物理质量、烟气成分保持稳定；卷烟中再造烟丝比例均匀性提高，烟支中再造烟丝比例变异系数平均降低25.9%；再造烟叶利用率大幅提高，平均提高至95.31%；制丝过程再造烟叶消耗也明显降低，再造烟叶出丝率平均提高14.8个百分点；加工过程能耗减少，卷烟加工成本降低。2015年，该技术在河南中烟工业有限责任公司实现规模化生产应用，生产能力为4000kg/h。

5. 再造烟叶卷烟配方适用性调控技术

2014年，由浙江中烟工业有限责任公司等单位完成的“提高再造烟叶卷烟配方适用性的调控技术研究与应用”项目[37]，通过国家局鉴定。取得以下成果：①以“利群”品牌为导向，以提高再造烟叶卷烟配方适用性为目标，运用数理统计学、模糊数学和线性规划等理论方法，分析再造了烟叶及其原料、卷烟配方的物理、化学及感官特性，研究了再造烟叶生产关键工序对再造烟叶卷烟配方适用性的影响，构建了再造烟叶质量技术要求及评判标准体系，建立了再造烟叶卷烟配方适用性评价方法；②研究开发再造烟叶原料配方约束性数学模型、“线压力—厚度”松厚度调控技术、高效联调涂布技术、烟气功能性调控技术，构建了再造烟叶卷烟配方适用性关键调控技术体系；③研究开发碟片多级提纯醇化液体处理、“填料—纤维组合”（采用草浆纤维替代40%木浆纤维）一氧化碳调控等特色工艺技术；④研究成果应用后，显著强化了再造烟叶风格特征，提高了再造烟叶产品质量，提升了再造烟叶在卷烟配方中的适用性，再造烟叶物理指标批间波动小于3.5%，常规化学指标批间波动小于4.5%，再造烟叶在一、二类卷烟中最高使用比例达到13.5%。

（三）烟丝膨胀工艺技术

烟丝膨胀工艺技术是将烟丝用某种膨胀介质浸渍后，进行高温处理使之膨胀的工艺过程。我国先后研发应用了以氟利昂和CO_2为介质的膨胀工艺技术，简称氟利昂膨胀法和CO_2膨胀法。

氟利昂膨胀烟丝技术在国际上曾经得到广泛应用，分为间歇式和连续式膨胀工艺。该技术是利用氟利昂-11气体浸渍烟丝，使部分氟利昂-11均匀渗入至烟丝细胞结构中；回收大部分未被烟丝吸收的氟利昂-11气体后，将浸渍烟丝用蒸汽加热处理，可使烟丝细胞结构中氟利昂-11快速汽化，实现烟丝膨胀，提高其填充性能，从而达到降低卷烟烟丝耗量和卷烟焦油量的目的。膨胀后烟丝膨胀率提高了60%~90%（烟丝填充值6.4~7.6cm^3/g）。基本工艺流程如图7-7所示[9]。

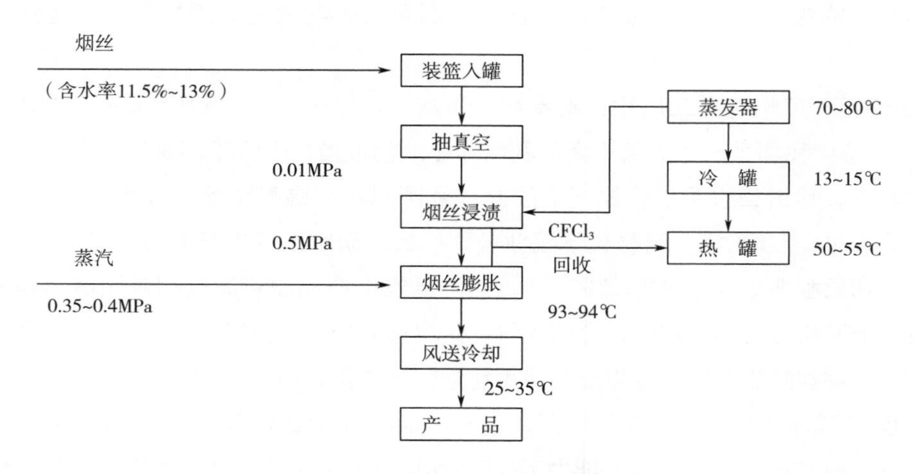

图7-7　氟利昂膨胀烟丝工艺流程图

CO_2法膨胀烟丝技术是利用液态CO_2浸渍烟丝，使部分液态CO_2均匀渗入至烟丝细胞结构中；将浸渍烟丝用热空气加热处理，使烟丝细胞结构中CO_2快速汽化，实现烟丝膨胀，提高其填充性能，从而达到降低卷烟烟丝耗量，并降低卷烟焦油量的目的的。膨胀后烟丝膨胀率提高100%以上（烟丝填充值可达8.0cm^3/g以上）。基本工艺流程如图7-8所示[9]。

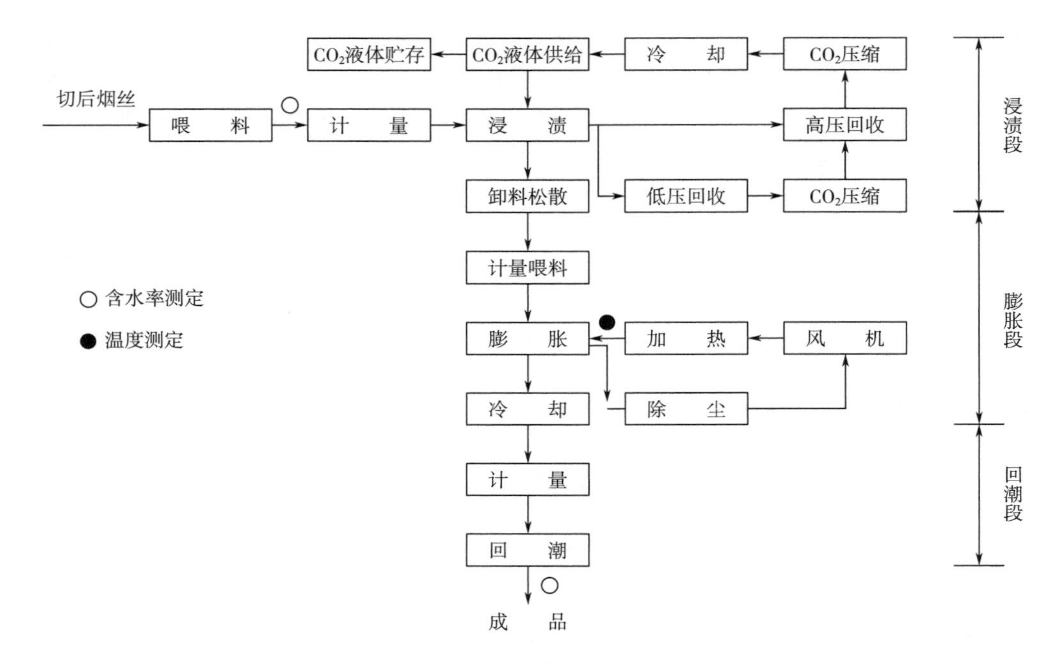

图7-8 CO_2膨胀烟丝工艺流程图

在卷烟配方中使用膨胀烟丝，可以增加烟丝的填充能力，提高烟叶的使用率，减轻烟支的质量，降低制造成本；膨胀烟丝对改善卷烟产品的整体质量具有很大的潜力，它可以改善低等级烟叶的质量，提高烟叶的使用等级；膨胀烟丝技术的应用，为低焦油卷烟的生产提供了有效手段，在减少烟草对吸烟者健康的危害方面起到了积极的作用。

1985年，广州卷烟二厂和长春卷烟厂首次引进了G-13C氟利昂膨胀技术与装备，20世纪80年代我国虽已引进若干套氟利昂膨胀烟丝设备，但远不能满足卷烟生产对膨胀烟丝的需求，且进口设备价格昂贵。因此，我国对氟利昂膨胀烟丝技术进行消化吸收，通过技术攻关，1990年，吉林化学工业公司机械厂研制出了生产能力在150~220kg/h的国产氟利昂膨胀烟丝技术与装备[38]，为降低卷烟产品原料消耗和焦油量起到积极作用。但由于氟利昂与CO_2相比，会对大气产生温室效应，于2007年，我国淘汰了最后一套CFC-11烟丝膨胀装置，宣告氟利昂烟丝膨胀技术正式退出应用。

20世纪80年代后期，上海卷烟厂从美国Philip Morris公司（PM公司）引进CO_2膨胀烟丝技术与装备，生产线生产能力为570kg/h，并1991年7月完成交工验收，填补了国内CO_2膨胀烟丝技术空白，烟丝膨胀率＞100%。1989年，广州卷烟二厂引进英国英美烟草公司（BAT公司）生产能力为570kg/h CO_2膨胀烟丝技术。1995年引进美国埃尔考工业气体公司（AIRCO）CO_2膨胀烟丝技术，生产能力为400kg/h；1992年开始，秦皇岛烟草机械有限责任公司消化吸收BAT公司技术，1995年制造出首条生产能力为570kg/h CO_2膨胀烟丝生产线[39]，1997年7月在贵阳卷烟厂通过国家烟草专卖局鉴定验收；之后，在综合BAT和AIRCO两种技术基础上，自主研发出了适合中式卷烟特色工艺的新型CO_2膨胀烟丝技术，生产能力在1140kg/h，于2010年8月在北京卷烟厂通过交车验收。目前，CO_2膨胀烟丝技术在我国卷烟生产企业已广泛应用。

1. 提高 CO_2 膨胀叶丝质量技术

2001年，国家局下达了科研项目“CO_2膨胀烟丝工业应用”[40]，由郑州烟草研究院、龙岩卷烟厂共同承担。以改善膨胀叶丝感官质量、降低膨胀叶丝工艺损耗、提高膨胀叶丝有效利用率为目标，对CO_2膨胀烟丝加工过程中的不同烟叶原料、主要工序不同的工艺技术参数、膨胀烟丝主要理化特性、致香物质和感官质量之间的关系进行了全面深入的研究，基本掌握了膨胀烟丝加工过程中的变化规律，突破了关键技术，优化了主要工序的工艺技术参数，较好地解决了目前普遍存在的膨胀烟丝耐加工性差、有效利用率低、卷烟配方中使用比例较低等问题，使膨胀烟丝加工质量明显提高，增加了卷烟配方中的掺兑比例，取得了显著的经济和社会效益。在膨胀烟丝质量评价方面提出了新的思路和方法，突破了原有以膨胀效果为主的膨胀烟丝质量评价方式，提出了以感官质量、主要理化指标和膨胀效果为主要内容的综合评价指标，为建立较为科学和完善的CO_2膨胀烟丝质量评价体系打下了良好的基础；通过对不同地区、不同部位烟叶原料膨胀效果的比较，找出了变化趋势。成果应用结果表明，CO_2膨胀后烟丝的膨胀率为85.8%，整丝率达到85.6%，碎丝率2.3%，填充值为6.91cm^3/g，整丝率转化率较优化前提高了2%。在烟支卷制质量和物理指标基本不变的条件下，卷烟产品中膨胀烟丝的使用比例提高了7%，烟支质量减少10mg/支以上（单箱消耗下降0.5kg以上），焦油下降0.5mg/支，CO下降0.4mg/支，同时卷烟的感官质量也得到了一定程度的提高。

2010年，杨文超[41]开展了提高膨胀烟丝耐加工性的研究，针对提高CO_2法膨胀烟丝质量问题，运用正交试验以及方差分析的方法，通过改进膨胀烟丝生产过程中冷热端工艺参数的组合，同时对热端回潮后的设备进行改进，达到了提升膨胀烟丝整丝率的效果。结果表明，改进后膨胀烟丝整丝率达到74.11%，提高了3.65%。

2. 膨胀烟丝分类加工技术

2007年，吴桂兵等[42]开展了CO_2膨胀烟丝分类加工应用研究，为提高CO_2膨胀烟丝在卷烟配方中的使用等级和掺兑比例，通过对不同地区不同等级烟丝膨胀前后物理特性、化学成分和感官质量的变化分析，建立了膨胀烟丝叶组配方模块；通过工序质量评价和单机联机试验，确定出各类膨胀烟丝的加工工艺参数。采用分类加工方法不仅可提高膨胀烟丝的耐加工性能，稳定提高卷烟产品质量，而且能够降低烟叶消耗，具有较显著的经济效益。①试验范围内，不同烟叶产地，以鄂西烟丝的膨胀效果最好，其平均膨胀率为81.1%，平均填充值为7.37cm^3/g；不同烟叶部位，以上部烟丝的膨胀效果最好，耐加工性较强，主要物理质量指标较中下部膨胀烟丝均有不同程度的提高。②经过膨胀处理后，所有样品的总糖、总氮和总植物碱含量均有不同程度的降低，总植物碱和挥发碱的变化幅度略大，总糖次之，总氮最小；上部烟化学成分变化幅度大于中下部烟。③经过膨胀处理后，各样品的杂气均有明显降低，香气舒适程度有所增加，烟气浓度略有降低，配方可用性明显提高；上部烟叶烟丝的变化最为明显，主要为杂气明显减轻，香气舒适程度得到提高，烟气趋于柔和，浓度、劲头和刺激性降低，余味有所改善。④根据所建立的各类膨胀烟丝配方模块，可有针对性地确定出各类膨胀烟丝的加工工艺参数，这有效提高了膨胀烟丝的加工质量和掺兑比例，填充值平均提高2.8%，整丝率平均提高3.5%，整丝率变化率平均提高6.4%，卷烟配方中掺兑比例平均提高了3%，烟叶消耗平均降低2.87kg/箱，平均节约膨胀烟丝成本46.44元/箱。

3. 烟丝膨胀工艺减害技术

2017年，由四川中烟工业有限责任公司等单位完成的“不同膨胀工艺对卷烟主流烟气有害成分释放量的影响研究”项目[43]，通过国家局鉴定。取得以下成果：①系统开展4种烘丝方式（管板式、KLD薄板式、SH94气流式、HDT气流式）和干冰膨胀处理前后主流烟气中7种有害成分释放量的变化研究，分析烘丝工艺参数对7种有害成分释放量及H值的影响，建立了一套烘丝膨胀工艺减害参数优化的方法；②采用蒸汽爆破技术对烟丝、梗丝进行处理，蒸汽爆破梗丝可降低卷烟主流烟气中苯酚和氨的释放量，为卷烟产品选择性降低苯酚和氨的释放量提供了应用思路；③通过对烟丝膨胀工艺进行参数进行优化和产品应用，卷烟产品的危害性指数得到降低。

（四）烟叶制丝工艺技术

制丝是指按照叶组配方要求，将烟叶原料加工成适合烟支卷制工艺要求的烟丝的加工过程。制丝工艺包括片烟、烟梗及其他原料的加工技术，是烟草工艺核心，卷烟生产关键环节，对烟叶原料如何加工，加工到何种程度起决定性作用，影响烟叶原料使用价值，原材料消耗，卷烟产品质量，制造成本等方面的提升和控制。近40年来，我国制丝工艺研究和应用经历了不断优化、完善、提升的过程。

1981—1990年，前期，制丝工艺呈现粗放型，主要任务是适应卷烟卷制和包装要求，控制重点过程含水率和温度，不注重过程物理和化学特性变化，卷烟内在质量极不稳定；后期，开展技术引进和消化吸收，制丝工艺进行了整顿规范，提升装备水平、加工水平及产品质量。1991—2000年，制丝工艺主要任务是围绕着过程原料物理质量和过程损耗，开展工艺提升和流程优化，完善优化，降低卷烟原材料消耗、提升卷烟产品品质。2001—2020年，制丝工艺主要任务是围绕卷烟产品风格品质特征，开展技术自主创新，实现创新再造，实现卷烟生产精细化、均质化，彰显卷烟产品风格特征，提高卷烟品质，提升烟叶原料使用价值。

1. 工艺流程变化

制丝基本工艺包括烟叶处理（制烟片、烟梗）、制叶丝、制梗丝等过程。烟叶处理经历了把烟投料工艺向片烟投料工艺过渡，完成了烟叶梗叶分离加工工艺技术，向片烟投料处理技术转变，2000年左右全行业全部实施片烟加工工艺；制叶丝和制梗丝完成了由简单粗放的方式向围绕着提高物理质量和感官质量的工艺再造，20世纪80年代后期，以水为介质的在线膨胀技术得到了广泛推广应用；2000年之后，卷烟生产企业制丝工艺流程和生产流程得到了不断优化和再造。

1981—1985年，制丝加工采用复烤把烟投料方式。烟叶处理采用切尖打叶去梗工艺技术，卷烟厂制丝车间设置了打叶机，并采用切尖打叶工艺技术，减轻了打叶机负荷，提高了产能，保证了叶梗分离后存在较多大片。制梗丝和制叶丝工艺流程，没有设置在线膨胀工艺，只能保证干燥到适合（15%左右）烟支卷制的要求，不可能对加工出来叶丝物理质量（填充值等）和感官质量有过高的要求，梗丝质量也很差，利用落后的卷制设备（落丝式卷烟机）生产卷烟，产品燃吸质量较差，会出现熄火、爆花等质量缺陷，原料消耗很高。基本工艺流程如下。

预处理：润叶→切尖→解把→润叶基→打叶去梗→润叶加料→贮叶片

制叶丝：切叶丝→烘叶丝

制梗丝：润梗（蒸梗）→压梗→切梗丝→烘梗丝

1986—1990年，制丝加工采用复烤把烟投料方式，以水（蒸汽）为介质的烟丝在线高温高湿膨胀技术在部分企业中应用。卷烟企业烟叶处理工段，仍然采用切尖打叶去梗工艺技术，推广和丰富了制片烟工艺技术，卧式打叶技术和立式打叶技术都有应用；制叶丝和制梗丝设置了以水（蒸汽）为介质的增温增湿工艺（在线膨胀工艺），利用此技术加工叶丝和梗丝，物理质量（填充值等）和感官质量均得到了提高，在一定程度上降低了卷烟原料消耗并改善了卷烟加工质量。基本工艺流程如下。

烟叶处理：润叶→切尖→解把→润叶基→打叶去梗→润叶加料→贮叶片

制叶丝：切叶丝→叶丝增温增湿（膨胀）→烘叶丝

制梗丝：润梗（蒸梗）→压梗→切梗丝→叶丝增温增湿（膨胀）→烘梗丝

1991—2000年，制丝加工采用复烤把烟投料方式，以水（蒸汽）为介质的烟丝在线高温高湿膨胀技术得到了推广应用。不同卷烟企业采用了把烟投料或片烟投料方式，我国烟叶处理工艺呈现打叶去梗工艺片烟回潮工艺并存局面，有些企业采用打叶去梗工艺，同时使用部分片烟（片烟人工投入）。制叶丝、制梗丝在线膨胀技术得到广泛应用，我国卷烟加工质量水平显著提升。基本工艺流程如下。

烟叶处理：润叶→切尖→解把→润叶→打叶去梗（2000年之前）

片烟→切片→松散回潮→润叶加料（1988年之后）

制叶丝：切叶丝→叶丝在线膨胀与干燥

制梗丝：润梗（蒸梗）→压梗→切梗丝→梗丝在线膨胀与干燥

2000年之后，我国卷烟企业全部实施片烟投料方式，制丝工艺基本流程总体变化不大，但是生产流程和工艺技术不断发生变化和创新，围绕着中式卷烟风格特征和品质、原料使用价值等方面，叶丝和梗丝膨胀与干燥、烟梗预处理等技术的不断创新和应用，实现生产流程优化再造。

2. 加工技术研究

（1）烟叶回潮技术

①真空回潮技术。

20世纪80年代初期，我国使用的烟叶真空回潮机主要依靠进口，真空回潮系统主要采用三种技术方式。以法国马莱公司（MALLETT）为代表的蒸汽喷射器-水环式真空泵联合机组技术；以意大利科马斯（COMAS）为代表的真空机组（高真空泵+罗茨泵）+制冷机组（氟利昂制冷设备）技术，英国LEGG公司和DICKINSONG也使用；以奥地利S.S公司为代表的二级蒸汽喷射真空技术与系统。七五末期，我国开始引进消化法国马莱公司和奥地利S.S公司技术，到20世纪90年代初期，蒸汽喷射器-水环式真空泵联合机组技术逐渐退出历史舞台，二级蒸汽喷射真空技术与系统成为主流[44]。蒸汽喷射真空技术在我国卷烟生产企业烟叶回潮过程中被广泛应用，并不断升级创新，可实现三级、四级蒸汽喷射真空技术[9, 44]。

1988年，河南中发真空技术研究所和秦皇岛烟草工业机械厂（秦皇岛烟草机械有限责任公司，以下简称“秦皇岛烟机公司”），共同设计研制了可实现二级或三级蒸汽喷射真空技术回潮机，2011年以后，研制了新一代真空回潮机，能满足卷烟生产企业和打叶复烤企业对原料回透率和低强度的加工要求。

1999年，昆明船舶集团公司（以下简称“昆船公司”）研制开发了在线连续真空回潮系统，将国际国内通用的间歇式真空回潮与自动化物流相结合，实现了烟叶原料在线真空回潮连续性生产。

②滚筒热风回潮技术。

1989年，秦皇岛烟机公司与上海轻工业设计院合作，引进消化了COAMS公司滚筒热风回潮机（CRB型）[9]，1990年10月，在澄城卷烟厂投入使用，1992年通过国家局鉴定验收。

1993年，以技贸结合方式，秦皇岛烟机公司引进消化吸收意大利GARBUIO公司适应片烟投料方式的回潮技术，1998年研制了国产化片烟直接滚筒热风回潮机，在切块后片烟增温增湿的同时，使烟块松散，1999年通过国家局鉴定验收。

（2）烟梗回潮技术

烟梗回潮技术设备，从结构形式上分为滚筒式、螺旋式、隧道式和水槽式，烟梗经过回潮设备增温增湿，可达到工艺要求，并可与干燥设备配合，加工膨胀梗丝。

1990年，秦皇岛烟机公司消化引进COMAS公司技术，形成螺旋式烟梗回潮技术，研制出了螺旋式蒸梗机，生产能力最大可达1440kg/h，处理后烟梗温度可达到45~60℃，含水率可增加2%~6%[9]。2001年，秦皇岛烟机公司成研制出具有加料功能和洗梗功能的水槽式烟梗回潮机，有利于烟梗洁净，增加烟梗含水率。2001年，研制了出滚筒刮板式烟梗回潮技术。2003年，江苏智思集团公司研制出了蒸汽增压螺旋式烟梗回潮系统。2004年，秦皇岛烟机公司与徐州众凯机电设备制造有限公司联合研究开发出了水槽式烟梗浸梗机。

（3）切丝技术

切叶（梗）丝是指将片烟或烟梗（梗片）切成一定宽度细丝的工艺过程，历经了上下式、旋转式和滚刀式切丝技术的发展。我国卷烟企业随着对切丝质量和能力水平要求提升，首先开发了上下式切丝机，再研发了旋转式切丝机，最后研发并大量使用滚刀式切丝机。上下式切丝机属于淘汰技术，在中国烟草总公司组建时就不再使用了。

①旋转式切丝技术。

刀片切削物料时，刀片沿着送料系统刀门输送出物料块的水平侧面方向旋转切削，属于无除尘系统。大概在1985年之前我国应用了旋转式切丝技术，后期便不再使用了。到2012年前后，德国HAUNI公司重新研制了旋转式切丝技术，开发了Topspin切丝机，并在我国进行应用。

②滚刀式切丝技术。

片切削物料时，刀片沿着送料系统刀门输送出物料块的垂直侧面方向由上向下切削，属于有除尘装置。滚刀式切丝技术经历了直刃水平、直刃倾斜、曲刃水平的发展历程。

1970年，上海烟草工业机械厂参照进口样机技术，研制成功直刃水平滚刀式切丝机（YS12型），切叶丝机能力1000~1200kg/h，切梗丝能力300~400kg/h。1985年开始，总公司以技贸结合方式从英国LEGG公司引进了滚刀式切丝机（RC4型）全套制造技术，1987年，昆船公司研发了直刃水平滚刀式切丝技术，1991年，完成了直刃水平滚刀式切丝机（YSI6型）[9]生产制造。

1994年，总公司以技贸结合形式从德国HAUNI公司引进了KT系列切丝机全套制造技术。由秦皇岛烟机公司和昆船公司共同研消化吸收KTC型切丝机技术，于1998年，完成了直刃斜置滚刀式切丝机（SQ214A型、SQ217A型）[9]的生产制造。1999—2012年，昆船公司相继开发了宽刀门直刃斜置滚刀式切叶丝机（SQ218C型）、大流量直刃斜置滚刀式切叶丝机（SQ218D型）、直刃斜置滚刀式切梗丝机（9SQ11型）。

1999年3月，昆船公司研制出SQ31X系列曲刃水平滚刀式切丝技术。2009年开始，秦皇岛烟机公司开展了大流量柔性曲（直）刃水平滚刀式切丝技术研究，2012年研制出大流量柔性曲（直）刃水平滚刀式切丝机（SQ36X型）。

（4）片烟加料技术

2014年，由河南中烟工业有限责任公司等单位完成的“薄层物料双面喷射式加料机研发及应用研究”项目[45]，通过国家局鉴定。取得以下成果：①采用横向摊铺纵向拉薄进料、双面多喷嘴加料、负压穿流排潮、多孔罩式加料腔体等独特的结构设计，有效解决了物料均匀摊薄、料场均匀分布、料液截留吸附及片烟粘壁等技术关键；②采用腔式瀑流加料方式，运用物料稳流摊薄、料场均匀分布和物料过滤吸附技术，成功开发了一套薄层物料双面喷射加料设备；③研究成果应用后显著提高了卷烟加料效果，提升了卷烟产品质量，与滚筒式叶片加料方式相比，加料均匀性提高23.9%，料液有效利用率从78%提升至91%，片烟黏附量减小4.9kg/批。

（5）叶丝加料技术

2009—2011年，郑州烟草研究院等单位共同承担的国家局科技重点项目“叶丝加料技术与应用研究”[46]。定量分析比较了叶片和叶丝微观结构、比表面积、截面积等差异及其对吸料特性的影响，研究了切丝宽度、含水率和温度等与叶丝吸料特性的相关关系；创造性地提出了叶丝加料工艺理念，研发整套叶丝加料工艺技术和主机设备，实现了制丝工艺流程的再造；实现在制丝规模化、连续化生产应用，卷烟产品质量稳定，与叶片加料技术相比，加料精度由0.46%提高到0.15%，物料中料液含量变异系数平均降低19.9%，料液有效利用率提高了4.4%，有效缩短了制丝加工时间，节约了卷烟企业设备投资，降低了能源消耗、香料等生产运行成本。先后在上海烟草集团公司、河南中烟工业有限责任公司等企业推广应用。

（6）水（蒸汽）为介质烟丝在线高温高湿膨胀技术

主要包括滚筒式、隧道式流化床（HT）、文丘里管等高温高湿膨胀技术[9]。三种技术在我国都在应用，与烟丝干燥技术配合使用，在提高烟丝加工质量、填充性能提升方面尤为显著。滚筒式与烟叶（梗）滚筒回潮技术类似；1984—1990年，引进消化吸收其他两种技术，并广泛应用。

1984年，昆明卷烟厂从德国HAUNI公司引进隧道式流化床（HT）技术；1986—1988年，昆船公司引进消化吸收该技术，研制出5000kg/h在线高温高湿膨胀（HT）设备[9]，1989年在许昌卷烟厂投入运行，提高了烟丝质量，达到了引进的同类设备水平。1990年开始，秦皇岛烟机公司、北京长征高科技公司共同消化吸收了意大利COMAS公司文丘里管式闪蒸技术，研制出5000kg/h在线高温高湿膨胀设备[9]。2003年，江苏智思集团公司研制了文丘里管式闪蒸技术装备，实现烟丝在线高温高湿膨胀效果。

（7）烟丝干燥技术

烟丝干燥技术是指通过一定热能使切后烟丝含水率下降，提高其填充能力和弹性的工艺过程。烟丝干燥设备俗称烘丝机，主要分为滚筒式烘丝机、塔式气流烘丝机、隧道式气流烘丝机等。20世纪90年代之前，我国卷烟企业使用的是滚筒式烘丝机；20世纪90年代后期开始在梗丝干燥过程使用了塔式气流烘丝机；进入21世纪后，在叶丝干燥过程中开始使用塔式烘丝机；在梗丝干燥过程中使用隧道式气流烘丝机，并逐步推广应用。目前，叶丝干燥主要使用滚筒式烘丝机和塔式气流烘丝机；梗丝干燥主要使用塔式气流烘丝机和隧道式气流烘丝机，滚筒式烘丝机也有使用。

①滚筒式干燥技术。

同时利用传导和对流干燥技术，实现物料脱水干燥。烘丝机类型分为管板式滚筒烘丝机、管式滚筒烘丝机、薄板式滚筒烘丝机等形式。1986年，以技贸结合形式，上海烟机厂和沈阳飞机制造公司共同消化吸收英国LEGG公司管板式滚筒烟丝干燥技术，研制样机，1988年开始，由秦皇岛烟机公司批量生产各种型号管板式滚筒烘丝机。1989年，秦皇岛烟机公司消化吸收COMAS公司管式滚筒干燥技术，研制了国产化管式烘丝机（SH111型）[9]，1995年通过了总公司组织的鉴定。2010年前后，福建中烟工业有限责任公司引进应用意大利GARBUIO公司薄板式滚筒烘丝机。

②塔式气流干燥技术。

利用对流干燥技术，实现物料脱水干燥，与前道工序（高温高湿膨胀技术）配合，提高烟丝加工质量。

叶丝塔式气流烘丝机由英国DICKINSON-LEGG公司研制成功，并于2001年前后由我国徐州卷烟厂引进使用。2003年，由秦皇岛烟机公司引进该技术并消化吸收，实现了叶丝塔式气流烘丝机国产化生产，在许昌卷烟厂通过国家局鉴定验收。2003年，由江苏智思集团公司研制了叶丝塔式气流烘丝机（SH9型），在合肥卷烟厂投入使用。2010年之后，叶丝塔式气流干燥技术不断进行创新提升，形成了较低加工强度塔式气流设备（COMAS公司CTD、HAUNI公司HDT、Garbuio Dickinson公司Eva等设备），并在我国卷烟企业中广泛应用。

梗丝塔式气流干燥技术由意大利COMAS公司研制成功，呈多塔串联布局，我国首先进使用，1989年，以技贸结合方式引进消化该项技术，1990年由秦皇岛烟机公司完成研制生产，同年交付海林卷烟厂使用。21世纪开始，江苏智思集团公司、秦皇岛烟机公司、COMAS公司、HAUNI公司等相继研制了梗丝单塔式气流烘丝机，并在我国卷烟企业较广泛应用。

③隧道式气流干燥技术。

利用对流干燥技术，采用水平流化床，实现物料脱水干燥，与前道工序（高温高湿膨胀技术）配合，提高梗丝加工质量。

该项技术由英国DICKINSON-LEGG公司研制成功，2001年前后由我国徐州卷烟厂率先引进使用。2002年，秦皇岛烟机公司研制了隧道式气流烘丝机，形成隧道式多喷气管梗丝干燥技术，2003年在柳州卷烟厂完成鉴定。2003年，江苏智思研制了隧道式侧送风梗丝干燥技术装备，之后不断进行技术提升，在我国卷烟企业中广泛应用。

（8）卷烟原料消耗降低技术

1993年开始，国家局科研项目“降低烟叶消耗工程”[6]，由国家局和郑州烟草研究院等单位承担，在国内采用边研究、边实施、边推广方式，突破了新技术应用，工艺流程优化行，业整体工艺技术水平大幅提升，卷烟原材料消耗大幅降低。

①实现工艺流程革新。

增加在线筛分装置，对碎片进行合理筛分和掺兑，使碎片越过了打叶、切丝等形变环节；调整烟梗预处理方式，提高梗丝的膨胀效果和含水率均匀性；改变在制品输送方式，将烘后叶丝和加香后烟丝风力输送改为皮带送丝方式，降低叶丝输送的造碎。同时，为提高烟叶利用率，充分发挥卷烟原料潜质，针对不同原料，采用不同加工方式和处理措施进行针对性加工，提高高档烟叶在配方中的作用，提高低次烟叶使用价值。

②优化了工艺参数，提升了设备性能，提高了在制品和成品卷烟加工质量。

系统地研究分析了卷烟生产线真空回潮、打叶去梗、烟梗预处理、梗丝膨胀、叶丝增温增湿、叶丝干燥、贮丝等主要工序技术条件与质量指标、消耗情况的对应关系，掌握其对加工质量和消耗的影响规律，优化了卷烟生产的工艺参数。对润叶机、加料机、超级回潮筒、加香机、贮丝柜拨丝辊等设备进行了优化调整和改造，充分发挥设备性能。

③卷烟原材料消耗降低显著。

随着降低原材料消耗技术持续创新和技术推广应用，我国卷烟原料单箱（五万支）消耗由56kg左右降至20世纪90年代末的40kg左右，当前的34kg左右，对提高卷烟产品质量，降低卷烟焦油量发挥了积极作用。

（9）制丝工艺技术水平分析及提高质量的技术集成研究推广

2002—2004年，国家局和郑州烟草研究院等单位完成“制丝工艺技术水平分析及提高质量的技术集成研究推广”重大科技推广项目[7]。项目以提升企业核心竞争力为目标，以提升行业整体制丝工艺水平为主攻方向，以“提质控焦”为主线，在对行业及企业制丝工艺技术水平进行分析基础上，针对存在共性和个性问题，重点集成近年来在卷烟生产工艺技术方面的7项新技术、新成果，研究开发了2项应用技术，先后在20家卷烟企业开展推广应用和技术开发工作，并辐射、带动了全行业的推广应用，到2005年，累计推广企业合计产量达到16385亿支（3277万箱），占行业总量的84%。研究了制丝工艺与卷烟感官质量关系、统计过程控制（SPC）技术在制丝过程控制中应用、CO_2膨胀烟丝和打叶复烤质量目标优化及工艺实现手段、气流干燥术深化和提升等一批创新技术成果，使行业制丝工艺技术的整体水平明显提升，卷烟产品质量得到明显提升，控焦、降焦技术水平明显提高。通过项目的实施，114个卷烟产品感官质量得分平均提高0.70分，卷烟焦油平均下降1.10mg/支；在制品及卷烟产品质量稳定性明显提高，卷烟烟支重量标准偏差平均下降3.63mg/支，卷烟吸阻标准偏差平均下降9.66Pa，滤棒吸阻标准偏差平均下降12.59Pa，干燥后叶丝含水率标准偏差平均下降0.09%，烟丝含水率标准偏差平均下降0.07%；焦油波动范围明显缩小，平均批内卷烟焦油量波动值由2002年的1.60mg/支缩小到2005年的1.11mg/支，20家重点推广企业卷烟原料消耗平均降低1.64kg/箱，产量由2002年的7031.25亿支（1406.25万箱）增加到2005年的10271.35亿支（2054.27万箱），税利增长69.9%，取得显著经济效益和社会效益。

项目创新性地提出了在卷烟加工过程中“控制感官质量为主、同时兼顾物理质量”的工艺理念；进一步确立“设备为工艺服务，工艺为产品服务”的思想；有力地推动了质量控制“由结果控制向过程控制、由控制指标向控制参数、由人工控制向智能化控制”的转变。项目实施过程中管理、科研、企业协同攻关，实现项目组织方式、运作模式、推广机制创新，使行业工艺技术人员和管理人员的技术素质、管理水平明显提高，为行业培养一批技术人才和技术骨干。为提高行业制丝工艺技术水平做出重要贡献，为行业开展同类重大科技项目积累经验，为发展中式卷烟、实施特色工艺战略性课题研究奠定了基础。

（10）卷烟原料分组加工技术

2004年开始，郑州烟草研究等单位开展了国家局科研项目“特色工艺技术应用基础及共性技术研究”[47]，2010年通过国家局鉴定。取得以下成果：①建立一套较为科学、规范的烟叶原料加工特性感官评价方法；研究得出烟叶原料分组方法，总结提炼出了烟叶原料分组原则；提供可满足分组加工生产要求的烟丝掺配技术方法，为特色工艺技术研究、应用与推广以及形成中式卷烟工艺核心技术打下坚实的技术基础。②揭示我国主产区主要等级烟叶原料加工特性及其与烟叶原料产区、品种、部位、颜色和年份等之间的内在联系，为卷烟企业采用分组加工技术、发挥烟叶原料潜质和提高烟叶原料使用价值、拓宽烟叶原料使用范围提供了技术依据。③首次提出"加工强度"概念，找出主要工序设备对烟叶原料加工特性影响的差异，为卷烟企业针对烟叶原料特性采用适宜的加工方法提供技术支撑，充分发挥了工艺潜能，提高了工艺对卷烟产品的贡献率。④项目研究为中式卷烟原料开发、打叶复烤及制丝生产线创新提出了工艺需求和技术研发方向，为中式卷烟品牌专用制丝生产线创新提供了技术支撑。

2004年，湖南中烟工业有限责任公司承担的国家局科研项目“长沙卷烟厂特色工艺技术研究与应用”[48]，2008年通过国家局鉴定。取得以下成果：①依据长沙卷烟厂产品特点，开展叶组配方分组、特色香精香料开发应用、分组加料、分类加工和系统集成控制技术研究，构建了以"分组加料、分类加工、系统集成"为核心的具有自主知识产权中式卷烟特色工艺技术体系；②形成烤烟型产品通过一次添加特征料以张扬烟叶香气特征、二次添加基础料以平衡烟气化学成分的两次加料模式；③将特色工艺研究成果应用于“十五”技术改造，实现了工艺流程的创新，打造新的工艺设备；形成精细化加工保障系统；④产品风格特征更加突出，质量得到进一步的稳定和提高。批内焦油、烟气烟碱量波动值分别为0.9mg/支和0.2mg/支；上部烟使用比例提高了26%以上；节约香料成本20%以上。

（11）卷烟生产均质化加工技术

2007—2009年，红塔烟草（集团）有限责任公司、湖北中烟工业有限责任公司、湖南中烟工业有限责任公司分别承担国家局科研项目“红塔山卷烟品牌多点加工均质化技术”[49]“红金龙卷烟品牌多点加工均质化技术”[50]“白沙卷烟品牌多点加工均质化技术”[51]，2010年6月，3个项目通过国家局鉴定。形成了红塔山卷烟品牌多点加工均质化技术体系，创新了均质化生产评价技术方法、叶组模块构建技术、工艺调控技术和质量保障技术。红塔山品牌卷烟产品多点批内、批间的感官质量得分波动分别控制在0.8分、1.1分以内，焦油量极差控制在0.9mg/支以内。形成了红金龙卷烟品牌多点加工均质化技术体系，创新了叶组模块构建技术、工艺质量远程监控及动态分析评价技术、工艺质量指数和产品质量指数分析技术。红金龙品牌卷烟产品多点生产批内、批间的感官质量得分波动分别控制在0.7 分、1.2 分以内，焦油量差控制在1.1mg/支以内。形成了白沙卷烟品牌多点加工均质化技术体系，创新了叶组配方核心模块构建技术、核心工艺参数调控技术、标准输出质量保障技术。白沙品牌卷烟产品多点生产点感官质量得分及批内、批间的感官质量得分波动分别控制在1.0分、1.5分以内，焦油量极差控制在1.2mg/支以内。

（12）中式卷烟品牌专用制丝生产线

2008年起，中式卷烟制丝生产线重大专项开始实施，着力打造中华、芙蓉王、云烟、七匹狼、双喜、贵烟、黄金叶、金桥、黄鹤楼等品牌专用制丝生产线，突出了重点骨干品牌风格特征，提升了卷烟品质，形成了品牌核心技术，增强了重点骨干品牌市场竞争力。2011年9月，首条品牌专用制丝生产线（芙蓉王品牌）建成投产并通过综合评审，截止到2015年7月，品牌专线全部建成并投入使用[52]。

中式卷烟品牌专用制丝生产线创新和建设获得以下成果。①创新构建了以品牌为导向的专线创新建设思路，实现由“设备升级、增产扩量”到“核心工艺技术创新引领”的技改方法。首先从消费者需求、感官特征、化学特征等多个维度系统分析了品牌的风格特征，建立了科学规范的风格特征评价方法，对影响风格特征的特征因子进行了系统分析，明确了品牌原料特性及加工要求、工艺加工方式及设备需求，并以此为导向，有效指导了品牌工艺技术体系和专线特色设备开发定制。②坚持“工艺塑造产品风格特征”的核心理念，运用“传承与创新”发展方式、“试验先行”研究方法，探索与实践了一套产品特色引导工艺技术、工艺技术塑造产品特色工艺创新方法，在生产线布局、工艺流程再造、特色加工技术方法等方面，实现了产品特色和创新工艺的融合，形成了各具特色的品牌专用制丝线。③实现关键个性化设备创新开发，促进产品、工艺、设备的联动创新。应用大量定制设备及专有设备，各专线建设改变了过去简单的设备更新的思路，建立了以工艺需求、设备性能、试验或调研相结合的工艺设备评价及选型方法，根据工艺流程特色布局及关键工序加工要求，提出设备的个性化需求，实现了设备的定制生产，密切了产品工艺及设备的关系，同时自主开发了一系列关键设备，促进了国产烟机的创新发展，部分烟机设备实现了原理上的重大突破，引领了国内外烟机的发展。④信息化水平迈上新台阶。形成了数据收集、信息传递、质量判定为一体的质量管控系统，研究建立了诸如以MES为核心，与PCS、ERP协同作用的管控一体化信息系统、“三模统一、三级联动”管控系统、以批次（BATCH）管控为核心的柔性管控系统，提升了管控水平，保障了品牌制丝过程质量的稳定性。

（13）细支卷烟升级创新

2016年起，“细支卷烟升级创新”重大专项开始实施[53]。通过产品基础研究、工艺研究、装备研究、烟梗及再造烟叶应用研究、丝束研究、爆珠及滤棒研究等相应领域技术研究工作，实现细支卷烟产品升级、技术升级和装备升级，提升细支卷烟产品设计水平、生产制造水平、降本增效水平以及控焦稳焦水平。经过3年多技术攻关，取得以下成果：①细支卷烟产量高速增长，产量由2016年的150.56万箱增加到2019年的424.85万箱；②加工技术实现升级，完成南京卷烟厂、襄阳卷烟厂细支卷烟生产基地和济南卷烟厂、延吉卷烟厂专用生产线建设；③专用材料基本实现国产，丝束规格覆盖各中烟公司加工细支滤棒的目标吸阻要求，2019年国产细支卷烟专用丝束占国内总使用量的75%，实现国产细支卷烟专用丝束逐步替代进口；细支爆珠卷烟研发和生产迅猛发展，细支爆珠卷烟规格由2015年的5个增加到2019年的30多个，销量达到102.84万箱；④专用装备取得突破，相继研发成功了400包/min、500包/min包装机组，10000支/min的卷接机组和400m/min的细支滤棒成型机组，10000支/min细支卷烟高速卷接机组不仅实现国产超高速双轨卷接机组细支规格卷烟的生产，而且具备生产细支与中支卷烟的生产能力；⑤细支卷烟产品质量提升，消耗下降，烟支质量标偏由20mg/支降至12.69mg/支，吸阻标偏由85Pa降至67.60Pa；批间焦油波动由1.3mg/支降至0.66mg/支，原料有效利用率加权平均值为91.77%，提高5.77百分点，卷烟单箱原料消耗加权平均20.70kg，降低2.65kg，卷烟纸损耗率加权平均值2.57%，降低了0.93%；滤棒损耗率加权平均1.67%，降低了1.33%[54]。

2017年，由湖北中烟工业有限责任公司承担的“适应细支烟的打叶复烤片烟结构优化关键工艺与装备研究”项目[55]通过了国家局鉴定。取得以下成果：①研究叶片结构与叶丝结构关系以及对细支烟卷制质量的影响，明确了适应细支烟的打叶工艺指标；②开展打叶复烤关键工艺设备改进与优化研究，形成了应不同类型烟叶片烟结构优化调控技术；③研发六边形打叶框栏及打刀装置，优化原烟多级分切、柔性风分等关键打叶工艺，可较好地满足了细支烟对片烟形状、结构、叶中含梗率的质量需求，且实现三级高效打叶，为行业打叶复烤工艺流程及设备配置优化提供了新思路；④成果应用后，提升了常规和细支烟产品质量稳定性，并有效改善了细支烟易产生燃烧锥掉落、竹节烟、梗签刺破卷烟纸等质量缺陷。

2018年，由江苏中烟工业有限责任公司等单位承担的“中式卷烟细支烟品类构建与创新”项目[56]通过国家局鉴定。取得以下成果：①开展细支卷烟产品系统化设计、特色工艺技术研发、品控体系构建、专用原辅材料的开发与应用以及技术集成应用研究，构建了有感知、成体系、有支撑的中式卷烟细支烟品类；②确立细支卷烟“长径比值大、单支含丝量少”一个核心特征和“烟气浓度低、感知要求高；焦油量低、危害指数小；原料消耗低、增效能力强”3个关键特性的品类特征；③构建“六模型一平台”设计模型，实现了细支卷烟材料的系统化设计，研究细支滤棒、胶囊滤棒的丝束特性曲线和最佳成型区间，创新性地应用卷烟纸竖打孔、接装纸甜味剂施加等技术实现了细支卷烟舒适感、轻松感和满足感的协同提升；④突破梗丝、再造烟叶在细支卷烟中规模化应用的瓶颈，降低了卷烟危害性指数，构建多目标稳健优化设计及烟支单重设计模型，提高了细支卷烟加工质量，降本增效效果显著，应用“五双”特色工艺技术，提升了细支卷烟产品品质；⑤围绕产品风格特征，对重要香原料进行开发与复配，开展基于料液成分持留率辅助设计料液配方的加料技术研究，改进料液在烟丝中的持留率，提升了细支卷烟产品安全性和品质。

2018年，由郑州烟草研究院等单位承担的“提高细支卷烟质量稳定性的关键工艺技术研究”项目[57]通过国家局鉴定。取得以下成果：①建立烟支动态吸阻、密度分布一致性和燃烧锥落头倾向3项新的卷烟质量检测与评价方法；②分析掌握国内外细支卷烟在烟支设计、物理指标、烟气指标、有害成分释放量、感官质量等方面的现状与差异，确定了影响细支卷烟质量及稳定性的关键因素；③建立完善的烟丝形态、烟丝物理指标、卷制过程控制技术，从“测”“调”“控”3个方面，确定了烟丝形态、烟丝物理指标、卷制过程的控制指标、控制参量、控制手段，明确了细支卷烟各项质量指标的稳定性可控范围；④研究成果应用后，细支卷烟物理指标、烟气指标等稳定性及感官质量得到提升，烟支单重标偏降幅6.7%，烟支硬度标偏降幅26.1%，烟支吸阻标偏降幅18.2%，滤嘴通风率标偏降幅13.3%，烟支落头倾向降幅8.9%。

2019年，由河南中烟工业有限责任公司等单位承担的“提高细支卷烟质量稳定性的关键工艺技术研究”项目[58]通过了国家局鉴定。取得以下成果：①应用颜色分量差值等数字图像分析技术，精准分割提取片烟形状轮廓，建立了片烟形状测定和表征方法；②运用等效换算原理，揭示片烟形态结构与烟丝结构的关系，构建了相关量化关系模型；③建立卷烟物理质量综合评价方法，实现对不同批次卷烟卷制综合质量的量化评价；④研究细支卷烟烟丝关键物理特性，确定了适宜的烟丝尺寸、片烟结构和分形维数等关键控制指标，烟丝宽度0.74~0.83mm、特征长度2.6~2.8mm、纯净度>95%；片烟面积上部200~800mm^2、中部100~700mm^2、下部300~900mm^2，片烟的分形维数上部1.3~1.4、中部1.3~1.5、下部1.2~1.3；⑤研发具有自主知识产权的超大片烟辊轴筛分和差速柔打等在线片烟结构调控设备与技术，建立了一条7000kg/h大片筛分柔打生产线；⑥成果应用应用后，适用于细支卷烟的片烟比例提高了20.6%，叶中含梗率控制在1%以下，全流程原料消耗降低0.8kg/箱（50000支）。

2019年，由湖北中烟工业有限责任公司承担的“黄鹤楼品牌细支卷烟特色工艺研究”项目[59]通过了国家局鉴定。取得以下成果：①在制丝生产线增设片型控制单元，实现“降大片、提中片、控碎片”的目标，大片率下降12%，中小片率上升8%；②形成改善烟丝结构关键技术，超长丝率下降17%，中长丝率上升12%，烟支物理质量稳定性显著提升；③应用三级叶丝柔性风选技术，形成了叶丝大流量条件下，一级、二级“丝中选梗”，三级“梗中选丝”的加工工艺，丝梗分离效果明显提高，剔除梗签含丝率由23.6%降至3.2%，丝中含梗率由0.9%降至0.6%，烟支刺破缺陷率降幅达50%，烟丝纯净度提升，降耗作用显著；④研发细支烟卷烟的精准计量柔性风力送丝系统，有效减少烟丝在风送过程中的造碎，同时实现了单机台烟丝实时消耗计量和累计耗用的统计；⑤研发“超薄压梗”工艺技术并成功应用于梗丝生产线，可实现梗丝在细支卷烟大品牌中的规模化应用，降本增效效果显著。

（五）卷接包工艺技术

卷接包是指将合格烟丝与烟用材料加工成一定包裹形式的卷烟产品的工艺过程，分为烟支卷制、烟支滤嘴接装、卷烟包装等过程。

1. 卷接包工艺技术变化

近40年来，通过卷接包技术的引进、消化吸收和自主创新，我国卷接包技术与装备应用水平显著提升，卷烟产品卷接包质量水平大幅度提升，处于国际领先地位。我国卷烟生产企业卷接包工艺不断优化和再造，卷烟烟支卷制、滤嘴接装、卷烟包装3个工艺过程实现了由低生产能力向高生产能力的提升，由独立单元运行向机组化、连续化运行的转变。卷烟烟支卷制实现了由落丝式卷制技术向吸丝式卷制技术的提升；烟支滤嘴接装实现了由夹钳式接装技术向搓接式接装技术的提升；卷烟包装实现了由小盒竖包向小盒横包、小盒条盒软包向小盒条盒硬包、小盒条盒无透明纸包装技术向小盒条盒有透明纸包装技术的变化。

（1）卷接技术

1986年前后，我国生产的卷烟95%以上为无嘴卷烟，烟支卷制以国产重力落丝式成形技术为主，生产能力在2000 支/min以下，自动化程度低下，检测手段缺乏[9]。卷制、包装工序独立设置，烟支卷制后进行烟支烘焙，之后再进行烟支包装；1986年之后，开发了烟支卷制风力吸丝式成形技术，重力落丝和风力吸丝技术均在使用。1986年之后，烟支卷制吸丝成形技术逐步取代重力落丝成形技术，同时我国生产滤嘴卷烟比例由不到5%上升到1990年接近50%，再到20世纪末达到100%，滤嘴卷烟生产技术与装备不断创新发展，烟支包装技术与装备也不断创新发展，我国主要实施技术引进并国产化。

1983年，总公司与英国MOLINS公司实施风力吸丝成形技术滤嘴卷烟机组（MARK 8）技术转让，由许昌轻工业机械厂消化吸收，生产制造国产化ZJ14型卷接机组（YJ14卷烟机和YJ23滤嘴接装机）[9]，生产能力2000支/min。设备于1986年在许昌卷烟厂通过验收。

1988年，总公司与英国MOLINS公司实施高速卷接机组（SUPER9/PA9/TF3N）技术转让，由许昌烟草工业机械厂和建昌机器厂分工负责消化吸收，生产制造国产化ZJ15型卷接机组[9]，生产能力为6500支/min，1992年，通过总公司组织的鉴定。

1993年，总公司与德国 HAUNI公司实施卷接机组（PROTOS 70）技术转让，由常德烟草工业机械厂负责消化吸收，生产制造国产化ZJ17系列卷接机组（YJ17型卷烟机、YJ27型滤嘴接装）[9]，生产能力最大可达8000支/min，设备于1997年通过国家局鉴定。

1992年，总公司与英国MOLINS公司实施卷接机组（PASSIM 7000）技术转让，由许昌烟草工业机械厂消化吸收，生产制造国产化ZJ19系列卷接机组，生产能力最大可达8000支/min。1997年，7000支/min机型在成都卷烟厂通过国家局鉴定。

2002年，国家局引进德国HAUNI公司卷接机组技术（PROTOS 90E），由中烟机械集团公司牵头，中烟机械技术中心有限责任公司、常德烟机公司联合消化吸收，生产制造ZJ112高速卷接机组（YJ112型卷烟机、YJ212型滤嘴接装机），最大生产能力10000支/min，设备于2006年通过国家局鉴定。

2009年，总公司与德国HAUN公司实施卷接机组（PROTOS 2-2）技术转让，由中烟机械技术中心有限责任公司和常德烟机公司联合消化吸收，生产制造国产化ZJ116双烟道超高速卷接机组（YJ116型卷烟机、YJ216型滤嘴接装机），最大生产能力16000支/分，2013年在上海通过国家局鉴定验收，在长沙卷烟厂使用，成功研制填补国产超高速卷接设备的空白，实现国产卷接机组由高速向超高速的跨越，是我国烟草行业烟机技术发展的又一里程碑，为我国今后自主开发新一代的超高速卷接机组奠定了良好的技术基础[60]。国产化ZJ116型（16000支/min）卷接机组在我国烟草行业广泛推广，并获得2015年度中烟草总公司科技进步奖。

2014年12月，由中国烟草机械集团有限责任公司牵头完成的“新型8000支/min卷接机组（ZJ118型）研发”项目[61]，通过国家局鉴定，在许昌卷烟厂使用，该卷接机组具有技术先进、卷接质量好、有效作业率高、消耗少、噪声低、智能控制、自我诊断、密封性能好、操作便捷、维修方便、造型美观等特点，整体技术及性能指标达到中速卷接机组国际先进水平，是集成创新与自主研发相结合的成功范例，实现国产卷按设备研制向质量、效率的转变，并实现向自主创新的转变。新型8000支/min卷接机组（ZJ118型）技术可满足不同烟支规格要求，在我国烟草行业中已广泛推广应用，并获得2018年度中烟草总公司科技进步奖二等奖。

（2）包装技术

1985年前，我国卷烟包装技术设备落后，以老式低速包装机为主，最大生产能力150包/min[10]，加工质量差、材料消耗大、效率低。

1985年，总公司引进意大利SASIB（萨西伯）公司包装机组（SASIB 3-279/6000）制造技术，经消化吸收，生产制造国产化软盒硬条包装机组，生产能力300包/min，1989年通过总公司组织的鉴定。设备配备了多项质量检测及自动剔除技术，提高了自动化程度和包装质量，经后续不断改进优化，20世纪90年代在国内卷烟生产企业中广泛应用。

1992年2月，总公司引进意大利G.D公司包装机组（G.DX1）制造技术，经消化吸收，生产制造国产化软盒硬条包装机组[9]，生产能力400包/min，样机于1995年通过国家局鉴定。1992年5月，总公司与意大利G.D公司实施包装机组（G.DX2）技术转让，生产制造国产化硬盒硬条包装机组[9]，生产能力为400包/min，1999年获国家级新产品奖，2000年以后，两种机型针对材料及包装形式变化，进行多次优化进一步提高性能，实现从单一规格或单一形式发展到多种规格、多种形式的包装功能。

2002—2010年，总公司与意大利G.D公司实施包装机组（XC-C600/PACK-OW）技术转让，并吸收G.DX2000机组（600包/min）和G.DX3000机组（700包/分）技术，设计生产550包/min硬盒硬条包装机组。2006年通过国家局鉴定。

2010年，总公司引进德国FOCKE公司包装机组（FOCKE FC800）制造技术，经消化吸收与改进设计，生产制造国产化硬盒硬条包装机组（ZB48），生产能力800包/min，2013年通过国家局鉴定，在上海卷烟厂使用，填补了国产超高速包装设备的空白，实现国产包装机组由高速向超高速的跨越，是我国烟草行业烟机技术发展的又一个里程碑，为我国今后自主开发新一代的超高速包装机组奠定了良好的技术基础[62]。ZB48型（800包/min）硬盒硬条包装机组在我国烟草行业广泛推广应用，并获得了2015年度中烟草总公司科技进步奖三等奖。

2010年，总公司引进意大利G.D公司包装机组（X6S-C800-BV）制造技术，经消化吸收，生产制造国产化软盒硬条包装机组，生产能力为600包/min，于2014年通过国家局鉴定验收。

2018年，由上海烟草机械有限责任公司等单位完成的“400包/min细支卷烟包装机研制”项目[63]，通过国家烟草专卖局鉴定，并在南京卷烟厂使用。在ZB47型硬盒硬条包装机组技术平台基础上，针对细支卷烟工艺加工特点，通过优化烟库结构，自主设计活动导烟块下烟机构，解决了细支卷烟烟库的下烟瓶颈问题；优化设计烟包成型系统，解决了环保内衬纸折叠问题；自主研发烟包辅助加热装置，解决了复合膜商标纸适用性问题；优化设计挤烟机构、四进五护烟机构，螺旋折叠器等关键零部件，成功研制出能满足卷烟工业企业使用要求的细支卷烟包装设备；连续运行8h的结果显示，设备有效运行率为86.31%，平均噪声为81.8dB（A），包装质量符合要求。整体达到国际同类产品技术水平。

2. 卷接包工艺技术研究

（1）设备参数对烟支内烟丝分布影响

2012年，戴永生等[64]开展卷制过程中设备参数对烟支内烟丝分布的影响研究，针对PASSIM70卷接机组采用正交试验方法，研究不同凹槽数量和凹槽深度平准器圆刀规格对烟支卷制质量的影响，优化了卷接机组吸丝成型系统主要参数。确定了卷接机组吸丝成型系统较佳参数组合，抛丝辊转速1250r/min，扩散辊转速180r/min，针鼓转速18r/min，吸风室风压11200Pa，吸丝带中经线编织数量25根；平准器圆刀规格为六槽，槽深3.8mm/1.5mm。在试验范围内，优化后烟支单支质量标准偏差平均下降3.42mg/支，烟支中烟丝密度标准偏差降低6.82mg/cm^3。

（2）卷接机组技术改进研究

2012年，李少平等[65]开展卷接机组风室导轨的改进研究，为了解决卷接机组原设计中风室导轨存在对下层烟丝吸附力弱、烟丝在高速运动过程中容易打滑等问题，造成烟支空头率高和烟支质量不稳定问题，提出了风室导轨布局方式、截面形状和基体材料改进技术。将前后列导轨改为对称阶梯形，截面形状由圆弧形改为斜面，基体材料采用不锈钢，工作面进行陶瓷喷涂处理。改进后避免了烟支紧头位置在高速运动中偏移和烟丝束形状变化技术难题，烟支质量标准偏差降低3.5mg/支，空头产生率降低0.3%，有效提高了烟支质量控制精度。

2012年，杨钊等[66]开展卷接机组供丝系统改进研究，针对PASSIM卷接机组供丝系统机械梳理和定量输送结构存在的缺陷，造成烟丝造碎较严重，卷烟烟支质量标准偏差较大，空头率较高，与GD121和PROTOS卷接机组的供丝系统结构原理和卷制质量进行差异分析，取消PASSIM卷接机组供丝系统初次计量单元的计量辊和扩散辊结构，设计为由定量针辊、计量料槽、小针辊组成烟丝定量计量结构；重新设计回丝部分，避免回丝重复修剪而增加烟丝造碎；改进集流管并增加自动清理功能。结果表明，烟丝平均造碎率由17.52%降低到15.31%，烟支质量标准偏差及空头率明显降低，提高了设备运行稳定性及工艺性能。

2012年，柏世绣等[67]开展ZJ17卷接机组二次风选漂浮室改进研究，增加漂浮室体积，改变漂浮室结构，由直通型改为下部为直型上部为倾斜状；增加导向弧板，在通道内两侧安装不同尺寸的2对阻挡块并镶嵌导向弧板，使阻挡块中间的气流通道形成S型，改变通道截面积使局部形成不同气流速度，使梗丝充分分离。应用结果表明，改进后二次风选漂浮室，在保持原出梗量不变情况下，排出物料中烟丝比例由17%降低到5%，烟支表面刺破率由0.2%下降到0.01%，单支质量标准偏差控制在23mg/支以内，单箱卷烟原料消耗由38.5kg下降到36.4kg左右。

2019年，任志立等[68]开展ZJ17卷烟机悬浮腔外形及内部挡块的设计优化—基于梗签分离效果的研究，利用ANSYS Workbench中的Fluent模块对不同形状、不同内部结构的悬浮腔进行建模仿真分析，获得各种类型悬浮腔的压力云图、速度矢量图及运动轨迹图，通过对比分析得出方形悬浮腔较圆柱形悬浮腔气流速度分布更加均匀、气流旋涡更多，分离效果更好。上机实验验证结果表明，悬浮腔内部横置三角形挡块能保证压力平稳、呈现较多有利于分离的旋涡，使烟丝与梗签颗粒团块分离得更彻底，且具有较少碰壁现象进而减少碎丝率的特点；方形悬浮腔中横置三角形挡块，梗签和烟丝的悬浮分离效果较佳，梗签分离效率达到80.91%，碎丝率为2.74%。

（3）不同卷烟机型对烟丝造碎的影响

2012年，邓国栋等[69]开展不同卷烟机型对烟丝造碎的影响研究，研究了PROTOS、

PASSIM和SUPER9 三种型号卷接机组卷制前后烟丝结构的变化，通过特征尺寸计算不同卷烟机型对烟丝的破碎度，利用破碎度分析不同卷烟机型对烟丝的造碎程度。结果表明，同种配方烟丝，造碎程度PASSIM卷烟机最小，PROTOS卷烟机其次，SUPER9卷烟机最大；同一卷烟机型，不同烟丝配方造碎程度存在差异，叶丝比例高、梗丝比例低的烟丝造碎程度较高。

第三节 卷烟产品设计技术

卷烟是指以全部或部分烟草为原料、用卷烟纸或其他材料包裹后制成的烟草制品。传统卷烟从外观结构上分为滤嘴卷烟和无嘴卷烟；从抽吸感受上具有多种香型特色，大致分为烤烟型、混合型、雪茄型、晒烟型、香料型等类型。卷烟产品设计技术水平高低，直接影响卷烟产品的质量水平、生产成本及市场销售效果。近40年来，我国卷烟产品设计技术，经历无嘴卷烟设计向滤嘴卷烟设计的技术创新过程，由甲级、乙级、丙级等类别设计[8]向一类、二类、三类等类别设计的技术创新过程，由等级类别设计向品类类别设计的技术创新过程。无嘴卷烟设计重点考虑叶组配方、加香加料、加工工艺等技术，滤嘴卷烟设计涉及叶组配方、加香加料、卷烟材料、加工工艺等技术。

卷烟产品设计技术领域重点围绕着卷烟产品风格特征、感官质量、物理质量、烟气成分等开展技术研究和应用。开展叶组配方技术研究，加快传统经验向现代配方理念、现代设计方法和现代分析手段相结合的转变，提升叶组配方设计科技含量；开展香精香料设计技术研究，提升卷烟产品质量和凸显风格特征；开展卷烟材料设计技术研究，调控卷烟产品风格品质、有害物质释放量；开展卷烟加工工艺设计技术研究，构建满足卷烟产品生产要求组织平台。我国卷烟产品设计技术不断创新，推动了卷烟产品设计水平的提升，取得了显著成效。

（一）卷烟产品设计理念方法变化

1985之前，我国卷烟产品绝大多数是无嘴卷烟，卷烟产品设计主要依靠人工经验感受，设计粗放且仅限于叶组配方和加香加料，基本不对烟用材料进行研究，不够重视加工过程工艺参数。依据卷烟产品类型、等级和风格特点，以及烟叶原料等级类别与卷烟等级类别吻合原则，进行卷烟产品设计操作。第一步通过烟叶原料感官评吸掌握其质量状况；第二步针对烟叶原料质量状况，并结合卷产品类型、等级、风格特点和成本要求，设计烟叶原料配方比例；第三步根据原料配方质量状况，设计加香加料配方和施加比例；第四步制定相适应的加工工艺标准及工艺条件。通过反复试验研究，形成卷烟产品设计和生产技术方案。

1986—1990年，我国滤嘴烟卷烟产品比例不断提升（1990年接近50%），卷烟产品设计逐步引入了化学分析技术，由粗放化向“精细化”迈进，在强化叶组配方和加香加料设计技术的同时，选择烟用材料参与设计。依据卷烟产品类型、等级和风格特点，烟叶原料等级类别基本与卷烟等级类别吻合原则基础上，引入烟叶原料感官品质、物理化学特性因素，开展卷烟产品设计。第一步通过烟叶原料感官评吸掌握其质量状况，并分析掌握烟叶原料物理化学性质；第二步针对烟叶原料特点，并结合卷产品类型、等级、风格特点和成本要求，设计烟叶原料配方比例；第三步根据原料配方质量状况，设计加香加料配方和施加比例；第四步选择确定相适应烟用材料；第五步选择确定加工工艺标准及工艺条件。通过反复试验研究，形成卷烟产品设计和生产技术方案。

1990—2000年，我国滤嘴烟到20世纪末期达到100%，卷烟产品设计逐步强化化学分析技术，由精细化向“纵深化”迈进，深化叶组配方和加香加料设计技术研究，研究烟用材料设计技术，注重卷烟烟气指标设计，烟叶原料等级类别与卷烟等级类别对应程度降低，卷烟产品综合设计技术方法向纵深发展。第一步通过烟叶原料感官评吸掌握其质量状况，并分析掌握烟叶原料物理化学特性；第二步针对烟叶原料状况，并结合卷产品类型、等级、风格特点和成本要求，设计烟叶原料配方比例；第三步根据原料配方质量状况，设计加香加料配方和施加比例；第四步研究确定相适应的烟用材料；第五步选择确定加工工艺标准及工艺条件。通过反复试验研究，形成卷烟产品设计和生产技术方案。

进入21世纪，我国卷烟产品滤嘴烟比例保持100%，卷烟产品设计逐步推进综合技术研究应用，由纵深化向“系统化”迈进，卷烟产品设计逐步开展原料叶组配方、香精香料、卷烟材料、加工工艺四个方面的系统设计技术和综合应用技术研究，综合考虑卷烟产品类型等级与风格特点、烟叶感官品质与物理化学特性、卷烟物理化学特性、降焦减害要求等方面，充分利用现代分析技术，实现叶组配方加工模块化、香精香料补偿化、烟用材料针对化和加工工艺参数化，提高滤嘴卷烟降焦减害效果，提升风格品质，逐步淡化烟叶原料等级类别与卷烟等级类别、品类的对应关系。第一步通过烟叶原料感官评吸掌握其质量状况，并分析掌握烟叶原料物理化学特性；第二步针对烟叶原料状况，并结合卷产品类型、等级、风格特点和成本要求，设计烟叶原料模块和配方比例；第三步根据原料配方质量状况，研究设计加香加料配方和施加技术；第四步根据卷烟产品风格品质和降焦减害要求，研究确定针对性烟用材料；第五步研究确定加工工艺标准及工艺参数。通过反复试验研究，形成卷烟产品设计和生产技术方案。

（二）卷烟产品设计技术研究

1. 叶组配方设计技术

2000年，王晶晶探讨了烤烟型卷烟叶组配方设计[70, 71]、混合型卷烟叶组配方设计[72]和低焦油卷烟叶组配方设计[73]。烤烟型卷烟配方烟叶选料需要考虑4个方面，一是烤烟不同香味质量和配方中可能的用途；二是烟叶等级；三是烤烟香气类型；四是烟叶原料的主要化学指标状况。配方操作使用的烟叶遵循优质优用原则，高档卷烟以质量较好的上等烟叶和中等烟叶为主进行配方设计；中档卷烟相应以中等质量烟叶为主进行配方设计；低档卷烟则以质量等级较低、价格便宜烟叶进行配方设计。叶组配方模式逐渐呈现为多产地、多品种、多等级、低比例趋势，强调以烟叶的配方可用性为依据进行合理组合，而不完全局限于产地、等级、烟叶类型，能够较充分地发挥各种烤烟原料各自的优势，互相弥补不足，有利于减少地方性杂气，改良烟香的单调感等，有利于达成卷烟燃吸香味的综合谐调。混合型卷烟叶组配方设计中烤烟要求成熟度高，须经过陈化，浓香型烤烟使用量偏多，上中部使用量偏多；白肋烟要求完全成熟，须经过陈化和特殊处理，加料量少时用较多部位，加料量大时可充分利用各部位烟叶来组成白肋烟副配方；香料烟不宜单独使用某一品种、产地或等级，最好以两种以上类型香料烟先组成香料烟副配方。低焦油卷烟叶组配方设计中对烤烟及其影响焦油释放量的诸多因素，晾晒烟在低焦油卷烟配方中的使用特点，膨胀烟丝、梗丝、再造烟叶的自身特点及其在低焦油卷烟配方中的调控作用等问题进行系统分析研究，阐述了低焦油烤烟型卷烟和低焦油混合型卷烟的叶组配方烟叶选择与配方设计，实现低焦油卷烟在降低卷烟烟气焦油量同时，尽可能最大限度保留卷烟本身香味，满足吸烟消费者吸食品味需求。

2006年，王建民等[74]开展叶组配方卷烟烟气预测模型的建立研究，利用多元回归分析方法建立了叶组配方焦油释放量、烟气烟碱释放量、一氧化碳释放量和抽吸口数的预测模型，并筛选出了与4项指标关系密切的总糖、还原糖、总氮、烟碱、挥发碱、钾、氯、硫酸根等化学成分指标，利用所建模型对4种卷烟产品叶组配方的烟气指标进行了预测，卷烟焦油量、烟气烟碱量、一氧化碳量和抽吸口数的预测误差范围分别为0.04~1.13mg/支、0.13~0.50mg/支、0.11~2.95mg ／支和0.37~1.15口/支。

2006年，于录等[75]开展了叶组配方的分组加工模块设计研究，在对配方中各单等级烟叶进行化学成分分析和感官评吸的基础上，首先以单料烟叶化学成分为依据设计初级配方模块，再以单料烟感官质量评吸结果为依据调整初级配方模块，确定最终优化的配方模块组合。结果表明，根据各单料烟化学成分检测结果和评吸结果进行综合分析设计模块，可以使模块组合更合理、更科学，便于生产管理和过程的均衡控制。

2008年，李东亮等[76]拟定出卷烟叶组配方设计方法，确定了卷烟产品设计目标和主要化学成分要求；初步筛选主料、辅料和填充料各一种代表性烟叶，按照相似性选出剩余主料烟叶、配伍性选出剩余辅料烟叶和填充料烟叶；依据烟叶库存量、绝对相关度大小和评吸结果来确定最终配方用烟叶原料；以配方成本为适应度评价函数，化学成分、主料、辅料、填充料比例为约束条件进行遗传算法计算；针对卷烟焦油量和感官质量设计目标，通过正逆向预测，可确定卷烟叶组配方设计结果。

2008年，武怡等[77]拟出了卷烟叶组配方分组方法，收集了各个品牌卷烟叶组单体的常规化学成分及其致香成分，以烟叶化学成分平衡中糖碱比、还原糖/烟碱、还原糖/总糖、总糖/纤维素、烟碱氮/非烟碱氮、烟碱/挥发碱、施木克值、主要致香成分总量以及烟碱/主要致香成分总量、总糖/主要致香成分总量等为烟叶品质描述指标，将其与感官质量建立了多维数据模型；对收集的数据进行分类整理，根据烟叶化学组分平衡指标与感官质量模型，确立了各项化学平衡指标对感官质量的权重，以权重计算分组参数；建立烟叶单体感官与平衡指标的数据模型，并通过模型参数计算各个烟叶单体的平衡指标权重；以各个平衡指标及其权重为基础，通过赋权方式计算单个烟叶单体的分组参数，双向取舍时要保证各方向权重之和大于0.90；以叶组分组参数为基础将叶组分成2~3个烟叶模块，并根据分组情况结合卷烟加工工艺实际，进行卷烟叶组配方设计。

2008年，曾晓鹰等[78]研究了卷烟叶组配方化学检测数据的挖掘与信息抽提，运用因子分析法和逐步判别分析法，对H牌号卷烟3个模块叶组的16个化学指标（总糖、还原糖、总氮、总植物碱、水分、氯离子、钾离子、pH、总挥发碱、果糖、麦芽糖、苹果酸、异戊酸、苯甲醇、茄酮、β-大马酮）进行了数据挖掘和信息抽提。因子分析结果表明，A模块可用7个独立公因子来描述其质量特征；B模块可用7个独立公因子来描述其质量特征；C模块可用8个独立公因子来描述其质量特征。逐步判别分析结果表明，总糖、氯离子、pH、总挥发碱、果糖、苹果酸、异戊酸、茄酮和β-大马酮等9个指标进入判别函数，利用判别函数方差分析可知判别函数具有显著意义；用自身验证法和交互验证法对原样品进行回判，回判准确率分别达96.7%和93.3%。相关结果可为卷烟叶组模块的质量表征和烟叶原料的合理使用提供重要信息和理论依据。

2015年，由浙江中烟工业有限责任公司完成的“无外源添加卷烟配方技术体系开发与应用”项目[79]，通过了国家局鉴定。取得以下成果：①构建表征感官吃味舒适度的烟叶“醇和指数”，形成可以提高“无外源添加”卷烟吃味舒适度的烟叶组合物功能基团；②构建烟叶“调香控焦”系数，形成烟叶组合物“调香控焦”技术；③发明“香料烟和烤烟特征香气”高融合度的烟叶组合物，研究香料烟特有的靶向提取技术，形成“无外源添加”卷烟叶组配方多元赋香技术；④应用无外源性添加卷烟配方技术成果，开发了3款“无外源添加”卷烟新产品。

2017年，由广东中烟工业有限责任公司完成的“基于上部烟配方特性的关键技术研究及在大品牌中的应用”项目[80]，通过了国家局鉴定。其取得以下成果：①运用现代分析技术和数理统计方法，剖析品牌风格特征和上部烟叶配方特性，明确了上部烟叶与品牌风格特征的关联性及其贡献度，为上部烟叶生产、卷烟配方设计、工艺加工提供了技术支撑；②形成涵盖上部烟叶生产、加工、配方使用的关键技术和系统性解决方案，以成熟度为中心，建立了上部烟叶成熟度评价模型，形成“双喜”品牌导向型烟叶生产技术体系；③基于上部烟叶质量风格，构建“风格增益集群”“香气增益集群”“规模增益集群”“生理调节集群”4种上部烟叶原料功能模块，形成功能模块的分组复烤加工技术和三耦合卷烟配方设计与加工技术；④有效提升了上部烟叶的使用价值，拓展了烟叶的使用范围，实现上部烟叶在大品牌中的大比例使用。上部烟叶在“双喜”品牌一类卷烟产品使用比例达31%，二类卷烟达49%，三类卷烟达56%。

2. 烟用材料设计技术

2001年，于川芳等[81, 82]研究了卷烟“三纸一棒”对烟气特征及感官质量的影响，收集具有不同参数的10种卷烟纸、10种成型纸、7种接装纸以及5种丝束，分别搭配组合并选用同一批次混合型卷烟烟丝卷制成89种试验卷烟。然后对全部试验卷烟进行烟气分析测试及感官质量评吸，最终建立卷烟辅助材料参数与焦油量、烟气烟碱量、烟气CO量、抽吸口数、过滤效率、总稀释率等烟气分析指标的数学回归方程，在试验范围内利用这些方程可直接计算出辅助材料参数的改变对烟气分析指标的影响。具体的方程包括卷烟纸自然透气度、总稀释率、滤嘴长度以及滤棒吸阻（对通风卷烟及不通风卷烟）等分别与焦油量、烟气烟碱量、烟气CO量、抽吸口数的关系；滤棒吸阻及滤嘴长度与过滤效率的关系；卷烟纸自然透气度与自由燃烧速度的关系等。建立了成型纸透气度、接装纸透气度与总稀释率的回归方程，在试验范围内利用此方程可直接计算出总稀释率大小；研究丝束规格对烟气分析指标的影响；定性描述了卷烟辅助材料参数的改变对感官质量的影响趋势。

2007年，李斌等[83]开展卷烟材料计算机辅助设计系统的开发与应用研究，利用求出的滤嘴通风度、焦油、烟碱和CO释放量的预测模型中相关参数，建立了卷烟设计和材料设计2种算法，并在这两种算法基础上开发了卷烟材料计算机辅助设计软件，为卷烟产品设计提供了技术手段。

2011年，郑州烟草研究等单位完成的国家局科研项目“卷烟辅助材料参数对主流烟气HOFFMANN分析物的影响研究”[84]，以卷烟主流烟气中9种主要HOFFMANN分析物为研究对象，针对烤烟型卷烟和混合型卷烟分别建立了基于卷烟辅助材料参数的有害成分释放量预测模型，烤烟型预测模型9种有害成分平均预测相对偏差在4.03%~11.80%，混合型预测模型9种有害成分平均预测相对偏差在6.45%~12.65%。烤烟型卷烟，卷烟纸克重每增加1g/m^2，苯酚降低1.79%，CO升高1.45%，其他指标变化幅度不大；卷烟纸透气度每增加10CU，CO、NH_3、HCN、苯酚、B［a］P、烟碱和焦油分别降低3.71%、1.41%、4.48%、1.47%、4.59%、2.57%和3.34%，NNK和巴豆醛变化幅度不大；成型纸透气度每增加1000CU，NNK降低1.32%，其他指标幅度不大；接装纸透气度每增加100CU，所有有害成分释放量均有较明显地降低，CO、NNK、NH_3、HCN、巴豆醛、苯酚、B［a］P、烟碱和焦油分别降低5.48%、1.82%、3.18%、6.82%、4.71%、2.62%、2.71%、3.87%和4.81%；滤棒吸阻每增加400Pa，CO、NNK、NH_3、HCN、苯酚、B［a］P、烟碱和焦油分别降低1.56%、5.96%、5.61%、2.56%、8.14%、3.36%、3.48%和4.13%，巴豆醛变化幅度不大。混合型卷烟，卷烟纸克重每增加1g/m^2，苯酚降低1.89%，氨降低0.60%，CO升高0.69%，其他指标变化幅度不大；卷烟纸透气度每增加10CU，CO、NH_3、HCN、苯酚、B［a］P、烟碱和焦油分别降低3.99%、3.10%、3.46%、5.81%、4.05%、1.62%和1.67%，NNK和巴豆醛变化幅度不大；成型纸透气度每增加1000CU，巴豆醛降低1.21%，其他指标变化幅度不大；接装纸透气度每增加100CU，所有有害成分释放量均有较明显地降低，CO、NNK、NH_3、HCN、巴豆醛、苯酚、B［a］P、烟碱和焦油分别降低6.10%、2.51%、4.41%、7.88%、5.09%、2.61%、2.35%、3.06%和4.60%；滤棒吸阻每增加400Pa，CO、NNK、NH_3、HCN、苯酚、B［a］P、烟碱和焦油分别降低1.12%、5.13%、3.44%、2.25%、8.18%、2.56%、2.54%和3.31%，巴豆醛变化幅度不大。烤烟型和混合型卷烟，卷烟纸克重增加，可以选择性降低苯酚；滤棒吸阻增加，可以选择性降低NNK和苯酚。卷烟纸透气度增加，可以选择性降低烤烟型卷烟HCN和B［a］P，可以选择性降低混合型卷烟CO、HCN、B［a］P和苯酚。接装纸透气度增加，可以选择性降低烤烟型卷烟CO和HCN，可以选择性降低混合型卷烟HCN。

2013年，谢卫等[85]开展了辅助材料设计参数对卷烟7种烟气有害成分释放量及其危害性指数的影响研究，考察了卷烟纸助燃剂含量、卷烟纸助燃剂类型、卷烟纸亚麻配比、卷烟纸定量、卷烟纸透气度、滤棒吸阻和滤嘴（不同透气度接装纸和成型纸组合制备）通风率对这7种有害成分及其危害性指数的单因素影响规律，建立了基于卷烟纸定量、卷烟纸透气度、成型纸透气度、接装纸透气度和滤棒吸阻的有害成分释放量预测模型，并对预测模型分别进行了外部验证。结果表明：①随着卷烟纸助燃剂含量、卷烟纸透气度、卷烟纸定量、滤棒吸阻和滤棒通风率的增大，大多数有害成分释放量及危害性指数呈下降趋势；随着卷烟纸亚麻配比和助燃剂钠钾比的增大，有害成分释放量及其危害性指数呈上升趋势；②辅材模型具有良好的预测能力，10个验证样品的7种烟气有害成分释放量预测值与测定值相对偏差均低于15%；③增加卷烟纸定量、滤棒吸阻或降低接装纸透气度，可降低单位焦油中HCN、NNK、NH_3、B［a］P、苯酚和巴豆醛的释放量。

2019年，楚文娟等[86]开展了基于卷烟材料参数的细支烟烟气有害成分预测模型构建研究，并采用了中心组合设计结合正交设计法制备了50个卷烟样品，利用线性回归和逐步回归法建立了基于卷烟材料参数（滤嘴通风、滤棒压降、卷烟纸定量、卷烟纸透气度、卷烟纸助燃剂质量分数和卷烟纸助燃剂中钾钠比）的10个（主流烟气焦油、7种有害成分、烟碱释放量及卷烟危害性指数）多因素预测模型，并根据统计学原理中交叉验证标准差（RMSECV）最小的原则筛选出最优预测模型，10个模型的预测精度良好，平均预测相对偏差在3.11%~8.10%，且对不同卷烟材料参数具有良好的适用性。

3. 香精香料应用技术

2004年，湖南中烟工业有限责任公司承担的国家局科研项目“长沙卷烟厂特色工艺技术研究与应用”[48]，开展特色香原料的研究与应用，研究开发出了DDMP、脱氧果糖嗪、脯氨酸以及葡萄糖形成的Amadori化合物等香料和氧代紫罗兰酮等氧代产物并应用于原料分组加料，效果显著；形成一次添加特征料以张扬烟叶香气特征、二次添加基础料以平衡烟气化学成分的二次加料模式。

2007年，谢剑平等[87]拟定出低焦油卷烟香味补偿的烟草成分添加剂，利用烟草提取物和烟草致香物质为主要原料，制备成烟草成分添加剂，施加到卷烟产品中可明显提高低焦油卷烟的香气量，且与烟香协调性好。

2007年，谢剑平等[88]拟定出用于低焦油卷烟香味补偿的方法，针对低焦油卷烟所用原料（片烟、烘后烟丝）、材料（滤棒、盘纸）添加烟草成分添加剂，可有效地补偿低焦油卷烟香味不足，达到对低焦油卷烟进行香味补偿的目的。

2008年，郑州烟草研究等单位完成的国家局科研项目“中式卷烟香精香料核心技术研究”[89]，构建了一套低焦油卷烟选择性香味补偿技术，提出了低焦油卷烟选择性香味补偿的原则，确定了卷烟主流烟气粒相挥发性、半挥发性成分总量和感官香气量指标各增加10%作为低焦油卷烟香味补偿效果的评价指标。

2016年，由江苏中烟工业有限责任公司等单位完成的“加香加料效果模糊综合评价方法研究”项目[90]，通过了国家局鉴定。取得以下成果：①运用模糊数学理论，在加香加料评价因素深入分析的基础上，通过指标筛选、结构设计、赋权方法选择以及权重设计，建立了加香加料效果模糊综合评价方法，可对不同工序、不同工艺条件下卷烟加香加料效果进行评价与分析，指导新产品设计与老产品改造；②方法应用后，在保持产品原有风格的基础上，提高了加料均匀性和料液持留率，感官质量稳定且有所提高。

2016年，由安徽中烟工业有限责任公司等单位完成的“通过加香加料提升膨胀烟丝使用价值”项目[91]，通过了国家局鉴定。取得以下成果：①分析国内代表性的34种单等级烟叶膨胀前后加工特点以及品质变化，开发一次加料重点解决加工保润性能，二次加料重点解决香气补偿和舒适性改善的两次加香加料的工艺模式；②研究不同分子质量保润剂的特点及应用效果，开发并应用了复合保润剂，降低了膨胀烟丝干燥感、减少了工艺造碎，整丝率提高9.4%，碎丝率下降12.4%；③开发了烟草精油分子蒸馏轻组分、天然糖源美拉德反应物、麦芽提取物等系列新型香料，补偿了烟丝膨胀过程中的香气损失，彰显了“焦甜香”风格特色，增加了香气量，减少了杂气，改善了舒适性；④研究成果的应用提升了卷烟产品感官质量，拓宽了烟叶使用范围。

4. 数字化辅助设计技术

2005年，淮阴卷烟厂等单位承担的“数字化卷烟产品设计”项目[92]通过了国家局鉴定。项目全面研究了烟叶原料、卷烟材料、香精香料等对卷烟烟气特性及感官质量的影响，分析了多酚类、常规化学成分等16项化学指标和卷烟设计参数与烟气特性的相关性；建立原料信息、主要材料信息、原料化学成分和卷烟产品理化指标4个数据库；建立焦油量、烟气烟碱量、烟气CO量及感官品质4个数学模型；形成数字化卷烟产品辅助设计系统，系统达到了焦油量±0.5mg/支和烟气烟碱量±0.1mg/支的控制精度，达到提高卷烟设计工作效率、降低试验成本、卷烟产品质量控制能力的目的。

2009年，山东中烟工业有限责任公司等单位完成的“卷烟配方计算机辅助设计技术创新研究”项目[93]。研究开发一套适用于原料数据分析、感官质量及烟气指标模拟评估、内在相关关系分析、配方优化设计等数据分析方法体系；自主研发了一套具有原料品质分析、感官评吸管理、配方数据管理、辅助配方维护与设计、原料平衡与预警、辅材辅助设计、工艺分析与研究、算法平台等功能的卷烟配方计算机辅助设计系统。成果应用可以提升产品研发设计效率和质量，缩短产品研发周期，提高原料有效利用率，降低卷烟产品研发成本。

2009年，覃艳东等[94]拟定出利用近红外光谱技术进行卷烟叶组配方计算机辅助设计的方法，通过近红外光谱仪扫描得到原料烟叶的近红外漫反射光谱，获取库存烟叶的近红外光谱数据，并输入各烟叶的相关信息，建立数据库；对烟叶的近红外光谱数据进行主成分分析；以遗传算法作为算法模型进行配方拟合运算，利用评价函数的调整，拟合多个配方；技术方案可以方便、快速地得到多个拟合配方，以及这些配方的原始适应值、配方所用烟叶数目、配方估价、主要化学成分含量及误差。

第四节

烟草加工工艺发展展望

回顾我国烟草加工工艺近40年的发展历程，在大量工艺技术创新和推广应用基础上，已取得了显著成效，工艺理念进一步更新，关键技术取得突破，卷烟加工技术水平明显提升，推动了行业技术进步和效益提升。当前乃至今后，我国烟草加工工艺的发展方向和主要任务，应是在过去30多年发展的基础上，以品牌发展为中心，以提升“原料使用价值、产品品质和品牌价值”为总体目标，围绕着全面提升中式卷烟综合品质、突出卷烟产品香气风格和口味特征、充分发挥烟叶原料的使用价值、实现卷烟产品的特色化，进一步更新工艺理念，强化工艺创新，突出特色工艺和精益工艺，不断构筑中式卷烟工艺自主核心技术，实现卷烟产品设计系统化、加工精细化、控制智能化、生产集约化[1, 95, 96]，进一步提高卷烟生产的“优质、高效、低耗、安全、环保”水平，支撑品牌持续发展。

（一）强化工艺服务产品的思想

1. 要以品牌发展为中心

如何保持重点品牌“产销规模持续扩大，结构持续优化，品质持续改进，低焦低害产品持续增长，品牌市场价值持续提升”，是行业今后相当长一段时期工作的重中之重，也是卷烟工艺技术发展的重要方向。

2. 要以提升“原料使用价值、品牌价值”为目标

在品牌做大做强过程中，大品牌规模与优质原料供给之间的矛盾将长期存在，品牌快速发展与技术支撑能力不足之间也存在矛盾。因此，卷烟工艺技术的发展与进步要紧紧围绕着提升“原料使用价值”和“品牌价值”为目标任务。

3. 要以强化资源有效利用、质量成本控制和安全风险防范为主攻任务

要进一步挖掘工艺潜力，提升资源有效利用、质量成本控制和安全风险防范的技术水平，提高工艺技术对行业深化改革红利的贡献率，保障品牌健康可持续发展。

4. 要以突出精益工艺、特色工艺、自主创新为重要途径

工艺技术的未来发展，不仅要体现出卷烟产品的特色关键技术，自主创新的“个性化”“差异化”技术手段，还要体现出水平提升的“一流工艺、一流技术、一流设备、一流指标、一流理念”。要围绕卷烟生产的加工精细化、控制智能化、设计系统化加大研究开发力度，努力实现卷烟制造产业技术升级，显著提升智能制造、精益制造水平，有效支撑中式卷烟创新发展。

（二）努力推进卷烟制造智能化

随着工业化与信息化的深度融合，工业生产制造智能化是必然选择。卷烟制造技术升级必须逐步实现卷烟制造向数字化、智能化转变，提高卷烟制造水平和生产效率，提升中式卷烟产品质量和效益。

研究现代传感技术、大数据、云计算、人工智能、物联网、工业互联网等新技术在卷烟制造中的应用；研究模块化产品设计、精细化卷烟加工、智能化质量管控等过程全

要素数字化解析、转化、建模及标准化技术；构建基于工艺协同的原料与质量特征间的构效关系。开发全工艺链的数据共享网络平台；开发基于数据和知识驱动的智能排产、模拟预测、性能监控、故障诊断、策略优化、质量追溯和绩效评价的卷烟智能制造系统。突破卷烟制造数据获取、挖掘与分析、自适应控制与决策等核心技术，构建数据到知识、知识到服务的智能化卷烟制造技术体系。构建原料、过程和产品全要素信息数据获取及其互联互通平台，形成工艺过程控制和产品质量特征的自适应管控技术；开发多场景应用智能化网络计算方法和软件平台，形成卷烟智能制造关键技术体系。

本章主要编写人员：刘朝贤、孔臻、张大波、罗登山

参考文献

[1] 国家烟草专卖局. 卷烟工艺规范 [M]. 北京：中国轻工业出版社，2016.

[2] 张本甫. 卷烟工艺规范 [M]. 北京：中央文献出版社，2003.

[3] 马文明. 卷烟工业的十年变化和成就 [J]. 中国烟草，1992（2）：13-15.

[4]《卷烟工艺规范》制订小组. 卷烟工艺规范 [M]. 北京：轻工业出版社，1985.

[5] 中国烟草总公司，卷烟工艺规范 [M]. 北京：中国轻工业出版社，1994.

[6] 李克明，夏正林，罗登山，等. 降低烟叶消耗工程 [R]. 郑州烟草研究院，1998.

[7] 王彦亭，高学林，罗登山，等. 制丝工艺技术水平分析及提高质量的技术集成研究推广 [R]. 郑州烟草研究院，2005.

[8] 杨悦. 降低危害 中国烟草在行动 [J]. 中国烟草，2015（13）：30-32.

[9] 黄嘉礽. 烟草工业手册 [M]. 北京：中国轻工业出版社，1999.

[10] 江一舟. 袁行思. 两项技术对行业发展的影响 [N]. 东方烟草报，2012-06-26（1）.

[11] 刘峘. 烟叶叶片复烤机技术报告 [J]. 烟草科技，1987（4）：2-5，45.

[12] 李穗明，王晓辉，牟定荣，等. 以卷烟品牌为导向的打叶复烤特色工艺技术研究及应用 [R]. 红塔烟草（集团）有限责任公司，2012.

[13] 杨凯，陈清，徐其敏，等. 打叶复烤配方均匀性控制模式研究 [J]. 烟草科技，2012（12）：14-17.

[14] 陈良元，朱文魁，李善莲，等. 一种片烟直接干燥复烤方法与装置：201210089215.6 [P]. 2012-03-30.

[15] 张玉海，刘斌，刘朝贤，等，一种基于烟叶力学特性差异的打叶复烤工艺：201110362709.2 [P] . 2011-11-16.

[16] 陈良元，梁伟，徐大勇，等. 打叶复烤均质化加工技术研究 [R] .郑州烟草研究院，2018.

[17] 孙瑞申，刘峘，冯中夫，等. 辊压法制造烟草薄片的改进 [J] . 烟草科技通讯，1980 (4): 15-18，47.

[18] 国家烟草专卖局. 造纸法再造烟叶技术升级重大专项方案 [Z] . 2011.

[19] 国家烟草专卖局. 造纸法再造烟叶技术升级重大专项 [R] . 国家烟草专卖局，2017.

[20] 中国烟草总公司. 烟草薄片用CMC技术指标的研究确定 [Z] . 烟草科技成果数据库. 1993.

[21] 中国烟草总公司. 烟草薄片粘合剂 [Z] . 烟草科技成果数据库，1993.

[22] 中国烟草总公司. CMC添加方式的研究 [Z] . 烟草科技成果数据库. 1993.

[23] 中国烟草总公司. 新型烟草薄片粘合剂CTA的研制及应用 [Z] . 烟草科技成果数据库. 1994.

[24] 何福顺，朱才生，陈士元. 烟草薄片丝卷曲工艺、装置科研项目研制技术报告 [J] . 上海烟业，1992 (2): 2-4.

[25] 上海卷烟厂. 烟草薄片丝卷曲工艺和装置 [Z] . 烟草科技成果数据库. 1992.

[26] 中国烟草总公司. 辊压法烟草薄片纤维应用工艺及设备研究 [Z] . 烟草科技成果数据库. 1998.

[27] 胡荣汤. 辊压法烟草薄片生产解纤加纤工艺及设备：01126092.0 [P] . 2003.04.02.

[28] 刘乃云，张彩云，陈连芳，等. 辊压法烟草皱纹薄片制造方法及设备的研究 [Z] . 烟草科技成果数据库，2006.

[29] 王迪汗，付曲鹏，胡玩哺，等. 辊压法再造烟叶起皱工艺研究 [J] . 烟草科技，2006 (5): 8-10.

[30] 杜锐，李猷，袁润蕾，等. 膜技术提高造纸法再造烟叶的感官品质 [J] . 烟草科技，2008 (2): 39-41.

[31] 杨彦明，王晶，唐自文，等. 烟梗处理降低蛋白质含量的研究 [J] . 烟草科技，2008 (3): 10-2，21.

[32] 周学政，赵长友，戴亚，等，提高再造烟叶浆料留着率的关键技术研究与应用 [R] . 重庆中烟工业有限责任公司，2017.

[33] 刘建斌. 高浓度、难降解烟草薄片废水处理机理及工程技术研究 [D] . 北京：北京师范大学，2005.

[34] 邱晔，胡群，陈辉敏，等. 再造烟叶生产废水处理研究 [J] . 工业水处理，

2006，26（3）：23-25.

［35］黄申元. 催化微电解预处理再造烟叶生产废水试验研究［J］. 能源与环境，2007（4）：91-92.

［36］姚光明，刘朝贤，王兵，等. 基于造纸法再造烟叶特性的制丝工艺技术研究［R］. 郑州烟草研究院，2014.

［37］储国海，徐清泉，周强，等. 提高再造烟叶卷烟配方适用性的调控技术［R］. 浙江中烟工业有限责任公司，2014.

［38］于云志，李守谦，陆廷汉，等. 氟里昂膨胀烟丝技术及加工装置［C］. 中国烟草总公司. 烟草科学技术成果汇编，1989—1992.

［39］秦皇岛烟草机械有限责任公司，首条国产化570kg/hCO_2膨胀烟丝生产线通过鉴定［Z］. 烟草信息，1997（15）：6.

［40］堵劲松，陈万年，王宏生，等. CO_2膨胀烟丝工业应用［N］. 东方烟草报，2004-07-02（8）.

［41］杨文超. 提高膨胀烟丝耐加工性的探索［C］.中国烟草学会工业专业委员会烟草工艺学术研讨会论文集. 青岛：中国烟草学会，2010.

［42］吴桂兵，张楚安，蔡冰，等. CO_2膨胀烟丝分类加工应用研究［J］.烟草科技，2007（12）：5-9.

［43］李东亮，宋光富，罗诚，等. 不同膨胀工艺对卷烟主流烟气有害成分释放量的影响研究［R］. 四川中烟工业有限责任公司，2017.

［44］梁建，苏添杰，肖江，等.真空回潮机真空系统在烟草行业的历史变迁及其优缺点［J］. 低碳世界，2013（12）：3-5.

［45］彭桂新，马宇平，姚光明，等，薄层物料双面喷射式加料机研发及应用研究［R］. 河南中烟工业有限责任公司，2014.

［46］王兵，姚光明，陈超英，等. 叶丝加料技术与应用研究［R］. 郑州烟草研究院，2014.

［47］罗登山，王兵，姚光明，等. 特色工艺技术应用基础及共性技术研究［R］. 郑州烟草研究院，2010.

［48］刘建福，谭新良，易浩，等 长沙卷烟厂特色工艺技术研究与应用［R］. 湖南中烟工业有限责任公司，2008.

［49］牟定荣，王毅，刘强，等. 红塔山卷烟品牌多点加工均质化技术［R］. 红塔烟草（集团）有限责任公司，2010.

［50］陈祖刚，张胜华，王建新，等. 红金龙卷烟品牌多点加工均质化技术［R］. 湖北中烟工业有限责任公司，2010.

［51］刘建福，谭新良，易浩，等. 白沙卷烟品牌多点加工均质化技术［R］. 湖南中烟工业有限责任公司，2010.

[52] 国家烟草专卖局. 中式卷烟制丝生产线重大专项 [R]. 国家烟草专卖局，2016.

[53] 国家烟草专卖局. 细支卷烟升级创新重大专项方案 [Z]. 国家烟草专卖局，2016.

[54] 国家烟草专卖局. 细支卷烟升级创新重大专项 [R]. 国家烟草专卖局，2020.

[55] 吴风光，戚新平，聂广军，等. 适应细支烟的打叶复烤片烟结构优化关键工艺与装备研究 [R]. 湖北中烟工业有限责任公司，2017.

[56] 陈晶波，朱怀远，郝喜良，等. 中式卷烟细支烟品类构建与创新 [R]. 江苏中烟工业有限责任公司，2018.

[57] 王兵，李斌，邓国栋，等. 提高细支卷烟质量稳定性的关键工艺技术研究 [R]. 郑州烟草研究院，2018.

[58] 马宇平，堵劲松，丁美宙，等. 适用于细支卷烟的烟片结构及调控技术研究 [R]. 河南中烟工业有限责任公司，2019.

[59] 张胜华，蔡冰，郑茜，等."黄鹤楼"品牌细支卷烟特色工艺研究 [R]. 湖北中烟工业有限责任公司，2019.

[60] 杜国锋，康瑛，周诗伟，等. ZJ116型（16000支/min）卷接机组 [R]. 中烟机械技术中心有限责任公司，2013.

[61] 洪杰，龚道平，何海鹏，等. 新型8000支/min卷接机组研发 [R]. 常德烟草机械有限责任公司，2014.

[62] 吴旭，张红代，陈黎，等. ZB48型（800包/min）硬盒硬条包装机组 [R]. 中烟机械技术中心有限责任公司，2013.

[63] 胡国胜，金裕华，张明秋，等. 400包/min细支卷烟包装机研制 [R]. 上海烟草机械有限责任公司，2018.

[64] 戴永生，姚文祥，武凯，等. 卷制过程中设备参数对烟支内烟丝分布的影响 [J]. 烟草科技，2012（4）: 9-12.

[65] 李少平，赵红霞，范磊，等. PASSIM卷接机组风室导轨的改进 [J]. 烟草科技，2012（3）: 28-30.

[66] 杨钊，王先明. PASSIM卷接机组供丝系统的改进 [J]. 烟草科技，2012（5）: 17-19.

[67] 柏世绣，付保，张东甫. ZJ17卷接机组二次风选漂浮室的改进 [J]. 烟草科技，2012（8）: 26-28.

[68] 任志立，李浙昆，王胜枝，等. ZJ17卷烟机悬浮腔外形及内部挡块的设计优化——基于梗签分离效果的研究 [J].中国烟草学报，2019，25（04）: 36-41，49.

[69] 邓国栋，堵劲松，张玉海，等. 不同卷烟机型对烟丝造碎的影响 [J]. 烟草科技，2012（8）: 8-11.

［70］王晶晶. 论烤烟型卷烟叶组配方设计［J］.烟草科学研究，2000（2）：58-61.

［71］王晶晶. 论烤烟型卷烟叶组配方设计［J］.烟草科学研究，2000（3）：69-76.

［72］王晶晶，阴耕云，倪朝敏，等. 论混合型卷烟的叶组配方设计［J］.烟草科学研究，2003（4）：20-24.

［73］王晶晶，姚庆艳，阴耕云，等. 论低焦油卷烟的叶组配方设计［J］.烟草科学研究，2003（4）9-19.

［74］王建民，甘学文，李晓，等. 叶组配方卷烟烟气预测模型的建立［J］. 烟草科技，2006（6）：5-8，64.

［75］于录，阮晓明，卢在雨，等. 叶组配方的分组加工模块设计［J］. 烟草科技，2006（7）：11-13，21.

［76］李东亮，戴亚，许自成. 卷烟叶组配方设计方法：200810046379.4［P］. 2008-10-27.

［77］武怡，曾晓鹰，王超，等. 卷烟叶组配方分组方法：200810058050.X［P］. 2008-01-22.

［78］曾晓鹰，李庆华；王玉，等. 卷烟叶组配方化学检测数据的挖掘与信息抽提［C］.中国烟草学会工业专业委员会烟草工艺学术研讨会论文集. 中国烟草学会，2008.

［79］吴继忠，刘建设，徐清泉，等. 无外源添加卷烟配方技术体系开发与应用［R］. 浙江中烟工业有限责任公司，2015.

［80］李旭华，袁汉辉，余其昌，等. 基于上部烟配方特性的关键技术研究及在大品牌中的应用［R］. 广东中烟工业有限责任公司，2017.

［81］于川芳，罗登山，王芳，等. 卷烟“三纸一棒”对烟气特征及感官质量的影响（一）［J］.中国烟草学报，2001（2）：1-7.

［82］于川芳，罗登山，王芳，等. 卷烟“三纸一棒”对烟气特征及感官质量的影响（二）［J］.中国烟草学报，2001年（3）：6-10.

［83］李斌，洪轶群，徐建荣，等. 卷烟材料计算机辅助设计系统的开发与应用［J］. 烟草科技，2007（1）：19-22.

［84］聂聪，何书杰，谢复伟，等. 卷烟辅助材料参数对主流烟气HOFFMANN分析物的影响研究［R］. 郑州烟草研究院，2011.

［85］谢卫，黄朝章，苏明亮，等. 辅助材料设计参数对卷烟7种烟气有害成分释放量及其危害性指数的影响［J］.烟草科技，2013（01）：31-38.

［86］楚文娟，田海英，彭桂新，等. 基于卷烟材料参数的细支烟烟气有害成分预测模型［J］.烟草科技，2019，52（09）：46-54.

［87］谢剑平，宗永立，李炎强，等. 一种对低焦油卷烟进行香味补偿的烟草成分添加

剂: 200710189720.7 [P] . 2007-09-29.

[88] 谢剑平，宗永立，屈展，等. 用于低焦油卷烟香味补偿的方法: 200710189724.5 [P] . 2007-09-29.

[89] 谢剑平，宗永立，张晓兵，等. 中式卷烟香精香料核心技术研究 [R] . 郑州: 烟草研究院，2008.

[90] 张映，郝喜良，芮金生，等. 加香加料效果模糊综合评价方法研究 [R] . 江苏中烟工业有限责任公司，2016.

[91] 舒俊生，邹鹏，宁敏，等. 通过加香加料提升膨胀烟丝使用价值 [R] . 安徽中烟工业有限责任公司，2016.

[92] 张映，李青，张安延，等. 数字化卷烟产品设计 [R] . 淮阳卷烟厂，2005.

[93] 蒲强；丁香乾；胡盛国，等. 卷烟配方计算机辅助设计技术创新研究 [R] .山东中烟工业有限责任公司，2009.

[94] 覃艳东，张耀华，熊斌，等. 利用近红外光谱技术进行卷烟叶组配方计算机辅助设计的方法: 200910061666.7 [P] . 2010-10-20.

[95] 国家烟草专卖局. 烟草行业中长期科技发展规划纲要（2006—2020年）[Z] . 国家烟草专卖局，2006.

[96] 罗登山，姚光明，刘朝贤，等. 中式卷烟加工工艺技术探讨 [J] . 烟草科技，2005（5）: 4-8.

第八章

烟草化学

第一节
概述

烟草化学是应用化学的理论和方法研究烟草、烟草制品和烟气的化学组成与变化规律以及化学成分对烟草及烟草制品品质影响的一门学科，其研究内容涉及烟草和烟气的化学组成、化学成分的性质及变化机理；烟草与烟气化学成分的形成机理；烟草化学成分与烟草品质、烟气化学成分的关系；烟草化学成分与香气、吸味等内在质量的关系；烟草加工过程对烟草及烟草制品化学成分变化的影响等[1]。烟草化学研究的起源可以追溯到19世纪烟碱的发现与合成，但受当时条件的限制，关于烟草化学成分及其相关性质的研究还没有广泛展开。随着近代分析技术的发展和应用，烟草化学发展迅速，到20世纪中后期，大量的化学成分从烟草和烟气中被发现并鉴定出来。据1982年Dube和Green等[2]报道，烟草中已鉴定出的化学成分有2549种，烟气中有3875种。到2008年，Perfetti和Rodgman的报道称，包括烟草、烟草烟气与烟草代用品烟气以及烟草添加剂在内的化合物总数大约有8700种[3]。

（一）学科建设情况

1. 研究平台布局合理

我国烟草化学研究始于20世纪50年代，是伴随着国内烟草行业对烟草制品产品质量的重视而开始的。1959年以后，国内开始设立一些与烟草化学相关的部门，国内烟草化学研究拉开帷幕。但是，进入20世纪60年代后，政策上对卷烟产量的单纯追求，尤其是十年动乱的影响，使烟草化学研究基本处于停滞状态。“文革”结束时，我国烟草化学水平和国外大公司的差距进一步拉大。

改革开放以后，为适应研究的需要，逐步建立了布局较为合理的烟草化学专业研究平台。1983年，郑州烟草研究院恢复烟草化学研究室建制，1998年云南烟草科学研究院成立，烟草化学是其重要的研究方向之一。20世纪90年代中期以后，国内烟草工业企业相继成立的企业技术中心均设有不同形式的烟草化学研究部门，这标志着烟草化学研究已经成为行业日常科研工作的重要组成部分之一。2005年，烟草行业设立首批4个行业重点实验室，其中烟草化学研究方向就有两个，即烟草行业烟草化学重点实验室和烟草行业卷烟烟气重点实验室。相关烟草化学科研平台的不断建成，极大地促进了烟草化学研究的发展。

2. 技术手段突飞猛进

伴随着烟草化学各项研究的逐步恢复，改革开放40多年来，烟草化学研究技术手段实现了跨越式发展。烟草化学领域在20世纪80年代初期完成了从湿法化学分析向现代仪器分析的转变，这与国内分析化学领域的发展是基本同步的。一些先进的分析设备如气相色谱仪、气相色谱-质谱仪、液相色谱仪、液相色谱-质谱仪、红外光谱仪等开始用于烟草化学的研究。当前，以色谱和质谱为核心的仪器设备已成为烟草化学研究的常用技术手段，并一直处于国内先进水平。

一些新型的分离手段如全二维气相色谱和检测手段如飞行时间质谱、傅里叶变化质谱等也已用于烟草化学的基础研究中。以新型分析手段为核心针对烟草化学研究开发分离分析技术已经成为当前烟草化学研究的重要内容之一。研究手段开发方面取得了较大进展，一些具有自主知识产权的烟草化学专属性研究手段如侧流烟气吸烟机、烟草红外热解炉被成功开发并用于烟草化学的研究中。

3. 人才梯队全面形成

烟草化学研究重启的初期，国内专业从事烟草化学研究的人员非常有限，研究项目极少，国内烟草化学还没有形成完备的学科建制，恢复烟草化学各项研究是当时烟草化学的主要任务。为了适应烟草行业发展的需求，河南农业大学、郑州轻工业学院、上海轻工业高等专科学校相继恢复了烟草相关专业的高考招生，烟草化学是必修课程。

1983年，在朱尊权、孙瑞申等老一辈烟草科学工作者的努力下，轻工业部郑州烟草研究所（郑州烟草研究院前身）开始招收食品工程专业烟草化学研究方向的硕士研究生。1989年，合肥经济技术学院烟草化学专业开始在全国范围招收本专科学生，向行业大范围地输送烟草化学的专业人才。2002年以后，郑州烟草研究院和行业工业企业相继设立博士后科研工作站，接收化学方向博士进站开展烟草化学的科研工作。2005年，郑州烟草研究院开始与大连化学物理研究所联合培养烟草化学研究方向博士。2006年以后，还从行业外陆续引进一大批博士和硕士，充实到国内烟草化学研究队伍中，进一步提高了烟草化学的研究水平。至此，国内烟草化学领域不同层次人才培育体制初步形成。

改革开放40多年来，烟草行业培养出了一大批烟草化学各层次专业人才，这些专业人才多数在烟草行业内从事烟草化学的研究。2010年，国家局开始实施烟草行业“领军人才和学科带头人”选拔工作，烟草化学领域先后有8人被选拔为领军人才和学科带头人。如今，烟草化学领域由领军人才、学科带头人、科研骨干、基层技术人员组成的阶梯形人才队伍已全面形成。

4. 知识积累系统丰厚

1958年，施木克的《烟草化学与工艺学》第二卷由韩育东等译成中文，成为第一本向国内介绍烟草化学的书籍。同年，朱尊权、丁瑞康等也将烟叶化学成分的内容写入了《卷烟工艺学》一书。但直到改革开放初期，再未见关于烟草化学的专业书籍出版。因此，20世纪80年代初期，国内重新开启烟草化学的相关研究时，相关的技术资料非常稀缺。为了满足行业职工烟草化学相关培训的需要，国内科研院所和工业企业编撰了一些内部培训资料，如，1984年郑州轻工业学院王淑娴等编写的《烟草化学培训讲义》、郑州烟草研究院冼可法编写的“烟草化学”培训资料，1985年上海烟草公司钟庆辉编写的《烟草化学基本知识》等。

随着烟草化学研究的发展，1989年以后，烟草化学相关的专业书籍开始增多，如1989年中国农业科学研究院烟草研究所组织编写的《烟草主要化学成分与分析》和河南农业大学农学系编写的《烟草化学分析》，1991年李汉超等编写的《烟草、烟气化学及分析》、1992年苏德成等编写的《烟草化学与分析》、1992年金闻博等编写的《烟草香味化学》、1993年金闻博等编写的《烟草化学分析与烟气分析》等。这些书籍均立足于当时烟草相关专业烟草化学的教学和培训，从烟草化学的相关研究历史、基础知识、化学成分、分析技术方法等不同的角度对烟草化学知识进行阐述。

到20世纪末，国内对烟草化学知识的理解以及研究的系统性水平显著提升，这也奠定了国内烟草化学专业书籍出版的知识基础。1994年，合肥经济技术学院金闻博、戴亚编写的《烟草化学》一书出版，这是国内第一部正式出版的较为全面介绍烟草化学的专业书籍。在此基础上，1997年，中国农业科技出版社出版了中国农业科学研究院烟草科学研究所肖协忠等主编的《烟草化学》，论述了烟草化学的研究历史、现状和发展前景，烟草品种类型、气候、土壤、栽培调制技术、病虫害等因素与烟叶化学成分的关系，烟叶发酵醇化及卷烟工艺过程中烟草化学成分的变化，烟叶化学成分与烟叶品质的关系，烟草化学成分与烟气化学成分的形成，吸烟与健康等基础理论和国内外研究的成果，并汇集介绍了国内外烟草与烟气化学成分的分析方法。

进入21世纪，国内对烟草化学的研究更加深入，创新性科研成果不断涌现。2000年以后，一系列融入新时代研究成果的烟草化学论著相继出版，如2002年闫克玉等主编的《烟草化学》、2003年王瑞新主编的《烟草化学》、2010年韩富根等主编的《烟草化学》等，这些论著常被作为高等院校烟草化学教学的教材使用。与此同时，一些专业划分更为细致的论著也相继出版，如2004年史宏志等编写的《烟草生物碱》、2011年谢剑平等编写的《烟草与烟气化学成分》等。

新中国成立以来，尤其是我国实行改革开放政策以及1982年总公司成立以来，我国广大科技工作者在烟草化学领域开展了大量的科学研究工作，取得了一大批高水平的科研成果，发表了一大批学术论文，获得了一批高水平的专利，特别是在SCI和EI源科技期刊上发表了许多影响因子相对较高的学术论文。这些成果已成为烟草化学领域知识积累的重要组成部分，有力地推动了学科发展。

（二）国际交流情况

烟草领域进行国际学术交流的途径主要有两种，一种是参与国际学术会议；另一种是在国际期刊上刊发学术论文。在国内烟草相关的研究领域中，烟草化学相关的国际学术交流一直较为活跃。但无论是通过会议交流还是通过刊发学术论文的交流，涉及的研究内容主要集中于烟草和烟气的成分分析和相关的方法学研究方面。

烟草科学研究合作中心（CORESTA）大会是国内烟草化学领域参与国际会议交流的主要平台之一。1988年第9届CORESTA大会在广州召开，国内烟草化学领域的研究论文率先在CORETA大会上参与交流，标志着国内外烟草化学国际技术交流完全正常化。自此以后，每届CORETA大会上，均有国内烟草化学研究人员参与学术交流。2008年，第68届CORESTA大会在上海召开，这是CORESTA大会第二次在中国召开，烟草化学研究仍然是国内学者参会交流的主要内容。

除CORESRA大会外，烟草科学研究会议（TSRC会议）是国内研究人员参与国际学术交流的另一个重要平台，烟草化学相关研究也是国内研究人员参与交流的主要内容，自20世纪80年代开始参与交流以来，从未间断。

在中国烟草学会与国内学术期刊上，烟草化学论文由少至多，在数量上一直在烟草行业占据主导地位。1990年前后，国内烟草化学相关的研究开始发表在国际学术期刊上，并呈逐年增加趋势，*Beiträge zur Tabakforschung International*、*Journal of Separation Science*、*Journal of Chromatography A*、*Talanta*、*Jouranl of American Society in Mass Spectrometry*、*Journal of Agriculture and Food Chemistry*、*Analytical Chemistry*等国际知名杂志上都有国内烟草化学相关的研究结果刊出，这些研究结果多与烟草化学分析方法学相关，代表了当代国内烟草化学分析的研究动向和技术水平。烟草化学分析方法学相关的研究结果在国际知名学术期刊上的发表，也标志着国内烟草化学分析技术已融入国际分析技术主渠道，并达到国际主流化学分析技术水平。2003年，全二维气相色谱-飞行时间质谱技术被国内研究人员应用于卷烟烟气化学成分的分析研究，2005年，基质辅助激光解析离子化-傅立叶变换质谱技术应用于卷烟烟气化学成分的分析，研究结果分别被发表在分析化学领域权威杂志*Analytical Chemistry*[4]和*Rapid Communication in Mass Spectrometry*[5]上。随后，以各种新型分析技术为特点的烟草化学分析研究结果在分析化学领域权威杂志上发表数量呈明显上升趋势，这说明国内烟草化学领域在分析技术手段上已处于国际先进水平。

（三）对行业发展的支撑作用

从20世纪80年代起，随着烟草行业对卷烟产品内在品质要求的不断提高，烟草化学研究逐步深入，围绕烟草和烟气化学成分分析方法、低焦油卷烟香味补偿、香精香料合成、降焦减害等研究稳步展开，与国际烟草化学技术水平的差距迅速缩小。

进入21世纪后，与烟草化学相关的基础性、共性技术研究日趋受到国内研究人员的重视，国内烟草化学研究重心逐渐从过去的应用技术研究转变为基础理论研究与应用研究并重的模式，一些涉及学科发展的基础性学术问题的研究相继开展。关于烟草和烟气化学成分变化机理的深层次研究已引起国内学者的关注，大量关系行业发展的与烟草化学相关的基础研究项目相继完成。在分析鉴定研究烟草与烟气化学成分的同时，烟草与烟气中一些重要成分的形成机理也被揭示，包括烟碱在植物体内的生物合成路径、卷烟燃吸过程中的转移行为；烟气中低级脂肪酸与烟草糖酯降解的关系；烟草中生物碱、亚硝酸盐与烟草中烟草特有亚硝胺的关系等，获取了大量基础性研究数据，填补了国内相关基础研究的空白，促进了烟草化学基础研究水平的快速提升。自2004年以来，已有20多个烟草化学类项目获得国家自然科学基金资助，这标志着烟草化学基础类研究工作已经融入国家基础研究的主渠道。国内烟草化学研究由追逐国际先进水平逐步变为走在国际烟草化学研究的前列。

烟草化学对其他烟草学科的支撑作用日趋明显，烟草生长、调制、加工过程中的化学变化已被广泛研究。从化学角度研究系统化设计、精细化加工、智能化控制理念等引入烟草加工过程后对烟草成分以及品质的影响已有较多的研究报道，如加工过程对烟草生物碱、有机酸、碳水化合物变化的影响、对烟草添加剂的分散均匀性的影响、对香料液滴在烟丝表面的渗透性的影响等。研究领域不断扩大，烟草化学分析方法与设备、烟草化学成分及其与品质的关系、烟草化学成分的变化规律及影响因素、烟气化学成分及其对人体的影响、烟草化学成分的综合利用等均已纳入烟草化学日常研究的范畴。

经过近40年的发展，烟草化学与烟草原料、烟草工艺、烟草香料的结合也越来越紧密，特别是行业数个重大专项的实施，烟草化学研究与应用受到全行业的高度重视，人财物投入明显加大，化学分析技术逐步完善，烟草化学支撑作用明显提高。尤其需要指出的是，烟草化学在一些支撑行业发展的重大举措中担当了主力军和先锋队角色，对卷烟降焦减害和保障卷烟产品质量安全等方面发挥了重要的支撑作用。时至今日，国内烟草化学已经成为支撑烟草行业发展的重要学科领域，很多研究成果已经跨入国际先进水平的行列。这里将主要从现代分析技术在烟草化学中的应用、烟草与烟气成分剖析及机理研究、烟草生长加工过程中的化学变化、烟草化学对烟叶和卷烟生产的支撑作用、以及烟草废弃物的综合利用等几个方面对国内烟草化学近40年的发展进行论述，并对未来烟草化学的研究方向进行了展望。

第二节

现代分析技术在烟草化学中的应用

20世纪80年代初期，国内高等院校利用世界银行贷款购置了一大批分析仪器，我国分析化学从湿法化学向现代仪器分析转变，这在国内分析化学发展史上具有里程碑的意义。与之基本同步的是，烟草行业也逐步拥有了气相色谱仪、液相色谱仪以及与之相匹配的检测器如紫外光谱、红外光谱、质谱等。自此，烟草化学分析研究手段一直处于国内先进水平。

随着烟草化学研究的不断深入，对分析方法的过程简单化、快速化以及方法本身灵敏度、准确度、重复性、选择性的要求不断提高，针对性开展关于烟草化学的方法学研究成为烟草科技工作者关注的一个重点。关于烟草分析方法学方面的研究报道不断增加，很多方法已在烟草的相关研究中得到应用。

（一）分析检测技术

1. 气相色谱技术

20世纪80年代中期，气相色谱（GC）技术由郑州烟草研究院首先应用于烟草化学分析研究，1990年前后，气相色谱开始逐渐在行业内推广，如今已经逐步发展成为烟草化学分析中的常用手段，并随着分析技术的进步不断更新，分离能力和分析速度不断提升，与其匹配的检测手段也不断更新，形成了各种具有烟草特色的分析检测方法，目前是烟草化学分析中的主要技术手段之一，很多标准方法以气相色谱技术为基础进行构建。

全二维气相色谱技术（GC×GC）是把分离机理不同且互相独立的两根色谱柱以串联方式结合而成的二维色谱系统。两根色谱柱经调制器连接，在第一个色谱柱上分离后的色谱峰，经调制器冷凝后在第二根色谱柱上再次进行分离。该技术于1999年实现商品化。2003年，我国开始将全二维气相色谱技术用于烟气和烟草化学成分的分离分析，以全二维气相色谱-飞行时间质谱（GC×GC-TOF/MS）技术为手段分析烟气和烟草中酸性、碱性和中性成分的方法相继建立[4, 6, 7]。借助二维色谱结构谱图的区分能力和飞行时间质谱的高分辨能力，对烟草和烟气化学成分的检测由过去的几十种扩大到数千种，大大拓宽了对烟草和烟气化学组成的认知视野。以该技术为主要手段的国家局项目“应用全二维气相色谱技术研究卷烟烟气中化学成分”获得2007年度中国烟草总公司科技进步二等奖。

传统的中心切割多维气相色谱技术在烟草相关分析方面具有应用优势，第二维色谱柱可采用常规毛细管柱，中心切割成分可获得更充分的分离，数据处理简单易行。该技术在一些卷烟企业获得了成功应用，相继建立了烟气粒相物香味成分、烟气B［a］P常规测试方法。上海烟草集团以该技术为基础开展的“多维气相色谱法在烟草和烟气化学成分分析中的应用研究”项目获得了2009年度中国烟草总公司科技进步二等奖。

2. 液相色谱技术

液相色谱（LC）技术在国内烟草化学研究方面的应用始于20世纪80年代末，稍晚于气相色谱，但随着烟草化学研究的不断深入，在烟草和烟气相关化学分析中的应用日趋广泛，与多种检测器联用的LC技术已成为烟草化学分析的重要手段，尤其是在以烟草中低挥发性成分和烟草体内代谢物为目标的研究中。

对烟草中非挥发性有机酸（如柠檬酸、草酸等）、多羟基化合物（如水溶性糖、甘油等）、防腐剂（如去水乙酸、山梨酸、安息香酸、对羟基苯甲酸甲酯等）、烟碱、农药残留等进行分析的LC方法已在实践中得到应用。用于烟气中醛酮类物质分析的液相色谱/紫外检测方法已作为推荐性标准方法用于烟草中小分子醛酮类的检测。

LC与质谱联用在烟草行业内的快速普及，有力地促进了烟草基本成分研究和体内代谢研究的发展。采用液-质联用技术开展的烟草中糖酯类化合物的研究不仅克服了采用GC-MS分析糖酯时预处理过程烦琐又费时的缺陷，还首次在普通烟草中发现存在第Ⅵ类糖酯化合物[8]。烟草成分体内代谢物的LC-MS和LC-MS^n研究已逐步展开，烟碱、丙烯醛、巴豆醛、苯、1,3-丁二烯以及烟草特有亚硝胺体内代谢物的LC-MS分析方法相继建立[9-13]，这为烟草化学成分体内代谢物的分析和相关代谢机理的研究奠定了方法学基础。

离子色谱是在离子交换色谱基础上发展起来的液相色谱技术，随着其自身技术的完善，迅速应用于环境、食品和医药卫生等领域的研究。1995年，离子色谱用于烟草分析[14]，经过方法学上的不断革新，应用范围不断扩大，烟草、烟气、烟用材料等中相关离子的离子色谱分析方法已经在实践中应用。2012年，行业内形成第一个以离子色谱为主要技术手段的方法标准[15]，标志着离子色谱技术已经在行业化学分析中得到普及。

2000年前后，多维液相色谱技术在烟草行业的应用研究也逐步展开，上海烟草集团在对多维液相色谱接口和转移技术研究的基础上，搭建了包含反相/反相、离子交换/反相、体积排阻/反相、超临界流体/反相等二维液相组合模式的多维液相色谱分析平台，建立了烟叶香味前体物西柏三烯二醇、蔗糖酯、糖苷、烟草氨基酸、烟草农残、烟气TSNAs、烟气芳香胺、烟气暴露生物标志物NNAL和可替宁等测试新方法，实现了多维液相色谱在烟草行业的日常应用。研究成果《多维液相色谱在烟草和烟气复杂体系分析中的应用研究》获得2019年度中国烟草总公司科技进步二等奖。

3. 质谱技术

在烟草行业中，质谱最早是作为检测器伴随气相色谱和液相色谱技术在烟草化学分析中被应用的，其中以四极杆质谱的应用最为广泛，并且多数情况下与色谱技术串联使用，很少有以单纯的质谱开展研究的。伴随着质谱技术的发展，2000年以后，多种新型质谱离子化技术（如电喷雾电离、大气压化学电离等）和质量分析技术（如傅里叶变换离子回旋共振、飞行时间、轨道离子阱等）在烟草化学相关研究中得到应用，质谱技术单独作为手段进行的研究也已在烟草化学领域展开。

2003年，电感耦合等离子体质谱技术与微波消解技术相结合在国内被用于烟草中金属元素的分析[16]。采用该技术能够同时完成烟草中数十种无机金属元素的测定。当前，以这一技术为核心的分析方法已在烟草、烟气以及烟用香料、卷烟辅材等多种与烟草相关的金属元素检测中得到应用，一些方法已经成为行业相关产品中元素分析的指定方法或者推荐方法。

2005年，基质辅助激光解析离子化/傅里叶变换离子回旋共振质谱（MALDI-FTICRMS）等新型高分辨质谱技术被成功用于烟叶和烟气中化学成分分析，能有效解决烟草和烟气相关成分分析过程过于复杂、分析通量过低等问题[5]。2006年，MALDI-FTICRMS技术还被用于单口烟气的在线分析，能克服现有方法中单口烟气来自于不同抽烟循环的不足，为当前单口烟气分析中存在的困难提供了一种解决途径。2007年行业拥有了第一台基质辅助激光解析离子化技术的质谱仪。2008年，基于MALDI-FTICRMS技术建立的烟草微量成分分析技术及其应用成果获得河南省科学技术进步一等奖。2013年，国内研究人员对大气压化学电离-串联质谱（APCI-MS/MS）的离子源进行改造后与单通道吸烟机融合用于主流烟气气相成分在线原位分析[17]。基于这一研究基础，设计了一套环境烟草烟气（ETS）采集系统，可以实现ETS样品的直接进样分析。这些方法的开发对于探讨抽吸过程中烟气成分释放规律的方法以及烟气中微量成分分析方法学具有一定代表性意义。同时，行业对质谱技术的研究，开始由仪器设备的被动使用向主动研发转变，2016年郑州烟草研究院牵头申报的国家自然科学基金项目《新型双区APCI源及其快速测定小分子羰基化合物研究》获得了国家自然科学基金委的资助，2019年，开发出了新型双区大气压化学电离源。

4. 近红外光谱技术

近红外光谱（NIR）技术在国内烟草化学方面的应用始见于1995年[18]，因其独特的快速、无损且能实现在线粗略分析等优势而受到卷烟生产企业的关注，在烟草领域中的应用得到迅速的扩展。在随后的几年中，烟草行业几度掀起NIR技术应用研究的热潮，并将过程化学计量学方法与近红外光谱分析结合，挖掘测量数据中潜在的信息价值用于服务产品质量，研究主要包括烟叶及烟气化学成分分析、烟叶类型识别及卷烟配方结构预测、卷烟配方过程评价、卷烟制丝线评价、辅助烟叶分级、烟叶产地区分以及预测烟气粒相物中的烟碱含量等几个方面。

2006年国家局项目“应用近红外检测技术快速测定烟叶主要化学成分（20项指标）的研究”完成了采用NIR技术对烟草中20种化学指标的表征，同时对相关模型的传递性进行了研究，一些研究成果在卷烟企业中得到转化。目前，NIR技术作为一种较为成熟的快速分析技术，在烟草行业中的应用研究已从烟草成分分析延伸到卷烟的实际生产和香料日常监测中。NIR技术已经是制丝线上烟丝化学成分的在线监测首选技术手段。2019年，行业烟草科研大数据重大专项设立了《烟草近红外大数据构建与应用研究》项目，将烟叶近红外光谱分析数据作为烟草品质特征的重要指标数据融入到了烟草科学基础数据库中。

5. 热裂解一色谱技术

1966年，热裂解与色谱技术实现了真正意义上的联用，1970年前后应用于烟草的研究[19，20]。在烟草研究中，主要是借助热裂解技术模拟卷烟燃烧，借以研究烟气化学成分的形成机理，这一技术的应用极大地推动了研究人员对烟气化学形成过程的认知。但国内采用这一技术进行的烟气化学成分研究多是基于国外的研究，在方法上并无大的差异。热裂解技术也被用于烟草香味化学的研究，在阐明燃烧过程中香味物质转化机理的同时，主要用于潜香物质的发现和香味成分燃烧释放有害成分的预测。

6. 其他技术

毛细管电色谱等技术在烟草分析中的应用研究已见报道，郑州烟草研究院申报的关于毛细管电色谱技术的项目获得了2009年国家自然科学基金资助。LC-GC联用技术，能在一定程度上兼顾LC和毛细管GC的分析优势，减轻分析工作中样品制备的压力，但是由于LC-GC接口技术较为复杂，国际烟草行业尚未见研究报道。上海烟草集团开发了新型的LC-GC接口技术，建立了用于烟草有机氯农残、香味物质、烟气多环芳烃等检测的方法，并在CORESTA大会上作了交流。

（二）样品制备技术

作为烟草化学分析技术的重要组成部分，样品制备技术一直烟草分析工作者研究的重要内容。水蒸气蒸馏、溶剂提取、液液萃取等是20世纪80年代到90年代后期烟草化学研究中的主要样品制备手段，这个时期形成的同时蒸馏萃取技术，几经改进后一直是烟草相关挥发性、半挥发性成分分析的常用样品制备技术。

2000年前后，一些新的样品制备方法开始在烟草化学分析中被应用，如超声提取、固相萃取、超临界流体萃取、分子蒸馏、微波辅助萃取、加压溶剂萃取、制备色谱等都已逐渐用于烟草化学研究中的样品制备。样品制备过程自动化水平逐渐提高，像加压溶剂萃取仪、微波消解仪、静态顶空、动态顶空、热脱附等商品化的样品制备装置已成为烟草化学的研究中常用的样品制备设备。

1997年，国内烟草科研人员开始关注固相微萃取技术，2000年，开始使用SPME技术进行烟草相关的分析，该技术集分离富集于一体，简单快速、环境友好，迅速在烟草行业普及，同时拉动了烟草行业对样品制备技术的新一轮需求。2000年以后，样品制备过程操作简便、环境友好、选择性强成为分析化学发展的一种趋势，新的样品制备技术开发和应用在烟草化学研究中应用广泛。例如，液相微萃取（LPME）技术、分子印迹技术等。

2007年，衍生化反应被引入到LPME的过程中，在一个封闭的环境里，将分析物的提取、浓缩、衍生化过程集中到一步操作中完成，形成了基于针尖衍生化的样品制备技术。2008年微波被引入到烟草分析物的衍生化过程中，形成了微波辅助衍生化技术，极大地加速了分析物衍生化的过程；研究人员还将微波辅助衍生化技术与功能化的C_{18}磁性硅纳米颗粒结合，提出了一种可用于卷烟中麦角甾醇分析样品制备的磁性固相萃取方法，这一方法能在2s内完成对目标分析物的萃取。2009年，醛类与二苯胺的特征反应微型化后也被引入到针尖衍生化的过程中，借助于特征反应，开发了可用于烟气中小分子醛类物质选择性制备的单液滴萃取衍生化方法。这一方法简化了烟气中醛类物质分析时样品制备的过程，同时在样品制备阶段即实现了分析的选择性，从而大大提高了相关方法的灵敏度和准确度。

（三）烟气采集技术

2006年，烟草行业研制出了ETS实验舱，为ETS的研究提供了可靠的ETS样品采集平台[21]。该设备各项技术指标和功能达到或优于国际同类设备，ETS实验舱内空气洁净度极高，达到美国环保署百级洁净度，空气中粒径大于0.5μm的微粒个数小于100个/ft^3。该ETS实验舱可对温度、湿度、洁净度和换气率等多项参数进行调控，而美国雷诺烟草公司和日本烟草公司环境烟草烟气实验舱只能对上述部分参数进行调控。以这一实验平台为依托开展的“环境烟草烟气对室内空气质量影响的研究”项目已为环境烟气的分析研究获取了大量的基础性数据。

2007年，国内研究人员研制出了侧流烟气吸烟机并获得专利授权[22]。该设备完全符合ISO和CORESTA对研究用侧流烟气吸烟机的要求，各项技术指标达到国际水平。当前这一设备已被应用于侧流烟气化学特征的分析研究，成为相关研究的有力工具，克服了烟气收集手段和相关研究平台的限制，有效促进了相关研究的开展。

2009年，开发的共聚焦红外炉克服了商品化热裂解仪器载样量小、升温速率低和不能对裂解产物进行定量研究等方面的不足[23]，为模拟卷烟燃吸状态下分析烟丝裂解产物中的有害成分提供了有效的平台。

以剑桥滤片为特征的单口烟气采集多是非连续的，相关的分析被认为无法真实反映卷烟抽吸过程中每口烟气的化学特征。而早期的GC连续进样在线检测技术无法实现单口烟气数据资料的真实分割，给分析带来较多的困难。为了解决单口烟气采集和在线分析的问题，2005年以后，国内研究在单口烟气采集和在线分析装置方面不断尝试，研制开发了各种主流烟气采集装置和与之相关的采集方法。相关设备均能在一定程度上解决单口烟气在线分析过程中的上述难题。

第三节 烟草与烟气成分剖析及机理研究

（一）烟叶化学成分的分离分析

对烟叶化学成分的分析一直是国内烟草化学研究的重点，在烟草化学发展的各个阶段，都有大量的报道，其中以挥发性、半挥发性香味成分等的研究最多。

1. 挥发性化学成分

1987—2000年，郑州烟草研究院对烤烟香味物质进行了较为系统的分离分析研究，借助溶剂提取、顶空分离以及GC/MS和GC/IR分析等手段，从云南烤烟中筛选出云烟香味物质组，从中鉴定出了129种成分，同时指出云南烟叶清香与河南烟叶浓香都是相关物质以不同比例组合而产生的综合感官特征[24-27]。以溶剂提取，酸、碱、中分离的研究方式，发现云南烤烟中性部分的顶空分离物能较好地反映云南烤烟的特征香味，从中鉴定出苯甲醛、6-甲基-5-庚烯-2-酮、苯甲醇、2-苯乙醇、异佛尔酮、氧化异佛尔酮、苯乙酸乙酯、β-大马酮、β-二氢大马酮、香叶基丙酮、β-紫罗兰酮等香味物质，相关物质在河南烤烟烟叶和云南烤烟烟叶之间存在明显差异；从碱性部分中鉴定出吡啶、2-甲基吡嗪、2,6-二甲基吡嗪、2,3-二甲基吡嗪、2,3,5-三甲基吡嗪、2-乙酰吡嗪、3-乙酰吡嗪、四甲基吡嗪、吲哚和2,3-二联吡嗪等36种碱性香味成分；从酸性部分鉴定出C_5~C_{19}的饱和脂肪酸以及一些不饱和脂肪酸和芳香酸，同时发现烟梗和叶片中酸性物质种类非常相似，C_{15}以下的脂肪酸叶片中含量较高，C_{15}以上的脂肪酸烟梗中酸性物质含量较高。很多烤烟中的香味成分在这个时期被国内研究人员认知。2000年以后，关于烤烟中香味成分的研究则主要以GC-MS分析为主，涉及的香味成分种类和2000年以前的研究结果没有太大变化。

1999—2002年，以国家局项目“提高白肋烟质量及其可用性的技术研究”为依托系统研究了国外白肋烟、国内不同地区、不同部位白肋烟的香味物质组成，并指出了国外白肋烟与国内白肋烟以及国内不同地区、不同部位白肋烟在香味物质组成及含量上的差异[28]。从进口、国产白肋烟中共鉴定出200种成分，其中30种成分为烟草中首次鉴定出的新化合物；发现国内外白肋烟在所含香味物质的种类上基本一致，但国产白肋烟中的新植二烯含量明显高于国外白肋烟；中性香味成分总量（不计新植二烯）高于津巴布韦和巴西白肋烟；酸性成分总量低于津巴布韦和马拉维白肋烟，而高于巴西白肋烟；碱性香味成分总量与巴西和津巴布韦白肋烟接近，略高于马拉维白肋烟；杂环化合物（吡啶、吡嗪和吡咯类）和生物碱类化合物含量低于巴西和津巴布韦白肋烟。国内主产区（湖北、重庆）白肋烟香味物质的含量在酸、碱、中集分中的差异比较突出；香味物质含量的差别可反映同一产区上、中、下部位白肋烟的品质优劣。2002年，研究[29]发现国产白肋烟非挥发性酸的含量差异较大，酸性总体高于国外白肋烟，同时，不饱和高级脂肪酸含量极高。这些结果，既为白肋烟的生产与加工提供了依据，也为混合型卷烟配方设计人员的加香加料提供了数据支撑，同时也为我国白肋烟生产实行打叶复烤，为卷烟厂提供商业等级的优质白肋烟原料奠定了基础。

40年来，国内在香料烟化学成分方面的研究相对较少，且研究主题一直较为分散，这主要归结于国内卷烟工业烟草原料的需求。2003年国内报道的研究结果[30]显示，不同产地香料烟内含有的致香物质成分大体上一致，但在含量上有明显的差异。

2. 非挥发性化学成分

2000年以后，随着烟草化学研究的深入，对非挥发性成分尤其是一些烟草香味前体物和生物活性成分的研究引起了国内研究者的重视。比如，2006年，神经酰胺骨架的化合物被国内研究人员首次在烟草中发现并分离出来[31]，这一结构的化合物可能是烟草中神经鞘磷脂的降解产物，资料显示这类物质生物活性丰富。2007年，烟草中的重要香味前体物（1*S*，3*R*，9*S*）-4,8,13-西柏三烯-1,3,9-三醇、（α）-4,8,13-西柏三烯-1,3-二醇和（β）-4,8,13-西柏三烯-1,3-二醇（α-，β-CBT）等物质被国内研究者分离和鉴定出来[32]。在此基础上，表面物质中西柏烷类和赖百当类萜类物质的研究全面展开，相关研究成果获得2007年度国家烟草专卖局科技进步三等奖。后续的研究项目“烟草表面二萜类物质的代谢产物的分析研究”获得了2007年国家自然科学基金资助。同年，郑州烟草研究院与大连化学物理研究所合作，对烟草表面物质的重要组成部分糖酯类物质进行研究。采用LC-MS^n较为全面地阐明了蔗糖酯侧链的组成特征，并首次探测到烟叶中糖酯的侧链上除含有饱和羧酸基团外，还含有不饱和羧酸基团。

2012年，从烟草的根和茎中还发现了一组新的异黄酮7-hydroxy-6,3',4',5'-tetramethoxy-isoflavone、6-hydroxy-7,3',4',5'-tetrameth oxy-isoflavone和3',4',5'-trihydroxyl-5,7-dimethoxyl-isoflavonoid，这些物质都显示出了抗烟草

花叶病毒活性[33]。从香料烟烟叶中分离得到3种新的黄酮类物质6,7-dimethoxy-4'-hydroxy-8-formylflavon,8-formyl-4',6,7-trimethoxyflavon,4',7-dihydroxy-8-formyl-6-methoxyflavon,化合物6,7-dimethoxy-4'-hydroxy-8-formylflavon和4',7-dihydroxy-8-formyl-6-methoxyflavon对人类肿瘤（A549和PC3）显示出高的细胞毒性[34]。

3. 热点关注化学成分

2000年以来，国内烟草行业大量的烟草化学工作聚焦在烟草中重金属和农药残留的分析方法和限量研究上。受烟草生产环境的影响，烟叶中含有一些外源性化学成分，如农药残留和重金属等。相关成分可能会在卷烟燃吸的过程中转移到卷烟烟气中，并进入消费者体内，从而引发健康风险。

出于产品质量安全风险和消费者健康考虑，2004年，国家局“烟草农药残留分析及数据库建设”项目考察了有机磷类农药在卷烟中的转移行为，结果[35]显示，有机磷农药向卷烟主流烟气粒相物中的平均转移率为0~6.13%。对有机氯农药裂解研究[36]也显示，在较低的浓度下，在烟气中检测不到有机氯农药的原型，但提高加入量时，有2%~10%的农药残留转移到烟气中，其余则在卷烟燃吸过程中分解。因此，在CORESTA-ACAC推荐农残限量的要求下，烟草中残留的农药向卷烟烟气中转移的量是微乎其微的。

（二）烟气化学成分的分离分析

20世纪80年初期，国内烟草行业对烟气的化学分析主要是以湿法化学为主的宏观分析，如烟气焦油释放量、总粒相物等。1983年，甘肃省环境保护研究所采用GC-MS测定了卷烟烟气冷凝物中的24种多环芳烃[37]，这是国内采用GC技术进行卷烟烟气成分研究的第一篇报道，标志着国内烟气化学由宏观分析向微观化学分析的转变。20世纪80年代中后期，随着色谱技术在烟草行业的应用，以色谱技术为主要手段的烟气成分分析研究从两个方面逐步展开，即卷烟烟气有害成分分析和卷烟烟气香味成分分析，国际上关注的烟气有害成分和烟气中众多的香味成分在不断的分析积累中逐步为国内研究者所熟知。

事实上，国内对于烟气中化学成分的全面分析则是在2000年以后，尤其是2003年11月中国签署《烟草控制框架公约》以后。履约的压力促使国内烟草行业在卷烟烟气成分方面的研究力度不断加大，在最近的10年内，全社会对吸烟与健康的关注，促使烟草行业对烟气有害成分的重视远远超过了对烟气香味成分的重视。关于卷烟烟气有害成分的研究报道数量快速增加，尤其是一些公认的有害成分，如VOCs、TSNAs、PAHs、酚类、小分子醛类等。一系列以现代分析仪器为主要技术手段的烟气有害成分检测标准方法相继获得烟草行业标准化组织的认可，如烟气中CO、TSNAs、苯并芘、酚类化合物、羰基化合物、氢氰酸、氨等有害成分的标准方法。这些成果有力地推动了烟气有害成分检测技术的规范化、标准化，为卷烟降焦减害技术的开发和应用提供了可靠的技术依据。

然而，现代分析技术引入烟草化学研究以后，在拓宽我们对烟草和烟气化学成分认知的同时，也使烟草化学分析研究从一个极端走向另一个极端。在过去的分析研究中，受分析手段灵敏度的限制，多数情况下只关注宏观指标或者烟草和烟气中含量较大的成分；现如今，技术手段的进步使研究人员更加注重方法的灵敏度，对烟草和烟气中微量成分的关注在某种意义上成为主流，微量成分在烟草和烟气中的作用可能在无形中被放大。

国内对卷烟香味成分的关注始于20世纪90年代中后期。一方面，对卷烟抽吸品质的重视，促进了国内研究人员对卷烟烟气香味成分的研究，另一方面，随着低焦油卷烟的不断发展，行业对卷烟香味补偿技术的需求加大，这要求研究人员对烟气香味成分有更深入的了解。这一时期，酸、中、碱分离为主要技术特征的研究是对烟气香味成分进行分析研究的主要特点。进入21世纪以后，卷烟烟气中的酯类、醛酮类、醇类、呋喃类、吡喃类以及吡嗪类物质在卷烟烟气香味特征方面的作用逐渐为国内研究人员所熟知，卷烟烟气中一些香味特征优良的化学成分开始被研究人员尝试用于卷烟的加香，如氧化异佛尔酮、大马酮等，对卷烟烟气香味特征的改善起到良好的作用。但与烟气有害成分相比，在这一阶段，对卷烟烟气香味成分的研究则略显滞后。

随着降焦减害措施的实施，国内卷烟焦油释放量下降到新的历史水平，如何在低焦油情况下保持卷烟原有的香气香韵促使烟草行业开始重新审视烟气化学成分的研究。2009年，国家局立项开展“卷烟烟气味觉特征及其调控技术研究”，2012年立项开展“基于感官组学的卷烟烟气关键成分分析研究”，2014年立项开展“烟气味觉特征感官评价方法研究”。研究成果分别获得 2017年度中国烟草总公司科技进步二等奖。相关研究从感官的角度对卷烟烟气成分进行分离分析，指出了主流烟气酸味、甜味、苦味等味觉特征，辣感等化学感觉特征，以及对焦甜香、酸香、烟熏香、花香、果香、坚果香等香韵有贡献的卷烟烟气关键成分，开辟了烟草感官组学研究新领域。从感官组学角度阐述的卷烟烟气感官关键成分多为卷烟烟气中常见的环戊烯酮类、呋喃酮类、酸类、酚类、吲哚类、酯类、吡嗪类物质，这些物质在卷烟烟气中都有相当的含量，并在卷烟调香中较为常用，这意味着卷烟感官组学研究可能是搭建卷烟感官品质和化学物质基础直接联系的桥梁。在感官指导下的烟气香味成分分析已成为现阶段烟气成分分析的热点，标志着进一步提高卷烟产品感官质量已成为现阶段烟草行业化学研究的重要内容之一。

（三）烟气化学成分的相关机理

针对烟气化学成分相关机理的研究主要出现在2000年以后，采用的主要是热裂解技术，目的是揭示一些烟气化学成分与烟草化学成分之间的联系，比如甾醇类物质可能与烟气稠环芳烃的释放有关，烟草中3-氧代-α-紫罗兰醇-β-D-吡喃葡萄糖苷可能是烟气中巨豆三烯酮的来源之一；烟气中氧杂环类物质可能源自烟草中美拉德反应产物；氨、氢氰酸、酚类可能源于氨基酸、蛋白质以及糖类的综合作用等，但针对性的系统研究并不多见。

2007年，烟气粒相物HPLC-ESI-MS^n实验证实，烟气中存在与烟碱相关的季铵盐类物质。同时，数据还显示此类季铵盐是甲基化的烟碱。相应的季铵盐类物质可以通过烟碱的自身离子分子反应形成。因此推测，烟气中这一季铵盐类物质可能是在烟气形成的过程中，烟气中烟碱经自身离子分子反应，发生甲基迁移的结果[38]。烟碱裂解产物中吡啶和2,3′-联二吡啶的量具有明显的温度依赖性。同时随着温度的升高，裂解产物中2,4′-联二吡啶和3,3′-联二吡啶的量会有所增加。这可能是烟碱在热裂解的过程中，首先经历麦氏重排生成吡啶正离子自由基，随后部分失去电子生成吡啶正离子，部分得到电子生成吡啶分子，吡啶正离子与吡啶分子间的离子分子反应促成了联二吡啶的生成。因此，烟碱可能是卷烟烟气中联二吡啶类物质生成的重要来源。

2008年，研究人员借助裂解技术研究[39]发现，无论是纯化学品*S*-（-）-烟碱，还是来自烟草中的*S*-（-）-烟碱，其外消旋化的过程都与热分解过程是同步的，这一实验结果支持了卷烟燃烧过程中的高温是烟碱外消旋化主要原因的假说。

2009年，国家局卷烟减害技术重大专项立项开展了“卷烟烟气中氨和氢氰酸形成机理研究”和“卷烟烟气中主要酚类化合物形成机理研究”，系统研究了相关烟气成分的形成，基本阐明了卷烟烟气中氨、氢氰酸和主要酚类化合物的形成机理，指出了烟气中的氨主要源自蛋白质、铵盐、脯氨酸和天冬酰胺；氢氰酸主要源于蛋白质、脯氨酸和天冬酰胺；苯酚主要源于蛋白质、纤维素、葡萄糖和绿原酸。研究成果《卷烟烟气中氨、氰化氢和苯酚形成机理研究》获得2015年度中国烟草总公司科技进步三等奖。

2011年立项的增香保润重大专项立项开展了“烟草主要难挥发性化学成分裂解研究及应用”。通过糖类与氨基酸的共裂解实验证实了烟草中的葡萄糖、果糖、蔗糖和脯氨与烟气中5-羟甲基糠醛、糠醛等的直接联系。

这些研究成果为卷烟的生产、加工提供了重要的基础性技术参数，有力地推动了卷烟产品的开发以及相关技术的革新和进步。

第四节

烟草生长、加工过程中的化学变化

（一）烟草生长与成熟过程中的化学变化

20世纪80年代，国内对烟草生长与成熟过程中化学变化的研究并不多。1983年，《中国烟草科学》杂志刊发了题为“烟叶植物学特性的观察Ⅰ、烤烟烟叶腺毛的密度及其与烟叶品质和化学成分的关系”的研究报道，这是国内第一篇涉及烟草生长过程中化学特征的论文，但受当时分析技术手段的限制，研究对象主要是还原糖、总糖、烟碱、总氮、蛋白质等。进入20世纪90年代后，相关的研究逐渐增多，烟草的品种、生长气候、土壤、环境、灌溉、施肥、植保、打顶、抹杈、衰老、成熟等与化学成分的关系研究开始受到关注，但考察的化学成分种类没有太大变化，且研究的结果多反映的是静态的结果，对烟草生长过程中化学成分变化的规律性研究涉及较少。

2000年，国家局立项开展“全国部分替代进口烟叶”项目，开始较为系统地研究土壤、气候、肥料、田间管理等因素对烟叶生长成熟过程中化学成分积累的影响，考察的化学成分也有所增加。很多烟叶生长成熟过程中的化学变化规律在这一时期被国内烟草工作者所熟知，例如，在烟叶生长过程中，硝酸还原酶活性、叶绿素、总碳、还原糖和总氮含量呈下降的趋势；随着烟叶的成熟，多元有机酸和烟碱含量不断升高，叶绿素、高级脂肪酸、氨基酸、蛋白质和钾素大幅度下降，类胡萝卜素、非还原糖和水溶性总糖含量则表现为先降后升，烟叶适熟后又下降的变化趋势；烟碱含量随叶龄的增长而增加，石油醚提取物含量均随叶龄的增长而增加；不同部位之间的锌含量存在差异，不同采收日期之间锰和锌含量差异极为显著；随着烟叶部位的上升和采收日期的延迟，烟叶中锰含量随之降低，而锌和铜含量逐渐上升；不同叶龄之间烟叶磷含量的差异显著等。随着“全国部分替代进口烟叶”项目研究成果的推广，新烟区不断开发，2002年以后，北烟南移，同时烟叶的种植生产向经济欠发达地区转移，我国烟草种植布局发生了较大调整。烟叶种植环境的变化，不可避免地引发了烟叶主要化学组成的变化。2002年以来，我国烤烟主产区（北方、南方、黄淮、西南、长江中下游）烟叶还原糖含量普遍升高，烟碱和总氮呈明显下降趋势[40]。

2006年，在国家局科技攻关项目“皖南烟区烤烟特殊香气风格形成机理及配套栽培技术研究”中，土壤肥力与烟叶生长成熟过程中化学成分积累的关系被系统考察。腐殖质是土壤有机质的主要组成部分，一般占有机质总量的50%~70%。腐殖质的主要组成元素为碳、氢、氧、氮、硫、磷等，不仅是土壤养分的主要来源，而且对土壤的物理、化学、生物学性质都有重要影响，是土壤肥力指标之一。2009年，国家局项目“不同香型烟叶典型产区生态特征研究”显示，不同土壤类型（水稻土、紫色土、红壤、棕壤、褐土）腐殖质组成存在差异，腐殖化程度以水稻土程度最高，红壤最低。研究表明，土壤腐殖质组成与还原糖、烟碱、糖碱比、氮碱比等主要化学成分指标具有显著的相关性[41]。这提示，可通过人为措施调控烟叶化学成分的形成与积累，比如，施加饼肥可以调节烟草生长过程中类胡萝卜素类物质的降解，在烟叶发育期施加，烟叶中多数类胡萝卜素降解产物总量会有所增加，β-大马酮、香叶基丙酮、β-紫罗兰酮、二氢猕猴桃内酯等物质的含量会相对较高。这些资料对于指导优质烟叶生产具有重要的参考价值。

2013年，代谢组学的方法被用于研究烟草生长过程中的化学变化。代谢组学是一种非靶向的方法，它通过分析植物的某一组织或细胞在某一个特定生理时期内所有小分子代谢物（相对分子质量小于1000），表征生物体在受到各种内外环境扰动后代谢物的整体变化。从代谢组学角度出发，对烟草中糖类、氨基酸类、有机酸类、胺类、醇类等初级代谢物及绿原酸、莨醇、奎尼酸等次级代谢物进行考察，表明生长环境对烟叶代谢物水平的影响大于品种，指出盛花期是烟叶生长的关键生育期[42]。从组学的角度证明了烟叶化学成分除受其自身基因决定的生长过程中的化学变化外，生长环境对烟叶化学成分的形成、积累、转化也具有重要影响。

（二）烟草调制与醇化过程中的化学变化

国内对烟草调制过程中化学变化的研究开始于20世纪80年代末。20世纪90年代后期，较为系统的研究才逐渐展开，在这一时期，关于烘烤对烟叶中氮、叶绿素的影响研究较多，同时人们认识到了这些成分的变化对烟叶品质的影响，这逐步加深了研究人员对烘烤过程影响烟叶化学成分以及烘烤对烟叶品质重要价值的理解。

2003年，国家局立项开展“烤烟适度规模种植配套烘烤设备的研究与应用”和“成熟度和烘烤对烤烟化学成分的调控技术研究”两个项目的研究，系统掌握了烘烤过程中烟叶的叶绿素、糖类、淀粉、蛋白质、氨基酸、烟碱、多酚等化学成分的动态变化特征，即随烘烤时间的延长，烟叶中叶绿素含量下降，且以三段式烘烤工艺烟叶中的叶绿素降解最为充分；葡萄糖和果糖的含量先升后降，淀粉、蛋白质、不溶性氮、烟碱含量下降，还原糖、氨基酸含量上升趋势逐渐减少，酚类物质总量明显增加；烘烤过程中，烟叶中的蛋白质从占干物质重的12%~15%下降到8%左右。2009年，国家局立项开展“密集烘烤工艺优化研发"，研究发现，烟叶水分含量变化和各种物质的变化不一致。虽然在不同的烘烤方式下，烟叶化学成分的变化各不相同，但总体变化规律不受烘烤方式的影响。显而易见，烟叶调制过程能明显改变烟草的化学组成，对烟叶调制过程中化学特征的研究，可以有效指导烟叶调制，提高烟叶质量。

20世纪50年代初，从苏联等国引进了人工发酵技术，直到20世纪80年代国内还在普遍采用。人工发酵优点明显，但对烟叶品质改善的效果无法与自然陈化相提并论。20

世纪70年代初，国内研究人员开始关注烟叶自然醇化问题，但并没有开展相关的化学研究，发表的文献主要是借助国外的研究结果说明烟叶陈化对烟叶品质的重要价值以及可能引起的化学变化。20世纪90年代，国内卷烟企业先后摒弃人工发酵方法而采用自然陈化法，在这一背景下，国内涉及烟叶醇化化学成分变化的研究逐步展开。研究发现，醇化后，烤烟烟叶中的还原糖、总氮、烟碱、蛋白质、氨基酸和总脂质含量均下降，总有机酸、挥发性酸和糖苷含量均上升。

2000年以后，国内关于醇化对烟叶化学成分的影响研究逐步深入，基本掌握了烤烟烟叶中芳香族氨基酸、叶绿素、类胡萝卜素、类西柏烷类物质在醇化过程中的转化特征以及美拉德反应产物的变化特征。芳香族氨基酸降解产物、类胡萝卜素降解产物、美拉德反应产物和其他类中性致香物质随着醇化的进行而含量逐渐提高，醇化后期含量趋于稳定；叶绿素降解产物在醇化过程中含量逐渐降低；类西柏烷类降解产物在醇化过程中含量无显著变化[43-47]。

20世纪90年代后期，研究人员已经发现醇化方式以及醇化条件的差异对烤烟烟叶化学成分的种类无显著影响，但对化学成分含量影响较大。例如，人工醇化烟叶挥发酸增加幅度显著低于自然醇化烟叶中挥发酸的增加量，且自然醇化烟叶中苯甲醇、苯乙醇、芳樟醇、2-呋喃甲醛、苯甲醛、苯乙醛、β-大马酮等23种致香物质含量明显高于人工醇化烟叶[48]。2000年以后，研究人员在注意到烟叶化学成分与烟叶感官品质的内在联系以后，醇化对烟叶化学成分的影响研究逐步增多[49, 50]。这些研究提示，烟叶醇化过程促进了烟叶中大分子化合物的降解和转化以及小分子香气物质的产生和积累，转化产物和生成的小分子香气成分与烟叶感官质量存在密切的关系。适度的调控烟叶化学成分的转化和生成是烟叶醇化过程的核心内容。遵循这一原理，通过改进醇化工艺条件，并结合有效的生化调控措施，或可以提高烟叶醇化效果、缩短醇化周期。

2002年，研究人员对2000—2001年湖北鹤峰试验基地生产白肋烟中的半挥发性香味物质进行了分析研究，对构成白肋烟香味特征的20种重要香味物质和香味物质的总量进行了定量测定，采用国家及行业标准测定了2000年白肋烟调制过程中的常规化学成分（水溶性总糖、总氮、总植物碱、总挥发碱和氯）的含量，首次研究了白肋烟中20种香味物质在调制过程中的变化[51]。在醇化过程中白肋烟香味成分含量发生了明显变化，许多中性香味成分含量呈增加趋势，在所测定的17种中性香味成分中，10种成分含量有较大幅度的增加，这些成分有糠醛、糠醇、苯甲醛、苯乙醇、氧化异佛尔酮、巨豆三烯酮和金合欢基丙酮等。在所测定的12种碱性香味成分中，吡啶、2,5-二甲基吡嗪、2,5-二甲基吡嗪、2,3,5-三甲基吡嗪、四甲基吡嗪、2-乙酰基吡啶等重要碱性香气成分含量有明显增加，但碱性成分总含量在醇化过程中呈大幅下降趋势。调制后，茄酮、降茄二酮、巨豆三烯酮、吲哚、氧化异佛尔酮等重要的烟草香味物质含量明显增加。吡嗪和甲基吡嗪在烟叶生长和采收过程中几乎不存在，直到调制阶段含量才急剧增加。新植二烯从打顶开始持续增加，在调制期达到最大值后，逐渐下降。白肋烟在醇化过程中烟叶总氮含量呈现出小幅的下降趋势，总挥发碱和烟碱含量均有明显的下降。总糖含量表现为前期先下降而后期又上升的趋势。氨基酸总含量呈现前期上升、后期下降的趋势，但不同种类的氨基酸在醇化过程中的变化规律不同。白肋烟自然醇化过程中各种高级脂肪酸含量均呈大幅减少趋势。非挥发性羰基化合物含量和总羰基化合物含量在醇化前期略有增加，而后逐渐下降；挥发性羰基化合物含量在醇化前期有较明显的增加，在中后期有下降趋势。这些香味成分变化规律的研究，对探讨白肋烟质量与其内在物质组成的关系，为提高白肋烟质量及其可用性提供了理论依据。

1999—2002年，国家局重大科技攻关项目“优质香料烟生产关键技术研究”系统研究了香料烟陈化过程中化学成分的变化情况，填补了国内在相关研究上的空白[52-54]。研究显示，香料烟中大多数香气成分含量均呈大幅度上升趋势。在陈化的前期，赖百当类化合物和西柏烷类化合物明显增加，后期趋于下降；类胡萝卜素含量在陈化过程中略有增加，但高峰值出现并不十分明显；苯丙氨酸降解含量在湖北、新疆香料烟中呈现双峰变化趋势；在云南香料烟中呈现单峰变化趋势，在陈化中总含量表现为前期上升，后期略有下降；新植二烯含量在陈化过程中总体上处于直线下降的态势。在所测定的29种香气物质中，对香料烟特征香气有重要影响的香味物质如降龙涎香内酯、硬尾内酯2种异构体、硬尾醛、8,15-赖百当醇、2种8,13-环氧赖百当-14-烯-13醇异构体和2种8,13-环氧赖百当-14-烯-13-酮异构体，二氢猕猴桃内酯、茄酮和降茄二酮等成分在陈化过程中有明显的增加，总的香气物质含量变化的高峰期出现在陈化18~21个月。在陈化过程中香料烟叶片中有机酸总含量呈连续下降趋势，但不同种类有机酸的变化特点明显不同，在所测定的20种有机酸中，对香料烟特征香气有重要影响的有机酸如异戊酸、β-甲基戊酸、苯甲醇、苯乙醇等在陈化过程中有明显的增加，其他成分则呈现程度不同的下降。香料烟在陈化过程中淀粉、总氮含量呈现出小幅度下降趋势，蛋白质含量有所下降，烟碱含量明显下降，还原糖含量表现为陈化前期下降而中后期又上升的趋势，不同香型、不同部位香料烟之间在化学成分含量的变化上存在着明显的差异；通过陈化过程，不同风格香料烟特有的属性特征显现充分。此外，陈化过程中不同的湿度条件能明显影响烟叶中化学成分的组成特征。

（三）卷烟加工过程中的化学变化

随着烟叶化学成分与品质关系研究的推进和烟草工业企业技术力量的提升，2000年前后，国内研究人员开始关注卷烟加工过程中烟丝化学成分的变化。在卷烟加工过程中，尤其是在制丝过程中，烟叶经过多次的回潮和加热处理，化学成分会发生一定程度的改变，这种变化最终会影响到卷烟产品的感官质量。

2001年，昆明卷烟厂研究人员在实验室模拟条件下，观察到烟叶中的总糖、烟碱、淀粉、硝酸盐和总挥发碱含量随储叶时间的增加呈明显下降趋势，还原糖含量随储叶时间增加呈上升趋势。2004年以后，关于卷烟加工过程中化学变化的研究逐渐增多[55-60]，烟草加工过程中化学成分变化的规律逐渐为国内烟草行业所掌握。松片回潮、润叶加料和烘丝工序均使烟草生物碱和游离生物碱出现不同程度的降低；烘丝对生物碱的影响最大，润叶加料次之，松片回潮影响最小。松片回潮、润叶加料和烘丝工序中16种游离氨基酸总量增加。烟草中游离氨基酸含量在加料后明显降低，烘丝后有升有降。松散润叶、润叶加料、切叶丝及烘丝等工序参数变化对非挥发性有机酸、香气成分、碳水化合物及糖碱比、主要含氮化合物有不同程度的影响。松片回潮过程中烟碱含量呈降低趋势，总氮略有降低，总糖呈升高趋势，还原糖略有升高，pH变化较小；滚筒烘丝过程中烟碱基本不变或略有上升，还原糖略有升高；经过气流干燥工序，石油醚提取物略有降低。在加料工序中，回风温度越高，烟草酸性香味成分含量降低越显著；滚筒转速越大，酸性香味成分降低越明显，中性香味成分先减后增，碱性组分先增后减。这些规律使烟草行业对加工过程中烟丝化学成分变化的理解更加深入。在湿热环境下，以烟叶中糖和氨基酸为基本底物的美拉德反应贯穿于卷烟加工的全过程，因此，美拉德反应是影响烟草加工过程中的化学变化主因，在这一过程中，与烟草感官特征密切相关的杂环类系列香味化合物的含量均会发生不同程度的变化，这和卷烟的感官质量直接相关。

2000年以后，烟草加工工艺发生了较大变化，最鲜明的突出点是根据卷烟品牌特征需求进行烟叶的分组加工。2003年，我国从英国引进了新型叶丝在线膨胀系统——高温气流干燥（HXD）系统，并在行业中推广应用，随后，HDT叶丝气流干燥技术、SDT梗丝气流膨胀干燥技术、烟梗造粒技术、微波松散技术和烘丝技术等先进加工技术也在烟草行业中逐步实施。围绕新工艺对卷烟产品感官质量和化学成分变化的影响，以卷烟工业企业技术中心的科研人员为主体的科研团队开展了一系列的研究，其中以HXD工序对烟草化学成分的影响研究最为多见[61-65]。

2005年，济南卷烟厂研究人员发现HXD不同工艺参数对烟丝中性香味成分总量、酸性香味成分总量、碱性香味成分总量和香味成分总量以及各种香味物质影响不同。常规化学成分含量变化较小，各种香味成分含量变化较大。HXD工艺气体流量、HXD工作风温、HXD负压和RCC出口烟丝含水率对烟丝变化幅度影响较大。随后，通过系列的研究，烟草行业逐步掌握了HXD工序对烟丝化学成分的影响特征。在HXD干燥过程中，随着进料含水率的增加，干燥后叶丝的填充值及出口料温均逐渐增加，酸性致香物质均有下降趋势；提高进料温度可使酸性致香物质及中性致香物质的总量均呈先升后降的趋势。这一过程对烟草总生物碱和游离生物碱的影响显著；碱性香味成分总量、中性香味成分中酮类化合物含量呈下降趋势，而中性香味成分中的醇类化合物及酸性成分总含量呈明显升高趋势。其中，酸性香味成分的变化最为显著，含量均大幅提高。相对于滚筒干燥，HXD气流干燥后烟丝的总氮含量显著增加，总挥发酸含量显著降低，多酚类物质总量增加，致香物质在不同叶组配方中的变化趋势存在一定差异，也就是说，HXD处理导致香味成分的损失量大于滚筒干燥。这些研究一方面反映出不同学科的相互交叉、相互结合越来越明显，另一方面也反映出卷烟工业企业技术创新能力的提升。

烟草生长、加工过程对烟草化学成分的形成、积累、转化具有重要的影响，过程的改变或者过程条件的改变都会导致烟草化学成分的改变，进而也将直接影响烟草和烟草制品的质量。随着烟叶品种不断更新，烟叶生产加工技术水平不断提高和新技术的不断应用，不可避免地影响烟叶主要化学成分含量，从而直接影响烟叶原料的工业可用性。但这些变化对烟叶主要化学成分的影响趋势尚不完全清楚，因此，进一步深化烟草生长加工过程中化学变化的研究对于实现优质烟叶生产和卷烟质量的有效控制具有重要意义。

第五节 烟草化学对烟叶和卷烟生产的支撑作用

烟草品质特征与烟草化学成分存在内在的联系，烟草的化学组成是烟草品质特征的物质基础，烟草化学的研究成果对烟叶和卷烟的生产实践具有重要的理论指导意义。

（一）烟叶质量等级与化学成分的关系

1981年，钟庆辉等已经发现多酚类物质含量与当时烟叶的商品等级基本一致，并提出以烟草中多酚类物质含量与蛋白质氮含量的比值作为指标表征烟叶质量。1992年9月1日，行业实施烤烟40级分级制标准，烟叶着生部位、颜色、成熟度是烟叶感官质量重要指标，也是烤烟40级分级制的基础。之后，围绕不同等级烟叶化学成分与品质关系的研究逐步展开[66-69]。

对不同等级烤烟化学成分研究的结果显示，糖、氮、碱等主要化学成分随烟叶等级变化的规律十分明显。同时，烟叶化学成分与烟叶着生部位、颜色、成熟度存在规律性关系。这表明糖、氮、碱是影响烟叶品质的主要化学成分。随后，发现不同品质的烤烟烟叶石油醚提取物的总量明显不同，柠檬黄烟叶pH总体上大于橘黄烟叶。劲头、香气质和香韵受烟叶化学成分影响较大。烟碱是影响卷烟劲头的主要因素，去除过高含量的烟碱可以有效提高上部烟叶的抽吸品质。其间借助直接的化学分析以及统计学方法的系列研究显示，大部分香味成分与感官质量呈较显著正相关；中性香味成分、酸性香味成分和香味成分总量与香气质、香气量、浓度和余味均呈较显著正相关。烟叶的总糖、还原糖与香气质、香气量、余味呈显著正相关；烟碱与余味、刺激性存在联系。

通过系统分析烤烟主要化学成分与物理性状、烟叶理化指标、感官质量之间的相关性，增加了烟草化学成分是决定烤烟外观质量、内在质量、物理特性、烟气特性的内在因素的理性认识。这些研究为不同等级的烟叶在卷烟配方中的有效应用提供了理论基础。

（二）烟叶香型风格与化学成分的关系

20世纪50年代，依据感官评吸数据，朱尊权等老一辈烟草专家将我国不同产地的烤烟划分为3种香型风格，即浓香型、清香型和中间香型。2005—2010年，研究人员发现了烟草中的中性致香成分与烟叶香型风格有较大关系。中间香型烟叶中性致香成分总量最高，浓香型烟叶中性致香成分含量其次，清香型烟叶中性致香成分含量最低。同时，中性致香成分与卷烟烟气的香气质和香气量关系密切。虽然各种研究结果存在差异，甚至相互矛盾，但是各种数据仍然表明，中性致香成分总量对烤烟的香型风格和感官质量档次有显著影响。

2012年，国家局立项开展“烟叶香型风格特征化学成分研究”项目，依托特色优质烟叶开发重大专项取样平台，全面收集了国内不同产区浓香型、清香型及中间香型烟叶，连续3年（2011—2013年）采集约600份代表性样本。对烟叶化学成分（常规成分、主要成分、香味前体物、香味成分等）及烟气成分进行了全面分析，涵盖了16类化学成分，涉及300多个指标，深入解析了烟叶香型风格与烟叶化学成分之间的联系，阐述了形成烟叶香型风格的物质基础，研究成果获得2017年度中国烟草总公司科技进步一等奖。

浓香型烟叶糖类成分含量较低，蔗糖尤为显著，微量生物碱含量较高，糖碱比较低；莨菪亭含量较高，芸香苷含量较低；巨豆三烯酮及其前体（3-氧代-α-紫罗兰醇）含量较高，其他的多数香气成分含量较高。清香型烟叶糖类成分含量较高，蔗糖尤为显著，微量生物碱含量较低，糖碱比较高；莨菪亭含量较低，芸香苷含量较高；茄酮、氧化茄酮、香叶基丙酮等含量较高，巨豆三烯酮较低，其他的多数香气成分含量较高。中间香型烟叶还原糖、Amadori化合物含量较低，但蔗糖含量最高，导致总糖量较高；各种生物碱含量较低，这导致糖碱比较高；其他的多数香气成分含量较低。同一香型的烟叶产地不同，其化学成分也有所差异。北烟南移后，我国烟区分布逐渐形成西南、东南、黄淮、东北以及长江中下游等主要产区。西南、东南、黄淮和东北四大产区间主要化学成分和香气成分差异显著，长江中下游产区多处于中间位置，与其他产区（除东北）都有一定重叠，个性特征不明显，整体特征偏向南方烟区。同一产地的烟叶，在主要化学成分和香气成分上，浓、中、清3种香型都有一定区分，同种香型不同产地之间存在较大差异。

浓香型烟叶，黄淮产区和东南产区区别明显，黄淮浓香型特征主要体现在主要化学成分上，糖类含量较低，总氮含量较高，微量生物碱含量较高，莨菪亭含量较高；东南产区浓香型特征主要体现在香味物质上，巨豆三烯酮含量显著较高。清香型烟叶，福建与云南、四川的区别明显，其中龙岩永定地区与云南、四川之间的差距尤为显著，三明地区与云南、四川的差距相对较小。中间香型烟叶，在不同产地各自都有一定特点，其中东北与其他产区差异较为显著；在主要化学成分上，湖南和黑龙江通常为两个相反的极端，其他烟叶处于中间；在香气成分上，湖南、湖北、重庆较高，东北、贵州较低。研究数据显示，国内烟叶和巴西、津巴布韦之间差异显著，相对而言，国内烟叶和津巴布韦更接近。

2012年，对烤烟、白肋烟、香料烟、马里兰烟和晒烟5种烟草类型中性致香成分的研究[70]进一步显示，中性致香物质的差异是构成烟草香气风格与吸食品质差异的主要因素。显然，卷烟产品特有的感官特征不是任意一种或少数几种成分或者某一类成分所起的作用，而是烟叶中各种成分经燃烧后的综合反映。

（三）卷烟类型风格与化学成分的关系

2007年，国家局立项开展的“中式卷烟风格特征剖析”项目，将烟丝主要化学成分、烟丝顶空香气成分、烟气化学成分作为评价卷烟风格特征的部分指标用于中式卷烟风格特征剖析，研究卷烟感官风格特征与包括烟丝主要化学成分、烟丝香气成分、烟气粒相成分在内的300多种化学成分的关系。用香气成分指数表征卷烟香气风格，通过统计学的方法指出了卷烟香气风格与香气成分的关系。该项目获得了2012年中国烟草总公司科技进步一等奖。

2011年，食品领域感官组学的概念被引入到卷烟品质的研究中，开创了烟草感官组学研究的新领域，借助感官组学的方法，研究烟草化学成分与卷烟品质的关系。提出了卷烟烟气感官代谢组，从分子水平上解释了卷烟风格的化学成因，初步探明了卷烟烟气烘烤香（焦甜、烤甜）、熏香、酸味、苦味、辣感等感官特征的化学基础。这些研究成果为卷烟感官质量的化学评价和风格塑造提供了重要的数据支持，对卷烟产品的开发具有重要的指导意义。

（四）产品质量安全与烟草化学的关系

20世纪70年代，我国研究人员开始关注吸烟与健康问题，卷烟烟气中的一些化学成分也开始成为卷烟安全风险研究的目标物。进入21世纪后，烟草行业高度重视卷烟生产原辅料的安全风险，开展了全面、系统和深入的分析研究，如卷烟危害性指数、烟草添加剂安全性评估等。

20世纪80年代以后，尤其是在1991年Hoffmann名单、1998年加拿大卫生部列出的烟气有害成分名单、2002年Rodgman名单相继公布以后，围绕这些名单，我国开展了大量的分析研究工作。2005年科技部项目《卷烟安全性综合评价指标体系研究》，2006年国家局项目《卷烟危害性评价指标体系研究》，提出了卷烟危害性评价指数和7项有害化学成分（CO、HCN、苯酚、NNK、巴豆醛、氨）指标，并形成了系列标准分析方法，这些成果为减害指标和检测方法学的提出和建立奠定了基础。相关成果荣获国家科技进步二等奖。伴随着烟气7项有害成分指标的提出，围绕这些化学成分的体内代谢研究也逐步展开，其中以烟草特有亚硝胺（TSNAs）体内代谢生物标志物的分析方法研究最为多见，涉及TSNAs体内的代谢机理的研究相对较少。2012年开展的国家自然科学基金项目“改性介孔材料固相萃取/UPLC-MSn方法研究烟草特有亚硝胺在动物体内的代谢”，以项目构建的化学分析方法，借助实验动物（正常小鼠、酒精性脂肪肝小鼠和CYP2E1-knockout小鼠），阐述TSNAs体内变化的特征，进一步完善了TSNAs在生物体内的代谢图谱，该成果获得2018年度河南省科技进步二等奖。

自2008年始，烟草行业开展了一系列的烟草添加剂安全性相关的标准预研项目，完成了烟草添加剂安全性评估测试方法学的准备工作。2011年，由郑州烟草研究院牵头，行业多家工业公司参与，完成了国内烟草添加剂的系统梳理，借鉴国际上通用的四步法（文献查证、热裂解、烟气化学、烟气毒理学），建立了烟草添加剂安全性评估技术，完成了烟草添加剂安全风险的评估，制订了国内第一份烟草添加剂名单，奠定了烟草行业烟草添加剂“许可+评估”制管理的基础，确保了国内烟用添加剂的规范使用并实现了与国际接轨。该项目获得中国烟草总公司2015年度标准创新贡献一等奖。

这些工作均以烟草化学为重要技术内容，为行业卷烟产品质量安全提供了有力保障，标志着烟草化学已融入产品质量安全的各个方面，为产品质量安全提供着科学信息、研究方法、检测手段、解决途径，在卷烟产品质量安全中发挥着重要的支撑作用。

第六节

烟草废弃物的综合利用

烟草在从农业生产到工业生产的过程中，烟叶相关废弃物约占烟叶总量的25%。20世纪90年代后，我国烟叶年产量大幅提高，在为烟草工业企业提供优质烟叶原料的同时，每年都会产生大量的烟草废弃物，包括烟草秸秆、废弃烟叶、低次烟叶、烟梗、烟末等，对他们的综合利用也随之进入历史日程。1997年，国家局委托北京林业大学森工学院和中国科技大学经济技术学院共同开展了烟秆综合利用项目“烟梗及烟秆综合利用技术”的研究，在国内首次以烟梗、烟秆为原料提取出了果胶。在对烟梗、烟秆化学成分、纤维形态进行分析的基础上，通过筛选有机溶剂，用萃取法提取果胶，制得品质较好的果胶。尽管果胶提取率较低（0.63%），不具备产业化开发价值，但推动了国内烟草行业从化学角度对废弃烟叶的综合利用。

（一）烟草废弃物化学成分的利用

烟草中的很多化学成分如生物碱、茄尼醇、蛋白质、氨基酸、有机酸、糖等在国民经济中具有重要的价值。比如烟碱可用于配制专门于粮食、油料、蔬菜、水果等食用农作物无公害高效杀虫剂，是新兴生物农药的重要原料，也是常用药物烟酸、烟酰胺系B族维生素合成的主要前体物。茄尼醇本身具有较强的抗癌活性，是合成心血管疾病、抗癌、抗溃疡等新型药物的中间体，作为合成辅酶Q_{10}、维生素K_2的侧链以及合成抗溃疡药物、抗癌药物原料，在医学上用途广泛。

自20世纪80年代开始，我国关于从废弃烟叶中提取出烟碱的报道从未间断，目前已经形成一些成熟的工艺方法，具备产业化能力。40%硫酸烟碱有商品出售，这种烟碱盐作为农作物绿色杀虫剂配方中主要成分正在推广使用。

1985年，我国研究人员从烟叶中分离到叶绿体蛋白并开始进行研究。2003年，广东省烟草专卖局重大科技项目“低次烟叶蛋白精深加工关键技术及其系列产品的研究”，建立了从烤烟烟叶中提取蛋白质的工艺流程，烟叶蛋白提取率可达到80.1%。以低次烟叶为材料，确定了以烟叶磨浆为主要工艺特征的烟叶蛋白质最佳提取工艺参数，最终烟叶蛋白提取率为76.62%，具备了产业化生产的能力。

烟叶中的茄尼醇含量在烟叶加工过程中不发生显著改变，也就是说，鲜烟叶、未陈化的烘烤烟叶、陈化的烘烤烟叶中的茄尼醇含量基本相同。20世纪80年代，日本成功从烟叶中分离出茄尼醇。1991年，国内学者张德玉发明了从废弃烟叶中提取茄尼醇的方法，通过该方法能得到茄尼醇含量为16%的粗品。提取工艺技术经过不断改进后，目前从废弃烟叶中可以提取得到纯度超过95%的茄尼醇产品。2011年，昆明市科学技术奖获奖项目“废弃烟叶、烟梗、烟末综合利用及产业化”，实现了从烟草废弃物中获取烟草净油、茄尼醇的产业化生产。但我国的总体工艺技术落后于国外，项目中，对烟草废弃物化学成分的研究基本处于提取纯化工艺研究水平上。该项目的研究结果基本反映了目前我国关于茄尼醇的研究现状，即我国关于茄尼醇的研究主要集中在提取纯化工艺上，已能提取95%以上纯度的茄尼醇，但纯度仍较日、美产品的纯度低。

（二）烟草废弃物在烟草农业上的利用

2008年，湖北省烟草公司联合湖北省烟草科学研究院、华中农业大学国家农业微生物重点实验室等科技机构，开展了“烟草秸秆生物有机肥研制与产业化应用”项目的研究。项目在明确烟草秸秆具备生物有机肥生产的必要条件的基础上，借助筛选出的降解菌株，形成了烟草秸秆发酵技术；确定了“烟草秸秆收集与粉碎-灭菌-堆垛-接种发酵菌-堆肥腐熟-添加功能菌-产品包装”的生产工艺流程；制定了烟草秸秆的收购标准、加工标准和烟草秸秆生物有机肥产品标准，获得了有机肥料和生物有机肥登记证；并以烟草秸秆生物有机肥为载体开发了多元烟草秸秆生物有机肥。2009年，我国生产出了首批5t烟草秸秆生物有机肥，并开展了小区试验与小面积示范工作，2010年，项目成果实现全面推广应用。这是一种构建“低碳烟草、清洁生产、循环农业”的烟区可持续发展模式。因此，烟草秸秆生物有机肥的开发对烟叶及大农业领域实现清洁化生产、秸秆废弃物循环利用、土壤生态保护等方面具有较大的意义。

2012年，湖南省烟草公司科技项目“烟草废弃物循环经济技术开发及应用”将复烤加工产生的烟梗废弃物转化为无害的、可被作物吸收利用的复合肥料。2013年，河南省烟草公司科技项目“烟草大田废弃物循环利用研究与应用”，将烟草废弃物腐熟发酵后制作成生物有机肥。这些肥料在烟田上的实际应用效果良好。

（三）烟草废弃物在烟草工业上的利用

2006年，湖南中烟工业有限公司立项开展的“工业烟草废弃物高温干馏热解能源应用研究”，借助有机生物能1300℃以上高温干馏转化原理，把烟草工业废弃物、垃圾转化成再生能源。采用干馏热解、燃气燃烧方式进行能量回收利用，残渣进一步加工作为肥料返田，烟草废弃物经处理后，剩余物质不含任何烟碱、焦油和糖分，产生的可燃烧气体热值达15000kJ/m^2，产生的炉渣燃烧值在3500千卡以上，剩余尾渣富含钾、氮、镁、钙，可作为有机烟草肥原料，实现了烟草废弃物的无害化、减量化、资源化及能源的充分利用。同时，开发了烟草废弃物高温干馏热解能源应用系统工艺及装备和尾气处理设备，2009年3月，日处理废弃物30t的系统（2000kg/h）设备在浏阳天福打叶复烤公司开始投入试运行。

2008年，云南中烟工业有限责任公司科技项目“生化技术在构建中式卷烟中的应用——烟叶醇化提质和废弃烟叶再利用”，借助烟叶醇化过程中的微生物菌群，以废弃烟叶为原料，通过微生物发酵技术开发出了香料产品，并应用于“云烟（紫）”和“云烟（软珍品）”品牌中。

2009年，湖北中烟工业有限责任公司的“生物化学综合技术提升重组烟叶品质的开发应用”。以梗料、末料为原料，利用生物技术在萃取过程中将烟草废弃物中过多的蛋白质、纤维素、半纤维素、果胶和淀粉等大分子物质进行生物降解或转化，促成了类胡萝卜素降解、美拉德反应等产香反应的发生，并在此基础上开发出了重组烟叶。同一时期，云南省省院省校科技合作专项“20000t/a重组烟草关键技术开发及产业化”也对烟草废弃物应用于烟草工业生产进行了较为深入的研究。

第七节
展望

随着学科的不断发展，烟草化学已融入烟草科学研究的各个领域中，单纯从化学角度开展的研究逐渐减少。作为基础学科，更多时候，烟草化学为烟草科学其他领域的发展提供了基础理论、研究思路和方法手段，在烟草的工农业生产中发挥的主要是基础支撑作用。如今，大数据集成下的烟叶生产精准化、卷烟加工智能化、产品设计数字化、降焦减害持续化对现代烟草科学的发展提出了更高的要求，这也要求烟草化学领域在新方法、新技术、新理论方面寻求突破，以更好地发挥在烟草学科发展中的支撑作用。

（一）新型分析检测技术研究

实现烟草工业发展的“四化”以大数据集成为基础，要求从烟草农业生产到卷烟工业加工中产生的数据更加迅速、更加精准、更加综合、更能反映现场的实际情况。烟草化学贯穿烟草工农业生产的全过程，化学特征的改变与烟草及烟草制品品质和安全直接相关，借助先进的分析检测技术洞悉烟草工农业生产中化学信息的变化，将为数字烟草、安全烟草提供重要支撑。

烟草化学成分复杂，在生产加工过程中受很多因素的影响，且化学成分处于动态变化中，很多成分含量极低，涉及样品的种类繁多，分析目标和分析目的差异明显。为适应烟草发展的需求，新型分析检测技术开发应用越来越受重视，在引入分析化学领域先进分析理念、分析技术方法的同时，针对烟草行业特点，开发具备超多靶标、超高灵敏、超高通量、临场检测能力的分析检测技术将是未来烟草化学研究的重要方向之一。多维色谱、高分辨质谱、多级质谱等先进分析手段在烟草化学研究中的应用将越来越普遍。

（二）新型烟草制品相关化学研究

为适应国际烟草发展的新变化，2008年，国内烟草行业开始立项研究新型烟草制品，2014年启动新型烟草制品重大专项，随后与之配套的标准体系建设也逐步展开。2016年，上海新型烟草制品研究院成立，集行业之力对新型烟草制品关键技术进行攻关。目前，已较为系统地掌握了无烟气烟草制品、电子烟的相关技术，加热不燃烧型烟草制品技术也取得重大进步，生产制造出了相关的产品，产品特色鲜明，一些中烟公司的无烟气烟草制品、电子烟产品已经在国外上市销售。

但现阶段，行业关于新型烟草制品的研究重点主要集中在产品开发和工艺技术方面，相关的化学研究略显滞后。随着行业对新型烟草制品相关技术研究的深入，对新型烟草制品的原材料要求、感官品质、安全风险的研究将成为新型烟草制品研究的重要内容，与之相关的化学研究将会逐步展开，新烟草制品的一些本质性规律将为我国研究人员所熟知，从而实现国内新型烟草制品从产品技术开发到产品理论设计的过渡，从而使我国研究人员能全面地掌握新型烟草制品技术。

（三）烟草感官组学研究

感官组学是在分子水平上揭示产品香味的化学本质与形成机制的多学科交叉的研究领域，这一领域的研究是一个从香味现象的化学解释到量化外界刺激与感官感受关系、并阐述生物受体响应机制的逐步深入的过程。

2012年，感官组学被引入烟草行业后，开辟了烟草感官组学研究新领域，为烟草感官品质提供了更高层面的认知视角，在指导卷烟产品设计方面的重要价值已初步显现，正成为烟草行业研究的新热点，行业开始逐步从分子水平上解释卷烟风格的化学成因。但行业烟草感官学的研究仍处于刚刚起步阶段，目前卷烟烟气感官代谢组信息尚不完善，对卷烟感官特征形成的心理物理学原因以及感官代谢组的感官效应机制的研究还未开展；在应用过程中，对烟草制品感官代谢组的调控仍然主要依靠个人经验，尚不具备基于感官组学信息支持下的卷烟产品精准设计能力。随着行业对烟草感官组学研究价值的深入理解，必将迎来烟草感官学研究的热潮，相关的研究成果也将促成烟草感官品质研究从感官特征现象解释到感官特征分子设计的转变。在烟草风味化学研究领域，感官导向的化学分析是未来的重点之一。

本章主要编写人员：刘百战、孙世豪

参考文献

[1] 中国科学技术协会. 2009—2010烟草科学与技术学科发展报告[M]. 北京：中国科学技术出版社，2010.

[2] Dube M F，Green C R. Methods of collection of smoke for analytical purposes[J]. Recent Adv Tobacco Sci，1982，8：42-102.

[3] Alan Rodgman，Thomas A. Perfetti. The chemical components of

tobacco and tobacco smoke [M] . Boca Raton: CRC Press，2008.

[4] Lu X，Cai J，Kong H，et al. Analysis of cigarette smoke condensates by comprehensive two-dimensional gas chromatography/time-of-flight mass spectrometry I acidic fraction [J] . Anal. Chem. 2003，75: 4441-4451.

[5] Sun S，Cheng Zh，Xie J，et al. Identification of volatile basic components in tobacco by headspace LPME coupled to matrix-assisted laser desorption/ionization with Fourier transform mass spectrometry [J] . Rapid Commun. Mass Spectrum，2005，19: 1025-1030.

[6] Lu X，Zhao M，Kong H，et al. Characterization of cigarette smoke condensates by comprehensive two-dimensional gas chromatography/time-of-flight mass spectrometry. Part 2: basic fraction [J] . J. Sep. Sci，2004，27（1-2）: 101-109.

[7] Lu X，Zhao M，Kong H，et al. Characterization of complex hydrocarbons in cigarette smoke condensate by gas chromatography-mass spectrometry and comprehensive two-dimensional gas chromatography-time-of-flight mass spectrometry [J] . J. Chromatogr. A，2004，1043（2）: 265-273.

[8] Ding L，Xie F，Zhao M，et al. Rapid characterization of the sucrose esters from oriental tobacco using liquid chromatography/ion trap mass spectrometry [J] . Rapid Commun. Mass Spectrom，2006，19: 2816-2822.

[9] 范忠. 尿液中烟碱及其代谢物的分析研究 [D] . 郑州：中国烟草总公司郑州烟草研究院，2008.

[10] 杨雪. 尿液中巯基尿酸类代谢物的分析研究 [D] . 郑州：中国烟草总公司郑州烟草研究院，2009.

[11] 刘兴余. 巴豆醛肺损伤相关基因及其在细胞功能调控中作用研究 [D] . 北京：中国科学院研究生院，2010.

[12] 王娟. NNK在细胞及肝微粒体中的体外代谢研究 [D] . 郑州：中国烟草总公司郑州烟草研究院，2011.

[13] 刘帅东. CYP2E1酶活性调节对小鼠体内NNK和NNN代谢影响研究 [D] . 郑州：中国烟草总公司郑州烟草研究院，2016.

[14] 夏炳乐，郑一新，李敏莉. HPIC对烟草中锂、氨、钾多组分离子同时测定的应用性研究 [J] . 中国烟草学报，1995（1）: 77-78.

[15] 国家烟草专卖局. 烟草及烟草制品　游离氨基酸的测定　离子色谱-积分脉冲安培法：YC/T 448—2012 [S] . 北京：中国标准出版社，2012.

[16] 王秀季，李爱荣，熊宏春，等. 微波消解ICP-MS测定烟草中痕量稀土元素 [J] . 理化检验：化学分册，2006，42（7）: 553-556.

[17] Jiang Ch, Sun S, Zhang Q, et al. Application of direct atmospheric pressure chemical ionization tandem mass spectrometry for on-line analysis of gas phase of cigarette mainstream smoke [J] . Int. J. Mass Spectrom, 2013, 353: 42-48.

[18] 张铁强，郭山河，何丽桥，等. 应用近红外分析技术检测烟丝水分 [J] . 红外技术，1995，17 (5): 45-48.

[19] Schmeltz I, Scholotzhauer W S. Benzo [a] pyrene, Phenols and other products from the pyrolysis of the cigarette additive, (d, l) -Menthol [J] . Nature, 1968, 219: 370-371.

[20] Jenkins R W Ir, Newman R H, Chavis M K. Cigarette smoke formation mechanism [J] . Beitr. Tabakforsch. Int, 1970, 5: 299-301.

[21] 谢复炜，谢剑平，吴鸣，等. 环境烟草烟气实验舱: 200620134989.6 [P] . 2007-12-05.

[22] 谢复炜，黄卫东，曾波，等. 卷烟侧流烟气吸烟机: 200720187688.4 [P] .2008-10-15.

[23] 郭吉兆，张晓兵，王洪波，等. 基于红外炉和GC-MS的卷烟模拟燃吸在线分析方法及装置: 200910172482.8 [P] .2010-04-07.

[24] 刘百战，冼可法. 不同部位、成熟度及颜色的云南烤烟中某些中性香味成分的分析研究 [J] . 中国烟草学报，1993，1 (3): 46-53.

[25] 李炎强，冼可法. 顶空共蒸馏法分析烟草中性香味成分 [J] . 中国烟草学报，1997，3 (1): 1-9.

[26] 吴鸣，冼可法，赵明月. 云南烤烟中半挥发性碱性成分的分析 [J] . 中国烟草学报，1999，5 (1): 11-14.

[27] 李炎强，胡有持，王昇，等. 烤烟叶片与烟梗挥发性、半挥发性酸性成分的研究 [J] . 中国烟草学报，2001，7 (1): 1-5.

[28] 谢剑平，赵明月，吴鸣，等. 白肋烟重要香味物质组成的研究 [J] . 烟草科技，2002 (10): 3-16.

[29] 刘百战，宗若雯，岳勇，等. 国内外部分白肋烟香味成分的对比分析 [J] . 中国烟草学报，2000，6 (2): 1-5.

[30] 张燕，李天飞，宗会，等. 不同产地香料烟内在化学成分及致香物质分析 [J] . 中国烟草科学，2003，24 (4): 12-16.

[31] 孙世豪. LPME/MALDI-FTMS分析烟草和主流烟气中的碱性成分 [D] . 郑州: 中国烟草总公司郑州烟草研究院，2006.

[32] 丁丽. 香料烟叶表面物质中糖酯和二萜的研究 [D] . 北京: 中国科学院研究生院，2007.

[33] Chen Z，Tan J，Yang G，et al. Isoflavones from the roots and stems of nicotiana tabacum and their anti-tobacco mosaic virus activities [J] . Phytochem. Lett，2012，5（2）：233-235.

[34] Chen J，Leng H，Duan Y，et al. Three new flavonoids from the leaves of oriental tobacco and their cytotoxicity [J] . Phytochem. Lett，2013，6（1）：144-147.

[35] 张洪非，胡清源，唐纲岭，等. 气相色谱-质谱法分析烟草中有机磷农药残留量及其烟支转移率研究 [J] .分析实验室，2009，28（2）：53-56.

[36] Min H J，Jang S S，Kim I J，et al. Study of the pyrolysis pattern of the organochlorine pesticides in tobacco [C] . CORESTA Meet. Smoke Sci.-Prod. Techno Groups，Jeju Island，2007，abstr. SSPTPOST 10.

[37] 吴仁铭，白书明，葛宁春，等. 用毛细色谱-质谱法测定香烟烟雾冷凝液中的多环芳烃 [J] . 环境研究与监测，1983（1）：21-25.

[38] 尹洁. 基于季铵盐衍生化的卷烟烟气中几种小分子物质质谱分析 [D] . 郑州：中国烟草总公司郑州烟草研究院，2008.

[39] Liu B Zh，Yao W，Su Q D. Racemization of S-（-）-nicotine during smoking and its relationship with pyrolysis process [J] . J. Anal. Appl. Pyrolysis，2008（81）：157-161.

[40] 包勤，张艳玲，王爱国，等. 2002—2013年间我国烤烟主要化学成分变化趋势及原因分析 [J] . 烟草科技，2015，48（7）：14-19.

[41] 王建伟，张艳玲，马云飞，等. 植烟土壤腐殖质组成特征及其与烟叶主要化学成分的关系 [J] . 烟草科技，2013（1）：68-72.

[42] Zhang L，Wang X，Guo J，et al. Metabolic profiling of Chinese tobacco leaf of different geographical origins by GC-MS [J] . J Agric. Food Chem，2013，61（11）：2597-2605.

[43] 范坚强，宋纪真，陈万年，等. 醇化过程中烤烟片烟化学成分的变化 [J] . 烟草科技，2003（8）：19-22.

[44] 胡有持，牟定荣，王晓辉，等. 云南烤烟复烤片烟自然陈化时间与质量关系的研究 [J] . 中国烟草学报，2004，10（4）：1-7.

[45] 张允政. 烤烟片烟醇化过程中化学成分变化及与醇化质量的关系研究 [D] . 武汉：华中农业大学，2008.

[46] 巩效伟，段焰青，黄静文，等. 烤烟主要化学成分与烟叶等级和醇化时间的相关性研究 [J] . 江西农业大学学报，2010（1）：31-34.

[47] 王玉华. 醇化过程中烟叶重要中性致香物质变化研究 [D] . 北京：中国农业科学院，2014.

[48] 朱大恒，韩锦峰，于建春，等. 烤烟自然醇化和人工发酵过程中香气成分变化的研究 [J] . 中国烟草学报，1999，5 (4)：6-11.

[49] 夏宇，陈刚，刘秀丽，等. 温湿度对烤烟醇化过程中各化学成分的影响 [J] . 北京农业，2011 (33)：17-18.

[50] 刘强，朱列书. 不同温湿度对片烟自然醇化过程中主要化学成分的影响 [J] . 湖南农业科学，2012 (15)：99-102.

[51] 吴鸣，赵明月，谢剑平，等. 生长、采收、调制过程中白肋烟重要香味成分的变化 [J] . 烟草科技，2002 (9)：8-16.

[52] 赵铭钦，刘国顺，杜绍明.香料烟陈化过程中烟叶香气成分释放与消长规律研究 [J] . 中国农学通报 2005，21 (8)：53-58.

[53] 赵铭钦，刘国顺，于建春. 香料烟陈化过程中烟叶有机酸含量变化特点研究 [J] . 华中农业大学学报，2006，25 (1)：17-20.

[54] 赵铭钦，刘国顺.香料烟陈化过程中烟叶化学成分与品质变化的研究 [J] . 中国烟草学报，2006，12 (2)：29-33.

[55] 谢卫. 回潮、加料和烘丝工序烟草生物碱的变化 [J] . 烟草科技，2004 (9)：4-5+20.

[56] 赖伟玲，刘江生，蔡国华，等. 卷烟加工关键制丝工序烟草碱、中性香味成分变化研究 [J] . 分析测试学报，2004，23 (s1)：272-273.

[57] 刘江生，李跃峰，洪伟岭，等. 烘丝前后烟丝多元酸和高级脂肪酸的变化研究 [J] . 分析测试学报，2004，23 (s1)：280-281.

[58] 王文领，郝辉，李彦周，等. 制丝过程中烤烟内游离氨基酸含量的变化 [J] . 烟草科技，2005 (9)：20-22，28.

[59] 魏玉玲，阴耕云，刘戈弋，等. 几个重要制丝工序对烤烟主要含氮化合物含量的影响研究. 2006年中国烟草学会工业专业委员会烟草工艺学术研讨会论文集 [C] . 郑州：中国烟草学会，2006：17.

[60] 阴耕云，魏玉玲，魏杰，等. 烟叶中几类致香成分在制丝主要工序中的变化初探：云南省烟草学会2007年学术年会论文集 [C] . 昆明：云南省烟草学会，2007：38-40.

[61] 杨斌，白俊海. HXD前后烟丝中烟碱及部分香味成分的变化 [J] . 烟草科技，2006 (1)：18-21.

[62] 廖惠云，郝喜良，甘学文，等. HXD工艺条件对烟草香味物质影响的应用研究 [J]，中国烟草学报，2007，13 (4)：1-5.

[63] 廖旭东，周显升，郝廷亮，等. HXD制丝过程中香味化学成分与感官质量关系研究. 2005年中国烟草学会工业委员会烟草化学学术研讨会论文集 [C] . 海南：中国烟草学会，2005：231-236.

［64］郝廷亮，周显升，贾玉国，等. HXD烘丝过程中在制品化学成分变化的研究［J］. 中国烟草学报，2007，13（4）：6-15.

［65］席年生，胡建新，陈建军，等. HXD叶丝进料状态对其综合质量的影响［J］. 烟草科技，2006（8）：5-8，32.

［66］阎克玉，陈鹏，刘晓晖. 烤烟40级制烟叶主要化学成分分析研究［J］. 郑州轻工业学院学报，1993，8（2）：35-39.

［67］阎克玉，李兴波，侯雅珍，等. 河南烤烟（40级）石油醚提取物含量的研究［J］. 郑州轻工业学院学报，1995，10（1）：71-74.

［68］阎克玉，李兴波，李成刚，等.烤烟国家标准（40级）河南烟叶水浸液pH 值、总酸度和总挥发酸含量的研究［J］. 烟草科技，1997（4）：16-18.

［69］阎克玉，李兴波，赵学亮，等. 河南烤烟理化指标间的相关性研究［J］. 郑州轻工业学院学报（自然科学版），2000，15（3）：20-24.

［70］赵晓丹，鲁喜梅，史宏志，等. 不同烟草类型烟叶中性致香成分和生物碱含量差异［J］. 中国烟草科学，2012，33(2)：7-11.

第九章

卷烟降焦减害

据有关机构估算，目前世界上约有13 亿人吸烟，我国有3.5 亿人左右。为10多亿暂时不愿戒烟者的健康考虑，控制卷烟危害势在必行。为了降低吸烟危害性，最大限度地减少吸烟对广大卷烟消费者健康的风险，1982年总公司成立以来，我国烟草行业联合卫生、医疗和科研等部门，针对减少卷烟产品的危害性进行了不懈的努力和探索。30余年来，在吸烟与健康和卷烟危害性评价等基础研究、降低卷烟焦油和选择性降低卷烟烟气有害成分技术研究、低焦油低危害卷烟产品研发等方面取得了巨大的进展，建立了完善的卷烟危害性评价和控制体系，形成了一簇拥有自主知识产权的卷烟烟气有害成分降低技术。国产卷烟焦油、危害性指数显著降低，低焦油、低有害成分释放量卷烟培育成效显著，产品规模和市场占有率迅速上升。

第一节 概述

30余年以来，我国烟草行业在降焦减害研究和科技成果推广应用方面取得了丰硕的成果。国产卷烟加权平均焦油量从1983年的27.3mg/支下降到2019年的10.2mg/支，降幅达62.6%，当前卷烟焦油量已低于美国市场整体水平，接近欧盟限量要求。卷烟危害性评价指数从2008年的10.0降低至2019年的8.0，降低2.0，降幅达20.0%。低焦油和低有害成分释放量卷烟培育成效显著，产品规模和市场占有率迅速上升。其中：盒标焦油量不高于8mg/支的低焦油卷烟产量从2008年的54.4万箱（1箱=50000支，下同）增加至2017年的700.1万箱，占比由1.2%增加至15.1%；低焦油卷烟结构持续提升，低焦高档卷烟占低焦油卷烟的比重从9.4%上升至52.2%；卷烟危害性指数不高于8的低有害成分释放量卷烟产量从2008年的54.2万箱增加至2017年的748.0万箱，比重由1.7%增加至16.1%。

（一）国产卷烟焦油量变化

从1983年到2019年，国产卷烟焦油释放量和卷烟危害性指数均显著下降，国产卷烟平均焦油量从最初的27.3mg/支下降到2019年的10.2mg/支，30余年间共降低17.1mg/支（图9-1）。

我国卷烟降焦过程大致可分为4个阶段。

第一阶段（1983—1995年）。1985年第一版《卷烟》国家标准（1986年正式实施）颁布实施，首次将卷烟焦油量划分为高、中、低3个档次。在此期间，滤嘴卷烟比例

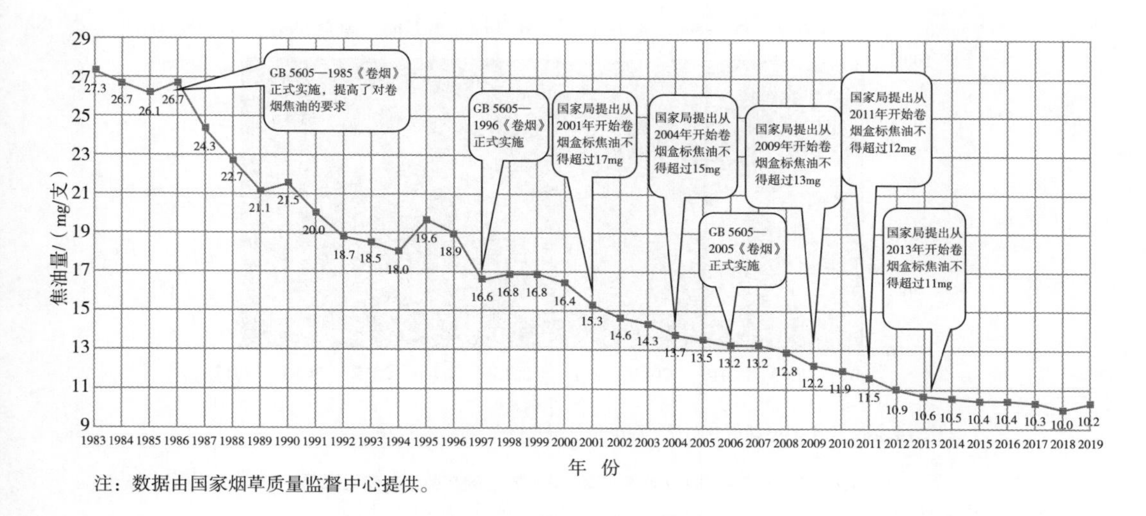

注：数据由国家烟草质量监督中心提供。

图9-1　1983—2019年全国卷烟焦油量水平变化趋势图

大幅度提高，降焦技术和措施在摸索中得到实践，逐步建成了覆盖全国的烟草制品监督检测机构网络，为有效监控卷烟产品焦油量水平提供了条件。全国卷烟产品焦油量水平从1983年的27.3mg/支下降到1995年的19.6mg/支。

第二阶段（1996—2000年）。1996年第二版《卷烟》国家标准（1997年正式实施）颁布实施，首次将焦油量指标纳入产品质量考核范围，降焦工作得到明显推进。全国卷烟产品焦油量水平由1995年的19.6mg/支降至2000年的16.4mg/支。

第三阶段（2001—2005年）。国家烟草专卖局规定，从2001年起，盒标焦油量高于17mg/支的卷烟不得进入全国烟草交易中心交易；2004年国家烟草专卖局再次规定，从当年的7月1日起，不得生产盒标焦油量高于15mg/支的卷烟。在此期间，全国卷烟产品焦油量水平由2000年的16.4mg/支降至2005年的13.5mg/支。

第四阶段（2006—2020年）。2005年第三版《卷烟》国家标准（2006年正式实施）颁布实施，对卷烟焦油量实行了上限和下限控制。国家烟草专卖局规定2009年起规定盒标焦油量不得超过13mg/支，2011年起盒标焦油量不得超过12mg/支，2013年起卷烟盒标焦油量不超过11mg/支。在此期间，全国卷烟产品焦油量水平由2005年的13.5mg/支降至2019年的10.2mg/支，且近几年较为稳定。

2008年至今，我国卷烟市场结构（盒标焦油量）发生了明显变化（图9-2）。2008年，盒标焦油量以12mg/支以上为主，其产量占比达到84.2%。随着卷烟减害技术重大专项的实施，2017年我国卷烟市场盒标焦油量转变为以10~11mg/支为主，其产量占比达到84.9%。

2008—2017年，我国市场卷烟实测焦油量分布也发生显著变化（图9-3）：①实测卷烟焦油释放量12mg/支以上的卷烟产量占比大幅降低，2017年仅占3.4%；②实测焦油10~12mg/支的卷烟产量占比显著提高，2017年产量占比达67.3%，占市场主导地

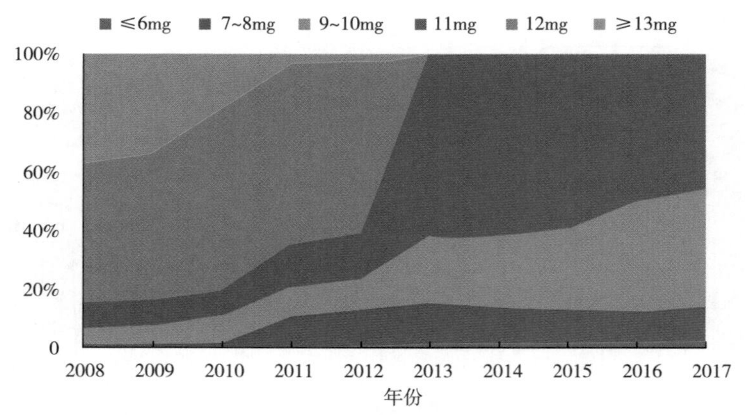

注：数据来源于国家烟草专卖局工商电讯月报及行业经济运行数据。

图9-2 2008—2017年不同盒标焦油卷烟的产量分布变化情况

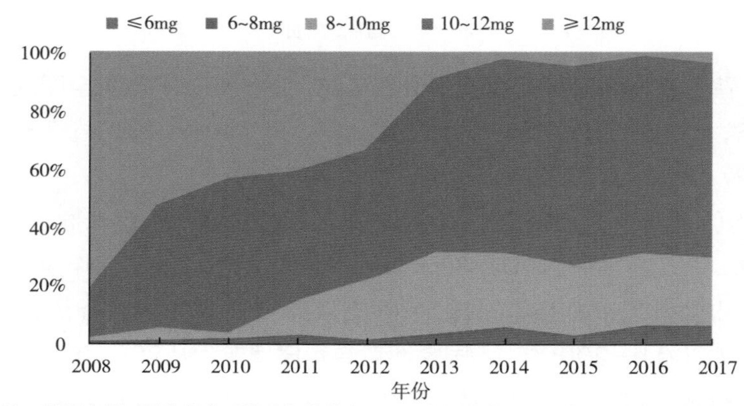

注：数据来源于国家烟草质量监督检验中心、国家烟草专卖局工商电讯月报以及行业经济运行数据。

图9-3 2008—2017年不同实测焦油卷烟产量占比变化情况

位；③实测焦油不高于10mg/支的卷烟产量占比呈现逐年上升趋势，2017年产量占比达29.3%。

在国家局积极推动和行业工商企业共同努力下，尤其是2009年卷烟减害技术重大专项实施以来，国产卷烟降焦减害工作取得了显著成绩，我国卷烟焦油量已降至2019年的10.2mg/支，低于美国市场整体水平，接近欧盟限量要求，与世界主要国家基本处于同一水平。

（二）国产卷烟危害性评价指数变化

1. 危害性指数大幅降低

2008年以来国产卷烟危害性指数由10.0降至2019年的8.0，降低2.0，降幅达

20.0%（图9-4）。

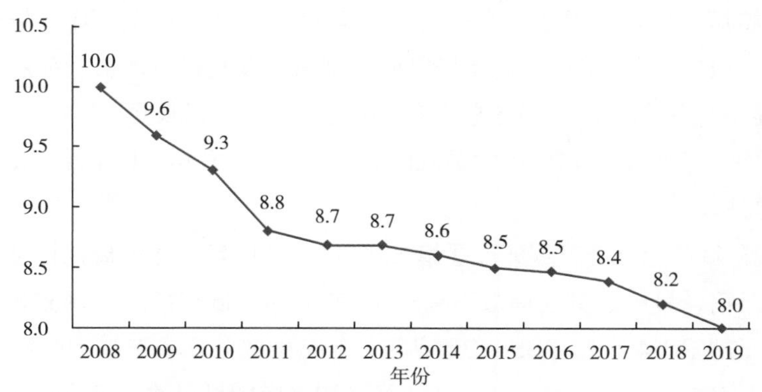

注：数据来源于国家烟草质量监督检验中心数据。

图9-4　2008—2019年国产卷烟危害性指数变化情况

2008年，国产卷烟以危害性指数（H值）高于9的卷烟为主，其产量占比为88.3%（图9-5）。随着卷烟减害工作的开展，国产卷烟危害性指数结构也发生了重大变化：①$H>9$卷烟产量占比迅速减少，产量占比从2008年88.3%降低到2017年的19.8%；②$8<H\leqslant 9$卷烟产量占比增加，2017年其产量占比60%，成为市场主导产品；③$H\leqslant 8$卷烟产量占比自2011年得到明显提升，后增速放缓，2017年$H\leqslant 8$卷烟产量占比达到18%。

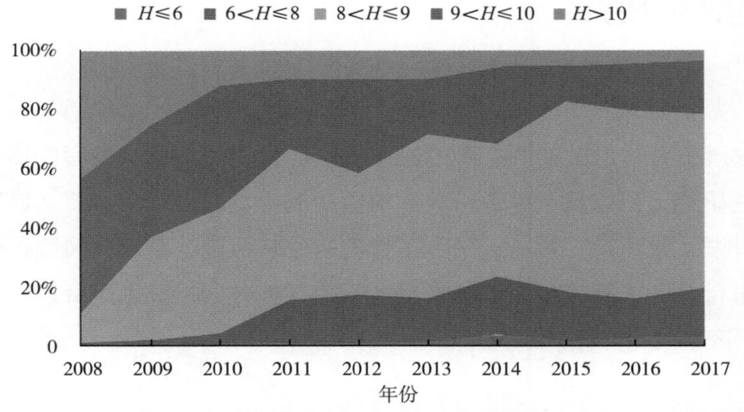

注：数据来源于国家烟草质量监督检验中心、国家烟草专卖局工商电讯月报及行业经济运行数据。

图9-5　2008—2017年不同危害性指数卷烟的产量分布变化情况

2. 低焦油和低有害成分释放量卷烟产品培育成效显著

2008—2017年，随着卷烟减害技术重大专项的开展，低焦油、低有害成分释放量卷烟培育成效显著，产品规模和市场占有率迅速上升。在降焦减害的同时，产品结构稳步提升。

低焦油卷烟的产量和比重显著增加，结构持续提升。2008—2017年，盒标焦油不高于8mg/支卷烟（低焦油卷烟）产量由54.4万箱增长至700.1万箱，增长近12倍。低焦油卷烟在2011年、2012年出现年均290万箱的“爆发式”增长，在2013—2017年总体趋于稳定。低焦油卷烟产量占总产量的比重由1.2%增长至15.1%，增长11倍多。2008—2017年，低焦高档卷烟占全国低焦油卷烟比重从9.4%上升至52.2%，低焦油卷烟结构显著提升。

低有害成分释放量卷烟产量和比重增加迅速。2017年，国家局抽检卷烟规格覆盖产量为3660.0万箱，其中危害性指数不高于8.0的卷烟（低有害成分释放量卷烟）产量为748.0万箱，占比20.4%。2008—2017年，低有害成分释放量卷烟产量从54.2增长至748.0万箱，比重由1.7%增加至16.1%，产量和比重增长迅速。与低焦油卷烟产量变化类似，低有害成分释放量卷烟产量在经历了2011年、2012年年均400万箱的“爆发式”增长后趋于平稳。

在中式卷烟低危害、低焦油品牌培育方面，涌现出了一批知名度较高、市场份额占有较大、拥有减害核心技术的卷烟品牌，如“云烟”“白沙”“南京”“红双喜”“黄鹤楼”“利群”“七匹狼”“红塔山”“芙蓉王”等。

第二节 烟草制品风险评估研究

开展烟草与健康研究，是公共卫生部门的职责所在，也是烟草从业者的责任。开展烟草制品风险评估研究，可以科学地评价吸烟对健康的影响程度，指导降焦减害技术研究以及新产品的开发，是所有降焦减害研究工作的基础。目前烟草制品风险评估研究主要针对卷烟烟气进行，评价研究主要包括卷烟烟气有害成分分析技术研究、毒理学研究以及生物标志物研究等几个方面的研究内容。

（一）卷烟烟气有害成分分析研究

1. 卷烟烟气主要有害成分

卷烟烟气中有害物质有相当一部分存在于焦油中，20世纪50、60年代，世界各国一致把卷烟烟气焦油量作为衡量卷烟危害性的指标，并一直沿用至今。随着《烟草控制框架公约》在世界多数国家的签署和生效，越来越多的国家制定了对卷烟烟气中有害成分尤其是焦油量的管制措施。

随着研究的进展，人们发现焦油是非常复杂的混合物，在烟气和烟气焦油中已鉴定出的5000多种化合物，其中对人体有害和可能致癌的成分仅仅占极小一部分。但对于烟气中有害成分的研究仍受到越来越多的关注。1998年，加拿大政府通过立法，要求卷烟生产商定期检测卷烟主流烟气中46种有害成分的释放量，并将结果向社会公布[1]。这一名单实际是一个修正的Hoffmann名单（表9-1），在世界范围内造成了很大的影响，名单中的有害成分得到了医学界和烟草行业的普遍认可。

表9-1 加拿大卫生部有害成分检测清单

类 别	化合物	类 别	化合物
芳香胺（4种）	3-氨基联苯	无机化合物（4种）	氢氰酸
	4-氨基联苯		氨
	1-氨基萘		NO
	2-氨基萘		NO_x
挥发性有机化合物（5种）	1,3-丁二烯	有害元素（7种）	汞
	异戊二烯		镍
	丙烯腈		铅
	苯		镉
	甲苯		铬
半挥发性有机化合物（3种）	吡啶		砷
	喹啉		硒
	苯乙烯	挥发性酚类成分（7种）	对苯二酚
常规成分（3种）	焦油		间苯二酚
	烟碱		邻苯二酚
	CO		苯酚
羰基化合物（8种）	甲醛		间-甲酚
	乙醛		对-甲酚
	丙酮		邻-甲酚
	丙烯醛	亚硝胺（4种）	NNN
	丙醛		NAT
	巴豆醛		NAB
	2-丁酮		NNK
	丁醛	多环芳烃（1种）	苯并[a]芘

2003年，Rodgman和Green[2]对烟气中已报道的有害成分进行了总结，认为在卷烟烟气中共存在149种有害成分（表9-2）。在149种有害成分中，种类最多的为多环芳烃类化合物（26种），氮杂芳烃、*N*-亚硝胺和重金属类的化学成分也比较多，其余的有害成分还包括芳香胺、*N*-杂环胺、醛类、酮类、酸类、酚类、挥发性碳氢化合物、多氯杂环化合物、硝基化合物、无机化合物和一些其他有机化合物。

表9-2 烟草和烟气中的有害成分分类

化合物类别	数量 / 种	化合物类别	数量 / 种
多环芳烃	26	挥发性碳氢化合物	6
氮杂芳烃	15	多氯杂环化合物	2
醛类	7	硝基有机化合物	3
酸类	3	其他有机化合物	31
酮类	3	芳香胺	7
酚类	9	*N*- 亚硝胺	13
无机化合物	4	*N*- 杂环胺	9
金属	11	总计	149

2. 国内早期烟气有害成分分析研究（2000 年以前）

在20世纪80、90年代，中国烟草的烟气有害成分的科研工作尚处于早期研究阶段，尚未成为烟草科研工作的重点研究目标。当时国内对烟草、烟气化学成分的分析主要针对烟碱、焦油和CO等常规成分，有害成分的分析研究还在探索中，只组织实施一些少量的研究项目，科技文献发表数量较少。研究对象基本都是烟草或烟气中单一指标的有害成分。同时分析仪器与国外相比也较为落后，主要是气相色谱仪、液相色谱仪，而气质联用仪、液质联用仪等大型分析仪器都很罕见。仪器分析手段的落后也制约了有害成分分析工作的更深入开展。

1986年，穆怀静[3]拟定出一套用装有烧碱石棉剂的玻璃管吸收萃取和测定氰氢酸的方法。烧碱石棉剂用水萃取，用吡啶吡唑啉酮比色法或硝酸银滴定法对萃取液进行测定。比色法灵敏度高，测定范围在0.2~1μg/mL。1991年，马明和穆怀静[4]开展了卷烟烟气总粒相物中烟碱量的测定方法研究，建立了一种测定卷烟烟气总粒相物中烟碱量的气相色谱方法，并对实验条件的选择、方法的准确度、精密度实验进行了讨论。与紫外分光光度法测定烟碱比较，具有快速、准确、简单且可与总粒相物中水分测定同时进行的特点。2000年，王英[5]等用柠檬酸盐缓冲溶液吸收30支卷烟的烟气，然后用二氯甲烷萃取和浓缩，向浓缩液中加入HBr/AcOH溶液，将亚硝胺官能团的N═N键裂解，其气体产物被吹入NaOH溶液中吸收转化为NO_2^-，并采用显色剂显色，测定吸光度，计算亚硝胺浓度。郑州烟草研究院赵明月等[6]承担的“烟草特有*N*-亚硝胺的测定”项目，对烟草制品中TSNAs（烟草特有亚硝胺）的分离分析方法进行了评价，对气相色谱-氮磷检测器（GC-NPD）法和气相色谱-热能分析仪（GC-TEA）法测定烟草制品中的TSNAs进行了比较，优化了前处理过程及仪器分析条件，建立了使用碱性二氯甲烷溶液萃取烟草制品中的TSNAs，萃取液经碱性氧化铝层析柱纯化，TSNAs通过GC-TEA定量检测的标准分析方法。结果表明，在烟草中的含量范围内，该方法测定烟草制品中4种主要TSNAs的响应与其质量浓度有着良好的线性关系，4种TSNAs分析的检测限都低于16ng/mL，变异系数均在6%以下，回收率在90%以上，可以满足烟草制品分析的要求。在项目研究过程中，还发现国外烟草制品中烟草特有*N*-亚硝胺的含量明显高于国内烟草制品。

3. 烟气有害成分分析方法的形成

2000年后，随着中国签署《烟草控制框架公约》(以下简称“《公约》”)，社会对吸烟与健康问题的关注不断加强，减少吸烟对健康的危害已成为烟草行业必须承担的责任和义务。《公约》中“防止接触烟草烟雾”“烟草成分管制与披露”两个准则要求各国政府制订出更为严格的“控烟”法律法规，促使卷烟生产企业在降低卷烟焦油释放量的同时，严格控制卷烟烟气中主要有害成分的释放量。国家局和国家经济贸易委员会等相关部委也设立了一系列有害成分分析方法研究项目，大大推动了烟气有害成分分析体系的建立和完善。

2000年7月年国家经济贸易委员会下达了技术创新项目“降低卷烟烟气中有害成分的技术研究”[7]，由国家局科技教育司、郑州烟草研究院等单位共同承担。项目在分析方法研究方面主要取得以下研究成果[8-10]。

①建立了利用气相色谱/质谱联用仪—选择离子监测法（SIM）测定卷烟烟气中苯并［a］芘的分析方法。在国内首次对有代表性的79种卷烟产品烟气中的苯并［a］芘、苯并［a］蒽和䓛进行了系统的分析测定，获得了国内外知名品牌3种稠环芳烃释放量的最新数据。

②建立了利用气相色谱-热能分析仪（GC-TEA）测定卷烟烟气中烟草特有亚硝胺（TSNAs）的分析方法。首次对国内外有代表性的98种卷烟样品中的TSNAs进行了系统的分析测定，结果表明：混合型卷烟烟气中TSNAs的含量显著高于烤烟型卷烟烟气中TSNAs，国外混合型卷烟中NNK的含量高于国内混合型卷烟。

③研究和发展了卷烟烟气中气相自由基和固相自由基的测定方法。项目建立了多项达到国际先进水平的卷烟烟气中主要有害成分的测试方法，为制定卷烟安全性评价体系、率先提出相关标准作了必要的技术准备。项目获得了显著的社会经济效益，对烟草行业产品发展方向起到了积极的引导作用，获得了2004年度国家科技进步二等奖和2003年度国家烟草专卖局科技进步特等奖。

在“降低卷烟烟气中有害成分的技术研究”项目研究的基础上，国家局下达了一系列烟气有害成分分析方法研究项目。郑州烟草研究院承担的“高效液相色谱法测定卷烟烟气中的酚类化合物”项目，采用高效液相色谱-荧光检测技术，建立了卷烟主流烟气中邻、间、对苯二酚，苯酚，邻、间、对甲基苯酚7种有机化合物的测定方法[11]；对分析条件进行了优化改进，建立的方法操作简便，灵敏度和重复性结果明显优于文献报道，适用于大批量样品的分析；对50种不同规格卷烟进行了分析，掌握了我国卷烟烟气中酚类成分的释放水平。湖南中烟工业有限责任公司承担的“卷烟烟气中氢化氰的检测研究”项目[12]，建立了卷烟主流烟气中氢化氰（HCN）释放量的连续流动仪检测方法[13]，研究了用不同数量和规格的吸收瓶捕集卷烟主流烟气中HCN的效率，最终确定了在剑桥滤片后串联一个打孔气体吸收瓶的采样方式，分别捕集卷烟主流烟气粒相部分和气相部分中的HCN；确定采用反应条件温和、分析速度快、试剂稳定环保的异烟酸/1,3-二甲基巴比妥酸显色体系；利用该成果建立的方法对国内50种名优卷烟主流烟气中HCN含量进行了检测，检测结果在26~147μg/支。云南烟草科学研究院承担的“高效液相色谱法测定卷烟烟气中的醛酮类化合物”项目[14]，建立了应用酸化的2，4-二硝基苯肼的乙腈溶液作为吸收液，对主流烟气中的甲醛、乙醛、丙酮、丙醛、丙烯醛、丁醛、丁烯醛、丁酮进行吸收进而形成相应的苯腙后，再用高效液相色谱-紫外检测器（HPLC-UV）进行检测的分析方法；该方法的线性关系良好，适用于大批量样品的分析；对国内50种卷烟样品主流烟气中的8种醛酮类成分进行了分析，掌握了国内主要品牌卷烟主流烟气中8种醛酮类化合物的释放量。重庆卷烟厂承担的“化学发光法测定卷烟烟气中的氮氧化物”项目[15]，建立了化学发光法在线测定卷烟主流烟气中氮氧化物的方法；该方法检测方法操作简便，精密度、重复性良好，回收率高，测试速度快，适于大量样品的分析测定[16]。武汉烟草（集团）有限公司承担的“采用ICP-MS分析研究卷烟烟气中的重金属”项目[17]，采用ICP-MS技术研究建立了卷烟主流烟气中As、Cd、Cr、Hg、Ni、Se、Ph、Tl等8种重金属分析方法，并对国内50种名优卷烟主流烟气中的重金属进行了分析。上海烟草集团公司承担的“采用热脱附技术和GC/MS方法测定卷烟烟气中的挥发性有机化合物”项目[18]，采用热脱附-气/质联用分析技术（ATD-GC/MS）建立了主流烟气气相物中1,3-丁二烯、异戊二烯、丙烯腈、苯、甲苯、吡啶和苯乙烯等7种有害成分的测定方法，掌握了国内主要品牌卷烟主流烟气中8种挥发性有机化合物的释放量。中国科学技术大学承担的“离子色谱法测定卷烟烟气中的氨”项目[19]，建立了卷烟主流烟气中氨的离子色谱分析方法，并对国内知名50种不同规格卷烟主流烟气中的氨进行了分析。通过上述项目的研究，我国烟草行业基本建立了卷烟烟气中有害成分分析方法体系，为开展降低烟草中有害成分技术研究，开发低危害性烟草制品奠定了坚实的基础。

在开展卷烟主流烟气有害成分检测研究的同时，针对社会公众关心的“二手烟”问题，郑州烟草研究院开展了“环境烟草烟气对室内空气质量影响的研究”项目[20]。该项目在国内首次研制了环境烟草烟气（ETS）实验舱和侧流烟气吸烟机，仪器设备功能和指标达到国际先进水平；建立和改进了ETS中3种气相标志物、1种粒相标志物、11种VOCs、10种吡啶类化合物、6种挥发性酚类化合物和7种挥发性羰基化合物共计38种化学成分的测定方法[21]，在分析化合物数量和灵敏度方面优于文献报道；研究了ETS成分的主要影响因素，侧流烟气、主流烟气和ETS成分的相互关系，结果表明：影响ETS成分产生量的主要因素是卷烟侧流烟气焦油量、卷烟单支含丝量和环境相对湿度，侧流烟气产生量与卷烟单支含丝量显著相关。以茄尼醇和3-乙烯基吡啶作为评价标志物，建立了ETS对室内空气质量影响的评价体系，得出了各种空气污染物的评估因子，并根据国家环境空气质量标准提出了ETS标志物浓度的参照值。对3种典型室内空间ETS状况进行了评估，结果表明在实际环境下，吡啶类化合物和异戊二烯主要是由ETS所产生的，其他环境污染物如羰基化合物、酚类化合物、CO、氮氧化物和氨等挥发性化合物，主要来源于环境本身。

4. 烟气有害成分分析方法标准体系的建立和完善

2008年以后，我国的卷烟烟气有害成分分析方法进一步细化和完善，形成了较为完善的标准体系。卷烟烟气有害成分分析方法不断扩展和规范，研究目标从7种有害成分延伸至芳香胺、杂环胺等化合物，从主流烟气延伸至侧流烟气，从卷烟延伸至雪茄烟，从烟气延伸至滤嘴，从ISO抽吸模式延伸至深度抽吸模式。根据有害成分分析的研究成果分别制定了分析方法的国家标准（GB）、行业标准（YC）、企业标准（YQ）、预研报告（TR）。表9-3~表9-5列出了目前烟草行业已建立的卷烟主流烟气和侧流烟气以及其他的一些相关有害成分分析方法标准。截至目前，已经形成了完整的有害成分分析方法标准体系。

表9-3 卷烟主流烟气有害成分相关分析方法标准

标准号	标准名称
GB/T 19609—2004	卷烟用常规分析用吸烟机测定总粒相物和焦油
GB/T 21130—2007	卷烟 烟气总粒相物中苯并[a]芘的测定
YC/T 253-2008	卷烟 卷烟主流烟气中氰化氢的测定 连续流动法
YC/T 254-2008	卷烟 主流烟气中主要羰基化合物的测定 高效液相色谱法
YC/T 255-2008	卷烟 主流烟气中主要酚类化合物的测定 高效液相色谱法
GB/T 23228—2008	卷烟 主流烟气总粒相物中烟草特有*N*-亚硝胺的测定 气相色谱-热能分析联用法
YC/T 287-2009	卷烟 主流烟气中氮氧化物的测定 化学发光法
GB/T 23355—2009	卷烟总粒相物中烟碱的测定气相色谱法
GB/T 23358—2009	卷烟 主流烟气总粒相物中主要芳香胺的测定 气相色谱-质谱联用法
YC/T 348—2010	卷烟 主流烟气中氮氧化物的测定 离子色谱法
YC/T 377—2010	卷烟 主流烟气中氨的测定 离子色谱法
YC/T 379—2010	卷烟 主流烟气中铬、镍、砷、硒、镉、铅的测定 电感耦合等离子体质谱法

续表

标准号	标准名称
YC/T 403—2011	卷烟 主流烟气中氰化氢的测定 离子色谱法
YC/T 404—2011	卷烟 主流烟气中汞的测定 冷原子吸收光谱法
GB/T 27523—2011	卷烟 主流烟气中挥发性有机化合物（1,3- 丁二烯、异戊二烯、丙烯腈、苯、甲苯）的测定 气相色谱 - 质谱联用法
GB/T 27524—2011	卷烟 主流烟气中半挥发性物质（吡啶、苯乙烯、喹啉）的测定 气相色谱 - 质谱联用法
YQ/T 13—2012	卷烟 主流烟气中杂环芳烃化合物（苯并［b］呋喃、咔唑、9- 甲基咔唑）的测定 气相色谱 - 质谱联用法
YQ/T 14—2012	卷烟 主流烟气中主要杂环 胺类化合物（AαC、MeAαC、Trp-P-1 和 Trp-P-2）的测定 液相色谱 - 串联四极杆质谱联用法
YQ/T 16—2012	卷烟 主流烟气中氨的测定 连续流动法
YQ/T 17—2012	卷烟 主流烟气总粒相物中烟草特有 *N*- 亚硝胺的测定 高效液相色谱 - 串联质谱联用法
YQ/T 55-2015	卷烟 主流烟气中吡啶、苯乙烯、乙酰胺、喹啉、丙烯酰胺的测定 气相色谱 - 质谱联用法
YQ/T 75—2015	卷烟 主流烟气总粒相物中烟草特有 *N*- 亚硝胺（NNN，NNK， NAB，NAT）的测定 气相色谱 - 串联质谱法
YQ/T 66—2015	卷烟 主流烟气中氯乙烯的测定 气相色谱 - 质谱联用法
YC/T 540—2016	卷烟 主流烟气中环氧乙烷和环氧丙烷的测定 气相色谱 - 质谱法
TR	卷烟 主流烟气中主要芳香胺（1- 氨基萘、2- 氨基萘、3- 氨基联苯和 4- 氨基联苯）的测定 LC-MS/MS 法

表9-4 卷烟侧流烟气有害成分相关分析方法标准

标准号	标准名称
YC/T 185—2004	卷烟 侧流烟气中焦油和烟碱的测定
YC/T 349—2010	卷烟 侧流烟气气相中一氧化碳的测定
YC/T 350—2010	卷烟 侧流烟气中氰化氢的测定 连续流动法
YC/T 378—2010	卷烟 侧流烟气中羰基化合物的测定 高效液相色谱法
GB/T 27525—2011	卷烟 侧流烟气中苯并［a］芘的测定 气相色谱 - 质谱联用法
YQ/T 12—2012	卷烟 侧流烟气中主要酚类化合物［对苯二酚，间苯二酚，邻苯二酚，苯酚，（对、间）- 甲酚和邻 - 甲酚］的测定 高效液相色谱法
YQ/T 18—2012	卷烟 侧流烟气中氮氧化物的测定 化学发光法
GB/T 28971—2012	卷烟 侧流烟气中烟草特有 *N*- 亚硝胺的测定 气相色谱 - 热能分析仪法
YQ/T 30—2013	卷烟 侧流烟气中挥发性有机化合物（1,3- 丁二烯、异戊二烯、丙烯腈、苯、甲苯）的测定 气相色谱 - 质谱联用法
TR	卷烟 侧流烟气中烟草特有 *N*- 亚硝胺的测定 高效液相色谱 - 串联质谱联用法

表9-5　卷烟有害成分其他相关分析方法标准

标准号	标准名称
GB/T 21131—2007	环境烟草烟气　可吸入悬浮颗粒物的估测　用紫外吸收法和荧光法测定粒相物
GB/T 21133—2007	环境烟草烟气　可吸入悬浮颗粒物的估测　茄呢醇法
YC/T 465—2013	雪茄烟　总粒相物中烟碱的测定 气相色谱法
YC/T 466—2013	雪茄烟　主流烟气中一氧化碳的测定　非散射红外法
YC/T 154—2001	卷烟　滤嘴中烟碱的测定　气相色谱法
YQ/T 28—2013	卷烟　滤嘴中主要酚类化合物截留量的测定 高效液相色谱法
YQ/T 48—2014	卷烟　滤嘴苯并［a］芘截留效率的测定 气质联用法
TR	卷烟　滤嘴中烟草特有 *N*- 亚硝胺、氰化氢、氨、挥发性羰基化合物截留量的测定
TR	深度抽吸模式下超细卷烟主流烟气中焦油量、烟碱、一氧化碳的测定
TR	深度抽吸模式下卷烟烟气主要有害成分分析方法及共同实验研究

（二）卷烟烟气毒理学评价研究

卷烟危害性评价问题是一个极其复杂的科学命题，涉及医学、毒理学、流行病学和烟草科学等多门学科，研究难度很大。近年来，卷烟烟气毒理学评价在卷烟危害性评价中受到越来越多的关注。国内关于卷烟烟气毒理学评价的系统研究始于2000年，近年来取得了快速发展。

毒理学是从医学角度研究化学物质对生物机体的损害作用及其作用机理的科学。毒理学评价遵循分阶段试验的原则，目前采用的安全性毒理学评价程序一般分为 4 个阶段：第一阶段包括急性毒性试验和局部毒性试验；第二阶段包括重复剂量毒性试验、遗传毒性试验和发育毒性试验；第三阶段包括亚慢性毒性试验、生殖毒性试验和毒物动力学试验；第四阶段包括慢性毒性试验和致癌试验。目前，烟草行业已经开展了烟气冷凝物暴露、全烟气暴露的烟气毒性评价研究，并通过承担多项国家层面项目，已将环境毒理学、食品毒理学评价与烟草、烟气毒理学评价进行了有机结合。

1. 烟气总粒相物暴露的烟气毒理学评价

烟气冷凝物暴露的烟气毒理学评价是科研人员最早关注的烟气毒理学研究领域。2000年，郑州烟草研究院牵头承担的国家经济贸易委员会技术创新项目“降低卷烟烟气中有害成分的技术研究”[7]，首次在国内进行了烟气冷凝物的毒理学相关研究工作，通过与解放军军事医学科学研究院的合作，进行了卷烟烟气样品的生物学评价工作，包括急性中毒实验、生殖毒性实验、免疫功能实验、致突变性试验等。

2005年云南烟草科学研究院牵头，与中国科学院昆明动物研究所共同承担的云南省烟草公司科研项目“卷烟烟气安全性评价的生物学方法研究及国内外名优卷烟烟气安全性比较研究”[22]，建立了评价卷烟烟气的3个重要生物学活性（卷烟烟气急性毒性、遗传毒性和细胞毒性）的实验方法。该项目将生物学评价和有害化学成分的分析相结合，建立和完善了一套卷烟安全性评价方法和体系。

2011年，云南烟草科学研究院、解放军军事医学科学院、上海烟草集团公司、郑州烟草研究院等单位联合起草了3项中国烟草总公司企业标准:《烟草及烟草制品 烟气安全性生物学评价 第1部分：中性红细胞毒性法》（YQ 2—2011）、《烟草及烟草制品 烟气安全性生物学评价 第2部分：细菌回复突变试验（Ames试验）》（YQ 3—2011）、《烟草及烟草制品 烟气安全性生物学评价 第3部分：体外微核试验》（YQ 4—2011），用于指导和规范卷烟烟气总粒相物的体外毒理学评价。

2. 全烟气暴露的烟气毒理学评价

卷烟烟气是由粒相和气相共同组成的。随着卷烟烟气毒理学研究的进展，人们已认识到烟气粒相物暴露不能完全反映烟气暴露的实际状况，全烟气暴露的烟气毒理学评价才能够真正反映烟气的实际毒性状况。因此，从2009年起，国内烟草行业在全烟气暴露毒理学研究方面也开展了一些研究工作。

2009—2010年，郑州烟草研究院先后开展了“基于全烟气暴露的卷烟烟气体外细胞毒性评价方法研究”和“全烟气染毒方式下有害成分添加的实验装置和方法研究”项目，分析了影响卷烟烟气总粒相物细胞毒性测试的因素，首次建立了卷烟全烟气暴露的实验体系；建立了基于全烟气暴露染毒方式的体外细胞毒性评价方法[23]；搭建了在烟气基质下添加有害成分的实验装置以及粒相成分溶液的雾化和添加到烟气的装置，建立了研究烟气有害成分在全烟气基质下的体外染毒的剂量反应关系的相关测试方法，并采用CO和B［a］P开展了烟气基质下的体外毒性剂量-反应关系的检测[24]。

2010年，云南烟草科学研究院开展了“烟气直接暴露方法在烟用添加剂安全性生物学评价中的应用”项目[25]，研制出“细菌/细胞全烟气直接暴露仪”，能够与直线型吸烟机相连接，实现了基于卷烟全烟气暴露的3项体外毒理学评价（Ames试验、中性红细胞毒性试验和体外微核试验），且针对不同的烟气暴露方式建立了相应的烟气暴露量表征方法，即气液接触式暴露—分光光度法、气液界面接触式暴露—稀释倍数换算法。

2011年，郑州烟草研究院牵头承担了国家局标准预研项目“卷烟 全烟气暴露的体外毒理学测试方法”，采用德国VITROCELL吸烟机与暴露系统搭建了基于气-液界面的卷烟全烟气暴露实验平台，并基于该平台优化了全烟气暴露的实验条件，建立了基于全烟气暴露方式的卷烟主流烟气3项体外毒理学测试方法，包括全烟气暴露的细胞毒性测试，Ames试验和体外微核测试方法。与烟气冷凝物染毒实验相比，该方法具有以下优点：①较全面真实地反映卷烟烟气（包括粒相部分和气相部分）的生物学效应；②抽吸产生的新鲜烟气可直接、实时暴露，避免烟气陈化和提取溶剂等因素的影响；③烟气暴露时间更符合吸烟者的实际吸烟情况[26-31]。

总之，全烟气暴露方式为开展吸烟与健康相关的生物学实验研究提供了更加真实的烟气暴露技术手段，已成为国际上烟气毒理学研究的热点。同时，烟草行业建立的全烟气暴露体外毒理学测试方法也可以为环境空气污染物的毒理学评价提供新的技术手段。

3. 烟气毒理学与环境、食品毒理学研究的结合

卷烟烟气对人体的健康影响并不是烟气单一作用结果的影响，烟气毒理学研究必须与环境、食品毒理学研究相结合才能够得到全面的评价结果。通过承担一些国家层面的毒理学研究项目，我国烟草行业逐步实现了环境和食品毒理学与烟气毒理学评价的有机结合。

2010年，郑州烟草研究院承担了国家自然科学基金项目“卷烟主流烟气和侧流烟气中颗粒物的尺度、化学组成与生物毒性研究”，利用吸烟机与电子低压撞击器（ELPI）组成的系统以及NanoMoudi-IITM 125A采样器对卷烟烟气进行颗粒物的尺度分析和分级收集。采用电感耦合等离子体质谱（ICP-MS）、高效液相色谱—串联质谱（HPLC-MS/MS）以及气相色谱—质谱联用技术（GC-MS）研究了卷烟烟气中不同尺度颗粒物载带的重金属元素（铬、砷、镉、铅）、烟草特有N-亚硝胺和多环芳烃等的分布规律。结果表明，卷烟主流烟气颗粒物的空气动力学直径在0.021~1.956μm范围内，不同粒径颗粒的粒子浓度为10^5~10^9数量级；粒径＜0.1μm和0.1~2.0μm两组颗粒物的粒子数目相当，总颗粒物的质量主要来自0.1~2.0μm的颗粒[32]。化学成分释放量随烟气颗粒物粒径增加，总体呈现先增加后减少的趋势[33]。不同粒径颗粒物的细胞毒性呈现出随颗粒粒径增大而降低的趋势。粒径＞1 μm的烟气颗粒物的致突变性显著低于粒径10nm~1μm颗粒的致突变性。小粒径组颗粒诱发微核率显著高于大粒径组颗粒诱发的微核率。烟气颗粒物染毒阻碍了细胞周期进程，导致G0/G1期细胞的积累，以及S期和G2/M期细胞比率的降低，且随着颗粒粒径的减小，细胞凋亡率明显增加[34, 35]。

2012年，郑州烟草研究院、浙江大学和暨南大学共同承担了国家科技支撑计划课题“食品中热反应伴生危害物毒理学检测及风险评估关键技术研究”，以食品热加工和烟草燃烧过程中产生的丙烯酰胺（AA）、晚期糖基化终末产物（AGEs）、杂环胺（HAAs）、烟草特有亚硝胺（TSNAs）等高风险危害物为研究对象，从危害物的定量分析方法、毒理学快速评估模型、生物标志物检测方法和安全风险综合评估方面入手，开展了AA、AGEs、HAAs 和TSNAs的快速毒理学检测和风险评估的关键技术研究，取得了一系列成果。①采用HPLC-MS/MS、GC-MS、酶联免疫等先进分析技术，研究确定适合的前处理方法，建立了油炸薯类、油炸方便面和卷烟烟气中热反应主要伴生危害物（AA、AGEs、HAAs和TSNAs）高灵敏、高通量的分析方法体系；依据该分析方法体系，制定了3项中国烟草总公司标准，提交了1项国家卫生标准建议草案；针对中国市场代表性

的油炸薯类制品、油炸方便面、卷烟产品等开展了普查分析，构建了食品热反应主要伴生危害物数据库。②采用高通量的细胞实验技术，建立了食品热反应主要伴生危害物体外毒理学评估模型，实现了AA、AGEs、HAAs和TSNAs免疫、遗传、生殖和发育毒性的快速评估；采用Luminex悬浮芯片技术建立了危害物的免疫毒性快速评价模型，对20种免疫相关细胞因子进行了同步检测，既避免了整体动物实验成本高、耗量大、周期长的缺点，又弥补了常规体外试验检测指标过少不能全面反映免疫系统复杂效应的不足；将流式细胞技术与γH2AX的DNA断裂和细胞微核分析相结合，实现了食品热反应主要伴生危害物遗传毒性的快速评价，显著提高了实验效率与分析结果的准确性；首次选用R2C细胞株，以孕酮分泌水平为评价指标，建立了食品热反应主要伴生危害物的生殖毒性快速评估模型；选用D3和3T3细胞株，以心肌特异性基因β-MHC表达量作为指标，建立了胚胎干细胞体外发育毒性模型。③建立了尿液中AA、HAAs和TSNAs生物标志物灵敏度高、重复性好的高通量分析方法，开展了人群实验研究，获得了油炸薯类、油炸方便面及卷烟烟气AA、HAAs和TSNAs的暴露评定数据。④基于国际通行的风险评估框架程序，参考权威数据库数据，结合本课题研究获得的毒性评价结果、暴露评定数据以及量化风险度表征结果（非致癌风险、致癌风险和暴露范围），对食品热反应主要伴生危害物AA、AGEs、HAAs和TSNAs进行了综合风险评估。结果表明，油炸薯类和油炸方便面中的AA，卷烟烟气中的AαC、NNN和NNK具有一定健康风险，应予以关注。该课题所建立的快速毒理学检测和风险评估的关键技术，为食品热反应主要伴生危害物的日常监控及毒理学快速评价提供了技术手段，获得的食品热反应主要伴生危害物数据库为科学的食品安全风险评估提供了可靠的数据支撑。

（三）卷烟烟气生物标志物评价研究

随着分子生物学理论和技术的迅速发展，生物标志物研究作为一个崭新的领域逐渐引起了国内外预防医学界的共同关注。生物标志物被称为环境医学发展到分子水平的重要里程碑，在分子流行病学、分子毒理学、环境医学、卷烟毒理学评价等诸多领域中均具有极其重要的价值。

目前，用于卷烟烟气暴露评估的方法主要有吸烟机分析测试法和烟气生物标志物法等。吸烟机采用标准化的抽吸条件，与吸烟者实际抽吸行为可能存在一定差异，评估结果会受到质疑。ISO/TC126/WG9工作组2006年会议的结论中也提出“使用吸烟机测试所获取的烟气释放量数据可作为对产品危害评估的参量，但他们不能用于人类暴露量和风险的评估”。而生物标志物方法则是通过测定人体体液中有害成分暴露生物标志物的含量，对暴露量进行评估的，可更真实、直接地反映有害成分的暴露情况及个人的代谢差异，被认为具有较高的可信度。WHO烟草管制研究小组（TobReg）报告（945）

“烟草制品管制的科学基础”中明确提出，生物标志物能够成为管制者评价烟草降低风险的有用工具。FDA于2016年发布的新型烟草制品评估上市前申请中也指出必须提供基于生物标志物的人体暴露数据。由此可见，生物标志物法已逐渐成为暴露评价和疾病风险评价的重要手段。美国国家抗癌学会提出，烟气生物标志物可以作为：①某种烟气成分或代谢物的直接、间接检测方法，理论上可提供烟气感受的定量评估；②“烟气成分及其代谢物与靶组织或其他组织大分子作用的检测方法”，即DNA或蛋白质加合物检测；③一种损伤或潜在伤害的检测方法，即“侵害结果检测”，包括早期的生物效应、形态、结构或功能变化、与伤害一致的临床症状等；④健康状态的直接检测方法[36]。

生物标志物一般可以分为暴露、效应及易感性生物标志物。烟气生物标志物研究以暴露生物标志物研究为主，其次为效应生物标志物，易感性生物标志物研究较少。国内烟气生物标志物研究起步较晚，在2005年以前主要有烟草行业外医学机构开展的少量暴露生物标志物研究，之后烟草行业逐步开展了暴露生物标志物和效应生物标志物的相关研究，已经形成了较好的评价方法体系和研究平台。

1. 国内早期烟气暴露生物标志物研究

国内烟气暴露生物标志物研究始于20世纪80年代，最初是在高校或研究机构中进行的，研究内容主要集中在烟碱生物标志物可替宁[37-40]，吸烟者血清中HCN生物标志物硫氰酸盐[41-43]的研究及硫氰酸盐、可替宁在吸烟状况方面的鉴别[44-46]等。

中国医学科学院肿瘤研究所罗贤懋等采用巴比妥酸法对289名男性吸烟者和167人非吸烟者尿液中烟碱的代谢产物可替宁进行了分析，该方法简便、迅速，成本低廉，能正确区别吸烟者和非吸烟者，可用于监测人群吸烟及烟碱摄入量[37]。天津市劳动卫生职业研究所刘黛莉等建立了尿液中烟碱、可替宁的气相色谱—氮磷检测器监测方法，并初步应用于烟草从业人员生物监测和中学生吸烟情况调查中[38]。北京红十字朝阳医院呼吸病研究中心的庞宝森等开展了吸烟患者尿液中一氧化氮与烟碱代谢产物—可替宁含量的相关性研究，以北京地区60名健康男性不吸烟者（不吸烟组）及192名男性吸烟者为研究对象，按照吸烟支数分为3组，用硫代巴比妥酸法测定了尿液中的可替宁含量，用分光比色法测定NO含量；研究结果表明，吸烟者的吸烟支数与尿液中可替宁含量有良好的正相关性，与NO含量有良好的负相关性；尿液中可替宁含量与NO也是良好的负相关性，该研究结果提示吸烟量越大，时间越长，机体内NO含量越少，可能对血管内皮细胞的损伤越严重[39]。随后，一些研究机构开展了一些流行病学研究，考察了烟草烟雾对健康的影响[47，48]。兰州大学李向东等以1031名4~6岁的儿童及236名孕产妇作为调查对象，通过调查问卷、检测被动吸烟的孕妇体内生物标志物（唾液中硫氰酸盐，孕妇静脉血、尿及脐带血可替宁）等，研究了被动吸烟对孕妇及胎儿健康的影响。结果表明，被动吸烟可引起生物标志物含量的增加，且与被动吸烟量呈正相关，静脉血、尿、脐带血中的可替宁含量可作为孕妇被动吸烟的体内生物标志物[47]。

2. 烟草行业烟气暴露生物标志物研究及分析方法体系建立

国内烟草行业中，郑州烟草研究院最先开展了烟气生物标志物分析研究工作，先后开展了烟碱、挥发性有机化合物、多环芳烃、烟草特有亚硝胺、芳香胺、杂环胺类化合物生物标志物的分析研究。国家烟草质量监督检验中心、上海烟草集团有限责任公司、红云红河烟草（集团）有限责任公司等也开展了部分生物标志物的分析方法研究工作。

2005年，郑州烟草研究院范忠等开展了尿液中烟碱及其9种代谢物（可替宁、反3′-羟基可替宁、降可替宁、烟碱糖苷、可替宁糖苷、可替宁氮氧化物、降烟碱、烟碱氮氧化物）的分析方法研究[49-51]，建立了同时测定吸烟者尿液中烟碱及其9种代谢物的ESI-LC-MS/MS及ESI-快速液相色谱-MS/MS的两种分析方法，样品前处理简单，仅需离心和过滤，检测限为0.1~4.2ng/mL，快速液相色谱法分离时间则更短。结果表明：被动吸烟者尿液中各烟碱代谢物含量低于吸烟者，吸烟者尿中烟碱及其9种代谢物的含量存在较大差异。

2006年，杨雪等开展了吸烟者尿液中丙烯醛、巴豆醛、苯、1,3-丁二烯巯基尿酸代谢物的分析方法，并对丙烯醛、巴豆醛的代谢动力学进行了研究[52-54]，建立了同时分析尿液中1,3-丁二烯、苯、丙烯醛、巴豆醛的5种巯基尿酸类代谢产物的HPLC-MS/MS分析方法，样品采用Isolute ENV+固相萃取柱进行净化，以Agilent C18液相色谱柱为分离柱，采用多反应监测负离子模式进行检测，采用建立的分析方法对吸烟者和非吸烟者尿液中的5种巯基尿酸类代谢产物进行了测定。

2008年，熊巍等开展了限制性吸烟人群尿液中丙烯腈代谢物——巯基尿酸的研究[55, 56]。该研究建立了尿液中丙烯腈代谢物*N*-乙酰基-*S*-（2-腈基乙基）-L-半胱氨酸（CEMA）和*N*-乙酰基-*S*-（2-羟基乙基）-L-半胱氨酸（HEMA）同时分析的LC-MS/MS方法，样品可直接稀释进样，或是采用柱转换技术，纯化与分析过程可以在线进行。

2009年，陈玉松等开展了吸烟者尿液中多环芳烃类生物标志物——羟基多环芳烃的分析方法研究，共建立了3种HPLC-MS/MS方法和1种GC-MS分析方法[57-59]。采用HPLC-MS/MS方法时，样品经酶解后，采用常规固相萃取、分子印迹固相萃取或是搅拌棒固相萃取对样品进行净化，然后进行检测。分子印迹固相萃取方法对目标化合物的洗脱能力较强，样本基质效应明显降低，整个分析过程耗时较短，适于高通量样本处理。

2010—2013年，郑州烟草研究院在前期多个有害成分生物标志物分析方法研究的基础上，承担了总公司科研项目“卷烟烟气多生物标志物检测研究”和标准预研项目“烟气暴露生物标志物分析方法研究”，建立了卷烟烟气中有害成分暴露生物标志物的分析方法体系，涵盖了烟碱、多环芳烃，烟草特有亚硝胺、丙烯醛、巴豆醛、苯、1,3-丁二烯、丙烯腈、丙烯酰胺、芳香胺等多个有害成分的30多种生物标志物[57, 58, 60-62]。该分析方法体系包括：①尿样直接稀释，过滤后采用LC-MS/MS进行检测的人体尿样中10种烟碱生物标志物的分析方法，且该方法操作简便、快速，可实现高通量检测；②尿样经阴离子交换固相萃取净化后，10种巯基尿酸类生物标志物可同时分析的LC-MS/MS方法，该方法处理简便，可实现多种挥发性有机化合物（1,3-丁二烯，丙烯腈，苯），挥发性羰基化合物（丙烯醛，巴豆醛），丙烯酰胺的巯基尿酸类生物标志物和HCN代谢物的同时分析，分析效率较高；③人体尿样中4种芳香胺的生物标志物的分子印迹固相萃取净化—LC-MS/MS检测分析方法，该方法摒弃了传统的衍生化检测方法，处理简单，灵敏度高，实现了3-氨基联苯和4-氨基联苯在液相色谱柱上的良好分离；④人体尿样中4种TSNAs的分子印迹固相萃取—LC-MS/MS检测方法，该方法处理快速，样品净化效果好，检测灵敏度高，回收率高，实现了NNAL和其他TSNAs的生物标志物的同时检测；⑤人体尿样中10种多环芳烃生物标志物的分子印迹固相萃取—LC-MS/MS检测分析方法，该方法前处理方便，样品净化效果好，能优化羟基菲异构体的分离，可实现多种多环芳烃生物标志物的同时分析，提高了分析效率。已经开展了志愿者（包括吸烟者和非吸烟者）24h尿液中多个生物标志物的分析检测。这是国内首次人体尿样中的卷烟烟气生物标志物的系统检测工作，为研究评估吸烟者对卷烟烟气的暴露水平提供了重要的参考依据。

2012年，谢剑平等在国家科技支撑计划课题“热反应伴生危害物毒理学检测及评估关键技术研究”的资助下，开展了烟草特有亚硝胺、丙烯酰胺（AA）和杂环胺类化合物（HAAs）的生物标志物分析方法研究[63-66]。该课题结合固相萃取技术，建立了尿液中AA生物标志物*N*-乙酰-*S*-（2-氨基甲酰乙基）-L-半胱氨酸（AAMA），AAMA-亚砜，*N*-乙酰-*S*-（2-氨基甲酰-2-乙氧基）-L-半胱氨酸（GAMA）和异GAMA分析的HPLC-MS/MS方法；结合溶剂萃取串联固相萃取技术，建立了人体尿液中主要HAAs生物标志物的HPLC-MS/MS分析方法，并开展了油炸薯类、油炸方便面以及卷烟的暴露评定人群实验研究，比较了暴露人群与非暴露人群的3类食品热反应伴生危害物的差异。

除了郑州烟草研究院之外，国内多家烟草行业研究机构也开展了烟气生物标志物的研究。国家烟草质量监督检验中心先后开展了人体尿液中巯基尿酸类代谢物[67, 68]，NNK生物标志物NNAL[69]，多环芳烃生物标志物的分析方法研究[70]。上海烟草集团有限责任公司开展了烟碱及其代谢物分析[71, 72]，红云红河烟草（集团）有限责任公司开展了尿液中NNK生物标志物NNAL[73, 74]和多环芳烃生物标志物[75]的分析研究。

3. 烟气效应生物标志物研究

国内烟气效应生物标志物的研究相对较少，尚未开展系统的项目研究。

中国疾病预防控制中心营养与食品安全研究所宋雁等通过多项生物标志物研究了吸烟对DNA氧化损伤、脂质过氧化和氧化防御机制的影响[76]，结果表明，吸烟可以引起机体的氧负荷，造成DNA氧化损伤、脂质过氧化和抗氧化酶的改变。第三军医大学军事预防医学院周妮娅等探讨了吸烟对健康成年男性精液质量和精子DNA可能造成的影响[77]，研究结果表明，吸烟者的DNA损伤指标Tail DNA%显著高于不吸烟者，提示吸烟可能损害精子DNA。SCGE技术检测的精子DNA损伤评价指标可作为敏感的生物标志物反映吸烟对男性精子造成的损伤。

郑州烟草研究院赵阁等人建立了人体尿液中氧化应激生物标志物8-羟基脱氧鸟苷、8-羟基鸟苷和8-异构前列腺素F2α的分析方法，采用该方法可较为方便和快速地定量检测出活性氧引起的体内代表性氧化应激生物标志物的变化情况，可用于评估体内氧化损伤和修复程度，研究疾病病理过程[78]。浙江中烟工业有限责任公司储国海等人开发了DNA氧化损伤产物8-羟基脱氧鸟苷的测定评价方法[79]，采用磁珠固定DNA，免疫—化学发光法进行检测，可以用于检测卷烟烟气对DNA的损伤，同时还研究了筛选出的中草药在卷烟烟气对DNA损伤方面的保护作用。他们还建立了尿液中肺癌特征代谢产物指纹图谱的检测方法[80]，采用气相色谱质谱联用技术检测了肺癌患者和健康对照者的尿液样本的代谢图谱，结合支持向量机的生物学方法，分别建立了吸烟者肺癌代谢产物指纹图谱和非吸烟者肺癌代谢产物指纹图谱。该方法操作简便，适合于大规模应用。郑州烟草研究院刘兴余等综述了基因芯片在卷烟危害性评价中的应用[81]，基因芯片可以从全基因组转录水平分析卷烟烟气对基因表达的影响，并可借助差异表达基因通过卷烟烟气导致的差异（氧化应激反应类、异源物代谢类、炎症/免疫反应类、基质降解类等）寻求生物标志物。郑州烟草研究院杨必成等综述了蛋白质组学技术在吸烟与健康研究中的应用[82]，提出蛋白组学可以用于筛选特定的蛋白质作为卷烟烟气危害性评价的生物标志物。

（四）烟草制品量化风险评估（卷烟危害性评价指标体系）

吸烟有害健康已成为共识。世界卫生组织（WHO）以及世界各国政府都在采取各种措施减少烟草制品的生产和消费。但吸烟作为一种个人的消费嗜好，很难在短期内完全消失，即使在禁烟政策最严格的美国，成人吸烟率依然维持在20%左右，目前世界上约有13亿人仍在消费卷烟。为了降低这一部分消费者可能会遭受的健康风险，建立科学的烟草制品量化风险评价方法并引导低危害烟草制品的研发和生产是非常必要的。

对于卷烟烟气危害性的评价，最早的量化评价指标是烟气焦油，但随着烟草化学研究的深入，其合理性受到了质疑。主要原因是烟气焦油是一种非常复杂的混合物，而其中有害成分含量甚微，焦油量的变化不能真实反映有害成分释放量的变化。

近年来，卷烟烟气有害成分和毒理学评价在卷烟危害性评价中受到了越来越多的关注，有害成分分析成本较低，定量准确，比较适合于产品的管制和评价，毒理学分析可以比较全面地反映卷烟烟气的危害性，但操作成本较高，定量稳定性较差。为了全面、客观地评价卷烟烟气危害性，就必须将有害成分分析与烟气毒理学分析相互结合起来，建立科学、易于操作与推广的卷烟危害性评价方法。这就势必要借助风险度评定这一新兴的危害性评价方法。

2006年国家局下达了“卷烟危害性指标体系研究”项目[83]，由中国烟草总公司郑州烟草研究院、军事医学科学院二所、云南烟草科学研究院、国家烟草质量监督检验中心、长沙卷烟厂、重庆烟草工业公司、红塔烟草（集团）有限公司、武汉烟草（集团）有限公司、常德卷烟厂、兰州大学共同承担。项目从卷烟主流烟气有害成分释放量与毒理学指标入手，研究了烟气基质下的有害成分与毒理学指标之间的相关关系，采用烟气在基质条件下得到的实验数据，避免了以往研究使用有害成分纯物质毒理学数据不能真实反映卷烟烟气基质下毒理学数据的情况，创新性地解决了以往卷烟危害性评价指标是基于数据库中纯品数据得到，数据来源众多，差异较大，缺乏实验验证等问题。项目研究并确定了卷烟主流烟气代表性有害成分，建立了卷烟主流烟气危害性指标评价体系[84]。项目取得了以下研究成果：①对中国市场具有代表性的163种国内外卷烟产品主流烟气29种有害成分释放量和4项毒理学指标进行了分析研究，首次系统掌握了中国市场卷烟产品有害成分释放量和毒理学指标的分布状况以及国内外卷烟之间的差异；②采用多种数理统计方法研究了有害成分与毒理学指标之间的相关关系，建立了有害成分与毒理学指标之间量化数学模型，确定了卷烟主流烟气代表性有害成分；③提出了卷烟主流烟气危害性定量评价方法，首次设立了卷烟产品危害性评价指标；④依据研究结果，首次建立了卷烟主流烟气危害性指标评价体系。该体系包括：①卷烟主流烟气7项代表性有害成分：一氧化碳、氢氰酸、4-（甲基亚硝胺基）-1-（3-吡啶基）-1-丁酮（NNK）、氨、苯并［a］芘、苯酚、巴豆醛；②卷烟危害性定量评价指数及其计算方法；③卷烟产品危害性评价指标；④卷烟危害性评价参比卷烟；⑤采用2007、2008年度卷烟样品对危害性指标评价体系进行了验证，系统掌握了国内外卷烟在危害性上的差异及原因，明确了国产卷烟在卷烟危害性方面的比较优势。该项目成果获得2010年度国家科技进步二等奖及2009年度中国烟草总公司科技进步一等奖。

根据“卷烟危害性指标体系研究”项目的研究结果，国家局制定了烟草行业开展减害降焦工作的指导性文件（《国家烟草专卖局关于进一步推进卷烟减害降焦工作的意见》），制定了《卷烟减害技术》重大专项工作方案，提出了行业减害降焦工作的近期目标和远期目标，这对进一步促进烟草行业减害降焦战略性课题的实施，推进卷烟减害降焦工作的深入开展具有重大意义。

第三节

卷烟焦油、有害成分影响因素和形成机理

烟气是不断变化的极其复杂的化学体系，是各类烟草制品在抽吸过程中不完全燃烧形成的。抽吸期间，在燃烧着的卷烟或其他制品中的烟草暴露于从常温至高达约950℃的温度下和变化着的氧浓度环境中，这就致使烟草中数以千计的化学成分或裂解或直接转移进入到烟气中，这些成分分布于烟气气溶胶的气相和粒相之中，可形成由数千种化学物质组成的复杂的化学体系——烟气。卷烟烟气中有害成分的产生受到多种影响因素的影响，例如烟叶原料、烟丝配方结构、辅助材料等，各种不同前体成分生成有害成分的形成机理也有着非常大的差异。从2000年以来，特别是卷烟减害技术重大专项实施以来，我国烟草行业针对卷烟焦油以及多种有害成分的影响因素和形成机理开展了大量的研究工作，为研发各种卷烟减害技术、完善卷烟减害技术体系提供了坚实的理论基础。

（一）卷烟焦油、有害成分影响因素

1. 烟叶原料和卷烟配方

2008年，郑州烟草研究院完成的国家局科研项目“卷烟配方设计对主流烟气7种有害成分的影响规律研究”[85]，首次系统研究了烟叶原料、“三丝”掺兑量对卷烟烟气焦油、烟碱以及7种成分的影响规律，获得了烟叶产地、类型以及部位对上述成分的影响规律以及国内不同产地烤烟烟叶有害成分释放量的特点；获得了“三丝”掺兑量对卷烟物理指标以及主流烟气上述成分单支释放量、单口烟气释放量、单位质量烟丝释放量、单位焦油释放量的单因素影响规律；建立了基于卷烟“三丝”掺兑量的上述有害成分释放量预测模型，并根据统计学原理中交叉验证标准差最小的原则筛选出最优预测模型，外部验证结果表明预测模型的预测效果良好。项目研究成果在行业具有广泛的适用性，为卷烟企业通过配方设计降低卷烟烟气7种成分释放量提供了重要的参考依据。

2009—2011年，云南烟草科学研究院先后开展了“品牌导向的云南主要烟叶原料七项烟气成分释放量研究”和“云南主要烟叶原料七项烟气成分释放量研究”项目[86, 87]，掌握了我国主要烟叶产区烤烟的9项烟气指标释放量状况，采用单位烟草质量释放量和单位焦油释放量指标，系统研究了产地、品种、部位、土壤、烘烤方式、肥料等因素对初烤烟叶9项烟气指标及危害性综合指数的影响，掌握了我国主要烟叶产区烤烟的差异，明确了烟叶产地、部位、品种是主要影响因素，为卷烟工业企业选择烟叶原料降低烟气7种成分释放量提供了重要参考。首次系统全面地获得了云南省初烤烟叶主要烟气成分释放

量及危害性综合指数的地理分布特点，绘制了曲面趋势图，为烟叶种植区域规划和新原料基地建设提供了科学依据；首次采用不同烟气成分释放量烟叶的组合，实现了卷烟烟气7种成分释放量的选择性降低，并在两个规格卷烟中得到了良好验证，为选择性减害技术提供了科学依据；建立了基于烟叶化学成分或常规烟气指标的烟气有害成分预测模型，对初烤烟叶、复烤烟叶、成品卷烟进行了预测，效果较好。

2013年，河南中烟工业有限责任公司承担的“选择性降低氰化氢和氨的配方技术研究及应用”[88]，以选择性降低卷烟烟气中氰化氢和氨等有害成分释放量为目标，系统考察了烟叶原料、三丝掺兑、辅材设计等因素对减害效果及“黄金叶”品牌卷烟感官风格特征的综合影响，开展了烟叶选择性萃取应用研究，最终形成了兼顾减害性能与感官质量卷烟风格特征的配方和集成应用技术。

针对卷烟配方中非常重要的叶丝，为更加全面地了解和掌握国内外不同产地、不同部位烤烟烟叶有害成分释放水平及差异，郑州烟草研究院等多家单位共同完成的“原辅材料降低卷烟危害性指数规律研究”项目[89]，系统研究了我国烤烟有害成分释放量，全面掌握了各植烟省、市、县烤烟有害成分释放量的产地特点，并阐明了不同部位烤烟有害成分释放规律；详细对比研究了津巴布韦等5个主要烤烟进口国烟叶，明晰了各自特点及其与国产烤烟的差异；开发了烤烟有害成分释放量的地理信息系统，涵盖数据量大，查询方式多样，操作界面友好。该项研究首次系统、全面掌握了国内外不同产地、不同部位烤烟有害成分释放量，为基于降焦减害的卷烟叶组配方调控和烟叶选购奠定了坚实技术基础。

2. 卷烟辅助材料

2007年，郑州烟草研究院完成的国家局科研项目“卷烟辅助材料参数对主流烟气HOFFMANN分析物的影响研究”[90]，系统研究了卷烟辅助材料参数对烤烟型卷烟和混合型卷烟焦油、烟碱以及7种成分的影响，首次获得了卷烟纸克重、成型纸透气度、接装纸透气度和滤棒吸阻对卷烟烟气上述成分的影响规律；建立了基于5种卷烟辅助材料参数的9种有害成分释放量预测模型，外部验证结果表明，有害成分平均预测相对偏差在4.0%~12.6%，这说明模型预测效果良好，具有较广泛的适用性；依据所建立的预测模型，获得了5种卷烟辅助材料参数变化导致有害成分释放量变化及选择性降低（相对于焦油释放量）的定量结果，为卷烟企业应用不同的辅材参数设计组合开发低危害卷烟产品提供了技术支撑。项目研究成果为卷烟企业应用不同的辅材参数设计组合开发低危害卷烟产品提供了技术支撑，对控制卷烟产品的9种主要Hoffmann分析物释放量具有重要意义。

2010年，湖南中烟工业有限责任公司开展了“卷烟烟气有害成分在滤嘴中的截留分布规律和机理研究”项目[91]。建立了烟碱、酚类、多环芳烃、烟草特有亚硝胺、HCN、氨和羰基化合物等19种烟气成分的滤嘴过滤效率分析方法，系统研究了8种不同滤嘴对上述成分的过滤效率，并考察了在ISO和HCI抽吸模式下2种普通醋纤滤嘴对上述成分的过滤效率；自主开发了激光立体切割滤嘴的方法，开展了19种烟气成分在滤嘴中的截留分布规律研究，获得了其在不同抽吸模式、不同滤嘴中截留的空间分布特征，发现了烟气中苯酚、氨、巴豆醛等成分在滤嘴中的截留规律；根据流体力学基本原理模拟计算了普通醋纤滤嘴对烟气气溶胶的截留规律，建立了滤嘴截留烟气粒子模型，推算出了烟气气溶胶粒径，依此计算了滤嘴粒相物截留效率；建立了滤嘴截留烟气粒相物的计算流体力学模型，通过烟气流经滤嘴的速度、压力、湍动能等参数的流场分析，推算了普通醋纤滤嘴烟碱过滤效率和滤嘴截留烟碱的空间分布。

在上述研究的带动下，烟草行业多家企业积极开展了自身产品的原料、配方及辅材设计对烟气有害成分释放量的影响研究[92-94]，如2008年红塔烟草（集团）有限责任公司开展了“卷烟辅助材料设计参数对危害性指标的影响研究”、2008年安徽中烟工业有限责任公司开展了“降低‘都宝’卷烟七种成分关键技术研究及应用”、2009年福建中烟工业有限责任公司开展了“‘七匹狼’卷烟主流烟气7种成分释放量影响因素研究”。同时，上海烟草集团有限责任公司、广西中烟工业有限责任公司、甘肃烟草工业有限责任公司等与郑州烟草研究院合作开展相关研究，通过进一步的研究，明确了不同品牌的原料、配方辅及材设计对烟气有害成分释放量的影响规律，凝练出了品牌专有的降焦减害技术，推动了行业降焦减害工作的进程。

2016年，针对以往辅材研究中存在的有研究但囿于局部、研究结论不一致和研究盲点等问题，进一步完善辅材的影响研究，郑州烟草研究院等多家单位共同完成的“原辅材料降低卷烟危害性指数规律研究”项目[89]，细化并完善了卷烟纸（助燃剂阴阳离子种类、用量、麻浆比例）、丝束规格、烟支燃烧长度与滤嘴长度、接装纸（激光预打孔、在线打孔、自然透气）及打孔孔径等参数对有害成分释放量的影响研究，实现了涵盖三纸一棒各个参数的辅材降焦减害技术的全线贯通。

3. 烟草农业

1992—1993年，浙江农业大学、建始雪茄烟厂分别实施了“天然富硒卷烟的研究和硒宝牌卷烟开发”和“天然富硒卷烟——‘珍硒’牌卷烟的研究与开发”项目[95, 96]，研究结果表明富硒烟叶可降低焦油和B［a］P释放量。烟叶含硒量与焦油释放量负相关，当烟叶含硒量增大3.7倍后，焦油可降低21%。采用天然富硒烟叶制备的卷烟，比同级低硒卷烟焦油可降低20%，B［a］P降低了23%。

2002年，云南省烟草科学研究所承担的科研项目“降低白肋烟烟草特有亚硝胺含量的技术研究”[97]，主要取得以下成果：①获得了降低白肋烟TSNAs含量的内生细菌，经大田应用表明，以灌根方式处理可降低白肋烟TSNAs含量51.0%，以叶面喷洒方式处理可降低白肋烟TSNAs含量82.3%，且处理后不影响白肋烟烟叶的常规化学成分及烟叶感官质量，可达到优级白肋烟标准；②筛选出了低TSNAs含量的白肋烟品种TN86，白肋烟栽培时，氮肥配比为50%硝态氮和50%氨态氮的烟叶TSNAs含量较低，施用微肥亚硒酸钠可有效降低白肋烟TSNAs含量；③简易式晾房比住房式晾房晾制的白肋烟TSNAs含量更低。综合应用上述技术措施，白肋烟TSNAs含量平均降低42%，烟叶化学成分较协调，杂气减少、余味变好，尤其在香气质、香气量及浓度方面有明显的改进，总体烟叶吸味品质有较大的提高。

2008年，湖北省烟草公司恩施州分公司开展了“卷烟品牌导向的‘清江源’特色优质烟叶生产体系研究”项目[98]，首次明确了“清江源”优质烟叶的“富硒低害”特色，开展了气候、土壤等生态因子对“清江源”烟叶特色、风格特征形成机理和富硒烟叶减害机理研究，自主育成了20128、鹤峰大5号特色新品种（系），为“清江源”特色优质烟叶的开发提供了品种支撑。同时，开发了基于Google地理信息系统平台的烟叶质量、烟区气候、土壤养分数据库，建立了以卷烟品牌原料需求为导向的烟叶生产体系，实现了国内重点骨干卷烟品牌“黄鹤楼”“芙蓉王”“利群”“都宝”等与“清江源”烟叶品牌的有效对接。2013年，湖北省烟草科研所的黎妍妍等[99]研究表明，以天然富硒白肋烟为原料的卷烟可降低烟气中苯并［a］芘、TSNAs、氨等的释放量，以天然富硒烤烟为原料的卷烟可降低卷烟烟气中B［a］P、HCN、巴豆醛的释放量。

4. 卷烟加工工艺

2008年，川渝中烟工业有限责任公司开展了“卷烟加工重点工序工艺参数与卷烟烟气中七种成分及焦油释放量的关系研究”项目[100]，考察了微波松散、松散回潮、切叶丝、叶丝干燥4个重点工序工艺参数对烟气焦油和7种成分释放量的影响，得到了卷烟危害性评价指数较低的优化工艺参数组合，经工业验证调整了原工艺参数，生产出了卷烟危害性评价指数相对较低的卷烟产品。为进一步完善卷烟加工工艺的影响，2014年郑州烟草研究院承担了国家局科研项目“加工工艺降低卷烟危害性指数规律研究”[101]，考察了卷烟加工中松散回潮、切丝、滚筒干燥、气流干燥、风选、卷制等重点工序不同加工条件对烟气有害成分释放量的影响，结合对卷烟燃烧状态的分析，探索了卷烟加工工序对卷烟有害成分释放量的影响机制。

（二）卷烟焦油、有害成分形成机理

2009年，卷烟减害技术重大专项实施以来，我国烟草行业针对卷烟烟气代表性有害成分的形成机理开展了多项研究工作，为完善卷烟减害技术体系、研发各种卷烟减害技术提供了相应的理论基础。

1. 氰化氢

2009年，郑州烟草研究院承担的国家局科研项目“卷烟烟气中氨和氢氰酸形成机理研究”[102]，研制了一种采用基于红外炉加热的卷烟裂解模拟装置，建立了卷烟裂解生成氰化氢的评价方法，该方法得到的测试结果与卷烟烟气中氰化氢释放量具有良好的相关性。采用该方法，对烟丝中主要前体成分进行研究，确定了重要前体成分对氰化氢裂解量的贡献率。结果表明：氰化氢的重要前体成分为蛋白质、脯氨酸和天冬酰胺，贡献率分别为73.3%~84.5%、1.6%~5.0%和1.4%~5.8%。研究了裂解温度、升温速率、含氧量和载气流量等因素对蛋白质、脯氨酸、天冬酰胺裂解和氰化氢的影响。结果表明，富氧、低速升温、300℃的裂解条件下，前体成分裂解生成氰化氢的量较低。采用在线裂解质谱联用、热重分析、热重红外联用等技术对氨和氰化氢的形成机理进行了研究和推断，并采用同位素标记的铵盐、脯氨酸和天冬酰胺进行了验证。结果表明：脯氨酸主要通过脱羧反应和碳键断裂生成HCN；天冬酰胺主要通过分子内脱水形成亚胺，然后再进一步分解生成HCN；蛋白质主要通过肽键断裂形成氨基氮、酰胺氮、亚胺氮等含氮中间体，然后进一步裂解生成HCN。

山东中烟工业有限责任公司的郑宏伟等[103]研究了天冬氨酸在不同温度下的热裂解行为。结果表明，天门冬氨酸裂解产物中主要包括胺和酰胺类、酮类、酸类、氮杂环类等物质，其中含量较高的物质是2，5-吡咯二酮。随着裂解温度的升高，裂解越来越复杂，会产生一些具有毒性的氰化氢、腈类和亚硝胺类化合物。

2. 氨

根据郑州烟草研究院承担的“卷烟烟气中氨和氢氰酸形成机理研究”[102]项目的研究结果，卷烟烟气中氨的重要前体成分为蛋白质、天冬酰胺、铵盐和脯氨酸，贡献率分别为38.8%~71.4%、15.2%~35.8%、3.9%~24.0%和3.5%~13.5%。裂解温度、含氧量和升温速率对氨的裂解生成均有明显的影响，载气流量的影响较小。在缺氧、快速升温、400~500℃的裂解条件下，前体成分裂解生成氨的量较低。蛋白质和天冬酰胺主要通过脱氨反应生成氨，铵盐直接分解生成氨。

3. 苯酚

2009年，郑州烟草研究院承担的国家局科研项目“卷烟烟气中主要酚类化合物形成机理研究”[104]，在烟丝基质条件下，对主要酚类化合物的前体成分进行了评价研究。结果表明，卷烟主流烟气中苯酚主要的前体成分为蛋白质、纤维素、葡萄糖和绿原酸，贡献率范围分别为32.8%~52.4%、14.5%~29.0%、8.5%~16.6%和7.0%~15.1%。裂解温度对前体成分的苯酚裂解量有明显影响，随温度升高苯酚裂解量有明显增加趋势，产生苯酚的峰值温度分别为：蛋白质900℃，纤维素600℃，葡萄糖800℃，绿原酸600℃；随升温速率增加蛋白质和纤维素苯酚裂解量有增加趋势，而葡萄糖和绿原酸随升温速率增加，苯酚裂解量逐渐下降；随着裂解气氛含氧量增加，前体成分苯酚裂解量均有一定程度的降低。机理研究结果表明：蛋白质中酪氨酸单元碳碳键断裂形成苯酚；

纤维素和葡萄糖经过葡萄糖单元多次脱水、芳香化形成苯酚；绿原酸中奎宁酸单元进行脱水、脱羧形成苯酚，咖啡酸单元脱烷基、羟基形成苯酚。

红塔烟草（集团）有限责任公司的卢岚等[105]研究了绿原酸在不同氛围下的热解行为，结果表明，除在300℃有氧条件下，裂解产物中苯酚的含量仅次于乙酸外，其他温度下苯酚的含量均为最高。为研究苯酚在各温度段的含量分布规律，将绿原酸的主失重区间（180~610℃）按每隔100℃划分为5个温度段，检测热重逸出气体中的苯酚。结果表明，苯酚的生成量在350~450℃时达最大值。此外，杨新周等[106]研究了芸香苷的热裂解行为，结果表明，随着裂解温度的升高，出现苯酚、儿茶酚、对苯二酚等有害物质。根据密度泛函理论方法，结合主要裂解产物及其相对含量，可推导出芸香苷可能发生的裂解机理。

2015年，上海烟草集团完成的“卷烟滤嘴吸附材料评价体系构建与应用”项目[107]，建立了卷烟滤嘴吸附材料综合评价体系，并指导卷烟滤嘴吸附材料的筛选和改性开发。体系以表面吸附性能评价为理论指导，以逐口吸附规律分析评价为效果验证并指导实施，以烟气全成分为感官品质进行评价补充，由GC-IGC、IMR-MS、ATD-GC/MS、MDGC/MS构成。体系提高了吸附材料筛选的科学性和针对性，对卷烟滤嘴吸附材料的筛选和改性开发具有重要的理论指导意义。

2018年，湖南中烟工业有限责任公司完成的“苯酚和巴豆醛在滤嘴中的截留机理和烟气流体力学模型研究”项目[108]，系统研究了苯酚和巴豆醛在不同滤嘴中的过滤效率和截留分布特征，掌握了滤嘴增塑剂种类、添加量变化以及通风稀释对苯酚、巴豆醛过滤效率和截留分布模式的影响规律；发现了烟气苯酚在进入滤嘴时部分以气相形式存在，提出了烟气中苯酚的滤嘴截留机理，气相苯酚可被醋纤滤嘴选择性吸附，粒相苯酚依据气溶胶截留机理，证实了烟气苯酚存在粒相，气相相变转移，部分粒相苯酚在经过滤嘴时被转换为气相，继而被选择性吸附；证实了烟气进入滤嘴时90%以上巴豆醛存在于气相，提出了烟气中巴豆醛的滤嘴截留机理，部分气相巴豆醛冷凝于纤维表面通过物理吸附截留，部分气相巴豆醛冷凝于烟气颗粒并被纤维截留，高温烟气对滤嘴中巴豆醛具有洗脱作用；基于多孔介质理论，建立了烟气的滤嘴流动CFD模型，获得了烟气在滤嘴中的流场分布；对粒相烟碱和气相粒相苯酚在滤嘴中的过滤进行了模拟，获得了苯酚和烟碱在滤嘴中的截留分布云图；建立了烟气在沟槽滤嘴内流动的CFD模型，探讨了沟槽滤嘴参数变化对沟槽流出烟气占比的影响。

4. 苯并［a］芘

2010年，云南烟草科学研究院承担的国家局科研项目“卷烟烟气中苯并［a］芘形成机理研究”[109]，在烟草化学组分中选择了9类（45种）化合物作为研究对象，建立了烟草化学成分与苯并［a］芘的量效关系，掌握了容易形成苯并［a］芘的烟草化学组分以及对苯并［a］芘形成有抑制作用的化学组分。运用热裂解、热重—红外—气质联机和红外镜面反射炉方法，研究了代表了性烟草化学成分的热分解行为，证实了上述化合物的热裂解均能形成多环芳烃，并获得了目标化合物热解产物的半定量信息，为苯并［a］芘形成途径和中间体提供了重要依据。综合量效关系、计算化学和热裂解研究结果，归纳提出了苯并［a］芘形成的一般规律；提出了甾醇和多酚类化合物形成苯并［a］芘的可能形成机理，找到了形成苯并［a］芘过程中可能的中间体。

云南烟草科学研究院的赵伟等[110]研究了胆固醇、豆甾醇、β-谷甾醇、麦角甾醇和菜油甾醇的热裂解产生多环芳烃及其热失重行为，同时将胆固醇、豆甾醇、β-谷甾醇和麦角甾醇添加到卷烟中以验证甾醇添加量与多环芳烃释放量的关系。

5. 挥发性羰基化合物

安徽中烟工业有限责任公司的袁龙等[111]研究了温度、氮气流量和氧气浓度3个因素对不同类型烟草热裂解形成羰基化合物的影响。结果表明，温度是烤烟、香料烟和白肋烟裂解产生挥发性羰基化合物的明显影响因素。安徽中烟工业有限责任公司的舒俊生等[112]研究了热解温度、氮气流量和氧气浓度对丙三醇和丙二醇裂解生成的8种挥发性羰基化合物的影响。结果表明：氮气流量是丙三醇和丙二醇裂解生成甲醛的主要影响因素，除丙二醇裂解生成丙烯醛和巴豆醛外，其他7种挥发性羰基化合物的主要影响因素均是裂解温度；相同条件下丙三醇的甲醛、丙烯醛和巴豆醛产生量显著高于丙二醇。

郑州烟草研究院的曹德坡等[113]为了考察裂解条件对甲醛、乙醛、丙酮、丙烯醛、丙醛、巴豆醛、2-丁酮和丁醛8种挥发性羰基化合物释放量的影响，分析了烤烟型和混合型卷烟配方烟丝在不同裂解条件下产生的挥发性羰基化合物。结果表明，随着裂解气氛中O_2含量的升高，除2-丁酮和丁醛外，其余6种羰基化合物的释放量均增加且随着裂解载气流量的增大，甲醛的释放量显著增加，而其余7种羰基化合物的释放量变化较小；随着升温速率的提高，甲醛和丙醛的释放量明显增加，乙醛、丙酮、丙烯醛的释放量也有不同程度的增加，而巴豆醛、2-丁酮和丁醛的释放量基本未受影响；在400~500℃，各挥发性羰基化合物的释放量最大，且相同温度下烤烟型卷烟烟丝的甲醛释放量显著高于混合型卷烟烟丝。

第四节
卷烟降焦减害技术研究

我国高度关注烟草制品的危害性管制。《中华人民共和国烟草专卖法》明确规定：国家加强对烟草专卖品的科学研究和技术开发，提高烟草制品的质量，降低焦油和其他有害成分的含量。除此之外还采取了很多有效措施，包括制定配套的检测方法标准、限量要求等。1985年第一版《卷烟》国家标准于1986年颁布实施，首次将卷烟焦油量划分为高、中、低3个档次。1996年第二版《卷烟》国家标准1997年颁布实施，首次将焦油量指标纳入产品质量考核范围。2000年以前，卷烟焦油是最为关注的卷烟危害性指标，烟草行业的卷烟降焦减害工作主要是围绕降低卷烟焦油量进行。卷烟焦油量取决于烟丝组分、烟支燃烧物质数量、燃烧条件及过滤、稀释等，这些因素涉及从烟叶生产、产品设计到卷烟生产的各个环节。我国降焦工作主要以产品开发为核心，综合应用了低焦油烟叶原料开发、卷烟配方结构调整、三纸一棒辅材技术应用等多种技术手段进行综合降焦[114-123]。在此期间，滤嘴卷烟比例大幅度提高，降焦技术和措施在摸索实践中得到应用，逐步建成了覆盖全国的烟草产品监督检测机构网络，为有效监控卷烟产品焦油量水平提供了条件。全国卷烟产品焦油量水平从1983年的27.3mg/支下降到2000年的16.1mg/支。

2000年以后，我国在继续关注和控制卷烟焦油的基础上，更加注重烟气中各种有害成分的降低。特别是2005年“卷烟危害性指标体系研究”项目[83]提出控制卷烟危害性指数以及2009年国家局启动卷烟减害技术重大专项以来，我国烟草行业在降低卷烟焦油和烟气7种代表性有害成分方面取得了非常大的进展。其中，值得关注的是郑州烟草研究院等多家单位共同完成的“原辅材料降低卷烟危害性指数规律研究”项目[94]，在系统全面掌握国内外烤烟有害成分释放量的产地特点、揭示烟叶部位和辅助材料参数对有害成分影响规律的基础上，借助各种权威数据库，全面收集20世纪60年代以来国内外降焦减害论文、专利、成果，通过系统梳理、甄别，按照研究结论相互印证性、现实应用情况和应用潜力3项原则，筛选出涵盖农业、配方、辅材、工艺、选择性减害添加剂等系列关键技术，从技术类别与有害成分适用降低技术两个维度，构建了系统、全面、完整的中式卷烟降焦减害技术体系。该研究成果为中式卷烟配方减害、辅助材料减害和各种降焦减害技术选择与集成奠定了坚实基础。

（一）原料调控技术

烟叶原料是卷烟烟气有害成分释放量的物质基础，通过调节烟叶产地、部位、品种等可降低烟气有害成分释放量。

1. 调整烟叶产地

郑州烟草研究院等完成的“原辅材料降低卷烟危害性指数规律研究”项目[89]，通过对2013年全国19个省份403个烤烟样品的分析，结果表明，产地对焦油和有害成分均有影响（表9-6）。不同产地释放量变异系数大反映出产地影响程度大，据此判断，产地对NNK影响程度最大，然后为氨、HCN和苯酚等3种成分，产地对焦油和B［a］P、巴豆醛、CO有影响但程度较小。因此，通过烟叶产地的调控可主要实现烟气中NNK、氨、HCN和苯酚释放量的降低。

表9-6　国产烤烟烟气焦油、*H*和7种成分释放量及变异系数

统计项	焦油 /（mg/g）	*H* /g^{-1}	CO /（mg/g）	HCN /（μg/g）	NNK /（ng/g）	氨 /（μg/g）	B［a］P /（ng/g）	苯酚 /（μg/g）	巴豆醛 /（μg/g）
均值	23.1	16.9	20.9	142.1	6.4	15.0	25.4	37.2	35.3
变异系数	10.8%	13.4%	12.1%	24.2%	40.0%	30.5%	14.0%	20.2%	13.5%

2. 调整烟叶部位

根据“原辅材料降低卷烟危害性指数规律研究”的研究结果[89]，不同部位烟叶的焦油、*H*和7种成分释放量呈现规律性差异。对全国32个烤烟主产县烟叶的分析结果（表9-7）表明，焦油、危害性指数和CO、HCN、NNK、氨、B［a］P、苯酚等6种成分释放量的排序均为B2F>C3F>X2F，巴豆醛释放量则为X2F>C3F>B2F。烟叶部位对氨、苯酚、NNK等3种成分释放量影响显著，对焦油、危害性指数和HCN、巴豆醛、B［a］P、CO等4种成分释放量有一定影响。因此，通过烟叶部位的调控可实现烟气中NNK、氨和苯酚释放量的降低。

表9-7　不同部位烟叶烟气焦油、*H*和7种成分释放量及变异系数

烟叶等级	焦油 /（mg/g）	*H* /g^{-1}	CO /（mg/g）	HCN /（μg/g）	NNK /（ng/g）	氨 /（μg/g）	B［a］P /（ng/g）	苯酚 /（μg/g）	巴豆醛 /（μg/g）
B2F	26.2	19.8	21.6	162.3	8.7	20.9	27.8	47.7	32.3
C3F	23.4	17.1	21.0	142.2	6.8	15.3	25.5	37.9	35.1
X2F	20.8	15.8	20.1	138.3	6.3	12.8	23.8	31.0	37.3
变异系数	13.1%	13.2%	8.3%	13.8%	22.5%	29.3%	11.0%	24.2%	11.1%

3. 调整烟叶品种

根据郑州烟草研究院完成的“卷烟配方设计对主流烟气7种有害成分的影响规律研究”的研究结果[85]，不同品种烟叶烟气焦油、*H*、7种成分释放量存在一定差异，尤其对氨释放量影响较为显著，如表9-8所示。因此，优化配方中不同品种烟叶的用量比例，可实现卷烟烟气中氨释放量的降低。

表9-8　　不同品种烟叶烟气焦油、*H*、7种成分释放量及变异系数

烟叶品种	焦油/(mg/g)	*H*/g^{-1}	CO/(mg/g)	HCN/(μg/g)	NNK/(ng/g)	氨/(μg/g)	B[a]P/(ng/g)	苯酚/(μg/g)	巴豆醛/(μg/g)
K326	29.3	16.8	23.8	200.0	4.5	17.7	23.3	35.0	29.3
红大品种	30.9	19.5	25.8	270.1	3.4	27.3	24.2	39.1	29.0
云87品种	29.2	17.6	25.2	226.3	3.9	20.8	23.7	35.1	28.9
变异系数	3.2%	7.5%	4.0%	15.3%	13.9%	22.4%	1.9%	6.5%	0.8%

4. 原料处理技术

根据项目“天然富硒卷烟——‘珍硒’牌卷烟的研究与开发”的研究结果[96]，富硒烟叶可降低焦油和B［a］P的释放量。烟叶含硒量与焦油释放量负相关，当烟叶含硒量增大3.7倍后，焦油可降低21%。采用天然富硒烟叶制备的卷烟，比同级低硒卷烟焦油降低20%，B［a］P降低23%。

2015年云南中烟工业有限责任公司完成的“卷烟主流烟气中苯并［a］芘的降低技术及应用研究”项目[124]，基于卷烟主流烟气苯并［a］芘的形成机理，形成了正己烷萃取-甘油修复形态的去除前体物降低苯并［a］芘释放量技术，解决了萃取后烟丝的造碎问题，保证了烟丝的在线卷制，主流烟气中苯并［a］芘释放量可选择性降低20%。

2016年上海烟草集团等完成的“降低国产白肋烟、马里兰烟TSNAs含量关键技术研究”项目[125]，从生化调控、栽培和调制技术等方面，研发出用于农业生产过程中降低白肋烟、马里兰烟TSNAs含量关键技术，形成了基于温度控制、真空包装、维生素C、纳米材料等降低白肋烟贮藏过程中TSNAs含量技术，烟叶TSNAs、NNK含量降低50%以上；获得了降烟碱转化率低的马里兰烟品种改良五峰1号LC品系，烟叶TSNAs和NNN含量较对照降低60%以上。

2017年中国农业科学院烟草研究所等完成的“低危害烟叶研究开发”[126]项目，明确了高钾、较低的总植物碱和较高的纤维素是低焦油释放量烟叶的重要特征，建立了东北低焦油烟叶密植多叶、控氮增钾、生理调控3项关键栽培技术及参数，形成了富晒烟叶生产技术；建立了土壤酸碱度调整、离子吸附、整合、拮抗、生理抑制、复合措施等6项烟草重金属镉消减关键技术。

（二）配方降低技术

配方降低技术主要包括掺兑膨胀梗丝、再造烟叶、膨胀叶丝，以及开发功能性再造烟叶、盘磨法制梗丝等技术。

根据郑州烟草研究院完成的“卷烟配方设计对主流烟气7种有害成分的影响规律研究”的研究结果[85]，增大膨胀梗丝掺兑比例，可降低焦油、HCN、NNK、氨、B［a]P、苯酚释放量；增大再造烟叶掺兑比例，可降低焦油、HCN、氨、B［a]P、苯酚释放量；增大膨胀叶丝掺兑比例，可降低焦油、CO、氨、B［a］P、苯酚释放量。

湖南中烟工业有限责任公司承担的国家局科研项目“盘磨法梗丝选择性降低卷烟烟气中一氧化碳的研究”[127]，针对目前普遍采用的膨胀梗丝降焦效果好而降低一氧化碳的作用不明显、影响卷烟烟气平衡的现状，采用磨梗分丝技术处理烟梗并制备盘磨梗丝，可改变卷烟燃烧状态和气体扩散状态。与普通膨胀梗丝相比，选择性降低卷烟CO释放效果显著，添加量为10%时，CO选择性降低11.6%。同时，具有较低的CO/焦油比，目前至项目结题时已在“白沙（精品）”中试生产得到应用，产量达到7000箱（1箱=50000支，下同）。

同时，在降焦减害再造烟叶技术研究方面，开发了一系列功能性再造烟叶，可降低CO、HCN、NNK、苯酚和巴豆醛释放量。2007年，红云红河烟草（集团）公司完成了“国产造纸法烟草薄片在降焦减害及产品设计中的应用研究”项目[128]，研究了造纸法再造烟叶的原料配方与生产工艺，完善了再造烟叶的生产技术体系，确保了造纸法再造烟叶产品良好的可用性与品质稳定性；通过集成利用物理结构强度调整、功能添加剂的筛选应用等技术手段，有效提升了产品的加工性能，改善了产品的加工使用效果；考察了造纸法再造烟叶对卷烟产品降焦减害的作用效果，结果表明，再造烟叶在降低焦油、烟碱方面具有明显的作用。项目实验研究与生产实践也证明，综合利用再造烟叶配方使用与其他卷烟设计手段，在有效保持卷烟抽吸质量的同时，能够实现烟气烟碱、焦油分别降低10%的目标，且应用后卷烟品质稳定。2009年，湖北中烟工业有限责任公司开展了“低巴豆醛释放量的功能性造纸法再造烟叶开发与应用”项目[129]，集成采用萃取液复合酶处理技术、烟梗和外纤绒毛化制浆新工艺和减害材料添加技术，开发出了低巴豆醛释放量的功能性再造烟叶产品；与原再造烟叶相比，卷烟主流烟气中巴豆醛释放量降低了26%。

（三）辅材降低技术

卷烟纸、成形纸、接装纸和滤棒等卷烟辅助材料作为卷烟产品的重要组成部分，通过调节卷烟燃烧、烟气稀释和过滤等影响卷烟烟气的形成与释放，一直是卷烟降焦减害的重要突破方向。

1. 卷烟纸

根据郑州烟草研究院完成的“原辅材料降低卷烟危害性指数规律研究”[89]和“卷烟辅助材料参数对主流烟气Hoffmann分析物的影响研究”[90]的研究结果，通过卷烟纸参数的优化调整，可实现焦油和有害成分的降低。具体降低技术是：①增大卷烟纸助燃剂用量，可降低焦油、CO、HCN、NNK、氨、巴豆醛释放量；②增大卷烟纸透气度，可降低焦油、CO、HCN、氨、B[a]P、苯酚释放量；③增大卷烟纸克重，可降低苯酚释放量。

2001—2003年，云南瑞升科技有限公司先后开展了“JR系列功能卷烟纸”和“功能卷烟纸的研究开发”项目研究[130，131]，开发了具有特定功能的材料和卷烟纸助剂，在改善卷烟抽吸品质的同时，实现了烟气焦油、CO等的降低。2008年，红云红河烟草（集团）有限责任公司开展了“添加剂在卷烟纸中的应用研究”项目[132]，在卷烟纸中添加HY-7型助剂可降低焦油和CO。

2013年，湖南中烟工业有限责任公司开展了“燃烧过程中卷烟纸实时致孔降CO技术及其应用研究”项目[133]，利用卷烟纸热裂解致孔（实时致孔）技术与气体扩散理论，通过卷烟纸配方和工艺的调整与优化研究，在不改变卷烟纸透气度和定量的条件下，在卷烟燃烧过程中实时增加了炭化线附近卷烟纸的微孔数目并减小微孔孔径，进而增强了CO等从主流烟气向侧流烟气中的扩散，实现了CO和HCN的降低。

2. 滤嘴（含成形纸和接装纸）

卷烟滤嘴作为抽烟者与主流烟气之间的桥梁，是卷烟的重要组成部分，可以有效截留烟气焦油和部分有害成分，因而得到了高度重视与长期应用。随着社会对吸烟与健康问题的日益关注和降焦减害要求的不断提高，世界各国对卷烟滤棒的研究开发不断深入，在滤材开发及改进、滤棒参数优化、滤棒结构变化等方面开展了大量研究，取得了很大进展，有效降低了卷烟烟气焦油以及有害成分的释放量，滤嘴设计已成为卷烟降焦减害的重要手段之一。

（1）传统滤材改性和新型滤材开发

20世纪80年代，在醋纤供应紧张的情况下，有较多研究集中在滤材上，主要有丙纤丝束改性提高对烟气的吸附能力，如降低丙纤丝束单旦[134]、加工时产生多孔[135]以及加入功能性添加剂[136，137]等。之后，开始对纸质滤材进行功能化[138-140]，出现了添加醋纤的CAP纸；此外也出现了黏胶基活性炭纤维、聚乳酸等新型滤材[141-143]。

2000年，江阴市滤嘴材料厂开展了“PP-5AY（聚丙烯超低旦降焦型）烟用过滤丝束”项目[134]，开发了聚丙烯超低旦丝束，在保证丝束成棒后圆周、吸阻等指标达到相关标准的情况下，降低单旦后丝束总根数达12000根，进而加大了过滤面积，具有明显的降焦效果。

云南瑞升科技有限公司完成的“具有显著降害功能的系列滤嘴用新型材料的开发”项目[138]，将改性醋纤与新纤维纸基过滤材料进行集成，焦油降低19.8%，苯酚降低35.5%，苯并芘降低27.4%，氨降低45.2%，NNK降低44.2%。

2009年，南通烟滤嘴有限责任公司完成的“新型天然复合材料滤棒（CAPF）的研究”项目[139]，在国内率先在木浆材料中混合掺兑醋酸纤维制造新型纸质滤材，在平衡发挥纸质滤材和醋纤滤材各自优势的基础上，开发了新型复合滤材及其复合滤棒（CAPF）。与普通醋纤滤棒相比，CAPF滤棒卷烟焦油量降低2.0~5.3mg/支，降焦效率提高15%~41%；CAPF滤棒对NH_3和B［a］P降幅超过10%，NNK降幅超过20%；卷烟感官质量有一定提高。

2010年，湖南中烟工业有限责任公司开展了“自然透气接装纸通风的纸质复合滤嘴研究”项目[140]，首次采用极性改性的方法制备了纸质滤材，形成了完整的国产工艺链，显著改善了纸质滤材卷烟的感官质量，有效解决了纸质滤材应用的技术瓶颈。

南京师范大学开展了“改性ACF卷烟复合滤嘴”项目[141]，以黏胶基活性炭纤维为基材，负载纳米二氧化钛及铜、钯盐类物质，研制出了新型改性ACF复合功能材料，与醋酸纤维或丙纶纤维按一定比例制成卷烟选择性降害复合过滤嘴，既可以有效降低卷烟烟气中的主要有害成分，又可以保持卷烟固有的香气和吃味。

中国科学院长春应用化学研究所开展的“聚乳酸烟用丝束及过滤嘴棒生产技术”项目[142]，采用聚乳酸纤维制造卷烟滤嘴，利用聚乳酸极性分子结构实现对烟气中有害成分的吸附和清除，同时该滤材可生物降解、成本低，环境污染少。

（2）滤嘴参数设计

根据郑州烟草研究院完成的“原辅材料降低卷烟危害性指数规律研究”[89]和“卷烟辅助材料参数对主流烟气Hoffmann分析物的影响研究”[90]的研究结果，通过滤嘴参数的优化调整，可实现焦油和有害成分的降低。具体降低技术有：①增大滤嘴通风率，可降低焦油、危害性指数和7种成分；②增加接装纸长度，可降低焦油、危害性指数和7种成分；③接装纸透气方式为自然透气，可降低CO、HCN、氨、巴豆醛；④增加滤嘴长度，可降低NNK、苯酚、巴豆醛；⑤增加滤棒吸阻，可降低焦油、CO、HCN、NNK、氨、B［a］P和苯酚；⑥增大滤棒三醋酸甘油酯比例，可降低苯酚；⑦采用低单旦丝束，可降低HCN和苯酚。

湖南中烟工业有限责任公司率先在行业开发了自然透气接装纸[140]，依靠造纸过程中纤维间自然形成的微孔开发了自然透气接装纸，工业化生产出了透气度从30~500CU的系列自然透气接装纸。与静电打孔、激光打孔接装纸相比，外观上没有明显的孔洞，具有较高的降低焦油、CO和CO/焦油比值的性能。在此基础上，开发了适用于白沙（精品）双低改造的自然透气接装纸[143]，显著改进了透气度变异和抗张强度，保证了降焦效果的稳定性；研发了甜香类香料新型释放控制技术，补偿了白沙（精品）双低改造后焦甜香损失。

（3）滤嘴结构变化

1989年，为缓解醋纤丝束供需紧张的局面，昆明烟叶复烤二厂最早从英国莫林斯公司引进了纸—醋二元复合滤棒生产设备[144]。这也改变了滤嘴品种的单一性，同时纸质滤嘴在相同压降下对焦油的过滤性能优于醋纤滤嘴，通过纸质滤棒与醋纤滤棒的适当组合有效地降低了卷烟焦油量。之后，为提高滤嘴降焦减害效果，专业人员设计了各种各样的异型结构和复合结构滤嘴。

2002年，南通烟滤嘴实验工厂开展了“特殊结构的沟槽滤棒开发研制”项目[145]，在国内首次开发了由特殊结构的沟槽纯纤维素纸包裹醋纤丝束滤芯制成的沟槽滤棒，滤棒中纯纤维素纸不仅具有与醋纤丝束相似的对烟气粒相物的机械截留作用，而且对焦油的截留率远高于醋纤丝束；同时由于在纯纤维素纸上存在特殊压纹沟槽，扩大了其表面积，改变了卷烟烟气的行走路径，增加了惯性碰撞和扩散沉积，这对烟气产生了更强的过滤效果，从而有效降低了卷烟焦油量。与普通醋纤滤棒卷烟相比，沟槽滤棒试验卷烟的焦油量降低2~3mg/支，烟气烟碱量基本不变，卷烟感官质量保持良好。

湖南中烟工业有限责任公司完成的“自然透气接装纸通风的纸质复合滤嘴研究”项目[140]，系统研究了自然透气接装纸、纸/醋纤复合滤棒以及自然透气接装纸通风的纸/醋纤复合滤棒的减害降焦性能。相比打孔接装纸，自然透气接装纸卷烟具有较低的焦油、CO、CO/焦油比和卷烟危害性指数；相比醋纤滤棒，纸/醋纤复合滤棒卷烟焦油释放量较低；在同等焦油水平时，综合采用自然透气接装纸与纸/醋纤复合滤棒的卷烟均具有较好的感官质量。

（四）添加剂技术

烟草行业围绕降低卷烟主流烟气中焦油和代表性有害成分，研发了系列基于功能材料的降焦减害技术。

1. 烟丝添加剂技术

在卷烟烟丝中添加一定的烟丝添加剂，通过改变燃烧或催化分解作用，能够降低卷烟烟气中有害成分释放量。

早在1987年，武汉卷烟厂完成的“微量元素硒、锌应用于汉宝牌卷烟的研究”项目[146]，选用对人体有益的必需微量元素硒、锌，以水溶液形式将其均匀喷洒到烟丝中，可有效降低烟气中焦油和多环芳烃等有害成分的释放量，其中，焦油降低12%~16%，多环芳烃降低40%左右，有害自由基降低20%左右，且对卷烟感官品质无不良影响，此技术已成功应用于汉宝牌卷烟的生产。同年，华中理工大学完成的“选择性降低烟焦油中有害自由基及3,4-苯并芘的研究”项目[147]，也选择对人体有益的微量元素钼、锌为烟丝添加剂，可选择性降低焦油中有害自由基及3,4-苯并芘，降低率均达到25%以上，且对卷烟感官质量无不良影响。

2001年，湖北省烟草产品质量监督检验站完成的“AXL-天然保健降害卷烟添加剂的研究”项目[148]，运用我国传统中医药理论，研制了天然植物卷烟添加剂AXL，并成功应用于卷烟产品中。其中，烟气中焦油、CO和烟碱量分别降低10%、17%和9%，

NNN和NAB分别降低40%和45%，苯并［a］芘降低20%。感官评吸表明，烟气中的特征气息与烟香具有较好的谐调性。

2003年，常德卷烟厂开展了“具有降低危害、清新口气功效的生物活性剂微胶囊在卷烟中的应用研究”项目[149]，将高活性的天然植物次生代谢产物与多种添加物制备成微胶囊，通过特殊处理对微胶囊表面改性，使其能够与烟草香精溶液形成稳定的胶体溶液，并可在线添加到卷烟烟丝中。与对照卷烟相比，在同等焦油量条件下，烟气气相自由基降低了15.7%，粒相自由基降低16.8%，生物活性剂微胶囊对卷烟吸味无显著影响。

2005年，湖南中烟工业有限责任公司开展了“多功能吸附催化材料的开发及其在卷烟中的应用研究”项目[150]，制备了含金属离子改性的氧化锰分子筛吸附催化材料以及含多功能吸附催化材料的再造烟叶。在烟丝和再造烟叶中添加多功能吸附催化材料后，卷烟烟气的焦油、CO、NO_x、亚硝胺、苯酚类物质有一定程度的下降，卷烟感官质量基本一致。

2010年，福建中烟工业有限责任公司完成的“降低卷烟烟气CO释放量的催化材料研究”项目[151]，开发的过渡金属复合催化材料Mn/Zn/Fe/La/Al被添加到了烟丝或再造烟叶中，主流烟气CO释放量降低38.2%，对焦油具有强的抗毒性，成本低廉。

2. 滤嘴添加剂

滤嘴添加剂通过选择性吸附、催化转化等作用实现了对烟气中有害成分的有效截留或转化。目前研究的用于降低烟气有害成分的滤嘴添加剂主要有：活性炭、植物纤维微孔颗粒、改性NaY型分子筛、烟梗膨化多孔颗粒、动物DNA颗粒、生物制剂等。活性炭类滤嘴添加剂在降低烟气气相组分方面有显著效果，是目前得以应用的最主要的一类滤棒添加剂。

1987年，南通烟滤嘴实验厂开展了“活性炭复合滤嘴”项目[152]，成功研制了活性炭复合滤嘴，该滤嘴无论在撒炭的稳定性、均匀性和复合工艺等方面都能满足批量生产的要求。

2000年，国家烟草专卖局科技司牵头完成的“降低卷烟烟气中有害成分的技术研究”项目[7]，开发了一整套降低卷烟烟气有害成分的实用技术，在利用含纳米贵金属的催化材料、改性Y型分子筛以及神农萃取液选择性降低CO、TSNAs、PAHs、苯系物等有害成分的技术方面取得了突破性成果。主要有以下几方面。①利用CO在常温下催化氧化为CO_2的多相催化原理，在国际上首次研制出了适合于烟草工业应用的含纳米贵金属活性组分的催化材料、助剂和二元催化材料复合滤棒。与对照卷烟相比，低侧流卷烟的CO释放量可降低45.4%，普通卷烟的CO释放量可降低26.9%。②首次研制出了适合于烟草工业应用的改性Y型分子筛及其二元分子筛复合滤棒，应用后的卷烟在保持卷烟感官质量基本不变的情况下，烟气焦油量显著降低，且对烟气中苯系物、多环芳烃、酚类成分和TSNAs等均具有不同程度的过滤效果。③研究了卷烟烟气中自由基的清除技术，确定了用1.5%的SRM溶液加入增塑剂制成醋纤活性炭复合滤嘴，生产了低自由基低焦油5mg中南海卷烟，其烟气气相自由基清除率达到41.2%。

2002年，上海烟草集团有限责任公司北京卷烟厂开展了“应用纳米技术有效降低卷烟烟气中有害物质含量的研究”项目[153]，制备了酸表面修饰的纳米材料，将其分散于三醋酸甘油酯中制作复合滤棒，同时将未改性的纳米材料分散在各种香、料液中并均匀加入到烟丝上，卷烟主流烟气中TSNAs总量选择性降低53.5%，NNK降低52.9%；3种稠环芳烃总量选择性降低率为67.2%，B［a］P降低67.0%；芳香胺类、挥发性羰基化合物、酚类化合物的释放量均有明显降低，卷烟感官质量没有明显变化。

2003年，武汉烟草（集团）有限公司开展了“采用聚硅氧烷网络高分子材料选择降低烟气中的3,4-苯并芘技术研究和应用”项目[154]，成功研制出孔径、极性可调的聚硅氧烷网络高分子材料，以复合滤棒形式应用于卷烟，卷烟主流烟气中3，4-苯并芘释放量降低35%，焦油释放量降低10%，烟气水分和烟碱量基本不变，卷烟感官质量无明显变化。

2004年，川渝中烟工业有限责任公司开展了“降低卷烟烟气中多种有害成分的复合生化制剂研究”项目[155]，研制了复合生化制剂——卟啉类化合物与酮酚类衍生物，选择绿茶为载体，并将其以复合滤棒形式应用于卷烟，以降低卷烟烟气中的有害成分。与对照卷烟相比，卷烟主流烟气中苯并［a］芘降低27.8%，TSNAs总量降低45.9%，气相自由基降低30.6%，固相自由基降低32.6%，芳香胺总量降低24.9%。项目研究成果成功应用到“龙凤呈祥”卷烟中。

2004—2005年，郑州轻工业学院开展了“可降解茶叶纸质滤棒开发研究”和“利用茶质滤嘴降低卷烟烟气有害成分的研究”项目[156, 157]，以茶叶颗粒为主要原料自制茶质滤嘴，与普通的醋纤滤嘴比较，茶质滤嘴可降低卷烟烟气中的TSNAs、自由基、苯并［a］芘等主要有害成分，同时保持卷烟的风格特征。同时，茶质滤嘴具有纯正柔和、清爽自然、不辣不刺、生津回甜的口感。

2005年，红塔烟草（集团）有限责任公司开展了“涂层成型纸滤嘴开发研究”项目[158]，采用活性炭涂层成型纸滤嘴，并结合卷烟配方叶组优化和通风技术，焦油降低20.6%，CO降低30.6%，挥发性羰基化合物降低31.9%。与传统活性炭二元复合滤嘴生产方法相比，活性炭使用量减少了50%以上，与采用普通滤嘴的对照相比，香气方面柔和细腻度明显增加，在刺激性和余味方面可给人更好的感受。

2006年，武汉烟草（集团）有限公司开展了“天然植物活性成分在卷烟减害降焦中的应用研究”项目[159]，以低次茶叶为原料，采用水溶液浸提方法提取出茶叶中的茶多酚、咖啡因及香味成分，通过在线添加工艺将其添加到卷烟滤棒中。与对照卷烟相比，烟气气相自由基可降低20%以上，烟气稠环芳烃和亚硝胺有一定程度的降低，同时还能弥补卷烟减害后其香气、劲头有损失的问题，保持了产品原有的风格特征。

2006年，云南瑞升烟草科技有限公司开展了“具有显著降害功能的系列滤嘴用新型材料的开发”项目[160]，研制了改性醋纤与植物颗粒集成滤棒，卷烟评价结果表明：与在线样相比，卷烟感官质量提高0.6分，苯酚降低27.9%，苯并芘降低20.9%，氨降低41.0%，NNK降低33.2%，焦油降低3.6%。

2006年，重庆烟草工业有限责任公司开展的“低害卷烟研制及减害机理研究”项目[161]，开发了茶叶担载血红蛋白及生物活性物质的减害添加剂，制成了二元复合滤嘴，可同时降低卷烟烟气中PAHs、TSNAs、芳香胺、气相和固相自由基，且成果已应用于卷烟产品中。

2006年，云南烟草科学研究院开展了“高端嘴棒的研制及辅料的优化在卷烟中的应用——中高档卷烟嘴棒及辅料优化技术研究开发”项目[162]，研制了植物活性添加材料，配合辅料优化后开发出高端嘴棒，在两个规格卷烟中进行了验证，其主流烟气有害成分均有不同程度的降低，其中TSNAs最高降低34%，B［a］P最高降低56%，感官评吸显示添加的植物活性材料具有显著的提质作用。

2007年，湖南中烟工业有限责任公司开展了“选择性降低卷烟烟气有害成分功能成形纸滤棒的研究”项目[163]，分别将电气石、碱金属络合物和活性炭3种功能性材料涂敷在成型纸上，制备了具有减害降焦效果的功能性成型纸，研究了含功能性材料成型纸的制备、滤棒成型、滤棒成型纸与接装纸的透气度匹配等工艺技术，成功解决了固体材料的涂料制备、涂敷技术难题，所研发的功能性成型纸滤棒也易于实现工业化生产。与对照卷烟相比，成型纸含电气石材料的试制卷烟烟气焦油量降低13.5%、CO降低15.5%、HCN降低31.7%、苯并［a］芘降低20.7%、巴豆醛降低25.1%，感官质量保持基本一致。

2007年，川渝中烟工业有限责任公司开展了“选择性减害技术研究及产品应用”项目[164]，以商用分子筛为原料，制备了微孔—介孔复合材料。添加复合材料的卷烟烟气中NNK、B［a］P和苯酚释放量分别降低25%、29.1%和34.2%，同时焦油、CO、NH_3和HCN释放量也有一定程度的减少，且对卷烟感官质量无明显影响。

2008年，郑州烟草研究院开展了“新型层状氢氧化物微结构组装体的水相合成、形成机理及应用研究”项目[165]，制备了新型层状氢氧化物微结构组装体，其中，γ-AlOOH四分之三球状和卷心菜状结构对烟气中烟草特有的亚硝胺有一定的吸附作用。

2008—2009年，江西中烟工业有限责任公司先后开展了“金圣本草香降低卷烟烟气有害成分研究及应用评价”和“利用滤嘴添加中草药技术降低‘金圣’卷烟烟气中氢氰酸含量研究”项目[166]，研发出了海螵蛸—金圣香复合减害颗粒，结合二元滤棒和双沟槽技术，可选择性降低卷烟主流烟气HCN释放量23%以上，并成功应用于“金圣（软天成）”产品。

2010年，郑州烟草研究院同步开展了“应用碱性及络合材料选择性降低卷烟烟气中氢氰酸技术研究”“应用亲核功能化材料选择性降低烟气中挥发性羰基化合物技术研究”和“应用氢键功能基多孔材料选择性降低烟气中苯酚技术研究”项目[167-169]，研制了3种选择性高、稳定性好、安全的功能材料。①碱性和过渡金属双功能基聚合物材料对烟气中HCN降低率为70.6%，可通过涂布纸—醋纤和醋纤加料二元复合滤棒两种方式应用，应用后HCN选择性降低率分别为50.0%~62.7%和52.8%~74.7%，且6个月内保持稳定，形成了高效、稳定、适用性强的HCN降低技术，并已应用于卷烟产品中。②富含胺基的聚合物多孔材料对烟气中巴豆醛等挥发性羰基物具有较高的选择性降低效果，以醋纤—醋纤加料二元复合滤棒形式在多个卷烟中的应用表明，材料添加量30mg/支的试验卷烟主流烟气中挥发性羰基化合物总量降低28.3%~43.0%，其中巴豆醛选择性降低29.8%~52.3%，甲醛选择性降低64.6%~74.9%，乙醛选择性降低37.2%~52.4%，而其余6种成分释放量变化较小，卷烟总体感官质量与对照卷烟基本一致，具有广泛的适用性和优良的减害稳定性。③聚甲基丙烯酸缩水甘油酯多孔材料，对烟气中苯酚具有一定的选择性降低效果，以醋纤—醋纤加料二元复合滤棒形式在多个卷烟中应用表明，材料添加量6mg/支的试验卷烟苯酚的选择性降低率达20%以上，感官质量基本保持一致。

2010年，红云红河烟草（集团）有限责任公司开展了“降低HCN和巴豆醛的天然植物多孔材料开发及在云烟低焦高端产品中的应用”项目[170]，利用天然植物自身的微观结构特征和化学性质，针对性地开发了既能降低HCN、巴豆醛释放量，又具有增香功能的多孔葛根颗粒、复合植物颗粒和植物模板多孔材料等滤嘴添加剂，其中多孔葛根颗粒和复合植物颗粒成功应用于云烟低焦高端系列产品，有效降低了卷烟危害性指数，强化了产品风格特征，提升了产品感官品质。制备的多孔葛根颗粒在卷烟焦油量未降低的情况下，主流烟气HCN释放量降低34.1%、巴豆醛释放量降低16.4%，并能改善卷烟品质。

2010年，河南中烟工业有限责任公司开展了“应用活泼亚甲基纤维材料选择性降低卷烟烟气中挥发性醛类化合物的技术研究”项目[171]，开发了含有活泼亚甲基的多孔改性纤维素材料，烟气巴豆醛选择性降低率为24.1%~24.8%，且6个月内保持稳定，形成了高效、稳定、适用性强的巴豆醛降低技术。

2011年，广西中烟工业有限责任公司开展了“生物添加剂降低卷烟烟气中有害成分的研究与应用”项目[172]，制备出由血红素、纳米材料及中草药提取物组成的生物添加剂，用于降低卷烟烟气有害成分。与对照卷烟比较，含生物添加剂的卷烟烟气中焦油降低21.6%，烟碱降低17.8%，CO降低32.9%。应用项目成果，开发出了一系列“真龙”低焦油卷烟产品。

2012年，湖南中烟工业有限责任公司开展了“功能性沟槽滤棒成型纸降低‘芙蓉王’卷烟烟气中苯酚和巴豆醛释放量的研究”项目[173]，研制了对烟气中苯酚和巴豆醛具有较好选择性去除效果的系列功能涂料，涂布于沟槽滤棒成型纸并应用于卷烟。其中，选择性降低烟气苯酚PEG6功能涂料可降低苯酚32%，对焦油和卷烟感官质量没有明显影响，目前该类研究已应用到“芙蓉王（蓝）”的规格卷烟中；选择性降低烟气巴豆醛功能涂料可降低巴豆醛26%，同时，HCN和苯酚分别降低56%和26%，具备卷烟应用条件。

2012年，川渝中烟工业有限责任公司开展了“降低烟气中氨含量的材料筛选、合成及应用”项目[174]，利用碱土金属盐与氨极易形成络合物的特点，制备了多孔载体浸渍碱土金属盐复合材料，以二元复合滤棒形式添加于卷烟中，可实现烟气中气相氨降低20%以上、粒相氨降低10%以上、氨总量降低10%以上，同时使卷烟感官质量变化较小。目前该技术已成功应用于“娇子”品牌多个规格的产品中。

（五）加工工艺降低技术

在卷烟在线加工工艺减害技术研究方面，主要集中在烟叶调制、打叶复烤、醇化、制丝等工艺环节上。上述每个加工环节均可使烟叶经历多次的温湿度循环变化，这对烟叶的物理结构及内在化学成分都产生了巨大的影响，从而也影响其燃烧后的有害物质释放量。因此，如何通过烟叶加工工艺过程的技术改进及工艺参数优化，在保障烟叶或烟丝感官品质的同时，有效降低烟叶或烟丝有害成分释放量已成为烟叶加工工艺研究中的热点和重点。

2007年，红塔烟草（集团）有限责任公司完成的“片烟提质减害陈化技术研究”项目[175]，将筛选出的具有提质、减害作用的生物复合添加剂溶液，在打叶复烤工序中喷加到片烟上，醇化2年后，卷烟烟气焦油、烟碱和CO分别下降10.8%、6.0%和6.1%。

2014年，川渝中烟工业有限责任公司完成的“降低烟气中氨释放量的复烤、醇化及加工技术研究”项目[176]，明确了对烟气氨释放量影响较大的打叶复烤工艺参数，通过适当降低复烤二区温度和二次润叶，将下部烟叶卷烟烟气中NH_3释放量最高降低率达到24.7%。该技术已在四川省会东和会理等复烤厂得到应用。因此，通过控制和优化一润、二润及复烤环节的加工工艺条件，可以有效控制卷烟部分有害物质释放量。

2014年，上海烟草集团有限责任公司完成的“应用生物技术在打叶复烤和卷烟生产中降低TSNAs的研究”项目[177]，筛选出植物源减害剂，可使复烤后烟叶中NNK释放量选择性降低达38%。

2017年，四川中烟工业有限责任公司完成的“不同膨胀工艺对卷烟主流烟气有害成分释放量的影响研究”项目[178]，系统研究了4种烘丝方式（管板式、KLD薄板式、SH94气流式、HDT气流式）和干冰膨胀处理前后的主流烟气7种有害成分释放量的变化；分析了烘丝工艺参数对7种有害成分释放量及H值的影响，建立了一套烘丝膨胀工艺减害参数优化的方法；采用了蒸汽爆破技术对烟丝、梗丝进行了研究，其中蒸汽爆破梗丝可降低卷烟主流烟气中苯酚和氨的释放量；通过对烘丝膨胀工艺进行参数优化，天下秀（红名品）、天下秀（金）、娇子（绿时代阳光）、娇子（时代阳光）和娇子（软阳光）5个产品的危害性指数分别降低了10.0%、7.7%、15.1%、13.0%、6.0%。

（六）香味补偿技术

在降焦减害技术研究的同时，国内也开展了低焦油卷烟的香味补偿技术研究及相关香精的开发，为降焦技术在卷烟中的应用提供了更有利的条件。

2007年，郑州烟草研究院完成的“低焦油卷烟香味补偿技术研究”项目[179]，全面分析了12种国内外代表性低焦油卷烟的物理、化学和感官指标的差异，深入研究了滤嘴长度、滤嘴通风等降焦措施对卷烟主流烟气粒相挥发性、半挥发性成分以及香气量、香气质等11项感官指标的影响，系统评价了30种代表性香料单体在低焦油实验卷烟中的作用；构建了一套低焦油卷烟选择性香味补偿技术，提出了低焦油卷烟选择性香味补偿的原则，确定了低焦油卷烟香味补偿效果的评价指标和方法。构建的低焦油卷烟选择性香味补偿技术经上海、玉溪、常德卷烟厂验证，补偿后的卷烟烟气粒相物中的挥发性、半挥发性成分总量和香气量明显增加。

中德联合研究院完成的“低焦油烟用香精的合成与应用”项目[180]，开发了能有效改善低焦油卷烟香味的新型香精，即在成功地合成了呋喃酮的基础上，用呋喃酮、甲基吡啶为原料经过系列化学合成，制得了相应产物并添加在低焦油卷烟中，鉴定了其增香效果。

（七）综合减害技术

在综合以上卷烟降焦减害技术后，国内烟草行业以卷烟产品开发为核心，形成了行之有效的综合减害技术。

2004年，江苏中烟工业有限责任公司完成的“卷烟降焦减害技术研究和实施”项目[181]，从卷烟生产的每个环节出发，逐个分析各个环节对卷烟焦油量的影响情况，通过技术上的改进，检验不同技术对卷烟焦油的降低效果，最终建立了降焦减害的综合方法体系，并在生产上进行实际验证，使卷烟产品的焦油量有较明显的降低。

2008年，云南烟草科学研究院完成的“高端嘴棒的研制及辅料的优化在卷烟中的应用——中高档卷烟嘴棒及辅料优化技术研究开发”项目[162]，同时剖析了卷烟辅料中卷烟纸、接装纸、成型纸、滤嘴的物理特性以及各自在卷烟中所能发挥的作用效果，研究了多种辅料及其迭加效应对卷烟产品烟气递送量的影响及规律，最终研发出了嘴棒及辅料优化技术并进行了工业验证和产品应用。

2010年，红塔烟草（集团）有限责任公司完成的“选择性降低红塔集团卷烟产品危害性指标化合物的综合技术研究”项目[182]，围绕降低卷烟产品主流烟气危害性指标化合物，系统研究了叶组配方设计、卷烟材料（搭口胶、香精香料、三纸一棒等）对危害性指标化合物的影响，开展了助燃剂、特殊功能滤嘴、减害降焦卷烟纸等技术开发，形成了一套降低卷烟危害性的技术体系。①采用优化的叶组配方技术和辅料技术选择性降低了苯并芘含量，使“红塔山（新势力）”产品主流烟气中3，4-苯并芘释放量水平比2008年检测值选择性降低达到20%。②采用功能性二元复合滤棒技术进行选择性降低巴豆醛、HCN含量，对照样品与2008年国家局普查数据相比，巴豆醛选择性降低43%，HCN选择性降低21%。采用叶组配方优化技术可选择性降低苯酚，使苯酚含量降低了23%。③项目成果分别应用到“红塔山经典100”“红塔山新势力”“红塔山（HTS）”等多个产品中。

2013年，安徽中烟工业有限责任公司完成的“降低‘都宝’卷烟7种成分关键技术研究及应用”项目[93]，研究了混合型卷烟主流烟气中7种成分的主要影响因素和影响规律，系统剖析了烟叶原料、叶组掺配和烟支设计中各种因素对“都宝”卷烟中7种成分释放量的影响规律，提出了该产品危害性评价指数调控系统的解决方案。应用所研发的相关技术，使“都宝”品牌危害性指数从2011年的14.0降低到2012年的9.3。

2014年，福建中烟工业有限责任公司完成的“‘七匹狼’卷烟主流烟气7种成分释放量影响因素研究”项目[94]，系统掌握了原料、三丝配比、辅材和加工工艺对“七匹狼”卷烟主流烟气7种成分释放量、卷烟危害性指数等的影响规律，构建了4种辅材7项参数和3种配方参数单位变化对该品牌卷烟7种成分和危害性指数影响程度的预测模型。构建了综合降焦减害技术体系，为该品牌卷烟降焦减害提供了系统解决方案。项目研究成果成功应用于品牌主导规格产品的改造和低害新产品的开发，卷烟危害性指数从2010年的9.2降至2013年的8.5。

2015年，甘肃烟草工业有限责任公司完成的“基于‘兰州’品牌绵香风格的降焦减害关键技术研究与应用”项目[183]，在系统分析品牌现有原料的基础上，形成了品牌绵香风格降焦减害原料技术体系，优化确定了包括总氮、总糖、危害性指数、内在质量等指标在内的品牌烟叶原料适用性综合模型；考察了滤嘴通风度、滤棒长度、卷烟纸透气度、卷烟纸助燃剂用量等烟用材料多因素、多水平变化对焦油、危害性指数及绵香风格特征的影响规律，优化确定了品牌绵香风格降焦减害烟用材料技术参数；考察了不同工艺参数对卷烟降焦减害的影响规律，优化确定了兰州品牌绵香风格工艺技术参数；形成了绵香风格特征功能香精香料调配技术；构建了品牌卷烟绵香风格降焦减害技术体系。

2018年，上海烟草集团有限责任公司完成的“降低卷烟烟气中TSNAs的综合技术及在‘中南海’品牌的应用研究”项目[184]。①合成了可降低TSNAs的不同晶相纳米羟基氧化铁、镁铝双金属层状氢氧化物以及新型大孔硅胶材料。其中，δ-FeOOH添加于卷烟滤棒，可使主流烟气中NNK释放量选择性降低25.0%；镁铝双金属层状氢氧化物添加于烟丝、卷烟纸及卷烟滤棒，可使主流烟气中NNK释放量分别选择性降低20.2%、9.2%、25.0%；新型大孔硅胶添加于卷烟滤棒，可使主流烟气中NNK、氢氰酸、苯酚、巴豆醛释放量分别选择性降低12.4%、23.4%、33.3%和60.6%。②项目将纳米材料以及生物酶技术应用于再造烟叶生产过程中，开发出了3种可降低TSNAs的功能型再造烟叶，与对照样相比，主流烟气中NNK释放量选择性降低20%以上。③项目应用并优化了白肋烟二氧化碳膨胀工艺，可使白肋烟烟叶中TSNAs含量降低17.3%，主流烟气中一氧化碳、NNK、氨、苯并［a］芘、苯酚、巴豆醛分别降低30%以上。④项目集成应用降低TSNAs技术，开发了焦油量3~8mg的4款混合型卷烟产品，与技术应用前相比，卷烟主流烟气中NNK释放量可选择性降低50%以上，危害性指数降低30%以上。

第五节
卷烟降焦减害工作展望

（一）降焦减害发展走向

卷烟降焦减害在世界范围内大概经历了4个阶段：第一个阶段是20世纪50年代以前，各国对吸烟与健康的认识总体较少，尚不存在降焦减害问题；第二个阶段是20世纪50年代到20世纪末，随着1954年英国皇家医学会、1964年美国医政总署分别发表“吸烟与健康”报告，吸烟与健康问题引起世界范围的广泛关注，各国开始逐步对卷烟焦油量进行控制，由此出现了滤嘴卷烟，并逐步发展出了各种降焦技术；第三个阶段是21世纪初到目前和今后一段时间，各国对卷烟危害性产生的物质基础认识不断加深，认为以往以烟碱、焦油量为主体的评价方法不能真实反映卷烟危害性，人们提出对卷烟有害成分释放量进行控制。如2008年WHO对卷烟烟气有害成分进行优先分级，筛选出了需要优先管制的9种有害成分（NNK、NNN、乙醛、丙烯醛、苯、B［a］P、1,3-丁二烯、CO和甲醛）。各烟草公司研发了多种技术降低烟气有害成分释放量；第四个阶段是将要发展的健康风险控制，即对吸烟者和非吸烟者的健康风险进行同时控制，出现了新型烟草制品。如美国，对于宣称的风险改良烟草制品必须进行全面的健康风险评价，只有通过严格的评估后才能上市销售，但其评估方法尚待发展建立。

纵观卷烟降焦减害的发展历史，可以看到，吸烟与健康问题将始终伴随烟草消费的存在而存在，降低卷烟危害性是卷烟发展中的永恒主题，只是不同阶段需要研究解决的问题不同。目前，WHO以及世界各主要国家管控烟草制品的重点是烟气有害成分和降低烟草制品的整体风险。因此，在今后一段时间内，我国烟草行业应继续坚持降焦减害这一主线，从而持续降低我国卷烟产品的焦油和有害成分释放量。

（二）烟草降焦减害管控措施的新动向

目前，WHO提出了优先管制的卷烟烟气9种有害成分建议名单，并建议对卷烟产品的限量控制应以单位烟碱有害成分释放量为基础。美国食品与药物管理局（FDA）授权美国医学研究院（IOM）制定的“风险改良烟草制品（MRTP）研究的科学标准”，提出了烟草制品健康风险评估的指导性框架。这些管控措施实施之后，将直接影响烟草制品的市场准入和市场监管，同时PMI和BAT已经前瞻性地开展了较大规模的低风险烟草制品（传统卷烟改进产品和新型烟草制品）疾病风险评估研究工作，占领了技术前沿。因此，我国烟草行业需密切关注国际控烟动向，加强系列技术的研究，以免陷于被动。

（三）我国降焦减害研究方向展望

WHO、欧盟、美国的控烟法规，均涉及了卷烟的设计和健康风险评价，实施之后直接影响市场准入和市场监管。我国烟草行业要紧密关注国际控烟动向，加强相关技术研究，为拓展国际市场奠定坚实基础，从而持续提升中国烟草整体竞争实力。

1. 加强国产卷烟单位烟碱有害成分释放量控制技术研究

以WHO提出的9种优先管控成分（NNK、NNN、乙醛、丙烯醛、苯、B[a]P、1,3-丁二烯、CO和甲醛）为目标，我国开展了传统卷烟针对烟碱的选择性降低技术研究，明确了原料、配方、辅助材料、加工工艺与单位烟碱有害成分释放量的相互关系。以市场为导向，结合自身品牌特点，综合应用了针对烟碱的选择性降低技术研究，从原料、配方选择，工艺、辅材调整等多个方面着手，开发出了既能满足管控法规要求又能满足消费者需要的中式卷烟产品。

2. 加强吸烟导致疾病的效应标志物研究

研究吸烟与相关疾病（COPD、心血管疾病、癌症）的关系，探讨吸烟导致疾病的发病机理，筛选特异性的效应标志物，进而确定吸烟导致疾病的效应标志物。研究各种烟气有害成分对相关疾病特异性效应标志物的影响程度，为切实降低吸烟相关疾病风险提供减害目标。以吸烟相关疾病效应标志物为指标，开展临床试验，评价减害产品对吸烟各种相关疾病风险的降低效果。

3. 加强烟草制品风险评估研究

依据普遍认可的风险评估框架，制定科学准确的烟草制品健康风险评估具体程序和方法。研究影响烟草制品消费行为的相关参数，建立质量控制成分和有害成分分析方法，构建系统的化学成分分析评估程序和方法。研究细胞毒性、遗传毒性、细胞凋亡、氧化应激、炎症反应等试验方法，建立吸烟相关疾病体外模型，包括心血管疾病模型、慢性阻塞性肺炎模型以及癌症模型等，建立体外毒理学评估程序和方法。选择合适的动物为实验对象，确定适宜的染毒方式，以吸烟相关疾病（心血管疾病、慢性阻塞性肺炎及癌症）为评价终点，建立适合于不同类型烟草制品（卷烟、加热不燃烧烟草制品、无烟气烟草制品）的体内毒性评价模型和方法，构建出系统的动物实验评估模型和方法。在科学的实验设计指导下，开展临床实验，考察低风险烟草制品消费者体液中主要暴露标志物和效应标志物含量水平，并与传统卷烟消费者进行比较，评价低风险卷烟与传统卷烟患病风险差异，建立系统的临床研究评估程序和方法。

（四）发展低风险烟草制品

目前，WHO、美国和欧盟对烟草制品的管控均为健康风险管控。发展低风险烟草制品已经成为烟草行业的共同选择，主要表现形式是传统卷烟的健康风险降低和新型烟草制品的研发。我国烟草行业应以全面的烟草制品健康风险评估为基础，开发低风险传统卷烟创新产品及电子烟、口含烟、加热不燃烧等低风险新型烟草制品。

1. 发展低风险卷烟产品

在可预见的较长时期，传统卷烟产品仍然是我国乃至全球烟草消费市场的主流，积极开展传统卷烟的改良工作，发展低风险卷烟是一个重要方面。通过卷烟减害技术重大专项的实施，涌现出了一批具有显著效果的卷烟减害技术，如郑州烟草研究院研发的选择性降低HCN及羰基化合物技术，湖南中烟工业有限责任公司研发的选择性降低CO技术等，可有效降低卷烟烟气有害成分释放量，从而降低卷烟产品的健康风险。尽管应用这些技术会造成生产成本有一定程度的提高，但与新型卷烟相比成本仍低很多，更易被市场接受。因此，应鼓励和支持卷烟工业企业采用减害技术对传统卷烟进行改良，发展低风险卷烟产品，并将其作为烟草行业今后一个时期坚定不移的发展方向。

2. 发展低风险新型烟草制品

一般认为，新型烟草制品包括新型卷烟、口含烟和电子烟。现有研究表明，这些产品的有害成分显著降低，健康风险与传统卷烟明显不同，有可能成为未来烟草消费的重要形式。烟草行业应从降低健康风险的角度，加强对这些烟草制品的技术研究和产品储备，视情况适时推出，以保持我国烟草行业的持续发展。

本章主要编写人员：刘惠民、谢复炜、孙学辉、李翔、赵阁

参考文献

[1] Tobacco Reporting Regulations [R] .Canada Gazette Part II，2000，134（15），SOR/2000-273. http：//www.wipo.int/wipolex/zh/text.jsp?file_id=222872.

[2] Rodgman A，Green C R. Toxic chemicals in cigarette mainstream smoke：Hazard and hoopla [J] . Beitr Tabakfor Int，2003，20（8）：481-545.

[3] 穆怀静. 卷烟烟气中氰氢酸的捕集及定量测定 [J] . 烟草科技，1986（3）：27-31.

[4] 马明，穆怀静. 卷烟烟气总粒相物中烟碱含量的测定方法研究 [J] . 烟草科技，1991（2）：30-32，25.

[5] 王英，沈彬，朱建华，等. 选择性去除香烟烟气中亚硝胺的研究 [J] . 环境化学，2000，19（3）：277-283.

[6] 赵明月，谢复炜，王昇，等. 毛细管气相色谱法测定烟草中的亚硝胺 [J] . 中国烟草学报，2000，6（3）：1-6.

[7] 王彦亭.降低卷烟烟气中有害成分的技术研究 [R] . 国家烟草专卖局科技教育司，2003.

[8] 夏巧玲，谢复炜，王昇，等. 卷烟烟气中苯并 [a] 芘测定方法研究 [J] . 烟草科技，2004（8）：3-7.

[9] 谢复炜，赵明月，金永明，等. 国内外主要品牌卷烟主流烟气中烟草特有*N*-亚硝胺的对比分析 [J] .中国烟草学报，2004，10（5）：8-15，42.

[10] 曲志刚，周骏，朱茂祥，等. 降低卷烟烟气中自由基含量的技术研究 [J] .中国烟草学报，2003，9（3）：8-17.

[11] 谢复炜，赵明月，王昇，等. 卷烟主流、侧流烟气中酚类化合物的高效液相色谱测定 [J] . 烟草科技，2004（5）：6-10.

[12] 杜文. 卷烟烟气中氢化氰的检测研究 [R] . 湖南中烟工业有限责任公司，2007.

[13] 杜文，周宇，曹继红，等. 连续流动法测定卷烟主流烟气中的HCN释放量 [J] . 烟草科技，2007（5）：34-40.

[14] 徐济仓. 高效液相色谱法测定卷烟烟气中的醛酮类化合物 [R] . 云南烟草科学研究院，2006.

[15] 唐宏. 化学发光法测定卷烟烟气中的氮氧化物 [R] . 重庆烟草工业有限责任公司，2006.

[16] 朱立军，戴亚，谭兰兰，等. 化学发光法测定卷烟主流烟气中的氮氧化物 [J] .

烟草科技，2005（1）：33-37.

［17］熊宏春. 采用ICP-MS分析研究卷烟烟气中的重金属［R］. 武汉烟草（集团）有限公司，2006.

［18］杨良驹. 采用热脱附技术和GC/MS方法测定卷烟烟气中的挥发性有机化合物［R］. 上海烟草（集团）公司，2006.

［19］苏庆德. 离子色谱法测定卷烟烟气中的氨［R］. 中国科学技术大学，2006.

［20］谢剑平. 环境烟草烟气对室内空气质量影响的研究［R］. 中国烟草总公司郑州烟草研究院，2004.

［21］田海英，谢复炜，吴鸣，等. 环境烟草烟气中VOCs的GC分析［J］. 烟草科技，2008（4）：30-35.

［22］夭建华. 卷烟烟气安全性评价的生物学方法研究及国内外名优卷烟烟气安全性比较研究［R］. 云南烟草科学研究院，2005.

［23］李翔，尚平平，聂聪，等. 卷烟全烟气暴露染毒装置：200920223517.1［P］. 2010-08-25.

［24］尚平平，李翔，彭斌，等. 适用于卷烟全烟气染毒方式下有害成分添加的染毒试验装置：201110002928.X［P］. 2013-08-14.

［25］夭建华. 烟气直接暴露方法在烟用添加剂安全性生物学评价中的应用［R］. 云南烟草科学研究院，2010.

［26］Li X，Nie C，Shang P，et al. Evaluation method for the cytotoxicity of cigarette smoke by in vitro whole smoke exposure［J］. Exp Toxicol Pathol，2014，66（1）：27-33.

［27］李翔，聂聪，尚平平，等. 采用全烟气暴露系统测试卷烟主流烟气细胞毒性［J］. 烟草科技，2012（5）：44-47.

［28］尚平平，李翔，聂聪，等. 卷烟全烟气的Ames试验［J］.癌变·畸变·突变，2013，25（3）：227-231.

［29］尚平平，李翔，彭斌，等. 部分国内外卷烟全烟气暴露的体外致突变作用［J］. 烟草科技. 2013（5）：46-50.

［30］李翔，尚平平，聂聪，等. 全烟气暴露与烟气冷凝物染毒方式的卷烟烟气体外微核测试结果比较［J］.烟草科技，2013（10）：31-34.

［31］Li X，Shang P，Peng B，et al. Effects of smoking regimens and test material format on the cytotoxicity of mainstream cigarette smoke［J］. Food Chem Toxicol，2012，50（3-4）：545-551.

［32］Li X，Kong H，Zhang X，et al. Characterization of particle size distribution of mainstream cigarette smoke generated by smoking machine with an electrical low pressure impactor［J］. J Environ Sci，2014，26（4）：827-833.

[33] Wang H，Li X，Guo J，et al. Distribution of toxic chemicals in particles of various sizes from mainstream cigarette smoke [J] . Inhal Toxicol，2016，28 (2): 89-94.

[34] Lin B，Li X，Zhang H，et al. Comparison of in vitro toxicity of mainstream cigarette smoke particulate matter from nano-to micro-size [J] . Food Chem Toxicol，2014 (64): 353-360.

[35] Li X，Lin B，Zhang H，et al. Cytotoxicity and mutagenicity of sidestream cigarette smoke particulate matter of different particle sizes [J] . Environ Sci Pollut R，2016，23 (3): 2588-2594.

[36] Hatsukami D K，Benowitz N L，Rennard S I，et al. Biomarkers to assess the utility of potential reduce exposure tobacco products [J] Nicotine Tob Res，2006 (8): 169-191.

[37] 罗贤懋，魏慧娟，邢洁，等. 吸烟的生化标记-尿尼古丁代谢产物的测定法 [J]. 中华预防医学杂志，1989 (3): 157-159.

[38] 刘黛莉，李志华，李建国. 尿中尼古丁柯的宁测定方法的研究与应用 [J] . 中华劳动卫生职业病杂志，1992 (1): 36-38.

[39] 庞宝森，翁心植，王辰，等. 吸烟患者尿液中一氧化氮与尼古丁代谢产物-柯替宁含量的相关性研究 [J] . 中华结核和呼吸杂志，1998 (4): 215-217.

[40] 魏慧娟，罗贤懋，邢洁，等. 吸烟与尿尼古丁代谢物测定 [J] . 肿瘤防治研究，1990 (2): 81.

[41] 许晓明，姚崇华，于淑娥，等. 血清硫氰酸盐含量的化学测定法 [J] . 心肺血管病杂志，1986 (3): 39-42.

[42] 符展明，罗珊华，朱慧敏. 顶空气相色谱法测定血清中硫氰酸盐 [J] . 中国职业医学，1994 (3): 44-45.

[43] 钱耕荪，许力伟，徐洪兴，等. 人血清中硫氰酸盐的测定——吸烟的一个生化指标 [J] . 肿瘤，1985 (4): 169-170.

[44] 赵万钟. 血清硫氰酸盐浓度作为一种确认吸烟史的方法和评价被动接触烟雾的研究 [J] .铁道劳动安全卫生与环保，1988 (2): 70-71.

[45] 张云兰. 用血清中的硫氰酸盐、可的宁和呼气中的一氧化碳鉴别吸烟状况 [J]. 国外医学 (卫生学分册)，1993 (4): 244.

[46] 陈望秋，屈风莲，诸亚君，等. 尿可的宁和唾液硫氰酸盐的测定用于吸烟人群监测 [J] . 中华肿瘤杂志，1994，16 (4): 305.

[47] 李向东. 烟草烟雾对健康的危害及其生物标志物研究 [D] . 兰州：兰州大学，2005.

[48] 牛静萍，胡俊平，张莉，等. 被动吸烟的孕妇体内生物标志物的检测与分析

[J] . 环境与健康杂志，2005，22 (2): 109-110.

[49] Fan Z，Xie F W，Xia Q L，et al. Simultaneous determination of nicotine and its nine metabolites in human urine by LC-MS/MS [J] . Chromatographia，2008，68 (7-8): 623-627.

[50] 范忠，刘惠民，谢复炜，等. LC-MSMS法测定吸烟者和被动吸烟者尿液中烟碱及其代谢物 [J] . 烟草科技，2008 (9): 39-44.

[51] 范忠. 尿液中烟碱及其代谢物的分析研究 [D] . 郑州: 中国烟草总公司郑州烟草研究院，2008.

[52] 杨雪，谢剑平，谢复炜，等. 尿液中1，3-丁二烯代谢产物的液相色谱-串联质谱法检测 [J] .分析测试学报，2009 (8): 649-654.

[53] 杨雪，赵阁，谢复炜，等. LC-MS/MS法分析尿液中丙烯醛、巴豆醛代谢产物--3-HPMA和3-HMPMA [J] . 烟草科技，2009 (8): 26-30.

[54] 杨雪. 尿液中巯基尿酸类代谢物的分析研究 [D] . 郑州: 中国烟草总公司郑州烟草研究院，2009.

[55] 熊巍.限制性吸烟人群尿液中丙烯腈代谢物——巯基尿酸的研究 [D] . 郑州: 中国烟草总公司郑州烟草研究院，2011.

[56] Hou H W，Xiong W，Gao N，et.al. A column-switching liquid chromatography-tandem mass spectrometry method for quantitation of 2-cyanoethylmercapturic acid and 2-hydroxyethylmercapturic acid in Chinese smokers [J] . Anal Biochem，2012，430 (1): 75-82.

[57] Zhao G，Chen Y S，Wang S，et.al. Simultaneous determination of 11monohydroxylated PAHs in human urine by stirbar sorptive extraction and liquid chromatography/tandem mass spectrometry [J] . Talanta，2013，116 (22): 822-826.

[58] 陈玉松，王昇，余晶晶，等. LC-MS/MS 测定尿液中的11 种多环芳烃生物标志物 [J] . 烟草科技，2012 (4): 37-43.

[59] 陈玉松.人体尿液中多环芳烃烟气暴露生物标志物的分析研究 [D] . 郑州: 中国烟草总公司郑州烟草研究院，2012.

[60] Yu J J，Wang S，Zhao G，et al. Determination of urinary aromatic amines in smokers andnonsmokers using a MIPs-SPE coupled with LC-MS/MS method [J] . J. Chromatogra. B，2014，958 (5): 130-135.

[61] 余晶晶，王昇，赵阁，等. 一种液相色谱-串联质谱法检测人体尿液中七种芳香胺化合物的方法: 201210337456.8 [P] . 2012-11-21.

[62] Wang S，Zhao G，Yu J J，et al. A validated method for quantitation of exposure biomarkers of Tobacco Specific Nitrosamines in human urine [C] //

The 52th SOT Annual Meeting，2013.

［63］王冰，王昇，赵阁，等. 尿液中丙烯酰胺巯基尿酸代谢物的自动在线分析方法：201310430789.X［P］. 2014-01-15.

［64］Fu Y F，Zhao G，Wang S，et al. Simultaneous determination of fifteen heterocyclic aromatic amines in the urine of smokers and nonsmokers using ultra-high performance liquid chromatography-tandem mass spectrometry［J］. J. Chromatogra. A，2014，1333：45-53.

［65］付瑜锋，赵阁，张婷婷，等. HPLC-MS、MS法测定人体尿液中的α-咔啉杂环胺［J］. 烟草科技，2014（3）：60-65.

［66］王冰，赵阁，余晶晶，等. 卷烟烟气丙烯酰胺暴露量的生物标志物分析及与滤嘴分析法的比较［J］. 烟草科技，2015，48（1）：59-65.

［67］侯宏卫，熊巍，郜娜，等. 固相萃取-高效液相色谱-串联质谱法同时测定尿液中的4种巯基尿酸［J］. 色谱，2011，29（1）：31-33.

［68］Zhang X T，Xiong W，Shi L K，et al. Simultaneous determination of five mercapturic acid derived from volatile organic compounds in human urine by LC-MS/MS and its application to relationship study［J］. J. Chromatogra. B，2014，967：102-109.

［69］Hou H W，Zhang X T，Tian Y F，et al. Development of a method for the determination of 4-（methylnitrosamino）-1-（3-pyridyl）-1-butanol in urine of nonsmokers and smokers using liquid chromatography/tandem mass spectrometry［J］. J Pharm Biomed Anal，2012，63：17-22.

［70］Zhang X T，Hou H W，Xiong W，et al. Development of a method to detect three monohydroxylated polycyclic aromatic hydrocarbons in human urine by liquid chromatographic tandem mass spectrometry［J］. J Anal Methods Chem，2015，514320.

［71］王晔，周宛虹，金永明，等. LC-MS/MS法快速分析不同吸烟量人体唾液尼古丁及其代谢物水平［J］. 分析测试学报，2012，31（7）：797-803.

［72］周宛虹，王晔，余苓，等. .LC-MS/MS法快速高效检测尿液中尼古丁及其9种代谢物［J］.化学学报，2011，69（7）：803-809.

［73］蒋举兴，段焰青，王明锋，等. 尿液中（S）-NNAL和（R）-NNAL的气相色谱-质谱-质谱联用检测方法：2013100661090［P］.2013-06-26.

［74］蒋举兴，段焰青，王明锋，等. 尿液中（S）-NNAL和（R）-NNAL的高效液相色谱-质谱-质谱联用检测方法：2013100659777［P］.2013-06-12.

［75］蒋举兴，段焰青，夏建军，等. 尿液中八种一羟基多环芳烃的气相色谱-质谱联用检测方法：201310066177［P］.2013-06-26.

[76] 宋雁，张晓鹏，贾旭东，等. 吸烟引起人体氧化损伤的可能机制 [J] .癌变・畸变・突变，2009，21 (1)：50-53.

[77] 周妮娅，何俊琳，蔡敏，等. 吸烟对成年男性精液质量及精子DNA的影响. 中国环境诱变学会第14届学术交流会议论文集 [C] . 哈尔滨，2009.

[78] 赵阁，余晶晶，王昇，等. 一种人体尿液中8-羟基脱氧鸟苷、8-羟基鸟苷和8-异构前列腺素F2α的分析方法：201410761123.7 [P] .2016-04-06

[79] 储国海，周国俊，黄芳芳，等. 卷烟烟气导致DNA氧化损伤产生8-羟基脱氧鸟苷的测定评价方法及其应用：2008101218501 [P] .2009-03-11.

[80] 储国海，周国俊，黄芳芳，等. 尿液中肺癌特征代谢产物指纹图谱的检测方法：2013100052637 [P] . 2013-04-10.

[81] 刘兴余，朱茂祥，谢剑平. 基因芯片在卷烟烟气危害性评价中的应用 [J] . 中国烟草学报，2010，16 (1)：89-94.

[82] 杨必成，朱茂祥，谢剑平. 蛋白质组学技术在吸烟与健康研究中的应用 [J] . 中国烟草学报，2012，18 (6)：85-92.

[83] 谢剑平. 卷烟危害性指标体系研究 [R] . 中国烟草总公司郑州烟草研究院，2007.

[84] 谢剑平，刘惠民，朱茂祥，等. 卷烟烟气危害性指数研究 [J] . 烟草科技，2009 (2)：5-15.

[85] 聂聪. 卷烟配方设计对主流烟气7种有害成分的影响规律研究 [R] . 中国烟草总公司郑州烟草研究院，2015.

[86] 缪明明. 品牌导向的云南主要烟叶原料七项烟气成分释放量研究 [R] . 云南烟草科学研究院，2012.

[87] 缪明明. 云南主要烟叶原料七项烟气成分释放量研究 [R] . 云南烟草科学研究院，2013.

[88] 马宇平. 选择性降低氰化氢和氨的配方技术研究及应用 [R] .河南中烟工业有限责任公司，2016.

[89] 刘惠民. 原辅材料降低卷烟危害性指数规律研究 [R] . 中国烟草总公司郑州烟草研究院，2016.

[90] 聂聪. 卷烟辅助材料参数对主流烟气HOFFMANN分析物的影响研究 [R] . 中国烟草总公司郑州烟草研究院，2011.

[91] 文建辉. 卷烟烟气有害成分在滤嘴中的截留分布规律和机理研究 [R] . 湖南中烟工业有限责任公司，2014.

[92] 牟定荣. 卷烟辅助材料设计参数对危害性指标的影响研究 [R] . 红塔烟草 (集团) 有限责任公司，2010.

[93] 舒俊生. 降低“都宝”卷烟七种成分关键技术研究及应用 [R] . 安徽中烟工业有限责任公司，2013.

［94］陈万年.“七匹狼”卷烟主流烟气7种成分释放量影响因素研究［R］.福建中烟工业有限责任公司，2014.

［95］王美珠. 天然富硒卷烟的研究和硒宝牌卷烟开发［R］. 浙江农业大学，1992.

［96］刘共青. 天然富硒卷烟—“珍硒”牌卷烟的研究与开发［R］. 建始雪茄烟厂，1993.

［97］黄树立. 卷烟品牌导向的“清江源”特色优质烟叶生产体系研究［R］. 湖北省烟草公司恩施分公司，2011.

［98］汪安云. 降低白肋烟烟草特有亚硝胺含量的技术研究［R］. 云南省烟草科学研究所，2007.

［99］黎妍妍，李锡宏，王林，等. 富硒烟叶对烟气有害成分释放量作用分析［J］.中国烟草学报，2013，19（2）：7-11.

［100］戴亚. 卷烟加工重点工序工艺参数与卷烟烟气中七种成分及焦油释放量的关系研究［R］.川渝中烟工业有限责任公司，2010.

［101］李斌. 加工工艺降低卷烟危害性指数规律研究［R］. 中国烟草总公司郑州烟草研究院，2016.

［102］夏巧玲. 卷烟烟气中氨和氢氰酸形成机理研究［R］. 中国烟草总公司郑州烟草研究院，2015.

［103］郑宏伟，刘新建，崔伟，等. 天门冬氨酸热裂解行为对卷烟烟气成分的影响［J］. 湖北农业科学，2014（9）：2149-2152.

［104］谢复炜. 卷烟烟气中主要酚类化合物形成机理研究［R］. 中国烟草总公司郑州烟草研究院，2015.

［105］卢岚，杨柳，吴亿勤，等. 不同氛围下绿原酸的热解行为及其裂解产物中苯酚含量分布规律研究［J］. 分析测试学报，2011，30（9）：983-989.

［106］杨新周，金诚，刘汗青. 热裂解-冷阱聚焦-气相色谱/质谱联用法研究烟草中芸香苷的热裂解行为［J］.化学试剂，2014，36（1）：61-64.

［107］谢雯燕. 卷烟滤嘴吸附材料评价体系构建与应用［R］. 上海烟草集团有限责任公司，2015.

［108］杜文. 苯酚和巴豆醛在滤嘴中的截留机理和烟气流体力学模型研究［R］. 湖南中烟工业有限责任公司，2018.

［109］缪明明. 卷烟烟气中苯并［a］芘形成机理研究［R］. 云南烟草科学研究院，2014.

［110］赵伟，王昆淼，刘春波，等. 5种甾醇的热裂解及其与主流烟气中B［a］P释放量的关系［J］.烟草科技，2013（9）：54-57

［111］袁龙，郑丰，谢映松，等. 不同类型烟草样品的热分析研究［J］. 安徽农业科学，2010，38（30）：16842-16843，16849.

[112] 舒俊生，徐志强，瞿先中，等. 丙三醇和丙二醇热裂解生成羰基化合物研究[J]. 烟草科技，2010(2): 23-27.

[113] 曹得坡，潘立宁，夏巧玲，等. 模拟裂解条件对卷烟烟气挥发性羰基化合物的影响[J]. 烟草科技，2013(10): 44-48.

[114] 朱尊权. "821"低焦油混合型卷烟[R]. 轻工部烟草工业科学研究所，1985.

[115] 魏剑. 低焦油新混合型卷烟研制[R].玉溪卷烟厂，1988.

[116] 赵善炳. 低焦油（特醇）混合型卷烟制造技术[R]. 广州卷烟二厂，1989.

[117] 于子明. 低焦油卷烟技术的研究[R].许昌卷烟厂，1991.

[118] 陈毅力. "将军"牌低焦油卷烟的研制[R]. 济南卷烟厂，1991.

[119] 田宁亚. 低焦油"中南海"牌卷烟[R]. 北京卷烟厂，1996.

[120] 蒋基芳. 混合型低焦油烟开发[R]. 驻马店卷烟厂，1993.

[121] 肖寿松. "金沙"烤烟型低焦油卷烟的研制[R]. 长沙卷烟厂，1997.

[122] 寻坤宝. 3毫克/支低焦油淡味混合型"林海灵芝"卷烟[R]. 哈尔滨卷烟厂，1998.

[123] 朱近前. 降低烤烟型卷烟焦油综合技术应用研究[R]. 上海烟草集团有限责任公司，2001.

[124] 缪明明. 卷烟主流烟气中苯并[a]芘的降低技术及应用研究[R]. 云南中烟工业有限责任公司，2015.

[125] 周骏. 降低国产白肋烟、马里兰烟TSNAs含量关键技术研究[R]. 上海烟草集团有限责任公司，2016.

[126] 王元英. 低危害烟叶研究开发[R]. 中国农业科学院烟草研究所，2017.

[127] 金勇，谭海风，范红梅，等. 盘磨梗丝对卷烟烟气成分和烟支性能的影响及其应用研究[C]. 中国烟草学会2015年度优秀论文汇编，2015.

[128] 武怡.国产造纸法烟草薄片在降焦减害及产品设计中的应用研究[R]. 红云红河烟草（集团）有限责任公司，2007.

[129] 蔡冰. 低巴豆醛释放量的功能性造纸法再造烟叶开发与应用[R].湖北中烟工业有限责任公司，2015.

[130] 于鲁渝. JR系列功能卷烟纸[R]. 云南瑞升科技有限公司，2002.

[131] 功能卷烟纸的研究开发[R]. 云南瑞升科技有限公司，2002.

[132] 曾晓鹰. 添加剂在卷烟纸中的应用研究[R]. 红云红河烟草（集团）有限责任公司，2010.

[133] 银董红. 燃烧过程中卷烟纸实时致孔降CO技术及其应用研究[R]. 湖南中烟工业有限责任公司，2015.

[134] 洪桦. PP-5AY（聚丙烯超低旦降焦型）烟用过滤丝束[R]. 江阴市滤嘴材料厂，2001.

［135］朱本松. 有选择截滤性能烟用聚丙烯丝束［R］.中国卷烟滤咀材料公司，1993.

［136］叶兆清. 一种降焦型聚丙烯烟用丝束及其生产方法［R］. 湖北金叶玉阳化纤有限公司，2003.

［137］周长春. 新型丙纤丝束滤棒替代醋纤丝束滤棒的研究［R］. 哈尔滨卷烟总厂，2007.

［138］马涛. 具有显著降害功能的系列滤嘴用新型材料的开发［R］.云南瑞升烟草公司，2011.

［139］黄彪. 新型天然复合材料滤棒（CAPF）的研究［R］.南通烟滤嘴有限责任公司，2012.

［140］刘建福. 自然透气接装纸通风的纸质复合滤嘴研究［R］. 湖南中烟工业有限责任公司，2013.

［141］顾中铸. 改性ACF卷烟复合滤嘴［R］. 南京师范大学.

［142］聚乳酸烟用丝束及过滤嘴棒生产技术［R］. 中国科学院长春应用化学研究所.

［143］金勇. 70万箱规模“白沙（精品）”双低改造关键技术研究及推广应用［R］. 湖南中烟工业有限责任公司，2015.

［144］倪鸿宾. 二元复合滤咀棒的开发［R］. 昆明烟叶复烤二厂，1991.

［145］刘镇. 特殊结构的沟槽滤棒开发研制［R］. 南通烟滤嘴实验工厂，2006.

［146］徐辉碧. 微量元素硒、锌应用于汉宝牌卷烟的研究［R］. 武汉卷烟厂，1987.

［147］徐辉碧. 选择性降低烟焦油中有害自由基及3，4-苯并芘的研究［R］.华中理工大学，1987.

［148］刘永琼. AXL-天然保健降害卷烟添加剂的研究［R］.湖北省烟草产品质量监督检验站，2004.

［149］钟科军. 具有降低危害、清新口气功效的生物活性剂微胶囊在卷烟中的应用研究［R］. 常德卷烟厂，2004 .

［150］多功能吸附催化材料的开发及其在卷烟中的应用研究［R］. 湖南中烟工业有限责任公司，2009.

［151］蓝洪桥. 降低卷烟烟气CO释放量的催化材料研究［R］. 福建中烟工业有限责任公司，2012.

［152］朱鸿顺. 活性炭复合滤嘴［R］. 南通烟滤嘴实验厂，1990.

［153］周骏. 应用纳米技术有效降低卷烟烟气中有害物质含量的研究［R］. 上海烟草集团北京卷烟厂，2006.

［154］程占刚. 采用聚硅氧烷网络高分子选择降低烟气中的3，4-苯并芘技术研究和应用［R］. 武汉烟草（集团）有限公司，2008.

[155] 戴亚. 降低卷烟烟气中多种有害成分的复合生化制剂研究 [R] . 川渝中烟工业有限责任公司，2007.

[156] 姚二民. 可降解茶叶纸质滤棒开发研究 [R] . 郑州轻工业学院，2009.

[157] 张峻松. 利用茶质滤嘴降低卷烟烟气有害成分的研究 [R] . 郑州轻工业学院，2007.

[158] 缪明明. 涂层成型纸滤嘴开发研究 [R] . 红塔烟草（集团）有限责任公司，2006.

[159] 宋旭艳. 天然植物活性成分在卷烟减害降焦中的应用研究 [R] . 武汉烟草（集团）有限公司，2007.

[160] 马涛. 具有显著降害功能的系列滤嘴用新型材料的开发 [R] . 云南瑞升烟草公司，2011.

[161] 戴亚. 低害卷烟研制及减害机理研究 [R] . 重庆烟草工业有限责任公司，2010.

[162] 胡群. 高端嘴棒的研制及辅料的优化在卷烟中的应用——中高档卷烟嘴棒及辅料优化技术研究开发 [R] . 云南烟草科学研究院，2010.

[163] 孙贤军. 选择性降低卷烟烟气有害成分功能成形纸滤棒的研究 [R] . 湖南中烟工业有限责任公司，2009.

[164] 戴亚. 选择性减害技术研究及产品应用 [R] . 川渝中烟工业有限责任公司，2012.

[165] 侯宏卫. 新型层状氢氧化物微结构组装体的水相合成、形成机理及应用研究 [R] . 郑州烟草研究院，2010.

[166] 郑伟. 利用滤嘴添加中草药技术降低“金圣”卷烟烟气中氢氰酸含量研究 [R] . 江西中烟工业有限责任公司，2013.

[167] 聂聪. 应用碱性及络合材料选择性降低卷烟烟气中氢氰酸技术研究 [R] .郑州烟草研究院，2015.

[168] 刘惠民. 应用亲核功能化材料选择性降低烟气中挥发性羰基化合物技术研究 [R] . 郑州烟草研究院，2014.

[169] 张晓兵. 应用氢键功能基多孔材料选择性降低烟气中苯酚技术研究 [R] . 郑州烟草研究院，2014.

[170] 武怡. 降低HCN和巴豆醛的天然植物多孔材料开发及在云烟低焦高端产品中的应用 [R] . 红云红河烟草（集团）有限责任公司，2014.

[171] 马宇平. 应用活泼亚甲基纤维材料选择性降低卷烟烟气中挥发性醛类化合物的技术研究 [R] . 河南中烟工业有限责任公司，2014.

[172] 黄天辉. 生物添加剂降低卷烟烟气中有害成分的研究与应用 [R] . 广西中烟工业有限责任公司，2011.

[173] 金勇. 功能性沟槽滤棒成型纸降低“芙蓉王”卷烟烟气中苯酚和巴豆醛释放量的研究 [R]. 湖南中烟工业有限责任公司，2016.

[174] 戴亚. 降低烟气中氨含量的材料筛选、合成及应用 [R]. 川渝中烟工业有限责任公司，2015.

[175] 李泽良. 片烟提质减害陈化技术研究 [R]. 红塔烟草（集团）有限责任公司，2007.

[176] 戴亚. 降低烟气中氨释放量的复烤、醇化及加工技术研究 [R]. 川渝中烟工业有限责任公司，2014.

[177] 周骏. 应用生物技术在打叶复烤和卷烟生产中降低TSNAs的研究 [R]. 上海烟草集团有限责任公司，2015.

[178] 李东亮，不同膨胀工艺对卷烟主流烟气有害成分释放量的影响研究 [R]. 四川中烟工业有限责任公司，2017.

[179] 谢剑平. 低焦油卷烟香味补偿技术研究 [R]. 郑州烟草研究院，2008.

[180] 任宇红. 低焦油烟用香精的合成与应用 [R]. 中德联合研究院，2000.

[181] 郭粉林. 卷烟降焦减害技术研究和实施 [R]. 江苏中烟工业有限责任公司，2005.

[182] 牟定荣. 选择性降低红塔集团卷烟产品危害性指标化合物的综合技术研究 [R]. 红塔烟草集团有限责任公司，2010.

[183] 田成.基于“兰州”品牌绵香风格的降焦减害关键技术研究与应用 [R].甘肃烟草工业有限责任公司，2015.

[184] 周骏. 降低卷烟烟气中TSNAs的综合技术及在“中南海”品牌的应用研究 [R]. 上海烟草集团有限责任公司，2018.

第十章

烟用香精香料

第一节
概述

烟用香精香料作为香精香料的一个重要分支，在烟草制品中一直扮演着重要角色。同时由于烟草制品的特殊性，烟用香精香料除具有其他香精香料的基本特征外，还具有浓厚的烟草特色，其形成与发展与卷烟工业的发展密切相关。我国烟用香精香料起步虽然比较晚，但也伴随着中国烟草行业的壮大而不断成长，为国民经济的发展做出了重要贡献。

中国香精香料企业以1921年在上海成立的鉴臣香精洋行和以前的老德记药房为最早，但仅是转销进口香精，因此，当时国内卷烟业所用的烟用香精基本依赖进口。新中国成立初期，上海已有十几家私营香精厂生产烟用香精（天津等地也有几家），比较著名的有上海中联化工厂出品的金盾牌烟叶香精、上海生丰化学厂出品的生丰香精和贝希艾香精等烟草专用香精，这些香精经销单位多为各大药房和工业原料行。后来国营香精厂如上海日用化学品厂、天津香精厂、杭州香精厂逐步发展起来，并为各地卷烟厂提供烟用香精。

1955年，香料研究室（轻工业部香料工业科学研究所的前身）在上海市成立，主要开展香精香料的科研工作。此后上海孔雀日用香料厂、广州百花香料厂等专业香精生产企业也纷纷建立，生产食用、烟用、酒用、日用以及医用等各类香精。随着我国卷烟生产的迅速发展，烟用香精新品种也不断增加，虽然各香精厂曾生产出不少名牌卷烟的专用香精，但在这期间全国仍没有专门的烟用香精生产企业。

自我国实行改革开放政策后，卷烟产量逐年提高，产品品质也逐步提高。但是在1982年成立中国烟草总公司的时候，烟草行业内基本没有专门的香精研究开发和生产单位（企业），卷烟生产企业主要采用转化糖作为基础料液，而香精主要依靠香精厂提供的成品香精进行简单调配供卷烟产品使用。随着卷烟产量的不断提高，卷烟企业对烟用香精的需求也越来越大，而当时的香精生产厂家已经无法满足卷烟生产需要。到了20世纪80年代中后期，在广东、河南等地大量民营或合资的专业烟用香精香料厂家如雨后春笋般兴起，烟用香精行业出现了一片生机勃勃的局面。到1990年，全国烟用香精产量已达6300t。

为了提高烟草行业调香技术水平，建立独立的烟用香精香料科研、生产和供应体系，满足烟草行业发展需求，中国烟草总公司郑州烟草研究院于1985年成立了调香组，开始从事烟草调香、烟用香料开发等方面的研究，并同瑞士芬美意公司洽谈交流合作事宜。1986年1月，郑州烟草研究院派出研究人员到瑞士芬美意公司进行2个月的考察学习，并投资近20万美元从瑞士引进了一套比较先进的专用香精生产设备。1986年10月，郑州烟草研究院成立了香料车间，成为烟草行业内最早的烟用香精研究和生产机构之一。在此后30多年的研究开发过程中，郑州烟草研究院先后研制开发了数百种烟草行业急需的香精香料，承担了近百项国家局香精香料方面科研任务，为卷烟工业企业培养了一大批调香和产品开发人员，为烟草行业的科技进步发挥了重要作用。

1991年，中国烟草总公司、海南省烟草公司、香港天利国际经贸有限公司、昆明香精厂和海南卷烟厂共同投资成立中外合资企业——海南宝路国际香料有限公司。1992年9月2日，中国烟草总公司广东省公司和美国国际香料集团公司（IFF），共同成立了华芳香精香料有限公司。这些合资公司的建立，旨在充分利用国外先进技术，开展烟用香精香料的研究和应用，提高香精香料质量，促进我国卷烟产品质量不断提高，从而满足卷烟市场的需要。此后，国内一些卷烟工业企业根据自身发展需要，也开始组建自己的香精香料生产企业，或者成立附属的香精厂（如颐中烟草青岛实业有限公司凯瑞分公司，河南金瑞香精香料公司等），或者与有关大学和科研院所合作成立股份制的香料公司[如济南将军烟草集团和山东食品发酵研究所合资的济南九州富得香料有限公司；上海烟草（集团）公司和原上海轻工业高等专科学校成立的上海烟草集团香料研究所]。此外，1994年云南烟草工业研究所成立了云南烟用香精香料研究发展中心，从事烟用香精的研究开发和生产。这些烟草行业内香精科研单位和生产企业的兴起和发展，丰富了国内烟用香精的品种，提高了产品质量，为烟草行业的发展和自有知识产权的形成起了重要作用。

在此期间，我国烟草行业和香精行业也一直对烟用香精香料进行研究，取得了一系列研究成果，为行业科技进步和卷烟产品发展做出了积极贡献。从1986年开始，郑州烟草研究院、云南省烟草工业研究所进行了烤烟型和混合型香精的研究；并对棕色化反应进行了系统研究，内容包括多种糖和多种氨基酸的反应、高压密闭体系的棕色化反应、高分子棕色化反应等。1991年，常德卷烟厂等单位研制出白肋烟浸膏、烟花蕾浸膏。1992年杭州香料厂进行了紫苏亭和再造烟叶香精的研制。1992年，云南省烟草工业研究所进行了烟草潜香物质和卷烟添加剂热解反应研究。1994年后，郑州烟草研究院在国家局指导和支持下，以科研项目的形式对四十级烟叶加香加料、再造烟叶加香加料、梗丝加料、混合型卷烟加香加料、复烤叶片加料等进行了系统研究，逐步建立起烟草制品的加香加料技术体系。云南烟草研究院也进行了加香加料方面的基础研究，开展了一些探索性的工作。与此同时，一些国内的科研机构、大专院校和有实力的国内香精香料企业、重点卷烟工业企业也进行了许多类似的研究，开发了大量的烟用香精、再造烟叶用香精、卷烟滤嘴用香精、膨胀梗丝及膨胀烟丝用香精等[1]。

进入21世纪后，随着烟草行业的蓬勃发展，我国烟用香精香料技术也进入快速发展时期。2003年《中国卷烟科技发展纲要》明确提出要大力发展中式卷烟，把卷烟调香技术作为构建中式卷烟的核心技术和提高中式卷烟核心竞争力的关键，促进了烟用香精香料研发力度的不断加大，使烟用香精香料逐渐走向了自主研发和自主创新的轨道。

2004年，国家局制定了《卷烟调香工程方案》，要求各企业以掌控卷烟调香核心技术，稳定和提升卷烟产品品质，创新和发展中式卷烟风格特色为目标，坚持以我为主、由我掌控的卷烟调香原则，加强调香技术研究，重视卷烟香原料研究，强化香精香料品质控制，构建了支撑卷烟品牌发展的调香技术体系、品控体系和人才体系。

2006年国家局在《烟草行业中长期科技发展规划（2006—2020）》明确提出将“卷烟调香”作为主攻任务，在烟草香精香料领域设立了烟草行业科技重大专项。

根据《卷烟调香工程方案》的整体部署，为了培养一支具有丰富实践经验、较高理论水平和应用水平的中、高级调香技术人才队伍，实现卷烟企业“以我为主、由我掌控”的调香技术主体地位，2006年，烟草行业成立了“国家烟草专卖局卷烟调香人才培养基地”，到2019年先后举办了三期中级和高级调香师培训班，为行业培养了一批高水平的调香人才队伍。

2009年，国家局“减害降焦”重大专项的实施，大大促进了低焦油卷烟香气补偿技术的研究，并加强了香精香料与卷烟烟气之间相关性研究，把对香精香料的控制要求从物理指标水平提升到化学指标水平。为弥补低焦油卷烟香气不足的问题，有针对性地进行了加香加料和微胶囊加香技术等的深入研究，充分利用我国特有天然香料资源，开发出了一批在增加卷烟香气同时又可降低卷烟危害性的特色香料产品，有力支撑了“减害降焦”工作的顺利开展。

2009年7月，由国家局经济运行司和科技司牵头的“卷烟增香保润”重大专项正式启动，按照“基础研究求创新，共性研究求突破，应用研究求实效”的思路，精心凝练出“提高卷烟保润性能”“新型香料开发及应用”和“通过加香加料提高烟叶使用价值”3大领域作为重点研究方向，先后启动38项科技项目。经过技术攻关，应用基础研究取得重大突破，共性技术创新成效显著：首次系统构建了卷烟增香保润评价技术体系，为卷烟保润性能的量化表征提供了技术支撑；首次提出封阻型、水合型保润剂概念，匹配工艺新技术实现了物理保润的有效调控；首次将感官组学导入烟用香料关键组分剖析，指导天然香料靶向提取分离；系统开展许可香料适用性评价，有力支撑卷烟调香体系建设；深入拓展烟用香料品类，实现品牌导向的核心香料定制化生产；创新量化评价方法，通过优化加料技术提升烟叶使用价值；构建多维度控制技术，通过精准加工实现烟叶保香稳质。通过重大专项的实施，行业企业对于香精香料的掌控能力进一步增强，自主开发了系列特征性、功能化香精模块，调香技术、应用水平取得了明显进步。试点规格香精香料自主掌控水平从2010年的48.79%增加到2015年的68.73%（按种类计算），提高19.94个百分点。通过提高烟叶使用价值技术集成应用，进一步提升了烟叶有效利用水平，拓展了烟叶使用范围，与2009年比，试点品牌配方上等烟叶使用量平均降低9%左右，最高达15%以上。见图10-1。

随着行业对香精香料核心技术掌控要求的逐步提高，各中烟公司也开始致力于自主发展香精香料，成立自己的烟用香精研发机构和生产配送中心，基本实现了烟用香精香料的统一配制、定向配送，以满足本企业的需要。卷烟企业从掌握香精香料功能作用向掌控其组分构成、从被动使用向自主开发方向发展，掌控能力显著增强，自主调香水平

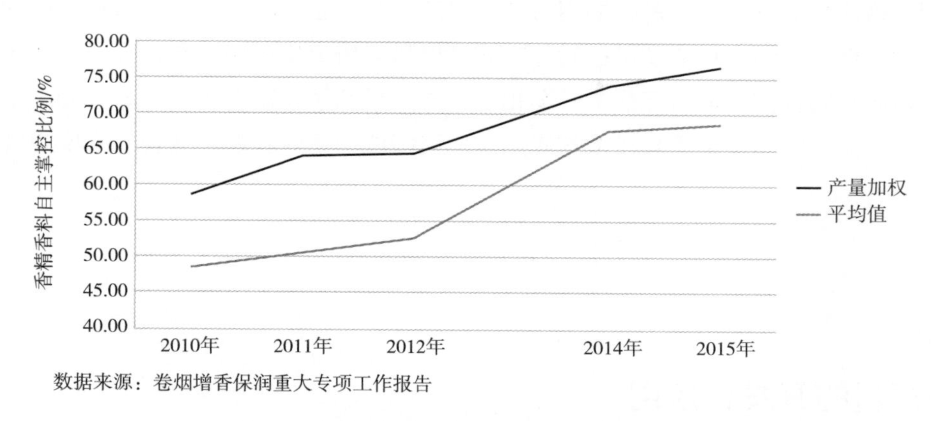

数据来源：卷烟增香保润重大专项工作报告

图10-1 试点规格香精香料自主掌控比例（按种类计算）

快速提升。各中烟公司已基本完成了香精复配自主调香向香精掌控自主调香、核心香原料自主调香的技术升级，初步确立了“以我为主、由我掌控”的调香主体地位。

为了加强烟用香精香料的学科建设，开展烟用香精香料的应用基础和共性技术研究，烟草行业围绕着烟用植物香料开发、烟草调香技术、烟草香料基础理论、烟草数字化调香等领域，先后布局认定了4家烟草行业香精香料研究重点实验室，即：烟草行业烟用植物应用研究重点实验室（湖北中烟，2009年）、烟草行业卷烟调香技术重点实验室（云南中烟，2013年）、烟草行业烟用香料基础研究重点实验室（郑州烟草研究院，2015年）、烟草行业数字化调香重点实验室（湖南中烟，2019年）。这些重点实验室的行业认定，逐步完善了烟用香精香料的技术研发和应用体系。2017年，郑州烟草研究院和河南中烟联合建立了香精香料工程研究中心，计划逐步建立一个集香精香料技术研发、成果转化和人才培养为一体的综合性服务平台，成为烟草行业香精香料研究成果的转化中心，进一步推进行业香精香料领域产业技术发展。

为进一步加强中国烟草行业烟用香精香料自主研发和自主掌控能力，2020年3月，国家局下发了“提升烟用香精香料核心技术自主研发和自我保障能力专题研究方案以及人才培养方案”，提出要以卷烟调香“以我为主、由我掌控”为落脚点，以行业香精香料方面的重点实验室及科研单位为依托，各工业企业参与通过行业共建共享技术公共平台，开展调香人才专题培训，用3年左右的时间，突破单体香原料实物库和数据库升级、功能性香精模块可替代性、重要单体香原料应用研究等3大关键技术，进一步提升卷烟工业企业利用功能性香基模块和单体香原料进行自主调香的能力和水平，避免对部分功能性香基模块的过度依赖，保障中式卷烟的战略安全，支撑中式卷烟高质量发展。为此，在国家局的直接领导导下，各中烟公司、科研单位及大专院校开展了相关研发工作。截至2020年7月，国家局已经启动了4项重大专项项目，组织了7场专题技术培训，先后有超过3000人次参加了培训。

自1982年以来，我国烟用香精香料科技发展以烟草工业的发展和需求为导向，主要围绕烟用香原料的开发与制备、烟用香精香料的调配与感官评价、烟用香精香料的施加技术研究、烟用香精香料的质量控制等方面开展科学研究和科技开发，并取得了长足的进步和发展，为我国卷烟新产品的开发和品牌发展起到了关键作用，有力推动了烟草工业的持续发展。烟用香精香料研发与应用技术已经成为备受卷烟工业企业高度重视的关键技术。

第二节 烟用香料的开发和应用

在20世纪80年代以前，中国烟草行业一直没有专用的烟用香料，烟草调香所使用的香原料均为食品香精采用的香原料，香料种类较少，品种单一：合成香料以一些简单的低碳酯类、醇类、醛酮类和内酯类化合物为主；天然香料也主要是由常规香料植物（大枣、山楂、葫芦巴、薄荷、菊苣等）提取的精油、酊剂和浸膏类产品。改革开放以后，随着烟草行业的进一步发展壮大，卷烟工业企业对烟用香料的需求也进一步增大，一些烟草专用的香料（如各类烟草提取物、巨豆三烯酮等）被开发出来，一些新的香料加工提取技术（超临界萃取、分子蒸馏等）也逐步应用在烟用香料的开发中，一些烟草中或天然香料中重要的香味成分（茄酮、大马酮等）被分析发现并合成出来，一些新的植物资源被加工提取并应用到卷烟产品中，这些新型香料的开发和应用极大丰富了烟用香料的品种。

新型特色烟用香料的开发和应用，对烟草行业卷烟产品品质的提高、风格特征的形成和品类构建起到了重要的支撑作用，如湖北中烟利用神农架地区的“神农香菊”开发的特色烟用香料，构成了“淡雅香”特征香气，并引领了行业特色核心香原料的开发热潮；江苏中烟创新性地使用树苔提取物，形成了卷烟独特的“苔清”香气；江西中烟利用特色中草药提取物，形成了“本草香”品类；山东中烟利用茶叶提取物构建了“茶甜香”品类。随着烟草行业的发展，新的卷烟形态（中支烟、细支烟、爆珠烟）以及新型烟草制品的开发，对烟用香料又提出了更高的要求。因此，进一步加强烟用香料的开发和应用研究，是烟草行业应该长期坚持的重点工作，对烟草行业长期可持续发展具有重要意义和作用。

（一）烟用天然香料的开发与应用

烟草行业一直重视天然香料的开发和应用，在20世纪80、90年代，主要是利用溶剂萃取的方法提取烟叶，开发出烤烟、香料烟、白肋烟、雪茄烟、地方特色烟草以及各类烟草花的萃取物、精油、净油和浸膏产品，用于卷烟加香。进入21世纪，各卷烟企业开始重点开展非烟草类天然香料的开发和利用，尤其是在2009年“卷烟增香保润”重大专项实施以来，多家卷烟工业企业系统开展了特色天然香料的研发工作，超临界萃取、亚临界萃取、微波萃取、分子蒸馏、感官组学技术等一些新型的提取技术和精细化加工技术也得到广泛研究和应用。这些研究不仅为烟草行业提供了丰富的天然香料品种，也使行业逐步掌握了各类天然香料的提取加工技术，形成了自我掌控的核心技术和核心产品，对烟草行业卷烟产品风格特征的形成和品类构建起到了重要的支撑作用，提高了烟草行业的整体竞争能力和自我保障能力。

1990年，湖北建始县白肋烟复烤厂开展了“烟草花蕾提取香膏的工艺”研究，通过工艺设备改进，白肋烟烟花香膏的萃取率由传统工艺的15%~20%上升到50%~55%；吨膏酒精耗量由传统工艺的3.2~3.6t下降到0.25~0.27t；原辅材料消耗降低70%；成本降低50%以上[2]。

1999年，河南农业大学开展了“香料烟浸膏提取技术及应用研究”项目，针对香料烟特征香气成分特点和传统烟草浸膏提取工艺中存在的以乙醇作萃取剂时醇耗量大、萃取率低等问题，首次系统地研究了香料烟浸膏的提取条件，确定了切实可行的香料烟浸膏提取工艺和关键技术，并对其质量和应用效果进行了实验室鉴定及工业化验证。

2000—2003年，郑州烟草研究院和中国科学院山西煤化所合作开展了“超临界CO_2萃取烟用天然香料”国家局项目研究，系统开展了葫芦巴、独活、肉桂、砂仁、啤酒花、薄荷叶、香荚兰豆、烟末等20余种香料植物的超临界萃取及卷烟应用研究，详细分析超临界萃取的技术特点，并对该技术在烟草行业的应用进行了展望[3]。

2002—2004年，郑州烟草研究院开展了“微波萃取烟用香料”院长基金项目研究，进行了20多种香料植物的微波萃取，考察了微波功率、微波时间等因素对萃取效果的影响，并对比了超临界萃取、微波萃取和普通加热3种不同萃取方法得到的产物成分差异及其在卷烟中的加香效果差异[4]。

2005—2006年，在朱尊权院士的领导下，郑州烟草研究院以院士基金项目的形式，开展了“天然植物提取液在卷烟产品上的应用研究”的研究工作。围绕羊栖菜水提取液、乙醇提取液和羊栖菜多糖在烟草中的应用开展研究工作，成功开发出一种海藻羊栖菜多糖产品，研究证明羊栖菜多糖具有较好的物理保润效果，还可以细腻柔和烟气，增加烟气的回甜感，在卷烟中有较好的应用效果[5]。这项研究带动了行业对于海洋藻类以及多糖类产品在卷烟中的应用研究。此后，在郑州烟草研究院、浙江中烟、广东中烟等单位也分别以重大专项项目的形式，针对国内特色海藻资源开展了系统研究，开发出了一系列海藻多糖产品[6-10]。项目成果《羊栖菜提取物及其在烟草中的应用》获得2012年度中国烟草总公司技术发明三等奖。

2008—2009年，湖北中烟开展了“超临界CO_2萃取技术提取天然植物低/非极性高香质成分的研究”项目。项目共选取了前胡、春黄菊、桂花、茉莉花、烟末、柠檬、小茴香、紫苏叶、桉叶、丁香10种香料植物，利用超临界CO_2萃取技术提取其中的有效化学成分，通过在卷烟中的应用效果评价进行筛选，其中前胡、柠檬两种提取物已应用于“黄鹤楼”系列卷烟产品中。

2009—2013年，云南烟草研究院等多家单位开展了“云南地区部分特色烟用香原料开发及其应用”项目。进行了云南芳香植物资源调查，收录了498种芳香植物的相关信息，应用超声破碎辅助加速溶剂萃取法、超声破碎辅助无溶剂微波萃取法、微胶囊双水相体系、烟草工程细胞等新技术进行植物提取，以“增香、保润、降刺、除杂”功能分类、品质分级的烟用天然香原料评价方法，探索了烟用天然香原料挥发性成分与功能作用的相关性。

2011年，云南天宏香精香料有限公司开展了“烟用香菇香原料开发应用”项目研究。项目以食用菌香菇为原料，采用超临界CO_2萃取和酶法联用提取技术，制备了富含香菇多糖的提取物，该提取物多糖含量较传统方法制备的香菇提取物多糖含量提高了2倍；项目以富含多糖的香菇提取物为天然糖源，以外加苯丙氨酸为氮源，进行美拉德反应，优化了美拉德反应条件，制备了一种具有烘烤香气的香原料；还以富含多糖的香菇提取物和富含果胶的苹果提取物为原料，开发了一种具有保润功能的香原料。

2012—2015年，江苏中烟开展了增香保润重大专项项目“树苔浸膏靶向物质的分离、重组技术及其在卷烟中的应用研究”，采用同时蒸馏萃取、固相微萃取、柱层析、高速逆流色谱分离等多种前处理方法，系统剖析了树苔浸膏的主要化学成分，并比较了不同前处理方法间的差异性。建立了分子蒸馏对树苔浸膏重质、轻质组分的有效分离方法，系统探讨了蒸馏温度、真空度及转子转速等参数条件对树苔浸膏分离效果的影响，分析了分子蒸馏三级馏分的主要化学成分，运用香味轮廓等感官质量评价方法，评价了不同馏分的感官风格特征。并以树苔浸膏的分子蒸馏三级馏分为基础，开展了新型香基的复配研究，所复配的香基具有树苔类香料的风格特点，其性状澄清均匀、重金属含量低，便于工业化应用[11, 12]。

2013—2015年，郑州烟草研究院与浙江中烟共同承担了“天然香料关键成分感官因子分析研究”，并与河南中烟共同承担了“凸显‘醇香’风格的天然植物靶向提取技术研究”2个增香保润重大专项项目，利用感官导向分析的方法，阐明了桂花净油花香、大茴香油辛香、甜橙油果香、焦麦芽净油焦甜香、红枣提取物烤甜香等香气特征的感官关键成分以及红枣提取物甜味、酸味和梅子、杨梅、杏子提取物酸味关键成分，搭建了天然香料化学组成与其感官特征之间的纽带。研究表明，采用感官导向分析的方法对天然香料进行深入剖析，明确了对特征香韵有关键贡献作用的特色成分组群，并通过研究其可规模化生产的分离制备工艺，能够提高加香加料的针对性和有效性[13-15]。

2013—2015年，江西中烟开展了“金圣本草香品类香气特征分析及本草香特征香原料的开发”项目研究，综合运用香味轮廓评吸、现代仪器分析、信息增益特征选择等分析方法，全面剖析了金圣品牌香气特征，明确了金圣本草香品类化学物质基础，对本草香品类定义、内涵、属性进行了深入的总结概括，较为系统地构建了金圣本草香品类。项目获得中国烟草总公司2016年度科技进步三等奖。

2013—2016年，安徽中烟和郑州烟草研究院等单位开展了“滁菊显效组分的靶向分离及其在焦甜香品类中的应用研究”项目研究，根据滁菊化学成分性质的差异，采用超临界CO_2萃取、亚临界萃取、分子蒸馏和吸附分离等技术，实现了滁菊精油、黄酮、多糖等显效组分的靶向分离，提升了滁菊香原料的综合利用水平，改善了“焦甜香”卷烟的舒适度[16-18]。项目获得中国烟草总公司2016年度科技进步三等奖。

2013—2016年，湖北中烟承担了增香保润重大专项项目“不同制备工艺的特色天然香料在淡雅香品类卷烟中的应用研究”，利用动态逆流提取、闪式提取、亚临界萃取及复合酶辅助微波提取等提取技术，制备了特色烟用覆盆子提取物、广藿香提取物、咖啡提取物、乌梅提取物、茶多酚、烟梗浸膏。利用超临界萃取与分子蒸馏联用技术及高速逆流色谱技术等分离纯化技术，制备了特色烟用万寿菊提取物、八角茴香提取物、香紫苏醇、黄酮类化合物。这些特色香料的开发利用为“淡雅香”卷烟风格的进一步彰显提供了重要支撑。项目获得中国烟草总公司2016年度科技进步三等奖。

2014—2016年，郑州烟草研究院以自立项目的形式开展了“亚临界萃取技术在烟用天然香料提取中的应用”，该项目是行业内首次系统开展亚临界萃取技术在烟用天然香原料精细化加工领域的探索及应用。选取滁菊、烟叶、大枣、小茴香、蒲公英、山楂、玫瑰、葡萄干、葫芦巴9种天然香原料为提取对象，根据材料的不同特点采用了不同的前处理和亚临界萃取过程，并对烟用天然香料制备过程的共性技术进行了比较分析，为亚临界萃取技术在烟用天然香原料的工业化生产和应用提供了理论支持[19-22]。

从目前对于天然香料研究现状来看，烟草行业已经开展了大量天然香料的应用研究，较为全面地掌握了各类新型天然香料的提取和精细化加工技术，开发出了众多新型特色天然香料，满足了卷烟产品的发展要求。但也应该看到大多数提取分离提纯技术仍只停留在实验室的研究阶段，很多天然香料产品需要外协加工，烟草行业尚未真正实现完全自主生产。因此，必须加快烟用天然香料科研成果的工业转化应用，建立行业天然香料加工基地，以满足卷烟生产需求，实现关键核心香料的自我掌控。

（二）烟用合成香料的开发与应用

1. 烟用单体香料

合成香料也是烟用香料的重要组成部分，特别是一些烟草中特有的香味成分，对卷烟产品风格及品质起到了重要作用，因此，烟草行业十分重视这一类合成香料的开发和应用。

1988年，郑州烟草研究院开展了“氧化异佛尔酮的合成研究”项目研究，对合成氧化异佛尔酮的方法进行了研究，并开发出了一种新方法——二次合成法：即以磷钼酸作催化剂，在通氧情况下，催化氧化异佛尔酮，进行第一次合成反应；反应后的粗产物要进行蒸馏处理以便去副反应物；把蒸馏液做原料，以第一次合成相同的原料配比和反应条件进行二次合成。采用二次合成工艺可使氧化异佛尔酮的产率达到50%以上。该项目是我国首次对氧化异佛尔酮的合成方法及生产工艺进行的研究，获得的技术成果已达到国际先进水平[23]。

1988年，郑州烟草研究院立项研究“茄酮及其衍生物的合成”，采用改进的Johnson & Nicholson方法，以哌啶和异戊醛为原料，经Michael加成、Wittig反应等步骤成功合成了茄酮（2-甲基-5-异丙基-1,3-壬二烯-8-酮），总得率为17.6%，然后经Grignard反应进一步制得茄醇（2-甲基-5-异丙基-1,3-壬二烯-8-醇）。另外，以丙酮和盐酸二乙胺为原料，经热诱发的Mannich反应制得了茄酸（2-异丙基-5-氧代己酸）[24，25]。

1989年，郑州烟草研究院实施了“β-甲基戊酸合成路线的研究”项目。β-甲基戊酸是香料烟的重要香味成分之一，当时国内尚未见生产。从仲丁醇出发通过溴代制得代仲丁烷，在乙醇的作用下与丙二酸二乙酯反应制取仲丁基丙二酸二乙酯，然后水解脱羧得到目的产物β-甲基戊酸，总产率达到38%。通过反应物配比以及反应温度和反应时间对产率影响的研究，筛选出了较佳的实验条件和生产流程，并据此进行了放大试验。

1993—1994年，云南烟草研究所的“γ-内酯类香料的合成与应用”项目，以简单的化工产品为起始原料，经缩合、环化等方法制备出γ-壬内酯、γ-庚内酯、γ-戊内酯和双环内酯4个化合物，相关产品已用在卷烟产品中，对改善卷烟香味、吃味具有明显作用，并取得了一定的经济效益。

2000—2003年，郑州烟草研究院开展了“β-二氢大马酮的合成中试研究”项目研究。以β-紫罗兰酮为原料，经成肟反应、环化反应、还原和脱氨反应制备β-二氢大马酮的中试实验。对关键反应——还原和脱氨进行了研究改进，对还原剂进行了选择优化，确定了较为合适的Na/NH_3（l）还原剂和低温还原、酸性脱氨的反应条件，脱氨反应回流时间比文献方法大大缩短。中试合成路线总收率为49.2%，并达到了年生产100kg以上的能力[26]。

2000—2003年，郑州烟草研究院和上海有机所联合开展了“高档合成香料——降龙涎醚的研究开发”项目研究。该项目参考国内外所报道的各种合成路线，并从国产原料供应情况进行考虑，选择从来源丰富的香紫苏中提取香紫苏醇为原料，以高锰酸钾作氧化剂在碱性和酸性条件下两步氧化、再脱水内酯化得到香紫苏内酯，该内酯经硼氢化钠还原并在β-萘磺酸作用下环化合成了降龙涎醚。合成路线的总收率达50%，原材料成本较国外产品也大大降低。

2002—2004年，云南瑞升烟草技术公司开展了“诺卡酮的合成及在卷烟香料中的应用研究”项目。该项目从市售缬草油中分离得到了缬草醇，在稀酸作用下，缬草醇脱水可得到巴伦亚烯；通过对多种氧化体系的选择性试验，找到了叔丁基过氧化氢/次氯酸钠水溶液氧化体系对巴伦亚烯进行氧化得到了诺卡酮（圆柚酮）的技术路线。对诺卡酮进行了卷烟加香试验，诺卡酮对卷烟烟香具有明显的改善作用，在卷烟香精香料中具有广阔的应用前景。

2004—2006年，云南瑞升烟草技术公司实施了“巨豆三烯酮的合成及产业化”项目。该项目以α-紫罗兰酮为原料合成了巨豆三烯酮，将绿色氧化方法成功运用于巨豆三烯酮的合成，建成了年产1.5t的生产线，实现了产业化。

2008—2010年云南烟草科学研究院“卷烟重要致香物（类胡萝卜素降解产物）合成及应用研究”项目，以紫罗兰酮类化合物为起始物，合成了3,4-二氢-3-氧代-依杜兰、四氢依杜兰、α-紫罗兰醇葡萄糖苷、β-二氢紫罗兰醇葡萄糖苷、地支莆内酯葡萄糖甙等多种依杜兰类香料和糖苷类化合物，优化了这些化合物合成条件，并对部分合成化合物进行了卷烟加香试验，考察了在卷烟香精香料中配伍使用的效果。

2012—2014年，湖南中烟承担了“双环γ（δ）内酯类香料的开发与应用”总公司项目。项目以取代环己酮与丙烯酸酯为原料，通过高效的Michael加成反应制得δ酮酯，后经还原、酸化制得八氢香豆素类香料[27]；以4-甲基环己酮与α-卤代酸酯为原料，两步反应制得外消旋的二氢薄荷内酯；开发了以左旋异胡薄荷醇为原料制得手性二氢薄荷内酯的改进工艺；开发出了以3-甲基环己酮为原料两步反应制备薄荷内酯的简便合成工艺。实现了八氢香豆素、薄荷内酯的批量生产和在白沙品牌卷烟生产中的应用。

2. 烟用释放型香料

烟草香味成分一直是烟草行业关注的重点。随着烟草化学研究的深入，研究人员发现，烟草中的糖苷类、糖酯类等化合物在烟草燃吸过程中可以热解释放出酸类、醛类、酮类、呋喃类及芳烃类等香味成分，是烟草香气产生的一个主要来源。因此，在2000年前后，烟草行业开始围绕这类化合物开展了大量研究，并将这类通过加热或燃烧后释放出香味成分的化合物称为“释放型香料”。此类香料挥发性不强，在卷烟存放过程中不易损失，从而使卷烟产品可以在较长时间内保持香气特征的稳定，对卷烟的香味补偿和质量稳定有着重要作用。

2002—2004年，长沙卷烟厂开展了“香料烟特征致香成分前体合成和应用研究”项目，该项目按照致香物向卷烟烟气赋香的机理，合成了两种类型的释放型香料，包括异丙基丙二酸、仲丁基丙二酸、葡萄糖四酯和香紫苏二醇草酸酯，分别用于向烟气释放异戊酸、β-甲基戊酸和降龙涎醚，赋予卷烟烟气以香料烟两种类型的最主要特征香气，烟气谐调性明显提高、烟气柔和细腻，感官质量明显提高[26]。

2003—2006年，河南中烟和郑州轻工业学院共同承担了“一种烟草特有葡萄糖四酯的合成及应用”项目。该项目以β-D-甲基吡喃葡萄糖苷为起始原料，经三苯基氯甲烷选择性保护，异丁酰化、脱保护、乙酰化、无水HBr乙酸溶液处理后水解得到目标产物6-*O*-乙酰基-2,3,4-三-*O*-异丁酰基-*β*-D-吡喃葡萄糖，并进行了工艺条件优化和放大试验。卷烟产品应用试验表明，合成的葡萄糖四酯对提高卷烟香味和改善卷烟的舒适性具有明显效果[28]。

2009—2010年，红塔烟草（集团）公司通过“中式卷烟主要潜香物质分析与合成研究”项目，完成了4大类潜香物质的合成：以自主研发的*β*-葡萄糖苷酶为催化剂，以葡萄糖和相应糖苷配体为原料合成了烟草中存在的系列*β*-D-吡喃葡萄糖苷[29]；以Novezym固定化脂肪酶为催化剂、葡萄糖为底物、醋酸乙烯酯为酰基供体，选择性合成了*β*-D-吡喃葡萄糖四酯；以烟草中存在的氨基酸和葡萄糖为原料，在酸性催化剂的催化下，采用直接结晶的方法，合成了系列Amadori化合物；以葡萄糖和*α*-紫罗兰酮为原料合成了部分烟草中存在的3-氧代-*α*-紫罗兰酮、3-氧代-*α*-紫罗兰醇、3-氧代-*α*-紫罗兰醇乙酸酯、3-氧代-*α*-紫罗兰醇碳酸乙酯、双（3-氧代-*α*-紫罗兰醇）草酸酯、3-氧代-*α*-紫罗兰醇葡萄糖苷。该项目还对上述合成路线获得的烟草潜香类物质在卷烟中的应用进行了评价。

2010—2012年，湖南中烟开展了“甜香类香料释放控制技术研究”项目。研究基于弱配合作用原理，开发了应用乙酸钙等烟用添加剂实现甜香类香料释放控制的新技术，提升了呋喃酮等甜香类香料的香气持久性和加工耐高温性；项目还将乙酸钙与呋喃酮等甜香香料的调配产物应用到造纸法再造烟叶生产中，提高了呋喃酮等香料的加香效果，提升了造纸法再造烟叶的感官质量和配方适用性。

2012—2015年，郑州轻工业学院开展了增香保润重大专项项目“糖类衍生物香味前体物质合成单离及其应用技术研究”。建立并优化了糖苷、糖酯、Amadori化合物等不同香味前体物质的合成技术方法，合成了42种烟草重要香味前体物质，建立了烟草中重要糖苷和糖酯类香味前体物质分离制备方法；研究了42种香味前体物质在不同条件下的裂解产物及相关热解特性[30, 31]，对重要糖苷、糖酯在卷烟中的裂解转移率进行了测定，获得的相关数据和结果对卷烟调香和产品开发具有重要的参考价值。项目获得了中国烟草总公司2017年度科技进步三等奖。

（三）美拉德反应香料的开发和应用

美拉德反应（Maillard Reaction）广泛存在于烟叶的调制、陈化、加工及燃吸过程中，是烟草众多香味物质的主要来源之一，对烟草的品质起着重要作用。研究美拉德反应机理及其影响因素、烟草加工过程中美拉德反应产物的积累规律以及利用美拉德反应制备烟用香料，改善卷烟产品的感官品质，一直是国内外烟草行业的研究热点。烟用美拉德反应香料主要包括原料体系简单的模型反应产物、原料体系复杂的天然提取物反应产物以及结构明确的中间体产物三种类型。

1. 美拉德模型反应香料

针对美拉德模型反应，烟草行业及相关单位开展了大量的相关研究。在20世纪80、90年代，主要是开展了不同类型氨基酸和还原糖在一定条件下进行反应的研究，考察了不同模型体系下，美拉德反应产物（挥发性香味成分、高分子组分）含量的差异、关键香味成分的产生机理、影响美拉德反应的主要因素，进而考察各类美拉德产物在卷烟中的作用效果，筛选出了适合于卷烟加香加料的美拉德反应模型体系。随着相关研究的深入以及卷烟减害降焦的需要，美拉德反应产物的抗氧化性能逐渐受到行业的关注；同时还针对美拉德反应过程的精细化控制、美拉德产物分离加工等方面开展了大量的研究工作[32-36]。

从1986年开始，郑州烟草研究院开始系统研究美拉德反应及其在烟草中的应用。谢剑平等研究了水溶液中天然蛋白质水解液与葡萄糖或其他羰基物，以及在干状态下氨基酸或蛋白质与碳水化合物之间的非酶棕色化反应，考察了反应产物对烟草或再造烟叶的作用，认为棕化产物能增强烟草制品的香气，减少杂气和刺激性；吴鸣系统研究了不同美拉德模型体系中挥发性香味成分的差异性；1994年，罗丽娜开展了无氧密闭体系下的美拉德反应研究，考察了无氧密闭和敞开体系下美拉德反应挥发性香味成分和抗氧化作用的差异[37-39]。

2001年湖南中烟开展了自立项目“多羟基烷基吡嗪类香料开发及其应用”。该项目采用纳（超）滤技术脱除美拉德反应香料中的类黑素、焦糖色素等高分子杂质，采用电渗析技术脱除美拉德反应香料中的铵盐、氯化钠以及游离酸等电解质，解决了美拉德反应香料中由于多羟基烷基吡嗪、类黑素、焦糖色素、电解质等均为非挥发性物质、极易溶于水且极性很强而导致的分离技术难题，首次实现了高纯度2，6-脱氧果糖嗪、2，5-脱氧果糖嗪等多羟基烷基吡嗪香料的批量生产和卷烟调香的应用，并可同时得到Amadori化合物以及DDMP和麦芽酚甜香香料，为烟用香料美拉德反应产物的精细化加工开辟了一条有效途径，有较强的创新性和较好的经济社会效益[27，40-42]。

2005年，郑州烟草研究院承担了科技部项目“新型Maillard烟用香料规模化合成研究”。该项目对两类重要的美拉德反应产物——脱氧果糖嗪和烟草糖胺[43，44]的合成工艺条件及参数进行了研究，实现了两种产物的规模化生产。项目确定了规模化合成工艺流程及工艺条件，并通过增添部分关键的反应设备和处理设备（分子蒸馏装置、膜分离设备和喷雾干燥设备等），建立了一条较为完整的美拉德反应中试生产线，为行业中美拉德反应产物工业化生产提供了参考。项目获得河南省2009年度科技进步二等奖。

2011—2013年，郑州烟草研究院完成了国家局“Maillard反应精细化加工技术研究”项目。该项目针对葡萄糖/谷氨酸、葡萄糖/脯氨酸、葡萄糖/苯丙氨酸和葡萄糖/丙氨酸四个模型体系，系统考察了不同反应条件对初产物烟草加香效果、体系pH、紫外—可见吸收和挥发性香味成分的影响；采用溶剂萃取、凝胶柱层析和阴离子交换柱层析对美拉德反应初产物进行了分级分离，达到了改善产物烟草加香效果的目的。通过对反应条件、分级分离方法以及过程控制与后处理条件的优化研究，项目开发出了2种具有显著烟草加香效果的美拉德反应香料，并针对这两种产品形成了工业适用性强的精细化加工技术。该研究为美拉德反应的深入研究和产品开发提供了思路与方法[45, 46]。

2011—2015年，郑州轻工业学院开展了“羟脯氨酸和糖的美拉德反应及其产物的应用和抗氧化研究”项目。研究了果糖和羟脯氨酸、山梨糖和羟脯氨酸等的美拉德反应，优化了其反应条件，并对产物进行了卷烟加香应用、GC-MS分析和抗氧化性分析。通过正交实验对果糖和山梨糖等糖类分别和羟脯氨酸等氨基酸的美拉德反应条件进行优化研究。结果表明：果糖及山梨糖分别与羟脯氨酸美拉德反应产物中的致香成分为20种，其主要成分为杂环化合物，这些物质是卷烟中的重要香气成分，而且美拉德产物在较低浓度下就具有清除自由基活性的作用。

2. 天然美拉德反应香料

在最初的美拉德反应研究中，大多采用的是单一糖源和单一氮源来制备反应型香料，其香味特征比较单一，而烟用香料追求的往往是香气的丰富性，香气的协调性，以及香气的特征性。以天然植物提取物为基础的美拉德反应物，在彰显美拉德反应香料焦甜香或烘烤香香气的同时，还兼有植物的香气特征。因此，采用植物提取物为糖源或者氮源制备出的烟用反应型香料就可以弥补采用单一糖源或者氮源时所造成的香气成分丰富性、协调性和特征性上的问题，这已成为烟草增香领域的重点研究方向。植物提取物的主要来源有两种：一是直接使用烟草源提取物；二是使用香料、中草药、果蔬等植物提取物。

（1）烟草源物质美拉德反应

烟草在生长和工业化生产过程中会产生烟草花蕾、低次烟叶、碎烟叶等不能直接用于卷烟生产的副产物，利用这些副产物进行美拉德反应制备烟用香精香料已受到越来越多的关注。1990年卷烟工业企业利用烟草花蕾已经制作出白肋烟花蕾香膏、烤烟花蕾香膏等产品，并已经在卷烟生产中得到应用。烟草花蕾中含有丰富的氨基酸与糖类，具备发生美拉德反应的条件。许春平等[47]、白家峰等[48]、胡志忠等[49]先后利用白肋烟花蕾或烤烟花蕾进行美拉德反应来制备香料，与简单萃取浸提的产物相比，利用烟草烟花蕾进行美拉德反应后产物加入烟样后具有美拉德产物特征风味，略有花香，香气量增加，香气质改善，并有特殊的宜人香韵，烟叶的甜润感和细腻感均增加，余味舒适。除了烟草花蕾，利用残碎烟叶或低次烟叶进行美拉德反应制备烟用香精香料的方法也被广泛研究。唐胜等[50]、马海昌等[51]、文冬梅等[52]也分别利用酶来降解烟末、烟梗，进行美拉德反应制备烟用香料，并发现其中的烟草致香成分如糠醛、糠醇、茄酮等不仅被保留了下来并有不同程度的增加。

（2）天然植物美拉德反应

利用香料、中草药、果蔬等植物提取物进行美拉德反应制备烟草香料也是烟草行业的重点研究对象，相关论文、专利已经有了大量的报道，如利用红枣、葡萄、番茄、梨子浓缩物、无花果提取物、甘薯提取物、枫糖、大豆、小麦水解蛋白等植物或其提取物进行美拉德反应（来源：中国烟草科技文献库），既提高了现有烟用香料产品的使用价值，也丰富了烟用香料品种。从文献报道来看，天然提取物的美拉德反应主要方式是利用物理（电离、高压、蒸汽膨化等）、化学方式（酸水解、碱水解）或生物技术（发酵、酶解），将天然植物提取物中的蛋白质、果胶、纤维素多糖等大分子物质水解成为小分子的寡肽、氨基酸和还原糖，然后再适当补充一些氨基酸和还原糖进行美拉德反应。通过这样的处理，天然植物提取物中的一些不良成分减少，香味成分增加，反应物的香气更加丰满，与烟香更加协调，具有更好的应用效果[53-61]。

3. 美拉德中间体香料

美拉德反应中间体是由氨基酸与还原糖发生美拉德反应过程中的一类关键中间产物，这类中间体化合物大多为白色或略带黄色的固体，常温下化学性质相对较稳定，没有气味；但通过加热，很容易裂解产生具有令人愉悦的芳香气味，如吡嗪类、呋喃类以及吡喃类化合物等。在醇化后的烟草中已发现多种Amadori化合物，主要有1-脱氧-1-L-脯氨酸-D-果糖、1-脱氧-1-L-丙氨酸-D-果糖、1-脱氧-1-L-天冬酰胺-D-果糖等，其总含量占烤烟干质量的2%左右。烟草中的Amadori化合物通常可以增加烟草的甜香和烘烤香，改善吸味[62，63]。因此，为了使烟草香气更丰富，国内卷烟工业企业及相关大学都积极开展了美拉德反应中间体的合成研究以及在卷烟加香方面的应用研究。

2006年，彤霖[64]在无水甲醇体系中，用脯氨酸和葡萄糖合成出脯氨酸美拉德反应中间体，研究发现这种中间体具有清除化学体系中活性氧自由基的作用，能有效降低卷烟烟气中的自由基量，评吸结果表明中间体可增强烟香，减轻杂气，增浓柔和烟气，为中间体在卷烟中降害的应用提供了理论根据。

2006年，张铁墩[65]用丙氨酸、脯氨酸、葡萄糖、果糖、甲醇体系在一定催化剂的作用下成功合成了3种美拉德反应中间体——Amadori化合物，并运用IR、MS、NMR进行了表征。利用气相色谱对3种中间体的稳定性进行了研究，发现在水溶液状态下，温度对中间体的稳定性影响较大，固态形式的中间体都表现比较稳定。3种Amadori化合物在不同温度下裂解产物不同，而且高温时裂解产物较多；热解产物主要为醛类、吡嗪类、呋喃、呋喃酮、吡唑、吡咯、吡喃酮等卷烟烟气中重要的致香成分。

2015—2018年，浙江中烟、江苏中烟、郑州烟草研究院、江南大学联合承担了国家局重点项目“美拉德反应中间体的可控制备及其在卷烟中的应用研究”。该项目以还原糖和氨基酸为原料，利用二阶变温美拉德反应中间体可控制备技术，在水相中制备了29种中间体，考察了中间体的抗氧化性能以及在卷烟中的作用；研究了美拉德反应中间体在卷烟加工过程中的变化。研究筛选出多种能够凸显产品风格、提升卷烟品质的美拉德反应中间体，其中，果糖和苯丙氨酸反应得到的Heyns化合物（HRP）类中间体2-脱氧-2-L-苯丙氨酸-D-葡萄糖具有最理想的加香效果[66]。

（四）生物技术香料的开发和应用

美国和欧盟（EEC No 1334／2008）的相关法律对“天然香料”的规定是：以植物、动物或微生物为原料，经物理方法、生物技术法或经传统的食品工艺法加工所得的香料可以等同于天然的香料。由此可以看出，生物合成香料是符合法规所规定的天然香料，并明确其合成途径包括微生物发酵法、酶法和植物细胞培养法3种。这使得越来越多的研究者加入到生物合成的研究中，也使得生物技术在烟用香料中的应用越来越广泛。

1. 发酵工程制备香料

利用发酵技术开发不同类型的烟用香原料一直是行业研究的热点之一。1997年，朱大恒等[67]利用烟末、豆粕、烟秆等作为一株产香菌的发酵培养基培养菌株，然后将发酵产物进行灭菌，再用乙醚作为溶剂萃取得到香料。将这种香料用于卷烟中，能显著改善卷烟香味，使烟气醇和而饱满，并能减轻卷烟杂气及刺激性，具有重要的开发和应用价值。2002年，周瑾等[68, 69]利用菌株u-81将烟叶进行发酵，降解烟叶中的蛋白质，然后在发酵烟叶提取物中添加葡萄糖进行反应，获得了具有类似于可可香味和烘烤香味的反应产物，其能显著提升卷烟品质。2004年，李雪梅等[70]以香料烟烟籽为基质，对微生物菌株PI进行发酵，用发酵产物进行卷烟加香试验，结果表明，卷烟的刺激性降低，吸味明显改善。2006年，红云红河烟草集团开展了“生化技术在构建中式卷烟中的应用——烟叶醇化提质和废弃烟叶再利用”项目研究。该项目研究了烟叶自然醇化过程中微生物对烟叶相关化学成分的影响；利用筛选到的烟碱降解微生物和产香微生物等发酵废弃烟叶，提取致香成分并制备出浸膏；2007年，刘丽芬等[71]利用香茅［Cumbopogoncitratu、（DC）Stapf］产香菌培养发酵后的产物进行卷烟加香试验，结果表明，该产物具有增加烟香、略降低刺激性、明显改善烟气质的作用。2009年，吕品等[72]通过烟叶复合培养基，对白肋烟表面的优势菌进行筛选得到了产香微生物，并用该微生物对咖啡进行液体或固体发酵，得到发酵咖啡烟用香精，该香精具有独特的酸香的香韵特征，添加在卷烟中具有降低刺激性、丰富饱满烟气、掩盖杂气、使烟气柔和等作用。2010年，王娜等[73]利用烟叶碎片制备特色烟草浸膏，采用WY803号产香酵母菌处理烟叶碎片，结果表明，发酵过的烟草浸膏不仅具有增加烟气浓度、丰富烟香的作用，而且可提高烟香细腻度和甜润性，并为卷烟香气赋予特殊的醇和的酿甜香味。2013年，马海昌[74]采用烟梗作为原料，研究了以生香酵母作为最适菌种生产苯乙醇的最佳发酵条件。2015年，赵越等[75]利用饭团球菌发酵叶黄素生产烟用香味物质，结果表明，生物法可以特异性地合成出3-羟基-紫罗兰醇和紫罗兰酮。

2. 细胞工程制备香料

虽然利用细胞工程（Cell engineering）是无法直接制备香料的，但是采用细胞工程的组织培养技术可以实现一些贵重香料植物的快速繁衍和增殖，从而获得更多可利用的香料。另一方面植物的香味成分属于次级代谢物，通常只在已分化的特殊组织中产生，故可以控制培养液的成分和培养的环境，加入引发因子并诱发细胞分裂化成植物特殊组织等，就可以提高其香味成分的含量。目前，烟草中常用的香兰素、玫瑰精油等均能够采用细胞工程进行扩大培养，并进行生物提取。

1986年，黄先甫等[76]初步获得了一套快速繁殖香荚兰的生物技术方法。1988年，崔元方等[77]系统地研究了香荚兰的组织培养技术，通过“丛生芽的诱导”和“微型扦插”使香荚兰的年增殖达千倍以上。1997—2000年，曹孟德等[78-81]系统研究了香荚兰不同部位的外植体愈伤组织的诱导率、形成速度及诱导状况等，考察了碳源、氮源、吸附剂、诱导物及前体物对香荚兰细胞悬浮培养产生香兰素的影响，并采用薄层层析法及高效液相色谱法对香荚兰愈伤组织及培养物中的香味复合物质等进行了鉴定。.

为了加快精油玫瑰产业化进程，利用细胞工程对优良玫瑰品种进行无性繁殖技术快速扩大培养，已成为关键因素。2004年，崔力拓等[82]研究并初步建立起了大马士革精油玫瑰的组织培养体系，通过试验选择出了适宜的外植体，为尽快建立起无性繁殖体系提供了依据。同年，杨志等[83]对野玫瑰进行诱导分化、增殖、生根、移栽，从而筛选出诱导愈伤组织、芽苗形成的最佳激素组合。2011年，赵蓓蓓等[84]通过启动萌芽培养、继代增殖培养、生根培养等，探讨了大马士革玫瑰各个阶段使用的最佳培养基配方组合，同时对体外植体的取材时间、外植体类型、不同灭菌处理方案等进行了系统研究。2012年，王勇刚等[85]对紫芙蓉玫瑰组培快速繁殖技术进行了系统研究。这些研究对精油玫瑰的快速繁殖、规模化生产等进行了优化选择，取得了可喜的成果。

3. 酶工程制备香料

烟草行业酶工程的应用主要有两个方面：一是利用淀粉酶、蛋白酶等生物活性酶单一或复合对烟叶进行处理，将烟叶中大分子的淀粉、蛋白、纤维素等成分进行降解，生成小分子糖类或香味成分，从而提高了烟叶的抽吸品质；二是利用酶催化的方式进行一些新型香料的合成研究。

在酶制剂处理烟叶方面，行业开展了较多研究，利用酶制剂对复烤烟叶、再造烟叶、膨胀梗丝以及废弃烟叶等进行处理，可以有效改善烟叶品质，该方法具有较好的应用价值和发展前景。1998年，赵铭钦等[86]利用4种由优势增香菌种和高生物活性的α-淀粉酶、蛋白酶等配制而成的烟草发酵增质剂，对人工发酵和自然陈化过程中的烤烟烟叶的增质增香效果进行了研究。结果表明，烟草发酵增质剂具有促进烟叶内部有机物质的分解与转化、加速烟叶的发酵进程、缩短发酵周期、提高烟叶品质等作用。2001年，张立昌等[87]在烟叶打叶复烤时添加了复合酶制剂。该制剂可明显增加卷烟香气、减轻青杂气和刺激性，改善卷烟吸食品质。2007年，夏炳乐[88]将淀粉酶、蛋白酶、糖化酶、纤维素酶和果胶酶等进行配比，并加入适量的复合活性添加剂，将其混合溶解制成酶液后添加到烟叶中进行醇化试验。结果表明，与自然醇化的烟叶相比，采用生物酶处理后可加速总糖、总氮、烟碱及挥发性碱的降解，同时香味物质总量增加，感官质量明显提升，醇化时间缩短。2015年开始，蒙昆公司与中科院草原研究所合作开发出多种酶制剂，用于梗丝和低次烟叶的处理，取得了较好效果，梗丝在配方中的使用比例得到大幅提高。

在酶催化合成香料方面，虽然行业内研究得不是很多，但也取得了一定成绩。2004年，涂洁等[89]以固定化脂肪酶作为生物催化剂，在非水相反应体系中初步合成了葡萄糖月桂酸酯，并得到了影响酯化反应的包括温度、pH、初始水活度、分子筛添加量等影响因素在内的最适宜反应条件。2008年，毛多斌[90]采用酶催化技术选择性合成了异丁酸、异戊酸、2-甲基丁酸和3-甲基戊酸4种葡萄糖四酯目标产物，同时研究了合成工艺技术路线和最佳条件、目标产物添加到卷烟后燃吸时的裂解转移规律，优化并确定目标产物在卷烟中的作用效果和最佳用量，为这类物质的人工合成及在卷烟中的应用奠定基础。2009年，李鹏等[91]以Novo435脂肪酶作为生物催化剂，叔丁醇作为反应溶剂，用异戊酸、正己酸、正辛酸、月桂酸分别合成相应的脂肪酸葡萄糖酯，并对反应产物进行加香作用评价。结果表明，添加相应的脂肪酸葡萄糖酯后，卷烟的香气量显著提高，杂气明显减少，烟气细腻柔和程度也有一定的改善。

2007—2011年，湖北中烟开展了“生物技术制备特色烟用香原料的研究”项目研究，以果胶酶、中性蛋白酶等酶为代表的酶法降解果汁和烟草废料提取物等对卷烟感官质量不利的生物大分子，生成对卷烟感官质量有利的小分子物质，提高香料品质的研究；以β-葡萄糖苷酶为代表的酶法处理花类提取物，使香气前体物有效释放，丰富香料香气的研究；以丁酸梭菌、生香活性干酵母、酿酒活性干酵母等为代表的微生物发酵天然植物的根、茎、叶、花、果实的提取物，产生特色酸香、甜香、酒香等香气，赋予香料独特的研究。构建了酶法和微生物发酵法制备特色烟用香原料的生物产香技术体系，搭建了生物香料的实验室研究、中试验证、生产转化、香精调配应用和在卷烟中应用的技术开发及应用平台。

2010—2012年，湖北中烟还开展了“天然香料的微生物转化生产及应用研究”课题，发现了3株产天然香兰素的新菌株，包括桑肠杆菌、食甲醇芽孢杆菌和植生拉乌尔菌，经发酵生产得到多种天然发酵型生物香料，其中20余种已应用于黄鹤楼品牌卷烟中。

第三节
烟草调香技术

卷烟调香技术是构建中式卷烟的核心技术，是形成卷烟产品风格特色的关键技术，对于塑造产品风格、提高卷烟香气质量和改善抽吸品质起着决定性的作用。2003年为定位中国卷烟整体风格，提升中国卷烟与国际大品牌抗衡实力，增强市场竞争力，提炼中国卷烟共同属性与消费需求，国家烟草专卖局以科学发展观为指导，创造性地提出了"中式卷烟"概念，这为中式卷烟调香技术的发展奠定了基础。烟草行业紧紧围绕"中式卷烟"的目标，先后系统研发了一套全面的香精香料作用感官评价方法，考察了不同类型香料在卷烟中的作用、阈值以及转移行为，建立了不同类型烟草制品的加香加料技术体系，培养了一支高水平的烟草调香技术人才队伍。此外，行业根据学科发展趋势，开展了数字化调香技术研究，并取得了较好的研究成果。

（一）中式卷烟香精香料感官评价方法

感官评价是检验烟草及烟草制品质量的重要手段，也是检验香料效果与调香价值的重要方法。长期以来，国内外烟草科技工作者在卷烟产品感官特征评价方法研究上做了大量工作，自1988年起，我国陆续出台了与香精香料相关的感官评价系列标准，这些标准大都以国际标准为参考。如1998年颁布的YC/T 138—1998《烟草及烟草制品感官评价方法》针对烟草及烟草制品的产品设计、开发和质量控制，提供了定量描述检验、标度检验、三点检验、"A" - "非A"检验和成对比较检验5种适应不同要求的感官评价方法；2005年颁布的GB 5606.4—2005《卷烟　第4部分：感官技术要求》通过光泽、香气、谐调、杂气、刺激性、余味6个指标实现了对卷烟感官质量的控制与监督。这些评价方法为行业所熟知，对卷烟的符合性检验和比较其一般特征而言，是一种比较好的方法。但它也有一定的局限性，比如应用这种方法得到的感官评价结论，不易直观地判定出不同卷烟产品风格特征的差异，而且也无法表征出不同类型香料在卷烟中作用的细微差别。针对这些问题，此后随着卷烟感官分析与评价技术研究的不断深入，行业在原有评价方法的基础上，相继推出了不同特点的卷烟感官评价方法。

2004年，作为"卷烟调香工程方案"先导性项目的"中式卷烟香精香料核心技术研究"通过对国内外评价方法的分析，同时结合国内烟草香料行业的现状，制定了"香料单体在卷烟中的作用评价方法"[92]，确立了包括从对评价员、评吸环境的要求，到加香样品的制备、评吸、结果统计的一整套方案，为烟草香料的作用评价提供了一个统一的平台。项目成果"香料单体在卷烟中的作用评价方法研究"获得中国烟草总公司2010年度科技进步三等奖。

2008年，国家局增香保润重大专项项目“中式卷烟风格感官评价方法研究”在香味轮廓分析法的基础上，制定了“中式卷烟风格特征感官评价方法”，筛选出烤烟烟香、晾晒烟烟香、清香、果香、辛香、木香、青滋香、花香、药草香、豆香、可可香、奶香、膏香、烘焙香、甜香等15种可对中式卷烟风格进行系统表征的代表性香型/香韵。2014年，项目相关研究成果形成了YC/T 497—2014《卷烟　中式卷烟风格感官评价方法》，该标准规定了中式卷烟风格感官评价的术语及一般要求，适用于中式卷烟风格特征及品质特征的评价与分析，也适用于中式卷烟产品设计、维护和评价过程中风格特征及品质特征的一致性检验，为中式卷烟的调香定义了标准、指明了方向。项目成果获得中国烟草总公司2011年度科技进步一等奖。

2010年，国家局增香保润重大专项项目“烟草制品感官舒适性评价技术研究”确定了根据人体感觉器官（口腔、喉部、鼻腔）的特点及烟气感受对卷烟感官舒适性进行分部位感官评价的要素划分方式，建立了能够以直观图表和量化数据的方式对卷烟感官舒适性进行定性分析以及定量比较的“卷烟感官舒适性评价方法”。2014年，项目相关研究成果形成了YC/T 496—2014《卷烟　感官舒适性评价方法》，为行业进行卷烟产品感官舒适性的分析评价工作提供了判断依据和量化方式。

2012年，国家局增香保润重大专项项目“300种烟用香料增香、改善舒适性评价”在行业前期积累的基础上，将国外食品和饮料领域广泛使用的感知标示量度（Labeled Affective Magnitude scale，LAMs）引入到国内烟草行业的感官评价工作中，建立了“基于感知标示量度的卷烟感官评价方法”[93]。同时，通过嗅香评价、在共性参比卷烟和6种区域参比卷烟中作用评价、基于“中式卷烟风格特征感官评价方法”的增香效果评价、基于“卷烟感官舒适性评价方法”的改善舒适性效果评价等一系列工作，建立了一套较为完整的烟草香料评价方案。

（二）烟用香料在卷烟中的转移行为

自20世纪60年代开始，国外已开展了薄荷醇、苯甲醛等个别单体在卷烟燃吸时的转移行为研究。我国也对醛、酮、醇、酯、脂肪酸类等烟用香料在卷烟中的转移行为均有研究。一直以来，烟用香料在卷烟中转移率的研究按国家标准进行抽吸，采用同时蒸馏萃取、溶剂萃取等方法提取香味成分，采用气相色谱技术（GC）或气相色谱/质谱（GC/MS）联用技术进行分析。研究发现，烟用香料在卷烟中的转移行为不仅与香料单体的分子质量、沸点、挥发性等自身理化特性有关；还与烘丝方式、加香位置、溶剂、保存条件、卷烟材料设计参数、卷烟焦油量、环境温湿度及抽吸的口数等因素有关。

2004年，国家局重点项目“香料单体在卷烟中的转移行为研究”成功开发出了一整套评价香料单体在卷烟中转移行为的系统方法，通过对8类不同官能团105种代表性香料单体在加香卷烟保存和燃吸过程中的烟丝持留、滤嘴截留、散失和转移情况及^{13}C标记的部分香料单体与常规香料单体在卷烟中的转移行为对比，证明了代表性香料单体在卷烟中转移行为评价方法的可行性。利用该方法研究人员获得了不同官能团的香料单体在卷烟主流烟气中的转移率、烟丝持留率、滤嘴截留率、滤嘴迁移率和散失率的大量信息，为调香技术人员准确把握相关香原料的应用提供了科学依据[94，95]。

2008年，蔡君兰等[96，97]分析了C_5~C_{14}的10种脂肪酸类香料单体、15种醇类香料单体在卷烟中向烟气粒相物和滤嘴中的转移率，发现戊酸至十四酸等8种同系酸向主流烟气中的转移率随分子质量增大而增大，烟丝持留率、散失率、滤嘴截留率和滤嘴迁移率变化的规律性较差；戊酸和异戊酸、3-甲基戊酸和己酸，其散失率、主流烟气转移率、滤嘴迁移率和滤嘴截留率则较正构的高。醇类同系物香料中，小分子质量低沸点的香料单体烟丝持留率和主流烟气粒相转移率相对较低，散失率相对较高；大分子质量高沸点的香料单体滤嘴迁移率和滤嘴截留率相对较低；11种醇类香料单体的侧流烟气粒相转移率低于其主流烟气粒相转移率，有4种醇类香料单体则相反。

2008年，刘强等[98]发现当丙二醇作溶剂时，所选醇类香料中沸点较低的单体在主流粒相中的转移率较高；三醋酸甘油酯和丙二醇混合后做溶剂时，所选醇类香料中沸点较高的单体在主流烟气粒相中的转移率较高。

2009年，李春等[99-101]研究了卷烟材料参数、卷烟焦油量及保存条件对醛、酯、酮、醇类香料单体迁移率的影响。发现随着成型纸、接装纸透气度的增加，醛、酯类香料迁移率减小，随着接装纸打孔距唇距离的增加，醛类迁移率增加，酯类迁移率也有变化。中等透气度卷烟纸有利于香料的烟丝持留和向滤嘴的迁移；随着卷烟纸克重数的增加，香料的烟丝持留率和滤嘴迁移率变化都较小。沸点较高，分子质量较大的香味成分的转移率基本不受卷烟纸透气度和克重数的影响。

2011年，张杰等[102]发现12种醛酮类香料烟丝加香时向滤嘴中的迁移率均高于滤棒加香向烟丝中的迁移率；滤棒加香更有利于低沸点醛酮类香料向主流烟气粒相中的转移；互为同分异构体的醛、酮随沸点升高烟气转移率增大。

2012年，翟玉俊等[103]研究发现随着接装纸和成型纸透气度的增加，烟气中碱性香味成分释放量降低；成型纸透气度对烟气中碱性香味成分影响较小，接装纸透气度对烟气中碱性香味成分影响显著。香料的迁移率与卷烟的焦油量呈正相关；相同官能团香料单体，低沸点和高沸点香料迁移率随焦油量变化较小，中高沸点香料迁移率随焦油量变化较明显。密封体系有利于提高低沸点香料在烟丝中的持留率和在滤嘴中的转移率；密封保存，在滤嘴中的转移率随香料单体的沸点增加而减小；敞开保存，在滤嘴中的转移率随香料单体的沸点增加先增大后减小[104，105]。

2012年，贾玉国等[106]分析了经薄板烘丝与HXD烘丝后10种外加香料（沸点均在128℃以上）的持留率，发现两种烘丝方式的外加香料持留率相差不大，薄板烘丝略高于HXD。白新亮等[107]研究发现环境温湿度对醇、醛、酮、酯、酚、内酯、杂环、酸类等39种烟用香料的转移率均有较大影响。2013年，杨君[108]等发现卷烟纸透气度对主流烟气（MS）粒相平均转移率的影响要大于环境湿度的影响，而卷烟纸克重数与环境湿度的影响均相当。张艇等[109]发现主流烟气总粒相物中的12种外加醛酮类香料随抽吸口数增加，逐口转移率总体呈增加趋势，部分香料增加到最大值后缓慢降低。

（三）烟用香料的作用阈值

香味学中的阈值是指香味物质在一定介质中被人的感官所感受到的最低浓度值，理论上包括嗅觉阈值和味觉阈值。在食品工业领域，国内外对香料阈值的测定及应用技术已有长期、系统的研究，并形成了一套阈值测定的通用检测方法和标准[110，111]。与食品工业中的香料阈值概念不同，烟草行业更加关注的是烟用香料的作用阈值，即香料在参比卷烟中经感官评吸判定起作用的最低浓度值。通过对烟用香料作用阈值的评定，能够判断烟用香料多成分香味体系中的关键组分并对其进行筛选，确定哪些成分在彰显卷烟香气特征时起关键作用以及这些成分对卷烟香味的贡献程度等，从而有针对性地开展卷烟调香工作，并构建卷烟调香新技术。

2006年在郑州烟草研究院在国家局重点项目“香料单体在卷烟中的作用评价”研究中，研究人员应用三点检验法进行烟用香料作用阈值评吸，以80%显著性水平确定了6种天然香料单体和9种代表性合成香料单体在卷烟中的作用阈值，这对于有效掌握调香过程中香料单体的用量具有重要意义[112]。

2014年，国家局组织郑州轻工业学院、河南中烟、郑州烟草研究院等单位共同承担“卷烟调香”重点科技项目“烟草重要香料作用阈值研究”，项目借鉴国内外在食品工业领域中的香料阈值评价等方法，建立了一种科学系统、操作性强的烟用香料作用阈值感官评价的新方法[113]。该方法由评价要求、样品制备、香料作用阈值的初筛和香料作用阈值的确定4个部分构成；利用黄金分割法筛分阈值范围，可提高评定过程的科学性和高效性；利用显著性检验方法检验评价结果，可保证评定结果的准确性和可靠性；利用该方法确定了37种代表性烟用香料的作用阈值范围在8.43×10^{-14}~9.26×10^{-3}ng/支。

随着烟草感官组学研究的深入，卷烟烟气中一些重要的香味化学成分的活性阈值受到了行业关注，香料的活性阈值是指香气成分在烟草烟气中的浓度与其作用阈值的比值。采用活性阈值可度量烟草基质条件下香气成分对烟草香气的贡献度。香气成分活性阈值越大，其对体系香气的贡献度也越大。2017年，河南中烟利用GC-MS技术开展了一些重要的碱性、中性及酸性香味成分在卷烟烟气中释放量的分析，并计算出各香味成分的活性阈值，比较并分析了不同香气成分对卷烟香气风格的贡献程度，确定了彰显卷烟香气风格的多种关键香气成分，为卷烟调香提供了重要参考[114-116]。

（四）卷烟加香加料技术体系

随着中国烟草行业的发展，中国卷烟的形式和内涵也在不断地发展和变化，中国消费者对卷烟的需求也发生了深刻变化，因此，烟用香精香料行业也紧紧围绕烟草行业的发展要求，先后开展了40级烤烟、混合型卷烟、低焦油卷烟、新型烟草制品等不同类型烟草制品的加香加料技术研究，同时还开展膨胀烟丝、膨胀梗丝、再造烟叶以及卷烟辅材的加香加料研究，形成了较为完整的具有中国特色的中式卷烟加香加料技术体系。

1. 中式烤烟型卷烟加香加料技术

20世纪90年代以前，烟草行业的卷烟加香加料技术水平较低，没有开展过系统深入的卷烟加香加料研究，卷烟生产使用的香精香料大都是从一些食用香精企业购买，卷烟厂仅仅进行一些转化糖等糖料的加工。烟草调香也大都是依靠经验进行简单调配，缺乏针对性和目的性。随着人们生活水平的日益提高，消费者对卷烟的品质、风格提出了更高的要求，烟草行业越来越重视香精香料对卷烟的贡献，并逐步开展了卷烟加香加料的系统研究。

1996年，我国全面推行了烤烟（40级）分级标准，各卷烟厂都面临配方转换任务，需要用40级标准的烟叶来设计叶组配方。为此，郑州烟草研究院实施了“（40级）烤烟烟叶加工及香精香料研究”项目，对贵州、河南、湖南、山东100个左右（40级）烤烟样品进行常规化学成分分析，并对其内在质量进行评吸，做出了较为全面的内在质量综合评价，对各等级的特点进行了讨论。对100多种单体香料在（40级）烤烟中的加香作用进行评定，为（40级）烤烟加香加料提供参考，并在此基础上，通过配伍性试验，研制出适用于（40级）烤烟的香精料液，对40级配方转换和卷烟质量提高起到了积极作用。

2003年，“中式卷烟”被正式确定为中国卷烟产品的发展方向，国家局要求“中式卷烟”的研究和开发必须把握“高香气、低焦油、低危害”的原则。但是，降低卷烟焦油量难免会造成香气损失，降焦与保香的矛盾成为技术问题的核心，如何在减少烟气中有害成分的同时保留或补偿其香气成分，是卷烟产品开发过程中长期存在的共性问题。

2004年，郑州烟草研究院主持行业科技重点项目“中式卷烟香精香料核心技术研究”，行业10家单位参与项目合作攻关。该项目系统开展了100多种香原料在不同风格参比卷烟中的作用评价，筛选出适合于中式卷烟的香料品种；项目重点开展了低焦油卷烟香味补偿技术研究，提出了低焦油卷烟选择性香味补偿方法，确定了香味补偿评价指标。项目成果在“红塔山”（铂金）、“中华”（10mg）、“芙蓉王”（钻石）中得到了应用，产品在保持风格特点的基础上香气量增加，余味改善，效果显著。

此后行业各中烟公司纷纷开展了中式卷烟调香技术研究。2006—2010年云南、湖北、山东、福建、江苏和广西中烟先后完成了单体香料在各自品牌卷烟中的作用评价，建立了香精香料实物样品库和感官作用评价数据库，开发出符合自身产品发展需要的功能性香基并应用到卷烟产品中。

2010—2015年，云南中烟启动了“云产卷烟自主调香核心技术研究及应用”项目。项目立足于提升彰显云产卷烟风格和品质特征、提高云产卷烟自主调香水平，依据层次分析法、模糊数学基本原理，对云产卷烟风格特征和品质特征组成要素及贡献度进行了深入研究。通过5年的研究，云南中烟构建了卷烟特征层次调香方法，开发了适用于云产卷烟风格特征的系列关键香原料，并对部分重要的天然香料、香基和香精进行了剖析仿制，有效提升了云产卷烟的自主调香水平。项目获得了中国烟草总公司2015年度科技进步一等奖。

2012年，郑州烟草研究院联合多家中烟公司，开展了重大专项项目“300种烟用香料增香、改善舒适性评价”。共完成了304种烟用香料在共性参比卷烟中的作用评价，筛选出具有明显增香效果的烟用香料50种、具有明显改善舒适性效果的烟用香料30种。通过300余种烟用香料的系统评价过程，加深了项目参与企业技术人员对香料自身及在卷烟中作用的理解和认识，为行业自主调香提供了有力的技术和人才支撑。

2015年，为了提高行业应用单体香原料自主调香技术水平，国家局启动了由湖南中烟主持、郑州烟草研究院等行业内外9家企业共同参与的“基于烟用香原料特性的数字化调香技术平台研究”项目。项目立足于行业卷烟自主调香技术上水平的目标，根据卷烟调香配方设计原则，从单体香原料自主调香层次，结合大量的分析检测、感官评价和应用研究，集成人工智能技术和化学计量学算法等，设计开发出了卷烟数字化调香技术平台。通过深入研究，项目建立了与中式卷烟风格密切相关的香原料实物库，涵盖344种香原料；研究建立了单体香原料嗅香、卷烟加香嗅香、卷烟加香风格特征评价方法及配套的香原料感官评价数据库；研究构建了包含香原料色谱指纹图谱库、保留指数库、天然香原料特征成分库、基础理化信息等多项指标的香原料香味描述数据库；通过天然香原料ODP-GC/MS技术研究，发现了多种天然香原料中阈值低、香气强度高的成分；实现了香料和合修饰技术在数字化创香中的应用；进行了数字化调香算法开发和应用，开发了辨香、仿香、创香一体的数字化调香专家系统，搭建了香精配方设计和调配的智能化平台，实现了“精准辨香”“智能仿香”“数字创香”的行业应用。项目获得中国烟草总公司2019年度科技进步一等奖。

2. 中式混合型卷烟加香加料技术

混合型卷烟自1913年在美国诞生以后，很快风靡全球。但是在新中国成立后至改革开放前，我国卷烟市场受美式混合型卷烟的影响很小，国产混合型卷烟在相对封闭的国内市场中缓慢起步[117]。这一阶段，上海、广州、武汉等地卷烟厂陆续试制并生产了一些混合型卷烟，产量逐年增长，并有少量销往香港特别行政区和东欧市场。改革开放后，以555和万宝路为代表的英式烤烟型和美式混合型卷烟迅速抢滩中国市场。中国烟草行业在国家局、总公司的统一领导下积极应对，培育壮大了包括中南海、都宝、金桥、羊城等在内的一批混合型卷烟品牌。

1988年，行业提出了“改造烤烟型，发展混合型，稳定雪茄型，开发疗效型”卷烟的发展战略，加快了混合型卷烟的发展速度，不少卷烟企业也加大了混合型卷烟香精香料的研发力度。1987年，刘钟祥[118]就混合型卷烟的烟叶配方及加料加香开展了探索研究；1990年周浦檀[119]也开展了混合型卷烟料液设计和施加工艺的探讨研究，认为混合型卷烟的料液配方设计应根据不同的烟叶品质而定；对加料物质的使用比例和添加顺序不可忽视；在料液中添加香料物质，具有显著的增香和改善吃味的效果；里料宜采用较低的料温施加；表料宜采用较高的料温施加。当时相对于比较成熟的烤烟型卷烟的加香加料技术来说，我国混合型卷烟的加香加料技术则比较落后，主要问题是烟香与加香不协调，浑然一体的效果差；国外混合型卷烟加香较重但很协调，国内卷烟加香稍多即显露且余味不舒适。其主要原因：一是基础研究不够，对现有的香料单体及添加剂在混合型卷烟中的作用没有进行系统性的研究，认识比较模糊，缺乏深入了解；二是混合型香原料的研究开发落后，可供选择的香原料受限；三是混合型卷烟加香加料的调配技术与经验不足。因此，大力加强混合型卷烟的加香加料技术研究就显得尤为关键。

1991年，云南烟草研究院开展了“混合型卷烟烟用香精的研制开发和应用”项目研究。研究剖析了国内外名牌烟用香精香料70多种，为混合型烟用香精的调制提供了基础资料。开发研制了烟用香精200多种，合成了美拉德反应物120种，提取并应用了一系列天然香料及合成香料。将研制的香精香料用于新混合型“南鸽”牌卷烟等产品中，基本达到了研制要求，取得了较好的经济效益。

1997年以后，行业加大了对混合型卷烟关键技术攻关的投入，国家局、总公司制定了具有指导作用的低焦油混合型卷烟开发实施方案，许多企业开始从不同的角度研究混合型卷烟加香加料技术。1997年，郭俊成[120]以烟叶化学成分分析为基础，采用优化设计对白肋烟料剂及高温烘干处理工艺参数进行了研究，对白肋烟料剂及处理工艺参数进行了优化设计。王月霞[121]根据白肋烟叶的化学组成特点，从参与或催化中和反应及棕化反应方面提出了糖、酸、碱白肋烟料剂处理法，并在此基础上提出了糖酸和糖碱混合物两种基本白肋烟料剂处理法。初步试验结果表明，糖酸和糖碱混合物均有减轻白肋烟杂气、降低刺激和改善吸味的作用，糖碱混合物的处理效果比糖酸稍好。

1996—2002年，郑州烟草研究院承担了国家局“混合型卷烟加香加料技术研究”项目，开始了混合型卷烟加香加料的系统研究。项目首先对糖类、有机酸、吡嗪类和吡啶类等98种香料单体及添加剂在混合型表料中以及酯类、挥发性有机酸、吡嗪类、吡啶类、焦甜类、酮类和膏香类等88种香料单体及添加剂在混合型表香中的作用进行了系统研究，重点从风格特征、丰满程度、协调性、细腻程度、凝聚性、杂气、刺激、余味等方面筛选出了若干种显效的香料单体及添加剂，然后在这些香料单体及添加剂作用研究的基础上调配出5种适用于混合型卷烟的并且能够改善混合型香气、降低刺激、掩盖杂气、改善余味的单体组合（香基），提出了混合型卷烟表料和表香的调配模式，并由此研制出了数十种混合型卷烟专用表料和表香产品[122]。白肋烟的处理是混合型卷烟加料的重点，项目对白肋烟处理中的10种糖类、9种氨基化合物、9种有机酸和6种吡嗪类进行了实验，重点研究了43种香料单体及添加剂在白肋烟处理过程中的作用，从风格特征、丰满程度、细腻程度、凝聚性、杂气、刺激、余味等方面筛选出了若干种显效的香料单体及添加剂；然后在这些香料单体及添加剂作用研究的基础上调配出3种适用于处理白肋烟的，能够改善香气、降低刺激、掩盖杂气、改善余味的单体组合（香基），提出了白肋烟处理里料的调配模式，并由此研制出了22种混合型里料[123]。

2000年胡建军等[124]分析了国产白肋烟叶的质量特点，根据国产白肋烟的质量实际，提出了国产白肋烟处理要重视的料液配方的拟定，不能照搬文献上的做法，尤其要注意选择酸和糖的种类及用量，并适当加入烟草提取物；国产白肋烟处理宜采用130~140℃高温烘焙，同时处理过程中要确保烘焙温度和烘焙时间的准确性。

由于我国卷烟市场长期以来以烤烟型为主导，消费者多年形成的吸食口味具有很强的惯性，不容易接受混合型卷烟，另外，随着中式烤烟型卷烟大力实施减害降焦措施，不断加强产品创新和市场营销，混合型卷烟低焦优势不再，消费者逐渐流失，消费需求处于低迷状态。2013年，中式混合型卷烟市场份额已降至1.0%，比2008年缩减一半，仅为1993年市场份额的1/6[125]，因此混合型卷烟加香加料的相关研究也相应减少。

3. 烟叶复烤加料技术

20世纪90年代，随着打叶复烤的推行，在打叶复烤过程中进行加香加料技术已成为烟草行业的研究课题之一。打叶复烤加香加料技术主要是在复烤前对片烟进行加料和复烤后对片烟进行加香处理的一种新技术，其目的主要是有针对性地掩盖烟叶的内在缺陷，改善烟叶品质，从而提高烟叶的可用性。2004年，牟定荣等[126]针对云南烤烟复烤片烟B2F，研究了自然陈化过程中加料和未加料云南复烤片烟B2F香味成分（中性、酸性和碱性）、pH以及感官质量的变化。2005年张晓兵等[127]考察了加料复烤对烤烟烟叶主要化学成分、香味成分和感官质量的影响，研究表明大多数加料烟叶样品的化学成分下降幅度明显大于未加料样品，且随着放置时间的延长，二者的区别逐渐减小；在香味成分上，加料复烤烟叶样品的香味物质的增加量要大于未加料的样品，尤其在复烤后放置较短的时间时，加料样品的香味物质的增加速度要明显快于未加料样品；在感官质量上，加料的烟叶样品要优于同处理阶段的未加料的样品，且在复烤后放置初期，这种效果比较明显。2007年，陈长清等[128]考察了不同添加剂对复烤烟叶品质的影响，认为施加添加剂后复烤的烟叶样品内在化学成分趋于协调，评吸质量得到了提高，而施加酶与料液混合制剂复烤效果最好。可见，复烤加料能有效提高复烤烟叶的品质，特别是在降低复烤烟叶的青杂气，减少刺激、改善口感等方面有较为明显的作用。复烤加料还能大大缩短烟叶的醇化期，并能在一定程度上延长烟叶的最佳醇化期。

2012—2014年，山东中烟开展了“打叶复烤加料技术在‘泰山’品牌中的应用研究”，通过应用打叶复烤加料技术，使烟叶质量缺陷明显消减，香气、杂气和舒适性等指标明显改善，烟叶使用价值提升，卷烟产品风格特征无明显变化，香气、杂气、刺激、余味指标均有不同程度的提升。

2013—2017年，福建武夷烟叶公司和郑州烟草研究院等多家单位承担了国家局重点科研项目“复烤加料加香对烟叶品质影响的研究”，对国内主栽品种主要等级烟叶进行了系统的复烤加料加香技术研究。通过研究，确定了复烤加香加料原则，形成了复烤加香加料技术体系，开发出多种专用复烤加料加香香精和酶制剂产品；通过复烤加料，烟叶自然醇化期可缩短3~6个月，最佳使用期延长12~24个月；烟叶可用性显著提升，在卷烟配方中的使用比例可提高5%以上，使卷烟提高了一个档次。项目还研发了一套具有自主知识产权的打叶复烤加料加香系统，建立了复烤加料生产线，满足了复烤加料、加香、加酶等不同加工工艺要求，形成了一套具有推广应用价值的打叶复烤加料加香工艺技术标准，为行业打叶复烤加料加香生产提供了技术保障[129，130]。

通过复烤加料技术体系的构建，为重塑打叶复烤环节在烟叶产业链中的功能定位、实现打叶复烤技术升级提供了有力的技术支撑。

4．“三丝”加料加香技术

“三丝”通常指膨胀烟丝、梗丝和再造烟叶丝，是卷烟叶组配方的重要组成部分。“三丝”的使用不仅减少了烟叶原料的耗用量，同时还能发挥调节烟支结构、降低卷烟焦油释放量、减少卷烟危害等作用。但也带来产品刺激性增大、干燥感增强、香气减少等感官品质的缺陷。这些缺陷限制了掺配物在卷烟产品中的使用量和使用范围。因此，通过加料加香、工艺处理等手段提升“三丝”的使用价值，在保证产品质量的基础上，拓展了“三丝”在产品中的使用范围，从而更好地发挥了降成本、降低危害性的作用。

（1）膨胀烟丝加香加料

由于膨胀烟丝所选用的原料大部分是杂气、刺激较大，感官品质相对较差的低等级烟叶，膨胀后的烟丝存在加工适应性减弱、造碎增加、保润性能变差、香气量损失大等缺点，会严重影响其在卷烟配方中的使用，因此，烟草行业将努力通过加香加料来提高膨胀烟丝的使用价值。但是由于烟丝在膨胀过程中会有大量的香味成分被萃取，造成香精香料可能被无效添加，因此，膨胀烟丝很少进行膨胀前加料，一般都是在膨胀后与正常烟丝一起进行加香处理。

2003年，刘维娟[131]采用固定化酶技术自行研制开发出了一种生物改性添加剂，并将该添加剂应用于膨胀烟丝中。结果表明，新型烟草添加剂可明显改善膨胀烟丝的品质，有效提高其工业可用性，具有较好的应用前景。

2004年，廖旭东等[132]开发了一种新型香料，这种香料添加到膨胀烟丝后，可以在烟丝膨胀破裂的表皮细胞表面形成一种保护膜，改善烟丝表面的亲水性能，还能提高膨胀烟丝主流烟气的水分量，改善烟丝的感官品质。

2010年，福建中烟和郑州烟草研究院共同开展了"CO_2膨胀烟丝保润技术与香气补偿技术研究"项目，评价了桂花酊、玫瑰油、秘鲁浸膏、枣酊、香荚兰豆酊、甜橙油等50多种单体香料和添加剂在膨胀烟丝中的作用，筛选出了适用于膨胀烟丝香味补偿的单体香料，开展了膨胀烟丝加料香精的调配研究；项目开发出了具备保润作用的复合型保润剂，包括吸湿性保润剂、封阻型保润剂、美拉德反应产物以及溶剂等物质，该保润剂对膨胀烟丝保润性能和感官品质都有明显的改善效果。采用膨胀前加料技术后，膨胀烟丝的柔韧性提高，香味成分总量增加，碎丝率降低，感官品质提高，在卷烟中的使用比例提高5%，有效降低了卷烟生产成本[133]。

2012年，安徽中烟承担的"通过加香加料提高膨胀烟丝使用价值"项目，系统开展了膨胀烟丝加料加香技术研究。研发出了膨胀烟丝二次加料技术体系，具体为：膨胀前进行一次加料，主要添加糖料和保润剂，来平衡膨胀烟丝物质基础，并减少膨胀造碎，降低膨胀烟丝干燥感，增加保润性能。研究发现添加转化糖和复合保润剂能改善膨胀烟丝的细腻柔和程度，降低干燥感；添加麦芽糖能增加膨胀烟丝的香气量，改善香气质；而添加麦芽糖和转化糖的混合物能改善卷烟香气，并一定程度上降低了膨胀烟丝的刺激性，并改善口感。膨胀后进行二次加料，主要添加烟草轻组分精油、美拉德反应物等，来补偿烟丝膨胀过程中的香气成分损失，增加膨胀烟丝香气量。将经分子蒸馏的烟草精油以适宜的量添加到膨胀烟丝中，在不增加劲头和粗糙感的情况下，能增加卷烟香气量，增加香气飘逸感，改善香气质，增加口腔甜感；由苹果、蜜橘、葡萄、大枣、无花果、菠萝、草莓、梨子等水果制备的提取物可以改善膨胀烟丝口感；天然糖源美拉德反应物可弥补烟丝膨胀中香味成分损失，并可以有针对性地增加焦甜香香气特征；麦芽等提取物能增加膨胀烟丝中的焦甜香香气特征，并具有改善口感的效果。此外，还可以添加莨菪亭、葡萄糖异戊酸酯等单体香料来有针对性地改善膨胀烟丝的香气。该项目获得了中国烟草总公司2018年度科技进步三等奖。

（2）梗丝加香加料

由于梗丝的木质气等杂气较重，刺激性较强，因此梗丝加料在制梗丝过程中显得尤为重要。国外卷烟工业很早就开展了梗丝加料的研究和应用，我国烟草行业开展的也比较早，如安徽芜湖卷烟厂在20世纪60年代末就开始了梗丝加香加料技术研究[134]，并于20世纪70年代初正式在生产线上使用，经10多年使用实践证明，在梗丝中添加增香剂和叶丝中添加增香剂具有同等的效果。

1989年，章洪全[134]提出应用于梗丝加料加香的主要有3类物质：一是品质改进增香剂，如蔗糖、葡萄糖、果糖、甘油、乳酸、山梨醇、美拉德反应产物等；二是口味矫正剂，甘草浸膏、可可、大枣、葡萄干等天然提取物和枫糖、蜂蜜等糖浆以及辛香和树脂浸膏类等，还有吡嗪类、吡咯类、吡啶类、呋喃类、酮类等各种化合物；三是pH调整剂，有柠檬酸、苹果酸、酒石酸、乙酸、异戊酸等。1996年，肖厚荣[135]设计了一种梗丝处理料液的组成及工艺条件，梗丝经过加工处理，内在质量明显提高，木质气、刺激性大大减轻，香气量增加，香气协调。

随着对烟梗化学成分的深入研究发现，烟梗的主要特征是细胞壁物质（木质素、纤维素、果胶等）含量高，因此梗丝的木质气等杂气较重、刺激性强且香气较弱。为此关于烟梗加料处理的研究集中在采用生物制剂对烟梗中的木质素、纤维素、果胶的降解或发酵，降低不良成分，提高香味成分，从而提高梗丝的感官品质。

2010年，肖瑞云等[136]在淀粉酶、蛋白酶、糖化酶、纤维素酶和果胶酶等多种酶类处理烟梗的基础上，在洗梗时加入了筛选出的复合酶，研究了不同复合酶处理对烟梗化学成分和感官品质的影响。不同复合酶处理后，烟梗的化学成分含量以及相互间的协调性指标均有所改善，感官评吸质量也明显提高。林凯[137]也通过加酶洗梗处理，有效降低了烟梗中纤维素和果胶的含量。林翔等[138]则直接将复合酶喷洒到梗丝上对梗丝进行处理，处理后的梗丝化学成分更为协调，香气品质得到了改善。

2011年，周元青等[139]、朱跃钊等[140]也分别开展了烟梗木质素生物降解研究。桂建国等[141]公布了一种用于烟草梗丝加香的添加剂，可以减少烟气中的纸味、霉味以及其他与烟草不协调的杂味，增加烟草的自然香气特征，提高烟草梗丝产品的质量。徐世涛等[142]在梗丝中补充了天然多酚类添加剂，可以明显改善梗丝的品质，减轻杂气、降低刺激性、增加烟气的整体协调性。陈兴等[143]将从醇化烤烟烟叶表面分离得到的微生物菌株制成菌剂用于梗丝处理，结果表明，菌剂处理后梗丝的总糖和还原糖均较对照有所上升，总氮含量下降，纤维素和果胶含量较对照降低，总挥发性香气物质总量较对照有所上升，梗丝的杂气和刺激性降低，香气量增加。

2013—2015年，江苏中烟和郑州烟草研究院联合承担了国家局重点项目“CO_2膨胀梗丝技术研究与应用”，重点开展了膨胀梗丝加香加料技术研究。通过研究，总结了CO_2膨胀梗丝加料的规律：使用烟草加料常用的蜂蜜、甘草粉、葡萄糖、果糖以及植物多糖等糖类或甜味剂，以提升梗丝的糖含量，柔和烟气，改善或掩盖枯焦味；利用脯氨酸、苯丙氨酸等烟草内源性氨基酸，脱氧果糖嗪和烟草糖胺母液等美拉德反应产物以及磷酸二氢铵等添加剂调节梗丝酸碱平衡；选用烟草提取物、异佛尔酮、氧化异佛尔酮、二氢大马酮、巨豆三烯酮、香叶基丙酮、茄酮等烟草内源性重要酮类成分，增加梗丝的中性酮类香味成分，增加香气量；采用乳酸、苹果酸等有机酸以及苹果汁、杨梅浸膏、杏提取物、李子汁等酸果提取物，以平衡烟气酸碱，改善口感，降低枯焦气等。还研发出了多种膨胀梗丝专用料液，所生产的加料处理CO_2膨胀梗丝的可用性与可用范围进一步提高，可在一、二类卷烟产品中使用比例增大。

2015年，楼佳颖开展了水合性保润剂在膨胀梗丝中的应用研究，研究发现添加了草酸钾、磷酸二氢钠、磷酸二氢铵等保润剂的膨胀梗丝，在相对湿度为30%的干燥条件下，其平衡含水率相比于空白对照大幅提高，失水量减少，失水速率显著降低，通过扫描电镜发现膨胀梗丝的孔道里填充有大量有机盐的晶体，这些晶体堵塞住了水分散失通道，有效降低了梗丝内部的水分损失。感官评价也发现，适当添加有机盐的梗丝其吸食品质也得到了一定提升。

（3）再造烟叶加香加料

目前中国烟草行业主要使用造纸法再造烟叶，再造烟叶的加香加料研究主要应用在3个环节：烟草原料的萃取；萃取液的精制；涂布液的调配。

将一些天然香料植物和烟草原料混合在一起进行萃取是再造烟叶赋香的重要手段，已有将薰衣草、郁金香、苦菜、甘草、小茴香等植物粉末添加到再造烟叶中的报道[144-152]。另外，由于茶叶和烟叶有很多相似之处，都是在消费生物碱，而且茶叶的香气和烟草的香气也比较协调，因此不少企业开展了茶叶在再造烟叶中的应用研究，开发出了不同类型的茶香香气的再造烟叶[153-160]。

在萃取液精制方面，主要采用物理方式或生物技术去除萃取液中的固形物杂质和蛋白质、果胶、纤维素等不良成分，以提高萃取液的品质。目前再造烟叶生产企业进行萃取液精制的方法还主要是物理方式，即利用吸附、絮凝、筛网过滤及离心沉降等方式去除烟草萃取液中的固态悬浮微粒及大分子物质。膜分离技术作为一种新型分离技术，也逐渐得到广泛的研究和应用：微滤膜能够截留烟草类悬浮物、微粒子及细菌，透过物为水和溶解物等；超滤膜可以截留蛋白质、果胶和各类酶等，透过物为水、离子、氨基酸和烟碱等小分子[161-163]。

在涂布液调配方面，行业主要开展了不同类型的烟草提取物、天然提取物以及美拉德反应在再造烟叶中的应用研究[164-171]。范运涛等[172]将鸢尾根致香成分添加到造纸法再造烟叶中，显著改善了造纸法再造烟叶的烟气品质，并具有降低刺激的作用，加香后的造纸法再造烟叶在卷烟中的应用也具有相同的效果；林凯[173]将野茄子叶挥发油添加到卷烟和再造烟叶中，感官评吸表明，该致香成分能与烟香协调，提高香气量、降低刺激和热辣感，提高舒适性，烟气状态得到明显改善；程栋等[174]将金钱草萃取液添加于再造烟叶中，当添加量为0.5%时可以改善其口感，起到除杂、减刺和增香的作用，从而可提高再造烟叶的品质和使用价值。

此外，相关研究发现啤酒花酊、杏子酊、洋梨汁、无花果浸膏、麦芽浸出液、桂酸苄酯、氧化异佛尔酮等对减少杂气、降低木质气有明显作用；烟草浸膏、胡萝卜籽油、红茶酊、香叶基丙酮等可以协调烟香，增浓烟味；甘草粉、乙酸龙脑酯、椒样薄荷油和薄荷酯类香料可清爽口腔，改善余味；转化糖、麦芽糖、焦糖香膏等可弥补再造烟叶的含糖量不足，天然多糖添加到卷烟中，具有增香保润的作用[174-177]。

5. 辅材加香技术

除了卷烟叶组加香，卷烟辅助材料加香也开展了很多研究和应用，主要有滤嘴加香、卷烟纸加香、盒包加香、油墨加香等多种方式，其中卷烟滤嘴加香是辅材加香最主要的方式，在烟草行业应用也最广泛，效果最好。滤嘴加香通常有丝束加香、颗粒加香、香线加香、爆珠加香等多种方式[178]，而爆珠加香因其新颖的加香方式受到消费者的喜爱，发展迅猛，已经成为全球各大烟草公司实现经济增长的重要推动力之一。

（1）丝束加香

丝束加香是把香精香料直接喷在丝束中，或者是溶解分散到甘油酯系统中均匀喷洒在丝束上，以达到加香的目的。丝束加香法的加香效果比较均匀，香精能够以较高效率的向烟气中转移，生产操作方便，被广泛应用在实际生产过程中。2006年马宇平等[179]将从茶叶中提取的香味物质溶于三乙酸甘油酯，制成了含有茶叶香气提取物及茶多酚的新型滤嘴，并将其应用于卷烟产品中，对照实验表明新型滤嘴在改善卷烟吸食品质、清除自由基以及其他有害成分方面具有显著作用；2007年江苏中烟开发的薄荷香型“梦都”细支卷烟，把超凉薄荷香精加到甘油酯中，使卷烟保持了烤烟风格、香气高雅宜人、余味干净，薄荷的清凉与烟草的本香协调。2008年川渝中烟开发的“娇子08”在滤嘴中施加了伯爵茶香精，较好地实现了茶香与烟气的融合；还有部分卷烟企业将甜味剂添加到滤嘴中，在抽吸过程中，消费者能够品尝到滤嘴中的甜味，抽吸感受得到了改善。

（2）颗粒加香

颗粒加香是将香精香料先吸附到沸石、活性炭等固体颗粒材料上，而后再添加到丝束中，或是将烟梗颗粒、香料植物颗粒添加到滤嘴中的加香方法。2008武怡等[180]对卷烟用过滤材料采用质量分数0.2%~10%中草药蒸熏加香，中草药包括甘草、百部、枇杷、川贝母、野菊花提取物等，将颗粒应用于滤嘴中，不但可降低卷烟的干刺感，改善卷烟口感，提升卷烟的抽吸品质，而且还能在一定程度上缓解吸烟对人体健康的危害。2009年温东奇等[181]把烟梗进行膨化造粒处理，并使用烟草提取物和一些合成类香料如美拉德反应物、乙基麦芽酚等对颗粒进行加香处理，制成的膨胀烟梗颗粒复合滤嘴，能提升卷烟香气量和抽吸舒适度。

（3）香线加香

香线加香是在滤嘴成形时通过特殊装置将浸渍香精的香线包裹于滤嘴丝束中，该香线是经过某种方法处理制备的棉线或合成纤维。1988年，杭州卷烟厂就开展薄荷烟滤嘴棒载体加香工艺研究，选用了一种渗透性强、拉力好的介质，在渗透香精后，夹在丝束中一起加工成滤嘴棒，同时还就介质的单位截面、数量及薄荷香精的调配等进行了优化，卷烟产品的留香效果较好[178]。川渝中烟生产的橙香“X娇子”和茶香“时代娇子”也使用了具有红色香线的滤嘴，在减害降焦、增香补香的同时产生了一定的视觉冲击[182]。

（4）爆珠加香

爆珠加香是在滤嘴的生产过程中植入一粒或者多粒易捏破的香味胶囊，使用时按捏该胶囊致其破裂，其内置的液态香精香料即能进入滤棒纤维，实现在卷烟吸食过程中人为可控的特色香味释放。2003年，雷诺烟草公司获得了第一个主要以烟气赋香为目标的爆珠添加技术专利，并展示了包括薄荷香味在内的多种香气风格的爆珠。由于爆珠中的香精是密闭在胶囊中的，其香味成分在存储期间不会损失，只有在爆珠破裂后才会释放到滤嘴中，并直接进入主流烟气，不参与卷烟燃烧，对比其他加香方式有着明显的优势。因此，在2007年日本烟草公司在本国市场内推出了第一个薄荷爆珠卷烟就收到了良好的市场反馈。2008年以后，爆珠加香技术传入我国，国内各中烟公司很快陆续推出了采用爆珠加香的卷烟产品，如贵州中烟依托本省白酒产业优势，创新推出"国酒香"爆珠卷烟，随后又开发出了陈皮口味"跨越"爆珠细支卷烟，很快就获得消费者的认可。湖北中烟是国内推出爆珠产品最多的企业，他们围绕着"淡雅香"风格品类，开发出了一系列不同香型、不同功能的爆珠卷烟。陕西中烟针对西北地区气候干燥，卷烟产品水分挥发度高，容易导致烟气刺激的问题，推出了含有蜂王浆爆珠的卷烟产品"好猫（1600）"和"延安（1935）"，蜂王浆爆珠能够保润增湿，强化香气。此外，还有云南、上海、广西等企业推出了使用可视化爆珠、薄荷爆珠、香槟酒爆珠等的爆珠产品，积极抢占细分市场，为品牌发展提供新的增长点[183，184]。

（5）卷烟纸加香

在卷烟纸的生产过程中，通常要添加不同类型的添加剂以提高卷烟纸的性能，而在卷烟纸中添加香精香料和可以改善口感的添加剂也是近期卷烟纸发展的一个方向。2010年，广东中烟开展了"烟草提取物在成型纸上的研究"项目，通过在成型纸上添加不同类型的烟草提取物来增加卷烟的烟草本香；2012年，湖北中烟开展了接装纸加香技术研究，并在2015年公开了一种蜜甜型卷烟纸香精及其制备方法[185]，该方法是将蜂蜡净油、芹菜籽油以及可可提取物等香精香料添加到卷烟纸中，赋予卷烟独特的蜜甜特征；同年湖北中烟还公开了一种雪茄卷烟纸的加料香精的发明专利[186]；2017年云南中烟公开了一种载香卷烟纸及其制备方法[187]：将改性的可溶性β-环糊精溶于水中，并在其中加入易挥发的油性香精香料，待香精香料分子进入β-环糊精环内固定后，将所得溶液涂布于卷烟纸表面，并进行高温烘干及分切处理，获得载香卷烟纸。该技术能够解决挥发性香料在卷烟纸上固定难的问题，并可保持卷烟纸的无嗅特征；2018年，福建中烟公开了一种含有茶树花、茶青提取物的可用于卷烟纸加香的烟用香精制备方法[188]。这些卷烟纸的加香研究为卷烟的香气补偿及风格特征强化提供了一个新的途径。

（6）其他辅材加香

围绕着辅材加香，烟草行业还开展了搭口胶加香、油墨加香等不同类型加香技术的研究和应用。

2010年，曾晓鹰[189]首创针对搭口胶进行加香加料，开发了一种能去除卷烟搭口胶中不良气息的添加剂及制备和使用方法：将枣子挥发物25份，香兰素1份，烟草增香基22份，桂酸苯乙酯2份和溶剂50份混合均匀后可得到该添加剂；按0.05%的用量添加至卷烟搭扣胶中使用，可以改善卷烟搭口胶燃烧带来的不良气息，并且经过处理后的搭口胶黏合效率没有任何程度的降低。2016年，孙炜炜[190]以WBA/C70烟用搭口胶为主体材料，适当增加焦甜香精浓度，引入了聚乙烯醇（PVA）、羧甲基纤维素钠（CMC），制得了焦甜香味搭口胶。

2017年，方意等[191]公布了一种烟用加香油墨及其制备方法，其中所加香料或为固体粉末状烟用香料，或为由液态油溶性烟用香料与植物油混合配制而成的香料，抑或为由液态水溶性烟用香料与环糊精的饱和水溶液混合后，再通过冷冻干燥和粉碎筛分后得到的固定香精粉末。加有香精香料的油墨通过印刷到卷烟纸上，或通过钢印的方式直接打印在卷烟烟支上，既赋予卷烟纸特色的外观，又能增加卷烟纸香味，提升抽吸品质。

6. 新型烟草制品加香加料技术

新型烟草制品因其自身的特殊性，不能完全简单套用卷烟产品的调香技术，必须在特色香原料与香精香料的开发、香料的释放均衡性及递送效率等方面进一步加强研究。目前国内卷烟工业企业对新型烟草制品香精香料技术的研究主要涉及烟草源香原料的开发、香精香料的配方设计以及感官评价方法等方面[192]。

（1）电子烟加香技术

电子烟利用雾化器将含有烟碱和香精香料的电子烟烟液雾化，从而模拟传统卷烟[193]，烟液常用的溶剂是甘油和丙二醇[194，195]。

烟草制品的刺激性、生理满足感与烟碱有着密切的联系[196]，电子烟的生理满足感同样来源于烟碱。所不同的是，电子烟中的烟碱为外加纯烟碱或烟碱盐类物质。在电子烟发展初期，烟液中主要以添加游离态烟碱为主，但游离烟碱有较大的刺激性，限制了烟碱的用量，因此该时期电子烟的生理满足感较差。2012年，Goniewicz等[197]对市场上流行的20种封闭式电子烟和15种注油式电子烟的烟液进行了研究，发现这些电子烟的烟碱含量在0~24mg/mL。美国电子烟公司PAX Labs于2015年首次推出了一款添加有机酸烟碱盐的电子烟产品JUUL，并迅速占据了美国电子烟市场近3/4的份额，高烟碱盐添加量的电子烟产品，烟气的pH较低，可以在保持烟气中较高烟碱含量的同时，降低烟气对消费者口腔和喉部的刺激。有研究表明，一些烟碱盐烟液中的烟碱更容易被人体吸收[198，199]。自此，添加烟碱盐的电子烟产品逐渐成为主流，该类产品中所用的烟碱盐主要为苯甲酸盐、柠檬酸盐、酒石酸盐等。

电子烟烟液可以简单划分为非烟草和烟草两种口味。由于电子烟烟液进入门槛较低，各类香精香料公司纷纷涉足电子烟行业，因此，其口味具有多样化、个性化。非烟草口味烟液以各种食品香精为主，又可分为水果、咖啡、饼干、饮料、花香、薄荷等多种类型。

近年来，广西、四川、河南中烟与郑州烟草研究院共同开展了烟草口味电子烟烟液的研究工作，在合作开发的烟草口味电子烟烟液中，添加了自主开发的电子烟专用烟草提取物。该提取物首先将烟叶原料喷加氨水后进行烘烤，提高原料中的美拉德反应产物含量。原料经溶剂提取后，将通过分子蒸馏得到烟草提取物轻组分成分，该产品中大分子物质较少，烟草本香纯正。温光和等[200]采用气相色谱-质谱联用检测了4家公司的6种烟草口味电子烟产品，产品中挥发性成分以醇类、杂环类和醛类为主，而酯类、酸类和酮类（大马酮类）的含量均较低，其中香兰素和吡嗪类化合物使得香气协调，吡嗪含量高可以使产品具有香料烟或烤烟特征，少量酸类及酯类化合物可使得香味丰富，乙基麦芽酚可以使余味持久。许春平等[193]对几种烤烟型的电子烟烟液进行了分析，研究表明芙蓉王香型烟液的香气成分主要为苯酚和乙基麦芽酚，中华香型烟液的香味成分主要为吲哚，利群香型烟液的香味成分有2，3，5，6-四甲基吡嗪、二氢大马酮、苯乙醇等，玉溪香型烟液的香味成分为邻苯二甲酸二（2-戊基）酯和苯乙醇。寇天舒等[201]建立了动态捕集针—气相色谱/质谱联用（NT-GC/MS）的测定方法，测定了4种不同口味电子烟烟液中的挥发性成分，结果表明烟草口味烟液的特征香气成分有2-乙酰基吡嗪、2，3-二甲基吡嗪、二烯烟碱等。

（2）口含烟加香加料技术

市场上口含型烟草制品主要有瑞典式口含烟、美式口含烟、含化型烟草制品3种。瑞典含烟（Snus），是一种具有瑞典风格的湿烟粉，通常由具有一定颗粒度的烟草粉末混合适量的香味物质、矫味剂、水、保润剂和酸碱调节剂经热处理加工制成的，含水率一般在30%~60%，有散装和袋装两种类型。美式含烟（Moist Snuff），是由晾烟或明火烤烟加工而成的一种潮湿的烟粉或烟丝状烟草制品，含水率通常高于40%，有散装和袋装两种类型，通常是含在的嘴唇和牙龈之间消费。含化型烟草制品在美国市场上作为新品上市，是一种新型的口含型无烟气烟草制品，其是由约60%紧实的烟草叶片加入无机盐、桉树油、薄荷脑等香料发酵制成的烟草喉片式含片或含烟草成分的硬质糖[202]。

2008年，郑州烟草研究院启动国家局重点项目“无烟气烟草制品研制——袋装口含型无烟气烟草制品”和“无烟气烟草制品研制——含化型无烟气烟草制品”，研发成功了“袋装口含型”及“含化型”两种新型烟草制品。随着项目研发的成功，一系列类似的烟草制品也研究成功，如丹皮型口含烟烟草制品、含有罗汉果的中式口含烟烟草制品、巧克力型口含烟烟草制品等。2014年上海烟草集团也公布了其自主研发的类似瑞典湿鼻烟的果香味口含烟烟草制品[203]。

2014年，郑州烟草研究院与河南中烟联合开展了“袋装口含烟技术开发研究”。该项目对市场上的口含烟进行了剖析，研究结果表明袋装口含烟大致的配方组成基本一致，一般为：烟草材料30%~40%，水50%~60%、矫味剂1.5%~3.5%、保润剂1.5%~3.5%、酸碱调节剂1%~3.5%、不超过1%的香味物质。近年来推出的干型Snus的配方中水的含量为30%~40%；矫味剂主要是食用盐；保润剂常用的是甘油和丙二醇，也有采用自行研制的保润剂；酸碱调节剂目前主要采用碳酸氢钠和碳酸钠；香味材料最常用的是薄荷和水杨酸甲酯。此外一些水果（如桃子、苹果等）的提取物有时也被作为香味材料添加到相关的产品中，类似的产品以瑞典Swedish Match公司的General品牌为最多，多达20多种。

（3）加热不燃烧卷烟加香加料技术

加热不燃烧型烟草制品是通过特殊的加热源对烟丝进行加热，加热时烟丝中的烟碱及香味物质通过挥发产生烟气来满足吸烟者需求的一种新型烟草制品[204]。

目前，国内加热不燃烧烟草制品的研究工作主要针对加热器具，对烟支的加工工艺、加香加料技术的研究报道还不多。王颖等[205]采用GC/MS方法对市场占有率较高的3款加热不燃烧卷烟产品的主流烟气中香味成分进行了分析，检测到较高含量的甘油、丙二醇之外，还检出了麦芽酚、乙基麦芽酚和薄荷醇等香味成分。

马晓龙等[206]研究了加热不燃烧卷烟产香基质加香持留率的检测方法以及不同香料的持留率特点，结果表明具有相同或类似化学结构的香料单体，产香基质持留率会随香料单体分子质量的增加和沸点的增大而增大，而精油类香料通过干燥工艺处理后损失量较大。

（五）烟草调香人才队伍建设

卷烟调香技术是构建中式卷烟的核心技术，是形成卷烟产品特色的关键技术，而烟草调香的核心是调香师，因此，建立一支高水平的烟草调香人才队伍，是提高烟草行业调香技术水平的重要保障。长期以来，卷烟企业的调香人相对缺乏，很多从事烟草调香或卷烟产品开发的技术人员没有经过系统的香精香料知识和技能培训。在20世纪80年代，国内高校精细化工专业或食品工程专业开设有食用香料课程，但很少涉及烟草调香，仅有上海轻工业专科学校专门设有香精香料专业，开展合成香料、食品调香（含烟草调香）、日化调香专业人才的培养工作。1982年，轻工业部烟草工业科学研究所开始招收食品工程（烟草）硕士研究生，这些学生毕业后已成为烟草行业较早从事烟用香精香料研究的专业人才。随后，合肥经济技术学院、郑州轻工业学院、河南农业大学等学校也相继开设了烟用香精香料课程。从1988年开始，郑州烟草研究院每年举办为期两个月的烟草工艺化学培训班，对各卷烟企业的技术骨干和新进人员进行培训，系统教授烟草工艺、烟草化学、烟草香料等方面的基础知识，为行业培养了一批专业技术人才。

2006年国家局在《烟草行业中长期科技发展规划纲要（2006—2020）》中明确要求各企业构建支撑卷烟品牌发展的调香技术体系、品控体系和人才体系。2006年，国家局依托行业内香精香料公司——广州华芳烟用香精有限公司建立了“国家烟草专卖局卷烟调香人才培养基地”，自此拉开了行业卷烟调香实践与人才培养的序幕。

2006年11月—2010年4月，行业首期卷烟高级调香师、调香师班正式开学，包括9名卷烟高级调香师，24名卷烟调香师，共计33名学员。通过此次卷烟调香人才培养，帮助卷烟企业搭建了卷烟调香人才梯队，提升了卷烟企业自主研发、自主维护卷烟产品的调香技术水平，培养了一支具有丰富实践经验、较高理论水平和应用水平的中、高级调香技术人才队伍，为实现卷烟企业“以我为主、由我掌控”的调香技术主体地位奠定了人才基础。

2011年11月—2015年11月，以“系统化调香”为主线，行业开展了第二批卷调香人才培养工作。通过学习食品、日化领域调香理论方法，香味物质的化学基础，基于风格目标的卷烟调香方法等，使学员全面了解香精香料调配技术，提高学员对香气物质的科学认知和准确把握能力，提升了学员基于目标设计结果开展系统化调香的能力。

2015年11月—2019年6月，以“单体调香”为培养主线，行业开展了第三批卷烟调香人才培养工作。通过学习培训，提升了卷烟企业调香技术骨干运用单体香原料设计、调配烟用香精香料的能力，提高了香精掌控自主调香和核心香原料自主调香技术水平，培养和造就了一支掌握自主调香核心技术、具有突出实践能力和创新能力、支撑中式卷烟创新发展的高水平卷烟调香人才队伍。

同期，在行业的统一安排下，郑州轻工业学院也开展了烟草调香工程硕士的培养工作。

第四节

卷烟保润技术

烟草物理保润性能是影响卷烟品质的重要指标之一，与卷烟抽吸品质舒适度关系密切。如果卷烟物理保润性能差，在干燥环境下，烟支失水快，容易变干造碎，造成端部落丝和空头，卷烟烟气刺激性增大、干燥感增强，从而严重影响消费者的卷烟抽吸感受；而在潮湿环境下，卷烟容易发霉变质，烟气沉闷、杂气大且存在口腔残留。中国幅员辽阔，气候差异大，因此对卷烟的物理保润性能要求更高。长期以来，我国烟草行业对卷烟保润性能的重视程度不够，只是简单地使用甘油、丙二醇作为保润剂，缺乏对卷烟保润机理及卷烟保润技术的相关研究。因此，与国外大品牌卷烟相比，国内卷烟在保润性能方面还存在一定差距。进入21世纪，我国烟草行业开始快速发展，不少品牌卷烟逐步成长成为全国性品牌，而受到不同地域气候环境的影响，卷烟的水分变化很大，也影响了卷烟的抽吸品质。因此，如何提升卷烟的物理保润性能逐渐受到卷烟企业的重视，各卷烟工业企业开始着手开展了卷烟物理保润性能检测方法及新型保润剂开发等工作。

2006年，国家局启动了“卷烟保润机理及应用技术研究”项目，安徽中烟、红塔集团、郑州烟草研究院等8家单位联合开展了相关研究，开启了卷烟保润技术的系统研究工作。

2009年7月，由国家局经济运行司和科技司牵头的“卷烟增香保润”重大专项正式启动，“提高卷烟保润性能”作为专项的重点研究方向，在行业各单位的共同努力下，研究成效显著：首次系统构建了卷烟增香保润评价技术体系，为卷烟保润性能量化表征提供了技术支撑；首次系统考察了不同类型烟叶、烟草制品保润性能的差异性，确定了影响烟叶保润性能的物理结构因素和主要化学组成；掌握了叶组配方、辅材、包装材料等对卷烟保润性能的影响规律；首次提出封阻型、水合型保润剂概念，为保润剂的开发和使用明确了方向；匹配工艺新技术等综合技术，实现了卷烟物理保润性能的有效调控。通过10年的研究，建立了一套较为科学准确的物理保润性能评价方法体系，系统探索了烟草化学成分、物理结构与物理保润性能之间的关系，发现了影响卷烟物理保润性能的主要因素，形成了提高卷烟物理保润性能的综合技术。

（一）烟草及烟草制品物理保润性能检测方法

卷烟的保润性能与卷烟品质关系密切，提高卷烟物理保润性能是改善卷烟感官舒适度的重要途径之一。卷烟的物理保润性能包含两个方面，即热力学方面的卷烟平衡含水率和动力学方面的卷烟失水速率。热力学指标是影响卷烟物理保润性能的重要因素和基础，是卷烟失水的内因，反映了卷烟的内在持水能力，在行业应用较为广泛的是“平衡含水率”。一般来说，在干燥环境中，平衡含水率越高的卷烟产品，其烟气刺激越小，舒适度更佳。动力学指标主要是卷烟水分散失或吸收速率，它是物理保润性能最直接的体现。在气候干燥地区，如果烟支水分下降过快，很快变干，容易给消费者造成保润性能欠佳的印象。因此，烟草物理保润性能应当兼顾动力学和热力学两方面。

1. 动力学评价方法

对烟草水分动力学性质进行评价，需要在一定环境条件下精确绘制样品的吸湿/解湿曲线。早期，绘制吸湿/解湿曲线的常用方法是采用烘箱法，即在一定的时间间隔内将样品取出并测试其含水率，或是采用差量法在一定的时间间隔内将样品取出称重并根据初始含水率计算其该时间点的含水率，然后再根据取样时间和所对应的含水率，绘制样品的吸湿/解湿曲线。此类方法，不仅操作步骤繁杂，测试效率低，而且操作过程中测试环境条件容易波动、取样点少等都会造成数据偏差较大、难以精确绘制样品的吸湿/解湿曲线，从而无法准确评价样品的保润性能。

2009年，郑州烟草研究院开展了“烟草及烟草制品物理保润检测方法评价体系的建立”项目研究。项目组研制了一套拥有自主知识产权的烟草动态含水率测量装置，样品测试环境条件可在相对湿度30%~80%的范围内进行调节，控制精度为±2%，数据在线采集的时间间隔最小能达0.1s，重复性实验测试数据的相对标准偏差小于0.8%，能够精确绘制出样品的吸湿/解湿曲线，为样品保润性能的评价提供可靠数据。该方法克服了以前检测方法的测试环境不稳定、易受到外界和人为干扰、无法连续自动测量的缺点，能够准确控制测试条件，实现多个样品的同时连续自动测量。同时，推导出了烟草及烟草制品吸湿/解湿动态拟合方程和拟合曲线，利用该拟合方程可以同时计算出烟草在吸湿/解湿过程中的平衡含水率、扩散系数、任意时刻的即时吸湿/解湿速率和平均吸湿/解湿速度，实现了对烟草物理保润性能的定性和定量评价，可对不同类型的烟草及烟草制品（单品种烟丝、配方烟丝、再造烟叶、膨胀烟丝、成品卷烟等）的保润性能进行分析评价，给出定性定量的评价结果。

2010年，上海烟草集团开展了“不同类型保润剂对卷烟原料物理保润性能影响研究及复合型保润剂的开发”项目研究。项目组将转盘式吸烟机和DVS（动态水分吸附仪）的工作原理进行结合，开发了拥有自主知识产权的自动化程度高、大样品量、高通量的保润测试设备——全自动烟草动态水分分析气候箱。与DVS相比，该仪器可同时测定10个样品，且单个样品上样量为DVS的8~10倍，基本解决了上样量小带来的样品不均一问题。另外，项目组在热力学指标（平衡含水率）的基础上，引入了动力学指标（平均失水速率）对烟草物理保润性能进行了综合评价。通过实验数据结合理论推导，得出了可较准确反映烟草水分变化与时间关系的烟草失水动力学模型——Page方程，用以拟合并计算平均失水速率，形成了物理保润表征方法（评价图）及评价指标（保润指数），可较科学地评价烟草的物理保润性能。项目“基于配方原料特性的卷烟物理保润技术研究与应用”获得了中国烟草总公司2016度科技进步二等奖。

江苏中烟的发明专利（CN 103776720 A）公开了一种烟用原料保润性能的评价方法：在一定温度下通过建立烟用原料含水率与环境湿度的关系图，以环境湿度为自变量，烟用原料的平衡含水率为因变量，建立指数拟合曲线（Y：平衡含水率，T：相对湿度，b_0，b_1为方程参数），通过b_1来表征样品的保润性能。该模型应为样品在该温度条件下的水分等温吸附曲线的经验模型，模型参数为b_0，b_1没有明确的物理学意义。

上海烟草集团的发明专利（CN102128763A）公开了一种烟草保润性能的测试方法：利用动态水分吸附分析系统研究烟丝在干燥环境中水分散失的动力学规律，得出烟丝水分散失前期的干基含水率与失水时间的平方根直径存在较好的线性关系。通过t时刻烟丝干基含水率M_t与$t_{0.5}$作直线图，从所得直线的斜率求出速率常数K值，K值越小，样品物理保润性能越好。但该方法的适用范围要求样品水分比在$0.4<M_r<1$范围内。

2. 热力学评价方法

2009年，郑州烟草研究院开展了“烟草及烟草制品物理保润检测方法评价体系的建立”和“国内外卷烟物理保润性能比较与剖析”项目研究。项目组考察了水活度、平衡含水率在表征烟草水分热力学性质方面的应用，对14种等温吸湿模型在烟草样品中的拟合效果进行比较与分析，明确GAB模型和DLP（等温吸附）模型可分别作为烟草样品等温吸湿研究领域的通用性理论模型和经验/半经验模型进行推广应用。在此基础上对卷烟原料、卷烟辅助材料的等温吸湿特性进行了分析研究，低湿度环境下烤烟、白肋烟、香料烟平衡含水率差异不明显，但随着空气相对湿度的增加，烤烟和香料烟的平衡含水率增加速度明显快于白肋烟，高湿度时烤烟和香料烟的平衡含水率与白肋烟差异比较明显；卷烟滤棒、包装材料的吸湿能力显著低于卷烟烟丝，其平衡含水率明显低于卷烟烟丝。基于Lang-Steinberg质量平衡方程，构建了配方烟草等温吸湿曲线、水活度的水分迁移数学模型，实现了构成卷烟各组分的水分迁移方向和含水率的预测，为烟草中水分迁移行为研究、卷烟加工过程中的水分控制提供了理论和试验依据。

（二）不同类型烟草及烟草制品的物理保润性能评价

上海烟草集团在“不同类型保润剂对卷烟原料物理保润性能影响研究及复合型保润剂的开发”项目中从等温吸湿行为、水蒸气吸脱附性质、失水动力学性质等多方面对卷烟配方原料的保润特性进行了研究。结果表明梗丝在低湿条件下平衡含水率高，但失水速率相当快；再造烟叶平衡含水率低，失水速率较快；膨胀烟丝平衡含水率较高，失水速率稍快；叶丝平衡含水率较高，失水速率最慢。

再造烟叶结构疏松，以纤维平铺层叠为主，内部填充碳酸钙等填料，表面涂覆水性涂布液；没有烟叶的上下表皮结构，缺少保护层，水分吸收快，散失也快；再造烟叶内部具有保润作用的成分含量相对较低，与水结合能力较弱，持水能力差。

白肋烟的水溶性糖含量明显低于烤烟和香料烟，但其保润性能却优于烤烟和香料烟，这可能是由于其组织结构的特异性引起的。白肋烟的组织结构疏松，比表面面积大，平均孔径小，从而具有良好的持水能力，使其在低湿度环境下水分散失较慢，而在高湿度环境下，由于其水溶性糖含量低，水分吸收也相对较慢。

（三）影响烟草物理保润性能的主要因素

1. 烟叶化学成分对保润性能的影响

郑州烟草研究院开展了“烟叶表面性状及化学成分与保润性能关系研究”项目研究。研究结果表明，石油醚提取物含量与烟叶含水率并无显著相关性，但石油醚含量可以对水分扩散起到明显的阻碍作用；还原糖、葡萄糖以及果糖含量与含水率呈明显正相关，其中果糖含量对失水量的影响程度最大；钾、钙、氯含量与烟丝平衡含水率呈显著负相关，失水量与钙、镁、氯、钾呈负相关关系；烟叶表面物质有助于烟丝水分的维持，减缓烟丝失水的速度，可明显提高烟丝保润性能；烷烃含量与平衡含水率无显著相关性，与烟丝失水率呈显著负相关，即烷烃总含量越高，烟丝样品失水就越少。

2. 组织结构对保润性能的影响

采用不同的分析测试手段（接触角、表面形貌及粗糙度、孔隙率、扫描电镜、激光共聚焦显微镜、比表面仪）可以从多个不同角度分析烟叶保润性能与烟叶微观的相关性。

上海烟草集团在“不同类型保润剂对卷烟原料物理保润性能影响研究及复合型保润剂的开发”项目中使用SEM（扫描电镜）和BET（多分子层吸附）理论，考察了4种不同烟草原料的微观物理结构特性，结果表明，梗丝具有大量超大孔结构，其自身水分受湿度影响很大；再造烟叶为纤维堆积结构；叶丝为表面少孔，截面多孔（小孔）结构；膨胀烟丝虽然受到了剧烈膨胀，但烤烟叶面原有结构仍可保存。

郑州烟草研究院在“烟叶表面性状及化学成分与保润性能关系研究”项目中考察了组织结构与不同类型烟叶物理保润性能的关系，结果表明，白肋烟比表面积最大，其次是烤烟，香料烟比表面积最小；白肋烟孔径普遍偏小，较小的孔径结构使其具有较强的毛细管束缚作用，有利于烟丝在低湿度环境下束缚水分；表面润湿性与粗糙度的关系为：白肋烟>烤烟>香料烟，说明水分在白肋烟表面展开效果比较好，更易浸润到烟叶内部；烟叶下表面的润湿性略好于烟叶上表面；同一品种烟丝的不同部位，气孔多少与平衡含水率大小有对应关系，气孔多，平衡含水率高；同一品种不同部位比表面积和平衡含水率比较，总体而言中部烟叶比表面积比上部和下部高很多，中部烟叶平衡含水率略高。

（四）影响卷烟物理保润性能的主要因素

1. 叶组配方结构及加工方式对卷烟物理保润性能的影响

郑州烟草研究院在“国内外卷烟物理保润性能比较与剖析”项目中考察了叶组配方结构及加工方式对卷烟物理保润性能的影响，结果表明，不同类型烟叶保润性能有所差异，但对叶组整体的保润性能影响不大；加入辅助原料（膨胀烟丝、膨胀梗丝、再造烟叶丝）后，配方叶组的物理保润性能均下降，其中加入再造烟叶的下降幅度最为明显。叶组配方经过回潮（真空、松散）处理可提高烟叶的物理保润性能，高强度干燥（薄板、气流）处理会使烟叶物理保润性能下降。

2. 辅助材料对卷烟物理保润性能的影响

卷烟纸等辅材对卷烟保润性能有较大影响。“国内外卷烟物理保润性能比较与剖析”项目组观察到，增加卷烟纸透气度或者降低卷烟纸克重，会使卷烟失水速率加快；卷烟纸中添加助燃剂会降低卷烟失水速率。对于影响烟支水分散失的因素而言，烟支水分扩散系数、烟支长度和半径对烟支水分散失的影响可以忽略，烟支的对流传质系数对烟支水分散失有着决定性的影响；增加烟支的卷烟纸厚度，降低卷烟纸透气度，提高卷烟的填充密度，可以减少对流传质系数，减缓烟支水分散失速率。此外，在卷烟失水前期，水分会从烟支段迁移至滤嘴中，且滤嘴可从烟丝中不断吸收水分，并向外界扩散，引起烟支段水分散失速率加快，进而导致整支卷烟失水速率加快。

3. 包装材料对卷烟物理保润性能的影响

盒包材料对开包后烟支水分的扩散有不同的影响，相同烟支在硬包、软硬包、软包中的水分扩散速率依次增加；烟支在盒包中失水时，烟支与盒包材料中的水分之间存在有交互作用并会延缓烟支、盒包水分的散失，盒皮材料的吸湿特性会影响这种交互作用的程度，硬包的作用最为明显。上海烟草集团“不同类型保润剂对卷烟原料物理保润性能影响研究及复合型保润剂的开发”项目的研究表明，即使BOPP膜未拆封，整包卷烟在低湿条件下的水分散失也较为严重，因此，包装阻隔性对卷烟水分保持至关重要，有较大提升空间；复合铝箔内衬纸的阻隔性能明显优于其他种类的内衬纸。在全封状态下，内衬纸添加保润剂对水分散失速率影响不明显；在半封闭与全开状态下，丙二醇涂布量越大（0.5%~1%），则保润性能越好。

（五）新型保润剂开发

烟草保润剂是卷烟生产过程中一种不可缺少的助剂，在卷烟生产、运输、贮存、销售和吸食过程中，保润剂可以有效地保持烟叶水分，增加烟叶的柔软性，减少烟叶在加工过程中的造碎，提高烟草的耐加工性能，降低卷烟的烟叶消耗。同时，烟草保润剂还具有降低烟气刺激、改善吃味和口感的作用。长期以来，国内卷烟生产企业使用最广泛的保润剂是丙二醇和甘油，有时将山梨醇与丙二醇复配使用。随着“卷烟增香保润”重大专项的推进，不同类型保润剂的保润机理以及各类新型保润剂的开发已成为行业研究的重点。

上海烟草集团考察了不同类型保润剂对烟草物理保润性能的影响，研究表明，目前的保润剂基本可以分为3大类：吸湿型保润剂、水合型保润剂和封阻型保润剂，每种保润剂因其化学结构的不同而表现出不同的保润特点。吸湿型保润剂主要是具有多羟基的糖类、多糖类或是改性多糖类物质，这些物质具有多羟基结构，可以较好地吸附水分，具有提高烟丝平衡含水率的作用，但同时易造成其失水速率的增大，对再造烟叶和叶丝保润性能的提升具有相对明显的效果；水合型保润剂主要是一些无机盐类（钾盐、钙盐等）、有机酸及其盐类等，这些盐类可以和烟草中的水分形成水合状态，结合比较紧密，不易散失，因此既能提高烟草最终含水率同时又可减小失水速率，对再造烟叶和梗丝的保润性能的提升具有相对明显的效果；封阻型保润剂主要是一些油脂类（植物油、蜡质）或大分子物质（壳聚糖、聚乙二醇等），能在烟丝表面形成一个膜结构，可以有效避免烟丝水分与外界的交换，因此具有良好的减缓失水速率的作用，可以实现双向保润作用，对梗丝、膨胀烟丝和叶丝的保润效果的提升具有相对明显的效果。

新型保润剂的开发主要集中在以下方向：①多羟基糖类烟草保润剂开发，主要有单糖和改性单糖、植物提取多糖、聚合多糖、改性淀粉等；②羧酸和羧酸盐类烟草保润剂开发，主要有乳酸和乳酸盐类、吡咯烷酮羧酸盐、脂肪酸类以及氨基酸类保润剂；③疏水性烟草保润剂的开发，主要是使用食用蜡、蜡脂类、植物油等；④多功能复合保润剂的开发，可达到除实现烟丝保润目的之外的多种效果，如降低焦油、烟气感官保润、增香、防潮等[207]。

第五节
烟用香精质量检测及品控技术

20世纪90年代以前，我国烟草行业对烟用香精香料的质量控制和检测几乎没有，且由于没有相关的检测方法和产品标准，烟草行业和烟用香精香料生产企业在产品质量检测方面无法可依，无章可循，检验环节相当混乱，这既不利于提高香精产品质量，也加剧了市场的无序竞争，更难以保证卷烟产品质量的稳定与提高。而当时世界上主要发达国家的烟草和香料公司为了本公司产品质量的稳定和提高，都有完备和严密的烟用香精香料的检测方法。但出于商业利益考虑，这些检测方法都没有公布。国际标准化组织（ISO）发布了一系列有关香原料和精油方面的标准，但仍无香精产品的检验方法标准。1992年，烟草行业委托轻工业香料研究所开展烟用香精5个理化性能的通用检测方法研究。1995年开始，谢剑平等开始着手制定烟用香精的检测标准，项目组参考ISO以及香精行业的相关标准和规定，结合烟用香精的特点，制定出YC/T145.1—1997《烟用香精　酸值》等9个标准，不仅在1998年国家局组织的烟用香精定点检测工作中发挥了重要作用，而且国家局还根据该标准对各生产企业香精检测的实验设备提出了具体明确的要求，使得认定定点企业工作有了重要依据。该系列标准从1998年10月起在全烟草行业进行宣贯，重点对行业内的烟草生产企业，各级检测站及部分定点烟用香精香料生产企业进行了培训，为烟草行业培养了一批香精香料检验人员。同时，通过标准的推广应用，规范了烟用香精的质量检测方法，加强了对烟用香精生产的管理，对稳定和提高卷烟产品质量、提高国际竞争力起着积极的推动作用。但是由于该系列标准只是检测方法标准，没有对烟用香精的质量指标进行规定，因此卷烟企业在判定烟用香精是否合格时仍然缺少依据。为此，2000年国家烟草质量监督检验中心和郑州烟草研究院又联合制定了YC/T 164—2003《烟用香精和料液》烟用香精产品质量标准。该标准明确了烟用香精的定义，规定了烟用香精和料液的5项否决性指标：香气质量、香味质量、溶混度、砷铅含量；4项允差性指标：相对密度、折射率、酸值、挥发总量以及香精产品包装标识和检测结果判定方法等内容。

2000年以后，中国烟草行业得到迅猛发展，随着行业企业的联合重组以及各省级中烟公司的成立，行业技术力量得到整合和优化，技术装备水平有了较大发展，一些分析领域的新理论、新技术以及一批具有国际先进水平的分析检测设备被引入到烟用香精香料的品质控制中，如GC、HPLC、GC-MS、LC-MS等，且一些新型的检测手段如电子鼻、电子舌、红外光谱等也受到香精香料检测领域的关注。以各种色谱、光谱技术和统计学方法为依托的指纹图谱技术也在烟用香精品控技术中得到了广泛研究和应用。

2000年，上海烟草集团承担了国家局项目“烟用香精香料检测品控系统研究”。该项目采用同时蒸馏萃取法、液/液连续萃取法、超临界流体萃取法、固相微萃取法、顶空分析法、衍生化法、旋光法、气相色谱法、气相色谱—质谱联用法、高效液相色谱法、红外光谱法、气相色谱-红外光谱联用法等先进分析方法，对单体类、精油类、酊剂类、浸膏类、净油类、粉剂类、溶剂类香精原料和成品烟用香精8大类50多个品种分别进行了检测分析研究，部分类别进行了挥发性成分和非挥发性成分溶剂残留的分析研究。结果显示：对单体类、精油类、酊剂类原料中非挥发性成分，浸膏、净油类原料，粉剂类原料，溶剂类原料，所选定的分析方法均可用于其品质控制；酊剂类原料中挥发性成分选用液/液连续萃取法萃取比较好；成品香精类原料采用液/液连续萃取法萃取效果最好，对其进行分析，可以得到一定的组分信息。物理指标的检测多采用先进的仪器进行，且大多数方法都简便、快速、有效，适用于对香精香料的品质控制检测。通过分析研究，编制出53个香精香料品种的内部品控标准，包括相应的分析方法。

2003—2004年，云南烟草科学研究院选取6大类50个香精香料样品进行了全面剖析。对香精香料进行了不同批次的物理指标检测。对所选香精香料样品重点进行了挥发性化学成分分析，探讨了不同的样品前处理方法，摸索优化了GC/FID，GC/MS仪器分析条件。应用HPLC方法对样品的非挥发性成分进行了分析。应用原子吸收光谱法对无机离子进行了分析。通过对分析数据的比对、建档，结合感官评吸建立了香精香料质量控制软件系统。探讨了裂解气相色谱—指纹图谱应用于香精香料质控的可行性。

2006—2009年，中国烟草总公司郑州烟草研究院建立了烟用香精香料指纹图谱品控技术方法，并结合香精香料安全卫生指标和常规理化允差指标，形成了烟用香精香料品控技术体系以及使用规范，其成果在烟用香精香料品控技术体系方面达到了国际领先水平。主要成果：一是将气相色谱和液相色谱分析数据相结合，建立了烟用香精香料通用色谱指纹图谱分析方法，采用高含量成分偏差和低含量成分夹角余弦，设定了烟用香精香料色谱指纹图谱允差指标，建立了一种新的指纹图谱评价方法；二是建立了17种挥发性有机酸的同时分析方法、15种难挥发酸和高级脂肪酸的同时分析方法、6种水溶性糖和山梨醇的同时分析方法、41种天然香原料特有成分的分析方法，形成了烟用香精、料液以及天然香原料全成分分析方法体系，可以全面有效地分析香精香料的化学组成和含量水平；三是对烟草常用的60种精油、酊剂、浸膏等天然香原料的化学成分进行了系统的定性定量分析，编制了《国内主要烟草常用天然香原料化学成分手册》；四是系统研究了烟用香精香料储存时间对化学成分、感官质量的影响，为烟用香精香料保质期的设定提供了科学依据。项目成果“香精香料品控技术体系研究”获得中国烟草总公司2012年度科技进步三等奖。

2007—2009年，湖南中烟开展了“香精香料成分解析与调配系统研究”的项目研究，在烟用香精香料解析、调配和品控方面提供了新方法，在建立烟用香精香料特征成分色谱图谱数据库和采用化学计量学多元分辨技术建立香料单体识别系统方面具有显著创新。主要成果：一是对浸膏、酊剂、精油等不同类别的香原料以及成品香精考察了多种前处理方法，首次应用信息理论获得了不同类别的香原料以及成品香精的最佳前处理条件，并对263种香原料进行了检测，建立了香原料特征成分色谱图谱数据库；二是自主建立了一套谱图处理方法，采用多元分辨技术实现香原料化学成分的定性定量分析，尤其在重叠峰解析和特征组分选择等方面有创新；三是利用移动窗口正交投影法实现了香精香料的定性识别，应用于模拟香精和实际成品香精的剖析法取得了很好的效果，同时采用多元定量校正法、多内标定量分析法及偏最小二乘法，实现了香精样品的定量分析；四是建立了烟用香精香料成分解析及调配系统，并具有较为全面的技术功能，包括数据库管理、指纹图谱处理、多元分辨、配料分析及配比计算等。该系统已成功应用于卷烟产品香精配方开发中，取得了良好的经济和社会效益。

2008—2009年，安徽中烟系统研究了香精香料提取的前处理方法，比较了同时蒸馏萃取、顶空、水蒸气蒸馏、超声辅助溶剂萃取等方法的实际效果，同时比较了相关系数法、欧式距离法、夹角余弦法在计算色谱谱图相似度时的优缺点，采用夹角余弦法建立了香精香料特征谱图，并通过不同形式的香精样品及主成分分析等方法，考查了谱图的唯一性，即其“特征”属性。在建立了香精特征图谱后，对企业目前使用的150多个香精样品进行了分析，并形成了相应的图谱。

烟用香精香料产品的质量稳定性，也一直是烟草行业长期关注的问题，先后开展了多项研究课题。2013—2016年，郑州烟草研究院3项行业标准预研项目“烟草添加剂浸膏类香原料产品质量控制指标研究”“烟用Maillard反应香料生产规范及分析检测方法研究”“含有α，β-不饱和羰基结构烟用合成香料产品质量稳定性评价方法研究”，系统研究了原料来源、生产工艺和贮存条件等对烟用香原料品质的影响，形成了由因素实验、加速实验、模型构建与验证等技术关键组成的烟用香料稳定性评价方法。

2015—2018年，云南中烟开展了烟草行业卷烟调香技术重点实验室项目“香精香料品质变化的微生物及防控技术研究”，项目系统研究了微生物的种类、环境对香精香料品质的影响，建立了一种烟用香精香料变质的风险评估方法，并提出了相关防控技术。项目成果“烟用香精香料变质规律与防控技术研究”获得中国烟草总公司2019年度科技进步三等奖。

经过30多年的努力，中国烟草行业已经逐步建立了烟用香精香料常规理化指标检测、烟用香精指纹图谱控制、烟用香精香料产品质量控制的系列标准（表10-1），形成了一套较为完整的技术体系。

表10-1 烟用香精香料及添加剂检测标准一览表

类型	标准号	标准名称
产品标准	YC/T 164—2012	烟用香精
理化指标检测标准	YC/T145.1—2012	烟用香精 酸值的测定
	YC/T 145.2—2012	烟用香精 相对密度的测定
	YC/T 145.3—2012	烟用香精 折光指数的测定
	YC/T 145.4—1998	烟用香精 乙醇中溶混度的评估
	YC/T 145.5—1998	烟用香精 澄清度的评估
	YC/T145.6—1998	烟用香精 香气质量通用评定方法
	YC/T 145.7—1998	烟用香精 标准样品的确定和保存
	YC/T 145.8—1998	烟用香精 香味质量通用评定方法
	YC/T 145.9—2012	烟用香精 挥发性成分总量通用检测方法
	YC/T 145.10—2003	烟用香精 抽样
	YC/T 145.11—2012	烟用香精 复杂样品的前处理方法
化学成分检测标准	YC/T 242—2020	烟用香精 乙醇、1，2-丙二醇、丙三醇含量测定 气相色谱法
	YC/T 252—2008	烟用料液 葡萄糖、果糖、蔗糖的测定 离子色谱法
限量及禁用成分检测	YC/T 293—2009	烟用香精和料液中汞的测定 冷原子吸收光谱法
	YC/T 294—2009	烟用香精和料液中砷、铅、镉、铬、镍的测定 石墨炉原子吸收光谱法
	YC/T 359—2010	烟用添加剂 甲醛的测定 高效液相色谱法
	YC/T 360—2010	烟用添加剂 焦炭酸二乙酯的测定 气相色谱-质谱联用法
	YC/T 361—2010	烟用添加剂 β-细辛醚的测定 气相色谱-质谱联用法
	YC/T 375—2010	烟用添加剂 环己基氨基磺酸钠的测定 离子色谱法
	YC/T 376—2010	烟用添加剂 β-萘酚的测定 气相色谱-质谱联用法
	YC/T 406—2011	烟用添加剂中马兜铃酸A的测定 高效液相色谱法
	YC/T 407—2011	烟用添加剂中水杨酸的测定 高效液相色谱法
	YC/T 408—2011	烟用添加剂中正二愈疮酸的测定 高效液相色谱法
	YC/T 422—2011	烟用添加剂中一氯乙酸的测定 离子色谱法
	YC/T 423—2011	烟用香精和料液 苯甲酸、山梨酸和对羟基苯甲酸甲酯、乙酯、丙酯、丁酯的测定 高效液相色谱法
	YC/T 441—2012	烟用添加剂禁用成分 硫脲的测定 高效液相色谱法
	YC/T 442—2012	烟用添加剂禁用成分 对乙氧基苯脲的测定 高效液相色谱法

第六节

烟草添加剂安全性评价

作为卷烟的一种添加剂，烟用香精香料是卷烟产品的重要组成部分之一，因此对其安全性评价在多数国家中都有严格要求并按照食品添加剂标准执行。烟用香精香料在卷烟中参与燃烧或与烟气接触，可发生多种裂解、氧化等化学反应，从而有可能间接影响消费者的健康。我国非常重视对香精香料等烟草添加剂的安全性评价工作，逐步建立了烟草添加剂安全性评价方法体系，开展了添加剂安全性评估工作，出台了烟草添加剂许可名录和禁用名单，并将发布烟草添加剂使用限量评定规程。

（一）烟草添加剂安全性评价方法

自2006年始，郑州烟草研究院开展了“烟草添加剂许可及相应限定”项目的Ⅰ、Ⅱ、Ⅲ期研究。在收集、分析、整理、归纳国内外关于食品添加剂管理的相关文献、法律法规与技术规范的基础上，形成了我国烟用添加剂建议许可名单，同时，从否定角度提出了16种禁止在卷烟中使用的添加剂。

云南烟草科学研究院建立了评价卷烟烟气的3个重要生物学活性（卷烟烟气急性毒性、遗传毒性和细胞毒性）的5个实验方法，确定了卷烟安全性评价的生物学方法和程序。另外，还有部分机构已经可以承接烟用香精香料安全性评价的商业实验研究，如中国预防医学科学院医学研究与检测中心（上海）已公开对外进行PREP（低危害卷烟产品）的评价工作，涉及的检测项目包括烟气中苯并［a］芘和TSNAs分析，以及Ames试验、微核试验、自由基—脂质过氧化检测、酚红试验、急性亚急性毒性试验和小鼠3个月吸烟亚慢性毒性试验。中国军事医学科学院也开展了烟用香精香料相应的毒理学评价研究。相关研究认为，卷烟烟气中含有数千种物质，单一或数种有害成分并不能真实反映吸烟对人类的健康影响，检测出烟气中单一或几种有害成分含量的降低，不宜作为卷烟安全性评价的客观标准。因此，可以将食品添加剂中的生物毒理学安全性评价技术引入到烟气及香精香料安全性评价中，以建立合理客观的安全性评价方法。根据毒理学安全性评价的原理和方法，将烟气中的所有化学物质作为整体受试物，建立烟气染毒的动物和细胞实验模型，评价急性和长期毒性、致突、致畸和致癌性及其他毒性反应，结合对照试验，评价卷烟的安全性。

在此研究的基础上，国家局先后发布了《烟草添加剂安全性评估工作规程（试行）》《烟草添加剂安全性评估技术规程实施细则（试行）》和《烟草添加剂许可名录名单）》，并成立了烟草添加剂安全性评估委员会，在全行业对烟草添加剂实施“许可+评估制”管理。

（二）烟草添加剂安全性集中评估专项工作

尽管烟草行业发布了一系列规定，但由于历史原因和卷烟产品风格延续的需要，个别未列入许可名录的添加剂仍在行业使用，而且安全性尚不明确。为此，2011年国家局决定开展“烟草添加剂的安全性集中评估专项工作”，借以消除行业在烟草添加剂使用方面存在的安全隐患，保证烟草添加剂使用安全，全方位提高了行业对烟草添加剂的安全使用和监管水平。

专项工作首先提出了由文献查证、样品采集与制备、自身毒理学评价、热裂解测试、烟气有害成分测试、烟气体外毒理学测试和综合评估7个技术板块组成烟草添加剂安全性评价技术程序。针对技术规程所涉及的各测试环节，制定了一系列用于烟草添加剂安全性评估的实验操作细则、标准方法以及相应的测试操作系列规程。结合国内外现有关于添加剂的评估程序和结果的判断标准，通过研究，提出了烟草添加剂文献查证的基本要求，形成了添加剂样品采集及测试样品制备手册，确定了烟草添加剂自身毒理学测试、热裂解测试操作、烟气有害成分测试和烟气体外毒理学的操作规程和测试结果的判断标准，制定了综合评估的程序以及技术细节操作指南，进而成功构建了烟草添加剂安全性评价技术体系，如图10-2所示。该体系的建立为集中评估专项工作的开展提供了较为完备的技术手段和方法学基础。

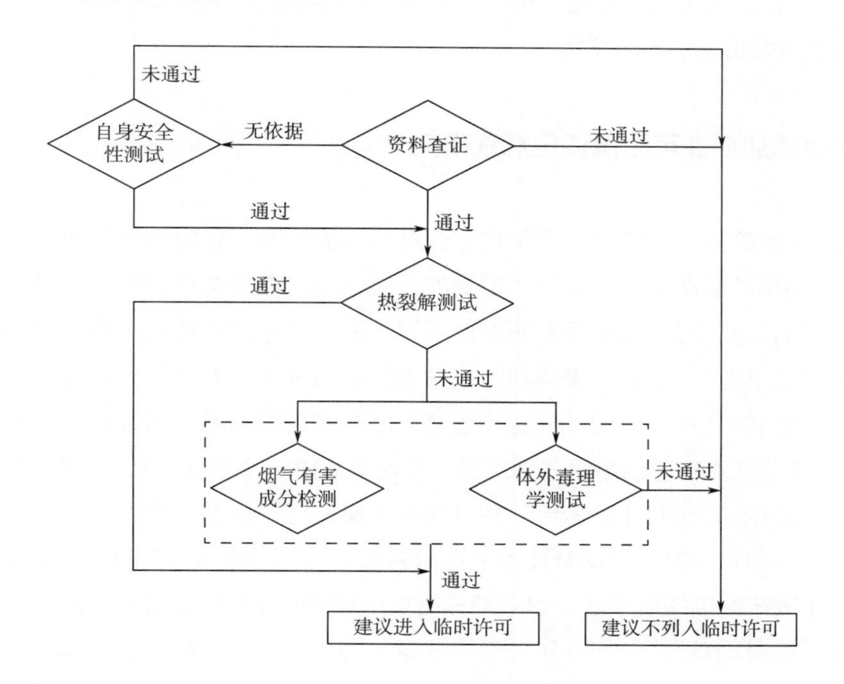

图10-2 烟草添加剂安全性评估流程

该专项工作开展的过程中，专项工作组系统地整理了309种集中评估添加剂的相关资料，建立了由添加剂基本信息、申报材料、文献资料、自身毒理学测试报告、热裂解测试报告、烟气有害成分测试报告、烟气体外毒理学测试报告、综合评估报告以及评估结论等信息单元组成的309种添加剂评估资料档案，并开发了添加剂评估资料档案电子信息系统，有效保证了评估过程和结果的可追溯性。

通过烟草添加剂集中评估专项工作的开展，共计完成了行业在用而不在《烟草添加剂许可名录》的309种添加剂在卷烟中使用安全性的评估，建议临时许可烟草添加剂178种，明确了这些添加剂在卷烟中使用的安全性，并提出了在卷烟中使用的管理建议，同时解决了行业中存在的中草药添加剂、高溶剂含量添加剂等问题，为行业相关添加剂的使用管理提供了科学依据，消除了行业在烟草添加剂使用上存在的安全隐患，奠定了行业烟草添加剂安全使用、规范管理的基础。

通过烟草添加剂安全性集中评估专项工作的开展，形成了在国家局科技司统筹下，以烟草添加剂安全性评估委员会为核心，以技术单元为分工模式，以自主申报、秘书处统计、文献查证、现场采样、实验室测试、烟草添加剂安全性评估委员会评估为基本工作流程的工作模式，对卷烟产品质量安全其他方面的研究如烟用材料和再造烟叶添加剂的安全性评估起到了良好的借鉴与参考作用。

通过烟草添加剂安全性集中评估工作，形成了《烟草制品许可使用添加剂名单》（YQ 52—2015）和《烟草制品临时许可使用添加剂名单》（YQ 53—2015），许可和临时许可的烟草添加剂共计981种。

（三）烟草添加剂许可限量评定规程研究

虽然通过烟草添加剂许可名录和临时许可名录的发布，有效遏制了烟草添加剂的无序使用，对烟草制品质量安全起到了重要的保障作用，但这些许可名单只限定了烟草添加剂的种类和名称，对于烟草添加剂的使用限量尚未进行明确规定。而添加剂的使用安全与其用量密切相关，在缺乏使用限量相关规范的情况下，卷烟产品和烟草添加剂的质量安全管理仍然存在一定风险。从国际上烟草添加剂管理来看，部分国家政府部门以及多数国外烟草公司对许可使用添加剂的最大使用量也进行了管控：英国卫生部2003年发布了591种烟草添加剂的许可名单，并对使用限量进行了规定；新西兰（科文顿·柏灵律师事务所）2000年发布的烟草添加剂许可名单，对349种添加剂的使用限量进行了规定；2010年发布的德国烟草法，也对部分烟草添加剂的使用限量进行规定。雷诺烟草公司2000年、英美烟草公司2007年、帝国烟草公司2007年、日本烟草公司2008年以及菲莫国际烟草公司2009年发布的烟草添加剂许可名单，均披露了添加剂在烟草中的最大使用量。由此可见，国外对烟草添加剂的管理不仅仅是发布许可名单，而且多数名单都对使用限量进行了规定。因此，我国烟草行业目前仍需进一步完善现有的烟草添加剂管理措施，尤其是要加强添加剂使用限量方面的研究，逐步推出限量规定，进一步规范烟草添加剂的生产和使用。

为此，烟草行业在2011年组织郑州烟草研究院、云南烟草研究院等单位开展了烟草添加剂使用限量研究工作。研究采用文献资料查证方式，对国外法律文本规定、国外烟草公司披露名单以及烟草添加剂在食品领域的用途和用量情况进行了调研，掌握了烟草添加剂的法规限量、国外企业披露量以及在食品中的限量规定。对许可和临时许可烟草添加剂在卷烟工业企业的使用情况进行了调查，掌握了烟草添加剂在行业中的最大使用量。参考国内外烟草或食品领域添加剂使用限量研究方法，结合行业烟草添加剂使用和研究现状，以烟草添加剂安全性评估技术为基础，进行了添加剂使用限量评估方法的研究，包括样品要求及类别划分、使用限量测试程序确定、综合评估方法确定等。从许可使用的烟草添加剂中筛选出53种代表性样品进行了热裂解测试烟气有害成分测试和烟气体外毒理学测试，进行方法验证，最终形成了《烟草添加剂许可限量评定规程》技术文本和标准初稿，为下一步的限量评定奠定了基础。

第七节
展望

未来10~15年，烟草行业香精香料的主要工作目标是围绕中式卷烟创新发展新需求，研究并发展以数字化、智能化、精准化为显著特征的新一代卷烟调香核心技术，不断巩固提高“以我为主、由我掌控”的卷烟自主调香主体地位，提升行业卷烟香精香料核心技术的自主研发与自我保障能力，充分发挥香精香料对中式卷烟风格塑造、品质升级的价值贡献。

围绕这一主体目标，可以从“风味”“安全”2个方向开展相关研究工作。在“风味”方面，应系统开展卷烟香气及味觉机理的基础性研究，通过感官组学等风味学技术的理论探索和应用实践，来掌握卷烟风格特色的形成机理和香气的协同机制，指导美拉德反应、香料精细化加工等技术研究，从而开发出一系列新型特色香原料；利用数字化调香技术平台，形成彰显品牌风格特色的卷烟调香技术体系，为卷烟产品及新型烟草制品的发展提供支撑。在“安全”方面，需要进一步完善烟草添加剂安全性评价及限量技术体系，利用现代分析检测技术和大数据平台，实现对香精香料中关键香味成分以及危害性成分的准确识别和有效监控，建立完善了香精香料品控技术体系和标准体系，保障了卷烟产品的质量安全，并从技术和管理两个层面上逐步建成了保障烟草行业健康发展的香精香料供应链体系。

（一）烟用香精香料大数据平台的建设

2018年，烟草行业正式启动了烟草科研大数据重大专项。因此，在烟草科研大数据重大专项的引导下，构建烟草行业的烟用香精香料大数据平台，这将是烟草香精香料在今后相当长一段时间内需要开展的一项重要工作和研究方向。

香精香料大数据平台可以围绕以下几个方面开展工作：首先明确平台建设的目标与功能以及相应的支撑性数据模块；建立适用于烟草添加剂的数据采集长效策略以及数据评价、转换方法；在此基础上，系统采集、评价与整合烟草添加剂国内外各方面的数据信息，形成包括烟草添加剂质量安全数据模块、香料单体作用数据模块、卷烟调香技术数据模块以及要素适配性数据模块的烟草添加剂主题数据库；研究建立数据分析挖掘方法或模型算法，对各模块数据进行深度挖掘，准确高效地获取能够支撑目标与功能实现的信息、数据或关系模型；搭建烟草添加剂大数据应用服务平台，实现以烟草添加剂为核心的全面信息轮廓的可视化展现，以产品需求为导向的建议方案的有效输出，为卷烟加香加料设计和烟草添加剂的安全使用提供基础数据支撑和数字化平台服务。

（二）数字化调香技术平台的构建与应用

提高对单体香原料的掌握和应用水平，提高卷烟产品香精香料配方设计的针对性、有效性、精准性，全面提升香精香料配方设计对产品质量风格设计的贡献水平，提高烟草行业工业企业自主调香水平，构建符合企业自身特点的、彰显品牌风格特色的卷烟调香技术体系，调香水平由香精掌控层次为主提高到单体掌控为主，向智能化、数字化调香方向发展，进一步丰富和发展中式卷烟风格特色。

重点开展辨香、仿香、创香技术数字化研究，促进传统经验模式向数字化模式的转变。运用多种技术手段，持续开展国内外优质烟用香精的辨香研究，结合先进的检测技术和指纹图谱信息技术开展仿香研究，开展基于经验调香模型和人工智能技术的创香研究，并对其开展工业化验证及其在卷烟产品中的应用研究。将香精香料数字化表征成果与计算机技术结合，优化算法，开展系统的人性化设计和专业化应用研究，构建“数字化调香技术”共享平台，实现精准辨香、智能仿香与数字创香。利用“数字化调香技术”，不断丰富完善“短、中、细、爆”等特色卷烟产品以及新型烟草制品的加香加料技术体系。

（三）烟草添加剂的安全性评价及限量研究

为了加强烟草添加剂使用管理，行业已经建立了烟草添加剂的“许可+评估”制管理模式，形成了烟草添加剂质量安全管理技术标准体系，对保证卷烟产品质量安全起到了有力的支撑作用。但由于烟草添加剂其多样性、复杂性，因此，烟草添加剂的安全性评价依然是卷烟产品质量安全管理的难点，仍然需要持续深化研究：要完善烟草添加剂限量评定方法，建立更加科学安全性评估技术标准；从名称界定、限量要求、使用必要性、数据信息等方面梳理、完善许可名单，建立烟草添加剂的许可限量标准，进一步增强名单的指导性、执行性；针对重要添加剂陆续研究建立相应的产品标准，为原料单体的质量安全控制提供依据。

（四）烟用香精香料质量检测和标准体系构建

虽然我国已经建立了较为完整的烟用香精香料品控技术体系，但开展新型分析技术和检测方法的应用研究，解决烟用香精香料全成分和关键成分分析难题，不断完善香精香料指纹图谱数据库，实现烟用香精香料品质的数字化评价和表征，逐步健全了烟草行业香精香料产品的品质控制技术体系和标准体系，仍将是今后烟用香精香料分析检测及品控技术的发展方向。

随着我国烟草行业卷烟自主调香水平的不断提升，卷烟企业已经从以往直接采购外行业的成品香精，逐步过渡到以采购单体香原料为主的自主调香的阶段，自主生产的烟用香精所占比例越来越高，因此制定烟草行业内部的烟用香精生产技术规范，对保证烟用香精生产的稳定性和安全性，提高烟用香精产品质量、巩固行业自主调香主体地位，非常重要和迫切。

（五）烟草风味科学及感官组学技术研究

在烟用香精香料基础研究方面，可以通过烟草风味科学及感官组学技术的深入研究，探讨基于分子特性的感官分析技术，掌握烟草制品和烟用香精香料感官特性的物质基础，研究烟草制品主要感官成分的心理物理学、分子生物学、神经生物学综合效应，揭示烟草制品感官特征的成因和组合规律。研究烟草香味作用机理、转化规律、香原料配伍性、香味释放影响因素、香精调配和施加过程风味演化规律。

通过对烟草、天然香料、反应香料中风味物质组群分布特征、存在状态、转化规律和贡献权重等方面的研究，融合感官介导与化学表征，实现风味物质组群精准定位。研究风味物质组群物化特性、基质特征及组间互作关系，实现功能组群定向分离，构建香原料精深加工技术体系。研究微生物产香代谢途径、挖掘功能酶基因，突破微生物和酶定向调控风味的技术瓶颈。基于风味物质组群定位、分离、调控技术特征，研发针对性工艺技术及装备，实现烟草香原料风味物质组群规模化开发，从香原料源头提升中式卷烟的调香水平。

（六）烟用香料的绿色制备及精细化加工研究

目前烟草行业已经许可和临时许可的有900多种烟草添加剂，这些烟草添加剂已经可以基本满足当前烟草调香的需求，因此，开展现有常用香料的绿色制备以及精细化加工技术研究，不断降低产品成本、提高烟用香料的品质和应用效果，应该是今后烟用香料开发的重点方向。在天然香料精细化加工方面，利用现代分析技术和感官组学技术，分析和确定天然香料的特征风味组群，实现天然香料关键组群的靶向提取；通过多种提取技术的有效组合，实现对天然植物中的不同部位、不同成分进行分类加工，得到多种香料产品，实现天然香料植物的综合性加工利用。随着分离技术的不断发展，天然香料的分离提纯方法也越来越多样化，单一方法往往难以达到分离提纯的要求，因此行业可以重点开展多种方法联合技术研究，如超临界流体技术与蒸馏技术及结晶技术等耦合技术；酶法前处理原材料、膜分离后处理分离产物，再与色谱、质谱联用，实现分离、提取、检测一步完成，将烟用天然香料的生产加工向无污染、低成本、质量好的方向发展。与传统的有机合成方法相比，生物技术具有污染小，反应条件温和，而且原料底物为可再生的资源，更符合绿色化学的原则，因此，通过生物技术制备烟用香料也是今后一个重要的发展方向。

本章主要编写人员：胡军、毛多斌、张峻松、马骥、杨伟平、杨靖、杨雪鹏、白冰、叶建斌

参考文献

[1] 谢剑平，胡军. 国内外烟用香精香料生产企业［M］. 北京：化学工业出版社.2009.

[2] 康武成，崔辉政，谭根芳，等. 从烟草花蕾提取香膏的工艺：90107606.6［P］. 1991-02-27.

[3] 胡军，宗永立，车燕丽. 压力对胡卢巴籽超临界萃取的影响［J］.烟草科技，2004（10）：21-23.

[4] 胡军. 天然啤酒花不同加工方式萃取研究［R］. 中国烟草学会香精香料年会论文集. 中国烟草学会，2004.

[5] 朱尊权，胡有持，刘惠民，等. 羊栖菜多糖及其在烟草中的应用: 200610128282.9 [P] . 2007-05-16.

[6] 常城，胡有持，赵明月，等. 裙带菜提取物的GC/MS分析及其在卷烟中的应用 [J] . 烟草科技，2011 (2) : 39-42.

[7] 杨君，黄芳芳，秦敏朴，等.裂片石莼多糖微波辅助提取工艺优化及其卷烟保润应用 [J] .河南农业大学学报，2015，49 (5): 688-695.

[8] 陈森林，沈光林，卓浩廉，等.几种海藻多糖在卷烟中的应用研究 [J] .现代食品科技，2013，29 (5): 1057-1060.

[9] 卢茳虹.海带多糖的分离纯化、结构特性及在卷烟中应用研究 [D] . 广州: 华南理工大学，2013.

[10] 杨君，黄芳芳，叶超凡，等.铜藻多糖的提取工艺优化及其保润性能 [J] .烟草科技，2013 (4): 37-41.

[11] 朱怀远，张媛，庄亚东，等. 分子蒸馏分离树苔浸膏有效组分条件的响应面法优化 [J] .香料香精化妆品.2018 (4): 17-22.

[12] 朱怀远，朱龙杰，庄亚东，等. 树苔浸膏的化学成分研究 [J] . 香料香精化妆品，2017 (1): 13-15，20.

[13] 张文娟，张国臣，王宏伟，等. 杏子酸味烟用香料靶向组分的确定及制备工艺优化 [J] . 中国烟草学报，2018，24 (2): 8-17.

[14] 杨鹏元，洪广峰，张启东，等.红枣烤甜香特征成分的确定及制备工艺优化 [J] .中国烟草学报，2016，22 (6): 41-50.

[15] 杨鹏元，洪广峰，马宇平，等.焦麦芽烤甜香关键成分的确定及制备工艺优化 [J] .中国烟草科学 ，2016，37 (5): 68-74.

[16] 黄贵凤，徐志强，葛少林，等. 滁菊精油的超临界流体萃取及全二维色谱分析 [J] . 中国科学技术大学学报，2016，46 (10): 814-820，831.

[17] 黄贵凤. 滁菊精油化学成分的分离分析新技术研究 [D] . 合肥: 中国科学技术大学. 2016.

[18] 王甜，赵明月，徐秀娟，等. 滁菊总黄酮提取条件优化研究 [J] .天然产物研究与开发，2015 (4): 661-666.

[19] 王甜，赵明月，何保江，等. 滁菊亚临界净油挥发性和半挥发性成分分析及卷烟加香效果 [J] . 烟草科技，2015，48 (7): 46-52.

[20] 徐秀娟，王甜，何保江，等. 滁菊挥发油的成分分析及其在卷烟中的应用 [J] . 天然产物研究与开发，2015，27 (9): 1532-1538.

[21] 秦召，吴月娇，谷令彪，等. 大枣香气成分研究进展 [J] . 香料香精化妆品，2015 (5): 63-67.

[22] 郭春旭，谷令彪，孔令军，等. 亚临界萃取联合太赫兹波提取玉米皮油的研究

[J] . 食品科技，2016 (2): 216-220.

[23] 周富臣，戚万敏. 氧化异佛尔酮及其在卷烟加香中的作用 [J] . 烟草科技，1997 (1): 29-29.

[24] 谢剑平，徐启新，魏晓辰. 2-甲基-5异丙基-1,3-壬二烯-8-酮的合成研究 [R] . 中国科协首届青年学术年会论文集 (工科分册): 654-660，北京：中国科学技术出版社，1992.

[25] 魏晓辰，谢剑平，徐启新.2-烷基-5-氧代己酸酯的合成及其对卷烟烟气的作用 [J] . 烟草学刊，1991 (1): 45-50.

[26] 宗永立，祁秀香，罗丽娜. β-二氢大马酮的合成和加香作用研究 [J] . 中国烟草学报，1997，3 (1): 26-29.

[27] 陈勇，杨华武，银董红. γ (δ) -内酯氧化合成4 (5) -氧代羧酸 [J] . 合成化学，2007 (5): 634-638.

[28] 杨华武，谭新良，黎艳玲，等. 2,3,4,6-葡萄糖四异戊酸酯的合成及其在卷烟中的应用 [J] . 烟草科技，2006，45 (11): 51-55.

[29] 雷声，杨锡洪，解万翠，等.玫瑰醇-β-D-吡喃葡萄糖苷键合态香料前体的合成及结构表征 [J] . 现代食品科技，2015，31 (10): 163-167.

[30] 芦昶彤，白兴，贾春晓，等.1-L-丙氨酸-1-脱氧-D-果糖的热裂解分析 [J] . 郑州轻工业学院学报 (自然科学版)，2011，26 (4): 35-40.

[31] 欧亚非，鞠华波，贾春晓，等. 1-L-苯丙氨酸-1-脱氧-D-果糖热解产物分析 [J] . 烟草科技，2011 (4) .

[32] 王延平，赵谋明，彭志英，等. 美拉德反应产物研究进展 [J] . 食品科学，1999 (1): 15-19.

[33] 刘立全，王月霞.梅拉德反应在烟草增香中的应用研究进展 [J] .烟草科技，1994 (6): 21-24.

[34] 王家强，杨生平，杨伟祖.微波加速Maillardr反应实验 [J] .烟草科技，1995 (1): 18-19.

[35] 方百盈，冯大炎.Maillard反应与烟用香料的开发 [J] .安徽师大学报 (自然科学版)，1997 (3): 253-256.

[36] 周正红，杨华连，沈光林. 梅拉德反应产物及其在烟草中的增香研究 [J] . 烟草科技，1998 (4): 8-11.

[37] 吴鸣，谢剑平. D-葡萄糖和正丙胺模型体系棕色化反应产物的研究 [J] . 中国烟草学报，1997 (1) : 18-25.

[38] 罗丽娜，胡军，谢剑平.无氧密闭体系缬氨酸与还原糖棕色化产物的研究 [J] . 中国烟草学报，1997 (1): 10-17.

[39] 罗丽娜，谢剑平，胡军. 无氧密闭体系L-丙氨酸与D-葡萄糖棕色化产物的研

究 [J] .烟草科技，1998 (4): 22-24.

[40] 傅见山，杨华武，刘建福，等.烷基羟基吡嗪的合成及其在卷烟调香中的应用 [J] . 湖南师范大学自然科学学报，2004 (1): 10.

[41] 杨华武，黎艳玲，黎成勇. 2,6-脱氧果糖嗪合成、提纯及其向卷烟烟气释放香气成分的研究 [J] . 香料香精化妆品，2006 (2): 23-25.

[42] 杨华武，黎艳玲，陈雄，等. 电渗析法分离提纯2，5-脱氧果糖嗪的研究 [J] . 香料香精化妆品，2006 (6): 4-6.

[43] 李鹏，宗永立，胡军，等. 脱氧果糖嗪规模化合成工艺研究 [J] . 烟草科技，2008 (9): 29-33.

[44] 胡军，曾世通，宗永立，等.葡萄糖/丙氨酸Maillard反应水溶性高分子产物的规模化合成及其在烟草中的应用 [J] . 烟草科技，2010 (7): 29-33.

[45] 余祥英，胡军，曾世通，等. pH对模型体系Maillard反应产物抗氧化性的影响 [J] .食品工业科技，2012，33 (15): 112-116.

[46] 余祥英，胡军，曾世通，等. Maillard反应中杂环香味化合物形成机理的研究进展 [J] .香料香精化妆品，2012 (4): 46-53.

[47] 许春平，肖源，孙斯文，等. 白肋烟花蕾制备烟用香料 [J] . 烟草科技，2014 (11) : 57-61.

[48] 胡志忠，刘远上，肖源，等. 烤烟花蕾美拉德反应制备烟用香料的探讨 [J] . 浙江农业科学，2014 (12) : 1893-1895.

[49] 白家峰，刘绍华，冉盼盼，等 .烟草花蕾香料产香酵母发酵工艺及美拉德反应温度的优化 [J] .贵州农业科学，2017，45 (10) : 126-130.

[50] 唐胜，沈光林，饶国华，等. 利用烟末酶解液制备烟用美拉德反应香精的研究 [J] . 食品工业科技，2011，32 (4) : 268-271.

[51] 马海昌. 生物法处理烟梗制备天然烟用香料的研究 [D] .广州：华南理工大学，2013.

[52] 文冬梅，伍锦鸣，赵谋明，等. 烟末酶解物美拉德反应配料的优化 [J] .现代食品科技，2013，29 (2) : 354-357，361.

[53] 刘珊，周富臣，胡军. 不同还原糖与小麦水解蛋白Maillard 反应的比较研究 [J] . 安徽农业科学，2009，37 (15): 7001-7003.

[54] 黄龙，朱巍，程志昆，等.红枣提取物的 Maillard 反应制备烟用香料的研究 [J] .湖北农业科学，2011，50 (8): 1673-1676.

[55] 赵国玲，杨华武，钟科军，等.葡萄干提取物与脯氨酸的梅拉德反应 [J] .烟草科技，2011 (11): 44-49.

[56] 黄龙，陈一，程志昆，等.番茄汁 Maillard 反应制备烟用香料的研究 [J] .香料香精化妆品，2011 (3): 9-13.

［57］苏强.美拉德反应产物提高卷烟舒适度的研究［D］. 上海：上海应用技术学院，2014.

［58］田怀香，严岚，李凤华，等.响应面优化木糖与谷氨酸制备烟用美拉德香精工艺［J］. 食品工业，2016（2）：120-124.

［59］许春平，王充，刘远上，等.以怀山药为原料经美拉德反应制备烟用香料的研究［J］.香料香精化妆品，2016（6）：21-24.

［60］杨金初，郝辉，马宇平，等.甘薯浸膏的开发及其香气成分分析［J］.中国烟草学报，2016，22（5）：10-18.

［61］冯黎，戚昳卿，马继红.水果浓缩物的美拉德反应产物制备及其在烟草调香中的应用［J］.香料香精化妆品，2017（1）：33-38.

［62］王军，陆益敏，刘百战，等. Amadori化合物合成方法综述［J］.烟草科技，2007（06）：53-55.

［63］毛多斌，鞠华波，牟定荣，等.1-L-亮氨酸-1-脱氧-D-果糖和1-L-异亮氨酸-1-脱氧-D-果糖的热裂解分析［J］. 中国烟草学报，2010（6）：1-9.

［64］彤霖.Maillard反应中间体降低卷烟自由基作用的研究［D］. 武汉：华中科技大学.2006.

［65］张敦铁.Maillard反应中间体的研究［D］. 武汉：华中科技大学，2006.

［66］甘学文，王光耀，邓仕彬，等 .美拉德反应中间体对卷烟评吸品质的影响及其风味受控形成研究［J］.食品与机械，2017，33（6）: 46-52.

［67］朱大恒，韩锦峰，周御风. 利用产香微生物发酵生产烟用香料 技术及其应用［J］. 烟草科技，1997（1）: 31-35.

［68］周瑾，李雪梅，许传坤，等. 利用高蛋白酶活性微生物水解烟叶蛋白及其产物的Maillard反应研究［J］. 烟草科学研究，2002（1）：43-47.

［69］周瑾，李雪梅，许传坤，等. 利用微生物发酵改良烤烟碎片品质的研究［J］. 烟草科技，2002（6）：3-5.

［70］李雪梅，许传坤，周瑾，等. 发酵香料烟烟籽生产烟用香料研究［J］. 烟草科技，2004（1）：16-19.

［71］刘丽芬，李祖红，李雪梅，等.香茅草产香菌发酵液挥发性成分分析及在卷烟中的应用［J］. 烟草科技，2007（11）: 35-39.

［72］吕品，周湘，朱巍，等. 一种采用微生物发酵咖啡制备烟用香料的方法：200810046834.0［P］. 2009-08-05.

［73］王娜，李丹，程书峰，等. 产香酵母菌处理烟叶碎片制备特色烟草浸膏的工艺研究［J］. 香料香精化妆品，2010（2）：4-7.

［74］马海昌，周瑢，孔浩辉，等. 生物法处理烟梗提取液提高苯乙醇含量的研究［J］. 农业机械，2013（14）：81-84.

[75] 杨雪鹏，赵越，胡仙妹，等. 烟叶叶黄素降解菌发酵条件研究 [J] .河南农业科学，2015，44 (5): 151-155，160.

[76] 黄先甫，李惠莲，肖三元. 香荚兰的组织培养 [J]. 云南热作科技，1986 (3): 28-30.

[77] 崔元方，刘荣维，麦小燕，等. 应用组织培养技术快速繁殖香荚兰 [J] . 热带作物学报，1988 (2): 59-63.

[78] 曹孟德，陈奇才，李家儒，等. 香荚兰愈伤组织的培养及其香兰素形成的研究 [J] . 华中理工大学学报，1997 (5): 79-81.

[79] 曹孟德，秦东春，陈奇才，等. 香荚兰细胞悬浮培养产生香兰素的研究 [J] . 华中理工大学学报，1998 (5): 8-10.

[80] 曹孟德，李家儒，王君健. 诱导物及前体物对香荚兰细胞悬浮培养产生香兰素的影响 [J] . 植物研究，2000 (3): 266-269.

[81] 曹孟德，李家儒，秦东春，等. 吸附剂及培养基组成对香荚兰细胞悬浮培养产生香兰素的影响 [J] . 植物研究，2004，22 (1): 65-67.

[82] 李志伟，崔力拓，张广军. 精油玫瑰组织培养技术研究（简报）[J] . 河北农业大学学报，2004，27 (4): 52-54.

[83] 杨志. 野玫瑰组织培养技术的研究 [D] . 延吉: 延边大学，2004.

[84] 赵蓓蓓，刘松，秦岭. 大马士革玫瑰组培快繁体系的初步研究 [C] . 中国园艺学会2011年学术年会论文摘要集. 中国园艺学会，2011.

[85] 王勇刚.‘紫芙蓉’玫瑰组培快繁技术研究 [D] . 泰安: 山东农业大学，2012.

[86] 赵铭钦，齐伟城，邱立友，等. 烟草发酵增质剂对烤烟发酵质量的影响 [J] . 河南农业科学，1998 (12): 7-9.

[87] 张立昌. 烟叶酶处理的作用效果 [J] . 烟草科技，2001 (4): 7-9.

[88] 夏炳乐，颜春雷. 生物酶制剂提高烟叶醇化质量 [J] . 烟草科技，2007 (11): 13-16.

[89] 涂洁，张国政. 非水相中酶法合成糖酯的研究 [J]. 现代食品科技，2004 (1): 58-60.

[90] 毛多斌. 葡萄糖四酯的酶催化选择性合成及在烟气中裂解转移规律研究 [D] . 杨凌: 西北农林科技大学，2008.

[91] 李鹏，丁丽，曾世通，等. 葡萄糖酯的酶催化合成及烟用加香研究 [J] . 中国烟草学报，2009，15 (4): 1-7.

[92] 谢剑平，宗永立，屈展，等. 单体香料在卷烟中作用评价方法的建立及应用 [J] . 烟草科技，2008 (4): 5-8，13.

[93] 崔凯，屈展，马骥，等. 感知标示量度卷烟感官评价方法的建立及应用 [J] . 烟草科技. 2015 (3): 74-78.

[94] 宋瑜冰，宗永立，谢剑平，等. 一些酯类香料在卷烟中的转移研究 [J] . 烟草科技，2005（6）：22-25，48.

[95] 宋瑜冰，宗永立，谢剑平，等. 一些酯类香料单体在卷烟中转移率的测定 [J] . 中国烟草学报，2005，11（3）：17-22.

[96] 蔡君兰，张晓兵，赵晓东，等. 一些脂肪酸类香料单体在卷烟中的转移 [J] . 烟草科技，2008（10）：30-33.

[97] 蔡君兰，张晓兵，赵晓东，等. 一些醇类香料单体在卷烟中的转移研究 [J] . 中国烟草学报，2009，15（1）：6-11.

[98] 刘强，侯春，李海涛，等. 溶剂对一些醇类香料在卷烟中添加效率的影响 [J] . 香精香料化妆品，2008（3）：13-16.

[99] 张杰，宗永立，周会舜，等. 一些醛酮类香料在卷烟烟丝和滤嘴中的转移行为 [J] . 烟草科技，2011（7）：60-63.

[100] 贾玉国，宗永立，张艇，等. 不同烘丝方式对烟丝外加香料持留率的影响 [J]. 安徽农业科学，2012，40（6）：3544-3545.

[101] 李春，向能军，沈宏林，等. 一些醛、酯类香料在卷烟中的转移率与卷烟焦油量的相关性研究 [J] . 应用化工，2009，38（10）：1465-1468.

[102] 李春，向能军，王涛，等. 卷烟辅料设计参数对一些醛、酯类香料单体迁移率的影响研究 [J] . 化工技术与开发，2010，39（6）：11-15.

[103] 李春，向能军，沈宏林，等. GC-MS测定一些烟用酯类香料转移率的研究 [J] . 光谱实验室，2010，27（2）：430-434.

[104] 翟玉俊，田虎，朱先约，等. 接装纸和成形纸透气度对主流烟气中碱性香味成分的影响 [J] . 烟草科技，2012（2）：56-60.

[105] 沈宏林. 十六种烟用香料卷烟迁移行为研究 [D] . 昆明：昆明理工大学，2009.

[106] 林文强，欧亚非，王瑞玲，等. 薄荷型卷烟和主流烟气中薄荷醇分析及其转移的研究 [J] . 化学研究与应用，2010，22（9）：1122-1125.

[107] 白新亮，胡军，王俊，等. 环境温湿度对烟用香料在卷烟中转移行为的影响 [J] . 烟草科技，2012（3）：38-47.

[108] 杨君，储国海，胡安福，等. 卷烟纸透气度与克重对烟用香料在主流烟气中转移行为的影响 [J] . 云南农业大学学报，2013，28（2）：230-235.

[109] 张艇，宗永立，贾玉国，等. 卷烟评吸过程中醛酮类外加香料逐口转移率的研究 [J] . 安徽农业科学，2012，40（9）：5329-5331，5354.

[110] 朱红，黄一贞，张弘. 食品感官分析入门 [M] .北京：中国轻工业出版社，1990.

[111] 国家质量监督检验检疫总局. 感官分析　方法学　采用三点选配法（3-

AFC）测定嗅觉、味觉和风味觉察阈值的一般导则：GB/T 22366—2008［S］. 北京：中国标准出版社，2008.

［112］宗永立. 卷烟香料技术发展现状与趋势［R］. 2009—2010烟草科学与技术学科发展报告专题报告. 中国科学技术出版社，2010.

［113］马宇平，陈芝飞，毛多斌，等. 一种卷烟致香成分香气阈值的感官评吸测定方法：201410212657.4［P］. 2014-08-20.

［114］陈芝飞，杨靖，马宇平，等. 烟用香料作用阈值感官评价方法的建立及应用［J］.烟草科技，2016，49（4）：30-36.

［115］陈芝飞，杨靖，马宇平，等. 基于活性阈值的卷烟烟气中重要碱性香气成分剖析［J］. 烟草科技，2017，50（3）：39-46.

［116］蔡莉莉，刘绍锋，郝 辉，等.卷烟烟气重要中性香气成分的活性阈值［J］. 烟草科技，2018，51（9）：33-39.

［117］胡达骁. 我国混合型卷烟发展历程的回顾与展望［J］.中国烟草，1989（5）：25-28，13.

［118］刘钟祥.混合型卷烟的烟叶配方及加料加香初探［J］.烟草科技，1986（1）：16-18.

［119］周浦檀.混合型卷烟料液设计与工艺施加的探讨［J］.烟草科技，1990（4）：14-15.

［120］郭俊成，程晓蕾.白肋烟料剂及处理工艺参数的优化设计［J］.中国烟草学报，1997（4）：33-36.

［121］王月霞.论白肋烟的加料处理［J］.烟草科技，1997（5）：3-5.

［122］宗永立，张晓兵，屈展，等.混合型卷烟配方中白肋烟的加料技术研究［J］. 烟草科技，2003（10）：3-8.

［123］宗永立，张晓兵，屈展，等.混合型卷烟加料加香技术研究［J］.烟草科技，2004（9）：3-8.

［124］胡建军，王成华，马明，等.白肋烟处理工艺的理论和技术探讨［J］.烟草科技，2000（9）：12-15.

［125］屈湘辉，辜菊水，郇鹏.中式混合型卷烟发展状况调查分析［J］.中国烟草学报，2014（4）：86-89.

［126］牟定荣，王晓辉，赵云川，等.云南烤烟复烤烟片B2F加料陈化研究［J］.烟草科技，2004（12）：15-19.

［127］张晓兵，唐宏，宗永立，等. 加料复烤对烤烟烟叶主要化学成分、香味成分和感官质量的影响［J］.烟草科技，2005（5）：23-28.

［128］陈长清，陈付军，宫长荣，等. 不同添加剂复烤对烤烟烟叶品质的影响研究［J］.安徽农业科学，2007，35（35）：11492-11493，11524.

[129] 白万明，潘峰，杨全忠，等. 复烤加料加香工艺的设计与应用 [J] . 中国烟草学报，2017，23（4）：15-21.

[130] 白万明，潘峰，杨全忠，等. 复烤加料关键参数对片烟质量的影响 [J] . 烟草科技，2017，50（8）：80-84.

[131] 刘维涓，王超，卫青，等. 新型膨胀烟丝改性添加剂的研究 [J] .食品科技，2003（2）：65-68.

[132] 廖旭东，胡延奇，阎威，等. 新型香料在烟丝膨化工艺中的研究和应用 [C]. 中国烟草学会2004年烟草化学学组年会论文集. 中国烟草学会，2014.

[133] 鹿洪亮，曾世通，洪祖灿，等. 复合型保润剂对膨胀烟丝感官品质和保润性能的影响 [J] . 郑州轻工业学学报（自然科学版），2015，30（1）：24-29.

[134] 章洪全. 梗丝加香对卷烟香味的影响 [J] .烟草科技，1989，（2）：7-9.

[135] 肖厚荣，邵国全，郭俊成，等. 提高梗丝内在质量的研究 [J] .烟草科技，1996（6）：5-7.

[136] 肖瑞云，林凯. 不同复合酶对烟梗化学成分和感官评吸的影响 [J]. 江西农业学报，2010，22（10）：70-72.

[137] 林凯. 酶法对烟梗丝降解效果的研究 [J]. 安徽农业科学，2011，39（11）：6500-6501.

[138] 林翔，陶红，沈光林，等. 利用复合酶改善烟梗品质的研究 [J] .安徽农业科学，2011，39（4）：2064-2066.

[139] 周元清，周丽清，章新，等. 利用生物技术降解木质素提高烟梗使用价值初步研究 [J]. 玉溪师范学院学报，2006，22（6）：61-63.

[140] 朱跃钊，卢定强，万红贵，等.木质纤维素预处理技术研究进展 [J] .生物加工过程，2004，2（4）：11-16.

[141] 桂建国，张卫华，彭勇，等.一种用于烟草梗丝加香的添加剂：201110064564 [P] . 2012-01-04.

[142] 徐世涛，李万殉，阴耕云，等.烟用梗丝的品质改善研究 [J]，云南大学学报：自然科学版，2010，32（S1）：13-15.

[143] 陈兴，申晓峰，巩效伟，等. 利用微生物制剂提高梗丝品质的研究 [J] .中国烟草学报，2013，19（3）：83-86.

[144] 李永福，容辉，宁夏，等.薰衣草在造纸法再造烟叶中的应用研究 [J] .云南农业大学学报（自然科学版），2014，29（6）：941—947.

[145] 孙莉，彭程，彭荣准. 郁金烟草薄片制造的卷烟：201120475546.4 [P] . 2012-09-05.

[146] 陈银彬，一种沉香烟草薄片及其制作工艺：201210165130.1 [P] .2012-09-12.

[147] 郑勤安，周强，王建军，等. 含中草药成分造纸法再造烟叶的制备 [J] .烟草科技，2004 (6): 6-9.

[148] 张俊奇，陈港，程哗恒，等. 苦菜预处理及其在烟草薄片中的应用 [J] .造纸科学与技术，2011，30 (6): 46-49.

[149] 熊锦元. 小茴香茎取代烟叶在香烟中的应用: 00116052.4 [P] . 2001-02-21.

[150] 夏新兴，马娜，吉英. 小茴香秆造纸法烟草薄片的制造工艺研究 [J] . 中华纸业，2008 (8): 44.

[151] 赵谋明，田英姿，崔春.功 能性烟草薄片及其制备方法: 201010242200.X [P] .2010-12-15.

[152] 陈超，田英姿. 甘草渣在造纸法烟草薄片纸基中的应用研究 [J] . 现代食品科技，2011，27 (9): 1130-1133.

[153] 李荣，王蕾. 一种添加茶叶的再造烟草: 200510034636.9 [P] . 2005-11-09.

[154] 江波. 一种卷烟用茶叶薄片的制造方法: 200610040899.5 [P] . 2007-02-07.

[155] 方维远. 烟用茶叶薄片及其制备方法与卷烟: 201010149457.0 [P].2011-10-19.

[156] 林凯，王峰吉. 茶叶再造薄片制取及其特性分析 [J] . 江西农业学报，2010，22 (11): 73-75.

[157] 徐建荣，王峰吉，林凯.茶叶再造薄片感官评价及其卷烟应用 [J] . 江西农业学报，2010 ，22 (12): 61-62.

[158] 姚二民，宋浩，李晓，等. 茶叶再造烟叶对卷烟烟气成分的影响 [J] . 茶叶科学，2012 ，32 (4): 319-324.

[159] 李子坤，张涛，江波，等. 茶叶薄片的工艺研究 [J] . 安徽农业科学，2007，35 (19): 5857-5858.

[160] 晋照普，牛津桥，宋豪，等. 茶叶再造烟叶对卷烟烟气挥发性香气成分的影响 [J] .郑州轻工业学报 (自然科学版)，2013，28 (1): 38-40.

[161] 况志敏，刘建平，王茜茜. 造纸法再造烟叶发展综述 [J] .纸和造纸，2018 (6): 26-31.

[162] 张溪，刘皓月，惠岚峰，等. 造纸法再造烟叶的研究进展 [J] .天津造纸，2018 (1): 2-6.

[163] 吴亦集，沈光林，陶红，等. 造纸法再造烟叶原料的加酶萃取 [J] .烟草科技，2011，288 (7): 33-36.

[164] 张耀华，郭国宁，蔡冰，等. 白豆蔻挥发油的GC-MS分析及在卷烟中的应

用［J］.中国烟草科学，2009，30（3）：24-27.

［165］刘绍华，黄世杰，胡志忠，等.藏红花挥发油的GC-MS分析及其在卷烟中应用［J］.中草药，2010，41（11）：1790-1792.

［166］董爱君，文哗臣，黄龙，等.毛蕊花挥发油成分分析及其在卷烟中的应用［J］.香精香料化妆品，2012（2）：10-13.

［167］王宏伟，郝辉，于国强，等.沙棘化学成分提取及在卷烟中的应用［J］.烟草科技，2012（4）：33-36.

［168］许永，刘巍，张霞，等.桔梗浸膏挥发性成分GC-MS分析及在卷烟中的应用研究［J］.应用化工，2010，39（8）：1183-1186.

［169］鹿洪亮.银杏叶挥发油热裂解产物分析及其在卷烟中的应用［J］.中国烟草科学，2011，32（1）：66-70.

［170］许春平，杨琛琛，高建奇，等.天然多糖的提取及其在卷烟中应用述评［J］.郑州轻工业学院学报（自然科学版），2012，27（5）：34-37.

［171］李晓，纪晓楠，宋豪，等.辛夷再造烟叶对卷烟烟气成分的影响［J］.光谱实验室，2013（1）：238-241.

［172］范运涛，张世东，张碰元，等.鸢尾根致香成分分析及在造纸法再造烟叶中的应用［J］.光谱实验室，2010，27（1）：312-315.

［173］林凯.野茄子叶挥发油化学成分分析及其在卷烟中的应用［J］.江西农业学报，2013，25（4）：164-166.

［174］程栋，王学文，王承明，等.金钱草提取液化学组分的GC-MS分析及在卷烟加香中的应用［J］.农产品加工，2011（4）：30-32.

［175］郑勤安，周强，王建军，等.含中草药成分造纸法再造烟叶的制备［J］.烟草科技，2004，203（6）：6-9.

［176］孙德坡，秦存永，张成信，等.植物成分在造纸法再造烟叶中的应用现状［J］，安徽农业科学，2016，44（1）：98-100.

［177］孙括，唐向阳，杨斌，等.造纸法再造烟叶浸提液处理技术的研究进展［J］.新技术新工艺，2013（12）：51-54.

［178］朱亚峰，胡军，唐荣成，等.卷烟滤嘴加香研究进展［J］.中国烟草学报，2011，17（6）：104-109.

［179］马宇平.茶叶香味成分、茶多酚提取及在新型卷烟滤棒中的应用研究［D］.杨凌：西北农林科技大学.2006.

［180］武怡，曾晓鹰，者为，等.一种新型卷烟滤嘴用过滤材料及其制备方法：200710066121.6［P］.2008-01-16.

［181］温东奇，黄宪忠.一种香烟滤棒用膨胀烟梗颗粒的制备方法：200910040922.4［P］.2009-07-07.

[182] 何书杰，邓永，费翔，等. 滤棒添加香线的加香量和中心度控制技术 [C] . 中国烟草学会2006年学术年会论文集. 广州：中国烟草学会，2007.

[183] 洪广峰，邱纪青，李国政，等. 国外爆珠卷烟研究进展 [J] .中国烟草学报，2019，25 (4): 124-134.

[184] 安裕强，顾树东.爆珠添加技术发展历史和当前国内应用现状与展望.中国烟草学会 2016 年度优秀论文汇编——烟草经济与管理主题 [C] . 北京：中国烟草学会，2016.

[185] 李星，熊国玺，黄晓伟，等.一种蜜甜型卷烟纸香精及其制备方法：201510202277.7 [P] . 2015-08-12.

[186] 彭建，赵国豪，曹林海，等. 一种雪茄卷烟纸的加料香精：201510466330.4 [P] . 2015-12-02.

[187] 向能军，刘志华，何沛，等. 一种载香卷烟纸及其制备方法：201710457655.5 [P] . 2017-06-16.

[188] 伊勇涛，余玉梅，连芬燕，等. 烟用香精香料、含该烟用香精香料的卷烟纸及其应用：201810716612.9 [P] . 2018-12-25.

[189] 曾晓鹰，尹志豇，道明辉，等. 能去除卷烟搭口胶中不良气息的添加剂及其制备和使用方：200910094659.7 [P] .2010-01-27.

[190] 孙炜炜，彭雅婷，陈胜，等. 焦甜香味搭口胶的制备及其在卷烟中的应用 [J] .中国胶粘剂，2016，25 (6): 35-38.

[191] 方意，王昊，张耀华，等. 一种烟用加香油墨及其制备方法和应用：201710004010.6 [P] . 2017-05-31.

[192] 陈超英.变革与挑战：新型烟草制品发展展望 [J].中国烟草学报，2017，23 (3): 14-18.

[193] 许春平，王充，李萌姗，等. 不同口味电子烟烟液挥发性成分的主成分分析 [J] . 化学研究与应用，2017，29 (5): 610-616.

[194] BAHL V，LIN S，XU N，et al. Comparison of electronic cigarette refill fluid cytotoxicity using embryonic and adult models [J] . Reprod Toxicol，2012，34 (4): 529-537.

[195] GONIEWICZ M L，KNYSAK J，GAWRON M，et al. Levels of selected carcinogens and toxicants in vapor from electronic cigarettes [J] . Tob Control，2014，23 (2): 133-139.

[196] 左天觉. 烟草的生产、生理和生物化学 [M] . 朱尊权，等译. 上海：上海远东出版社，1993.

[197] Goniewicz，Maciej L，Kuma Tomasz，et al. Nicotine levels in electronic cigarettes [J], Nicotine & Tobacco Research，2013，15 (1): 158-166.

[198] Bowen A，Xing C. Nicotine liquid formulations for aerosol devices and methods thereof：US16/585382 [P] . 2016-06-02.

[199] Jung B H，Chung B C，Chung S J，et al. Different pharmacokinetics of nicotine following intravenous administration of nicotine base and nicotine hydrogen tartarate in rats [J] . Journal of Controlled Release，2001，77 (3)：183-190.

[200] 温光和，杨雪燕，潘红成，等. 电子烟雾化液挥发性成分分析及开发思路探讨 [J] .香料香精化妆品，2016 (3)：6-10，17.

[201] 寇天舒，何爱民，李倩，等. 动态捕集针-气相色谱/质谱联用法测定电子烟烟液中的挥发性成分 [J] . 烟草科技，2019，52 (1)：67-72.

[202] 窦玉青，沈轶，张继旭，等. 口含烟发展现状及原料研究进展 [J] .贵州农业科学，2016，44 (12)：133-136.

[203] 张建勋，屈展，郭学科，等. 含有烟草成分的硬质糖：200810049285.2 [P]. 2008-08-06.

[204] 窦玉青，沈轶，杨举田，等. 新型烟草制品发展现状及展望 [J] . 中国烟草科学，2016，37 (5)：92-97.

[205] 王颖，杨文彬，王冲，等. 加热不燃烧卷烟产品主流烟气中香味成分的比较 [J] . 食品与机械，2019，35 (6)：64-68.

[206] 马晓龙，许晓黎，冒德寿. 加热不燃烧卷烟产香基质料香持留率研究 [J] . 纸和造纸，2019,38 (5)：59-64.

[207] 贾云祯，王宜鹏，秦亚琼，等. 烟草保润剂研究现状与发展趋势 [J] . 轻工科技，2018，34 (1)：26-29，33.

第十一章

烟用材料

卷烟产品是由卷烟原料和烟用材料结合而构成的。烟用材料主要由卷烟用纸材料、烟用包装材料、烟用丝束材料、烟用滤棒材料、烟用胶黏剂材料、烟用印刷品材料等组成的，是现代卷烟生产必不可少的物质体系。烟用材料的生产涉及烟草工业、造纸、化工、轻纺等多个行业，其技术研发及应用水平对卷烟风格的确立、卷烟质量的稳定以及卷烟的生产和销售都起着极其重要的作用。

每个时期，烟用材料的发展与变化都与烟草行业面临的问题和发展需求有关。20世纪80年代初期，中国卷烟工业相对落后，卷烟机大多数是YJ12或YJ13型，车速不超过1600支/min；滤棒成型设备是由旧的“新中国”卷烟机改装而成的，生产效率低下，设备运行速度不到100m/min，成型纸和烟用丝束都没有能力生产，滤嘴卷烟主要依靠从国外进口滤棒、丝束和成型纸，当时的滤嘴卷烟仅占总产量2.4%；印刷设备基本沿用20世纪30年代遗留下来的老式机器，诸如密勒车、老式对开01胶印机、切纸车等，商标包装十分简单。

1986年之后，随着卷烟工业技改工作的逐步开展，烟用材料已不能满足烟机设备和产品质量的要求，当年国家局提出立足国内，开发资源，实现烟用材料生产供应国产化，从此，中国烟用材料走向全方位技术交流、合资、合作、引进、消化吸收和持续的技改之路，迎来了烟用材料发展新时代。

20世纪90年代以后，造纸工业紧跟卷烟工业的发展步伐，开始加快了技术改造，我国卷烟纸生产5大企业民丰、华丰、红塔蓝鹰、恒丰、锦丰，率先全套引进法国阿里曼公司、德国福伊特公司等国际先进水平的卷烟纸生产线，包括DCS、QCS控制系统、传动控制系统和ULMA纸张缺陷检测系统，到2020年，我国全套引进的国际上最先进的卷烟纸生产线达15条，其装备水平、自动控制能力、生产规模、产品质量都达到世界先进水平。通过国内卷烟纸生产企业的引进、消化吸收和技术攻关，进口卷烟纸在国内市场逐步被国产高档卷烟纸替代；云南水松纸厂成功开发出了高平滑烟用接装纸，率先引进意大利、德国凹印生产线，第一家开发成功凹版印刷接装纸。

1989年，南通醋酸纤维有限公司（南纤公司）与美国塞拉尼斯公司合资兴建的烟用醋纤丝束生产线第一次试车成功，实现年产量13153t，填补了国内空白。在之后的20年间南纤公司借鉴成功经验相继进行了二期、三期、四期、五期、六期扩建工程，尤其是二期扩建成功建设了年生产能力2.5万t二醋片生产线，实现了国产原料的配套使用。之后在珠海、昆明、西安、合肥等地合资新建了珠海醋酸纤维有限公司、昆明醋酸纤维有限公司、西安惠大化学工业有限公司、双维伊士曼纤维有限公司，截至2020年，我国的烟用醋纤丝束产能已经达到约28万t，丝束规格发展近118种，培养了一批烟用醋纤丝束研究开发和生产的高级专业人才。

1988年，南通烟滤嘴实验工厂等单位第一批从日本引进了速度400m/min的高速滤棒成型机，从此，我国烟用滤棒生产效率大大提升，高压捕丝器的开发应用，有效解决了提速带来的滤棒缩头问题、延长了丝束的特性曲线；20世纪90年代，伴随着同步调速和伺服控制技术的发展与推广应用，我国滤棒生产设备实现了从400m/min到600m/min的提升。增塑剂的施加方式由涂胶逐步改为刷胶、喷胶，由单面刷胶改为了双面刷胶。刷胶辊速度的提高和喷胶喷嘴的不断改进，极大地提高了增塑剂施加的均匀性，装备性能和产品质量进一步得到改善。

20世纪90年代初，全国烟标印刷企业还比较少，上海烟草包装印刷有限公司引进了21台（套）国内外先进的胶凹印印刷机及模切机等。同时，为了加强联机凹印装备的技改力度，先后引进具有世界先进水平的瑞士BOBST820硬盒生产线和BOBST650软包生产线，以及法国小森-尚帮公司GR520软硬两用生产线和日本的模切机等，从1996年开始，上海烟草包装印刷有限公司的烟印设备在“八五”技改的基础上进一步完善。

2000年后是烟用材料生产技术快速发展期，为适应卷烟工业产品需求，烟用材料生产企业与卷烟生产企业合作共同开发烟用材料新品种，以实现卷烟产品功能化、个性化的要求。如卷烟纸生产企业通过改进抄造工艺等措施，开发出了一系列功能性快燃卷烟纸、防伪卷烟纸、低侧流卷烟纸、雪茄卷烟用纸、LIP（低引燃倾向性）卷烟纸、实时致孔卷烟纸等功能型产品，通过卷烟纸生产工艺技术的不断创新，在改善卷烟燃烧性能、有效降焦减害等方面起到了积极作用，有效提升了卷烟品质。2003年以后，恒丰、中烟摩迪以及万邦等企业相继研制出3000~24000CU高透成型纸，同时投入技术力量解决高透成型纸在使用过程中掉毛、掉粉、渗胶等使用问题。2002年之后，凹印技术、烫印工艺、静电打孔、激光打孔及转移复合等多种工艺和技术在接装纸生产领域得到广泛应用，使烟支外观及通风稀释率稳定性得到大幅提高。伴随着印刷接装纸的快速发展，在各种彩色图案给消费者带来视觉快感的同时，安全问题逐步引起重视，2000年中国烟草标准化研究中心牵头对接装纸标准重新修订，开展了有关砷、铅等重金属和菌落总数对产品安全影响的研究，并在标准中规定了砷、铅等重金属和菌落总数的限量要求。

为了有效控制和实现烟用材料的安全生产和应用，2011年国家局下达了“烟用材料安全性控制体系研究”项目，并由郑州烟草研究院牵头完成。随之发布了YQ 15.1~9—2012《烟用材料许可使用物质名单》系列标准及YQ 49.1~5—2014《烟用材料新物质安全性评估技术规程》，实现了烟用材料安全控制由“禁限制”向“许可制”的风险管理模式转变，形成了从原料、生产过程、产品全方位安全风险的有效管控。

伴随卷烟工业对丝束需求量的不断加大以及质量和品种的要求不断提高，丝束生产业通过合资引进、消化吸收、技术再创新，不断扩大产能，在纺丝自动化、新原料的开发、丝束品质提升及规格多样化等技术方面得到了长足的发展，“超低旦烟用醋纤丝束开发及纺丝自动补偿系统”“二醋酸纤维素浆液精细过滤及高密度生产技术研究”“高效优质低耗二醋片生产成套技术研究”“低旦醋酸纤维制备关键技术及产业化研究”“细支卷烟专用丝束开发及生产线技术升级研究”等项目获得国家或省部级科技奖励。烟用滤棒工业与卷烟工业同步发展，消化吸收国际先进生产技术与生产装备，组织开展滤棒产品质量改进与新产品技术创新，大力开展特种滤棒的开发及应用，活性炭滤棒、新型天然复合材料滤棒（CAPF）、沟槽滤棒、同轴芯滤棒、异形空芯滤棒、细支滤棒、爆珠滤棒、空管滤棒、复合滤棒等功能性滤棒应运而生。进入21世纪，我国卷烟包装印刷行业进入飞跃式发展，各类印刷新工艺、新材料得到应用，使卷烟包装外观、实用性和防伪性能得到大幅度提升。

30多年来，卷烟工业一直把烟用材料技术的开发与应用作为提高卷烟技术含量的突破口之一，这不仅给国内烟用材料生产企业提供了良好的发展机遇，同时也面临着提升生产技术水平与进口产品相竞争的挑战。伴随着国际先进烟机设备的引进，吸烟与健康问题的日益深化，消费者对低危害卷烟、滤嘴的卫生性指标、卷烟吸食品质、包装装潢的精美程度等都有了更高的要求。面对卷烟工业的需求，烟用材料生产企业通过引进、消化吸收、技术再创新等措施，不断提高了技术装备和制造水平，使卷烟产品在吸食品质和安全性方面更加适合现代社会和消费者的要求，并且随着烟用材料的科技进步和使用量的逐年增加，带动了一大批烟用材料生产企业的发展。

第一节
卷烟用纸技术

（一）烟用卷烟纸技术

1. 烟用卷烟纸生产技术的起步

20世纪80年代，中国烟草行业逐步进入技改时代，卷烟企业开始引进国际先进的高速卷烟机，以推进卷烟生产及产品质量的提升。在这种形势下，迫使国内卷烟纸生产企业同时期进行全面技术改造，纷纷引进国外造纸机。20世纪90年代初，民丰、华丰分别研制成功了T442、01. 03和GJ、FJ等多种型号的中高透气度卷烟纸，但批量生产在质量水平和使用上仍暴露出一系列问题：①国内卷烟纸生产企业设备装备水平落后，技改速度跟不上卷烟行业的发展；②国产卷烟纸强度低、质量稳定性差，分切盘面不平整，不能适应7000支/min高速卷烟机的要求，卷制过程中盘纸摇摆、断头严重；③国产卷烟纸透气度大多数低于20CU，不符合当时30~50CU中高透气度卷烟纸用于降焦的发展趋势[1]。当时所用的适应高速卷烟机和高透气度卷烟纸（以下简称“两高”卷烟纸）全部从国外进口，因此，提高“两高”卷烟纸生产技术水平迫在眉睫。

民丰、华丰、红塔蓝鹰、恒丰、锦丰20世纪90年代初开始加快技术改造步伐，全套引进国际上先进的卷烟纸生产线，包括DCS（集散控制系统）、QCS（质量控制系统）系统、传动控制系统，全面提高了纸机的装备和控制水平。在之后的十几年里，国内卷烟纸生产企业紧跟烟草行业需求，逐步走向引进技改之路。云南红星造纸厂（后更名红塔蓝鹰纸业有限公司）引进法国阿里曼公司3300mm纸机生产线，1994年正式投入生产；四川锦丰纸业有限公司引进法国阿里曼公司1880mm卷烟纸生产线和JOB公司的生产技术，1995年投产；杭州华丰纸业对7#机进行技改，1995年4月成功投产，使车速提高到250m/min；民丰集团公司与英国罗伯特公司合资，对13#机、14#机（2362mm卷烟纸生产线）进行技改，1995年投入运行；牡丹江造纸厂（后更名为恒丰纸业股份有限公司）引进法国阿里曼公司设备对10#纸机（2362mm纸机）进行改造，2000年投入生产。

2. 烟用卷烟纸质量的提高

在20世纪80年代至90年代，为了解决卷烟纸的螺纹清晰度，引进了日本干压螺纹机；为解决卷烟纸盘面的平整度和光洁度，引进了德国GOBEL分切机；引进了国外先进的流浆箱、饰面辊、成型板及检测自控等装置，以期改善卷烟纸的均匀度，提高纸张质量。在引进国际一流生产线的同时，装备上还配备了相应的ABB公司传动系统，Honeywell、Measurex公司的DCS、QCS控制系统等自控设备；实施全自动化控制、质量自控装置和先进的卷烟纸检验室检测仪器，辅以德国Goebel复卷和分切机，使卷烟纸质量得到逐年提升[2]。在技术上，引进了世界最先进的卷烟纸生产技术，包括英国罗伯特、法国摩迪、德国格拉兹以及法国柔伯的工艺技术，通过消化吸收，结合自身生产实践经验和技术难题攻关成果，国产卷烟纸质量得到了迅速提升，在定量、透气度和强度方面达到甚至超过国外水平。

卷烟纸浆料由原来使用大量的龙须草再添加部分针叶木浆，发展到添加亚麻浆以及全木浆生产卷烟纸，并逐渐开始探索针叶木浆和阔叶木浆的配合比例，进而抄造不同透气度产品。由于草浆强度低、灰黑且燃烧差，同时国产浆品质差、不稳定，之后大都采用相对比较稳定、白度高的进口浆种。

外观方面，20世纪90年代初期，进入中国市场的卷烟纸如当时的“柔薄”“意古斯塔”“罗伯特”等品牌的进口卷烟纸，其外观质量和压纹清晰度也不十分理想。但在当时国产卷烟纸的制造水平很低，孔洞、浆块、匀度差和罗纹不均匀等外观质量问题很多，因此，各卷烟厂普遍认为进口纸外观要明显优于国产纸。20世纪90年代末期到21世纪初，国内各卷烟纸生产企业相继引进了在线湿压罗纹、流浆箱、饰面辊、成型板等先进设备和技术，国产卷烟纸在匀度、手感、罗纹清晰度等外观质量得以显著改善，并逐渐替代进口卷烟纸。

3. 烟用卷烟纸的技术进步

作为卷烟产品重要辅材之一的卷烟纸，一方面要满足烟支外观要求，另一方面卷烟纸参与烟支燃烧，也必须满足卷烟感官、降焦减害、增香保润等需求。卷烟纸生产企业积极与卷烟企业配合，开发出了诸多功能性产品。

为适应降焦需求开发快燃卷烟纸，通过调节助燃剂种类和添加量，加快烟支燃烧速度，即可获得较为理想的降焦效果。民丰特纸通过在线湿压防伪图案方式，将个性化需求图案引入卷烟纸表面，开发出防伪卷烟纸；2003年民丰特纸配合长沙烟厂白沙新品的开发，研发低侧流卷烟纸；民丰特纸与四川什邡雪茄烟厂合作开发机制雪茄烟用纸，将烟草提取物在卷烟纸抄造流程中以及离线涂布方式加入，外观和抽吸品质符合雪茄卷烟要求；2009年民丰特纸开始自主设计开发LIP卷烟纸生产设备，于2011年成功开发出并拥有知识产权的LIP卷烟纸产品；2013年湖南中烟联合民丰特纸和中烟摩迪卷烟纸生产企业，开展燃烧过程中卷烟纸实时致孔降CO技术及其应用研究[3]，通过调节卷烟纸生产工艺、纤维配比、填料量及燃烧调节剂类型，获得实时致孔卷烟纸，该卷烟纸在燃烧过程中能实时产生丰富且分布更均匀的微孔，可降低卷烟主流烟气CO释放量10%以上，研究成果《燃烧过程中卷烟纸实时致孔降CO技术及其应用研究》获得中国烟草总公司2017年度科技进步二等奖。

2015年以来，民丰、恒丰以及红塔蓝鹰等企业开发的彩色、加香系列卷烟纸，通过离线、在线加工方式，将符合安全要求的功能性原料施加于卷烟纸表面，能赋予卷烟新颖的外观和感官特征，产品已成功应用于多款卷烟新品中。2016年以来随着细支、中支卷烟迅猛发展，中烟摩迪和恒丰分别开发出全麻卷烟纸产品，通过设备和工艺技术改进攻克了全麻纸打浆难、强度低等难题[4]，成功地将全麻纸应用于中支、细支卷烟品牌。2017年民丰和中烟摩迪开展了“细支卷烟专用卷烟纸的研究与开发”项目研究，着重通过卷烟纸改善细支卷烟燃烧速率偏快以及纸味偏重等细支卷烟共性技术问题，于2020年6月通过国家局鉴定。2018年以来，根据国家局高质量发展要求，各中烟公司对卷烟纸中阴、阳离子等化学指标的管控要求越来越高，各卷烟纸厂通过关键影响因素分析与控制[5]，目前化学指标管控和检测能力显著提高，已达到国际先进水平；2019年针对低温加热不燃烧新型卷烟，民丰、恒丰等企业开发了适用于低温加热不燃烧卷烟的相关产品，可根据卷烟产品设计需求满足耐温、防油以及导热等性能要求。

（二）烟用成型纸技术

1. 烟用成型纸的起步

20世纪80年代初期，滤嘴卷烟只占我国卷烟总产量的3%左右，包括进口醋纤滤嘴和国产纸质滤嘴。当时滤棒成型纸主要来源于英国、德国、荷兰、奥地利、日本等国家。1982年，我国才开始生产滤棒成型纸，且主要在中低速滤棒成型机上使用，高速滤棒成型机仍然使用进口成型纸，直到1984年国内成型纸生产企业相继开发出了能适用于

KDF2、MOLINS PM5成型机的高强度滤棒成型纸，适应4000支/min的车速。

1995年，中国烟草物资公司、郑州烟草研究院与杭州新华造纸厂联合，共同开发出高透滤棒成型纸系列产品及应用技术，1999年研制出了12000CU以下的高透滤棒成型纸，但由于种种原因未能得到推广和应用。2001年牡丹江恒丰纸业股份有限公司与中国制浆造纸研究院联合开发，生产出了3000~32000CU高透滤棒成型纸，至此逐步替代了进口高透成型纸。2003—2005年，国内多家卷烟纸生产企业相继引进了德国福伊特公司的全套斜网造纸机，用于生产1000~32000CU的高透滤棒成型纸。

2. 烟用成型纸质量的提升

20世纪80年代初期，滤棒成型纸的生产技术与装备比较落后，定量的稳定性难以控制。即使是同一卷筒的成型纸，盘与盘之间的定量误差也很大。随着滤棒成型纸生产设备和自动化程度的提高，引进了国外先进的流浆箱、饰面辊、成型板及检测自控等装置，同时配备了相应的DCS、QCS控制系统，使国产成型纸定量稳定性得到了明显提高，其他指标也得到了有效控制。而且大部分生产厂家配有德国Goebel复卷和分切机，使分切质量得到了很大改善，盘面均匀一致，不再因断纸而影响正常生产[6]。

3. 烟用成型纸的技术进步

为满足降焦减害的需求，成型纸透气度从无透气度向有透气度发展，从低透气度向高透气度发展。2003年以后恒丰、中烟摩迪以及万邦等企业相继研制出3000~24000CU高透成型纸产品，以满足不同降焦程度的需求。

伴随滤棒成型机速度的大幅提高，成型纸掉毛掉粉问题日益突出，严重影响生产效率。造纸企业经过对浆料、填料碳酸钙、添加剂以及烘缸温度等方面的控制来解决成型纸掉粉问题[7]；通过对浆料、添加剂和抄造工艺的优化，改善成型纸透胶问题；从原料、损纸浆、工艺参数等影响因素着手，提高透气度的稳定性[8]；2016年以来，成型纸生产厂家陆续开发了高挺度成型纸并用于异形滤棒成型，防渗透成型纸用于爆珠滤棒生产以及使用彩色成型纸用于卷制外观新颖的滤棒。

（三）烟用接装纸技术

1. 烟用接装纸的起步

20世纪80年代中期，烟机设备及卷烟档次相对较低，当时仅有少量接装纸由上海水松纸厂生产供应，其余主要依靠进口。20世纪80年代后期，伴随着卷烟生产的不断发展，上海水松纸厂和云南玉溪水松纸厂新建生产线相继建成投产，满足了国内部分卷烟生产的需要。但当时制版工艺、油墨、生产设备、印刷技术较为落后，原纸质量表现出了定量低、强度低、浆块、孔洞、尘埃点多等问题，成品接装纸色彩品种规格单一，主要以腐蚀版双色涂布为主，几乎所有品牌卷烟均使用黄色水纹图案，因此在当时也叫水松纸，并且存在色差大、外观粗糙、上机使用性较差等缺陷，主要用于中低档卷烟的生产，高档卷烟仍需使用国外进口接装纸。

20世纪90年代中期至2002年间，卷接设备向高速高效的方向迅速发展，与之相配套的烟用接装纸要想立足国内市场，必须从设备和技术上跟上时代的发展。1993年，云南水松纸厂成功开发出高平滑烟用接装纸，率先引进意大利、德国凹印生产线，第一家开发成功凹版印刷接装纸，使国产接装纸开始从颜色单一、生产效率低的涂布生产技术向印刷精美、品牌专用、多色套印、功能化、高效率的方向发展。在接装纸强度、定量、颜色稳定性、印刷平实性、上机适应性、规模化等方面也实现了跨越发展。1995年，云南水松纸厂推出了防伪烟用接装纸、静电打孔接装纸。1997年，国家局下发了《关于转发（印刷型水松纸质量协议标准）的通知》[国烟科监（1997）63号文]，对印刷型接装纸提出了具体规定，当时还未涉及安全卫生等指标。但在2002之后的烟用接装纸标准中都增加了有关重金属和菌落总数等卫生指标。

2. 烟用接装纸的发展

2002年之后的十几年中，随着凹印技术、烫印工艺、静电打孔、激光打孔及转移复合等多种工艺和技术在接装纸生产领域的应用，其新颖、时尚、高档的外观得到了市场的广泛推崇。烟用接装纸从外观设计、印刷色彩、图案繁杂等方面取得了长足发展，印刷型接装纸、打孔接装纸、烫印接装纸、转移复合接装纸等多种加工工艺相互穿插应用的接装纸，形成了突出接装纸美观装饰效果、功能化、安全性等形式多样的发展新格局。进入21世纪以来，国外接装纸企业通过合资形式进入中国市场，促进接装纸生产企业的加工能力和产品质量不断提升。2013年，仙鹤纸业研制出一款单面光接装原纸，该产品正面平滑度在500s以上，而反面平滑度较低，可保持较好的印刷效果，并在超高速卷接机组上使用。经过十几年的发展，国内几家大中型接装纸生产企业通过引进先进设备和技术，使我国高档接装纸的生产能力、产品品质达到或接近了世界发达国家水平，不但取代进口接装纸，满足了国内卷烟市场的发展需要，还出口到东南亚、中东、非洲、欧洲等地区。2005年民丰与湖南中烟合作开发了国内第一款自然透气性烟用接装纸[9]，通过抄造具有一定透气性（70CU）的接装原纸，调整印刷工艺以保留部分透气性（30CU），经过调整卷烟机涂胶辊无胶区宽度来达到不同程度的降焦效果。项目成果“自然透气接装纸通风的纸质复合滤嘴研究”获得中国烟草总公司2013年度科学技术进步奖二等奖。2010年后恒丰、民丰等企业在此基础上相继开发了具有更高透气性能（100CU、230CU）的接装原纸产品，进一步提高接装纸透气性。伴随着印刷接装纸的快速发展，各种彩色图案给消费者带来视觉快感的同时，作为进入口腔的接装纸的安全问题引起重视，2000年中国烟草标准化研究中心牵头对接装纸标准重新修订，开展了有关砷、铅等重金属和菌落总数对产品安全影响的研究，发表了《接装纸中汞、砷、铅等8种元素的分析研究》《浅析烟用接装纸产品的卫生安全性》《卷烟企业生产环境与烟用接装纸细菌污染的调查》等多篇文章。2015年对接装纸印刷油墨的研究开始由有机溶剂转向醇溶性、水溶性油墨，与前者相比产品更加安全环保。2016年以来，接装纸厂家陆续向市场推出带有甜味的接装纸产品，既能赋予烟用接装纸甜味效果，同时也可增加接装纸香味，其产品在中支、细支卷烟上得到较好的推广应用。

第二节

烟用丝束技术

（一）烟用丝束的起步

1. 烟用二醋酸纤维素丝束

20世纪70年代中期，轻工业部曾组织科研设计机构、高等院校、生产企业等单位进行了醋酸纤维素片和醋纤丝束项目的研究、中试生产等技术攻关活动。当时上海试剂一厂、陕西惠安化工厂、上海醋酸纤维素厂、上海卷烟厂以及广州中山糖厂都参与了研究和生产，限于技术、质量、消耗、成本等原因，始终没能实现工业化规模生产。

1983年3月8日，国家计委发出《关于对南通烟滤嘴总厂一期工程项目建议书的复函》，同意在江苏南通建设烟滤嘴总厂，第一期工程是以进口醋酸纤维素片（以下简称醋片）为原料，建设规模为年产5000t烟用二醋酸醋纤素（以下简称“醋纤”）丝束，同意引进纺丝技术和关键设备。国家计委同时批准兵器工业部惠安化工厂引进技术建设年产6000t烟用醋纤丝束项目。

1986年3月10日，总公司向国家计委上报《关于报送合资建设南通烟用醋纤丝束工厂共同可行性研究报告的函》。1986年7月9日国家计委发出《关于中美合资建设南通烟用醋纤丝束工厂可行性研究报告的批复》，批准该共同可行性报告。1989年9月，我国第一条醋纤丝束生产线在南纤公司试纺成功，1990年5月正式投产，当年生产烟用醋纤丝束13153t，填补了我国不能生产醋纤丝束的空白[10]。

为更好地满足国内市场需求，节约外汇支出，多年来总公司一直致力于烟用二醋纤丝束产能扩大和技术进步，与国际知名企业合资先后在珠海、昆明、西安、合肥等地合资建设了珠海醋酸纤维有限公司、昆明醋酸纤维有限公司、西安惠大化学工业有限公司、双维伊士曼纤维有限公司，截至2020年8月，我国烟用醋纤丝束产能已经达到约28万t。

2. 烟用聚丙烯纤维丝束

20世纪80年代，我国过滤嘴香烟迅速发展，过滤嘴的需求量急剧上升，但当时国内没有烟用丝束的生产能力，所用丝束全部依赖进口。

1985年年底，总公司与美国大力士公司举办了关于聚丙烯滤嘴的技术交流会，邀请了国内相关机构和企业技术人员参加。之后，总公司组织北京卷烟厂对美国大力士公司提供的聚丙烯丝束和聚丙烯滤棒样品进行了滤棒成型、卷接、过滤性能测试、感官评吸等论证工作。同时要求郑州烟草研究院开展“聚丙烯丝束可用性研究”项目，通过研究认为，使用聚丙烯丝束作为过滤材料存在的主要问题是聚丙烯丝束难切割、滤棒硬度低、吸阻大、似有异味、重量大、接装率低、对烟焦油过滤效率低、烟气刺激性大，但仍然有前景，符合中国国情[11]。之后，江苏、辽宁、黑龙江等地企业开始了聚丙烯滤材的开发工作。1986年8月，江苏南通烟滤嘴实验工厂在国内率先研制出了聚丙烯丝束及其滤棒小试样品。

1987—1988年，江苏南通、无锡、辽宁阜新等地企业开始了大规模的试验工作。1988年江苏无锡合成纤维总厂在国产涤纶短纤二步法纺丝生产线上生产出了聚丙烯丝束，并具有一定规模，填补了我国不能生产烟用滤嘴丝束的空白，同年12月10日成为国内首家通过总公司和国家局组织的新产品鉴定的企业，并取得了烟草专卖品生产许可证[12]。

（二）烟用丝束技术的发展

1. 烟用二醋酸纤维素丝束

为实现在线自动补丝，南纤公司自行研制开发出具有世界先进水平的断丝报警自动补偿系统，具有小巧、可靠等优点；同时研发出超低旦烟用醋纤丝束，以上两项技术成果荣获1999年度国家烟草专卖局科技进步二等奖。

为提高丝束产量和质量，南纤公司采用多孔喷丝帽代替了传统喷丝帽，对卷曲、干燥设备进行革新，年增加丝束产量5000多t，同时断头率等丝束质量缺陷明显减少。2003年11月《内涵式纺丝技术研究》项目获得国家烟草专卖局科技进步一等奖。

南纤公司研究了浆液精细过滤工艺和高密度纺丝技术、高密度喷丝帽结构和低旦醋纤卷曲工艺，创新了恒流恒压三级过滤模式，高温闪蒸醋纤纺丝工艺，研发出YH02高新能卷曲机和管控一体化计算机系统，使生产能力提高了24.5%，多品种规格的低旦丝束生产能力提高了3.92倍，填补了国内空白，该项目于2005年获得国家科技进步二等奖。

南纤公司自2005年开始探索不同浆粕原料醋片生产工艺，现已具备使用不同浆粕生产醋酸纤维素的能力。南纤公司开展《高效优质低耗二醋片生产成套技术研究》项目，使生产效率比国外采用同类技术的厂家高25%，醋片质量指标与可纺性能明显提高，项目获得2009年度江苏省科技进步三等奖。

为提高低旦丝束可纺性，南纤公司首创预敷与掺浆相结合、预敷参数受控的微梯度复合过滤技术，实现了不同杂质的高效过滤；开发设计新型纺丝甬道静压箱、喷丝帽等关键设备。项目成果已成功应用于南纤五期工程，现已全面产业化。低旦醋酸纤维丝束产量达20000多吨，具有显著的经济和社会效益。2014年《低旦醋酸纤维制备关键技术及产业化》课题获得中国纺织工业联合会科学技术一等奖。

为满足行业对细支卷烟专用丝束的需求，南纤公司探索等效流变低粘高浓纺丝新工艺，研究细支卷烟专用丝束卷曲机理，开发出细支卷烟丝束柔性化生产工艺及纺丝设备。研究成果“细支卷烟专用丝束开发及生产线技术升级研究”获中国烟草总公司2019年度科技进步二等奖。

1989年，南纤公司使用250孔60μm米的纺丝帽，仅能生产3.3/39000一个丝束规格产品。到2020年，南纤公司开发的丝束规格118种，丝束产品不断丰富。

2. 烟用聚丙烯丝束

1989—1994年，烟用聚丙烯丝束进入推广应用和生产工艺改进以及新装备投入使用和产品质量提高阶段。

根据聚丙烯丝束在滤棒成型、卷烟卷接中存在的开松困难、强度大、难切割、滤棒质量大、出棒率低、硬度低、接装率低等问题，以及各企业产品质量指标不统一、产品质量波动大等问题，我国从专用原料、生产工艺、装备、产品技术指标等各方面进行了全面的技术研发与改进工作。我国石化系统开发了有针对性高熔融指数的聚丙烯树脂和降温母粒[13]，邵阳第二纺织机械厂开发的比较先进的丙纶短程一步法纺丝生产线已投入使用[14]，中意合作意大利短程一步法聚丙烯丝束生产线在珠海投入使用[15]。1992年，总公司出台了《烟用聚丙烯丝束质量指标验收规定》。公安部科研二所成功开发了有机溶剂型聚丙烯滤棒成型胶黏剂。物理改性聚丙烯丝束的研发工作也取得了一定的突破[16, 17]。聚丙烯丝束的成棒率已可稳定达115~120万支/t[14]。滤棒硬度和吸阻等主要指标已基本符合要求，卷烟接装率也达到了90%。1992年始，聚丙烯加胶滤棒在部分企业已开始研发和生产，但使用的依然是高旦数的常规聚丙烯丝束和单机台小型烘干机或烘房等装置。同时，国家局也下达了《烟用聚丙烯纤维丝束》行业标准科研任务，由湖北省烟草质监站、江苏省烟草质监站、南京新型滤材实验研究所共同承担。

1994—2003年进入改性聚丙烯丝束和低旦聚丙烯丝束开发成功和大规模推广应用阶段。

通过物理共混和化学改性等手段配套短程一步法生产工艺和装备，相继解决了聚丙烯丝束强度大、伸长大和滤棒难切割、易缩头、光泽不柔和等缺陷。1993年年底，南京烟滤嘴丝束厂研发出了小于总旦4k tex低旦数的聚丙烯丝束小试样品，并成功制作成加胶滤棒，之后开发了加胶滤棒专用的大型烘干机并投入使用。1994年，南京烟用新型材料实验研究所开始了低旦丝束规模生产和推广应用，聚丙烯加胶滤棒纤维粘接牢固，吨丝产棒率已稳定达到150万支或以上。1994年10月，中国卷烟滤嘴材料公司在南京召开了聚丙烯加胶滤棒现场交流会。

针对原聚丙烯丝束许多技术指标是参照纺织行业要求且不符合烟草行业特点的情况，1995年总公司下达了《烟用聚丙烯品质因素的研究》科研项目，由中国卷烟滤嘴材料公司、郑州烟草研究院、南京新型滤材实验研究所承担课题任务。课题组重点针对丝束而不是单根纤维的卷曲性能进行了对下游产品相关质量指标影响的研究工作，提出了丝束卷曲指数和丝束卷曲弹性回复率等概念，进一步指导丝束生产企业生产和稳定产品质量。

1998年后，我国引进或国产短程一步法生产线已占总产能规模的一半以上，逐步淘汰了落后的国内二步法生产线，改性低旦聚丙烯丝束已成为主流[18]。2003年之后，为解决聚丙烯滤嘴卷烟感官刺激性较大等问题，烟草行业开展了表面化学改性聚丙烯丝束和水性聚丙烯滤嘴棒的开发和推广应用工作。针对聚丙烯滤棒在吸附性能上与醋纤滤棒的差异，通过聚丙烯纤维表面引入或附着极性的化学基团，改善了聚丙烯纤维表面的亲水性。

第三节

烟用滤棒技术

（一）烟用滤棒技术的起步

20世纪80年代初，烟用滤棒生产刚刚起步，生产设备和工艺技术落后。早期并没有专业的滤棒生产设备，所用设备由老式的“新中国”卷烟机改装而成，生产效率低下，设备运行速度不到100m/min。当时一些机械厂开始研制专用的滤棒生产设备，浙江临海机械厂开发出GLZ-9型滤棒成型机，机速也仅有72m/min，镇海机械厂开发的YL33型成型机，机速可达90m/min。滤棒增塑剂涂布施加工艺、手工调制玉米淀粉搭口黏结工艺、一切依赖人为调控的操作方法和粗糙的机械加工质量，导致滤棒的质量水平低下。

当时，我国生产的烟用滤棒单支质量偏重，丝束消耗高，圆周大多为24.8mm，圆周粗而不稳，滤棒压降、硬度、长度等指标波动较大，外观不圆、搭口不光滑，滤棒接装质量差、接装率低，通常最高接装率不超过70%。

为提高滤嘴卷烟接装质量，20世纪80年代初，轻工业部牵头、南通烟滤嘴实验工厂等多家单位共同对滤棒圆周等技术指标与卷烟的匹配度进行研究，滤棒圆周指标因此从

（24.8±0.25）mm调整为（24.6±0.20）mm，解决了卷烟接装泡皱、漏气等问题。南通烟滤嘴实验工厂主持开展的“醋纤香烟过滤嘴”研究项目：一是试制了小型开松上胶机，改善了丝束的开松及增塑剂的施加情况，并用严格控制单支质量的办法限制了上胶量，初步摸索了不同环境条件下增塑剂施加量对滤棒质量的影响；二是把开松机与成型机改成了同步传动，把短烟枪改为长烟枪，提高了烙铁温度，加大了喇叭嘴的往复行程，通过对生产设备、生产工艺的全面研究改进与员工操作培训，系统提高了滤棒质量，达到了卷烟接装的使用要求，且滤棒投入了批量生产。1982年9月，该项目通过了江苏省轻工业厅主持的鉴定，当年，南通烟滤嘴实验工厂生产规模达到5亿支/年。

（二）烟用滤棒技术的发展

1. 烟用醋酸纤维滤棒

（1）国际技术交流

为提高我国烟用滤棒制造水平，总公司多次组织较大规模的国内外技术交流。1982年3月，总公司邀请美国伊斯曼公司在北京进行了有关烟用醋酸纤维滤棒的应用理论及生产技术、设备和经济贸易方面的座谈交流。此次会议是我国首次组织的较大规模的烟用滤棒国际技术交流会，为我国烟用滤棒生产和科研工作提供了较为系统的理论和应用借鉴。之后总公司邀请日本三菱醋酸纤维株式会社、大赛璐化学工业公司，在蚌埠就醋酸纤维滤棒成型有关技术、工艺、管理及质量控制等方面进行了技术交流；邀请美国塞拉尼斯公司来沪进行了技术交流，会上就滤棒压降高低、成型机速度快慢、高压捕丝器的使用技巧等进行了交流，此次交流推进了低旦丝束的应用，进一步降低了丝束消耗，提高了过滤效率。

（2）醋酸纤维滤棒质量改进研究

1996年，烟草行业对滤棒圆度指标进行了调整，并通过改造滤棒成型设备烟枪系统及控制系统，保障了滤棒圆度质量能满足卷烟接装要求。随着我国降焦进程的不断推进，为确保卷烟焦油量等质量指标的稳定，2002年烟草行业缩小了滤棒压降的允差范围，通过滤棒成型设备开松系统改造及工艺条件优化，使滤棒压降的标准偏差和变异系数得到控制。

为不断提高我国烟用醋酸纤维滤棒的制造质量水平，科研人员进行了大量研究改进工作。20世纪90年代初，二醋酸纤维素丝束逐步国产化，丝束特性与进口丝束的质量差异，导致滤棒产品质量出现了不同程度的波动，尤其是滤棒缩头严重。针对这一问题，1993年南通烟滤嘴实验工厂利用南通醋酸纤维有限公司生产的3.3Y/39000规格的二醋酸纤维素丝束，采用7因素3水平正交试验法，对产量较高、质量波动较严重的FRA3型滤嘴成型机的工艺条件进行了试验探索与优化研究，找出了开松比、回缩比、开松辊气压、稳定辊压力、送丝气压、车速、开松机与成型机线速度之比及各水平间的最佳组合，收窄了工艺参数控制范围，解决了滤棒缩头等产品质量问题，取得了较好的效果[19]。

为进一步提高卷烟的外观质量，针对烟支滤嘴出现皱纹而影响卷烟产品外观质量问题，2003年，武汉烟草（集团）有限公司武汉卷烟厂根据正态分布原理对滤棒的质量特征值进行了分析和细化评价。通过改进滤棒质量评价方法，加大了滤棒圆周的考核权重，严格控制其圆周值和标准偏差值，有效降低了滤棒圆周值的离散程度，缩小和限制了滤棒圆周平均值的波动范围，使其更接近于标准值。改进后烟支的滤嘴皱纹率由0.770%下降到0.214%，有效降低了烟支滤嘴皱纹和滤嘴脱落现象[20]。

为有效控制滤棒成型过程中的质量波动，2006年，郑州烟草研究院用不同规格的醋纤丝束在KDF-2型滤棒成型机上进行了丝束开松比、螺纹辊压力、空气喷嘴压力及稳定辊压力对滤棒压降和硬度指标稳定性的影响试验，研究探索了滤棒成型工艺参数与质量稳定性的关系[21]。2012年，河南中烟工业有限责任公司安阳卷烟厂采用丝束平衡机、导丝辊、新型送丝喷嘴等对丝束控制方式进行改进，使滤棒硬度合格率从72.04%提高到95.64%，滤棒压降合格率从92.12%提高到95.41%，提高了滤棒质量指标的稳定性[22]。

（3）通风滤棒技术的发展

我国对通风滤棒的研究始于20世纪80年代初，由于当时我国高透成型纸的透气度变异系数较大，强度、伸长率较差，致使研究中断。直到1995年，中国烟草物资公司、郑州烟草研究院与杭州新华纸业有限公司合作开展“高透气度滤棒成型纸系列产品的开发与应用”研究项目，主要研究高透成型纸纵向抗张强度、横向抗张强度、伸长率等指标对滤棒成型加工的影响、不同测量方法对通风滤棒压降、圆周检测结果的影响，解决了滤棒膨胀变形、圆周圆度不匀，成型纸渗胶漏胶等问题[23]。随后，通风滤棒逐步得到了较好的发展与应用。

随着通风滤棒在行业中的广泛推广应用，数年来，研究人员一直致力于通风滤棒搭口工艺的研究改进。经过对搭口黏结工艺的不断优化，低温热熔胶搭口工艺、乳胶搭口工艺、乳胶外搭口工艺、热熔胶乳胶双搭口工艺等陆续开发成功，适应了不同透气度成型纸、不同贮存周期滤棒产品的生产使用需要。

（4）醋酸纤维滤棒生产效率的提升

1988年，南通烟滤嘴实验工厂等单位首次从日本引进了速度400m/min的高速滤棒成型机，从此，我国烟用滤棒生产效率大大提高。高压捕丝器的开发应用有效解决了提速带来的滤棒缩头问题，延长了丝束的特性曲线；热熔胶搭口工艺技术的研究开发则保障了提速后滤棒搭口的快速黏结。

20世纪90年代，随着同步调速和伺服控制技术的发展与推广应用，我国滤棒生产设备实现了从400m/min到600m/min的提升。增塑剂的施加方式由涂胶逐步改为刷胶、喷胶，由单面刷胶改为了双面刷胶，以及刷胶辊速度的提高和喷胶喷嘴的不断改进，极大地提高了增塑剂施加的均匀性，装备性能和产品质量进一步得到改善。

2014年，双枪成型技术的引进与试运行，滤棒生产速度提高到1000m/min，极大地提高了生产效率。无油伺服控制技术在刀盘驱动系统中的应用，极大地提高了变换规格的便利性，同时有效避免了刀盘系统漏油等问题。

2. 烟用聚丙烯丝束滤棒

（1）早期的产品开发和推广应用

20世纪80年代后期，郑州烟草研究院组织开展的"聚丙烯丝束可用性研究"项目[24]，以美国HERCULES公司研制的烟用聚丙烯丝束与卷烟行业常用的二醋酸纤维丝束作对比，从卷烟使用角度出发，对滤棒成型、卷烟接装、设备工艺、产品质量、卫生指标等全面考察其可用性，探讨并提出了聚丙烯丝束作为烟用滤材在不同成型机、卷接机上的加工技术条件和工艺参数、设备部件的适用性，对比分析了滤棒和滤嘴卷烟的理化性能，对该新型滤材进行了技术、经济、卫生以及尚需改进问题的分析，提出了聚丙烯丝束可用性的结论。为制定扭转烟草行业长期依赖进口丝束的局面，尽快实现滤材国产化的重大决策，提供了科学依据。

20世纪90年代初，中国烟草总公司和中国卷烟滤嘴材料公司联合开展的"聚丙烯滤棒的开发研制及推广应用"项目，研究了丝束规格与滤棒质量的内在关系，确定了适宜的聚丙烯丝束规格和聚丙烯滤棒的技术指标，解决了滤棒成型中的关键技术和烟支接装的技术难题；主持研究开发了专用黏合剂；编写了《聚丙烯丝束成型、接装技术》教材；组织改性聚丙烯丝束的研制和新型滤棒推广应用。该项目的开发及应用，扩大了烟用滤材的来源，弥补了国产滤材的缺口，缓解了供需矛盾，节省了大量的外汇，具有显著的经济效益和社会效益。该项目1994年通过了国家局组织的鉴定，1996年获得国家烟草专卖局科技进步一等奖[25]。

（2）低旦加胶滤棒技术

由于常规聚丙烯滤棒中的纤维呈完全分散状态，造成滤棒克重大、压降高、各项物理指标波动较大，因此自聚丙烯滤棒诞生开始，国内一直在寻找和开发合适的胶黏剂，进而研发加胶的聚丙烯滤棒。1994年，国内成功开发出了低旦加胶聚丙烯滤棒（简称"加胶棒"）。光明日报社光明科学技术服务公司等单位承担了中国烟草总公司"聚丙烯丝束滤棒成型胶黏剂"研究项目，开发的烟用聚丙烯胶黏剂可有效粘接聚丙烯纤维，使棒内纤维互相粘接在一起，一方面提高了滤棒的硬度，另一方面也大幅降低了滤棒的克重。

（3）改性加胶滤棒技术

聚丙烯纤维由于其化学惰性，表面光滑性、强度大、伸长大导致滤棒切割困难，端面发亮，烟用性能和过滤效率均明显不如传统的二醋酸纤维素滤棒。国内一直通过各种物理或化学的改性方法来解决或克服这些缺陷，随后各种功能性母粒和添加剂被运用到聚丙烯丝束上，逐步解决了外观发亮、切割难等问题，改善和提高了聚丙烯滤棒的烟用性能和过滤性能。

直到21世纪初，随着我国二醋酸纤维素丝束产能的不断提高，市场对烟用聚丙烯丝束的需求逐步下降，目前我国烟用聚丙烯丝束和滤棒仅有少量生产和应用。

3. 烟用特种滤棒

20世纪80年代中后期，由于国际市场二醋酸纤维素丝束货源紧缺，价格飞速上涨，进口丝束数量难以满足国内卷烟生产的需要。1998年，中国烟草物资公司下发文件称，由于受货源、价格等条件的影响，建议各地有条件的卷烟厂，试用二元复合滤棒或纸质滤棒，逐步调整滤嘴的使用结构。上述要求不仅为我国特种滤棒的发展提供了良好的政策环境，同时，由于人们对“吸烟与健康”关注度的不断提高，提高滤嘴过滤效率，发挥滤嘴选择性功能，运用滤嘴增加卷烟香气等多样化需求，也使特种滤棒在我国获得发展。

（1）活性炭滤棒

活性炭滤棒是以烟用活性炭、烟用滤材、滤棒成型纸等为主要原料的，通过特殊滤棒成型工艺加工制成的滤棒，主要用于制造复合滤棒[26]。

我国对活性炭滤棒的研究起步较晚，1987年，南通烟滤嘴实验工厂承担了中国烟草总公司下达的“活性炭复合滤嘴”研究项目，成功开发出活性炭施加装备与活性炭复合滤嘴，为活性炭复合滤嘴国产化提供了技术手段，打破了活性炭复合滤嘴依赖进口的局面。1992年，牡丹江卷烟材料厂研究开发出抛光纸与醋纤活性炭复合滤棒、半皱纸与醋纤活性炭复合滤棒等新产品，10mm+10mm半皱纸与醋纤活性炭复合滤棒较进口6mm+14mm纸+醋纤活性炭复合滤棒可多降低焦油0.98mg/支。

2007年，湖南中烟工业有限责任公司等单位开展了“选择性降低卷烟烟气有害成分功能成型纸滤棒的研究”项目，研究开发出用涂敷活性炭的成型纸制成的滤棒，具有降低卷烟烟气NO_x、羰基化合物和HCN的作用[27]。

（2）纸质滤棒

纸质滤棒是以植物纤维生产的纸、滤棒成型纸等为主要原料，通过特殊滤棒成型工艺加工制成的滤棒。

①纸质滤棒的起步。纸质滤棒由于质量不过关、可用性差及其特有的吸味、消费者接受度较低等问题，长期以来发展缓慢。但纸质滤棒具有极好的降焦性能、成本低、易降解等诸多优点，国内外烟草行业和造纸企业一直对之进行着改进研究。

1985年，南通烟滤嘴实验工厂从英国引进了翻新的干法压纹纸质滤棒成型机，1986年安装调试后，由于原纸质量及设备固有的问题，纸质滤棒质量无法得到保障。1989年该厂利用天津造纸六厂纸质滤棒生产出纸—醋纤二元复合滤棒，市场试销售后因滤棒压降不稳定、硬度不够、外观质量差等问题，未能形成规模。1996年，该厂又使用瑞士进口原纸进行了纸质滤棒成型试验，试验纸—醋纤复合滤棒，效果较为理想，滤棒质量符合市场需求，但因为纸质滤棒生产设备陈旧，工厂不具备规模生产的能力而搁浅。

20世纪90年代，牡丹江卷烟材料厂投资3800万元，从中国香港、日本、英国等地购进纸质复合滤棒生产线（亦能生产活性炭+醋纤二元复合滤棒），包括：纸质湿法压纹加炭设备一套（香港）、FR4纸质滤棒成型机（日本）、MOLINS DR25复合滤棒成型机4台（英国），年生产能力达20亿支。尽管当时由于市场认识不够，开工严重不足，但该设备的引进为后续二元复合滤棒的规模生产奠定了装备和技术基础，培养了一批技术开发和设备操作人员。

②含醋酸纤维素纤维纸滤棒（CAPF）。2009年，为了发挥纸和醋酸纤维材料两者的优势，解决长期以来纸质滤棒不能被消费者接受的吸味缺陷，南通烟滤嘴有限责任公司提出了“新型天然复合材料滤棒（CAPF）的研究”项目，该项目根据行业低焦油卷烟发展要求，结合传统纸质滤棒的降焦性能优势及吸味缺陷，创造性地提出了新型烟用过滤材料CAP（含醋酸纤维素的纤维纸）及CAPF（含醋酸纤维素纤维纸滤棒）的研发思路。通过改变纸质滤棒材料体系，在纯木浆纤维中掺入一定量醋酸纤维素纤维，改变纸质滤材的性状，改进纯木浆纸质滤棒固有的缺点，平衡发挥纯木浆纸质滤棒和醋纤滤棒的优势，改善纸质滤棒应用效果，研究开发了一种适用于中式卷烟降焦减害的新型天然复合过滤材料及新型滤棒产品。与醋酸纤维滤棒相比，使用CAPF滤棒，卷烟降焦效率提高15%~41%，每毫米长度CAP滤嘴降焦效率提高1.5%以上；卷烟主流烟气7种成分中NH_3和B［a］P过滤效率提高15%以上，NNK过滤效率提高20%以上；与传统纯木浆纸质—醋纤复合滤棒相比，使用CAPF滤棒，卷烟感官评价分值提高0.9分。CAPF滤棒的卷烟感官质量与醋纤滤棒卷烟的感官质量相近。CAPF滤棒既保留了纸质滤棒显著的降焦性能，又有效利用了醋酸纤维的感官质量等优势，改善了纸质滤棒的吸味缺陷，显著提高了纸质滤棒的技术水平，突破了长期制约纯木浆纸质滤棒应用的瓶颈，对行业技术进步具有明显的推动作用。

项目组开展了CAPF滤棒原纸CAP的设计与制造（原料筛选及预处理、成浆工艺、抄造工艺）、CAPF滤棒设计与加工工艺、CAPF滤棒应用效果评价及功能化等一系列研究，开发了制浆盘磨、振框式平筛与荷兰式打浆机组合的解纤处理工艺，建立了CAPF滤棒原纸边界填充模型、滤棒压降与压纹深度相关关系模型，在我国首次建成了1000t/年CAPF滤棒原纸生产线一条、引进了国内第一条纸质滤棒高速生产线及配套的复合滤棒成型专用机组，形成了年产16亿支CAPF复合滤棒的生产能力。

CAPF滤棒优良的降焦减害功能，为低焦油卷烟产品设计提供了新的有效途径。使用CAPF滤棒，贵州、江苏、广东中烟等卷烟工业企业成功开发出了多个低焦油卷烟品牌。项目组还将CAPF滤棒与沟槽滤棒、同轴芯滤棒、活性炭滤棒等进行了多种材料、多种结构、多段（二元、三元）的复合试验，形成了各具特色的CAPF系列产品，丰富了复合滤棒产品规格，为卷烟设计提供了多种个性化选择，促进了烟用滤棒技术的多元发展。

2012年6月，该项目通过了国家局主持的鉴定，研究成果荣获中国烟草总公司2012年度科学技术进步三等奖。

③ 自然透气接装纸通风的纸质复合滤棒。自然透气接装纸通风的纸质复合滤棒通过对纸质材料进行极性调节，显著改善了纸质复合滤嘴卷烟的感官质量，同时保持了纸质滤棒的高降焦性能。

2010年，为了卷烟降焦减害的目的，湖南中烟与杭州科博纸业有限责任公司、浙江本科特水松纸有限公司等单位开展了“自然透气接装纸通风的纸质复合滤嘴”研究。该研究首次提出了“相似的极性、相似的烟气、整体平衡”的纸质滤材改性的新方法，通过对纸质滤材进行改性，使改性后的纸质滤材表面极性接近醋酸纤维，相应卷烟的烟气整体上接近醋纤滤嘴卷烟，从而显著改善了纸质复合滤嘴卷烟的感官质量，提高了纸质复合滤嘴在卷烟中的适用性。在同等滤嘴通风率条件下，纸—醋纤复合滤棒卷烟的焦油量比醋纤滤嘴卷烟约低10%。同时项目组开展了原纸的改性和制备、压纹方式和工艺条件优化、纸质滤棒成型和复合滤棒成型工艺优化等一系列研究，设计制造了原纸压纹的生产装置、改进了滤棒成型设备和工艺，2011年投产后已形成年产2500t纸质滤材原纸、年产纸—醋纤复合滤棒13亿支的生产能力，保证年产10万箱卷烟的需求。2012年纸质复合滤棒用于“白沙红和”“白沙精品8mg”和“白沙绿和8mg”等卷烟，达到了卷烟降焦减害的效果，成功实现了自然透气接装纸和纸—醋纤复合滤棒的工业化生产和规模化应用。该项目于2013年5月通过了国家局主持的鉴定，研究成果获得中国烟草总公司2013年度科学技术进步二等奖。

（3）沟槽滤棒

醋纤沟槽滤棒（以下简称“沟槽滤棒”）是以二醋酸纤维素丝束、专用纤维素纸和滤棒成型纸为主要原料加工制成的，丝束与成型纸之间的纤维素纸呈规则沟槽状的滤棒。按纤维素纸沟槽的形状可分为间段式沟槽滤棒和截点式沟槽滤棒等。

为了推动我国卷烟降焦工程的实施，2001年，南通烟滤嘴实验工厂开展了“特殊结构的沟槽滤棒开发研制”项目，设计了沟槽滤棒结构与生产工艺，研究确定了原辅材料品种与来源，设计制造了沟槽滤棒生产装置，于2003年投入生产并形成规模生产能力，成功开发的沟槽滤棒，系国内首创。产品用于常德、杭州、贵阳、兰州、武汉、南宁、曲靖、南昌、赣南、徐州等卷烟工业企业，部分替代了同类进口产品，取得了良好的使用效果。截至2005年底，南通烟滤嘴实验工厂累计生产销售沟槽滤棒近7亿支。2006年2月，该项目通过了总公司主持的鉴定。

随着沟槽滤棒市场的不断扩大，牡丹江卷烟材料厂、蚌埠卷烟材料厂、四川三联卷烟材料有限公司、上海白玉兰卷烟材料厂等卷烟材料企业纷纷研制并生产同类产品。

2003年4月，牡丹江卷烟材料厂开发的“瓦楞滤棒”获得了专利授权，由于醋纤滤芯表面分段带有瓦楞状压痕，对卷烟焦油过滤效果好且抽吸通畅。2010年，蚌埠卷烟材料厂研制的“一种螺纹沟槽截留嘴棒”获得了国家知识产权局的专利授权，由于环绕丝束芯棒的螺纹沟槽延长了烟气的路径，使烟气不断受到扩散沉积、密集流动、小孔放大等降焦机制的作用，从而最大限度地发挥了纤维型滤棒的降焦减害综合效能。2016年8月，南通烟滤嘴有限责任公司开发的“细支沟槽滤棒及细支沟槽复合滤棒”获得了国家知识产权局的发明专利授权，为细支滤棒降焦减害提供了技术支持。2011年，湖南中烟开发的5种改性沟槽滤棒，在选择性降低苯酚26%~33%的同时，还使NH_3释放量降低11%~21%，且没有明显影响卷烟的吸味品质。2013年，浙江中烟引进德国虹霓公司KDF-3沟槽滤棒成型机并生产沟槽滤棒，生产速度提高到400m/min。2016年，湖南中烟“功能性沟槽滤棒成型纸降低‘芙蓉王’卷烟烟气中苯酚和巴豆醛释放量的研究”成果，荣获中国烟草总公司科学技术进步三等奖。

（4）细支滤棒

细支滤棒是指圆周明显小于普通常规滤棒的滤棒。

1985年，南通烟滤嘴实验工厂开始了细支滤棒的研究试验工作，设计并改造了成型设备，研究确定了生产工艺及丝束规格。1989年研究开发的圆周21mm的细支滤棒在四川什邡卷烟厂进口卷接机上进行接装试验，1991年细支滤棒研制成功并进入市场试销，1992年3月，该项目通过了总公司组织的鉴定。当时，由于细支卷烟市场规模小，未能形成大规模应用。

近年来，由于细支卷烟市场需求旺盛，更低压降、结构新颖的细支滤棒需求不断增大。为适应市场需要，南通醋酸纤维有限公司也先后开发了6.0Y/17000D、6.7Y/17000D、7.5Y/16000D、8.0Y/15000D等规格丝束，供生产细支滤棒使用。我国卷烟及滤棒生产企业对上述丝束进行了广泛的应用研究，2018年，南通烟滤嘴有限责任公司组织开展了“基于多元线性回归的细支丝束规格选择研究”，选取了7个规格细支滤棒用丝束，使用多元线性回归方法，构建了适用于细支滤棒丝束选择的压降模型，制作了细支滤棒丝束特性曲线，建立了适用于细支卷烟的烟气过滤效率经验方程，形成细支滤棒丝束规格选择指南，结合滤棒生产设备改造与工艺优化，开发了各种规格品种的细支滤棒、细支加线（加香）滤棒、细支爆珠滤棒等，滤棒压降覆盖2800~5000Pa，解决了细支滤棒压降大、硬度小的问题。

由于细支滤棒功能多样化的需求不断增长，南通烟滤嘴有限责任公司自主研究设计制造了细支复合滤棒生产设备，在我国率先成功开发研制了细支复合滤棒。2013年，为安徽中烟开发了17mm+15mm超细支二元复合滤棒。为福建中烟开发了15mm+15mm中支活性炭复合滤棒。2014年，针对广西中烟细支咖啡颗粒复合滤棒的需求，与广西中烟联合开展《真龙超细支特色滤棒研发应用与咖啡滤棒稳质提升》项目研究，成功开发了10mm+20mm细支咖啡颗粒二元复合滤棒，应用于广西中烟的细支卷烟。2017年，开发了10mm+20mm、9mm+21mm细支空心复合滤棒，规模应用于广东、湖南中烟等卷烟企业的细支卷烟。

根据卷烟设计的需要，截至2020年，细支滤棒圆周已经发展到16.30，16.70，16.80，16.90mm等多个规格。近几年，随着我国中支卷烟的发展，圆周19.80~22.10mm的中支滤棒也得到了较好开发和一定规模的应用。

（5）同轴芯滤棒

同轴芯滤棒从截面上看是两个同芯圆结构的滤棒。同心圆外环和内芯材料可以是二醋酸纤维素丝束，也可以是其他纤维材料。可以通过改变内芯和外环的压降进而设计成内芯高阻或外层高阻两类滤棒，以改变烟气流向。

2008年，南通烟滤嘴有限责任公司开展了“同轴芯滤棒开发”项目，研究开发了同轴芯滤棒生产制造方法与生产工艺，首次采用双成型机组、双机主电机伺服拖动、同步控制补偿技术，设计制造了一条同轴芯滤棒工艺装备生产线。开发出的同轴芯滤棒产品质量稳定，已成功应用于广西、江西中烟以及深圳卷烟厂生产的卷烟品牌，满足了国内市场的需求，打破了国外的技术垄断。

2009年，湖北中烟研究开发了“纵向多元滤嘴棒生产方法及其设备”，并将开发的同轴芯滤棒应用于“黄鹤楼”等卷烟品牌。

（6）异形空芯滤棒

异形空芯滤棒是由特种设备经过独特的生产工艺加工而成的，主要用于制造复合滤棒。异型空芯滤棒中心呈现出了各种不同的中空形状，外观新颖独特，通过几何形状等变化，可以增强滤棒视觉冲击和防伪功能，提升产品价值和品牌形象，体现多元文化。同时，异形空芯滤棒具有增加滤棒通风度、降低滤棒压降、增加滤嘴产品设计灵活性等特点。此类滤棒依据其结构和生产工艺的不同，分为盲孔滤棒、空芯滤棒、空管滤棒和沉头滤棒。

盲孔滤棒是指通过特殊工艺和设备一次成型的滤棒滤芯中设有纵向盲孔的滤棒。2005年，南通烟滤嘴实验工厂与南通大学合作开展了盲孔滤棒及其生产设备的研究和开发，但由于研究开发的离线电加热工艺技术效率很低，未能进行规模化生产。2010年，河北中烟对几种进口异型孔滤棒增塑剂成分及含量进行了分析，结果发现增塑剂都为三乙酸甘油酯，且含量明显高于普通国产滤棒[28]。

空芯滤棒使用独特的蒸汽加热快速固化生产工艺，我国研究人员花费了大量的时间和精力研究确定工艺参数、设计制造蒸汽烟枪、改造丝束开松及成型设备、选择确定丝束、布带规格等。2009年，南通烟滤嘴有限责任公司自主研发了空芯滤棒生产工艺和生产装备，试制出空芯滤棒样品。2012年，常德芙蓉大亚化纤有限公司将其研究开发的圆形空芯复合滤棒申请了专利。2013年，湖北中烟推出的新品卷烟中采用了中空的“聚香滤棒”，横截面为梅花形。2014年，常德芙蓉大亚化纤有限公司、江苏大亚科技有限公司等单位开发的异型空芯滤棒生产技术相继投入规模化生产，并先后在湖南、贵州中烟等得到应用，部分替代了进口滤棒。截至2020年，南通烟滤嘴有限责任公司开发的各种形状的异型空芯滤棒，不断形成规模生产能力，并在多家卷烟工业企业高端卷烟品牌中得到较好应用。

空管滤棒具有独特的外观和防伪功能，烟气在空管滤棒中发生界面效应和沉降作用，在一定程度上增强了降焦减害功能。2012年，南通烟滤嘴有限责任公司开展了空管滤棒的相关研究。目前暂未批量生产和应用。

沉头滤棒是在嘴棒外面覆以一层长度超过基棒的、硬度很大的外层成型纸而制成。沉头滤棒与空管滤棒功能相近。2014年，贵州中烟研发的“贵烟（细支思味）”在国内首次采用细支沉头滤棒，滤嘴沉头处坚硬结实，随着温度升高也不易发生变形。目前，我国少数滤棒研究企业正在抓紧研究开发该类滤棒。

（7）加香滤棒

以烟用香料、烟用滤材、滤棒成型纸等为主要原料，通过特殊滤棒成型工艺加工制成的滤棒，统称为加香滤棒。研究较多并得到较好应用的加香滤棒多为赋香型加香滤棒和香气补充型加香滤棒。

赋香型加香滤棒能赋予卷烟优美的特征香味，突出卷烟产品的个性化风格。最为常见的香型主要有薄荷醇类、丁香、茶味和果味等。1985年，南通烟滤嘴实验工厂开始了薄荷醇类烟用滤棒的研究，1991年开始市场销售。2004年，川渝中烟开发的“娇子08”在滤嘴中施加了伯爵茶香精，较好地实现了茶香与烟气的融合；之后，南通烟滤嘴有限责任公司于2005年与南京卷烟厂共同开发了橙香加香滤棒，应用于“梦都”卷烟。2013年，南通烟滤嘴有限责任公司与广西中烟合作研究开发了咖啡颗粒复合滤棒，应用于真龙（龙天下）卷烟。2014年，南通烟滤嘴有限责任公司与安徽中烟芜湖都宝研究所共同开发了蓝莓加香滤棒，应用于“都宝”卷烟。

香气补充型加香滤棒可以增补烟气浓度，在不增加焦油量的基础上对烟草中重要的致香物质进行补充。2008年，广东中烟与云南瑞升烟草技术（集团）有限公司合作开展了“三元多孔颗粒新型复合滤棒的研究及其在双喜品牌上的应用”研究项目，把烟梗进行微波膨化造粒处理，并使用烟草提取物和一些合成类香料如美拉德反应物、乙基麦芽酚等对颗粒进行加香处理，制备的膨胀烟梗颗粒复合滤棒有效提升了卷烟香气量和抽吸舒适度，使烟香丰富性、谐调性得到了提升，口感更加津甜、纯净。该研究成果荣获2011年度中国烟草总公司科学技术进步三等奖。

多年来，我国研究开发了多种加香方法，已经批量应用于工业生产的主要有溶剂法、香线法、直接加香法、爆珠法和复合加香法等。

溶剂法是把香精香料溶解或分散在溶剂中，通过增塑剂施加系统均匀喷洒在丝束上以达到加香的目的。2006年下半年，江苏中烟把超凉薄荷香精加到三乙酸甘油酯中并制成滤棒，开发的薄荷香型“梦都”细支卷烟，保持了烤烟风格、香气高雅宜人、余味干净，薄荷清凉与烟草本香协调。

香线法是在滤棒成型时通过特殊装置将浸渍香精的香线包裹于滤棒丝束中的。20世纪90年代初，香线法加香技术在南通烟滤嘴实验工厂率先研究成功并投入生产应用。目前，我国多数烟用滤棒生产企业已掌握该项加香技术。2016年，四川中烟取得的“香料线滤棒及衍生产品的研制”研究成果，获得同年度中国烟草总公司技术发明三等奖。

直接加香法采用特殊装置把香精香料直接施加到滤棒中，可在滤棒轴向的任何位置形成一条香线或香带。2013年，南通烟滤嘴有限责任公司等对此进行了探索，研究解决了香精香料施加管定位、调节及香精香料精准施加控制等问题。

爆珠法加香是将香精香料包裹在一个密闭的爆珠中，形成爆珠后再将爆珠植入滤嘴中，进而制成烟用滤棒的方法。2009年，湖北中烟率先研究爆珠加香法，制成爆珠滤棒，成功开发了“黄鹤楼（硬漫天游）”牌卷烟。2012年，贵州中烟研究开发了“国酒香”爆珠滤棒，并成功用于“贵烟（国酒香·30）”卷烟，实现了烟香与酒香的融合。同年，南通烟滤嘴有限责任公司研制的三元空腔爆珠滤棒，除具有爆珠滤棒增香保润减害作用外，还具有“听得见、摸得着、摇得响”的显著特征，并在多家卷烟企业推广应用。山东中烟在研究爆珠滤棒生产技术的同时，研究烟用爆珠滴制技术，其“烟用爆珠集控精准滴制及产品精准选检技术研究”成果，荣获中国烟草总公司2018年度科学技术进步三等奖。

（8）复合滤棒

复合滤棒是由两种或两种以上不同滤棒（如醋酸纤维滤棒、聚丙烯丝束滤棒、纸质滤棒、活性炭滤棒等）按一定比例复合加工制成的滤棒，主要有二元复合滤棒、三元复合滤棒及其他类型复合滤棒等。基于成功开发的上述各种滤棒，使用复合滤棒生产设备，我国先后开发和应用了多种复合滤棒。

1985年，南通烟滤嘴实验工厂、蚌埠卷烟材料厂等滤棒生产企业首次引进了英国MOLINS公司制造的PM5无外包纸滤棒成型机、MK8纸质滤棒成型机和DAPTCM二元复合滤棒成型机等翻新二手设备，1986年完成安装调试，无外包纸滤棒成型机当年形成规模生产，同时形成了4亿支二元复合滤棒的年生产能力。由于我国纸质滤棒原纸技术未能得到有效改善，国际上纸质滤棒的吸味未能得到消费者的认可等诸多原因，纸质滤棒成型机未能投入正式生产使用。二元复合滤棒成型机一直用于进行各种产品的研究开发试验，培养和锻炼了一批试验操作和滤棒产品设计人员，但因为市场认知等问题，较长时间未能形成规模生产。

为进一步丰富滤棒品种，1994年年初，南通烟滤嘴实验工厂委托日本企业成功改造了一台三元中空加料复合滤棒生产设备，生产速度100m/min，这是我国第一台三元中空加料复合滤棒生产设备。当年，活性炭三元中空加料复合滤棒开发成功。2008年，南通烟滤嘴有限责任公司从德国虹霓公司引进了Merlin三元复合滤棒成型机，并成功开发了三段式复合滤棒，这是我国引进的首台高速三元复合滤棒生产设备。至此，我国三元复合滤棒的生产速度提高到400m/min，生产效率极大提高，产品质量不断改善。

其后，为了更好地开发利用复合滤棒，云南、广东、湖北、浙江等中烟纷纷从德国虹霓公司、荷兰ITM公司等引进复合滤棒生产设备，各家滤棒生产企业也先后加大了复合滤棒生产设备的投入，复合滤棒生产能力得到了很大提升。2012年，我国使用各种复合滤棒生产卷烟约110万箱，生产使用复合滤棒约120亿支。近几年，复合滤棒的使用呈现了更快的增长趋势，生产使用的复合滤棒品种也更加丰富。活性炭二元复合滤棒、烟梗多孔颗粒二元复合滤棒、茶香二元复合滤棒、草本颗粒二元复合滤棒、纳米材料二元复合滤棒、复合生化制剂二元复合滤棒、沟槽二元复合滤棒、CAPF二元复合滤棒、纸质二元复合滤棒、空心二元复合滤棒、同轴芯二元复合滤棒、三元空腔加料等复合滤棒先后被市场所接受。

为提高复合滤棒选择性降焦减害功能，研究最多的是滤棒添加剂。除上述活性炭、烟梗多孔颗粒、茶香颗粒等添加剂外，行业内外大量研究人员潜心研究，复合滤棒创新成果不断涌现。1997年，南通烟滤嘴实验工厂与江苏省中医研究所等单位联合开展了壳聚糖等滤棒添加剂的研究，以改善滤棒的减害功能。

1999年，芜湖卷烟厂与中国科学技术大学联合开展了“低焦油低危害混合型卷烟关键技术研究及产品研制”项目，采用纳米技术研制出了纳米复合氧化物和介孔复合体的滤棒，对降低卷烟焦油、CO、苯并［a］芘、烟草特有*N*-亚硝胺等有害物质有较显著的作用，且该项目具有技术原创性和自主知识产权，并于2004年6月通过了国家局主持的鉴定，获得2004年度国家烟草专卖局科技进步三等奖。

2002年，北京卷烟厂开展了“应用纳米技术有效降低卷烟烟气中有害物质含量的技术研究”项目，对纳米材料合成、表征、改性、评价以及纳米材料复合滤棒生产工艺等一系列研究，2003年该技术投入应用并形成批量生产能力。北京卷烟厂已有15种内销混合型“中南海”卷烟应用了该项技术。该项目2006年7月通过了国家局组织的鉴定，获2010年度中国烟草总公司科技进步二等奖。

2004年，川渝中烟开展了“降低烟气中多种有害成分的复合生化制剂研究”项目，从血红素中提取了卟啉类物质，从川产天然植物中提取多种酮酚类物质，将这些提取物添加在滤棒中制成二元复合嘴棒，成功开发出添加复合生化制剂的复合滤棒，应用于“娇子”品牌卷烟的工业化生产中。该项目2008年通过了国家局组织的鉴定，获2010年中国烟草总公司科技进步二等奖。

2007年，湖南中烟开展了“选择性降低卷烟烟气有害成分功能成型纸滤棒的研究”项目，在滤棒成型纸功能涂料的选择、功能材料成型纸的制造、功能型成型纸滤棒的成型、具有透气性接装纸的筛选与功能型成型纸滤棒的组合试验等方面开展了一系列研究。该项目于2009年6月通过了国家局主持的鉴定，获中国烟草总公司2011年科技进步三等奖。

第四节
卷烟盒与条包装印刷技术

（一）卷烟盒与条包装印刷技术的起步

20世纪80年代初期是中国烟草包装印刷工业的起步期，当时印刷工艺技术、材料及装备相对落后，主要生产设备基本沿用20世纪初遗留下来的老式机器，如20世纪30年代的密勒印刷机、国产北人01和02对开胶印机、切纸机等，这些设备生产的卷烟盒与条包装质量不稳定、色差严重、套印误差大，粉尘、墨皮、卷曲等质量问题屡见不鲜，且损耗高、效率低，对卷烟生产效率和成品质量造成很大的影响。当时的全国卷烟包装印刷生产企业较少，上海烟草工业印刷厂（后更名为上海烟草包装印刷有限公司）为当时最大的国有卷烟包装印刷企业，另外全国还有几家卷烟厂下属的印刷厂、车间以及部分行业外包装印刷企业。由于资金困难，当时在设备引进、技术研发、产能升级等方面的发展速度都较为缓慢，与国外包装印刷企业差距巨大。

20世纪80年代中期，全国各地卷烟企业开始引进国际先进的高速卷烟包装机，而国内大部分卷烟包装印刷企业已无法满足日益更新的卷烟高速包装生产的需要。为此，卷烟包装印刷企业开始实施技术改造。经过“六五”“七五”全面技术改造，这些企业先后添置和引进了国内外先进的照相制版和印刷设备。例如：引进了英国的电子分色机、联邦德国的电子雕刻机、SP-102型海德堡（Heidelberg）四色胶印机、罗兰（ROLAND）四色印刷机和高宝四色印刷机、日本的模切机等设备。这些国外先进的设备使当时卷烟盒与条包装印刷生产速度和效率提高了2~4倍，成品实际损耗率由本来的13.8%下降为4%左右，色差、套印、卷曲、墨皮等质量问题得到明显改善。与此同时，为进一步匹配日益先进的卷烟高速包装生产需求，1985年，卷烟包装印刷企业引进了当时世界一流的瑞士博士特（BOBST）650六色凹印裁切联合轮转机组，在设备精度、印刷速度、生产效率得到大幅提升的同时，解决了胶版印刷墨层浅、色彩不稳定、金属效果差等工艺技术难题，使卷烟盒与条包装的印刷效率、印刷品质量、颜色饱和度、色彩表现力等得到了大幅提升，成为当时卷烟盒与条包装印刷最主要的方式之一。

（二）卷烟盒与条包装印刷技术的发展

1. 印前技术的发展

20世纪80年代是胶印使用PS版（Presensitized Plate）进行印刷的大发展时期，

其特点是使用方便、质量稳定，印版的耐印率比原来的涂形印版成倍增加，比较适用于高质量印刷品，因此，PS版在卷烟包装印刷企业得到了迅速推广，对卷烟盒与条包装印刷质量的升级起到了关键性作用。同时，国外的电子分色机和凹版电子雕刻机先进制版设备的引进和应用，也推动了卷烟盒与条包装印前技术的全面升级。

20世纪90年代，彩色桌面出版系统得到普及，通过与电子分色机的高速联网，形成了以计算机为核心的整页拼版系统，同时充分发挥了电子分色机输入精度高，图像处理质量好的优点，且融入了桌面出版系统后可以灵活处理版面的特点，可将烟标产品的实物制版形成数字资产，为后阶段“卷烟包装上水平”夯实了基础，提供了技术支撑。

2000年后，计算机直接制版技术得到大力推广和应用，凭借其革命性的技术彻底改变了传统卷烟包装印刷企业的印前制作流程，伴随而来的还有印前数字化工作流程和色彩管理以及数码打样技术的协同发展，为国内卷烟包装印刷企业掀起了新一轮烟标设计热潮，新品设计层出不穷，且投放速度惊人。同时，上海烟草集团、浙江中烟、湖南中烟、湖北中烟、广东中烟、云南中烟等企业也相继成立了研发中心，将卷烟盒与条包装设计开发提升到了战略高度，围绕各自的品牌特征，逐渐形成了各自独有的设计风格，引领着中国卷烟盒与条包装设计的潮流。

2010年后，数字印刷打样技术逐步成熟，该技术实现了印刷方式的全数字化，提高了打样速度，被卷烟包装印刷企业纷纷引进应用。同时该技术的材料适应性强、灵活高效，既缩短了卷烟盒与条包装新产品的开发周期、降低了单位打样成本，又减少了新产品开发过程中直接上机打样的不确定性、提高了打样效率，满足了卷烟工业企业开发新产品的需求。

2. 印刷工艺的发展

（1）胶印印刷技术

20世纪90年代，随着卷烟产量和品牌的迅速发展，各省市大中型卷烟厂纷纷建立自己的卷烟商标印刷企业，不断引进各类进口设备。胶印印刷设备的工作效率和应用程度达到了新的高度，印刷色组从传统的四色向六色以及六色以上扩展，设备配置的联机上光、干燥等多功能模块大量运用，使得卷烟盒与条包装质量得到了进一步提升，印刷幅面不断扩大，从而使各类卷烟盒与条包装印刷工艺和材料得以迅速发展。胶印设备的印刷速度与生产效率大幅度提高，印刷速度已从每小时几千印张迅速增长到每小时10000印张，缩短了供货周期，丰富了卷烟盒与条包装多色印刷工艺路线，使原来印刷6个颜色以上的卷烟盒与条包装需要多道印刷工序转序生产，升级为一道印刷工序和一次成型，解决了多重转序产生的质量问题。

同时期，由于材料、工艺、设备的限制，卷烟包装印刷企业使用白卡纸、铜版纸进行卷烟包装印刷生产。随着人们生活质量、消费水平的不断提升，对卷烟盒与条包装品质、外观表现形式等提出了更高的要求。20世纪90年代中期，部分卷烟包装印刷企业开始在卷烟盒与条包装上应用金银卡纸新材料，由于该类纸张属于非吸收性材料，普通油墨不能渗透到纸张内部，印刷生产时会导致印品背面粘花，且干燥时间长，在印刷过程中采用传统热固化技术已不能满足产品质量及生产效率的要求。紫外光固化（UV）印刷技术开始应用于卷烟盒与条包装印刷生产，通过引进国外先进的UV印刷设备和UV油墨以及研究材料和设备的印刷适性，形成了胶印UV印刷工艺技术路线，成功解决了油墨在金银卡纸上的印刷固化问题，使得金银卡纸和胶印UV印刷工艺成为我国卷烟盒与条包装印刷的主要印刷方式之一[29]。

2000年后，我国卷烟盒与条包装材料继续取得飞速发展，推出了激光全息卡纸硬盒包装。卷烟包装印刷企业通过新材料运用转化，研发形成了可在全息卡纸材料中融入定位图案、浮雕效果、菲涅尔透镜效果、水印、防伪等各类效果，同时具备UV印刷和联机上光功能的新型胶印工艺，既促进了卷烟盒与条包装印刷胶印技术不断向多色、高效、多功能发展，又丰富了卷烟盒与条包装胶印工艺表现形式，释放了印后烫金、丝印等后道工序的压力，使胶印工艺在提升卷烟盒与条包装外观美观度、防伪易辨识、技术难复制方面的整体水平上了一个新台阶。

2010年后，随着世界上数字技术、计算机技术和互联网技术的发展，卷烟盒与条包装胶印印刷设备的自动化、数字化、智能化取得了重要进展，高端胶印机几乎成为完全智能化的自动设备。其中，胶印机自动化包括：纸张更换、纸张翻转、自动换版、油墨预置、套准遥控、自动清洗等；胶印机智能化包括：纸张预置、纸张运行监控、张力的智能调整、温度智能控制、质量闭环检测、开机预套准，甚至连接色彩检测控制台后，能够自动调整产品色差，达到质量统一、减少色差的目的。卷烟盒与条包装产品的外观越来越精美、颜色越来越细腻且品质可控，实现了质的飞跃。

（2）联机凹印印刷技术

联机凹印印刷是直接以卷筒纸为承印物的一种凹版印刷方式，再辅以联线凹凸、模切等印后加工工序，最终直接生产出卷烟盒与条包装成品。其特点是墨层厚实、光泽饱满、色相稳定，生产效率高，因此更适合于大批量卷烟盒与条包装的印刷需求。

在凹印制版技术方面，自1984年起，我国卷烟包装印刷行业凹版滚筒开始采用手工腐蚀方式进行印版制作，但制版精度不高，污染严重且成功率低下。进入20世纪90年代，卷烟包装印刷行业成功实现了“无软片雕刻”工艺。同期，凹印制版与印刷企业通过引进以色列数码打样机、德国电分机等新设备，实现了颜色的数据化管理，为当时世界领先水平。进入21世纪后，卷烟包装印刷行业凹版制版技术飞速发展，通过激光工艺的研发，制版工艺逐步从电子雕刻工艺升级为激光—腐蚀工艺，从而使卷烟盒与条包装色彩还原、网点还原质量大幅提升。2010年后，通过引进电子混雕和激光直刻技术，解决了细小文字边缘锯齿、不光洁和不清晰等问题，凹印印刷质量达到了胶印水平。

在凹印印刷工艺与印刷材料方面，20世纪80年代联机凹印主要以生产软盒包装纸为主，其承印物主要为卷筒单面铜版纸，印刷油墨主要为酯类成分为主的溶剂型油墨，添加微量苯或二甲苯成分可提升色彩鲜艳度，而盒型也主要以软盒分切为主。到了20世纪90年代，越来越多的卷烟包装印刷企业尝试使用联机凹印方式生产，凹版印刷技术进一步得到飞速发展，通过820mm宽幅联机凹印设备的引进，同时采用“放卷+印刷+后道一体成型”的联动配置，突破了平压凹凸离线加工的效率瓶颈，大幅提高了生产效率。随着各类科技进步，承印物纸张也逐步推陈出新，从单面铜版纸，扩充到白卡纸、灰底白板纸等，同时国内部分卷烟厂也引进了国外硬盒卷烟包装机组，硬包卷烟包装方式在中国开始起步，白卡（板）纸也成为卷烟盒与条包装的主要材料，联机凹印产品也由单一的软盒包装纸升级为硬盒包装纸、条盒包装纸。20世纪90年代末期，出现了复合铝卡等相对高端的烟包材料，可通过纸张与油墨的结合代替传统烫金工艺，为卷烟新品推出和外观上档次有了一个选择。随着技术的不断升级，20世纪90年代，卷烟包装印刷行业的油墨中也不再添加苯或二甲苯，而是以添加酯类、醇类溶剂为主，既解决了卷烟盒与条包装凹印技术应用过程中遇到的印刷环保问题，又解决了烟厂包烟时因凹印卷烟盒与条包装引起的卷烟异味问题。

2000年后，随着环保要求不断提高，全国大部分卷烟盒与条包装用纸已经开始从不可降解的复合铝卡纸，过渡到可降解、便于回收处理和再生利用的镀铝卡纸上，卷烟包装印刷企业也开始积极寻找并运用新材料、新工艺、新技术来提升产品的附加值，实现了各种新材料运用和新工艺研发、国内外先进设备的整体引进和消化吸收再创新，推动了卷烟包装印刷企业联机凹印技术进入腾飞式发展阶段。

2010年后，联机凹印技术再次得到提升，凹印设备方面升级了伺服电机驱动、静电吸墨等装置设备，油墨材料上运用了低溶剂残留、UV与EB固化、热变色、紫外变色、压力变色防伪等新材料技术，承印纸张上运用了低定量与高松厚、无版缝全息镭射等技术，基于模切、凹凸的版材上研发了圆压圆折光、软包硬化盒型一体成型等新工艺。通过以上这些凹版印刷新材料、新工艺的运用，凹印卷烟盒与条包装在质量外观、实用性和防伪性方面得到了大幅度提升。

3. 印后工艺的发展

传统的印后加工工艺主要有覆膜、上光、烫金、凹凸、模切等工艺。精致的印后工艺可以赋予卷烟盒与条包装以美感，提高档次和附加值。

20世纪90年代后，20支装的硬盒卷烟包装方式在中国逐渐发展推广，在烫金、凹凸等传统印后工艺大量应用的同时，一种设计新型的折光工艺也开始在卷烟盒与条包装上使用。

进入2000年后，卷烟包装形式有了更快发展，不再拘泥于传统的硬盒、软盒等形式，掀背全开式包装盒成功应用到了知名卷烟产品上，成为当时的一种潮流。而全国卷烟包装印刷企业在印后工艺上，也相继进一步发展出了全息烫金、定位烫金、三维凹凸、仿景泰蓝掐丝、丝印雪花等工艺。

2010年之后，卷烟包装盒型款式层出不穷，市场上相继出现侧拉式、旋转式、掀开式等各种异型盒包装和条盒包装。而各种印后工艺效果也在不断推陈出新，皮纹效果[30]和丝绒效果等特殊质感也被应用至卷烟包装盒上。

4. 防伪技术的发展

随着卷烟销量不断增长，假烟问题随之产生，并且在一段时间内愈演愈烈，消费者在正规市场范围内一直受到假烟的困扰，如何让制假者无法复制（即使使用相同的原辅材料），使消费者在第一时间简明有效、易于辨别卷烟真伪，防伪技术的研究和运用成了烟草企业与卷烟包装印刷企业的一项重要工作和社会责任。

在20世纪80~90年代，油墨材料防伪在卷烟盒与条包装防伪技术中占据了很重要的地位，而且由于材料成本高，制作难度大，制假者很难在那个年代进行高成本复制，同时消费者基本上使用简单的方法就可以进行识别，因此油墨防伪技术在早期卷烟盒与条包装上属于使用较为普遍的一种防伪技术，例如温变油墨防伪，刮显油墨防伪等。

2000年后，卷烟盒与条包装防伪技术随着现代科学技术的发展也在快速提高，许多新工艺技术和包装前沿材料都已应用到了防伪生产中。卷烟包装盒也逐步从单一的防伪运用转变到使用综合防伪方案上，例如将光存储微缩烫金技术、光变效果技术等防伪集成应用在卷烟盒与条包装表面，提高了整体的技术复制门槛。而通过激光工艺的研发，电子雕刻工艺升级为激光—腐蚀工艺，巧妙地将精细印前技术融入了当代卷烟盒与条包装印刷生产中，一些诸如超线技术、微缩文字、特殊网点、三层可变光栅等二线防伪使得卷烟盒与条包装防伪质地大幅提升。

2010年后，各类数字和信息技术也已应用于防伪领域，RFID、二维码、特殊码开始出现在各类卷烟盒与条包装上。此类防伪技术的普及，为产品防伪、质量追溯带来了更大的保障，为专卖监管打假提供了技术支撑。

（三）卷烟盒与条包装检测与控制技术

1. 外观检测与控制技术

20世纪80年代初期，卷烟包装印刷企业的印刷加工设备与技术相对落后，油墨、纸张等主要印刷材料有限，印刷质量检测与控制手段单一，造成卷烟盒与条包装产品外观质量较差，同时在卷烟包装机上也容易出现表面划痕、擦伤等外观缺陷。国内对于卷烟盒与条包装外观检测手段与技术也相对落后，主要依靠目测鉴别、人工挑拣与检验，卷烟盒与条包装纸外观缺陷难控制、质量不稳定、损耗大、效率低。

20世纪80年代中期到90年代，随着国内卷烟需求量逐渐增大、烟草企业技改扩能、提质增效，烟草行业对卷烟盒与条包装质量提出了更高的要求。与此同时，随着国外著名油墨企业在国内合资建厂，纸张行业引进国外先进造纸设备与技术，印刷原辅材料的质量与稳定性得到了提升，卷烟包装印刷企业开始意识到完善检测方法和标准、加强原辅材料与产品质量控制的重要性。这些企业开始引进世界先进的分光光度仪、摩擦因数仪、墨层耐磨仪、折痕挺度仪等一系列检测仪器设备，逐步升级检测设备与技术[31]，将原先总体色差ΔELab判定指标升级为对颜色偏红、偏绿、偏黄、偏蓝也能同步进行检测的CIELab判定方式，既解决了卷烟盒与条包装同批色差大的问题，又形成了产品异批色差数据化检测控制技术，使得仪器检测结果更接近人眼辨别、颜色更稳定、产品同质化的同时，通过研究、建立和完善摩擦系数、墨层耐磨性、折痕挺度等指标，大幅提升了卷烟盒与条包装适性，使表面划痕、擦伤等容易在烟厂包装机出现的质量问题得到了解决和控制。

2000年后，基于CCD拍摄与图像识别比对的在线检测技术飞速发展并得以运用，实现了产品质量从人防到技防的跨越式升级，印刷过程产品质量缺陷与波动的实时监控，使卷烟盒与条包装的技术含量稳步提高，外观质量检测与控制水平从此跨上了一个新台阶。

随着国内生活水平与消费水平提高，人们的质量意识逐渐增强，对卷烟盒与条包装外观质量提出了更高要求。2005年，卷烟盒与条包装纳入到《烟用材料标准体系》中[32]，对包装的生产和使用进行规范管理，标志着卷烟盒与条包装正式成为卷烟产品的重要组成部分。

2009年后，烟草行业先后对《卷烟条与盒包装纸印刷品》[33]行业标准进行了制修订，不断完善卷烟盒与条包装产品标准与技术要求，在促进卷烟包装印刷企业提升印刷质量检测水平的同时，实现了工艺技术标准化、规范化、程序化的全面升级。

2. 安全卫生检测与控制技术

2003年，第56届世界卫生大会审议并通过了第一个限制烟草的全球性条约《烟草控制框架公约》，国内控烟环境压力逐渐增大，人们对于健康的诉求更加迫切，让消费者自我保护、维权意识不断增强，对于产品质量的关注焦点正逐渐由外在质量转向内在安全。

2006年，为了确保卷烟吸味质量，维护消费者利益，烟草企业开始研制、应用并推广卷烟盒与条包装纸中挥发性化合物残留量检测方法[34]，带动了卷烟盒与条包装印刷企业逐步添置化学分析仪器设备，提升原辅材料进货质量，控制印刷添加剂使用，建立印刷原辅材料与产品内控标准，为烟草行业后续推进卷烟盒与条包装纸中挥发性有机化合物的限量指标[35]打好了标准基础，提供了技术支撑。这两项行业标准标志着烟草行业开始建立并推行卷烟盒与条包装纸质量安全管控措施。

2012年，总公司发布实施了《烟用材料卫生标准体系表》，实现了对烟用材料安全卫生标准系统性、成建制、分层次管控，在指导烟用材料生产企业制定、完善产品质量安全标准的同时，促进了卷烟包装印刷企业积极提升产品质量安全研究与检测能力，保障了卷烟产品质量安全。

2015年，为了提升卷烟盒与条包装安全卫生整体水平，卷烟包装印刷企业积极配合烟草企业研制并建立了更为系统、科学、完整的卷烟盒与条包装纸安全卫生指标，为提升卷烟包装印刷企业检测能力，推动标准在全国烟草企业内落地，确保卷烟产品质量安全做出了贡献。

以上一系列卷烟盒与条包装产品质量安全标准的发布实施，使得烟草企业与卷烟包装印刷企业都有章可循、有标可依，同时也促进了卷烟包装印刷企业新一轮的印刷材料改进与工艺技术升级，推动了全国烟草行业内卷烟条与盒包装产品质量安全水平的整体提升。

第五节

烟用胶技术

烟用胶泛指在卷烟生产过程中用于烟支卷制搭口、烟支滤嘴接装、卷烟小盒（条盒）包装及烟箱封装用胶，以及滤棒生产过程中的搭口和中线用胶等。按烟用胶的形态可分为水基型卷烟胶和热熔型卷烟胶。一般来说，水基卷烟胶用于烟支卷制搭口、烟支滤嘴接装、小盒及条盒包装以及滤棒生产中丝束的固定；热熔型卷烟胶用于小盒及条盒包装、滤棒成型搭口以及纸箱的封装。

（一）水基卷烟胶

卷烟工业所用的胶黏剂是随着卷烟机设备的发展而发展的，卷烟机生产速度从1200支/min，提高到现在的20000支/min[36]，经历了淀粉胶、糊精胶、羧甲基纤维素（CMC）、以乙酸乙烯均聚乳液调配的水基胶到现在大部分以乙酸乙烯-乙烯共聚乳液调配的胶黏剂的过程。

20世纪80年代以前，我国卷烟行业生产设备简陋、卷（搭口）、接（接嘴）、包装机组车速很低，卷接机组车速多为≤800支/min，而1600支/min的设备极为少见，包装机组车速均≤150包/min，甚至有的采用手工包装。这样的卷烟设备生产简陋，车速不高，对卷烟系列胶质量要求不高，一般的淀粉、糊精、羧甲基纤维素即可满足卷烟生产的工艺要求。

自20世纪80年代起，现代化卷烟机组开始引进，到1995年底，我国陆续引进了5000~8000支/min的卷接机组600多套，包装机组也已大量引进，其速度可达

300~500包/min。随着中、高速机组的大量引进和烟用材料的高档化，对卷烟系列胶的质量要求越来越高，原来的淀粉、糊精和羧甲基纤维素等常规产品已经不能满足卷烟生产的要求。在引进卷烟机组初期，卷烟企业不得不使用进口的卷烟用系列胶黏剂，当时进口的卷烟胶大部分为乙酸乙烯酯均聚乳液类胶（俗称白胶）。国内有些黏合剂生产厂家也开始生产专用于卷烟行业的胶黏剂，由此国内才形成了卷烟胶这一专用黏合剂品种。此时国内开发生产的卷烟胶也是以乙酸乙烯酯均聚乳液为基体的烟用胶黏剂。该烟用胶黏剂较好地解决了当时卷烟设备的用胶要求，设备可以达到较高的运行速度，对包装材料也有较好的适应性。

20世纪90年代开始，我国开始引进更高机速的卷接及包装设备，如PROTOS70、80、90E以及PASSIM 7000和8000、GD121等卷烟卷接机组，GD X1、X2等包装机组，卷接和包装速度进一步提升，对卷烟胶提出了更高的要求。卷烟机组车速越高、越要求胶的初黏性、流动性好，其中如何提高其初黏性是卷烟系列胶的技术关键。由于乙酸乙烯酯均聚乳液成膜温度较高，所成的胶膜也比较硬且脆，对复杂印刷的包装材料黏结能力较差。为解决这些问题，国外在此期间已开始使用以乙酸乙烯酯-乙烯共聚乳液（简称VAE或EVA乳液）为基础的卷烟胶[28]。我国是在20世纪80年代末期开始生产乙酸乙烯酯-乙烯共聚乳液的，这为生产更高黏结速度和安全的烟用胶黏剂奠定了原料基础。其中，北京有机化工厂和四川维尼纶厂先后从美国雷华德公司引进的1.5万t/年的乙酸乙烯酯-乙烯共聚乳液生产装置，为国内卷烟系列胶的生产提供了急需的新原料。乙酸乙烯酯-乙烯共聚乳液是在其分子内部引入了乙烯基，由于乙烯基的引入，使其本身具有了永久的内增塑性能，降低了成膜温度，且所成的胶膜韧性较好，特别适合用于高速卷烟生产。目前国内外用于高速卷烟机器的胶黏剂大多数是用以乙酸乙烯酯-乙烯共聚乳液为基础进行调配或改性的胶黏剂。

随着近几年国内开始引进运行速度达到12000支/min和20000支/min的HAUNI公司的M5、M8卷接机组，与其对接的包装设备有GD X-6和GD X6S、H1000、FOCKE FXⅡ和F8等。M5和M8在接装的涂胶方面采用喷涂上胶方式，此种上胶方式对接嘴胶的流变性能、初黏性和材料适应性等性能提出了更高的要求。与M5和M8配套的包装设备，其涂胶方式也进行了变革，设备同时具备辊涂和喷涂两种上胶方式。应用于此系列设备的卷烟胶国外研制较早，目前已有相对成熟的产品，而在国内企业掌握相关配方技术的企业还较少。

卷烟胶的发展一直的随着卷烟设备的发展而逐步发展起来的。随着烟草行业近些年来对卷烟辅料安全性的重视和逐渐规范，卷烟胶的生产也从原来的粗放式管理过渡到逐步规范。

从2007年开始，中国烟草标准化研究中心对卷烟胶中的可挥发性与半挥发性成分进行了调研，包括甲醛、苯及苯系物和邻苯二甲酸酯类，这3类物质是公认的能对人的健康及环境带来危害的物质，并与2010年发布了对以上3类物质的检测方法和内控限量标准。2011年总公司发布了YQ 5—2011《烟用水基胶挥发性与半挥发性成分限量》，包括对乙酸乙烯酯、甲醛、苯、甲苯、二甲苯和邻苯二甲酸酯类进行了限量。其中卷烟胶中残存单体乙酸乙烯酯的限量为400×10^{-6}。残余单体含量从2004年至2011年7年间，由5000×10^{-6}降至400×10^{-6}，目前，大部分中烟公司对卷烟胶中残存单体乙酸乙烯酯含量限制为300×10^{-6}以下，甚至个别中烟公司要求残存单体为100×10^{-6}以下，可见要求越来越严格。2019年，总公司发布了YQ 5—2019《烟用胶粘剂安全卫生要求》，代替YQ 5—2011《烟用水基胶挥发性与半挥发性成分限量》。新标准把卷烟胶进行了分类，水基卷烟胶分为“参与燃烧”和“非参与燃烧”，其中非参与燃烧又分为“口触”和“非口触”，加强“参与燃烧”和“口触类”水基卷烟胶的安全卫生要求，在原有检测项目基础上增加了硼酸、异噻唑啉酮和烷基酚、烷基酚聚氧乙烯醚等项目的检测。随着人们环保和健康意识的提高，烟用水基胶的安全卫生标准也逐步提高。

（二）烟用热熔胶

热熔胶黏剂（简称热熔胶）通常是指在室温下呈固态，加热熔融成液态，涂布、润湿被黏物后，经压合、冷却，在几秒内完成黏结的胶黏剂[37]。在烟草行业中热熔胶的应用主要有：一是滤棒成型过程中的热熔胶封边；二是在包装方面的应用，需要黏结更快速、黏结力更强的包装胶，热熔胶成了首选[38]。

为适应高速卷烟机的需求，1985年12月—1988年南通烟滤嘴实验厂开发了YN-2系列烟用热熔胶产品，适用于国内引进的各种类型的高速卷烟包装机组、金拉线、条包黏合及高速滤嘴棒成型机组滤棒搭口的黏合。研制过程中进行了一系列的组成原料筛选、配比、配制工艺试验，经过反复试验和实际验证，成功地研制出YN-200、YN-201和YN-202系列烟用热熔胶产品，经有关厂家生产使用证实，YN-2系列烟用热熔胶完全可以适用于进口的高速成型机组的生产工艺，在与进口的热熔胶性能相比时，除色泽偏黄外，其他主要性能指标如软化点、熔融黏度（160℃）、剪切强度、敞开时间、硬化时间等相近，完全可以替代进口胶而应用于我国的烟草行业。

随着烟用包装机生产速率的进一步提高以及包装材料、设备的不断更新，热熔胶在卷烟包装方面的应用呈现逐年递增的态势，同时其性能在不断调整优化。YP13条烟装封箱机在生产过程中，通过增加热熔胶系统后，有效解决了仅靠胶带封箱而导致的封箱不紧实、无法满足机器人堆垛系统要求的问题，扩大了热熔胶的应用范围[39]。同时，卷烟工业近年来流行的“软盒硬化”包装形式，使热熔胶的熔融黏度范围从1000~2000mPa·s（150℃）[40]扩展至400~2000mPa·s（150℃），通过不断的性能调整优化满足特定的粘接要求。

为了有效控制和实现烟用热熔胶的安全生产和应用，2005年1月1日实施的YC/T 187—2004《烟用热熔胶》，在热熔胶通用技术指标基础上，增加了铅、砷等物质的限量，这使烟用热熔胶的安全生产和应用得到了保障。YQ 5—2019《烟用胶粘剂安全卫生要求》中又进一步明确了滤棒成型热熔胶中苯酚和2,6-二叔丁基-4-甲基苯酚两种有害物质的限量，卫生安全风险的有效管控进一步提高。

第六节
展望

稳定国内市场，开拓国际市场，在全球经济一体化的大背景下逐步具备与国际接轨的产业运作思想，是中国烟草行业一项长期而艰巨的任务。烟用材料是烟草发展不可分割的共同体，未来烟用材料技术的发展应满足和适应中式卷烟发展的需求，朝着更加安全、环保、高效的方向发展，创新性烟用材料的开发与应用将成为低焦油、低危害、高香气、高质量卷烟发展最有力的技术支撑之一。

进一步加强烟用材料安全管控技术研究，逐步完善相关技术标准，明确烟用材料添加剂使用安全风险点、风险源及风险度，使烟用材料生产和卷烟产品使用等环节的安全管理做到有章可循、有规可依。

卷烟纸应进一步稳定内在品质，大力开发低定量、高不透明度且无氯卷烟纸；继续研究利于环保、安全、降害、降焦卷烟纸；加强国际合作，逐渐缩小国际的差距；加强特殊填料、特殊纤维、功能性助剂的研究，使卷烟纸包灰性能好，燃烧性能好，具有低引燃倾向，更加符合卷烟新产品的需要；研究卷烟纸防伪技术，达到美化烟支，保护品牌的效果。

研究开发烟用瓦楞滤棒纸、具有特殊吸附层的成型纸；继续研究高透气度、低定量、高抗张强度滤棒成型纸，改进成型纸对新型滤棒成型机的适应性，继续研究成型纸对降低烟气有害物质的影响。

严格控制接装纸的卫生性指标，研究有害物质产生的原因，积极使用低危害的柔版水溶性接装纸印刷油墨；研究接装纸的上机适应性以及与卷接胶的相互匹配性，充分掌握接装纸的使用技术；继续研究接装纸的打孔技术，使打孔接装纸的透气度更加均匀和稳定。

研究开发使用真空镀铝纸或转移法镀铝纸的关键技术，使其既能达到包装效果，又能适应现代化包装设备，更重要的是起到环境保护的作用。

倡导绿色包装，油墨向低残留、低挥发气味发展，严格控制卷烟条与盒包装纸中挥发性有机物质（VOC）的限量，大力开展印刷油墨技术研究，积极推进使用凹印水性油墨、柔印油墨、UV胶印油墨、EB（电子束固化）油墨、大豆油胶印油墨等新型环保材料，使卷烟包装更趋理性化、更加环保、防伪功能更为突出。

研究搭口胶在高速卷烟机上的使用性能，以及搭口胶参与燃烧的补香作用，同时更应该注意到搭口胶的生物安全性和对卷烟吸食品质的影响。

研究二醋酸纤维丝束表面改性处理技术，结合中式卷烟特点，开发研究具有增湿保香效果的丝束、开发高比表面积且具有选择性过滤性能的丝束，以适应功能性滤棒的需要；深化研究滤嘴的可降解技术，进行机理基础研究，开发可降解丝束产品、寻找迅速降解滤嘴头的方法。

随着国际对降低卷烟烟气释放量关注度的增加，卷烟设计面临着日益增加的开发系列新型滤嘴的挑战，这种滤嘴要达到既降低卷烟有害物质，又不失原有的烟气特征风格，同时还要兼顾制造成本的目的。通过多种技术手段研制具有选择性功能的滤嘴添加剂，尤其是加强添加剂在卷烟产品中的应用技术研究，使卷烟滤嘴充分彰显其功能性和个性化作用。

未来烟草业将更加重视对烟草制品的风险管控，同时也将对烟用材料的安全性提出更高的要求。在烟用材料的研究开发和生产方面，应高度重视材料的安全性问题，加强科技攻关，研发并生产出安全性更高的烟用材料。

本章主要编写人员：常纪恒、盛培秀、王平军、崔磊、孙健法、刘文富、范忠辉

参考文献

[1] 常纪恒，胡有持. 国产卷烟纸要适应卷烟业发展的需要［J］. 烟草科技，1996（4）：9-10.

[2] 林尤长. 我国卷烟纸的现状与发展［J］. 中国制浆造纸，2004（8）：56-58.

[3] 银董红，罗玮，陈泽亮，等. 卷烟燃烧过程中卷烟纸孔结构特征对主流烟气CO释放量影响的研究［C］. 中国烟草学会2014年度优秀论文集. 北京：中国烟草学会，2014.

[4] 丁为，文武，寇明钰，等. 全亚麻卷烟纸的研制与开发［J］. 西南师范大学学报（自然科学版），2019，44（10）：66-69.

[5] 李慧敏，韩宇，等. 分析卷烟纸中助燃剂含量的影响因素［C］. 2017全国特种纸技术交流会暨特种纸委员会第十二届年会论文集. 衢州：中国造纸学会，2017.

[6] 韩云辉，陈连芳，邢军，等. 烟用材料生产技术与应用［M］. 北京：中国质检出版社，2012.

[7] 王颖，刘其松. 浅谈滤棒成形纸掉毛掉粉的影响因素 [J].浙江造纸，2009（2）: 58-59.

[8] 王志，何兆秋，鲍漫球.高透气度滤棒成型纸的透气度变异系数的影响因素 [C]. 中国造纸学会薄型纸专业委员会第十三届技术交流会论文集. 牡丹江：中国造纸学会，2007.

[9] 王进一，曹继华，陈志强，等. 高透气度白色烟用接装原纸的开发生产和应用 [J]. 中华纸业，2011，32（6）: 65-68.

[10] 孙桂泉. 南通醋酸纤维有限公司志 [M]. 北京：方志出版社，2007.

[11] 周田伟，刘刚毅.略谈聚丙烯滤嘴材料 [J].中国烟草，1988（8）: 39-42.

[12] 江明.烟草行业要大力推广烟用聚丙烯丝束 [J].中国烟草，1989（11）: 6-9.

[13] 陈宁观. 烟用聚丙烯丝束母粒通过鉴定 [J]. 合成纤维工业，1992（3）: 5.

[14] 封其部，徐肃清，王希岳. 国产短程纺牵联合机纺制烟用聚丙烯丝束的研究 [J].合成纤维工业，1992，15（6）: 10-15.

[15] 中国烟草. 中意合作开发烟用聚丙烯丝束专用生产线正式投产 [J].中国烟草，1993（6）: 封三.

[16] 吴立峰，周卫华. 烟用改性聚丙烯丝束 [J].合成纤维工业，1990，13（6）:14.

[17] 朱本松，郭刚龙，宋志林.新型改性烟用聚丙烯纤维的结构和性能 [J].合成纤维，1994（3）: 16-19.

[18] 国家烟草专卖局. 烟用聚丙烯加胶棒生产安全管理暂行规定（国烟法 [1996] 31）[R]. 国家烟草专卖局，1996.

[19] 盛培秀. ERA_3高速滤嘴成型机生产工艺条件的优化研究 [J]. 烟草科技，1993（2）: 11-16.

[20] 尤长虹，陈光明. 滤棒质量控制和评价方法的研究 [J]. 烟草科技，2003（2）: 3-4.

[21] 常纪恒，赵荣，余振华，等. 滤棒成型工艺参数与质量稳定性的关系 [J]. 烟草科技，2007（1）: 5-9，14.

[22] 李文伟，刘玉叶，王卫江，等. 高透滤棒质量稳定性的生产改进 [J]. 郑州轻工业学院学报（自然科学版），2012，27（2）: 46-49.

[23] 韩云辉，李东明，李卫国，等. 高透气度成型纸对滤棒成型加工与测量的影响 [J]. 烟草科技，1999（2）: 3-5.

[24] 常纪恒，江文伟，韩云辉.聚丙烯丝束制造过滤嘴的可用性初探 [J]. 烟草科技，1988（3）: 9-12，8.

[25] 宋志林，栗世勇，周田伟，等. 聚丙烯滤棒的开发研制及推广应用 [R]. 中国烟草总公司、中国卷烟滤嘴材料公司，1996.

[26] 国家质量监督检验检疫总局. 烟草术语 第3部分：烟用材料：GB/T 18771.3—

2015 [S] . 北京：中国标准出版社，2015.

[27] 孙贤军，朱效群，刘斌，等. 选择性降低卷烟烟气有害成分功能成型纸滤棒的研究 [R] . 湖南中烟工业有限责任公司，2011.

[28] 杨运红. 进口异型滤棒增塑剂成分及其含量测定 [J] . 硅谷，2010（12）：164.

[29] 山东赴澳UV培训小组. 浅议UV印刷 [J] . 印刷科技情报，1989（5）：26-29.

[30] 孙健法.一种包装礼盒的表面整饰工艺：201210138210.8 [P] .2012-12-19.

[31] 徐继俊. 凹版珠光油墨色相检测技术的研究 [J] . 印刷质量与标准化，2016（10）:18-21.

[32] 国家烟草专卖局.烟用材料标准体系:YC/T 195—2005 [S] . 北京：中国标准出版社，2005.

[33] 国家烟草专卖局.卷烟条与盒包装纸印刷品: YC/T 330—2014 [S] . 北京：中国标准出版社，2014.

[34] 国家烟草专卖局.卷烟条与盒包装纸中挥发性有机化合物的测定 顶空—气相色谱法: YC/T 207—2006 [S] . 北京：中国标准出版社，2006.

[35] 国家烟草专卖局.卷烟条与盒包装纸中挥发性有机化合物的限量指标: YC 263—2008 [S] . 北京：中国标准出版社，2008.

[36] 包曙阳，杨瑾. M5卷烟机生产中华牌卷烟的适应性改进与研究 [C] . 上海市烟草系统2012年度优秀学术论文集（工程技术类）. 上海：上海烟草学会，2012.

[37] 杨宝武. 国内卷烟胶生产概况 [J] . 中国胶粘剂，1993（6）：20-21.

[38] 王海荣. 高速卷烟胶的研制 [J] . 贵州化工,2002，27（6）：21-23.

[39] 向明,蓝方，陈宁.热熔胶粘剂 [M] . 北京: 化学工业出版社，2002.

[40] Li W，Bouzidi L，Narine S S.Current research and development status and prospect of hot-melt adhesives：A review [J] . Industrial & Engineering Chemistry Research，2008，47(20):7524-7532.

第十二章

烟草机械

第一节
概述

烟草机械是卷烟生产过程中所用设备的总称。烟草机械技术的先进程度，在很大程度上决定着烟草加工业的生产组织、生产规模、生产方式、能源和原材料消耗等，进而影响烟草行业的产品水平、质量、品种、效益以及更新换代周期，对烟草工业的发展起促进作用，是烟草工业生产的基础工业，它的技术水平是衡量烟草工业生产现代化程度的重要标志之一。

从专业所属领域上划分，烟草机械工业本身具有两种属性：一方面服务于烟草加工业，随烟草加工业的技术发展和需要而变化；另一方面烟草机械工业又是机械制造工业的分支，其产品属于机电产品中的专用设备。烟草机械企业的生产和管理具有机械制造工业的特征，其技术和管理水平也随机械制造工业的科技进步而提高。

中国烟草机械工业从1983年引进英国MOLINS公司MARK8卷烟机制造技术启动国产化项目和自主开发6000kg/h打叶复烤线项目开始，掀开了国产烟草机械产品和技术开发创新的历史。经过三十余年的发展，成功开发了烟草打叶复烤成套设备、烟草制丝成套设备、系列化卷接设备和硬（软）盒硬条包装设备、滤棒成型设备、卷烟自动化物流配送系统、造纸法再造烟叶生产线等大型成套装备，拥有了国产烟机主导产品，实现了“从无到有”“从小到大”“由弱变强”三大跨越，产品开发进入了自主创新阶段，形成了丰富的技术储备，具备了先进的制造能力，实现了国产烟机的自主发展。

20世纪80年代初，我国烟草加工技术装备十分落后，行业固定资产原值不足10亿元，大中型烟草加工企业的设备基本是单机操作，人工控制，自动化程度低，工作条件差，劳动强度大，部分企业叶梗分离还在采用原始的人工处理方式，整体水平仅相当于国际20世纪40年代左右的水平[1]。1988年，中国烟草机械公司的成立，标志着我国烟草机械技术发展正式起步，当时全国烟草机械工业年产值不足4000万元，国内烟草加工装备基本依赖进口，国产烟机设计、制造能力与国际先进水平相距甚远。

20世纪80年代后期到90年代，为提高烟草机械国产化水平，加快烟草行业的设备更新，国家局、总公司采取一系列有效措施，对我国烟草机械的开发、生产、销售实施统一管理，坚持引进技术消化吸收和自主开发相结合的方针，运用技贸结合的手段先后引进了46项先进技术，使我国烟草机械工业在较短时间内取得了巨大发展。为快速满足我国烟草行业飞速发展对技术装备的需求，1998年，以上海烟机公司、常德烟机公司、许昌烟机公司和秦皇岛烟机公司为主体组建中烟机械集团公司[2]，并与行业外烟草专用机械制造企业开展横向联合，组建并成立了跨地区、跨行业的整机生产企业组成的中国烟草机械集团，借助国内军工企业技术力量，发挥群体优势，快速形成批量生产，使国产烟机设计、制造能力与国际先进水平的差距有效缩短。

进入21世纪，国产烟机为适应新的发展形势，逐步摆脱对国外技术和产品的依赖，开始走自己的技术创新之路，运用引进技术的资源优势开展集成创新，研发推出了拥有自主知识产权的产品，已经可以设计生产出具有国际先进水平、比较适合我国国情、门类齐全的烟机产品，可以基本满足国内卷烟工业的设备需求。同时，我国烟草机械工业积极开拓国外市场，各种类型的国产烟机出口到世界多个国家和地区。伴随着以ZJ116型卷接机组、ZB48型包装机组等为代表的一系列超高速烟机产品的问世，我国烟草机械工业已经可以和国际烟机制造企业在国内外两个市场相互竞争。

我国烟草机械工业经过30多年的发展历程，整机生产持证企业已达44家，先后牵头或参与完成"打造中式卷烟制丝线""超高速卷接包机组研制""细支烟升级创新""打叶复烤升级创新"等4项国家局重大专项，以及国外技术引进项目69项（表12-1），研发的产品成为各个时期我国卷烟工业企业的主力机型，获得国家科技进步奖1项、省部级科技进步奖23项（表12-2）。起草并发布了我国烟草行业的第一项行业标准YC 001—1990《烟草机械　产品型号编制规则》和第一项国际标准ISO 12030—2010《烟草及烟草制品　箱内片烟密度偏差的无损检测　离子辐射法》，以及与烟草机械相关的国家标准3项、烟草行业标准280项（现行有效标准114项），获得中国烟草总公司标准创新贡献奖2项，有力地保障了烟草行业科技创新工作的高速发展。

表12-1　　烟草机械引进技术项目一览表

序号	国外公司名称	引进技术名称	引进时间
1	英国 MOLINS 公司	MARK8 型卷烟机	1983
2	英国 MOLINS 公司	TUDOR 型卸盘机	1985
3	英国 MOLINS 公司	MARK16NTFU 型装盘机、烟支平均重量控制器	1985
4	意大利 SASIB 公司	3-279/6000 型软盒硬条包装机组	1985
5	英国 LEGG 公司	RC4 型切丝机	1985
6	英国 LEGG 公司	超级回潮筒、环形烘丝机	1986
7	德国 HAUNI 公司	AF2/KDF2 型滤棒成型机组	1986
8	美国 RJR 公司	G13-C 烟丝膨胀设备技术	1987
9	意大利 COMAS 公司	真空回潮机、打叶生产线	1987
10	美国 PHILIP MORRIS 公司	二氧化碳烟丝膨胀工艺技术	1988
11	英国 MOLINS 公司	DR2-5 型复合滤棒成型机	1988
12	英国 MOLINS 公司	SUPER9/PA9/TF3N 型卷接装机组	1988
13	法国 DECOUFLE 公司	LOGA-2/MAX-D 型卷接机组	1988
14	德国 HAUNI 公司	HCF80 型装盘机	1988
15	意大利 COMAS 公司	复烤机、预压打包机	1989

续表

序号	国外公司名称	引进技术名称	引进时间
16	意大利 COMAS 公司	制丝生产线、白肋烟处理线	1989
17	意大利 COMAS 公司	塔式梗丝膨胀装置	1989
18	德国 SCHMERMUND 公司	B1 型软盒硬条包装机组	1989
19	英国 MOLINS 公司	APHIS-2S 型风送滤棒系统	1989
20	英国 DISTILLERS 公司	576kg/h 二氧化碳烟丝膨胀生产线	1989
21	英国 MOLINS 公司	MARK9-5 型卷接机组大修技术及 PLC 电控技术	1990
22	德国 HAUNI 公司	HT23 和 HT33 型加温加湿机	1990
23	英国 FILTRONA 公司	S.B 型滤嘴纸压皱机	1990
24	德国 HAUNI 公司	实验室用卷烟机、实验室用滤嘴接装机	1990
25	意大利 G.D 公司	G.DX1 型软盒硬条包装机组	1991
26	英国 MOLINS 公司	HLP2N 型硬盒硬条包装机组	1991
27	德国 FOCKE 公司	465/329B 型装封箱机	1991
28	英国 MOLINS 公司	MATCH 型卷包连接系统	1991
29	意大利 G.D 公司	G.D X2 型硬盒硬条包装机组	1992
30	英国 MOLINS 公司	PM5/T05 型滤棒成型机组、加活性炭装置	1992
31	德国 HAUNI 公司	PROTOS70 型卷接机组	1992
32	英国 MOLINS 公司	PASSIM7000 型卷接机组	1992
33	德国 HAUNI 公司	SMR90 软件	1993
34	德国 HAUNI 公司	实验室用切丝机	1993
35	德国 HAUNI 公司	滤嘴棒双接收器	1993
36	意大利 G.D 公司	MICRO-2 电控系统	1993
37	意大利 G.D 公司	S90 型卷包连接系统	1993
38	德国 HAUNI 公司	COMFLEX-1 型卷包连接系统	1993
39	美国 MACTAVISH 公司	打叶生产线	1993
40	美国 AIRCO 公司	400kg/h 二氧化碳烟丝膨胀生产线	1994
41	意大利 GARBUIO 公司	复烤线及打包机	1994
42	意大利 GARBUIO 公司	直接回潮系统	1994
43	德国 HAUNI 公司	KTC45/80 系列切丝机	1994
44	英国 MOLINS 公司	PEGASUS-2000 型风送滤棒系统	1995
45	意大利 GODILI & BELLANTI 公司	打包机	1995
46	意大利 COMAS 公司	隧道涡流式梗丝膨胀生产线	1999
47	英国 DICKINON LEGG 公司	HXD 非直燃式高温膨胀烘丝机	2000
48	英国 DICKINSON LEGG 公司	STS 梗丝膨胀线	2001
49	荷兰 ITM 公司	瑞龙卷烟 / 滤棒储存输送系统	2001

续表

序号	国外公司名称	引进技术名称	引进时间
50	意大利 G.D 公司	G.D XC C600/PACK-OW 550 包 /min 硬盒硬条包装机组	2002
51	德国 HAUNI 公司	PROTOS90E 卷接机组	2002
52	意大利 COMAS 公司	LDT/500-10000 型塔式叶丝膨胀系统	2004
53	意大利 COMAS 公司	SDT/500-3500 型塔式梗丝膨胀系统	2004
54	意大利 COMAS 公司	CRU 型滚筒式烟梗回潮机	2004
55	意大利 COMAS 公司	A2 型异味处理系统	2004
56	意大利 COMAS 公司	白肋烟烘烤机及白肋烟加料机	2004
57	荷兰 ITM 公司	DELPHI 高效废烟处理装置	2004
58	德国 HAUNI 公司	PROTOS90E 的后身，剪切式接纸和微波重量控制技术可在 PROTOS70 上应用	2005
59	意大利 G.D 公司	G.DX2-4350/Pack-OW 和 C600 上新装置和改进组件	2005
60	意大利 GARBUIO-DICKINSON 公司	SD5 系列切丝机，定向振动式喂料机及切丝长度控制装置技术	2009
61	德国 HAUNI 公司	PROTOS 2-2 过滤嘴卷烟生产线专用技术（16000 支 /min）和制丝设备与技术全面合作协议	2009
62	德国 HAUNI 公司	制丝设备和技术全面合作协议	2009
63	德国 FOCKE 公司	FOCKE FC800 包装机生产线专用技术（800 包 /min）	2009
64	意大利 G.D 公司	GD X6S-C800-BV 软盒包装机组专用技术（600 包 /min）	2010
65	意大利 G.D 公司	GD DF10 滤棒成型机组专用技术（1000m/min）	2011
66	德国 HAUNI 公司	AF-KDF4 醋酸纤维滤棒成型机制专用技术（600m/min）	2012
67	美国 MACTAVISH 公司	HSS 高速风分器，EMS 风抛式高速风分器，分段穿片式打叶器	2011
68	美国 PROCTOR 公司	烟片复烤机	2012
69	美国 Menzel Fishburne 公司	高速预压打包机	2014

表12-2 省部级以上科技进步获奖项目一览表

序号	项目名称	获奖名称	获奖年份
1	FBM 型 CO_2 膨胀烟丝生产线	国家烟草专卖局科技进步三等奖	1998
2	ZJ17 型卷接机组	中国科技部科学技术进步三等奖 国家烟草专卖局科技进步二等奖	1998
3	ZJ19 型卷接机组	国家烟草专卖局科技进步三等奖	1998
4	ZL22 型纤维滤棒成型机组新型电控系统	国家烟草专卖局科技进步二等奖	1998
5	ZB25 型软盒硬条包装机组	国家烟草专卖局科技进步三等奖	1998
6	ZB45 型硬盒硬条包装机组引进技术国产化	国家烟草专卖局科技进步二等奖	1999

续表

序号	项目名称	获奖名称	获奖年份
7	YF11-YB16-YJ33 烟支存储输送系统	国家烟草专卖局科技进步三等奖	1999
8	YF12-YJ35A-YB17 型卷烟存储输送系统	国家烟草专卖局科技进步三等奖	1999
9	YF13 型卷烟存储输送系统	国家烟草专卖局科技进步三等奖	2000
10	3000-8000kg/h 直接回潮系统	国家烟草专卖局科技进步三等奖	2002
11	新世纪制丝线	国家烟草专卖局科技进步二等奖	2005
12	YF14 型卷烟储存输送系统研制	国家烟草专卖局科技进步三等奖	2005
13	ZL26 型纤维滤棒成型机组研制	国家烟草专卖局科技进步三等奖	2005
14	YF171 型滤棒存储输送装置研制	国家烟草专卖局科技进步三等奖	2005
15	隧道式梗丝膨胀设备	国家烟草专卖局科技进步三等奖	2006
16	ZJ15 型卷接机组重大技术改进	国家烟草专卖局科技进步三等奖	2006
17	ZJ112/ZB47 型高速卷接包机组	中国烟草总公司科技进步二等奖	2008
18	ZB47 型硬盒硬条包装机组研制	上海市科学技术奖三等奖	2008
19	SH963 新型燃油（气）管道式烘丝机	中国烟草总公司科技进步三等奖	2010
20	ZB48 型硬盒硬条包装机组	中国烟草总公司科技进步三等奖	2015
21	ZJ116 型（16000 支 /min）卷接机组	中国烟草总公司科技进步二等奖	2015
22	AF-KDF 4 滤棒成型机组引进技术消化吸收国产化	中国烟草总公司科技进步三等奖	2018
23	新型 8000 支 /min 卷接机组研发	中国烟草总公司科技进步二等奖	2018

按照未来中国烟机产品发展规划，中国烟草机械工业在完善现有产品稳定性和可靠性的同时，扎实做好常规烟机与细支、中支等创新品类烟机、传统烟机与新型烟草制品烟机、烟草机械与非烟机械的统筹，努力开展细支卷烟生产设备、新型烟草制品生产设备以及智能烟机的研究，运用技术资源优势，通过自主创新和集成创新相结合研发推出新产品，开发提供个性化设备迅速响应市场需求，从而进一步缩小与国际烟机研发制造先进水平的差距，追赶世界烟机制造公司的排头兵。

第二节

烟草打叶复烤成套设备

我国的烟草打叶复烤主机设备、生产线的研制开发伴随着打叶复烤工艺技术的研究和发展而得到发展。1965年，轻工业部烟草工业科学研究所（中国烟草总公司郑州烟草研究院前身）在河南许昌开始进行打叶复烤的试验与探索，取得一定的成果。1979年，烟草研究所与杭州卷烟厂合作开发1000kg/h生产线。1983年，烟草研究所通过吸收国外的技术和经验，设计了6000kg/h打叶复烤工业性试生产线并于1986年在楚雄卷烟厂建成投产。20世纪80年代后期至90年代中期，总公司采用技贸合作方式，先后从意大利COMAS公司、美国MACTAVISH公司和意大利GARBUIO公司引进打叶复烤设备和技术，通过引进技术的消化、吸收和设备国产化，打叶复烤设备和技术取得了突破性进展。20世纪90年代中后期至今，随着工业企业对原料、复烤工艺的日益重视和打叶复烤工艺技术研究的逐步深入，设备的研制开发也取得了长足进步，系列化生产线及其关键主机设备的总体技术水平已经达到国际先进水平。

（一）主机设备

打叶机组主要功能是通过机械撕扯和风力分选将叶片与烟梗分离，使叶片尺寸和烟梗长度达到规定要求，同时清除烟叶中灰砂等异物。主机设备包括打叶机组、片烟（烟梗）复烤机、打包机组等。

1. 打叶机组

（1）卧式打叶机组

1989年，秦皇岛烟机公司、北京长征高科技公司、宁波轻机厂、铁道部徐州机械厂组成COMAS专线协作组，共同消化吸收引进的5000kg/h打叶复烤线并分工进行国产化研制。1990年10月，首条COMAS 5000kg/h卧式打叶线在杭州卷烟厂通过国家局组织的竣工验收。COMAS打叶线主要特点是设备数量、占地面积、装机容量均比其他公司小，比较符合当时中国国情。

1993年，总公司从MACTAVISH和GARBUIO引进技术，由秦皇岛烟机公司和北京长征高科技公司共同消化吸收并进行国产化研制。MACTAVISH型打叶机组是20世纪90年代初中期柔打技术的典型代表，机组采用四打十分或四打十一分加一回梗，生产能力一般为6000kg/h、9000kg/h和12000kg/h。

图12-1　12000kg/h卧式打叶机

1998年，昆船公司研制出单线12000kg/h卧式打叶机（图12-1），其打叶指标优于同类进口设备指标；2003年，昆船公司和山东惠丰烟叶复烤有限公司联合研制6000kg/h节能型卧式打叶机组。

（2）综合式打叶机组

1997年，昆船公司与常德卷烟厂共同研制6000kg/h综合式打叶机组。机组前段采用卧式两打七分，后段采用立式二次分离，分别对卧打和立打工艺参数进行优选改造。1999年5月在常德卷烟厂投入生产，主要技术指标优于进口卧式机组。同年，通过国家局组织的鉴定。

（3）节能型打叶机组

2002年，在消化COMAS、MACTAVISH、GARBUIO技术的基础上，秦皇岛烟机公司、北京长征高科技公司和昆船公司相继研制节能型打叶机组，采用四打十一分，二打前设级间回潮，风分器级间直接串联，打叶器和风分器间取消风送。

（4）高效节能打叶风分机组

2006年，北京长征高科技公司、长沙卷烟厂、湖南湘西鹤盛原烟发展有限公司联合研究高效节能打叶风分技术，开发出高效节能打叶风分机组（图12-2），2008年在三益公司德昌复烤厂投入使用并通过国家烟草专卖局组织的设备验收。

图12-2　高效节能打叶风分机组

（5）组合联式打叶机组

2011年，秦皇岛烟机公司在消化吸收美国MACTAVISH打叶机组技术的基础上，研制开发出一种新式打叶机组——组合联式打叶机组（图12-3），成功应用于玉溪卷烟厂、华环国际烟草公司样板线中。2013年，国产化的12000kg/h高速风分打叶机组成功应用于涡阳复烤厂，2015年成功交验。

（6）烟叶分切打叶机组

2008年，秦皇岛烟机公司研发出自主知识产权的烟叶分切打叶机组（图12-4），以提高原料利用率，并保证成品质量稳定、均匀、一致。该机组应用于楚雄卷烟厂、安徽华环国际烟草有限责任公司，2012年11月首条分切生产线通过国家烟草专卖局组织的鉴

图12-3　组合联式打叶机组

图12-4　烟叶分切打叶机组

定，达到国际先进水平。

（7）多功能柔性打叶机组

2016年，秦皇岛烟机公司研制了多功能柔性打叶机组，满足打叶复烤技术升级对打后片型结构均匀性的要求，该机组进一步完善了分段式打叶技术、高速风分技术、改进了分流技术、升级了高压风抛料技术，使机组可适应各种要求的加工。2017年在遵义复烤厂实施，2019年顺利完成交验。

2. 片烟（烟梗）复烤机

片烟（烟梗）复烤机用于除去打后片烟（烟梗）中的多余水分，使片烟（烟梗）经干燥、冷却、回潮处理后，其含水率和温度适于打包后的长期贮存醇化。片烟（烟梗）复烤技术经历了4个阶段：第一阶段是消化吸收并研制开发COMAS型片烟（烟梗）复烤机；第二阶段是消化吸收并研制开发GARBUIO型片烟（烟梗）复烤机；第三阶段是消化吸收并研制开发PROCTOR型片烟（烟梗）复烤机；第四阶段是自主开发双侧交替进风片烟（烟梗）复烤机、大流量片烟（烟梗）复烤机等。

（1）COMAS型片烟（烟梗）复烤机

该机采用国际通用的低温慢烤技术，由干燥、冷却、回潮3段组成。1993年8月，配线流量12000kg/h复烤机（图12-5）交付玉溪卷烟厂使用，配线流量6000kg/h的复烤机交付昭通卷烟厂使用。

图12-5 12000kg/h片烟（烟梗）复烤机

（2）GARBUIO型片烟（烟梗）复烤机

该机采用低温慢烤技术，在引进技术基础上增加含水率自控、干燥段加长等改进措施。改进后样机配线流量6000~12000kg/h，性能达到20世纪90年代国际同类水平，1996年在湄潭复烤厂投入使用。在此基础上秦皇岛烟机公司开发了KG231~236型片烟复烤机（图12-6）、KG321~326型烟梗复烤机。

图12-6 KG231型片烟复烤机

（3）PROCTOR型片烟（烟梗）复烤机

2011年，秦皇岛烟机公司与美国PROCTOR公司技术合作，转化其公司最新技术研制出KG278型片烟复烤机（图12-7），先后应用在安徽华环国际烟草有限责任公司、玉溪卷烟厂。其显著特点是片烟复烤机干燥区内风场均匀，控制阀门响应速度快，自动化程度高。

图12-7　KG278型片烟复烤机

（4）双侧交替进风片烟（烟梗）复烤机

秦皇岛烟机公司2011年自主创新开发的双侧交替进风片烟（烟梗）复烤机（图12-8），采用了两侧交替进风对片烟进行交替处理，改变了原单侧进风方式，结合美国PROCTOR公司片烟复烤机优点，使原单侧进风造成的左、中、右含水率偏差得以相互补充、平衡，提高了片烟复烤的均匀性，满足复烤过程中片烟符合打叶复烤重大专项升级均质化和提质增效的要求。截至目前，已在诸城、梅州、襄阳、韶关、遵义、赣州、会东、吉首、铜仁等复烤厂广泛应用。

图12-8　双侧交替进风烟片（烟梗）复烤机

（5）大流量片烟复烤机

2012年，秦皇岛烟机公司自主研制开发的具有自主知识产权的16000kg/h片烟复烤机解决了传统机型处理能力低的瓶颈问题，为打叶复烤生产线的工艺布置提供了新的方案。复烤机采用双侧进风、框架上下分体，实现温湿度、含水率全自动控制。2012年12月，该生产线在诸城复烤厂推广应用。

3. 预压打包机组

预压打包机组是将打叶复烤后的松散片烟，按照一定的包装规格和质量，经过计量、预压成型、复称，进行打包捆扎、粘贴标识，以利于储存和运输。

（1）液压式预压机

液压式预压机有单联式、二联式、三联式3种，分单联式间断工作，二联式、三联式连续工作。二联式按片烟成形方式分Ⅰ、Ⅱ两类，Ⅰ类仅有称重、预压功能，打包、捆扎由打包机和捆扎机完成；Ⅱ类具备称重、预压、打包、捆扎一次完成的功能。

1993年，秦皇岛烟机公司和昆船公司在引进吸收消化美国FISHBUME公司、意大利GARBUIO公司和COMAS公司等预压打包设备和技术的基础上，进行了液压式预压机的系列化和国产化研制，开发出20余个型号的序列化单联液压式预压机，满足了不同包装规格、形式和生产能力的需求，应用于全国复烤企业。

1996—1999年，昆船公司采用集成阀组技术研制开发出KY141型系列二联液压式预压机，分别适用于150kg木夹板和200kg纸箱、200kg纸箱、100kg纸箱和400kg木夹板不同的包装规格，生产能力最大可达到60箱/h。1999—2002年，研制开发KY151型系列三联液压式预压机，采用三套料箱交替工作方式，能同时加工100kg/箱和200kg/箱纸箱烟包，专门用于12000kg/h打叶复烤线200kg纸箱打包时，生产能力达到56箱/h。

图12-9　KY156型液压式预压机

2009年，昆船公司研制开发出国内第一款双缸式的KY156型矮式二联液压式预压机（图12-9），既能满足打叶复烤片烟打包，又能进行烟丝打包，实现一机多用。

（2）压实器式预压机

2001年，秦皇岛烟机公司消化GODIOLI预压打包技术，开发了压实器式预压机。该机采用双料室单压头，两边装料，中间压实，交替工作，连续生产，生产能力48箱（包）/h（200kg纸箱或200kg木夹板）。同期，宝应仁恒实业有限公司也开发出了类似产品。

（3）液压式预压打包机

KY112型液压式预压打包机（图12-10）是秦皇岛烟机公司针对烟梗、碎片及把头烟目前各个复烤厂打包的现状而新研发设计的一种能够全自动完成200kg/箱烟梗以及150kg/箱碎片、把头烟叶的定量、装箱、一次成型预压打包工作的液压式预压机，整个工序无需人工操作。

（4）高速预压打包机

2014年，由中国烟草机械集团牵头与美国门泽菲斯本公司关于高速预压打包设备开展技术合作，由秦皇岛烟机公司具体实施，推出KY172型高速预压打包机（图12-11），成功应用在遵义复烤厂、铜仁复烤厂。

图12-10　KY112型液压式预压打包机

图12-11　KY172型高速预压打包机

（5）机械式香料烟打包机组

1997年，昆船公司研制开发出DB01、DB02型机械式香料烟打包机组，在云南保山投入使用。该机采用机械式打包，包重为25~35kg/包，适用于1500kg/h的小批量生产线。

（二）打叶复烤成套设备（生产线）

20世纪50年代初期，我国采用英制改制的抽烟梗机，生产能力为40~50kg/h；20世纪60年代初期，开始研制卧式打叶机，生产能力为400kg/h；70年代末期，许昌烟机公司制造出YA33型打叶机，生产能力达到800~1000kg/h；80年代中期，昆明市二机器厂制造YA38型卧式打叶机，生产能力达到2500kg/h和3000kg/h。

1981年9月，总公司在湖南常德召开全国卷烟工业“六五”发展规划座谈会，会议决定依靠科学技术更新设备，推广打叶复烤技术，确定由郑州烟草研究所承担打叶复烤生产线的设计任务；1986年，郑州烟草研究所设计的6000kg/h打叶复烤工业性试生产线在楚雄卷烟厂完成了打叶复烤工业性试验生产并开始推广，标志着我国打叶复烤迈出了坚实的第一步。

20世纪80年代末和90年代中期，国家局加大推广打叶复烤技术的力度，先后从意大利COMAS公司、美国MACTAVISH公司和意大利GARBUIO等，采用技贸结合形式引进先进打叶复烤专用技术和设备；这些公司的打叶线都具有大片率、叶中带梗、梗中带叶指标先进，自动化程度高，工作安全可靠等优点。伴随行业管理和技术装备水平不断提高，打叶复烤行业走出一条引进国外先进技术、立足国内研制推广的技术路线。两次引进技术的消化吸收促进了打叶复烤工艺和技术飞速发展，很快赶上了国际同领域技术的发展步伐。

1989年，秦皇岛烟机公司、北京长征高科技公司、宁波轻机厂、铁道部徐州机械厂组成COMAS协作组，共同消化吸收引进了5000kg/h打叶复烤线并分工进行了国产化研制。1990年10月，首条COMAS 5000kg/h卧式打叶线在杭州卷烟厂通过国家局组织的竣工验收。COMAS打叶线主要特点：设备数量、占地面积、装机容量均比其他公司少，比较符合当时中国国情。生产线能力一般为5000kg/h、6000kg/h和12000kg/h（一般为并线）。1993年11月，国产化COMAS型12000kg/h打叶线及全线电控，在玉溪卷烟厂通过国家局组织的技术及设备鉴定；国产化COMAS型6000kg/h打叶线及全线电控，在昭通烟厂通过国家局组织的技术及设备鉴定。

1993年，国家局从MACTAVISH和GARBUILO引进技术，由秦皇岛烟机公司和北京长征高科技公司共同消化吸收并进行国产化研制。1994年，完成转化设计和国产化设计，提出了适合国情的打叶生产线工艺配置模式。1997年12月，12000kg/h打叶复烤线样线在贵州湄潭复烤厂通过国家局组织的技术鉴定。

2000年以后，国内打叶复烤设备制造企业通过不断消化和吸收国外先进技术，提高自主研发能力，柔打、细分、低温慢烤等技术得到充分运用，立卧结合、节能、高效节能打叶技术相继开发应用，逐步缩小了与国外差距，国内打叶复烤工艺技术和装备在整体上已经达到或接近国际先进水平。

2013年，为适应烟草行业烟叶收购模式要求，由秦皇岛烟机公司与贵州烟叶复烤有限责任公司作为承担单位向中烟机械集团公司共同申报了“散叶预处理及数字化配方打叶复烤设备研制”项目，由秦皇岛烟机公司承制的贵州遵义12000kg/h散叶收购打叶复烤线（图12-12）项目，探索出了散叶收购模式下的打叶复烤工艺并进行了装备开发，形成了一条完整的基于散叶收购模式下的打叶复烤生产加工样板线，引领了打叶复烤企业技术改造的发展方向。

图12-12　遵义复烤厂12000kg/h散叶收购打叶复烤线

2016年，国家局决定启动实施打叶复烤技术升级重大专项，提升打叶复烤模块化配方、均质化加工、智能化制造、提质增效4个方面的水平，打造商业主导、工业主导、工商协同、细支卷烟专用等4种类型的打叶复烤示范线。秦皇岛烟机公司抓住行业重点推进打叶复烤企业技术改造契机，完善产品系列，截至2020年已形成配线能力为6000~18000kg/h的打叶复烤线成套设备，有效突破了打叶复烤在卷烟生产链条上的技术瓶颈，为中式卷烟品牌发展提供了片烟原料的设备保障，显著提升了打叶复烤对卷烟品牌价值和创新产品的贡献度。

第三节

烟草制丝成套设备

我国的烟草制丝主机设备、生产线的研制开发同样也是伴随着烟草制丝工艺技术研究逐步深入和发展而发展的。

20世纪80年代初期，我国烟草制丝设备生产技术水平低下，只相当于国际上20世纪30年代的技术水平，且国内烟草制丝设备生产企业生产的制丝设备非常落后，且只能生产部分单机设备。国内卷烟厂制丝生产的机械化、连续化水平低；多数卷烟厂处于作坊式生产的状态，手工作业多，凭工人经验进行操作和生产；无流量、温度、含水率等自动控制；制丝车间生产环境差、环境温湿度受天气自然状况影响较大。

20世纪80年代中期至90年代，总公司通过技贸结合方式引进国外烟草制丝成套设备和制造技术，成功消化吸收，实现了烟草制丝设备的国产化，其整体工艺技术和制造水平基本达到或接近国际同类产品水平，为我国烟草行业“七五”“八五”期间烟草制丝线工艺技术装备的进步发挥了重要作用，使我国烟草工业整体技术装备水平有了质的飞跃。

1996年以后，在引进技术消化吸收的基础上开展了自主创新研发，国内烟机企业已经能独立自主设计制造生产能力为1000~8000kg/h系列化制丝生产线及其关键主机设备，有效缩短了国产烟机设计、制造能力与国际先进水平的差距。

（一）主机设备

烟草制丝生产线设备众多，主机设备主要包括开包机、切片机、片烟（包）松散回潮机、切丝机、烘叶（梗）丝机、梗丝膨胀烘干设备、叶（梗）丝回潮机、加料加香机等。主机设备主要采用技贸结合、引进技术消化吸收和自主创新等方式，结合我国国情进行研制开发，在研制和应用过程中不断改进、完善和提高。

1. 拆包机 / 系统

20世纪90年代从意大利COMAS公司引进拆包机，为半自动烟包开包、全自动纸箱堆垛的拆包机，其拆包能力≥40包/h。

2000年，昆船公司研制开发出FT51型纸箱拆包机，额定生产能力48箱/h。

2001年，秦皇岛烟机公司研制开发出FT521型/夹板两用拆包机和FT522型纸箱拆包机，额定生产能力48箱/h，具有较高的自动化和柔性化，且对纸箱无损伤，便于回收利用。

2001年，昆船公司研制开发出FT55型纸箱/夹板两用拆包机，采用龙门式双开包机械手，不仅实现纸箱拆包，还可实现夹板拆包，实现一机两用，满足了我国推广打叶复烤技术后片烟原料代替把烟工艺流程的发展需求。

2005年，秦皇岛烟机公司与徐州众凯机电设备制造有限公司联合研究并开发设计出烟梗拆包机。

2006年，上海兰宝坤大智能技术有限公司研究开发出系列化全自动烟草制丝线机器人解包系统。

2012年，昆船公司研制开发出全自动柔性拆包系统（图12-13），采用最新的机器人技术、运动控制技术、数字图像处理技术、人工智能技术以及先进的机械结构技术，具有纸箱包装带自动剪带回收、纸箱脱箱、空纸箱折叠码垛回收、纸垫回收等功能。

图12-13 全自动柔性拆包系统

2. 切片机

1985年，总公司以技贸结合形式从英国LEGG公司引进分切机技术，由上海烟机厂和沈阳飞机制造公司共同完成消化吸收和样机试制工作。通过鉴定后，由秦皇岛烟机公司承担批量生产任务。

1997年，秦皇岛烟机公司在消化吸收引进GARBUIO公司制造技术的基础上，研制出生产能力为6400kg/h的FT61、FT62型垂直分切机。2008年，创新研制出新一代切片机——FT6311型机械式垂直分切机，采用机械式垂直切片技术和浮动式的前挡板机构，能够准确控制烟包的切削位置，分切片厚度更加准确。

2010年，秦皇岛烟机公司消化吸收德国HAUNI公司TSV垂直切片机技术，研制出生产能力为6400kg/h的FT6312型垂直分切机。

2017年，秦皇岛烟机公司消化吸收德国HAUNI公司OMNISLICE垂直切片机技术，研制出生产能力为9600kg/h的FT6313型推板式垂直分切机（图12-14）。

3. 压梗机

2000年，秦皇岛烟机公司消化吸收COMAS公司压梗机技术，研制出SY211~218型系列新型压梗机。

2010年，秦皇岛烟机公司消化吸收德国HAUNI公司压梗机技术，研制出SY232型压梗机。

2016年11月，秦皇岛烟机公司自主研究超薄压梗技术，开发了SY17型压梗机（图12-15），采用液压方式提供动辊压力，压后烟梗完整性好，切后梗丝的感官质量有效提高，既能满足超薄压梗的需求，同时也能满足常规压梗的需求，达到了一机两用

图12-14　FT6313型推板式垂直分切机

图12-15　SY17型压梗机

的效果。

4. 松散回潮设备 / 系统

松散回潮设备/系统主要用于对烟叶、烟包进行松散回潮处理。

（1）喷射式真空回潮机

1988年由秦皇岛烟机公司与河南中发真空技术研究所合作，设计了WZ111系列烟叶真空回潮机，代替国内引进消化吸收的进口回潮机。2011年以后，研制出第二代真空回潮机，适应了卷烟厂和复烤厂对真空回潮的回透率要求和低温加工要求。

1988年，昆船公司采用带中间冷凝器的二级蒸汽喷射泵系统，研制开发出喷射式真空回潮机。至1991年，共计开发出YG1901~1908系列12种真空回潮机。

1992年，巩义建设机械公司研发出三级蒸汽喷射真空回潮机，真空度更高，回透率更好。此后，陆续开发了3000~12000kg/h系列产品。

（2）在线连续式真空回潮机

1999年，昆船公司研制开发出WZ1001~1004系列在线连续式真空回潮系统。采用一个抽真空系统与两个真空箱体的组合配置，轮流对两个箱体抽真空，实现连续生产。

2003年，巩义建设机械公司研发出3000~12000kg/h在线连续式三级喷射真空回潮系统。

（3）烟包微波加热松散系统

2005年，常州智思公司研制开发出FT112型烟包微波加热松散系统。该系统对片烟烟包在一润回潮前进行微波加热松散，在微波作用下烟包在短时间被整体均匀加热，致使其内部各微观部位因膨胀而产生相对位移，从而使整个烟包松散。

（4）柔性松散回潮系统

2015年10月，秦皇岛烟机公司研制开发出了柔性叶片松散回潮系统（图12-16）。对松散回潮筒体结构进行了优化设计，低强度松散效果良好，系统具有首创性，为行业制丝工艺提升提供了一种新的方法和途径。

图12-16 柔性叶片松散回潮系统

（5）复合式真空回潮机

2012年，秦皇岛烟机公司与北京隆科泰宇国际科技设备有限公司合作，采用转动式真空回潮机技术，研制开发出WZ313型复合式真空回潮机，该设备使用后使雪茄烟生产工艺形成了一个完整的全自动生产线。

（6）滚筒式叶片回潮机

2009年，秦皇岛烟机公司与德国HAUNI公司开展全面合作，在消化吸收TB型回潮机和LOTOS型回潮机基础上，开发了WQ3371型滚筒式叶片回潮机和WQ3372型滚筒式叶片回潮机，已应用于多家国内用户。

（7）滚筒式热风润叶机

1987年，昆船公司试制出滚筒式热风润叶机。1989年，秦皇岛烟机公司与上海轻工业设计院合作，消化吸收引进COAMS公司CRB型热风润叶机的制造技术并进行研制，于1990年10月，交付澄城卷烟厂使用，于1992年11月通过国家局鉴定。

1998年，秦皇岛烟机公司引进消化吸收多种国外技术，并通过多年的实践与改进，开发了符合中式卷烟特色的WF3系列滚筒式热风润叶机，主要用于制丝线切丝前叶片处理。

5. 切丝机

（1）液压滚刀切丝机

1991年，昆船公司与七五〇试验场共同测绘试制，生产出SQ1型液压滚刀切丝机并应用于楚雄卷烟厂。1993年，我国完成SQ23研制，应用于昆明卷烟分厂。

（2）直刃水平滚刀式切丝机

1991年，秦皇岛烟机公司在RC4型切丝机制造技术基础上研制开发出YS14、YS44两台样机并在张家口卷烟厂5000kg/h制丝线上进行负载调试和连续生产。1994年，秦皇岛烟机公司相继研制出中产、低产切叶丝和高产、中产、低产切梗丝的系列产品。

2011年，秦皇岛烟机公司在引进消化吸收GARBUIO公司SD5切丝机技术的基础上，研制出SQ1型直刃水平滚刀式切丝机（图12-17）。2014年，秦皇岛烟机公司以该机型为基础，增设配置，将其端面磨削改进为外圆磨削，将气囊驱动的扇形体进刀，改进为伺服同步驱动的进刀系统，增强了实用效果。

2019年，秦皇岛烟机公司与GARBUIO公司合作生产SQ12X型直刃水平滚刀式切丝机，该机是引进消化吸收GARBUIO公司EVO切丝机技术，采用位置控制，结合外圆磨削实现高品质的定长切丝功能，延续轻压快切、大水分切丝等特点，并以全面、人性化的参数监测及控制，使设备全面提升自动化水平，代表了智能化切丝机的发展方向，首台合作样机于2020年为长沙卷烟厂提供。

图12-17　SQ1型直刃水平滚刀式切丝机

（3）直刃倾斜滚刀式切丝机

1994年，总公司以技贸结合形式从德国HAUNI公司引进KTC45/80型系列切丝机的全套制造技术，由秦皇岛烟机公司和昆船公司共同承担引进技术的消化吸收和国产化研制。1999—2012年，成功研制开发出SQ211~218系列直刃倾斜滚刀式切丝机以及SQ218C宽刀门切丝机、SQ218D型大流量切丝机。

2019年，秦皇岛烟机公司在引进消化吸收的基础上，研制SQ222型直刃倾斜滚刀式切丝机（图12-18）。该机是在HAUNI公司KT2、KT3机型基础上进行改进研发的，创新使用多轴伺服控制、位置控制等多项先进技术，实现了自动化与机械化的深度融合，在切丝精度及维保便利性上占较大优势，性价比及实用性领先其他类切丝机。

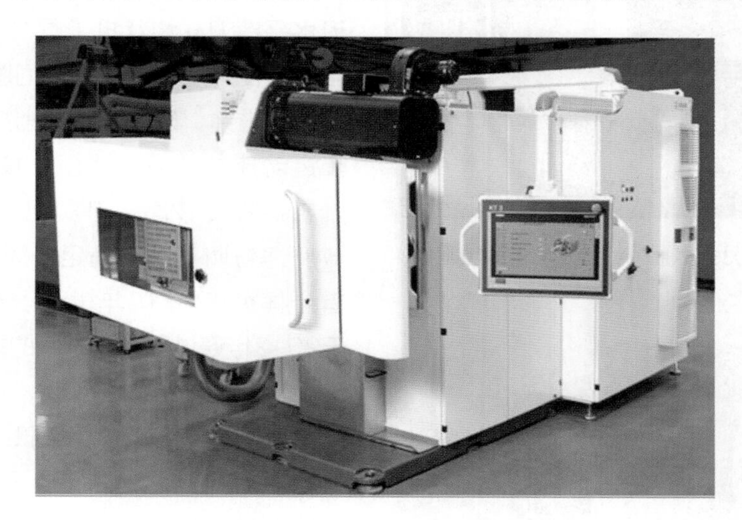

图12-18　SQ222型直刃倾斜滚刀式切丝机

（4）曲刃水平滚刀式切丝机

1996年，昆明烟机集团二机有限公司研制开发出SQ31~38系列曲刃水平滚刀式切丝机[3]，此后改进完善并成功研制开发了SQ34X型曲刃水平滚刀式切丝机（图12-19），该机采用大刀辊设计，下排链水平安装、采用气动进刀，其曲刃渐进切削技术及较好的微动进刀技术满足了市场需求，在国内市场上占有率较高。

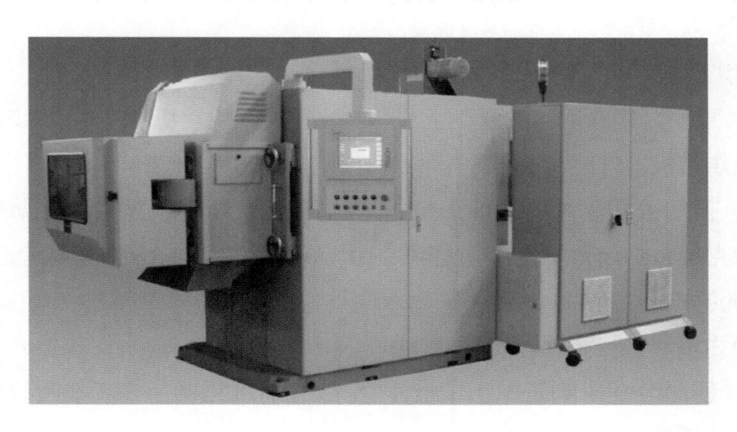

图12-19　SQ34X型曲刃水平滚刀式切丝机

1999年3月，昆船公司研制开发出SQ311~321系列曲刃水平滚刀式切丝机，该机总体布局采用模块化、系列化、通用化设计，具有机械结构稳定性可靠性高、控制系统先进、切丝质量好、造碎小等特点。

图12-20 SQ36X型曲（直）刃水平滚刀式切丝机

（5）曲（直）刃水平滚刀式切丝机

2009年，秦皇岛烟机公司在消化并吸收国内外切丝设备先进技术的基础上，自主开发出SQ36X型大流量柔性曲（直）刃水平滚刀式切丝机（图12-20），该机型首创性采用电缸压实、伺服电机驱动刀片同步进给、砂轮外圆磨削技术、多轴同步运动控制等多项独创性技术，机电技术结合程度较高，可实现在线多运行参数反馈与调整，可满足不同来料的切削。首台样机于2010年供长沙卷烟厂使用，于2012年通过国家局组织的技术鉴定。

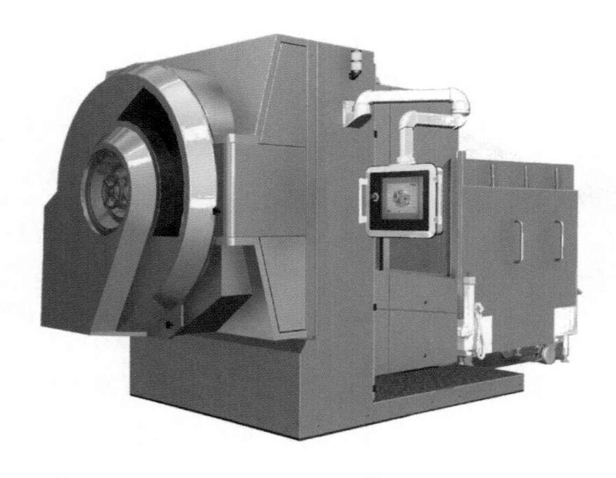

图12-21 SQ71型旋转式切丝机

（6）旋转式切丝机

SQ71型旋转式切丝机（图12-21）是秦皇岛烟机公司2012年消化吸收HAUNI公司技术进行国产化的产品，同时也是国内外在用的唯一一款旋切式切丝机，设备创新使用直驱的扭矩电机，永久氮化硼砂轮等最新先进技术，凭借旋盘式切丝，降低切削阻力，实现优良的叶丝切丝质量。

6. 烘丝机

（1）ITM烘丝机

1985年，昆船公司在测绘的基础上，研制出了ITM烘丝机。

（2）薄板烘丝机

1987年，昆船公司采用爆炸成形技术研制开发出SH612型滚筒式薄板烘丝机。通过不断改进和完善，共计开发出22种型号的顺流式烘丝机[4]、8种型号的逆流式烘丝机、10种型号的顺逆流式烘丝机。

（3）隧道式烘丝机

1999年，昆船公司研制开发出SH811型隧道式烘丝机，并在不断改进完善后开发出SH811A型隧道式烘丝机。

（4）管板式烘丝机组/管板式环形烘丝机组

1986年，总公司以技贸结合形式从英国LEGG公司引进超级回潮机和环型干燥机制造技术，由上海烟机公司和沈阳飞机制造公司共同完成消化吸收和样机试制工作。1988年，由秦皇岛烟机公司承担批量生产任务。1989年，完成1600kg/h和2400kg/h管板式环形烘丝机组试制并交付卷烟工业企业使用。1999年，秦皇岛烟机公司改进研制出了SH315型管板式环形烘叶丝机并交付卷烟工业企业使用。

（5）管式烘丝机

1989年，总公司从意大利COMAS公司引进制丝生产线设备制造技术，秦皇岛烟机公司消化吸收COMAS公司转让的CEV型烘丝机技术，并进行国产化研制。1993年11月完成SH111型管式烘丝机试制成功，1995年6月通过国家局组织的鉴定。

（6）燃油（气）管道式烘丝机

2000年，总公司以技贸结合方式从英国DICKINSON—LEGG公司引进HXD3L型非直燃式烘叶丝机和圆形再循环式气体回潮滚筒制造技术和控制技术，秦皇岛烟机公司进行消化吸收和国产化研制出SH945型燃油（气）管道式烘丝机。2003年10月，在许昌卷烟厂通过国家局组织的鉴定。2001—2004年，昆船公司研制开发出SH9系列燃油（气）管道式烘丝机。

2004年7月，秦皇岛烟机公司消化吸收COMAS公司SDT产品技术，研制出SH98系列燃油（气）管道式烘丝机，2007年5月在石家庄卷烟厂完成安装调试并开始投料试生产，2009年11月通过国家局组织的鉴定。

2002年12月，秦皇岛烟机公司在研制成功SH945型燃油（气）管道式烘丝机和二氧化碳膨胀烟丝设备基础上，开始研制新型燃油（气）管道式烘丝机和系列化产品开发，2003年12月，在保定卷烟厂完成安装调试并开始投料试生产，于2004年11月，通过国家局组织的鉴定。

2005年12月，秦皇岛烟机公司研制SH9611型燃油（气）管道式烘丝机（图12-22）和该产品的系列化开发，2006年8月在张家口卷烟厂完成安装调试并开始投料试生产，于2008年7月通过国家局组织的鉴定。

2011年，秦皇岛烟机公司转化、消化吸收虹霓公司HDT-FX产品，研制SH911型燃油（气）管道式烘丝机，2015年7月，在柳州卷烟厂完成安装调试并开始投料试生产，2016年11月，通过国家局组织的鉴定。

（7）气流式烘丝机

2003年，江苏智思机械集团公司研制开发出SH9型叶丝高速膨化干燥机，该机和叶丝超级回潮机的配套使用，可完成叶丝膨化干燥加工。

（8）烟丝膨胀干燥系统

2003年，江苏智思机械集团公司研制开发出SP82型烟丝膨胀干燥系统。该系统以蒸汽为膨胀介质，烟丝在线膨胀系统内利用热压释放膨胀效应，通过烟丝膨胀气

图12-22　SH9611型燃油（气）管道式烘丝机

锁实现烟丝与过热蒸汽的热质交换以及烟丝的增压释放，进而完成烟丝的在线膨胀干燥。

（9）滚筒薄板式烘丝机

2010年，秦皇岛烟机公司消化吸收德国HAUNI公司KLD型滚筒薄板式烘丝机技术，研制出SH661系列滚筒薄板烘丝机（图12-23）。

图12-23　SH661系列滚筒薄板烘丝机

2017年，秦皇岛烟机公司消化吸收德国HAUNI公司KLS型滚筒薄板式烘丝机技术，研制出SH671系列滚筒薄板烘丝机。

（10）转辊式加温加湿机

2010年，秦皇岛烟机公司消化吸收德国HAUNI公司Sirox转辊式加温加湿机技术，研制出WQ91系列转辊式加温加湿机，至2020年已与虹霓合作生产42台，自主设计制造了15台。

（11）滚筒—气流式烘丝机

2016年7月，中烟机械技术中心、秦皇岛烟机公司自主研发的SH22型滚筒—气流式烘丝机（图12-24）在楚雄卷烟厂通过国家局组织的鉴定。该机综合了滚筒式烘丝机和气流式烘丝机的技术优势，整体技术水平达到国际领先。

图12-24　SH22型滚筒—气流式烘丝机

7. 梗丝膨胀烘干设备 / 系统

（1）塔式梗丝膨胀装置

1989年，总公司以技贸结合方式从意大利COMAS公司引进制丝线全套制造技术，1990年5月秦皇岛烟机公司完成塔式梗丝膨胀装置的试制，同年交付海林卷烟厂使用。2008年，秦皇岛烟机公司在引进技术基础上自主开发设计了SH75型塔式梗丝膨胀系统（图12-25），2010年11月在零陵卷烟厂完成安装调试并开始投料试生产，于2011年7月通过国家局组织的鉴定。

图12-25　SH75型塔式梗丝膨胀系统

2007年4月，秦皇岛烟机公司研制SH711A型塔式梗丝膨胀装置，2008年12月，在延吉卷烟厂完成安装调试并开始投料试生产。

（2）隧道式梗丝在线膨胀烘干系统

2001年，秦皇岛烟机公司研制开发出适应5000kg/h制丝生产线的隧道式梗丝在线膨胀烘干系统（图12-26），2003年10月通过国家局组织的鉴定。与传统的梗丝线相比，梗丝质量有较大提高，达到同期国外同类产品的水平。

图12-26 隧道式梗丝在线膨胀烘干系统

（3）喷管隧道式梗丝在线膨胀烘干系统

2002年，秦皇岛烟机公司研制开发出喷管隧道式梗丝在线膨胀烘干系统，用于切后梗丝的膨化干燥处理，应用于柳州卷烟厂，2003年9月通过国家局组织的鉴定。

（4）SH8型梗丝闪蒸流化干燥系统

2003年，江苏智思机械集团公司研制出SH8型梗丝闪蒸流化干燥系统，用于切后梗丝的膨化干燥处理。该系统由闪蒸膨化装置、流化干燥机、风选机等组成，具有结构简单、能耗低、膨化干燥效率高、物料含水率均匀、膨化效果好等特点。

8. 烟丝（梗丝）回潮设备 / 系统

（1）滚筒式叶丝回潮机

1989年，秦皇岛烟机消化吸收引进英国LEGG公司技术，研制开发出WQ341~354型叶丝回潮机，生产能力为2400~6400kg/h。

（2）滚筒式梗丝（叶丝、烟梗）回潮机

秦烟机公司消化引进的COMAS公司CRU型回潮机制造技术后，研制出WQ32型滚筒式梗丝（叶丝、烟梗）回潮机。

（3）螺旋式烟梗回潮机

1990年，秦皇岛烟机公司消化引进了COMAS公司技术，研制开发出WQ21型和

WQ22型螺旋式蒸梗机，生产能力为375~1250kg/h。昆船公司研制出螺旋式烟梗回潮机，2002年研制出WQ2系列螺旋式烟梗回潮机。

（4）隧道式烟梗（梗丝、叶丝、叶片）回潮机

1988—1992年，昆船公司研制开发出WQ7系列隧道式烟梗（梗丝、叶丝、叶片）回潮机。

1990年，总公司引进德国HAUNI公司HT23型加温加湿机制造技术，1992年8月，由秦皇岛烟机公司完成试制，于1992年11月通过国家局组织的鉴定。

2010年，秦皇岛烟机公司消化吸收德国HAUNI公司HT63型加温加湿机制造技术，研制出WQ72系列隧道式加温加湿机（图12-27）。

图12-27　WQ72系列隧道式加温加湿机

（5）滚筒式片烟回潮机

1998年，秦皇岛烟机公司消化吸收引进意大利GARBUIO公司直接回潮技术，完成WQ311型片烟回潮机国产化研制，与切片机配套使用。该机使切后的烟块直接进入回潮机滚筒内，在增温增湿的同时使烟块获得了最大限度的松散，1999年12月，该机通过了国家局组织的鉴定。

1994—2000年，昆船公司相继研制开发出WQ31~318系列滚筒式片烟回潮机，主要用于烤烟片烟、白肋烟片烟、晒烟及香料烟片烟和再造烟叶的加工处理。

（6）直接回潮系统

1993年，总公司以技贸结合方式从意大利GARBUIO公司引进了开包机、皮带秤、水平切片机、叶片松散回潮机和输送设备的制造技术，秦皇岛烟机公司和昆船公司负责引进技术的消化吸收和国产化研制。1997年，分别研制出FT521~523型自动开包机、FT61、FT62型垂直切片机、WQ311型叶片松散回潮机等设备，于1999年12月通过了国家局组织的鉴定。

2010年中烟机械技术中心、秦皇岛烟机公司与虹霓公司联合研发出WQ3257型滚筒式叶片松散回潮机（图12-28），于2014年11月通过验收。

（7）水槽式烟梗回潮机

1998年，昆船公司研制开发出WQ83型水槽式烟梗回潮机。2001年，秦皇岛烟机研制开发出具有加料功能和洗梗功能的WQ821型水槽式烟梗回潮机。

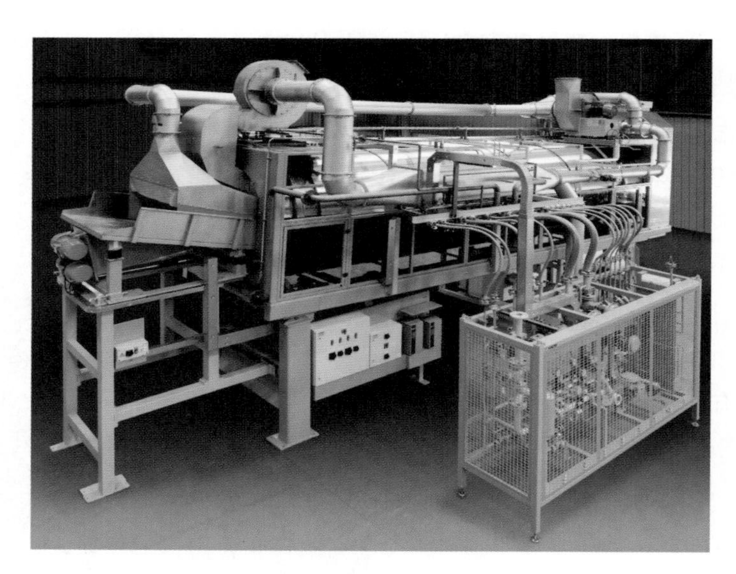

图12-28 WQ3257型滚筒式叶片松散回潮机

（8）刮板式烟梗回潮机

2001年，秦皇岛烟机公司研制出新型WQ55系列刮板式烟梗回潮机。

（9）隧道式梗丝回潮机

1999年，总公司从意大利COMAS公司引进隧道涡流式梗丝膨胀设备制造技术，秦皇岛烟机公司研制的WQ72型隧道式梗丝回潮机（图12-29）样机于2002年6月通过验收。

图12-29 WQ72型隧道式梗丝回潮机

（10）喷射管式加温加湿机

2001年，总公司从英国DICKINSON—LEGG公司引进STS型喷射管式梗丝加温加湿机制造技术，研制出WQ61系列喷射管式加温加湿机。2002年4月，秦皇岛烟机公司研制的国产首台样机投入生产。

（11）蒸汽增压烟梗回潮系统

2003年，江苏智思机械集团公司研制出WQ25型蒸汽增压烟梗回潮系统，通过增压回潮环境的湿度、压力和温度等参数的组合，实现了烟梗水分的快速均匀渗透，且回潮后的烟梗不需要储存即可满足压梗和切梗丝的工艺要求。该系统可以取代常规梗处理工艺的一次蒸梗及二次蒸梗等工序，加工的梗丝理化指标及感官质量优于常规烟梗处理线的梗丝品质。

（12）烟叶水洗处理设备

2004年，为适用中式卷烟工艺的需要，秦皇岛烟机公司与徐州众凯机电设备制造有限公司联合研究并开发设计出烟梗浸梗机。

2012年5月，中烟机械技术中心、秦皇岛烟机公司与贵州中烟有限责任公司作为项目承担单位，对烟叶介质浸洗、料液分离、烟片烘干、叶片加料加工难题进行课题攻关，与中国烟草总公司签订了《1000kg/h不适用烟叶水洗工艺设备及生产线研制》项目。烟叶水洗加工生产线（图12-30）包括定量喂料系统、回潮机、输送设备、烟片烘干机、加料机、水分仪、电控系统等，由中烟机械技术中心与秦皇岛烟机公司公司自主研发，用于不适用烟叶的生产加工。2018年9月，该技术通过国家局组织的鉴定。

图12-30 烟叶水洗加工生产线

（13）压梗机

2010年秦皇岛烟机公司与虹霓公司联合制造的SY232型压梗机。2018年，中烟机械技术中心与秦皇岛烟机公司自主开发的SY17型超薄压梗机（图12-31），实现了大流量超薄压梗，于2019年8月通过验收。

9. 加料加香设备 / 香料厨房

（1）加料机

1986年昆船公司开始进行SJ121型加料机研制，之后进行设计改进，形成了系列化

图12-31　SY17型超薄压梗机

产品，用于1000~12000kg/h制丝线。

1992年11月，秦皇岛烟机公司与上海轻工业设计院消化吸收引进COMAS公司制造技术，研制出了SJ11~18型加料机系列产品，生产能力分别为1250kg/h、1600kg/h、2400kg/h和4000kg/h。2010年，秦皇岛烟机公司消化吸收德国HAUNI公司转让技术，研制出了国产化SJ1241型加料机（图12-32），完全取代了进口设备。

图12-32　SJ1241型加料机

（2）加香机

1986年，昆船公司开始进行SJ221型加香机研制，之后对其进行了设计改进，形成了系列化产品，用于1000~12000kg/h制丝线。

1989年，秦皇岛烟机消化吸收引进COMAS公司的制造技术，研制出了SJ21~212型加香机系列产品。

2010年，秦皇岛烟机公司消化吸收了德国HAUNI公司FLT加香机技术，研制出SJ2141型加香机（图12-33），完全取代了进口设备。

图12-33　SJ2141型加香机

（3）香料厨房

香料厨房是总公司引进意大利COMAS公司制丝生产线全套设备制造技术的一部分，其设计为一个单独的房间，将香精香料集中配料调制和贮存，料液经管道输送到加料加香设备中。1991年，秦皇岛烟机公司研制出首台样机，于1992年交付龙岩卷烟厂使用。

（4）高精度伺服驱动在线式加料装置

2002年，秦皇岛烟机公司与金五叶公司合作研制出SJ系列高精度伺服驱动在线式加料装置，之后形成了多种规格、多种功能，在烟草企业广泛应用。

（5）多点喷射型加香加料系统

2011年，昆船公司研制开发出多点喷射型加香加料系统，该系统喷射雾化采用多点喷射，使料液接触物料的点增多、料液与物料直接混合的时间延长，提高了加香、加料均匀性及加香、加料精度，降低了料液损耗，可应用于加料机、加香机和回潮机。

10. 烟草异物剔除系统

2003年，昆船公司研制开发出FT435型烟草异物剔除机（图12-34）并应用于红河卷烟厂。2005年10月通过了国家局组织的鉴定，主要技术指标达到了进口同类设备先进水平，部分性能指标超过进口同类设备。

2004年，南京大树公司完成了FT461型烟草异物智能剔除系统的研制并应用于青州卷烟厂，主要技术指标达到了进口同类设备先进水平，并于2004年通过了国家局组织的鉴定。

图12-34 FT435型烟草异物剔除机

11. 白肋烟处理设备

（1）三层式白肋烟处理机

1990年，秦皇岛烟机公司与宝应无线电厂合作，共同消化引进COMAS公司STH/3型白肋烟处理机制造技术，并研制出三层式白肋烟处理机，于1993年通过鉴定。

（2）单层式白肋烟处理机

2001年，秦皇岛烟机公司根据宁波卷烟厂和厦门卷烟厂的需要，参照COMAS公司技术，研制出了SB155、SB156型单层式白肋烟处理机（图12-35），于2003年通过验收。

图12-35 SB155型单层式白肋烟处理机

（3）白肋烟干燥机

1985年，昆船公司研制开发出YA2型白肋烟干燥机并应用于蚌埠卷烟厂，2000年与郑州烟草研究院联合采用低温慢烤技术研制开发出SB1型白肋烟干燥机并应用于深圳卷烟厂，之后进行了系列化开发。

12. 二氧化碳膨胀设备

（1）BAT式二氧化碳膨胀烟丝生产线

1989年12月，总公司以技贸结合方式与英国英美烟草（BAT）公司签订《二氧化碳膨胀烟丝设备专用技术转让和许可证生产协议》，指定秦皇岛烟机公司和北京长征高科技公司消化吸收国产化。1996年底，研制出570kg/h SP5型二氧化碳膨胀烟丝生产线（图12-36）并在贵阳卷烟厂投料运行，于1997年7月通过国家局组织的鉴定。该设备被国家经贸委认定为1998年度国家级新产品，被科技部评为国家级火炬计划产品。

图12-36　SP5型二氧化碳膨胀烟丝生产线

（2）AIRCO式二氧化碳膨胀烟丝生产线

1994年，总公司与美国BOC GASES公司签订400kg/h二氧化碳烟丝膨胀技术转让协议，秦皇岛烟机公司负责消化吸收和二氧化碳膨胀烟丝生产线设备的开发研制。2000年研制出570kg/h SP6型二氧化碳膨胀烟丝生产线（图12-37）应用于宝鸡卷烟厂，于2003年7月完成测试和成果鉴定。

（3）国产化二氧化碳膨胀烟丝生产线

北京达特公司和秦皇岛烟机公司对二氧化碳膨胀烟丝生产线关键技术及设备进行持续创新优化，浸渍装置浸渍器、压缩机组、主制冷系统、补偿泵、工艺泵，升华装置燃烧炉、升华器和叶丝回潮机等关键设备进行国产化创新设计和选型优化。2010年，创新研制出适应中式卷烟特色工艺要求的首条1140kg/h SP7型二氧化碳膨胀烟丝生产线（图12-38）在北京卷烟厂通过交车验收。

图12-37　SP6型二氧化碳膨胀烟丝生产线

图12-38　SP7型二氧化碳膨胀烟丝生产线

（二）制丝成套设备（生产线）

1984年，昆明卷烟厂从德国HAUNI公司引进了我国第一条烟草制丝生产线。

1986—1989年，昆船公司完成了首条国产化5000kg/h烟草制丝线的研制开发并在许昌卷烟厂投入运行。1990年，通过国家计委和国家科委组织的项目鉴定，主要设备接近或达到引进的同类设备水平。该项目的完成，对20世纪90年代改变我国依赖进口、国产化刚刚起步的重大成套设备自主研制工作提供了可借鉴的成功经验。

1990年，秦皇岛烟机公司与北京长征高科技公司共同消化吸收引进意大利COMAS公司技术，试制了5000kg/h制丝线。1992年，中烟机械集团公司组织秦皇岛烟机公司与科研院所结合，在消化吸收引进技术的基础上，综合各家技术优点研制出综合型制丝线。1992年，该制丝线通过国家局组织的技术鉴定，生产能力为2000kg/h的综合型制丝线应用于澄城卷烟厂。

1993年，昆船公司设计并制造的2500kg/h烟草制丝成套设备出口越南，标志着我国烟草加工成套设备首次进入了国际市场。

1998年，中烟机械集团公司根据国家局提出的“科技兴烟”战略，烟草行业跨世纪改革和发展的“1144”基本思路以及国家局关于加紧低焦油卷烟、混合型卷烟研制开发的要求，提出了在消化吸收、博采众长的基础上，开发研制了具有跨世纪先进水平、具有中国特色的“新世纪制丝线”。2002年，中烟机械集团公司、昆船公司和秦皇岛烟机公司共同研制开发出了8000kg/h新世纪制丝线（图12-39），在许昌卷烟厂投入试运行。该制丝线在可靠性、稳定性、可维性、外观、自动化程度、性能指标和工艺流程上达到或部分超过国际先进水平。2003年，通过国家局鉴定后，陆续开发出1000kg/h、1500kg/h、2000kg/h、3000kg/h、5000kg/h等新世纪制丝线系列产品以及5~30 kg/h、300kg/h试验制丝设备，3000kg/h、2000kg/h白肋烟生产线、风力喂丝系统、塔式膨胀线、叶丝膨胀线等产品，其综合技术水平均达到同类产品国际水平。

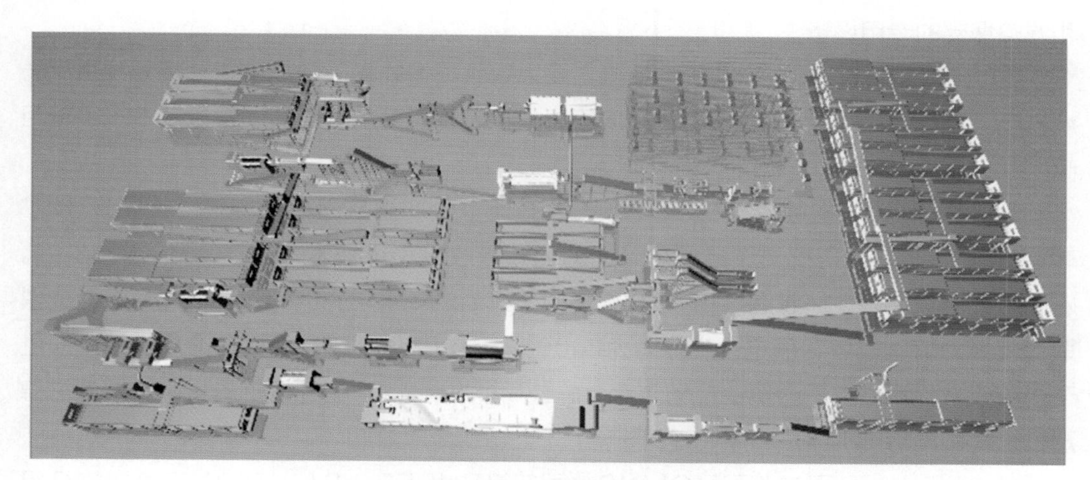

图12-39　8000kg/h新世纪制丝线布局图

2008年，国家局启动中式卷烟制丝生产线重大专项，提出突出专有性、体现高质量与高品质、强化精细化和智能化、保证品牌发展的可持续性4个方面要求。秦皇岛烟机公司与常德卷烟厂合作，共同完成了6000kg/h“芙蓉王”制丝专线的研制，2009年投入运行，2011年通过重大专项专家综合评审。在“芙蓉王”品牌加工理念、单等级片烟个性化处理技术、主机设备量身定制、原料配方模块分组方法、管控一体化技术等方面有创新，专线凸显了产品风格特征、提升了原料使用价值、提高了制丝加工水平。

2009年，秦皇岛烟机公司与德国HAUNI公司达成全面合作关系。相继签订了《制丝设备和技术全面合作协议》和《烟草制丝实验线赠送协议》。2010年12月，中烟机械技术中心、秦皇岛烟机公司与德国HAUNI公司签订了《中式卷烟制丝设备及相关工艺联合研发协议》，2011年10月双方又签订了《柔性叶片松散回潮系统联合研发协议》。2015年，中烟机械技术中心、秦皇岛烟机公司研制开发的柔性片烟松散回潮系统在昭通卷烟厂通过了专家鉴定。

第四节
卷接包装设备

（一）卷接设备

卷烟卷接设备是卷烟工业生产中的主要技术装备，是生产符合工艺要求的无嘴烟支和滤嘴烟支的专用设备。

20世纪80年代以前，我国的卷烟机主要为落丝成型式和吸丝成型式，每分钟生产卷烟2000支以下，速度较低，自动化程度不高，检测手段落后，与国外设备技术水平差距较大。

1983年，总公司与英国MOLINS（莫林斯）公司达成MARK 8卷烟机制造技术转让协议[5]，总公司批复许昌烟机公司消化和吸收该引进技术，生产ZJ14卷接机组。ZJ14卷接机组由YJ14卷烟机和YJ23滤嘴接装机组成，采用先进的网孔带风力吸丝成型取代了重力落丝成型，额定生产能力为2000支/min。1986年，样机在许昌卷烟厂通过了中英双方代表验收。为解决市场急需，总公司批准将ZJ14型卷烟机的生产扩展到常德烟机公司、昆明市机器厂和湖北建昌机器厂。

1988年，总公司与英国MOLINS公司签订SUPER9/PA9/TF3N高速卷接机组技术转让合同，由许昌烟机公司和建昌机器厂分别负责消化吸收SUPER9（YJ15）、PA9（YJ25）和TF3N（YJ35）技术，研制了ZJ15型卷接机组，额定生产能力确定为6500支/min。1991年，样机在驻马店卷烟厂试运行，并于1992年通过总公司和英国MOLINS公司的验收，同时也通过了总公司组织的鉴定。

1988年10月，总公司通过技贸协议，与法国DECOUFLE公司签订LOGA-2/MAX-D高速卷接机组专用技术转让协议，由常德烟机公司消化吸收并进行国产化，该机组最大生产能力为6000支/min。1991年10月样机通过了总公司组织的新产品试制鉴定。

1991年，为减少细支卷烟设备的引进，常德烟机公司研制出120mm细支烟卷接机组，通过总公司和湖南省烟草公司联合组织的产品鉴定。同年，昆船公司开始研制与PROTOS 80相近的高速卷接机组。1994年完成了2台样机试制，样机总体运行状况良好，主要技术指标达到了设计要求。

1990年，总公司从德国HAUNI公司引进实验室用卷烟机和实验室用接装机技术，由许昌烟机公司消化吸收并进行改进和试制样机，国产化型号为NJ11A型卷烟机和NJ21型滤嘴接装机。该机为手动和电动两用，额定生产能力60支/min（电动），可卷制84mm长烟支。1995年，样机在合肥经济技术学院通过总公司组织的鉴定。

1. 7000 支 /min 卷接机组（ZJ19）

1992年，中国烟草进出口总公司和英国MOLINS公司达成 PASSIM-7000型卷接机组专有技术转让协议，由许昌烟机公司消化吸收并生产ZJ19型卷接机组（图12-40），该机组的额定生产能力为7000支/min。1996年7月完成样机试制并在涪陵和成都卷烟厂试运行，1997年3月在成都卷烟厂通过总公司和英国MOLINS公司的验收，并通过国家局组织的技术鉴定。1999年7月，许昌烟机公司对该机组进行技术改进，改进后的ZJ19A型卷接机组速度可达到8000支/min。2003年，启动了《ZJ19A卷接机组电控系统升级改造项目》，改进升级后的ZJ19B型卷接机组各项性能明显提高。

图12-40 7000支/min卷接机组（ZJ19）

2. 7000 支 /min 卷接机组（ZJ17）

1993年6月，总公司与德国HAUNI公司签订PROTOS 70卷接机组专有技术转让协议。PROTOS 70卷接机组国产型号为ZJ17型卷接机组（图12-41），由YJ17型卷烟机和YJ27型滤嘴接装机组成，集光、机、电于一体，具有先进的微处理机集成监控系统SRM90，额定生产能力为7000支/min，烟支直径为5.4~8mm。根据中烟机械集团公司集中转化、成果共享的决策，常德烟机公司作为技术总负责与牵头单位，与许昌烟机公司和昆船公司等单位联合成立了PROTOS 70项目转化组并开始进行国产化生产制造。1996年9月，样机在长沙卷烟厂通过总公司主持的新产品鉴定，达到了PROTOS 70卷接机组的水平。1997年4月，通过国家局组织的技术鉴定。1999年，获国家科学技术部科技进步三等奖。1999年之后，常德烟机公司对该机组进行了多次重大改进，分别于2004年、2007年推出了高速度、高稳定性的ZJ17C卷接机组（额定生产能力为8000支/min）和细支烟ZJ17D卷接机组（额定生产能力为5000支/min）。到2019年，常德烟机公司生产的ZJ17卷接机组先后出口美国、孟加拉国、土耳其、印度尼西亚、俄罗斯、乌克兰以及我国的香港、台湾等地。

图12-41 7000支/min卷接机组（ZJ17）

3. 10000 支 /min 卷接机组

2002年，总公司引进德国HAUNI公司PROTOS 90E卷接机组技术，由中烟机械集团公司牵头，中烟机械技术中心、常德烟机公司联合消化吸收，由常德烟机公司生产制造的新一代ZJ112型高速卷接机组（图12-42），最大生产能力达10000支/min。ZJ112型卷接机组由YJ112型卷烟机、YJ212型滤嘴接装机组成，采用Windows 98操作平台、先进的流化床供丝技术和提高烟枪使用寿命的水冷烟枪。2005年，ZJ112型卷接机组样机分别在武汉卷烟厂、上海高扬卷烟厂完成交验，2006年5月，通过国家局组织的鉴定。2008年，获中国烟草总公司科技进步二等奖。

图12-42 10000支/min卷接机组

4. 16000 支 /min 卷接机组

2009年6月，总公司根据市场需求，结合卷接产品发展趋势，与德国HAUNI公司签订了《PROTOS 2-2 卷接机组专用技术之技术转让协议》，由中烟机械技术中心和常德烟机公司联合消化吸收、由常德烟机公司生产制造的ZJ116型超高速卷接机组（图12-43），最大生产能力达16000支/min。ZJ116型卷接机组由YJ116型卷烟机和YJ216型滤嘴接装机组成，是国产第一代双烟道超高速卷接设备，可配备全自动盘纸库或半自动换纸器以及滤嘴接收站，组成了高速、高效、高自动化、高可靠性的滤嘴烟生产线。2013年6月，通过样机鉴定，2014年9月通过小批量试制鉴定，2015年获中国烟草总公司科技进步二等奖。该样机的成功研制填补了国产超高速卷接设备的空白，实现了国产卷接机组由高速向超高速的跨越，反映了我国烟草机械工业研发和制造能力达到了一个新的水平。

图12-43　16000支/min卷接机组

5. 8000 支 /min 卷接机组

2000年以后，常德烟机公司以ZJ112型卷接机组为技术平台，自主研发集机、电、气、液、光、微波于一体的新一代ZJ118型国产卷接机组（图12-44），最大生产能力8000支/min。ZJ118型卷接机组的控制系统采用IPC嵌入式控制平台，操作系统采用Windows平台，伺服系统采用西门子S120技术，机组制动时能量可以直接回馈到电网，驱动系统更加环保节能，故障诊断方便、直观，安全系统由安全继电器改为安全PLC控制，具有短路检测及故障LED指示，机组运转平稳可靠，于2012年12月通过鉴定，2018年获中国烟草总公司科技进步二等奖。

6. 7000 支 /min 细支烟卷接机组

2012年8月，中烟机械集团公司组织常德烟机公司、中烟机械技术中心联合完成了对国内外烟草市场的调研，随即开展了细支烟卷接机组一系列关键技术的预研工作。

图12-44 8000支/min卷接机组

2016年6月13日，根据国家局通知要求，中烟机械集团公司启动了细支卷烟升级创新重大专项，ZJ112A型细支烟卷接机组（图12-45）的研发成为该重大专项的重要课题。该机组采用了柔和的流化床供丝系统、全新的烟支成型技术、细支烟激光打孔技术、精准的质量控制与检测技术等，细支烟生产速度为7000支/min。2017年4月30日，通过集成创新方式自主研发的ZJ112A型细支烟卷接机组在南京卷烟厂完成样机用户试用。2018年6月，通过国家局组织的鉴定。

图12-45 7000支/min细支烟卷接机组

7. 14000 支 /min 卷接机组

2014年，常德烟机公司以成熟的ZJ116型卷接机组为技术平台，采用集成创新与自主研发相结合，研制出了新一代ZJ116A型超高速国产卷接机组（图12-46）。该机组的额定生产速度为14000支/min。ZJ116A型卷接机组在原技术平台的基础上，着重进行功能完善和性能的提升，利用IPC技术和以太网技术，重新整合自主研发了专用传感器检测系统，实现了检测系统的国产化。在机械方面继承了双轨技术等优点，改进了回丝方式和废烟提升装置等，实现了“运行稳定可靠、烟支质量好、消耗低”的研发目标。2018年7月，该机样在青岛卷烟厂通过了中烟机械集团公司组织的样机验收。

图12-46 14000支/min卷接机组

8. 10000 支 /min 细支卷接机组

2016年，国家局印发《细支卷烟升级创新重大专项方案》，常德烟机公司于同年初快速启动了“10000支/min细支烟高速卷接机组的研制”项目，以ZJ116A型卷接机组为技术平台，依据细支卷烟生产的工艺特点，自主研发出能生产细支卷烟、适应中式卷烟生产环境且性能超越原技术平台的卷接机组。该机组型号为ZJ116B型卷接机组（图12-47），其额定生产速度定为10000支/min。ZJ116B型卷接机组是目前国内技术最先进，生产能力最大的国产细支卷烟机组。该机型的推出填补了国产细支卷接设备的产品空白，是一款达到国际一流水平的超高速细支卷烟卷接机组。2019年12月，样机在南宁卷烟厂通过了交验。

图12-47 10000支/min细支卷接机组

9. 12000 支 /min 卷接机组

ZJ119型卷接机组（图12-48）是常德烟机公司在深入开展集成创新研究基础上，大量采用自主创新成果倾力打造的智能烟机，额定生产速度12000支/min。该设备深度融合了先进的制造技术与信息技术，搭载iTOS烟机智能管理平台，采用当今先进的嵌入式IPC控制技术、独立伺服驱动技术、烟支质量检测技术和减振降噪技术，融入现代工业设计理念的外观造型，完美地展现了中国烟机独特的魅力，具有技术先进、有效作业率高、智能诊断、智能控制、操作便捷、维修方便、消耗更少、噪声更低、造型美观等特点，整体技术及性能指标达到了高速卷接机组国际先进水平。ZJ119型卷接机组的研发于2013年立项，首台样机于2017年问世，2018年12月在常德卷烟厂完成用户验收，2019年10月通过中烟机械集团公司组织的样机验收。

图12-48　12000支/min卷接机组

（二）卷烟包装设备

1985年前，我国的卷烟包装设备比较落后，基本上都是用老式卷烟包装机，包装速度仅为150包/min，包装工艺陈旧、质量差、材料消耗大、效率低。

1985年2月，总公司从意大利SASIB公司引进具有国际20世纪80年代初先进技术水平的3-279/6000型包装机组全套制造技术[6]，经消化吸收和改进设计后生产出300包/min软盒硬条包装机组。1988年完成机组的试制，1989年1月分别通过总公司的技术鉴定和意大利专家的验收，认为机组改进合理、性能可靠，符合设计要求，已达到同类机型国外先进技术水平，中意双方签署了合格证书，由中国烟草总公司颁发生产许可证。

在20世纪80年代，300包/min软盒硬条包装机组与当时国内卷烟工业企业所使用的卷烟包装设备比较，其结构先进、自动化程度较高、生产效率较高、操作方便，包装速度80~300包/min，采用变频无级调速。机组配备有缺烟支、烟支空头、缺内衬纸、缺商标纸、缺封签纸等多种质量检测并有自动剔除不合格烟包等装置，烟包、条盒的包装质量可靠，外形平整美观。适用于84~100mm烟支长度规格和欧式硬条、美式硬条，是机电一体化的高新技术产品。

20世纪90年代，我国在制造300包/min软盒硬条包装机组的同时，对其进行了较大的改进，改进的标准系数达到了47.85%，同时对机组中的进口关键件加快了国产化制造，使当年机组的进口关键件订货从原592项减少至259项，减少56%，成为“七五”至“八五”期间更新换代的新一代卷烟包装设备。

1991年2月，总公司以技贸结合的方式从意大利G.D公司引进了具有当时国际先进水平的X1-SC卷烟包装机组专有技术，经消化吸收后生产出了国产化机型400包/min软盒硬条包装机组。样机于1995年12月通过了国家局组织的技术鉴定，获国家级新产品奖。

2000年以后，在制造400包/min软盒硬条包装机组的同时，对机组的某些结构做了较大的改进，使机组性能得到提高、运行更加稳定。在原辅材料及包装形式等方面从单一规格或单一形式发展为多种规格、多种形式；在电气控制方面新增了检测、驱动和控制单元，并采用计算机程序控制，使商标纸和封签纸规格选用更加方便，适用于多种原辅材料。

1. 400 包 /min 硬盒硬条包装机组

1992年5月，总公司与意大利G.D公司签订了X2SC-4350/PACK-OWSC卷烟包装机组的专有技术转让协议，1993年又签订了该机组经改进后的最新的“MICRO-Ⅱ”电器控制系统专有技术，研制出400包/min硬盒硬条包装机组（图12-49）。

图12-49　400包/min硬盒硬条包装机组

2000年以后，在400包/min硬盒硬条包装原机组的基础上进行了改型设计，增加了一系列新的功能，如圆角包装、八角包装、16支包装、细支烟包装等，进一步提升了400包/min硬盒硬条包装机组的适用范围。

2. 550 包 /min 硬盒硬条包装机组

2002—2010年，总公司以技贸结合方式引进包装速度更高，在产品质量、效率等方面更有特色的意大利G.D公司XC-C600/PACK-OW 卷烟包装机组专有制造技术，经消化吸收后研制出了550包/min硬盒硬条包装机组（图12-50）。2006年5月通过了国家局组织的技术鉴定，2008年获中国烟草总公司科技进步二等奖。该机组的主机是G.D公司针对中国市场的特点，在X2000机组（600包/min）和X3000机组（700包/min）两种高速机组的基础上改型设计的一个新机型，其设计理念更加符合市场需求，且产品质量、生产效率更高。

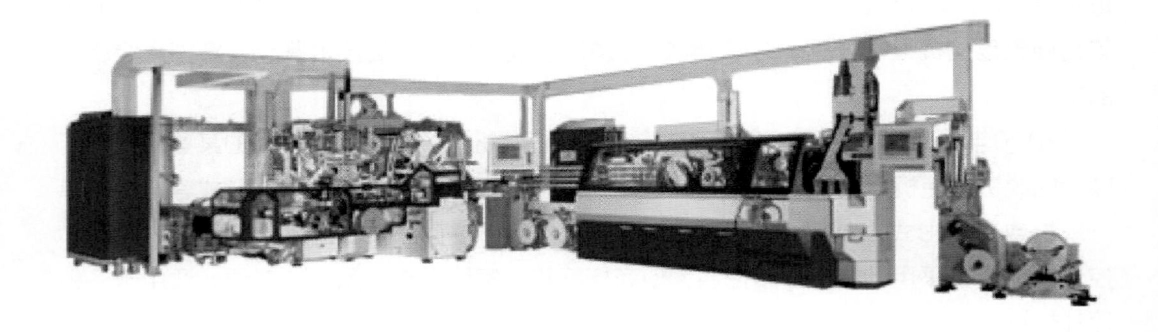

图12-50 550包/min硬盒硬条包装机组

3. 800 包 /min 硬盒硬条包装机组

2009年，总公司从德国FOCKE公司引进了FOCKE FC 800硬盒硬条包装机组的制造技术，经消化吸收、改进设计生产出了800包/min的硬盒硬条包装机组（图12-51）。2012年完成了机组试制，于2013年6月通过了国家局组织的技术鉴定，确认机组改进合理、性能可靠，符合设计要求，填补了国内超高速卷烟包装机组的空白。2015年，获得中国烟草总公司科技进步三等奖。

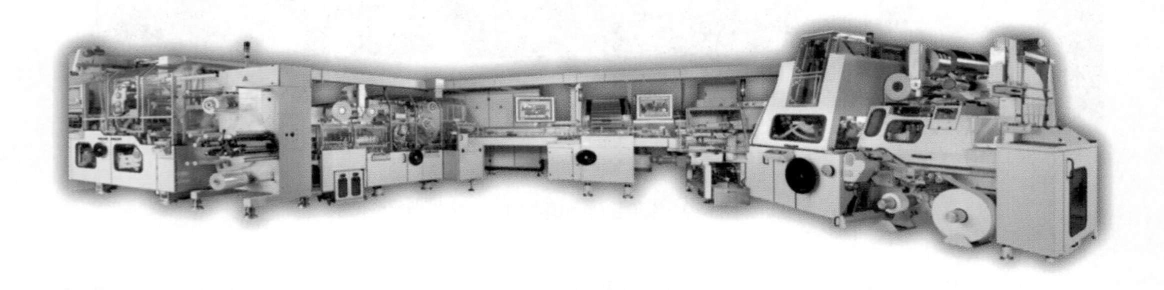

图12-51 800包/min硬盒硬条包装机组

4. 600 包 /min 软盒硬条包装机组

2010年3月，中国烟草总公司授权中国烟草国际有限公司以技贸结合的方式从意大利G.D公司引进了X6S-C800-BV软盒硬条包装机组专有技术，经消化吸收后生产出了国产机型600包/min软盒硬条包装机组（图12-52）。样机于2014年11月通过了国家局组织的技术鉴定。

图12-52　600包/min软盒硬条包装机组

5. 400 包 /min 硬盒硬条包装机组（细支）

ZB47B型包装机组（图12-53）以ZB47型硬盒硬条包装机组为技术平台，由YB47B型硬盒包装机、YB517型盒外透明纸包装机、YB617型硬条包装机和YB917型条外透明纸包装机4个单机组成，额定速度400包/min。

图12-53　400包/min硬盒硬条包装机组（细支）

6. 600 包 /min 硬盒硬条包装机组

2016年，上海烟机公司研发出600包/min ZB416硬盒硬条包装机组（图12-54）。该机组包装轮工位增加，转速降低，动停比增加，采用同步齿形带输出方式，烟包交接更加稳定，同时机组噪声与占地面积大幅降低。

7. 500 包 /min 硬盒硬条包装机组（细支）

2016年，国家局印发《细支卷烟升级创新重大专项方案》，上海烟机公司启动了"500包/min细支烟高速包装机组的研制"项目。研制出的ZB416A机组（图12-55）由YB416A型硬盒包装机、YB511A型盒外透明纸包装机、YB611A型硬条及条外透明纸包装机、烟包输送通道和配套电控柜等组成。该包装机组能够实现500包/min

图12-54　600包/min硬盒硬条包装机组

的细支卷烟包装生产能力，整机配备最新高速轮系的横包式包装技术以及多处检测装置，可稳定高效地完成从烟支进给到条盒成品包装的全部生产过程，并且能够达到良好的成型质量。

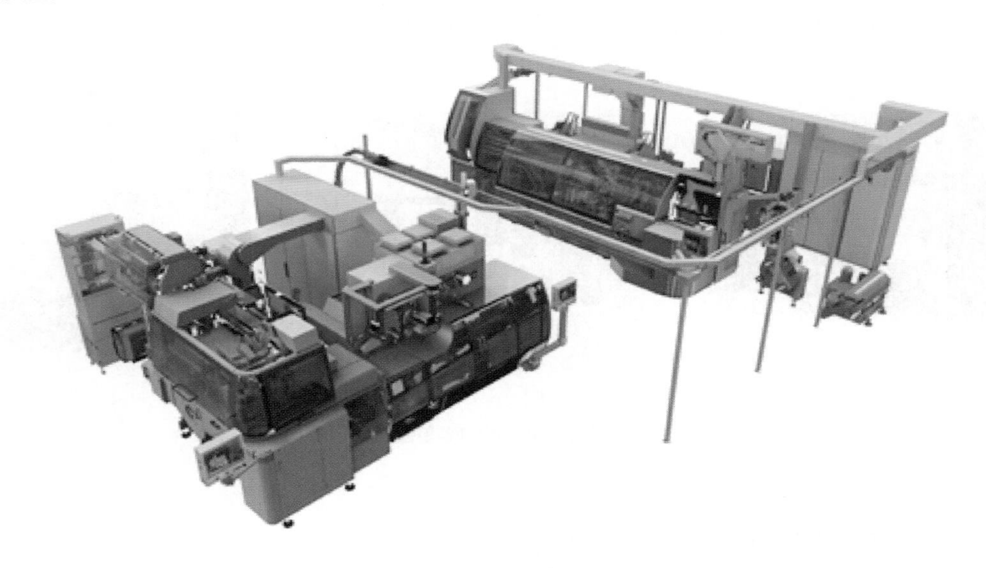

图12-55　500包/min硬盒硬条包装机组（细支）

8. 异型包装机组

2017—2019年，为满足行业发展和卷烟工业企业个性化产品的生产需求，上海烟机公司成功开发出300包/min双铝包硬盒硬条包装机组、200包/min保润保香硬盒硬条包装机组，以及短支（加热不燃烧卷烟）双铝包硬盒硬条包装机组（图12-56）、全开式硬盒硬条包装机组、侧开式硬盒硬条包装机组等多种新产品，填补了卷烟包装设备的空白。

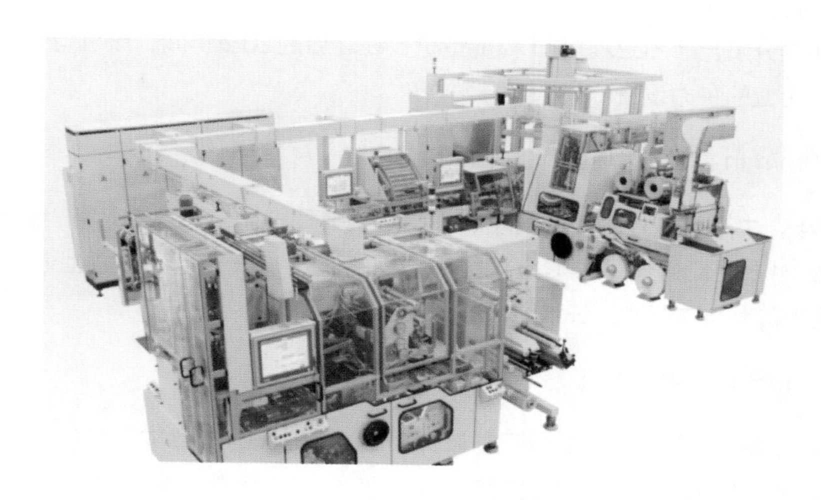

图12-56 双铝包硬盒硬条包装机组

第五节

滤棒成型与卷包生产辅助设备

（一）滤棒成型设备

我国的滤棒成型设备始于1978年许昌烟机公司试制的YL32型纸质滤棒成型机。该机可卷制60~120mm共11种长度规格的湿法纸质卷烟滤棒，额定生产能力为1000~1500支/min。30多年来，我国经历了从无到有、从低速到高速且采取自主开发与引进技术相结合的发展过程，先后研发生产出了一系列纤维滤棒成型的国产设备。

1. 140m/min 滤棒成型机

20世纪80年代初，上海烟机公司试制并批量生产YL12滤棒成型机，生产速度140m/min。

2. 400m/min 滤棒成型机

1986年，中国烟草进出口公司以技贸结合的方式引进德国HAUNI公司AF2/KDF2滤棒成型机技术，由上海烟机公司和沈阳飞机制造公司负责转化制造ZL22型滤棒成型机，生产速度400m/min。该机组于1991年10月通过国家局组织的鉴定。2004年，上海烟机公司进行产品伺服系统升级改造，采用五轴伺服电机主从联动的方式，摒弃了传统的PIV机械式无级变速箱，以多输出轴同步方式实现速度同步和相位同步，使传动更为精确，研制开发出了ZL22D型滤棒成型机。在之后的20多年间，该机型一直是我国纤维滤棒生产企业的主力设备。

3. 500m/min 滤棒成型机

2010年，中烟机械技术中心研发、许昌烟机公司试制出了ZL27型纤维滤棒成型机组，并在杭州卷烟厂通过了中烟机械集团公司的验收。该机组滤棒成型速度为500m/min，是国内首套自主开发的纤维滤棒成型设备。

4. 600m/min 滤棒成型机

2000年，中烟机械技术中心开发设计了ZL26型纤维滤棒成型机组，其成型速度为600m/min。样机由常德烟机公司制造，2004年11月通过国家局组织的样机鉴定。2006年后，许昌烟机公司对机组进行改进升级，研制开发出ZL26B滤棒成型机组，于2009年1月在昭通卷烟厂通过中烟机械集团公司组织的产品验收。

2012年2月，中国烟草总公司签署引进了德国HAUNI公司的AF-KDF4滤棒成型机组专有技术转让协议，进行AF-KDF4滤棒成型机组引进技术消化吸收和国产化研制（国产型号ZL29）（图12-57）。2015年3月18日，样机在昆明卷烟厂通过了国家局组织的鉴定，技术水平达到国际先进水平。2018年，获中国烟草总公司科技进步三等奖。

图12-57 600m/min滤棒成型机组

2016年，为满足行业细支卷烟的高速发展，许昌烟机公司在ZL29平台的基础上开发了500m/min细支滤棒成型机组。该产品于2019年5月在云南省玉溪市通过了中烟机械集团公司组织的验收，是目前单通道生产速度最高的细支滤棒成型设备，创造了国内外单通道滤棒成型机生产细支滤棒的速度新的纪录，使国产滤棒成型机组在生产细支滤棒方面达到了国际先进水平。“500m/min细支滤棒成型机组研制”项目于2019年5月在玉溪卷烟厂通过中烟机械集团公司验收。

2017年，为进一步加快国产烟机装备技术研究，满足用户对于ZL29纤维滤棒成型机组的个性化需求，中烟机械技术中心和许昌烟机公司共同开展了“ZL29型纤维滤棒成型机组自主电控系统研制”项目研发。项目样机为ZL29A型纤维滤棒成型机组，2020年6月18日在许昌卷烟通过了中烟机械集团公司验收，自主研发的电控系统架构先进合理，能满足用户需要和个性化需求。

5. 1000m/min 滤棒成型机

2011年3月，中国烟草总公司签署引进了意大利G.D公司DF10滤棒成型机组专用技术转让协议，中烟机械技术中心与许昌烟机公司进行了1000m/min滤棒成型机组引进技术消化吸收和国产化研制（国产型号ZL28）。该机组是目前速度最高的滤棒成型设备之一，主要技术性能指标达到了国际同类设备的先进水平，填补了国内双通道滤棒成型设备的技术空白。2015年6月，样机在杭州卷烟厂通过国家局组织的鉴定。

6. 复合滤棒成型机

（1）YL43型复合滤棒成型机组

2009年，许昌烟机公司自主研制开发出了用于生产二元复合滤棒的YL43型复合滤棒成型机组并通过中烟机械集团公司验收。该机组可以生产不同段比、不同长度的复合滤棒，最高生产能力达200m/min。

（2）ZL41型复合滤棒成型机组

2006年，中烟机械技术中心设计出用于生产二元复合滤棒的ZL41型复合滤棒成型机组（图12-58）。ZL41机组由YL31两元滤棒组合机、YL44复合滤棒成型机组成，生产能力为400m/min。样机由许昌烟机公司制造，2012年12月通过中烟机械集团公司验收。

图12-58 400m/min复合滤棒成型机组

7. 400m/min 细支纤维滤棒成型机组

ZL26D型细支纤维滤棒成型机组（图12-59）是许昌烟机公司在ZL26C基础上为生

产细支滤棒而研制的滤棒成型机组，机组由YL16D开松上胶机和YL26D纤维滤棒成型机组成，生产速度达400m/min。2014年，“400m/min细支滤棒成型机研制”项目列入中国烟草总公司细支卷烟升级创新重大专项，填补了国内基于高速机平台的细支滤棒成型设备空白，于2017年7月通过了国家局组织的鉴定。

图12-59 400m/min细支滤棒成型机组

8. 高速特种滤棒成型机组

ZL26E型特种滤棒成型机组（图12-60）是以许昌烟机公司ZL26C纤维滤棒成型机组为平台，并与瑞士AIGER公司的爆珠插入模块、颗粒添加模块、无纸中空模块等模块通过不同组合而集成的能实现各种特种滤棒生产的专用设备。机组生产爆珠滤棒时，标准支爆珠滤棒生产速度达350m/min，细支爆珠滤棒生产速度达250m/min。机组生产颗粒滤棒时，生产速度达到400m/min。机组生产无纸中空滤棒时，标准支中孔同心圆无纸中空滤棒生产速度为200m/min，细支中孔同心圆无纸中空滤棒生产速度达150m/min。

图12-60 ZL26E型特种滤棒成型机组

9. 基础棒成型设备

2020年，许昌烟机公司研发了ZL62型基础棒成型设备。该机组以ZL26D为平台，用于生产新型烟草发烟棒和PLA冷却棒的成型设备基础棒，根据材料的不同，其额定生产速度为100 ~150m/min。

10. 多元线性复合滤棒成型机组

2019年9月，许昌烟机公司与ITM公司达成合作意向，双方共同合作开发出ZL45型多元线性复合成型设备，以满足行业用户对多元复合成型设备的需求。该机组以ZL26C滤棒成型机为基础平台，可将ITM公司开发的高级小棒模块、转运模块、在线检测系统进行对接联机，进而形成了新一代多元复合成型设备。该机组采用线性复合技术，对不同材料的基棒适应能力强；可采用模块化结构设计，规格切换方便快捷；复合结构可满足二元、三元、四元复合要求，具有良好的扩展性。

（二）卷包生产辅助设备

1. 装盘机

1985年1月25日，中国烟草进出口公司与英国MOLINS公司在北京签署了“MK16NTFO自动装盘机和烟支平均重量控制器技术转让协议”，由许昌烟机公司转化生产，该机被命名为YJ31型装盘机，额定生产能力为4000支/min，可与YJ14型卷烟机、YJ23型滤嘴接装机组成卷接装机组。1987年1月，样机通过了中国烟草总公司和英国MOLINS公司的鉴定验收。

1988年，总公司引进英国MOLINS公司TF3N装盘机制造技术，命名为YJ32型装盘机。1992年3月，样机通过中国烟草总公司和英国MOLINS公司的鉴定验收。

1994年，许昌烟机公司和昆船公司分别研制开发出YJ35型装盘机样机并交付湖南新晃卷烟厂使用。该机用于把圆棒形物料（烟支、滤棒）整齐地装入料盘内，并把盛满物料的料盘运送到适当的位置以便人工搬运，可根据用户的要求配置不同的接口设备。

2013年，许昌烟机公司研制开发出YJ36型滤棒装盒机并通过了中烟机械集团公司验收，最大生产能力可达10000支/min。

2014年，许昌烟机公司对意大利G.D公司提供并与DF10配套使用的T10装盘技术进行转化吸收设计，生产出了国产型号为YJ37装盘机（图12-61），最大生产能力为10000支/min，具备高位和低位两种连接方式，能够满足卷烟及滤棒类设备的联机生产，具有快速变换烟支长度规格、低频率筛装、柔性排齐、与上游机生产速度自动匹配等优点。2015年，YJ37装盘机样机在昆明卷烟厂完成交验，于2016年5月通过了中烟机械

图12-61　10000支/min装盘机

图12-62　12000支/min滤棒卸盘机

集团公司验收，2017年又开发出了YJ37细支烟（棒）专用装盘机。

2. 卸盘机

1996年，许昌烟机公司和昆船公司分别完成了YBI8型卸盘机样机试制，交付红河卷烟厂使用。

2016年，许昌烟机公司自主开发研制YB111型卸盘机（图12-62），额定卸盘能力12000支/min或3盘/min。该产品具有卸盘速度高、质量稳定、结构先进简洁、便于调节模数、性能稳定可靠、维护方便等显著特点，于2017年3月通过中烟机械集团公司验收。

2018年，中烟机械集团公司引进了荷兰ITM公司Gemini-TF装盘机和Gemini-TU卸盘机技术，由许昌烟机公司通过图纸转化、技术消化吸收后生产制造的YJ311分格式卸盘机和YB113分格式卸盘机（图12-63），装/卸盘能力为3盘/min（12000支/min）。该设备解决了传统装/卸盘机在滤棒装卸时易出现乱棒和横棒问题，以及在转运过程时上层滤棒的横棒和掉棒问题。

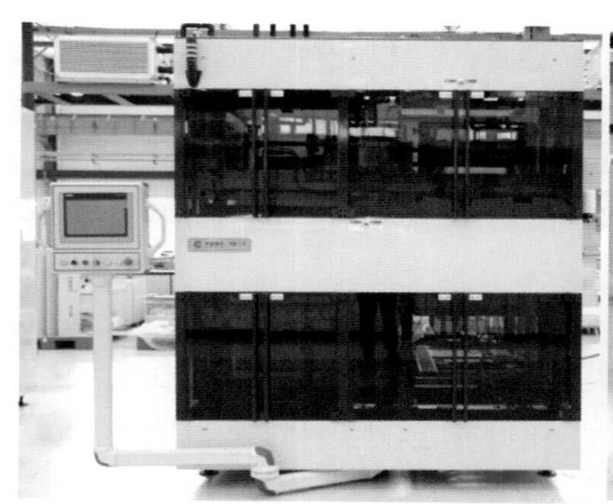

图12-63　12000支/min 分格式装/卸盘机

3. 烟支储存输送系统

（1）ZF12系列卷烟储存输送系统

总公司引进了德国HAUNI公司的COMFLEX-1卷烟储存输送系统专有技术，系统的生产能力为10000支/min。常德烟机公司研制出相应的产品并于1996年12月通过了总公司组织的鉴定。其后，常德烟机公司对该机电气控制系统进行了改进（ZF12A型），输送能力提高到14000支/min，于1998年7月通过了总公司组织的鉴定。许昌烟机公司运用PLC、触摸屏、总线等技术进行升级改进，研制出ZF12B型（图12-64），额定输送能力12000支/min（最大输送速度14000支/min），可适应不同速度卷接包机组的联机要求。2006年4月，样机在重庆市通过了国家局组织的鉴定。

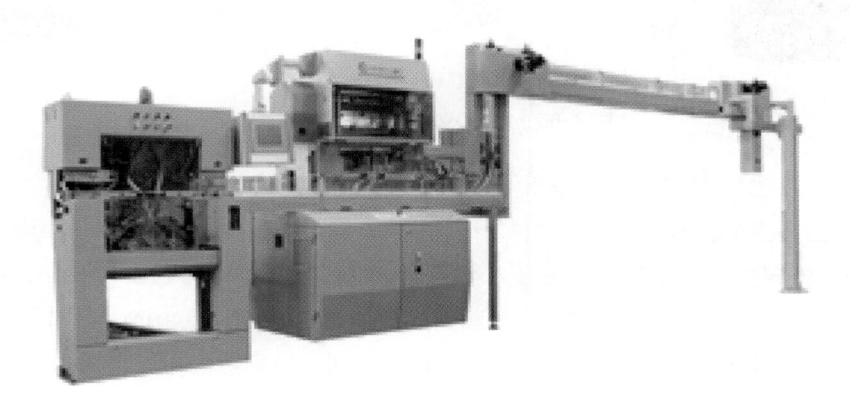

图12-64　12000支/min卷烟储存输送系统

（2）YF13型卷烟储存输送系统

YF13型卷烟储存输送系统是引进意大利 G.D 公司S90的制造技术，经消化吸收而研制生产的一种卷烟储存输送装置。该机连接在卷接机组和包装机组之间，形成了卷接包生产线，具有结构简单、使用维护方便、布置灵活以及无需装（卸）盘、对卷烟损伤小等特点。于1998年12月11日通过国家局组织的鉴定。

（3）YF14型卷烟储存输送系统

YF14型卷烟储存输送系统是引进荷兰ITM 公司CAPRICON（瑞龙）的制造技术，经消化吸收而研制生产的一种柔性卷烟储存输送装置。该系统基于先进先出的工作原理，连接在了卷接机组和包装机组之间，形成了卷接包生产线，具有结构简单、占地面积小、对卷烟/滤棒轻柔处理等特点。于2004年9月通过国家局组织的鉴定。

（4）YF17系列卷烟储存输送系统

YF17型卷烟储存输送系统是由许昌烟机公司开发研制的新型卷接与包装联接设备，可与各种中速至超高速卷接包机组连接，适应性强，特点突出，具备国内领先技术水平。于2006年4月，通过国家局组织的鉴定。

YF17A型卷烟储存输送系统（图12-65）是许昌烟机公司在YF17卷烟输送质量、

设备外观质量、操作维护及IPC自动化控制等方面进行升级改造而研制的新型装备，其额定输送能力为16000支/min，最大输送能力为20000支/min。于2015年4月通过中烟机械集团公司验收。

图12-65 16000支/min卷烟储存输送系统

（5）ZF19 型卷烟储存输送系统

ZF19型卷烟储存输送系统（图12-66）是许昌烟机公司以ZF12B为基础，同时借鉴其他国内外同类联接设备的先进技术与原理，通过集成创新与自主研发相结合而开发的有盘式超高速卷接包柔性联接设备，额定输送能力为16000支/min。2017年3月，样机在青岛卷烟厂完成交验。2017年9月，通过了中烟机械集团公司验收。

图12-66 16000支/min卷烟储存输送系统

4. 滤棒储存输送系统

1998年，昆船公司开始研制开发YF161型滤棒储存输送系统（图12-67），2003年完成样机试制，2005年通过中烟机械集团公司验收。

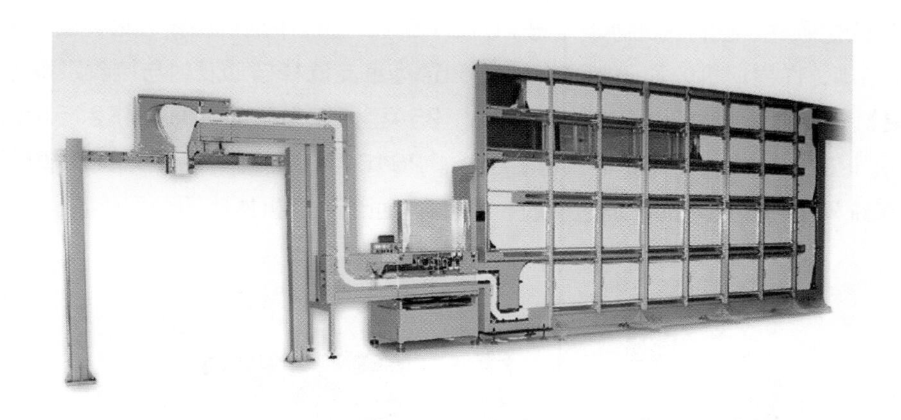

图12-67　YF161型滤棒储存输送系统

1999年，常德烟机公司自主研发出YF171型滤棒储存输送装置。该装置额定输送能力为10000支/min，储存区容量76000支，储存区充填时间约11.5min，固化段容量155000支，固化时间23min。2003年7月31日通过国家局组织的鉴定。

2008年，许昌烟机公司研制开发出YF172型滤棒储存输送系统并通过了中烟机械集团验收。该系统的额定输送能力为6700支/min，最大输送能力12000支/min，缓冲区滤棒容量达15万支，固化区滤棒容量16万支，固化时间≥24min，缓冲时间≥20min。

5. 滤棒气力输送系统

1989年，中国烟草进出口公司和英国MOLINS公司签订了“滤棒输送及检测系统和卷烟机组PLC系统专有技术转让协议”。同年，昆船公司负责图纸转化设计和YF23型滤棒输送系统的研制工作，于1991年完成样机试制，于1992年在曲靖卷烟厂投入使用，同年通过三方验收。

1995年，中国烟草进出口公司和英国MOLINS公司鉴定了PEGASU 2000滤棒风送系统专有技术转让协议。同年，昆船公司负责图纸转化设计和YF24型滤棒输送系统的研制工作，于1997年完成了样机试制，2000年在转化设计的基础上，对结构做了较大改进且完全采用国产化零部件，研制出YF24B型滤棒气力输送系统，于2004年10月交付济南卷烟厂使用，同年通过国家局组织的鉴定。

2010年11月，许昌烟机公司研制开发出了ZF25型滤棒自动发射与接收系统并通过了国家局鉴定。该机用于向卷接设备自动发射与接收普通纤维滤棒、高透纸滤棒和复合滤棒。单管发射与接收速度达1500支/min，适应输送距离40~300m，输送高度≤9m。

2006年，常德烟机公司研制开发出YF27型滤棒气力输送装置。该系统有8单元，每单元的发射能力为1800支/min。2008年，采用独立伺服电机驱动并通过缩小发射单元体积，研制开发出改进型YF27A、YF27B、YF27C滤棒气力输送装置，其有10个发射单元，每单元的额定发射能力分别为1500支/min、1800支/min、2500支/min，整体技术性能达国内领先、国际先进水平，于2015年5月，通过中烟机械集团公司验收。

2015年，许昌烟机公司研制开发出ZF25A型细支滤棒自动发射与接收系统（图12-68），其额定发射能力为2000支/min，由YF25A型滤棒自动发射机和YF215A型滤棒自动接收机（双管）或YF215C（三管）组成。2016年10月ZF25A型细支滤棒自动发射与接收系统样机在昆明卷烟厂通过验收，2017年通过中烟机械集团公司验收。

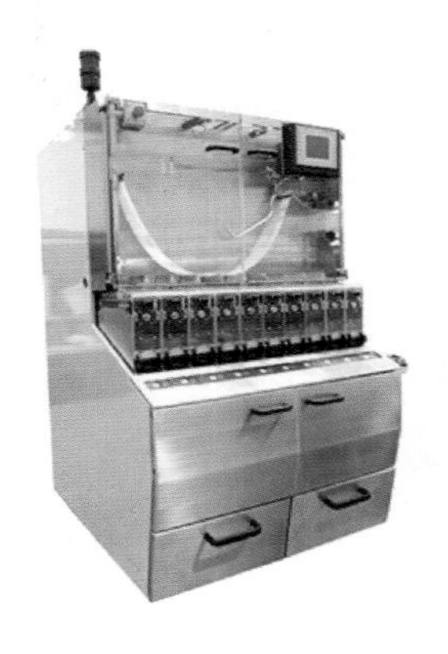
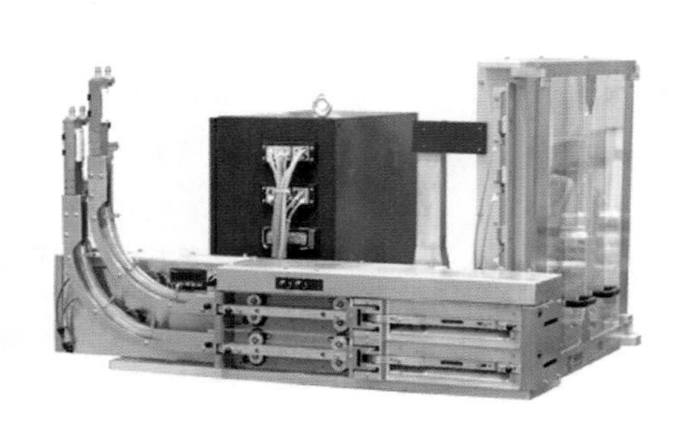

图12-68　2000支/min细支滤棒自动发射与接收系统

2017年，许昌烟机公司研制开发出YF28型气力输送装置（图12-69），额定发射速度为2500支/min。该装置满足超高速卷接机组对滤棒供给的需求，具有自动化、智能化程度高的特点。

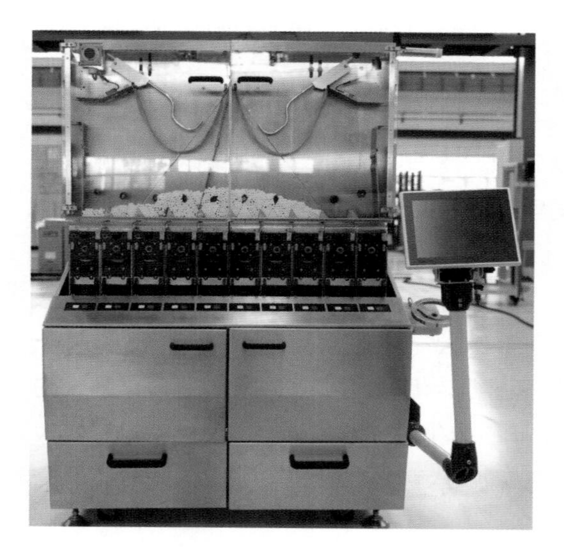

图12-69　2500支/min气力输送装置

6. 盘纸自动更换机 / 包装机组物料站

YF71型盘纸自动更换机是许昌烟机公司在HAUNI公司BOB-M和GD公司GD-RF20的基础上，通过创新设计、制造的产品，适用于单通道卷烟机或滤棒成型机的在线盘纸自动更换，设计最高供纸速度为800m/min。2010年11月，通过中烟机械集团公司验收。

YF712/YF713型包装机组物料站是许昌烟机公司研发的与ZB48型包装机组相配套的产品，可为ZB48包装机组提供卡纸、铝箔纸、小盒透明纸和条盒透明纸等，适应包装机的生产能力800包/min左右，机械手单次作业时间≤3min，盘纸堆垛高度≤1500mm（含盘纸托盘高），机器人一次抓起重量≤40kg，于2015年4月通过了中烟机械集团公司验收。

YF75型盘纸自动更换机（图12-70）是许昌烟机公司专为卷烟机组、滤棒成型机组供应卷烟纸、水松纸或滤棒成型纸而设计制造的自动化设备，额定供纸速度为600m/min。2020年6月，样机在曲靖烟厂通过中烟机械集团公司验收。

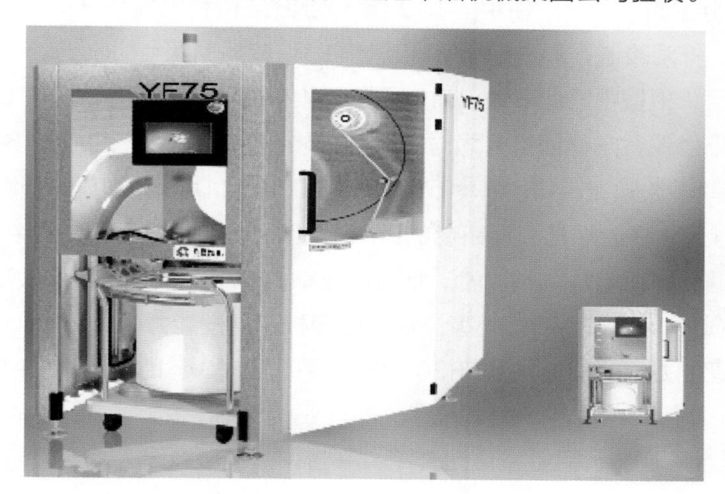

图12-70　600m/min盘纸自动更换机

7. 条盒储存输送系统

YF611型条盒储存输送系统是许昌烟机公司自主研制的产品，该系统可实现卷烟条盒自动输送、集中装封箱。其额定输送能力为60条/min（单通道），最大输送能力为75条/min（单通道），缓冲区条盒贮存量为500条，可满足高速卷接包机组的速度要求。2011年起，许昌烟机公司对该机组进行了升级改造（YF611A型），输送能力提高到80条/min，于2012年12月，通过了中烟机械集团公司验收。

8. 装封箱机

1993年，颐中（青岛）烟机公司转化设计了德国FOCKE公司465/329B装封箱技术，消化吸收生产出了4箱/minYP11型装封箱机，1994年12月样机在青岛卷烟厂投入使用，1995年5月通过国家局组织的技术鉴定。此后改进开发出了系列化产品，在行业内广泛应用。

许昌烟机公司研制的YP19型装封箱机可对接条包机或条盒储存输送系统，实现了条烟产品的装封纸箱，最大生产能力为6箱/min（50条/箱）、8箱/min（25条/箱），机械手自动补给纸箱能力10个/min，于2013年10月，通过中烟机械集团公司验收。

YP113柔性装封箱机由许昌烟机公司研制，生产能力达到7件/min，突破了一种品牌多机台混合式装箱模式，实现了多品牌共线生产和单机台单独装箱功能，2017年首台样机在许昌卷烟厂完成交验。该设备的研制成功，填补了国内条烟多品牌共线生产、单机台单独自动装封的技术空白，于2018年1月，通过了中烟机械集团公司验收。

9. 废烟支处理机

1990年，昆船公司开始研制开发FY31型废烟支烟丝回收机，于1991年完成了样机试制并交付昆明卷烟厂一分厂使用。1992年对部分结构和电控系统进行了改进，2000年进行了结构、外观改进，形成FY31A和FY31B型废烟支烟丝回收机。

2005年6月，根据中国烟草进出口集团公司和荷兰ITM公司签订ITM Delphi 废烟回收机技术许可证协议，常德烟机公司对其进行转化设计，试制出了FY113型废烟支处理机，烟丝回收率≥95%，纸中含丝率≤5%，并于2006年11月，通过国家局组织的鉴定。

2010年11月，许昌烟机公司研制的FY114型废烟支处理机通过了中烟机械集团的验收。该机废烟支处理能力为40kg/h，烟丝回收率≥95%，烟丝造碎率≤8%，烟丝中含纸片≤10片/500g。研制的FY115型废烟支处理机（处理能力100kg/h）、FY36型废烟支处理机（处理能力80kg/h）分别于2012年12月、2013年10月通过了中烟机械集团公司验收。

2010年至今，江苏智思机械集团公司、开封东方机械有限公司、昆明烟机集团三机有限公司、宝应仁恒实业有限公司、张家口东力机械制造有限公司、扬州天宝有限公司、昆明风动机械厂、常德瑞华制造有限公司等多家单位研发出了不同类型废烟支处理机。

第六节 烟草自动化物流系统

烟草物流系统是包括仓库、输送机械、拣选设备、搬送机械、物流软件等软硬件的集成系统，按照应用领域分为工业物流系统和商业物流系统。我国高度重视烟草物流系统的研究与建设，烟草物流系统实现了仓储自动化、配送自动化，同时还逐步实现了物流技术与烟机技术的有机结合，自动化物流系统的研制开发与生产应用得到了快速发展。

（一）主机设备

1. 开箱机

昆船公司2005年研制出了TQ51型自动开箱机并应用于红河烟草公司，之后进行了系列化研制。

2018年，许昌烟机公司自主试制出了LCX4型自动开箱机，开箱能力为4箱/min，同年在湖南烟草白沙物流有限公司投入应用，并于2018年7月完成验收。2019年，试制出LCX4A型异型自动拆箱机。

中烟物流公司2019年开始研制全自动标准烟开箱机（图12-71），于2020年完成了试制。该产品主要实现了标准烟件烟自动开箱，件烟从第一工位开始实现了全程自动开箱。

图12-71 标准烟开箱机

2. 自动运输车

1996年，昆船公司与瑞典NDC公司签订了技术合作与进口件合同，开始研制开发激光导引运输车（图12-72）。1997年，设计试制出来第一台激光导引运输车原理样机[7]，之后改进并开发出了多种型号的激光导引运输车、电磁导引运输车、直线穿梭车、环形穿梭车，并应用于卷烟厂。

图12-72 激光导引运输车

许昌烟机公司2018年自主试制出了LCS125型有轨穿梭车，单拨补货能力125条/min。根据市场需求，于2019年试制出五拨（LCS125B）、异型（LCS125A）等一系列有轨穿梭车，系列产品均采用模块化设计，互换性高，布置方式灵活，可满足物流市场对占地面积、条烟品规等个性化的弹性需求。

2019年，中烟物流公司开始研制补货小车，同年完成试制任务。该产品主要用于连接开箱机与通道机，可根据系统传递的指令，自动动态补货。

3. 发射机

2003年昆船公司开始研制出GF31型塔式发射机并应用于深圳烟草工业公司，2003年研制出GF21型通道式分发机，并应用于白沙物流配送中心，之后进行了系列化研制。

图12-73 12000条/h发射机

2019年，中烟物流公司开始研制发射机（图12-73），同年完成试制。该产品通常位于S缓存与条烟识别之间，主要用于订单与订单的分离，方便后续的激光打码。发射机入口速度为1m/s，出口速度为2m/s，发射效率可达到12000条/h。

4. 分拣机

1999年昆船公司开始研制GJ11型滑靴式分拣机，2005年应用于青岛卷烟厂，之后进行了系列化研制。

2018年，许昌烟机公司研制出LTF1600、LTF2400立式分拣机，2019年试制出LTC7200侧拨立式分拣机，分拣能力为达到7200条/h。

2018年7月，许昌烟机开始自主研制组合式条烟分拣机，2019年8月试制出LTZ9000型组合式条烟分拣机，分拣能力为9000条/h。

2019年，中烟物流公司完成单拨卧式机（图12-74）和单拨立式机研制，产品模块化设计，可满足标准烟、细支烟、异型烟的分拣要求。单拨卧式机主要应用于大品规条烟的分拣，条烟补货及分拣全程自动化，单道烟仓存储量可达到20条，单道缓存量可达75条，条烟拨打效率可达3条/s。单拨立式机主要应用在异型烟分拣线，烟仓条烟缓存量大，单道烟仓存储量可达到25条，条烟拨打效率可达3条/s。

图12-74 单拨卧式机

2020年，中烟物流公司完成采用智能识别技术的第二代分拣机的研制，可实现500种以上条烟品牌识别，准确率高达99.99%。

5. 合单包装机

2019年，中烟物流公司开始研制三口合单包装机（图12-75），于2020年完成试制。该产品将标准烟、细支烟、异型烟3种品规条烟分成3个入口进入设备。包装机将标准烟、细支烟、异型烟三标合一，3个入口同时进烟，并行叠层，相互之间等待时间较少，可以解决细支烟占比较大的问题。

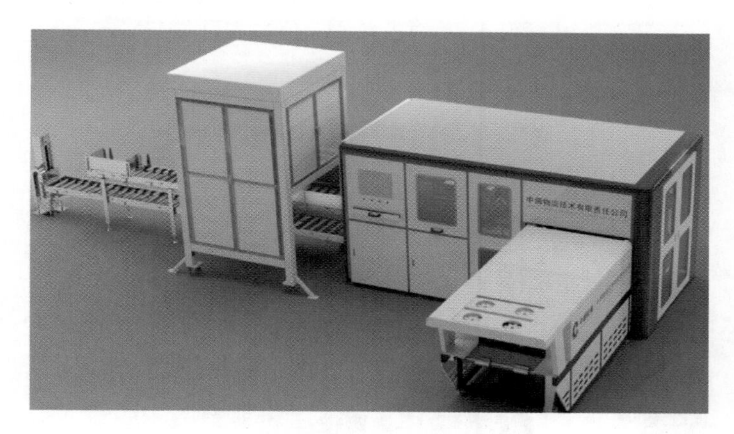

图12-75　三口合单包装机

6. 缓存装置

缓存装置主要用于条烟分拣末端与包装机之间的条烟缓存，以及预分拣的子订单缓存，是提高分拣效率的一种输送设备。中烟物流公司于2019年成功研制出缓存装置，可实现多个订单的缓存，有效保证了包装机来烟的连续性。

（二）烟草自动化物流系统

1. 打叶复烤成品自动化物流系统

根据打叶复烤企业成品存储、发货装车等特点和需求，昆船公司采用新型成品烟包高架、高密度存储系统以及烟包输送系统、自动装车系统等创新技术和装备，研制开发出打叶复烤成品自动化物流系统（图12-76）。

2. 烟丝自动化箱式储存系统

2003年5月，青岛卷烟厂开发出烟丝自动化箱式储存系统（图12-77），主要包括烟丝装箱系统、入库输送系统、高架立体仓库储存系统、出库分配输送系统、翻箱喂料系

图12-76　打叶复烤成品自动化物流系统

图12-77　青岛卷烟厂烟丝自动化箱式储存系统

统以及与之配套的残留烟丝检测、处理和自动控制、计算机管理等子系统。

2003年10月，上海卷烟厂开发出了成品烟丝箱式自动化储存系统，与储柜存储方式相比，在相同空间储丝情况下，其储丝量是储柜存储方式的1.4倍左右，较好地实现了柔性化、模块化和精细化生产调度的管理模式，满足了规模化、集团化、小批量及个性化的市场发展需求。

3. 卷烟成品、辅料自动化物流系统

1994年，玉溪卷烟厂引进“三星”物流项目中卷接包装车间的成品、辅料自动化立体仓库项目的工程实施，为国内研制开发自动化物流打下基础。

1995—1999年，颐中烟草集团公司与昆船公司联合开发出了青岛卷烟厂卷烟成品自动化物流系统（图12-78），并通过了国家局组织的鉴定。该成品自动化物流系统首创了在客户机服务器结构下融入消息机制，是国内第一个采用条码识别、机器人自动堆垛、自动发货、摄像监控、红外监控、计算机模拟仿真、网络通信、数据采集等多项新技术的物流系统。

图12-78　青岛卷烟厂卷烟成品自动化物流系统

1996—2000年，红河卷烟厂和昆船公司共同开发研制的红河自动化物流系统由原国家经贸委列入国家“九五”重点技术开发计划和国家局的重点科技开发计划。该自动化物流系统实现了对烟叶配方、辅料、备件、成品的过程数据、物流仓储、现场信息及安全消防等整个过程的全面控制、调度管理和监控。系统配有货位13668个，可满足卷烟生产能力120万箱/年的需要，系统可靠性达99%以上。2000年4月通过国家局组织的鉴定，部分技术指标达到了国际领先水平。

2010年，龙岩金叶复烤有限公司和北京达特公司共同开发研制了原烟配方自动化物流系统，于2012年年底通过验收。该系统为行业内在打叶复烤领域首创的原烟配方自动化物流系统，系统采用自动输送系统、近红外烟碱检测、装箱站、环形穿梭车、堆垛机、高架库、计算机模拟仿真、网络通信、数据采集分析、库存管理等多项新技术，解决了仓储、生产区域分散，选叶后烟叶品种多，仓储量大，再生产时物流组织、信息采集难度大等问题，可对烟叶产地、等级、年份、品种、料别、选叶方式、化学指标等物料关键属性进行管理，并可作为配方投料的主要参考依据，实现了精细化配方打叶。

4. 滤棒存储自动化物流系统

2006年7月，青岛卷烟厂研制开发出滤棒存储自动化物流系统（图12-79）。该系统把物流技术、计算机管理和控制技术、网络技术、信息化技术、数据库等有机结合起来，具有自动输送、自动上空料盘、自动化存储、出入库操作及计算机管理和调度等功能，可适应信息化、数字化工厂大规模生产、柔性化生产的需求[8]。

图12-79 青岛卷烟厂滤棒存储自动化物流系统

5. 烟草商业配送自动化物流系统

烟草商业配送自动化物流系统包括仓储与分拣两大重要环节，集卷烟收货入库、仓储、出库、补货、分拣、送货等为一体，通过两打三扫，实现对卷烟销售的全面监控与管理。

2000年12月，深圳市烟草公司率先在烟草仓储配送环节中引入了自动化物流系统。系统采用自动码垛入库、自动输送、自动存储模式解决了以往仓储系统占地面积大、人员配置多、管理水平低、劳动强度高等一系列问题，为烟草商业的仓储自动化物流发展开了先河。2002年11月，我国研发出了最新的全自动条烟分拣配送物流系统（图12-80），分拣能力达5000条/h，有效解决了传统人工分拣差错率高，劳动强度大的问题。2003年4月该系统投入试运行，10月项目通过了验收。

图12-80 深圳市烟草公司全自动条烟分拣配送物流系统

2003年，湖南烟草白沙物流有限公司开发了国内第一套适用于烟草商业配送物流建设的全国产自动化物流系统。创新研发了梳式悬针件烟货架、件烟堆垛机、5条/次通道式分拣机、塔式分拣机等关键设备。同时，第一次在国内形成了复合分拣的工艺模式，分拣能力达6000~8000条/h。

2004—2012年期间，烟草商业配送自动化物流技术得到了飞速的发展，诸多创新的工艺模式和设备得以推广和应用。在仓储环节，环形穿梭车、双深堆垛机等新型设备首次引入烟草商业配送领域；在备货环节，采用A/B/C分类备货、件烟缓存自动盘点的工艺模式，结合件烟自动翻转设备、侧立式备货系统、多对多提升机，实现了高效稳定的补货；在分拣环节，采用件烟多级预缓存和条烟多单元预分拣的工艺模式，配套自动开箱机、桥式分拣机等新研设备，成功实现了单线18000条/h分拣能力的突破，逐步形成了较成熟的自动化卷烟仓储和配送模式，大幅提升了卷烟配送中心的运行效率和信息化水平。

2013年以后，整托盘联运、密集存储、储分一体、超高速分拣、精准打码、订单核对、空纸箱分类回收等一系列新工艺新设备不断推出，物联网如RFID、信息跟踪等各项技术不断引入，已使烟草商业配送自动化物流技术达到了新的高度。在仓储环节，关节式机器人、直角坐标式机器人、miniload高速堆垛机、密集存储技术等得到了推广和应用；在储分一体环节，国际先进的多层穿梭车技术在衡阳市烟草公司首次使用（图12-81），其占地面积、存储容量和出入效率与传统模式相比有了质的飞跃。在分拣环节，通过多单元并行预分拣技术、订单密集无间隙缓存技术和多单元并行合流技术，分拣能力大幅提升并在衡阳实现了28000条/h以上的分拣速度。在此期间，异型烟的分拣技术也得到了飞速的发展，实现了半自动分拣、自动堆叠和自动包装，大幅度提高了工作效率。

图12-81　衡阳市烟草公司卷烟配送中心

2018年11月，许昌烟机公司自主研发一套新型的异型烟高速分拣包装系统（图12-82），实现了对异型烟的自动拆箱、智能补货、高速分拣、条烟打码、自动堆叠、烟垛包装和订单贴标等操作，该系统设计运行能力为7000条/h，适用于细支条烟、中支条烟、特异型条烟及普通条烟的分拣包装，于2019年12月在许昌卷烟物流配送中心投入应用。

图12-82　许昌卷烟物流配送中心

第七节
造纸法再造烟叶生产线及设备

再造烟叶（原称烟草薄片）是指以烟末、碎叶片、烟梗（梗签）等为主要原料，经粉碎后，加入一定比例的水、胶黏剂、保润剂、植物纤维等物料，经加工制成厚薄均匀的片状物或丝状物，是卷烟配方的重要组成部分。我国的再造烟叶生产始于20世纪70年代，目前主要有稠浆法、辊压法、造纸法3种方式。

稠浆法是将烟草物质粉碎后掺入带有胶黏剂、增强剂、保润剂的水溶液中，搅拌均匀后使之形成浆糊状，然后将稠状物铺展在一条环形不锈钢带上进行烘干，铲剥后即形成再造烟叶。稠浆法再造烟叶于20世纪80年代之前在我国有应用，由于其能耗高、不锈钢带造价昂贵、寿命短，所以，在20世纪80年代中后期就很少使用了。

辊压法再造烟叶是将烟末、梗签等烟草物质粉碎后与胶黏剂、增强剂、保润剂、水等物质按一定比例混合搅拌均匀后，可形成松散的团粒状，然后通过辊压机辊压形成片状并进行干燥，最后分切成一定规格的再造烟叶或经再造烟叶切丝机直接切成再造烟叶丝。辊压法再造烟叶在20世纪70年代末期在我国应用。1976年，郑州烟草研究院完成了工艺试验并试制出试验用样机，1978年与新郑卷烟厂合作成功研制出生产能力

90kg/h的辊压法连续化生产线。20世纪80年代，在总公司的大力推动下，这项技术开始在全行业推广，制造能力也从最初的90kg/h，提升到后来的150kg/h。据当时总公司技术部门统计，到20世纪80年代末，全国利用辊压法制造的烟草薄片全年生产能力达到了1.65万t，提高了原料的利用效率，缓解了原料供给矛盾。辊压法的优点是设备紧凑、规模小、生产成本低，适合烟厂使用，但产品质量不及造纸法，填充力和有效利用率也较低，故目前较少使用。

造纸法是借助于造纸技术和设备，先将烟草物质用温水浸泡萃取，再将可溶物与纤维及不溶物分离，然后将纤维和不溶物打浆，用造纸机成型，同时将可溶物萃取浓缩后，喷回到成型的片基上，经干燥后分切成再造烟叶。该方法设备投资大、耗能、耗水量大、生产成本高，但产品密度小，填充力强，有利于降低卷烟焦油量，并且可在制造过程中除去有害物质，可人为地添加某些成分，改变烟草原料的内在质量，同时还可解决低次原料质量问题，是目前世界上生产量最大的方法。

我国烟草行业从1998年开始研究与应用造纸法再造烟叶[9]，可以概括为以下3个重要阶段。

（1）第一个阶段是研究起步阶段（1998—2004年）

昆船公司于1998年成功研制了造纸法再造烟叶原理样机并在郑州烟草研究院应用，开发了3000t/年中试生产线，实现了国产造纸法再造烟叶从无到有的转变，填补了国产造纸法再造烟叶的空白。截止到2003年，广东省金叶烟草薄片技术开发有限公司（以下简称广东金叶）、云南中烟昆船瑞升科技有限公司（以下简称云南瑞升）、杭州利群环保纸业有限公司（以下简称浙江利群）3条中试生产线相继建成。2004年，国家局批准广东金叶、浙江利群、云南瑞升3家公司为国家烟草专卖局造纸法再造烟叶研发基地。中试线的成功开发和研发基地的建立奠定了国产造纸法再造烟叶的发展基础。

（2）第二个阶段是快速发展阶段（2005—2010年）

国内成功开发了1万t/年生产线，国产造纸法再造烟叶的生产技术水平、产品质量水平和应用水平迈上了新台阶，实现了国产造纸法再造烟叶产量扩增和从有到好的转变，基本实现了对进口产品的替代，造纸法再造烟叶区域发展格局初步形成。截止到2010年，建成了广东金科再造烟叶有限公司（以下简称“广东金科”）、云南瑞升、浙江利群、上海太仓海烟烟草薄片有限公司（以下简称“上海太仓”）、河南卷烟工业烟草薄片有限公司（以下简称“河南许昌”）、湖南金叶烟草薄片有限责任公司（以下简称“湖南祁东”）、湖北新业烟草薄片开发公司（以下简称“湖北新业”）、福建金闽再造烟叶发展有限公司（以下简称“福建金闽”）、山东瑞博斯烟草有限公司（以下简称“山东瑞博斯”）、广东韶关国润再造烟叶有限公司（以下简称“韶关国润”）等10条规模化生产线，其中广东金科、云南瑞升、浙江利群、上海太仓、河南许昌5条线生产能力达到或超过1万t/年，国产造纸法再造烟叶总生产能力达到10万t/年。截止到2011年9月底，经国家局批准的造纸法再造烟叶生产点共14个，批准总生产能力16.5万t/年，同时卷烟工业企业对造纸法再造烟叶应用水平进一步提升，国产造纸法再造烟叶在卷烟产品中的应用范围不断拓宽，逐步从低档的四、五类卷烟应用到高档一、二类卷烟，配方比例逐步加大。2010年，国产造纸法再造烟叶使用量已达7.46万t，按照卷烟总量23540亿支（4708万箱）、单箱耗叶量35kg计算，在卷烟叶组配方中的平均应用比例达到4.5%。随着以万吨为标志的规模化生产线的建成应用，造纸法再造烟叶在中式卷烟减害降焦、强化卷烟风格特色、提高卷烟产品质量稳定性、降低原料消耗等方面发挥了重要的作用和价值，已成为形成中式卷烟特色的重要因素之一，对于提升中式卷烟核心竞争力、促进中式卷烟上水平起到了重要作用，奠定了国产造纸法再造烟叶作为中式卷烟重要而不可或缺原料的基础。

（3）第三个阶段是国产造纸法再造烟叶产业技术升级阶段（2011—2015年）

国家局通过实施造纸法再造烟叶技术升级重大专项，攻克了一批关键共性技术，研发了一批具有自主知识产权的关键装备，先后完成了5条生产线的建设、8条生产线的改造升级，形成73项创新技术成果与专利技术，成功建成了具有国际水准的年产万吨的国产造纸法再造烟叶标志性生产线，其平均生产车速（＞140m/min）、最高车速（206m/min）、平均产品得率（≥85%以上）、涂布率（＞40%）、生产水耗（≤45t/t产品）/能耗（≤1.2t标准煤/吨产品）、产品质量稳定性、自动化水平等主要技术指标达到或超过摩迪、菲莫、雷诺等的生产线水平，总体达到国际领先水平；实现了国产造纸法再造烟叶产业工艺、装备、产品的整体技术升级。同时，创造性地提出了“集成创新”“自主创新”和“旧线改造”3种造纸法再造烟叶生产线建线工艺模式，实现了生产制造能力、清洁生产能力、质量稳定能力、理化调控性、产品功能性、配方适用性等6个方面的提升，达到了工艺技术上水平和再造烟叶产品质量上水平的目的，增强了国产造纸法再造烟叶的比较优势和对卷烟品牌价值的贡献度，为进一步推动国产造纸法再造烟叶产业整体技术升级起到了技术辐射和引领作用。2015年，全国再造烟叶生产能力已达到19.61万t以上，使用量已达10.44万t，卷烟中的平均使用比例达到6.0%；卷烟中加权平均使用比例达到7.0%。国产造纸法再造烟叶有效突破了在中、高档卷烟中的使用瓶颈，一、二类卷烟使用比例最高达15.0%，为重点品牌发展提供了可靠的再造烟叶原料保障。

（一）主机设备

1. 连续高速双效真空浓缩设备

2005年，昆船公司研制开发出了ZZN8T型连续高速双效真空浓缩设备，具有低温高效、保持烟草芳香、自动化程度高等特点，可实现工艺过程全程检测、工艺参数自动控制、产品质量控制精确的连续化生产。

2. 清洁上料原料预处理系统

2012—2015年，河南卷烟工业烟草薄片有限公司研制开发的清洁上料原料预处理系统，原料稳定性大幅提高［出料批次间波动（以总糖计）<12%］，作业环境大幅改善（环境含尘量小于2mg/m^3）。

3. 单螺旋挤干机

2012—2015年，河南卷烟工业烟草薄片有限公司采用逆流工艺提取技术，研制开发出了单螺旋挤干机，该机有效物质溶出率高（提取率>85%），物料适应性范围广（0~30%），提取液浓度达9%~11%，二级逆流提取得率达85%。

4. 新型圆柱磨磨浆机

2012—2015年，河南卷烟工业烟草薄片有限公司研制开发的新型圆柱磨磨浆机，采用精确的磨浆间隙调节机构，减少了切断纤维和细小纤维比例，使纤维充分分丝匀化，提高了制浆均匀性、稳定性，使产品柔软度、松厚度有较大改善，能耗较传统设备降低了50%。

5. 新型智能网前成形系统

2012—2015年，云南中烟再造烟叶有限责任公司研制开发出新型智能网前成形系统，采用两级筛选+脉冲压力消减罐，减少了纤维之间絮聚，增加了浆料稳定性，提高了片基成形匀度。可在线控制纸机横向定量波动，减少片基横幅定量波动。实现了浆料流送及上网成形柔性化、精细化、智能化加工，保证了产品质量的稳定性。

6. 智能化涂布系统

2012—2015年，云南中烟再造烟叶有限责任公司研制开发出智能化涂布系统，对涂布机、涂布上料装置、涂布液循环过滤处理、涂布后喷淋、低温渗透平衡等进行了集成设计，形成了涂布集成系统。控制精度高，波动范围小（＜1.5%），基片克重在45~55g/m^2以内，涂布率在38%~48%以内。

7. 叠层隧道往复式烘润干燥系统

2012—2015年，云南中烟再造烟叶有限责任公司研制开发出叠层隧道往复式烘润干燥系统，代替了传统扬克烘缸，突破抄造车速瓶颈，实现＞190m/min高车速的稳定运行，产品两面理化指标差异小，吸收性和松厚度好，达2.53cm^3/g（厚度0.24mm），实现了烘干精细化、柔性化、智能化。

8. 穿流式干燥设备

2012—2015年，昆船公司研制开发的穿流式干燥设备，设备结构简单，维护简便、维护费用低，流量范围宽，脱水烘干均匀，造碎率低，节能环保，可最大限度减少香味的损失。

9. 再造烟叶专用切丝机

2012—2015年，昆船公司研制开发的再造烟叶专用切丝机，采用先进的控制技术，实现了刀辊和排链电机的精确控制；采用合适的刀门压力，保证了切丝宽度的均匀一致；切后烟丝较松散，跑片较少；进料流量稳定、喂料均匀；烟丝宽度合格率达98%以上。

（二）造纸法再造烟叶标志性生产线

2014年，广东汕头、云南昆明、浙江杭州3家造纸法再造烟叶研发基地，根据自身基础条件、技术特点和产品定位，相继建成了具有国际水准的年产万吨的标志性生产线，生产车速、产品得率、生产水耗/能耗、产品质量稳定性、自动化水平等主要技术指标超过了国外先进水平，可达到国际领先水平。

1. 集成创新标志性生产线

2014年3月27日，广东汕头造纸法再造烟叶标志性生产线通过了国家局组织的鉴定（图12-83）。该线通过系统的基础技术研究、创新性的工艺技术与装备技术应用以及与自主技术和优势的结合，从多维度、多方式进行集成创新，构建了一套系统集成的造纸法再造烟叶生产工艺模式，实现了“高速、高效、清洁、低耗”，使产品抽吸质量好、理化指标稳定、卷烟应用工艺适应性好、烟气焦油与CO释放量低，综合品质显著提升，能够有效满足中式卷烟一、二类卷烟配方使用10%~12%的比例要求，其综合技术能力达到世界领先水平。

图12-83 广东汕头造纸法再造烟叶标志性生产线

2. 自主创新标志性生产线

2014年6月4日，云南昆明造纸法再造烟叶标志性生产线（图12-84）通过了国家烟草专卖局鉴定。该生产线基于产品设计系统化、加工精细化、控制智能化、生产集约化、加工过程清洁化的理念，通过关键工艺技术研究、关键主机设备研发和系统集成创新，原料分组加工、生物处理、理化指标调控等特色化技术与生产线高速、高效运行、柔性化加工技术的高度融合和工程化应用集成，构建了中式卷烟特色再造烟叶核心工艺技术体系，建成了国内第一条具有完全自主知识产权的“车速高速运行、设备自主创新、原料精细加工、产品柔性制造、生产清洁环保”的高水平中试生产线，再造烟叶产品凸显卷烟风格特征和使用价值，适合于不同卷烟风格特征，主要技术指标达到了国际领先水平。

图12-84 云南昆明造纸法再造烟叶标志性生产线

3. 旧线改造标志性生产线

2014年6月11日，浙江杭州造纸法再造烟叶标志性生产线（图12-85）通过国家局鉴定。该生产线以卷烟品牌为导向，以设备自主研发为支撑，以提取、制浆、抄造、液体处理、涂布、废水处理等关键工序工艺攻关研究为重点，通过系统的基础技术研究、创新性的工艺技术与装备技术的集成应用，构建了具有自主知识产权的造纸法再造烟叶生产技术体系，在旧线的基础上通过技术升级建成了“高速、高效、清洁、低耗”的万t/年造纸法再造烟叶生产线，全面提升工艺技术和产品品质，实现了产品柔性加工、宽幅适应、可调可塑、精确可控的要求，主要生产运行指标达到了国际先进水平。

图12-85 浙江杭州造纸法再造烟叶标志性生产线

第八节
展望

伴随着科学技术的发展，我国烟草机械技术和设备研制取得了较大成就，满足了卷烟工业发展的需求。随着卷烟工业集约化和品牌集中度的提高以及中式卷烟和新型烟草制品的发展，以“互联网+”和工业互联网为特征的新兴产业的崛起以及新一代信息技术与制造业的深度融合，使烟草机械向着智能、高效节能和环保方向转变，烟草设备的数字化、精细化、柔性化、自动化是发展的必然趋势，设计智能化、产品智能化、信息集成化将成为烟草机械发展的重点。

在烟草农业机械方面，现代烟草农业和智慧烟草农业必将是未来的发展方向。其重点：一是研发播种、剪叶、消毒、喷淋一体化设施，研究育苗温室光温水肥自动控制系统；二是研发新型节水灌溉控制系统与装备，研发精准施肥、精准施药、智能移栽和智能打顶与采收等烟草专用装备；三是研发新一代智能化、信息化、模块化、可移动的绿色高效烤房等烟叶烘烤设备等。在打叶复烤技术与装备方面，将以柔打细分、低温慢烤为发展方向，进一步降低打叶负荷、提高打叶效率、提高出片率，具有节能、低噪声、环境友好、维护便利等特点。复烤机将在低温慢烤方面有所突破。预压机将通过电缸取代液压系统，实现系统升级。整线自动控制、在线监测、大数据管理方面等技术将全面提升。

在烟草制丝技术与装备方面，发展重点是研究叶（梗）丝膨胀技术、过程自动控制技术、信息集成技术等，将开发技术先进、高效可靠、匹配合理的制丝成套设备和关键主机设备。

在卷接包装技术与装备方面，重点是研究开发自动化程度高、在线自动检测、故障自动诊断、生产数据自动采集、运行稳定可靠的高速卷接机组和包装机组。

在烟草自动化物流技术与装备方面，重点是研究自动仓储、自动分拣、机器人、自动识别、自动输送等新技术，研发能满足烟草工业和商业企业发展需要的自动化物流系统装备和自动化配送系统以及关键主机设备。

在再造烟叶技术与装备方面，将进一步深入研究提取分离技术、精制浓缩技术、抄造成形技术、涂布技术、干燥技术、自动控制技术等，开发高速、高效、清洁、低耗的再造烟叶成套装备和关键主机设备。研发加热不燃烧卷烟专用再造烟叶技术与装备。

在新型烟草制品装备方面，要以现有卷接包装设备优先利用为原则，研制从原辅料生产、成型、接装、包装的整套烟支生产用装备，包括稠浆法、辊压法专用再造烟叶生产设备，中高速再造烟叶基棒成型设备、含雾化剂配方烟丝成型设备、颗粒基棒成型设备、多元轮式/线性复合成型设备、中高速烟支模块化包装设备等。

在烟草机械设计制造方面，将广泛采用CAX技术、可靠性设计技术、动态分析与动强度设计技术、数控加工技术、机械精加工技术、特种加工技术、产品试验技术等，研制开发出新型智能化的烟草机械产品。

本章主要编写人员：曲伟、李涛、杜国锋、陈正华、徐庆涛、张予人、金鑫、刘建军、何炜平、郑根甫、苏宏延、沈德武、孙革、孙彩丽、胡堃、邵蔚、王永金、陈贵荣、张俊荣、丁兴

参考文献

[1] 国家烟草专卖局. 中国烟草年鉴（1981—1990）[M]. 北京：经济日报出版社，1997.

[2] 中国烟草通志编纂委员会. 中国烟草通志（第三卷）[M]. 北京：中华书局，2006.

[3] 王昌林. SQ21型切丝机 [M]. 北京：中国科学技术出版社，2001.

[4] 郭兵. SH6型顺流式烘丝机 [M]. 北京：中国科学技术出版社，2001.

[5] 卷烟卷接设备编写组. 卷烟卷接设备 [M]. 北京：北京出版社，1996.

[6] 中国轻工总会. 轻工业技术装备手册 [M]. 北京：机械工业出版社，1995.

[7] 李涛，杨文华. 激光导引AGV系统技术研究 [C]. 2001年中国智能自动化会议论文集（上册）. 北京：中国自动化协会，2001.

[8] 贾楠.烟草科学技术成果 [M]. 郑州：河南人民出版社，2016.

[9] 郑路，洪群业. 造纸法再造烟叶专利技术 [M]. 郑州：河南人民出版社，2016.

第十三章

烟草信息化

烟草信息化可以追溯到20世纪80年代初，至今已走过了30多个年头。从最初的单机系统到局域网应用再到互联网应用，从手工统计上报数据到在线报表系统填报数据再到“一号工程”和数据中心的数据自动汇集，从内网系统到网上订货和政务一网通办再到全面启动全国烟草生产经营管理一体化平台建设，行业信息化走过了业务电子化起步发展阶段，经历了集成整合阶段，正在由融合创新阶段向一体化协同创新阶段稳步迈进。未来，新一代信息技术快速发展，正在引领新一轮技术革命和产业变革，在“互联网+”、两化深度融合和数字经济的新形势下，以数字化转型整体驱动发展方式、生产方式和治理方式变革，对传统的生产、营销、专卖、管理等领域带来了革新，将有力助推烟草行业的高质量发展进程。

第一节

概述

（一）起步发展阶段（1982—2002年）

20世纪80年代初至21世纪初是烟草信息化的起步发展阶段，计算机技术的应用知识与技能在行业中得到快速普及，初步建立了烟草信息化学科并开始蓬勃发展[1]。本阶段主要有3个里程碑。

从单机应用到局域网应用。1982年，单台计算机开始在烟草行业的企业中得到应用。伴随着单台计算机的应用，开始出现一些单独开发或者是购买的业务软件，主要是单个部门的信息系统应用。到1991年，计算机单机系统在烟草行业的主要企业中基本得到了应用，如财务电算化软件、库存管理、卷烟购销存管理等系统，主要是面向具体事务操作层面的应用。从1992年起，烟草企业开始建设计算机局域网，把原来基于单机的应用逐步升级改造成了基于局域网的应用系统，信息化应用得到了快速发展。这一阶段，对学科发展具有典型意义的主要工作包括：会计电算化软件在行业得到普及应用，实现手工记账向会计电算化转变；行业网建模式发端于唐山，初成于南通，国家局在南通卷烟销售软件的基础上整合形成了行业商业基础软件并在行业内推广，之后行业开启了模式不断更新迭代的卷烟销售网络信息系统建设；国家局在颐中集团、武汉卷烟厂和成都卷烟厂3家单位的管理信息系统基础上组织开发、建设并推广应用了工业基础软件，当时36家重点工业企业中有11家实施了该基础软件；国家局组织建设了25个管理信息系统，并在局机关部门应用，提高了机关管理水平；国家局组织行业多家企业开展了CMIS攻关和验证工作；云南省建设了烟叶电子秤收购系统和烟叶调拨管理系统，并在行业部分省份推广应用；云南红塔烟草（集团）有限责任公司于2000年在行业内率先实施并于2001年成功上线运行SAP软件，成为国内首批成功实施SAP ERP的大型国有企业。

“修路建库”。1998年底，国家局建设了连接国家局和各省级局（公司）、地市级局（公司）的烟草行业卫星通信网。随着地面通信技术的发展和成熟，各省逐步建设了地面通信省域网。在此基础上，国家局开展了连接国家局和各省级单位的行业地面通信骨干网建设，与省域网相连，实现了包括国家局、省级局、地市级局、县级局共4个层级的网络互联互通，部分地区还延伸到了烟站，全网运行稳定，基本满足行业的应用需要，行业信息化“修路”工作初见成效。各类信息系统的应用积累了大量的信息资源，随着数据库和数据仓库技术的成熟及普遍应用，行业推进了信息资源“建库”工作，初步建成了各业务主题数据库。随着各个信息系统中数据积累量的增加，系统之间数据交互已成为急需解决的问题。国家局采用数据异步传输技术搭建了数据传输通道，并以HTTP、FTP、WII等数据传输技术为补充，共同构建了行业上下之间、系统之间的数据传输和交互体系。

规划和标准建设。1995年，国家局编制了《烟草行业计算机应用总体规划》和《烟草行业信息分类与标准汇编》，确立了“自上而下”的信息化建设方针和分“两步走”的总体目标。1997年制定《国家烟草专卖局（总公司）信息系统建设总体方案》，启动了“烟草行业金叶信息系统工程”建设，提出“在烟草行业建设集计算机、通信、自动化、管理、信息以及集农工商贸为一体的具有跨世纪水平的烟草信息系统”建设目标，先后印发《“金叶信息系统工程”建设工程规范》《烟草行业管理信息系统技术规范》和《烟草行业计算机网络建设技术规范》等文件。1998年制定了《全国烟草行业2000年信息化工作计划和2005年发展规划》，明确行业信息化建设的“四统一”（即统一标准、统一平台、统一数据库、统一网络）原则，为行业信息系统的互联互通、推进信息化集成整合奠定了基础。

在这一阶段，全行业形成了“用信息化带动烟草行业现代化建设”的基本共识，按照“四统一”要求，初步实现了“由基础性向应用性、由局部性向全局性、由分散性向集中性建设”的三个转变。

（二）集成整合阶段（2003—2011年）

按照国家“以信息化带动工业化、以工业化促进信息化，走新型工业化的道路”的要求和“两化融合”战略，行业信息化学科在这一阶段得到了突飞猛进的发展，走出了一条具有烟草特色的信息化发展道路，步入了科学、持续、有序发展的“快车道”，主要有4个方面标志性工作。

《数字烟草发展纲要》等文件正式印发，标志着行业信息化规划、信息化统筹建设工作步入正轨。2005—2007年，国家局先后印发了《数字烟草发展纲要》[2]《烟草行业信息化建设统一技术平台要求》和《烟草行业数据中心建设实施意见》等文件，明确提出建设数字烟草，努力实现用信息化带动烟草行业现代化建设，提高企业核心竞争力和中国烟草总体竞争实力的指导思想；明确了建设数字烟草要实行统筹规划、统一领导、应用主导、资源共享、安全高效、务求实效的原则；提出了数字烟草发展的主要任务，即建设电子政务、电子商务和管理决策3大应用体系；规定了在数字烟草建设过程中要执行统一标准，按照统一平台、统一数据库、统一网络的总体技术要求，逐步实现系统集成、资源整合、信息共享。全行业有36个省级局、工业公司制定了3~5年的信息化发展规划。

行业“一号工程”的建成标志着信息化建设已上升到支撑行业战略的高度。“烟草行业卷烟生产经营决策管理系统”（行业称为“一号工程”，以下简称决策管理系统）分两期建设，2003年启动了一期建设，实现“一打两扫”和“工商数采”；2007年启动二期建设，实现“打码到条”和“订单采集”。决策管理系统通过对条烟和件烟成品的标识和识别，实现了国家局计划赋码、工业企业打码生产、工商企业件烟出入库扫码、商业企业条烟打码销售。作为决策管理系统的配套工程，拓展建设了统计应用系统和调控管理系统。统计应用系统将“两打三扫”物流数据作为统计数据源，实现统计数据自动采集、三级数据自动汇总、统计报表自动生成；调控管理系统实现“一号工程”与专卖准运证系统、两烟交易系统、价格管理系统等的整合，进一步打通卷烟计划、合同、生产、专卖、物流、仓储、订单、销售等业务环节，形成环环相扣、畅通统一、流程驱动的数据链。通过决策管理系统的建设和运行，强化了国家局计划调控的严肃性和有效性，及时、准确、有效的数据采集和统计辅助调控与决策，为专卖管理提供了有效手段。通过决策管理系统建设，搭建了覆盖“一点两纵四层”的行业信息化基础平台，为推进行业集成整合奠定了基础。“一号工程”是行业的一项“基础工程、系统工程、战略工程”，是行业信息化建设的里程碑，为行业规范和发展持续发挥着重要作用，得到国务院和有关部委领导的高度评价，被认为是两化深度融合的典范[3]。

行业办公自动化系统全网运行标志着行业政务服务已全线打通。行业办公自动化系统于2003年启动建设，系统功能包括国家局公文流转、档案管理、网站以及行业远程公文传输，覆盖国家局及所有直属单位，实现了行业56个节点之间的公文传输和流程协同。系统建设运行十多年来，稳定支撑了国家局公文处理和全行业的公文传输，提升了行业公文办理和事务处理效率，规范了办文流程，强化了公文管理，降低了行政成本。“国家烟草专卖局办公自动化系统研发”项目获得了2012年度中国烟草总公司科技进步三等奖。2020年，顺利完成对行业办公自动化系统的信创改造。

行业统一应用系统的建设、升级与改造，标志着行业信息化集成整合上了一个新台阶。2001—2008年，国家局对烟叶准运证系统、卷烟准运证系统、卷烟到货确认系统、烟草专卖许可证等管理系统进行了整合升级，实现了对专卖准运证件管理的统一登录认证、统一操作流程、统一管理平台，既实现了对准运证信息的统计与应用分析，又实现了对开具准运证的全面监控和对卷烟流向的有效监控，至2020年8月，共管理发放卷烟准运证817万份、烟叶准运证262万份、物资准运证40万份、烟机准运证3.4万份，确保了市场环境的净化和良好经济运行秩序的维持。2003—2011年，从面对面交易到网上交易、从省际与省内分开交易到在统一的平台上交易，行业电子商务平台建设经历了不断转型升级的发展历程，截至2020年8月，卷烟交易共产生约1382万份合同，烟叶交易共产生约143万份合同，不仅大大节约了交易成本，规范了交易行为，而且使卷烟市场更加开放，为工商企业产销衔接、提高市场反应能力提供了极大的便利。2002—2011年，行业卷烟销售网建工作以市场营销、服务营销和品牌营销为核心，以卷烟订货网站、移动营销工具箱、呼叫中心和POS机为手段，构建了以省为单位的一体化、集中式的商业卷烟营销平台，开启了以“网上订货、网上营销、网上配货、网上结算”为主要特征的卷烟营销新模式。2001—2004年，国家局组织建设并在行业推广应用了烟叶生产、烟叶收购、烟叶调拨管理系统，实现了对烟叶生产涉及的基础数据、业务过程等信息的管理与监控，实现烟叶收购数据5级联网，实现对烟叶流通“进、出、存”数据的采集上报。2006—2010年，国家局开展了行业统一会计核算软件项目建设，并在行业内全面推广实施，实现了行业会计核算的统一、规范和实时查询、监督，切实提高了行业会计信息数据质量。

这一阶段，行业对信息化的认识不断深化，信息化工作得到广泛重视，随着以“一号工程”为代表的信息化重点工程的建设和应用，信息化已融入行业生产经营管理的主要环节，为行业持续稳定健康发展提供了有力支撑[4-6]。

（三）融合创新阶段（2012 年以来）

烟草行业按照“信息化与工业化深度融合”的国家战略，推动了生产过程智能化、物品流通数字化、经营管理网络化，国家局发布了《烟草行业信息化发展规划（2014—2020年）》，开展了行业信息化总体技术架构的规划、设计和实施，成体系地概括了烟草行业信息化基础数据架构、技术架构和应用架构的建设内容、实施路径、所需标准和建管用规范，并落地建设了“一中心”（行业数据中心）、“一平台”（行业信息化统一平台）、“一保障”（安全运维一体化管控平台）、“一标准”（围绕集成协同共享的信息化标准规范）。随着云计算、大数据、人工智能等互联网新技术的发展，行业开展了新技术融合创新应用实践。

1. 行业信息化规划发布

2014年国家局发布了《烟草行业信息化发展规划（2014—2020年）》，确定了CT-155行业信息化发展蓝图，包括一个行业信息化统一平台，政务管理、运营管控、资源管理、监督管理“四纵”和供应链管理“一横”五大应用，以及信息化决策、架构与标准、建设与实施、运维与服务、网络与信息安全五大保障体系。规划进一步明确了信息化发展方向，设计了框架方案，理清了建设思路，提出了重点工程项目和保障措施。

为贯彻落实国家信息化发展纲要和国务院关于推进“互联网+”、中国制造2025、大数据发展纲要等系列文件要求，2018年，国家局编制印发了《行业“互联网+”行动计划》[7]，确定了行业推进“互联网+”行动的指导思想、基本原则、总体目标和发展方向，明确开展4个重点领域融合发展增强创新能力、建设3个应用平台打通价值网络、构建2个技术平台提升支撑水平等重要任务。行动计划是在新形势新要求下对CT-155规划的完善提升，重点解决如何适应网络经济新趋势、开展面向互联网应用实践的问题。

2. 行业基础技术平台建设

行业信息化统一平台开发建成。行业信息化统一平台（以下简称“统一平台”）继承、完善和发展了“一号工程”所形成的基础信息平台成果，成为行业数据交换、信息共享的基础平台，成为承载各类行业性应用、两级建设主体有效集成协同共享的行业信息化基础设施。该平台实现了传统技术架构向开放、灵活、弹性新一代技术架构的转变，实现了对核心技术架构和平台的自主掌控，其物理部署区域主要涵盖国家局主计算中心、上海容灾中心以及省市级前置环境。统一平台由基础资源云环境、传输环境、集成环境和数据环境4个部分组成。

行业数据中心投入运行。行业数据中心重点构建数据转换与加工、数据建模与存储、数据整合与分析等功能，实现了行业信息资源管理，搭建了计划调控下的卷烟供应链管理数据体系，构建了基于两烟基础业务流程的稳定的数据结构，为行业和企业提供了数据加工和分析服务，为行业生产经营管理和决策提供了数据支持。

行业安全运维一体化管控系统完成建设。安全运维一体化管控系统将安全管理和运维管理进行一体化、流程化设计和建设，形成资产管理、运维管理、安全管理和业务办理“四中心”，提升了行业信息化资产可知、状态可视、运维可管、安全可控能力。

行业信息化标准体系不断完善。在行业信息化标准体系建设中，主要开展了基础性、前沿性和创新性标准研究制定工作。基础性标准重点推进数据类、代码类、安全技术类、运维管理类等行业通用标准的建设，前沿性标准重点开展了应用集成类、数据交换与共享类等行业急需标准的研制，前瞻性标准重点加强对大数据、云计算等新技术应用建设指导意见的研究。

3. “平台＋应用”的建设与管理

行业统一平台和数据中心的建成落地，给烟草行业信息化建设模式带来了新的变化，涌现出越来越多“平台+应用”的融合应用。在技术实现上，做到系统组件化、组件服务化、服务平台化；在建设模式上，按照两级主体、协同建设、项目带动的基本模式，“统”与“分”的把握得到了改善；在管理方法上，2019年印发《烟草行业统一平台运行管理办法（试行）》，确保行业统一平台由建起来向用起来和管起来的平稳过渡，行业统一平台逐渐成为硬约束，集中体现在项目立项审查、系统设计、数据建模、部署实施等关键环节；在实施部署上，借鉴标准作业流程方法，通过对信息化项目实施环节的标准化和规范化，提高实施效率、降低实施成本、提升项目质量。

国家局按照“平台+应用”的模式，开展了多个行业融合应用项目建设。行业专卖管理信息系统形成了以行业统一开发系统为主，对接省级单位现有专卖系统的建设模式，从技术上保证了既满足行业管控要求，又满足企业实际需要。行业统一财会管理信息系统在构建国家局财务管控平台以及合并报表处理、财务分析系统的基础上，建立业务信息与账务结算信息的关联，构建事前事中事后财物管控模式。烟叶信息管理基础软件实现了对烟叶流通环节全流程、全覆盖的信息采集，强化了行业烟叶生产、收购、调拨、复烤业务的一体化管理。国家局规范管理信息系统实现了与行业58家单位采购管理信息系统的数据对接，为实现“线上巡查监管，线下督办检查”的规范管理监督新模式奠定了基础。

4. 新技术融合创新实践

2009年起，烟草行业开始探索云计算、大数据、物联网、移动互联等新技术与烟草传统业务的相互融合与应用创新。随着《行业“互联网+”行动计划》的出台，行业各单位积极适应互联网发展的新形势，深入推进了新一代信息技术与烟草产业的深度融合和创新应用，努力探索了烟草农、工、商、政4个领域的业务模式转型升级。

在智慧农业方面，将物联网、云计算等先进技术应用于烟叶生产、经营管理、质量追溯和烟农服务等方面，探索精准化生产方式、精益化管理体系、智能化烟叶供应链和规范化服务体系建设。贵州省局与江苏、云南等中烟公司联合开展了行业烟叶全程质量追溯体系建设试点工作，探索建立贯通育种、种植、收购、调拨、复烤加工、工业投料等各环节的烟叶追溯体系。

在智能制造方面，重点探索卷烟工业企业数字化转型的方法路径。国家局在云南中烟等5家中烟公司7个卷烟厂组织开展了基于CPS的卷烟智能工厂试点验证工作。通过试点和验证，探索了从数字孪生、CPS到智能工厂的建设路径和模式，初步形成了卷烟制造工业互联网平台架构和基础技术要求，试点项目入选了工信部“2019年制造业与互联网融合发展试点示范项目”。浙江中烟开展了工业企业生产过程批次管理系统建设，实现了对产品生产全过程状态的追溯，推动精益化管理。云南中烟与云南省局合作，打通原料供应链和产品供应链信息流，初步实现贯通工商的数据展现。

在现代流通方面，应用智能终端、移动支付、大数据、小程序等互联网新技术，有效解决信息传递、用户交互、流量聚合、数据积累、会员管理等问题，建立面向消费者的卷烟营销平台，构建工商零共同面对消费者的新生态。浙江、四川、大连等商业企业及广西中烟等工业企业借助大数据技术，开展卷烟消费者画像、行为分析、品牌消费趋势跟踪等研究工作，全面支撑货源投放、品牌培育、消费洞察和工业产品研发，创新数据驱动的面向消费者营销新模式；将互联网新技术应用于新型终端建设，优化零售户经营模式，提升消费者购买体验，探索渠道终端零售新模式，增强终端服务能力与渠道掌控能力。

在高效政务方面，深化放管服改革，推进行业一体化政务服务平台、"互联网+监管"系统和政务信息资源整合共享系统建设，实现了行业政务服务的"一网通办、异地可办"，提升了行业"规范监管、精准监管"水平，促进了跨政府部门的信息共享和面向社会公众的信息公开。以大数据应用为核心，以业务融合为关键，构建政务服务化、监管实时化、操作流程化的数字专卖监督管理体系，实现专卖许可证管理、案件管理和专卖队伍管理的"三统一"。

同时，随着云计算技术的逐渐成熟以及微服务、容器化等云原生技术的发展，行业部分单位开始尝试"云平台+数字中台+应用"的网信建设新模式，通过云平台适配互联网微服务架构，支撑企业构建高并发、高性能、高可用、安全的企业互联网应用；通过数字中台将共性需求进行沉淀，整合形成平台化、组件化的服务能力，以接口、组件等服务方式共享给各业务应用使用，以实现数字能力共享。浙江省局（公司）按照"强后台、厚中台、薄前台"架构，探索中台建设，强化业务和数据共享，深入挖掘数据价值，推动实现业务数据化、数据业务化，让数据真正用起来，有力支撑业务创新。

第二节

烟草行业信息化基础体系建设

（一）基础设施体系

1. 网络通信

20世纪90年代初，随着计算机网络进入快速发展时期，行业一些单位逐步开展了计算机网络建设，将计算机单机应用逐步升级改造成了网络版应用。2000年左右，国家局和行业30多家单位建成了局域网，主要运用以太网技术，采用1000M主干、100M到桌面、划分VLAN、中心交换与中心路由的模式，并提供了基本的网络应用，包括WEB/

DNS/MAIL等。国家局采用光纤通信技术，将西便门局域网与广安门局域网联通，实现了局机关网络应用的一体化。20世纪末，行业对网络应用需求不断增加，鉴于当时地面网络不够发达，采用VSAT卫星通信技术建设行业网络。行业卫星通信网共计建设了国家局主站（简称A类站），34家省级单位B类站（可与A类站双向传输图像、数据、语音）和272家C类站（可与A类站和B类站双向传输数据，并接收A类站的图像）。行业卫星通信网通过租用鑫诺卫星C波段带宽，采用TDMA技术建立传输通道。行业卫星网的建设，促进了行业各单位网络互联互通，特别是在2003年“非典”期间，卫星电视会议系统为国家局与行业各单位沟通部署工商分离工作发挥了重要作用。

1998—2003年，基础电信行业的地面通信网络覆盖范围不断扩大，有20个省级局（公司）通过租用电信运营商线路，初步建成了基于地面专线连接的窄带省域网。2004年，行业明确提出了“统一网络”，建设行业地面通信骨干网，采用2M SDH数字链路，实现了与行业68家单位的互联互通，与卫星网形成了“天地合一”的网络。2006年，建设了地面电视会议系统，采用标清H.263标准，将电视会议带宽提升至768Kb，实现了与所有省级单位的双向视频传输。各省级单位组织实施了与地市级单位的电视会议系统建设，至2008年底，基本建成了覆盖地市级单位和卷烟厂的电视会议系统。2010年，行业骨干网线路带宽扩容至2M+4M，并实现线路和设备的自动备份。2014年，再次实施了行业地面骨干网线路的升级和扩容，采用MSTP方式，将行业骨干网线路带宽扩容至10M+10M，实现了国家局与行业各单位的宽带互联。2014年，采用H.264协议将电视会议系统改造为高清标准，行业各省级单位基本都实现与所属单位的高速互联。目前，各单位局域网建设逐步向万兆、网络虚拟化方向发展，为行业信息化的应用提供了网络基础保障。

行业在加强专用网络建设的同时，不断提高互联网接入能力。20世纪90年代采用微波技术通过中国科学院联入了国际互联网，确定tobacco.gov.cn、tobacco.com.cn、tobacco.org.cn作为行业顶级域名，并自主建设域名解析系统，为烟草行业开展互联网应用奠定了基础。至2020年8月，国家局互联网出入口有3个，均为光纤接入。一个是电信通1000M，用于机关人员上网；一个是电信140M，用于国家局互联网应用系统访问；还有一个是电信100M，用于电子商务公司两烟交易系统。

2. 机房环境

现阶段，烟草行业各单位在用机房全部为现代机房，省级直属单位机房可用性等级达到A级的近60%，其余也多为B级，总体上在国内企业中处于较高水平。早期行业各单位机房大多在办公楼内建设，建筑基础条件参差不齐，各单位机房基础设施建设水平差异较大。近年来，具备条件的单位陆续开展了机房基础设施升级改造和更新换代工作。建设方式从早期的“因地制宜”向从建筑设计阶段开始的“系统设计”方式转变，冷/热通道封闭、新型行间制冷空调、模块化UPS等一批节省能源、节约投资、扩展性强的新技术、新设备投入应用。机房基础设施从建设“机房大环境”向更贴近于设备的“机房小环境”“设备微环境”转变，从理念、设计，到设备、管理，整体水平有了较大提升。

国家局机房作为烟草行业信息系统运行、数据存储和数据交换的中枢，部署着行业主要核心应用系统，对可靠性、可用性有极高的要求。西便门办公楼时期，国家局机房由1个计算机主机房、1个卫星通信机房组成，总面积约300m²。三里河办公楼改造时期，国家局新机房随三里河新办公楼一并规划设计，2006年建成并投入使用，总面积700余平方米（含辅助功能区），较好地支撑了服务器设备两次大规模更新换代和业务应用系统的快速发展。为更好适应行业信息化发展需要，2019年，国家局按照“符合国标，技术先进；绿色节能，经济适用；安全可靠，便于管控”的原则，根据新版GB 50174—2017《数据中心设计规范》对机房基础设施进行升级改造，全面升级配电、环控、安防、屏蔽、装修等子系统，引入冷通道封闭、智能配电等成熟技术，建立了集中式的运行监控智能化系统，有效提升了机房运行管理智能化、精细化水平。

（二）安全运维体系

1. 网络安全

行业网络安全经历了4个发展阶段。

第一阶段是早期单纯的防火墙产品应用，主要是面向网络进行防护，实现边界隔离。行业把计算机系统作为网络信息安全的主要保护对象，开展实体安全建设，主要的防护技术是防火墙、入侵检测、计算机防病毒。

第二阶段是防病毒产品、漏洞扫描产品、入侵检测、CA身份认证、安全审计等多产品的单独应用，主要是面向终端、主机等安全保护对象进行的安全报警、分析和审计。2006年，国家局组织开展基于PKI/CA技术的行业CA认证体系建设，为应用系统权限管理和单点登录提供了支撑平台，为实现烟草行业统一身份认证、构建烟草行业网络信任体系提供了基础平台。行业卷烟和烟叶交易管理系统、专卖证件管理系统应用了该技术体系，实现了卷烟和烟叶交易防抵赖性与电子专卖证件的数字化加密，使行业的电子交易与监管更加规范，并满足可信要求。同时，行业有30多家单位建立了全省统一的防病毒系统，多家省市公司委托有资质的安全评测机构进行了信息化安全测评，取得了安全测评认证中心颁发的A类安全测评认证。

第三阶段是以建设综合监控系统为主，实现对系统和资源的运行监控和安全报警。2009年，国家局和行业各单位加强了网络安全保障体系建设，在“防火墙、防病毒、入侵检测”技术基础上，扩展了入侵防御、数据库审计、网络行为审计、网页防篡改、运维审计以及下一代防火墙等一系列面向应用层面的网络安全技术，并探索将安全、运维流程管控和安全运行监测技术进行结合，建设了运维管理、安全监测等系统，较好地保障了信息系统和信息安全。

第四阶段是通过建设行业安全运维一体化管控平台，将网络安全技术和运维管理流程相结合，实现安全与运维一体化管理。该平台以ITIL（信息技术基础架构库，Information Technology Infrastructure Library）思想和安全管理为基础，按照“整体集成主动”的一体化原则，进行统一数据采集、统一技术架构设计、统一模型建设、统一平台功能应用。通过行业安全运维一体化管控平台的建设，完成了从项目立项、合同管理、设备上架、系统上线、运行监控、安全预警、故障处置等流程的闭环管理，实现了安全态势感知和联防联控，强化了信息系统安全运行保障，优化了行业信息化运维资源，加快了安全事件的响应速度，有效整合及提升了技术防护能力，提高了工作效率。

2. 运行维护

随着行业业务系统日渐增多、技术架构日趋复杂，且伴随用户访问终端日益增多，行业各级信息化部门的运维对象成百倍增长，服务客户数量和应对业务需求也成比例增长，运维工作量和复杂度大大增加。

运维技术和工具由最初的手工操作向自动化方向发展。随着硬件基础设施和支撑软件在高可用技术和并行技术等方面的升级换代，运维技术也从开始使用的双机冷备技术，到2006年逐步采用虚拟分区技术和双机热备技术，显著提高了业务系统的稳定性，减少了硬件故障恢复时间；从2007年开始采用的软件集群技术，发展到目前正在使用的分布式计算和资源池虚拟化技术，尤其是行业私有云建设将计算和存储资源池化，实现了软硬件资源灵活调配和统一管理，有效地解决了基础环境弹性不足问题，提高了计算资源利用率，使资源更加易于管理、迁移与维护，满足了业务运行需求。

运维管理随着技术和实践发展逐渐标准化、规范化。烟草行业运维管理在积极实践相关理论，贯彻ISO 20000和信息技术服务标准（ITSS）等相关标准中不断探索前进，经历了从手工运维到流程化和标准化运维、再到平台化和自动化运维阶段，目前行业正在探索进入 DevOps（研发运营一体化）和AIOps（智能运维）阶段。运维工作中采用以客户为中心面对过程的规范管理方法，结合了流程、人员和技术3大要素，标准流程负责监控运维服务的运行状况，人员素质关系到服务质量的高低，技术则保证服务的质量和效率。行业安全运维一体化管控平台项目建设，采用“基础设施、硬件设备、资源池、节点、软件、组件、应用系统”的“七层模型法”，对各类IT资源进行分层分类管理，全面掌握信息化资产状况，实现总公司本级及行业统一平台信息化的“资产可知、状态可视”；对行业信息化工作涉及的资产、系统、人员，以及信息系统建设全过程进行流程化、规范化管理，实现“运维可管，安全可控”，整体提高了运维管理水平。

3. 容灾备份

行业信息系统灾难备份与恢复工作得到了持续发展。2009—2013年，建设上海容灾中心，通过容灾演练全面验证容灾系统功能，为国家局提供应用级容灾，为行业各单位提供了数据容灾服务。

上海容灾中心利用地理上的分离提升了北京主中心信息系统抵御灾难的能力，实现了现有35套主要应用的应用级容灾部署，在北京主中心发生灾难事件情况下，上述系统可在4h之内切换至上海容灾中心继续运行，数据丢失量小于10min，达到国家5级灾难恢复要求。异地容灾要求将北京主中心每时每刻的数据变化情况实时复制到上海，全面保障数据安全。当北京主中心生产系统出现不可恢复的故障时，由上海容灾中心灾备系统提供可用的数据。在面向国家局提供容灾服务的基础上，上海容灾中心搭建了行业统一容灾平台，通过共享方式降低了省级单位容灾建设投资规模，2015年西藏区局、海南省局和郑州烟草研究院成为首批依托上海容灾中心实现异地灾备建设的试点单位。

截至2020年8月，国家局先后组织了13次行业性的容灾演练，完成了39套信息系统和69家单位容灾演练全覆盖。其中，7次为双向演练，共26套信息系统切换至上海运行后回切北京，容灾环境功能和性能经受了真实应用负荷的检验，基本实现发生灾难时重要信息系统在4h之内完成系统切换和“数据完整、应用连续”的设计目标，具备了面对灾难“来之能战、战之能胜”的实战能力。

（三）信息资源体系

通过行业数据中心建设和运行，构建了行业信息资源体系，实现了信息资源规划与管理，包括信息分类与编码、主数据、数据元、元数据、共享数据模型管理，实现了数据交换、数据加工、数据共享和数据分析。行业数据中心于2012年4月启动建设，2015年12月上线运行。

1. 基础数据资源管理

制定《行业元数据标准》《行业主数据编码标准》和《行业数据质量管理标准》，规范行业主数据模型，规范行业统计指标，分析指标数据血统关系；对行业主数据进行集中管理，保持主数据在整个行业范围内的一致性、完整性、可控性，实现主数据一处维护、多处使用；统一数据质量管理，开展对数据全生命周期质量全程监控，通过元数据信息，实现拓扑呈现，提供系统数据处理状态和质量状况的全局报告，可对数据质量问题进行管理，根据评估指标和评估方法，实现对数据源数据质量的评价。通过对基础数据资源管理，实现行业信息资源统一规划、集中管理和有效控制，提升了信息资源管理和利用水平，充分发挥了信息价值并将其应用于辅助行业管理和决策。

2. 行业数据采集与传输

在“一号工程”所构建的行业基础信息平台的基础上，将数据的采集、清洗、传输、存储、加工和交换功能与决策管理系统业务功能进行剥离，对国家局、省局（工业公司）、地市局（工厂）的三级数据通道进行公共化改造，完善指标代码体系，对ETL、FTP、BKR体系和动态采集模块进行了平台化改造，开放API调用接口，形成了行业公共的数据通道。同时，在国家局、省级局（公司）、工业公司部署虚拟化的前置环境，作为已有通道的扩充，提升通道能力。行业数据采集与传输通道摒弃了传统的中间库推送方式，在纵向的3级企业间，以三级数据元指标管理体系为依托，通过自研的行业ETL配置表映射任务，实现以指标为颗粒度的可视化、可配置、规范性的数据采集与交换；通过封装MQ实现数据异步传输，并以CD和HTTP为补充，形成了行业通用高效的数据传输通道，为全行业跨组织层级的数据交互提供了安全、可控的接入、传输和交换能力。在横向的国家局业务系统间，通过国家局ETL工具，采用组件化的方式配置抽取映射、工作流来完成抽取任务，通过配置实现数据的清洗、转换和规范化。通过行业数据中心，实现了卷烟、烟叶、统计、财务、专卖等多个领域的数据集成整合和标准规范。

3. 行业数据建模

建立行业数据模型的主要方法是通过对业务流程、业务环节、业务活动的分析，梳理和识别数据要素，设计数据实体和数据流图，构建概念模型，形成稳定的关键指标体系，并能由指标体系进一步构建逻辑模型和物理模型，使数据模型不仅能反映业务域内部的数据组成、指标指数和相互之间的依存关系，而且能反映业务域之间的数据关联关系，初步实现数据层面的“三流整合”，为卷烟与烟叶一体化、财务业务一体化、业务管控一体化和供应链管理一体化奠定了基础。通过数据建模，共梳理118个流程、识别327个指标、形成209个实体、形成389个数据卡片，建立了覆盖全行业卷烟和烟叶生产经营（烟叶收购、烟叶调拨、卷烟生产、卷烟调拨、卷烟销售）、计划管理、会计核算、专卖管理、交易管理和人力资源管理7大业务域的数据模型。同时，总结经验形成了一整套数据建模方法，指导行业工商企业信息化建设过程中的数据模型设计。依据数据模型，搭建了基于BKR体系的数据仓库，开展数据关联和应用，挖掘数据价值，实现BI分析和展现；深度开发利用数据资源，规范数据资源管理，实现资源共享，强化绩效分析、经济运行分析、商业洞察分析、风险预警监控、业务场景分析等数据分析应用，对行业生产经营管理进行指标预警和流程监控，为国家局各业务部门和工商企业提供数据集市服务、数据共享服务和数据下行服务。

（四）行业应用集成体系

行业应用集成正逐步向平台化转变，通过行业统一平台，以及准备建设的行业云平台和正在开展试点的卷烟制造工业互联网平台以实现行业应用集成。

1. 行业统一平台

2014年，国家局制定了烟草行业CT-155信息化发展蓝图，明确了行业“一个统一平台、五大应用体系和五大保障体系”的IT架构。行业统一平台由数据环境、传输环境、集成环境和云环境4个部分组成。数据环境和传输环境依托行业数据中心项目建设，云环境和集成环境通过行业统一平台基础环境升级改造项目建设。行业统一平台是支撑烟草行业“十三五”期间系统运行的基础技术平台，对行业的信息化架构升级转型以及运行管理方式转变有着重要影响。行业统一平台概念的形成与完善是伴随着信息技术的发展、行业应用系统的建设以及行业信息化管控思路的成熟而逐步明确的。

2003年之前，行业信息化并没有形成统一的基础平台标准，各应用系统技术架构不尽相同。2003年，国家局启动了卷烟生产经营决策管理系统（“一号工程”）项目建设。通过项目实施，在所有工业生产线和商业分拣线部署了工控机和打码机，在工商企业出库和入库点部署了PC服务器，在各生产厂和地市局（公司）部署了小型机服务器集群，在各省级公司部署了小型机服务器集群，在国家局部署传输通道服务器、数据库服务器、应用服务器、数据中心服务器以及存储设备，同时，在四级服务器上部署了统一的中间件、数据库，搭建了基于MQ消息中间件的三级纵向数据传输通道和基于XML格式的数据交换标准，实现了国家局、省、市级数据采集与汇聚，建立起覆盖国家局、省级公司、地市公司/生产厂、生产车间/仓库的“一点两纵四层”行业信息化基础设施，形成了行业信息化基础信息平台，满足行业应用部署、运行以及数据采集、传输、加工、存储、应用等需要。

2013年启动行业数据中心建设，对行业基础平台的三级传输通道进行了公共化改造，形成了行业数据传输环境；通过数据建模，搭建了数据加工存储应用体系，形成了行业数据环境。

2015年启动行业统一平台基础环境升级改造项目建设，重点开展了行业基础资源云环境和基于ESB的两级联邦集成环境建设。国家局对“一号工程”搭建的基础环境进行了必要的资源升级和扩容，将原来以小型机和进口设备为主的运行环境更新为国产化的X86服务器和SAN存储。通过引入成熟的虚拟化软件在国家局和省级单位前置环境中搭建了运行稳定的虚拟化运行环境，对计算资源和存储资源进行池化管理。建设了基于Openstack架构的国产化云平台并对池化资源进行统一调度和监控，提供高可靠和高灵活的资源，实现了国家局、容灾中心和58家省级前置环境2级基础资源的分权分域管理以及对核心技术架构和平台的自主掌控，实现了资源集约化、管理精细化，降低了运维成本，提高了服务能力。利用云环境的镜像管理技术，制定了以“统一安装包进行推广部署”的行业系统实施方式，改变了之前需要依靠大量实施队伍到达各单位现场进行安装的实施模式，提升了行业系统实施效率。

同时，在国家局和前置环境中搭建了基于ESB服务总线的两级联邦集成环境。利用商品化的ESB软件，提供了稳定的服务交换环境；在此基础上，根据行业的管理特点定制开发了联邦集成环境管理系统，提供组件和服务的注册、审批、授权、路由与运行监控等功能，为行业应用的组件化和功能服务化提供了灵活的集成能力，支撑了行业纵向和省级单位间横向的流程整合，使国家局具备了对国家局和省级前置环境中运行的行业服务进行全局管控的能力。制定了行业两级服务总线联邦应用标准，并通过财务管控、专卖管理等业务系统进行了验证，推动了行业管控应用从传统技术架构向开放、灵活、弹性的新一代技术架构转变[8]。

2. 行业互联网架构云平台

随着互联网与经济社会各领域的深度融合，传统软件技术架构难以支撑企业互联网应用创新、第三方服务接入以及内外部数据整合等问题日益凸显，企业针对互联网应用的开发、测试、发布、部署、集成、运维和运营等需求更加迫切。云平台作为支撑云计算、物联网、大数据、移动互联网等新技术的重要载体，能够有效地整合各类设计、生产和市场资源，促进产业链上下游的高效对接与协同创新；能够大幅降低企业信息化建设成本，优化运营管理流程，创新业务发展模式，降低企业运营成本。

2017年，《烟草行业“互联网+”行动计划》提出建设行业互联网架构云平台和大数据平台（以下简称行业云平台）。2020年4月，《全国烟草生产经营管理一体化平台建设及营销先行建设试点工作方案》明确提出构建由行业主中心节点（上海）、行业副中心节点（浙江）和省级工商企业节点（企业云平台）形成的“两级多点”的“1+1+N”行业云平台体系总体框架。其中，以上海容灾中心为基础，建成行业云平台主中心节点，作为基础云设施用于部署行业级应用；将浙江省局（公司）专有云平台加以完善扩展形成副中心节点，作为容灾备份中心；省级单位将根据实际情况建设云平台并接入云平台体系，作为省级节点，用于部署支撑自身经营需要的应用系统。同时，在云平台上构建业务中台和数据中台，为行业业务运行和数据智能提供共享共用的业务服务和数据服务。

将云平台作为行业数字化转型的重要基础设施，可促进烟草产业与新技术深度融合应用，以技术进步倒逼效率提升、管理提升和机制优化，加速新旧动能转换，将有助于推动行业发展质量变革、效率变革、动力变革，为行业高质量发展提供重要支撑；有助于形成烟草产业链条各环节之间的良性循环，提高资源配置效率和全要素生产率，推动行业向数字化、智能化发展，逐步形成以数字为核心驱动要素的烟草产业体系。

3. 工业互联网平台

工业互联网平台是工业全要素、全产业链、全价值链连接的枢纽，是实现制造业数字化、网络化、智能化过程中工业资源配置的核心，是信息化和工业化深度融合背景下的新型产业生态体系。作为工业智能化发展的核心载体和打造制造业竞争新优势的关键抓手，工业互联网平台能够支持制造资源泛在连接、弹性供给和高效配置，实现海量异构数据汇聚与建模分析、工业经验知识软件化与模块化、各类创新应用开发与运行，从而支撑生产智能决策、业务模式创新、资源优化配置、产业生态培育。

2017年底开始，国家局组织开展了基于CPS（信息物理系统）的卷烟智能工厂试点工作，通过试点和验证，研发了可解耦、可复用、可配置的数据采集服务组件、数据建模服务组件、虚拟仿真服务组件等基础服务，形成了《烟草行业卷烟制造工业互联网平台通用技术要求》标准，为行业工业互联网平台建设奠定了基础。后续将依托CPS试点成果，开展行业工业互联网平台建设，建立统一的行业工业互联网标识解析体系和行业工业互联网平台标准体系，提供工业数据采集与边缘计算、工业数据汇聚与治理、工业数字建模与微服务管理、工业APP开发环境与应用管理四项关键能力，促进工业生产要素互联互通，推动探索智能制造创新应用，培育以数字化、网络化、智能化为主要特征的新型生产方式，打造自主创新新高地，促进生产提质、经营提效、服务提升。

（五）信息化标准体系

2003年6月，中国烟草标准化委员会信息分技术委员会（以下简称“信息分标委”）成立。作为一个技术性组织，在全国烟草标准化技术委员会指导下，负责烟草行业信息技术领域的标准化技术归口工作。信息分标委根据国家《标准化法》和行业标准制修订管理办法，围绕行业信息化重点工作，按照基础性标准“缺什么、补什么”，推进行业通用标准的建设；前沿性标准“重在哪、抓在哪”，开展行业急需标准的研制；前瞻性标准“难在哪、破在哪”，重点加强云计算、大数据、移动应用等新技术应用建设指导意见的研究。信息分标委设秘书处，秘书处工作主要抓住标准立项、合同签订和专家论证等关键环节，开展了有针对性的管理工作，标准化工作水平得到提升。截至2020年，信息分标委归口管理的共有69项标准，其中推荐性行业标准（YC/T）59项，推荐性中国烟草总公司企业标准（YQ/T）8项，指导性技术文件（YC/Z）2项。

（六）信息化规划和应用建设指导体系

1. 信息化规划方法论

规划能促进信息化建设目标与行业、企业发展战略相协调，解决信息化建设过程中长期存在的难共享、难集成、重复建设、各自为政、信息孤岛等问题，确保信息化建设协调有序发展。2005年，国家局印发了《数字烟草发展纲要》，提出一体化数字烟草的建设目标。2011—2012年，国家局组织编制了行业“十二五”信息化发展规划，基本形成了行业信息化规划“点、线、面、体”五层架构编制的方法论。

烟草行业业务运营一体化具有其特殊性，既有集团化管控的特征，又有实体化运营的特征，是由各个业务职能“点”，相对独立的国家局和工商企业两个层“面”，贯穿国家局和工商企业、企业和企业之间的“线”，所共同构成的行业整“体”。按照企业架构的方法论，可从分析战略入手，逐层梳理业务架构、应用架构、技术架构、数据架构、安全架构和治理架构，做到从业务视角回答“为什么”、从信息视角回答“是什么”、从技术视角回答“怎么做”的问题，实现了技术、业务与管理三位一体推进，更好地协调管控要求和业务需求，统一调配和管理信息资源，防止信息化建设的单一性、绝对化。通过架构设计和管理，不断提升集成整合与协同共享水平。

烟草行业开展信息化规划不是“大而全”而是“准而精”，不是“盲目跟风”而是“为我所用”，不是“形成报告”而是“达成共识”。基于烟草行业的体制特点，采用了统筹规划而不是统一规划的方法，既坚持行业共性，又尊重企业个性，实现了行业信息化建设的上下联动、整体推进和共同发展。在统筹规划的同时强化顶层设计，从行业战略出发，自上而下进行规划和设计，充分承接战略意图，确保建设的前瞻性和体系化。按照规划出方案、方案立项目、项目抓落实的工作步骤，明确信息化项目施工图，稳妥推进规划的落实落地。

2. 信息化应用建设方法论

在长期的信息化应用建设过程中，行业逐步形成了“两级主体，协同建设，项目带动”的信息化应用建设原则，即坚持国家局与省级单位两级建设为主体，统一领导、分级负责，采用协同建设模式推进行业信息化建设，以具有全局性、基础性、集成性为主要特征的行业重大工程项目建设为抓手，带动行业信息化整体水平提升。逐步明确了“四个坚持”的信息化应用建设方法论。坚持统一性：信息化工作在发展上要制订统筹规划，在运行上要打造统一平台，在技术上要实现统一标准；坚持系统性：强调有效集成、协同共享、深度融合、强化功能；坚持规范性：坚持公开、公平、公正原则，通过建设阶段的公开招标、实施阶段的价格论证、部署阶段的第三方测试等一系列规定动作，确保项目建设质量；坚持安全性：落实网络与信息安全同步规划设计、同步实施、同步投入运行的“三同步”要求，确保了行业信息系统的安全、稳定、可靠、高效运行，确保数据安全。

（七）信息化组织管理体系

1. 管理组织

1997年，国家局信息化工作领导小组成立。1998年，国家局烟草经济信息中心成立，落实了行业信息化工作组织机构，建立健全了信息化工作规章制度，加强了专业队伍建设。2014年，中央成立网络安全和信息化领导小组以后，国家局整合了原有的信息化工作领导小组和信息安全领导小组机构与职能，成立了行业网络安全和信息化领导小组，国家局主要负责人任组长，国家局党组成员和各部门主要负责同志参加，进一步强化了对行业网络安全和信息化建设的统一领导和统筹协调工作。行业网络安全和信息化领导小组办公室设在国家局信息中心，负责日常具体事务。2019年，国家局三定方案中信息中心加挂行业网络安全和信息化领导小组办公室牌子（网信办），实行一套班子两个牌子，负责归口管理、指导协调和检查监督行业网信工作。国家局党组高度重视信息化工作，不仅把信息化作为一种技术支撑"工具"，更作为行业整体战略的一部分，与业务和管理的发展统筹考虑，在工作中对行业信息化重大工程和重点项目给予大力支持，保障了项目的顺利推进。国家局每年召开全行业网络安全和信息化工作会议，总结工作、交流经验、明确任务。

2. 信息化考核和水平评价

2003年开始，国家局相继印发《全国烟草行业信息化工作管理办法》和《全国烟草行业信息化工作考核办法》等，将信息化考核工作纳入了信息化工作管理全过程。2011年，国家局启动了行业信息化水平评价工作。按照理论性与实践性相统一的原则，结合行业特点，研究形成了5个一级指标、16个二级指标和104个三级数据采集项的指标体系，并不断优化分类评价和分析的方法。经数据采集、加工分析和实地复评，形成了行业及57家单位的信息化水平评价报告。评价结果在肯定成绩的同时，也反映出信息化建设中的一些短板和问题，如信息化对业务支撑度、集成度分别只有73.95%、60.35%，尚处于中等水平。在评价体系中初步建立了定量计算、定性分析和客观公正的评价方法，并每年对评价体系进行动态调整完善，初步具备信息化对标管理的能力。信息化水平继2008年纳入商业企业领导班子业绩考核之后，2012年又纳入了对工业企业领导班子业绩考核。2015年，国家局开展了行业"十二五"信息化考核评比工作，基于行业信息化水平评价指标体系，经行业各单位自评和国家局复核抽查，评比表彰了行业"十二五"信息化工作先进单位和先进个人。2020年，国家局开展了行业2017—2019年网络安全和信息化考核评比工作，结合工信部两化融合指标体系对行业信息化水平评价指标体系进行了优化完善，在此基础上，经行业各单位自评和国家局综合评议，表彰了行业2017—2019年网络安全和信息化工作先进单位和先进个人。

3. 网络安全检查和责任机制

2009年制定印发《烟草行业信息系统安全检查暂行办法》，建立了网络安全检查机制，每年组织开展了全面安全检查和专项安全检查，以网络安全检查促进网络安全技术应用，以提高安全防护能力。2013年建立"全面梳理、全面诊断、全面加固"的"三全"工作法，注重网络安全整体性、集成性、主动性，构建了"技防、人防、联防"网络安全架构。2014年制定印发《烟草行业信息安全等级保护管理规定》，建立了行业信息系统安全等级保护制度。2015年7月加入国家网络与信息安全通报机制，建立行业网络安全应急通报预警机制，不断提高了应急处置和安全保障能力。2017年印发《关于贯彻落实中华人民共和国网络安全法的实施意见》，明确三个原则和六项措施，明晰网络安全的法律红线。2018年制定印发了《烟草行业党组（党委）网络安全工作责任制实施办法》，强化了网络安全责任机制。2019年制定印发《中共国家烟草专卖局党组关于落实网络安全工作责任制的意见》，配套发布责任制落实工作指标，进一步明确了网络安全工作机构及职责，增加网络安全专职工作处室编制，并将网络安全工作纳入行业问责范围和省级公司工作业绩考核内容，落实等级保护2.0标准，组织进行信息系统再梳理和重新定级，在信息系统立项、上线等重要环节上增加网络安全审核程序，把网络安全监管覆盖到所有部门和所有系统。

第三节
烟草行业信息化业务应用体系建设与发展

（一）行业管控与决策管理

1. 一号工程

“烟草行业卷烟生产经营决策管理系统”于2003年立项建设，分别于2006年、2010年完成了一期、二期工程建设。一期建设内容包括一打两扫和工商数采，二期建设内容包括打码到条和订单采集。决策管理系统是行业的战略工程、系统工程、基础工程，是“一把手”工程，行业称决策管理系统为“一号工程”，用“两打三扫”来概括决策管理系统建设内容。

“两打三扫”是指工业企业向国家局申请件烟码、件烟生产下线时按计划打码（“一打”）、件烟出库扫码（“一扫”）；商业企业件烟到货扫码（“二扫”），件烟领用出库扫码（“三扫”）和条烟分拣配送打码（“二打”）。“工商数采”和“订单采集”是通过热连接的方式直接从企业业务系统中自动采集生产经营账面数据和卷烟市场需求与订单数据。决策管理系统通过三级数据交换体系，将数据逐级加工、汇总、传送到国家局。以此为基础，建设了国家局数据中心，构建了业务动态分析与监控体系，生成了统计报表和报告，为各业务部门和各级领导提供了数据服务。同时，通过决策管理系统的实施，构建了行业基础信息平台。

“一号工程”推动了行业调控和经营决策的“五项突破”。一是提供卷烟生产经营数据服务，在时效性和准确性上有所突破。通过决策管理系统，国家局能够以15min的频率监控到工业企业实际生产状态、卷烟的真实流向，商业企业实际到货、购进、销售和库存等情况，为实现经济运行的日跟踪、旬分析、月调控的目标，为行业调控和经济运行提供了可靠、及时、全面的依据，推动了行业统计工作的重要变革。二是提供计划管理调控服务，在可控性和严肃性上有所突破。通过决策管理系统有效地控制工业企业的生产节奏，提高生产计划的严肃性；由于采用了按计划打码生产和出库扫码关联流向，也大大地提高了企业内部生产过程和销售行为管理的规范化，进一步提高了管理水平。三是提供物流全程跟踪服务，在规范行业物流上有所突破。没有计划就不能打件码生产，没有件码、没有合同就不能进行工业出库扫码和商业入库扫码，没有实物码就不能生成准运证，没有出库扫码和客户订单就不能派生条码，也就不能对配送的条烟进行打码，卷烟产品从生产下线到商业配送销售整个物流过程中，卷烟合同、准运证和物流各环节互为制约，环环相扣，从而规范业务操作流程。四是提供专卖数据关联服务，在净化市场和渠道上有所突破。决策管理系统赋予每件烟和每条烟一个唯一识别码；通过将准运证与件烟信息关联，实现准运证制证与实物扫码关联、实物到货与准运证到货关联确认，可以明确每件烟是何时何地生产、销往何处；将条烟信息与订单信息和客户信息关联，通过对条烟标识的识别，可以明确这件烟是何时何地销售给哪个卷烟零售户的，为杜绝串货、换货、买大户、拆单分销等市场违规现象提供了有效的监控手段；五是提供行业标准落实服务，在统一行业标准规范上有所突破。通过决策管理系统，落实了国家局代码标准，有效地促进了代码的应用和完善。同时，决策管理系统直接推动了行业托盘、RFID和数据中心的等相关标准的制定和实施。“一号工程”不仅覆盖面广，而且从深度来看也是前所未有的，直接涉及工商企业最基层的业务环节，包括生产线、仓库和分拣线等，都是企业经营管理中最基本的构成“单元”。能够连接行业所有的信息点，直接获取各级生产经营单元的数据并可以直接下达信息化指令，建立了国家局、省级、企业各级节点上的数据采集、加工、存储体系的互联互通和数据传输，实现内部及异地的数据交换，是当之无愧的行业基础信息平台。“一号工程”对行业生产经营产生了重大而深远的影响。

为了进一步发挥决策管理系统作用，以决策管理系统为基础，于2009年分别实施了行业调控信息支持系统和卷烟生产经营数据统计应用项目。前者是在决策管理系统平台上直接开发的业务应用系统，是国家局各个职能部门通过决策管理系统进一步加强行业规范管理的统一应用。后者是为了进一步提高卷烟生产经营统计数据的真实性、准确性、及时性和权威性，提升统计数据对卷烟生产经营的服务和支撑能力，同时，为了进一步提高决策管理系统应用的规范性，于2012年开展了决策管理系统时间同步锁定项目的建设。

2. 统计信息化

烟草业务数据统计工作依托信息化的发展得以快速提升，统计数据采集方式实现了由人工汇总到数据自动实时采集。国家局依托“一号工程”及统计应用项目，实现了行业卷烟生产经营数据全面实时准确地采集和应用，每天早上8点提供行业生产经营统计数据，统计月报由过去的月后8天提前为现在每月1日早6点前出报表，提升了为行业提供生产经营决策服务的能力。许多单位高度重视数据的共享应用，积极利用行业“两打三扫”和卷烟订单等下行数据，做好新常态下经济运行的数据分析，为企业管理决策提供了有力的数据支持，能够较好地满足了行业决策层、各部门及各级单位日益增长的对统计信息的需求。同时，统计分析也更加深入，统计工作各项职能得到较好的发挥，呈现出“数据质量高、数据服务全、统计标准严”的特点。

在数据质量方面，国家局修订完善行业工商统计报表制度，为提升数据质量提供了坚实可靠的制度保障。国家局完成行业统计数据口径调整，整合历史数据，保证了行业数据统计口径的一致性；坚持每日统计数据动态核查，不断完善控制手段，确保数据质量。“一号工程”时间同步锁定功能正式启用，进一步保证了数据的时效性和准确性。通过业务梳理、数据逻辑探查、引入企业业务特性因素以及调整数据质量检查方式方法等，使统计数据质量不断提高，数据置信度达到99.29%。

在数据服务方面，为丰富行业数据展现内容和服务方式，国家局可提供短信日报、手机端、PC端和大屏展现等多种形式的数据服务，创新性地以图形方式直观展示行业全年经济运行情况；向各单位提供“两打三扫”和零售户订单数据的每日下行服务，搭建全方位、多层次的行业统计服务体系，不断提高行业数据共享利用水平；坚持每天第一时间提供行业卷烟生产经营数据；结合宏观经济形势变化及行业运行特点，创新工作方式，有针对性地撰写统计分析报告。除实时采集的卷烟工业企业产销数据和商业企业购进量数据外，其他按规定报送的数据全部通过自动抽取软件，从各企业信息系统抽取数据并上传至行业数据中心，由系统自动审核并进行加工处理。统计数据采集、加工和汇总过程实现了自动化，但所有数据的上传都必须经过各级统计部门的确认，且系统设计了数据重报、补报功能。

（二）烟草农业信息化

1. 烟叶生产

2001年前，云南省等部分产烟省级公司开始探索烟叶生产户籍化管理，建设了早期的烟叶生产信息管理系统。2001年，国家局组织开发了烟叶生产管理系统，并于2004年开始在全国22个产烟省推广实施。烟叶生产管理系统构建了统一的数据传输通道、制定了统一的数据填报模版，对烟叶生产涉及的基础数据、业务过程、物资、客户关系等信息进行了管理与监控。2010年以来，在烟叶生产方面积极探索如何利用物联网技术对烟叶生产进行全程实时准确的监控，建成了烟叶精益生产应用与烟叶生产监控应用系统，成为烟叶生产管理系统的重要组成部分。烟叶精准生产应用通过温度传感器、湿度传感器等智能感知设备，及时获取育苗工场、烘烤工场等设施的环境数据，并通过综控平台进行远程控制，实时掌控育苗与烘烤情况，杜绝违规操作，保障烟叶质量。烟叶生产监控应用通过前端摄像头、传输线缆、监控平台等视频监控技术，对烟叶生产情况进行实时监控，将管理工作从作业现场延伸至监控中心，促进了烟叶规范生产。2015年以来，随着移动通信网络的发展与移动智能终端的普及，烟叶生产管理信息化实现了由PC端向移动端的转移。烟叶生产技术辅导员可以通过移动终端进行海量生产数据的实时采集与传输，为烟农提供全方位的生产技术指导服务，从而提高烟叶生产管理效率。

2. 烟叶收购

国家局于2001年启动烟叶收购管理系统的开发，2004年起开始在全国推广。烟叶收购管理系统是在种植收购合同的约束控制下，实现烟叶收购司磅、定级等环节的信息化管理。通过统一的数据传输通道，烟叶收购数据实现了站、县、市、省、国家局5级联网。2008年起，各烟区逐步启动了烟叶收购资金电子结算系统的建设，将收购管理系统与银行系统进行对接，银行取得经审核认定无误的收购数据后，将资金直接划转到烟农账户，大幅降低了资金风险和结算成本，提高了工作效率。

3. 烟叶调拨

2001年，国家局统一开发了烟叶调拨管理系统，2004年在全行业推广，具有简单的调拨数据采集、查询与处理功能。2015年，国家局启动了对烟叶调拨管理系统的优化调整工作，与烟叶计划合同管理一起进行业务流程梳理整合与系统功能优化提升。通过构建涵盖工、商、复烤各环节的完善的数据采集与上报审批机制，对烟叶流通各环节进、出、存数据进行了采集上报与查询分析，通过与计划合同管理系统的有效对接实现对调拨业务执行的有效管控。同时，通过建设统一的数据发布平台，为工、商、复烤企业提供统一、权威的调拨数据共享服务。

4. 复烤加工

2009年，烟草行业启动了打叶复烤企业的重组整合，复烤企业也陆续开展了烟叶复烤加工管理系统建设。其中，最重要的是对于MES系统的探索应用，从而提高生产组织效率，缩短生产准备时间，合理安排生产要素，保证烟叶复烤加工均衡生产和加工过程的稳定。

5. 质量追溯

2008年，在福建省组织开发并实施的基于“原收原调”业务模式下的烟叶物流系统，规范了烟叶业务管理流程、建立了物流追踪体系，有效保障了“原收原调”工作的落实，为建立公平、公正、开放、有序的烟叶生产、收购经营环境，保障烟农利益，打下了良好的基础。2010年，国家局组织开发的烟站（单元）烟叶生产管理系统，实现了在烟叶生产全流程信息采集基础上的原烟质量追溯功能。2014年，中烟商务物流公司牵头，在云南红云红河烟草（集团）有限责任公司开展了片烟物流跟踪试点工作，以唯一的片烟识别码为主线，规范片烟物流的业务操作流程，支撑了片烟质量追溯管理，监测片烟调控目标的有效执行，为卷烟生产原料调控提供支撑，提升了片烟生产、仓储、调拨、使用的物流过程规范性和质量追溯有效性。贵州省局与贵州、江苏、云南、湖北等中烟公司联合开展了行业烟叶全程质量追溯体系建设试点工作，探索建立贯通育种、种植、收购、调拨、复烤加工、工业投料等各环节的烟叶追溯体系，实现烟叶生产流通全过程可追溯。

（三）烟草工业信息化

1. MRP（制造资源计划）

20世纪90年代初，长沙卷烟厂、上海卷烟厂、上海高扬国际烟草有限公司、南通醋酸纤维有限公司、常德卷烟厂、昆明卷烟厂、楚雄卷烟厂等单位引进了基于MRP理念的BPCS软件。通过BPCS系统实施，改变了烟草企业对信息化的认识，信息化从一项技术性工作转变为与企业管理密切相关的过程性工作。20世纪90年代末，烟草行业开始探索制造资源计划（Manufacturing Resource Planning，MRPII）。1999年，颐中烟草集团有限责任公司MIS系统通过国家局组织的验收和鉴定。2001年7月，国家局组织技术力量，在颐中集团、武汉卷烟厂、成都卷烟厂MIS系统的基础上，吸收其他卷烟工业企业管理信息系统的优点，开发了烟草行业工业基础软件，并在行业内推广应用。

2. CIMS（计算机集成制造系统）

“八五”期间，卷烟工业企业进行了CIMS体系结构的研究与设计，CIMS工程在红河卷烟厂、广州卷烟二厂、淮阴卷烟厂、芜湖卷烟厂、龙岩卷烟厂等单位得到推广和应用。1999年，国家局成立了烟草行业CIMS应用工程推广领导小组，负责领导和协调行业的CIMS应用工程。2001年12月，“烟草行业现代集成制造系统总体方案设计及关键技术攻关”在国家高技术研究发展计划（863计划）中立项。山东中烟工业有限责任公司青岛卷烟厂率先构建了以ERP为上层、以MES为中间层、以生产自动化和物流自动化为底层的3层信息化架构。2011年，国家局下发了卷烟工业企业信息化建设的指导意见，CIMS工程在行业内各单位得到了进一步推广实施。CIMS系统建立卷烟企业管、产、研三位一体的数字化体系，达到提高企业三个核心能力的信息化目标，即通过业务流程优化管理与企业资源计划系统提升业务控制能力和科学管理能力；通过智能配方设计与智能管理系统提高持续发展能力；通过制造执行系统及物流、生产自动化系统提升精细化生产能力，并由此实现信息集成、过程集成、企业间集成和企业级的管理一体化。

3. ERP（企业资源计划）

云南中烟工业有限责任公司红塔烟草（集团）有限责任公司于2000年在行业内率先实施了德国SAP公司的ERP，并于2001年成功上线运行。通过ERP 项目的实施，全方位对红塔集团战略计划管理、销售管理、物流管理、物料管理、生产管理、财务管理、成本管理、项目管理、人力资源管理、设备管理、绩效管理、质量管理等业务模块总计198个流程进行了全面梳理、优化和再造，形成了集团的最佳业务流程，实现了用先进的管理思想和方法，在降低库存、提高生产率、及时供货、加强预算管理、控制成本等方面提升了能力，强化了集团管控和协同，促进了组织机构和生产经营管理的变革，促进了业务运作模式的创新，使企业管理水平和企业竞争力明显提升。红塔集团ERP的成功实施，为烟草行业的管理创新探索了一条新的道路，成为国内首批成功实施SAP ERP的大型国有企业，先后被清华大学、重庆大学等列为教学案例。

随后的10多年间，山东中烟、广东中烟、浙江中烟、江苏中烟、红云红河集团、陕西中烟、吉林中烟、湖南中烟、上海烟草集团等先后实施了SAP或Oracle的ERP系统。烟草行业工业企业借助ERP实现了集团式管理，解决了异地多点生产集中统一管理的难题。ERP系统在由传统工厂制向现代公司制的转变中发挥了不可替代的作用。

4. MES（制造执行系统）

2000年，昆明卷烟厂开展了MES建设，2006年青岛卷烟厂全面上线运行MES系统。青岛卷烟厂MES系统实现了MES系统与ERP系统、物流自动化、生产自动化系统的全面集成，有效解决了ERP系统与生产自动控制系统的数据交互，缩短了计划下达时间，提高了生产效率，使生产执行过程中的控制更加精确、全面和实时。2009年，国家局组织编制了《卷烟工业企业生产执行系统（MES）功能与实施规范》，并于2011年发布实施。随着青岛卷烟厂、昆明卷烟厂、上海烟草集团、济南卷烟厂、兰州卷烟厂、武汉卷烟厂、长沙卷烟厂、郴州卷烟厂等企业MES系统陆续实施应用，推动了烟草企业“基础设施数字化、过程数字化、生产管理数字化和分析数字化”建设进程。

2010年，随着MES系统在卷烟工业的大批实施与应用，烟草MES系统建设重点逐步向生产管理的集团化、精细化、智能化转变，实现了以“订单为导向”、按“订单组织生产”的集团统一管控模式。湖北、广东、川渝、河北、安徽、云南中烟以及红云红河集团等陆续启动了基于集团MES系统（生产指挥系统）的建设，在集团层面实现了以“研发、营销、物流、生产”为中心的4大业务协同，满足多点协同的滚动计划排产，实现了“按订单组织货源”延伸到“按订单组织生产”的生产闭环管理，可支持多种组织形式的工厂生产管理。

5. CPS（信息物理系统）

2017年，国家局下发了《关于开展烟草行业制造业与互联网融合试点工作的通知》，明确提出了基于CPS技术开展卷烟智能工厂建设试点。云南中烟曲靖卷烟厂作为行业首家试点企业，率先应用CPS技术，通过构建卷烟工厂虚拟空间和3D展示，将物理空间的人、机、料、法、环等控制参数、运行数据、质量数据、物耗数据等融入虚拟空间，将数字孪生与实时生产管控、质量控制、设备和物料监测同步，提升了资源配置能力、制造管控能力。在曲靖卷烟厂试点的基础上，开展了云南中烟（昆明卷烟厂）、浙江中烟（宁波卷烟厂）、安徽中烟（合肥卷烟厂）、福建中烟（厦门卷烟厂、龙岩卷烟厂）、四川中烟（成都卷烟厂）的验证工作，通过数采、建模与仿真，开展了生产前模拟仿真、生产中实时仿真、生产后回溯仿真、设备运行管理仿真等仿真应用，实现车间级数字孪生。

通过试点和验证，初步探索了从数字孪生、CPS到智能工厂的建设路径和建设模式，初步形成了卷烟制造工业互联网平台架构和基础技术标准，推进了“工厂数字化、业务模型化、制造虚拟化”，探索了工业制造领域“平台级服务+示范性应用”建设模式，为建设行业工业互联网平台、开展行业卷烟智能制造解决方案研究工作奠定了基础。试点工作得到了工信部领导和专家的高度肯定，试点成果先后在国家会议中心、中国工业互联网研究院等参加展览。

（四）烟草流通信息化

1. 卷烟销售网络建设（网建）

20世纪90年代初，国家局做出了改革卷烟流通体制、建立烟草系统卷烟销售网络的重要决策。卷烟销售网建信息化系统建设正式拉开序幕。随着信息化技术的不断发展，网建系统的内容和模式也随之变化。加强现代卷烟销售网络建设，就是要不断加强卷烟销售的信息体系建设，采用先进的信息技术与装备实现烟草销售的数字化，以期掌握市场的供求动态，反馈市场销售信息，并及时做出调整和应对，提高整体竞争力。1999年，南通市烟草公司提出了“以我为主，归我管理，由我调控”的网建模式，城市网络建设全面纳入全国卷烟销售网络建设，全行业开始引入信息系统来管理卷烟销售。各省、市公司都积极探索和尝试计算机的应用，建设了单机版的网点进销存、开票记账、商业调拨等信息化系统，初步实现了卷烟销售的电算化；2002年，上海烟草集团提出了以“电话订货、网上配货、电子结算、现代物流”为主要特征的网建模式，建立了客户服务中心，以基于交换机的计算机自动外拨技术为基础，引入电话订货，实现了由分散的订单采集向集中的电话订单的转变；建设结算管理系统，实现了由分散的现金交易向统一的电子结算的转变；引入物流配送系统，实现了由分散的区域配送向集中配送转变；2009年，徐州市烟草公司提出“网上订货”模式，标志着烟草商业进入了电子商务时代。电子商务包括网上订货、网上配货、网上结算，不仅带来了烟草商业业务模式的变化，而且为网络上水平、增能力提供了重要手段，是行业营销体系建设的重大突破；2014年，国家局提出卷烟营销市场化取向改革，在河北进行试点，并于2015年4月进行推广。省级卷烟营销平台的具体内容为改革卷烟订单采集方式，完善卷烟营销网络，加快零售终端建设，全面推行网上订货，逐步将现行订单采集模式由地市级公司统一采集调整为省级公司统一采集，切实尊重零售客户自主订货权利，有效避免了人为做单、删单、改单等不规范行为[9]。

2020年，国家局开展了全国统一卷烟营销管理平台建设试点工作，具体内容是在全国烟草生产经营管理一体化平台总体架构下，在行业层面建设由销售公司负责建设运行的“1+2”系统，即行业营销监管子系统和统一信息公开子系统、统一工商交易子系统；在省级层面推广浙江模式，由浙江省局提供可供复制推广的省级营销平台标准版本，各省级公司作为平台推广实施主体，在保证核心理念方法、业务规则、主体功能和监管要求不变的情况下，结合自身实际自行组织开展适配、实施和应用。通过平台建设和运营，实现行业营销业务的数字化转型升级，实现营销业务流程和核心能力的整体再造，实现卷烟供应链一体化高效运行，从而构建更加紧密、更富活力、更可持续的营销生态圈。

2. 两烟（卷烟和烟叶）交易系统

1996年，卷烟交易系统最先开始信息化进程，采用局域网传输信息，只能在国家局交易中心大楼内完成交易；2002下半年，卷烟交易系统开始以互联网为依托进行网上交易，电子商务的雏形开始显现；2003年“非典”期间，国家局将全国省际卷烟集中交易由人员集中在交易中心大楼的传统交易模式统一改为网上交易。从2006年下半年起，卷烟产销衔接取消了省内、省外计划分别管理方式，实行了统一的计划管理和产销衔接，具体交易流程实行了“半年协议、合同分解、实时交易”模式。同年又实现了省际、省内统一的卷烟准运证管理。烟叶交易系统于2008年完成升级改造，全国烟叶年度网上集中交易也首次不分省际、省内，按照统一的模式和流程在行业统一的交易平台上进行，具体交易流程实行了“年度协议、实时合同、加工合同、调运单”模式。同年专卖证件系统完成整合并上线运行，实现了卷烟交易、烟叶交易、卷烟准运证、烟叶准运证、物资准运证、烟机准运证的全部网上办理。由此，电子商务平台统一了交易模式，与物流平台实现了信息共享、实时传输，极大地提高了行业生产经营及运输各环节的运行效率。

2010年，在电子商务平台上组织开发了工商协同子系统，实现了先协同后交易的业务模式；制定了面向全行业的信息协同、月度衔接、网上配货的统一标准，扭转了各工商企业信息系统之间的网状结构，解决了信息不一致、系统间不通畅、重复投资等问题。2011年，电子商务系统调整升级，实现省级公司、复烤公司、复烤点3级业务管理模式；

2015年初，电子商务平台在保持支持传统办公环境的基础之上，引入了移动互联网技术，搭建了行业移动应用市场。2015年年中，通过不断扩展电子商务平台功能使卷烟市场更加开放，为工商企业产销衔接、提高市场反应能力等提供了支持。

（五）烟草政务信息化

1. 专卖监管信息化

（1）准运证系统

2000年，国家局开发并运行了跨省运输烟叶准运证的计算机网络管理系统。2001年，国家局相继开发了卷烟、烟机和烟用物资准运证系统，实现了各类准运证的在线打印，使跨省（区、市）运输烟草专卖品的准运证开具全部统一在国家局集中部署的准运证系统平台上。2006年，对系统进行了升级和完善，对准运证不分省际、省内实行统一管理，通过申请、审批、制证、到货确认4个关键节点，实现权力下放、监督到位、闭环管理。2007—2008年，国家局整合专卖品准运证系统，进行流程化设计，形成专卖证件管理信息系统。2009年，卷烟准运证系统与行业生产经营决策管理系统进行对接，通过二维码打印技术，将卷烟出库扫码获得的实物件码实时压缩打印到准运证上，实现了本地制证，商业到货后通过扫描准运证二维码并与入库扫码对应，达到码证一致，同时实现对在途卷烟数量的准确跟踪与统计，进而实现了工商物流环节中的实物跟踪与监控。2013年，取消了手工开具异地携带证，实现全部专卖品准运证的在线打印、信息存储和数据的网络传递。

（2）专卖MIS系统

2002年，国家局建设了专卖监督管理系统，并于2003年10月进行了完善和升级。该系统集中部署在国家局，省级局及下属单位基于互联网在线填报，实现了行业各级专卖数据的采集和汇总，满足了国家局、省、市、县各级专卖管理机构的业务管理需要。

（3）专卖内管系统

2011年，国家局组织启动了行业专卖内管信息系统建设。系统利用行业生产经营决策管理系统建成的行业基础信息平台，动态采集专卖内管一线业务数据，实现了内管工作动态、生产经营动态、规范情况报告、督办任务、生产经营预警、真烟案件监管、资料数据报备等功能。

（4）行业专卖管理综合信息系统

2014年底国家局启动建设烟草行业专卖管理综合信息系统（“三统一两完善”），即统一零售许可证管理、案件管理、队伍管理，完善了市场监管和内部监管子系统，实现从区（县）局到国家局，自下向上对数据逐级进行采集、汇总、传输、建模、分析、预警，打通专卖业务流程，整合专卖数据资源，构建行业专卖监管数据库，实现专卖业务统一管理，为探索利用大数据技术创新专卖管理奠定了数据基础。

（5）“互联网+”监管系统

2019年，为深化烟草行业“放管服”改革，国家局启动了烟草行业“互联网+监管”系统建设。通过梳理编制监管事项目录、推进转变监管方式、清核推送监管数据，实现了对行政许可、行政处罚、日常监管工作的再“监管”，提高了行业规范监管、精准监管水平，成为行业行政执法监管工作的“助推器”。

2. 办公自动化及行政审批

行业办公自动化系统于2004年启动建设并上线运行，内容主要包括国家局机关的公文流转、面向行业所有单位的公文远程传输、国家局内部网站和档案管理等。2005年3月启动了网上审批及其他功能的建设和完善工作，同年8月上线运行。办公自动化在行业的应用，为后期的行业电子政务奠定了基础。系统将公文交换方式由过去的邮寄转变为在线实时交换，系统采用“文带数”方法解决了非结构化数据与结构化数据在分布存储和交换上同步处理的难题，实现了基于公文流转的文件审批，以及基于网上审批的业务数据处理的数据关联和流程同步。自系统上线运行至2020年8月，共生成文件数量35万份，其中收文16.6万份，发文17.2万份[10]。

2015年，为全面贯彻落实国务院关于改进行政审批的工作要求，加大简政放权工作力度，规范和改进行政审批有关工作，国家局提出了规范和改进烟草行业保留的12项政务服务事项的行政审批工作，建设行政审批管理系统，实现“一口受理、限时办结、规范办理、透明办理、网上办理”。2018年启动电子政务整合与共享系统建设工作，按照“统一用户管理，统一认证管理，统一权限管理”要求整合了31个政务信息系统，形成了统一的登录入口，规范了行业各单位政务共享和公开信息的上报、审核和发布流程，实现了政务数据的“上下联通，左右协同”。为进一步优化政务服务流程，推行网上审批和服务，提高公众体验，2019年5月启动烟草行业一体化在线政务服务平台建设工作，并提供移动端功能，改善12项政务服务事项的线上申请、线下受理、内网办理、手工发布的半自动化状态，真正实现“一网通办、异地可办”。自系统上线运行至2020年12月，网上申请量共计283万次，网上办证率达到53.2%。2020年5月启动烟草行业政务服务“好差评”系统建设，通过政务服务绩效由企业和群众评判的“好差评”制度，持续提升企业和群众办事便利度和获得感。

3. 托盘物流系统

2004年，烟草行业开始对托盘物流系统的建设进行探索和研究。2008年，托盘物流系统在浙江、上海、湖北等地实施，后陆续推广到其他工商企业。通过托盘物流系统的建设，建立了以托盘为载体的卷烟物流流转单元，通过实现整托盘出入库和整托盘运输，大幅降低了重复装卸和卷烟损耗，减少了劳动用工和作业强度，显著提升了工商物流对接效率和作业质量；单车（600件）卷烟的装卸速度由原先的45min/车，缩短到15min/车，装卸人员由原先的4~5人，减少至1~2人。此外，建立了以电子标签为媒介的卷烟物流信息单元，通过实现整托盘件烟信息存储和读取，有效提升了一号工程运行效率，提高了企业内部数字仓储的管理水平。通过托盘物流系统建设，增强了烟草供应链上下游企业战略伙伴合作意识，提高了服务水平和市场响应能力，推进了工商物流一体化进程，实现了企业物流向行业物流、行业物流向供应链物流的转变和提升。

4. 二维码统一应用

二维码是物联感知和信息传递的高效载体，是连接“人、货、场”的桥梁。2014年，部分工业企业开始尝试在少量卷烟外包装上印刷二维码，主要用于品牌推广和市场营销。随着可变二维码技术的发展，基于一物一码的卷烟产品防伪和质量追溯应用逐渐兴起。2019年，国家局组织CPS试点单位开展了中高速包装机盒条二维码高速扫码识别和精准关联试验，验证了卷烟二维码“盒条”精准关联的技术可行性，为行业卷烟二维码统一应用提供了技术参考。2020年，国家局下发了《关于推进烟草行业二维码统一应用的指导意见》，明确提出要利用二维码技术实现覆盖烟草行业农、工、商、零、消五位一体的二维码全行业应用。目前，烟草行业已先行启动了卷烟二维码统一应用建设，在行业层面建设二维码管控平台，通过二维码“打码到条盒”和“盒条件”“条零”关联，打通行业“工商零消”各环节数据链条。

（六）烟草财务信息化

1. 会计电算化软件

20世纪80年代初，行业各单位开始引入单机版会计电算化软件，初步实现手工记账向会计电算化的转变。财务的工作重心仍然停留在事后记录经济业务行为、反映经济发生轨迹的传统财务工作模式上。随后，各单位的会计电算化软件逐步发展到借助网络来实现各部门会计信息的采集与实时共享，实现会计核算网络化应用。

2. 统一会计核算软件

2006年，国家局开展了行业统一会计核算软件项目建设，2008—2010年在行业内以省级为单位全面推广实施。内容包括总账、固定资产、应收管理、应付管理、存货管理、成本管理、报表管理、现金银行、费用管理、合并报表等10大模块。通过行业统一会计核算软件的实施，建立了省级单位信息集中管控平台，将财务数据集中部署在省级局（公司），实现了信息的集中管控，实时查询与监督，为企业的各项管理活动提供了统一的基础平台。

3. 行业财务管控平台

2008年，行业内全面推广应用统一的会计核算软件，为行业实行有效的监管和规范经营管理创造了良好的条件。行业财务信息化建设模式由国家局主导的统一建设模式调整为国家局与直属单位协同建设的模式，国家局负责制定行业基础需求和标准，直属单位在满足行业基础需求和标准的前提下，根据企业实际情况细化需求，进行项目实施。2015年，国家局建设了行业财务管控平台，实现了行业标准编码体系的统一，实现了国家局与省级公司财务数据的上下贯通、财务管理制度与会计政策的有效落实，以及对财务有关业务的过程监管，并实现了基于共享数据的合并报表、财务分析评价等。同时，行业财务管控平台的建设与应用实现了全行业财务标准编码的统一，国家局可将相关财务管理制度、流程、控制规则、数据采集规则和格式等设定到系统中，进行统一维护，并通过系统下发到各直属单位，由各直属单位按照国家局下发的规则进行控制。

第四节
烟草行业信息技术与学科发展展望

党的十九大报告提出，要推动互联网、大数据、人工智能和实体经济深度融合，在中高端消费、创新引领、绿色低碳、共享经济、现代供应链、人力资本服务等领域培育新增长点、形成新动能。习近平总书记强调，要从党和国家事业全局出发，牢牢把握信息革命这一千载难逢的历史机遇，把建设网络强国战略与实现“两个一百年”奋斗目标和中华民族伟大复兴的中国梦协同推进。

（一）行业信息技术与学科发展路径

以推动行业高质量发展为主题，以数字化转型为主线，以建设全国烟草生产经营管理一体化平台为抓手，坚持技术平台推进、数据平台推进和应用平台推进，打造具备紧密关系、动态平衡、相互协同、全局生态的行业数字价值网络。

建立联接一切的紧密关系网络。将行业、企业、个体、合作伙伴等不同类型主体汇聚在一张网上，将原料生产、产品制造、商业营销、物流配送、配套保障等业务环节高效联接、无缝对接、有机统一起来，打通供给侧与需求侧，为市场化取向改革、建立烟草全产业链一体化组织运行体系奠定数字基础，建立数据驱动的动态平衡网络。通过信息自动传递与数据动态实时反馈，来实现企业间、业务环节间的资源共享，用数据驱动生产要素从低质低效领域向优质高效领域流动机制的建立以及供给体系质量效率的提升。建立平台支撑的相互协同网络。无缝联接产业经营体系、金融体系、物流体系、专卖监督体系等，在数字空间上形成了全国统一的大市场，为准入畅通、退出有序、适度竞争、秩序良好的全国统一烟草市场提供了数字支撑，建立在线数据价值化的全局生态网络。通过全面掌控价值网络中组织运行、烟草市场、供需平衡、创新驱动、品牌发展、运行调控的实时情况，实现在线数据价值化，倒逼数字价值网络持续优化，助力网络化、智能化、服务化、协同化的烟草产业生态体系建设。

（二）行业信息技术与学科发展主要课题

当前，信息革命的时代潮流正加速向各领域广泛渗透，正在带动生产方式的变革、生产关系的再造、经济结构的重组和生活方式的巨变。数字经济成为“新经济引擎”，数据资源成为新的生产要素，工业互联网、物联网、大数据中心等成为“新基建”的主要内容，网络安全也呈现出“新态势”。通过实施数字化转型战略，建设全国烟草生产经营管理一体化平台，实践一系列新技术创新应用探索，激活数据要素潜能，强化平台赋能、数据驱动、安全可控，以数字产业链供应链建设畅通一体化组织运行，推动烟草全产业链协同转型，培育壮大产业发展新引擎。

1. 数字化转型

从思维观念、驱动方式、技术架构、工作模式等角度着手，加快实现从信息化思维向数字化思维转型、从流程驱动为主向数据驱动为主转型、从传统IT架构向“云+中台+微服务”架构转型、从服务支撑向融合创新转型。

以“大平台”“大数据”“大安全”为重点，构建平台赋能、数据驱动、安全可控为特征的网信新局面，有力支撑行业转型升级和创新发展。

——建好“大平台”。以云平台、数字中台、工业互联网平台等新型数字基础设施体系和信创基础设施体系为底座，以一体化协同应用体系为核心，构筑行业“大平台”，赋能全域数据流通共享、一体化组织运行和创新生态培育壮大。

——用活“大数据”。依托一体化平台建设，打造“业务数据化、数据业务化”的数据供给应用闭环，激活数据要素潜能，加快构建数字产业链供应链，畅通全产业链一体化组织运行。

——筑牢“大安全”。建立健全以“可识别、可防范、可恢复”为主要特征的行业网络安全体系，推动安全理念从注重边界防护向保障整体安全延伸，工作模式从局部安全加固向体系化整体建设推进，保护对象从网络安全向网络、系统和数据安全并重转变，切实筑牢“大安全”屏障、构建“大安全”格局。

2. 全国烟草生产经营管理一体化平台

全国烟草生产经营管理一体化平台是推动烟草产业数字化、网络化、智能化融合发展的重大战略工程，以形成覆盖全产业链、全治理链、全生态圈和全生产要素的一体化、智能化平台为总体目标，以全产业链一体化组织运行为努力方向，一体化融合行业农工商政等生产经营管理数据，打通从烟叶生产、收购、复烤加工，到卷烟制造、流通再到消费者的业务流程与数据链条。通过“1242”总体框架，即建设一个行业云平台体系、建设业务数据双中台、开展农工商政四个领域的业务应用服务以及行业管控和决策两类服务，支撑行业生产、经营和管理。当前，围绕新型数字基础设施建设和一体化协同应用体系建设，推进以下重点项目：

（1）行业云平台和数字中台

以技术先进、能力适配、弹性供给为目标，以形成平台化组件化共享服务能力为重点，建设行业云平台体系和数字中台体系，增强数据感知、传输、存储和运算能力。

（2）行业工业互联网平台

基于行业CPS试点成果，推进工业互联网基础设施建设，赋能智能制造创新应用，建设基于数字孪生的数字工厂，开展MES、ERP、工业营销等工业核心应用系统解构上云。

（3）全国统一卷烟营销管理平台

建设行业营销子系统和省级营销子系统，推广“互联网+烟草专卖商业”模式，推动形成市场预测、品牌管理、市场服务等工商协同模式，加快烟草商业企业向现代流通企业转型。

（4）全国统一工业生产经营管理平台

重构行业生产经营决策管理系统，强化计划管控、物流跟踪、统计分析等体系建设，推进行业工业互联网平台试点创新应用。

（5）全国统一烟叶生产经营管理平台

建设行业统一烟叶计划物流管控系统和行业物流业务中台，打通烟叶种植、调拨、复烤等环节信息，实现烟叶全产业链计划物流管控。

（6）行业二维码统一应用

开展卷烟二维码统一应用项目建设，实现“产码、发码、存码、验码”和共享的统一管理，建立卷烟“扫码支付”新模式，逐步覆盖烟叶、烟机及零配件等领域，为产业链供应链一体化协同提供支撑。

（7）数字化专卖监管平台

改造和完善专卖管理信息系统，推动“互联网+监管”向数字化智能化专卖监管转型升级。

3. 新技术融合创新应用探索

云计算、大数据等技术的发展和应用已经较为成熟，其技术发展路径和在行业内的应用场景都较为清晰。在物联网、移动互联网、人工智能和区块链等新技术与烟草产业融合方面，鼓励企业大胆尝试，探索实践新技术与烟草产业的深度融合和创新应用，驱动新业务模式的升级。需要注意的是，新技术在为行业发展发挥驱动引领作用的同时，也带来许多风险挑战和不确定因素，对新技术的驾驭能力也提出了更高要求，如何合理地导入新技术并发挥其创新作用，也是学科发展和应用实践的重要任务。

（1）物联网

物联网包括平台服务、泛在连接和智能终端等核心功能，通过推动二维码、电子标签、手持终端等物联网技术在烟叶种植、卷烟制造、产品流通、市场营销、追溯体系等方面的应用，可有效帮助实现对烟草全产业链卷烟、烟叶、辅料和设备等各类资源状态与生产经营过程的全量实时感知，从而全面提升从烟叶生产端到卷烟消费端的行业供应链体系的资源管控能力和配置效率。

（2）移动互联网

移动互联技术既是市场接入的触点、支付服务的入口和产品服务的接口，也可以作为新零售、数字化班组管理单元的运行载体，是行业新管理模式和新业务模式创新的最佳承载技术。通过智能终端和移动APP承载新零售模式，可实现“人货场”的重构、互通与融合。通过探索可穿戴设备在卷烟生产、库房管理和设备维修等领域的应用，可创新智能终端的新型交互方式。

（3）大数据

基于大数据技术，推进行业大数据中心建设，逐步形成行业大数据标准体系、资源体系、服务体系、管理体系和安全体系。建设数据标准化体系和数据质量管控体系，构建标签体系和数据模型，完善数据管理机制，建立数据运营机制，挖掘数据资产价值，强化数据安全保护，发挥数据资产潜力，深化大数据在全行业的创新应用。

（4）人工智能

人工智能是进行机器模拟、延伸和扩展人的智能，感知环境、获取知识并使用知识获得最佳结论的理论、方法、技术和应用系统的集合。随着机器学习、自然语言处理、图像分析算法、生物特征识别等智能化技术的发展，可为行业在物流仓储、财务分析管理、烟叶质量检测和产品包装识别等领域提供高效便捷的技术支持。

（5）区块链

区块链技术具有跨平台、去中心化、不可篡改和共识信任等特性，可解决不同业务系统的数据一致性问题和跨单位跨部门的数据可信问题，实现对行业人、财、物等关键业务信息和数据资产的真实性、有效性管理。围绕数据安全共享与交易、建设可信体系、数据隐私保护、数据资产确权等领域，开展基于区块链在行业金融交易体系、产品追溯体系和专卖监管体系等方面的应用探索。

行业信息技术与学科发展，就是利用数字技术对烟草产业进行全方位、全角度、全链条的改造，提高全要素生产率，释放数字对行业发展的放大、叠加、倍增作用，将深度融合和创新发展作为构建现代化烟草经济体系的战略支点，以技术进步倒逼效率提升、管理提升和机制优化，推动质量变革、效率变革、动力变革，驱动行业高质量发展。

本章主要编写人员：江涛、黄慧、岳嵚、车常通、王伟民

参考文献

[1] 史颖波."金叶"飘香—我国烟草行业信息化建设扫描[J].每周电脑报，1997（42）：1.

[2] 国家烟草专卖局.《数字烟草发展纲要》（国烟办〔2005〕632号）[Z].国家烟草专卖局，2005.

[3] 刘融，江涛."一号工程"九问[J].中国烟草，2008（16）：54-58.

[4] 范向琪.数字烟草雏形初现[J].每周电脑报，2005（12）：30-31.

[5] 冯林，岳钦."数字烟草"从"十五"起飞[J].中国烟草，2006（2）：23-25.

[6] 王文."数字烟草"向信息化要竞争力[J].数码世界，2008（7）：7.

[7] 国家烟草专卖局.《烟草行业"互联网+"行动计划》（国烟办〔2017〕127号）[Z].国家烟草专卖局，2017.

[8] 国家烟草专卖局.《烟草行业信息化发展规划（2014—2020年）》（国烟办〔2014〕370号）[Z].国家烟草专卖局，2014.

[9] 韦崇华.历届网建现场会与信息化的关系[J].广西烟草，2011（3）：44-45.

[10] 刘梅.OA，跨出烟草整合第一步[J].中国计算机用户，2005（19）：35.

第十四章

烟草标准化

在1982年总公司成立之前，由于经济和科技水平所限，中国烟草业仅有少量国家和部颁标准，且局限于卷烟生产、烤烟收购及部分烟用材料方面的产品标准，即：QB 691—1978《卷烟》，主要起草单位是轻工业部烟草工业科学研究所；GB 2635—1981《烤烟》，主要起草单位是中国烟草总公司、郑州烟草研究所等；QB 679—1977《卷烟滤嘴》，主要起草单位是上海市轻工业局；QB 31—1978《卷烟纸》，主要起草单位是淮南造纸厂等；QB 205—1973《铝箔衬纸》，主要起草单位是上海造纸工业公司；QB 735—1979《玻璃纸》，主要起草单位是天津造纸四厂。

有关生产制造及管理、服务等支撑性标准基本空白，配套产品性能测试和用于科研研究的方法类标准十分匮乏。行业没有归口管理的标准化组织，标准化工作机制不健全；国际标准化活动仅是开始介入，1980年，我国才首次以ISO/TC126组织（国际标准化组织烟草及烟草制品技术委员会）的积极成员国（P成员）身份参加了ISO会议。

1982年后，烟草行业标准化工作体系建设逐步加强，设立了标准计划项目和标准创新贡献奖，建立了适度超前的标准预研、标准化工作实效评价等标准化工作机制，促进了行业标准体系逐步健全，标准质量水平不断提高；量传溯源体系逐步建立，行业专用仪器计量实现了对检测实验室的全覆盖；实质性主持或参与了国际标准制定，在国际标准化制修订过程中的话语权不断提升。

第一节
烟草行业标准体系

自1989年8月全国烟草标准化技术委员会成立以来，烟草行业开展了全面系统的标准制修订工作。截至2020年7月，烟草行业归口的国家标准90项，行业标准530项，计量技术规范20项，计量检定规程28项，劳动定额标准7项，烟草类国家标准物质4项，共计679项。形成了较为系统完善的《烟草行业标准体系表》（表14-1），涵盖了烟叶生产加工、卷烟制造、烟用材料、烟草企业管理、烟草物流、烟草信息化、烟草机械、烟草工程建设等主要领域，标准化对烟草行业科技、管理、生产制造、产品质量安全保障水平的提升及行业持续健康发展发挥了重要作用。

表14-1　烟草行业标准体系表　单位：项

类别	现行标准数量	GB	GB/T	YC	YC/T	YC/Z	JJF（烟草）	JJG（烟草）	LD	GBW
烟叶生产加工	89	2	20	1	60	6				
卷烟制造	31	8	2		20	1				

续表

类别	现行标准数量	GB	GB/T	YC	YC/T	YC/Z	JJF（烟草）	JJG（烟草）	LD	GBW
烟用材料	36		3	6	27					
烟草企业管理	54			1	48	5				
烟草营销物流	40				39	1				
烟草信息	65				63	2				
烟草机械	104		1		102	1				
烟草工程建设	8				8					
烟草劳动定额	7								7	
测试方法	213		27		181	5				
计量及标准物质	69				12		20	29		8
基础性标准	8		5		3					
合计	724	10	58	8	563	21	20	29	7	8

注：GB为强制性国家标准；GB/T为推荐性国家标准；YC为强制性烟草行业标准（正逐步废止，或逐步转化为推荐性烟草行业标准）；YC/T为推荐性烟草行业标准；YC/Z为烟草行业指导性技术文件；JJF（烟草）为烟草行业计量技术规范；JJG（烟草）为烟草行业计量检定规程；LD为劳动定额标准；GBW为国家标准物质。

（一）烟叶生产加工

1. 烟叶分级标准

烟叶分级标准是烟叶生产各类相关标准建立的基础和前提。从GB 2635—1981《烤烟》发布实施以来，随着烟叶生产技术的进步和工商企业对于烟叶质量需求的不断变化，各类烟叶分级标准也在不断改进和完善，主要包括：GB 2635—1992《烤烟》、YC/T 25—1995《烤烟实物标样》、GB/T 8966—2005《白肋烟》、GB 5991.1—2000《香料烟　分级技术要求》、YC/T 483—2013《出口烤烟分级》、YC/T 484.1—2013《晒黄烟　第1部分：分级技术要求》等。

2. 烟草品种和种子标准

1994—2000年，国家局陆续发布了一批烟草品种及烟草种子类的行业标准，对当时烟草品种引进、选育、种子繁育和重大疫病的防控等提供了重要的技术支撑。2007年以后，国家质检总局、国家局又陆续组织制（修）订了相关标准，主要是在原有基础上增加了质量控制等内容。目前该类标准基本完备，主要包括：GB/T 21138—2019《烟草种子》（代替GB/T 21138—2007《烟草种子》）、GB/T 25240—2010《烟草包衣丸化种子》、GB/T 24309—2009《烟草国外引种技术规程》、GB/T 24308—2019《烟草种子生产加工技术规程》（代替GB/T 24308—2009《烟草种子繁育技术规程》）、

GB/T 15699—2013《烟草霜霉病检疫规程》、GB/T 23224—2008《烟草品种抗病性鉴定》、YC/T 368—2010《烟草种子 催芽包衣丸化种子生产技术规程》、YC/T 509—2014《烟草品种抗虫性评价技术规程》、YC/T 525—2015《烟草种质资源 繁殖更新技术规程》等。

3. 烟叶生产技术标准

1992年起，陆续制定发布的育苗、病虫害防治、栽培与植保、调制和仓储类烟叶生产技术标准，对行业相关烟叶生产重要科技成果的推广应用起到了重要的促进作用。烟叶生产主要技术标准如表14-2所示。

表14-2 烟叶生产主要技术标准一览表

类　别	相关标准
育苗	YC/T 310—2009《烟草漂浮育苗基质》
	GB/T 25241—2010《烟草集约化育苗技术规程》
病虫害防治	YC/T 435—2012《烟草病虫害预测预报工作规范》
	YC/T 371—2010 《烟草田间农药合理使用规程》
	GB/T 37506—2019《烟蚜茧蜂防治烟蚜技术规程》
	GB/T 23223—2019《烟用农药田间药效试验方法》（代替 GB/T 23223—2008《烟草病虫害药效试验方法》）
栽培与植保	GB/T 23221—2008《烤烟栽培技术规程》
	YC/T 507—2014《烟草测土配方施肥工作规程》
	YC/Z 459—2013 《烤烟肥料使用指南》
调制和仓储	GB/T 23219—2008《烟叶烘烤技术规程》
	YC/T 193—2005《白肋烟　晾制技术规程》
	YC/T 436—2012《香料烟　调制技术规程》
	YC/T 457—2013《烤烟散叶烘烤技术规程》
	GB/T 23220—2008《烟叶储存保管方法》

4. 打叶复烤技术标准

1994年，国家局针对挂杆复烤的现实情况，发布了YC/T 17—1994《烟叶复烤质量及检测方法》。随着打叶复烤技术的推广和发展，我国陆续制（修）订或废止了相关技术标准。现行主要标准包括：GB/T 21136—2007《打叶烟叶　叶中含梗率的测定》、GB/T 21137—2007《烟叶　片烟大小的测定》、YC/T 146—2010《烟叶　打叶复烤工艺规范》、YC/T 147—2010《打叶烟叶　质量检验》、YC/T 574—2018《打叶复烤原烟接收入库规范》、YC/Z 575—2018《打叶复烤　初烤烟选叶指南》、YC/Z 576—

2018《打叶复烤 分类加工技术指南》等。

（二）卷烟制造

1. 卷烟加工技术标准

2001年起，国家局发布了一批过程质量特性、设备工艺性能测试等技术标准，为企业卷烟制造的过程控制和过程管理提供了积极的支持。卷烟加工主要技术标准如表14-3所示。

表14-3 卷烟加工主要技术标准一览表

类别	相关标准
加工工艺	YC/T 152—2001《卷烟 烟丝填充值的测定》
	YC/T 163—2003《膨胀梗丝填充率的测定》
	YC/T 178—2003《烟丝整丝率、碎丝率的测定》
	YC/T 186—2004《卷烟 烟丝弹性的测定方法》
	YC/T 289—2009《卷烟配方烟丝结构的测定》
	YC/T 351—2010《卷制过程烟丝破碎度的测定》
	YC/T 353—2010《卷烟 加料均匀性的测定》
	YC/T 426—2012《烟草混合均匀度的测定》
	YC/T 428—2012《卷烟机剔除梗签物中含丝量的测定》
	YC/T 429—2012《叶丝滚筒干燥设备 工艺性能测试规程》
	YC/T 476—2013《烟支烟丝密度测定 微波法》
在线控制	YC/T 295—2009《卷烟制造过程能力测评导则》
	YC/Z 317—2009《卷烟工艺参数信息化管理规范》
	YC/T 480—2013《卷烟工厂制造过程物耗控制即时化实施指南》
	YC/Z 537—2015《卷烟企业卷接包装工序统计过程控制应用指南》
	YC/T 388—2011《卷烟工业企业生产执行系统（MES）功能与实施规范》
	YC/T 542—2016《卷烟企业生产过程质量追溯 通用原则和基本要求》
	YC/T 543—2016《卷烟企业生产过程质量追溯 信息分类与要求》

2. 烟用材料（添加剂）技术标准

1985年以来，国家局陆续组织制修订了GB/T 5605—1985《醋酸纤维滤棒》等烟用材料类产品标准，尤其是在2005年烟用材料分标委成立后，委员会按照特性和用途将烟用材料划分为烟用丝束、烟用滤棒、卷烟用纸、烟用包装材料、烟用胶黏剂、烟草添加剂、烟用印刷油墨等9大类34种，并逐步建立了各类烟用材料的产品标准。从功能性角度看，烟用材料标准体系已基本健全。烟用材料（添加剂）主要技术标准如表14-4所示。

表14-4 烟用材料（添加剂）主要技术标准一览表

类　别	相关标准
卷烟纸品	GB/T 12655—2017 卷烟纸基本性能要求（代替 GB/T 12655—2007 《卷烟纸》）
	YC 171—2014《烟用接装纸》
	YC/T 208—2006《滤棒成形纸》
卷烟丝束、滤棒	YC/T 26—2017《烟用丝束》（代替 YC/T 26—2008 《烟用二醋酸纤维素丝束》、YC/T 27—2002《烟用聚丙烯纤维丝束》）
	GB/T 5605—2011《醋酸纤维滤棒》
	GB/T 15270—2002《聚丙烯丝束滤棒》
烟用包装材料	YC/T 224—2018 卷烟用瓦楞纸箱（代替 YC/T 224—2007 《卷烟用瓦楞纸箱》）
	YC 264—2014《烟用内衬纸》
	YC/T 443—2012《烟用拉线》
	YC/T 266—2008《烟用包装膜》
	YC/T 330—2014《卷烟条与盒包装纸印刷品》
烟草添加剂（含胶黏剂）	YC/T 164—2012《烟用香精》
	YC/T 144—2017 烟用三乙酸甘油酯（代替 YC 144—2008《烟用三乙酸甘油酯》）

（三）支撑与服务

1. 烟草企业管理类标准

2003年，国家局发布了YC/T 177—2003《卷烟企业标准体系的构成及指南》，为卷烟企业标准化工作的开展提供了科学指导；2006年，围绕国家局提出的推进卷烟品牌许可生产、做大做强优势品牌，以及建设“资源节约型、环境友好型”行业等相关要求，企业分标委组织制定了YC/T 198—2006《卷烟品牌许可生产质量保障通则》（2012年修订为《卷烟品牌合作生产质量保障规范》）、YC/T 199—2006《卷烟企业清洁生产通则》两项行业标准。目前企业管理类的主要标准如表14-5所示。

表14-5 烟草企业管理主要标准一览表

类别	相关标准
企业标准化建设	YC/T 177—2011《卷烟企业标准体系的构成及指南》 YC/T 239—2008《卷烟生产企业标准化工作的要求及评价》 YC/T 503—2014《烟草商业企业标准化建设指南》
生产管理及企业管理	YC/T 198—2012《卷烟品牌合作生产质量保障规范》 YC/T 206—2011《卷烟营销网络业务规范》 YC/T 281—2008《烟草工业企业QC小组活动成果现场评价准则》 YC/T 528—2015《卷烟工厂内部控制管理指标体系》 YC/T 536—2015《打叶复烤企业分层管理规范》 YC/Z 550—2016《卷烟制造过程质量风险评估指南》 YC/T 587—2020《卷烟工厂生产制造水平综合评价方法》
清洁生产及能耗	YC/T 199—2011《卷烟企业清洁生产评价准则》 YC/T 548—2016《打叶复烤企业清洁生产评价准则》 YC/T 555—2017《再造烟叶生产企业清洁生产评价准则》 YC/T 280—2008《烟草工业企业能源消耗》
安全生产	YC/T 384—2018《烟草企业安全生产标准化规范》（代替YC/T 384—2011《烟草企业安全生产标准化规范》） YC/Z 582—2019《烟草企业安全风险分级管控和事故隐患排查治理指南》 YC/T 486—2014《烟草商业企业车辆安全管理规范》
生产过程质量安全控制	YC/T 357—2010《卷烟生产过程产品安全卫生保障通则》 YC/T 433—2012《打叶复烤生产过程产品安全卫生保障通则》

2. 烟草信息化类标准

2005年，行业发布首个信息类标准YC/T 190—2005《烟草行业组织机构代码编制规则》。2006年之后，信息分标委陆续组织制定了一批标准，为全面提升行业信息化技术和管理水平提供了有力支撑。主要标准包括YC/T 191—2005《卷烟箱用条码标签》、YC/T 474—2013《烟草行业地理信息共享服务基本规范》系列标准、YC/T 532—2015《烟草行业信息化统一平台传输环境使用规范》、YC/T 581—2019《烟草行业数据中心数据建模规范》等信息管理类标准，YC/T 453—2012《烟草行业信息安全体系建设规范》、YC/T 580—2019《烟草行业工业控制系统网络安全基线技术规范》、YC/Z 583—2019《烟草行业信息系统容灾备份建设指南》等信息安全类标准，YC/T 190—2005《烟草行业组织机构代码编制规则》、YC/T 209—2006《烟用材料编码》、YC/T 210—2006《烟叶代码》、YC/T 257—2008《烟草行业专卖管理代码》等信息资源类标准。

3. 烟草物流类标准

2007年，行业发布首个物流类标准YC/T 215—2007《烟草业联运通用平托盘》。2008年发布YC/Z 260—2008《烟草行业物流标准体系》，全面系统的规划了行业物流类标准的制修订工作。其后，围绕规划已经陆续发布了一批标准，主要包括YC/T 215—2007《烟草业联运通用平托盘》、YC/T 306—2009《烟草物流设备 条烟分拣设备》等物流设备类标准；YC/T 356—2010《工商卷烟物流在途信息系统数据交换》、YC/T 477—2013《烟草商业企业卷烟商零物流配送管理信息系统功能规范》、YC/T 556—2017《烟草商业企业卷烟物流配送中电子标签应用规范》、YC/T 578—2019《基于电子标签的片烟物流跟踪系统数据交换规范》等物流信息类标准；YC/T 261—2008《烟草行业卷烟物流配送中心作业规范》、YC/T 577—2019《卷烟联运滑托盘应用规范》等物流作业标准；YC/T 518—2014《工商卷烟物流同城共库管理规范》、YC/T 520—2014《烟草商业企业卷烟物流配送中转站管理规范》等物流管理类标准；YC/T 305—2009《烟草商业企业卷烟物流配送中心服务规范》、YC/T 439—2012《烟草商业企业卷烟送货服务规范》等物流服务类标准，有力支撑了行业现代物流建设和发展。

4. 烟机设备类标准

20世纪90年代，提高卷烟制造水平是烟草行业的重要任务，其中，烟草机械（简称“烟机”）类标准的制定是重要基础。1990—1996年，国家局共批准发布了烟机类行业标准141项。

2000年后，随着行业对标准管理层级化要求的提出，对烟机类标准级别的划分有了新的认识，2006年2月，国家局下发文件废止了80余项烟机类行业标准[1]，改由烟机企业自行制定或管理。

截至2020年，烟机类国家及行业标准共107项，其中包括YC/T 10—2018《烟草机械 通用技术条件》、YC/T 270—2012《烟草机械常用材料》、YC/T 318—2009《烟草机械设备大修通用技术规范》、YC/T 434—2012《烟草机械验收》为代表的基础、通用型标准；YC/T 91—2016《烟草机械 制丝线、打叶复烤线》、YC/T 214—2006《烟草机械 二氧化碳膨胀叶丝生产线》为代表的烟机产品标准；YC/T 434.1—2012《烟草机械验收 第1部分：卷烟卷制质量综合判定》为代表的烟机与卷烟生产企业共用型的标准、YC/T 549.1—2016《烟草机械 烟草专用机械鉴别检验规程》为代表的烟机与专卖打假共用型标准等，且在发展方向上更加注重基础、通用。

5. 化学分析方法类标准

（1）主流烟气中化学成分分析方法标准

烟草行业始终以成分对卷烟吸食安全性的影响程度、国内外关注程度以及政策应对的紧迫性等因素作为建立该类标准的重要依据。

1993年以来，针对卷烟主流烟气常规成分焦油、烟气烟碱、烟气一氧化碳，国家局通过转化国际标准的方式制（修）订了相关标准。这些标准不仅支撑了《卷烟》国标中相应管制要求的分析工作，也构成了整个卷烟烟气分析研究工作和标准制定的基础。主要标准如表14-6所示。

表14-6　卷烟主流烟气常规成分分析方法主要标准一览表

测试对象	相关标准
烟气烟碱	GB/T 23355—2009《卷烟　总粒相物中烟碱的测定　气相色谱法》（ISO 10315：2000，MOD）
焦油	GB/T 19609—2004《卷烟用常规分析用吸烟机测定总粒相物和焦油》（ISO 4387：2000，MOD）
烟气一氧化碳	GB/T 23356—2009《卷烟　烟气气相中一氧化碳的测定　非散射红外法》（ISO 8485：1995，MOD）
烟气水分	GB/T 23203.1—2013《卷烟　总粒相物中水分的测定　第1部分：气相色谱法》
测试条件	GB/T 16447—2004《烟草及烟草制品　调节和测试的大气环境》（IDT，ISO 3402：1999，IDT）
	GB/T 16450—2004《常规分析用吸烟机　定义和标准条件》（MOD，ISO 3308：2000，MOD）
	GB/T 24618—2009《常规分析用吸烟机　附加测试方法》（MOD，ISO 7210：1997，MOD）

烟草行业始终高度重视减害降焦工作，针对Hoffmann名单（2001年）中69种有害成分和加拿大政府通过立法要求卷烟生产商定期检测卷烟主流烟气中的46种有害成分重点开展了标准的制（修）订。截至2011年，针对加拿大政府名单中各有害成分我国均已制定了国家标准或行业标准，其中除常规成分（焦油、烟气烟碱、烟气一氧化碳）修改采用国际标准外，其余多数标准是我国烟草行业自主制定的，虽然其中的GB/T 23358—2009、GB/T 27523—2011、GB/T 27524—2011因未被强制性标准引用，于2017年废止，但也在一定时期发挥其作用，必要时仍可转化为其他形式的标准化文件，主要标准如表14-7所示。

表14-7　卷烟主流烟气中的46种有害成分名单与分析方法对照表

类别	化合物	分析方法
芳香胺（4）	3-氨基联苯 4-氨基联苯 1-氨基萘 2-氨基萘	GB/T 23358—2009《卷烟　主流烟气总粒相物中主要芳香胺的测定　气相色谱-质谱联用法》
挥发性有机化合物（5）	1,3-丁二烯 异戊二烯 丙烯腈 苯 甲苯	GB/T 27523—2011《卷烟　主流烟气中挥发性有机化合物（1,3-丁二烯、异戊二烯、丙烯腈、苯、甲苯）的测定　气相色谱-质谱联用》

续表

类别	化合物	分析方法
半挥发性有机化合物（3）	吡啶 喹啉 苯乙烯	GB/T 27524—2011《卷烟　主流烟气中半挥发性物质(吡啶、苯乙烯、喹啉)的测定　气相色谱-质谱联用法》 总公司企业标准《卷烟　主流烟气中吡啶、苯乙烯、乙酰胺、喹啉、丙烯酰胺的测定　气相色谱-质谱联用法》
常规成分（3）	焦油	GB/T 19609—2004《卷烟　用常规分析用吸烟机测定总粒相物和焦油》
	烟碱	GB/T 23355—2009《卷烟　总粒相物中烟碱的测定　气相色谱法》
	CO	GB/T 23356—2009《卷烟　烟气气相中一氧化碳的测定　非散射红外法》
羰基化合物（8）	甲醛 乙醛 丙酮 丙烯醛 丙醛 巴豆醛 2-丁酮 丁醛	YC/T 254—2008《卷烟　主流烟气中主要羰基化合物的测定　高效液相色谱法》
无机化合物（4）	氢氰酸	YC/T 253—2019《卷烟　卷烟主流烟气中氰化氢的测定　连续流动法》 YC/T 403—2011《卷烟　主流烟气中氰化氢的测定　离子色谱法》
	氨	YC/T 377—2019《卷烟　主流烟气中氨的测定　浸渍处理剑桥滤片捕集-离子色谱法》 总公司企业标准《卷烟　主流烟气中氨的测定　连续流动法》
	NO NO_x	YC/T 287—2009《卷烟　主流烟气中氮氧化物的测定　化学发光法》 YC/T 348—2010《卷烟　主流烟气中氮氧化物的测定　离子色谱法》
重金属（7）	汞	YC/T 404—2011《卷烟　主流烟气中汞的测定　冷原子吸收光谱法》
	镍 铅 镉 铬 砷 硒	YC/T 379—2010《卷烟　主流烟气中镍、铅、镉、铬、砷、硒的测定　电感耦合等离子体质谱法》
挥发性酚类成分（7）	对苯二酚 间苯二酚 邻苯二酚 苯酚 间-甲酚 对-甲酚 邻-甲酚	YC/T 255—2008《卷烟　主流烟气中主要酚类化合物的测定　高效液相色谱法》

续表

类别	化合物	分析方法
亚硝胺（4）	NNN NAT NAB NNK	GB/T23228—2008《卷烟　主流烟气总粒相物中烟草特有 *N*- 亚硝胺的测定　气相色谱 - 热能分析联用法》 总公司企业标准《卷烟　主流烟气总粒相物中烟草特有 *N*- 亚硝胺的测定　高效液相色谱 - 串联质谱联用法》 总公司企业标准《卷烟　主流烟气总粒相物中烟草特有 *N*- 亚硝胺（NNN、NAT、NAB、NNK）的测定　气相色谱 - 串联质谱法》
多环芳烃（1）	苯并［a］芘	GB/T 21130—2007《卷烟　烟气总粒相物中苯并［a］芘的测定》

（2）烟草和烟草制品中化学成分分析方法标准

烟草行业始终以成分对烟草及烟草制品品质、烟草性状以及产品安全的影响及其影响程度和含量水平作为建立及优先建立标准的依据。

1996年起，行业主要围绕传统上认为的影响卷烟吸食品质的主要成分（水分、糖、氮、碱、氯、钾等）制定分析方法标准。随着烟草化学研究的不断发展，以及化学成分对烟草品质影响认识的不断深入，行业陆续研制发布了无机元素、无机阴离子、碳水化合物、含氮化合物、有机酸、多酚、质体色素等其他成分的分析方法标准。至2020年8月，我国已基本完成了烟草中主要化学成分分析方法标准的建立，甚至对同一目标物形成了多种分析方法标准，可基本满足科研工作的需求。

（3）烟草和烟草制品中农残分析方法标准

1992—2007年，行业陆续制订、修订并发布了一系列烟草农残的国家和行业标准。2011年，根据国家局标准预研项目《烟草中多农残分析体系的研究》的成果，转化制定了YC/T 405—2011《烟草中多种农药残留量的测定》系列标准，并替代了相关的4项国家标准（GB/T 13595—2004、GB/T 13596—2004、GB/T 19611—2004、GB/T 21132—2007）。上述标准与以下标准一起共同组成了烟草农残的检测标准体系，如表14-8所示。

表14-8　烟草和烟草制品中农残分析方法主要标准一览表

测试对象	相关标准
酰胺类农药残留量	YC/T 179—2004《烟草及烟草制品　酰胺类除草剂农药残留量的测定 气相色谱法》
毒杀芬农药残留量	YC/T 180—2004《烟草及烟草制品　毒杀芬农药残留量的测定　气相色谱法》
有机氯除草剂农药残留量	YC/T 181—2004《烟草及烟草制品　有机氯除草剂农药残留量的测定 气相色谱法》
菌核净农药残留量	YC/T 218—2007《烟草及烟草制品　菌核净农药残留量的测定　气相色谱法》
抑芽丹农药残留量	YC/T 570—2018《烟草及烟草制品　抑芽丹农药残留量的测定　液相色谱 - 串联质谱法》

续表

测试对象	相关标准
多农残检测	YC/T 405.1—2011《烟草中多种农药残留量的测定　第 1 部分：高效液相色谱串联质谱法》
	YC/T 405.2—2011《烟草中多种农药残留量的测定 第 2 部分：有机氯和拟除虫菊酯农药残留量的测定 气相色谱法》
	YC/T 405.3—2011《烟草中多种农药残留量的测定　第 3 部分：气相色谱质谱联用法及气相色谱法》
	YC/T 405.4—2011《烟草中多种农药残留量的测定　第 4 部分：二硫代氨基甲酸酯农药残留量的测定　气相色谱质谱联用法》
	YC/T 405.5—2011《烟草中多种农药残留量的测定　第 5 部分：马来酰肼农药残留量的测定　高效液相色谱法》

（4）烟草添加剂和烟用材料中成分分析方法标准

1998年起，国家局陆续发布了 YC/T145—2011《烟用香精　测定方法》系列标准（涉及酸值、相对密度、折光指数、溶混度、澄清度、挥发性成分总量测定等）。2009年以来，添加剂安全问题受到了普遍关注，为此，行业陆续发布了一批与产品安全性相关的分析方法标准。主要标准如表14-9所示。

表14-9　烟草添加剂中成分分析方法主要标准一览表

测试对象	相关标准
重金属	YC/T 293—2009《烟用香精和料液中汞的测定　冷原子吸收光谱法》
	YC/T 294—2009《烟用香精和料液中砷、铅、镉、铬、镍的测定　石墨炉原子吸收光谱法》
重点关注物质	YC/T 359—2010《烟用添加剂　甲醛的测定　高效液相色谱法》
	YC/T 360—2010《烟用添加剂　焦碳酸二乙酯的测定　气相色谱－质谱联用法》
	YC/T 361—2010《烟用添加剂　β－细辛醚的测定　气相色谱－质谱联用法》
	YC/T 375—2010《烟用添加剂　环己基氨基磺酸钠的测定　离子色谱法》
	YC/T 376—2010《烟用添加剂　β－萘酚的测定　气相色谱－质谱联用法》
	YC/T 423—2011《烟用香精和料液　苯甲酸、山梨酸和对羟基苯甲酸甲酯、乙酯、丙酯、丁酯的测定　高效液相色谱法》
	YC/T 441—2012《烟用添加剂禁用成分　硫脲的测定　高效液相色谱法》
	YC/T 442—2012《烟用添加剂禁用成分　对乙氧基苯脲的测定　高效液相色谱法》

2006年起，国家局陆续发布了一批有关烟用材料产品安全的分析方法标准。主要标准如表14-10所示。

表14-10 烟用材料中成分分析方法主要标准一览表

测试对象	相关标准
包装材料和卷烟纸品	YC/T 207—2006《卷烟条与盒包装纸中挥发性有机化合物的测定 顶空－气相色谱法》
	YC/T 207—2014《烟用纸张中溶剂残留的测定 顶空－气相色谱/质谱联用法》
	YC/T 278—2008《烟用接装纸中汞的测定 冷原子吸收光谱法》
	YC/T 268—2008《烟用接装纸、接装原纸中砷、铅的测定 石墨炉原子吸收光谱法》
	YC/T 316—2014《烟用材料中铬、镍、砷、硒、镉、汞和铅残留量的测定 电感耦合等离子体质谱法》
烟用滤棒	YC/T 331—2010《醋酸纤维滤棒中三乙酸甘油酯的测定 气相色谱法》
	YC/T 417—2011《聚丙烯丝束滤棒中邻苯二甲酸酯的测定 气相色谱－质谱联用法》
烟用胶黏剂	YC/T 332—2010《烟用水基胶 甲醛的测定 高效液相色谱法》
	YC/T 333—2010《烟用水基胶 邻苯二甲酸酯的测定 气相色谱－质谱联用法》
	YC/T 334—2010《烟用水基胶 苯、甲苯及二甲苯的测定 气相色谱－质谱联用法》

6. 计量类标准与标准物质

（1）烟草专用仪器设备计量类标准

①计量检定规程。

1998年，国家局发布了行业首批计量检定规程，覆盖了卷烟、滤棒、卷烟纸检测的14种烟草专用计量器具。2002年起，又发布了若干烟草专用检测仪器以及相关校准器具的检定规程。目前，支撑卷烟、滤棒、卷烟纸、烟用丝束产品标准及其所引用方法标准所涉及专用检测仪器的计量检定规程均已基本建立，为开展烟草专用检测仪器的计量检定提供了技术保证。2009年后，计量检定规程进一步拓宽至打叶复烤专用检测仪器和卷烟在线测量设备。

截至2015年末，烟草行业共发布专用仪器计量检定规程28项，主要包括：JJG（烟草）01—2012《卷烟 滤棒物理综合测试台检定规程》、JJG（烟草）08—2014《纸张透气度测定仪检定规程》、JJG（烟草）13—2009《吸烟机（含一氧化碳分析仪）检定规程》、JJG（烟草）21—2010《烟草实验室大气环境检定规程》等实验室烟草专用仪器计量标准；JJG（烟草）24—2010《烟丝弹性测定仪检定规程》、JJG（烟草）27—2010《烟草加工在线红外测温仪检定规程》、JJG（烟草）29—2011《烟草加工在线水分仪检定规程》等烟草在线检测设备计量标准。为行业实验室测量、在线测量提供了计量保障。

②烟草专用仪器设备计量标准装置。

2002—2019年，中国烟草标准化研究中心建立的9项计量标准装置陆续通过了国家质检总局考核，并经国家局批准作为行业最高计量标准装置，在相应计量检定工作中使用[1]，为行业专用检测仪器的计量提供了保证。具体计量标准装置如表14-11所示。

表14-11 烟草专用仪器设备计量标准装置一览表

计量标准装置	计量检定项目
烟草专用气体流量标准装置	通风率标准棒
	CFO 恒流孔
	纸张透气度流量盘
烟草专用气体压力标准装置	吸阻标准棒
烟草专用吸烟机风速仪检定装置	吸烟机风速仪
烟草实验室大气环境检定装置	烟草实验室大气环境
烟草实验室用温湿度仪检定装置	烟草实验室用温湿度仪
烟草填充值测定仪、弹性测定仪检定装置	烟草填充值测定仪 膨胀梗丝填充值测定仪、烟丝弹性 测定仪
卷烟和滤棒物理性能综合测试台检定装置	卷烟和滤棒物理性能综合测试台
烟草纸张透气度测定仪检定装置	纸张透气度测定仪
烟用恒温干燥箱检定装置	烟用恒温干燥箱

（2）烟草标准物质（样品）

1997—2019年，行业共组织研制出一类国家一级标准物质、七类国家二级标准物质。具体如表14-12所示。

表14-12 烟草行业研制出的烟草标准物质

标准物质名称	编　号	备　注
烤烟、晒烟烟草成分分析标准物质（一级）	GBW 08514—08515	包括总糖、还原糖和烟碱 3 种有机特性量值
烟草分析用氯、氮、钾混合溶液标准物质（二级）	GBW（E）081631—1633	
三乙酸甘油酯中 21 种有机化合物溶液标准物质（二级）	GBW（E）082063	包括甲醇、乙醇、异丙醇、丙酮、正丙醇、丁酮、乙酸乙酯、乙酸异丙酯、正丁醇、苯、1-甲氧基 -2- 丙醇、乙酸正丙酯、4- 甲基 -2- 戊酮、1- 乙氧基 -2- 丙醇、甲苯、乙酸正丁酯、乙苯、间二甲苯、对二甲苯、邻二甲苯、苯乙烯、环己酮
烟碱纯度标准物质［纯度为（98.5±0.6）%］（二级）	GBW（E）100264	
三乙酸甘油酯纯度标准物质［纯度为（99.9±0.2）%］（二级）	GBW（E）082265	

续表

标准物质名称	编 号	备 注
烟叶(烤烟、香料烟、白肋烟)中抑芽丹农药残留成分分析标准物质(二级)	GBW(E)083046—083048	
烟用材料分析用邻苯二甲酸酯混合溶液标准物质(二级)	GBW(E)100446—100448	包括：乙醇中邻苯二甲酸酯类化合物混合溶液标准物质、异丙醇中邻苯二甲酸酯类化合物混合溶液标准物质、正己烷中邻苯二甲酸酯类化合物混合溶液标准物质
挥发性羰基化合物检测用溶液标准物质(二级)	GBW(E)100449—100454	包括：乙腈中甲醛-2,4-二硝基苯腙溶液标准物质、乙腈中乙醛-2,4-二硝基苯腙溶液标准物质、乙腈中丙酮-2,4-二硝基苯腙溶液标准物质、乙腈中丙醛-2,4-二硝基苯腙溶液标准物质、乙腈中巴豆醛-2,4-二硝基苯腙溶液标准物质、乙腈中丁醛-2,4-二硝基苯腙溶液标准物质

1996年3月，卷烟标样分标委首次制作并由国家局发布了9个卷烟感官标准样品，即GB 5606.4—2005《卷烟 感官技术要求》的实物标准；1999年，卷烟标样分标委按照ISO 16055《烟草及烟草制品 监测卷烟的要求和应用》的要求，首次制作并由国家局发布了卷烟烟气标准样品。该两类烟草标准样品的制作与发布，为统一行业卷烟产品感官质量评价的口径、保障卷烟产品主流烟气指标（焦油释放量、烟碱释放量和一氧化碳释放量）检测数据的可比性起到了重要作用。

第二节 烟草行业重要产品标准

烟草行业最重要的产品是卷烟和烤烟，烟草行业标准体系中最重要、最基础的标准是《卷烟》和《烤烟》国家标准，而其他标准均直接或间接支撑或服务于卷烟和烤烟的生产、加工、质量、管理等。

（一）《卷烟》国家标准

1985年，我国在QB 691—1978《卷烟》部颁标准的基础上修订并颁布了第一版

《卷烟》系列国家标准。20世纪90年代中期到21世纪初期，我国卷烟产品的发展经历了从数量效益型向质量效益型的转变，企业的装备水平、管理水平、技术创新水平有了巨大进步，同时，随着WHO《烟草框架公约》的签署，行业实施综合降焦、大力发展"中式卷烟"，焦油控制水平和包装、卷制质量不断提高、产品设计风格更趋多样化。在这种形势下，《卷烟》国标经历了将技术指标（特别是物理指标）的硬性规定，转变为充分考虑企业利益、放开涉及企业产品设计指标、弱化了部分物理指标、更加关注安全健康指标，使标准适应了入世后烟草行业面临的形势，体现了消费者利益至上的原则[2, 3]。

1. 标准的变迁

1985年，国家标准局正式批准发布GB 5606—1985《卷烟色、香、味》、GB 5607—1985《卷烟卷制技术条件》、GB 5608—1985《卷烟烟丝》、GB 5609—1985《卷烟包装与贮运》、GB 5610—1985《卷烟取样及质量综合判定方法》国家标准。

1996年，国家技术监督局颁布《卷烟》系列国家标准，包含：GB/T 5606.1—1996《卷烟　抽样》、GB/T 5606.2—1996《卷烟　包装、标志与贮运》两个推荐性国家标准和 GB 5606.3—1996《卷烟 卷制技术条件》、GB 5606.4—1996《卷烟　感官技术条件》、GB 5606.5—1996《卷烟　主流烟气与烟丝化学技术指标》、GB 5606.6—1996《卷烟　质量综合判定》4个强制性国家标准。

2004年12月，国家质检总局发布了GB/T 5606.1—2004《卷烟　第1部分：抽样》国家标准，2005年6月又发布了GB 5606.2—2005《卷烟　第2部分：包装标识》、GB 5606.3—2005《卷烟　第3部分：包装、卷制技术要求及贮运》、GB 5606.4—2005《卷烟　第4部分：感官技术要求》、GB 5606.5—2005《卷烟　第5部分：主流烟气》、GB 5606.6—2005《卷烟　第6部分：质量综合判定》系列国家标准。

2. 标准内容和技术要求的变化

（1）结构及表达方式变化如表14-13所示。

表14-13　1985—2005版《卷烟》标准结构及表达方式变化一览表

年份	标准结构	主要变化
1985	5 个独立的标准	比较原部颁标准 QB 691—1978《卷烟》： ——GB 5606~5609—1985 按照内在质量、卷制质量、烟丝和烟气质量、卷烟包装质量分别修订为 4 个标准，其内容中不仅包含了技术要求，还包含了检测方法、使用仪器的规定以及每个技术指标的检验规则； ——GB 5610—1985 是将原部颁标准 QB691—78 中的抽（取）样和《卷烟质量分类考核办法》［（78）轻食字第 71 号］中的检验判定规则进行整合、修订

续表

年份	标准结构	主要变化
1996	5个独立的标准改变为1个标准代号6个部分的系列标准	比较1985版《卷烟》国标： ——删除了检测方法中规定的设备型号等与质量无关的内容，进一步量化了技术要求。每个部分分别对卷烟质量检测的不同环节提出了要求
2005	6个部分的系列标准	比较1996版《卷烟》国标： ——将GB/T 5606.2—1996《卷烟 包装、标志与贮运》中“包装技术要求、抽样、试验方法和检验规则”“贮运”调整到GB 5606.3—2005《卷烟 第3部分：包装、卷制技术要求及贮运》中； ——将卷烟包装与标识区分开来，与卷烟卷制技术要求合并； ——将GB 5606.5—1996《卷烟 主流烟气与烟丝化学技术指标》中烟丝化学指标删除，修改为GB 5606.5—2005《卷烟 第5部分：主流烟气》

（2）基本内容变化如表14-14所示。

表14-14　1985—2005版《卷烟》标准基本内容变化一览表

比较	主要变化
GB 5606~5610—1985《卷烟》相比QB 691—1978《卷烟》	1.卷烟色、香、味：规定了烤烟型、混合型、外香型、雪茄型不同类型卷烟内在质量的检验。 2.卷烟卷制技术条件：增加了部分、完善了各项外在质量指标。 3.卷烟烟丝：增加了卷烟焦油、卷烟糖碱比各项的技术要求、首次提出了烟气中焦油量低（<15）、中（15~25）、高（>25）的限量指标以及各类别中各等级的糖碱比的限量指标。 4.卷烟取样及质量综合判定方法：规定了卷烟成品取样和生产厂取样的规则；规定了卷烟内在质量5个单项、卷烟外在的13个项目以及焦油量为质量判断的记分权重；规定了卷烟质量的综合判定方法，规定了6个批否决项
GB 5606—1996《卷烟》相比GB 5606~5610—1985《卷烟》	1.取消了对卷烟甲、乙、丙、丁级别的划分。 2.抽样：以“盒”为抽样单位修改为“条”。 3.卷烟　包装、标志与贮运：明确要求将焦油量、烟气烟碱量标注在条、盒上，增加了对其印刷标志的规范性要求；增加了对错装、少装、包装不完整和断残的要求并将这些项目作为批不合格的否决项。 4.卷烟　卷制技术条件：对卷烟物理指标的设计标准值或设计规格不作规定只规定范围值；增加了卷烟熄火；质量得分由原来按项目分配合格的满分不合格不得分，改为按项目分配单位扣分值以不合格支数或不合格次数计算扣分。 5.感官技术要求：取消了色泽要求，增加了对谐调的要求，规定了感官评吸采用暗评的要求。 6.主流烟气与烟丝化学技术指标：取消烟丝化学指标（卷烟糖碱比）量化技术要求；将焦油的档次划分档次由三挡调整为五档，增加了对烟气烟碱量、一氧化碳量的规定。并对烟气烟碱量计分。 7.质量综合判定：增加了批不合格的否定项，数量也由原来的6项调整为18项

续表

比较	主要变化
GB 5606—2005《卷烟》相比 GB 5606—1996《卷烟》	1. 抽样：增加了检验方式，从原标准的全项检验修改为三种类型的检验形式，即型式检验、出厂检验和监督检验。并按照不同检验方式分别制定了“试样制备”方法。 2. 包装标识：增加了一氧化碳量的标注要求；按照 FCTC 的相关条款，对包装标识进行了修改；进一步明确了卷烟生产企业的名称标识方法。 3. 包装与卷制技术要求： ——技术要求按质量缺陷轻重程度分为 A、B、C 三类，对不同的质量缺陷分别规定了不同的单位扣分值，取消了对各单项最高得分的限定，并规定卷烟包装与卷制的质量得分为负分时以零分计，卷烟包装与卷制质量得分小于 60 分时，则判该批卷烟不合格； ——增加了端部落丝量、总通风率等技术指标和定义，将水分改为含水率，并对吸阻、圆周、硬度、重量的允差范围和含末率、含水率的指标要求进行了调整。 4. 感官技术要求：取消了卷烟类型，增加了卷烟价类，并按价类分别提出了技术要求，并对各项目技术要求的分数进行了调整；感官仍采用暗评记分方法，生产企业亦可采用明评。 5. 主流烟气：取消了烟丝中水溶性总糖、总氮、总植物碱和氨态碱的技术要求和试验方法；调整了盒标焦油量的档次及焦油量的允差；调整了烟气烟碱量允差；增加了烟气一氧化碳量为考核指标。 6. 质量综合判定： ——增加了三种检验类型所检验的项目； ——调整了质量综合得分计算公式：增设了卷烟包装标识得分 5 分；卷烟包装及卷制质量由原来的 40 分降为 25 分；感官质量由原来的 45 分降为 35 分；焦油量由原来的 10 分增加为 25 分；烟气烟碱量维持原来的 5 分不变；增设了烟气一氧化碳量得分 5 分； ——修改了批不合格的判定方法：将 GB 5606.6—1996 中以严重影响产品质量的 18 个指标来判定产品合格与否的规定，修改为批否决项为：①除包装卷制质量部分之外的 A 类缺陷；②卷烟包装与卷制质量得分小于 60 分

（二）《烤烟》国家标准

1986年1月，在对GB 2635—1981《烤烟》修订的基础上，国家技术监督局发布了GB 2635—1986《烤烟》，并于同年7月正式实施。该版标准根据叶片的成熟度、身份（油分、厚度、叶片结构）、色泽（颜色、光泽）、叶片长度、杂色、残伤、破损等外观品级条件划分级别，分为中下部黄色6个级、上部黄色5个级、青黄色3个级、1个末级，共15级。相对于GB 2635—1981《烤烟》，主要增加了烟叶成熟度和长度要求，修改了组织结构和部分颜色概念，放宽了对残伤的限制和光泽要求，严格划清了青黄烟与黄烟的分界线，取消了不分部位的乙型标准，使我国烤烟等级从此有了全国统一的标准。

1987—1990年，国家局多次组织对《烤烟》国标的修订工作，继续研究按照部位、基本色以及色均度（色度）、洁净度（均匀度）等因素进行等级划分。1992年8月，GB 2635—1992《烤烟》发布，该标准根据烟叶成熟度、叶片结构、身份、油分、色度、长度、残伤等7个外观品质因素划分烟叶级别，烤烟等级由原来的15级修改为40级，即：下部柠檬黄色4个级、橘黄色4个级，中部柠檬黄色3个级、橘黄色3个级，上部柠檬黄色4个级、橘黄色4个级、红棕色3个级，完熟叶2个级，中下部杂色2个级、上部杂色3个级，光滑叶2个级，微带青4个级、青黄色2个级，并在全国部分烟区实施，1996年在全国烟区全面实施。

随着烟叶生产水平和卷烟配方能力的提高，1998年和2000年分别又对标准进行了两次修订，调整了相关等级的品质因素规定，增加了中部柠檬黄色、橘黄色各1个级（C4F、C4L），《烤烟》国家标准成为42级，并于2000年烤烟收购起实施。该标准在稳定烟叶收购秩序和提高烟叶质量过程中始终发挥着重要作用。历次烤烟国家标准的发布年份、等级个数、分组情况变化如表14-15所示，历次烤烟国家标准的品级要素变化如表14-16所示。

表14-15　历次《烤烟》国家标准的发布年份、等级个数、分组情况变化表

标准号	GB 2635—1981		GB 2635—1986	GB 2635—1992 及修改单	
发布年份	1981 年		1986 年	1992 年	2000 年修改单发布后
等级个数	甲型 15 级	乙型 10 级	15	40	42
分组、分级情况	下部黄色（6个）、上部黄色（5个）、青黄色（3个）、末级1个	黄色（6）、青黄色（3）、末级1个	中下部黄色（6个）、上部黄色（5个）、青黄色（3个）、末级1个	上部橘黄色（4个）、上部柠檬黄色（4个）、上部红棕色（3个）、中部桔黄色（3个）、中部柠檬黄色（3个）、下部橘黄色（4个）、下部柠檬黄色（4个）、完熟叶（2个）、上部杂色（3个）、中下部杂色（2个）、光滑叶（2个）、微带青（4个）、青黄色（2个）	中部橘黄色调整为（4个）、中部柠檬黄色调整为（4个）

表14-16　历次《烤烟》国家标准的品级要素变化表

标准号	GB 2635—1981	GB 2635—1986	GB 2635—1992
品级要素	油分、丰满、组织、光泽、颜色（黄色、青黄色）、杂色（程度、面积）、残伤、破损	成熟度、身份（油分、厚度、叶片结构）、色泽（颜色、光泽）、叶片长度、杂色、残伤、破损	成熟度、叶片结构、身份、油分、色度、长度、残伤

（三）其他国家标准

1.《雪茄烟》国家标准

1994年11月，国家质量技术监督局发布了GB 15269—1994《雪茄烟》。2006年，国家局和国家质检总局同意立项修订该标准，并于2010年和2011年陆续发布了GB/T 15269.1—2010《雪茄烟　第1部分：产品分类和抽样技术要求》、GB 15269.2—2011《雪茄烟　第2部分：包装标识》、GB 15269.3—2011《雪茄烟　第3部分：产品包装、卷制及贮运技术要求》、GB 15269.4—2011《雪茄烟　第4部分：感官技术要求》。与1994版相比，新版《雪茄烟》标准，一是进一步明确了雪茄烟的定义，即用烟草做茄芯、烟草或含有烟草成分的材料做茄衣、茄套（如有）卷制而成，具有雪茄型烟草香味特征的烟草制品，并且明确用作茄衣、茄套（如有）的含有烟草成分的材料中自然烟草成分含量应在20%以上，烟支中晾晒烟占烟支质量（不含烟嘴）的70%以上；二是明确了按照“规格”而不再按照“等级”“香型（味型）”“全叶卷、半叶卷”等方式进行分类；三是包装标识宜注明加工方式和型号，包括手制、机制、半机制等；四是在感官技术要求方面，明确了评吸方式为局部循环法，仅将异味和霉变作为批否决项。

2.《白肋烟》国家标准

1988年7月，国家标准局发布GB 8966—1988《白肋烟》，该标准按照品质要素（成熟度、身份、叶片结构、叶面、颜色、光泽）和控制因素（长度、损伤度）勾划出了各级质量状态，共包括12级，即：中下部6个级、上部5个级、1个末级。该标准的发布结束了地方性标准间不统一的局面，规范了白肋烟等级技术要求，对国产白肋烟的生产、分级和个性原料使用起到了非常重要的作用。

随着白肋烟生产技术对外交流与合作的开展，种植品种、调制方法、烟叶内在质量和外观质量都发生了较大变化[4]，从1992年开始，行业逐步开展了标准修订研究，2005年8月，国家质检总局发布了GB 8966—2005《白肋烟》，该标准根据烟叶的成熟度、身份、叶片结构、叶面、光泽、颜色强度、宽度、长度、均匀度、损伤度品级要素判定级别，分为下部组5个级，中部组7个级，顶叶3个级，上部组6个级，顶、上、中、下部组杂色各1个级、末级，共28级。该标准的实施更加促进了白肋烟的质量提升，更加适应了卷烟的生产和市场的需要。

第三节

烟草行业产品质量安全标准

产品质量安全类标准的发展可分为三个阶段，即限量为主的管控阶段；许可评估制引入和发展阶段；质量安全标准体系全面建设阶段。

（一）限量管控（2008 年之前）

这一时期产品质量安全要求基本上是通过产品标准中限量要求来体现。期间陆续制定并发布了相关标准，如表14-17所示。

表14-17　有害成分限量要求类产品标准一览表

类别	相关标准	意义
添加剂	YC/T 164—2003《烟用香精香料》 （后被 YC/T 164—2012《烟用香精》代替）	对砷、铅含量进行限量，首次在烟用材料（添加剂）产品标准中提出了质量安全方面的要求
胶黏剂	YC/T 187—2004《烟用热熔胶》 YC/T 188—2004《高速卷烟胶》	对砷、铅含量进行限量，首次在胶黏剂产品标准中提出了质量安全方面的要求
包装材料	YC 263—2008《卷烟条与盒包装纸中挥发性有机化合物的限量》 YC 264—2008《烟用内衬纸》 （后被 YC 264—2014《烟用内衬纸》代替）	首次将烟用材料有机成分限量要求纳入管控

（二）许可评估（2008—2011）

2008年，国家局首次在行业内提出了《烟用添加剂许可名单及禁用成分》，许可评估制开始引入。

2010年3月，国家局进一步明确了针对烟草添加剂建立许可制的指导思想，发布了《烟草添加剂安全性评估工作规程》。2011年6月，国家局发布《烟草添加剂安全性评估工作规程实施细则》，进一步明确了烟草添加剂安全性评估采用的方法，为烟草添加剂安全性评估提供了支持。

2011年，国家局正式下发了《烟草添加剂许可物质名录》和《关于调整烟草添加剂许可名录》的通知，为实行烟草添加剂许可制以及监督烟草添加剂的规范使用奠定了基础。

（三）体系建立（2011 年以后）

2011年初，谢剑平院士提出了将产品安全主要定位于烟草和烟草制品的外源性风险，包括原料（烟叶）、添加剂、烟用材料、卷烟成品，涵盖烟叶生产、烟草在制品加工、卷烟加工、卷烟吸食等全方位、全过程管控的烟草行业产品质量安全标准体系框架。2011年5月，总公司发布了“烟草行业产品安全标准体系表”，该体系表包括“原料安全性控制”“烟用材料（添加剂）安全性控制”“烟草加工安全性控制”“卷烟成品安全性控制与监控”标准分体系，各分体系分别与国内外相关法律法规、技术标准、管控方式接轨［如“烟用材料（添加剂）安全性控制”标准分体系与德国烟草法、PMI（菲利浦·莫里斯国际烟草公司）披露成分及其控制要求以及GB 9685—2008、GB 2760—2011接轨］，既包括对行业现行产品安全性标准的梳理，又成为行业标准项目申报和下达的重要依据。该体系表中所规划的标准，多数被国家局在2011—2012年的行业及总公司标准项目制修订计划中所引用。2020年，总公司根据质量安全管控的形势，组织对“烟草行业产品安全标准体系表”进行了修订，将体系框架修订为管控要求标准体系、质量安全管控实施标准两个部分。“管控要求标准体系”主要包括许可评估、产品安全卫生要求及配套方法等标准，为行业质量安全管控提供了基础支撑；质量安全管控实施标准体系包括卷烟物料生产标准、卷烟生产加工标准等，支撑了卷烟产品实现过程的质量安全控制。同时，对现有质量安全类标准在相关体系中进行了归纳，并对制修订的标准进行了规划。

近年来，产品质量安全标准体系不断完善，组织制定了一系列重要标准。

1. 烟用材料许可

2012年，总公司发布了《烟用材料许可使用物质名单》，其中“烟用材料”涉及：卷烟纸，卷烟纸钢印印刷油墨，滤棒成型纸、烟用接装纸和烟用内衬纸，框架纸、卷烟包装纸（条与盒）和封签纸，烟用水基胶，烟用热熔胶，烟用二醋酸纤维素丝束，烟用聚丙烯纤维丝束，烟用三乙酸甘油酯等9类，自此，烟用材料使用物质全面走向许可制。2014年，总公司又发布了《烟用材料新物质安全性评估技术规程》，其中，烟用材料涉及卷烟纸、卷烟搭口胶和卷烟纸钢印印刷油墨，烟用接装纸、烟用内衬纸和滤棒成型纸，接嘴胶和滤棒成型用胶，烟用丝束，盒包装纸、框架纸、封签纸和盒包装胶等5类，自此，烟用材料新物质也全面走向了评估制。

2. 添加剂许可

2015年，总公司根据卷烟添加剂许可情况和连续3年的添加剂评估情况，正式发布了“烟草制品许可使用的添加剂名单”和“烟草制品临时许可使用的添加剂名单”。

3. 再造烟叶许可

2014年，总公司发布了《再造烟叶许可使用物质名单》，分为3个部分：造纸法、辊压法、稠浆法，自此，再造烟叶使用物质也全面走向了许可制。

4. 烟用材料产品安全性控制

2012年以来，总公司陆续发布了《醋酸纤维滤棒卫生要求》《聚丙烯丝束滤棒卫生要求》《烟用聚丙烯丝束滤棒成型水基胶黏剂卫生要求》《滤棒添加剂安全卫生通用要求》《烟用接装纸安全卫生要求》《烟用内衬纸安全卫生要求》《卷烟条与盒包装纸安全卫生要求》《卷烟纸安全卫生要求》《烟用钢印油墨安全卫生要求》《卷烟爆珠安全卫生要求》和《烟用胶黏剂安全卫生要求》，在行业内对烟用材料产品安全性进行全面控制。

5. 烟叶及烟草农业类安全性管控

2013年以来，总公司提出了《烟叶农药最大残留限量》《烟用肥料重金属限量》《烟用农药　重金属限量要求》《烟草包衣种子　重金属限量要求》《烟草育苗基质　重金属限量要求》，结题了《植烟土壤中重金属限量指南》《植烟土壤中农残限量指南》《烟田灌溉水中重金属限量指南》《烟田灌溉水中农残及有害生物限量指南》等行业标准项目预研报告，并将安全性标准延伸到烟叶生产领域。

第四节
烟草国际标准

ISO/TC 126涉及的标准多是测试方法标准。我国烟草行业针对烟草国际标准建立的特点，积极跟进、科学验证，开展了国际标准转化工作；实质参与、重点突破，积极推进我国烟草标准国际化进程。

（一）国际标准转化

我国烟草行业积极采用国际标准，于1993年，首次转化ISO 10315—1991《卷烟　烟气总粒相物中烟碱的测定　气相色谱法》，发布了相应的行业标准YC/T 008—1993。截至2020年7月，烟草类ISO标准共88项（其中含TR技术报告4项，TS技术规范6项，修改单9项，技术校勘1项，修改单8项），已先后转化33项，并根据国务院《深化标准化工作改革方案》（国发〔2015〕13号）的要求，于2017年对其中的12项标准进行了废止，所废止的12项标准中，9项未被国家和行业标准或有关法规所引用，不属于政府职责范围之内公益类标准；3项被更为快速、准确的行业标准所代替，已失去使用价值。目前凡是符合我国烟草行业实际的相关国际标准均已转化。我国采用及曾经采用ISO/TC126归口标准一览表如表14-18所示。

表14-18　我国采用ISO/TC126归口标准一览表

序号	ISO 标准		国内对应的标准	
	标准号	标准名称	标准号和标准名称	对应关系
1.	ISO 2881：1992	Tobacco and tobacco products—Determination of alkaloid content—Spectrometric method 烟草及烟草制品　总植物碱的测定　光度法	GB/T 23225—2008《烟草及烟草制品　总植物碱的测定　光度法》（2017年废止）	修改采用 ISO 2881：1992
2.	ISO 3308：2012	Routine analytical cigarette-smoking machine—Definitions and standard conditions 常规分析用吸烟机　定义和标准条件	GB/T 16450—2004《常规分析用吸烟机　定义和标准条件》	修改采用 ISO 3308：2000
3.	ISO 3400：1997	Cigarettes—Determination of alkaloids in smoke condensates—Spectrometric method 卷烟　总粒相物中植物碱的测定　光度法	GB/T 23226—2008《卷烟　总粒相物中总植物碱的测定　光度法》（2017年废止）	修改采用 ISO 3400：1997
	ISO 3400：1997/AMD 1：2009	Cigarettes—Determination of alkaloids in smoke condensates—Spectrometric method—Amendment 1 卷烟　总粒相物中植物碱的测定　光度法　修订单 1	—	—
4.	ISO 3401：1991	Cigarettes—Determination of alkaloid retention by the filters—Spectrometric method 卷烟　滤嘴植物碱截留量的测定　光度法	GB/T 23354—2009《卷烟　滤嘴总植物碱截留量的测定　光度法》（2017年废止）	修改采用 ISO 3401：1991
5.	ISO 3402：1999	Tobacco and tobacco products—Atmosphere for conditioning and testing 烟草及烟草制品　调节和测试的大气环境	GB/T 16447—2004《烟草及烟草制品　调节和测试的大气环境》	等同采用 ISO 3402：1999

续表

序号	ISO 标准		国内对应的标准	
	标准号	标准名称	标准号和标准名称	对应关系
6.	ISO 4387：2019	Cigarettes—Determination of total and nicotine-free dry particulate matter using a routine analytical smoking machine 卷烟　常规分析用吸烟机测定总粒相物和焦油	GB/T 19609—2004《卷烟　常规分析用吸烟机测定总粒相物和焦油》	修改采用 ISO 4387：2000
7.	ISO 4389：2000	Tobacco and tobacco products—Determination of organochlorine pesticide residues—Gas chromatographic method 烟草及烟草制品　有机氯农药残留量的测定　气相色谱法	GB/T 13596—2004《烟草及烟草制品　有机氯农药残留量的测定》（2017 年废止）	修改采用 ISO 4389：2000
8.	ISO 6466：1983	Tobacco and tobacco products—etermination of dithiocarbamate pesticides residues—Molecular absorption spectrometric method 烟草及烟草制品　二硫代氨基甲酸酯农药残留的测定 分子吸收分光光度法	GB/T 21132—2007《烟草及烟草制品　二硫代氨基甲酸酯农药残留量的测定　分子吸收光度法》（2017 年废止）	等同采用 ISO 6466：1983
9.	ISO 6488：2004	Tobacco and tobacco products—Determination of water content—Karl Fischer method 烟草及烟草制品　水分的测定　卡尔费休法	GB/T 23357—2009《烟草及烟草制品　水分的测定　卡尔费休法》（2017 年废止）	修改采用 ISO 6488：2004
	ISO 6488：2004/COR 1：2008	Tobacco and tobacco products—Determination of water content—Karl Fischer method—Technical Corrigendum 1 烟草及烟草制品　水分的测定　卡尔费休法　技术勘误表 1	—	—
10.	ISO 8454：2007	Cigarettes—Determination of carbon monoxide in the vapour phase of cigarette smoke—NDIR method 卷烟 烟气气相中一氧化碳的测定 非散射红外线法（NDIR）	GB/T 23356—2009《卷烟　烟气气相中一氧化碳的测定　非散射红外法》	修改采用 ISO 8454：1995

续表

序号	ISO 标准		国内对应的标准	
	标准号	标准名称	标准号和标准名称	对应关系
	ISO 8454：2007/AMD 1：2009	Cigarettes—Determination of carbon monoxide in the vapour phase of cigarette smoke—NDIR method—Amendment 1 卷烟　烟气气相中一氧化碳的测定　非散射红外线法（NDIR）修改单 1	—	—
	ISO 8454：2007/AMD 2：2019	Cigarettes—Determination of carbon monoxide in the vapour phase of cigarette smoke—NDIR method—Amendment 2 卷烟　烟气气相中一氧化碳的测定　非散射红外线法（NDIR）修改单 2	—	—
11.	ISO 10315：2013	Cigarettes—Determination of nicotine in smoke condensates—Gas-chromatographic method 卷烟　总粒相物中烟碱的测定　气相色谱法	GB/T 23355—2009《卷烟　总粒相物中烟碱的测定　气相色谱法》	修改采用 ISO 10315：2000
12.	ISO 10362-1：2019	Cigarettes—Determination of water in total particulate matter from the mainstream smoke—Part 1：Gas-chromatographic method 卷烟　总粒相物中水分的测定　第 1 部分：气相色谱法	GB/T 23203.1—2013《卷烟　总粒相物中水分的测定　第 1 部分：气相色谱法》	修改采用 ISO 10362-1：1999
13.	ISO 10362-2：2013	Cigarettes—Determination of water in smoke condensates—Part 2：Karl Fischer method 卷烟　总粒相物中水分的测定　第 2 部分：卡尔费休法	GB/T 23203.2—2008《卷烟　总粒相物中水分的测定　第 2 部分：卡尔费休法》（2017 年废止）	修改采用 ISO 10362-2：1994
14.	ISO 13276：2020	Tobacco and tobacco products—Determination of nicotine purity—Gravimetric method using tungstosilicic acid 烟草及烟草制品　烟碱纯度的测定　硅钨酸重量法	YC/T 247—2008《烟草及烟草制品　烟碱纯度的测定　硅钨酸重量法》	等同采用 ISO 13276：1997

续表

序号	ISO 标准		国内对应的标准	
	标准号	标准名称	标准号和标准名称	对应关系
15.	ISO 15593：2001	Environmental tobacco smoke—Estimation of its contribution to respirable suspended particles—Determination of particulate matter by ultraviolet absorbance and by fluorescence 环境烟草烟气 烟气可吸入悬浮颗粒物的估测 用紫外吸收法和荧光法测定粒相物	GB/T 21131—2007《环境烟草烟气 可吸入悬浮颗粒物的估测 用紫外吸收法和荧光法测定粒相物》（2017 年废止）	等同采用 ISO 15593：2001
16.	ISO 16055：2019	Tobacco and tobacco products—Monitor test piece—Requirements and use 烟草及烟草制品 监测卷烟 要求和应用	YC/T 189—2004《烟草及烟草制品 监控卷烟的要求及应用》	等同采用 ISO 16055：2003
17.	ISO 16632：2013	Tobacco and tobacco products—Determination of water content—Gas-chromatographic method 烟草及烟草制品 水分的测定 气相色谱法	YC/T 345—2010《烟草及烟草制品 水分的测定 气相色谱法》	修改采用 ISO 16632：2003
18.	ISO 18144：2003	Environmental tobacco smoke—Estimation of its contribution to respirable suspended particles—Method based on solanesol 环境烟草烟气 可吸入悬浮颗粒物的估测 茄呢醇法	GB/T 21133—2007《环境烟草烟气 可吸入悬浮颗粒物的估测 茄呢醇法》（2017 年废止）	等同采用 ISO 18144：2003
19.	ISO 2817：1999	Tobacco and tobacco products—Determination of silicated residues insoluble in hydrochloric acid 烟草及烟草制品 不溶于盐酸的硅酸盐残留量的测定	GB/T 21134—2007《烟草及烟草制品 不溶于盐酸的硅酸盐残留量的测定》（2017 年废止）	修改采用 ISO 2817：1999
20.	ISO 2965：2019	Materials used as cigarette papers, filter plug wrap and filter joining paper, including materials having a discrete or oriented permeable zone and materials with bands of differing permeability—Determination of air permeability 卷烟纸、成形纸、接装纸及具有定向透气带的材料 透气度的测定	GB/T 23227—2018《卷烟纸、成形纸、接装纸、具有间断或连续透气区的材料以及具有不同透气带的材料 透气度的测定》	修改采用 ISO 2965：2009

续表

序号	ISO 标准		国内对应的标准	
	标准号	标准名称	标准号和标准名称	对应关系
21.	ISO 2971：2013	Cigarettes and filter rods—Determination of nominal diameter—Method using a non-contact optical measuring apparatus 卷烟和滤棒　公称直径的测定　非接触式光学法	GB/T 22838.3—2009《卷烟和滤棒物理性能的测定　第 3 部分：圆周　激光法》	修改采用 ISO 2971：1998
22.	ISO 3550-1：1997	Cigarettes—Determination of loss of tobacco from the ends—Part 1: Method using a rotating cylindrical cage 卷烟　端部掉落烟丝的测定　第 1 部分：旋转笼法	GB/T 22838.16—2009《卷烟和滤棒物理性能的测定　第 16 部分：卷烟端部掉落烟丝的测定　旋转笼法》（2017 年废止）	修改采用 ISO 3550-1：199
23.	ISO 3550-2：1997	Cigarettes—Determination of loss of tobacco from the ends—Part 2: Method using a rotating cubic box（sismelatophore） 卷烟　端部掉落烟丝的测定　第 2 部分：旋转箱法	YC/T 151.2—2001《卷烟　端部掉落烟丝的测定　第 2 部分：旋转箱法》	等同采用 ISO 3550-2：1997
24.	ISO/TS 3550-3：2015	Cigarettes—Determination of loss of tobacco from the ends—Part 3: Method using a vibro-bench 卷烟 端部掉落烟丝的测定 第3部分：振动法	GB/T 22838.17—2009《卷烟和滤棒物理性能的测定　第 17 部分：卷烟端部掉落烟丝的测定　振动法》	GB 上升为 ISO 标准
25.	ISO 6565：2015	Tobacco and tobacco products—Draw resistance of cigarettes and pressure drop of filter rods—Standard conditions and measurement 烟草及烟草制品　卷烟吸阻和滤棒压降　标准条件和测试	GB/T 22838.5—2009《卷烟和滤棒物理性能的测定　第 5 部分：卷烟吸阻和滤棒压降》	修改采用 ISO 6565：2002
26.	ISO 7210：2018	Routine analytical cigarette-smoking machine—Additional test methods for machine verification 常规分析用吸烟机　附加测试方法	GB/T 24618—2009《常规分析用吸烟机　附加测试方法》	修改采用 ISO 7210：1997

续表

序号	ISO 标准		国内对应的标准	
	标准号	标准名称	标准号和标准名称	对应关系
27.	ISO/TS 7821：2005	Tobacco and tobacco products—Preparation and constitution of identical samples from the same lot for collaborative studies for the evaluation of test methods 烟草及烟草制品　由同批样品中制备和组成测试方法评价的共同实验用均一样品	YC/Z 385—2011《烟草及烟草制品　由同批样品中制备和组成测试方法评价的共同实验用均一样品》	等同采用 ISO/TS 7821：2005
28.	ISO 9512：2019	Cigarettes—Determination of ventilation—Definitions and measurement principles 卷烟　通风的测定　定义和测量原理	GB/T 22838.15—2009《卷烟和滤棒物理性能的测定　第15部分：卷烟　通风的测定　定义和测量原理》	等同采用 ISO 9512：2012
29.	ISO 4874：2020	Tobacco—Sampling of batches of raw material—General principles 烟草　成批原料取样　一般原则	GB/T 19616—2004《烟叶成批取样的一般原则》	修改采用 ISO 4874：2000
30.	ISO 4876：1980	Tobacco and tobacco products—Determination of maleic hydrazide residues 烟草及烟草制品　马来酰肼残留量的测定	GB/T 19611—2004《烟草及烟草制品　抑芽丹残留量的测定　紫外分光光度法》(2017年废止)	修改采用 ISO 4876：1980
31.	ISO 12194：1995	Leaf tobacco—Determination of strip particle size 烟叶　叶片大小的测定	GB/T 21137—2007《烟叶　叶片大小的测定》	等同采用 ISO 12194：1995
32.	ISO 12195：1995	Threshed tobacco—Determination of residual stem content 打叶烟叶　叶中含梗率的测定	GB/T 21136—2007《打叶烟叶　叶中含梗率的测定》	修改采用 ISO 12195：1995
33.	ISO 15517：2003	Tobacco—Determination of nitrate content—Continuous-flow analysis ethod 烟草及烟草制品　硝酸盐的测定　连续流动法	YC/T 296—2009《烟草及烟草制品　硝酸盐的测定　连续流动法》	修改采用 ISO 15517：2003

（二）标准国际化

1. ISO 12030：2010《烟草及烟草制品　箱内片烟密度偏差率的无损检测　电离辐射法》

2007年，针对国际贸易中片烟箱内片烟密度偏差率检测无统一标准的现状，郑州烟草研究院等单位提出采用X射线对片烟箱内密度偏差率进行无损检测的具体方法。2008年，国家局将《烟草及烟草制品　箱内片烟密度偏差的测定　电离辐射法》列为行业标准和参与的ISO标准制修订项目计划[5]，同年，该标准正式被ISO组织列入2008年度国际标准制修订项目计划。在国家局、国家标准化管理委员会的大力支持下，项目组严格遵守国际规则，广泛征求国内外意见，最终获得了国际标准化组织烟草及烟草制品技术委员会（ISO/TC126）28个成员国的一致认可并通过，2010年4月，该标准作为我国烟草行业制定的首个国际标准正式由ISO批准发布。

该标准首次提出了箱内片烟密度偏差率（DVR）的无损检测方法（X射线检测方法），克服了传统的“9点机械取样法”测试时间长、被测烟箱受损等不足，研制出了科学先进、成熟实用的检测设备，该方法成为国际片烟贸易活动中共同遵守的一个准则，对提高箱内片烟均匀分布程度、减少片烟霉变损失具有较大的实用价值。该标准的发布，实现了我国乃至亚洲国家烟草行业制定国际标准“零”的突破，有助于扩大我国烟草行业的国际交流与合作、提高了我国烟草行业在国际标准制修订中的话语权。

2. ISO/TS 3550-3《卷烟　端部掉落烟丝的测定　第 3 部分　振动法》

2005年，GB 5606—2005《卷烟》正式实施，标准中增加了“卷烟端部落丝量”指标，采用YC/T 151.2—2001《卷烟端部掉落烟丝的测定　第2部分：旋转箱法》进行检测，但“旋转箱法”在全面反映目前卷烟生产、流通、消费的实际情况和卷烟产品的质量水平方面存在不足，为此国家局提出“就该指标的检测方法和判定指标进行研究”[6]。2007年，郑州烟草研究院在国家质检总局申报了质检公益性科研专项，立项开展卷烟端部落丝测试方法的研究工作，研究开发了卷烟端部落丝振动测试方法，并于2009年顺利通过国家质检总局组织的项目验收和成果鉴定。2010年10月，在ISO/TC 126/SC 1第28次会议上，作为我国提出的第二项烟草类国际标准项目“卷烟端部掉落烟丝的测定　第3部分　振动法”成功立项，经过5年的研究和完善，于2015年10月由ISO/TC 126/SC 1正式批准，作为国际标准技术规范（ISO/TS 3550-3）出版发行。

该标准首次提出了振动法检测卷烟端部落丝的方法，解决了有效模拟卷烟在制造、包装、运输以及消费过程中的运动状态的难题；开发研制了具有自主知识产权的振动法卷烟端部落丝测量仪。为进一步扩大我国在烟草类国际标准制定中的影响力做出了新的贡献。

3. ISO 20714：2019《电子烟烟液　电子烟烟液中烟碱、丙二醇和甘油的测定　气相色谱方法》

自2010年开始，作为新型烟草制品之一的电子烟得到快速发展，国际标准化组织及许多国家政府也逐渐意识到亟需加强对电子烟的监管，具体包括制定电子烟、电子烟烟液成分及释放物等相关标准以及管制法规。2015年4月，在瑞士苏黎世召开的国际标准化组织/烟草及烟草制品技术委员会（ISO/TC 126）第32次会议上，郑州烟草研究院刘惠民研究员作了“电子烟烟液中烟碱、甘油、丙二醇测定”的技术报告，德国专家Dr. DEREK MARINER介绍了国际烟草科学研究合作中心（CORESTA）开展的电子烟研究情况。会议决定成立由德国和中国联合承担WG 16“电子烟烟液中成分的测定”工作组，德国的Thomas Schmidt为召集人，中国的刘惠民研究员为联合召集人，为期3年。2015年底，ISO/TC 126成立了ISO/TC126/SC3“电子烟及雾化制品”分技术委员会，WG16 更改为WG1并归属SC3管理。2019年，WG1工作组的第一个国际标准ISO 20714：2019《电子烟烟液　电子烟烟液中烟碱、丙二醇和甘油的测定　气相色谱方法》发布。

该标准规定了电子烟烟液中烟碱、丙二醇和甘油的气相色谱测定方法，为国际社会对电子烟烟液中烟碱、丙二醇和甘油的成分管制提供了可靠的检测方法。该项目也是我国烟草行业首次承担工作组联合召集人负责制定的第一个国际标准。

4. ISO 22980：2020《烟草　以烟碱计总植物碱含量的测定　使用硫氰化钾（KSCN）和二水合二氯异氰尿酸钠（DCIC）的连续流动分析法》

ISO 15152：2003《烟草　以烟碱计总植物碱的测定　连续流动分析法》规定了连续流动法测定烟草中总植物碱的方法，其源于CORESTA 35号推荐方法，该方法使用了剧毒物质KCN。我国YC/T 160—2002《烟草及烟草制品　总植物碱的测定　连续流动法》等效采用了CORESTA 35号中的推荐方法，但随着国家烟草质量监督检验中心张威研究员主持制定的YC/T 468—2013《烟草及烟草制品　总植物碱的测定　连续流动（硫氰酸钾）法》的发布，我国烟草行业使用YC/T 160的实验室逐渐减少，目前只有个别实验室在使用YC/T 160。NP 22980新工作项目提案是由CORESTA以CORESTA 85号推荐方法（张威主持制定）为草案向ISO/TC 126提出的，张威研究员为该国际标准项目的联合项目负责人。2020年6月，ISO 22980正式发布。

该标准规定了测定烟草中总植物碱（以烟碱计）含量的连续流动分析方法，避免了ISO 15152：2003中剧毒物质KCN的使用，有效降低了操作人员的使用风险以及实验室的管理成本和管理风险。该标准也有效体现了我国行业标准对国际标准的贡献。

第五节
烟草标准化示范

标准化示范是促进标准实施、开展标准化推广的重要手段，是标准化工作体系的重要组成部分。烟草标准化示范就是在行业各主要领域发掘、培育标准化工作先进典型，通过示范，带动相关领域实现整体工作水平的提升。

（一）国家级烟叶标准化生产示范区建设

1995年，中国烟叶公司响应国家标准化管理委员会的总体部署，启动了国家级烟叶标准化生产示范区的建设工作，1995—2001年，我国共建立了第一批河南省郏县等2个、第二批福建省邵武市等10个全国高产优质农业（烟叶）标准化示范区。

2001年后，该项工作由国家局科技司负责，并陆续启动了第三至七批烟叶生产标准化示范区的建设。2004年4月，国家局下发了《国家级烟叶标准化示范县管理办法（试行）》，将综合标准体系的建立和落实作为示范县建设的主要目标，烟叶标准化示范推广工作进入了烟叶产区标准体系的全面建立与落实时期；2008年2月，国家局下发了《关于全面推进烟叶标准化生产的意见》（国烟科〔2008〕59号），首次提出了烟叶标准化生产是现代烟草农业生产的主要特征之一，烟叶品质总体上要满足卷烟工业企业和出口的要求，烟叶标准化示范推广工作已进入与现代烟草、卷烟工业企业需求相结合的时期；2011年11月，在第四至六批国家级烟叶标准化生产示范区建设项目表彰暨经验交流会上，国家局有关领导提出了烟叶标准化生产要做到“四个结合”，即：与现代烟草科技相结合、与现代烟草农业相结合、要与现代管理手段相结合、与广大职业烟农队伍建设相结合，自此，烟叶标准化示范推广进入了“四个结合”时期；2013年5月，国家局下发《关于进一步推进烟叶标准化生产工作的意见》（国烟科〔2013〕225号），要求以提升烟叶生产水平、提高优质烟叶原料保障能力为目标，以支撑现代烟草农业建设、保障烟叶产品质量安全为重点，以“四个结合”为手段，更加有效地发挥标准化在烟叶生产中的基础支撑作用，首次提出了“保障烟叶产品质量安全为重点”的要求，烟叶标准化示范推广进入了加强烟叶产品质量安全管控时期。2018年6月，国家局办公室下发《关于组织开展2018年度推进烟叶标准化生产实效综合评价工作的通知》（国烟办综〔2018〕258号），其中规定的评价重点包括突出工业需求导向、强化质量安全标准底线和生态环境保护、发挥烟草企业主体作用、关键环节标准落地执行等方面，并明确提出要构建工业需求导向型的标准。至此，烟叶标准化示范推广更加突出了工业需求导向。

1995—2014年期间，烟草行业围绕烟叶生产标准体系的建立与落实以及不同时期国家局对烟叶标准化生产所提出的工作重点和要求，共建立了七批51个国家级烟叶标准化生产示范区。2006年，国家局根据当时烟叶产区的生产实际和种植规模，对辽宁省北票市等4个第二批示范区进行了撤销或合并，目前保留的示范区共计47个，覆盖了全国16个省（市、区），基本涵盖了各类植烟区域，包括了不同类型的烟叶产品。烟草行业标准化示范区建设的特点是标准化程度高、展现形式各具特色，为该期间开展烟叶种植的全国20余个省（市、区）、110余个市（地、州）、500余个县（市、区）起到了示范带动作用；建立了科学有效的烟叶生产综合标准体系，覆盖烟叶生产产前、产中、产后各个环节；建立了高素质的标准宣贯队伍，形成了由省、市、县、站以及烟叶生产者骨干构成的、多层次的、科学有效的标准实施推广体系；与卷烟工业企业及烟叶基地单元建设紧密结合，将工业企业的需求转化为产品技术标准，将配套的措施形成为生产管理标准，并将其纳入了综合标准体系或生产技术方案中，实现了与工业企业对烟叶需求的有效衔接；产品质量安全得到高度重视。为烟叶产区全面实现标准化生产起到示范带动作用。国家级烟叶标准化生产示范区如表14-19所示。

表14-19　国家级烟叶标准化生产示范区一览表

第一批（2个）：
河南省郏县，贵州省湄潭县
第二批（6个）：
福建省邵武市、三明地区，山东省诸城市、沂水县，河南省宝丰县、云南省通海县 2006年撤销：辽宁省北票市、安徽省亳州市、陕西省宜川县；2006年合并：贵州省毕节地区
第三批（10个）：
黑龙江省宾县，福建省长汀县，江西省石城县，山东省莒南县，河南省三门峡市，湖南省浏阳市，广西区靖西县，四川省会理县，云南省弥勒县、宾川县
第四批（10个）：
辽宁省凤城市，山东省莒县，湖北省兴山县，郧西县，湖南省桂阳县，四川省古蔺县，贵州省毕节市、开阳县，云南省岘山县、禄丰县
第五批（6个）：
陕西省陇县，安徽皖南烟叶有限责任公司，河南省宜阳县，湖北省恩施州，云南省宣威市，云南烟草保山香料烟有限责任公司
第六批（12个）：
贵州省黔西南州，四川省广元市，湖北省恩施州（烤烟），福建省南平市，河南省南阳市，山东省潍坊市，广东省南雄市，陕西省安康市，湖南省湘西州，云南省腾冲县、石林县、重庆市黔江区
第七批（1个）：
四川省凉山州

（二）烟草行业商业标准化示范企业建设

2013年11月，国家局下发了《关于全面推进烟草行业商业企业标准化工作的意见》（国烟科〔2013〕409号），提出了全面推进烟草行业商业企业标准化工作的指导思想，即：以着力支撑烟草商业企业“管理创一流”活动、提升商业企业服务质量和管理水平为目标，以建立健全商业企业标准体系和标准化工作机制为重点，以标准化示范企业建设为引领，更加有效地发挥标准化在商业企业市场营销、专卖管理、现代物流、基础管理等相关工作中的支撑作用。

中国烟草标准化研究中心根据国家局的统一部署，针对烟草商业的标准化领域，以商业企业标准体系建设为目标，制定了YC/T 479—2013《烟草商业企业标准体系 构成与要求》，提出适于烟草商业企业现实特点的、基于节点支撑的功能归口结构型企业标准体系的构建模式；以烟草行业商业企业标准化工作机制建设为目标，制定了YC/T 503—2014《烟草商业企业标准化建设指南》，对行业商业企业标准化建设提供了系统指导。国家局科技司组织制定了“烟草行业商业标准化示范企业认定办法及细则”，并于2014年至2017年组织并认定了湖北省烟草公司武汉市公司等7家单位为第一批烟草行业商业标准化示范企业，陕西省烟草公司西安市公司等5家单位为第二批烟草行业商业标准化示范企业，四川省烟草公司广元市公司等14家单位为第三批烟草行业商业标准化示范企业，这为卷烟商业企业市场营销、专卖管理、物流配送等主营业务和基础管理工作的开展，以及企业服务质量和管理水平的提升等起到了示范作用，带动了整个行业商业企业标准化建设的全面发展。截至2017年，烟草行业商业标准化示范企业共建立了三批26家，如表14-20所示。

表14-20 烟草行业商业标准化示范企业一览表

第一批（7家）：
湖北省烟草公司武汉市公司、宁夏回族自治区烟草公司银川市公司、浙江省烟草公司绍兴市公司、山东济南烟草有限公司、江苏省烟草公司常州市公司、福建省烟草公司福州市公司、安徽省烟草公司马鞍山市公司
第二批（5家）：
陕西省烟草公司西安市公司、湖南省烟草公司长沙市公司、云南省烟草公司曲靖市公司、贵州省烟草公司毕节市公司、河北省烟草公司唐山市公司
第三批（14家）：
四川省烟草公司广元市公司、湖南省烟草公司株洲市公司、福建省烟草公司南平市公司、云南省烟草公司昆明市公司、湖北省烟草公司鄂州市公司、贵州省烟草公司遵义市公司、甘肃省烟草公司嘉峪关市公司、安徽省烟草公司合肥市公司、陕西省烟草公司宝鸡市公司、山东潍坊烟草有限公司、湖南省烟草公司郴州市公司、云南省烟草公司西双版纳州公司、四川省烟草公司攀枝花市公司、山东威海烟草有限公司

本章主要编写人员：范黎、李栋、陈宸、赵继俊、苗芊、冯茜、李青常、杨荣超

参考文献

[1] 国家烟草专卖局.关于对烟草行业部分专用检测仪器进行强制性计量检定的通知（国烟科监〔2004〕42号）[Z]. 国家烟草专卖局，2004.

[2] 国家烟草专卖局科技教育司.《卷烟》系列国家标准宣贯教材 [M] .北京:中国标准出版社，1996.

[3] 国家烟草专卖局科技教育司，郑州烟草研究院. GB 5606—2005《卷烟》系列国家标准宣贯教材 [M] .北京:中国标准出版社，2005.

[4] 闫新甫. 中外烟叶等级标准与应用指南 [M] . 北京:中国质检出版社，2012.

[5] 国家烟草专卖局.国家烟草专卖局关于印发2008年度烟草行业标准制修订项目计划的通知（国烟科〔2008〕320号）[Z]. 国家烟草专卖局，2008.

[6] 国家烟草专卖局.关于《卷烟》国家标准中卷烟端部落丝量和商品条码两项指标检测的意见（国烟办综〔2006〕260号）[Z]. 国家烟草专卖局，2006.

第十五章

烟草及烟草制品质量检验

第一节
烟草行业质检体系建设

烟草制品是我国工业类产品中一个重要组成部分。烟草行业质量监督检验工作（以下简称“质检工作”）是实施烟草专卖品、烟用材料和相关产品的质量技术监督及质量市场准入，保证烟草及烟草制品质量，维护广大消费者的合法权益的重要基础。自1982年总公司成立以来，我国烟草行业质检工作经历了从无到有、从小到大，不断发展和完善的过程。

（一）第一阶段：建设起步阶段（1983—1990年）

20世纪80代初期，我国烟草行业的技术水平还比较低，生产设备落后，在质量检测方面手段匮乏，卷烟生产企业的检验科大多凭借眼看、手摸、凭感官检验的原始手段开展产品检验，卷烟产品质量不稳定，严重制约了我国烟草行业的发展。为此，“七五”期间，我国各卷烟生产企业经过技术改造，卷烟制丝设备、卷接包设备自动化和高速化水平有了较大提高，卷接速度从80年代初期的1000~2500支/min提高至3000~5000支/min，设备水平的提高对卷烟卷制、包装质量控制也更加有效，各卷烟生产企业质量检测站也先后建立，同时引进了相当数量的检测和分析设备，改进了检测手段，实验环境条件也得到了很大改善。

20世纪80年代中期，随着国务院关于《工业产品质量责任制条例》的发布实施，烟草行业加快了省级烟草质量监督检测机构的建设步伐。1983—1985年，云南、河南、湖南、江苏、福建、四川、湖北、辽宁、贵州等省级烟草质量检测站（以下简称“省级质检站”）开始筹建，但当时都是各自为政，不成系统，检测手段不完备。1986年5月，总公司在武汉召开会议，提出加速成立烟草质量监督检测网的要求，全国各省级烟草公司积极响应，从而拉开了烟草行业质量监督体系建设的序幕。1986—1990年，除海南、西藏、北京、重庆外，全国先后有安徽、河北、江西、山东、陕西、西北、内蒙古等省级质检站也开始组建，除西北站负责甘肃、宁夏、青海、新疆四省（区）外，其余各站则在各自的辖区开展卷烟产品质量的监督检验工作。在成立新疆站后，西北站不再负责新疆辖区。期间部分省级质检站先后通过了总公司、各省技术监督局的审查认可和计量认证，行业省级质检网建设初步形成。

与此同时，国家级烟草质量监督检验中心的建设也开始起步。1983年，中国烟草总公司郑州烟草研究所从化学、工艺、原料等研究室抽调部分技术人员组建中国烟草工业标准化质量检测中心站，1986年4月，总公司同意在郑州烟草研究所原中国烟草工业标准化质量检测中心站的基础上建立全国烟草标准化质量检测中心站（以下简称“检测中心站”），直属总公司领导，委托郑州烟草研究所代管，同时被国家经委列为113个国家级产品质量监督检测中心站之一，每年对卷烟产品的物理性能、烟气指标、感官质量及烟丝化学常规指标开展监督检验，实现了国家所要求的对产品质量的监督。至此，烟草行业初步形成了由国家级、省级和企业级质量监督检测机构组成的质量监督网。

（二）第二阶段：组织建设阶段（1991—2000年）

20世纪在90代初期，初步建立的行业质量监督检验网开始发挥作用，在总公司的统一安排部署下，主要围绕卷烟、烟叶两大产品开展了相应的监督检测工作，但由于各级质检机构都是刚刚组建完成的，相应的检测仪器设备还不完备，检验能力参差不齐，再加上当时各检测机构也没有统一的检测方法标准，不同检测人员对方法的理解也不同，因此，不同检测机构的检测结果差异较大，对行业烟草产品质量监督检验工作的开展造成较大影响。为此，检测中心站主要围绕卷烟产品性能和烟草化学常规成分等开展一系列检测方法研究。利用建站之初购置的气相色谱仪、吸烟机、AA-Ⅱ自动分析仪、综合测试台等仪器设备对以往的方法进行改进，逐步代替原始手动方法。并通过总公司分别就《烟草及制品测试环境条件》《卷烟主流烟气中总粒相物及CO含量的测定方法-NDIR法》《卷烟滤嘴中植物碱截留量的测定》《烟草常规化学分析测定方法》和《卷烟物理检验方法》等七个标准课题立项，建立了相应的标准，可提高质检机构的检测结果一致性和可比性。同时，检测中心站也加强对二、三级质检站的业务指导工作，举办了卷烟物理性能、烟气分析、化学常规分析、感官评吸及丝束、纸张、薄片、卷烟真伪鉴别等检测技术培训班，为行业培养了大批检测技术人员，以提高烟草行业质检机构的整体水平。

随着我国烟草行业的迅猛发展，尤其经过“七五”“八五”技术改造，我国大部分卷烟生产企业完成了技术升级与改造，卷烟制丝工艺、卷接设备自动化水平和生产速度大幅提升，卷接速度从3000~5000支/min提高至5000~7000支/min，甚至达到10000支/min。而烟草行业的技术升级改造也带动了与之配套的烟用材料的生产工艺改造升级，原来的烟用材料质量已不能满足卷烟生产的需要，在实际生产中造成卷烟质量缺陷日益突出。为此，总公司要求各级质检机构逐步拓展相应的检测能力。检测中心站逐步建立了滤棒、卷烟纸、香精香料及烟用醋纤丝束、丙纤丝束的测试方法和手段，开始承接总公司以及生产企业的委托检验；各省级质检站则建立了滤棒、香精香料的测试方法和手段，为烟草行业逐步对烟用材料质量实施监督做好技术准备。

同时，烟草行业质检机构组织建设也在紧锣密鼓地进行。1991年检测中心站全面启动国家级质检中心的建设工作，一方面按照《国家产品质量监督检验中心审查认可细则》的要求修订了“管理手册”等软件；另一方面也对实验室硬件进行改造，并于1992年初完成了实验室整体改造和搬迁。1994年6月，检测中心站通过国家技术监督局的审查认可和计量认证，更名为国家烟草质量监督检验中心（以下简称“质检中心”）。1999年，为满足国家技术监督局对质检中心审查认可、计量认证和实验室国家认可的要求，国家局又投入550万元，用于质检中心实验室测试环境改造和相应仪器设备购置；同年，质检中心通过了国家实验室认可委员会的现场评审，国家局将其名称确定为全国烟草质量监督检验中心。至此，质检中心实验室面积800m^2，其中恒温恒湿实验室150m^2，检测设备50余台套，固定资产800万元，承检能力达到10大类17个产品。其次，国家局加强了对省级站、三级站的管理：一是启动了对省级站、三级站的复验审查工作。1995年，国家局发布实施了《烟草行业产品质量监督检验网管理办法》以及审查认可细则（国烟科［1995］第41号），并据此对已建立的24家省级质检站进行了复验审查，督促各省级烟草专卖局进一步加大对省级质检站的投入，极大地促进了各省级质检站的建设；二是继续完善省级质检站的建设。1991年，北京市烟草质检站成立，1993年批复成立甘肃省烟草质检站，与西北质检站两块牌子、一套机构，这意味着全国各省（直辖市）级质检站已全部建立。后来，分别于1993年5月和1997年2月建立了海南省烟草质检站和重庆市烟草质检站，至此，除西藏自治区外，烟草行业各省级质检站的建设全部完成，基本实现了全国范围内的覆盖，授权范围主要包括卷烟物理、主流烟气、烟叶常规化学成分、卷烟真伪鉴别等传统业务领域。1999年，上海市烟草质检站通过了国家实验室认可委员会的现场评审，成为烟草行业省级质检站中首个通过认可的实验室。

在此期间，烟草行业质检机构也加大了对外技术交流。1995年质检中心、上海、云南等质检站开始参加亚洲合作研究（Asia Collaborative Study 简称ACS）。ACS是1992年日本烟草实验室（Test Laboratory of Japan）发起的一项技术交流活动，每年举行一次，主要用于评价亚洲地区实验室在卷烟主流烟气分析方面的检测能力，除亚洲地区的实验室外，还有菲·莫、英美烟草、雷诺等国际烟草公司的实验室及阿瑞斯塔（ARISTA）等第三方实验室也参加了交流活动。1998年，我国成为大会执委会委员，并于上海成功承办了1998年第6届ACS会议。目前，我国每年有10余家实验室参加ACS，对于国内质检人员及时了解国际烟草行业热点、检测技术发展和各实验室研究成果提供了技术交流平台。

（三）第三阶段：规范完善阶段（2001—2008年）

2001年，中国正式加入了世界贸易组织，烟草行业面临着入世后国内外更加激烈的市场竞争，实验室合格评定已成为贸易活动中重要组成部分，实验室认可已成为国际化趋势。为提高烟草行业质检机构技术和管理水平，更好地发挥质检机构在烟草产品质量监督检验和提高产品质量水平及市场竞争力等方面的作用，建立规范的烟草质检工作体系，是行业质检网发展的主要目标和任务。为此，在认真总结几年来行业产品质量监督检验机构审查认可工作经验的基础上，结合国际上实验室认可通用要求的规定，2001

年国家局修订了《烟草行业产品质量监督检验网管理办法》《烟草行业产品质量监督检验机构审查认可细则》，对行业质检机构实行审查认可制度，再次明确烟草行业质检网由三级质检机构组成：一是国家级质检机构（以下简称“一级站”），由国家质量监督检验检疫总局（原国家质量技术监督局）批准在烟草行业设立并授权的最高质量检验权威机构，该机构受国家局及其授权的挂靠单位领导，业务上受国家质量监督检验检疫总局的指导；二是省级（或区域性）质检机构（以下简称“二级站”），由国家局批准在行业内设立并授权的省级（或区域性）质检机构，是其所在省管辖区（或委托管辖区）内烟草产品质量监督检验的权威机构，该机构受国家局及其所在地省级烟草专卖局（或挂靠单位）的领导，业务上受国家级质检中心和其所在地省级质量技术监督局的指导；三是企业级（或地区专业性）质检机构（以下简称“三级站”），由有关省级烟草专卖局在所属各卷烟厂、有关企业和主要烟草专卖品产销地烟草公司设立的产品质量监督检验站，是本企业或本地区产品质量监督检验的权威机构，该机构受其所在省级烟草专卖局及其有关隶属单位领导，业务上受上一级质检机构和所在地技术监督局的指导。首次提出了依据省级质检机构的综合技术水平、承担的任务量以及审查认可结果等，重点扶持一批重点二级站。2002年12月，国家局对云南省烟草质检站进行复查验收，该站成为全国烟草行业首家省级重点质检站，2004年上海烟草质检站成为第二个省级重点质检站。2005年4月，质检中心随郑州烟草研究院搬迁至郑州高新技术产业开发区，实验室面积达到2700m^2，其中恒温恒湿面积50m^2，设备95台套，固定资产达到3000万元，获得CNAS授权的检测能力达到21大类258个参数。其他各省级烟草质检站也开始了新一轮的跨越发展，继质检中心、上海烟草质检站1999年分别通过国家实验室认可审查后，安徽、山东、江苏、内蒙古、云南、浙江、湖北、广东、陕西等十几家省级质检站纷纷进行了实验室改造、搬迁和人员、设备的投入，烟草行业省级局质检站的软硬件都有了较大的提升。2002—2005年，四川、新疆、湖北、广东、云南、重庆等15家省级质检站通过了国家合格评定实验室审查认可和烟草行业组织的现场复验，实验室的管理水平得到了全面提升。

2003年，国家局出台了一系列改革政策，烟草行业进入了改革快速推进的发展时期。卷烟企业间兼并重组、省级烟草专卖局（公司）与工业公司分设，给中国烟草行业发展带来了全新的变化。在这样历史的转折时期，2003年4月~2004年9月，作为全国试点，安徽烟草质检站转入安徽省工业公司管辖范畴，组织机构随工商分设并入新成立的安徽中烟技术研发部，不仅承担质量监督职责、开展卷烟真伪检测业务，还承担企业项目研究管理、产品开发管理。但在实际运行中发现这种模式不能适应行业质量监督的要求，2004年经国家局批复，安徽烟草质检站重新划归安徽省烟草专卖局管辖，重新启动建站工作。2006—2007年期间，对实验室进行了重新装修，设备投入409余万元。2007—2008年期间，重新获得省质监局、国家局授权认可，开展省内质量监督工作。

同时，为强化烟草行业质检机构的管理，增强各实验室间检测结果的一致性，在国家局科技司的组织下，自2003年起，质检中心每年承办卷烟主流烟气检测、卷烟物理性能、卷烟纸、滤棒、烟用丝束等产品技术参数的共同实验，其中卷烟主流烟气和物理性能的共同实验被纳入CNAS的年度能力验证计划，并每年举办年度共同实验结果发布暨国际检测技术交流会，在提升实验室技术能力水平的同时，搭建了检验检测领域国内外技术专家交流平台，对培养一支技术过硬的检测人才队伍起到了积极作用。

2006年5月，为加强对烟草行业质检机构的监督和管理，保证质检工作的公正性、科学性和权威性，国家局再次修订《烟草行业产品质量监督检验机构管理办法》，将行业质检机构分为国家级质检机构和省级质检机构两种，取消了企业级质检机构；对国家级和省级质检机构实行审查认可和授权制度，由国家局负责质检机构的审查认可和授权管理。

（四）第四阶段：能力提升阶段（2009—2015年）

随着《烟草控制框架公约》（以下简称《公约》）的全面实施，产品质量安全重要性日显突出，尤其是2008年“三鹿”牌乳粉事件的影响，国内社会公众更加关注产品质量安全问题。虽然多年来烟草行业始终高度重视卷烟产品质量，坚持定期进行卷烟产品的质量监督检测和烟用材料的检查检测工作，但由于卷烟生产从烟叶种植到烟用材料、添加剂再到最终卷烟产品，整个流程环节太长，涉及中间产品较多，仅仅依靠质检中心开展相应的产品质量监督和产品安全监控是远远不够的。为此，国家局要求各省级局（公司）、工业公司高度重视质检机构建设，统筹规划，从人力、物力、财力等方面切实保障，以确保卷烟质量技术监督检测工作正常有效开展。

然而，由于检测范围窄、资金投入不足、仪器装备老化、匮乏专业人员等问题，行业检验检测机构尤其是省级局烟草质检机构已不能完全适应新形势、新挑战、新任务的需要了。国家局党组分别在2007年7月召开的质量安全工作座谈会、2008年和2009年全国烟草工作会议上多次指出，质检机构建设关系行业形象，关系消费者健康，要求各省级局领导要高度重视省级质检机构的建设，努力适应行业发展要求。2009年7月，国家局发布了《国家烟草专卖局关于全面加强烟草质检机构建设的意见》（国烟科〔2009〕261号），提出了总体建设目标，即以加强产品质量监督、确保产品质量安全、服务烟草市场监管、努力推进减害降焦、认真履行《公约》为重点，加快建立1个国家级质检中心为龙头、以8个左右综合性省级局质检机构为骨干、以20个左右专业性省级局质检机构为基础的行业质检体系。其中，综合性省级局质检机构即重点质检机构应能够承担烟叶、卷烟（包括真伪卷烟鉴别检验）、烟用材料、烟用添加剂、农残等常规指标和质量安全指标、履约中烟草制品及烟气释放物成分检测；专业性省级局质检机构应能够开展烟叶、卷烟（包括真伪卷烟鉴别检验）质量监督常规指标以及卷烟产品、部分卷烟材料等质量安全指标的检测。在国家局的大力推进下，上海、云南、贵州、湖北、广东、北京、西北、吉林等8家省（市）局公司迅速行动起来，结合实际与功能定位，对相应的省级质检站实验室进行了改造和设备投入并引进了具有相应专业背景的博士、硕士等人才，实现了对质量监督常规指标检测设备更新换代和国家局对安全性指标检测能力的建立，成为行业的8家综合性省级局质检机构。此外，山东、湖南、黑龙江、新疆、广西、江西、重庆、内蒙古等专业站也根据所在省（区）局的支持下完成了实验室的改造、搬迁和设备购置等，检测能力有了很大提升。以山东质检站为例，2009年山东省局批准通过《质检站业务能力三年规划》，自2010年起分别从郑州院、国内高水平大专院校及直属单位等公开选拔了6名高水平化学专业技术人才，连续3年投入4000万元，并于2013年11月随省局（公司）搬迁，检验检测条件得到根本性改善，建筑面积达到2200m^2，至2015年8月获得认可检测产品项目达到13大类278个参数。2013—2014年，又有陕西、西北两个省级质检站通过了中国实验室合格评定委员会的审查认可，至此，国家级质检中心和18家省级质检站均已全部通过国家合格评定实验室审查认可，全面实现了实验室的规范管理。在此期间，省级以上质检机构共引进博士18人，硕士55人，硕士以上学历人数占质检机构总人数的43.3%；高级以上技术职称人员28人，工程师以上技术职称人数达279人，占总人数的69.1%；质检机构建设投入资金65450万元，其中仪器设备投入30866万元；共拓展测试参数267个，目前测试参数达到677个，涉及23类产品，其中21类405个参数获得CNAS认可和授权。

随着履约工作的不断推进，第三方实验室在履约工作中的作用日益凸显，国家局明确提出把质检中心建成第三方实验室的要求，为此，质检中心启动办理了独立事业法人的相关工作。2009年3月，中编办批复同意设立具有事业法人资质的国家烟草质量监督检验中心，2011年11月，国家局批复办理质检中心事业法人登记事项，2012年5月，质检中心获得了事业法人登记证书，完成了原值5484万元的资产划拨；8月质检中心财务独立，开始了独立法人实体运作。截至目前，质检中心拥有仪器设备125台套，固定资产6931万元，获授权的检测能力达到27类产品518个参数。在此期间，国家局继续加大对质检中心的投入。2009年投入2354.8万元购置液相色谱三重四极杆质谱联用仪、高效液相色谱仪、超高效液相色谱仪、离子色谱仪、气相色谱串联四极杆质谱联用仪等大型检测仪器，用于开展FCTC（烟草控制框架公约）规定的烟草制品成分及释放物的检测；2014年又投资2103万元购置相应专业分析设备，进一步完善了质检中心对检测能力和风险监控能力。此外，2011年国家局投资约3.2亿元启动质检中心的新实验楼建设项目，新楼占地16亩（约1.067hm^2），总建筑面积达到21251m^2，新的实验大楼将本着“专业、智能、环保”的设计理念和“专业分区，功能完备，流程清晰”的布局原则，建设成国内一流的多功能科研检测平台，已于2018年底建成投入使用。

2011年5月，为进一步健全完善省级中烟工业公司产品质量内部监控体系，确保卷烟产品质量安全可靠，国家局发布《国家烟草专卖局关于全面加强省级工业公司质量检验机构建设的意见》，要求各级省级工业公司加强质检机构建设，充分发挥技术中心的资源优势，全面行使质量检验检测职能，突出企业产品内控质量监管作用，在2012年底之前，实现对卷烟产品、烟叶、添加剂及烟用材料常规检验检测能力以及卷烟产品、烟用添加剂、烟用滤棒、烟用接装纸、卷烟条与盒包装纸及内衬纸、卷烟纸、烟用水基胶、三乙酸甘油酯等质量安全指标的检测能力的全面覆盖；到2014年底，要具备独立开展7种烟气有害成分检测能力和履约中规定的成分检测能力；到2015年底，均要通过国家实验室认可。为此，各中烟工业公司加大了检测设备的投资力度，建立健全了卷烟材料的质量安全指标检测手段，加强了检测技术人员队伍建设，不断提高企业级质检机构检测技术水平。各中烟技术中心实验室围绕烟草与烟草制品、烟用材料的重金属、农药残留、挥发性有机化合物、邻苯二甲酸酯等安全性指标不断拓展检测能力，并派员参加国家局委托质检中心举办的各类涉及卷烟及其材料质量安全的检测技术培训班，在最短的时间内建立了相应的测试手段，强化了企业级质检机构在烟用材料的验收检验中发挥的作用，构筑了第一道质量安全防护墙。截至目前，18家省级工业公司技术中心实验室已有上海、湖北、广东、安徽、河南、广西、福建、山东、云南、重庆、川渝、深圳等先后通过了国家实验室认可，基本实现预期要求。

（五）第五阶段：规范保障阶段（2016—2020 年）

经过30年多年的不懈努力，烟草行业形成了较为完备的产品质量监督检验检测体系，质检体系和制度建设进一步完善，检测能力和服务水平稳步提升。产品质量水平稳定提高，烟叶、卷烟、烟用材料、烟用添加剂等产品质量安全指标得到有效监控。2016年11月26日，国家局制定了《烟草行业“十三五”科技创新规划》（2006—2020年），对行业质检工作提出了加强产品质量监管能力，建立了科学、公正、高效的行业检验检测公共服务共享平台体系，完善产品质量监督制度，确保产品质量安全得到有效监控等要求。为此，行业质量监督管理部门在“十三五”期间重点在人才队伍建设、机构建设、能力建设和制度建设等方面开展工作，确保了行业质量监督工作规范、高效。

在人才队伍建设方面，针对专业人员、管理人员和战略储备人才，根据定位和目标任务开展了内容和形式多样的培养工作，为建设一流的质检人才队伍提供了有效支撑。除了每年例行的检验岗位资格认证考核外，2016年4月至2019年5月，为满足质检工作规范要求、维护专卖执法权威，受国家局专卖司委托，质检中心相继举办了6期卷烟产品鉴别检验技术专卖骨干培训班，共培训专卖一线执法人员720名，极大地提升了基层专卖执法人员的技术水平；针对新疆、青海、西藏等3省（自治区）专卖鉴别人员技术能力薄弱的情况，2016年6月至2018年9月，国家局科技司举办了3期针对上述地区专卖人员的卷烟鉴别检验技术理论普及实习操作培训，对于促进新疆、青海、西藏专卖人员开展工作起到了良好效果。为进一步规范行业质量监督工作，2016年5月至2019年7月，对参与行业质检工作的抽样人员实行抽样资格认证，举办了3期卷烟及烟用材料监督检查抽样技术培训班。在抓好业务人员队伍建设的同时，还着重加强了对质检站负责人的业务能力建设。2017年8月至2019年8月，国家局组织了2期针对行业质检站负责人的业务培训，重点对质检站的负责人、质量负责人、技术负责人等就质检法规政策、质检机构建设、实验室质量管理体系、实验室安全及产品质量监督抽查制度等内容进行了专题培训，以有助力质检站管理人员的管理水平提升。2019年3月，国家局科技司针对标质检工作未来发展需要，首次提出了高层次质检人才建设要求，并于2020年4月，正式启动高层次质检人才培养工作，将于2020年下半年开始正式授课，为期2年。该项工作着力培养和造就了一批具有全局思维、国际眼光、掌握检验检测前沿技术和先进实验室管理理念、具有较强创新能力、善于解决重大检测分析技术问题的高层次质检人才，全面培养提升质检技术专业素养和思维能力，并作为行业战略科技人才计划、首席专家计划的后备力量，强化了质检工作对行业高质量发展的支撑能力。

在机构建设方面，国家局加强质检机构信息化建设，立足构建行业整体的质检信息化平台。2016年初，启动了“烟草行业质检管理信息系统”项目建设，实现了行业质检机构基础数据管理、质检标准管理、质量检验管理、实验室资源管理、培训管理、资质证书管理等业务的信息化管理。该项目的实施，不仅使主管部门能够及时掌握烟草行业质检情况，改善监管效能，提升行业质检工作的质量和水平，还统一规范了质检标准，提高了质检数据准确性和质检工作权威性。

2018年3月，国家局投资400万元用于质检中心业务应用信息化管理系统项目建设，内容包括科技管理系统、采购管理系统、固定资产管理系统、综合业务管理系统、电子档案管理系统、移动业务办公系统、公共服务应用和应用服务集成等，从而提升了质检中心管理水平和效率。2018年12月，质检中心完成了整体搬迁。搬迁后质检中心建筑面积达到14362m^2，包括大型仪器室、化学前处理室、烟用纸张检验室、动物实验室、烟叶分级实验室、烟气分析实验室等。

随着国家“放管服”改革的不断推进，国家局进一步加强了对行业质检机构的管理。2018年2月，国家认监委和国家局共同发文，决定成立国家资质认定烟草评审组（以下简称“烟草评审组”），明确了国家质检中心和各省级质检站的资质认定工作统一由国家认监委组织实施，并接受认监委和所在地省级质量技术监督部门的证后监督。2018年4月，国家局成立烟草评审组，烟草评审组设在国家局科技司，负责协助认监委对烟草质检机构开展技术评审和日常的监督管理等工作。2019年8月，国家局建立了由24名评审员组成的烟草行业质检机构评审员专家库并实行动态管理。自此，行业各省级质检机构资质认定评审工作实现了由地方评审到国家评审的转变，同时，行业评审与认监委资质认定评审和认可委评审同步进行，首次实现了“三合一”评审。

在业务能力建设方面，2017年，根据国家局关于“打造新型烟草制品国际竞争新优势”的要求，质检中心启动了“电子烟”检测能力的扩项工作，涉及物理、化学、微生物相关领域的检测项目共计42项，首次实现了行业质检领域电子烟功能性指标和电池安全性指标测试能力零的突破，为电子烟产品质量监控甚至产品的市场准入提供了强有力的支撑。2019年，经国家局批准，质检中心加速推进了行业新型烟草产品质量监督平台建设，继续完善对电子烟、加热不燃烧卷烟的物理、化学、生物学指标的检测能力，实现了行业对新型烟草制品的市场监管和质量监督。2020年，质检中心的检测能力将覆盖电子烟、加热卷烟、无烟气烟草等124个指标，为行业开展监管奠定了基础。同时，质检中心根据多年开展能力验证计划和行业共同实验的经验，于2019年6月通过认可委的现场评审，2019年12月获得授权成为行业唯一的能力验证提供者。

在制度建设方面，国家局首次对各省级烟草质检机构实施了考核，并将考核结果纳入年度国家局对省级局（公司）考核中。2019年2月，国家局召开了行业质量监督工作研讨会，对2019年度省级烟草质检机构考核评价指标进行了研讨，从资源保障、体系建设和质量监督工作等方面建立了省级烟草质检机构考核评价标准，并在当年实现了对省级质检站的考核。2019年11月，国家局科技司正式启动对烟草行业质检机构管理办法、专卖品鉴别管理办法及鉴别检验规程等管理和业务文件的修订工作。上述工作对于规范行业质检工作，保障行业高质量发展起到了支撑作用。

第二节
烟草及烟草制品质检指标

（一）卷烟

卷烟产品质量检测指标包含卷烟包装标识、卷烟包装和卷制技术要求、感官技术要求、主流烟气四个方面。不同版本《卷烟》国家标准的技术指标要求演变如表15-1所示。

表15-1 历年来《卷烟》标准技术指标要求比较

项目	QB 691—1978	GB 5605~5610—1985	GB 5606—1996	GB 5606—2005
包装标识	—	—	盒装、条装、箱装	盒装、条装、箱装
卷烟包装	外在质量指标包含松紧度、含末量、成品水分、爆口、燃烧性、油渍、黄斑污点、烟支外观（包含长度、圆周）、盒装、条装、箱装，其中卷烟的圆周、长度涵盖在烟支的外观指标中	盒装、条装、箱装		
卷制技术		卷烟空头、卷烟长度、烟支外观（包含爆口、油渍、黄斑污点）、卷烟水分含量、卷烟圆周、卷烟重量、卷烟吸阻、卷烟硬度、卷烟含末率，共9项	长度、圆周、重量、吸阻、硬度、含末率、水分含量、空头、爆口、熄火、外观，共11项	熄火、端部落丝量、吸阻、圆周、硬度、质量、长度、总通风率（仅对采用滤嘴通风技术的卷烟）、含末率、含水率和外观，共11项

续表

项目	QB 691—1978	GB 5605~5610—1985	GB 5606—1996	GB 5606—2005
主流烟气	—	烟支燃烧性、卷烟焦油、卷烟糖碱比	主流烟气（焦油量、烟气烟碱量、烟气一氧化碳量）、烟丝主要化学成分（水溶性总糖、总氮、总植物碱、氨态碱）	焦油量、烟气烟碱量、烟气一氧化碳量
感官技术	内在指标包含色泽(颜色和光泽)、香气(香气、杂气、谐调)、吸味（刺激性、余味）	烟丝色泽（颜色、光泽）、香味、杂气、刺激性、余味	光泽、香气、谐调、杂气、刺激性、余味	光泽、香气、谐调、杂气、刺激性、余味

1. 生产效益性阶段

1978年改革开放前，我国卷烟生产设备简陋，工艺技术和管理也较为落后，卷烟产品的原料和材料质量得不到保证，有关质量的科研工作也做得很少，卷烟产品长期存在烟支松紧度不均、空头烟、竹节烟、含末率高甚至熄火等质量问题。因此，卷烟产品质量标准首先要在适应企业生产的基础上进行，将与消费者利益关系密切的指标从严，关系不大的指标适当放宽，从而使企业集中精力搞好主要质量指标。因此，QB 691—1978《卷烟》中技术指标包含4个内在质量指标和11个外在质量指标，均以消费者能感知到的外观指标和吸食品质相关的指标为主，未涉及安全性技术指标，仅以松紧度指标要求烟支不宜偏紧，以此间接控制烟气中的焦油量。

1982年总公司成立后，我国卷烟工业生产环节实施了大规模的技术改造，卷烟加工水平和质量都得到大幅提升。1985年中华人民共和国国家标准局颁布了我国第一个GB 5605~5610—1985《卷烟》系列国家标准，按照内在质量、卷制质量、烟丝和烟气质量、卷烟包装质量分别修订为4个标准。将内在质量按照烤烟型、混合型、外香型、雪茄型不同类型均以色泽、香味、杂气、刺激、余味5个单项进行评吸。外在质量中，将卷烟长度和圆周从烟支外观里分出来；将爆口、燃烧性、油渍、黄斑污点归入烟支外观；将松紧度指标修改为卷烟空头；增加了卷烟重量、卷烟吸阻和卷烟硬度指标。卷烟产品安全指标中，增加了卷烟焦油、卷烟糖碱比各项技术要求；首次提出了烟气中焦油含量低（<15mg）、中（15~25mg）、高（>25mg）的限量指标以及各类别中各等级的糖碱比的限量指标。

2. 由生产型向贸易型转化阶段

GB 5605~5610—1985《卷烟》系列标准发布以来，我国经济建设数十年处在一个深化改革、高速发展时期。随着国家改革开放的深入、市场经济体制的建立，消费者对卷烟产品的需求有了变化，我国卷烟消费市场受到国外产品的冲击，吸烟与健康问题日益受到重视，种种因素都对卷烟产品市场适应性提出了新的要求，促使标准从生产型逐步向贸易型转变[1]。从外在质量看，通过“七五”“八五”技术改造，大多数企业的技术装备水平提高了，卷制质量和包装质量合格率大幅度提高，卷烟空头、熄火、缺支、断支的比率得到了根本的改变，有些产品的实际技术指标已远远高出原标准要求[2]。根据当时的生产经营现状，1997年1月1日起实施的GB 5606—1996《卷烟》取消了原标准中过多的限制，重点控制产品质量的稳定性，给产品设计更多的自由度，例如卷烟的物理指标按照设计标准或设计规格，只规定了卷烟物理指标的允差或范围值，这是对企业在组织生产时控制精度的要求，将引导企业在生产工艺、各项指标控制能力上下工夫，以使产品质量具有良好的稳定性。

随着吸烟与健康问题日益受到社会重视，国际上卷烟产品焦油量已普遍降至15mg/支以下，低焦油、低有害成分的卷烟产品已成为企业开发新产品的方向，产品技术含量提高了，消费者对产品特点的认识变化了。针对“吸烟与健康”问题采取积极对策，与国际标准和国际上通行的做法接轨的需要，GB 5606—1996《卷烟》把卷烟安全性指标也作为了产品质量的控制重点，这不再是一个可有可无的辅助性指标，其将卷烟焦油量细化为5个档次，规定了盒标焦油量允差，为鼓励企业降低焦油量，只规定了波动的上限，对波动下限暂不予规定。这样不仅提高了我国卷烟产品在国际市场上的竞争能力、引导了中国卷烟消费市场的转变，更有利于发展我国吸味质量好、焦油量低的卷烟产品[3]。

另外，GB 5606—1996《卷烟》对箱、条（盒）包装体各种印刷标记提出明确的技术要求，规定了焦油量、烟气烟碱量应标注在条、盒上，规定箱体上应标明生产企业地址，这样也更加符合市场经济发展和国际接轨的实际情况。

3. 由数量效益型向质量效益型转化阶段

20世纪90年代中期到21世纪初期，我国卷烟产品的发展经历了从数量效益型逐步进入注重产品质量和结构质量效益型的转变。经过大力开展技术改造，特别是我国市场经济体制的建立和不断完善，企业各级领导和员工的质量意识已明显增强，企业的装备水平、管理水平、技术创新水平有了巨大进步，卷烟外观质量已大幅度提高，总体质量较为稳定。原GB 5606—1996《卷烟》对技术指标特别是物理指标的详细硬性规定不仅失去了必要性，而且在某种程度上制约了卷烟产品发挥技术个性，评判比重亦不利于产品的评价，而且，1996版国标就其性质而言，各项技术指标同时具有生产管理标准和社会市场监督标准的二重性，一些技术指标已不适应卷烟产品的监督，特别是一些本应由企业自主决定的技术指标被限制过多，而其中一些反映企业产品质量和综合能力的指标又缺少且需要补充完善，如消费者所关注的有关安全、卫生方面的指标。因此，有必要放开标准中涉及企业产品设计等方面指标，强化卷烟烟气等安全卫生方面的指标，弱化部分物理性能指标；删除不属于加工质量和卷烟本身质量的烟丝化学技术指标，不再将不影响最终产品质量的指标作为监督检验的内容。

着眼于国内烟草行业的发展融合国家烟草的特点，2006年1月1日颁布实施的GB 5606—2005《卷烟》国家标准将卷烟包装与标识区分开来，与卷烟卷制技术要求合并体现了卷烟外在质量的整体性，将卷烟包装标识单独列出并上升为强制性标准。卷烟包装标识增加了一氧化碳的标注要求；并且按照FCTC的相关条款，规定卷烟包装体及内附说明中不得使用有关卷烟成分和卷烟品质的说明，其目的是为了防止借助宣传性的含糊不清的文字误导消费者。滤嘴通风降焦技术的广泛采用，使得我国卷烟市场越来越多的卷烟都采用了通风滤嘴，但是通风稀释的波动会对卷烟焦油、烟碱、一氧化碳释放量及感官质量产生明显的影响，卷烟卷制技术要求中增加了对采用滤嘴通风技术的卷烟控制其总通风率指标。

随着降焦减害工作的不断推进，我国卷烟产品的焦油量总体水平从1997年的16.6mg/支下降到2004年的13.7mg/支，且卷烟牌号的焦油量分布也发生了很大的变化，较低焦油量的卷烟品牌逐渐增加，至2004年，绝大部分卷烟产品的焦油量集中在12~16mg/支，小于12mg/支的卷烟已经占到9.53%，全行业卷烟实测焦油量均在18mg/支以下，分布范围变窄。根据行业当时降焦减害的情况和新的形势需要，国家局2004年1月正式下发了《关于调整卷烟焦油限量要求的通知》，规定2004年7月1日后卷烟企业不得生产焦油量在15mg/支以下的卷烟产品，力争在2005年将全行业的焦油量水平降低到12mg/支左右。因此，原来的焦油量档次划分需要调整，档次划分由5档修改为高中低3挡，每档的幅度范围更为合适。为了鼓励企业持续降低卷烟焦油，同时考虑到部分企业对焦油量的稳定性控制幅度还没有太大把握，因此，GB 5606—1996《卷烟》只规定了波动的上限，而对焦油实测值低于标注值没有规定，这样的规定会导致卷烟焦油量标注比实际内控制高，为了改变标注的不真实现象，变允差的单边控制为双边控制，同时控制上下限，使焦油量的标注名副其实[4]。

4. 降焦减害阶段

从1982年总公司成立以来，卷烟焦油量整体呈现显著的降低趋势（图15-1），国产卷烟平均焦油量从最初的27.3mg/支下降到2019年的10.2mg/支，共降低17.1mg/支。其中，1983—1997年为卷烟焦油量快速降低阶段，从1983年的27.3mg/支下降到1997年的16.6mg/支，平均每年降低0.8mg/支；1997—2006年卷烟焦油量降低速度有一定减缓，10年内卷烟焦油量从16.6mg/支降低到13.2mg/支，平均每年降低0.3mg/支；2015年后卷烟焦油量整体趋于稳定，基本保持在10mg/支左右。

随着科学技术的发展以及人们对烟草成分认识的逐渐深入，人们发现焦油是一个复杂的混合物，虽然其中有害成分只占到很小的比例，但国际世界上开始关注降低有害成

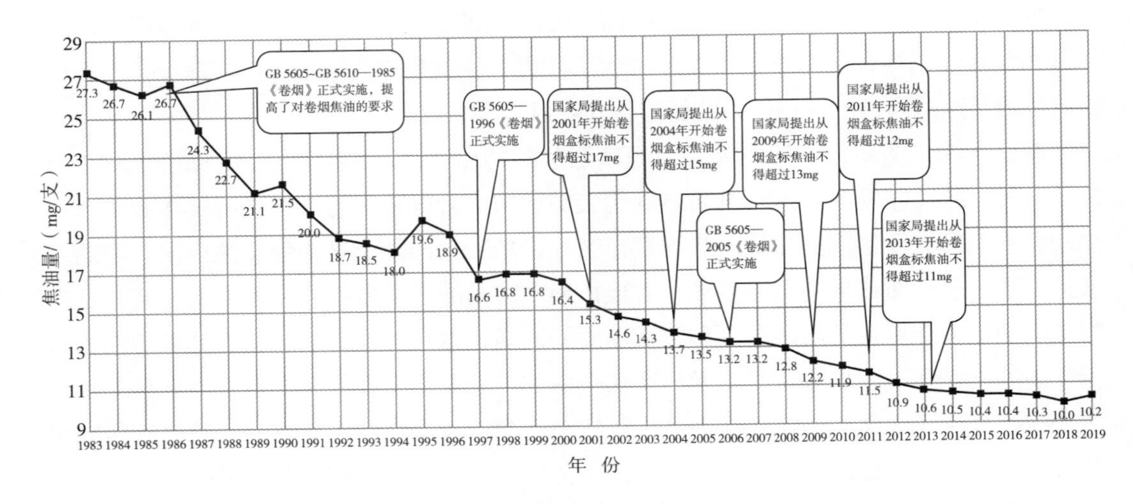

图15-1 历年卷烟主流烟气焦油释放量

分释放量已经成为一种趋势。因此，从2005年开始，特别是2008年以后，烟草行业在稳步降焦的同时更加关注降低卷烟烟气有害成分的工作。

本着科学、客观的态度，中国烟草科技人员根据CORESTA推荐的测试方法对卷烟烟气细胞毒性测试、鼠伤寒沙门氏菌回复突变试验（Ames）和体外微核测试等3项体外毒理学测试方法进行了改进。分析测试了2008年92种国内外代表性牌号卷烟样品主流烟气29种有害成分的释放量以及3项体外毒理学指标。采用遗传算法（GA）对有害成分进行了筛选，根据有害成分在3项毒理学指标模型中出现总频次以及相关性分组结果可筛选出卷烟烟气代表性有害成分为：一氧化碳（CO）、巴豆醛、氢氰酸（HCN）、苯并［a］芘（B［a］P）、苯酚、氨（NH_3）和4-（甲基亚硝胺基）-1-（3-吡啶基）-1-丁酮（NNK）。国家局从2008年开始，每年对国产卷烟进行卷烟烟气有害成分的专项监督检测，在国家局积极推动和行业工商企业共同努力下，国产卷烟焦油释放量和卷烟危害性指数显著下降，卷烟危害性指数从2008年的10.0降至2019年的8.2。

（二）烟叶原料

烟叶原料包括初烤烟叶、复烤烟叶、烟丝、再造烟叶、烟梗、烟沫等，是卷烟工业的物质基础，同时也是卷烟具有抽吸价值和不同风格特点的物质基础。烟叶原料的质量检验对于行业质检工作而言是一项基础性的工作，同时也是把控与提升卷烟产品质量水平的源头性工作。30多年来，烟叶原料的质检指标经历了由少到多、由表及里、由简单到复杂、由单类指标检验至多类指标共检的发展历程，到目前为止，烟叶原料质量检验可分为烟叶等级质量检验、化学成分检验两大类。

1. 外观质量检验

烟叶是卷烟工业企业原料，由烟草商业公司组织生产、收购，然后调拨给卷烟工业企业。烟叶作为农产品，产量具有一定的波动性，再加上税收、计划等因素影响，烟叶产量经常发生波动，在20世纪90年代中后期烟叶产量严重超产，对烟叶流通秩序造成了极大冲击，致使全行业蒙受了重大的经济损失。国家局决定把"整治烟叶流通秩序，提高烟叶质量"作为行业工作的重点，对烟叶流通环节中存在的问题进行专项治理整顿，适时启动了烟叶工商交接质量监督检查工作，要求在国家级和省级烟草质检站成立烟叶检验机构、配备专业检验人员。该项工作自1999年开始试行，2000年全面正式开展，经过近20年的运行，极好地配合了烟叶流通秩序治理工作，促使烟叶生产经营和销售逐渐进入良性健康发展轨道。

（1）注重烟叶等级质量提升

在烟叶工商交接质量监督检查工作开展初期，围绕烟叶等级质量的提升、紧扣烟叶等级合格率这一核心，对全国烟叶等级质量展开了全面的质量监督检查，针对合格率严重偏低的（合格率低于20%）烟草商业公司和批次进行全国通报批评，并对质量整改进行督查。至2004年，全国范围内烟叶等级合格率严重偏低的产区和批次大幅度减少，有效遏制了烟叶等级质量下滑的情况，逐步提升了烟叶等级质量。

（2）加强烟叶使用质量提升

随着烟叶等级质量的逐步提升，为了更好地服务卷烟工业企业对原料的需求，紧扣提升烟叶使用质量的理念，从2005年起，在继续注重烟叶等级合格率的基础上，对不合格烟叶的质量进行数据分析，在进行全国通报时逐步增加了混等级个数、混高、混低、混青杂、混部位、混颜色、混组别和混近邻和非近邻等级等内容，对不合格烟叶进行细化分析，使烟草商业公司在持续提升烟叶等级合格率的基础上，对不合格烟叶进行有效控制，从而有效地降低了混等级个数、混青杂、混部位、混颜色的比例，逐步提升了混近邻等级的比例，促进了烟叶等级质量稳步提升，使烟叶使用质量进一步提高，日益满足了卷烟工业企业对原料使用质量的需求，确保了卷烟产品质量的稳定。

2. 化学质量检验

烟草从栽培到制成供人们消费的烟草制品，经历了一系列的变化过程，在这些过程中，对于烟草吸食品质起主导作用的化学成分的质和量的变化，直接影响着烟草制品的质量。这样就促使人们从化学角度对烟草进行研究，对烟草成分进行大量分析，同时积累了许多资料，逐步形成了烟草化学和烟草分析。多年来，烟叶原料质量的评定主要通过外观性状和感官评吸来进行，这不仅给烟叶原料质量的评定带来了主观差异，而且由于评吸花费较大，时间较长，给烟叶原料质量评定的准确性和涉及范围带来一定困难。为此，我国参照国外经验，提出了优质烟的化学成分指标，通过烟叶原料内在化学成分的含量及其协调性来判断烟叶原料质量的高低，使烟叶原料的质量评定更具科学性和准确性。通过一系列的科学试验和生产探索，这一工作获得了较大进展，从中对烟叶原料化学成分提出了一些指标，目前主要包括常规化学指标、农药残留指标和重金属指标三大类。

一般而言，烟叶原料的常规化学指标主要是指与烟草质量密切相关的某个物质或某一类物质的含量，是一些常规性检测指标，这些指标为常量化学成分（含量在1%左右及以上），包括水分、水溶性糖、总植物碱、总氮、氯、钾、淀粉、总挥发碱等几种。近年来，随着烟草科技的发展、化学检测技术的进步、消费者对卷烟需求的变化，烟叶原料的常规化学指标已逐渐扩展到了一些具体的常量或微量化学成分、有害物质及其前体物，如蛋白质、降烟碱、假木贼碱、氨基酸、氨、硝酸盐、硫酸盐、磷酸盐、茄尼醇、类胡萝卜素、烟草特有*N*-亚硝胺等。

农药残留是指由于农药的应用而残存于生物体、农产品和环境中的农药亲体及其具有毒理学意义的杂质、代谢转化产物和反应物等所有衍生物的总称。国际上有很多国际组织对农药残留和管理进行研究，如联合国粮农组织（FAO）和世界卫生组织（WHO）的“农药残留法典委员会”（CCPR）、“农药残留专家联席会议”（JMPR）、“食品法典委员会”（CAC）；国际农药工业协会（GIFAP）；国际纯粹与应用化学联合会（IUPAC）下属的“农药化学委员会”；国际烟草科学研究合作研究中心（CORESTA）的农用化学品咨询委员会（ACAC）等。发达国家一般都设有专门机构负责制定、发布有关法规，组织开展农药残留研究和调查，宣传、指导科学合理使用农药，从而采取有效措施防止和控制农药污染。虽然各国农业发展的实际情况不同，但总体上来看，当前国外通行的多为农药登记制度，即对农药的使用进行了严格的规定，获得登记的农药方可在规定的农作物上使用；提倡并要求农民遵循良好农业操作规程（Good Agricultural Practice，GAP），要求只使用允许使用的农药，而且要按照农药商建议或农业部门规定的用量和频次使用，在作物采收期之前一定时间内不再使用农药，以减少农药残留。为保障烟叶生产安全、烟草产品质量安全和生态环境安全，根据国家有关法律法规、政策要求和全国烟草农药药效对比试验结果，从1999年起，中国烟叶公司每年均发布“烟草农药推荐使用意见”，要求各产区烟草公司要认真贯彻《农药管理条例》《农药管理条例实施办法》等法规、规章，高度重视烟叶质量安全工作，严控源头，选择安全、经济、有效的农药品种；严管过程，科学、合理、安全使用农药。在2001年中国入世后，面临WTO和WHO的双重压力，烟草行业对涉及烟草农药残留的多个标准进行了修订、制定，其目的是建立我国自己的技术壁垒；同时烟草行业对国内外烟草及烟草制品进行了第一次农残普查，对42个农药有效成分进行了检测。随着中国烟草推荐农药的品种和ACAC限量名单中的农药数的变化，烟草行业每年监测的农药有效成分数量不断增加，至2015年已可对123个农药有效成分进行监测，为烟叶质量安全工作做出了贡献。

无机元素（砷、铅、铬、镉、镍、汞）是对人体有害的重金属，食品行业对这类有害元素相继制定了分析方法和限量标准。1964年，美国公共健康服务部咨询委员发布的有关吸烟与健康的报告中，已经注意到烟气中含有砷、镍、镉等元素，且测出砷的含量在0.3~1.4μg/支。Hoffmann和Hecht于1990年公布的43种成分有害物质清单及2001年补充完善的69种成分有害物质清单中，都包括砷、镍、铬、镉和铅元素。1998年，加拿大政府发布的烟草法案，以立法的形式对卷烟烟气中46种有害成分释放量提出了检测要求，其中包括对烟气中铬、镍、砷、硒、铅、镉和汞7种元素的测定要求。2006年，我国制定的履行FCTC方案中，将烟草和烟气中铬等7种元素列为管制和披露内容。2010年10月7日，第九届亚太烟草健康会议在澳大利亚悉尼召开，会议发布的一项中国与其他国家烟草的对比研究表明：中国生产的13个品牌卷烟检测出含有重金属，含有的铅、砷和镉等重金属成分，其含量与加拿大产卷烟相比，最高超出3倍以上，这就是所谓“烟草重金属含量超标”事件。此事件为我国行业重金属指标的管控敲响了警钟，此后重金属指标的质量监督检验受到了更大的关注，YC/T 380—2010《烟草及烟草制品中铬、镍、砷、硒、镉、铅的测定电感耦合等离子体质谱法》、YC/T 379—2010《卷烟 主流烟气中铬、镍、砷、硒、镉、铅的测定电感耦合等离子体质谱法》和YC/T 316—2014《烟用材料中重金属含量通用检测方法 电感耦合等离子体质谱法》等一系列重金属指标检测的标准相继建立，重金属指标检测手段也发生了巨大的变化和发展，有力地保障了烟叶原料重金属指标检测结果的准确性和可靠性。

（三）烟用材料

烟用材料是指除烟草之外，在烟草制品加工和包装过程中所使用的材料，包括卷烟用纸、烟用丝束、烟用滤棒、滤嘴、烟用活性炭、烟用包装材料、烟用胶、烟草添加剂、烟用印刷油墨共9大类产品[5]。作为卷烟产品的重要组成和卷烟降焦减害技术的重要载体，烟用材料的性能和质量指标一直是烟草行业基础的质量检验内容；同时，由于烟用材料种类繁多，生产原料和工艺差异大，随着社会公众对产品卫生安全性意识的不断增强以及产品安全卫生要求的提高，近年来，烟用材料安全卫生指标已成为烟草行业质量监督的重点，并突出了相关产品质量监督指标的统一协调。

1. 加强安全卫生指标的监管

作为公共卫生安全最受广泛关注的食品安全问题，近年来发生了一系列标志性重大食品安全事件，如国外的疯牛病、二噁英污染、口蹄疫事件和我国的三聚氰胺、增塑剂事件等，曾引起公众的极大恐慌，使企业社会公信力严重下降。卷烟作为工业品，除了烟丝配方原料之外，在各类规格的烟用材料产品中，外源性潜在违禁化学品（禁用添加剂）的监测以及污染物杂质的管控一直为烟草行业所高度重视。

2008年之前，由于技术水平的限制，对烟用材料产品的关注点主要是与加工性能和外观性能有关的一些指标。如GB/T 12655—1990《卷烟纸》标准中，B类不合格项目仅灰分、抗张强度和透气度3项，而GB/T 12655—1998《卷烟纸》标准中，B类不合格项又增加了阴燃性能、不透明度两项指标。不透明度与产品的外观密切相关，抗张强度与上机适用性密切相关，透气度、阴燃性能又与卷烟的燃烧有关。又如QB/T 1019—1991《烟用接装纸》标准中，B类不合格项仅抗张强度、透气度、褪色三项。另外，GB 5605—1988《醋酸纤维滤棒》标准中，具体的技术指标要求中也只有圆周、长度、吸阻、圆度等物理指标，并未涉及安全卫生指标。由此可见，当时的烟用材料产品只要满足了这些基本的要求，就已经是合格的产品了。

2008年三聚氰胺事件之后，随着社会公众对产品卫生安全性意识的不断增强，烟用材料在原有关键质量性能指标的基础上，为解决卷烟包装印刷品潜在异味影响卷烟品质的问题，国家局颁布了YC 263—2008《卷烟条与盒包装纸中挥发性有机化合物的限量》[6]。此后的2年中，针对烟用接装纸中重金属、菌落总数等卫生指标也相继纳入烟草行业常规质检工作中，从而初步形成了烟用材料物理性能指标和卫生安全指标相统一的质检内容。

2. 注重相关指标的统一协调

随着近年来我国食品安全标准清理工作的不断推进，同时为了着力解决不同烟用材料产品相关质检指标不统一、不协调等问题，烟草行业针对不同包装材料的属性及其特点，注重与国内外食品直接和间接接触材料卫生安全要求的统一和协调，对不同烟用材料提出了差异化的监管指标要求，从而进一步对烟用材料质检指标进行了修订和完善。

作为食品纸制品包装材料的基础标准，GB 11680—1989《食品包装用原纸卫生标准》所规定的安全卫生要求被我国食品和商检行业所广泛采用，如GB/T 27590—2011《纸杯》、GB/T 27591—2011《纸碗》、GB/T 27589—2011《纸餐盒》、SN/T 1880.1—2007《进出口食品包装卫生规范 第1部分 通则》、SN/T 1880.3—2007《进出口食品包装卫生规范 第3部分 软包装》、SN/T 1880.4—2007《进出口食品包装卫生规范 第4部分：一次性包装》等。基于此，2014年，针对烟用纸张类材料，在原有关键质量性能指标的基础上，对使用原料和安全卫生性质检指标进行了修订和完善（表15-2），增加了溶剂残留、重金属元素、微生物等潜在重点污染物的常态监管；同时，以烟用材料产品风险评估为首要依据，对不同烟用材料提出了差异化的分类管控的要求（表15-3），进一步突出了不同烟用材料产品的实际和质检重点。

表15-2　烟用接装纸与食品包装用原纸安全卫生要求的比较

指标要求			YC 171—2014《烟用接装纸》	GB 11680—1989《食品包装用原纸卫生标准》
无机元素	铅		≤ 5.0mg/kg	≤ 5.0mg/kg
	砷		≤ 1.0mg/kg	≤ 1.0mg/kg
溶剂残留	总量（除乙醇）		≤ 10.0mg/m^2	无
	杂质	苯系物	≤ 0.5mg/m^2	无
		苯	≤ 0.02mg/m^2	无
z 荧光性物质			D65 荧光亮度≤ 1.0%	254nm 和 365nm 合格
脱色试验			阴性	阴性
异味			无异味	无异嗅
微生物	大肠菌群		≤ 30 个 /100g	≤ 30 个 /100g
	致病菌		不得检出	不得检出

表15-3　不同烟用纸张包装材料原料与卫生指标要求的比较

指标要求			YC 171—2014《烟用接装纸》	YC 264—2014《烟用内衬纸》	YC/T 330—2014《卷烟条与盒包装纸印刷品》
原料要求	再生纸		不得使用	不得使用	无
	许可使用溶剂		12 种	12 种	12 种
无机元素	铅		≤ 5.0mg/kg	无	无
	砷		≤ 1.0mg/kg	无	无
溶剂残留	总量（除乙醇）		≤ 10.0mg/m^2	≤ 10.0mg/m^2	无
	杂质	苯系物	≤ 0.5mg/m^2	≤ 0.5mg/m^2	
		苯	≤ 0.02mg/m^2	≤ 0.02mg/m^2	
D65 荧光亮度			≤ 1.0%	≤ 1.0%	无
脱色试验			阴性	阴性	无
异味			无异味	无异味	无异味
微生物	大肠菌群		≤ 30 个 /100 g	≤ 30 个 /100 g	无
	致病菌		不得检出	不得检出	无

3. 强化动态指标的风险监测

自2005年“苏丹红”事件出现后，“三聚氰胺”“染色馒头”“增白剂”“邻苯二甲酸酯增塑剂”等一系列食品安全问题不断出现。中国烟草行业质检领域对我国近年来出现的一系列食品安全事件保持高度敏锐，针对部分烟用材料潜在的共性问题，开展了一系列的专项风险监测工作。

自2009年起，根据不同时期的变化，烟草行业对可能存在潜在安全性风险的产品和指标开展了大量的专项监测工作，涉及的动态监测指标包括烟用材料中18种邻苯二甲酸酯、烟用纸张荧光亮度、再造烟叶中着色剂、卷烟纸中的特殊纤维等。2011年，根据卫生部公布的《食品中可能违法添加的非食用物质和易滥用的食品添加剂名单》及其精神，烟草行业还多次专项开展了烟用添加剂禁限用黄樟素等37种成分的风险监测工作。

烟草行业对于烟用材料产品卫生安全性的质检工作一直贯彻高标准、严要求。通过烟用材料风险监测专项工作的开展，全面掌握了烟用材料潜在卫生安全风险的情况，为监管者提供了决策依据和基础，确保了我国烟用材料的质量安全。

第三节 烟草质量检测技术发展

检验检测水平是烟草及烟草制品行政监管体系的重要依托。烟草及烟草制品的检测是卷烟消费品质量和安全控制、监督、评价的技术基础，是贯彻执行烟草及烟草制品限量标准的保证。当前，烟草及烟草制品的质量检测是化学分析、物理分析技术的有机统一。物理分析侧重于相关产品物理性能的测试，化学分析则侧重解决烟草及烟草制品安全卫生指标的检测，其中尤以有害物质的化学分析为主。在过去30年期间，随着检测分析仪器和科学技术的发展，样品前处理、色谱、质谱、光谱、物理检测等分析技术在烟草检验领域应用日益广泛和成熟，烟草行业质量安全监督检测水平取得了较大进步。

（一）样品前处理技术

样品前处理是指样品制备和对样品中待测组分进行提取、净化、浓缩的过程，目的是为了消除基质干扰、保护仪器，从而提高检测方法的灵敏度、选择性、准确度和精密度。众所周知，由于烟草及烟草制品基质的复杂性和物质含量水平的显著差异，因此合适的样品前处理是保证烟草化学检测结果准确的前提条件。

1. 吸烟机烟气捕集技术

卷烟烟气是卷烟产品面向消费者的最主要表征，是体现卷烟质量水平和风格特征的最主要因素。主流烟气是抽吸过程中逸离卷烟烟蒂末端的所有烟气。吸烟机是模拟人的吸烟行为而设计的一种自动化吸烟装置。经过全球多年的研究，当前吸烟机及其配套烟气捕集抽吸参数已经成为全球卷烟烟气成分释放量测试以及卷烟规格分类与管控的重要依据。

早期的吸烟机活塞泵基本采用活塞曲轴机构，连杆将曲轴的角位移转变为活塞在针筒内的直线位移，从而产生一定的抽吸容量。抽吸容量的调整是通过改变曲轴半径完成的，曲轴半径可以进行粗调和微调。当抽吸容量变化时，调整曲轴半径显得比较麻烦。现在，新型的吸烟机活塞泵大多由步进电机和连接活塞的丝杠组成。抽吸容量的调整通过指令即可完成，操作过程方便快捷。

由于烟气的复杂性，设计一个完善的烟气捕集装置是非常困难的。多种多样的捕集器，包括剑桥滤片、静电沉积器、喷射撞击器、冷阱、固体吸附剂以及溶剂捕集器都已经用来收集主流烟气。但是由于烟气的性质复杂，现在最好的捕集器也只对某几类化合物或在规定的挥发度范围内见效，而不能用某一种捕集器收集全部烟气，所以从一支卷烟的抽吸中获得全部化合物是非常困难的。

烟草行业的吸烟机主要由英国CERULEAN和德国BORGWALDT两家公司提供，近3年以来，以北京欧美利华、合肥众沃科技为代表的国产吸烟机逐渐在国内市场推广应用，所有吸烟机均需符合ISO 3308的规定，30多年的变化主要就是从最初的手动操作、机械调整逐步发展为全自动操作、电子电脑调控。烟草行业采用比较广泛的捕集方式有滤片捕集（如卷烟焦油量、B［a］P、烟草特有亚硝胺、苯酚等烟气成分的测定）、静电捕集（如卷烟烟气中重金属元素的测定）和溶液捕集（挥发性化合物、HCN和氨的有害成分的测定）。

2. 凝胶渗透色谱（GPC）技术

凝胶渗透色谱（GPC）是液相分配色谱的一种，是20世纪60年代中期发展起来的一种分离技术，原理是利用溶质溶液通过一根装填有凝胶的柱子，在柱中按分子大小进行分离[7]。GPC不仅可用于小分子物质的分离和鉴定，而且可以用来分析化学性质相同分子体积不同的高分子同系物。由于GPC适用于复杂基质的分离和净化，因此从2004年开始应用于烟草农药残留的检测，代表性的检测方法应用是GB/T 13595—2004《烟草及烟草制品 拟除虫菊酯杀虫剂、有机磷杀虫剂、含氮农药残留量的测定》[8]，该方法利用GPC净化样品提取浓缩液，然后使用气相色谱仪或气相色谱/质谱联用仪对不同目标物进行检测。该标准在烟草行业中首次提出了农药多残留、模块化检测理念，并实现了23种农残（高效氯氟氰菊酯、氟氯氰菊酯、氯氰菊酯、氰戊菊酯、溴氰菊酯、克百威、甲萘威、二嗪磷、甲基对硫磷、毒死蜱、马拉硫磷、杀螟硫磷、对硫磷、倍硫磷、甲胺磷、速灭磷、久效磷、甲霜灵、磷胺、氟节胺、止芽素、异丙乐灵、二甲戊灵）模块化分析测定，并成为2004—2010年历次烟草及烟草制品农药残留监测分析最为重要的检测方法之一。

3. 固相萃取（SPE）技术

固相萃取（SPE）是近年发展起来的一种样品预处理技术，是利用被萃取物质在液-固两相间的分配作用进行样品前处理的一种分离方法，在被测物基体或干扰物质得以分离的同时，往往也使被测物得到了富集，主要用于样品的分离、纯化和浓缩[9]，与传统的液-液萃取法相比可提高分析物的回收率，更有效地将分析物与干扰组分分离，减少了样品预处理过程，操作简单、省时、省力，广泛应用在医药、食品、环境、商检、化工等领域。

SPE技术自2007年开始应用于烟草质检领域。代表性的检测方法应用是GB/T 21130—2007《卷烟 烟气总粒相物中苯并［a］芘的测定》[10]，该方法利用固相萃取柱对萃取液进行纯化，成为烟草行业历年七种有害成分检测最为重要的检测方法之一。此后固相萃取技术还应用于烟草及烟草制品的农药残留检测，并形成了烟草行业标准YC/T 405—2011《烟草及烟草制品 多种农药残留量的测定》[11]，目前正应用于烟草行业每年的烟草及烟草制品的农残监测。

4. QuEChERS 技术

QuEChERS是Quick（快速）、Easy（简单）、Cheap（便宜）、Effective（有效）、Rugged（可靠/耐用）和Safe（安全）的缩写，是一种集以上优势于一身的样品前处理技术。此技术由美国农业部Anastassiades等在2002年第四届欧洲农药残留研讨会上首次提出，并于2003年公开发表[12]。随后，Lehotay等验证了该技术在气相/液相色谱-质谱法检测果蔬中229种农药残留方面的应用[13]。原始QuEChERS技术的基本流程是将样品经乙腈提取后，采用无水硫酸镁和氯化钠盐析分层，利用分散固相萃取剂乙二胺-*N*-丙基硅烷（PSA）净化，其实质就是振荡法萃取、液液萃取法初步净化、基质分散固相萃取净化相组成所形成的一种样品前处理方法。目前，QuEChERS技术在烟草质检领域最具代表性的应用是烟用农药残留检测。

2013年，烟草行业以气相色谱串联质谱技术，建立了适合烟草中上百种农药残留分析的三种QuEChERS前处理方法：①溶剂转换法——乙腈提取PSA净化后，氮吹近干用弱极性溶剂复溶；②提取液稀释法——乙腈提取盐析分层后加入甲苯稀释；③正己烷液液萃取法——乙腈提取后省去净化步骤，利用正己烷和乙腈提取液在盐水中进行液液萃取，而后取正己烷上清液进样。以烟草中的有机磷、有机氯、拟除虫菊酯类、酰胺类、氨基甲酸酯类、二硝基苯胺类等共155种农药为研究对象，从基质效应、共萃取基质、色谱峰干扰、回收率和定量限等方面对3种前处理方式进行对比分析。经考察发现，3种方法各有优缺点，正己烷液液萃取法得到的提取液中共萃取基质含量最少，但只能保证约100种目标化合物的回收率在70%~120%；溶剂转换法和提取液稀释法能保证绝大部分目标化合物回收率在70%~120%，适合用于多农药残留分析检测。对有机氯和拟除虫菊酯类农药单独分析时，建议使用正己烷液液萃取法[14]。

5. 消解技术

传统的样品消解技术包括干法消解、湿法消解。干法消解又称为高温灰化，是将试样置于石英坩埚内，在马福炉中以适当的温度灰化，灼烧除去有机成分，再用酸溶解，使其微量元素转化成可测定状态。湿法消解是将试样放在三角烧瓶中，先加入硝酸消解，再加入硫酸、高氯酸，加入的各种强酸体系结合加热来破坏有机物；整个消解过程需不时补加硝酸，直至样品完全消解。这两种方法都有耗时较长的缺点，湿法消解同时存在耗用试剂量大、产生危害性气体较多等缺点。

目前样品前处理通常采用的是微波消解的方法，该方法具有简便、快速、样品污染少、试剂用量小等优点。微波消解是把样品置于消解罐中，加入适量的酸体系。当微波通过试样时，极性分子会随微波频率快速变换取向，分子来回转动，与周围分子相互碰撞摩擦，分子总能量增加产生高热。在加压条件下，样品和酸的混合物吸收微波能量后，在高压和高热下使样品消解。烟草行业早期样品消解采用的是湿法消解，后来随着技术及分析设备的进步，微波消解被采用，目前微波消解技术是行业普遍使用的样品消解技术，而干法消解技术在行业中很少使用。

（二）色谱分析

自20世纪初和中叶分别出现液相色谱和气相色谱以后，色谱分析技术由于其具有高效的分离和可靠稳健的分析能力，在分析化学领域的应用已经较为成熟，并成为烟草行业质检领域最为普遍的检测技术。

1. 气相色谱（GC）技术

自1952年GC出现以后，发展速度较早于其50年出现的液相色谱（LC）快得多，在20世纪80年代就已经相当成熟。GC特别适合于对挥发性有机化合物的分析，故作为常规分析方法在卷烟烟气气溶胶成分、烟用材料等烟草行业质检领域中发挥着不可替代的作用。

自2000年开始GC分析广泛应用于烟草质检领域。代表性应用是国际标准化组织（ISO）发布的ISO 10315：2000《卷烟　烟气冷凝物中检验的测定　气相色谱法》[15]，该方法利用毛细管色谱柱分离，十七碳烷内标法定量，成功实现了对卷烟主流烟气中烟碱的定量分析测定，并成为全球烟草制品成分管控最为重要的基础检测方法之一。

2006年，上海烟草集团等单位开发了“卷烟条与盒包装纸中16种挥发性有机化合物”的顶空-气相色谱测定方法[16]，该方法利用VOCOL毛细管色谱柱进行分离，方法采用氢离子火焰（FID）检测器外标法进行定量，成功实现了卷烟包装印刷品中16种挥发性有机化合物［苯、甲苯、乙苯、二甲苯（邻、间、对）、乙醇、异丙醇、正丁醇、丙酮、丁酮、4-甲基-2-戊酮、环己酮、乙酸乙酯、乙酸正丙酯、乙酸正丁酯、乙酸异丙酯和丙二醇甲醚］的分离分析。以该检测方法为标志，在此后10余年间，烟用材料质量安全检验技术得到了迅速发展。

2. 液相色谱（LC）技术

LC在20世纪初出现。20世纪60年代末，由于高效液相色谱（HPLC）的出现，其进入了高速发展阶段。LC特别适用于高沸点物质、强极性物质的分析，故在烟草及烟草制品、烟用材料等烟草行业质检领域中发挥的作用越大越大。

LC在烟草质检领域应用比GC稍晚，2008年开始广泛应用于烟草质检领域。2008年，烟草行业相继建立了卷烟主流烟气中羰基化合物[17]和主要酚类化合物[18]的HPLC检测方法。这两个方法以C18反相色谱柱，分别以紫外（UV）和荧光（FLD）作为检测器，实现了对卷烟主流烟气中8种羰基化合物（甲醛、乙醛、丙酮、丙烯醛、丙醛、巴豆醛、2-丁酮、丁醛）和7种挥发性酚类化合物（邻、间、对-苯二酚，苯酚，邻、间、对-甲酚）的分离分析。

2010年，基于卷烟烟气羰基化合物检测技术，HPLC成功应用于烟用材料中甲醛残留污染物的检测，涉及烟用水基胶[19]、烟用添加剂[20]等。由于甲醛与2，4-二硝基苯肼（DNPH）反应可生成稳定的甲醛-2，4-二硝基苯腙衍生化合物，同时进行HPLC分离，因此有效避免了传统分光光度法易出现假阳性抑或存在检测背景干扰的问题，从而进一步提高了质量监督检测结果的准确性。

3. 离子色谱（IC）技术

离子色谱（IC）是高效液相色谱的一种，是用于分析阴阳离子的一种液相色谱方法。一般以低交换容量的离子交换树脂为固定相对离子性物质进行分离，用电导检测器连续检测流出物质的电导变化。

IC是1975年提出的一种革命性的微量湿化学分析新技术，1977年开始在水处理领域中应用。随着其技术发展，目前IC已成为在无机和有机阴、阳离子分析中起重要作用的分析技术，在烟草、环境化学、食品化学、化工、电子、生物医药、新材料等许多领域得到了广泛应用[21]。

离子色谱仪具有分析速度快、检测灵敏度高、选择性好、多离子同时分析和离子色谱柱稳定性高等特点。烟草行业于2008年发布了YC/T 275—2008《卷烟纸中柠檬酸根离子、磷酸根离子和醋酸根离子的测定　离子色谱法》[22]，此后陆续发布了十多项离子色谱法的行业标准方法。目前离子色谱法在烟草及烟草制品、卷烟烟气、烟用添加剂、烟用料液、卷烟纸等领域的检测中得到广泛应用。

4. 超临界流体色谱（SFC）技术

超临界流体色谱（Supercritical Fluid Chromatography，SFC）是以超临界流体作流动相，依靠流动相的溶剂化能力来进行分离、分析的色谱过程，是20世纪80年代发展和完善起来的一种新技术。SFC主要以超临界二氧化碳（CO_2）和少量的有机溶剂为流动相，与高效液相色谱相比，具有黏度低、传质性能好、分离效率高、绿色环保等优势。此外，超临界流体作为流动相的特点使得该技术更适合于分离、检测和定量分析结构类似物、同分异构体、对映异构体和非对映异构体的混合物等目前常规色谱技术较难处理的样品。

2013年，国家烟草质量监督检验中心在国内首次利用超高效合相色谱技术，发表了10种受限制的结构类似光引发剂的简便、快速检测分析方法的学术论文[23]。

2016年，SFC分析开始应用于烟草标准，发布了YC/T 561—2018《烟草特征性成分　烟碱旋光异构体比例的测定　高效液相色谱法和超高效合相色谱—串联质谱法》[24]，该方法利用CO_2和甲醇为流动相，在改性多聚糖固定相手性色谱柱上进行分离，成功实现了对烟草及烟草制品中烟碱的手性分析测定。2018—2020年，超临界流体色谱技术在烟草农残分析领域的应用得到了发展，国家烟草质量监督检验中心陆续开发了烟草中甲霜灵、苯霜灵、吡氟禾草灵等农药的手性拆分和测定方法，成功实现了烟草中甲霜灵[25]、苯霜灵[26]、吡氟禾草灵[27]等农药的手性异构体的分离分析。

（三）质谱（MS）分析

历经100多年的发展，MS分析技术随着离子化技术和尖端分析仪器的不断创新和发展，以及与色谱联用技术、串联质谱（MS/MS）的日趋完善和发展，已成为近年来烟草行业质检领域发展最为迅速的分析技术之一。

1. 气相色谱－质谱联用（GC-MS）技术

在经典的电子轰击离子化（EI）基础上，GC-MS分析在烟草行业质检领域中应用最为广泛。因MS兼具有机物定性（全离子检测）和高选择性、高灵敏定量（选择特征离子检测）的特征，故在一些复杂样品基质以及通用筛查和定量分析领域愈发受到烟草行业质检的重视和青睐。

卷烟烟气是一种典型的极其复杂的混合物[28]，在烟草和烟气中鉴定出的化合物有4800多种[29]，其中质检领域关注的成分多为痕量（μg级），甚至超痕量（ng级）水平，如卷烟主流烟气中挥发性有机化合物（VOCs）和B［a］P等。2011年，中国烟草总公司郑州烟草研究院等单位建立了卷烟主流烟气中5种VOCs（1,3-丁二烯，异戊二烯，丙烯腈，苯，甲苯）和B［a］P的GC-MS分析方法。这两个方法以MS选择离子进行检测，内标法定量，成功实现了复杂基质中痕量和超痕量水平成分的分析，为烟草成分监测提供了技术支撑。

由于烟用纸张印刷工艺与使用原料添加剂存在较大的差异性和复杂性，而FID对于复杂体系定性容易出现假阳性，导致检测结果误判。为提高检测分析方法通用性和科学性，2014年，国家局对YC/T 207—2006《卷烟条与盒包装纸中挥发性有机化合物的测定 顶空-气相色谱法》标准进行了修订，并发布了YC/T 207—2014《烟用纸张中溶剂残留的测定 顶空-气相色谱/质谱联用法》行业标准。利用MS技术高选择性和辅助定性筛查的能力，该方法实现了商标纸、接装纸和内衬纸等烟用纸张中25种溶剂残留（苯、甲苯、乙苯、二甲苯、苯乙烯、甲醇、乙醇、异丙醇、正丙醇、正丁醇、丙酮、4-甲基-2-戊酮、丁酮、环己酮、乙酸乙酯、乙酸正丙酯、乙酸正丁酯、乙酸异丙酯、2-乙氧基乙基乙酸酯、1-甲氧基-2-丙醇、1-乙氧基-2-丙醇、2-乙氧基乙醇、丁二酸二甲酯、戊二酸二甲酯、己二酸二甲酯）的定量测定，并增加了针对潜在未知成分的定性筛查规范，从而进一步提升了卷烟包装材料溶剂残留的质量安全检验水平。

2. 电感耦合等离子体质谱（ICP-MS）技术

早期，无机元素分析测试方法可分为比色法、原子光谱法（原子吸收和原子荧光）、中子活化法、激光发射光谱法。我国食品添加剂行业测定无机元素砷和铅最早使用的是比色法，GB/T 8450—1987《食品添加剂中砷的测定》和GB/T 8451—1987《食品添加剂中重金属限量试验》均采用比色法，比色法虽然可以用于产品质量控制，但却无法对样品中重金属含量进行定量分析。后来，原子光谱技术被用来检测食品中无机元素含量，GB/T 5009.12—2003《食品中铅的测定》和GB/T 5009.11—2003《食品中总砷及无机砷的测定》均采用了原子光谱法。为解决原子光谱法单元素分析的局限，出现了电感耦合等离子体光谱法（ICP-OES）和电感耦合等离子体质谱法（ICP-MS），两者均实现了多元素同时分析，都有着较宽的动态线性范围，提高了元素分析效率。ICP-OES大部分元素检出限一般为1~10ppb，线性范围为0~105。相对于ICP-OES和原子光谱法，ICP-MS具有更低的检出限，可以达到ppt级，更宽的线性检测范围为0~109。近年来，随着碰撞反应池和化学反应池技术在ICP-MS上的使用，有效降低了基体干扰对待测目标元素的影响，各种联机技术在元素形态分析方面的应用都扩展了ICP-MS的应用领域。

ICP-MS是目前烟草行业针对无机元素指标质检领域最为常用的检测技术，涉及烟用材料、烟草及烟草制品、卷烟主流烟气等。2009—2010年，利用ICP-MS技术，烟草行业相继建立了烟用接装纸[30]、烟草及烟草制品[31]、卷烟主流烟气[32]、烟用材料[33]中无机元素的系列检测标准方法，实现了多种无机元素同时定量测定，包括砷、铅、铬、镉、镍、汞、硒等。

3. 串联质谱（MS/MS）技术

MS/MS分析采用选择反应监测（SRM）方式，可以在一级质谱的基础上，使检测方法的选择性得到极大改善，使基质背景和检测噪声响应大大降低，从而提高分析的灵敏度。通常，在常规检测方法中，根据检测指标的物理化学性质，MS/MS技术往往与GC或LC进行串联，即GC-MS/MS和LC-MS/MS检测技术，从而实现多指标的有效分离和分析。

农药残留分析是烟草分析化学中较为复杂的领域，是MS/MS技术在烟草质检领域应用的典型代表。我国于20世纪90年代开始，对烟草农药残留检测技术与方法开展了大量的研究工作。早期的烟草农药残留检测方法由于受到检测仪器的技术局限性，相关检测方法往往具有覆盖指标少、有机试剂消耗量较大、前处理方法步骤多、耗时长和检测结果假阳性高等不足。随着高灵敏度、高选择性的串联质谱检测技术和快速、环保的样品前处理技术的发展，近10年来，烟草农药残留检测技术得到了广泛应用并取得了显著成效，国家烟草质量监督检验中心利用MS/MS技术，先后建立了测定烟草中含氯苯氧羧酸类除草剂[34, 35]、杀菌剂[36]和烟草中多农残的方法[37]。在2014年和2015年，国家烟草质量监督检验中心和郑州烟草研究院利用GC-MS/MS和LC-MS/MS检测技术，分别成功建立了检测烟草中的168种和139种农药残留的快速、精确、有效、灵敏度高、选择性好的多残留方法（Multi-residual methods），总共可筛查检测烟草中包含有机磷类、有机氯类、拟除虫菊酯类、氨基甲酸酯类、酰胺类、二硝基苯胺类、杂环类等农药残留200余种[14]。经过10月年的发展和变化，目前，GC-MS/MS和LC-MS/MS检测技术已逐步取代早期的GC或LC检测方法，实现了从单残留方法到多残留方法的全面技术升级，为我国进出口烟草的农残监测工作奠定了重要技术基础。

烟草特有*N*-亚硝胺（tobacco-specific *N*-nitrosamines，TSNAs）是胺类化合物在酸性条件下与亚硝化试剂反应生成的产物。TSNAs在烟草及烟草制品中的含量较低（ng级），因此在对TSNAs进行分析时，除了应用高效的样品前处理技术，灵敏度高、抗干扰能力强的检测手段也是极其重要的一步。MS/MS技术在定性方面可以获得除分子质量外的分子骨架信息，在定量方面可以提高选择性，并通过降低噪声强度提高检测灵敏度。因此，MS/MS分析方法在TSNAs分析中发挥着十分重要的作用。早在20世纪50年代就有MS/MS的报道，直到20世纪80年代末才出现第一台商品化的MS/MS。进入21世纪后，商品化串联质谱仪的普及，极大地促进了烟草及烟草制品中TSNAs检测水平的提高。2007年，清华大学和北京烟草质检站合作，采用GC-MS/MS实现了卷烟主流烟气中4种TSNAs的分析[38]；2010年，国家烟草质量监督检验中心采用同位素内标结合LC-MS/MS，成功建立了卷烟主流烟气中4种TSNAs的分析方法[39]；2011年，中国科学技术大学和安徽中烟工业公司合作，采用超高效LC-MS/MS技术，实现了卷烟主流烟气中4种TSNAs的分析[40]；2013年，郑州烟草研究院和上海烟草集团分别采用LC-MS/MS和GC-MS/MS，建立了TSNAs的分析方法[41，42]；北京烟草质检站也建立了一种全自动SPE-LC-MS/MS的TSNAs测定方法[43]；国家烟草质量监督检验中心利用在线GPC-GC-MS/MS技术，建立了一种卷烟主流烟气TSNAs和PAHs同时测定的方法。除此以外，烟草行业对烟草及烟草制品中TSNAs的检测方法也是使用LC-MS/MS。目前，基于高效LC-MS/MS和GC-MS/MS技术用于TSNAs检测，对监测烟草及烟草制品中TSNAs含量或释放量、保障卷烟消费安全起到了重要作用。

（四）连续流动分析（CFA）技术

流动分析是自动湿化学分析方法，多数液体样品可用此方法分析。流动分析目前有两个分支，一个是1957年Skeggs提出的连续流动分析体系（CFA），另一个是1974年Ruzicka等提出的流动注射分析体系（FIA）[44]。CFA技术是将传统溶液处理的物理混合和化学反应在管道中完成，在稳态条件基础上进行分析的技术，液流中加入气泡间隔正是为这种稳态创造条件。

CFA是将试剂、样品按比例分别输入不同的管道，然后按分析反应要求，经过一定处理后按次序进行混合、反应，进入连续检测记录检测系统并记录的过程。整个过程都在连续流动液体中进行，因此将其称作连续流动分析法。该方法特点是快速，不要求必须达到平衡，而是在物理和化学非平衡动态条件下进行的测定，但要求状态稳定。在这种稳态下反应流体的吸光度不随时间变化而变化。其优点是自动化、分析用样少、精度高，目前广泛用于医药、化工、农业、地质、食品、环保等各个领域[45]。

国内烟草行业于20世纪80年代引进连续流动分析仪，最初是对烟草及其制品中水溶性糖、总植物碱、总氮和氯这4种常规化学成分进行测定，并于2002年发布了YC/T 159—2002《烟草及烟草制品　水溶性糖的测定　连续流动法》[46]等4个标准，随着分析技术的发展以及连续流动分析仪在烟草行业的普及，采用连续流动法分析的指标逐渐增加，至今烟草行业已经陆续发布了20多个连续流动法的行业标准。在国内CFA发展的过程中，我国烟草行业还开始牵头制定相关国际先进方法或标准，国家烟草质量监督检验中心针对CORESTA 35号推荐方法、ISO 15152标准均使用剧毒试剂氰化钾来反应生成显色剂的缺点，建立了一种替代氰化钾的测试方法，该方法被CORESTA和国际标准化组织（ISO）采用，形成了CORESTA 85号推荐方法（2017年4月发布）和ISO 22980标准（2020年6月发布）。目前连续流动法在烟草及烟草制品、卷烟烟气、烟用接装纸等领域检测中得到广泛应用。

（五）原子吸收光谱（AAS）

原子吸收光谱（Atomic Absorption Spectroscopy，AAS）分析是基于试样蒸气中被测元素的基态原子对由光源发出的该原子特征性窄频辐射产生共振吸收，其吸光度在一定范围内与蒸气相中被测元素的基态原子浓度成正比，以此原理测定试样中该元素含量的一种分析方法。

AAS分析是为适应生产和科研需要而发展起来的一种仪器分析技术，应用几乎涉及人类生产和科研各个领域，已发展成为分析实验室重要的检测技术。AAS具有检出限低、精密度高、选择性好、灵敏度高、抗干扰能力强、仪器简单、操作方便等特点[47]。烟草行业2008年发布了YC/T 268—2008《烟用接装纸和接装原纸中砷、铅的测定　石墨炉原子吸收光谱法》[48]，使用石墨炉原子吸收光谱仪测定烟用接装纸和接装原纸中砷、铅的含量，此后陆续发布了多个原子吸收光谱法的行业标准，目前原子吸收光谱法在烟草及烟草制品，卷烟烟气、烟用接装纸、烟用香精和料液等领域检测中得到广泛的应用。

（六）物理性能检测技术

20世纪90年代以前，卷烟产品物理性能的测试方法均在质量标准中体现和规定，检测手段属于从无到有，从手工测试升级为各种仪器的测试。随着科技进步以及行业对卷烟产品质量的日益重视，1996年起，烟草行业逐步建立了卷烟物理性能测试系列方法标准，烟草生产设备也进入了大规模的更新改造，生产设备自动化水平提高，卷烟生产速度越来越快，烟草行业技术和质检部门开始引进和自行研发质量检测仪器，包括重量、圆周、吸阻、通风度、硬度等物理指标检测设备。随着科技水平的提高，烟草物理指标检测仪器技术水平和自动化程度发展很快，从早期的单功能检测仪器发展到自动化多功能测试台，测量速度加快、检测精度提高、仪器操作使用和维护保养更加方便。

1. 圆周检测技术

早期对卷烟圆周的测定是采用游标卡尺或千分尺，QB 691—1978《卷烟》中规定，测试烟支的长度和烟支圆周时使用钢板尺或带有刻度尺寸的量烟盘，如对圆周有疑问时，用锋利的刀片将烟支沿搭口割开，用钢板尺量纸的宽度。但由于卷烟是一种弹性体，在测量过程中可能产生变形，且卷烟的横截面并非完美的圆形，因此，很难得到精确的结果[49]。

20世纪70年代，开始采用一种气动法测定卷烟圆周的仪器，由于该方法需要手动操作，不同直径样品需要更换不同直径测头，测试值受卷烟纸透气度和样品填充值的影响，不符合检测仪器自动化、减少人为因素的大趋势，在圆周检测领域已基本被淘汰。

此后，国内外相继开发了精度更高、速度更快和技术更先进的拉带法、光电投影法和激光扫描法等测定圆周的仪器，以满足卷烟业高速发展对质量的要求。由于拉带法所要求的砝码重量不能反映对低密度产品压缩的影响，不能测定最大与最小直径[50]，无法计算椭圆度，且接触式测量可能造成样品形变，此方法也已经被淘汰。早期国产单机圆周测试仪大都采用光电法，此方法可实现非接触测量，采用多次测量可提高精度，但由于此方法的结果精度较采用同样原理的激光扫描法要低，精度大约是0.05%，后期光学法测试圆周法基本上改用激光扫描法[44]。

2. 吸阻检测技术

早期CORESTA推荐的吸阻测量方法包括压力法（正压法）和真空法（负压法）。压力法压降测量仪虽然结构简单，但是容易受环境因素的影响而难于稳定控制17.5mL/s抽吸流量，仪器寿命短，已逐步被淘汰。对于真空法测吸阻，我国仪器发展至今经历了从手工调节抽吸流量到临界流量孔（CFO）恒流发生提供稳定流量，压差显示从人工读数到数显，测量头从只有吸阻部分到带通风度测量部分的过程。

20世纪70年代到80年代初我国主要生产无嘴卷烟，当时GB 5607—1985《卷烟》规定无嘴卷烟的吸阻测试方法为U型管压力差法，滤嘴卷烟采用了水柱压力计。这两种方法均采用的是手工调节恒定流量，通过U型管或者水柱压力计采集压差数值。由于需要人工读数，分辨力差，容易引起主观误差，很快就被精度更高、可实现数显的带微差压传感器的吸阻仪替代。而U型管压力差的方法手工操作烦琐，精度差，加上进入90年代后无嘴卷烟几乎全部停产，此方法也彻底被淘汰。进入90年代，国内外主流使用的吸阻检测设备均采用CFO作为其恒流发生装置，采用微差压传感器检测样品吸阻，时至今日吸阻检测设备均采用CFO来实现样品输出端气体的体积流量，为17.5mL/s，也是目前ISO 6565：2015和GB/T 22838.5—2009《卷烟和滤棒物理性能的测定　第5部分：卷烟吸阻和滤棒压降》规定的方法。但是CFO方法吸阻仪初期出现在市场上是不带通风率测量功能的。

随着低焦油消费趋势逐年上升，打孔接装纸、高透卷烟纸的应用，各仪器厂商陆续推出3段密封的可以测量滤嘴通风率、纸通风率、总通风率的吸阻测试仪器。吸阻仪通过放置于内部的3段高弹性乳胶套将卷烟分为滤嘴通风区域和纸通风区域，测试时，分别对卷烟各部位通风进行测试，通过计算得出各通风率。吸阻测量仪器每次改变测试调节都需要校正，近年来，不少仪器厂商提供带内置标准棒的吸阻仪，可定期自动读取标棒值并自动标定仪器，大大减少了人员校正的人为误差。未来很有可能成为吸阻仪的主流配置。

3. 长度检测技术

20世纪80年代到90年代初，长度测量主要是烟草投影仪，此方法由人工在游标尺上读数，很难避免人为误差，尤其是样品测试端面不规则时误差更大，这就决定了该仪器的测试精度只有0.1mm，同时该仪器还存在测试速度慢（1支/min）、校准较麻烦、工作效率低等缺点[51]，目前已基本被淘汰。

20世纪90年代后期出现了光电法测试长度的仪器，它采用非接触测量方法，利用平行光束对卷烟端部进行投影或扫描形成光信号，由光电接收装置接收及数据处理系统处理给出长度值。此方法测试精度高，可达0.05mm以上[46]，同时该仪器还可实现自动进样、测定速度快，目前是GB/T 22838.2—2009《卷烟和滤棒物理性能的测定 第2部分：卷烟长度》推荐的方法。

4. 硬度检测技术

CORESTA对卷烟硬度定义也有明确的规定，卷烟硬度是以烟支在径向上抗变形的能力来表示[52]。全压法与点压法都可作为卷烟硬度测定的有效方法，其中点压法为仲裁方法。

全压法仪器发展有两个阶段，早期力值记录仪还未数字化，下压过程的力值变化曲线是通过绘图记录仪笔尖在图上划线，然后人工目测读取计算。20世纪80年代末，随着计算机的发展，我国厂商开发了数字式全压法硬度仪，压力变化通过计算机采集计算，精度高于绘图仪法全压法硬度值。进入90年代后，由于卷烟行业标准逐渐向国际标准靠拢，全压法逐渐被国际通用的点压法替代。2005年新的卷烟国标已明确取消了采用全压法测试卷烟硬度。经过30年的发展，点压法硬度仪的应用已在全行业各级烟草检测机构得到普及。

5. 综合测试台的应用

20世纪90年代后期，中国烟草行业逐步引入高精度高通量的综合测试台，综合测试台可自动连续检测重量、圆周、吸阻、通风度、长度、硬度等物理指标，自动化程度高、测量速度快、故障率低，检测过程避免了人为因素的影响，极大提高了检测水平和效率[53]。近20年来，各卷烟企业对烟支物理指标的检测已从使用各检测单机过渡到使用多个检测单元一体化的综合测试台。

（1）对于重量单元，目前各品牌测试台都采用天平技术进行称重，符合GB/T 22838.4—2009《卷烟和滤棒物理性能的测定 第4部分：卷烟质量》，由于基本原理相同，不同品牌综合测试台之间的检测数据差异不大。

（2）对于圆周单元，早期的品牌采用拉带法或光电法（红外光），后期都采用GB/T 22838.3—2009《卷烟和滤棒物理性能的测定 第3部分：圆周 激光法》规定的激光扫描法，由于基本原理相同，不同品牌综合测试台之间的检测数据差异不大。

（3）对于吸阻单元，目前所有品牌都采用CFO作为其恒流发生装置，采用微差压传感器检测样品的吸阻指标，符合GB/T 22838.5—2009《卷烟和滤棒物理性能的测定

第5部分：卷烟吸阻和滤棒压降》。各品牌气路结构、测试头结构不同，电磁阀、过滤器以及气管长短、管径也不一样，因此造成实际测量的卷烟吸阻压降存在一定的差异，但基本在可接受范围内。

随着卷烟企业开发采用滤嘴通风技术的卷烟产品，各品牌陆续推出了带总通风率测量的吸阻单元，符合GB/T 22838.15—2009《卷烟和滤棒物理性能的测定　第15部分：卷烟　通风的测定　定义和测量原理》。近年来，随着细支卷烟蓬勃发展，各家又推出了细支烟吸阻测量单元。

（4）对于长度单元，各品牌采用激光投影法或激光扫描法，都符合GB/T 22838.2—2009《卷烟和滤棒物理性能的测定　第2部分：长度　光电法》。但由于选择测量卷烟端部不同，测量值有细微差异，但在可控范围以内。

（5）对于硬度单元，各品牌都采用点压法，符合GB/T 22838.6—2009《卷烟和滤棒物理性能的测定　第6部分：硬度》。但由于预压力和施压方式不同（有的品牌用固定砝码实现压力；有的品牌用可变弹力装置实现压力，并通过压力传感器监测压力），测量压陷量位移原理不同（有的采用光学位移传感器，有的采用步进电机），这些不同造成各品牌测试台在硬度单元存在较大差异，但实践操作中注意调节相同预压力，压头测试样品同一位置，测量值差异在可控范围以内。

（6）自20世纪90年代后期至2000年初，综合测试台主要配置在三级烟草质检站做监督放行检验；2010年至今，随着各卷烟企业技改持续投入，卷烟生产速度加快，需要加大质量监测频率，同时，市场竞争加剧使得企业更加关注产品质量，许多卷烟企业开始在生产现场配置综合测试台，由此促使各测试台生产企业研发带在线取样手的综合测试台。现场环境相对实验室粉尘污染更厉害，使用人员相对复杂，这又促使了测试台生产厂家研发带自动清洁、自动校正的测试台。

第四节
卷烟包装标识与烟草成分披露

2003年5月21日，在第56届世界卫生大会上，经过历时4年6轮的谈判，WHO的192个成员国通过了第一个限制烟草的国际性条约——《烟草控制框架公约》（以下简称《公约》），它标志着烟草控制已经走向以国际法为依据的全球控烟运动，反烟浪潮席卷了全球每一个角落。目前，已经有181个国家批准了《公约》，覆盖了全世界约87%的人口。烟草控制已成为国际社会普遍关注的全球性问题，《公约》的达成为各缔约国采取政策措施提供了任务目标。我国于2003年11月10日签署《公约》，2005年8月28日十届全国人大常委会第二十七次会议批准了《公约》，并于2006年1月在我国正式生效。2006年2月，中国派出高级别政府代表团参加了《公约》第一次缔约方大会，这是中国政府高度重视公共卫生及控烟工作的具体表现。由于《公约》对一些烟草控制具体措施进行了明确规定，因此，履行《公约》会对我国烟草经济产生了深远的影响。

为推进各缔约国履约实施工作的开展，WHO《公约》秘书处分别对各条款制定了实施指南。迄今为止，缔约方会议通过了7项指南，涉及《公约》八项条款：第5、3、8、9、10、11、12、13和14条的规定。以下分别从《烟草制品成分管制和烟草制品披露的规定部分指南（第9条和第10条）》《烟草制品的包装和标识（第11条）》。涉及的烟草制品成分管制和信息披露、烟草制品的包装和标识等方面介绍烟草控制的要求与发展。

（一）烟草制品成分管制和披露

1.《公约》对烟草制品成分管制和披露的要求和发展

《公约》第9条、第10条即烟草制品成分管制和烟草制品披露，是烟草控制最具挑战性的领域之一。2007年，第二届缔约方会议上决定（FCTC/COP2（14）号决定）将第9、10条纳入同一个工作小组开展工作，逐步研究制定了第9、10条实施指南，制定该指南的目的是“根据现有最佳科学证据和各缔约方的经验，建议措施以便通过烟草制品成分和释放物管制以及烟草制品披露的规定，协助各缔约方加强其烟草控制政策。同时也鼓励各缔约方实施本指南建议措施以外的措施”。2010年，第四届缔约方会议审议通过了第一份部分实施指南草案（FCTC/COP/4/6 Rev.1）；2012年，第五届缔约方会议上通过了在部分实施指南草案（FCTC/COP/5/9）增加了有毒成分和释放物披露、低引燃倾向（LIP）、降低致瘾性的背景资料等方面内容；2014年，第六届缔约方会议上增加了关于LIP和组成成分的“实况报道（Factsheets）”。最新版的第9、10条部分实施指南（2017版）是第7次缔约方会议决议［FCTC/COP7（14）］通过的修订案文。在2016年召开的COP 7上由我国提案反对将“致瘾性”定义纳入指南正式文本并被大会接受，关于“产品特性”的管制条款被加入指南文本中。

（1）《公约》对烟草制品成分管制的要求

烟草制品成分管制包括烟草成分及燃烧释放物成分。降低烟草制品的吸引力、致瘾性和毒性是烟草制品成分管制的三个目标。《公约》第9条和第10条的实施准则完成了部分内容的制定，经世界卫生组织和缔约方会议审议通过，发布了《部分准则》。目前《部分准则》中仅对降低吸引力提出了具体管制的建议，而对于降低毒性和致瘾性方面，因其复杂性和科学基础的不完善，目前都是空缺的，这将是下一步研究的目标。

关于降低吸引力。《部分准则》提出的吸引力管制建议措施主要包括禁止或限制使用，可用于提高可口性、具有着色性能、可让人感到有健康效益、与能量和活力有关的组成成分。对加工烟草制品必不可少的、与增强吸引力无关的成分应当根据本国法律加以管制。但由于没有提供可以客观评价判断的方法和支持性的科学研究依据，目前仅有少数缔约国使用了该措施建议。

关于减少致瘾性。2012年第五届缔约方会议提案中提出了致瘾性的管制建议，即逐渐降低或一次性将烟丝烟碱量降低到一个极低水平。2014年六届缔约方大会提案中，提出降低“依赖性”的预防原则，即大幅度降低烟丝烟碱水平至每1g烟草不高于0.1mg。WHO鼓励各缔约方对致瘾性管制政策的有效性、可行性和可能的影响等方面开展基础研究，为致瘾性管制政策的制定提供科学依据。WHO发布的《全球降低烟碱策略》（WHO，2015）、《烟草致瘾性降低措施咨询报告》（WHO，2018）聚焦减少烟草制品致瘾性问题，探讨了关于烟草/烟碱致瘾性的现有认知，制定和实施管制政策可能带来的后果，以及存在的困难和挑战。

关于降低烟草毒性。该部分内容在《部分准则》中是完全空缺的，起草工作正采取逐步推进政策。在WHO关于烟草管制科学基础的951报告中，依据烟气释放物化学成分的动物及人体致癌性和非致癌性因子，提出了9种最高优先级管制成分清单。同时，第三届缔约方会议（COP3）决定由烟草实验室网络（TobLabNet）逐步建立5种卷烟成分（烟碱、氨、丙二醇、丙三醇和三甘醇）和9种烟气释放物（NNK、NNN、苯并[a]芘、甲醛、乙醛、丙烯醛、苯、1,3-丁二烯和一氧化碳）测试方法。所有SOP（即WHO烟草和烟气成分优先管制清单标准操作规程）方法均已在WHO官方网站上发布（表15-4）。FCTC未来计划在建立的测试方法的基础上，可能会提出以中位值的100%和125%进行限量管制的初步建议。此外，WHO在烟草管制科学基础的989报告中提出了烟草制品有害成分和释放物的非详尽清单，共包括39种物质，如表15-4和表15-5所示。此外，毒性方面还应同时开展生物标志物、毒理学等毒性评价方法，以评估管制政策对降低毒性的有效性。2016年，第七届缔约方会议草案中还提出了对烟草制品产品特性（细支、超细支卷烟、胶囊卷烟）的管制提案以降低烟草制品的吸引力。

表15-4　WHO烟草和烟气成分优先管制清单标准操作规程（SOP）

	物质名称	编号	方法名称	使用方法	状态
	—	SOP 01	卷烟深度抽吸方法	—	已公布[54]
	—	SOP 02	烟草制品成分和释放物分析方法的验证	—	已公布[55]
烟草成分	烟碱	SOP 04	卷烟烟丝中烟碱的测定	GC-FID	已公布[56]
	氨	SOP 07	卷烟烟丝中氨的测定	IC	已公布[57]
	保润剂（丙二醇、丙三醇、三甘醇）	SOP 06	卷烟烟丝中保润剂的测定	GC-FID、GC-MS	已公布[58]

续表

	物质名称	编号	方法名称	使用方法	状态
烟气成分	烟草特有亚硝胺（NNN、NNK）	SOP 03	ISO 和深度抽吸条件下卷烟主流烟气中烟草特有亚硝胺的测定	HPLC-MS/MS	已公布[59]
	苯并［a］芘	SOP 05	主流烟气中苯并芘的测定	GC-MS	已公布[60]
	醛类（乙醛、丙烯醛、甲醛）	SOP 08	ISO 和深度抽吸条件下卷烟主流烟气中羰基化合物的测定	GC-MS	已公布[61]
	挥发性有机化合物（苯、1,3-丁二烯）	SOP 09	ISO 和深度抽吸条件下卷烟主流烟气挥发性有机化合物的测定	GC-MS	已公布[62]
	一氧化碳	SOP 10	WHO 深度抽吸模式下主流烟气 TNCO 的测定	NDIR	已公布[63]

表15-5　No.989报告中烟草制品有害成分和释放物的非详尽清单

序号	名称	序号	名称	序号	名称	序号	名称
1	乙醛	11	苯	21	巴豆醛	31	NAT
2	丙酮	12	苯并［a］芘	22	甲醛	32	NNK
3	丙烯醛	13	1,3-丁二烯	23	氰化氢	33	NNN
4	丙烯腈	14	正丁醛	24	对苯二酚	34	苯酚
5	1-萘胺	15	镉	25	异戊二烯	35	丙醛
6	2-萘胺	16	一氧化碳	26	铅	36	吡啶
7	3-氨基联苯	17	邻苯二酚	27	汞	37	喹啉
8	4-氨基联苯	18	间甲酚	28	烟碱	38	间苯二酚
9	氨	19	对甲酚	29	氮氧化物	39	甲苯
10	砷*	20	邻甲酚	30	NAB		

注：*基于充分的科学证据和 TobReg 的进一步审议，989 报告中的 39 种非详尽有害成分清单比 COP6 文件 FCTC/COP/6/14 中公布的 38 种清单增加了砷。

（2）《公约》对信息披露的要求和发展

成分及释放物披露包括向政府披露和向公众披露两个方面。对于向公众披露，WHO坚持采取审慎的原则，避免对公众造成误导。对于向政府披露，WHO认为应尽最大可能进行披露。目前《部分准则》中只是明确了对于组成成分、产品设计特征应向政府披露，但是关于有害成分等目前仍然空白，而向公众披露则完全空白，等待以后讨论确定。

①向政府当局披露。

关于组成成分的披露，FCTC建议烟草制品生产商和进口商向政府当局报告组成成分的多种信息，要求规定时间间隔、包括每个品牌的每个牌号、按标准格式、以合并列表形式的名单、每单位烟草制品所含各组成成分的含量、所用烟叶特征（烟叶类型及百分比、烟草薄片和膨胀烟草的百分比），还应向政府当局通报烟草制品组成成分方面发生的任何变化以及使用目的，还要求生产商披露每种成分供应商的联系方式。

关于制品特点的披露，FCTC建议要求卷烟生产商和进口商向政府当局披露卷烟设计特点信息，使用统一的方法进行测试并提供实验报告，报告对卷烟设计特点所进行改变的信息。此外，还建议卷烟符合低引燃（LIP）标准。2016年，第七届缔约方会议草案中提出了将披露烟草制品设计参数及特性（滤嘴通风、细支、超细支卷烟、胶囊卷烟）等方面的提案。

关于其他信息的披露，FCTC建议生产商和进口商向政府当局披露公司信息，如名称、地址、联系方式等，以及烟草制品销售信息等。

②向公众披露。

建议缔约方依据本国法律，考虑以有意义的方式向公众公开提供（如互联网等）烟草制品有毒成分和释放物的信息等。

2. 我国烟草制品管制和披露工作进展

我国实施烟草专卖制度30年来，始终重视对烟草制品的管制和披露。在《中华人民共和国烟草专卖法》（1991年）和《中华人民共和国烟草专卖法实施条例》（1997年）中，规定了“降低焦油和其他有害成分的含量”，对卷烟、雪茄烟焦油量和用于卷烟、雪茄烟的主要添加剂实行控制。烟草制品生产企业不得违反国家有关规定使用有害的添加剂和色素，还要求“加强对烟草专卖品的科学研究和技术开发，提高烟草制品的质量”。

同时，在强制性国家标准中规定了卷烟焦油量档次及相应盒标焦油量，2001年至2013年，我国先后5次降低焦油最高限量。2000年，国家局确立了新的降焦规划和目标，决定对卷烟产品的焦油量进行明确限定，从2001年起盒标焦油量高于17mg/支的卷烟产品不得进入全国烟草交易中心交易；2004年，国家局印发《关于进一步做好调整卷烟焦油限量工作的通知》，规定2004年7月1日以后生产的盒标焦油量在15mg/支以上的卷烟产品不得在境内市场销售；2008年，国家局印发《关于调整卷烟盒标焦油最高限量要求的通知》，要求自2009年1月1日起生产的盒标焦油量在13mg/支以上的卷烟产品不得在境内市场销售；2010年，国家局下发《关于调整卷烟盒标焦油最高限量的通知》，要求2011年1月1日以后生产的卷烟产品，盒标焦油量在12mg/支以上的不得在境内市场销售；2012年4月13日国家局下发《国家烟草专卖局关于调整卷烟盒焦油最高限量的通知》，要求2013年1月1日起生产的盒标焦油量限量为11mg/支。该限量值与欧盟、俄罗斯等多个国家相当。

《公约》自2006年1月9日在我国正式生效以来，我国积极参与公约实施指南的制定工作。积极参与缔约方会议，从国家角度提出建设性意见和建议；作为第9、10条工作小组重要成员，参与制定部分实施指南；投入资源支持WHO/无烟草行动（TFI）领导的烟草国际实验室网络（TobLabNet），参与SOP的实验验证和标准文本编写，获得了WHO和国际社会的认可。牵头制定了多个标准操作规程并参与了多项SOP方法的实验验证和数据统计工作。在WHO发布的缔约方会议文件中得到了WHO的高度肯定。我国牵头实验验证工作的开展以及方法的推广应用，提升和扩大了我国在国际控烟工作中的影响力和话语权。

2006年，我国建立了发改委任组长（现工信部为组长），卫生部、外交部任副组长，八部委组成的履约部际协调小组。由国家质检总局牵头，国家局协助负责烟草成分管制（第9、10条）工作。2012年12月履约部际协调小组发布了《中国烟草控制规划（2012—2015年）》。《规划》指明了我国烟草成分控制工作努力的方向，提出了重点专项工程之一“烟草制品成分管制和信息披露”（图15-2），明确了对《公约》第9、10条履约的具体规划目标：通过加强检测能力建设、加强科学和技术研究，加强必要的支撑性平台，借鉴国际经验，提出方法标准、完善有关规定，制定出了符合我国实际的烟草制品成分管制措施，促进了成分管制和信息披露工作。

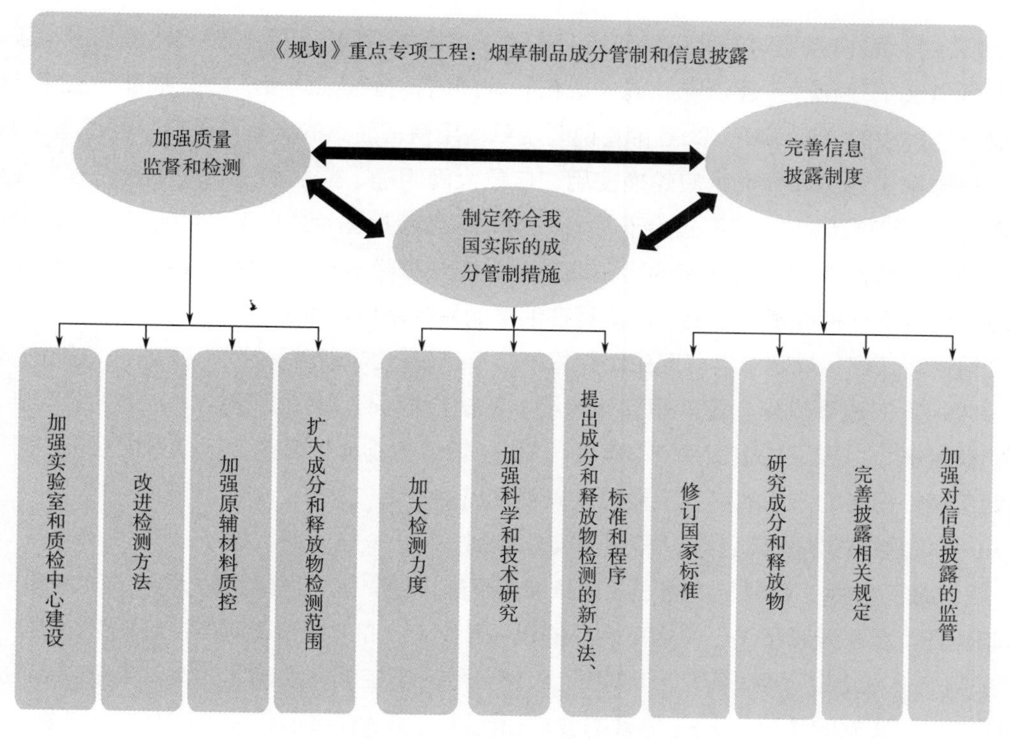

图15-2　《中国烟草控制规划》重点专项工程

按照《中国烟草控制规划（2012—2015年）》的部署，目前我国已建立了履约信息披露数据库，经过3年建设和1年试运行，数据库系统在功能上已经满足烟草制品成分和释放物上报要求，实现了披露数据自动上报功能。该数据库的具体目标是：建立烟草成分和释放物管制监督体系，建立烟草成分和释放物数据收集系统、数据整合系统及面向公众披露信息系统。在我国履约部际协调小组的指导和推动下，烟草制品成分管制和披露的各项工作逐步开展，加大了在基础条件建设和技术水平提升等方面的不断投入，且将我国烟草制品管制和披露工作纳入到了健康有序的发展轨道中。

2018年3月，根据中共中央印发的《深化党和国家机构改革方案》，由新组建的国家卫生健康委员会牵头《烟草控制框架公约》履约工作职责。《健康中国行动（2019—2030年）》[64]要求按照烟草控制框架公约履约进度要求，加快研究建立完善的烟草制品成分管制和信息披露制度。强化国家级烟草制品监督监测的独立性和权威性，完善烟草制品安全性检测评估体系，确保公正透明，保障公众知情和监督的权利。具体由卫生健康委、市场监管总局、烟草局按职责分工负责。

（二）卷烟包装与标识

1.《公约》对卷烟包装与标识的要求和发展

《公约》第11条是对卷烟包装与标识的要求，具体为烟草制品包装和标签：①不应标以“低焦油”“淡味”“超淡味”或“柔和”等词语，直接或间接诱导消费者产生某一烟草制品危害小的错误印象；②应带有说明烟草使用有害后果的健康警语及其他适宜信息，且需经国家主管当局批准；应轮换使用；应是大而明确、醒目和清晰的；宜占据主要可见部分的50%或以上，但不应少于30%；可采取或包括图片或象形图的形式；③除警语外，还应包含国家当局所规定的有关烟草制品成分和释放物的信息；④警语和其他文字信息，应以其一种或多种主要语言出现在烟草制品各单位包装上。

根据《公约》规定，世界卫生组织每2~3年组织一次政府间谈判（COP），缔约方作为《公约》的理事机构，定期审查《公约》的执行情况，并负责通过《公约》的实施细则和议定书；世界卫生组织每2~3年发布1份《烟草控制框架公约》全球进展报告。涉及卷烟包装标识履约方面的内容主要包括以下几点。

（1）《烟草控制框架公约》第11条实施准则

2008年11月，世界卫生组织《烟草控制框架公约》第三届缔约方大会（COP3）在南非召开，会议通过了关于“烟草制品的包装和标识”的WHO《烟草控制框架公约》第11条实施准则（以下简称“公约准则”）。该公约准则控烟力度明显加大，条款内容更加细化，与已实施的《公约》第11条的要求相比，增加了在卷烟包装上应考虑标注图片警语的要求；明确对警语区面积要求由原来的30%增加至50%；细化了警语区位置、字体颜色以及适用范围等内容；增加了应考虑素包装（平装）要求，即在卷烟包装上除了用标准颜色和字体显示品牌名称和产品名称外，限制或禁止在包装上使用其他标识、颜色、品牌形象或推销文字。从法律层面来说，《公约》的法律地位要高于《公约准则》的法律地位。《公约》对于各缔约国具有法律约束力，必须严格执行；而对于《公约准则》，则仅对各缔约方履行公约义务提供协助和指导，旨在产生规范性的影响，并无实质要求，其法律效力自然不可与《公约》等同而论。

（2）《烟草控制框架公约》全球进展报告

2008年2月，世界卫生组织发表了第一份名为《世界卫生组织全球烟草流行报告MPOWER政策——健康与活力》的报告，报告提出了遏制烟草流行的系列政策措施（MPOWER一揽子方案），主要包括监测烟草使用、保护民众免受烟草烟雾危害、提供戒烟帮助、警示烟草危害、确保禁止烟草广告与促销和持续提高烟草税等，旨在推动各国兑现对《公约》做出的承诺。

此后世界卫生组织每两年发布一次《烟草控制框架公约》全球进展报告，持续跟踪全球公约实施状况。2018年10月世界卫生组织《烟草控制框架公约》第八届缔约方大会（COP8）上发布了2018年《全球进展报告》。报告显示：目前几乎90%的缔约方都要求在烟草包装上标注健康警语，越来越多的缔约方正在实施或计划实施素包装。

2. 我国卷烟包装与标识履约工作进展

我国政府一贯支持国际社会并积极采取控烟措施，国家局作为我国烟草行业的主管部门，积极参与《公约》履约工作，于2006年5月成立了专题工作组，启动了卷烟包装和标签履约研究工作，深入研究了《公约》与现行国内法律法规的衔接，通过国内法律对具体的操作和规范加以细化，以达到全面、完整履行公约的目的。2007年11月，国家局和国家质检总局联合印发了《中华人民共和国境内卷烟包装标识规定》（以下简称《规定》），对在中国境内销售卷烟的包装标识作出规定，使之符合《公约》第11条的要求。这标志着我国卷烟包装标识的履约工作从研究转向实施阶段。

为进一步推进我国履约进程，2009年4月国家局牵头成立了《烟草控制框架公约包装标识专题研究》专题组（以下简称“专题组”）。专题组以稳步推进为指导原则，认真研究了《公约》第11条准则中的各项要求，结合我国国情，制定了我国卷烟包装标识履约的长期规划，为我国履约决策部门提供了技术支持。2011年8月，总公司下发了《关于进一步加大卷烟包装警语标识力度的通知》，在《规定》要求基础上进行了调整，调整内容主要包括：加大了警语字体、撤销英文警语，撤销的英文警语以《规定》中的另一套中文警语替代；量化警语字体与警语区背景色差，新《规定》已于2012年4月1日起正式实施。

2012年12月，由工业和信息化部、卫生部、外交部、财政部、海关总署、工商总局、质检总局、烟草专卖局等八部门联合制订的《中国烟草控制规划（2012—2015

年）》（以下简称《规划》）正式发布。这是我国首次把烟草控制工作提升到国家规划层面，这表明了中国政府推进控烟工作的态度和决心。《规划》对卷烟包装标识方面提出的工作任务有以下几方面。一是要加强卷烟包装标识管理。全面评估《中华人民共和国境内卷烟包装标识的规定》的实施效果，进一步改进卷烟包装标识。制定警示作用更强的卷烟包装标识样本，严格卷烟包装标识的审批和监管。严厉查处违反卷烟包装标识规定的行为。二是要完善烟草危害警示内容和形式。严格执行卷烟包装标识健康警语定期轮换使用规定。增加说明烟草危害健康具体后果的警语，并标明警告主体或依据，提高健康警语的权威性和有效性。实施《公约》"烟草制品的包装和标签"条款要求的健康危害警示。三是要提高健康危害警示效果。按照"大而明确、醒目和清晰"的要求，通过扩大警语占用面积、加大警语字体、增强颜色对比度等，切实提高烟草危害警示效果。逐步实施卷烟包装印制戒烟服务热线等相关信息，积极提供戒烟咨询和帮助。为进一步推动我国履约控烟工作，按照《规划》提出的目标任务，国家局于2013年7月出台了《贯彻落实〈中国烟草控制规划（2012—2015年）〉实施方案》（以下简称《实施方案》），明确了贯彻落实《规划》的工作重点，并制定了相应的配套措施和落实方案，以确保在2015年底前实现《规划》所要求完成的烟草控制目标。这标志着我国履约进程新阶段的启动。在卷烟包装标识方面，《实施方案》提出了"不断强化卷烟包装标识健康危害警示，继续研究增强警示效果的包装标识方案"的具体要求，明确了2013—2015年我国开展卷烟包装标识研究方面的工作目标。为此，2013年4月，国家局科技司组织质检中心及行业各相关单位技术力量共同组成了"卷烟包装标识持续履约研究工作组"（以下简称"工作组"）。工作组在开展现行包装标识实施效果评价和国外相关法规进展研究，设计《卷烟包装标识问卷调查表》对国内卷烟企业和商业销售中心进行调研的基础上，通过扩大警语区域面积、加大警语字体、增强颜色对比度，增加说明烟草危害健康具体后果的警语并标明警告主体或依据等方案设计，实现了《实施方案》所确定的阶段目标，切实提高了烟草危害警示效果。

2015年初，国家局先行对部分卷烟包装标识进行调整，对"红金龙"（软长城）、"黄金龙"（硬）、"芙蓉"（黄）、"大丰收"（软）、"中南海"（浓味）、"红山茶"（软）等6个卷烟规格进行试点，实行扩大警语占用面积、加大警语字体、增强颜色对比度并印制"请勿在禁烟场所吸烟"警示标识等措施，以增强包装标识的警示效果。

2015年12月，国家局与国家质检总局联合出台《中华人民共和国境内卷烟包装标识的规定》，全面履行《公约》第11条的要求，主要体现在完善了烟草危害警示内容和形式，实现了定期轮换健康警语的目标；增加了2组说明烟草危害健康具体后果的警语内容和警告主体；提高了健康警示效果；增加了警语面积、警语字号和颜色对比度。为保证新《规定》的顺利实施，2016年3月国家局组织全行业宣贯，并发布《关于落实境内卷烟包装标识规定有关要求的通知》。新《规定》自2016年10月1日起正式实施。

"十三五"期间我国履约发展的基本定位为：坚持以履行《烟草控制框架公约》关于

加强烟草制品成分管制和披露的规定为工作指向，全面落实新修订的卷烟包装标识规定，切实防范潜在的法律风险。中国烟草主动融入健康中国战略，切实履行好《公约》的各项责任和义务，积极贯彻落实有关法律法规。2017年1月国家局印发了《国家烟草专卖局办公室关于转发〈“健康中国2030”规划纲要〉的通知》。为进一步推进控烟履约工作，在卷烟包装标识履约方面，国家局、国家质量监督检验检疫总局联合下发了《关于印发境内卷烟包装标识的规定的通知》，增加“雪茄烟包装标识警语区及内容按照本规定要求执行”要求，其他内容不变。新《规定》自2017年1月起正式实施。

2017年11月—2019年11月，国家烟草质量监督检验中心承担了国家局办公室下达的《卷烟包装标识履约效果监测与舆情分析》和《卷烟及新型烟草制品包装标识履约研究》两个研究项目，项目的研究目的在于收集新《规定》发布实施后国内外社会各界对我国卷烟履约方面的不同声音，及时掌握舆情信息的变化，密切跟踪各缔约方卷烟以及电子烟在包装标识、标签等履约方面法律法规的进展，提前做好预警研究，为决策机构提供技术支持。

烟草控制是一项长期的、复杂的、艰巨的工作，任重而道远，我们要立足国情、科学规划、理性施策，稳步有序地推进控烟工作。

本章主要编写人员：胡清源、邢军、李中皓、周明珠、庞永强、张威、刘彤、朱风鹏、李晓辉、杨飞、杨进

参考文献

[1] 国家烟草专卖局科技教育司.《卷烟》系列国家标准宣贯教材[M]. 北京：中国标准出版社，1996.

[2] 郁源培. 全面贯彻实施《卷烟》新国标进一步推动卷烟产品质量再上新台阶[J]. 烟草科技，1997(1): 5-7.

[3] 于明芳.正确理解和掌握《卷烟》新国标是全面贯彻实施新标准的重要保证[J]. 烟草科技，1997(1): 8-10，17.

[4] 国家烟草专卖局科技教育司，郑州烟草研究院. GB 5606—2005《卷烟》系列国家标准宣贯教材[M]. 北京：中国标准出版社，2005.

[5] 国家烟草专卖局. 烟草术语　第3部分：烟用材料：GB/T 18771.3—2015[S]. 北京：中国标准出版社，2015.

[6] 国家烟草专卖局. 卷烟条与盒包装纸中挥发性有机化合物的限量：YC 263—

2008 [S] . 北京：中国标准出版社，2008.

[7] 夏玉宇. 化学实验室手册（第二版）[M] . 北京：化学工业出版社，2008.

[8] 国家烟草专卖局. 烟草及烟草制品　拟除虫菊酯杀虫剂、有机磷杀虫剂、含氮农药残留量的测定：GB/T 13595—2004 [S] .北京：中国标准出版社，2004.

[9] 李克安. 分析化学教程 [M] . 北京：北京大学出版社，2006.

[10] 国家烟草专卖局. 卷烟　烟气总粒相物中苯并 [a] 芘的测定：GB/T 21130—2007 [S] .北京：中国标准出版社，2007.

[11] 国家烟草专卖局. 烟草及烟草制品　多种农药残留量的测定：YC/T 405—2011 [S] . 北京：中国标准出版社，2011.

[12] Anastassiades M.，Lehotay S.J.，Stajnbaher D.，et al. Fast and easy multiresidue method employing acetonitrile extraction/partitioning and "dispersive solid-phase extraction" for the determination of pesticide residues in produce [J] . AOAC Int.，2003，86（2）：412-431.

[13] Lehotay S J，De K A，Hiemstra M，et al. Validation of a fast and easy method for the determination of residues from 229 pesticides in fruits and vegetables using gas and liquid chromatography and mass spectrometric detection [J] . AOAC Int.，2005，88（2）：595-614.

[14] 边照阳. 烟草农药残留分析技术 [M] . 北京：中国轻工业出版社，2015.

[15] ISO/TC 126. Cigarettes—Determination of nicotine in smoke condensates —Gas-chromatographic method：ISO 10315:2000 [S] . 国际标准化组织（IX-ISO），2000.

[16] 国家烟草专卖局. 卷烟条与盒包装纸中挥发性有机化合物的测定　顶空-气相色谱法：YC/T 207—2006 [S] . 北京：中国标准出版社，2006.

[17] 国家烟草专卖局. 卷烟　主流烟气中主要羰基化合物的测定　高效液相色谱法：YC/T 254—2008 [S] . 北京：中国标准出版社，2008.

[18] 国家烟草专卖局. 卷烟　主流烟气中主要酚类化合物的测定　高效液相色谱法：YC/T 255—2008 [S] . 北京：中国标准出版社，2008.

[19] 国家烟草专卖局. 烟用水基胶　甲醛的测定　高效液相色谱法：YC/T 332—2010 [S] . 北京：中国标准出版社，2010.

[20] 国家烟草专卖局. 烟用添加剂　甲醛的测定　高效液相色谱法:YC/T 359—2010 [S] . 北京：中国标准出版社，2010.

[21] 孙凤霞. 仪器分析 [M]. 北京：化学工业出版社，2004.

[22] 国家烟草专卖局. 卷烟纸中柠檬酸根离子、磷酸根离子和醋酸根离子的测定　离子色谱法：YC/T 275—2008 [S] . 北京：中国标准出版社，2008.

[23] 李中皓，吴帅宾，刘珊珊，等. 超高效合相色谱法快速检测纸质印刷包装材料

中10种受限制光引发剂 [J] . 分析化学，2013 (12): 1817-1824.

[24] 国家烟草专卖局. 烟草特征性成分　烟碱旋光异构体比例的测定　高效液相色谱法和超高效合相色谱-串联　质谱法:YC/T 561—2018 [S]. 北京: 中国标准出版社，2018.

[25] Fei Yang，Ying Wang，Shanshan Liu，et al.A green and effective method for the determination of matalaxyl enantiomers in tobacco and soil by supercritical fluid chromatography-tandem mass spectrometry [J] .Chirality. 2020 (32): 505-514.

[26] Fei Yang，Gangling Tang，Zhonghao Li，et al. An environmentally friendly method for the enantioseparation and determination of benalaxyl in tobacco and soil by ultra-performance convergence chromatography with tandem mass spectrometry [J] . Journal of Separation Science，2018 (41): 4233-4240.

[27] Fei Yang，Gangling Tang，ShanShan Liu，et al. Ultra-performance convergence chromatography with tandem mass spectrometry-assisted method for rapid enantioseparation and determination of fluazifop-butyl in tobacco and soil [J] .Chirality. 2019 (31): 353-361.

[28] Richard R Baker，Jose R Pereira Da Silva，Graham Smith. The effect of tobacco ingredients on smoke chemistry. Part I: Flavourings and additives [J] . Food and Chemical Toxicology，2004 (42): 3-37.

[29] Rodgman，A，Perfetti，T A. The chemical components of tobacco and tobacco smoke [C] . CRC press，2013.

[30] 国家烟草专卖局. 烟用接装纸和烟用接装纸原纸砷、铅、铬、镉、镍、汞的测定电感耦合等离子体质谱法: YC/T 316—2009 [S] . 北京: 中国标准出版社，2019.

[31] 国家烟草专卖局. 烟草及烟草制品中铬、镍、砷、硒、镉、铅的测定电感耦合等离子体质谱法: YC/T 380—2010 [S] .北京: 中国标准出版社，2010.

[32] 国家烟草专卖局. 卷烟　主流烟气中铬、镍、砷、硒、镉、铅的测定电感耦合等离子体质谱法: YC/T 379—2010 [S] . 北京: 中国标准出版社，2010.

[33] 国家烟草专卖局. 烟用材料中重金属含量通用检测方法　电感耦合等离子体质谱法: YC/T 316—2014 [S] . 北京: 中国标准出版社，2014.

[34] Fei Yang，Zhaoyang Bian，Xiaoshui Chen ，et al. Determination of Chlorinated Phenoxy Acid Herbicides in Tobacco by Modified QuEChRS Extraction and High-Performance Liquid Chromatography/Tandem Mass Spectrometry [J] . Journal of AOAaoaC Internatilonal，2013，96 (5): 1-4.

[35] Shanshan Liu，Zhaoyang Bian，Fei Yang ，et al. Determination of

Multiresidues of Three Acid Herbicides in Tobacco by Liquid Chromatography/ Tandem Mass Spectrometry [J] . Journal of AOAaoaC Internatilonal，2016，98 (2): 472-476.

[36] 杨飞，边照阳，唐纲岭，等. LC-MS/MS同时检测烟草中的6种杀菌剂 [J] . 烟草科技，2012，(11): 45-50.

[37] Fei Yang，Zhaoyang Bian，Xiaoshui Chen，et al. Analysis of 118 Pesticides in Tobacco after Extraction With the Modified QuEChRS Method by LC-MS-MS [J] . Journal of Chromatographic Science，2014 (52): 788-792.

[38] Zhou J，Bai R，Zhu Y. Determination of four tobacco-specific nitrosamines in mainstream cigarette smoke by gas chromatography/ion trap mass spectrometry [J] . Rapid Communications in Mass Spectrometry，2007，21 (24): 4086-4092.

[39] Xiong W，Hou H W，Jiang X Y，et al. Simultaneous determination of four tobacco-specific N-nitrosamines in mainstream smoke for Chinese Virginia cigarettes by liquid chromatography tandem mass spectrometry and validation under ISO and “Canadian intense” machine smoking regimes [J] . Anal. Chim，Acta 2010，674 (1): 71-78.

[40] Ding Y，Yang J，Zhu W J，et al. An UPLC-MS3 Method for Rapid Separation and Determination of Four Tobacco-specific Nitrosamines in Mainstream Cigarette Smoke [J] . Journal of the Chinese Chemical Society，2011，58 (5): 667-672.

[41] Wang L，Yang C Q，Zhang Q D，et al. SPE-HPLC-MS/MS method for the trace analysis of tobacco-specific N-nitrosamines and 4-(methylnitrosamino) -1- (3-pyridyl) -1-butanol in rabbit plasma using tetraazacalix [2] arene [2] triazine-modified silica as a sorbent [J] . Sep. Sci，2013，36 (16): 2664-2671.

[42] Wu D，Lu Y F，Lin H Q，et al. Selective determination of tobacco-specific nitrosamines in mainstream cigarette smoke by GC coupled to positive chemical ionization triple quadrupole MS [J] . Sep. Sci，2013，36 (16): 2615-2620.

[43] Zhang J，Bai R S，Yi X L，et al. Fully automated analysis of four tobacco-specific N-nitrosamines in mainstream cigarette smoke using two-dimensional online solid phase extraction combined with liquid chromatography-tandem mass spectrometry [J] . Talanta 2016，146：216-224.

[44] 方肇伦，徐淑坤，译. 流动注射分析 [M] . 北京：科学出版社，1986.

[45] 张槐苓. 烟草分析与检验 [M] . 郑州：河南科学技术出版社.1994.

[46] 国家烟草专卖局. 烟草及烟草制品 水溶性糖的测定 连续流动法：YC/T 159—2002 [S] . 北京：中国标准出版社，2015.

[47] 朱明华. 仪器分析 [M]. 北京：高等教育出版社，2000.

[48] 国家烟草专卖局. 烟用接装纸和接装原纸中砷、铅的测定.石墨炉原子吸收光谱法：YC/T 268—2008 [S] . 北京：中国标准出版社，2008.

[49] 邢军，王云芳，冯晓民. 卷烟圆周测定方法的比较与分析 [J] . 烟草科技，1997,(3): 29-30.

[50] 国家烟草专卖局. 卷烟和滤棒物理性能的测定 第3部分：圆周 激光法：GB/T 22838.3—2009 [S] . 北京：中国标准出版社，2009.

[51] 周德成，赵航，王琼，等. 两种测定卷烟与滤棒长度方法的比对 [J] . 烟草科技，2001(12): 31-33.

[52] 盛志艺，董永智，徐海涛，等. 不同仪器对卷烟硬度测试结果的比较分析 [J]. 烟草科技，2001 (4): 14-15.

[53] 陈向荣.卷烟物理指标的精准化检测 [J] .中国高新技术企业，2012 (26): 67-69.

[54] WHO TobLabNet SOP 1-Standard operating procedure for intense smoking of cigarettes [EB/OL] . (2017-04-11) [2018-05-21] .http://www.who.int/tobacco/publications/prod_regulation/sop_smoking_cigarettes_1/en/.

[55] WHO TobLabNet SOP 2-Standard operating procedure for validation of analytical methods of tobacco product contents and emissions [EB/OL] . (2018-10-12) [2019-05-15] . https://www.who.int/tobacco/publications/prod_regulation/standard-operation-validation-02/en/.

[56] WHO TobLabNet SOP 4-Standard operating procedure for determination of nicotine in cigarette tobacco filler [EB/OL] . (2017-04-11) [2019-05-15] . http://who.int/tobacco/publications/prod_regulation/789241503907/en/.

[57] WHO TobLabNet SOP 7-Standard operating procedure for determination of ammonia in cigarette tobacco filler [EB/OL] . (2017-10-10) [2018-05-15] .https://www.who.int/tobacco/publications/prod_regulation/sop-ammonia/en/.

[58] WHO TobLabNet SOP 6-Standard operating procedure for determination of humectants in cigarette tobacco filler [EB/OL] . (2017-04-11) [2018-05-15] . https://www.who.int/tobacco/publications/prod_regulation/

sop-humectants-cigarette-tobacco-filler/en/.

[59] WHO TobLabNet SOP 3-Standard operating procedure for determination of tobacco-specific nitrosamines in mainstream cigarette smoke under ISO and intense smoking conditions [EB/OL]. (2018-06-18) [2018-08-20]. http://who.int/tobacco/publications/prod_regulation/9789241506663/en/.

[60] WHO TobLabNet SOP 5-Standard operating procedure for determination of benzo [a] pyrene in mainstream cigarette smoke [EB/OL]. (2017-04-11) [2018-03-20]. https://www.who.int/tobacco/publications/prod_regulation/9789241508322/en/.

[61] WHO TobLabNet SOP 8-Standard operating procedure for determination of aldehydes in mainstream cigarette smoke under ISO and intense smoking conditions [EB/OL]. (2018-11-23) [2019-03-20]. https://www.who.int/tobacco/publications/prod_regulation/standard-operation-validation-08/en/.

[62] WHO TobLabNet SOP 9-Standard operating procedure for determination of volatile organics in mainstream cigarette smoke under ISO and intense smoking conditions [EB/OL]. (2018-11-23) [2019-03-20]. https://www.who.int/tobacco/publications/prod_regulation/standard-operation-validation-09/en/.

[63] WHO TobLabNet SOP 10-Standard operating procedure for determination of nicotine and carbon monoxide in mainstream cigarette smoke under intense smoking conditions [EB/OL]. (2017-10-10) [2019-03-20]. https://www.who.int/tobacco/publications/prod_regulation/sop10-nicotine-carbon-monoxide/en/.

[64] 健康中国行动推进委员会.健康中国行动（2019—2030年）[EB/OL]. (2019-07-09) [2019-07-15]. http://www.gov.cn/xinwen/2019-07/15/content_5409694.htm.

第十六章

科技管理与创新体系

第一节
科技管理与科技政策

烟叶生产和加工技术是随烟草的引进而进入中国的，虽然自清代中叶以后烟草和烟草制品商品化生产已有一定程度发展，但在很长时期内缺乏统一的科技管理机构。清代末年，我国烟草种植、加工以及雪茄、卷烟制造技术从美国、古巴和日本等地陆续引进，中国传统的生产加工工艺得到改进，开始出现了烟草农学、制造学方面的研究和管理机构。20世纪30年代，国民政府财政部税务署加强了烟草科技管理方面的职能，农业科研及其管理机构相继建立。抗日战争胜利后，国民政府农林部于1947年设立了烟产改进处，成为当时领导和管理烟草（尤其是农业方面）科学技术工作的全国性机构。从1948年下半年，因政局发生变化该处工作停止。

中华人民共和国成立后，随着管理机构的建立和不断健全，原有烟草科学研究机构被重新组合与划分，这些研究机构的科研工作主要由轻工业部、农业部、中国农业科学院或所在地的农业厅等管理部门根据不同时期和不同内容的国家科技发展规划、计划，以规划、计划的方式进行管理。这种管理体制一直延续到20世纪80年代初。

（一）行业科技管理机构

1982年中国烟草总公司成立，1984年设立国家烟草专卖局后，国家局、总公司高度重视科技工作，先后设立了生产技术处、科学技术处，后经批准升级更名为科技开发部、科技司，相继成立了总公司科学技术委员会、烟草行业科技教育工作领导小组等相关委员会或领导小组，有些省级局（公司）根据具体情况设置科技（教）处。同时，行业内大力推进了科技体制改革，建立并逐步完善了一系列科技管理制度，组织实施了重大科技项目的研究与成果推广，取得了一系列科研成果。

1. 总公司科技管理机构

1982年，总公司成立，先后设立了生产技术处、科学技术处，管理和协调全行业科学研究与技术开发等工作。1983年9月国务院发布的《烟草专卖条例》进一步明确："烟草行业的专业科研机构，由烟草总公司归口管理。烟草行业的科研工作，由烟草总公司统筹规划。"1985年，总公司科技处升格为技术开发部，1987年，技术开发部更名为科学技术部。1994年，根据《国务院办公厅关于印发国家烟草专卖局职能配置、内设机构和人员编制方案的通知》精神，国家局设立了科技教育司。科技教育司是国家局负责烟草行业科技、教育管理的综合职能部门，承担着制定烟草行业科技、教育、质量技术监督工作的有关规章制度，编制科技教育发展规划、年度计划和行业装备政策；负责烟草行业技术监督、计算机应用及大中专院校的管理、协调、规划与发展工作；归口管理和指导烟草行业科技立项、科技交流、成果鉴定及推广应用、科技信息、科技统计、科技奖励、技术专利、技术咨询、技术培训和质量监督与管理认证；指导协调烟草行业科研院校、技术中心、研究室、科技开发机构的管理等工作。2008年7月，国务院办公厅印发《国务院办公厅关于印发国家烟草专卖局主要职责内设机构和人员编制规定的通知》，批准《国家烟草专卖局主要职责内设机构和人员编制规定》。国家局设8个内设机构（副司局级），其中科技司承担烟草制品减害降焦工作；拟订行业科技发展政策；组织实施技术创新和重大科研项目攻关及科技成果应用推广工作；承担行业技术监督和标准化工作。

为进一步加强对烟草行业科学技术工作的领导，推动烟草行业科技创新工作顺利开展，国家局、总公司陆续成立了以下相关委员会或领导小组。

1987年7月，第一届总公司科学技术委员会成立，李益三任主任委员。主要任务是：研究烟草行业科学技术发展方向、方针、政策并提出建议；审议和论证烟草行业科学技术发展规划；审议需论证的重大科研课题、技术改造方案、技术引进项目等；审议评估总公司科学技术进步奖和向国家评审委员会推荐的项目。此后，总公司科学技术委员会历经几次换届。2017年7月，第九届科学技术委员会成立，主任委员为杨培森。

1996年，全国烟草行业科技教育工作领导小组成立，江明任组长。主要任务是：制定烟草行业的教育发展规划和规章制度；审批烟草行业科技年度计划、教育招生计划、技术监督工作计划、教育经费预决算；审批烟草行业技术引进、科技合作与交流及重大科技攻关和推广项目；审批行业科技、教育、技术监督机构设置；制定行业培养科技人才、提高全行业人员素质的计划，并监督实施；评选审批烟草行业科技教育成果，并指导、协调各省级烟草单位的科技教育工作。1999年领导小组做出调整，倪益瑾任组长。2013年，为适应新形势下行业科技工作发展需要，该领导小组撤销。

2007年10月，烟草行业科技重大专项领导小组成立，张保振任组长。主要职责是：统一领导科技重大专项研究工作；负责科技重大专项的战略部署；负责科技重大问题的协调与决策。2012年6月，领导小组及成员进行调整，杨培森任组长。

2010年11月，烟草基因组计划重大专项领导小组成立，张保振任组长。领导小组是烟草基因组计划重大专项的决策机构，负责重大专项的总体战略部署、重大问题的决策与协调等。

2014年1月，国家烟草专卖局新型烟草制品工作领导小组成立，凌成兴任组长。主要职责是：负责新型卷烟、电子烟和口含烟等新型烟草制品发展的组织领导、总体部署和统筹协调，负责行业新型烟草制品发展重大事项的决策。2015年4月，领导小组及成员进行了调整，组长仍由凌成兴担任。

2016年7月，烟草行业科技创新工作领导小组成立，凌成兴任组长。主要职责是：贯彻落实党中央、国务院关于科技创新的方针、政策和相关法律法规；研究行业实施创新驱动发展战略的重要事项；审议行业科技创新发展规划；统筹协调涉及科技创新的重大政策措施。

2020年5月，国家烟草专卖局新型烟草制品工作领导小组组成人员进行调整，张建民任组长；烟草行业科技创新工作领导小组组成人员进行调整，张建民任组长；国家局、总公司科学技术委员会组成人员进行调整，段铁力任主任；烟草行业科技重大专项领导小组组成人员进行调整，段铁力任组长；烟草基因组计划重大专项领导小组组成人员进行调整，段铁力任组长。

2. 地方科技管理机构

1982年总公司设立科技（教育）机构之后，有些省级局（公司）根据国家局机构设置的有关规定和具体情况设置科技（教育）处。1991年，总公司为加强对烟草科技工作的管理，印发《关于加强烟草行业科技工作的若干意见》，要求年产卷烟50万箱或年产烟叶25000t的省级烟草公司成立科技处，其他省级烟草局（公司）也要有专人负责科技工作。广东、上海、贵州、江西、吉林、湖南、广西、北京、陕西、山西、浙江等省（市）局（公司）先后成立科学技术部（生产技术部、科技处、科研开发部）或科技教育处等相关的管理机构。工商分设后，各省级工业公司、省级局（公司）也陆续设立了专门的科技管理机构。

（二）科技指导规划

1982年总公司成立后，行业科技活动逐渐归口总公司统筹规划，并陆续发布实施了一系列科技指导规划。

1.《烟草行业“八五”（1991—1995 年）规划》

1991年，总公司印发《关于加强烟草行业科技工作若干意见》，指出：行业科技计划与行业产供销计划均是行业综合计划的重要组成部分，强调“科技计划要与技术改造计划、烟草制品生产和销售计划、烟机生产计划、烟叶生产收购计划、物资供应计划衔接、协调。”同年，总公司印发《烟草行业“八五”（1991—1995年）规划》，强调要加强科技计划的管理工作，通过计划管理，把科技力量、资金设备配套并投放到行业最急需的任务上来。

2.《烟草科技进步七年（1994—2000 年）发展纲要》

1993年，总公司制定《烟草科技进步七年（1994—2000年）发展纲要》，提出技术进步的总目标是面向行业经济建设，加快科技体制改革步伐，在坚持烟草专卖制度的同时，逐步建立起适应和促进烟草经济发展、符合科技发展规律的新型科技体制和运行机制，充分发挥科技第一生产力的作用，为行业发展提供了强有力的技术支撑。该纲要还在农业、工业、应用基础研究、技术引进与吸收消化、科技情报和信息网络等方面提出了具体的目标和要求。

3.《烟草行业“九五”（1996—2000 年）科技发展计划》

1996年，国家局印发《烟草行业“九五”（1996—2000年）科技发展计划》，指出：为适应中国对外开放的扩大和加入世界贸易组织，面对激烈的国际竞争，必须推进全行业的科技进步，特别是在农业、工业、计算机应用、装备技术、技术监督和软科学领域研究和技术水平上的提高。

4.《中国卷烟科技发展纲要》

2003年，随着我国加入世界贸易组织和即将签署《烟草控制框架公约》，中国烟草面临越来越严峻的竞争压力和社会压力。新形势下，为进一步明确中国卷烟科技发展的方向与任务，推进中国烟草科技进步与创新，增强烟草企业核心竞争力，提高中国烟草总体竞争实力，实现行业持续稳定健康发展，国家局制定了《中国卷烟科技发展纲要》。纲要提出，中国卷烟科技发展的方向和目标是：以市场为导向，保持和发展中国卷烟的特色，大力发展中式卷烟，巩固发展国内市场，积极开拓国际市场，提高中国卷烟产品市场竞争力和中国烟草核心竞争力，保持中国烟草持续稳定健康发展。主要任务是：以提高中式卷烟技术水平和市场竞争实力为主要任务，要强化对中式卷烟尤其是中式烤烟型卷烟的理论研究，揭示其本质特征和具体的技术特点，扬长避短，开拓创新，走出具有中国卷烟特色的道路，培育中式卷烟的核心技术，并加速技术的集成推广。“纲要”提出中式卷烟发展方向和道路，在烟草科技发展史上具有里程碑式的意义，明确了中式卷烟是指能够满足中国广大卷烟消费者需求、具有独特香气风格和口味特征、拥有自主核心技术的卷烟。2005年7月，时任局长姜成康在全国烟草专卖局长、公司总经理座谈会上指出：行业技术创新要以培育优势品牌为核心，紧紧围绕“培育良种、特色工艺、调香技术、减害降焦”四大战略课题，在关键技术上取得突破。

5.《烟草行业中长期科技发展规划纲要（2006—2020 年）》

2006年5月，国家局、总公司召开全国烟草科技大会，明确提出了当前和今后一个时期烟草科技发展工作的主要任务目标。同年7月，国家局印发《烟草行业中长期科技发展规划纲要（2006—2020年）》，提出烟草行业中长期科技发展的指导方针是：“坚持方向、突出重点、持续创新、支撑发展。”总体目标是：自主创新能力和科技整体实力显著增强，取得一批在国际烟草行业具有重大影响的科技成果，形成一批拥有自主知识产权的重点骨干品牌和较强国际竞争力的重点骨干企业，成为创新型行业，实现经济增长方式的转变，推进烟草行业持续稳定协调健康发展。为实现上述目标，国家局将“烟草育种”等8个重点领域确定为主攻方向，并从中确定28项优先主题进行重点安排。同时筛选出“烟草基因组计划”等9个行业急需、基础较好的技术、产品和工程作为重大专项。通过重大专项的实施，攻克一批具有全局性、前瞻性的关键共性技术，开发一批具有战略性、带动性的重大产品或重大工程。随后，国家局印发《国家烟草专卖局关于实施烟草科技发展规划纲要 增强行业自主创新能力的决定》，明确：全面实施《烟草行业中长期科技发展规划纲要（2006—2020年）》，经过15年努力，到2020年将中国烟草建设成创新型行业。

2006年11月，为推进烟草科技重大专项的顺利实施，国家局印发《关于实施烟草科技重大专项的若干意见》，意见中明确了实施的总体目标：攻克一批具有突破性、前瞻性的关键共性技术，开发一批具有带动性、关键性的重大产品，推进一批具有全局性、战略性的重大工程。带动人才、专利、标准三大战略的实施，研究开发出一批具有自主知识产权的核心技术和技术标准，培养一批创新型人才，尤其是自主创新领军人才和学科带头人。促使行业和企业的整体科技实力的显著提升，使科技竞争力显著增强。在组织管理上，坚持“论证启动，重点支持，联合攻关，规范管理”的原则。在具体运作上，坚持“有限目标、分期实施、动态调整、滚动支持”的原则。

6. 烟草行业“卷烟上水平”总体规划及《技术创新上水平实施意见》

2010年7月，国家局印发烟草行业“卷烟上水平”总体规划及《技术创新上水平实施意见》等五个实施意见，明确提出“卷烟上水平”的总体要求：以全面提升中国烟草整体竞争实力为目标，以培育“532”和“461”知名品牌为重点，坚持以改革的办法、创新的思路、统筹的方法，加快转变发展方式，着力做强做大知名品牌，不断促进产品的优化升级；着力改革资源配置方式，不断提高资源配置效率；着力抓好综合配套，不断提高行业整体素质。通过5年时间的努力，全面实现卷烟上水平，保持行业持续健康发展。

《技术创新上水平实施意见》提出技术创新上水平的主要目标是：用5年或更长一段时间，突破一批制约行业发展的重大技术瓶颈，掌控一批具有自主知识产权的核心技术和关键技术标准，取得一批具有全局性、战略性的重大标志性技术成果，力争在部分研究领域达到世界领先水平；培养和造就一批具有一定社会知名度、行业影响力和专业技术权威的领军人才和学科带头人，建设一支以行业领军人才、学科带头人和企业首席专家为核心的高层次、高技能人才队伍；行业创新激励约束机制更加完善，行业技术创新体系更加健全，科技资源配置更加优化，科技人员创新热情充分激发，行业创新活力和动力显著增强。整体提升行业自主创新能力、中式卷烟技术比较优势和市场竞争优势，为知名品牌发展和形成以“低焦油、低危害、高香气、高品质”为主导的中式卷烟品牌体系提供有力的支撑和保障。推动技术创新水平的主要任务：一是力求在关键技术上取得重大突破，紧紧围绕良种培育、卷烟调香、减害降焦、特色工艺四大战略性课题，力争在烟草基因组计划、特色优质烟叶开发、高香气低危害烟草新品种、无公害烟叶工程、基本烟田治理工程、卷烟减害技术、卷烟增香保润、中式卷烟制丝生产线、超高速卷接包机组、造纸法再造烟叶等10个重大专项上取得重大突破；二是在高素质人才培养上取得新的成效；三是创新激励机制更加健全完善，完善创新人才薪酬分配机制，加强创新考核工作，加大创新奖励力度，进一步完善以企业为主体、市场为导向、产学研相结合的技术创新体系，全面落实企业技术中心非法人实体化运作，健全以科研院所为主导、重点实验室和工程研究中心为支撑的知识创新体系等。

7.《烟草行业“十三五”科技创新规划》

2016年11月，国家局印发《烟草行业“十三五”科技创新规划》，明确了“十三五”时期行业科技创新工作的主要目标：行业自主创新能力大幅提升，科技资源实现优化配置，产品质量安全管理水平显著提高，创新型人才规模和质量同步提升，创新生态更加优化，行业整体创新活力和动力进一步被激发，科技进步与行业经济发展深度融合，实现科技创新、科技减害、科技增效水平的显著提升，实现卷烟焦油含量、其他有害成分含量、烟草吸入量的有效减少，打造中式卷烟发展新优势、现代烟草农业发展新优势、新型烟草制品国际竞争新优势。该规划提出建设一批拥有自主知识产权、核心技术、一流品牌和产品的创新型企业，建成创新型行业。

8.《关于激发科技创新活力调动“两个积极性”的若干意见》

2017年10月，国家局印发《关于激发科技创新活力 调动“两个积极性”的若干意见》，为调动科技人才和广大员工创新积极性，充分激发人才第一资源的创新潜能，就完善科技创新投入机制、科研项目运行机制、科技活动管理机制、科技人才发展机制、科技奖励机制和科研基地平台运行机制提出19条政策举措，这是加强行业科技创新机制建设的重要指导性文件。

9. 关于促进烟草行业高质量发展建设科技创新体系的若干政策措施

2019年2月，国家局印发关于建设现代化烟草经济体系推动烟草行业高质量发展的实施意见，这是推动行业高质量发展的政策总纲。为落实实施意见要求，同年7月，国家局印发关于促进烟草行业高质量发展建设科技创新体系的若干政策措施，就服务烟草产业技术升级，建设支撑行业高质量发展的科技创新体系提出系列政策举措。该政策措施明确，要构建更加高效的科研体系、创新人才培养体系、创新服务体系等三体系，构建更富活力的开放创新机制、成果产业化机制、创新治理机制等三机制，形成以“三体系、三机制”为核心的特色鲜明、要素集聚、活力迸发的行业科技创新体系。作为行业高质量发展政策体系的有机组成部分，该政策措施是深化行业科技体制机制创新的顶层设计和纲领性文件。

（三）项目管理

1987年7月，总公司印发《中国烟草总公司科学研究与技术开发项目管理办法（试行）》，对项目的立项手续、经费筹措和使用管理办法及项目实施、成果验收等程序做了明确规定。在经费投入上，改变以往由上级部门统筹拨款的单一方式，按投资额划分为总公司管理和省级（局）公司管理的分级管理模式。总公司直接管理的科技项目以专项合同方式进行，实施过程受总公司科技管理部门的监督检查。

1993年4月，总公司发布《中国烟草总公司科学技术计划管理办法》，再次明确科技项目计划是科技年度计划的一个重要组成部分，也是科技年度计划的具体实施方案。在科技项目选定原则中，增加了国际合作开发研究和推广应用项目，综合性技术开发与推广项目，印刷技术、包装装潢技术开发项目，科技信息，技术监督方面的研究项目以及计算机应用管理、软件开发和有关烟草行业发展战略、规划、管理、政策的论证、分析等软科学研究项目。在科技项目的申报和下达程序、科技项目执行情况检查等条目中对科技项目申报、立项、实施、计划变更、项目鉴定、成果管理做出详细规定。与以往不同的是，该文件对重大项目的申请，要求总公司科技主管部门首先下达可行性的批复意见；属多部门、跨行业项目，也可由总公司科技主管部门组织或委托进行可行性论证，并填写相应报告书。

1995年8月，国家局在《关于贯彻落实〈中共中央、国务院关于加速科学技术进步的决定〉的实施意见》中强调：为改进科技项目管理，国家局设立科技项目评审委员会，加强了科技项目立项的可行性研究工作，对科技项目实行分级管理，国家局统一组织立项、鉴定，各省级局（公司）负责组织本地区和部门的科研项目的实施和管理。加强烟草专卖品及其相关技术的项目立项、成果鉴定和成果推广的管理工作。

1996年1月，国家局颁布《国家烟草专卖局科学技术计划管理办法》，该办法在科技项目申请程序条目中规定：在提出立项报告的同时应提交可行性报告；对于中间试验或推广项目则要求附交成果鉴定证书或同等效力的证明文件。从1996年开始，由于国家局科技主管部门已应用计算机管理系统进行管理，各省级公司上报有关立项文件、项目实施过程的年度报告等报表时均应同时上报软盘，为实现信息化管理打下了基础。

2003年7月，国家局印发《关于烟草行业科研计划实施课题制的意见》，指出：要按照“突出重点，分步实施，全面推进”的总体工作思路，采取切实有效的措施，积极稳妥地推进烟草行业课题制的全面实施。要重点建立并完善与科研活动规律相适应的科研管理运行机制。

2004年8月，国家局印发《国家烟草专卖局用于烟草行业科学研究与技术开发项目经费使用管理暂行办法》，明确：科研项目经费来源于国家局，由国家局科技管理部门和财务管理部门负责管理；组织管理上采取项目支持的方式，并按项目进行管理；财务管理上采用预算审核、中期抽查、决算审计（或审查）等监督管理方式。

2005年，国家局开始进行“国家局科技业务管理系统”的开发建设工作，于2008年通过验收。自2011年起，国家局明确规定科研项目在申报、实施、结题等环节提交纸质材料的同时需在“国家局科技业务管理系统”中上报电子文档，实现信息化管理。

2007—2009年度，按照国家有关管理办法和规定，确立了一批行业科技招标项目。

2009—2013年度，总公司从行业直属单位上年度立项项目中遴选出了一批面上项目，面上项目是总公司年度科技项目计划的重要组成部分，由行业各直属单位自主立项和管理，但纳入总公司科技项目指导和跟踪管理范畴。

2015年3月，总公司印发《中国烟草总公司科技计划项目管理办法》，该办法将总公司科技计划项目分为重大专项项目、重点项目、重点实验室项目3类，明确了3类项目的目标定位，对项目立项、实施、经费、结题和成果管理做出详细规定。在同期印发的《烟草行业科研项目经费管理办法》中明确了科研项目经费是指总公司及所属各级企业（含企业化管理的事业单位）立项的科研项目在实施中发生的费用。企业科研管理部门负责按内部决策程序开展科研项目的立项，下达企业科研项目经费总预算，与科研项目承担方签订合同或对企业内部承担部门下达科研项目计划书（任务书），跟踪科研项目经费使用情况，组织科研项目的结题。

2019年12月，总公司印发《中国烟草总公司科技计划项目管理办法》，该办法将总公司科技计划项目分为重大专项项目、重点研发项目2类，明确了2类项目的目标定位，对项目立项、实施、经费、结题和成果管理做出详细规定。《办法》明确，总公司拨付项目经费属引导性经费，主要用于基础性、关键性、共性技术研究；项目经费分为直接经费和间接经费，直接经费是指项目承担单位在项目研究及其成果推广过程中发生的与之直接相关的费用，间接经费是指项目承担单位在组织实施项目研究及其成果推广过程中发生的无法在直接经费中列支的相关费用；对存在违背科研诚信要求的做出明确规定，各种学术不端行为单位和个人，列入“黑名单”，且3年内不得申报总公司科技计划项目。

（四）成果鉴定

1986年，总公司发布《烟草行业科技成果部级鉴定暂行办法》，规定总公司安排的科学研究、技术开发项目（包括国家计划委员会、国家经济贸易委员会、国家科学技术委员会等委托总公司管理的科技项目）、地方下达或基层自选的科学技术研究项目、技术水平较高、经济效益或社会效益显著、有全国推广意义的，可申请进行部级鉴定。具体办法可视情况进行现场审查，或组织测定小组测定并汇总鉴定意见。对于已在生产上应用的技术成果，可组织应用单位会同研制单位验收，提出鉴定意见，或根据合同规定的内容组织验收。

1988年，总公司发布《中国烟草总公司科学技术成果鉴定办法（试行）》。规定鉴定科技成果的范围是：对烟草行业科学技术的发展在学术上有新的见解，具有重要指导意义的科学理论成果，包括基础理论研究和应用理论研究成果；为解决烟草生产建设中的技术问题，具有新颖性、先进性、实用性的应用技术成果，包括新制品、新技术、新装备、新工艺、新材料以及引进技术的消化吸收等；推动决策科学化和管理现代化，对促进烟草行业的科技、经济发展起重大作用的软科学研究成果；执行国家科技计划项目等。具体鉴定办法视鉴定的科技成果的不同情况，可选择检测鉴定、会议鉴定、验收鉴定、通讯鉴定等方式。该试行办法规定：总公司科技部门归口管理全国烟草行业科技成果鉴定工作，各级科技成果管理部门负责管理本地区的科技成果鉴定工作。

1993年，《中国烟草总公司科学技术成果鉴定办法》正式实行。

1996年6月，国家局印发《国家烟草专卖局科学技术成果鉴定办法》和《国家烟草专卖局科学技术成果鉴定规程（试行）》。明确：科技成果鉴定是指国家局聘请同行专家，按照规定的形式和程序，对科技成果进行了审查和评价，并作出相应的结论。国家局归口管理、指导和监督烟草行业的科技成果鉴定工作。在国家局授权或委托前提下，各省、自治区、直辖市烟草专卖局负责管理、监督本地区的科技成果鉴定工作。鉴定的范围包括：列入国家、国家局和省、自治区、直辖市烟草专卖局（公司）以及国务院有关部门科技计划内的烟草应用技术成果，以及少数科技计划外的有关烟草行业的重大应用技术成果。鉴定由国家局科技主管部门负责组织。必要时可以授权省、自治区、直辖市烟草专卖局的科技主管部门组织鉴定，或者委托有关单位主持鉴定。

（五）科技奖励

1. 总公司科学技术奖励

1987年7月，总公司制定发布《中国烟草总公司科学技术进步奖试行办法》，决定设立总公司科技进步奖，旨在奖励在各种科技岗位上为烟草行业的发展进行了创造性劳动、推动烟草行业科学技术进步、提高社会经济效益做出突出贡献的集体和个人。奖励范围包括烟草原料、卷烟制造工艺技术、卷烟制造机械、卷烟制造辅助材料、烟草标准化研究、烟草科技情报等。奖励成果分为烟草行业应用科技成果、科学技术推广应用成果、烟草行业基础理论研究成果、引进消化吸收成果等4类，奖励等级分为一、二、三等奖。总公司科学技术委员会被授权评审总公司科学技术进步奖项目。

1999年，国家局修订《中国烟草总公司科学技术奖试行办法》，在此基础上制定《国家烟草专卖局科学技术进步奖励暂行办法》。在原来奖励范围的基础上，将低焦油、混合型卷烟产品研究成果纳入了奖励范围，并对低焦油产品研制成果、烟草行业应用研究科技成果、科学技术推广应用成果设特等奖。行业内外的申报项目统一归省级烟草公司初审并汇总上报，由国家局科学技术委员会负责评审，评审结果经在全行业公示无异议后，报国家局科教领导小组审批，以国家局文件公布。

2002年7月，国家局修订发布《国家烟草专卖局科学技术进步奖励办法》和《国家烟草专卖局科学技术奖励评审标准》，明确国家局科学技术进步奖按三方面综合评定：科学技术水平、技术难度、规模；经济效益和社会效益；对烟草行业科技进步的作用。并制定了具体评审标准。

2006年9月，国家局修订发布《国家烟草专卖局科学技术奖励办法》和《国家烟草专卖局科学技术奖励办法实施细则》。增设了国家局科学技术杰出贡献奖，授予在当代烟草科学技术前沿取得重大突破或者在烟草科学技术发展中有卓越建树的；在烟草科学技术创新、科学技术成果转化和促进行业发展中，创造出巨大经济效益或社会效益的科学技术工作者。科学技术进步奖授予在烟草科学技术关键领域研究、核心技术突破和自主知识产权获取等方面做出突出贡献的个人或单位。同时，对奖励力度、评审标准和评审程序等方面进行调整并明确规定。

2007年8月，总公司制定《中国烟草总公司科学技术奖励办法》及《中国烟草总公司科学技术奖励办法实施细则》。按照国家奖励办要求，将国家局科学技术奖励办法更名为总公司科学技术奖励办法，并在国家奖励办进行了社会力量设奖登记，适应了国家科技奖励制度的有关要求。奖项包括总公司科学技术杰出贡献奖和总公司科学技术进步奖。总公司科学技术进步奖每年的授奖数量一般不超过20项。

2010年10月，总公司修订《中国烟草总公司科学技术奖励办法》及《中国烟草总公司科学技术奖励办法实施细则》，增设了技术发明奖，授予运用科学技术知识在烟草科学技术领域做出产品、工艺、材料及其系统等重大技术发明的个人。总公司技术发明奖和总公司科学技术进步奖每年的授奖数量总和不超过40项。同时规定：烟草行业各直属单位可参照本办法制订本单位科学技术奖励办法，报国家局科技主管部门备案。

2014年5月，总公司修订《中国烟草总公司科学技术奖励办法》及《中国烟草总公司科学技术奖励办法实施细则》，规定总公司科学技术奖的获奖单位数量、获奖人数和奖金数额由总公司确定。科学技术进步奖中“烟草科学技术推广应用类成果”增加了“烟草农业新技术”“烟草工业新材料、新工艺、新设备”两类成果。对技术发明奖授奖数量进行了调整，对技术发明奖和科学技术进步奖的评定标准进行了进一步明确和修订，对推荐和评审的程序也同时进行了修订。

2019年12月，总公司修订《中国烟草总公司科学技术奖励办法》及《中国烟草总公司科学技术奖励办法实施细则》，主要内容是增设了总公司创新争先奖，授予长期工作在科研一线、创新业绩突出、为行业科学技术进步做出贡献的个人，并向青年科技工作者倾斜，每年评审出的获奖人员不超过20名。同时，对推荐和评审程序、配套奖励等也同时进行了修订。

1987—2019年，烟草行业共评选出总公司（国家局）科学技术进步特等奖3项、一等奖26项、二等奖150项；技术发明一等奖1项、二等奖5项（行业一等奖及以上科技奖励成果详见附录）；科学技术杰出贡献奖获奖者2名，获奖者分别为2011年度的朱尊权和2014年度的袁行思。

2. 总公司标准创新贡献奖

2008年5月，总公司制定发布《中国烟草总公司标准创新贡献奖管理办法》，为推动烟草行业标准化领域的创新与科技进步，表彰在烟草标准创新中做出突出贡献的单位和个人，充分调动烟草标准化工作者的创造性和积极性，参照国家质量监督检验检疫总局和国家标准化管理委员会共同设立"中国标准创新贡献奖"的有关规则，设立中国烟草总公司标准创新贡献奖。重点奖励企业的标准创新、在国际标准制定方面有突破的标准创新以及在国家标准和行业标准制定方面有重大突破的标准创新。奖励范围主要包括创新型标准和具有创新理论的标准化示范项目。奖励等级分为一、二、三等奖3个等级，每2年评审1次，每次授奖数量原则上不超过15项。

2012年11月，总公司修订印发《中国烟草总公司标准创新贡献奖管理办法》，明确了本办法适用于行业内外有关单位开展总公司标准创新贡献奖申报、推荐、评审、奖励等工作。奖励范围增加了经国家局发布、实施一年以上的技术法规和经总公司发布并实施一年以上的企业标准；并对评审程序、异议处理、授奖和奖励以及罚则进行了细化和修订。

2009—2020年，烟草行业共评选出总公司标准创新贡献奖一等奖5项、二等奖14项、三等奖20项（一等奖详见附录）。

烟草行业历来重视国家科技奖励的推荐申报工作，总公司科学技术委员会负责从总公司获奖项目中择优向国家科学技术奖励委员会推荐申报国家有关科学技术奖励。据不完全统计，自1978年以来，烟草行业共获得国家科技奖励25项（详见附录）。

（六）科技统计与评价

1. 科技统计

科技统计是对科技活动状况的定量测定，是制定科技政策、编制科技发展计划，实现科技管理科学化、现代化的重要基础之一，也是评价科技政策和计划实施效果的主要依据。为全面、准确地掌握烟草行业R&D（研究与发展）资源的规模、分布情况和特点以及科技活动情况，进一步提高烟草行业科技管理水平，烟草行业于2001年建立了科技统计年报制度，对烟草行业R&D资源状况和科技活动情况进行调查，将年度科技统计调查结果作为评价、支持企业开展科技活动的依据。行业科技主管部门及各直属单位充分重视科技统计工作、提高认识、加强领导，将科技统计工作作为科技管理年度工作的一项重要工作内容，指定专人专职或兼职负责科技统计工作，建立专门的科技统计队伍，定期开展科技统计培训，以保证科技统计数据的准确、及时、可靠。

科技统计的对象为具有独立法人资格的烟草行业卷烟工业企业、商业企业、非卷烟制造类工业企业以及独立科研机构等；统计范围涉及单位基本情况、科研条件（研发人员、仪器设备、创新平台、数据库等）、年度经费、科技项目及科技成果、科技活动产出（科技论文、专利、标准、软件著作权、科技专著、商标、技术转移收益等）、年度生产销售等。

自2014年起，中国烟草科技信息中心在汇总、整理统计数据的基础上，每年编制年度中国烟草科技统计年鉴。此外，依据科技统计中的科技成果数据，自1990年起陆续编辑出版了多辑《烟草科学技术成果汇编》。

2. 科技评价

科学技术评价是推动国家和行业科技事业持续健康发展，促进科技资源优化配置，提高科技管理水平的重要手段和保障。合理有效的科技评价对于更好地激发企业和科技人员的创新潜力，营造科技创新环境，促进烟草行业科研开发与国际接轨，推进行业科技创新体系的建立和发展有着重要意义。

2003年以来，烟草行业管理部门和中国烟草科技信息中心对科技评价理论方法进行了很多有益的探索和研究，相继开展了《卷烟工业企业技术创新能力与发展态势评价研究》《烟草商业企业创新能力评价研究》和《烟草科技项目后评价体系深化研究与应用》等项目的研究工作。项目研究建立了卷烟工业企业、烟草商业企业创新能力评价方法和评价指标体系，评价体系和方法得到了行业内外相关高校和专家的认可，并开展了企业创新能力评价工作，评价结果与客观实际比较吻合；针对烟草行业不同类型的科技项目，研究建立了科技项目后评价体系框架、不同类型烟草科技项目的后评价内容、后评价指标体系，研究确定了指标体系中各指标内涵、评价标准或要求，建立了科学规范、实用性强的后评价方法和后评价规程及后评价结论的规范化表达模式等，并对行业和企业的科技项目开展了验证评价工作。

2001年以来，为进一步规范对行业企业技术中心、重点实验室的认定、评估评价工作，烟草行业相继颁布实施了《烟草行业技术中心认定与评价办法（试行）》和《烟草企业技术中心评价指标体系（修订稿）》《烟草行业认定工业企业技术中心管理办法（暂行）》《烟草行业认定地市级公司烟叶生产技术中心管理办法（暂行）》，通过考察企业技术中心的管理体制、运行机制、经费投入、仪器设备、人才结构、项目实施等情况，对技术中心运行与建设工作进行评价。2004年以来，《烟草行业重点实验室建设和管理暂行办法》《烟草行业重点实验室评估管理暂行规定》《烟草行业重点实验室管理办法》陆续发布实施，对行业重点实验室应具备的基本条件、评估指标体系等进行了明确的界定。

按照颁布实施的相关办法和规定，行业持续开展了企业技术中心和重点实验室的认定、评价、审验工作。截至2020年7月，通过认定的行业级工业企业技术中心有18家，其中8家为国家级企业技术中心；行业认定的烟叶生产技术中心有14家；国家局认定的行业重点实验室有22家。

（七）知识产权工作

2007年10月，为推进《烟草行业中长期科技发展规划纲要（2006—2020年）》的实施，促进行业自主创新能力的提升和经济增长方式的转变，提高行业的国际竞争能力和保障行业经济运行与技术安全，我国制定了《烟草行业知识产权发展战略（2007—2015年）》。明确了2007—2015年行业知识产权工作总体目标是：经过5～10年的发展，使行业的知识产权创造、保护和运用能力显著提升并在若干关键技术领域形成一批具有自主知识产权的核心专利；建立起符合国际市场竞争需要的行业知识产权制度；使行业知识产权管理组织健全、运行高效，管理能力显著提高；培育若干家拥有核心自主知识产权，具有国际竞争力的骨干企业，培育若干个具有国际竞争力的中式卷烟品牌；培养出一支具有较高知识素养和专业技能的知识产权专业人才队伍；基于行业安全的知识产权支撑得到有效保障。

2011年2月，国家局召开烟草行业知识产权电视电话会议，总结了近年来行业知识产权工作，推进实施了行业知识产权发展战略，明确了下一阶段知识产权工作重点。会议提出当前和今后一个时期内，行业知识产权工作的主要任务是：紧紧围绕“卷烟上水平”基本方针和战略任务，继续深入实施行业知识产权发展战略，进一步健全知识产权运行机制和管理体系，使知识产权创造、保护、运用和管理能力明显提升，在若干关键技术领域形成一批具有自主知识产权的核心专利，专利的转化应用和对中式卷烟知名品牌的支撑能力将显著增强，可为建设创新型行业和全面提升中国烟草整体竞争实力提供强有力的技术保障。为实现这一主要任务，会议提出五点要求：一是继续深入实施行业知识产权发展战略，实现知识产权工作从职能管理向战略管理的转变；二是推进知识产权制度体系建设，实现知识产权管理从无序被动向有序规范转变；三是努力提高行业核心技术专利拥有量，实现知识产权创造从重数量到重质量的转变；四是不断加强知识产权运用和保护，实现知识产权工作重心从发明创造到转化应用的转变；五是努力培育和营造知识产权文化，实现知识产权意识从基本认知到行为规范的转变。

2014年，“烟草行业知识产权综合服务平台”由中国烟草科技信息中心建成并面向全行业试用。“烟草行业知识产权综合服务平台”是烟草科技基础条件平台，紧密结合烟草行业的特点，有效整合了各类烟草知识产权信息资源，内容涵盖了中国烟草专利、国外烟草专利、烟草商标、烟草著作权、烟草植物新品种、法律法规等烟草知识产权信息，具有信息检索、数据汇总及统计分析等功能，有效解决了目前烟草行业普遍存在的获取烟草知识产权信息不对称、渠道不通畅、资源数据深度挖掘不够等问题，实现了烟草知识产权信息资源共享。截至2020年6月，“烟草行业知识产权综合服务平台”的数据总量达到224934件（篇），其中，中国烟草专利数据库124601件，国外烟草专利数据库77277件，中国烟草商标数据库21136件，中国烟草版权（著作权）数据库269件，烟草植物新品种数据库830件，知识产权法律法规和政策数据库821篇。

截至2020年6月，烟草行业申请并经国家知识产权局公开/公告的专利共有45439件，其中发明专利19287件，实用新型23158件，外观设计2994件。共拥有获得授权的有效专利24183件，其中有效发明专利6671件，有效实用新型15578件，有效外观设计1934件。

（八）国际科技合作与交流

1. 烟草科学研究合作中心

烟草科学研究合作中心（Cooperation Centre for Scientific Research Relative to Tobacco，CORESTA）。1984年5月，经国家科委批复同意，总公司成为CORESTA组织的正式成员。自加入该组织以来，总公司先后8次当选CORESTA理事会理事（1986—1990年、1990—1994年、1996—2000年、2000—2004年、2004—2008年、2008—2012年、2012—2016年和2016—2020年），并分别于1988年广州、2008年上海以及2018年昆明三次承办CORESTA大会，1999年苏州承办农学与植病学组联席会议和2001年西安承办烟气科学与产品工艺学组联席会议。总公司加入CORESTA后，每年由中国烟草学会代表总公司组团参加CORESTA召开的大会（偶数年）、学组联席会（奇数年）和理事会，在会议上宣读论文、行使代表权利和就有关问题阐述观点。从1988年到2019年底，中国烟草行业科技工作者在CORESTA共计发表论文462篇（1989和1991年两年未发表论文）。截至2019年底，CORESTA共设有4个学组，包括25个分学组或工作组，中国烟草科技工作者积极参与了工业方面“烟气科学学组”和“产品工艺学组”中全部13个分学组或工作组的活动，以及农业方面“农学及烟叶整体性学组”和“植物病理与遗传学组”中4个分学组或工作组活动。

CORESTA从1978年开始设立奖学金（CORESTA Study Grants），主要为全球从事烟草、烟气或相关领域研究的大学毕业生继续深造提供资金支持。中国烟草学会统一管理中国烟草行业青年科技工作者申请CORESTA奖学金的工作。自1988年起，行业陆续有11名青年科技工作者获得CORESTA提供的奖学金。CORESTA设立CORESTA奖章（CORESTA Medals），旨在表彰为CORESTA组织协调和相关工作做出突出贡献的人士。奖章分为铜、银和金3个等级。截至2019年底，行业科技工作者曾3次获得CORESTA奖章，分别是：金茂先于1988年广州大会获得铜质奖章，谢剑平于2010年爱丁堡大会获得铜质奖章并于2018年昆明大会获得银质奖章。CORESTA还设立终身成就奖（CORESTA Prize），颁发给毕生为烟草科学技术事业做出卓越贡献的优秀科学家。截至2019年底，行业科技工作者曾两次获此殊荣，分别由朱尊权于2008年上海大会、袁行思于2018年昆明大会上获得。

2. 烟草科学研究会议

烟草科学研究会议（Tobacco Science Research Conference，简称TSRC）。TSRC第一届会议于1947年由美国农业部宾夕法尼亚东部实验室组织召开，第二届会议扩展到美国之外的国家，第五届起名称定为烟草化学家研究会议（Tobacco Chemists' Research Conference，TCRC），1997年改为TSRC并沿用至今。每届会议会就烟草科学的某个方面进行重点探讨，较为关注化学、农业、分子生物学等方面的前沿研究。中国烟草行业从20世纪80年代中期开始组团参加TSRC会议。2010年，国家局不再统一组团参会，但行业科研人员仍在以单位组团或个人形式参会。

3. 国际烟农协会

国际烟农协会（International Tobacco Growers，Association，ITGA）。2002年9月，在ITGA代表团访华期间，中国烟草学会和ITGA初步达成了加入ITGA的协议。2002年10月，国家局党组和ITGA会员代表大会正式批准由中国烟草学会代表中国烟草总公司加入该组织。2003年6月，中国烟草学会以中国烟草总公司名义向国家科技部提交关于申请加入ITGA的报告，同年7月11日，科技部正式批准中国烟草总公司加入ITGA。此后，中国烟草学会每年均派人员参加ITGA的例行年会。

第二节
科技创新体系建设

行业科技创新体系是行业科技创新工作开展的基础支撑和组织保障。国家局高度重视科技创新体系建设，在科技创新规划等重大政策性文件中均提出了明确要求。2003年发布的《中国卷烟科技发展纲要》提出，要建立健全以郑州烟草研究院为龙头，以科研院所、重点企业技术中心和区域性的农业烟草试验站（中心）为骨干，以各种类型的技术推广机构为基础的科技创新体系和技术推广服务体系。2006年发布的《烟草行业中长期科技发展规划纲要（2006—2020年）》提出，要按照科学布局、优化配置、完善机制、提升能力的指导思想，全面推进技术创新、知识创新和技术服务体系建设。2010年，《国家烟草专卖局关于健全完善行业创新体系的指导意见》出台，作为行业《“卷烟上水平”总体规划》及《技术创新上水平实施意见》的配套政策措施，该指导意见对行业技术创新体系、知识创新体系、技术推广体系、质量安全保障体系、创新人才培养体系和创新激励机制建设提出了目标任务和工作要求。2017年，《关于激发科技创新活力调动“两个积极性”的若干意见》出台，提出科技创新机制建设6大机制19条政策举措。2019年，国家局关于促进烟草行业高质量发展、建设科技创新体系的若干政策措施出台，提出了构建更加高效的科研体系、创新人才培养体系、创新服务体系等3个体系，构建更富活力的开放创新机制、成果产业化机制、创新治理机制等3个机制，形成以“三体系、三机制”为核心的特色鲜明、要素集聚、活力迸发的行业科技创新体系。

经过30多年的发展，行业已经基本构建起布局合理、定位清晰、分工协作、运行高效的科技创新体系。总体而言，行业科技创新体系大致可分为4类：一是战略综合类，主要包括郑州烟草研究院和上海新型烟草制品研究院，突出战略性、基础性、前沿性，围绕建成国际一流的烟草综合性研究机构目标，聚焦行业科技创新战略需求，开展核心技术攻坚，解决关键领域专利技术问题，充分发挥对行业科技创新的牵头、指导、推动、引领作用；二是技术创新类，主要包括企业技术中心、工程研究中心、省级公司科研院所和各类技术推广机构，突出集成性、工程性、应用性，聚焦企业产品创新和技术创新需求，开展关键技术和工程化技术研究，推动成果转化及产业化；三是科学研究类，主要包括省部级重点实验室，突出前瞻性、原理性、开放性，聚焦学科发展战略，开展本领域高水平基础研究、关键共性技术研究和基础性工作，发挥推动学科发展、集聚和培养优秀学科人才、开展高层次学科学术交流等作用；四是基础支撑类，主要包括科技基础条件和资源服务平台、质量监督平台和标准化平台等，突出公益性、共享性、服务性，聚焦行业科技创新服务需求，为科学研究、技术进步和行业发展提供基础支撑服务，发挥行业整体优势，提升科技资源利用效率。

（一）科研组织及机构

科研机构是行业开展科技创新活动的主要力量。在总公司层面，中国烟草学会作为学术性社会团体，为全国烟草科技工作者提供服务；烟草经济研究所主要从事事关行业发展的重大政策研究，为领导决策提供支撑。从全行业看，以郑州烟草研究院、上海新型烟草制品研究院等为代表的行业科研机构和以国家烟草质量监督检验中心、中国烟草科技信息中心、中国烟草标准化研究中心、国家烟草基因研究中心等为代表的行业专业性科研服务机构紧紧围绕对行业发展具有重大影响的前瞻性、关键性、战略性课题和基础性专项工作，开展了应用基础研究和关键技术、共性技术研究，开展了技术服务和成果推广，同时为企业技术创新提供有力支持。在省级公司层面（主要是商业企业），科研机构承担了本系统烟叶科研开发、成果推广等工作。截至2015年，全国烟叶年产100万担以上的省级公司全部建立了科研机构。30年来，各科研机构不断加强与工商企业、高校和科研院所的科研合作，使科研条件、人才队伍和科研水平持续提升。

1. 中国烟草学会

中国烟草学会是由烟草科技工作者组成、依法登记成立的全国性非营利性具有法人地位的学术性社会团体，是推动烟草科技创新的重要组成部分。1985年1月，经国家体制改革委员会和中国科协批准成立，于1985年5月在北京举行成立大会暨第一次会员代表大会，选举产生第一届理事会和常务理事会，李益三任第一届理事长，会议通过了《中国烟草学会章程》，组建了学会办事机构。迄今已召开了七次会员代表大会。1991年，中国烟草学会在民政部登记注册，是中国科学技术协会的组成部分，主管机关为国家局（总公司）。

中国烟草学会团结和组织广大烟草科技工作者及相关单位，认真贯彻落实党的路线方针政策，围绕“国家利益至上，消费者利益至上”行业共同价值观和高质量发展目标任务，努力为促进烟草科学技术的普及、交流与发展服务，为促进烟草科技人才的成长和提升行业职工科学素质服务。重视刊物出版工作对推动学术交流的作用，1989年创办《烟草学刊》，1992年6月正式出版《中国烟草学报》，现为双月刊。现有个人会员12267人，单位会员57个，理事会理事110人，学会负责人8人，下设14个专业委员会。在32个省、自治区、市设有省级烟草学会。

2. 烟草经济研究所

烟草经济研究所成立于1998年，是国家局直属事业单位，主要职责是：研究行业改革发展的经济理论和经济政策、重大产业政策、发展战略；参与行业有关重大问题的调研工作；分析研究国际烟草经济与科技信息、国际烟草市场动态及有关国家烟草政策；分析研究国家经济体制改革和国民经济运行信息；研究行业控烟履约的措施和要求；承担行业软科学研究工作等。

烟草经济研究所紧紧围绕行业中心工作、深入开展经济研究，为领导决策和行业改革发展贡献了智慧和力量，目前已发展成为行业龙头智库。成立以来，完成了由国家局立项的“中国烟草行业重组整合战略研究和中国烟草实施‘走出去’战略研究”，出版了《中国烟草重组整合及走出去》《中国烟草发展报告（1949—1999）》《中国烟草财税体制改革研究》等专著。每年形成《中国烟草发展报告》和《世界烟草发展报告》。内部刊物《调查研究报告》已累计刊载近300篇调查研究报告，加大了对控烟履约问题的关注与研究，每年形成《世界控烟履约进展报告》和《中国控烟履约进展报告》。

3. 中国烟草总公司郑州烟草研究院

中国烟草总公司郑州烟草研究院是中国烟草总公司直属的烟草综合性科研机构。前身是上海烟草工业公司技术研究室，成立于1953年，由原中华烟草公司研究室与原颐中烟草化验室合并组成。1958年5月，轻工业部决定扩建为轻工业部烟草工业科学研究所并于同年9月迁到郑州市。1985年6月，划归中国烟草总公司，更名中国烟草总公司郑州烟草研究所；1988年8月，名称改为中国烟草总公司郑州烟草研究院（以下简称“郑州院”）。

郑州院主要从事烟草栽培调制及贮保、烟草基因、卷烟加工工艺和卷烟配方、烟草化学、烟用香精香料、卷烟减害降焦、再造烟叶等方面的应用基础和共性技术研究，学科范围覆盖从烟草基因到卷烟生产的全过程。60余年来，承担科研项目1000余项，以第一完成单位共获得国家科技进步奖二等奖3项、“全国科学大会”奖4项、中国烟草总公司科技进步奖特等奖2项、省部级科技奖励一等奖13项、省部级科技奖励二等奖30项、省部级科技奖励三等奖85项。截至2019年，以第一作者或通讯作者在各类科技期刊及国际会议上公开发表论文2000余篇；共申请专利1866件，其中国外专利5件、国内发明1290件；获专利授权1169件，其中国外专利2件、国内发明637件；共取得计算机软件著作权140件。主办的《烟草科技》月刊成为EI、CA、Scopus等国际知名数据库收录期刊以及荣获中文核心期刊、CSCD核心期刊、中国科技核心期刊。与多个烟草跨国公司和国际烟草研究机构建立了业务联系和合作关系，是国际标准化组织烟草及烟草制品技术委员会（ISO/126）国内技术归口单位。郑州院具有培养硕士学位研究生和联合培养博士研究生资格。

4. 上海新型烟草制品研究院

2015年5月，为加快推进新型烟草制品研发，推动行业新型烟草制品品牌化、产业化发展，国家局、总公司设立了上海新型烟草制品研究院（以下简称“上海院”）。上海院是行业级研究机构，隶属中国烟草总公司。2016年5月，国家局批复同意设立上海新型烟草制品研究院有限公司，有限公司与上海院合署办公。2018年，为推动技术研发成果向产业化转化，在深圳成立试制孵化平台深圳新型烟草制品有限公司（上海院深圳分院）。上海院依托上海烟草集团有限责任公司组建，由上海烟草集团有限责任公司负责建设和管理，承担加热不燃烧卷烟、口含烟、电子烟等新型烟草制品的基础性、关键性、前瞻性技术研究，着力突破专利制约和技术瓶颈，着力发挥技术成果应用转化的“孵化器”作用，发展成为新型烟草制品的行业研发基地并在上海设立产销实体，为行业新型烟草制品高起点、超常规、跨越式发展提供了有力支撑。上海院建立“高效运行、激励创新”的运作模式和运行机制，在人员招聘、物资采购、固定资产购置、技术服务合作等方面拥有更多的自主权，并致力于构建适应新型烟草制品研发特点的人事、财务、采购等方面的管理制度和研发运行模式。目前，上海院承担总公司重大专项项目、省级烟草公司合作项目及各类自研科技项目30余项，申请专利430余件。

5. 中国烟草总公司合肥设计院

中国烟草总公司合肥设计院（以下简称“合肥设计院”）成立于1990年6月，是由国家局直属管理的专业设计院，负责组织烟草行业固定资产重大投资工程项目的总体规划、项目申请报告、可行性研究报告、初步设计文件、工程超支分析报告等的技术审查以及对重大项目和课题的专家论证、评估；参与组织烟草行业工程建设项目总体规划设计招标、总体竣工验收及后评价等以及烟草行业工程建设项目设计规范、技术标准的编制、修订工作和实施、监督工作。在完成国家局委托的工程项目技术审查任务的基础上，积极参与行业投资项目的前期工作及总体规划、设计的投标，参与烟草行业工程建设项目施工图第三方审查以及项目的相关咨询工作，大力拓展全过程工程咨询、EPC工程总承包等新业务。建院30余年来，已具备了承担行业内大中型技术改造项目和各类高中级民用建筑设计、全过程工程咨询、EPC工程总承包的能力，形成了具有烟草工艺、设备、自控和计算机、总图、建筑、结构、给排水、供配电、暖通、动力、概预算、技术经济等12个专业的烟草工业设计院，业务范围涵盖了烟草行业的卷烟厂、复烤厂、雪茄烟厂、卷烟材料厂、各种烟草用仓库等。

6. 中国烟草总公司青州烟草研究所（中国农业科学院烟草研究所）

1958年，经国家农业部报国务院科学规划委员会批准，以山东省益都农业试验站（1948—1958年）为依托组建中国农业科学院烟草研究所。1959年，经山东省人民委员会批准，同时定名为山东省烟草研究所。1987年，经国家科委、劳动人事部批准，增挂“中国烟草总公司青州烟草研究所”牌子，实行以中国农业科学院为主的三重领导体制，是我国唯一的国家级烟草农业科研事业单位（以下简称“青州所”)。2004年10月，青州所由青州整体搬迁至青岛。中国烟草遗传育种研究（北方）中心于1999年经国家局批复成立，为非独立法人科研事业机构，挂靠青州所。目前，青州所构建起以青岛所部为中心，青州所区、青岛试验基地、西南试验基地为支撑的发展布局。国家烟草改良中心、国家烟草种质中期库等19个国内创新平台与中加植物病虫害监测与综合防治联合实验室、中美植物衰老联合实验室等4个国际共建平台挂靠青州所。建所以来，共取得科研成果185项，其中国家级奖13项，省部级奖109项。主办的《中国烟草科学》刊物荣获“中文核心期刊”“中国科技核心期刊”等称号。青州所在全国17个省、43个地区建立了85个核心科技示范园区，构建起覆盖全国2/3烟区的技术推广和科技兴农网络。

7. 国家烟草质量监督检验中心

国家烟草质量监督检验中心（以下简称“质检中心”）位于郑州市，是行业内唯一的国家级烟草专职检验机构。前身是轻工部烟草工业科学研究所标准检验室。1994年6月通过了国家技术监督局的审查认可和计量认证，9月颁发证书并被授权为国家烟草质量监督检验中心。1999年通过中国合格评定国家认可委员会实验室认可。2009年3月，中编办下发《关于设立国家烟草质量监督检验中心的批复》，批准设立国家烟草质量监督检验中心，并明确了编制和主要职责。2018年12月，质检中心完成实验室搬迁，实验室面积从3000m²增加至15000m²。2019年12月质检中心通过能力验证提供者的认可，成为行业唯一能力验证计划的发布和实施者，可组织实施行业能力验证工作。质检中心本着“行为公正、方法科学、数据准确、服务规范”的质量方针，承担着为社会提供烟草质量监督检验服务、烟草成分及释放物检验、国际实验室合作研究和方法验证、烟草产品质量监督检验等工作，负责行业质检系统检验技术人员的岗位培训工作。

8. 中国烟草科技信息中心

中国烟草科技信息中心（以下简称“信息中心”）位于郑州市，是国家局批准建立的行业信息机构，其前身为原国家轻工业部烟草工业科技情报站。1986年4月，经总公司批准更名为全国烟草科技情报站，1989年3月更名为全国烟草科技情报中心，1994年更名为中国烟草科技信息中心。主要承担国内外烟草科技信息资源和烟草科学数据资源建设、《烟草科技》期刊编辑出版、科技评估评价与科技政策研究、烟草知识产权研究、科技查新、信息咨询服务、行业创新体系建设咨询服务等工作。中国烟草科教网和烟草科学数据中心平台设置在信息中心。目前，中国烟草科教网文献类数据库资源总量达到70万条（篇），中国烟草数字图书馆数字图书总量达到2.3万册。《烟草科技》为美国《工程索引》（EI）、《化学文摘》（CA）、英国《科学文摘》（SA）、荷兰《文摘与引文数据库》（Scopus）等收录期刊，中文核心期刊，中国科技核心期刊，中国科学引文数据库（CSCD）核心统计源期刊等。

9. 中国烟草标准化研究中心

中国烟草标准化研究中心位于郑州市，成立于1995年1月，是国家局批准建立的行业标准化、计量专业机构，业务上受国家局科技司和郑州院领导，国家市场监督管理总局、国家标准化管理委员会参与指导工作，主要承担全国烟草标准化技术委员会秘书处的日常工作，从事烟草标准化研究及推广、重大标准制（修）订、计量等工作，组织行业参与国际标准化活动。近年来，主持完成了国家和行业及总公司企业标准项目约70余项、国家标准物质4项，行业最高计量标准9项，质检公益性科研专项2项；以第一承担单位，获得总公司科技进步三等奖5项，标准创新贡献奖一等奖1项、二等奖2项、三等奖5项。两次获得国家级烟叶标准化生产示范区建设特别贡献奖，一次获得国家局通令嘉奖。国际标准化方面曾主持完成国际标准2项，实现了我国烟草行业乃至亚洲烟草界制定国际标准“零”的突破。计量实验室获得中国合格评定国家认可委员会（CNAS）校准实验室能力认可，成为中国烟草行业首家通过CNAS认可的校准实验室。

10. 国家烟草基因研究中心

国家烟草基因研究中心位于郑州市，成立于2010年12月，隶属于郑州烟草研究院，业务上接受国家局科技司指导和管理，主要负责开展烟草基因组研究工作，整合利用行业内外科技资源，搭建具有公益性、基础性、战略性的烟草基因研究共享平台，在行业内长期发挥指导、推动、支撑和纽带作用，逐步建成国内一流、国际先进、行业共享的知识创新和人才培养基地。研究领域包括烟草生物信息学、烟草代谢组学和烟草分子生物学三个方向，下设烟草生物信息学、烟草代谢组学、烟草分子生物学等3个实验室和综合室。

11. 国家烟草栽培生理生化研究基地

国家烟草栽培生理生化研究基地位于郑州市，于1997年依托河南农业大学组建，受国家局和河南农业大学双重领导，是从事烟草生产理论和技术创新研究，开展技术推广和服务，培养高层次人才的科学研究机构。其在生理生化基地基础上，建设了有烟草行业烟草栽培重点实验室。生理生化基地立足于整合全校与烟草专业相关科技资源，做强了烟草学科，拥有烟草栽培生理、烟草遗传育种、烟草调制加工、烟草化学、烟草品质生态、烟草工艺和烟草生物技术等7个学术团队。2015年，共有从事烟草专业教学和科研工作的教师71人，其中，享受国务院政府特殊津贴专家1人，烟草行业学科带头人2人，河南省管优秀专家1人，河南省学术技术带头人2人。在国内外、行业内外聘请名誉教授、兼职教授、兼职硕士生导师20余人。

12. 其他区域性烟草科研机构

（1）云南省烟草农业科学研究院

前身是成立于1955年的云南省烟草科学研究所，2009年3月更名为云南省烟草农业科学研究院，是云南省烟草专卖局（公司）直属科研机构。中国烟草育种研究（南方）中心成立于1995年，与云南省烟草农业科学研究院合署办公。2012年，该院由玉溪市搬迁至昆明市。拥有博士后科研工作站、国家烟草基因工程研究中心、烟草行业烟草生物技术育种重点实验室、云南省烟草农业工程技术中心、中美烟草分子育种联合实验室、烟草种质资源库和世界烟草品种园等创新平台。

（2）贵州省烟草科学研究院

位于贵州省贵阳市，隶属贵州省烟草专卖局（公司），1999年成立，与中国烟草西南农业试验站合署办公，2012年10月国家局批复更名为贵州省烟草科学研究院，在福泉、龙岗设有两个试验基地，主要从事烟草农业科技知识创新、新技术研发、技术集成推广等工作，以应用研究为主，强化基础研究，引领贵州烟草农业发展。

（3）湖北省烟草科学研究院

位于湖北省武汉市，隶属湖北省烟草专卖局（公司）。前身为成立于1986年的湖北省鄂西烟草科研所，1991年5月组建湖北省白肋烟研究所，1997年6月更名为湖北省烟草科研所。1997年7月，国家局在湖北省建立了中国烟草白肋烟试验站，与湖北省烟草科学研究院合署办公。2002年8月，白肋烟站由湖北省恩施市搬迁到武汉市。2013年

7月，白肋烟站更名为湖北省烟草科学研究院，该院是全国唯一的白肋烟农业科研单位，承担了全国白肋烟和全省烤烟及其他晾晒烟的农业技术等方面的科学研究。

（4）云南烟草科学研究院

位于云南省昆明市，成立于1998年，隶属云南中烟工业有限责任公司，是专门从事基础性、前瞻性、共性技术研究的综合科研机构。2014年3月，在云南中烟“两统一、两整合”改革部署下，云南烟草科学研究院与云南中烟科技开发部、红塔集团技术中心和红云红河集团技术中心共同组建云南中烟技术中心。目前，在云南中烟技术中心保留“云南烟草科学研究院”牌子。

（5）中国烟草总公司黑龙江省公司牡丹江烟草科学研究所

位于黑龙江省牡丹江市，隶属黑龙江省烟草专卖局（公司），前身是于1985年3月成立的黑龙江省烟草科学研究所。1995年3月，在黑龙江省烟草科学研究所的基础上建立中国烟草东北农业试验站。1998年6月，经国家局批准成立中国烟草进出口烟叶检测站。2008年1月改为现名。现承担烤烟新品种选育、生物技术研究、烤烟栽培技术研究与推广、植物营养与肥料、病虫害防治技术、烘烤技术研究及全国进出口烟叶及其制品的转基因检测和监测工作。

（6）福建省烟草专卖局烟草农业科学研究所

隶属福建省烟草专卖局（公司），1997年在福建三明成立，2002年初迁到福州，与中国烟草东南农业试验站合署办公。在福州市晋安区宦溪镇设科研基地，在龙岩、南平、三明3等个主产烟区设立省烟科所分所（烟叶生产技术中心）。

（7）湖南省烟草科学研究所

位于湖南省长沙市，直属湖南省烟草专卖局（公司），成立于2013年12月。中国烟草中南农业试验站于2000年7月正式授牌成立。2015年8月湖南省烟草科学研究所与中国烟草中南农业试验站合署办公。下设长沙、永州、郴州、湘西、衡阳、湖南农大、湖南中烟技术中心农业所7个试验基地。

（8）江西省烟叶科学研究所

位于江西省南昌市，成立于1994年，原名“江西省烟叶科学研究所”，2017年8月，更名为江西省烟草专卖局（公司）直属科研机构，负责烟草技术研究，组织、协调和指导全省烟叶三级技术体系建设，组织全省烟叶科技协作，开展烟叶生产技术指导。

（9）重庆烟草科学研究所

位于重庆市，成立于2011年，由西南大学和重庆市局（公司）共同设立，属校企双方共建非法人单位。在巫山县设有渝东北区域技术中心，彭水县设渝东南区域技术中心，同时也是科技试验工作站，主要负责烟草科研、试验示范、烟叶生产技术培训与推广等工作，着力于提升重庆烟草农业科技水平和科研能力。

（10）山东烟草研究院

位于山东省济南市，成立于2011年，隶属山东省烟草专卖局（公司），主要从事烟草农业、卷烟营销、电子商务与现代物流、经济运行、现代企业管理和信息技术等方面的研究开发工作。拥有现代烟草农业、经济与管理、信息技术3个研究中心和信息技术实验室、近红外光谱技术研究实验室、烟草农业实验室等3个专业实验室。

（11）陕西省烟草研究所

位于山西省西安市，成立于1992年，隶属陕西省烟草专卖局（公司），实行事业单位企业化管理，主要职责是承担烟草农业和经济领域的课题研究，开展关键技术攻关。

（12）河南省农业科学院烟草研究所

位于河南省许昌市，是全国建立最早的烟草研究机构之一。1979年并入河南省农业科学院，更名为河南农业科学院烟草研究所，2006年更名为河南省农业科学院烟草研究中心，2013年4月再次更名为河南省农业科学院烟草研究所。河南省烟草病虫害预测预报网和综合防治站以及河南省农科院烟草学重点实验室挂靠该所。

（13）河南省烟草科学研究所

位于河南省郑州市，成立于2014年，是河南省烟草专卖局（公司）的专业部门，负责全省系统科技创新、管理创新等工作，重点开展烟草新品种选育、栽培与耕作、植物保护、烘烤调制、资源环境等烟草农业科学技术研究；负责全省烤烟良种试验示范；提供烟草农业新品种、新技术、新工艺、新方法技术示范、推广及培训服务。

（14）广东省烟草南雄科学研究所

位于广东省南雄市，前身是成立于1963年的“广东省南雄烟草试验站”，1987年改名为“广东省南雄烟草研究所”，2002年更为现用名。2012年12月，广东省烟草专卖局（公司）成立广东烟草粤北烟叶生产技术中心，2019年12月“广东烟草粤北烟叶生产技术中心”更名为“广东烟草烟叶生产技术中心”，与广东省烟草南雄科学研究所合署办公。

（15）安徽省烟草公司烟草研究所

成立于1947年，1962年划归安徽省农业科学院管理，1992年实行安徽省农业科学院、安徽省烟草专卖局（公司）双重领导，增挂“安徽省烟草公司烟草研究所”牌子。2005年12月，该所从凤阳县回迁至合肥院部。作为安徽省局（公司）技术依托单位，设有安徽省烟叶土壤测试分析中心、安徽省烟草病虫害预测预报及综合防治中心。

（16）海口雪茄研究所

位于海南省海口市，2015年7月由国家局批复设立，2017年12月更名为中国烟草总公司海南省公司海口雪茄研究所，承担雪茄烟叶的科学技术研究及成果转化推广，承担雪茄产品研发和市场研究，组织开展科研项目攻关，为雪茄产业发展提供科技支撑。

（17）四川省烟草科学研究所

位于四川省成都市。前身是2009年7月在四川省西昌市成立的四川省烟草技术中心，2015年4月迁至成都市，2016年10月更名为四川省烟草科学研究所，主要承担全省商业系统科技创新项目攻关，重点开展烟草农业科学技术研究；提供烟草农业新品种、新技术、新工艺、新方法技术示范、推广及培训服务等。

（二）企业技术中心

烟草行业企业技术中心是企业技术创新体系的核心，主要负责企业的研究开发、技术集成与科技成果推广应用任务，在企业研究开发与创新活动中起着主导、牵引和推动作用，是进一步增强企业自主创新能力、提高核心竞争力、建设创新型企业的重要支撑。1993年，原国家经贸委、财政部、国家税务总局、海关总署共同制定有关政策，鼓励和支持有条件的大型企业和企业集团建立技术中心。1999年，原国家经贸委发布《关于做好国家重点企业技术中心建设工作的通知》，要求国家直接统计的大型企业在两年内全部建立技术中心，并不断加大技术中心资金和人才投入力度，提高企业技术中心的研究开发能力和水平。国家局、总公司贯彻落实国家经贸委有关规定，从企业战略发展和参与国际竞争的需要出发，制定烟草企业技术中心建设方案和企业技术创新战略，加速企业技术中心建设。1996年，国家局在印发的《烟草行业“九五”（1996—2000年）科技发展计划》中强调：要加快烟草企业技术中心建设步伐，明确在“九五”期间建立国家级烟草技术中心3~5个，企业级技术中心8~10个。1999年，国家局印发《关于搞好烟草企业技术中心建设工作的通知》，提出烟草重点企业尽快建立和完善技术中心。2000年，烟草行业列入国家重点企业的12家企业全部建立了技术中心，并建立了保证企业研发工作正常开展的运行机制。2001年8月，国家局发布《烟草行业技术中心认定与评价办法（试行）》，2009年12月，国家局发布《烟草行业认定工业企业技术中心管理办法（暂行）》，对卷烟制造类工业企业以及烟草专用机械、烟用滤材等其他非卷烟制造类工业企业技术中心的行业认定工作予以规范，办法提出了工业企业技术中心的评价指标体系。目前，全行业17家省级工业公司和上海烟草集团均建设有企业技术中心，中国烟草实业发展中心所属8家企业均建设了企业技术中心；以上技术中心，国家认定8家、行业认定14家。在烟草机械、烟用滤材、打叶复烤等领域，企业技术中心建设也取得快速发展，共有4家非卷烟制造类工业企业技术中心通过行业认定。

以烟叶生产技术中心为重要载体的烟草农业科技创新体系取得长足发展。长期以来，国家局高度重视烟草农业科技创新与技术推广体系建设，并以发展现代烟草农业、增强烟草农业自主创新能力和实现烟叶可持续发展为目标，积极组织开展了大量研究开发与新技术推广工作并取得明显成效，在提高烟叶生产技术创新能力、加快农业科技成果转化、促进烟草农业科技进步和经济发展中发挥了较好的技术支撑作用。“十二五”以来，随着行业“卷烟上水平”总体规划及原料保障上水平、技术创新上水平实施意见的全面实施，行业对烟草农业科技创新与技术推广体系建设提出了新的更高的要求。2011年2月，国家局出台了《关于加强烟叶生产技术中心建设的意见》，提出用5年时间，建设一批定位清晰、机制完善、运行高效的烟叶生产技术中心，形成以企业为主体、以市场为导向、产学研相结合的烟草农业技术创新体系，努力把地市级公司烟叶生产技术中心建设成为技术研发、人才培养和成果转化的综合性平台。2012年6月，国家局发布《烟草行业认定地市级公司烟叶生产技术中心管理办法（暂行）》，进一步规范了行业认定烟叶生产技术中心的认定与评价工作。截至2020年7月底，烟叶收购量30万担以上的地市级公司全部建立烟叶生产技术中心，其中14家通过了行业认定。

1. 卷烟工业企业技术中心

（1）红塔烟草（集团）有限责任公司原技术中心、红云红河烟草（集团）有限责任公司原技术中心

分别于1997年、2004年通过了国家级认定。2013年云南中烟“两统一、两整合”工作启动后，在红塔烟草（集团）有限责任公司原技术中心、红云红河烟草（集团）有限责任公司原技术中心、原云南烟草科学研究院的基础上组建成立新的云南中烟工业有限责任公司技术中心。拥有行业卷烟调香技术重点实验室、行业卷烟工艺与装备研究重点实验室、云南省烟草化学重点实验室等省部级科技创新平台。

（2）上海烟草集团有限责任公司技术中心

于1995年通过国家认定，设有北京工作站、天津工作站，并与集团下属单位共同组建烟草薄片研究室、滤棒技术研究室、包装印刷研究室、烟叶储存养护研究室和烟草机械技术研究室等联合研究室。在创新平台建设上，充分运用行业卷烟烟气重点实验室、博士后工作站、开放性课题研究、烟草农业高科技示范园区、高校科研院所项目合作等形式，构建了协同创新和跨学科合作新机制，充分挖掘和有效利用社会创新资源，引导和支持创新要素向企业集聚。

（3）湖南中烟工业有限责任公司技术中心

原长沙卷烟厂、常德卷烟厂技术中心分别于2000年、2004年通过国家认定。2006年11月，湖南中烟工业公司与所属长沙卷烟厂、常德卷烟厂合并重组后，原长沙、常德卷烟厂两个国家级企业技术中心合并成为湖南中烟技术中心。技术中心采用矩阵式的组织架构，横向设置产品研发平台、技术研发平台、创新服务平台等3个平台，纵向成立产品、工艺、烟叶等7个专业性研究所（室），建立以项目为纽带的课题组制度，推动了科技要素资源的内部整合和优化配置。拥有“国家认可实验室”，“卷烟功能材料”“数字化调香”2个烟草行业重点实验室，“烟草工艺”“卷烟材料”2个烟草行业标准研究室；与清华大学、郑州烟草研究院等单位共建6个联合研究机构，建有“卷烟滤材”与“烟用包装材料”2个试验基地。

（4）湖北中烟工业有限责任公司技术中心

成立于1998年，2000年12月被确认为湖北省级企业技术中心；2003年通过国家认定。2006年下半年，技术中心开始组建外延型研发机构，依托技术中心推进黄鹤楼科技园创新平台建设，将其打造成知识产权创新基地、技术研发基地、成果转化基地、品牌

创新源基地，成为拥有1家国家认定技术中心、1家湖北省工程技术中心、3家省部级重点实验室、2家CNAS实验室、2家湖北省认定技术中心、11个研究平台等科研机构组成的创新平台集群。

（5）广东中烟工业有限责任公司技术中心

于2008年通过国家认定。拥有广东省重点工程实验室、博士后工作站、联合实验室、广东省产学研结合示范暨研究生创新培养基地、海外产品研发工作站等多种类型的研发机构。针对植物资源、再造烟叶、卷烟材料、分析科学等领域开展合作研究，成立了3家联合实验室，其中“植物资源化学与化工联合实验室”成为广东省重点工程实验室、广东省产学研结合示范暨研究生创新培养基地，“再造烟叶共建实验室”成为烟草行业再造烟叶技术研究重点实验室。

（6）山东中烟工业有限责任公司技术中心

原颐中烟草（集团）有限公司技术中心于1997年组建，2000年通过国家认定。2006年，山东中烟以原颐中烟草（集团）有限公司技术中心为主体，整合将军烟草集团有限公司技术中心，于2007年3月成立山东中烟工业公司技术中心，同年通过国家认定。技术中心与中国农业科学院烟草研究所、郑州烟草研究院、中科院沈阳所、山东大学等单位开展了广泛深入的技术合作。

（7）福建中烟工业有限责任公司技术中心

于2011年通过国家认定。2013年设立博士后科研工作站。技术中心大力推进产学研系统性合作，与科研院校、烟叶产区共建了4个专项技术研究联合实验室以及动态滚动立项实施的多个单项技术联合攻关项目组，对外技术合作层次和系统性不断提升。

除上述8家国家级企业技术中心（同时也均为行业级企业技术中心）外，尚有6家行业级企业技术中心，分别是广西中烟技术中心（2006年12月通过认定）、川渝中烟技术中心（2008年5月通过认定）、浙江中烟技术中心（2011年1月通过认定）、安徽中烟技术中心（2011年1月通过认定）、江西中烟技术中心（2011年1月通过认定）、河南中烟技术中心（2012年12月通过认定）。江苏中烟、河北中烟、陕西中烟、贵州中烟等卷烟工业企业和中烟实业所属卷烟企业均建立了企业技术中心。这些企业技术中心是企业技术创新工作中的关键部门，承担着企业品牌竞争力提高和企业发展中重大关键技术问题突破的双重责任和任务。

2. 非卷烟制造类工业企业技术中心

按照加强工业企业技术中心建设的总体要求，行业非卷烟制造类工业企业强化配套产业企业技术中心建设，围绕现代烟草技术发展趋势，形成产业集聚度高、核心竞争力强、专业化分工明确、系统完整性好的技术创新产业链。

（1）中国烟草机械集团有限责任公司技术中心

于2007年8月经国家局批复设立，下设制丝设备技术中心和卷接包设备技术中心，

2008年10月通过行业认定。2013年8月，中国烟草机械集团有限责任公司制定出台《关于推进大技术中心建设的实施意见》，提出建立大技术中心框架下的产品技术分中心组织模式，组建卷接设备、包装设备、成型物流设备、制丝设备等4个技术分中心。

（2）南通醋酸纤维有限公司技术中心

于2007年1月成立，为亚洲最大醋酸纤维素研究中心，2011年1月通过行业认定。在技术中心基础上，设有江苏省醋酸纤维素工程技术研究中心和国家级博士后科研工作站。技术中心以服务南纤、昆纤和珠纤3家公司为宗旨，为3家醋酸纤维公司解决生产实际问题。在技术中心基础上，获批烟草行业纤维过滤材料重点实验室，设有江苏省醋酸纤维素工程技术研究中心、国家级博士后科研工作站、“三纸一棒”联合实验室等。

（3）南通烟滤嘴有限责任公司技术中心

于2005年12月通过行业认定。南通烟滤嘴有限责任公司是江苏中烟工业有限责任公司的子公司，是集科研、生产、开发、经营为一体的卷烟滤材专业化企业。2013年4月，公司与江苏中烟技术研发中心、南通大学联合共建了“特种滤棒重点实验室”创新平台。2013年12月，公司技术中心还被认定为“江苏省认定企业技术中心”。

（4）上海烟草包装印刷有限公司技术中心

于2013年9月通过行业认定。上海烟草包装印刷有限公司由上海烟草集团有限责任公司、中国双维投资公司共同投资设立，是国内最早专业生产卷烟商标的印刷企业。2004年，公司技术中心被认定为“上海市市级技术中心”。

此外，为推动打叶复烤技术升级和设备改造，增强研发创新能力和技术装备水平，各打叶复烤企业在不断加快技术中心建设步伐。安徽华环国际烟草有限公司技术中心于2010年成为安徽省认定企业技术中心。

3. 烟叶生产技术中心

烟叶生产技术中心是地市级公司的内设机构，是行业技术创新体系的重要组成部分，是履行和完成企业技术创新职能和任务的核心力量。烟叶生产技术中心具有技术研发、成果转化、人才培养、科技管理、指导县级技术推广站等主要职能，在满足企业自身发展技术需求的基础上，实现与工业企业技术中心和科研单位的有效对接。截至2020年7月底，烟叶收购量30万担以上的地市级公司已全部建立烟叶生产技术中心，其中行业认定14家：2012年认定4家（湖北省烟草公司恩施州公司、云南省烟草公司玉溪市公司、贵州省烟草公司遵义市公司、云南省烟草公司曲靖市公司烟叶生产技术中心），2014年认定2家（山东潍坊烟草有限公司、贵州省烟草公司毕节市公司烟叶生产技术中心），2015年认定2家（山东临沂烟草有限公司、福建省烟草公司三明市公司烟叶生产技术中心），2019年认定6家（四川省烟草公司凉山州公司、云南省烟草公司昆明市公司、安徽皖南烟叶有限责任公司、湖南省烟草公司永州市公司、福建省烟草公司南平市公司、云南省烟草公司大理州公司烟叶生产技术中心）。

（三）重点实验室

重点实验室是烟草行业知识创新体系的重要组成部分，是烟草行业组织高水平应用基础研究和关键共性技术研究、聚集和培养优秀科技人才、开展高水平学术交流、科研装备先进的重要基地。重点实验室是依托企业、科研机构等建设的科研实体，实行人财物相对独立的管理机制和“开放、流动、联合、竞争”的运行机制，其主要职责是：围绕烟草学科发展前沿和烟草行业发展的重大科技需求，开展烟草行业应用基础研究、关键共性技术研究、多学科交叉前沿技术研究等；承担烟草行业重大科研任务，在本研究领域保持国内领先并力争达到国际先进水平；聚集和培养优秀科技人才，为烟草行业发展引进、培养和输送高层次的学术领军人才和学科带头人；在有效保护知识产权的前提下，面向行业逐步开放实验室仪器设备、图书资料、软件以及研究工作等；开展高水平学术交流与合作。为推动和加强行业重点实验室建设，国家局先后制定出台了《烟草行业重点实验室建设和管理暂行办法》《烟草行业重点实验室评估管理暂行规定》《烟草行业重点实验室管理办法》，对重点实验室建设、运行、认定、评价等工作进行规范和指导。10余年来，行业重点实验室建设工作取得了明显成效，各重点实验室完成了所承担的科研任务并取得了一批较高水平并具有标志性的研究成果，解决了相关生产中关键技术问题；积极开展学术交流与合作，不断推动科技成果转化并有效应用于生产实践，取得了较理想的经济和社会效益；吸引、稳定和培养了一批优秀科技人才，建立了一支朝气蓬勃的科研骨干队伍，为行业科技发展提供了有力的科技支撑。截至2020年7月底，全行业共有行业重点实验室22家。

（1）烟草行业烟草化学重点实验室

依托郑州院组建，于2005年12月通过行业认定。重点开展分析技术研究、降焦减害技术研究、烟草制品风险评估研究（暴露评定、毒理学评价、流行病学调查、风险评估）、烟用材料安全性研究、烟草农药残留、重金属分析技术及风险评估研究、新型烟草制品研究和新型烟用环保材料研究。

（2）烟草行业烟草工艺重点实验室

依托郑州院组建，于2005年12月通过行业认定。重点开展打叶复烤工艺技术、卷烟制丝工艺技术、生产工序及关键设备控制技术、节能降耗技术、减害加工工艺技术、卷烟材料设计及控制技术、原料综合利用技术及应用等领域的研究任务，承担卷烟厂、打叶复烤厂、再造烟叶企业的技术改造总体规划和工艺设计研究。

（3）烟草行业卷烟烟气重点实验室

依托上海烟草集团有限责任公司组建，于2005年12月通过行业认定。重点开展烟气化学分析、烟气感官质量分析、烟气生物测试、人类吸烟行为研究、卷烟减害降焦技术研究、卷烟增香保润技术研究、低危害卷烟产品开发和卷烟产品质量安全研究。

（4）烟草行业烟草栽培重点实验室

依托河南农业大学国家烟草栽培生理生化研究基地组建，于2005年12月通过行业认定。重点开展烟草生长发育生物学、营养高效与栽培生理、生态与可持续耕作制度3个方面研究。

（5）烟草行业烟用植物应用研究重点实验室

依托湖北中烟工业有限责任公司组建，于2009年6月通过行业认定。重点开展烟用植物在卷烟增香保润、卷烟降焦减害和新型卷烟中的应用研究。

（6）烟草行业香料基础研究重点实验室

依托郑州院组建，于2013年1月通过行业认定。重点开展感官组学研究、香原料开发技术研究、烟草香味化学研究、烟草添加剂评价研究、新型烟草制品香味释放与调控技术研究和加香加料技术研究。

（7）烟草行业卷烟功能材料重点实验室

依托湖南中烟工业有限责任公司组建，2013年1月通过行业认定。重点开展了减害降焦功能材料的研究与开发、烟用环保功能材料的研究与开发和烟用材料安全性评价研究。

（8）烟草行业卷烟调香技术重点实验室

依托云南中烟工业有限责任公司组建，2013年1月通过行业认定。重点开展调香技术研究、香原料开发技术研究和感官分析技术研究。

（9）烟草行业卷烟工艺与装备研究重点实验室

依托云南中烟工业有限责任公司和中烟机械技术中心有限责任公司组建，2013年1月通过行业认定。重点开展“大工艺”理念实施研究、工艺技术与装备应用基础研究、打叶复烤工艺技术与装备研究、制丝工艺技术与装备研究、卷包工艺技术与装备研究和滤棒成型技术与装备研究。

（10）烟草行业工业生物技术重点实验室

依托郑州轻工业学院（现更名为郑州轻工业大学）组建，2013年1月通过行业认定。实验室紧密结合现代生物技术研究发展方向以及依托单位的科技发展、平台现状，设置烟草增香生物技术和烟草减害生物技术2个主要研究方向。

（11）烟草行业烟草病虫害监测与综合治理重点实验室

依托中国烟草总公司青州烟草研究所组建，2013年1月通过行业认定。重点开展烟草病虫害监测预警、烟草病虫害成灾机理与控制基础研究和烟草病虫害安全高效防控技术研究。

（12）烟草行业烟草基因资源利用重点实验室

依托中国烟草总公司青州烟草研究所组建，2013年1月通过行业认定。重点开展烟草基因资源筛选与鉴定、烟草重要性状功能基因研究和烟草品种定向改良与分子育种研究。

（13）烟草行业烟草生物技术育种重点实验室

依托云南省烟草农业科学研究院组建，2013年1月通过行业认定。重点开展遗传图谱构建与性状基因定位、基因克隆与功能分析、基因组定向改造和分子标记辅助选择育种研究。

（14）烟草行业烟草分子遗传重点实验室

依托贵州省烟草科学研究院组建，2013年1月通过行业认定。重点开展种质资源和基因资源的评价利用、重要品质和农艺性状分子机理、遗传转化新技术与分子染色体工程技术、转基因烟草分子特征检测和环境安全评价、烟草与微生物分子互作研究及应用等5个方面的研究。

（15）烟草行业燃烧热解研究重点实验室

依托安徽中烟工业有限责任公司组建，2016年1月通过行业认定。重点开展燃烧热解基础研究、新型烟草制品燃烧热解基础应用研究、燃烧热解综合应用研究。

（16）烟草行业纤维过滤材料重点实验室

依托南通醋酸纤维有限公司组建，2016年1月通过行业认定。重点开展烟气过滤技术系统性研究、高过滤性能材料研发、纤维及其他过滤材料的理论与应用研究等。

（17）烟草行业再造烟叶技术研究重点实验室

依托广东中烟工业有限责任公司、广东省金叶科技开发有限公司组建，2016年1月通过行业认定。重点开展再造烟叶前瞻性工艺技术研究、基础工艺技术研究、减害降焦技术研究等。

（18）烟草行业烟草加工形态研究重点实验室

依托河南中烟工业有限责任公司、郑州院组建，2016年1月通过行业认定。重点开展烟草加工形态表征方法研究、烟草加工形变调控技术研究、形变调控下卷烟适用性研究等。

（19）烟草行业生态环境与烟叶质量重点实验室

依托郑州院、中国农业科学院农业资源与农业区划研究所组建，2016年1月通过行业认定。重点开展烟叶质量评价与烟叶资源优化利用、烟叶质量与生态环境关系、植烟土壤保育与生态重建研究等。

（20）烟草行业黄淮烟区烟草病虫害绿色防控重点实验室

依托河南省农业科学院烟草研究所、河南省农业科学院植物保护研究所组建，2016年1月通过行业认定。重点开展开展黄淮烟区生物防治技术研究、烟草主要病虫害成灾的生物学及生态机理研究、烟区生物多样性控制病虫害研究、品种抗病虫资源的发掘及利用研究等。

（21）烟草行业山地烤烟品质与生态重点实验室

依托贵州省烟草科学研究院组建，2016年1月通过行业认定。重点开展山地烤烟品质评价及风格特色定位研究、品质形成基础理论研究、优质高效栽培理论与技术研究、提质增效调制技术研究等。

（22）烟草行业卷烟数字化调香研究重点实验室

依托湖南中烟工业有限责任公司组建，2019年12月通过行业认定。重点开展香精香料数字化表征技术、数字化调香技术、数字化产品设计技术研究等。

（四）工程研究中心

国家工程研究中心是国家科技创新体系的重要组成部分，是国家根据建设创新型国家和产业结构优化升级的重大战略需求，组织具有较强研究开发和综合实力的高校、科研机构和企业等建设的研究开发实体。按照国家关于工程研究中心建设的部署和要求，国家局于2015年9月制定出台《烟草行业工程研究中心管理办法》，明确提出了烟草行业工程研究中心建设的任务和要求。办法明确，工程研究中心是烟草行业技术创新体系的重要组成部分，是烟草行业围绕产业链部署创新链，是组织关键共性技术和应用技术研究、加快科研成果转移转化、聚集和培养优秀工程技术研究与管理人才的重要基地；工程研究中心以烟草行业产业需求为出发点，通过建立烟草技术工程化研究、验证的设施和有利于技术创新、成果转化的机制，培育、提高行业自主创新能力，搭建了烟草产业与科研之间的桥梁。工程研究中心的主要任务是：承担国家及国家局下达的科研开发及工程化研究任务，研究开发能够有效推进行业技术进步和行业发展的重大关键共性技术，开展重大烟草科技成果的工程化研究和系统集成；充分发挥市场配置科研资源的决定性作用，所形成的技术成果通过市场机制或其他组织方式向行业实现技术辐射、转移和扩散，为行业持续不断提供先进技术、工艺及其技术产品和装备，起到了科研与产业之间的桥梁和纽带作用；通过对引进技术的消化吸收再创新和开展国际科技合作交流，可促进行业自主创新能力的不断提高；为行业提供技术开发和成果工程化的试验、验证环境，提供工程技术验证和咨询服务；为行业培养烟草工程技术研究与烟草工程管理的高层次人才。

随着烟草科技创新成果的不断涌现，为加速科技创新成果转移转化，推进科技与经济紧密结合，行业各单位积极围绕烟草产业链条，加快了建设以科技成果集成、转化和应用为目标的工程研究中心平台工作。国家局依托云南省烟草农业科学研究院设立了国家基因工程研究中心，依托昆明船舶设备集团有限公司设立了行业造纸法再造烟叶装备研发基地。截至2020年7月底，国家局已认定7家行业工程研究中心。

（1）国家烟草基因工程研究中心

依托云南省烟草农业科学研究院设立，2014年1月经国家局批准。工程研究中心以烟草功能基因挖掘和育种利用为主攻方向，以改良现有烟草品种和培育在优质、特色、低害、多抗、丰产、高效等方面取得重大突破为目标，整合利用全球科技资源，建设技术领先、人才集聚、行业共享的烟草基因组研究成果转化和产业应用平台。

（2）烟草行业新型烟草制品装备工程研究中心

依托山东中烟颐中烟草（集团）有限公司组建，2015年12月通过行业认定。工程研究中心整合行业内外科研资源，提升新型烟草制品装备研发创新水平，加速推进科技成果转化，全面打造行业新型烟草制品装备竞争优势，覆盖新型烟草制品从原料提取、研发试制到装备制造的整个产业链。

（3）烟草行业病虫害生物防治工程研究中心

依托云南省烟草公司玉溪市公司组建，2015年12月通过行业认定。工程研究中心按照绿色农业、生态农业、循环农业的发展目标，成功开发了一批市场需求大、应用前景广的绿色生物防治产品，其中“蚜茧蜂防治蚜虫技术”是具有代表性的自主知识产权生物防治技术。

（4）烟草行业特种滤棒工程研究中心

依托四川三联新材料有限公司组建，2017年7月通过行业认定。工程研究中心围绕特种滤棒整体解决方案，致力于特种滤棒的技术创新和产业发展，重点聚焦特种滤棒功能结构、材料技术、专用装备的关键共性技术研发和技术集成，开展系统化、工程化、产业化研究，打造适应市场需求的个性化消费新产品、丰富中式卷烟品牌结构和提升中式卷烟品牌发展新优势。

（5）烟草行业微生物有机肥工程研究中心

依托贵州省烟草公司遵义市公司组建，2017年7月通过行业认定。工程研究中心通过微生物有机肥领域内关键、共性、集成技术研究，开展微生物有机肥应用技术的中试、工程化及成熟技术的转移和扩散，推动微生物有机肥在烟草及大农业生产上的广泛应用，为实现化肥用量零增长目标提供技术保障。

（6）烟草行业生物炭基肥工程研究中心

依托贵州省烟草公司毕节市公司组建，2017年12月通过行业认定。工程研究中心在烤烟废弃物资源化利用、烟秆炭基肥开发应用、烟草炭基产品工程化产业化生产、绿色循环烟草农业模式为主体的植烟土壤保育关键技术推广等方面开展生物炭基肥技术研发与产业化示范。

（7）烟草行业烟用爆珠工程研究中心

依托将军烟草集团有限公司组建，2018年5月通过行业认定。工程研究中心围绕中式卷烟创新发展对爆珠的需求，打造先进、开放、共享的爆珠研究和制造基地，提升了行业爆珠及爆珠滤棒功能产品综合技术水平、支撑行业爆珠卷烟快速发展。

（五）行业质检体系

烟草行业质检工作是实施烟草专卖品、烟用材料和相关产品的质量技术监督及质量市场准入以及保障烟草及烟草制品质量、维护广大消费者的合法权益的重要基础。自1983年总公司成立以来，行业质检体系建设经历了从无到有、从小到大，不断发展和完善的过程。

1. 质检机构建设

20世纪80年代中期，随着国务院关于《工业产品质量责任制条例》的发布实施，烟草行业加快了省级监督检测机构的建设步伐。1983年中国烟草总公司郑州烟草研究所组建中国烟草工业标准化质量检测中心站，1986年4月，总公司同意在郑州烟草研究所原中国烟草工业标准化质量检测中心站的基础上建立全国烟草标准化质量检测中心站（以下简称“检测中心站”），直属总公司领导，委托郑州烟草研究所代管，同时被国家经委列为113个国家级产品质量监督检测中心站之一。与检测中心站发展同步，1983—1985年间，云南、河南、湖南、江苏、福建、四川、湖北、辽宁、贵州等省级烟草质量检测站（以下简称“省级质检站”）开始筹建。1986年5月总公司提出了加速成立烟草质量监督检测网的要求，1986—1990年间，除海南、西藏、北京、重庆外，全国先后有安徽、河北、江西、山东、陕西、西北、内蒙古等省级质检站也开始组建。期间部分省级质检站先后通过了总公司、各省技术监督局的审查认可和计量认证。至此，烟草行业初步形成了由国家级、省级和企业级质量监督检测机构组成的质量监督网。

1994年6月，检测中心站通过国家技术监督局的审查认可和计量认证，更名为国家烟草质量监督检验中心（以下简称“质检中心”）。1999年，质检中心通过了国家实验室认可委员会的现场评审。1991年北京质检站建站，1993年批复成立甘肃省烟草质检站，与西北质检站两块牌子，一套机构。其后，国务院批准设立海南省和重庆直辖市，烟草行业分别于1993年5月和1997年2月建立了海南省烟草质检站和重庆市烟草质检站。至此，除西藏外，烟草行业的各省级质检站的建设全部完成，基本实现了在全国范围内的覆盖。

2001年，国家局修订了《烟草行业产品质量监督检验机构审查认可细则》，国家局对行业质检机构实行审查认可制度，再次明确烟草行业质检网由三级质检机构组成：一是国家级质检机构（以下简称“一级站”），即国家质量监督检验检疫总局批准在烟草行业设立并授权的最高质量检验权威机构，该机构受国家局及其授权的挂靠单位领导，业务上受国家质量监督检验检疫总局的指导；二是省级（或区域性）质检机构（以下简称“二级站”），即国家局批准在行业内设立并授权的省级（或区域性）质检机构；三是企业级（或地区专业性）质检机构（以下简称“三级站”），由有关省级烟草专卖局在所属各卷烟厂、有关企业和主要烟草专卖品产销地烟草公司设立的产品质量监督检验站。随着2001年中国正式加入了世界贸易组织，烟草行业面临着入世后国内外更加激烈的市场竞争，实验室合格评定已成为贸易活动中重要组成部分。继国家烟草质检中心、上海烟草质检站1999年分别通过中国合格评定国家认可委员会审查后，2002—2005年，四川、新疆、湖北、广东、云南、重庆等15家省级质检站也通过了中国合格评定国家认可委员会的审查认可和烟草行业组织的现场复验，行业实验室的管理水平得到了全面提升。

随着控烟履约工作的不断推进，第三方实验室在履约工作中的作用日益凸显，国家局明确提出把国家质检中心建成第三方实验室的要求。2009年3月，中编办批复同意设立了具有事业法人资质的国家烟草质量监督检验中心，2011年11月国家局批复办理质检中心事业法人登记事项，2012年5月质检中心获得事业法人登记证书，开始独立法人实体运作。2011年5月，国家局发布《国家烟草专卖局关于全面加强省级工业公司质量检验机构建设的意见》，此后，18家省级工业公司技术中心实验室已有上海、湖北、广东、安徽、河南、广西、福建、山东、云南、重庆、四川、深圳等先后通过了国家实验室认可，行业省级质检机构检测能力和水平显著提升。

烟草行业通过统筹优化行业质检机构布局，明确行业各质检机构工作职责，形成了由国家烟草质量监督检验中心、8个综合性省级质检站（云南、上海、西北、北京、吉林、广东、湖北和重庆）、19个专业技术性省级质检站（安徽、山东、辽宁、黑龙江、内蒙古、山西、河北、新疆、浙江、陕西、贵州、四川、海南、广西、湖南、河南、江西、福建、江苏），以及各中烟工业公司质检站共同构成的质检机构运行体系。其中，有39个行业质检机构实验室通过了中国合格评定国家认可委员会（CNAS）认可。

2. 监督管理制度建设

1989年2月，国家局根据《工业产品质量条例》和《国家监督抽查产品质量的若干规定》，制定印发《卷烟产品质量监督管理实施办法》，明确了卷烟产品季度抽检的要求。

1996年1月，为加强烟草产品质量监督的管理，促进烟草行业各生产企业产品质量的提高，根据国家产品质量监督的有关法规及方针政策，国家局决定对烟草产品质量实行监督检查制度，制定印发《烟草行业产品质量监督管理办法》。该办法规定对烟草产品质量建立以行业监督抽查为主要方式的监督检查管理制度。监督检查形式主要有3种：监督抽查、统一监督检验、定期监督检验，对烟草产品实行监督检查的范围是生产领域及流通领域内的卷烟、雪茄烟、烟丝、复烤烟叶、烟叶、卷烟纸、滤嘴棒、烟用丝束、烟草专用机械及其相关原辅材料、专用仪器仪表等。此后，国家局先后发布了《烟叶工商交接等级质量监督管理办法（试行）》《假冒伪劣卷烟鉴别检验管理办法（试行）》《假冒伪劣卷烟鉴别检验规程（试行）》《假冒伪劣烟草专用机械鉴别检验管理办法（试行）》《假冒伪劣烟草专用机械鉴别检验规程（试行）》《烟叶工商交接等级质量监督抽查管理办法》《烟草产品鉴别检验管理办法》《卷烟产品鉴别检验规程》等一系列监督检验和鉴别检验管理办法，健全和规范了烟草及相关专卖产品的监督制度，有力支撑了专卖品监督管理，维护了烟草专卖法的权威。

2006年4月，为进一步加强烟草行业产品质量监督工作，保障产品质量安全，促进我国卷烟产品核心竞争力的提高，切实维护国家利益和消费者利益，根据国家产品质量监督的有关方针、政策和法律法规，国家局修订印发新的《烟草行业产品质量监督管理办法》。该办法进一步扩展了质量监督的范围，显著增加了对非烟草专卖品（如卷烟商标印刷品、烟用香精香料等）产品质量安全监管要求，同时进一步明确完善了监督抽查计划、抽样、检验工作以及监督抽查结果处理、工作纪律等内容。此后，一系列配套的监督检验和鉴别检验规程陆续发布和完善，主要有《烟叶鉴别检验规程（试行）》《加强卷烟产品质量安全工作的意见》等。

2014年3月，根据《中华人民共和国产品质量法》《中华人民共和国烟草专卖法》及《产品质量监督抽查管理办法》等规定，国家局第3次修订印发了《烟草行业产品质量监督抽查管理办法》。该办法规定监督抽查的形式分为定期抽查和专项监测抽查两类，进一步强调了专项监测抽查是产品质量安全风险预警管理形式，增加了化肥、农药等烟用物资等产品的监督工作。此后，《烟草专卖品鉴别检验管理办法》等系列管理办法也被进行了修订和完善。

从1989的《卷烟产品质量监督管理实施办法》到2014年的《烟草行业产品质量监督抽查管理办法》，我国烟草行业产品质量监督管理办法历经了4次制修订，质量监督产品从专卖品到烟用辅材产品不断扩展，监督抽样的形式为计划抽查到与风险预警相结合，监督指标从质量性能指标到安全卫生指标不断加强，监督与鉴别检验的管理日趋规范，我国烟草质检制度不断完善。

（六）行业标准化体系

1. 行业标准化工作机构

（1）标准化技术委员会

1989年8月，全国烟草标准化技术委员会（以下简称“全标委”）成立。全标委是由国家标准委委托国家局领导的从事全国烟草标准化技术工作的非法人技术组织，按照《中华人民共和国标准化法》《全国专业标准化技术委员会管理办法》的有关规定开展工作，是从事全国烟草标准化技术工作的组织，负责行业技术和管理等各相关领域的标准化技术归口及协调工作。全标委按照《全国烟草标准化技术委员会章程》开展工作。

此后，全标委陆续设立了卷烟（1989年）、农业（1989年）、工程（1991年）、烟机（1991年）、劳动定额（1991年）、烟叶标样（1992年）、卷烟标样（1996年）、企业（1996年）、信息（2003年）、烟用材料（2005年）、物流（2006年）、打叶复烤（2015年）、卷烟营销（2015年）等13个分技术委员会，分别在各自领域主导建立起了烟草类国家和行业标准体系。2014年1月，烟草行业产品质量安全风险评估委员会正式成立，承担了烟草行业以产品质量安全为核心的风险评估、标准审定、决策咨询等技术工作。

全国烟草标准化技术委员会秘书处、ISO/TC126“烟草及烟草制品技术委员会”及

ISO/TC126/SC1“物理及尺寸测试分技术委员会”、ISO/TC126/SC2“烟叶分技术委员会”、ISO/TC126/SC3“电子烟及雾化制品分技术委员会”国内技术对口单位的业务执行实体设在中国烟草标准化研究中心。

（2）重点标准研究室

2011年，国家局开始组建专业领域重点标准研究室。烟草工艺标准研究室等6家被认定为行业首批重点标准研究室。截止到2015年底，行业重点标准研究室已有13家，覆盖烟草农业、烟叶标样、烟用材料、卷烟工艺、打叶复烤、卷烟包装印刷、质量安全测试方法等专业技术领域或方向，对相关工作形成有力支撑。

2. 行业标准化管理机制建设

（1）标准制定工作机制

依据《中华人民共和国标准化法》等有关法律法规，国家局先后制定出台了《烟草行业标准制定、修订工作细则》《烟草行业国家、行业标准制修订管理工作规程》《烟草行业国家、行业标准制修订管理工作规程的补充规定》《烟草行业国家、行业标准制修订管理工作规程》《烟草行业标准制修订管理办法》，对标准制修订项目（简称标准项目）计划的编制、项目管理、标准研制、项目审查、批准与发布、标准制修订的快速程序、标准修改单的制订和标准复审等进行了规范管理。2006年7月，国家局首次将标准预研项目列入了行业标准类项目，并明确了该类项目主要针对某一技术或管理领域进行前期深入研究，为下一步制定相应标准奠定了基础。该适度超前的标准预研机制，提高了相关工作的前瞻性和应急能力，并为正式建立重大标准进行了必要的技术储备。2011年5月，总公司发布了第1项总公司企业标准《烟草添加剂　热裂解技术规程》，这一新标准类别的出现进一步健全了行业标准体系的层级结构。

（2）标准化示范与推广应用

1995年，中国烟叶公司按照国家标准化管理委员会的总体部署，启动了烟叶标准化生产示范区的建设。1995—2014年，烟草行业共建立了7批47个示范区，覆盖了全国16个省（市、区），基本涵盖了各类植烟区域，为烟叶产区全面实现标准化生产起到示范带动作用。2013年11月，国家局启动烟草商业标准化示范企业建设，2014-2016年，烟草行业共建立了3批26家商业标准化示范企业，为卷烟商业企业服务质量和管理水平的提升起到了示范带动作用。

（3）标准宣贯与效果评价

国家局始终高度重视标准宣贯及执行情况的效果评价。2007—2014年，国家局科技司、运行司每年组织对《卷烟品牌许可生产质量保障通则》《卷烟企业清洁生产评价准则》等重要标准进行宣贯，并对企业执行效果开展综合评价，对有效规范行业卷烟品牌合作生产和多点加工活动、推进清洁生产工作起到了积极的促进作用。2015年起，国家科技司在每年组织开展的推进烟叶标准化生产工作实效考评中，增加了对烟叶产品质量安全、烟叶生产与管理等相关标准实施情况的评价，这对烟叶产品质量安全管控、烟叶工业需求保障发挥了重要的支持作用。2017年起，国家局科技司在组织开展的烟草行业商业标准化示范企业复评工作中，对YC/T 503-2014《烟草商业企业标准化建设指南》及YC/T 479-2013《烟草商业企业标准体系 构成与要求》标准落实情况进行全面评价，在行业商业企业标准化建设的全面推进，以及商业企业市场营销、专卖管理、现代物流、基础管理工作上水平，发挥了重要的支撑作用。

3. 国际标准化工作体系

1980年，我国首次以ISO/TC126组织（国际标准化组织烟草及烟草制品技术委员会）的积极成员国（P成员）身份参加了ISO会议，至2020年，我国共参加了26次会议。

2011年5月，经ISO批准，我国正式与土耳其标准化协会联合组建ISO/TC126/SC2秘书处，并承担联合秘书处的工作。2014年12月，国家标准委员会和国际标准化组织（ISO）联合授予郑州院为ISO技术机构秘书处单位。2015年12月，国家局印发《烟草行业参加国际标准化组织活动管理办法》，明确了标准化中心在开展ISO/TC 126相关活动的主要职责。2016年5月，国家标准化管理委员会发布《国家标准委办公室关于承担国际标准化组织烟草及烟草制品技术委员会电子烟及雾化制品分委员会（ISO/TC126/SC3）国内技术对口单位有关事项的批复》，正式批准郑州院承担ISO/TC126/SC3国内技术对口单位，并以积极成员（P成员）身份参加了相关的国际标准化活动。2017年4月，国家标准委认可郑州院为ISO技术机构负责人单位。

2009年起，标准化中心建立了“卷烟出口目的国（或地区）信息共享平台”，开始收录WTO、WHO、欧盟、中东等国家、国际组织、大企业的技术法规及规定，为行业卷烟、烟叶产品进入国际市场提供了支持。

第三节
创新人才队伍建设

人才是创新实践的主体和主导者。总公司成立以来，全行业牢固树立了人才是第一资源的战略理念，始终把创新人才队伍建设放在突出位置，加强人才培养，完善用人机制，优化用人环境。截至2020年7月，全行业培养和造就了一支以2名工程院院士、2名科技领军人才、50名学科带头人以及一批首席科学家、首席专家、卷烟高级调香师等为代表的具有一定规模的高层次创新人才队伍。行业具有高级专业技术资格的高技术人才突破5000人。建成博士后科研工作站18家、院士工作站（院士团队科研工作基地）6家，与河南农业大学、郑州轻工业大学等高校、科研院所建立了烟草专业人才联合培养机制。

为培养和造就烟草创新人才，国家局在历次的五年发展规划中对人才建设提出了目标要求。2009年，国家局出台《关于坚持以人为本 全面提升烟草行业人才队伍素质的意见》，提出统筹抓好由管理、技术、技能人才组成的各类各层次人才队伍建设，重点加强高层次人才队伍建设，健全和完善人才成长使用、竞争择优、激励约束、教育培训机制。2011年，国家局印发《烟草行业科技领军人才和学科带头人管理办法（试行）》；2014年，印发《烟草行业科技领军人才管理办法》《烟草行业学科带头人管理办法》，启动行业科技领军人才、学科带头人选拔培养工作，在全行业创造有利于科技人才成长和优秀人才脱颖而出的良好环境。2015年下半年，为加速行业青年科技人才培养，激发优秀科技青年的创新潜质，提升其创新能力，拓展其创新视野，国家局决定实施中国烟草学会“青年人才托举工程”，并积极申请纳入中国科协国家层面的工程计划。2019年，国家局实施战略科技人才培养引进计划（“双十人计划”）、首席专家支持计划（“百人计划”）、青年人才托举计划（“千人计划”），计划用5年左右时间，形成一支由20名战略科技人才、100名首席专家、1000名青年托举人才、6000名高技术人才为引领的结构合理、素质优良、规模宏大的创新人才队伍。行业部分单位在打通专业技术人才成长通道方面积极探索实践，建立了技术人才成长通道和相关制度，实行专业技术职务聘任制，落实相关待遇，鼓励和引导优秀科技人才终身从事科研工作，营造了各类人才安心工作、多做贡献的良好环境。

持续加大人才培养力度，逐步形成了博士、硕士、本科和技术培训等多层次人才培养体系。以郑州烟草研究院、青州烟草研究所、中国科学技术大学、河南农业大学、郑州轻工业大学等高等院校和科研院所为依托的人才培养工作不断强化，研究水平显著提高。烟草育种、烟草栽培与调制、植物保护、烟草加工工艺、烟草化学、香精香料等学科持续发展，烟草类学科建设得到进一步加强。此外，针对卷烟调香、生物技术、质检、标准化等高层次、高技能人才欠缺的情况，全行业加强了定向培养、培训力度，培养出了一批高素质的卷烟高级调香师、烟叶分级能手等高素质专业人才，这些人才成为烟草科学技术研究和科技服务的重要力量。

（一）教育机构

1. 合肥经济技术学院

1985年，原国家教委同意总公司筹建“合肥农业经济学院”的报告，批准在皖南农学院基础上筹建“合肥农业经济学院”，皖南农学院于1986年接受委托招收“烟草种植”专业本科生。1989年5月11日，国家教委批准正式建校，并定名为“合肥经济技术学院”（下称学院），由国家局和安徽省人民政府共同领导，以国家局为主，时任局长江明任学院名誉院长。学院最初设有原料学系、加工工艺系、机电工程系、经济贸易系、基础部、社会科学部等教学机构，面向全国招收农学、植物保护、烟草工程、工业分析、工业自动化、机械制造工艺与设备、会计学、企业管理等本科专业生，以及农产品贮运和加工、计算机及应用、秘书学、市场营销等专科专业生。

1994年5月，学院成立了董事会，烟草系统42家企事业单位加入了董事会。1995年11月，学院与郑州院签订教育与科研合作协议，双方商定资源共享、优势互补。1996年，学院顺利通过国家教委组织的本科教学评价。1999年，根据教育部专业调整要求，学院对系部及专业进行了重新设计，确立了烟草科学系、食品科学与工程系等教学系部，包括农学、生物工程等10个本科专业，以及烟草种植、农产品储运与加工、市场营销等3个专科专业。1999年，全院有在校生2700人，教职工535人，建有11个综合实验室和5个教学服务中心，占地360亩，建筑面积约12万m^2。建院10年，学院共为烟草行业和地方培养、培训了近9000名各类毕业生，其中相当一部分已经成为烟草行业和地方经济建设的管理和技术骨干。

1999年12月16日，国家局和中国科学院签订协议，经报请教育部批准，将学院并入中国科学技术大学，成为中国科学技术大学“经济技术学院”，保留“烟草种植”和“食品工程”两个本科专业，成立烟草与健康研究中心。受科大指导思想和学生兴趣导向影响，“烟草种植”和“食品工程”专业未能实现满员招生和正常教学。2003年，中科大决定撤销“经济技术学院”，仅保留“烟草与健康研究中心”，作为校级科研机构。

2. 中国烟草总公司郑州烟草研究院

郑州院是行业内唯一的硕士研究生学位授予单位和博士研究生联合培养单位。围绕培养烟草科学研究和技术开发的高级专门人才的目标，郑州院从1982年开始在全国招收培养硕士研究生，1984年经国务院批准，成为我国第二批硕士学位授予单位，并于2011年获得食品科学与工程一级学科硕士学位授予权。本学位点二级学科名称为食品科学，授予工学硕士学位。2004年，郑州院启动博士生联合培养工作，先后与中国科学院大连化学物理研究所、东南大学、中国科学院合肥物质研究科学院在化学和热能工程等学科领域进行博士生的人才培养工作。依据学科发展及研究生培养需要，设置3个研究方向，分别为烟草农学方向，主要从事烟草栽培调制、烟叶质量评价、烟草生理生化、生物技术及烟叶贮存养护技术研究；烟草工学方向，主要从事由烟草原料和材料加工成卷烟产品的过程、方法与技术研究，针对烟草工艺中存在的基础科学问题与工程应用问题，开展应用基础和共性技术研究；烟草化学方向，主要从事烟草、烟草制品、卷烟烟气、烟用添加剂、烟用材料及其相关领域的化学研究，研究内容涵盖化学成分分析技术、卷烟减害降焦技术、吸烟与健康、烟用香精香料研发与评价、香味化学与烟草感官组学、烟草农药残留、代谢组学等研究。

截至2020年，郑州院已培养19名博士，200名硕士。绝大部分人员都在烟草行业从事科研开发工作，部分人员已成为行业重要的科技骨干，在承担重大科技项目和突破关键性领域技术等方面发挥着积极作用。

3. 中国烟草总公司青州烟草研究所

中国烟草总公司青州烟草研究所（中国农业科学院烟草研究所）经过半个多世纪的建设与发展，逐步建立起博士、硕士、留学生、中外合作办学、本科生联合办学及学术学位、专业学位、联合培养等多层次、多方位的高等人才培养体系，培养了一大批优秀高层次人才。目前设有作物遗传育种学、作物栽培与耕作学、植物病理学、食品科学等4个博士学位及硕士学术学位授权点，另有农艺与种业、资源利用与植物保护、食品加工与安全等3个硕士专业学位授权点，现有博士生导师11人，硕士生导师70人。

本科生培养方面，自2006年开始，该所与青岛农业大学开启了校所共建产、学、研一体化的烟草专业合作办学模式，实现了课堂教学与田间操作并重，教师讲授与学生参与并重、传授知识与能力培养并重的“1+2+1”本科生人才培养模式，共培养合作办学本科生近500人。

在全日制博士、硕士研究生培养方面，自1990年开始招生，逐步锻造出生源充足、特色鲜明、就业形势良好的研究生培养格局，为烟草行业培养了一批优秀高层次人才，已累计培养博士研究生、硕士研究生及留学生近400人。为保证人才培养质量，提出了精英人才培养理念，加快、健全了内部质量评估和监督保障体系，使研究生培养质量进一步提高。

在职农业推广硕士培养方面，自2004年开始招生在职农业推广硕士，改变了烟草涉农专业研究生学位类型和渠道相对单一的状况，开辟了我国烟草涉农专业研究生的“产学研”联合培养新模式。经过15年的办学，现已毕业学生119人，培养了一大批符合时代要求、具有引领和带动作用的烟草农业科技人才。

4. 其他开设烟草类专业的大专院校

目前，国内开设烟草类专业的大专院校有12所，分别为河南农业大学（本科、硕士、博士、博士后）、湖南农业大学（本科、硕士、博士）、郑州轻工业大学（本科、硕士）、云南农业大学（本科、硕士）、四川农业大学（本科）、贵州大学（本科）、安徽农业大学（本科）、山东农业大学（本科）、青岛农业大学（本科）、西昌学院（本科、专科）和湖南农业大学东方科技学院（本科）。其中，河南农业大学、云南农业大学、贵州大学设有烟草学院，郑州轻工业大学设有烟草科学与工程学院，湖南农业大学设有烟草研究院。各院校所开设的专业主要为烟草、食品科学与工程（烟草工程方向）、烟草（现代烟草农业方向）等3个专业。办学层次以本科为主，少数院校招收硕士、博士研究生。初步统计，烟草类相关专业在校生人数3000名左右，其中研究生500名左右。

（1）河南农业大学

该校的烟草高等学历教育是全国高校中科研实力最强、影响力最大的特色学科，是全国唯一的省部级重点学科和国家级特色专业，设有烟草、烟草工程、现代烟草农业3个本科专业，建立了从学士、硕士、博士到博士后的完整的烟草农学、烟草工学高等教育人才培养体系。该校烟草学院设有烟草工程系、烟草科学系、现代烟草技术系、烟草科学与工程实验中心、现代烟草农业科教园区等5个教学单位，建有烟草栽培生理、烟草遗传育种、烟草调制分级、烟草化学与调香、烟草品质生态、烟草加工工程、烟草生物技术等7个学术团队。办学40多年来，共培养了各类各级学生6000余名。

（2）郑州轻工业大学

该校前身为郑州轻工业学院，始建于1977年。该校烟草工程专业开办于1984年，面向全国招收本科生，是我国高校第一个烟草工程本科专业，具有工学和工程硕士学位授予权。2010年1月，该校成立烟草科学与工程学院，下设烟草科学与工程、烟草学2个专业。烟草工程专业开办以来，累计培养统招本科生、专科生、硕士生1000余人，工程硕士及各类在职人员培训800余人。2011年11月，国家局与河南省政府签署协议共建郑州轻工业学院，将郑州轻工业学院作为烟草行业科技创新和高层次人才培养的重要基地之一。2013年1月，国家局依托郑州轻工业学院组建了烟草行业工业生物技术重点实验室。2018年12月经教育部批准，郑州轻工业学院更名为郑州轻工业大学。

（二）培训与专门人才培养

1. 中国烟草总公司职工进修学院

中国烟草总公司职工进修学院是在河南省烟草工业学校的基础上历经多次更名后而建立的。2011年1月，国家局职业技能鉴定指导中心职能和办公地点调整到学院，与学院合署办公。2014年，中国烟草学会教育培训专业委员会成立，办事机构设在学院。2015年中国烟草网络学院在学院正式运行。学院承担了行业高等级职业资格认证培训、行业高层次高技能人才继续教育、行业远程教育培训、行业教育培训资源建设、行业高等级职业技能鉴定以及行业职业技能竞赛管理及成人学历教育服务等工作，建有博士后研发基地。

学院以“创建行业卓越人才培养基地、打造中国职业教育一流品牌”为愿景，以创建“四个基地”（国家级继续教育基地、国家级高技能人才培养示范基地、行业远程教育培训基地、行业职业技能鉴定和竞赛基地）、“两个中心”（行业教育培训与职业技能鉴定资源信息中心、行业教育培训工作研讨交流中心）为发展目标，坚持高起点、高目标、高标准，新视角、新定位、新篇章，以高层次高技能培训、远程教育培训、职业技能竞赛、职业技能鉴定为重点，强化培训管理、优化培训资源、狠抓培训质量，使教育培训工作持续健康发展。

2. 专门人才培养

卷烟调香人才培养。高素质的卷烟调香人才是行业重要的人才资源，是实现“以我为主、由我掌控”卷烟调香主体地位的重要保障。2005年，国家局制定《卷烟调香人才培养实施方案》，确定从以能力培养为核心的卷烟高级调香师、卷烟调香师培养和以基础理论培养为核心的卷烟调香方向工程硕士培养，从两个层面系统推进卷烟调香人才培养工作。10多年来，依托广州华芳香精香料有限公司、郑州轻工业大学，分别成立了国家局卷烟调香人才培养基地、烟草行业卷烟调香方向工程硕士培养基地，以培养基地为桥梁和纽带，组建专业化、开放式、对接国际教学资源的培养机构，构建了一支具有国际水准的教学师资队伍，建立了涵盖基础理论、专业知识、技能训练等教学板块的课程体系。共完成三期每期3年的卷烟高级调香师（卷烟调香师）培养，累计培养卷烟高级调香师28人、卷烟调香师37人，在上述65人中，1人被认定为行业科技领军人才、8人被认定为行业学科带头人、13人被认定为行业卷烟高级调香师。同时，完成了三期卷烟调香方向工程硕士研究生培养，共培养96名调香工程硕士研究生。

（1）生物技术人才培养

为推动烟草农业生物技术发展，以烟草基因组计划重大专项为依托，行业在生物信息学、代谢组学、功能基因组学、分子育种等学科领域，培养了一支专业素质优秀的生物技术人才队伍。一是通过重大专项攻关培养人才。行业实施了烟草基因测序、基因编辑、关联分析等重大科研攻关，建立了由300多人组成的覆盖基因信息分析、功能基因鉴定、烟草代谢组学、基因组编辑等多学科创新团队。其中，70余人具有海外研究经历，5人被选为行业学科带头人，3人入选中国农业科学院“青年英才计划”，2人获得中国科协“青年人才托举工程”项目资助，32人入选省（市）创新人才计划，人才队伍的研发能力不断增强。二是实施烟草生物技术高层次人才培养。依托中国烟草与华大基因战略合作，汇聚全球顶尖科研、教学资源，开展了生物技术人才培养，这是行业在生物技术领域组织开展的覆盖面最广、规格层次最高、规模人数最大的人才培养工作，为行业贯彻落实高质量发展实施意见确定的战略科技人才培养引进计划、首席专家支持计划、青年人才托举计划三大人才计划提供了重要支撑。开展了高端人才、专业技术人才两个层面的烟草生物技术高层次人才培养，每期培养时间为两年。其中，高端人才培养突出了系统性、全面性，专业技术人才培养突出针对性、专业性。2018—2019年完成第一期烟草生物技术高层次人才培养工作，共培养生物技术高端人才16人，生物信息专业技术人才32人，分子育种专业技术人才58人，组学与功能基因组学专业技术人才46人。第二期烟草生物技术高层次人才培养于2020年7月启动，计划于2021年完成，其中高端人才培养10人，专业技术人才培养38人。

（2）质检人才培养

自1986年行业质检机构筹建以来，行业质检队伍建设始终跟随行业质检机构的建设步伐不断发展壮大。在质检机构建设初期，为满足行业质检工作需要，质检机构依托国家烟草质量监督检验中心，采取了“走进来”的现场培训和“走出去”的当地培训以及举办培训班的集中培训形式，为行业培养卷烟、烟叶常规项目检验人员。1996年，国家局发布《烟草行业产品质量监督管理办法》，各质检机构相继拓展了承检能力，行业质检队伍的培训工作也由卷烟拓展到了卷烟纸、烟用滤棒、烟草薄片等烟用材料领域，通过下达培训计划、建立学员档案、创建考试标准题库、严格考核流程、对考核合格学员颁发岗位证书等工作环节进一步规范了行业质检队伍培训管理。2003年，随着工商分离以及行业打假工作的需要，卷烟真伪鉴别检验技术人员的培训需求量大幅度增加，国家局组织行业专家，通过举办培训班和技能大赛，为行业培养了一批技术过硬的鉴别检验人才。2004年，国家局与英国斯如林公司和法国索定公司分别签署了为期3年的烟气分析及物理检测技术培训合作协议，为行业培训检验人员18人。2007年以来，为满足企业质检队伍人员的培训需求，国家局每年举办各类培训班10余期，年度培训学员近2000人次。2020年4月，国家局启动了行业高层次质检人才培养计划，旨在培养造就一批具有全局思维、国际眼光、掌握检验检测前沿技术和先进实验室管理理念、具有较强创新能力、善于解决重大检测分析技术问题的高层次质检人才，作为行业战略科技人才计划、首席专家计划的后备力量。

（3）标准化人才培养

为推进实施标准化发展战略，国家局持续加大高素质、高水平、复合型的标准化人才培养力度，不断完善标准化人才结构和培养机制。同时，注重培养了一支熟悉专业技术、爱国爱岗、外语水平高、熟悉国际标准制订规则与程序的国际标准化工作专业人才队伍。人才培养机制方面，形成了以举办行业标准化工作骨干培训班为主体、参加国家标准委标准化专业知识培训为补充、行业各企业开展的标准化工作培训为基础的系统的标准化人才培养机制。2007年2月，国家局下发《国家烟草专卖局办公室关于重点培养标准研究工作领军人物的通知》，旨在着力培养和造就一批从事标准化研究工作的技术骨干，进一步提高标准制修订和标准化工作水平。2020年，郑州院在研究生培养的“烟草工学”方向，针对烟草计量测试技术，首次招录仪器科学专业研究生，为行业计量器具量传溯源、烟草加工过程中计量测试以及基于互联网的远程计量培养人才。

（三）产学研人才联合培养平台

博士后科研工作站是由人力资源和社会保障部、全国博士后管理委员会批准，在企业、科研生产型事业单位和特殊的区域性机构内设立的可以招收和培养博士后研究人员的组织。行业各工商企业依托博士后科研工作站等平台，加大了高层次人才培养力度，积极吸纳高校优质智力资源为烟草科技创新工作服务。烟草行业博士后科研工作站的设立和有效运行，为高技术人才与企业搭起了沟通协作的桥梁，这有利于深化产学研合作，打造优秀科研团队，提升行业整体科研水平。

自2000年以来，行业陆续有18家单位设立了博士后科研工作站，分别为：上海烟草集团（2002年）、广西中烟（2004年）、广东中烟（2006年）、湖南中烟（2007年）、河南中烟（2008年）、浙江中烟（2008年）、湖北中烟（2008年）、云南烟草科学研究院（2010年）、中烟机械技术中心有限责任公司（2010年）、安徽中烟（2013年）、云南省烟草农业科学研究院（2013年）、四川中烟（2013年）、江西中烟（2013年）、福建中烟（2013年）、贵州中烟（2013年）、云南中烟（2014年）、郑州院（2015年）和重庆中烟（2016年）。截至2019年行业博士后科研工作站累计招收博士后80名左右，在站博士后50名左右。此外，湖北省局（公司）、湖南省局（公司）、湖南省烟草公司郴州市公司、总公司职工进修学院和山东烟草研究院等有关单位设立了博士后研发基地、创新实践基地或协作研发中心。

在各有关单位的积极支持下，博士后科研工作站工作得到了快速发展。各有关单位组建了博士后工作委员会、博士后工作指导小组等指导机构，加强了博士后管理制度体系建设，配备了专门人员为在站博士后提供服务。同时，不断加大对博士后科研工作站的投入，健全完善了博士后投入保障机制，积极优化了科研实验条件，切实解决了博士后研究人员的生活待遇问题。博士后科研工作站的建设促进了各单位的科学研究在相关领域的纵深方向发展深度，在吸引、培养和稳定高层次人才方面发挥了积极作用，为提升企业自主创新能力做出了积极贡献。

本章主要编写人员：程多福、高运谦、李桂贤、于川芳、石昌盛、张晨

附录

部分烟草科技奖励成果名录（60项）

序号	项目名称	年度	类别	等级	主要完成单位
国家级科技奖励					
1	辊压法制造烟草薄片	1978	全国科学大会奖		轻工业部烟草工业科学研究所
2	烤烟优质高产技术条件的研究	1978	全国科学大会奖		轻工业部烟草工业科学研究所
3	753 型连续式微波烟丝水份仪	1978	全国科学大会奖		轻工业部烟草工业科学研究所
4	烟草单倍体育种	1978	全国科学大会奖		中国农业科学院烟草研究所
5	烤烟良种春雷三号	1978	全国科学大会奖		贵州省烟科所
6	烟草混合物及其制备方法	1985	科技进步奖	三	北京卷烟厂、中医研究院
7	烟草良种选育和推广	1985	科技进步奖	三	云南省农科院烟草研究所、云南省农业厅经作处
8	山东省烤烟优质栽培技术开发试验	1988	科技进步奖	三	中国农业科学院烟草研究所
9	全国地方晾晒烟普查鉴定及利用的研究	1992	科技进步奖	三	中国农业科学院烟草研究所
10	烟草种间体细胞杂交育成新品系 88-4、86-1 进入生产应用阶段	1993	科技进步奖	三	中国农业科学院烟草研究所
11	烟用改性聚丙烯丝束	1993	发明奖	四	佳木斯合成材料厂、北京服装学院、北京化工学院、佳木斯市科技开发中心、牡丹江卷烟材料厂
12	优质丰产多抗（耐）广适性烤烟新品种中烟 90	1995	科技进步奖	二	中国农业科学院烟草研究所
13	全国烟草侵染性病害调查研究	1995	科技进步奖	三	中国烟草总公司青州烟草研究所、山东农业大学
14	YL12-YL22-YJ35 型烟用滤棒成型机组引进技术国产化	1995	科技进步奖	三	上海烟草工业机械厂

续表

序号	项目名称	年度	类别	等级	主要完成单位
15	玉溪卷烟厂优质烤烟基地十年建设工程	1996	科技进步奖	三	玉溪卷烟厂
16	烟草品种资源收集、繁种、鉴定和利用	1996	科技进步奖	三	中国烟草总公司青州烟草研究所、贵州省烟草研究所、河南省农科院烟草研究所、黑龙江省农科院牡丹江农科所
17	烟草螟诱杀剂的配制及应用	1997	发明奖	四	云南省昭通烟草分公司、昭通卷烟厂
18	ZJ17 型卷接组（PROTOS 70 型卷接机组消化吸收）	1999	科技进步奖	三	常德烟草工业机械厂、昆明船舶设备集团公司
19	红河卷烟厂自动化物流系统	2002	科技进步奖	二	昆明船舶设备集团有限公司、红河卷烟厂
20	提高白肋烟质量及其在低焦油卷烟中的应用研究	2003	科技进步奖	二	中国烟草总公司郑州烟草研究院，中国烟草白肋烟试验站，云南烟草科学研究院农业研究所
21	根结线虫生防真菌资源的研究与应用	2004	科技进步奖	二	云南大学、云南烟草科学研究院农业研究所、贵州大学
22	降低卷烟烟气中有害成分的技术研究	2004	科技进步奖	二	中国烟草总公司郑州烟草研究院、北京卷烟厂、中国科学院兰州化学物理研究所、吉林省大方经贸有限公司、长沙卷烟厂、广东神农烟科技术有限公司、上海烟草（集团）公司
23	二醋酸纤维素浆液精细过滤及高密度生产技术研究	2005	科技进步奖	二	南通醋酸纤维有限公司
24	卷烟危害性评价与控制体系建立及其应用	2010	科技进步奖	二	中国烟草总公司郑州烟草研究院、中国人民解放军军事医学科学院放射与辐射医学研究所、常德卷烟厂（现湖南中烟工业有限责任公司）、重庆烟草工业公司（现川渝中烟工业公司）、长沙卷烟厂（现湖南中烟工业有限责任公司）、南开大学、红塔烟草（集团）有限责任公司

续表

序号	项目名称	年度	类别	等级	主要完成单位
25	烟草物流系统信息协同智能处理关键技术及应用	2010	科技进步奖	二	湖南大学、南昌航空大学、中国科学院计算技术研究所、湖南白沙物流有限公司、长沙理工大学
国家烟草专卖局（中国烟草总公司）科学技术奖励					
26	中美合作改进中烟叶质量试验研究	1989	科技进步奖	—	郑州烟草研究院、贵州省烟草公司、河南省烟草公司
27	全国烟草侵染性病害调查研究	1994	科技进步奖	—	青州烟草研究所、山东农业大学
28	聚丙烯滤嘴棒的开发研制及推广应用	1996	科技进步奖	—	国家烟草专卖局科教司、中国卷烟滤嘴材料公司
29	降低烟叶消耗工程	1999	科技进步奖	—	郑州烟草研究院
30	全国烤烟三段式烘烤工艺及配套技术的应用与推广	2000	科技进步奖	—	中国烟叶生产购销公司
31	提高白肋烟质量及其可用性的技术研究	2002	科技进步奖	—	中国烟草总公司郑州烟草研究院、中国白肋烟试验站、云南烟草科学研究院农业研究所
32	降低卷烟烟气中有害成分的技术研究	2003	科技进步奖	特等	国家用烟草专卖局科教司、郑州烟草研究院、北京卷烟厂、中国科学院兰州化学物理研究所、吉林省大方经贸有限公司、长沙卷烟厂、广东神农烟科技术有限公司、上海烟草（集团）公司、军事医学科学研究院
33	内涵式纺丝技术创新	2003	科技进步奖	—	南通醋酸纤维有限公司
34	优质高香气烤烟生产综合技术开发与应用	2004	科技进步奖	—	国家烟草栽培生理生化研究基地、青州烟草研究所
35	烟草平衡施肥技术试验与推广	2005	科技进步奖	—	中国烟叶公司、国家烟草栽培生理生化研究基地、中国农业科学院土壤肥料研究所、中国烟草总公司青州烟草研究所、中国农业大学资源与环境学院、黑龙江烟草科学研究所

续表

序号	项目名称	年度	类别	等级	主要完成单位
36	制丝工艺技术水平分析及提高质量的技术集成研究推广	2006	科技进步奖	—	中国烟草总公司郑州烟草研究院、龙岩卷烟厂、楚雄卷烟厂、淮阴卷烟厂、常德卷烟厂、哈尔滨卷烟总厂
37	“金攀西”优质烟叶开发	2007	科技进步奖	—	四川省烟草专卖局（公司）、国家烟草栽培生理生化研究基地、河南农业大学、凉山州烟草公司、攀枝花市烟草公司
38	长沙卷烟厂特色工艺技术研究与应用	2008	科技进步奖	—	湖南中烟工业有限责任公司
39	卷烟危害性指标体系研究	2009	科技进步奖	—	中国烟草总公司郑州烟草研究院、军事医学科学院放射与辐射医学研究所、湖南中烟工业有限责任公司、川渝中烟工业公司重庆烟草工业有限责任公司、南开大学、红塔烟草（集团）有限责任公司、湖北中烟工业有限责任公司
40	中国烟草种植区划	2009	科技进步奖	—	中国烟草总公司郑州烟草研究院、中国农科院农业资源与农业区划研究所
41	烤烟适度规模种植配套烘烤设备的研究与应用	2010	科技进步奖	—	中国烟叶公司、河南农业大学
42	卷烟保润机理及应用技术研究	2011	科技进步奖	—	安徽中烟工业有限责任公司、红云红河烟草（集团）有限责任公司、湖北中烟工业有限责任公司、红塔烟草（集团）有限责任公司
43	中式卷烟风格感官评价方法研究	2011	科技进步奖	—	红云红河烟草（集团）有限责任公司、湖南中烟工业有限责任公司、江西中烟工业有限责任公司、郑州烟草研究院、华宝香化科技发展（上海）有限公司

续表

序号	项目名称	年度	类别	等级	主要完成单位
44	中式卷烟风格特征剖析	2012	科技进步奖	—	上海烟草集团有限责任公司、中国科学院大连化学物理研究所、川渝中烟工业有限责任公司、浙江中烟工业有限责任公司
45	烟蚜茧蜂防治烟蚜技术研究与推广应用	2013	科技进步奖	—	中国烟草总公司云南省公司、云南省烟草公司玉溪市公司、云南省烟草公司大理州公司
46	烟草介质花粉的研究及在种子生产中的规模化应用	2014	技术发明奖	—	注：由云南省烟草专卖局（公司）推荐
47	彰显黄金叶品牌风格特征关键技术研究	2014	科技进步奖	—	河南中烟工业有限责任公司、河南卷烟工业烟草薄片有限公司、中国烟草总公司郑州烟草研究院、民丰特种纸股份有限公司
48	烟草秸秆生物有机肥研制与产业化应用	2014	科技进步奖	—	湖北省烟草公司恩施州公司、湖北省烟草科学研究院、华中农业大学
49	全国烟草有害生物调查研究	2015	科技进步奖	特等	中国农业科学院烟草研究所、云南省烟草农业科学研究院、北京科技大学
50	云产卷烟自主调香核心技术研究及应用	2015	科技进步奖	—	云南中烟工业有限责任公司
51	烟草全基因组图谱构建与分析	2016	科技进步奖	特等	国家烟草基因研究中心、云南省烟草农业科学研究院、中国农业科学院烟草研究所、贵州省烟草科学研究院
52	浓香型特色优质烟叶开发	2017	科技进步奖	—	河南农业大学、上海烟草集团有限责任公司、中国烟叶公司、中国烟草总公司河南省公司、中国烟草总公司湖南省公司、河南中烟工业有限责任公司、中国烟草总公司安徽省公司、中国烟草总公司山东省公司、中国烟草总公司江西省公司、山东中烟工业有限责任公司

续表

序号	项目名称	年度	类别	等级	主要完成单位
53	烟叶香型风格的特征化学成分研究	2017	科技进步奖	—	上海烟草集团有限责任公司、中国科学院大连化学物理研究所、云南中烟工业有限责任公司、中国烟叶公司、湖南中烟工业有限责任公司、南开大学、清华大学、中国烟草总公司郑州烟草研究院、中国科学院上海有机化学研究所
54	全国烤烟烟叶香型风格区划研究	2018	科技进步奖	—	中国烟草总公司郑州烟草研究院、中国农业科学院农业资源与农业区划研究所、上海烟草集团有限责任公司、河南中烟工业有限责任公司、湖南中烟工业有限责任公司、中国烟叶公司、云南中烟工业有限责任公司、湖北中烟工业有限责任公司、福建中烟工业有限责任公司、江苏中烟工业有限责任公司
55	基于烟用香原料特性的数字化调香技术平台研究	2019	科技进步奖	—	湖南中烟工业有限责任公司、中国烟草总公司郑州烟草研究院、上海烟草集团有限责任公司、云南中烟工业有限责任公司、安徽中烟工业有限责任公司、江苏中烟工业有限责任公司、福建中烟工业有限责任公司、山东中烟工业有限责任公司、华宝香精股份有限公司、广州华芳烟用香精有限公司
中国烟草总公司标准创新贡献奖					
56	烟草及烟草制品 箱内片烟密度偏差率的无损检测 电离辐射法（ISO 12030:2010）	2011	标准创新贡献奖	—	郑州烟草研究院、中国烟草机械集团有限责任公司、贵州省烟草专卖局（公司）、天昌国际烟草有限责任公司、广东中烟工业有限责任公司、红塔烟草（集团）有限责任公司

续表

序号	项目名称	年度	类别	等级	主要完成单位
57	卷烟主流烟气7种有害成分分析方法（GB/T 21130—2007，GB/T 23228—2008，GB/T 23356—2009，YC/T 253—2008，YC/T 254—2008，YC/T 255—2008，YC/T 377—2010）	2013	标准创新贡献奖	—	中国烟草总公司郑州烟草研究院、湖南中烟工业有限责任公司、上海烟草集团有限责任公司、国家烟草质量监督检验中心
58	烟草添加剂安全性评估技术体系研究	2015	标准创新贡献奖	—	中国烟草总公司郑州烟草研究院，云南烟草科学研究院，军事医学科学院放射与辐射医学研究所，上海烟草集团有限责任公司，广东中烟工业有限责任公司，红塔烟草（集团）有限责任公司，湖南中烟工业有限责任公司，福建中烟工业有限责任公司，湖北中烟工业有限责任公司
59	烟用材料安全性控制体系研究	2015	标准创新贡献奖	—	中国烟草总公司郑州烟草研究院，中国烟草标准化研究中心，国家烟草质量监督检验中心，湖南中烟工业有限责任公司，红塔烟草（集团）有限责任公司，上海烟草集团有限责任公司，云南烟草科学研究院，福建中烟工业有限责任公司，河南中烟工业有限责任公司，广东中烟工业有限责任公司
60	卷烟工艺规范	2020	标准创新贡献奖	—	国家局经济运行司、中国烟草总公司郑州烟草研究院